ANSYS 19.0 有限元分析 完全自学手册

黄志刚 许玢 等 / 编著

人民邮电出版社
北京

图书在版编目（CIP）数据

ANSYS 19.0有限元分析完全自学手册 / 黄志刚等编著. -- 北京 : 人民邮电出版社, 2019.5（2021.2重印）
ISBN 978-7-115-50528-6

Ⅰ. ①A… Ⅱ. ①黄… Ⅲ. ①有限元分析－应用软件－手册 Ⅳ. ①O241.82-39

中国版本图书馆CIP数据核字(2019)第002225号

内 容 提 要

本书以 ANSYS 19.0 版本为依据，对 ANSYS 分析的基本思路、操作步骤、应用技巧进行了详细介绍，并结合典型工程应用实例详细讲解了 ANSYS 的具体应用方法。

全书分为两篇，共计 15 章。第 1 篇为操作基础，详细讲解了 ANSYS 分析全流程的基本步骤和方法，包括 ANSYS 概述、几何建模、划分网格、施加载荷、求解和后处理等内容。第 2 篇为专题实例，按不同的分析专题讲解了参数设置方法与技巧，包括静力学分析、模态分析、谐响应分析、非线性分析、结构屈曲分析、谱分析、瞬态动力学分析、接触问题分析、高级分析等内容。

本书适用于 ANSYS 软件的初中级用户，以及有初步使用经验的技术人员；本书可作为理工科院校相关专业的本科生、研究生及教师学习 ANSYS 软件的培训教材，也可作为从事结构分析相关行业的工程技术人员使用 ANSYS 软件的参考书。

◆ 编　　著　黄志刚　许　玢 等
　责任编辑　俞　彬
　责任印制　周昇亮

◆ 人民邮电出版社出版发行　　北京市丰台区成寿寺路 11 号
　邮编　100164　　电子邮件　315@ptpress.com.cn
　网址　http://www.ptpress.com.cn
　固安县铭成印刷有限公司印刷

◆ 开本：787×1092　1/16
　印张：31.25
　字数：853 千字　　　　2019 年 5 月第 1 版
　印数：5 501－6 300 册　　　　2021 年 2 月河北第 6 次印刷

定价：79.00 元

读者服务热线：(010)81055410　印装质量热线：(010)81055316
反盗版热线：(010)81055315
广告经营许可证：京东市监广登字20170147号

前　言
PREFACE

计算力学、计算数学、工程管理学特别是信息技术的飞速发展，使得数值模拟技术日趋成熟。数值模拟现已广泛应用到土木、机械、电子、能源、冶金、国防军工和航天航空等诸多领域，并对这些领域产生了深远影响。

有限单元法作为数值计算方法中在工程分析领域应用较为广泛的一种计算方法，自 20 世纪中叶以来，以其独有的计算优势得到了广泛的发展和应用，已出现了不同的有限元算法，并由此产生了一批非常成熟的通用和专业有限元商业软件。随着计算机技术的飞速发展，各种工程软件也得以广泛应用。ANSYS 软件以它的多物理场耦合分析功能而成为 CAE 软件的应用主流，在工程分析应用中得到了较为广泛的应用。

ANSYS 软件是美国 ANSYS 公司研制的大型通用有限元分析（FEA）软件，它是世界范围内增长较快的 CAE 软件，能够进行包括结构、热、声、流体以及电磁场等学科的研究，在核工业、铁道、石油化工、航空航天、机械制造、能源、汽车交通、国防军工、电子、土木工程、造船、生物医药、轻工、地矿、水利及日用家电等领域有着广泛的应用。ANSYS 的功能强大，操作简单方便，是国际上流行的有限元分析软件。目前，中国 500 多所理工院校采用 ANSYS 软件进行有限元分析或作为标准教学软件。

本书以 ANSYS 19.0 版本为依据，对 ANSYS 分析的基本思路、操作步骤、应用技巧进行了详细介绍，并结合典型工程应用实例详细讲述了 ANSYS 的具体应用方法。

本书尽量避开了繁琐的理论描述，从实际应用出发，结合编著者使用该软件的经验讲解，实例部分采用 GUI 方式一步一步地对操作过程和步骤进行了讲解。为了帮助用户熟悉 ANSYS 的相关操作命令，在每个实例的后面列出了分析过程的命令流文件。

全书分为两篇，共计 15 章。第 1 篇为操作基础，详细讲解了 ANSYS 分析全流程的基本步骤和方法，共分为 6 章：第 1 章讲解 ANSYS 概述；第 2 章讲解几何建模；第 3 章讲解划分网格；第 4 章讲解施加载荷；第 5 章讲解求解；第 6 章讲解后处理。第 2 篇为专题实例，按不同的分析专题讲解了参数设置方法与技巧，共分为 9 章：第 7 章讲解静力学分析；第 8 章讲解模态分析；第 9 章讲解谐响应分析；第 10 章讲解非线性分析；第 11 章讲解结构屈曲分析；第 12 章讲解谱分析；第 13 章讲解瞬态动力学分析；第 14 章讲解接触问题分析；第 15 章讲解高级分析。

本书除利用传统的书面讲解外，随书配送了丰富的数字资源。扫描“资源下载”二维码即可获得下载方式。资源包含全书讲解实例和练习实例的源文件素材，并制作了全程实例动画同步视频文件。

资源下载

为了方便读者学习，本书以二维码的形式提供了全书视频课程，扫描“云课”二维码，即可观看全书视频，也可扫描正文中的二维码观看对应章节的视频。

云课

提示：关注“职场研究社”公众号，回复关键词“50528”，即可获得所有资源的获取方式。

本书由华东交通大学教材基金资助，华东交通大学机电学院机械设计教研室的黄志刚、许玢两位老师主编，贾雪艳、李津、沈晓玲、钟礼东、孟飞 5 位老师也参与部分章节的编写，其中黄志刚编写了第 1~4 章，许玢编写了第 5~7 章，贾雪艳编写了第 8、9 章，李津编写了第 10、11 章，沈晓玲编写了第 12、13 章，钟礼东编写了第 14 章，孟飞编写了第 15 章；此外康士廷、胡仁喜等同志参加了资料整理和编排工作。在此编著者向他们表示衷心的感谢。

本书适用于 ANSYS 软件的初、中级用户，以及有初步使用经验的技术人员；本书可作为理工科院校相关专业的本科生、研究生及教师学习 ANSYS 软件的培训教材，也可作为从事结构分析相关行业的工程技术人员使用 ANSYS 软件的参考书。另外，由于时间仓促，加之作者的水平有限，不足之处在所难免，恳请广大读者不吝赐教，联系 renruichi@ptpress.com.cn 批评指正。

编者

2019 年 1 月

目 录

CONTENTS

第1篇 操作基础

第 2 篇 专题实例

第 1 篇

操作基础

本篇详细讲解了 ANSYS 19.0 的有关理论基础和基本操作方法与流程，包括有限元分析基本理论、几何建模、划分网格、施加载荷、求解及后处理等。另外，还介绍了 ANSYS 分析的整个流程的基本知识和技巧，内容详细具体，全程贯穿一个 ANSYS 分析实例对有关基本理论和基本操作方法进行串联和具体应用。

第 1 章 ANSYS 概述

本章首先讲解 CAE（Computer Aided Engineering，计算机辅助工程）技术及其有关基本知识，并由此引出了 ANSYS 19.0 版本。讲述了该版本功能特点以及 ANSYS 程序结构和分析基本流程。

本章提纲挈领地介绍了 ANSYS 的基本知识，主要目的是给读者提供一个对 ANSYS 的感性认识。

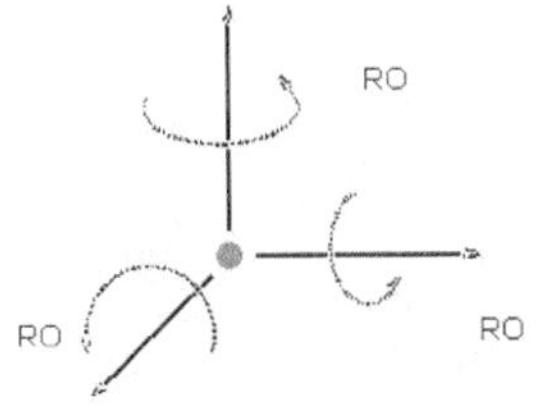

1.1 有限单元法简介

有限单元法是随着电子计算机的发展而迅速发展起来的一种现代计算方法，是 20 世纪 50 年代首先在连续力学领域——飞机结构静、动态特性分析中应用的一种有效的数值分析方法，随后很快广泛应用于求解热传导、电磁场、流体力学等连续性问题。

1.1.1 CAE 软件简介

传统的产品设计流程往往都是首先由客户提出产品相关的规格及要求，然后由设计人员进行概念设计，接着由工业设计人员对产品进行外观设计及功能规划，之后再由工程人员对产品进行详细设计。设计方案确定以后，便进行开模等投产前置工作。由图 1-1 所示可以发现，各项产品测试皆在设计流程后期方能进行。因此，一旦发生问题，除了必须付出设计成本，相关前置作业也需改动。发现问题越晚，重新设计所付出的代价将会越高，若影响交货期或产品形象，损失更是难以估计，为了避免此情形的发生，预期评估产品的特质便成为设计人员的重要课题。

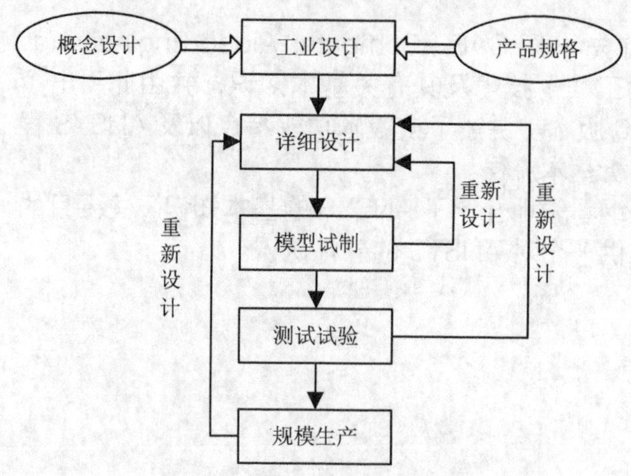

图 1-1　传统产品设计流程图

计算力学、计算数学、工程管理学特别是信息技术的飞速发展极大地推动了相关产业和学科研究的进步。有限元、有限体积及差分等方法与计算机技术相结合，诞生了新兴的跨专业和跨行业的学科。CAE 作为一种新兴的数值模拟分析技术，越来越受到工程技术人员的重视。在产品开发过程中引入 CAE 技术后，在产品尚未批量生产之前，不仅能协助工程人员做产品设计，更可以在争取订单时，作为一种强有力的工具协助营销人员及管理人员与客户沟通；在批量生产阶段，可以协助工程技术人员在重新更改时，找出问题发生的起点。在批量生产以后，相关分析结果还可以成为下次设计的重要依据。图 1-2 所示为引入 CAE 后产品设计流程图。

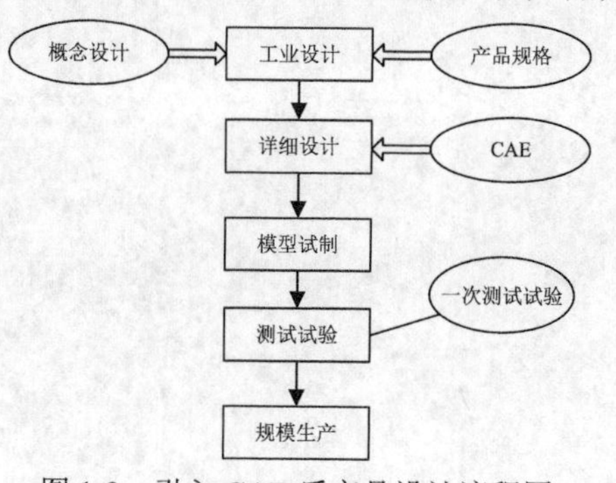

图 1-2　引入 CAE 后产品设计流程图

研究人员往往耗费大量的时间和成本，针对产品做相关的质量试验，最常见的如落下与冲击试验，这些不仅耗费了大量的研发时间和成本，而且试验本身也存在很多缺陷，表现如下。

试验发生的历程很短，很难观察试验过程的现象。

测试条件难以控制，试验的重复性很差。

试验时很难测量产品内部特性和观察内部现象。

一般只能得到试验结果，而无法观察试验原因。

引入CAE后可以在产品开模之前，通过相应软件对电子产品模拟自由落下试验（Free Drop Test）、模拟冲击试验（Shock Test）以及应力应变分析、振动仿真、温度分布分析等求得设计的最佳解，进而为一次试验甚至无试验可使产品通过测试规范提供了可能。

CAE的重要性如下。

（1）CAE本身就可以看作一种基本试验。计算机计算弹体的侵彻与炸药爆炸过程以及各种非线性波的相互作用等问题，实际上是求解含有很多线性与非线性的偏微分方程、积分方程以及代数方程等的耦合方程组。利用解析方法求解爆炸力学问题是非常困难的，一般只能考虑一些很简单的问题。利用试验方法费用昂贵，还只能表征初始状态和最终状态，中间过程无法得知，因而也无法帮助研究人员了解问题的实质。而数值模拟在某种意义上比理论与试验对问题的认识更为深刻、更为细致，不仅可以了解问题的结果，而且可随时连续动态地、重复地显示事物的发展，了解其整体与局部的细致过程。

（2）CAE可以直观地显示目前还不易观测到的、说不清楚的一些现象，容易被人理解和分析；还可以显示任何试验都无法看到的发生在结构内部的一些物理现象。如弹体在不均匀介质侵彻过程中的受力和偏转；爆炸波在介质中的传播过程和地下结构的破坏过程。同时，数值模拟可以替代一些危险、昂贵的甚至是难于实施的试验，如反应堆的爆炸事故、核爆炸的过程与效应等。

（3）CAE促进了试验的发展，对试验方案的科学制定、试验过程中测点的最佳位置、仪表量程等的确定提供更可靠的理论指导。侵彻、爆炸试验费用是昂贵的，并存在一定危险，因此数值模拟不但有很大的经济效益，而且可以加速理论、试验研究的进程。

（4）一次投资，长期受益。虽然数值模拟大型软件系统的研制需要花费相当多的经费和人力资源，但和试验相比，数值模拟软件是可以进行复制移植、重复利用，并可进行适当修改而满足不同情况的需求。据相关统计数据显示，应用CAE技术后，开发期的费用占开发成本的比例，从80%～90%下降到8%～12%。

1.1.2 有限单元法的基本概念

1. 有限元模型

有限元模型如图1-3所示：图中左边的是真实的结构，右边是对应的有限元模型，有限元模型可以看作是真实结构的一种分格，即把真实结构看作是由一个个小的分块部分构成的，或者在真实结构上划线，通过这些线真实结构被分离成一个个的部分。

2. 自由度

自由度（Degree of Freedom，DOF）用于描述一个物理场的响应特性，如图1-4所示。不同的物理场需要描述的自由度不同，如表1-1所示。

3. 节点和单元

节点和单元如图1-5所示。

(a) 真实结构

(b) 有限元模型

图 1-3　有限元模型

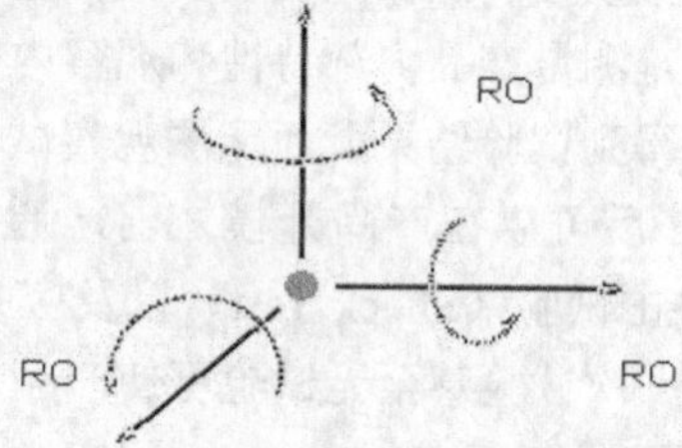
RO
RO
RO

图 1-4　结构自由度（DOF）

表 1-1　学科方向与自由度

学科方向	自由度	学科方向	自由度
结构	位移	流体	压力
热	温度	磁	磁位
电	电位		

载荷
节点：空间中的坐标位置，具有一定的自由度和存在相互物理作用
单元：一组节点自由度间相互作用的数值，矩阵描述（称为刚度或面或实体以及二维和三维的单元等种类）
有限元模型由一些简单形状的单元组成，单元之间通过节点连接，并承受一定载荷
载荷

图 1-5　节点和单元

每个单元的特性是通过一些线性方程式来描述的。作为一个整体，单元形成了整体结构的数学模型。

整体结构的数学模型的规模与结构的大小有关，尽管图 1-3 中的有限元模型低于 100 个方程（即“自由度”），然而在今天一个小的 ANSYS 分析就可能有 5000 个未知量，矩阵可能有 25000000 个刚度系数。

单元之间的信息是通过单元之间的公共节点传递的，但是分离节点重叠的单元 A 和 B 之间没有信息传递（需进行节点合并处理），具有公共节点的单元之间存在信息传递，单元传递的内容是节点自由度，不同单元之间传递不同的信息。以下列出常用单元之间传递的自由度信息。

三维杆单元（铰接）：UX，UY，UZ。

二维或轴对称实体单元：UX，UY。

三维实体结构单元：UX，UY，UZ。

三维梁单元：UX，UY，UZ，ROTX，ROTY，ROTZ。

三维四边形壳单元：UX，UY，UZ，ROTX，ROTY，ROTZ。

三维实体热单元：TEMP。

4. 单元形函数

FEA（Finite Element Analysis，有限单元分析）仅仅求解节点处的 DOF 值。单元形函数是一种数学函数，规定了从节点 DOF 值到单元内所有点处 DOF 值的计算方法。因此，单元形函数提供出一种描述单元内部结果的“形状”。单元形函数描述的是给定单元的一种假定的特性。单元形函数与真实工作特性吻合好坏程度直接影响求解精度。

DOF 值可以精确或不太精确地等于在节点处的真实解，但单元内的平均值与实际情况吻合得很好。这些平均意义上的典型解是从单元 DOF 推导出来的（如结构应力、热梯度）。如果单元形函数不能精确描述单元内部的 DOF，就不能很好地得到导出数据，因为这些导出数据是通过单元形函数推导出来的。

当选择了某种单元类型时，也就十分确定地选择并接受该种单元类型所假定的单元形函数。在选定单元类型并随之确定了单元形函数的情况下，必须确保分析时有足够数量的单元和节点来精确描述所要求解的问题。

1.2 工业 ANSYS 简介

ANSYS 软件是融合结构、热、流体、电磁、声学于一体的大型通用有限元分析软件，可广泛用于核工业、铁道、石油化工、航空航天、机械制造、能源、汽车交通、国防军工、电子、土木工程、造船、生物医学、轻工、地矿、水利、日用家电等一般工业及科学研究。该软件可在大多数计算机及操作系统中运行，从 PC 到工作站直到巨型计算机，ANSYS 文件在其所有的产品系列和工作平台上均兼容。ANSYS 多物理场耦合的功能，允许在同一模型上进行各式各样的耦合计算成本，如：热 - 结构耦合、磁 - 结构耦合以及电 - 磁 - 流体 - 热耦合，在 PC 上生成的模型同样可运行于巨型机上，这样就确保了 ANSYS 对多领域多变工程问题的求解。

1.2.1 ANSYS 的发展

ANSYS 能与多数 CAD 软件结合使用，实现数据共享和交换，如 AutoCAD、I-DEAS、Pro/Engineer、NASTRAN、Alogor 等，是现代产品设计中的高级 CAD 工具之一。

ANSYS 软件提供了一个不断改进的功能清单，具体包括结构高度非线性分析、电磁分析、计算流体力学分析、设计优化、接触分析、自适应网格划分、大应变有限转动功能以及利用 ANSYS 算法处理机描述语言（Algorithmic Processor Description Language，APDL）的扩展宏命令功能。基于 Motif 的菜单系统使用户能够通过对话框、下拉式菜单和子菜单进行数据输入和功能选择，为用户使用 ANSYS 提供“导航”。

1.2.2 ANSYS 的功能

1. 结构分析

- 静力分析：用于静态载荷。可以考虑结构的线性及非线性行为，例如大变形、大应变、应力刚化、接触、塑性、超弹性及蠕变等。
- 模态分析：计算线性结构的自振频率及振形，谱分析是模态分析的扩展，用于计算由随机振动引起的结构应力和应变（也叫作响应谱或称 PSD）。
- 谐响应分析：确定线性结构对随时间按正弦曲线变化的载荷的响应。
- 瞬态动力学分析：确定结构对随时间任意变化的载荷的响应。可以考虑与静力分析相同的结构非线性行为。
- 特征屈曲分析：用于计算线性屈曲载荷并确定屈曲模态形状（结合瞬态动力学分析可以实

现非线性屈曲分析）。

- 专项分析：包括断裂分析、复合材料分析、疲劳分析。

专项分析用于模拟非常大的变形，惯性力占支配地位，并考虑所有的非线性行为。它的显式方程求解冲击、碰撞、快速成型等问题，是目前求解这类问题最有效的方法。

2. ANSYS 热分析

热分析一般不是单独的，其后往往进行结构分析，计算由于热膨胀或收缩不均匀引起的应力。热分析包括以下类型。

- 相变（熔化及凝固）：金属合金在温度变化时的相变，如铁合金中马氏体与奥氏体的转变。
- 内热源（如电阻发热等）：存在热源问题，如加热炉中对试件进行加热。
- 热传导：热传递的一种方式，当相接触的两物体存在温度差时发生。
- 热对流：热传递的一种方式，当存在流体、气体和温度差时发生。
- 热辐射：热传递的一种方式，只要存在温度差时就会发生，可以在真空中进行。

3. ANSYS 电磁分析

电磁分析中考虑的物理量是磁通量密度、磁场密度、磁力、磁力矩、阻抗、电感、涡流、耗能及磁通量泄漏等。磁场可由电流、永磁体、外加磁场等产生。磁场分析包括以下类型。

- 静磁场分析：计算直流电（DC）或永磁体产生的磁场。
- 交变磁场分析：计算由于交流电（AC）产生的磁场。
- 瞬态磁场分析：计算随时间随机变化的电流或外界引起的磁场。
- 电场分析：计算电阻或电容系统的电场。典型的物理量有电流密度、电荷密度、电场及电阻热等。
- 高频电磁场分析：分析微波及RF无源组件，如波导、雷达系统、同轴连接器等磁场。

4. ANSYS 流体分析

流体分析主要用于确定流体的流动及热行为，流体分析包括以下类型。

- CFD（Coupling Fluid Dynamic，耦合流体动力学）：ANSYS/FLOTRAN提供强大的计算流体动力学分析功能，包括不可压缩或可压缩流体、层流及湍流以及多组分流等。
- 声学分析：考虑流体介质与周围固体的相互作用，进行声波传递或水下结构的动力学分析等。
- 容器内流体分析：考虑容器内的非流动流体的影响。可以确定由于晃动引起的静力压力。
- 流体动力学耦合分析：在考虑流体约束质量的动力响应基础上，在结构动力学分析中使用流体耦合单元。

5. ANSYS 耦合场分析

耦合场分析主要考虑两个或多个物理场之间的相互作用。如果两个物理场之间相互影响，单独求解一个物理场是不可能得到正确结果的，因此需要一个能够将两个物理场组合到一起求解的分析软件。例如：在压电力分析中，需要同时求解电压分布（电场分析）和应变（结构分析）。

1.3　ANSYS 19.0 的启动及界面

1.3.1　设置运行环境

用交互式方式启动 ANSYS：选择“开始 > 程序 >ANSYS 19.0>Mechanical APDL (ANSYS)”即可启动。

在使用 ANSYS 19.0 软件进行设计之前，可以根据用户的需求设计环境。

用鼠标指针依次单击“开始 > 程序 >ANSYS 19.0>Mechanical APDL Product Launcher”命令，得到如图 1-6 所示的对话框，主要设置内容有模块选择、文件管理、用户管理 / 个人设置和程序初始化等。

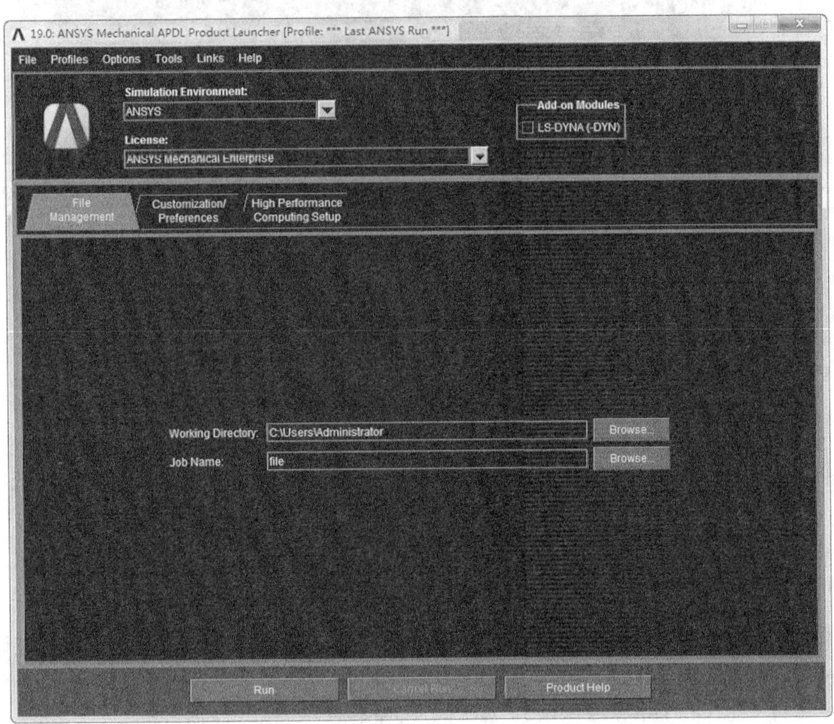

图 1-6　ANSYS 19.0 对话框

1. 模块选择

在“Simulation Environment（数值模拟环境）”下拉列表框中列出以下 3 种界面。

（1）ANSYS：典型 ANSYS 用户界面。

（2）ANSYS Batch：ANSYS 命令流界面。

（3）LS-DYNA Solver：线性动力求解界面。

用户根据自己实际需要选择一种界面。

在“License”下拉列表框中列出了各种界面下相应的模块：力学、流体、热、电磁、流固耦合等。用户可根据自己要求选择，如图 1-7 所示。

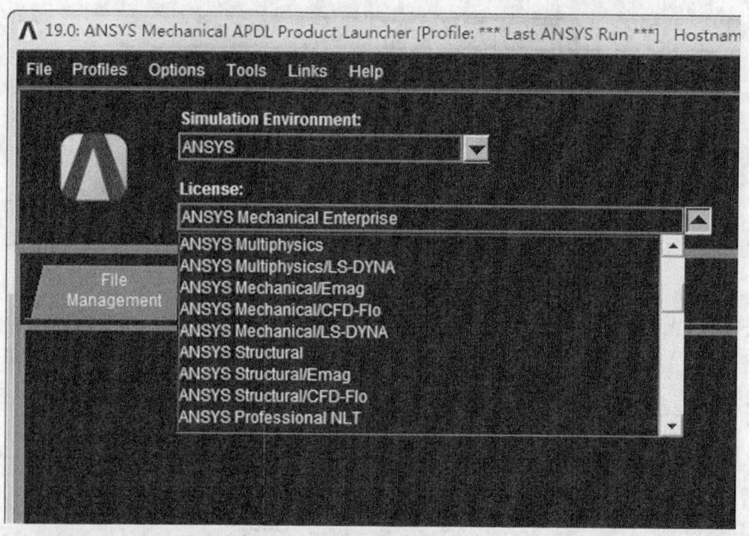

图 1-7 “Lanuch”选项卡中“License”下拉列表

2. 文件管理

单击“File Management（文件管理）”命令，然后在“Working Directory（工作目录）”文本框设置工作目录，再在“Job Name（文件名）”设置文件名，默认文件名叫“File”。

注意

ANSYS 默认的工作目录是在系统所在硬盘分区的根目录，如果一直采用这一设置，会影响 ANSYS 19.0 的工作性能，建议将工作目录改建在非系统所在硬盘分区中，且要有足够大的硬盘容量。

注意

初次运行 ANSYS 时默认文件名为“File”，重新运行时工作文件名默认为上一次定义的工作名。为防止对之前工作内容的覆盖，建议每次启动 ANSYS 时更改文件名，以便备份。

3. 用户管理 / 个人设置

单击“Customization/Preferences（用户管理 / 个人设置）”命令，就可以得到如图 1-8 所示的“Customization/Preferences”界面。

在“用户管理”界面中可进行设定数据库的大小和进行内存管理设置，个人设置中可设置自己喜欢的用户环境：在“ANSYS Language”中选择语言；在“Graphics Device Name”中对显示模式进行设置（Win32 提供 9 种颜色等值线，Win32c 提供 108 种颜色等值线；3D 针对 3D 显卡，适宜显示三维图形）；在“Read START.ANS file at start-up”中设定是否读入启动文件。

4. 运行程序

完成以上设置后，用鼠标左键单击“Run”按钮就可以运行 ANSYS 19.0 程序。

1.3.2 启动与退出

1. 启动 ANSYS 19.0

（1）快速启动。在 Window 系统中执行“开始 > 程序 > ANSYS 19.0 > Mechanical APDL 19.0”

命令，如图 1-9（a）所示，就可以快速启动 ANSYS 19.0，采用的用户环境默认为上一次运行的环境配置。

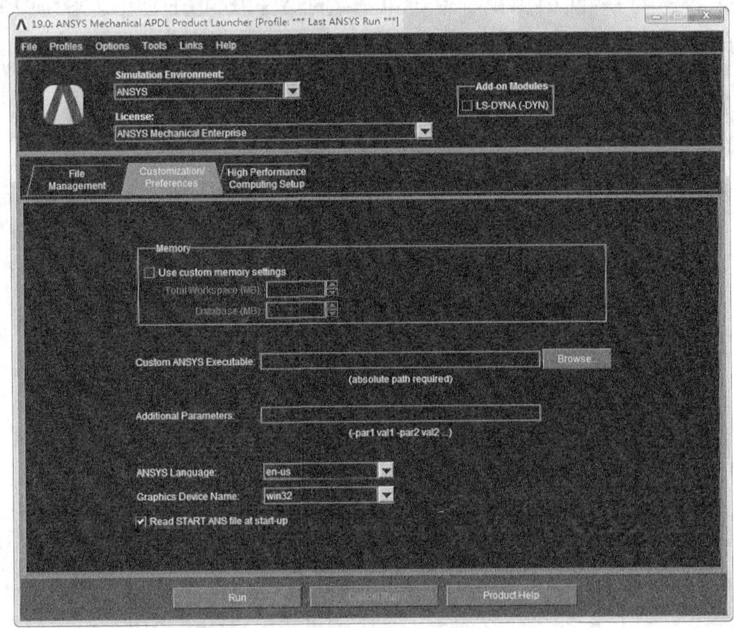

图 1-8 “Customization/Preferences”界面

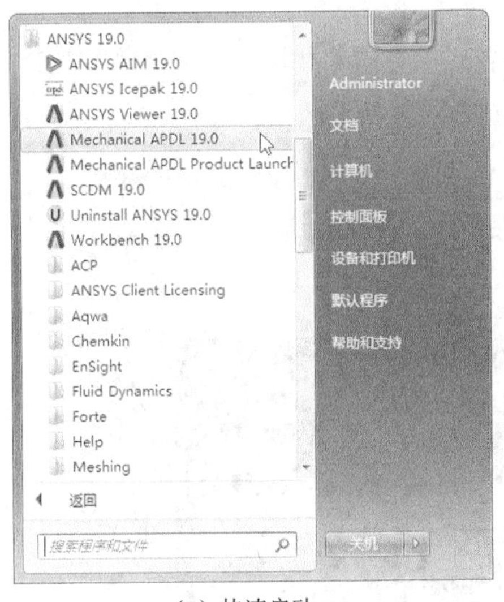

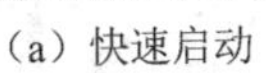
（a）快速启动

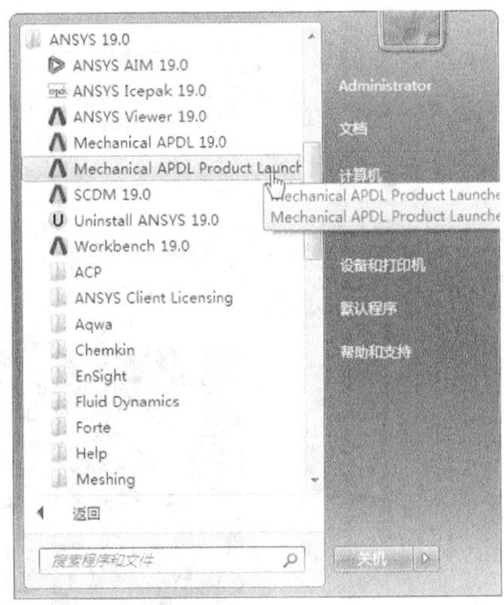

（b）交互式启动

图 1-9 ANSYS 19.0 启动方式

（2）交互式启动。在 Windows 系统中执行“开始 > 程序 > ANSYS 19.0 > Mechanical APDL Product Launcher”命令，如图 1-9（b）所示菜单，就是以交互式启动 ANSYS 19.0。

注意

建议用户选用交互式启动，这样可防止上一次运行的结果文件被覆盖掉，并且还可以重新选择工作目录和工作文件名，便于用户管理。

2. 退出 ANSYS 19.0

（1）命令方式。执行“/EXIT”命令。

（2）GUI 路径。在用户界面中用鼠标左键单击 ANSYS Toolbar（工具条）中的“QUIT”按钮，或执行“Utility Menu > File > EXIT”命令，出现 ANSYS 19.0 程序退出对话框，如图 1-10 所示。

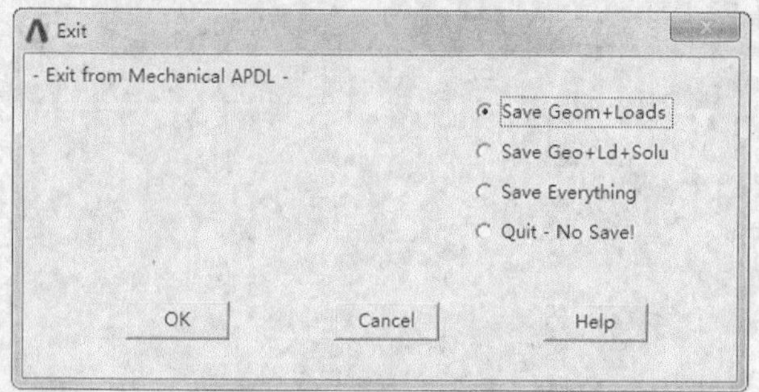

图 1-10　ANSYS 19.0 程序退出对话框

（3）在 ANSYS 19.0 输出窗口单击“关闭”按钮。

注意　采用第（1）种和第（3）种方式退出时，ANSYS 直接退出 ANSYS；而采用第（2）种方式时，退出 ANSYS 前要求用户对当前的数据库（几何模型、载荷、求解结果及三者的组合，或什么都不保存）进行选择性操作，因此建议用户采用第（2）种方式退出。

1.3.3　ANSYS 19.0 的图形用户界面

启动 ANSYS 19.0 并设定工作目录和工作文件名后，将进入如图 1-11 所示的 ANSYS 19.0 的 GUI 界面（Graphical User Interface，图形用户界面），其主要包括以下几个部分。

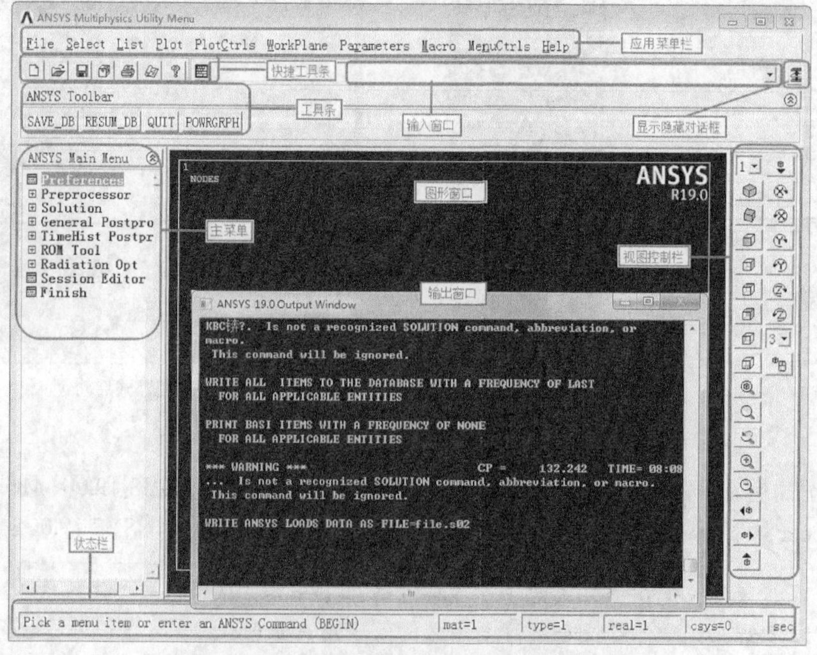

图 1-11　ANSYS 19.0 图形用户界面

1. 应用菜单栏

应用菜单栏包括文件操作（File）、选择功能（Select）、数据列表（List）、图形显示（Plot）、视图环境控制（PlotCtrls）、工作平面（WorkPlane）、参数（Parameters）、宏命令（Macro）、菜单控制（MenuCtrls）和帮助（Help）10 个下拉菜单，囊括了 ANSYS 的绝大部分系统环境配置功能。在 ANSYS 运行的任何时候均可以访问该菜单。

2. 快捷工具条

对常用的新建、打开、保存数据文件、视图旋转、抓图软件、报告生成器和帮助操作，提供了方便快捷的方式。

3. 输入窗口

ANSYS 提供了 4 种输入方式：常用的 GUI（图形用户界面）输入、命令输入、使用工具条和调用批处理文件。在这个窗口可以输入 ANSYS 的各种命令，在输入命令过程中，ANSYS 自动匹配待选命令的输入格式。

4. 显示隐藏对话框

在对 ANSYS 进行操作过程中，会弹出很多对话框，重叠的对话框会隐藏，单击输入栏右侧第一个按钮，便可以迅速显示隐藏的对话框。

5. 工具条

工具条包括一些常用的 ANSYS 命令和函数，是执行命令的快捷方式。用户可以根据需要对该窗口中的快捷命令进行编辑、修改和删除等操作，最多可设置 100 个命令按钮。

6. 图形窗口

该窗口显示 ANSYS 的分析模型、网格、求解收敛过程、计算结果云图、等值线和动画等图形信息。

7. 主菜单

主菜单几乎涵盖了 ANSYS 分析过程的全部菜单命令，按照 ANSYS 分析过程进行排列，依次是个性设置（Preference）、前处理（Preprocessor）、求解器（Solution）、通用后处理器（General Postproc）、时间历程后处理（TimeHist Postproc）、ROM 工具（ROM Tool）、辐射选项（Radiation Opt）、会话编辑（Session Editor）和完成（Finish）项。

8. 视图控制栏

用户可以利用这些快捷方式方便地进行视图操作，如前视、后视、俯视、旋转任意角度、放大或缩小以及移动图形等，以协助调整到用户的最佳视图角度。

9. 输出窗口

该窗口的主要功能在于同步显示 ANSYS 对已进行的菜单操作或已输入命令的反馈信息，用户输入命令或菜单操作的出错信息和警告信息等，关闭此窗口，ANSYS 将强行退出。

10. 状态栏

这个位置显示 ANSYS 的一些当前信息，如当前所在的模块、材料属性、单元实常数及系统坐标等。

提示　用户可以充分利用输出窗口的提示信息，改正自己的操作错误，对修改用户编写的命令特别有用。

1.4　程序结构

ANSYS 系统把各个分析过程分为一些模块进行操作，一个问题的分析主要可以经过这些模块的分步操作实现，各个模块组成了程序的结构。

1.4.1　处理器

在 ANSYS 中，一般用到的处理器有前处理器、求解器、通用后处理器、时间历程后处理器、拓扑优化等。

- 前处理器：用于生成有限元模型，指定随后求解中所需的选择项。
- 求解器：用于施加载荷及边界条件，然后完成求解运算。
- 通用后处理器：用于获取并检查求解结果，以对模型作出评价。
- 时间历程后处理器：用来观察模型中某点的分析结果与时间、频率的函数关系。
- 拓扑优化：寻找承受单载荷或多载荷的物体的最佳分配方案。

以上 5 个模块基本是按照操作顺序排列的，在分析一个问题时，大致是按照以上模块从上到下的顺序操作。

1.4.2　文件格式

ANSYS 中涉及的主要文件的类型及格式如表 1-2 所示。

表 1-2　文件的类型及格式

文件的类型	文件的名称	文件的格式
日志文件	Jobname.LOG	文本
错误文件	Jobname.ERR	文本
输出文件	Jobname.OUT	文本
数据文件	Jobname.DB	二进制
结果文件： 结构或其耦合 热 磁场 流体	Jobname.xxx Jobname.RST Jobname.RTH Jobname.RMG Jobname.RFL	二进制
载荷步文件	Jobname.Sn	文本
图形文件	Jobname.GRPH	文本（特殊格式）
单元矩阵文件	Jobname.EMAT	二进制

1.4.3　输入方式

1. 交互方式运行 ANSYS

交互方式运行 ANSYS，可以通过菜单和对话框来运行 ANSYS 程序，在该方式下，可以很容易地运行 ANSYS 的图形功能、在线帮助和其他工具。也可以根据用户个人喜好来改变交互方式的布局。ANSYS 图形交互界面的构成有应用菜单、工具条、图形窗口、输出窗口、输入窗口和主菜单。

2. 命令方式运行 ANSYS

命令方式运行 ANSYS，是指在命令的输入窗口输入命令来运行 ANSYS 程序，该方式比交互式运行要方便和快捷，但对操作人员的要求较高。

1.4.4 输出文件类型

一般来说不同的分析类型有不同的文件类型，除了上面列出的文件外，表 1-3 列出了 ANSYS 分析时产生的临时文件类型。

表 1-3　临时文件类型

文件名称	文件格式	文件内容
ANO	文本	图形窗口的命令
BAT	文本	从 batch 文件中输入的数据
DOn	文本	Do-loop 命令中的计数值
DSCR	二进制	模态分析中的 Scratch 文件
EROT	二进制	单元旋转矩阵
LSCR	二进制	高级模态分析中的 Scratch 文件
LV	二进制	在子结构中产生并随多个载荷矢量传递的 Scratch 文件
LNxx	二进制	从 sparse 求解器产生的 Scratch 文件
MASS	二进制	模态分析中的压缩质量矩阵（子空间方法）
MMX	二进制	模态分析中的工作矩阵（子空间方法）
PAGE	二进制	ANSYS 虚拟内存的页面文件（数据库空间）
PCS	文本	从 PCG 求解器产生的 Scratch 文件
PCn	二进制	从 PCG 求解器产生的 Scratch 文件（n=1 到 n=10）
SCR	二进制	从雅可比梯度求解器产生的 Scratch 文件
SSCR	二进制	从子结构求解器产生的 Scratch 文件

1.5 ANSYS 分析的基本过程

ANSYS 分析过程包含 3 个主要的步骤：前处理、加载并求解和后处理。

1.5.1 前处理

前处理是指创建实体模型以及有限元模型。它包括创建实体模型，定义单元属性，划分有限元网格，修正模型等几项内容。现今大部分的有限元模型都是用实体模型建模，类似于 CAD，ANSYS 以数学的方式表达结构的几何形状，然后在里面划分节点和单元，还可以在几何模型边界上方便地施加载荷，但是实体模型并不参与有限元分析，所以施加在几何实体边界上的载荷或约束必须最终传递到有限元模型上（单元或节点）进行求解，这个过程通常是 ANSYS 程序自动完成的。可以通过 4 种途径创建 ANSYS 模型。

（1）在 ANSYS 环境中创建实体模型，然后划分有限元网格。

（2）在其他软件（如 CAD）中创建实体模型，然后读入 ANSYS 环境，经过修正后划分有限元网格。

（3）在 ANSYS 环境中直接创建节点和单元。

（4）在其他软件中创建有限元模型，然后将节点和单元数据读入 ANSYS。

单元属性是指划分网格之前必须指定的所分析对象的特征，这些特征包括：材料属性、单元类型、实常数等。需要强调的是，除了磁场分析以外，不需要告诉 ANSYS 使用的是什么单位制，只需要自己决定使用何种单位制，然后确保所有输入值的单位制统一，单位制影响输入的实体模型尺寸、材料属性、实常数及载荷等。

1.5.2 加载并求解

（1）自由度（DOF）：定义节点的自由度（DOF）值（例如，结构分析的位移、热分析的温度、电磁分析的磁势等）。

（2）面载荷（包括线载荷）：作用在表面的分布载荷（例如，结构分析的压力、热分析的热对流、电磁分析的麦克斯韦尔表面等）。

（3）体积载荷：作用在体积上或场域内（例如，热分析的体积膨胀和内生成热、电磁分析的磁流密度等）。

（4）惯性载荷：结构质量或惯性引起的载荷（例如，重力、加速度等）。

在求解之前应进行分析数据检查，包括以下内容。

① 单元类型和选项，材料性质参数，实常数以及统一的单位制。

② 单元实常数和材料类型的设置，实体模型的质量特性。

③ 确保模型中没有不应存在的缝隙（特别是从 CAD 中输入的模型）。

④ 壳单元的法向，节点坐标系。

⑤ 集中载荷和体积载荷，面载荷的方向。

⑥ 温度场的分布和范围，热膨胀分析的参考温度。

1.5.3 后处理

（1）通用后处理（POST1）：用来观看整个模型在某一时刻的结果。

（2）时间历程后处理（POST26）：用来观看模型在不同时间段或载荷步上的结果，常用于处理瞬态分析和动力分析的结果。

1.5.4 实例——齿轮泵齿轮静力分析

本实例的问题来源于齿轮泵齿轮静力分析的数值模拟。

扫码看视频

【创建步骤】

1. 模型描叙

齿轮泵用齿轮的模型如图 1-12 所示，对带有圆孔、齿边厚中间薄的齿轮，进行离心力分析。标准齿轮，最大转速为 62.8r/min，计算其应力分布。

图 1-12 齿轮泵用齿轮

齿顶直径：48mm；

齿底直径：40mm；

齿数：10；

弹性模量：2.06e11；

密度：7.8e3。

2. 进入 ANSYS

在进行一个新的有限元分析时，通常需要修改数据库名，并在图形输出窗口中定义一个标题来说明当前进行的工作内容。启动“ANSYS Product Launcher”后，在启动界面中定义工作文件路径，输入分析文件名“Gear”，单击“Run”按钮进入 ANSYS 图形交互界面，如图 1-13 所示。

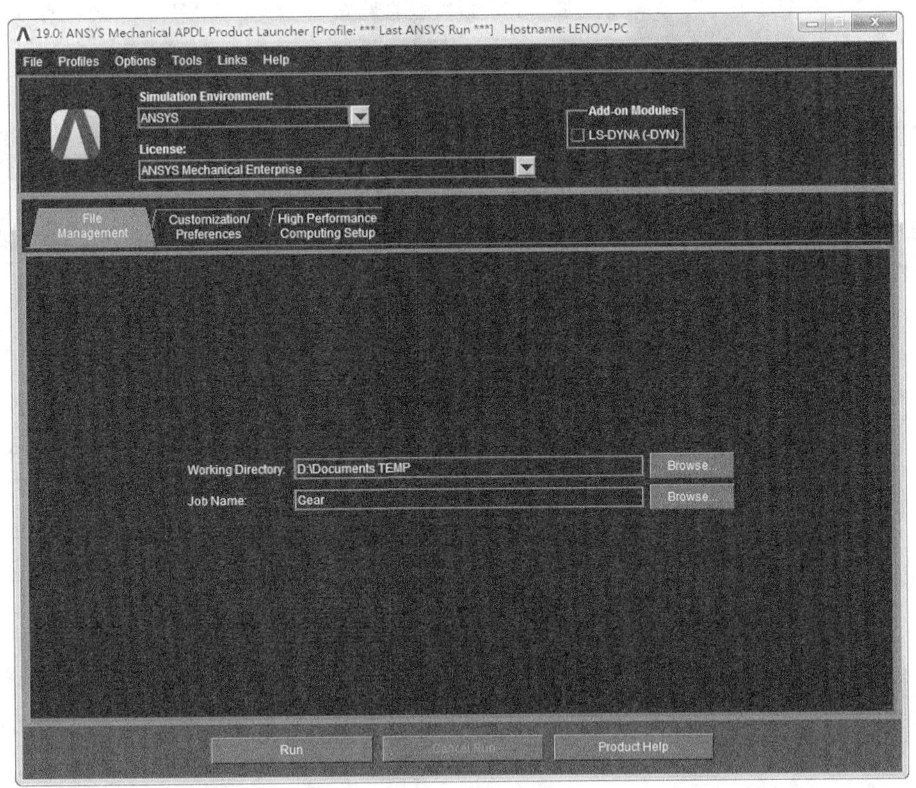

图 1-13 ANSYS 启动界面

3. 解题类型设置

对于不同的分析范畴（结构分析、热分析、流体分析、电磁场分析等），ANSYS 所用的主菜单的内容不尽相同，为此，需要在分析开始时选定分析内容的范畴，以便 ANSYS 显示出与其相对应的菜单选项。单击“ANSYS Main Menu”中“Preferences”命令，弹出 ANSYS 图形交互界面对话框，勾选“Structural”复选框（解题类型设置为结构问题），单击“OK”按钮，如图 1-14 所示。接下来可以在界面中进行建立模型，划分网格，施加载荷，求解等操作了。

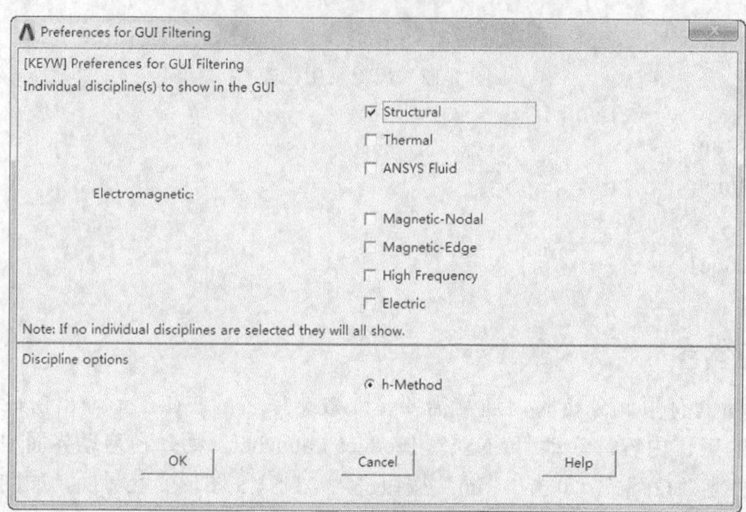

图 1-14　设置解题类型

1.6　本章小结

本章通过对 ANSYS 相关的基础知识和基本理论的介绍，帮助读者对本软件建立一个感性的认识，为后面的具体学习进行必要的铺垫。

第 2 章 几何建模

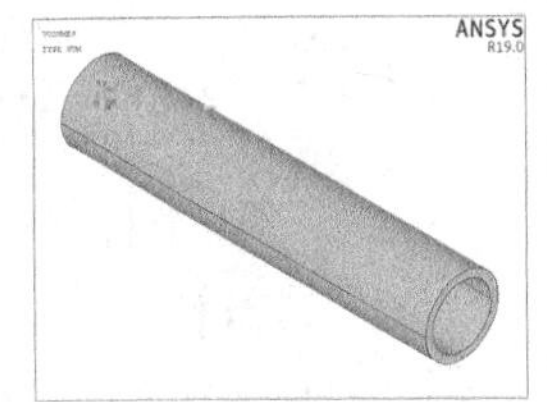

有限元分析是针对特定的模型而进行的，因此，用户必须建立一个有物理原型准确的数学模型。通过几何建模，可以描述模型的几何边界，为之后划分网格和施加载荷建立模型基础，因此它是整个有限元分析的基础。

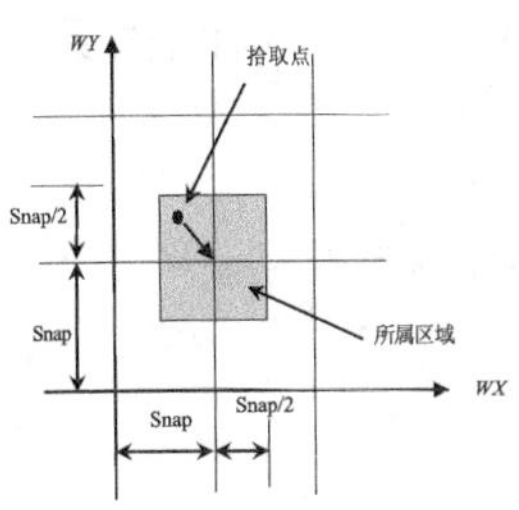

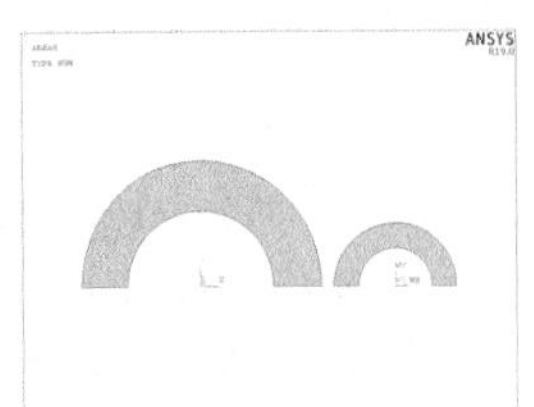

2.1 坐标系简介

ANSYS 有多种坐标系供选择。

（1）总体和局部坐标系：用来定位几何形状参数（节点、关键点等）和空间位置。

（2）显示坐标系：用于几何形状参数的列表和显示。

（3）节点坐标系：定义每个节点的自由度和节点结果数据的方向。

（4）单元坐标系：确定材料特性主轴和单元结果数据的方向。

（5）结果坐标系：用来列表、显示或在通用后处理操作中将节点和单元结果转换到一个特定的坐标系中。

2.1.1 总体和局部坐标系

总体坐标系和局部坐标系用来定位几何体。默认地，当定义一个节点或关键点时，其坐标系为总体笛卡儿坐标系。可是对有些模型，定义为不是总体笛卡儿坐标系的另外坐标系可能更方便。ANSYS 程序允许用任意预定义的 3 种（总体）坐标系的任意一种来输入几何数据，或者在任何其他定义的（局部）坐标系中进行此项工作。

1. 总体坐标系

总体坐标系被认为是一个绝对的参考系。ANSYS 程序提供了前面定义的 3 种总体坐标系：笛卡儿坐标系、柱坐标系和球坐标系。所有这 3 种坐标系都是右手系，而且有共同的原点。它们由其坐标号来识别：坐标号 1 是柱坐标系，2 是球坐标系，另外，还有一种以笛卡儿坐标系的 y 轴为 z 轴的柱坐标系，其坐标号是 3，如图 2-1 所示。

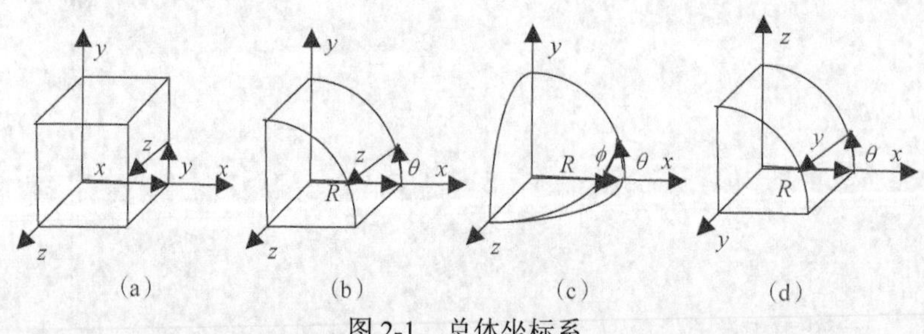

图 2-1　总体坐标系

图 2-1(a) 表示笛卡儿坐标系；图 2-1(b) 表示一类圆柱坐标系（其 z 轴同笛卡儿系的 z 轴一致），坐标系统标号是 1；图 2-1(c) 表示球坐标系，坐标系统标号是 2；图 2-1(d) 表示两类圆柱坐标系（z 轴与笛卡儿系的 y 轴一致），坐标系统标号是 3。

2. 局部坐标系

在许多情况下，必须要建立自己的坐标系。其原点与总体坐标系的原点偏移一定距离，或其方位不同于先前定义的总体坐标系，图 2-2 表示一个局部坐标系的示例，它是通过用于局部、节点或工作平面坐标系旋转的欧拉旋转角来定义的。可以按表 2-1 所示方式定义局部坐标系。

图 2-1 中 x，y，z 表示总体坐标系，然后通过旋转该总体坐标系来建立局部坐标系。图 2-2（a）表示将总体坐标系绕 z 轴旋转一个角度得到 x_1，y_1，z（z_1）；图 2-2（b）表示将 x_1，y_1，z（z_1）绕 x_1 轴旋转一个角度得到 x_1（x_2），y_2，z_2。

表 2-1　定义局部坐标系

用法	命令	GUI 菜单路径
按总体笛卡儿坐标定义局部坐标系	LOCAL	Utility Menu > WorkPlane > Local Coordinate Systems > Create Local CS > At Specified Loc +
通过已有节点定义局部坐标系	CS	Utility Menu > WorkPlane > Local Coordinate Systems > Create Local CS > By 3 Nodes +
通过已有关键点定义局部坐标系	CSKP	Utility Menu > WorkPlane > Local Coordinate Systems > Create Local CS > By 3 Keypoints +
在当前定义的工作平面的原点为中心定义局部坐标系	CSWPLA	Utility Menu > WorkPlane > Local Coordinate Systems > Create Local CS > At WP Origin

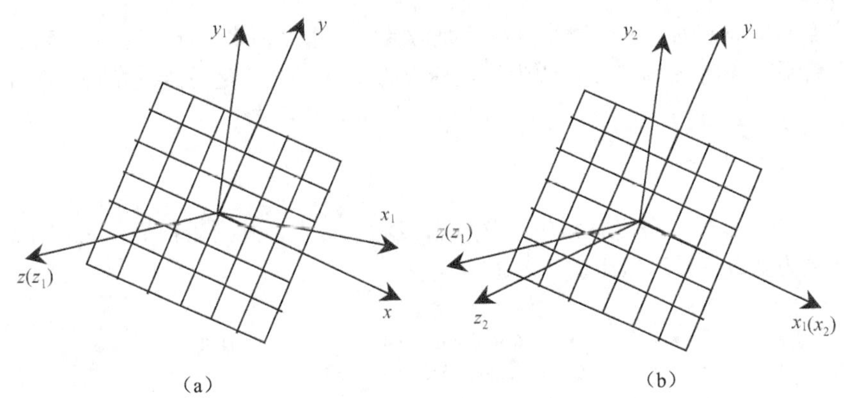

图 2-2　欧拉旋转角

当定义了一个局部坐标系后，它就会被激活。当创建了局部坐标系后，分配给它一个坐标系号（必须是 11 或更大），可以在 ANSYS 程序中的任何阶段建立或删除局部坐标系。若要删除一个局部坐标系，可以利用下面的方法。

```
命令：CSDELE。
GUI：Utility Menu > WorkPlane > Local Coordinate Systems > Delete Local CS。
```

若要查看所有的总体和局部坐标系，可以使用下面的方法。

```
命令：CSLIST。
GUI：Utility Menu > List > Other > Local Coord Sys。
```

与 3 个预定义的总体坐标系类似，局部坐标系可以是笛卡儿坐标系、柱坐标系或球坐标系。局部坐标系可以是圆的，也可以是椭圆的，另外，还可以建立环形局部坐标系，如图 2-3 所示。

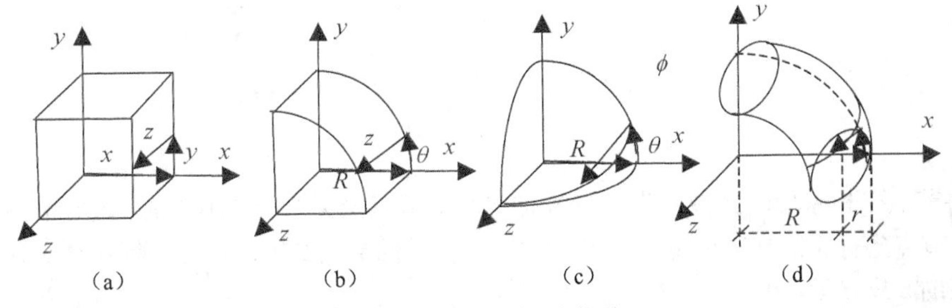

图 2-3　局部坐标系类型

图 2-3（a）表示局部笛卡儿坐标系；图 2-3（b）表示局部圆柱坐标系；图 2-3（c）表示局部

球坐标系；图 2-3（d）表示局部环坐标系。

3. 坐标系的激活

定义多个坐标系，但某一时刻只能有一个坐标系被激活。激活坐标系的方法如下。首先自动激活总体笛卡儿坐标系，当定义一个新的局部坐标系，这个新的坐标系就会自动被激活，如果要激活一个与总体坐标系或以前定义的坐标系，可用下列方法。

命令：CSYS。

GUI：Utility Menu > WorkPlane > Change Active CS to > Global Cartesian (Global Cylindrical / Global Spherical / Specified Coord Sys / Working Plane)。

在 ANSYS 程序运行的任何阶段都可以激活某个坐标系，若没有明确地改变激活的坐标系，当前激活的坐标系将一直保持不变。

在定义节点或关键点时，不管哪个坐标系是激活的，程序都将坐标标为 x、y 和 z，如果激活的不是笛卡儿坐标系，应将 x、y 和 z 理解为柱坐标中的 r、θ、z 或球坐标系中的 r、θ、φ。

2.1.2 显示坐标系

在默认情况下，即使是在坐标系中定义的节点和关键点，其列表都显示它们在总体笛卡儿坐标，可以用下列方法改变显示坐标系。

命令：DSYS。

GUI：Utility Menu > WorkPlane > Change Display CS to > Global Cartesian (Global Cylindrical / Global Spherical / Specified Coord Sys)。

改变显示坐标系也会影响图形显示。除非有特殊的需要，一般在用诸如“NPLOT”“EPLOT”命令显示图形时，应将显示坐标系重置为总体笛卡儿坐标系。“DSYS”命令对“LPLOT”“APLOT”“VPLOT”命令无影响。

2.1.3 节点坐标系

总体和局部坐标系用于几何体的定位，而节点坐标系则用于定义节点自由度的方向。每个节点都有自己的节点坐标系，默认情况下，它总是平行于总体笛卡儿坐标系（与定义节点的激活坐标系无关）。可用下列方法将任意节点坐标系旋转到所需方向，如图 2-4 所示。

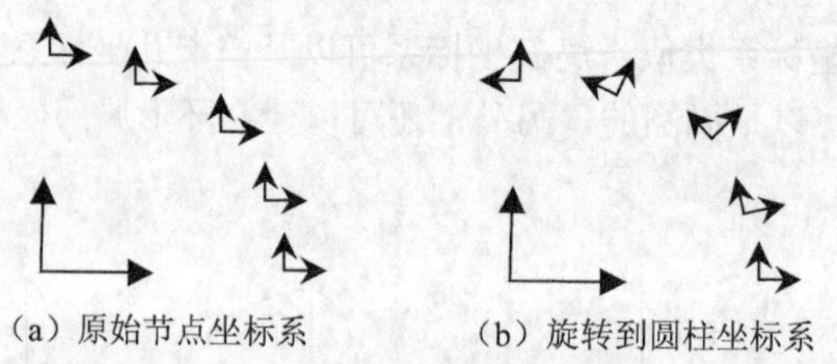

（a）原始节点坐标系　　（b）旋转到圆柱坐标系

图 2-4　节点坐标系

（1）将节点坐标系旋转到激活坐标系的方向。即节点坐标系的 x 轴转成平行于激活坐标系的 x 轴或 r 轴，节点坐标系的 y 轴旋转到平行于激活坐标系的 y 或 θ 轴，节点坐标系的 z 轴转成平行于激活坐标系的 z 或 φ 轴。

命令：NROTAT。

GUI：Main Menu > Preprocessor > Modeling > Create > Nodes > Rotate Node CS > To Active CS。

```
Main Menu > Preprocessor > Modeling > Move/Modify > Rotate Node CS > To Active CS。
```

（2）按给定的旋转角旋转节点坐标系（因为通常不易得到旋转角，因此“NROTAT”命令可能更有用），在生成节点时可以定义旋转角，或对已有节点制定旋转角（“NMODIF”命令）。

```
命令：N。
GUI：Main Menu > Preprocessor > Modeling > Create > Nodes > In Active CS。
命令：NMODIF。
GUI：Main Menu > Preprocessor > Modeling > Create > Nodes > Rotate Node CS > By
Angles。
Main Menu > Preprocessor > Modeling > Move/Modify > Rotate Node CS > By Angles。
```

用下列方法可以列出节点坐标系相对于总体笛卡儿坐标系旋转的角度。

```
命令：NANG。
GUI：Main Menu > Preprocessor > Modeling > Create > Nodes > Rotate Node CS > By
Vectors。
Main Menu > Preprocessor > Modeling > Move/Modify > Rotate Node CS > By Vectors。
命令：NLIST。
GUI：Utility Menu > List > Nodes。
Utility Menu > List > Picked Entities > Nodes。
```

2.1.4 单元坐标系

每个单元都有自己的坐标系，单元坐标系用于规定正交材料特性的方向，施加压力和显示结果（如应力应变）的输出方向。所有的单元坐标系都是正交右手系。

大多数单元坐标系的默认方向遵循以下规则。

（1）线单元的 x 轴通常从该单元的 I 节点指向 J 节点。

（2）壳单元的 x 轴通常也取 I 节点到 J 节点的方向，z 轴过 I 节点且与壳面垂直，其正方向由单元的 I、J 和 K 节点按右手法则确定，y 轴垂直于 x 轴和 z 轴。

（3）对二维和三维实体单元的单元坐标系总是平行于总体笛卡儿坐标系。

然而，并非所有的单元坐标系都符合上述规则，对于特定单元坐标系的默认方向可参考 ANSYS 帮助文档单元说明部分。

许多单元类型都有选项（KEYOPTS，在“DT”或“KETOPT”命令中输入），这些选项用于修改单元坐标系的默认方向。对面单元和体单元而言，可用下列命令将单元坐标的方向调整到已定义的局部坐标系上。

```
命令：ESYS。
GUI：Main Menu > Preprocessor > Meshing > Mesh Attributes > Default Attribs。
Main Menu > Preprocessor > Modeling > Create > Elements > Elem Attributes。
```

如果既用了“KEYOPT”命令又用了“ESYS”命令，则“KEYOPT”命令的定义有效。对某些单元而言，通过输入角度可相对先前的方向作进一步旋转，如 SHELL63 单元中的实常数 THETA。

2.1.5 结果坐标系

在求解过程中，计算的结果数据有位移（UX、UY、ROTS 等）、梯度（TGX、TGY 等）、应力（SX、SY、SZ 等）、应变（EPPLX、EPPLXY 等）等，这些数据存储在数据库和结果文件中，要么是在节点坐标系（初始或节点数据）中，要么是在单元坐标系（导出或单元数据）中。但是，结果数据通常是旋转到激活的坐标系（默认为总体坐标系）中来进行云图显示、列表显示和单元数据存储（“ETABLE”命令）等操作。

活动的结果坐标系可以转到另一个坐标系（如总体坐标系或一个局部坐标系），或转到在求解时所用的坐标系下（例如，节点和单元坐标系）。如果列表、显示或操作这些结果数据，则它们将首先被旋转到结果坐标系下。利用下列方法可改变结果坐标系。

```
命令：RSYS。
GUI：Main Menu > General Postproc > Options for Output。
Utility Menu > List > Results > Options
```

2.1.6 实例——坐标系创建

【创建步骤】

扫码看视频

1. 定义工作文件名

选择“Utility Menu > File > Change Jobname”命令，弹出如图 2-5 所示的“Change Jobname”对话框，在“Enter new jobname”文本框中输入“CS”，并选中复选框为“yes”，单击“OK”按钮。

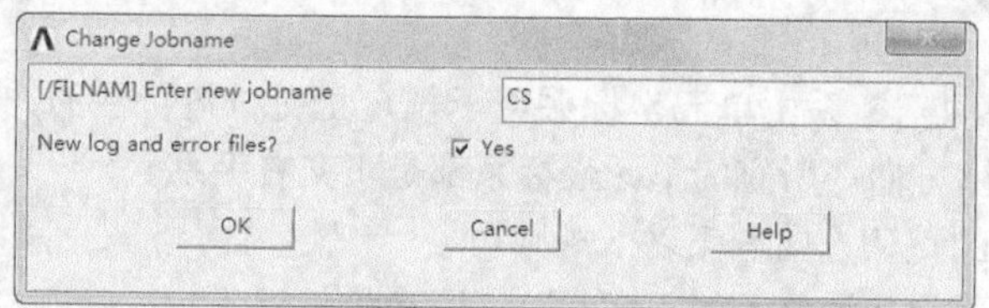

图 2-5 “Change Jobname”对话框

2. 创建两个单元节点

选择“Main Menu > Preprocessor > Modeling > Create > Nodes > In Active CS”命令，弹出如图 2-6 所示的“Create Nodes in Active Coordinate System”对话框，在“Node Number”后面的文本框中输入“1”，单击“Apply”按钮，又弹出此对话框，在“Node Number”后面的文本框中输入“3”，在“X，Y，Z Location in active CS”后面的文本框中分别输入“0.5”“1”“2”，单击“OK”按钮。

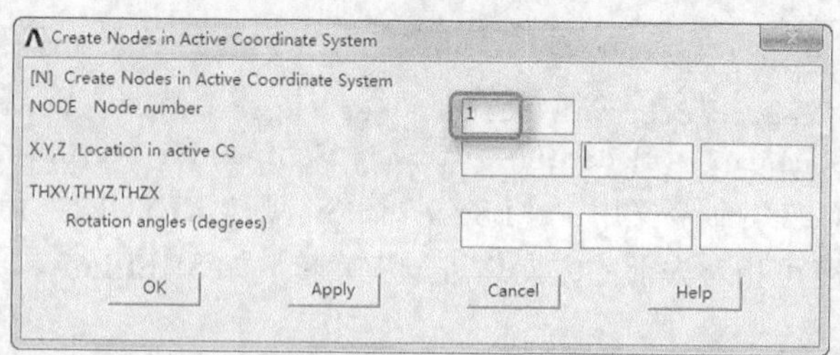

图 2-6 “Create Nodes in Active Coordinate System”对话框

3. 创建第三个节点

选择“Main Menu > Preprocessor > Modeling > Create > Nodes > Fill between Nds”命令，弹出一个拾取框，在图形上拾取编号为 1 和 3 的节点，单击“OK”按钮，又弹出“Create Nodes Between 2 Nodes”对话框，单击“OK”按钮。

4. 创建局部坐标系

（1）执行菜单栏中的“Utility Menu：WorkPlane > Local Coordinate Systems > Create Local CS > At Specified Loc”命令。

（2）在“Global Cartesian”文本框中输入：“0.6，0.4，0”，然后单击“OK”按钮，得到“Create Local CS at Specified Location”对话框，如图 2-7 所示。在指定位置创建本地工作平面

（3）在“Ref number of new coord sys”后的文本框中输入“11”，在“Type of coordinate system”后的列表框中选择“Cylindrical 1”选项，在“Origin of coord system”后的文本框中分别输入“0.6”“0.4”“0”，在“THXY Rotation about local Z”后的文本框中输入“60”，单击“OK”按钮，如图 2-8 所示，新的局部坐标系创建完毕。

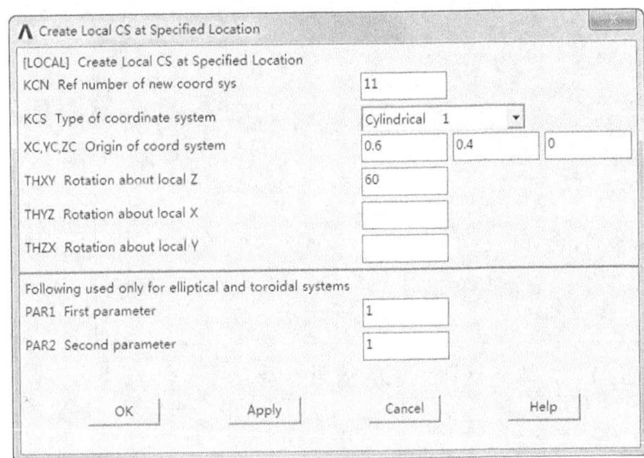

图 2-7　“Create Local CS at Specified Location”对话框

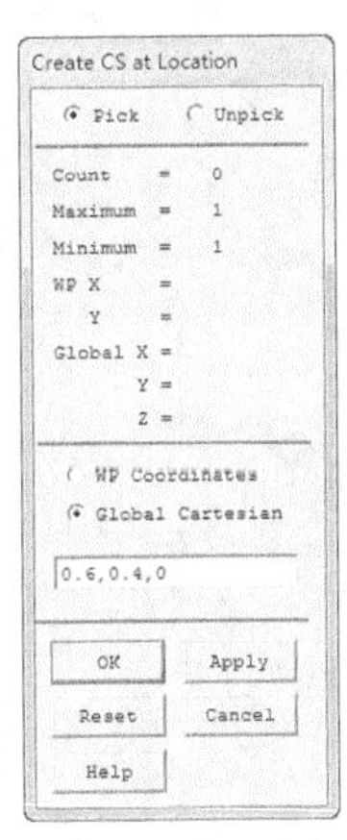

图 2-8　输入坐标

5. 将激活的坐标系设置为局部坐标系

（1）执行菜单栏中的“Utility Menu：WorkPlane > Change Display CS to > Specified Coord Sys”命令。

（2）在文本框中输入“11”，单击“OK”按钮，将显示坐标变为自定义局部坐标系。

（3）单击“Utility Menu：Plot > RePlot”命令，图形窗口将按照自定义坐标系显示节点，如图 2-9 所示。

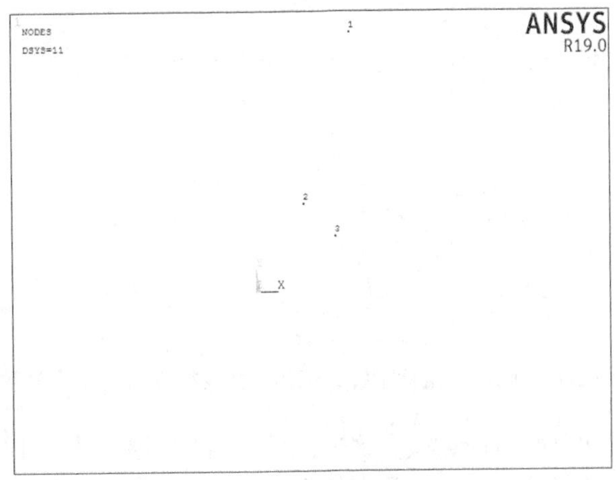

图 2-9　显示坐标转换后示意图

（4）单击“Utility Menu：WorkPlane > Change Display CS to > Global Cylindrical Y”命令，显示坐标系变为总体柱坐标系（y）。

（5）单击“Utility Menu：Plot > RePlot”命令，单击几次“视图控制栏”中的“Zoom Out”按钮，图形窗口将按照总体柱坐标系显示关键点，如图 2-10 所示。

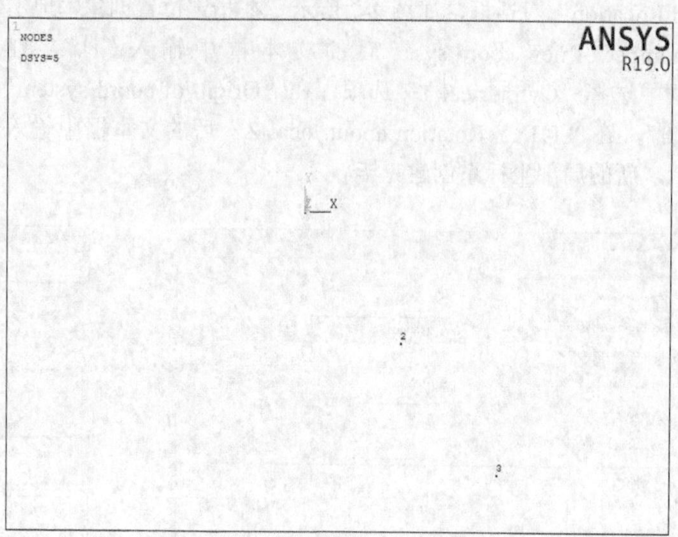

图 2-10　总体柱坐标系下的结果显示

2.2　工作平面的使用和操作

尽管鼠标指针在画面上只表现为一个点，但它实际上代表的是空间中垂直于画面的一条线。为了能用鼠标指针拾取一个点，首先必须定义一个假想的平面，当该平面与鼠标指针所代表的垂线相交时，能唯一地确定空间中的一个点，这个假想的平面就是工作平面。从另一种角度想象鼠标指针与工作平面的关系，可以描述为鼠标指针就像一个点在工作平面上来回游荡，工作平面因此就如同在上面写字的平板一样，工作平面可以不平行于画面，如图 2-11 所示。

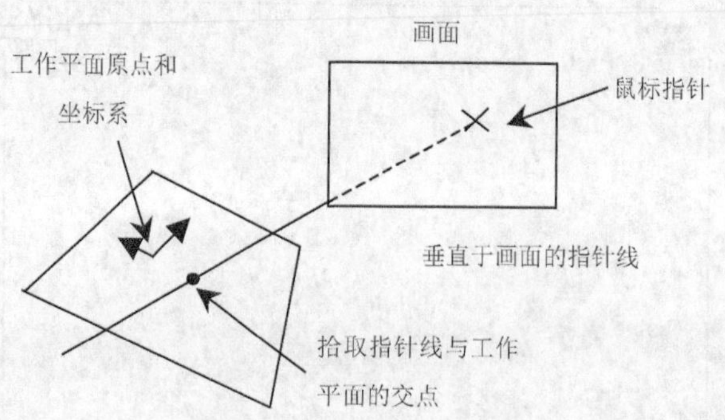

图 2-11　画面、鼠标指针、工作平面及拾取点之间的关系

工作平面是一个无限平面，有原点、二维坐标系、捕捉增量和显示栅格。在同一时刻只能定义一个工作平面（当定义一个新的工作平面时就会删除已有的工作平面）。工作平面是与坐标系独

立使用的。例如，工作平面与激活的坐标系可以有不同的原点和旋转方向。

进入 ANSYS 程序时，有一个默认的工作平面，即总体笛卡儿坐标系的 *x-y* 平面。工作平面的 *x*、*y* 轴分别取为总体笛卡儿坐标系的 *x* 轴和 *y* 轴。

2.2.1 定义一个新的工作平面

用表 2-2 所示方法可以定义一个新的工作平面。

表 2-2 定义工作平面

用法	命令	GUI 菜单路径
由三点定义一个工作平面	WPLANE	Utility Menu > WorkPlane > Align WP with > XYZ Locations
由三节点定义一个工作平面	NWPLAN	Utility Menu > WorkPlane > Align WP with > Nodes
由三个关键点定义一个工作平面	KWPLAN	Utility Menu > WorkPlane > Align WP with > Keypoints
由过一指定线上的点的垂直于该直线的平面定义为工作平面	LWPLAN	Utility Menu > WorkPlane > Align WP with > Plane Normal to Line
通过现有坐标系的 *x-y*（或 *r-θ*）平面定义工作平面	WPCSYS	Utility Menu > WorkPlane > Align WP with > Active Coord Sys（Global Cartesian / Specified Coord Sys）

2.2.2 控制工作平面的显示和样式

为获得工作平面的状态（即位置、方向、增量）可用下面的方法。

```
命令：WPSTYL,STAT。
GUI：Utility Menu > List > Status > Working Plane。
```

将工作平面重置为默认状态下的位置和样式，可利用“WPSTYL”“DEFA”命令。

2.2.3 移动工作平面

工作平面可以移动到与原位置平行的新的位置，方法如表 2-3 所示。

表 2-3 移动工作平面

用法	命令	GUI 菜单路径
将工作平面的原点移动到关键点	KWPAVE	Utility Menu > WorkPlane > Offset WP to > Keypoints
将工作平面的原点移动到节点	NWPAVE	Utility Menu > WorkPlane > Offset WP to > Nodes
将工作平面的原点移动到指定点	WPAVE	Utility Menu > WorkPlane > Offset WP to > Global Origin（Origin of Active CS / XYZ Locations）
偏移工作平面	WPOFFS	Utility Menu > WorkPlane > Offset WP by Increments

2.2.4 旋转工作平面

工作平面可以旋转到一个新的方向，可以在工作平面内旋转 *x-y* 轴，也可以使整个工作平面都旋转到一个新的位置。如果不清楚旋转角度，利用前面的方法可以很容易地在正确的方向上创建一个新的工作平面。旋转工作平面的方法如下。

```
命令：WPROTA。
GUI：Utility Menu > WorkPlane > Offset WP by Increments。
```

2.2.5 还原一个已定义的工作平面

尽管实际上不能存储一个工作平面，但可以在工作平面的原点创建一个局部坐标系，然后利用这个局部坐标系还原一个已定义的工作平面。

在工作平面的原点创建局部坐标系的方法如下。

```
命令：CSWPLA。
GUI：Utility Menu > WorkPlane > Local Coordinate Systems > Create Local CS > At WP Origin。
```

利用局部坐标系还原一个已定义的工作平面的方法如下。

```
命令：WPCSYS。
GUI：Utility Menu > WorkPlane > Align WP with > Active Coord Sys（Global Cartesian / Specified Coord Sys)。
```

2.2.6 工作平面的高级用途

用“WPSTYL”命令或前面讨论的GUI方法可以增强工作平面的功能，使其具有捕捉增量、显示栅格、恢复容差和坐标类型的功能。然后，就可以迫使坐标系随工作平面的移动而移动，方法如下。

```
命令：CSYS。
GUI：Utility Menu > WorkPlane > Change Active CS to > Global Cartesian（Global Cylindrical / Global Spherical / Specified Coordinate Sys / Working Plane)。
Utility Menu > WorkPlane > Offset WP to > Global Origin。
```

1. 捕捉增量

如果没有捕捉增量功能，在工作平面上将光标定位到已定义的点上将是一件非常困难的事情。为了能精确地拾取，可以用“WPSTYL”命令或相应的GUI建立捕捉增量功能。一旦建立了捕捉增量（snap increment），拾取点（picked location）将定位在工作平面上最近的点，数学上表示如下，当光标在区域（assigned location）。

```
N*SNAP - SNAP/2 ≤X < N*SNAP + SNAP/2
```

对任意整数 N，拾取点的 x 坐标为: $XP=N\times SNAP$。

在工作平面坐标系中的 x，y 坐标均可建立捕捉增量，捕捉增量也可以看成是个方框，拾取到方框的点将定位于方框的中心，如图2-12所示。

2. 显示栅格

在画面上可以建立栅格以帮助用户观察工作平面上的位置。栅格的间距、状况和边界可由“WPSTYL”命令来设定（栅格与捕捉点无任何关系）。发出不带参量的“WPSTYL”命令控制栅格在画面上的打开和关闭。

3. 恢复容差

需拾取的图元可能不在工作平面上，而在工作平面的附近，这时，通过“WPSTYL”命令和 GUI 路径指定恢复容差，在此容差内的图元将认为是在工作平面上的。这种容差就如同在恢复拾取时，给了工作平面一个厚度。

4. 坐标系类型

ANSYS 系统有两种可选的工作平面：笛卡儿坐标系和极坐标系工作平面。我们通常采用笛卡儿坐标系工作平面，但当几何体容易在极坐标系（r，θ）中表述时可能用到极坐标系工作平面。图 2-13 所示为用“WPSTYL”命令激活的极坐标工作平面的栅格。在极坐标平面中的拾取操作与在笛卡儿坐标工作平面中的是一致的。对捕捉参数进行定位的栅格点的标定是通过指定待捕捉点之间的径向距离（SNAP ON WPSTYL）和角度（SNAPANG）来实现的。

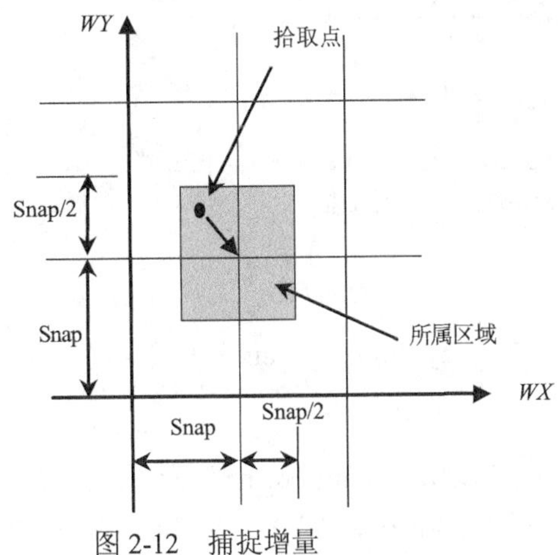

图 2-12 捕捉增量

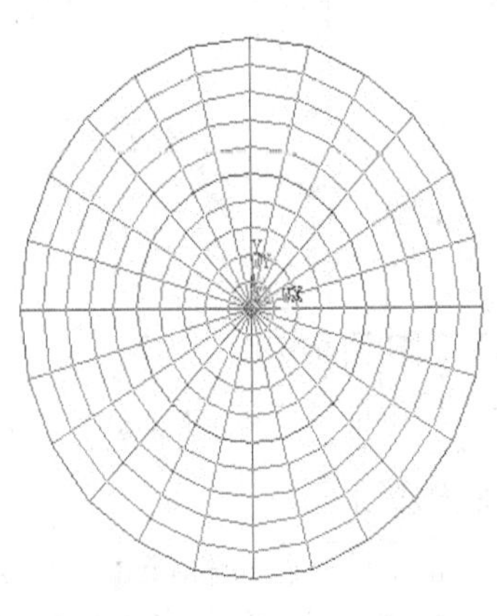

图 2-13 极坐标工作平面栅格

5. 工作平面的轨迹

如果用与坐标系会合在一起的工作平面定义几何体，可能发现工作平面是完全与坐标系分离的。例如，当改变或移动工作平面时，坐标系并不显示反映新工作平面类型或位置的变化。这可能使用户结合使用拾取（靠工作平面）和键盘输入关键点（用激活的坐标系）时得到无效的结果。例如：将工作平面从默认位置移开，然后想在新的工作平面的原点用键盘输入定义一个关键点（即 K，1205，0，0）会发现关键点落在坐标系的原点而不是工作平面的原点。

如果想强迫激活的坐标系在建模时跟着工作平面一起移动，可以在用“CSYS”命令或相应的 GUI 路径时利用一个选项来自动完成。执行“CSYS”“WP”或“CSYS4”命令，或者 GUI：Utility Menu > WorkPlane > Change Active CS to > Working Plane，将迫使激活的坐标系与工作平面有相同的类型（如笛卡儿）和相同的位置。那么，在移动工作平面时，坐标系将随其一起移动。如果改变所用工作平面的类型，坐标系也将相应更新。例如，当将工作平面从笛卡儿转为极坐标系时，激活的坐标系也将从笛卡儿系转到柱坐标系。

如果重新来看上面讨论的例子，加入想在自己移动工作平面之后将一个关键点放置在工作平面的原点，但这次在移动工作平面之前激活跟踪工作平面，执行“CSYS”“WP”命令，或“GUI”：Utility Menu > WorkPlane > Change Active CS to > Working Plane，然后像前面一样移动工作平面，现在，当使用键盘定义关键点（即 K，1205，0，0），这个关键点将被放在工作平面的原点，因为坐标系与工作平面的方位一致。

2.2.7 实例——工作平面创建

1. 定义工作文件名

执行菜单栏中的“Utility Menu > File > Change Jobname”命令，弹出更改工作名称对话框，如图 2-14 所示。在弹出的对话框中输入文件名“Pipe”，单击“OK”按钮。

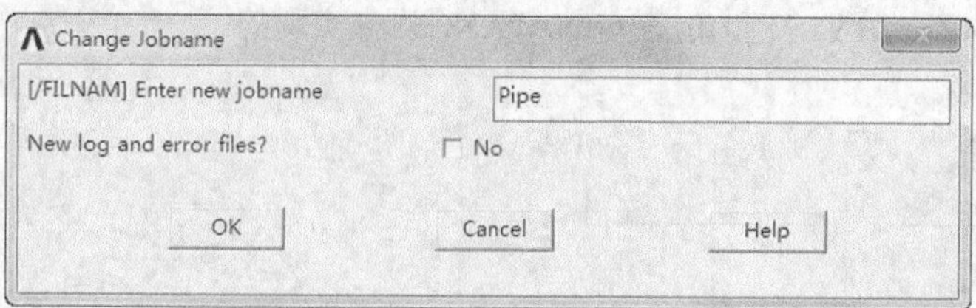

图 2-14 “Change Jobname”对话框

2. 显示工作平面

执行菜单栏中的“Utility Menu > WorkPlane > Display Working Plane”命令。

3. 创建直管筒

执行菜单栏中的“Utility Menu > WorkPlane > Offset WP by Increments”命令，弹出“Offset WP”对话框，如图 2-15 所示。在“XY，YZ，ZX Angles”文本框中输入“0，0，90”，单击“OK”按钮。

执行主菜单中的“Main Menu > Preprocessor > Modeling > Create > Volumes > Cylinder > Partial Cylinder”命令，弹出“Partial Cylinder”对话框，如图 2-16 所示。输入如图所示的数据，然后单击“OK”按钮。生成直管筒几何模型，如图 2-17 所示。

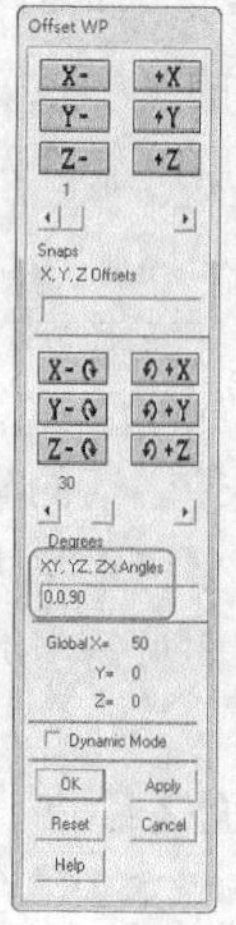

图 2-15 “Offset WP”对话框

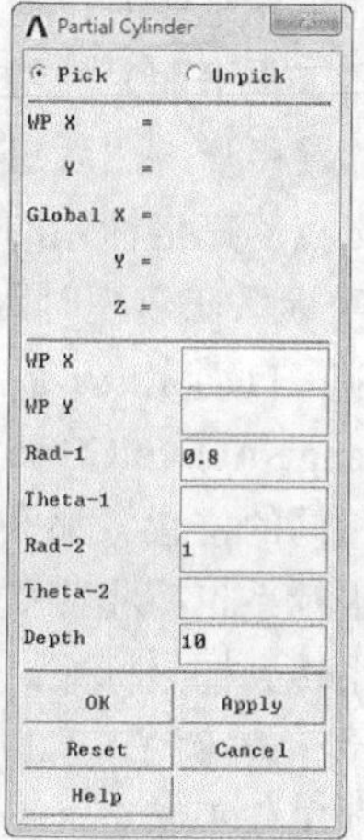

图 2-16 “Partial Cylinder”对话框

4. 生成管板部分模型

执行菜单栏中的“Utility Menu > WorkPlane > Offset WP by Increments”命令，弹出“Offset WP”对话框，如图 2-18 所示。在“XY，YZ，ZX Offsets”文本框中输入“0，0，10”，单击“OK”按钮。

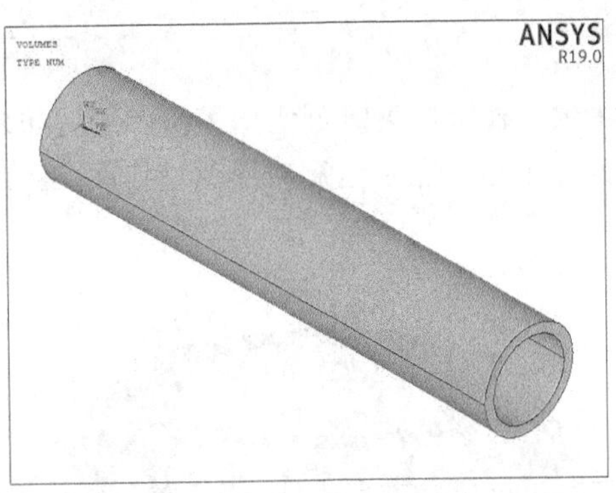

图 2-17　直管筒几何模型

执行主菜单中的“Main Menu > Preprocessor > Modeling > Create > Volumes > Cylinder > Solid Cylinder”命令，弹出“Solid Cylinder ”对话框，输入如图 2-19 所示的数据，单击“OK”按钮，生成管板几何模型。生成的结果如图 2-20 所示。

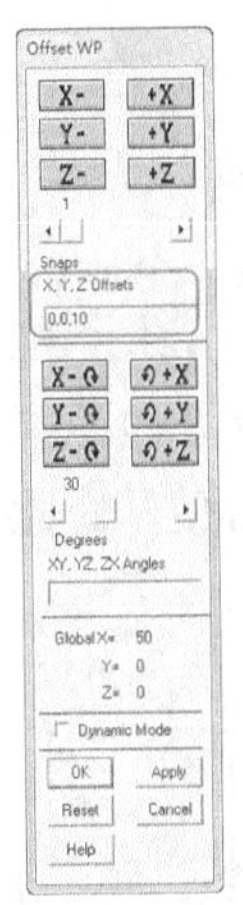

图 2-18　“Offset WP”对话框

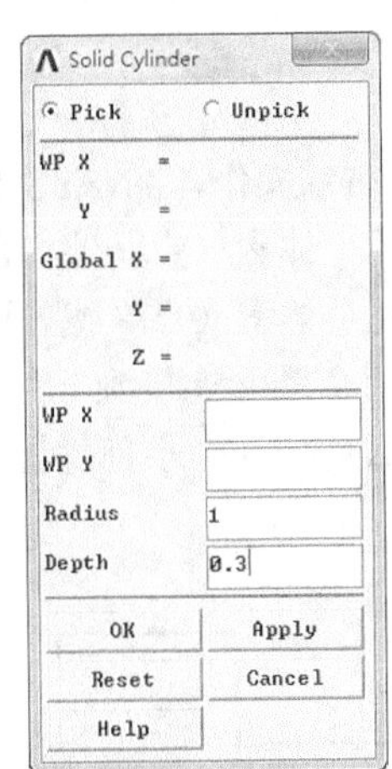

图 2-19　“Solid Cylinder”对话框

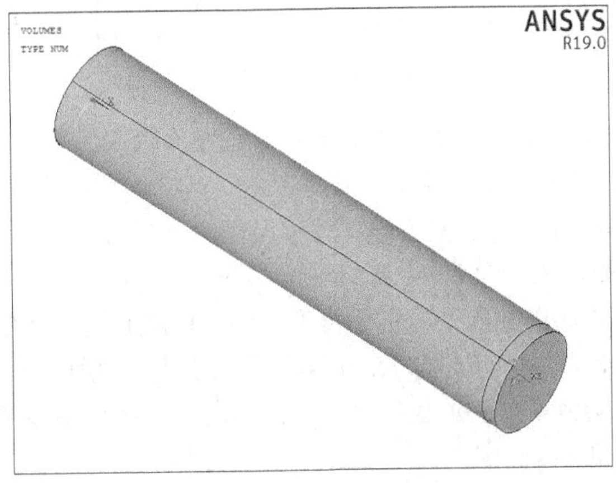

图 2-20　生成的管模型

2.3 布尔操作

2.3.1 布尔运算操作

使用求交、相减或其他布尔操作可以来雕刻实体模型。通过布尔操作，可以直接用较高级的图元生成复杂的形体，如图 2-21 所示。布尔运算对于通过自底向上或自顶向下方法生成的图元均有效。

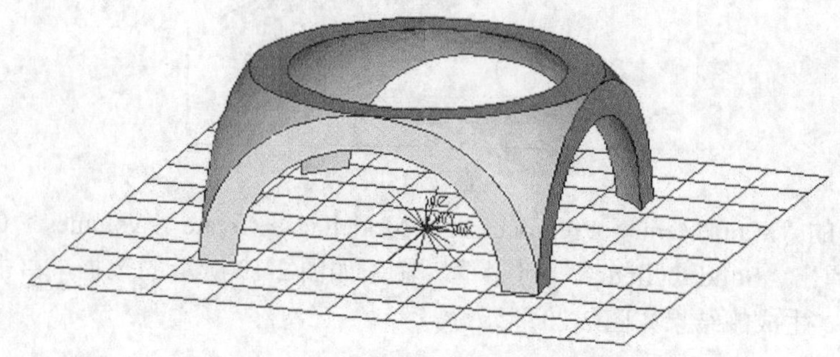

图 2-21 使用布尔运算生成的复杂形体

创建模型时要用到布尔操作，ANSYS 具有以下布尔操作功能。

- 加：把相同的几个体素（点、线、面、体）合在一起形成一个体素。
- 减：从相同的几个体素（点、线、面、体）中去掉相同的另外几个体素。
- 粘接：操作将两个图元连接到一起，并保留各自边界，如图 2-22 所示。考虑到网格划分，由于网格划分器划分几个小部件比划分一个大部件更加方便，因此粘接常常比加操作更加适合。

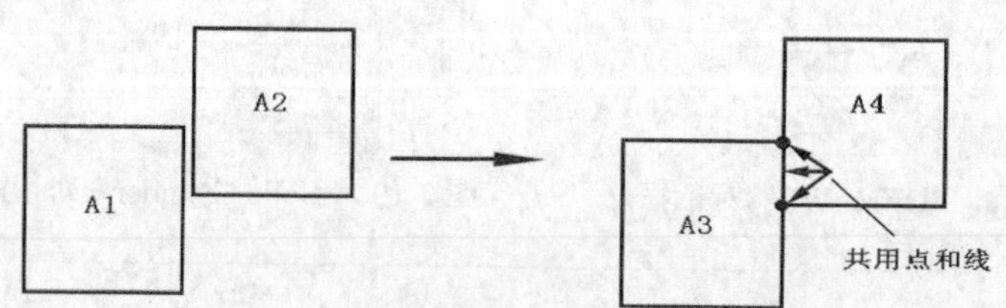

图 2-22 粘接操作

- 叠分：操作与粘接功能基本相同，不同的是叠分操作输入的图元具有重叠的区域。
- 分解：将一个图元分解为两个图元，但两者之间保持连接。可用于将一个复杂体修剪剖切为多个规则体，为网格划分带来方便。分解操作的“剖切工具”可以是工作平面、面或线。
- 相交：是把相重叠的图元形成一个新的图元。

无论是自顶向下还是自底向上构造的实体模型，都可以对它进行布尔运算操作。需注意的是，凡是通过连接生成的图元对布尔运算无效，对退化的图元也不能进行某些布尔运算。通常，完成布尔运算之后，紧接着就是实体模型的加载和单元属性的定义，如果用布尔运算修改了已有的模型，需注意重新进行单元属性和加载的定义。

2.3.2　布尔运算的设置

对两个或多个图元进行布尔运算时，可以通过以下的方式确定是否保留原始图元，如图 2-23 所示。

命令：BOPTN。
GUI：Main Menu > Preprocessor > Modeling > Operate > Booleans > Settings。

一般来说，对依附于高级图元的低级图元进行布尔运算是允许的，但不能对已划分网格的图元进行布尔操作，必须在执行布尔操作之前将网格清除。

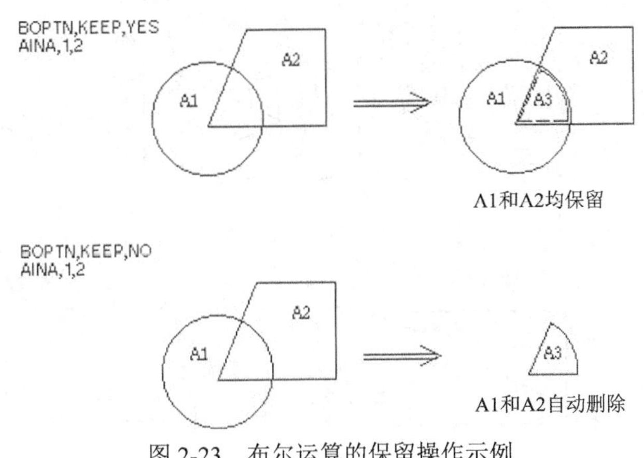

图 2-23　布尔运算的保留操作示例

2.3.3　布尔运算之后的图元编号

ANSYS 的编号程序会对布尔运算输出的图元依据其拓扑结构和几何形状进行编号。例如：面的拓扑信息包括定义的边数，组成面的线数（即三边形面或四边形面），面中的任何原始线（在布尔操作之前存在的线）的线号，任意原始关键点的关键点号等。面的几何信息包括形心的坐标、端点和其他相对于一些任意的参考坐标系的控制点。控制点是由 NURBS 定义的描述模型的参数。

编号程序首先给输出图元分配按其拓扑结构唯一识别的编号（以下一个有效数字开始），任何剩余图元按几何编号。但需注意的是，按几何编号的图元顺序可能会与优化设计的顺序不一致，特别是在多重循环中几何位置发生改变的情况下。

2.3.4　交运算

布尔交运算的命令及 GUI 菜单路径如表 2-4 所示。

表 2-4　交运算

用法	命令	GUI 菜单路径
线相交	LINL	Main Menu > Preprocessor > Modeling > Operate > Booleans > Intersect > Common > Lines
面相交	AINA	Main Menu > Preprocessor > Modeling > Operate > Booleans > Intersect > Common > Areas

续表

用法	命令	GUI 菜单路径
体相交	VINV	Main Menu > Preprocessor > Modeling > Operate > Booleans > Intersect > Common > Volumes
线和面相交	LINA	Main Menu > Preprocessor > Modeling > Operate > Booleans > Intersect > Line with Area
面和体相交	AINV	Main Menu > Preprocessor > Modeling > Operate > Booleans > Intersect > Area with Volume
线和体相交	LINV	Main Menu > Preprocessor > Modeling > Operate > Booleans > Intersect > Line with Volume

图 2-24 ～图 2-28 所示为一些图元相交的实例。

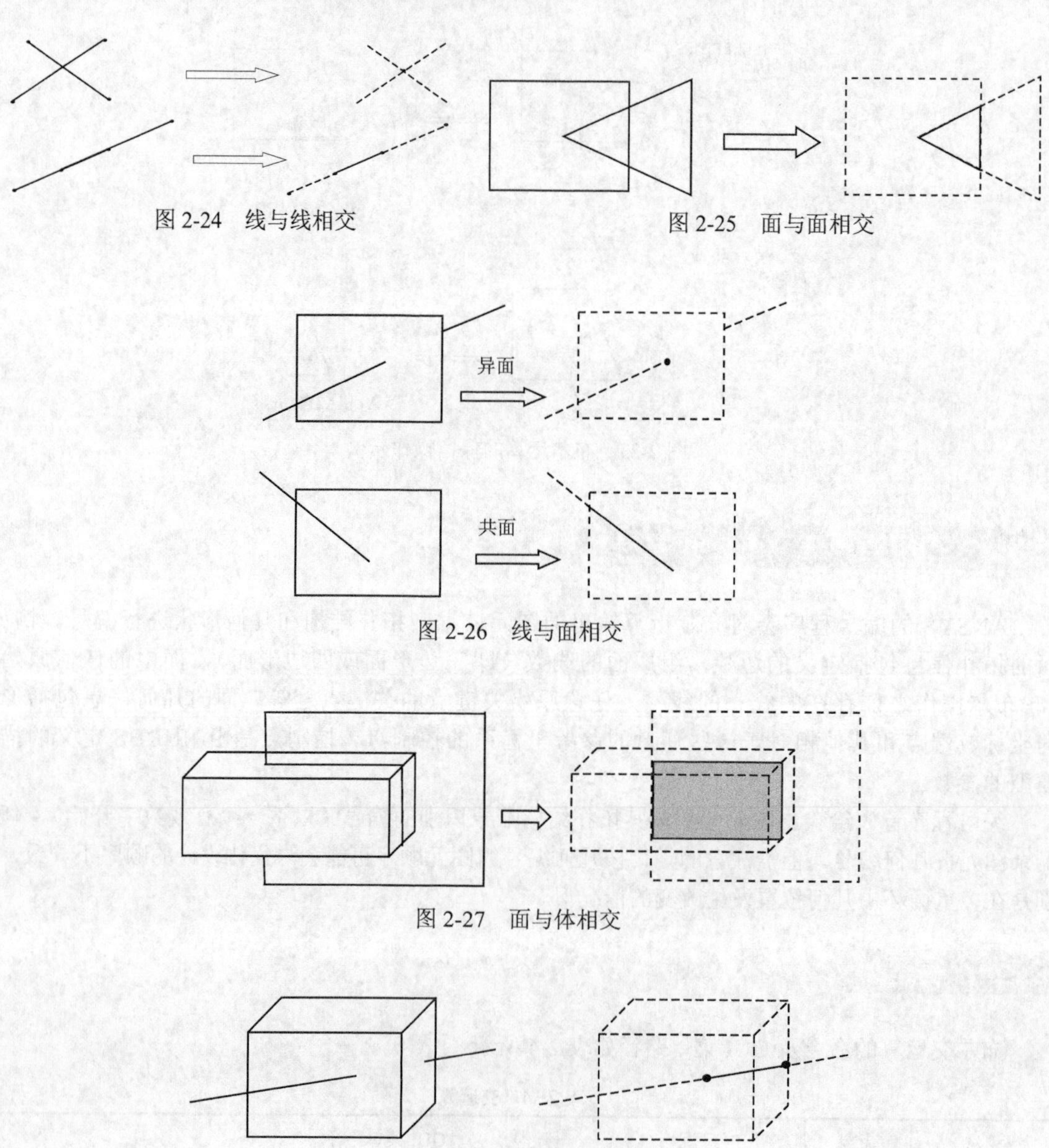

图 2-24　线与线相交

图 2-25　面与面相交

图 2-26　线与面相交

图 2-27　面与体相交

图 2-28　线与体相交

2.3.5 两两相交运算

两两相交是由图元集叠加而形成的一个新的图元集。就是说，两两相交表示至少任意两个原图元的相交区域。比如，线集的两两相交可能是一个关键点（或关键点的集合），或是一条线（或线的集合）。

布尔两两相交运算的命令及 GUI 菜单路径如表 2-5 所示。

表 2-5　两两相交运算

用法	命令	GUI 菜单路径
线两两相交	LINP	Main Menu > Preprocessor > Modeling > Operate > Booleans > Intersect > Pairwise > Lines
面两两相交	AINP	Main Menu > Preprocessor > Modeling > Operate > Booleans > Intersect > Pairwise > Areas
体两两相交	VINP	Main Menu > Preprocessor > Modeling > Operate > Booleans > Intersect > Pairwise > Volumes

图 2-29、图 2-30 所示为一些两两相交的实例。

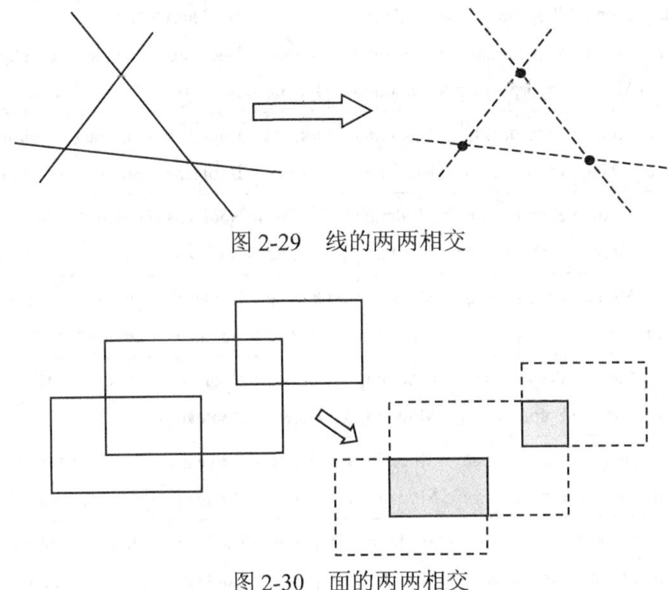

图 2-29　线的两两相交

图 2-30　面的两两相交

2.3.6 加运算

加运算的结果是得到一个包含各个原始图元所有部分的新图元，这样形成的新图元是一个单一的整体，没有接缝。在 ANSYS 程序中，只能对三维实体或二维共面的面进行加操作，面相加可以包含有面内的孔即内环。

加运算形成的图元在网格划分时通常不如搭接形成的图元。

布尔相加运算的命令及 GUI 菜单路径如表 2-6 所示。

表 2-6　加运算

用法	命令	GUI 菜单路径
面相加	AADD	Main Menu > Preprocessor > Modeling > Operate > Booleans > Add > Areas
体相加	VADD	Main Menu > Preprocessor > Modeling > Operate > Booleans > Add > Volumes

2.3.7 减运算

如果从某个图元（E1）减去另一个图元（E2），其结果可能有两种情况：一是生成一个新图元E3（E1-E2=E3），E3和E1有同样的维数，且与E2无搭接部分；另一种情况是E1与E2的搭接部分是个低维的实体，其结果是将E1分成两个或多个新的实体（E1-E2=E3，E4）。布尔减运算的命令及GUI菜单路径如表2-7所示。

表2-7 减运算

用法	命令	GUI菜单路径
线减去线	LSBL	Main Menu > Preprocessor > Modeling > Operate > Booleans > Subtract > Lines Main Menu > Preprocessor > Modeling > Operate > Booleans > Subtract > With Options > Lines Main Menu > Preprocessor > Modeling > Operate > Booleans > Divide > Line by Line Main Menu > Preprocessor > Modeling > Operate > Booleans > Divide > With Options > Line by Line
面减去面	ASBA	Main Menu > Preprocessor > Modeling > Operate > Booleans > Subtract > Areas Main Menu > Preprocessor > Modeling > Operate > Booleans > Subtract > With Options > Areas Main Menu > Preprocessor > Modeling > Operate > Booleans > Divide > Area by Area Main Menu > Preprocessor > Modeling > Operate > Booleans > Divide > With Options > Area by Area
体减去体	VSBV	Main Menu > Preprocessor > Modeling > Operate > Booleans > Subtract > Volumes Main Menu > Preprocessor > Modeling > Operate > Booleans > Subtract > With Options > Volumes
线减去面	LSBA	Main Menu > Preprocessor > Modeling > Operate > Booleans > Divide > Line by Area Main Menu > Preprocessor > Modeling > Operate > Booleans > Divide > With Options > Line by Area
线减去体	LSBV	Main Menu > Preprocessor > Modeling > Operate > Booleans > Divide > Line by Volume Main Menu > Preprocessor > Modeling > Operate > Booleans > Divide > With Options > Line by Volume
体减去面	ASBV	Main Menu > Preprocessor > Modeling > Operate > Booleans > Divide > Area by Volume Main Menu > Preprocessor > Modeling > Operate > Booleans > Divide > With Options > Area by Volume
面减去线	ASBL[1]	Main Menu > Preprocessor > Modeling > Operate > Booleans > Divide > Area by Line Main Menu > Preprocessor > Modeling > Operate > Booleans > Divide > With Options > Area by Line
体减去面	VSBA	Main Menu > Preprocessor > Modeling > Operate > Booleans > Divide > Volume by Area Main Menu > Preprocessor > Modeling > Operate > Booleans > Divide > With Options > Volume by Area

图2-31、图2-32所示为一些相减的实例。

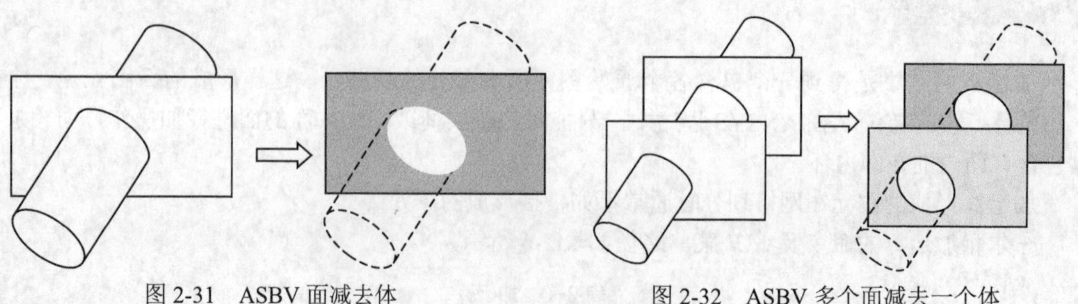

图2-31 ASBV面减去体　　图2-32 ASBV多个面减去一个体

工作平面可以用来作减运算将一个图元分成两个或多个图元。可以将线、面或体利用命令或相应的GUI路径用工作平面去减。对于以下的每个减命令，“SEPO”命令用来确定生成的图元有公共边界或独立但恰好重合的边界，“KEEP”命令用来确定保留或删除图元，而不管“BOPTN”命令（GUI：Main Menu > Preprocessor > Modeling > Operate > Booleans > Settings）的设置如何。

利用工作平面进行减运算的命令及 GUI 菜单路径如表 2-8 所示。

表 2-8　利用工作平面的减运算

用法	命令	GUI 菜单路径
利用工作平面减去线	LSBW	Main Menu > Preprocessor > Modeling > Operate > Booleans > Divide > Line by WorkPlane Main Menu > Preprocessor > Modeling > Operate > Booleans > Divide > With Options > Line by WorkPlane
利用工作平面减去面	ASBW	Main Menu > Preprocessor > Operate > Divide > Area by WorkPlane Main Menu > Preprocessor > Modeling > Operate > Booleans > Divide > With Options > Area by WorkPlane
利用工作平面减去体	VSBW	Main Menu > Preprocessor > Modeling > Operate > Booleans > Divide > Volu by WorkPlane Main Menu > Preprocessor > Modeling > Operate > Booleans > Divide > With Options > Volu by WorkPlane

2.3.8　搭接运算

搭接命令用于连接两个或多个图元，以生成 3 个或更多新的图元的集合。搭接命令除了在搭接域周围生成了多个边界外，与加运算非常类似。也就是说，搭接操作生成的是多个相对简单的区域，加运算生成一个相对复杂的区域。因而，搭接生成的图元比加运算生成的图元更容易划分网格。

搭接区域必须与原始图元有相同的维数。

布尔搭接运算的命令及 GUI 菜单路径如表 2-9 所示。

表 2-9　搭接运算

用法	命令	GUI 菜单路径
线的搭接	LOVLAP	Main Menu > Preprocessor > Modeling > Operate > Booleans > Overlap > Lines
面的搭接	AOVLAP	Main Menu > Preprocessor > Modeling > Operate > Booleans > Overlap > Areas
体的搭接	VOVLAP	Main Menu > Preprocessor > Modeling > Operate > Booleans > Overlap > Volumes

2.3.9　分割运算

分割命令用于连接两个或多个图元，以生成 3 个或更多的新图元。如果分割区域与原始图元有相同的维数，那么分割结果与搭接结果相同。但是分割操作与搭接操作不同的是，没有参加分割命令的图元将不被删除。

布尔分割运算的命令及 GUI 菜单路径如表 2-10 所示。

表 2-10　分割运算

用法	命令	GUI 菜单路径
线分割	LPTN	Main Menu > Preprocessor > Modeling > Operate > Booleans > Partition > Lines
面分割	APTN	Main Menu > Preprocessor > Modeling > Operate > Booleans > Partition > Areas
体分割	VPTN	Main Menu > Preprocessor > Modeling > Operate > Booleans > Partition > Volumes

2.3.10 粘接运算

粘接命令与搭接命令类似，只是图元之间仅在公共边界处相关，且公共边界的维数低于原始图元的维数。这些图元之间在执行粘接操作后仍然相互独立，只是在边界上连接。

布尔粘接运算的命令及 GUI 菜单路径如表 2-11 所示。

表 2-11 粘接运算

用法	命令	GUI 菜单路径
线的粘接	LGLUE	Main Menu > Preprocessor > Modeling > Operate > Booleans > Glue > Lines
面的粘接	AGLUE	Main Menu > Preprocessor > Modeling > Operate > Booleans > Glue > Areas
体的粘接	VGLUE	Main Menu > Preprocessor > Modeling > Operate > Booleans > Glue > Volumes

2.3.11 实例——布尔操作

【创建步骤】

1. 设定分析作业名和标题

（1）执行菜单栏中的“Utility Menu：File > Change Jobname”命令，打开“Change Jobname”对话框，如图 2-33 所示。

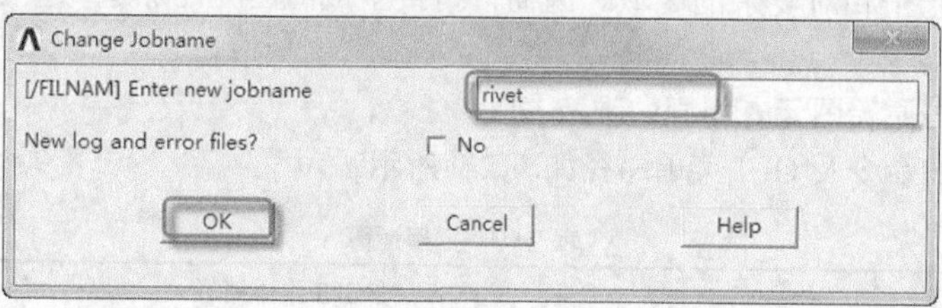

图 2-33 “Change Jobname”对话框

（2）在“Enter new jobname”文本框中输入文字“rivet”，为本分析实例的数据库文件名。单击“OK”按钮，完成文件名的修改。

2. 建立实体模型

（1）创建一个球。

① 从主菜单中选择“Main Menu：Preprocessor > Modeling > Create > Volumes > Sphere > Solid Sphere”命令。

② 在文本框中输入“X=0，Y=3，Radius=7.5”，单击“OK”按钮，如图 2-34 所示。

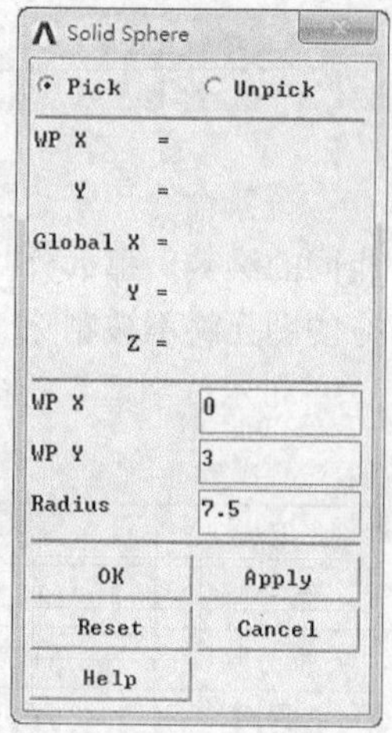

图 2-34 创建一个球

（2）将工作平面旋转 90°。

① 从应用菜单中选择“Utility Menu：WorkPlane > Offset WP by Increments”命令。

② 在“XY，YZ，ZX Angles”文本框中输入“0，90，0”，单击“OK”按钮，如图 2-35 所示。

（3）用工作平面分割球。

① 从主菜单中选择“Main Menu：Preprocessor > Modeling > Operate > Booleans > Divide > Volu by WorkPlane”命令。

② 选择刚刚建立的球，单击“OK”按钮，如图 2-36 所示。

（4）删除上半球。

① 从主菜单中选择“Main Menu：Preprocessor > Modeling > Delete > Volume and Below”命令。

② 选择球的上半部分，单击“OK”按钮，如图 2-37 所示。

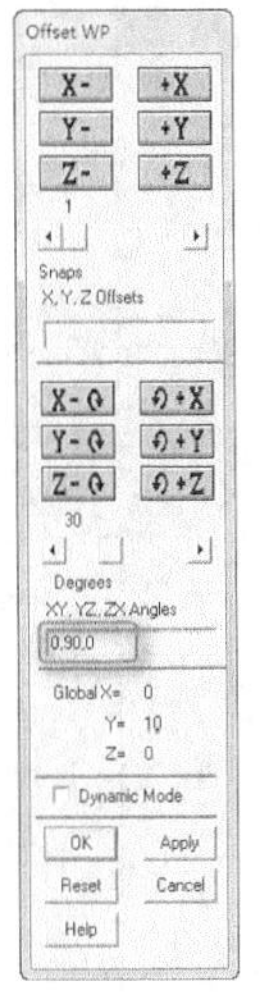

图 2-35　旋转工作平面

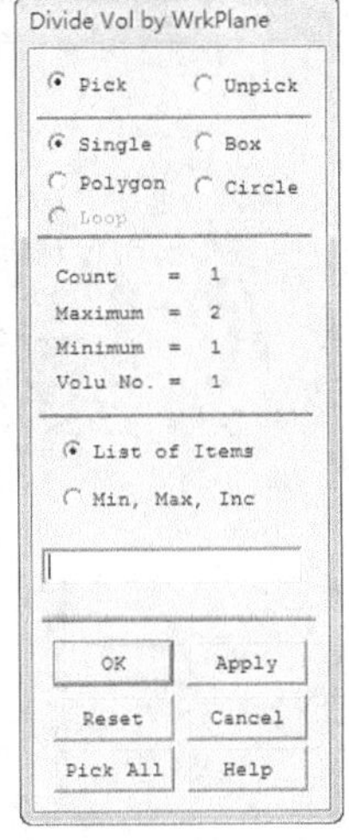

图 2-36　选择球

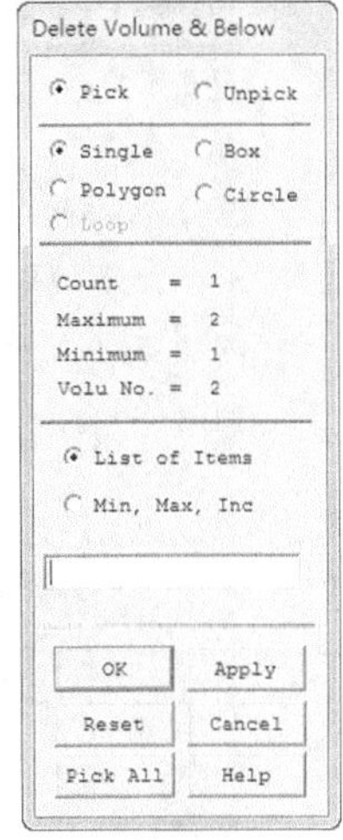

图 2-37　删除体

所得结果如图 2-38 所示。

（5）创建一个圆柱体。

① 从主菜单中选择“Main Menu：Preprocessor > Modeling > Create > Volumes > Cylinder > Solid Cylinder”命令，出现“Solid Cylinder”对话框。

② 在“WP X”后的文本框中输入“0”，“WP Y”后的文本框中输入“0”，“Radius”后的文本框中输入“3”，“Depth”后的文本框中输入“–10”，单击“OK”按钮，如图 2-39 所示。结果生成一个圆柱体。

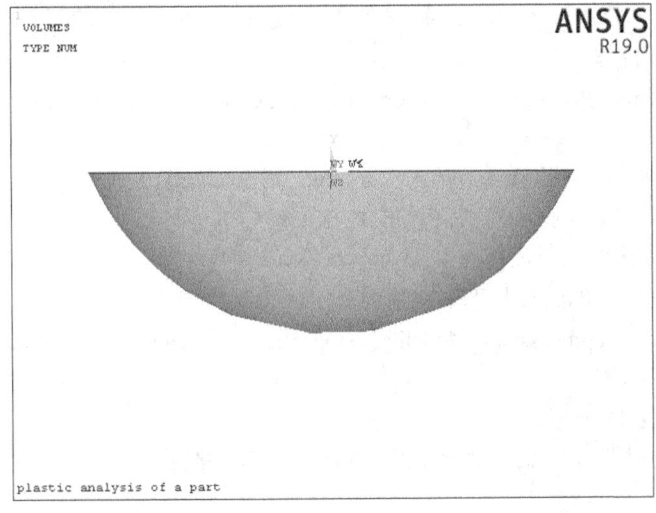

图 2-38　删除上半球的结果

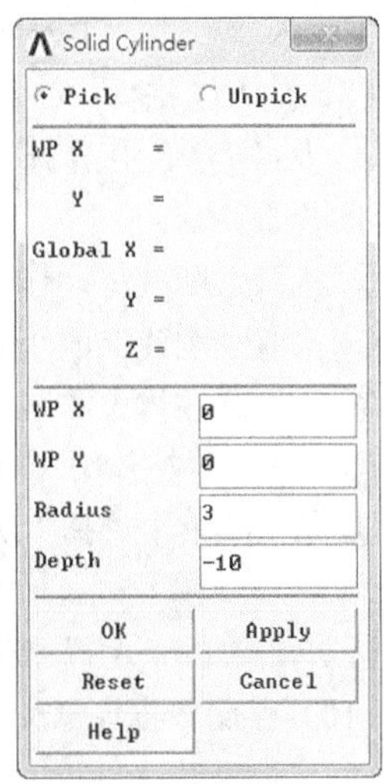

图 2-39　创建圆体

（6）偏移工作平面到总坐标系的某一点。

① 从应用菜单中选择“Utility Menu：WorkPlane > Offset WP to > XYZ Locations +”命令，如图 2-40 所示。

② 在“Global Cartesian”后的文本框中输入“0，10，0”，单击“OK”按钮，弹出的对话框如图 2-41 所示。

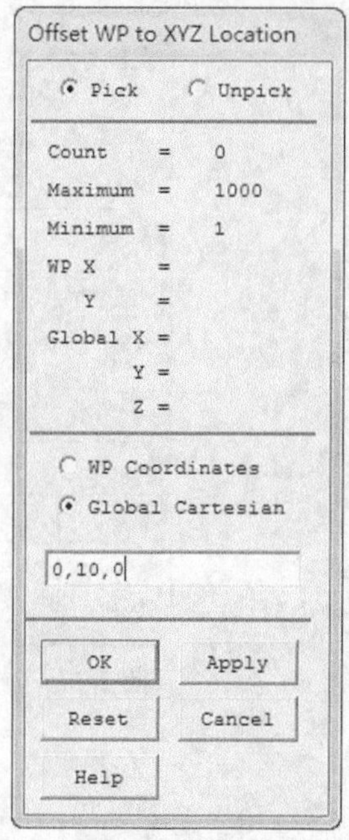

图 2-40　体相减

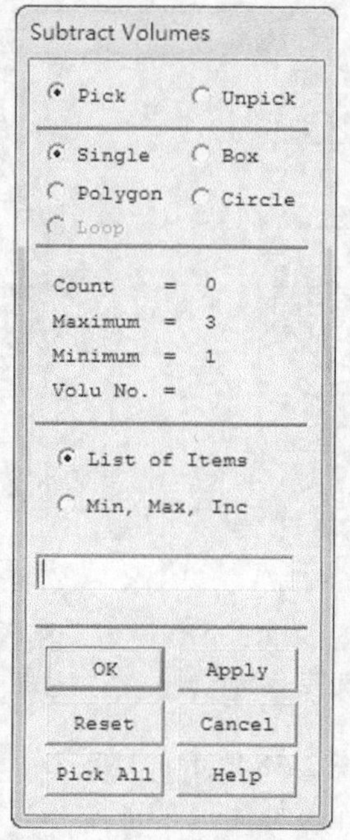

图 2-41　偏移工作平面到一点

（7）创建另一个圆柱体。

① 从主菜单中选择“Main Menu：Preprocessor > Modeling > Create > Volumes > Cylinder > Solid Cylinder”命令，出现“Solid Cylinder”对话框。

② 在“WP X”后的文本框中输入“0”，“WP Y”后的文本框中输入“0”，“Radius”后的文本框中输入“1.5”，“Depth”后的文本框中输入“4”，单击“OK”按钮，生成另一个圆柱体。

（8）从大圆柱体中“减”去小圆柱体。

① 从主菜单中选择“Main Menu：Preprocessor > Modeling > Operate > Booleans > Subtract > Volumes”命令。

② 拾取大圆柱体，作为布尔“减”操作的母体，单击“Apply”按钮，如图 2-40 所示。

③ 拾取刚刚建立的小圆柱体作为“减”去的对象，单击“OK”按钮。

④ 从大圆柱体中“减”去小圆柱体的结果如图 2-42 所示。

（9）从大圆柱体中“减”去小圆柱体的结果与下半球相加。

① 从主菜单中选择“Main Menu：Preprocessor > Modeling > Operate > Booleans > Add > Volumes”命令。

② 单击“Pick All”按钮，如图 2-43 所示。

（10）存储数据库 ANSYS。单击快捷工具条中的“SAVE_DB”按钮存储数据库。

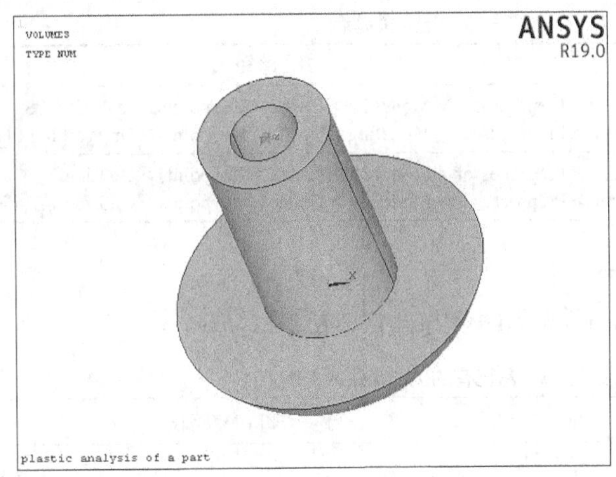

图 2-42 体相减的结果

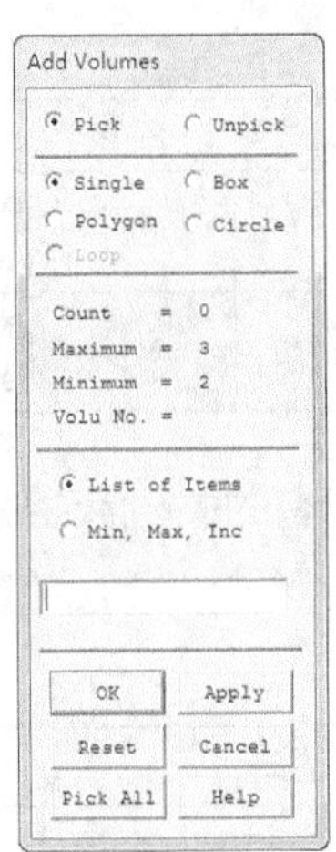

图 2-43 体相加

2.4 自底向上创建几何模型

无论是使用自底向上还是自顶向下底方法构造实体模型，均由关键点（keypoints）、线（lines）、面（areas）和体（volumes）组成，如图 2-44 所示。

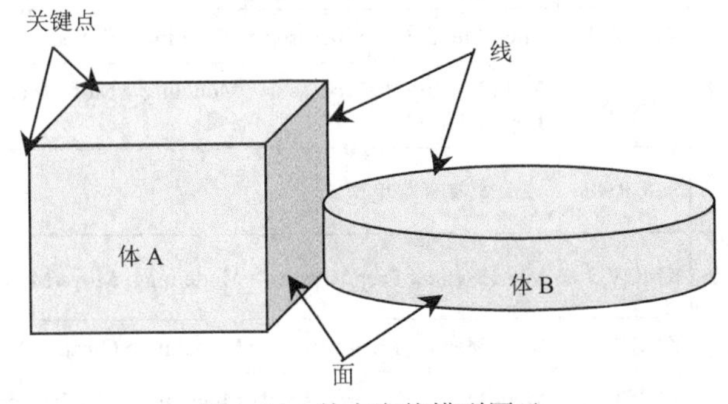

图 2-44 基本实体模型图元

顶点为关键点，边为线，表面为面，而整个物体内部为体。这些图元底层次关系是：最高级的体图元以次高级的面图元为边界，面图元又以线图元为边界，线图元则以关键点图元为端点。

2.4.1 关键点

用自底向上的方法构造模型时，首先定义最低级的图元：关键点。关键点是在当前激活的坐标系内定义的。不必总是按从低级到高级的办法定义所有的图元来生成高级图元，可以直接在它们的顶点由关键点来直接定义面和体。中间的图元需要时可自动生成。例如，定义一个长方体可用 8 个角的关键点来定义，ANSYS 程序会自动地生成该长方形中所有地面和线。可以直接定义关键点，也可以从已有的关键点生成新的关键点，定义好关键点后，可以对它进行查看、选择和删除等操作。

1. 定义关键点

定义关键点的命令及 GUI 菜单路径如表 2-12 所示。

表 2-12　定义关键点

位置	命令	GUI 路径
在当前坐标系下	K	Main Menu > Preprocessor > Modeling > Create > Keypoints > In Active CS Main Menu > Preprocessor > Modeling > Create > Keypoints > On Working Plane
在线上的指定位置	KL	Main Menu > Preprocessor > Modeling > Create > Keypoints > On Line Main Menu > Preprocessor > Modeling > Create > Keypoints > On Line w/Ratio

2. 从已有的关键点生成关键点

从已有的关键点生成关键点的命令及 GUI 菜单路径如表 2-13 所示。

表 2-13　从已有的关键点生成关键点

位置	命令	GUI 菜单路径
在两个关键点之间创建一个新的关键点	KEBTW	Main Menu > Preprocessor > Modeling > Create > Keypoints > KP between KPs
在两个关键点之间填充多个关键点	KFILL	Main Menu > Preprocessor > Modeling > Create > Keypoints > Fill between KPs
在三点定义的圆弧中心定义关键点	KCENTER	Main Menu > Preprocessor > Modeling > Create > Keypoints > KP at Center
由一种模式的关键点生成另外的关键点	KGEN	Main Menu > Preprocessor > Modeling > Copy > Keypoints
从以给定模型的关键点生成一定比例的关键点	KSCALE	该命令没有菜单模式
通过映像生成关键点	KSYMM	Main Menu > Preprocessor > Modeling > Reflect > Keypoints
将一种模式的关键点转到另外一个坐标系中	KTRAN	Main Menu > Preprocessor > Modeling > Move/Modify > Transfer Coord > Keypoints
给未定义的关键点定义一个默认位置	SOURCE	该命令没有菜单模式
计算并移动一个关键点到一个交点上	KMOVE	Main Menu > Preprocessor > Modeling > Move/Modify > Keypoints > To Intersect
在已有节点出定义一个关键点	KNODE	Main Menu > Preprocessor > Modeling > Create > Keypoints > On Node
计算两关键点之间的距离	KDIST	Main Menu > Preprocessor > Modeling > Check Geom > KP distances
修改关键点的坐标系	KMODIF	Main Menu > Preprocessor > Modeling > Move/Modify > Keypoints > Set of KPs Main Menu > Preprocessor > Modeling > Move/Modify > Keypoints > Single KP

3. 查看、选择和删除关键点

查看、选择和删除关键点的命令及 GUI 菜单路径如表 2-14 所示。

表 2-14　查看、选择和删除关键点

用途	命令	GUI 菜单路径
列表显示关键点	KLIST	Utility Menu > List > Keypoints > Coordinates +Attributes Utility Menu > List > Keypoints > Coordinates only Utility Menu > List > Keypoints > Hard Points
选择关键点	KSEL	Utility Menu > Select > Entities
画面显示关键点	KPLOT	Utility Menu > Plot > Keypoints > Keypoints Utility Menu > Plot > Specified Entities > Keypoints
删除关键点	KDELE	Main Menu > Preprocessor > Modeling > Delete > Keypoints

2.4.2　实例——关键点创建

（1）单击“Main Menu > Preprocessor > Modeling > Create > Keypoints > On Working Plane”命令，弹出如图 2-45 所示的关键点拾取对话框，在工作平面上任意选择 3 个点，如图 2-46 所示。

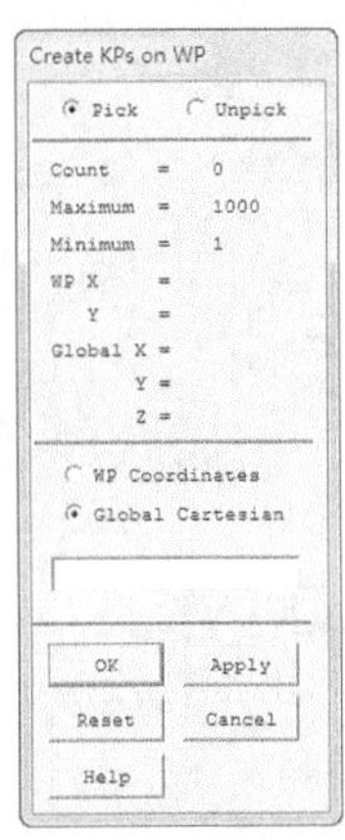

图 2-45　在工作平面上创建点

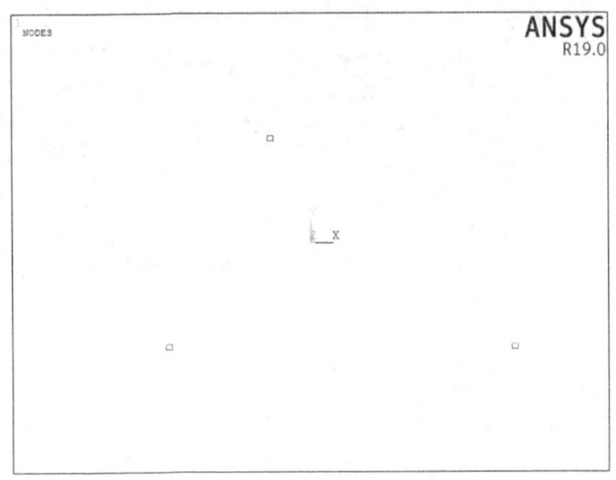

图 2-46　任意选择 3 个关键点

（2）单击“Main Menu > Preprocessor > Modeling > Create > Keypoints > In Active CS”命令，弹出如图 2-47 所示的对话框，按照图示输入关键点 4（0，0.2，0）的坐标值，用同样的方法依次输入关键点 5（0，0.1，0）、关键点 6（0，0.050，0），结果如图 2-48 所示。

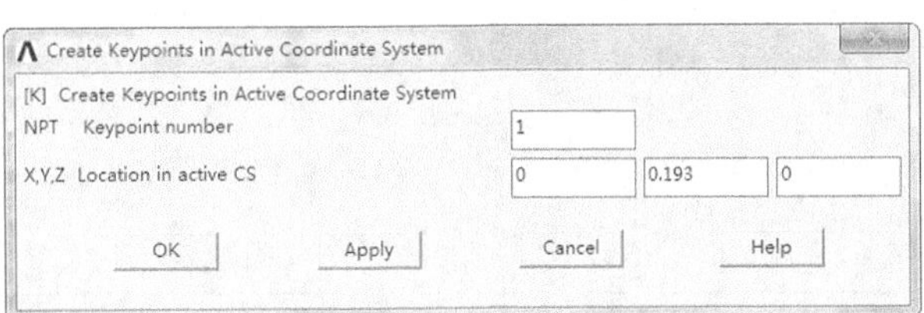

图 2-47　关键点输入

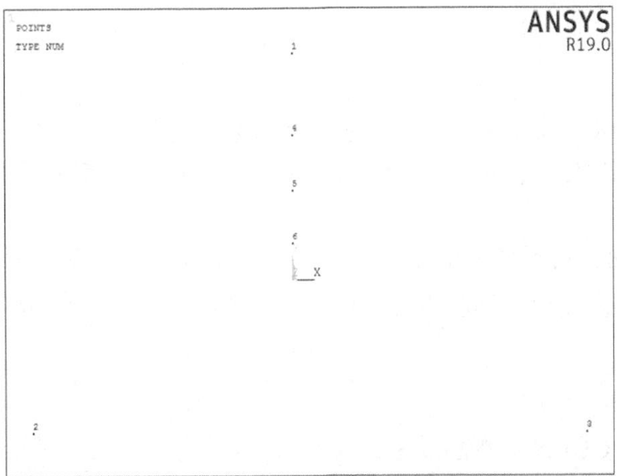

图 2-48　创建 3 个关键点

（3）再转换激活的坐标系为柱坐标系，如图 2-49 所示，用同样的方法再创建关键点 7（0.3，0，0）和关键点 8（0.3，50，0），创建完关键点如图 2-50 所示。

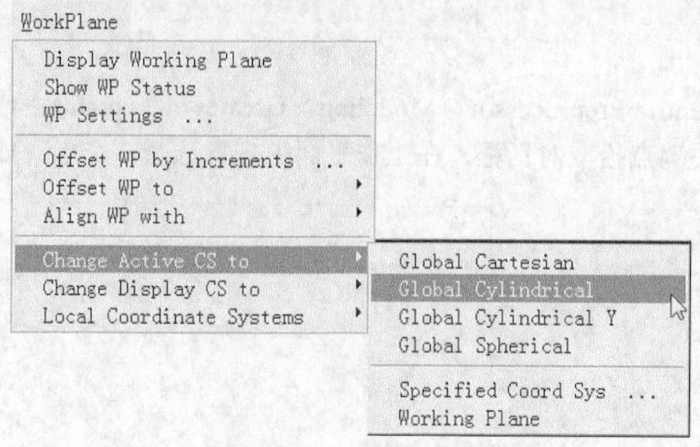

图 2-49　转换坐标系

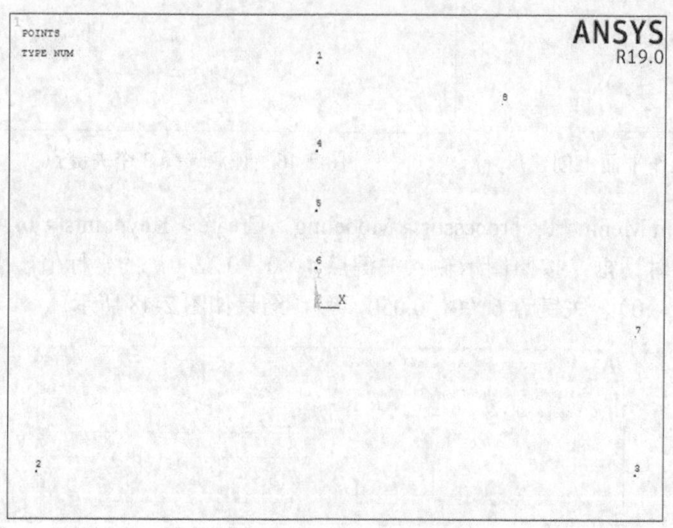

图 2-50　创建 2 个关键点

2.4.3　硬点

硬点实际上是一种特殊的关键点，它表示网格必须通过的点。硬点不会改变模型的几何形状和拓扑结构，大多数关键点命令如“FK”“KLIST”和“KSEL”等都适用于硬点，而且它还有自己的命令集和 GUI 路径。

如果发出更新图元几何形状的命令，例如布尔操作或简化命令，任何与图元相连的硬点都将自动删除；不能用复制、移动或修改关键点的命令操作硬点；当使用硬点时，不支持映射网格划分。

1. 定义硬点

定义硬点的命令及 GUI 菜单路径如表 2-15 所示。

表 2-15　定义硬点

位置	命令	GUI 菜单路径
在线上定义硬点	HPTCREATE LINE	Main Menu > Preprocessor > Modeling > Create > Keypoints > Hard PT on line > Hard PT by ratio Main Menu > Preprocessor > Modeling > Create > Keypoints > Hard PT on line > Hard PT by coordinates Main Menu > Preprocessor > Modeling > Create > Keypoints > Hard PT on line > Hard PT by picking
在面上定义硬点	HPTCREATE AREA	Main Menu > Preprocessor > Modeling > Create > Keypoints > Hard PT on area > Hard PT by coordinates Main Menu > Preprocessor > Modeling > Create > Keypoints > Hard PT on area > Hard PT by picking

2. 选择硬点

选择硬点的命令及 GUI 菜单路径如表 2-16 所示。

表 2-16　选择硬点

位置	命令	GUI 菜单路径
硬点	KSEL	Utility Menu > Select > Entities
附在线上的硬点	LSEL	Utility Menu > Select > Entities
附在面上的硬点	ASEL	Utility Menu > Select > Entities

3. 查看和删除硬点

查看和删除硬点的命令及 GUI 菜单路径如表 2-17 所示。

表 2-17　查看和删除硬点

用途	命令	GUI 菜单路径
列表显示硬点	KLIST	Utility Menu > List > Keypoints > Hard Points
列表显示线及附属的硬点	LLIST	该命令没有相应 GUI 路径
列表显示面及附属的硬点	ALIST	该命令没有相应 GUI 路径
画面显示硬点	KPLOT	Utility Menu > Plot > Keypoints > Hard Points
删除硬点	HPTDELETE	Main Menu > Preprocessor > Modeling > Delete > Hard Points

2.4.4　线

线主要用于表示实体的边。像关键点一样，线是在当前激活的坐标系内定义的。并不总是需要明确的定义所有的线，因为 ANSYS 程序在定义面和体时，会自动生成相关的线。只有在生成线单元（例如梁）或想通过线来定义面时，才需要专门定义线。

1. 定义线

定义线的命令及 GUI 菜单路径如表 2-18 所示。

表 2-18　定义线

用法	命令	GUI 菜单路径
在指定的关键点之间创建直线（与坐标系有关）	L	Main Menu > Preprocessor > Modeling > Create > Lines > Lines > In Active Coord

续表

用法	命令	GUI 菜单路径
通过 3 个关键点创建弧线（或者时通过两个关键点和指定半径创建弧线）	LARC	Main Menu > Preprocessor > Modeling > Create > Lines > Arcs > By End KPs & Rad Main Menu > Preprocessor > Modeling > Create > Lines > Arcs > Through 3 KPs
创建多义线	BSPLIN	Main Menu > Preprocessor > Modeling > Create > Lines > Splines > Spline thru KPs Main Menu > Preprocessor > Modeling > Create > Lines > Splines > Spline thru Locs Main Menu > Preprocessor > Modeling > Create > Lines > Splines > With Options > Spline thru KPs Main Menu > Preprocessor > Modeling > Create > Lines > Splines > With Options > Spline thru Locs
创建圆弧线	CIRCLE	Main Menu > Preprocessor > Modeling > Create > Lines > Arcs > By Cent & Radius Main Menu > Preprocessor > Modeling > Create > Lines > Arcs > Full Circle
创建分段式多义线	SPLINE	Main Menu > Preprocessor > Modeling > Create > Lines > Splines > Segmented Spline Main Menu > Preprocessor > Modeling > Create > Lines > Splines > With Options > Segmented Spline
创建与另一条直线成一定角度的直线	LANG	Main Menu > Preprocessor > Modeling > Create > Lines > Lines > At Angle to Line Main Menu > Preprocessor > Modeling > Create > Lines > Lines > Normal to Line
创建与另外两条直线成一定角度的直线	L2ANG	Main Menu > Preprocessor > Modeling > Create > Lines > Lines > Angle to 2 Lines Main Menu > Preprocessor > Modeling > Create > Lines > Lines > Norm to 2 Lines
创建一条与已有线共终点且相切的线	LTAN	Main Menu > Preprocessor > Modeling > Create > Lines > Lines > Tan to 2 Lines
生成一条与两条线相切的线	L2TAN	Main Menu > Preprocessor > Modeling > Create > Lines > Lines > Tan to 2 Lines
生成一个面上两关键点之间最短的线	LAREA	Main Menu > Preprocessor > Modeling > Create > Lines > Lines > Overlaid on Area
通过一个关键点按一定路径延伸成线	LDRAG	Main Menu > Preprocessor > Modeling > Operate > Extrude > Lines > Along Lines
使一个关键点按一条轴旋转生成线	LROTAT	Main Menu > Preprocessor > Modeling > Operate > Extrude > Lines > About Axis
在两相交线之间生成倒角线	LFILLT	Main Menu > Preprocessor > Modeling > Create > Lines > Line Fillet
生成与激活坐标系无关的直线	LSTR	Main Menu > Preprocessor > Create > Lines > Lines > Straight Line

2. 从已有线生成新线

从已有的线生成新线的命令及 GUI 菜单路径如表 2-19 所示。

表 2-19 从已有线生成新线

用法	命令	GUI 菜单路径
通过已有线生成新线	LGEN	Main Menu > Preprocessor > Modeling > Copy > Lines Main Menu > Preprocessor > Modeling > Move/Modify > Lines
从已有线对称映像生成新线	LSYMM	Main Menu > Preprocessor > Modeling > Reflect > Lines
将已有线转到另一个坐标系	LTRAN	Main Menu > Preprocessor > Modeling > Move/Modify > Transfer Coord > Lines
将一条线分成更小的线段	LDIV	Main Menu > Preprocessor > Modeling > Operate > Booleans > Divide > Line into 2 Ln's Main Menu > Preprocessor > Modeling > Operate > Booleans > Divide > Line into N Ln's Main Menu > Preprocessor > Modeling > Operate > Booleans > Divide > Lines w/ Options
将一条线与另一条线合并	LCOMB	Main Menu > Preprocessor > Modeling > Operate > Booleans > Add > Lines
将线的一端延长	LEXTND	Main Menu > Preprocessor > Modeling > Operate > Extend Line

3. 查看和删除线

查看和删除线的命令及 GUI 菜单路径如表 2-20 所示。

表 2-20 查看和删除线

用法	命令	GUI 菜单路径
列表显示线	LLIST	Utility Menu > List > Lines Utility Menu > List > Picked Entities > Lines
画面显示线	LPLOT	Utility Menu > Plot > Lines Utility Menu > Plot > Specified Entities > Lines
选择线	LSEL	Utility Menu > Select > Entities
删除线	LDELE	Main Menu > Preprocessor > Modeling > Delete > Line and Below Main Menu > Preprocessor > Modeling > Delete > Lines Only

2.4.5 面

平面可以表示二维实体（例如平板和轴对称实体）。曲面和平面都可以表示三维的面，例如壳、三维实体的面等。与线类似，只有用到面单元或由面生成体时，才需要专门定义面。生成面的命令将自动生成依附于该面的线和关键点，同样，面也可以在定义体时自动生成。

1. 定义面

定义面的命令及 GUI 菜单路径如表 2-21 所示。

表 2-21 定义面

用法	命令	GUI 菜单路径
通过顶点定义一个面（即通过关键点）	A	Main Menu > Preprocessor > Modeling > Create > Areas > Arbitrary > Through KPs
通过其边界线定义一个面	AL	Main Menu > Preprocessor > Modeling > Create > Areas > Arbitrary > By Lines
沿一条路径拖动一条线生成面	ADRAG	Main Menu > Preprocessor > Modeling > Operate > Extrude > Along Lines
沿一轴线旋转一条线生成面	AROTAT	Main Menu > Preprocessor > Modeling > Operate > Extrude > About Axis

续表

用法	命令	GUI 菜单路径
在两面之间生成倒角面	AFILLT	Main Menu > Preprocessor > Modeling > Create > Areas > Area Fillet
通过引导线生成光滑曲面	ASKIN	Main Menu > Preprocessor > Modeling > Create > Areas > Arbitrary > By Skinning
通过偏移一个面生成新的面	AOFFST	Main Menu > Preprocessor > Modeling > Create > Areas > Arbitrary > By Offset

2. 通过已有面生成新的面

通过已有面生成新的面的命令及 GUI 菜单路径如表 2-22 所示。

表 2-22　生成新的面

用法	命令	GUI 菜单路径
通过已有面生成另外的面	AGEN	Main Menu > Preprocessor > Modeling > Copy > Areas Main Menu > Preprocessor > Modeling > Move/Modify > Areas > Areas
通过对称映像生成面	ARSYM	Main Menu > Preprocessor > Modeling > Reflect > Areas
将面转到另外的坐标系下	ATRAN	Main Menu > Preprocessor > Modeling > Move/Modify > Transfer Coord > Areas
复制一个面的部分	ASUB	Main Menu > Preprocessor > Modeling > Create > Areas > Arbitrary > Overlaid on Area

3. 查看、选择和删除面

查看、选择和删除面的命令及 GUI 菜单路径如表 2-23 所示。

表 2-23　查看、选择和删除面

用法	命令	GUI 菜单路径
列表显示面	ALIST	Utility Menu > List > Areas Utility Menu > List > Picked Entities > Areas
画面显示面	APLOT	Utility Menu > Plot > Areas Utility Menu > Plot > Specified Entities > Areas
选择面	ASEL	Utility Menu > Select > Entities
删除面	ADELE	Main Menu > Preprocessor > Modeling > Delete > Area and Below Main Menu > Preprocessor > Modeling > Delete > Areas Only

2.4.6 体

体用于描述三维实体，仅当需要用体单元时才必须建立体，生成体的命令将自动生成低级的图元。

1. 定义体

定义体的命令及 GUI 菜单路径如表 2-24 所示。

表 2-24　定义体

用法	命令	GUI 菜单路径
通过顶点定义体（即通过关键点）	V	Main Menu > Preprocessor > Modeling > Create > Volumes > Arbitrary > Through KPs

续表

用法	命令	GUI 菜单路径
通过边界定义体（即用一系列的面来定义）	VA	Main Menu > Preprocessor > Modeling > Create > Volumes > Arbitrary > By Areas
将面沿某个路径拖曳生成体	VDRAG	Main Menu > Preprocessor > Operate > Extrude > Along Lines
将面沿某根轴旋转生成体	VROTAT	Main Menu > Preprocessor > Modeling > Operate > Extrude > About Axis
将面沿其法向偏移生成体	VOFFST	Main Menu > Preprocessor > Modeling > Operate > Extrude > Areas > Along Normal
在当前坐标系下对面进行拖曳和缩放生成体	VEXT	Main Menu > Preprocessor > Modeling > Operate > Extrude > Areas > By XYZ Offset

其中，VOFFST 和 VEXT 操作示意图如图 2-51 所示。

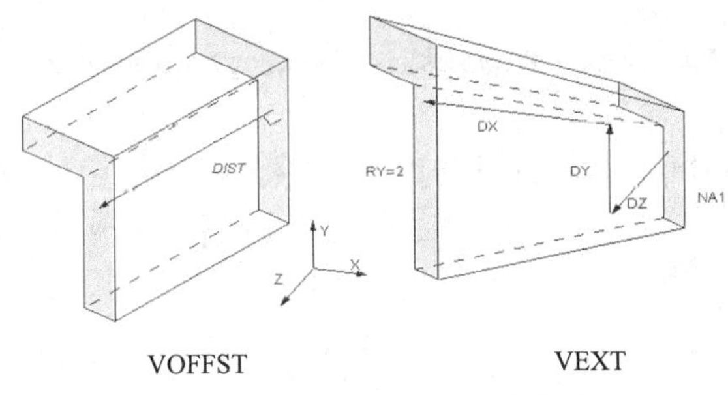

图 2-51　VOFFST 和 VEXT 操作示意图

2. 通过已有的体生成新的体

通过已有的体生成新的体的命令及 GUI 菜单路径如表 2-25 所示。

表 2-25　生成新的体

用法	命令	GUI 菜单路径
由一种模式的体生成另外的体	VGEN	Main Menu > Preprocessor > Modeling > Copy > Volumes Main Menu > Preprocessor > Modeling > Move/Modify > Volumes
通过对称映像生成体	VSYMM	Main Menu > Preprocessor > Modeling > Reflect > Volumes
将体转到另外的坐标系	VTRAN	Main Menu > Preprocessor > Modeling > Move/Modify > Transfer Coord > Volumes

3. 查看、选择和删除体

查看、选择和删除体的命令及 GUI 菜单路径如表 2-26 所示。

表 2-26　查看、选择和删除体

用法	命令	GUI 菜单路径
列表显示体	VLIST	Utility Menu > List > Picked Entities > Volumes Utility Menu > List > Volumes
画面显示体	VPLOT	Utility Menu > Plot > Specified Entities > Volumes Utility Menu > Plot > Volumes
选择体	VSEL	Utility Menu > Select > Entities
删除体	VDELE	Main Menu > Preprocessor > Modeling > Delete > Volume and Below Main Menu > Preprocessor > Modeling > Delete > Volumes Only

2.4.7 实例——自底向上建模

自底向上建模，是从点到线，从线到面，从面到体的顺序建立模型，因为线是由点构成，面是由线构成，而体是由面构成，所以称这个顺序为自顶向下建模。在建立模型的过程中，自底向上并不是绝对的，有时也用到自顶向下的方法。现在通过建立一个平面体来介绍自底向上建模的方法。

扫码看视频

【创建步骤】

1. 修改工作目录

进入 ANSYS 工作目录，单击照前面讲过的方法，将“spacer”作为“jobname”。

2. 创建两个圆面

（1）从主菜单中选择“Main Menu：Preprocessor > Modeling > Create > Areas > Circle > By Dimensions”命令。

（2）打开创建圆面对话框，设置 RAD1 = 10，RAD2 = 6，THETA1 = 0，THETA2 = 180，单击“OK”按钮，如图 2-52 所示。

得到如图 2-53 所示的结果。

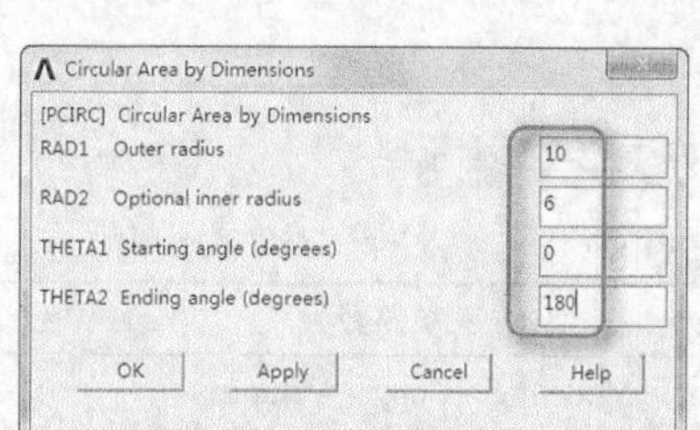

图 2-52 创建圆面对话框

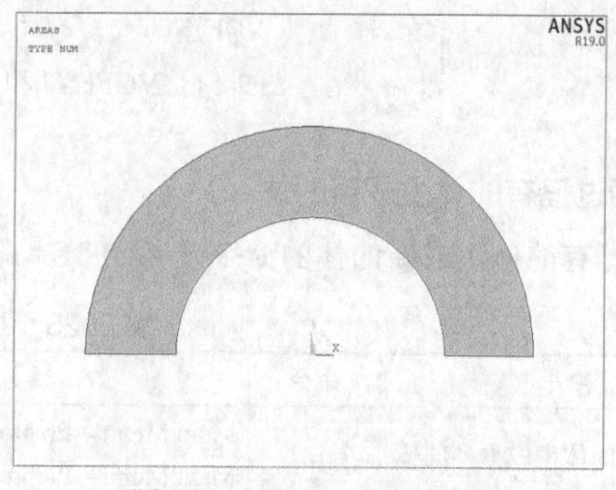

图 2-53 创建圆面的结果

3. 建立另外两个圆面

（1）偏移工作平面到给定位置。

① 从应用菜单中选择“Utility Menu：WorkPlane > Offset WP to > XYZ Locations +”命令。

② 打开设置点对话框，在 ANSYS 输入窗口输入“16，0，0”，单击“OK”按钮，如图 2-54 所示。

（2）将激活的坐标系设置为工作平面坐标系。从应用菜单中选择“Utility Menu：WorkPlane > Change Active CS to > Working Plane”命令。

（3）创建另两个圆面。

① 从主菜单中选择“Main Menu：Preprocessor > Modeling > Create > Areas > Circle > By Dimensions...”命令。

② 这时会打开创建圆面对话框，设置 RAD1 = 5，RAD2 = 3，THETA1 = 0，THETA2 = 180，然后单击“OK”按钮，如图 2-55 所示。

4. 创建两圆面的切线

（1）将激活的坐标系设置为总体柱坐标系。从应用菜单中选择“Utility Menu：WorkPlane > Change Active CS to > Global Cylindrical”命令。

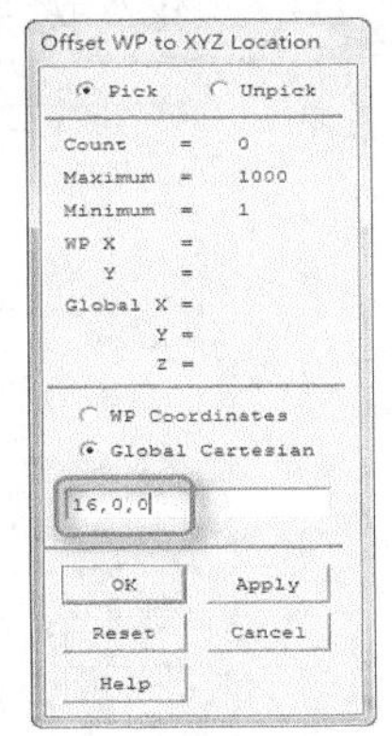

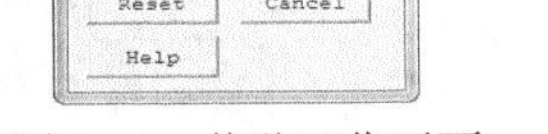

图 2-54　偏移工作平面

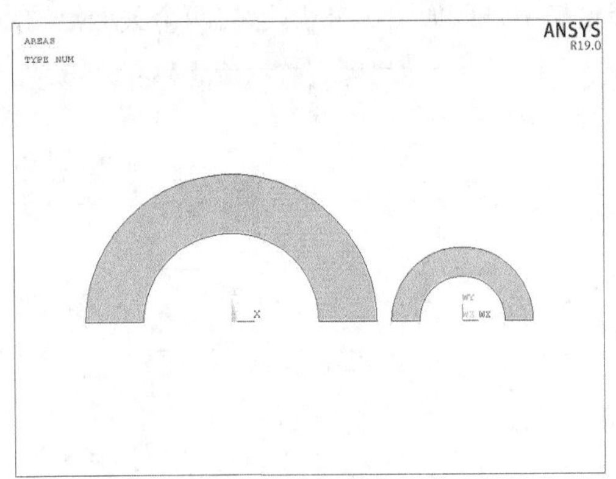

图 2-55　创建另两个圆面

（2）定义一个新的关键点。

① 从主菜单中选择“Main Menu：Preprocessor > Modeling > Create > Keypoints > In Active CS”命令。

② 出现定义点的对话框，设置点号为 110，X=10，Y=73，Z=0，单击“OK”按钮，如图 2-56 所示。

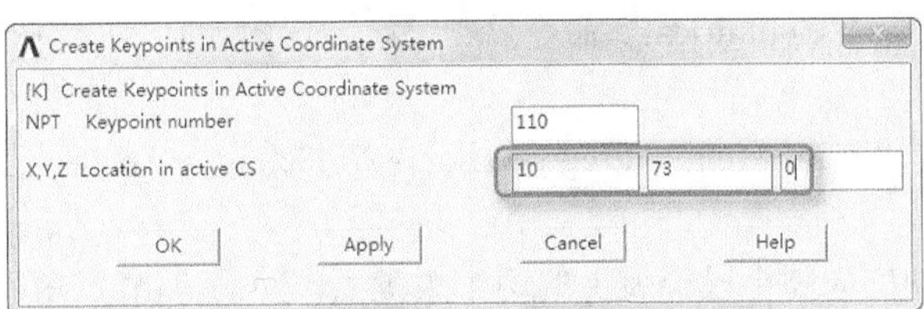

图 2-56　创建关键点

（3）创建局部坐标系。

① 从应用菜单中选择“Utility Menu：WorkPlane > Local Coordinate Systems > Create Local CS > At Specified Loc +”命令。

② 打开坐标系设置对话框，在“Global Cartesian”文本框中输入“16，0，0”，然后单击“OK”按钮，得到“Create Local CS At Specified Location”对话框。

③ 在“Ref number of new coord sys”后的文本框中输入“11”，在“Type of coordinate system”后的列表框中选择“Cylindrical 1”选项，在“Origin of coord system”后的文本框中分别输入“16”“0”“0”，单击“OK”按钮，如图 2-57 所示。

（4）定义另一个新的关键点。

① 从主菜单中选择“Main Menu：Preprocessor > Modeling > Create > Keypoints > In Active CS”命令。

② 打开定义点的对话框，设置点号为 120，X=5，Y=73，Z=0，单击“OK”按钮。

（5）将激活的坐标系设置为总体笛卡儿坐标系。从应用菜单中选择“Utility Menu：WorkPlane > Change Active CS to > Global Cartesian”命令。

（6）在刚刚建立的关键点（110 和 120）之间创建直线。

① 从主菜单中选择“Main Menu：Preprocessor > Modeling > Create > Lines > Lines > Straight Line”命令。

② 在选择窗口中输入如图 2-58 所示的两个关键点的点号，然后单击“OK”按钮。

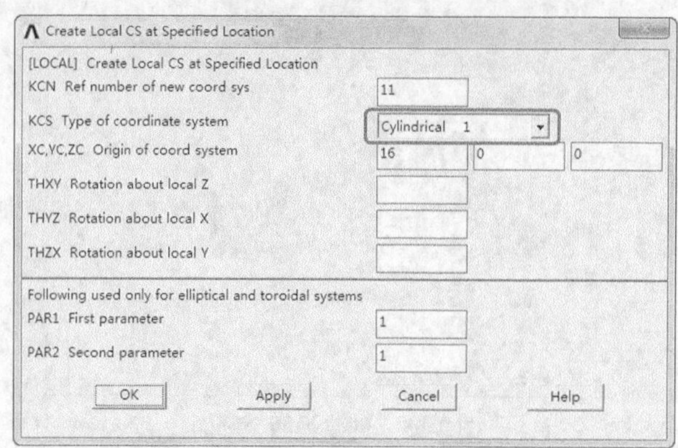

图 2-57　创建局部坐标系

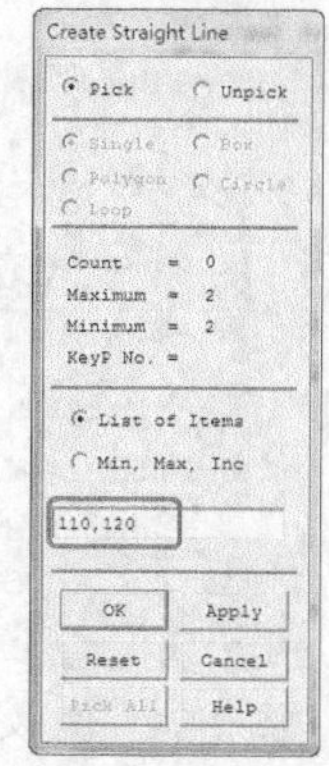

图 2-58　创建线

（7）显示线。从应用菜单中选择“Utility Menu：Plot > Lines”命令。

所得结果如图 2-59 所示。

5. 创建两圆柱面之间的连接面

（1）将激活的坐标系设置为总体柱坐标系。从应用菜单中选择“Utility Menu：WorkPlane > Change Active CS to > Global Cylindrical”命令。

（2）创建直线。

① 从主菜单中选择“Main Menu：Preprocessor > Modeling > Create > Lines > Lines > In Active Coord”命令。

② 拾取如图 2-59 中的大圆小段圆弧上的两个关键点，然后单击“OK”按钮，如图 2-60 所示。

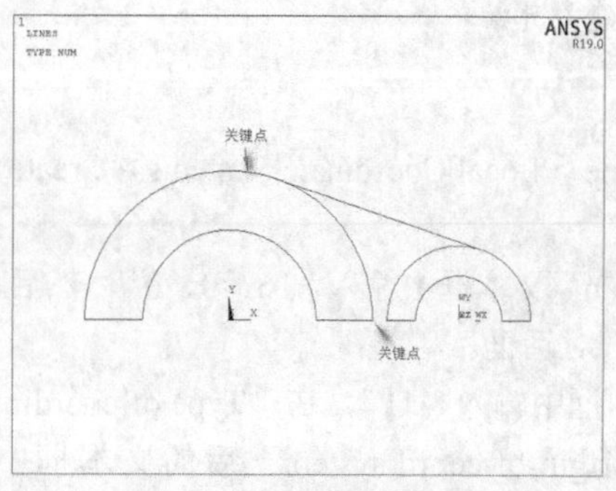

图 2-59　创建切线的结果

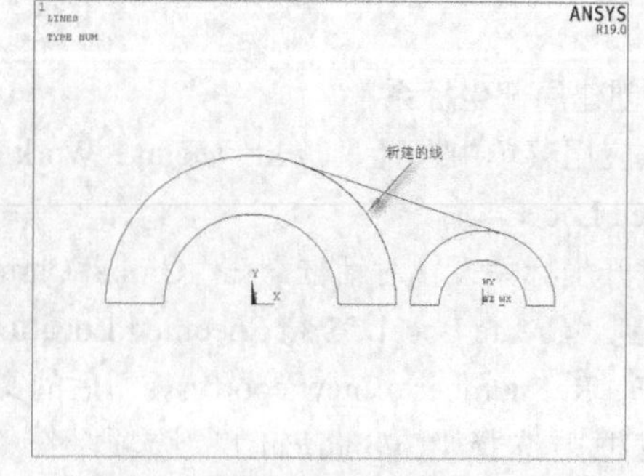

图 2-60　创建线

（3）将激活的坐标系设置为局部柱面坐标系。

① 从应用菜单中选择“Utility Menu：WorkPlane > Change Active CS to > Specified Coord Sys”命令。

② 在“Coordinate system number”后的文本框中输入坐标系编号“11”，单击“OK”按钮，如图 2-61 所示。

（4）在局部柱面坐标系中创建圆弧线。

① 从主菜单中选择“Main Menu：Preprocessor > Modeling > Create > Lines > Lines > In Active Coord”命令。

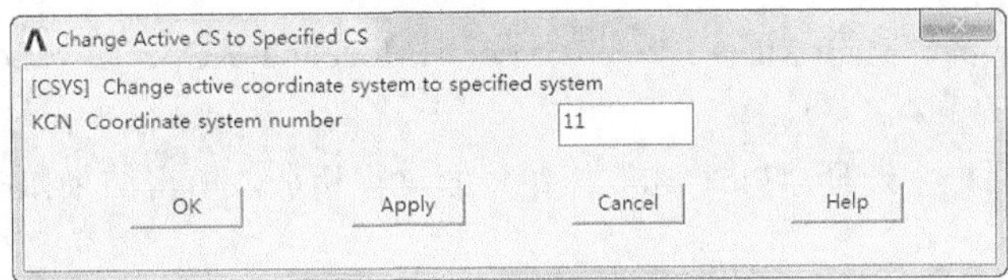

图 2-61　激活局部坐标系

② 拾取如图 2-62 所示的关键点 6 和 120，点 1 和 6，然后单击“OK”按钮，结果如图 2-63 所示。

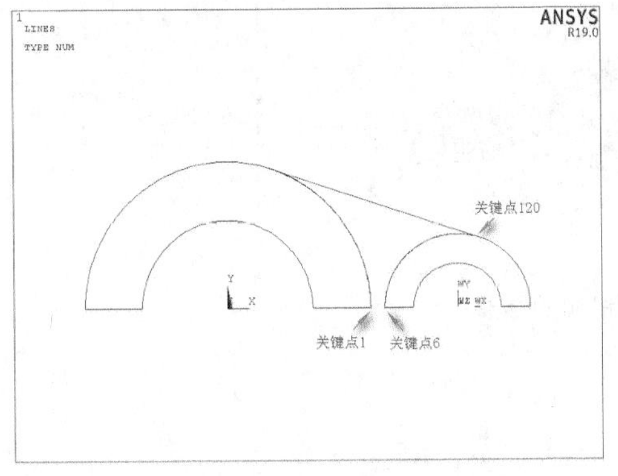

图 2-62　创建线

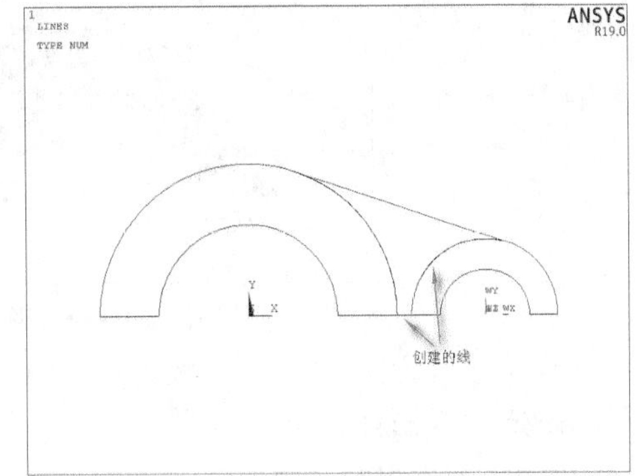

图 2-63　创建线的结果

（5）将激活的坐标系设置为总体笛卡儿坐标系。从应用菜单中选择“Utility Menu：WorkPlane > Change Active CS to > Global Cartesian”命令。

（6）由前面定义的线创建一个新的面。

① 从主菜单中选择“Main Menu：Preprocessor > Modeling > Create > Areas > Arbitrary > By Lines”命令。

② 拾取刚刚建立的 4 条线，如图 2-64 所示，然后单击“OK”按钮。

（7）打开面的编号并画面。

① 从应用菜单中选择“Utility Menu：PlotCtrls > Numbering”命令。

② 打开点、线、面的编号，单击“OK”按钮，如图 2-65 所示。

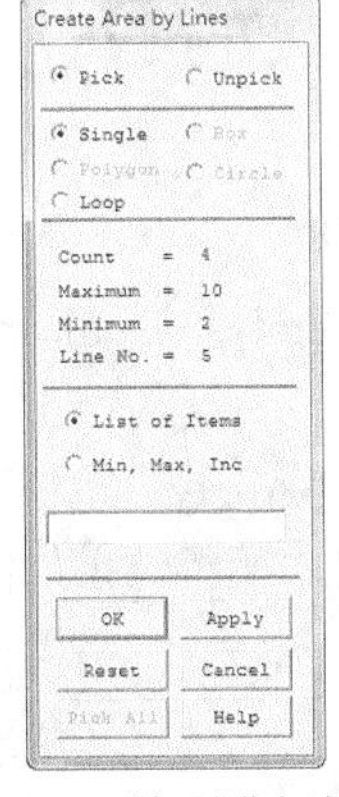

图 2-64　将面进行相加

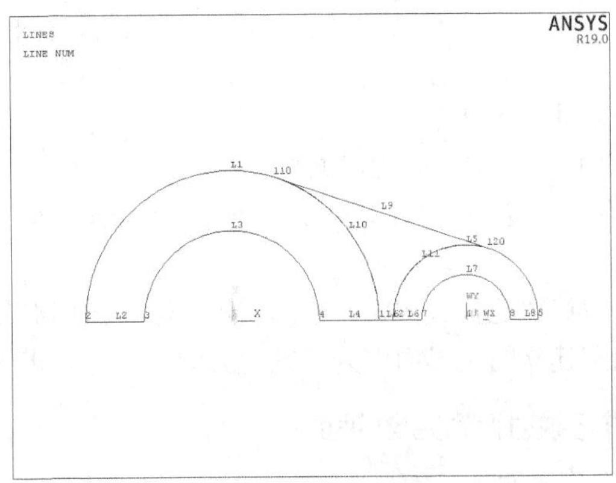

图 2-65　创建面

（8）从应用菜单中选择“Utility Menu：Plot > Areas”命令。

6. 把所有面加起来形成一个面

（1）从主菜单中选择“Main Menu：Preprocessor > Modeling > Operate > Booleans > Add > Areas”命令。

（2）在打开的对话框中选择“Pick All”按钮将面进行相加，所得结果如图 2-66 所示。

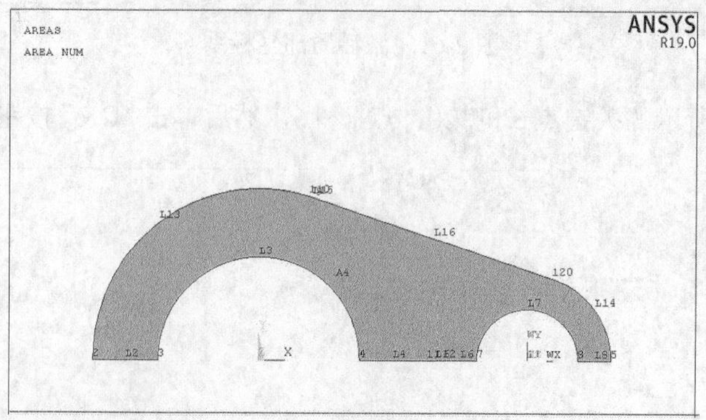

图 2-66　将面相加的结果

7. 形成一个矩形孔

（1）创建一个矩形面。

① 从应用菜单中选择“Utility Menu：WorkPlane > Offset WP to > Global Origin”命令。

② 从主菜单中选择“Main Menu：Preprocessor > Modeling > Create > Areas > Rectangle > By Dimensions...”命令。

③ 在出现的定义矩形面对话框中，设置 X1 = –2，X2 = 2，Y1 = 0，Y2 = 8，单击“OK”按钮，如图 2-67 所示。

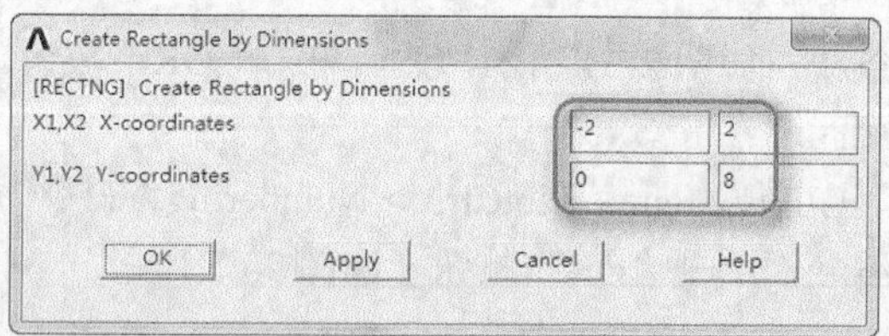

图 2-67　创建矩形面

得到结果如图 2-68 所示。

（2）从总体面中“减”去矩形面形成孔。

① 从主菜单中选择“Main Menu：Preprocessor > Modeling > Operate > Booleans > Subtract > Areas”命令。

② 在图形窗口中选择总体面，作为布尔“减”操作的母体，单击“Apply”按钮。

③ 拾取刚刚建立的矩形面作为“减”去的对象，单击“OK”按钮，所得结果如图 2-69 所示。

8. 将面进行映射得到完全的面

（1）旋转工作平面。

① 从应用菜单中选择“Utility Menu：WorkPlane > Offset WP by Increments”命令。

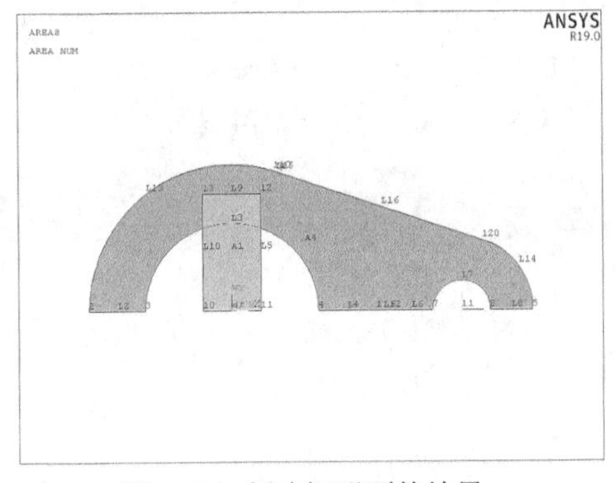

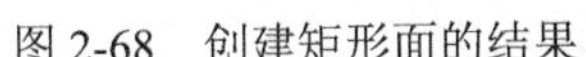
图 2-68　创建矩形面的结果

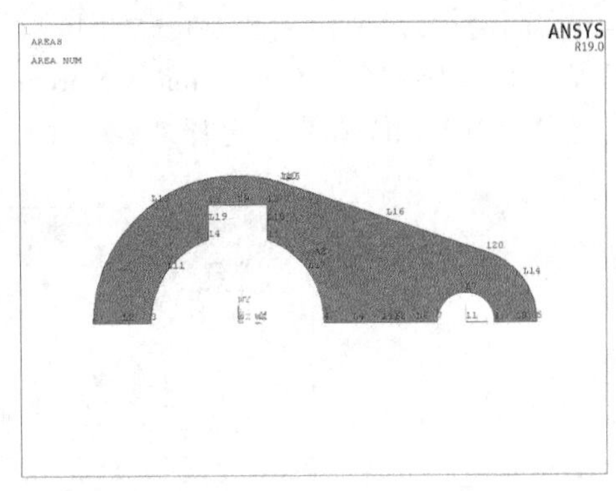

图 2-69　减去孔的结果

② 在“XY，YZ，ZX Angles”文本框中输入“0，0，90”，单击“OK”按钮，如图 2-70 所示。

（2）用工作平面切分面。

① 从主菜单中选择“Main Menu：Preprocessor > Modeling > Operate > Booleans > Divide > Area by WorkPlane”命令。

② 在选择对话框中，选择“Pick All”按钮，如图 2-71 所示，所得结果如图 2-72 所示。

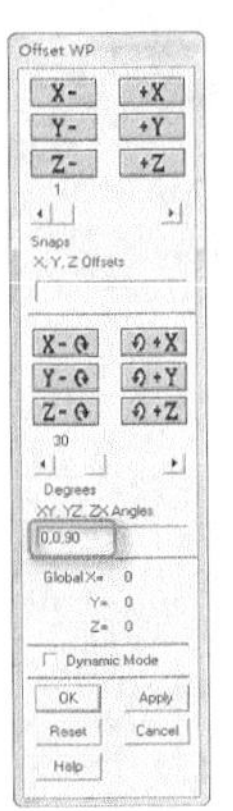

图 2-70　旋转工作平面

Divide Area by WrkPlane

图 2-71　用工作平面切分面

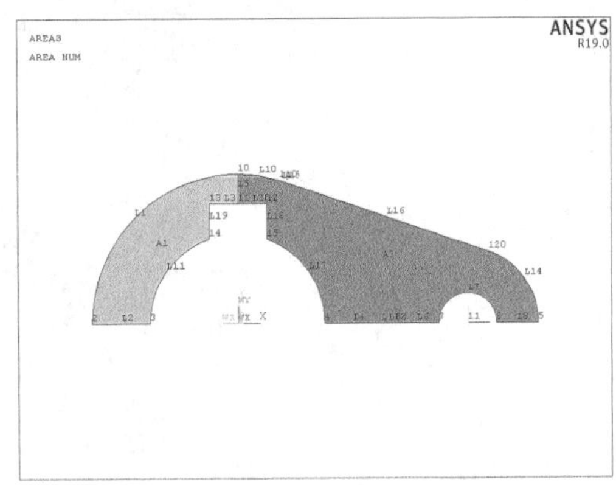

图 2-72　切分面的结果

（3）删除右边的面。

① 从主菜单中选择“Main Menu：Preprocessor > Modeling > Delete > Area and Below”命令。

② 选择右边的面，单击“OK”按钮，如图 2-73 所示。

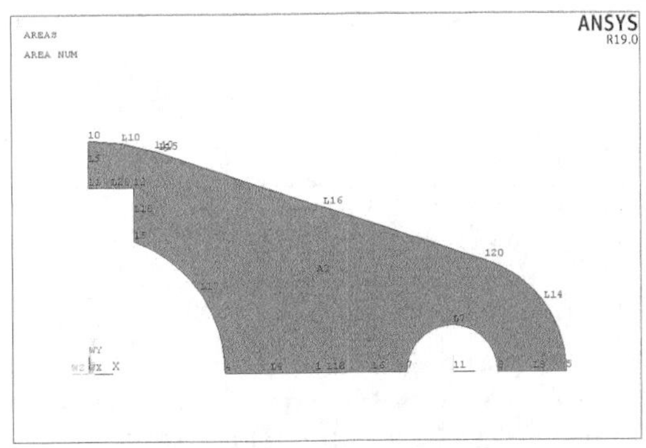

图 2-73　删除右边的面

（4）将面沿 *y-z* 面进行映射（在 *x* 方向）。

① 从主菜单中选择“Main Menu：Preprocessor > Modeling > Reflect > Areas”命令。

② 选择“Pick All”按钮，选择“Y-Z”面，单击“OK”按钮，如图 2-74 所示。

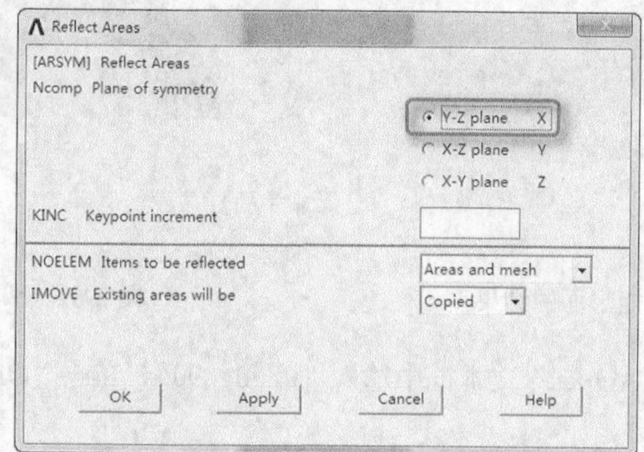

图 2-74　将面沿 *y-z* 面进行映射

所得结果如图 2-75 所示。

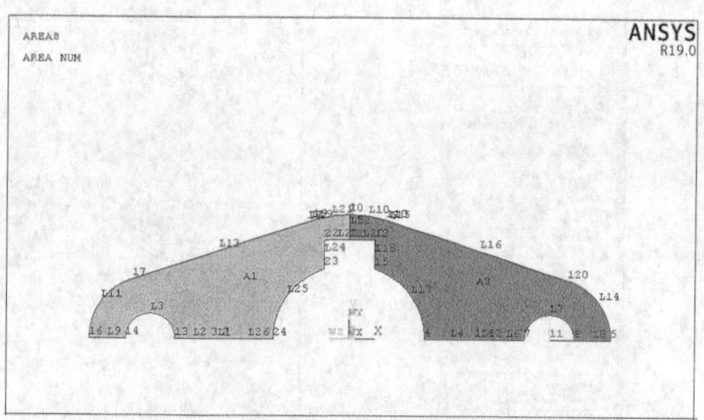

图 2-75　将面沿 *y-z* 面进行映射的结果

（5）将面沿 *x-z* 面进行映射（在 *y* 方向）。

① 从主菜单中选择“Main Menu：Preprocessor > Modeling > Reflect > Areas”命令。

② 选择“Pick All”按钮，选择“X-Z”面，单击“OK”按钮，如图 2-76 所示。

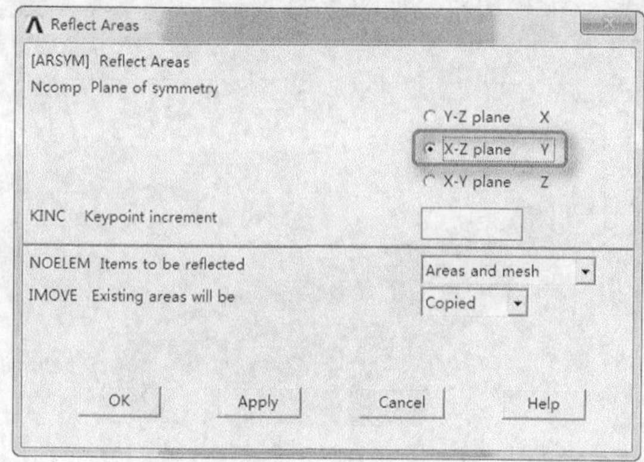

图 2-76　将面沿 *x-z* 面进行映射

所得结果如图 2-77 所示。

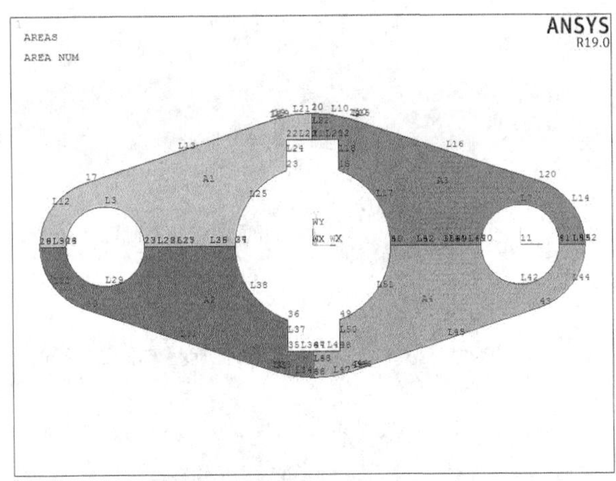

图 2-77　将面沿 x-z 面进行映射的结果

9. 存储数据库并退出 ANSYS

（1）在工具条上拾取“SAVE_DB”按钮存储数据库。

（2）选择工具条上的“QUIT”按钮退出数据库。

本例操作的命令流如下。

```
/PREP7
PCIRC,10,6,0,180,                    ！创建两个圆面
FLST,2,1,8
FITEM,2,16,0,0                       ！偏移工作平面到给定位置
WPAVE,P51X
CSYS,4                               ！将激活的坐标系设置为工作平面坐标系
PCIRC,5,3,0,180,                     ！创建另两个圆面
CSYS,1                               ！将激活的坐标系设置为总体柱坐标系
K,110,10,73,,                        ！定义一个新的关键点
LOCAL,11,1,16,0,0, , , ,1,1,         ！创建局部坐标系
K,120,5,73,,                         ！定义另一个新的关键点
CSYS,0                               ！将激活的坐标系设置为总体笛卡儿坐标系
LSTR,      110,      120             ！在刚刚建立的关键点（110 和 120）之间创建直线
LPLOT                                ！显示线
CSYS,1                               ！将激活的坐标系设置为总体柱坐标系
L,      110,       1                 ！创建直线
CSYS,11,                             ！将激活的坐标系设置为局部柱面坐标系
L,        1,       6
L,        6,     120                 ！在局部柱面坐标系中创建圆弧线
CSYS,0                               ！将激活的坐标系设置为总体笛卡儿坐标系
FLST,2,4,4
FITEM,2,10
FITEM,2,11
FITEM,2,12
FITEM,2,9
AL,P51X                              ！由前面定义的线创建一个新的面
/PNUM,KP,1
/PNUM,LINE,1
/PNUM,AREA,1
```

```
/PNUM,VOLU,0
/PNUM,NODE,0
/PNUM,TABN,0
/PNUM,SVAL,0
/NUMBER,0
!*
/PNUM,ELEM,0
/REPLOT
!*
APLOT                                        ! 打开面的编号并画面
FLST,2,3,5,ORDE,2
FITEM,2,1
FITEM,2,-3
AADD,P51X                                    ! 把所有面加起来形成一个面
CSYS,0
WPAVE,0,0,0
CSYS,0
RECTNG,-2,2,0,8,                             ! 创建一个矩形面
ASBA,       4,        1                      ! 从总体面中“减”去矩形面形成孔
wprot,0,0,90                                 ! 旋转工作平面
ASBW,       2                                ! 用工作平面切分面
ADELE,       1, , ,1                         ! 删除右边的面
FLST,3,1,5,ORDE,1
FITEM,3,3
ARSYM,X,P51X, , , ,0,0                       ! 将面沿 y-z 面进行映射（在 x 方向）
FLST,3,2,5,ORDE,2
FITEM,3,1
FITEM,3,3
ARSYM,Y,P51X, , , ,0,0                       ! 将面沿 x-z 面进行映射（在 y 方向）
/REPLOT,RESIZE
SAVE
FINISH                                       ! 存储数据库并退出 ANSYS
```

2.5 自顶向下创建几何模型

几何体素是用单个 ANSYS 命令创建常用实体模型（如球，正棱柱等）。因为体素是高级图元，不用先定义任何关键点而形成，所以称利用体素进行建模的方法为自顶向下建模。当生成一个体素时，ANSYS 程序会自动生成所有属于该体素的必要的低级图元。

2.5.1 创建面体素

创建面体素的命令及 GUI 菜单路径如表 2-27 所示。

表 2-27 创建面体素

用法	命令	GUI 菜单路径
在工作平面上创建矩形面	RECTNG	Main Menu > Preprocessor > Modeling > Create > Areas > Rectangle > By Dimensions
通过角点生成矩形面	BLC4	Main Menu > Preprocessor > Modeling > Create > Areas > Rectangle > By 2 Brackets

续表

用法	命令	GUI 菜单路径
通过中心和角点生成矩形面	BLC5	Main Menu > Preprocessor > Modeling > Create > Areas > Rectangle > By Centr & Cornr
在工作平面上生成以其原点为圆心的环形面	PCIRC	Main Menu > Preprocessor > Modeling > Create > Circle > By Dimensions
在工作平面上生成环形面	CYL4	Main Menu > Preprocessor > Modeling > Create > Circle > Annulus or > Partial Annulus or > Solid Circle
通过端点生成环形面	CYL5	Main Menu > Preprocessor > Modeling > Create > Circle > By End Points
以工作平面原点为中心创建正多边形	RPOLY	Main Menu > Preprocessor > Modeling > Create > Polygon > By Circumscr Rad or > By Inscribed Rad or > By Side Length
在工作平面的任意位置创建正多边形	RPR4	Main Menu > Preprocessor > Modeling > Create > Polygon > Hexagon or > Octagon or > Pentagon or > Septagon or > Square or > Triangle
基于工作平面坐标对生成任意多边形	POLY	该命令没有相应 GUI 路径

2.5.2　创建实体体素

创建实体体素的命令及 GUI 菜单路径如表 2-28 所示。

表 2-28　创建实体体素

用法	命令	GUI 菜单路径
在工作平面上创建长方体	BLOCK	Main Menu > Preprocessor > Modeling > Create > Volumes > Block > By Dimensions
通过角点生成长方体	BLC4	Main Menu > Preprocessor > Modeling > Create > Volumes > Block > By 2 Brackets & Z
通过中心和角点生成长方体	BLC5	Main Menu > Preprocessor > Modeling > Create > Volumes > Block > By Centr,Cornr,Z
以工作平面原点为圆心生成圆柱体	CYLIND	Main Menu > Preprocessor > Modeling > Create > Volumes > Cylinder > By Dimensions
在工作平面的任意位置创建圆柱体	CYL4	Main Menu > Preprocessor > Modeling > Create > Volumes > Cylinder > Hollow Cylinder or > Partial Cylinder or > Solid Cylinder
通过端点创建圆柱体	CYL5	Main Menu > Preprocessor > Modeling > Create > Volumes > Cylinder > By End Pts & Z
以工作平面的原点为中心创建正棱柱体	RPRISM	Main Menu > Preprocessor > Modeling > Create > Volumes > Prism > By Circumscr Rad or > By Inscribed Rad or > By Side Length
在工作平面的任意位置创建正棱柱体	RPR4	Main Menu > Preprocessor > Modeling > Create > Volumes > Prism > Hexagonal or > Octagonal or > Pentagonal or > Septagonal or > Square or > Triangular
基于工作平面坐标对创建任意多棱柱体	PRISM	该命令没有相应 GUI 路径
以工作平面原点为中心创建球体	SPHERE	Main Menu > Preprocessor > Modeling > Create > Volumes > Sphere > By Dimensions
在工作平面的任意位置创建球体	SPH4	Main Menu > Preprocessor > Modeling > Create > Volumes > Sphere > Hollow Sphere or > Solid Sphere

续表

用法	命令	GUI 菜单路径
通过直径的端点生成球体	SPH5	Main Menu > Preprocessor > Modeling > Create > Volumes > Sphere > By End Points
以工作平面原点为中心生成圆锥体	CONE	Main Menu > Preprocessor > Modeling > Create > Volumes > Cone > By Dimensions
在工作平面的任意位置创建圆锥体	CON4	Main Menu > Preprocessor > Modeling > Create > Volumes > Cone > By Picking
生成环体	TORUS	Main Menu > Preprocessor > Modeling > Create > Volumes > Torus

图 2-78 所示是环形体素和环形扇区体素。

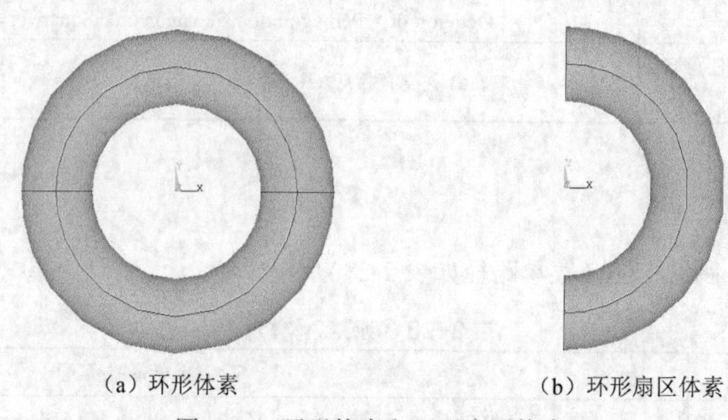

（a）环形体素　（b）环形扇区体素

图 2-78　环形体素和环形扇区体素

图 2-79 所示是空心圆球体素和圆台体素。

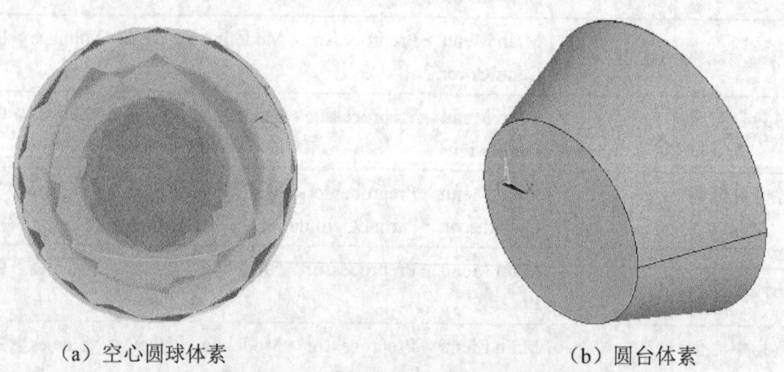

（a）空心圆球体素　（b）圆台体素

图 2-79　空心圆球体素和圆台体素

2.5.3　实例——自顶向下建模

自顶向下的建立模型是指按照从体到面、从面到线、从线到点的顺序进行建模，因为线是由点构成，面是由线构成，而体是由面构成，所以称这个顺序为自顶向下建模。在建立模型的过程中，自顶向下并不是绝对的，有时也用到自底向上的方法。现在通过建立一个联轴体来介绍自顶向下建模的方法，联轴体如图 2-80 所示。

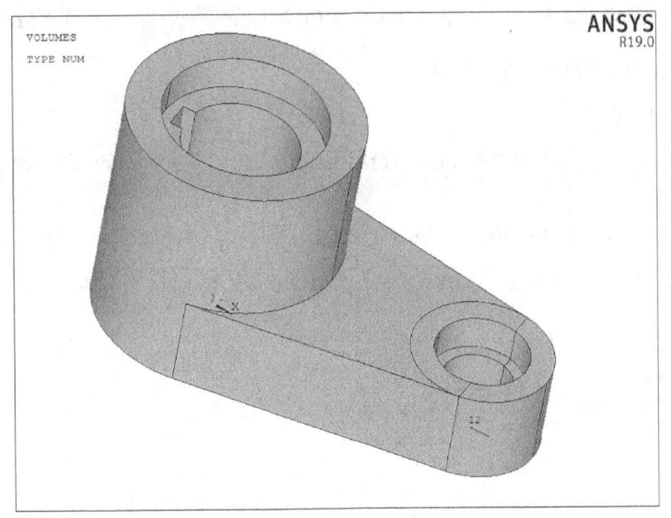

图 2-80　需要创建的联轴体

建立联轴体先从主菜单中选择“Main Menu：Preprocessor”命令，进入前处理（“/PREP7”命令）。

扫码看视频

【创建步骤】

1. 创建圆柱体

（1）进入 ANSYS 工作目录，按照前面讲过的方法，将“coupling”作为 jobname。

（2）从主菜单中选择“Main Menu：Preprocessor > modeling > Create > Volumes > Cylinder > Solid Cylinder”命令。

（3）在打开的创建柱体对话框中，在“WP X”后的文本框中输入“0”，“WP Y”后的文本框中输入“0”，“Radius”后的文本框中输入“5”，“Depth”后的文本框中输入“10”，单击“Apply”按钮。

（4）在“WP X”后的文本框中输入“12”，“WP Y”后的文本框中输入“0”，“Radius”后的文本框中输入“3”，“Depth”后的文本框中输入“4”，单击“OK”按钮生成一个圆柱体。输入过程如图 2-81 所示，得到两个圆柱体，结果如图 2-82 所示。

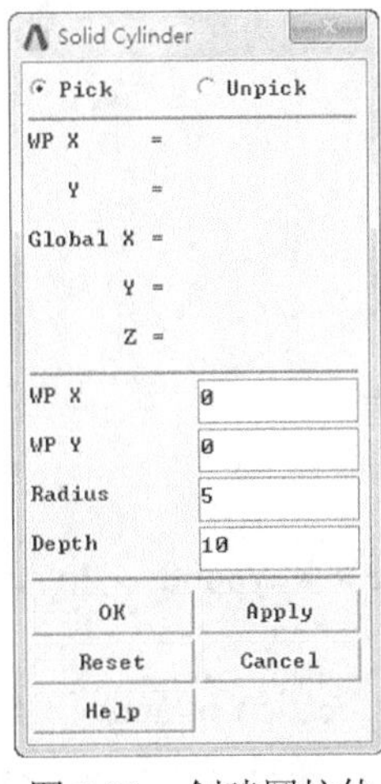

图 2-81　创建圆柱体

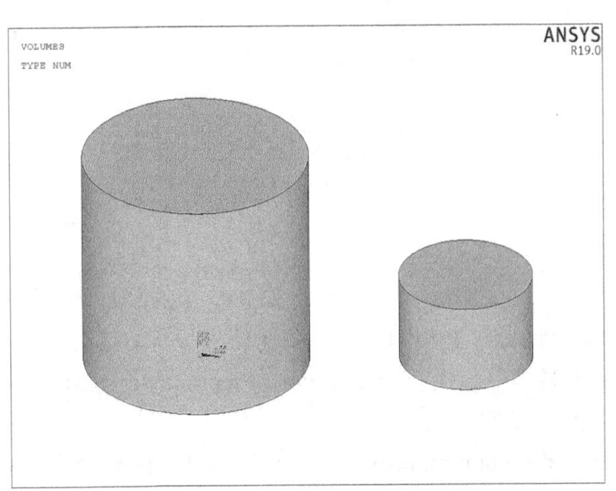

图 2-82　生成的两个圆柱体

显示线：从应用菜单中选择“Utility Menu：Plot > Lines”命令，结果如图 2-83 所示。

2. 建立两圆柱面相切的 4 个关键点

（1）创建局部坐标系。

① 从应用菜单中选择“Utility Menu：WorkPlane > Local Coordinate Systems > Create Local CS > At Specified Loc +”命令。

② 在打开的创建坐标系对话框中，在“Global Cartesian”后的文本框中输入“0，0，0”，然后单击“OK”按钮，得到“Create Local CS at Specified Location”对话框，如图 2-84 所示。

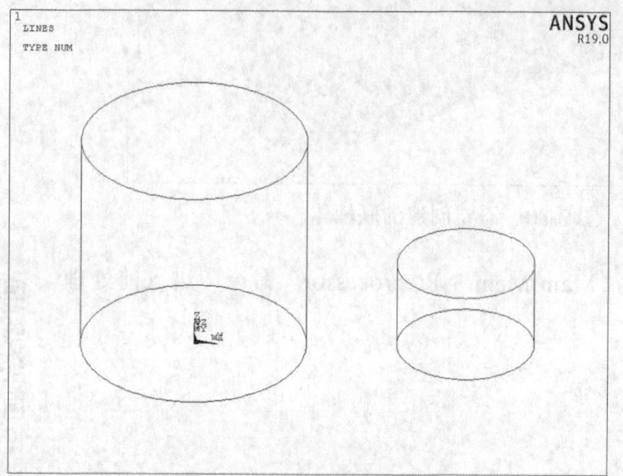

图 2-83　线显示

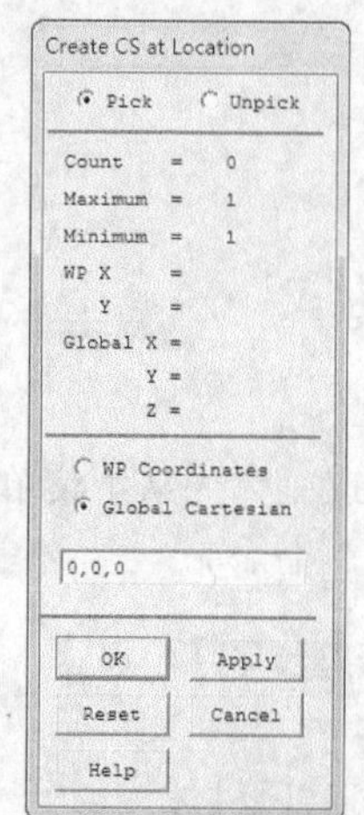

图 2-84　输入坐标系的原点坐标

③ 在“Ref number of new coord sys”后的文本框中输入“11”，在“Type of coordinate system”后的列表框中选择“Cylindrical 1”，在“Origin of coord system”后的文本框中分别输入“0”“0”“0”，单击“OK”按钮，如图 2-85 所示。

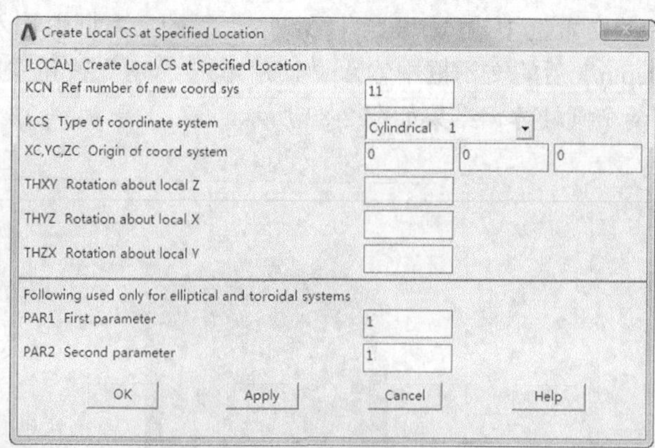

图 2-85　创建局部柱坐标系

（2）建立两圆柱面相切的 4 个关键点。

① 从主菜单中选择“Main Menu：Preprocessor > Modeling > Create > Keypoints > In Active CS”命令。

② 在“Keypoint number”后的文本框中输入“110”，在“Location in active CS”文本框中分别输入“5”“–80.4”“0”创建一个关键点，如图 2-86 所示，单击“Apply”按钮，在

“Keypoint number”后的文本框中输入“120”，在“Location in active CS”后的文本框中分别输入“5”“80.4”“0”，单击“OK”按钮，创建另一个关键点。

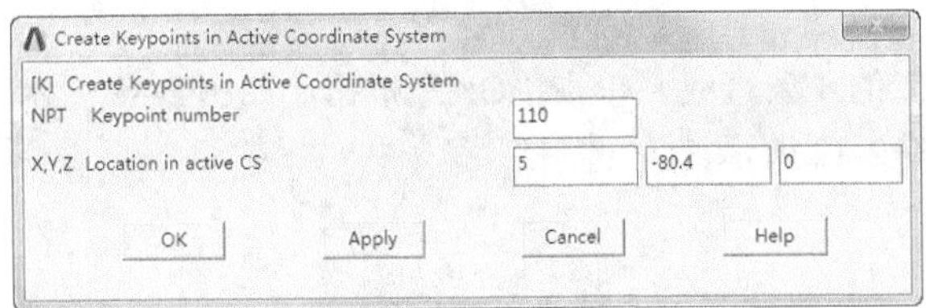

图 2-86　在局部坐标系中创建关键点

（3）创建局部坐标系。

① 从应用菜单中选择“Utility Menu：WorkPlane > Local Coordinate Systems > Create Local CS > At Specified Loc +”命令。

② 在“Global Cartesian”后的文本框中输入“12，0，0”，然后单击“OK”按钮，得到“Create Local CS at Specified Location”对话框。

③ 在“Ref number of new coord sys”后的文本框中输入“12”，在“Type of coordinate system”下拉列表框中选择“Cylindrical 1”选项，“Origin of coord system”后的文本框中分别输入“12”“0”“0”，单击“OK”按钮。

④ 从主菜单中选择“Main Menu：Preprocessor > Modeling > Create > Keypoints > In Active CS”命令。

⑤ 在“Keypoint number”后的文本框中输入“130”，在“Location in active CS”后的文本框中分别输入“3”“-80.4”“0”创建一个关键点，单击“Apply”按钮，在“Keypoint number”后的文本框中输入“140”，在“Location in active CS”后的文本框中分别输入“3”“80.4”“0”，单击“OK”按钮，创建另一个关键点。

3. 生成与圆柱底相交的面

（1）用 4 个相切的点创建 4 条直线。

① 从主菜单中选择“Main Menu：Preprocessor > Modeling > Create > Lines > Lines > Strainght lines”命令。

② 连接点 110 和点 130，点 120 和点 140，点 110 和点 120，点 130 和点 140，使它们成为 4 条直线，单击“OK”按钮，如图 2-87 所示。

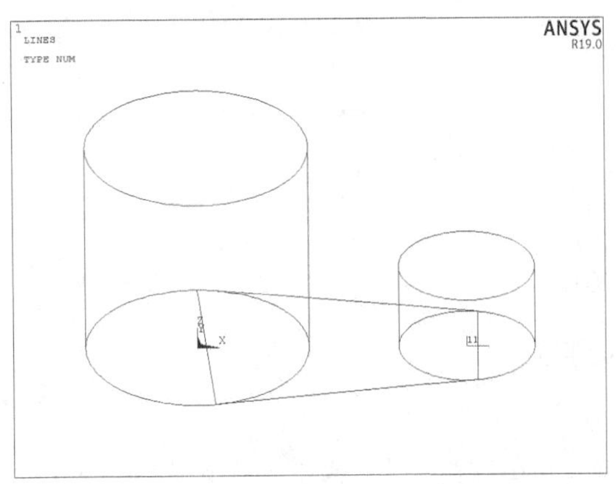

图 2-87　创建 4 条直线

（2）创建一个四边形面。

① 从主菜单中选择“Main Menu：Preprocessor > Modeling > Create > Areas > Arbitrary > By Lines”命令。

② 依次拾取刚刚建立的 4 条直线，单击“OK”按钮，如图 2-88 所示。

生成的四边形面如图 2-89 所示。

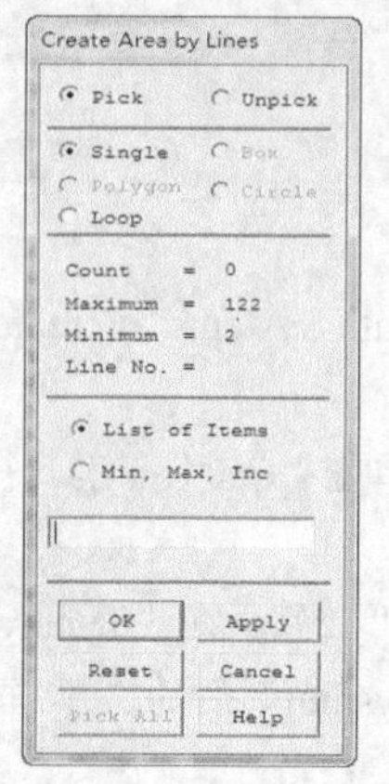

图 2-88　拾取直线创建面

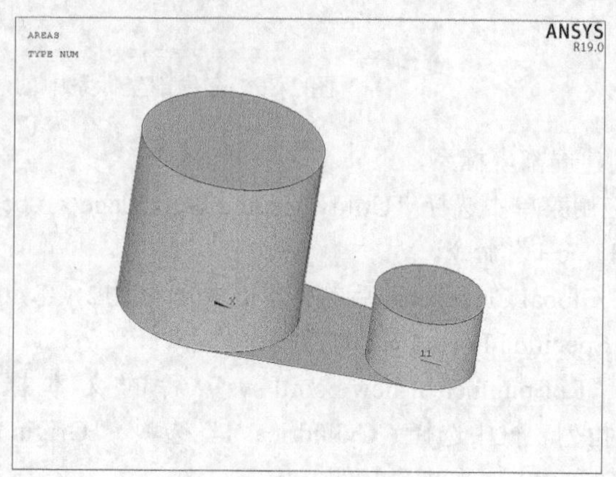

图 2-89　创建四边形面

4．沿面的法向拖曳面形成一个四棱柱

（1）从主菜单中选择“Main Menu：Preprocessor > Modeling > Operate > Extrude > Areas > Along Normal”命令。

（2）在图形窗口中拾取四边形面，单击“OK”按钮，如图 2-90 所示。

（3）这时打开创建体对话框，输入“DIST”为“4”，厚度的方向是向圆柱所在的方向，单击“OK”，如图 2-91 所示。

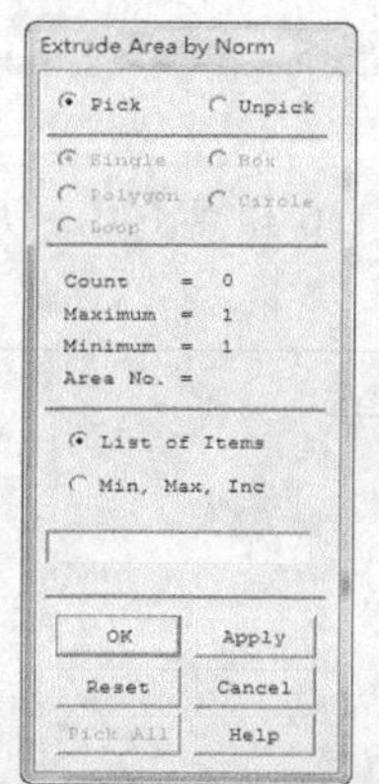

图 2-90　拾取面创建体

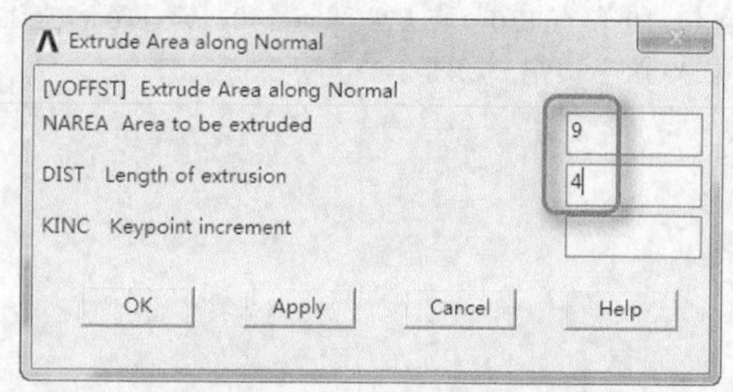

图 2-91　输入体的厚度

生成的四棱柱如图 2-92 所示。

5．形成一个完全的轴孔

（1）将坐标系转到全局直角坐标系下。从应用菜单中选择“Utility Menu：WorkPlane > Change Active CS to > Global Cartesian”命令。

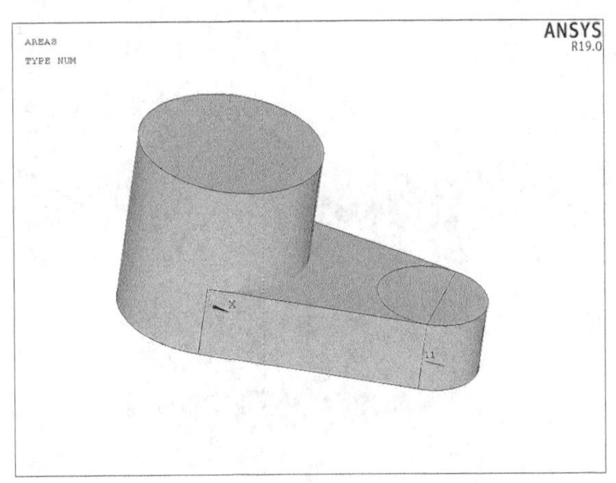

图 2-92　生成的四棱柱

（2）偏移工作平面。

① 从应用菜单中选择“Utility Menu：WorkPlane > Offset WP to > XYZ Locations +”命令。

② 在“Global Cartesian”后的文本框中输入“0，0，8.5”，单击“OK”按钮，如图 2-93 所示。

（3）创建圆柱体。

① 从主菜单中选择“Main Menu：Preprocessor > Modeling > Create > Volumes > Cylinder > Solid Cylinder”命令。

② 在创建圆柱体对话框中，在“WP X”后的文本框中输入“0”，“WP Y”后的文本框中输入“0”，“Radius”后的文本框中输入“3.5”，“Depth”后的文本框中输入“1.5”，单击“Apply”按钮。

③ 在“WP X”后的文本框中输入“0”，“WP Y”后的文本框中输入 0，“Radius”后的文本框中输入“2.5”，“Depth”后的文本框中输入“–8.5”，单击“OK”按钮，生成另一个圆柱体。得到两个圆柱体，结果如图 2-94 所示。

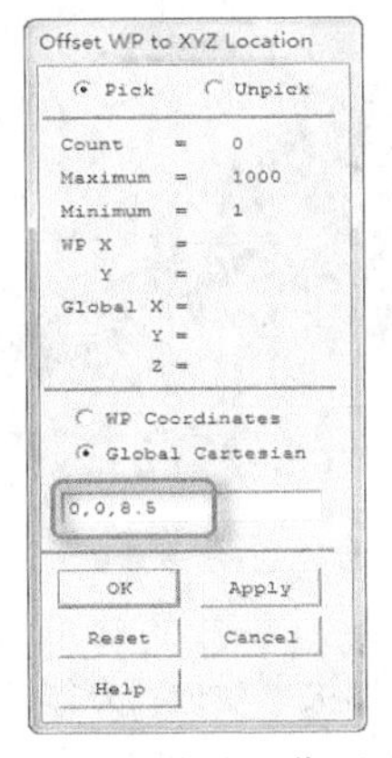

图 2-93　偏移工作平面

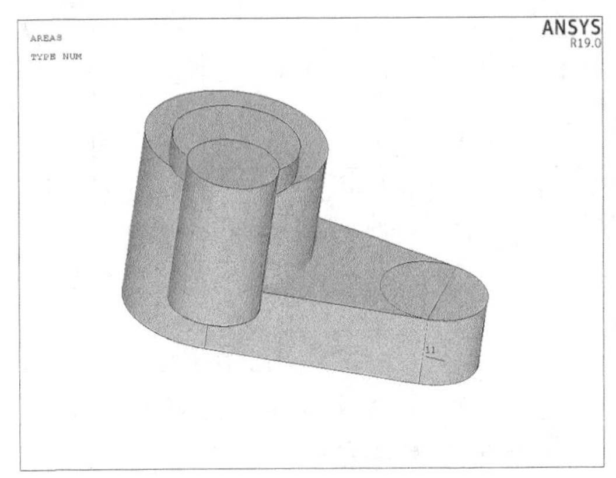

图 2-94　生成两个圆柱体

（4）从联轴体中“减”去圆柱体形成轴孔。

① 从主菜单中选择“Main Menu：Preprocessor > Modeling > Operate > Booleans > Subtract > Volumes”命令。

② 在图形窗口中拾取联轴体及大圆柱体，作为布尔“减”操作的母体，单击“Apply”按钮。

③ 在图形窗口中拾取刚刚建立的两个圆柱体作为“减”去的对象，单击“OK”按钮，所得结

果如图 2-95 所示。

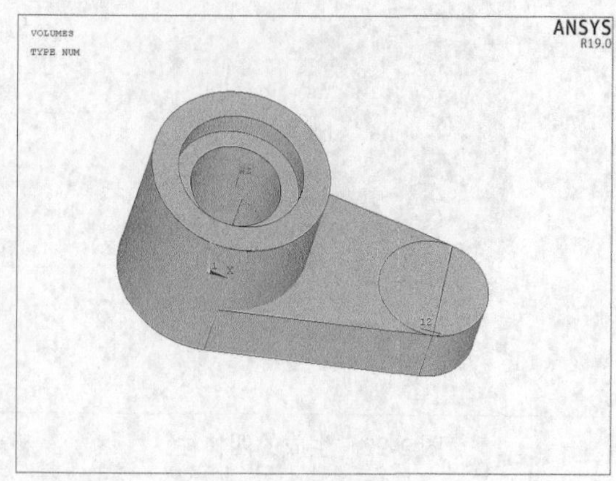

图 2-95　形成圆轴孔

（5）偏移工作平面。

① 从应用菜单中选择“Utility Menu：WorkPlane > Offset WP to > XYZ Locations +”命令。

② 在偏移工作平面对话框中，在“Global Cartesion”后的文本框中输入“0，0，0”，单击“OK”按钮。

（6）生成长方体。

① 从主菜单中选择“Main Menu：Preprocessor > Modeling > Create > Volumes > Block > By Dimensions”命令。

② 输入“X1=0，X2=–3，Y1=–0.6，Y2=0.6，Z1=0，Z2=8.5”，如图 2-96 所示。得到的结果如图 2-97 所示。

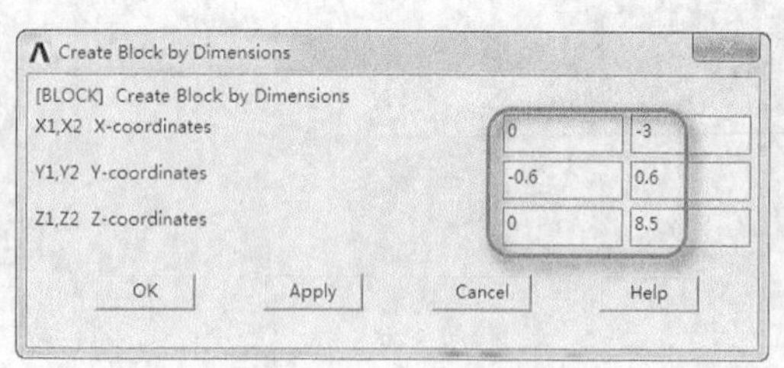

图 2-96　创建长方体

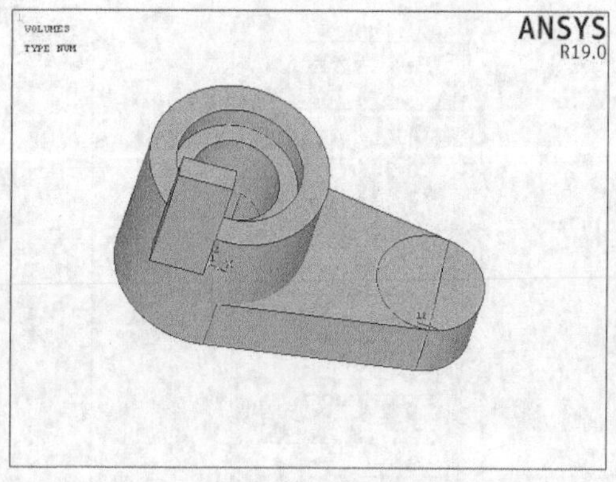

图 2-97　生成长方体

（7）从联轴体中再“减”去长方体形成完全的轴孔。

① 从主菜单中选择“Main Menu：Preprocessor > Modeling > Operate > Booleans > Subtract > Volumes”命令。

② 在图形窗口中拾取联轴体及大圆柱体，作为布尔“减”操作的母体，单击“Apply”按钮。

③ 在图形窗口中拾取刚刚建立的长方体作为“减”去的对象，单击“OK”按钮，所得结果如图 2-98 所示。

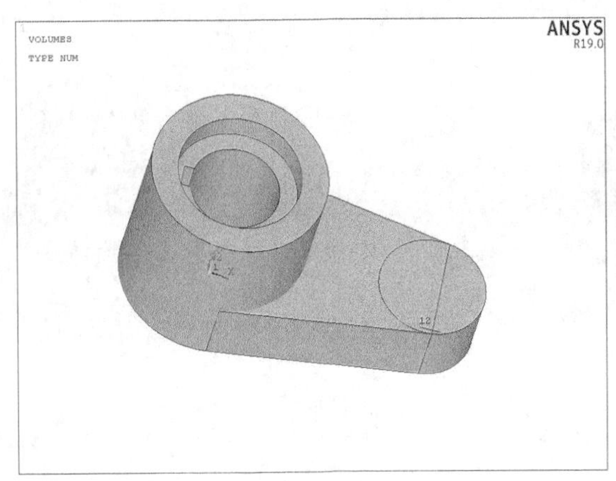

图 2-98 生成完全的轴孔

6. 形成另一个轴孔

（1）偏移工作平面。

① 从应用菜单中选择“Utility Menu：WorkPlane > Offset WP to > XYZ Locations +”命令。

② 打开工作平面设置对话框，在“Global Cartesian”后的文本框中输入“12，0，2.5”，单击“OK”按钮。

（2）创建圆柱体。

① 从主菜单中选择“Main Menu：Preprocessor > Modeling > Create > Volumes > Cylinder > Solid Cylinder”命令。

② 打开创建圆柱体对话框，在“WP X”后的文本框中输入“0”，“WP Y”后的文本框中输入“0”，“Radius”后的文本框中输入“2”，“Depth”后的文本框中输入“1.5”，单击“Apply”按钮。

③ 在“WP X”后的文本框中输入“0”，“WP Y”后的文本框中输入“0”，“Radius”后的文本框中输入“1.5”，“Depth”后的文本框中输入“–2.5”，单击“OK”按钮，生成另一个圆柱体，得到两个圆柱体。

（3）从联轴体中“减”去圆柱体形成轴孔。

① 从主菜单中选择“Main Menu：Preprocessor > Modeling > Operate > Booleans > Subtract > Volumes”命令。

② 拾取联轴体，作为布尔“减”操作的母体，单击“Apply”按钮。

③ 拾取刚建立的两个圆柱体作为“减”去对象，单击“OK”按钮，所得结果如图 2-99 所示。

7. 连接所有体

（1）从主菜单中选择“Main Menu：Preprocessor > Modeling > Operate > Booleans > Add > Volumes”命令。

（2）在出现的对话框中单击“Pick All”按钮。

（3）打开体号显示开关并画体。

① 从应用菜单中选择“Utility Menu：PlotCtrls > Numbering”命令。

② 设置“Volume numbles”选项为“on”，单击“OK”按钮，所得结果如图 2-100 所示。

8. 保存并退出 ANSYS

（1）选择工具条上的“SAVE_DB”按钮保存数据库。

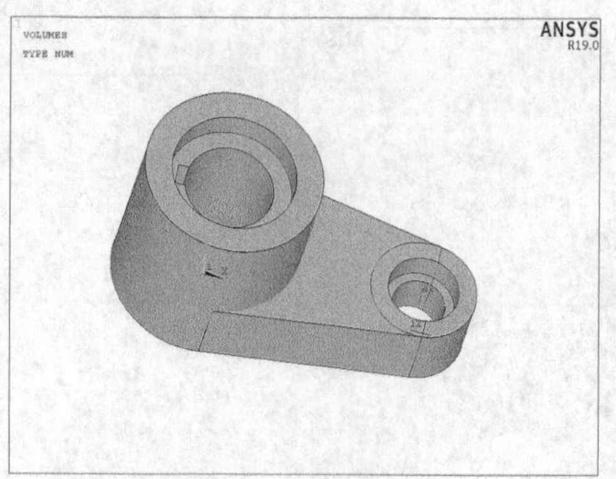

图 2-99　形成轴孔

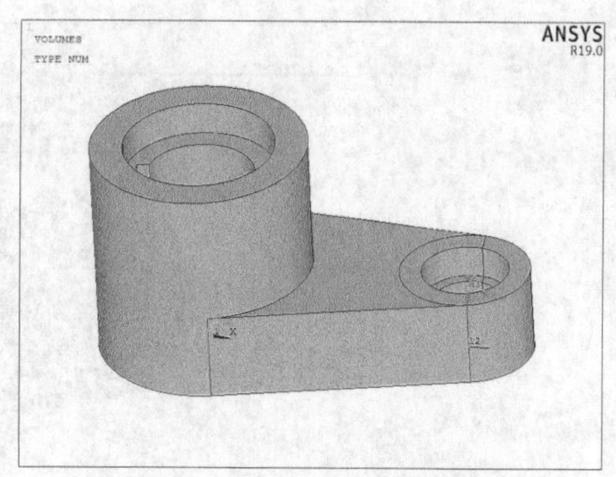

图 2-100　体显示的结果

（2）选择工具条上的“QUIT”按钮退出 ANSYS。

本例操作的命令流如下。

```
/CLEAR,START
/FILNAME,coupling,0
! 将“coupling”作为 jobname
/PREP7
CYL4,0,0,5, , , ,10
CYL4,12,0,3, , , ,4
! 创建圆柱体
LPLOT
! 显示线
LOCAL,11,1,0,0,0, , , ,1,1,
! 创建局部坐标系
K,110,5,-80.4,0,
K,120,5,80.4,0,
! 建立左圆柱面相切的两个关键点
LOCAL,12,1,12,0,0, , , ,1,1,
! 创建局部坐标系
K,130,3,-80.4,0,
K,140,3,80.4,0,
! 建立右圆柱面相切的两个关键点
LSTR,      110,      130
LSTR,      120,      140
LSTR,      130,      140
LSTR,      120,      110
! 用四个相切的点创建 4 条直线
FLST,2,4,4
FITEM,2,24
FITEM,2,21
FITEM,2,23
FITEM,2,22
AL,P51X
! 创建一个四边形面
VOFFST,9,4, ,
! 沿面的法向拖曳面形成一个四棱柱，厚度为 4
CSYS,0
! 将坐标系转到全局直角坐标系下
FLST,2,1,8
FITEM,2,0,0,8.5
WPAVE,P51X
!偏移工作平面
```

```
CYL4,0,0,3.5, , , ,1.5
CYL4,0,0,2.5, , , ,-8.5
! 创建两个圆柱体
FLST,2,2,6,ORDE,2
FITEM,2,1
FITEM,2,3
FLST,3,2,6,ORDE,2
FITEM,3,4
FITEM,3,-5
VSBV,P51X,P51X
! 从联轴体中“减”去圆柱体形成轴孔
FLST,2,1,8
FITEM,2,0,0,0
WPAVE,P51X
! 偏移工作平面
BLOCK,0,-3,-0.6,0.6,0,8.5,
! 生成长方体
VSBV,       7,       1
! 从联轴体中再“减”去长方体形成完全的轴孔
FLST,2,1,8
FITEM,2,12,0,2.5
WPAVE,P51X
! 偏移工作平面
CYL4,0,0,2, , , ,1.5
CYL4,0,0,1.5, , , ,-2.5
! 创建两个圆柱体
FLST,2,2,6,ORDE,2
FITEM,2,2
FITEM,2,6
FLST,3,2,6,ORDE,2
FITEM,3,1
FITEM,3,4
VSBV,P51X,P51X
! 从联轴体中“减”去圆柱体形成轴孔
FLST,2,3,6,ORDE,3
FITEM,2,3
FITEM,2,5
FITEM,2,7
VADD,P51X
! 连接所有体
SAVE
FINISH
! 保存并退出 ANSYS
```

2.6　移动、复制和缩放几何模型

2.6.1　移动和复制

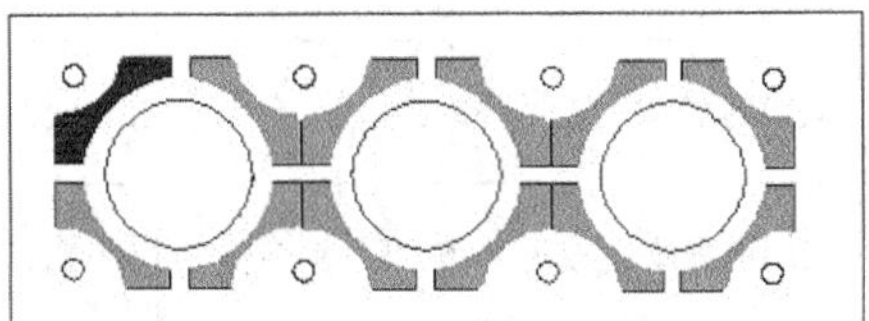

图 2-101　复制一个面

一个复杂的面或体在模型中重复出现时仅需构造一次。之后可以移动、旋转或复制到所需的地方，如图 2-101 所示。会发现在方便之处生成几何体后再将其移动到所需之处，往往比直接改变工作平面生成所需体素更方便。图中黑色区域表示原始图元，其余都是复制生成。

2.6.2 拖曳和旋转

布尔运算尽管很方便，但需耗费较多的计算时间，所以在构造模型时，可以采用拖曳或旋转的方式，如图 2-102 所示。它往往可以节省很多计算时间，提高效率。

如果模型中的相对复杂的图元重复出现，则仅需对重复部分构造一次，然后在所需的位置按所需的方位复制生成。例如，在一个平板上开几个细长的孔，只需生成一个孔，然后再复制该孔即可完成，如图 2-103 所示。

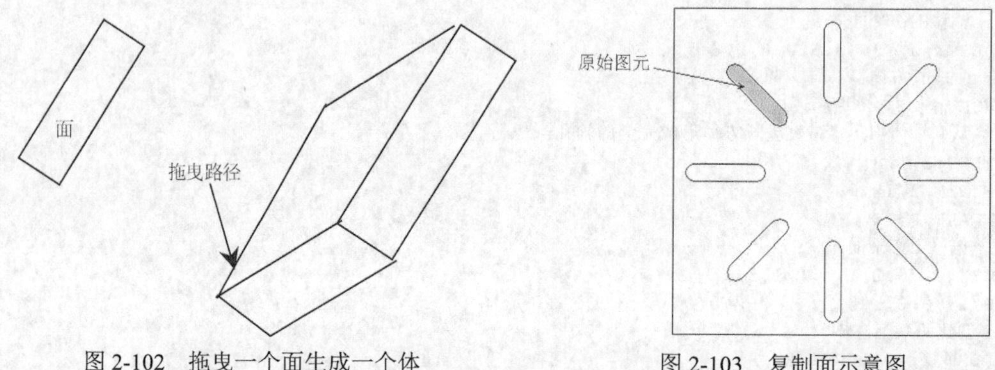

图 2-102　拖曳一个面生成一个体　　　　图 2-103　复制面示意图

几何体素也可被看作部分。生成几何体素时，其位置和方向由当前工作平面决定。因为对生成的每一个新体素都重新定义工作平面很不方便，允许体素在错误的位置生成，然后将该体素移动正确的位置可能使操作更简便。当然，这种操作并不局限于几何体素，任何实体模型图元都可以复制或移动。

对实体图元进行移动和复制的命令有：xGEN、xSYM（M）和 xTRAN（相应的有 GUI 路径）。其中 xGEN 和 xTRAN 命令对图元的复制进行移动和旋转可能最为有用。另外需注意，复制一个高级图元将会自动把它所有附带的低级图元都一起复制，而且，如果复制图元的单元（NOELEM=0 或相应的 GUI 路径），则所有的单元及其附属的低级图元都将被复制。在 xGEN、xSYM（M）和 xTRAN 命令中，设置 IMOVE=1 即可实现移动操作。

2.6.3 按照样本生成图元

按照样本生成图元的方法如表 2-29 所示。

表 2-29　按照样本生成图元

用法	命令	GUI 菜单路径
从关键点的样本生成另外的关键点	KGEN	Main Menu > Preprocessor > Modeling > Copy > Keypoints
从线的样本生成另外的线	LGEN	Main Menu > Preprocessor > Modeling > Copy > Lines Main Menu > Preprocessor > Modeling > Move/Modify > Lines
从面的样本生成另外的面	AGEN	Main Menu > Preprocessor > Modeling > Copy > Areas Main Menu > Preprocessor > Modeling > Move/Modify > Areas > Areas
从体的样本生成另外的体	VGEN	Main Menu > Preprocessor > Modeling > Copy > VolumesMain Menu > Preprocessor > Modeling > Move/Modify > Volumes

2.6.4 由对称映像生成图元

由对称映像生成图元的方法如表 2-30 所示。

表 2-30　由对称映像生成图元

用法	命令	GUI 菜单路径
生成关键点的映像集	KSYMM	Main Menu > Preprocessor > Modeling > Reflect > Keypoints
样本线通过对称映像生成线	LSYMM	Main Menu > Preprocessor > Modeling > Reflect > Lines
样本面通过对称映像生成面	ARSYM	Main Menu > Preprocessor > Modeling > Reflect > Areas
样本体通过对称映像生成体	VSYMM	Main Menu > Preprocessor > Modeling > Reflect > Volumes

2.6.5 将样本图元转换坐标系

将样本图元转换坐标系的方法如表 2-31 所示。

表 2-31　将样本图元转换坐标系

用法	命令	GUI 菜单路径
将样本关键点转到另外一个坐标系	KTRAN	Main Menu > Preprocessor > Modeling > Move/Modify > Transfer Coord > Keypoints
将样本线转到另外一个坐标系	LTRAN	Main Menu > Preprocessor > Modeling > Move/Modify > Transfer Coord > Lines
将样本面转到另外一个坐标系	ATRAN	Main Menu > Preprocessor > Modeling > Move/Modify > Transfer Coord > Areas
将样本体转到另外一个坐标系	VTRAN	Main Menu > Preprocessor > Modeling > Move/Modify > Transfer Coord > Volumes

2.6.6 实体模型图元的缩放

已定义的图元可以进行放大或缩小。xSCALE 命令族可用来将激活的坐标系下的单个或多个图元进行比例缩放，如图 2-104 所示。

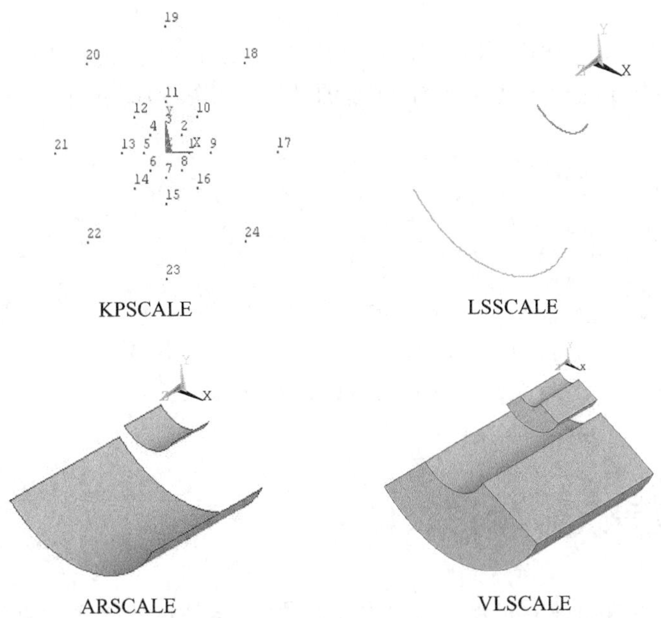

图 2-104　给图元定比例缩放

4 个定比例命令每个都是将比例因子用到关键点坐标 x、y、z 上。如果是柱坐标系，x、y 和 z 分别代表 R、θ 和 Z，其中 θ 是偏转角，如果是球坐标系，x、y 和 z 分别表示 R、θ 和 φ，其中 θ 和 φ 都是偏转角。

实体模型图元的缩放的方法如表 2-32 所示。

表 2-32 实体模型图元的缩放

用法	命令	GUI 菜单路径
从样本关键点（也划分网格）生成一定比例的关键点	KPSCALE	Main Menu > Preprocessor > Modeling > Operate > Scale > Keypoints
从样本线生成一定比例的线	LSSCALE	Main Menu > Preprocessor > Modeling > Operate > Scale > Lines
从样本面生成一定比例的面	ARSCALE	Main Menu > Preprocessor > Modeling > Operate > Scale > Areas
从样本体生成一定比例的体	VLSCALE	Main Menu > Preprocessor > Modeling > Operate > Scale > Volumes

2.6.7 修改模型（清除和删除）

在修改模型时，需要知道实体模型和有限元模型中图元的层次关系，不能删除依附于较高级图元上的低级图元。例如，不能删除已划分网格的体，也不能删除依附于面上的线等。若一个实体已经加了载荷，那么删除或修改该实体时附加在该实体上的载荷也将从数据库中删除。图元中的层次关系如下。

高级图元包括：

① 单元（包括单元载荷）；
② 节点（包括节点载荷）；
③ 实体（包括实体载荷）；
④ 面（包括面载荷）；
⑤ 线（包括线载荷）；
⑥ 关键点（包括点载荷）；
⑦ 低级图元。

在修改已划分网格的实体模型时，首先必须清楚该实体模型上所有的节点和单元，然后可以自上而下地删除或重新定义图元以达到修改模型的目的，如图 2-105 所示。

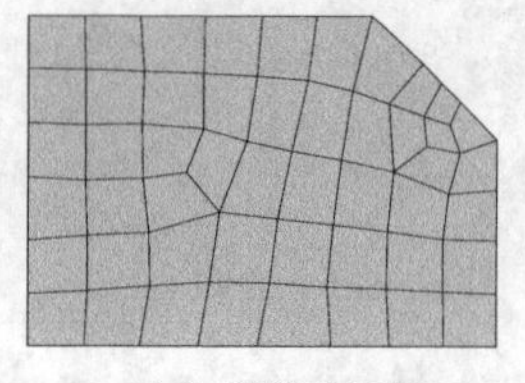
（a）待修改网格

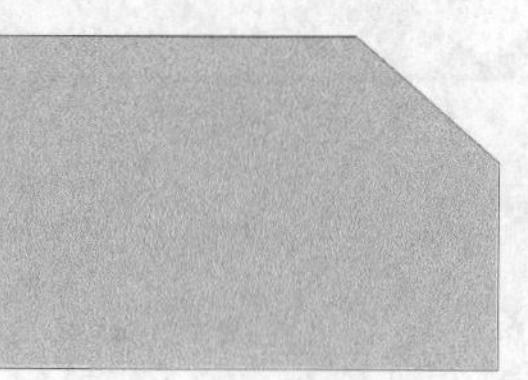
（b）清除网格

（c）正几何模型

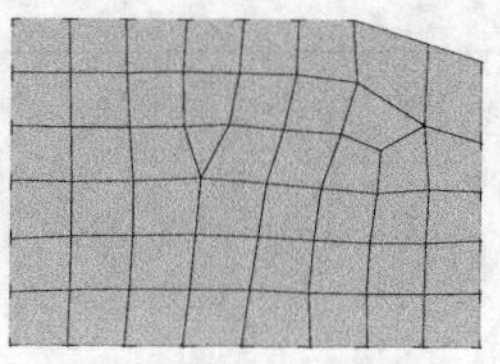
（d）重新划分网格

图 2-105 修改已划分网格的模型

2.7 几何模型导入到 ANSYS

在 ANSYS 里可以直接建立模型，也可以先在 CAD 系统里建立实体模型，然后把模型存为

IGES 文件格式，再把这个模型输入 ANSYS 系统中，一旦模型成功的输入后，就可以像在 ANSYS 中创建的模型那样对这个模型进行修改和划分网格。

2.7.1　输入 IGES 单一实体

【创建步骤】

扫码看视频

1. 清除 ANSYS 的数据库

（1）选择应用菜单“Utility Menu：File > Clear & Start New”命令。

（2）在打开的“Clear Database and Start New ”对话框中，选择“Read file”单选项，单击“OK”按钮，如图 2-106 所示。

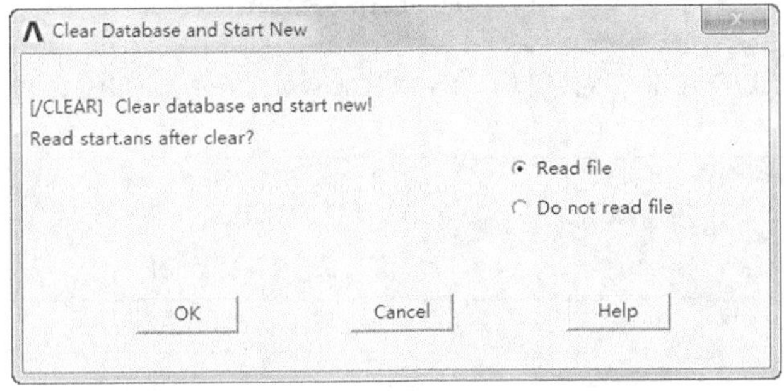

图 2-106　建立新的文件

（3）打开确认对话框，单击“Yes”按钮，如图 2-107 所示。

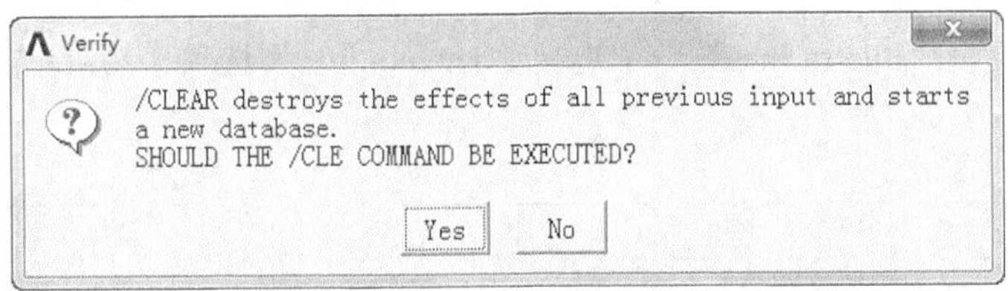

图 2-107　建立新文件的确认对话框

2. 改作业名为“actuator”

（1）选择应用菜单“Utility Menu：File > Change Jobname”命令。

（2）打开“Change Jobname”对话框，在文本框中键入“actuator”作为新的作业名，然后单击“OK”按钮，如图 2-108 所示。

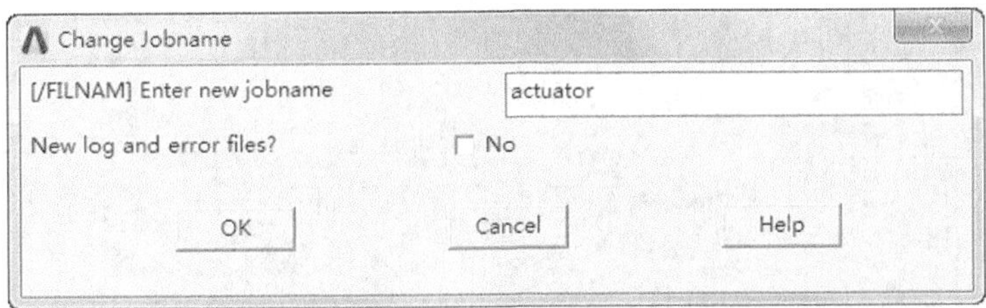

图 2-108　设置新的工作名

3. 用默认的设置输入“actuator.iges”IGES 文件

（1）选择应用菜单“Utility Menu：File > Import > Iges”命令。

（2）在打开的“Import IGES File”对话框中，选择导入的参数，然后单击“OK”按钮，如图 2-109 所示。

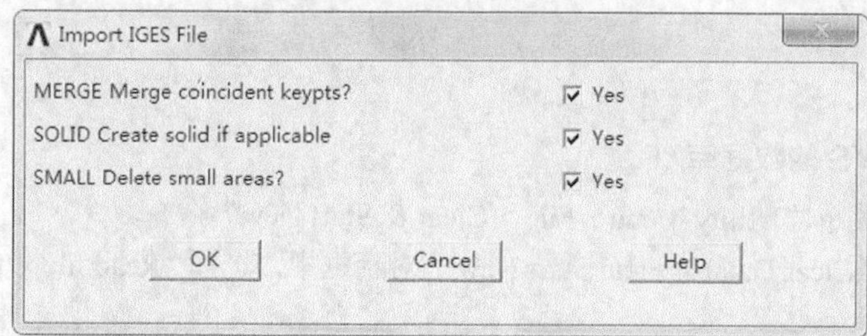

图 2-109　选择导入参数

（3）打开“Import IGES File”对话框，单击“Browse”按钮，如图 2-110 所示。

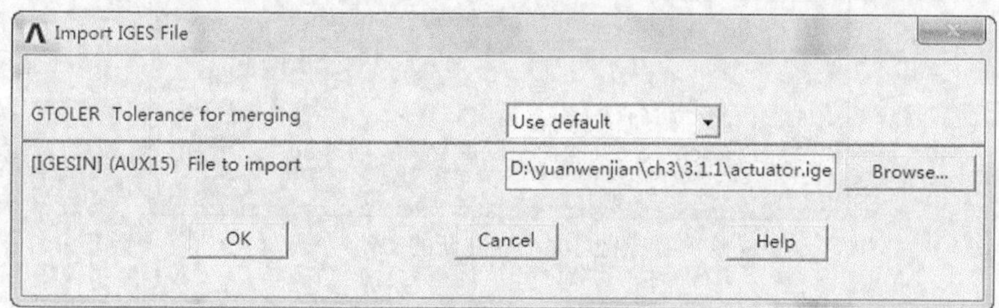

图 2-110　单击“Browse”按钮

（4）在浏览对话框“File to import”中选择“actuator.iges”选项，然后单击“打开”按钮，如图 2-111 所示。

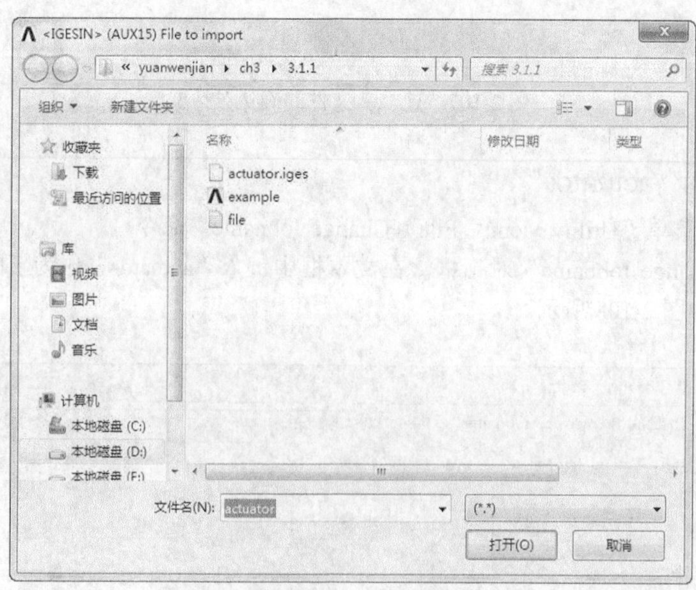

图 2-111　选择“actuator.iges”选项

（5）这样会得到输入模型后的结果，如图 2-112 所示。

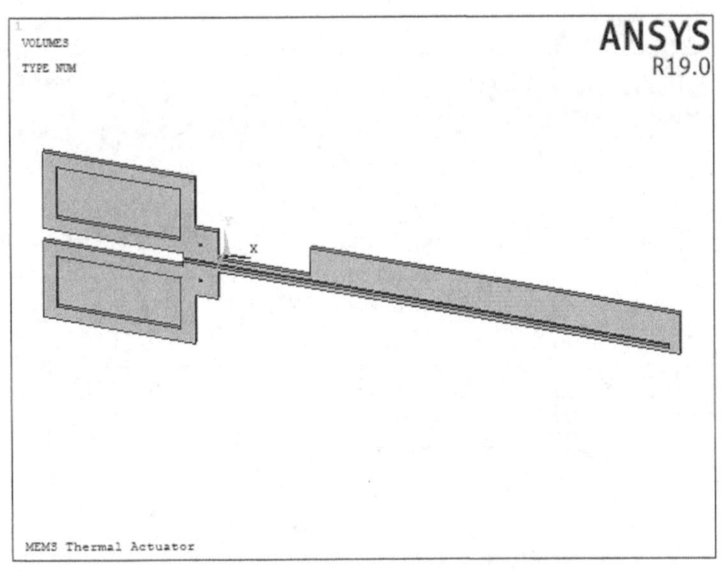

图 2-112　输入 IGES 文件后的结果

4. 保存数据库

在工具条上单击“SAVE_DB”按钮保存数据。

本例操作的命令流如下。

```
/CLEAR
! 清除 ANSYS 的数据库
/FILNAME,actuator,0
! 改作业名为“actuator”
/AUX15
! 进入导入“IGES”模式
IGESIN,'actuator','iges',' '
! 假设该模型位置在 ANSYS 的默认目录
VPLOT
SAVE
! 保存数据库
FINISH
```

2.7.2 输入 SAT 单一实体

【创建步骤】

1. 清除 ANSYS 的数据库

（1）选择应用菜单“Utility Menu：File > Clear & Start New”命令。

（2）在打开的“Clear Database and Start New”对话框中，选择“Read file”单选项，单击“OK”按钮，如图 2-113 所示。

（3）打开确认对话框，单击“Yes”按钮，如图 2-114 所示。

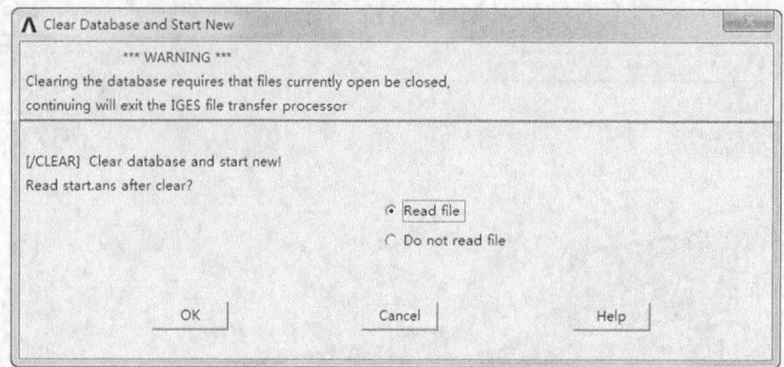

图 2-113　建立新的文件

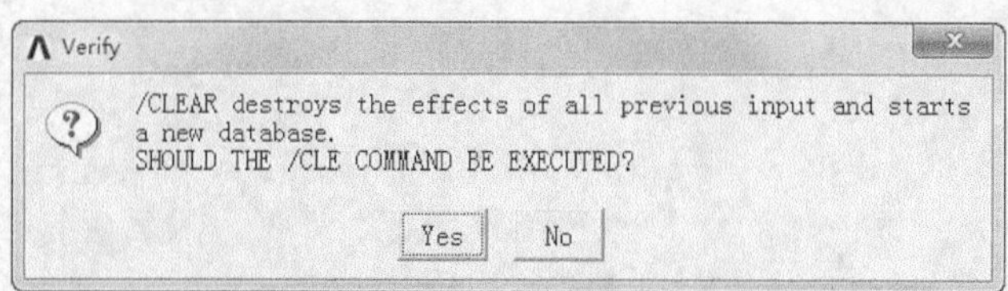

图 2-114　建立新文件的确认对话框

2. 改作业名为“bracket”

（1）选择应用菜单“Utility Menu：File > Change Jobname”命令。

（2）打开“Change Jobname”对话框，在文本框中键入“bracket”作为新的作业名，然后单击“OK”按钮，如图 2-115 所示。

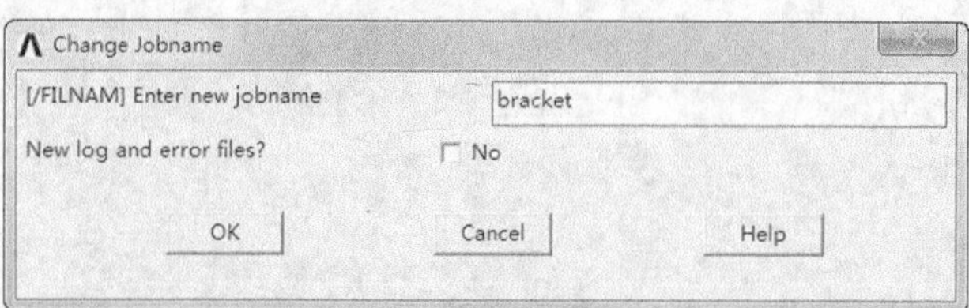

图 2-115　设置新的工作名

3. 输入“bracket.sat”SAT 文件

（1）选择应用菜单“Utility Menu：File > Import > ACIS”命令，如图 2-116 所示。

（2）在打开的文件对话框中选择“bracket.sat”文件，然后单击“OK”按钮，如图 2-117 所示。

4. 打开“Normal Faceting”

（1）选择应用菜单“Utility Menu：PlotCtrls > Style > Solid Model Facets”命令。

（2）在打开的对话框中，在下拉列表框中选择“Normal Faceting”选项，然后单击“OK”按钮，如图 2-118 所示。

（3）选择应用菜单“Utility Menu：Plot > Replot”命令。

5. 保存数据库

在工具条上单击“SAVE_DB”按钮，得到如图 2-119 所示的结果。

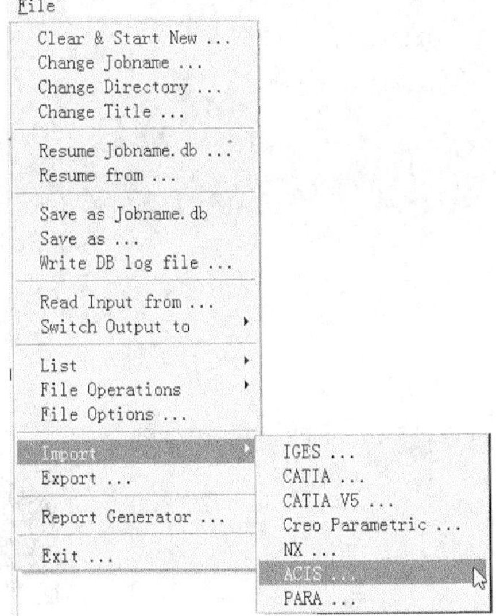

图 2-116　输入 SAT 文件

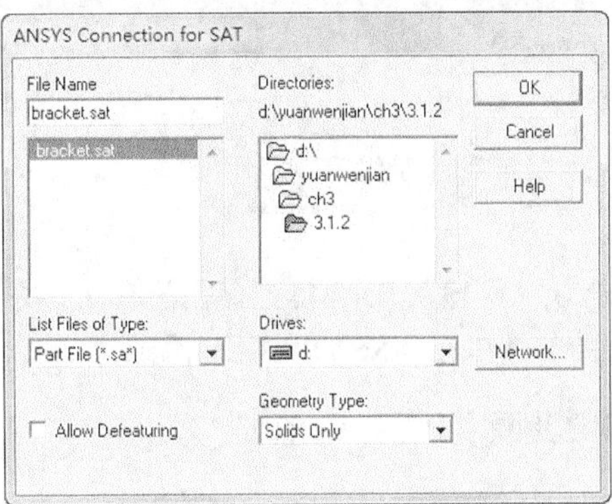

图 2-117　选择 SAT 文件

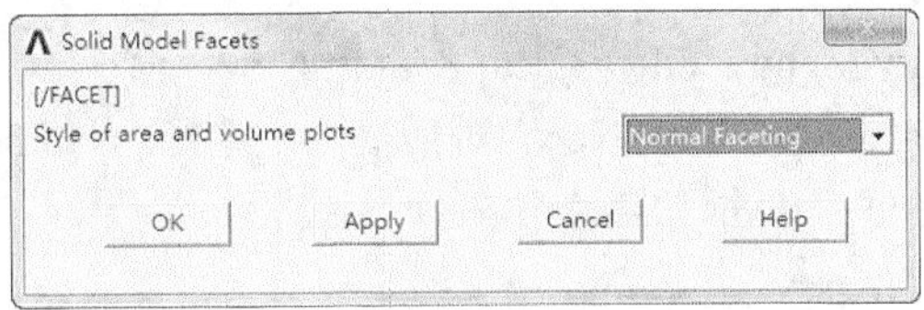

图 2-118　选择“Normal Faceting”选项

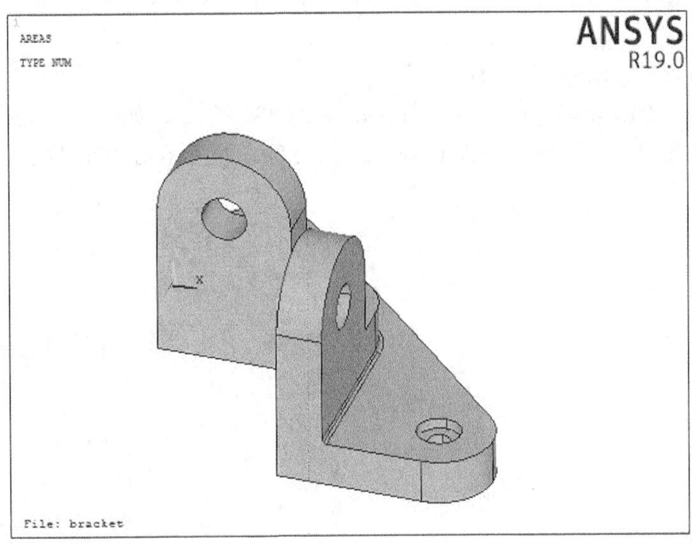

图 2-119　输入 SAT 文件后的结果

本例操作的命令流如下。

```
/CLEAR
! 清除 ANSYS 的数据库
/FILNAME,bracket,0
```

```
! 改作业名为“bracket”
~ SATIN,'E:\ANSYS\yuanwenjian\bracket','sat',,SOLIDS,0
! 假设该模型文件的路径为“E:\ANSYS\yuanwenjian\bracket”
/FACET,NORML
! 打开“Normal Faceting”
/REPLOT
SAVE
! 保存数据库
FINISH
```

2.7.3 输入 SAT 实体集合

ANSYS 中可输入 SAT 集合存在的有两种方式，即直接输入 SAT 集合和分别输入集合中的部件以在 ANSYS 中形成集合。

扫码看视频

【创建步骤】

1. 在 ANSYS 程序中直接输入 SAT 集合

（1）清除 ANSYS 的数据库。

① 选择应用菜单“Utility Menu：File > Clear & Start New”命令。

② 在打开的“Clear Database and Start New”对话框中，选择“read file”选项，单击“OK”按钮。

③ 这里会打开确认对话框，单击“Yes”按钮。

（2）改作业名为“bracket-assy”。

① 选择应用菜单“Utility Menu：File > Change Jobname”命令。

② 打开“Change Jobname”对话框，在文本框中键入“bracket-assy”作为新的作业名，然后单击“OK”按钮。

（3）输入“bracket-assy.SAT”文件。

① 选择应用菜单“Utility Menu：File > Import > ACIS”命令，如图 2-120 所示。

② 在打开文件对话框中选择“bracket-assy.SAT”文件，然后单击“OK”按钮，如图 2-121 所示。

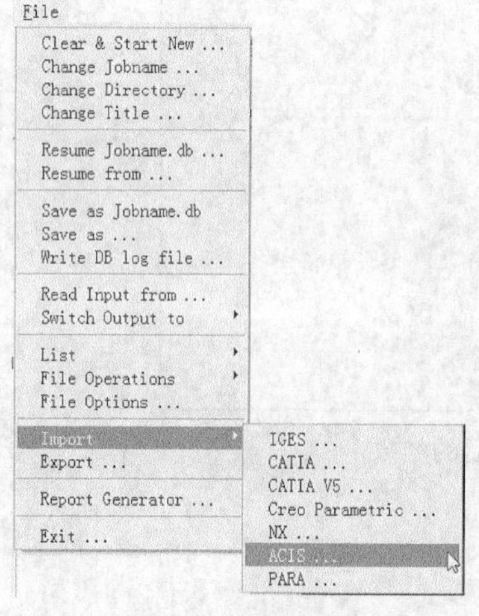

图 2-120 输入 SAT 文件

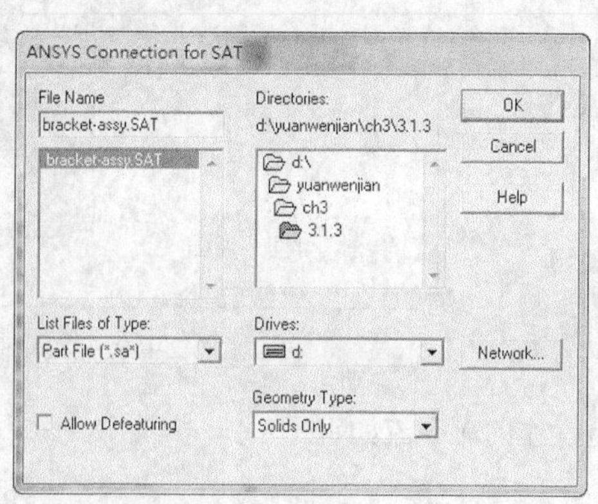

图 2-121 选择 SAT 文件

（4）选择“Normal Faceting”选项。

① 选择应用菜单“Utility Menu：PlotCtrls > Style > Solid Model Facets”命令。

② 在打开的对话框中，在下拉列表框中选择“Normal Faceting”选项，然后单击“OK”按钮，如图 2-122 所示。

③ 选择应用菜单“Utility Menu：Plot > Replot”命令。

（5）打开实体编号开关。

① 选择应用菜单“Utility Menu：PlotCtrls > Numbering”命令。

② 在打开的对话框中，将实体编号开关设为“on”，然后单击“OK”按钮，如图 2-123 所示。

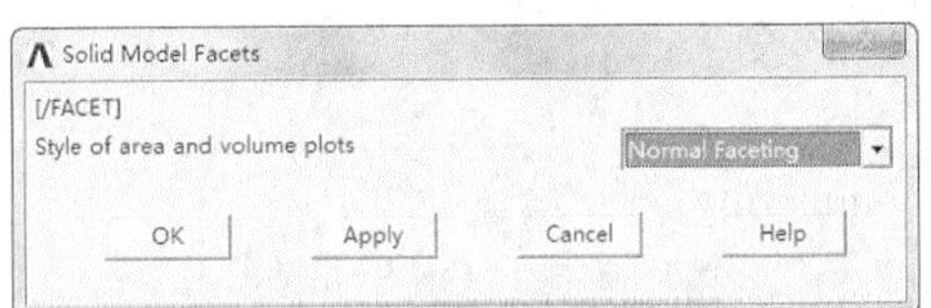

图 2-122　选择“Normal Faceting”选项

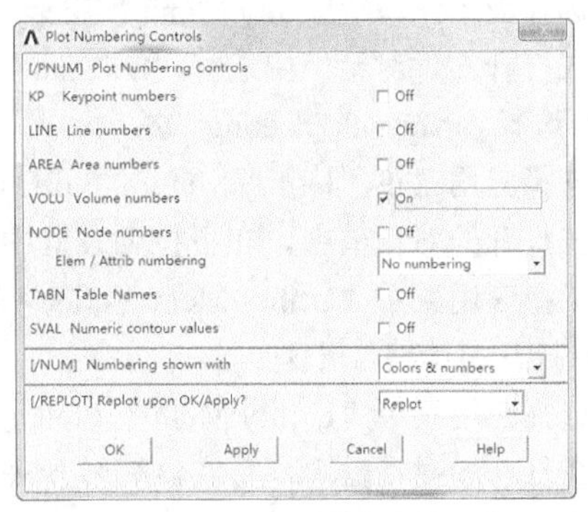

图 2-123　打开实体编号开关

③ 选择应用菜单“Utility Menu：Plot > Volumes”命令。

（6）保存数据库。在工具条上单击“SAVE_DB”按钮，得到如图 2-124 所示的结果。

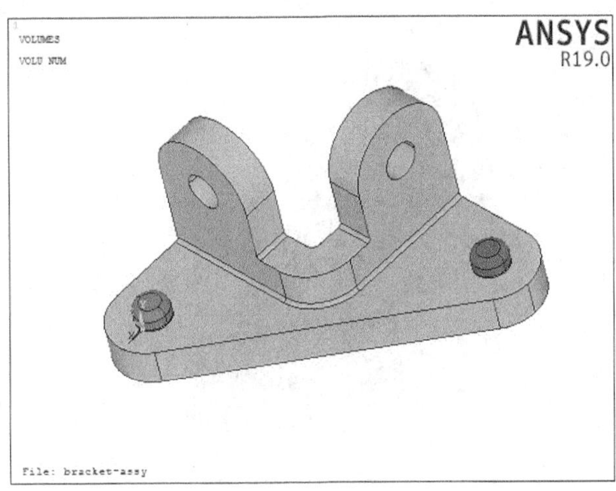

图 2-124　输入 SAT 文件后的结果

2. 在 ANSYS 程序中输入单个 SAT 文件来组成 SAT 集合

（1）清除 ANSYS 的数据库。

① 选择应用菜单“Utility Menu：File > Clear & Start New”命令。

② 在打开的“Clear Database and Start New”对话框中，选择“read file”选项，单击“OK”按钮。

③ 打开确认对话框，单击“Yes”按钮。

（2）改作业名为“bracket-2”。

① 选择应用菜单“Utility Menu：File > Change Jobname”命令。

② 打开“Change Jobname”对话框，在文本框中键入“bracket-2”作为新的作业名，然后单击“OK”按钮。

（3）输入单个的 SAT 文件来组成 SAT 集合。

① 选择应用菜单“Utility Menu：File > Import > SAT”命令。

② 在打开文件对话框中选择“bracket.sat”文件，然后单击“OK”按钮。

③ 选择应用菜单“Utility Menu：File > Import > SAT”命令。

④ 在打开文件对话框中选择“axi1.sat”文件，然后单击“OK”按钮。

⑤ 选择应用菜单“Utility Menu：File > Import > SAT”命令。

⑥ 在打开文件对话框中选择“axi2.sat”文件，然后单击“OK”按钮。

（4）选择“Normal Faceting”选项。

① 选择应用菜单“Utility Menu：PlotCtrls > Style > Solid Model Facets”命令。

② 在打开的对话框中，在下拉列表框中选择“Normal Faceting”选项，然后单击“OK”按钮。

③ 选择应用菜单“Utility Menu：Plot > Replot”命令。

（5）打开实体编号开关。

① 选择应用菜单“Utility Menu：PlotCtrls > Numbering”命令。

② 在打开的对话框中，将实体编号开关设为“on”，然后单击“OK”按钮。

③ 选择应用菜单“Utility Menu：Plot > Volumes”命令。

（6）保存数据库。在工具条上单击“SAVE_DB”按钮，得到如图 2-125 所示的结果。

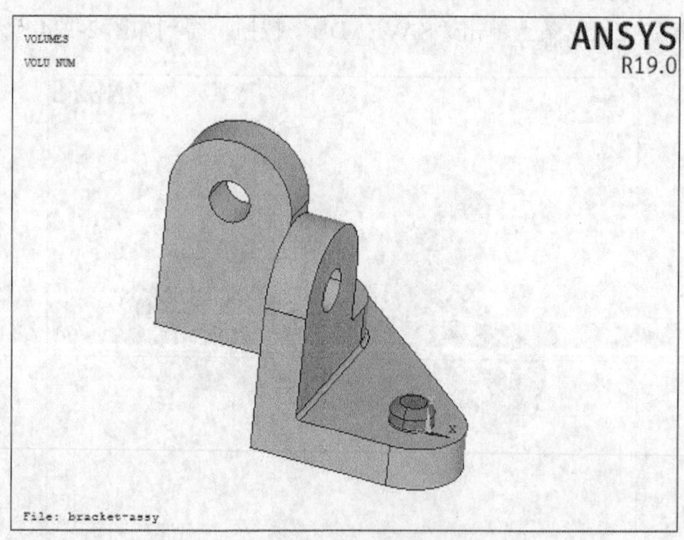

图 2-125　输入 SAT 文件后的结果

本例操作的命令流如下。

```
/CLEAR,START
! 清除 ANSYS 的数据库
/FILNAME,bracket-assy,0
! 改作业名为“bracket-assy”
~SATIN,'bracket-assy','SAT',,SOLIDS,0
/NOPR
/GO
! 输入“bracket-assy.sat”文件
```

```
/FACET,NORML
！打开“Normal Faceting”
/REPLOT
/PNUM,KP,0
/PNUM,LINE,0
/PNUM,AREA,0
/PNUM,VOLU,1
/PNUM,NODE,0
/PNUM,TABN,0
/PNUM,SVAL,0
/NUMBER,0
！ 打开实体编号开关
/PNUM,ELEM,0
/REPLOT
!*
APLOT
/USER,  1
/VIEW,  1,  0.325584783540    ,  0.427291295398    , -0.843455213751
/ANG,   1,   28.6630259312
/REPLO
/VIEW,  1, -0.471868259238    ,  0.773098564555    , -0.423861953243
/ANG,   1,   63.6877547685
/REPLO
/VIEW,  1, -0.233241627568E-01,  0.684391826561   , -0.728741251178
/ANG,   1,   28.9946859905
/REPLO
/VIEW,  1,  0.245150571720    ,  0.800288431897    , -0.547210766485
/ANG,   1,   8.86560730138
/REPLO
VPLOT
/REPLOT,RESIZE
SAVE
！ 保存数据库
FINISH
```

2.7.4　输入 Parasolid 单一实体

扫码看视频

【创建步骤】

1. 清除 ANSYS 的数据库

（1）选择应用菜单“Utility Menu：File > Clear & Start New”命令。

（2）在打开的“Clear Database and Start New”对话框中，选择“read file”选项，单击“OK”按钮。

（3）打开确认对话框，单击“Yes”按钮。

2. 改作业名为“replace”

（1）选择应用菜单“Utility Menu：File > Change Jobname”命令。

（2）打开“Change Jobname”对话框，在文本框中键入“replace”作为新的作业名，然后单击“OK”按钮。

3. 输入“replace.x_t”实体参数文件

（1）选择应用菜单“Utility Menu：File > Import > PARA”命令，如图 2-126 所示。

（2）在打开文件对话框中选择“replace. x_t”文件，然后单击“OK”按钮，如图 2-127 所示。

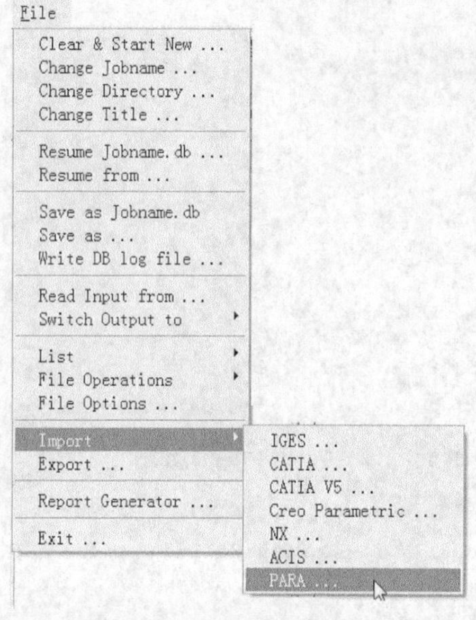

图 2-126　输入 PARA 文件

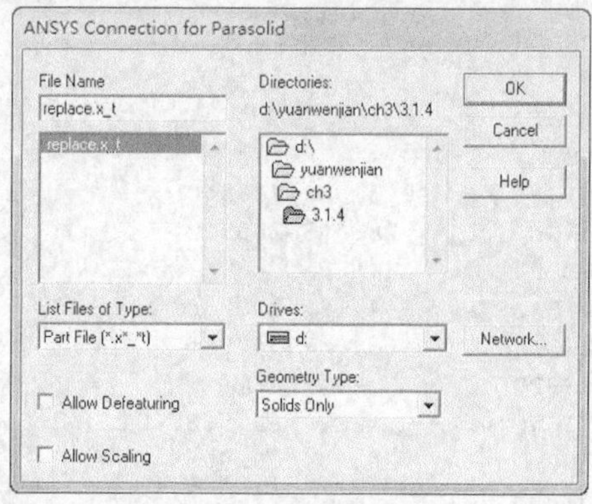

图 2-127　选择文件

4. 打开“Normal Faceting”

（1）选择应用菜单“Utility Menu：PlotCtrls > Style > Solid Model Facets”命令。

（2）在打开的对话框中，在下拉列表框中选择“Normal Faceting”选项，然后单击“OK”按钮，如图 2-128 所示。

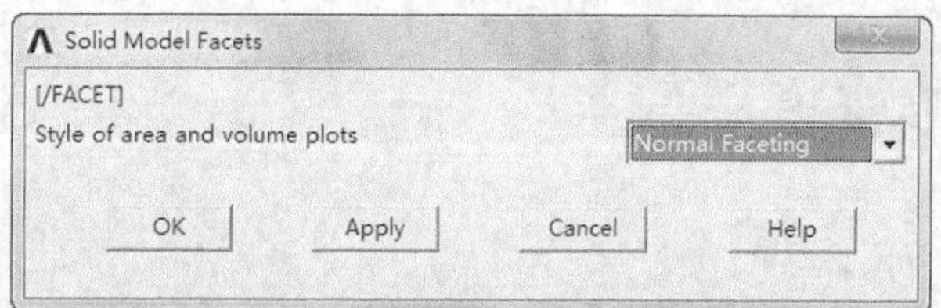

图 2-128　选择“Normal Faceting”选项

（3）选择应用菜单“Utility Menu：Plot > Replot”命令。

5. 保存数据库

在工具条上单击“SAVE_DB”按钮，得到如图 2-129 所示的结果。

本例操作的命令流如下。

```
/CLEAR,START
! 清除 ANSYS 的数据库
/FILNAME,replace,0
! 改作业名为“replace”
~PARAIN,'replace','x_t',,SOLIDS,0,0
! 输入“replace.x_t”实体参数文件
```

```
/NOPR
/GO
/FACET,NORML
! 打开“Normal Faceting”
/REPLOT
/USER,  1
/VIEW,  1,  0.839796772209    , -0.234843988588    , -0.489478990776
/ANG,   1,  -24.4882476303
/REPLO
/REPLOT,RESIZE
SAVE
FINISH
! 保存数据库
```

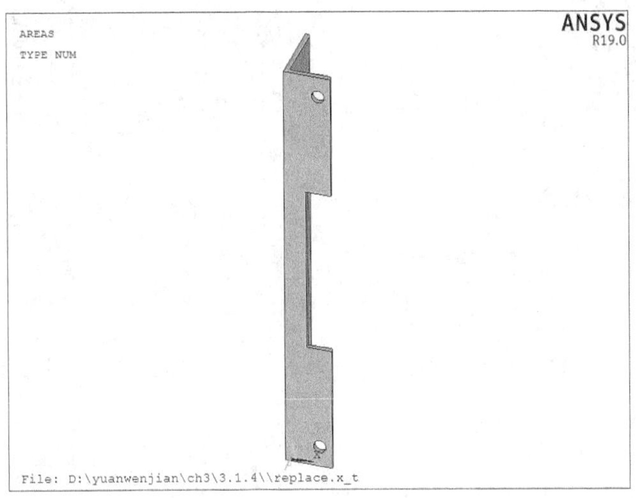

图 2-129　输入 SAT 文件后的结果

2.7.5　输入 Parasolid 实体集合

存在两种方式在 ANSYS 中输入 Parasolid 集合：直接输入 Parasolid 集合和分别输入集合中的部件以在 ANSYS 中形成集合。

在 ANSYS 程序中直接输入 Parasolid 集合。

扫码看视频

【创建步骤】

1. 清除 ANSYS 的数据库

（1）选择应用菜单“Utility Menu：File > Clear & Start New”命令。

（2）在打开的“Clear Database and Start New”对话框中，选择“read file”选项，单击“OK”按钮。

（3）这里会打开确认对话框，单击“Yes”按钮。

2. 改作业名为“replace-assy”

（1）选择应用菜单“Utility Menu：File > Change Jobname”命令。

（2）打开“Change Jobname”对话框，在文本框中输入“replace-assy”作为新的作业名，然后单击“OK”按钮。

3. 输入“replace-assy.x_t”实体参数文件

（1）选择应用菜单“Utility Menu：File > Import > PARA”命令，如图 2-130 所示。

（2）在打开文件对话框中选择“replace- assy.x_t”文件，然后单击“OK”按钮，如图 2-131 所示。

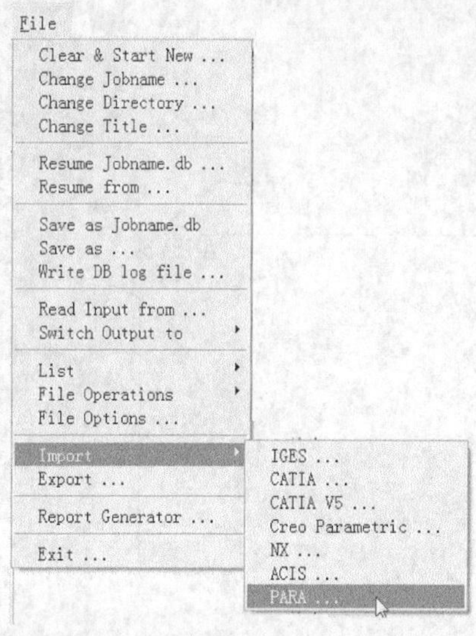

图 2-130　输入 PARA 文件

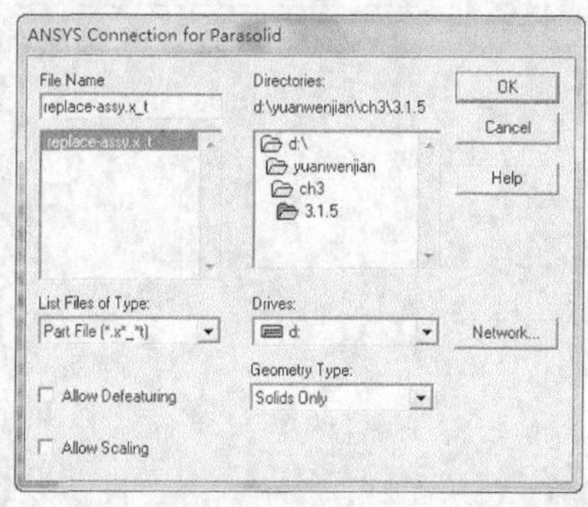

图 2-131　选择文件

4. 打开“Normal Faceting”

（1）选择应用菜单“Utility Menu：PlotCtrls > Style > Solid Model Facets”命令。

（2）在打开的对话框中，在下拉列表框中选择“Normal Faceting”选项，然后单击“OK”按钮，如图 2-132 所示。

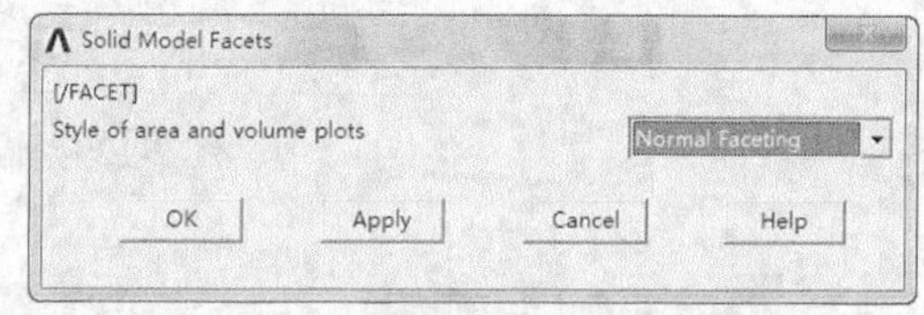

图 2-132　选择“Normal Faceting”选项

（3）选择应用菜单“Utility Menu：Plot > Replot”命令。

5. 保存数据库

在工具条上单击“SAVE_DB”按钮保存数据库。

2.8　综合实例——齿轮泵齿轮的建模

建立模型包括设定分析作业名和标题，首先建立几何模型。

扫码看视频

【创建步骤】

1. 设定分析和标题

在进行一个新的有限元分析时，通常需要修改数据库名，并在图形输出窗口中定义一个标题来说明当前进行的工作内容。

（1）从应用菜单中选择“Utility Menu：File > Change Title”命令，打开“Change Title（修改标题）”对话框，如图 2-133 所示。

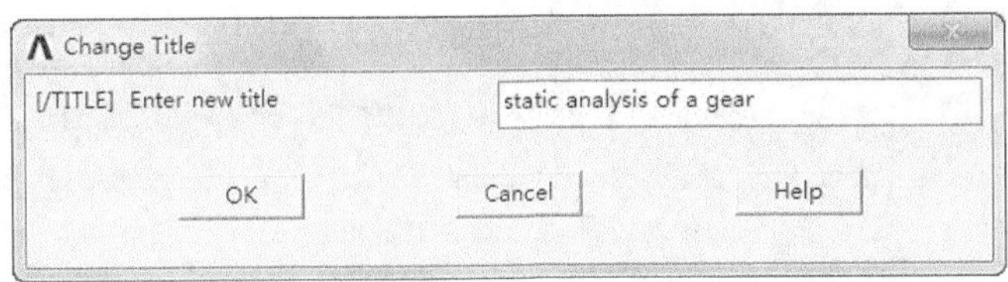

图 2-133　修改标题对话框

（2）在“Enter new title（输入新标题）”文本框中输入文字“static analysis of a gear”，为本分析实例的标题名。

（3）单击“OK”按钮，完成对标题名的指定。

（4）从应用菜单中选择“Plot > Replot”命令，指定的标题“static analysis of a gear”将显示在图形窗口的左下角。

2. 建立齿轮面模型

在使用 PLANE 系列单元时，要求模型必须位于全局 *xy* 平面内。默认的工作平面即为全局 *xy* 平面内，因此可以直接在默认的工作平面内创建齿轮面。

（1）将激活的坐标系设置为总体柱坐标系。从应用菜单中选择“Utility Menu：WorkPlane > Change Active CS to > Global Cylindrical”命令。

（2）定义一个关键点。

① 从主菜单中选择“Main Menu：Preprocessor > Modeling > Create > Keypoints > In Active CS”命令。

② 在“Keypoint number”后的文本框中输入“1”，令“X=15”“Y=0”，单击“OK”按钮，如图 2-134 所示。

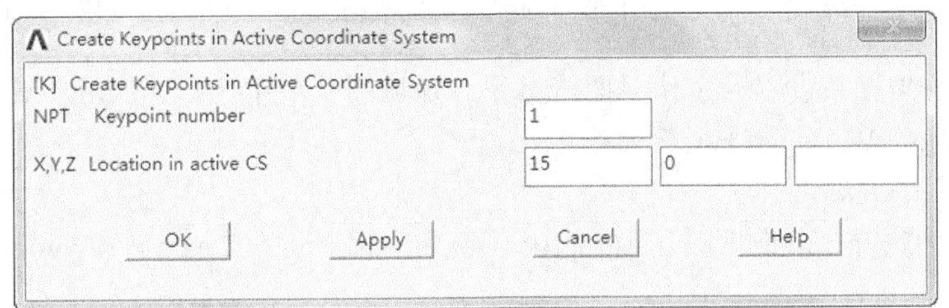

图 2-134　定义一个关键点

（3）定义一个点作为辅助点。

① 从主菜单中选择“Main Menu：Preprocessor > Modeling > Create > Keypoints > In Active CS”命令。

② 在“Keypoint number”后的文本框中输入“110”，令“X=12.5”“Y=40”，单击“OK”按钮，如图 2-135 所示。

（4）偏移工作平面到给定位置。

① 从应用菜单中选择“Utility Menu：WolrkPlane > Offset WP to > Keypoints”命令。

② 在 ANSYS 图形窗口选择 110 号点，单击“OK”按钮。

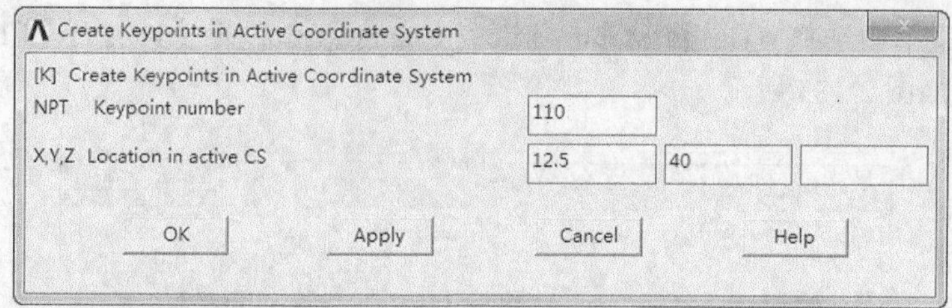

图 2-135 定义一个辅助点

③ 偏移工作平面到给定位置后的结果如图 2-136 所示。

（5）旋转工作平面。

① 从应用菜单中选择“Utility Menu：WorkPlane > Offset WP by Increments”命令。

② 打开选择对话框，在“XY，YZ，ZX Angles”后的文本框中输入“–50，0，0”，单击“OK”按钮，如图 2-137 所示。

图 2-136 偏移工作平面到给定位置的结果　　图 2-137 旋转工作平面

（6）将激活的坐标系设置为工作平面坐标系。从应用菜单中选择“Utility Menu：WorkPlane > Change Active CS to > Working Plane”命令。

（7）建立第二个关键点。

① 从主菜单中选择“Main Menu：Preprocessor > Modeling > Create > Keypoints > In Active CS”命令。

② 在“Keypoint number”后的文本框中输入“2”，令“X=10.489”“Y=0”，单击“OK”按钮，如图 2-138 所示。

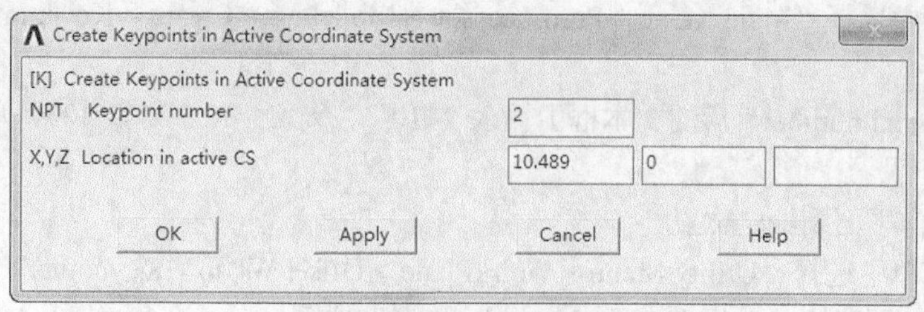

图 2-138 建立关键点

③ 所得的结果如图 2-139 所示。

（8）将激活的坐标系设置为总体柱坐标系。从应用菜单中选择“Utility Menu：WorkPlane > Change Active CS to > Global Cylindrical”命令。

（9）建立其余的辅助点。按照（3）的步骤建立其余的辅助点，将其编号分别设为 120、130、140、150、160，其坐标分别为（12.5，44.5）、（12.5，49）、（12.5，53.5）、（12.5，58）、（12.5，62.5），所得的结果如图 2-140 所示。

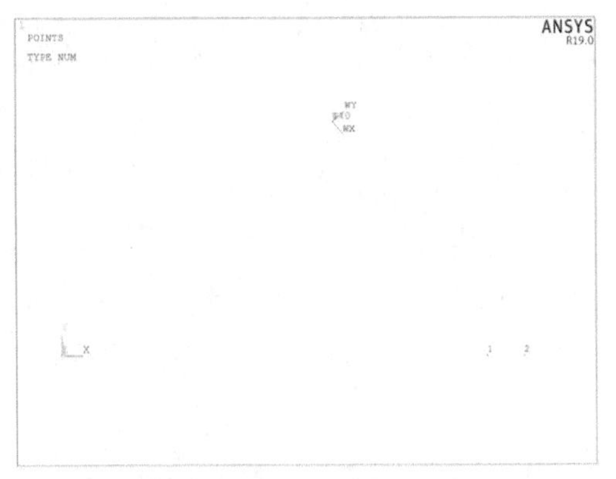

图 2-139　建立关键点的结果

图 2-140　建立其余的辅助点的结果

（10）将工作平面平移到第二个辅助点。

① 从应用菜单中选择“Utility Menu：WorkPlane > Offset WP to > Keypoints”命令。

② 在 ANSYS 图形窗口选择 120 号点，单击“OK”按钮。

（11）旋转工作平面。

① 从应用菜单中选择”Utility Menu：WorkPlane > Offset WP by Increments”命令。

② 在“XY，YZ，ZX Angles”文本框中输入“4.5，0，0”，单击“OK”按钮。

（12）将激活的坐标系设置为工作平面坐标系。从应用菜单中选择“Utility Menu：WorkPlane > Change Active CS to > Working Plane”命令。

（13）建立第三个关键点。

① 从主菜单中选择“Main Menu：Preprocessor > Modeling > Create > Keypoints > In Active CS”命令。

② 在“Keypoint number”后的文本框中输入“3”，令“X=12.221”“Y=0”，单击“OK”按钮。

（14）重复执行以上步骤，建立其余的辅助点和关键点。

按照从（10）～（13）的步骤，分别把工作平面平移到编号为 130、140、150、160 的辅助点，然后旋转工作平面，旋转角度均为 4.5，0，0，再将工作平面设为当前坐标系，在工作平面中分别建立编号为 4、5、6、7 的关键点，其坐标分别为（14.182，0）、（16.011，0）、（17.663，0）、（19.349，0）。建立关键点的结果如图 2-141 所示。

（15）建立编号为 8、9、10 的关键点。

① 将激活的坐标系设置为总体柱坐标系：从应用菜单中选择“Utility Menu：WorkPlane > Change Active CS to > Global Cylindrical”命令。

② 从主菜单中选择“Main Menu：Preprocessor > Modeling > Create > Keypoints > In Active CS”命令。

③ 在“Keypoint number”后的文本框中输入“8”，令“X=24”“Y=7.06”，单击“OK”按钮。

④ 从主菜单中选择“Main Menu：Preprocessor > Modeling > Create > Keypoints > In Active CS”命令。

⑤ 在“Keypoint number”后的文本框中输入“9”，令“X=24”“Y=9.87”，单击“OK”按钮。

⑥ 从主菜单中选择“Main Menu：Preprocessor > Modeling > Create > Keypoints > In Active CS”命令。

⑦ 在“Keypoint number”后的文本框中输入“10”，令“X=15”“Y=–8.13”，单击“OK”按钮，所得结果如图 2-142 所示。

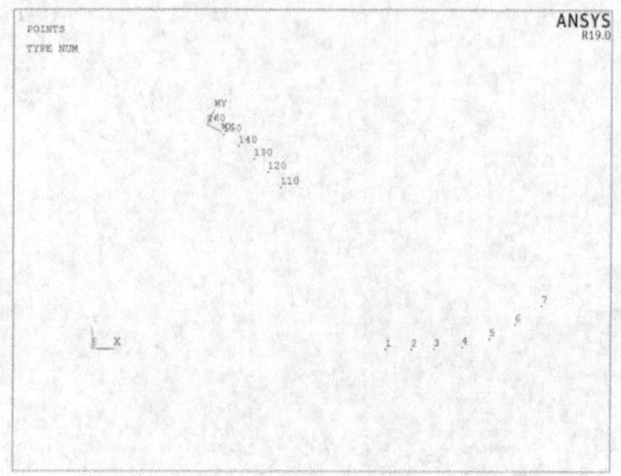

图 2-141　建立辅助点和关键点的结果

图 2-142　建立编号为 8、9、10 的关键点

（16）在柱面坐标系中创建圆弧线。

① 从主菜单中选择“Main Menu：Preprocessor > Modeling > Create > Lines > Lines > Straight Line”命令，弹出选择对话框，如图 2-143 所示。

② 分别拾取关键点 10 和 1，1 和 2，2 和 3，3 和 4，4 和 5，5 和 6，6 和 7，7 和 8，8 和 9，然后单击“OK”按钮。

③ 创建圆弧线所得结果如图 2-144 所示。

（17）把齿轮边上的线加起来，使其成为一条线。

① 从主菜单中选择“Main Menu：Preprocessor > Modeling > Operate > Booleans > Add > Lines”命令。

② 在图形窗口中选择刚刚建立的齿轮边上的线，在选择对话框中单击“OK”按钮，如图 2-145 所示。

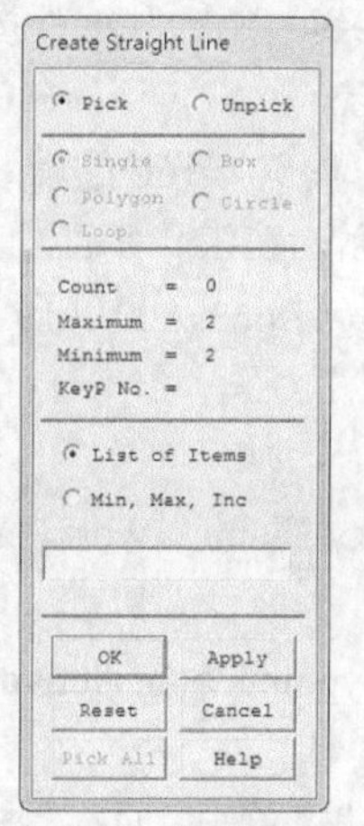

图 2-143　创建圆弧线

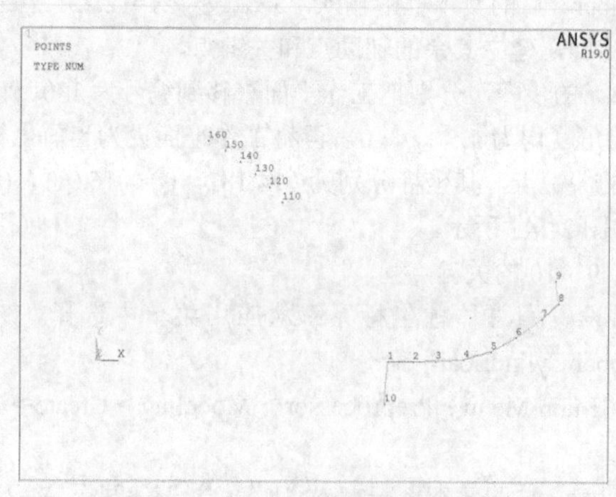

图 2-144　创建圆弧线的结果

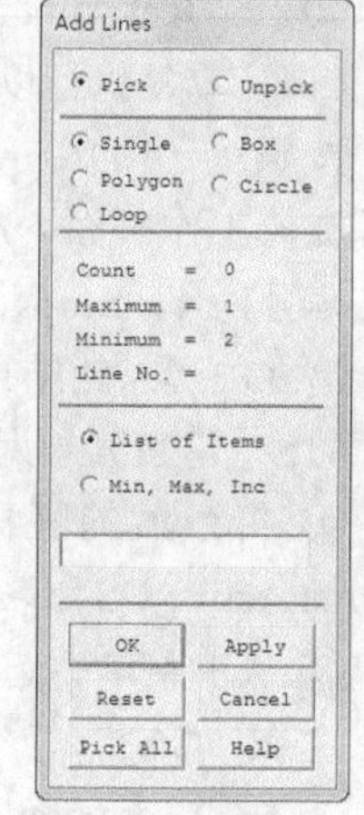

图 2-145　将线相加

③ ANSYS 会提示是否删除原来的线，选择“Deleted”选项，单击“OK”按钮，如图 2-146 所示。

线相加所得结果如图 2-147 所示。

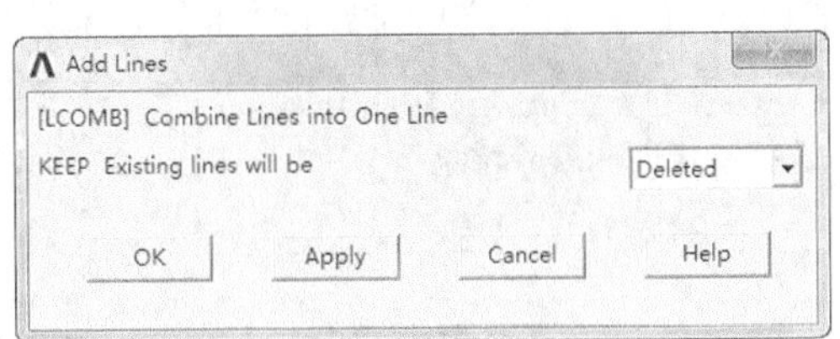

图 2-146　线相加后删除原来的线

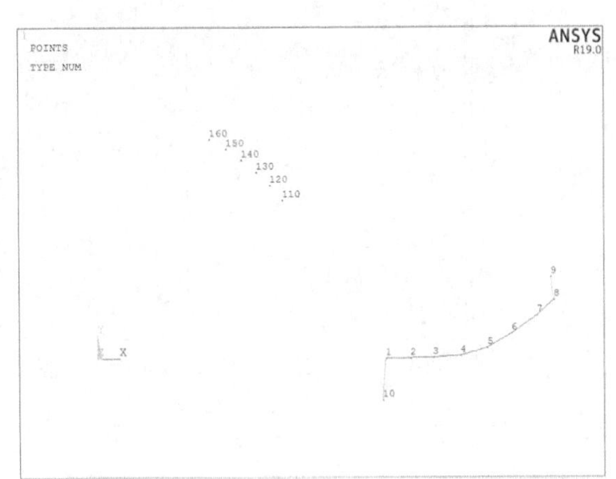

图 2-147　线相加后的结果

（18）偏移工作平面到总坐标系的原点。从应用菜单中选择“Utility Menu：WorkPlane > Offset WP to > Global Origin”命令。

（19）将工作平面与总体直角坐标系对齐。从应用菜单中选择“Utility Menu：WorkPlane > Align WP with > Global Cartesian”命令。

（20）将工作平面旋转 9.87°。

① 从应用菜单中选择“Utility Menu：WorkPlane > Offset WP by Increments”命令。

② 这时将打开旋转对话框，在“XY，YZ，ZX Angles”后的文本框中输入“9.87，0，0”，单击“OK”按钮。

（21）将激活的坐标系设置为工作平面坐标系。从应用菜单中选择“Utility Menu：WorkPlane > Change Active CS to > Working Plane”命令。

（22）将所有线沿 x-z 面进行镜像 (在 y 方向)。

① 从主菜单中选择“Main Menu：Preprocessor > Modeling > Reflect > Lines”命令。

② 在弹出的对话框中选择“Pick All”按钮，如图 2-148 所示。

③ ANSYS 会提示选择镜像的面和编号增量，选择 x-z 面，在增量中输入“1000”，选择“Copied”选项，单击“OK”按钮，如图 2-149 所示。

④ 将所有线镜像后的结果如图 2-150 所示。

（23）把齿顶上的两条线粘接起来。

① 从主菜单中选择“Main Menu：Preprocessor > Modeling > Operate > Booleans > Glue > Lines”命令。

② 选择齿顶上的两条线，单击“OK”按钮。

（24）把齿顶上的两条线加起来，成为一条线。

① 从主菜单中选择“Main Menu：Preprocessor > Modeling > Operate > Booleans > Add > Lines”命令。

② 选择齿顶上的两条线，单击“OK”按钮，所得结果如图 2-151 所示。

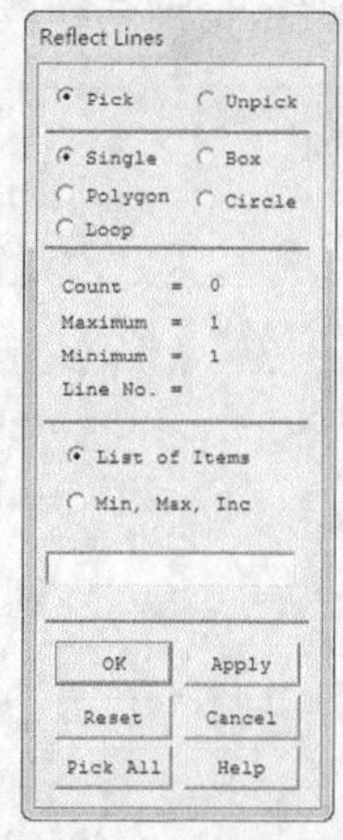

图 2-148　将线镜像

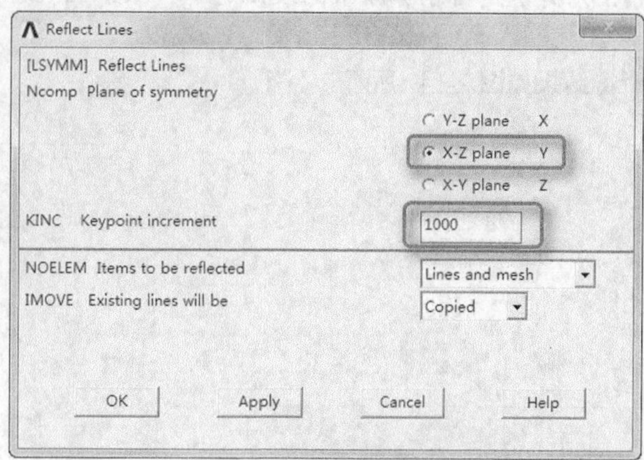

图 2-149　选择镜像面和编号增量

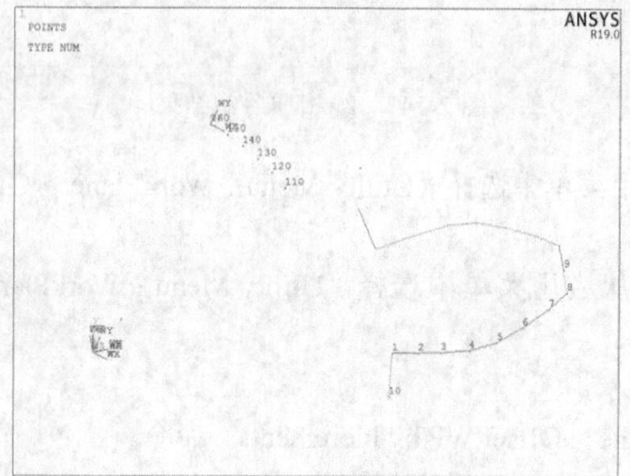

图 2-150　将所有线镜像的结果

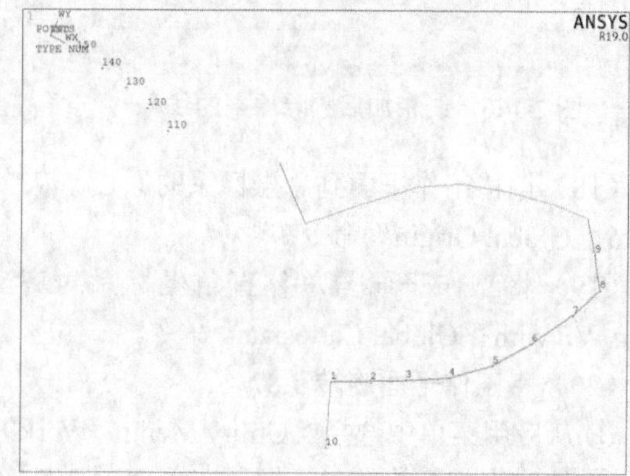

图 2-151　齿顶上线加起来的结果

3. 建立齿轮的一个扇形模型

（1）将激活的坐标系设置为总体直角坐标系。从应用菜单中选择“Utility Menu：WorkPlane > Change Active CS to > Global Cartesian”命令。

（2）创建关键点 100。

① 从主菜单中选择“Main Menu：Preprocessor > Modeling > Create > Keypoints > In Active CS”命令。

② 在“Keypoint number”后的文本框中输入“100”，令“X=0”“Y=0”，单击“OK”按钮，如图 2-152 所示。

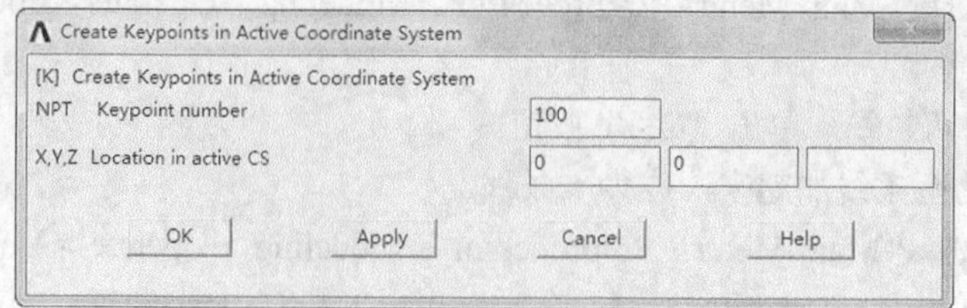

图 2-152　定义一个关键点

（3）创建直线 100，10；100，1010。

① 从主菜单中选择“Main Menu：Preprocessor > Modeling > Create > Lines > Straight Line”命令。

② 分别拾取关键点 100 和 10，100 和 1010，然后单击“OK”按钮，如图 2-153 所示。

（4）从应用菜单中选择“Utility Menu：Plot > Lines”命令，所得结果如图 2-154 所示。

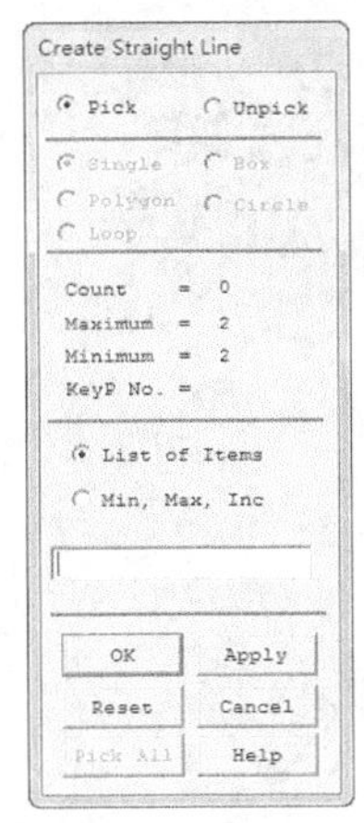

图 2-153　创建直线

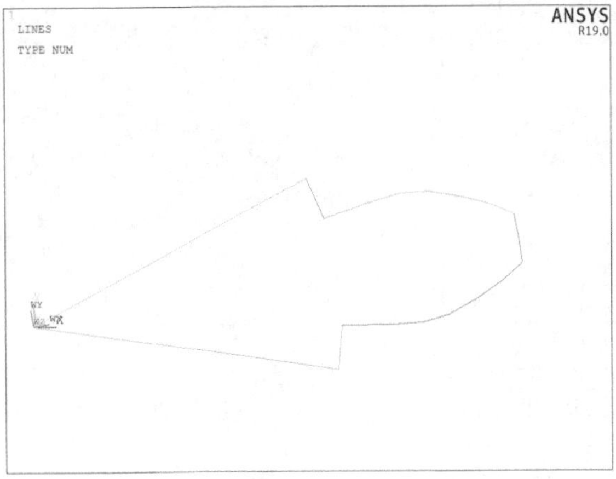

图 2-154　创建线的结果

（5）把轮廓线粘接起来。

① 从主菜单中选择“Main Menu：Preprocessor > Modeling > Operate > Booleans > Glue > Lines”命令。

② 选择齿上的所有线，单击“OK”按钮。

（6）把所有轮廓线粘接起来。

① 从主菜单中选择“Main Menu：Preprocessor > Modeling > Operate > Booleans > Glue > Lines”命令。

② 选择齿上的所有线，单击“OK”按钮。

（7）用当前定义的所有线创建一个面。

① 从主菜单中选择“Main Menu：Preprocessor > Modeling > Create > Areas > Arbi trary > By Lines”命令。

② 选择所有的线，单击“OK”按钮，如图 2-155 所示。

（8）从应用菜单中选择“Utility Menu：Plot > Area”命令，用当前定义的所有线创建一个面的结果如图 2-156 所示。

（9）用当前定义的面创建一个体。

① 从主菜单中选择“Main Menu：Preprocessor > Modeling > Operate > Extrude > Areas > Along Normal”命令。

② 选择创建的面，单击“OK”按钮，如图 2-157 所示。

③ 打开“Extrude Area along Normal”对话框，在“Length of extrusion”后的文本框中输入“8”，单击“OK”按钮，如图 2-158 所示。

（10）创建两个圆柱体。

① 从主菜单中选择“Main Menu：Preprocessor > Modeling > Create > Volumes > Cylinder > Solid Cylinder”命令，弹出创建圆柱对话框如图 2-159 所示。

② 在“WP X”后的文本框中输入“0”，“WP Y”后的文本框中输入“0”，“Radius”后的文本框中输入“8”，“Depth”后的文本框中输入“8”，单击“Apply”按钮。

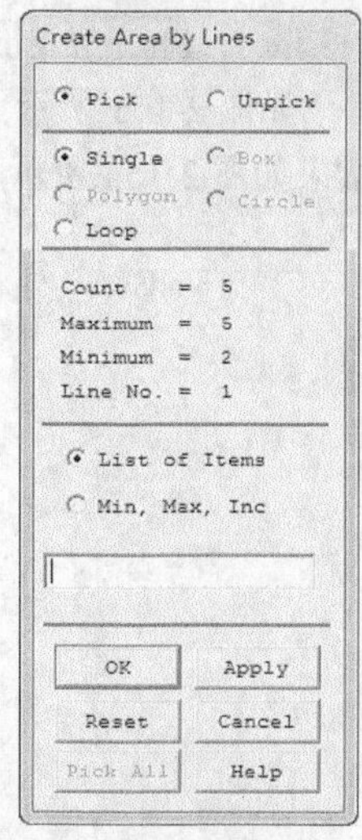

图 2-155 创建面

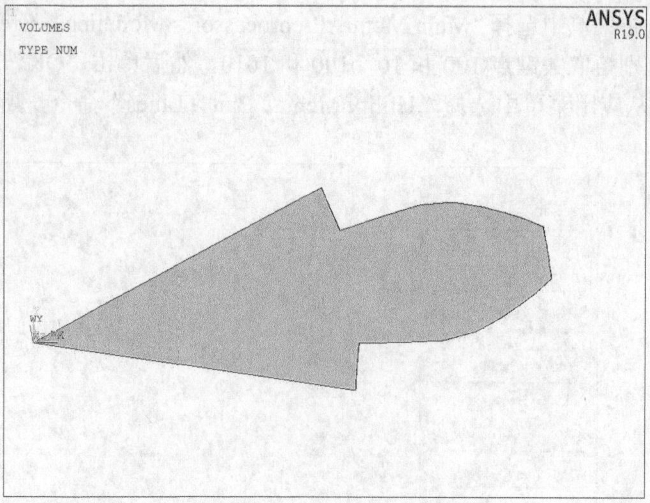

图 2-156 创建面的结果

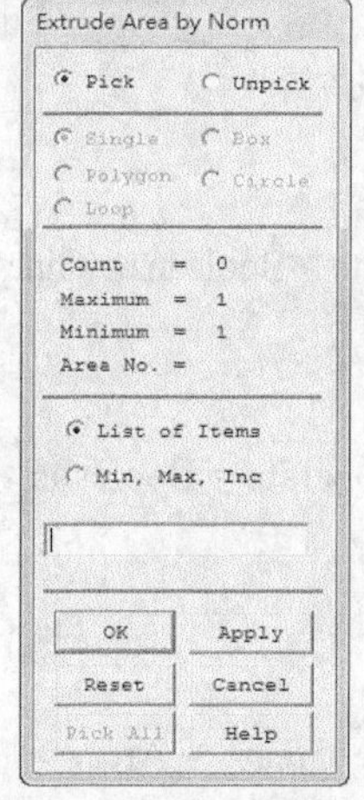

图 2-157 用面创建体

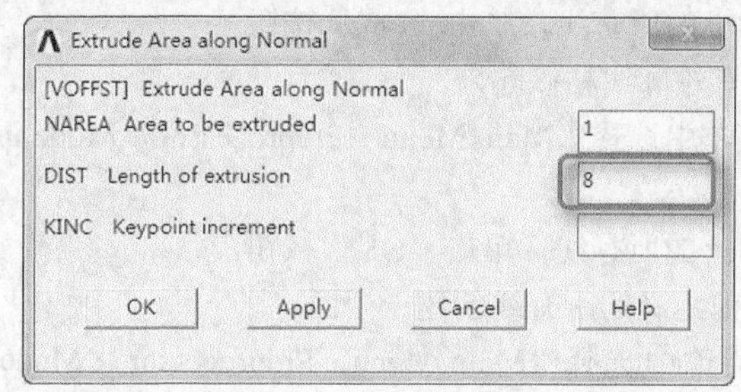

图 2-158 创建体

③ 在“WP X”后的文本框中输入“0”，“WP Y”后的文本框中输入“0”，“Radius”后的文本框中输入“10”，“Depth”后的文本框中输入“2.5”，单击“OK”按钮，生成另一个圆柱体。

（11）偏移工作平面。

① 从应用菜单中选择“Utility Menu：WorkPlane > Offset WP to > XYZ Locations”命令。

② 在“Global Cartesion”文本框中输入 0，0，8，单击“OK”按钮，如图 2-160 所示。

（12）创建另一个圆柱体。

① 从主菜单中选择“Main Menu：Preprocessor > Modeling > Create > Volumes > Cylinder > Solid Cylinder”命令。

② 在“WP X”后的文本框中输入“0”，“WP Y”后的文本框中输入“0”，“Radius”后的文本框中输入“10”，“Depth”后的文本框中输入“–2.5”，单击“OK”按钮，生成另一个圆柱体。

（13）从齿轮体中“减”去 3 个圆柱体。

① 从主菜单中选择“Main Menu：Preprocessor > Modeling > Operate > Booleans > Subtract > Volumes”命令。

② 拾取齿轮体，作为布尔“减”操作的母体，单击“Apply”按钮，如图 2-161 所示。

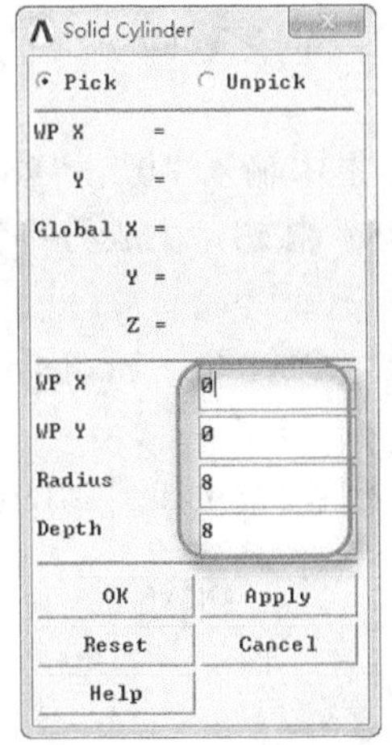

图 2-159　创建圆柱体

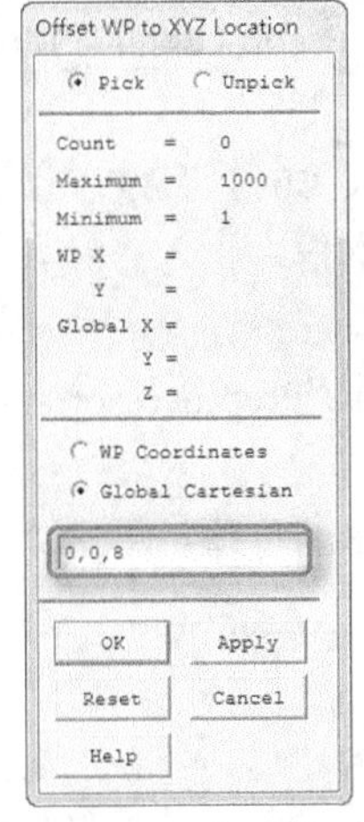

图 2-160　平移工作平面

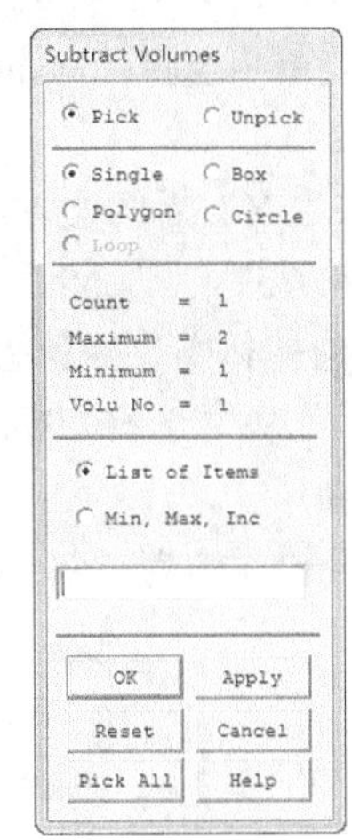

图 2-161　体相“减”

③ 拾取刚刚建立的 3 个圆柱体作为“减”去的对象，单击“OK”按钮。

（14）从应用菜单中选择“Utility Menu：Plot > Volumes”命令，所得结果如图 2-162 所示。

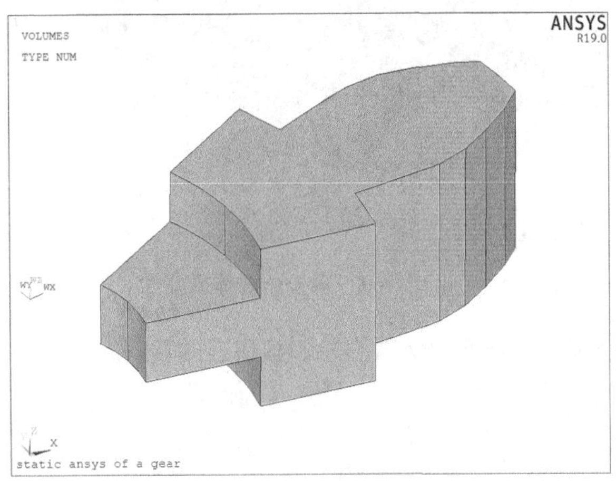

图 2-162　体相减的结果

（15）将激活的坐标系设置为总体柱坐标系。从应用菜单中选择“Utility Menu：WorkPlane > Change Active CS to > Global Cylindrical”命令。

（16）定义一个关键点。

① 从主菜单中选择“Main Menu：Preprocessor > Modeling > Create > Keypoints > In Active CS”命令。

② 在文本框中输入“NPT”为“1000”，令“X=7.5”“Y=–5”，单击“OK”按钮。

（17）偏移工作平面到给定位置。

① 从应用菜单中选择“Utility Menu：WorkPlane > Offset WP to > Keypoints”命令。

② 在 ANSYS 图形窗口选择刚刚建立的关键点，单击“OK”按钮。

（18）将激活的坐标系设置为工作平面坐标系。从应用菜单中选择“Utility Menu：WorkPlane > Change Active CS to > Working Plane”命令。

（19）创建一个圆柱体。

① 从主菜单中选择“Main Menu：Preprocessor > Modeling > Create > Volumes > Cylinder > Solid Cylinder”命令。

② 在“WP X”后的文本框中输入“0”，“WP Y”后的文本框中输入“0”，“Radius”后的文本框中输入“1.75”，“Depth”后的文本框中输入“8”，单击“OK”按钮，生成另一个圆柱体。

（20）从齿轮体中“减”去圆柱体。

① 从主菜单中选择“Main Menu：Preprocessor > Modeling > Operate > Booleans > Subtract > Volumes”命令。

② 拾取齿轮体作为布尔“减”操作的母体，单击“Apply”按钮，结果如图 2-163 所示。

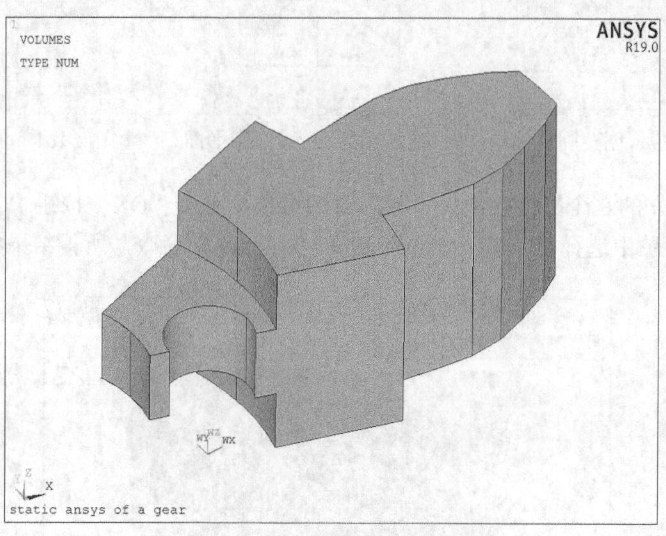

图 2-163　减去圆柱体成孔

（21）存储数据库 ANSYS。拾取“SAVE_DB”按钮存储数据库。

本部分的命令流如下。

```
/PREP7
CSYS,1                          ! 定义一个关键点
K,1,15,0,,                      ! 定义一个点作为辅助点
K,110,12.5,40,,                 ! 偏移工作平面到给定位置
KWPAVE,     110                 ! 旋转工作平面
wprot,-50,0,0                   ! 将激活的坐标系设置为工作平面坐标系
CSYS,4                          ! 建立第二个关键点
K,2,10.489,0,,                  ! 激活的坐标系设置为总体柱坐标系
CSYS,1                          ! 建立其余的辅助点
K,120,12.5,44.5,,
K,130,12.5,49,,
K,140,12.5,53.5,,
K,150,12.5,58,,
K,160,12.5,62.5,,               ! 将工作平面平移到第二个辅助点
KWPAVE,     120                 ! 旋转工作平面
wprot,4.5,0,0                   ! 将激活的坐标系设置为工作平面坐标系
CSYS,4                          ! 建立第三个关键点
K,3,12.221,0,,                  ! 将工作平面平移到第三个辅助点
KWPAVE,     130                 ! 旋转工作平面
wprot,4.5,0,0                   ! 建立第四个关键点
K,4,14.182,0,,                  ! 将工作平面平移到第四个辅助点
```

```
KWPAVE,      140                                    ! 旋转工作平面
wprot,4.5,0,0                                       ! 建立第五个关键点
K,5,16.011,0,,                                      ! 将工作平面平移到第五个辅助点
KWPAVE,      150                                    ! 旋转工作平面
wprot,4.5,0,0                                       ! 建立第六个关键点
K,6,17.663,0,,                                      ! 将工作平面平移到第六个辅助点
KWPAVE,      160                                    ! 旋转工作平面
wprot,4.5,0,0                                       ! 建立第七个关键点
K,7,19.349,0,,                                      ! 将激活的坐标系设置为总体柱坐标系
CSYS,1                                              ! 建立编号为 8、9、10 的关键点
K,8,24,7.06,,
K,9,24,9.87,,
K,10,15,-8.13,,                                     ! 在柱面坐标系中创建圆弧线
LSTR,      10,       1
LSTR,       1,       2
LSTR,       2,       3
LSTR,       3,       4
LSTR,       4,       5
LSTR,       5,       6
LSTR,       6,       7
LSTR,       7,       8
LSTR,       8,       9                              ! 把齿轮边上的线加起来，使其成为一条线
FLST,2,7,4,ORDE,2
FITEM,2,2
FITEM,2,-8
LCOMB,P51X, ,0                                      ! 偏移工作平面到总坐标系的原点
CSYS,0
WPAVE,0,0,0
CSYS,1
!*                                                  ! 将工作平面与总体直角坐标系对齐
WPCSYS,-1,0                                         ! 将工作平面旋转 9.87°
wprot,9.87,0,0                                      ! 将激活的坐标系设置为工作平面坐标系
CSYS,4                                              ! 将所有线沿 x-z 面进行镜像（在 y 方向）
FLST,3,3,4,ORDE,3
FITEM,3,1
FITEM,3,-2
FITEM,3,9
LSYMM,Y,P51X, , ,1000,0,0                           ! 把齿顶上的两条线粘接起来
FLST,2,2,4,ORDE,2
FITEM,2,5
FITEM,2,9
LGLUE,P51X                                          ! 把齿顶上的两条线加起来，成为一条线
FLST,2,2,4,ORDE,2
FITEM,2,5
FITEM,2,-6
LCOMB,P51X, ,0
LPLOT                                               ! 创建关键点
K,100,,,,                                           ! 绘制直线
LSTR,      100,       10
LSTR,      100,     1010                            ! 粘接所有直线
FLST,2,7,4,ORDE,2
FITEM,2,1
FITEM,2,-7
LGLUE,P51X
FLST,2,14,4,ORDE,4
FITEM,2,1
FITEM,2,3
```

```
FITEM,2,6
FITEM,2,-17
LGLUE,P51X                                      ! 建立面
FLST,2,16,4
FITEM,2,6
FITEM,2,7
FITEM,2,3
FITEM,2,11
FITEM,2,5
FITEM,2,19
FITEM,2,18
FITEM,2,12
FITEM,2,13
FITEM,2,10
FITEM,2,9
FITEM,2,4
FITEM,2,20
FITEM,2,2
FITEM,2,8
FITEM,2,1
AL,P51X                                         ! 拉伸所有体
VOFFST,1,8, ,
! /USER,  1                                     ! 创建两个圆柱体
CYL4,0,0,5, , , ,8
CYL4,0,0,10, , , ,2.5                           ! 偏移工作平面
FLST,2,1,8
FITEM,2,0,0,8
WPAVE,P51X                                      ! 创建另一个圆柱体
CYL4,0,0,10, , , ,-2.5                          ! 减去三个圆柱体
FLST,3,3,6,ORDE,2
FITEM,3,2
FITEM,3,-4
VSBV,       1,P51X                              ! 设置为总体柱坐标
CSYS,1                                          ! 定义一个关键点
K,110,7.5,-5,,                                  ! 偏移工作平面
KWPAVE,     110                                 ! 将激活的坐标系设置为工作平面坐标系
CSYS,4                                          ! 将激活的坐标系设置为工作平面坐标系
CYL4,0,0,1.75, , , ,8                           ! 从齿轮体中“减”去圆柱体
VSBV,       5,       1
! SAVE, Gear,db,
```

2.9 本章小结

几何建模是 ANSYS 分析里一个非常重要的环节，我们通常都是在几何模型上划分有限元网格（也可以选择直接生成）然后求解，所以它是整个分析的基础。几何模型必须完整的反映结构特征，否则计算后的结果会不能很好地模拟实际情况；同时，几何模型必须尽可能的简化，否则，不仅会浪费大量的时间，而且有时候往往会导致问题无解。通常，要求用户在进行结构分析之前，先提取结构的力学特征（这需要一定的理论基础和实践经验），然后建立合适的模型，切记不可对任何模型都直接从 CAD（或其他建模软件）中输入然后就直接使用。

本章通过一个具体实例说明了 ANSYS 中建立模型的一般过程，并对建模的几种方法进行了比较，如何针对自己的实际情况采用更简单有效的建模方法需要读者在使用过程中慢慢地熟悉和掌握。

第 3 章 划分网格

划分网格是进行有限元分析的基础，它要求考虑的问题较多，需要的工作量较大，所划分的网格形式对计算精度和计算规模将产生直接影响，因此需要学习正确合理的网格划分方法。

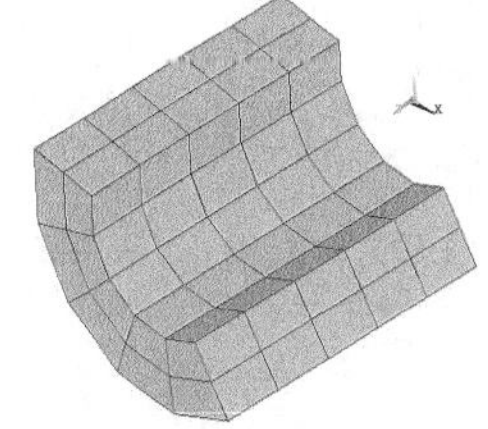

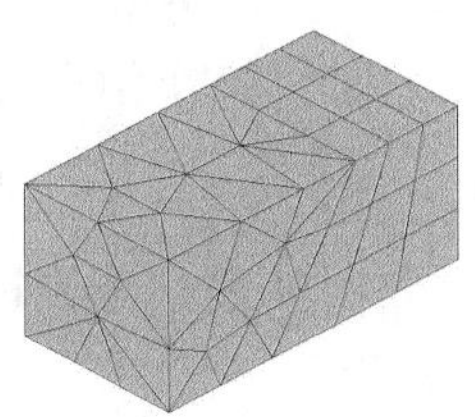

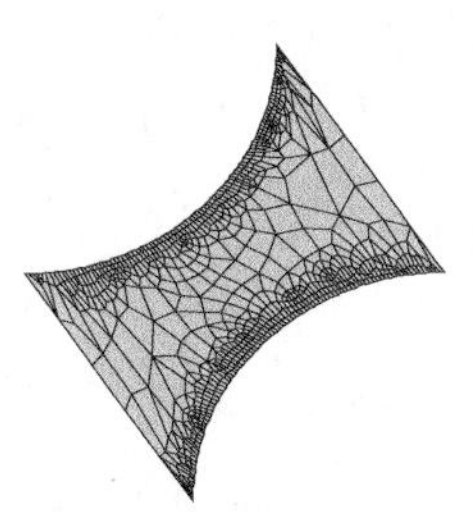

3.1 有限元网格概论

生成节点和单元的网格划分过程分为 3 个步骤。

（1）定义单元属性。

（2）定义网格生成控制（非必须，因为默认的网格生成控制对多数模型生成都是合适的。如果没有指定网格生成控制，程序会用“DSIZE”命令使用默认设置生成网格。当然，也可以手动控制生成质量更好的自由网格）。ANSYS 程序提供了大量的网格生成控制，可按需要选择。

（3）生成网格。在对模型进行网格划分之前，甚至在建立模型之前，要明确是采用自由网格还是采用映射网格来分析。自由网格对单元形状无限制，并且没有特定的准则。而映射网格则对包含的单元形状有限制，而且必须满足特定的规则。映射面网格只包含四边形或三角形单元，映射体网格只包含六面体单元。另外，映射网格具有规则的排列形状，如果想要这种网格类型，所生成的几何模型必须具有一系列相当规则的体或面。自由网格和映射网格示意图如图 3-1 所示。

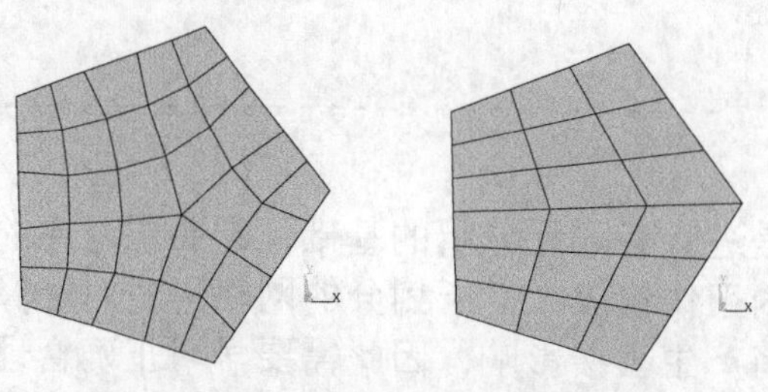

图 3-1　自由网格和映射网格示意图

可用“MSHESKEY”命令或相应的 GUI 路径选择自由网格或映射网格。注意，所用网格控制将随自由网格或映射网格划分而不同。

3.2 设定单元属性

在生成节点和单元网格之前，必须定义合适的单元属性，包括以下几项。

（1）单元类型（如 BEAM3、SHELL61 等）。

（2）实常数（如厚度和横截面积）。

（3）材料性质（如杨氏模量、热传导系数等）。

（4）单元坐标系。

（5）截面号（只对 BEAM44、BEAM188、BEAM189 单元有效）。

3.2.1 生成单元属性表

为了定义单元属性，首先必须建立一些单元属性表。典型的包括单元类型（“ET”命令或者 GUI 路径：Main Menu > Preprocessor > Element Type > Add/Edit/Delete）、实常数（“R”命令或者 GUI 路径：Main Menu > Preprocessor > Real Constants）、材料性质（“MP”和“TB”命令或 GUI 路径：Main Menu > Preprocessor > Material Props > material option）。

利用“LOCAL”“CLOCAL”等命令可以组成坐标系表（GUI 路径：Utility Menu > WorkPlane

> Local Coordinate Systems > Create Local CS > option）。这个表用来给单元分配单元坐标系。

并非所有的单元类型都可用这种方式来分配单元坐标系。

对于用 BEAM44、BEAM188、BEAM189 单元划分的梁网格，可利用“SECTYPE”和“SECDATA”命令（GUI 路径：Main Menu > Preprocessor > Sections）创建截面号表格。

方向关键点是线的属性而不是单元的属性，不能创建方向关键点表格。

用“ETLIST”命令可以来显示单元类型，“RLIST”命令来显示实常数，“MPLIST”命令来显示材料属性，上述操作对应的 GUI 路径：Utility Menu > List > Properties > property type。另外，还可以用“CSLIST”命令（GUI 路径：Utility Menu > List > Other > Local Coord Sys）来显示坐标系，“SLIST”命令（GUI 路径：Main Menu > Preprocessor > Sections > List Sections）来显示截面号。

3.2.2 在划分网格之前分配单元属性

一旦建立的单元属性表，通过指向表中合适的条目即可对模型的不同部分分配单元属性。指针就是参考号码集，包括材料号（MAT）、实常数号（TEAL）、单元类型号（TYPE）、坐标系号（ESYS），以及使用 BEAM188 和 BEAM189 单元时的截面号（SECNUM）。可以直接给所选的实体模型图元分配单元属性，或者定义默认的属性在生成单元的网格划分中使用。

如前面所提到的，在给梁划分网格时给线分配的方向关键点是线的属性而不是单元属性，所以必须是直接分配给所选线，而不能定义默认的方向关键点以备后面划分网格时直接使用。

1. 直接给实体模型图元分配单元属性

给实体模型分配单元属性时，允许对模型的每个区域预置单元属性，从而避免在网格划分过程中重置单元属性。清除实体模型的节点和单元不会删除直接分配给图元的属性。

利用表 3-1 中的命令和相应的 GUI 路径可直接给实体模型图元分配单元属性。

表 3-1　直接给实体模型图元分配单元属性

用法	命令	GUI 菜单路径
给关键点分配属性	KATT	Main Menu > Preprocessor > Meshing > Mesh Attributes > All Keypoints（Picked KPs）
给线分配属性	LATT	Main Menu > Preprocessor > Meshing > Mesh Attributes > All Lines（Picked Lines）
给面分配属性	AATT	Main Menu > Preprocessor > Meshing > Mesh Attributes > All Areas（Picked Areas）
给体分配属性	VATT	Main Menu > Preprocessor > Meshing > Mesh Attributes > All Volumes（Picked Volumes）

2. 分配默认属性

可以通过指向属性表的不同条目来分配默认的属性，在开始划分网格时，ANSYS 程序会自动将默认属性分配给模型。直接分配给模型的单元属性将取代上述默认属性，而且，当清除实体模型图元的节点和单元时，其默认的单元属性也将被删除。

可利用如下方式分配默认的单元属性。

```
命令：TYPE, REAL, MAT, ESYS, SECNUM。
GUI：Main Menu > Preprocessor > Meshing > Mesh Attributes > Default Attribs。
Main Menu > Preprocessor > Modeling > Create > Elements > Elem Attributes。
```

3. 自动选择维数正确的单元类型

有些情况下，ANSYS 程序能对网格划分或拖曳操作选择正确的单元类型，当选择明显正确时，不必人为地转换单元类型。

特殊地，当未将单元属性（xATT）直接分配给实体模型时，或者默认的单元属性（TYPE）对于要执行的操作维数不对时，而且已定义的单元属性表中只有一个维数正确的单元，ANSYS 程序会自动地利用该种单元类型执行这个操作。

受此影响的网格划分和拖曳操作命令有：KMESH、LMESH、AMESH、VMESH、FVMESH、VOFFST、VEXT、VDRAG、VROTAT、VSWEEP。

4. 在节点处定义不同的厚度

利用下列方式可以对壳单元在节点处定义不同的厚度。

```
命令：RTHICK。
GUI：Main Menu > Preprocessor > Real Constants > Thickness Func。
```

壳单元可以模拟复杂的厚度分布，以 SHELL63 为例，允许给每个单元的 4 个角点指定不同的厚度，单元内部的厚度假定是在 4 个角点厚度之间光滑变化。给一群单元指定复杂的厚度变化是有一定难度的，特别是每一个单元都需要单独指定其角点厚度的时候，在这种情况下，利用“RTHICH”命令能大大简化模型定义。

下面用一个实例来详细说明该过程，该实例的模型为 10×10 的矩形板，用 0.5×0.5 的方形 SHELL63 单元划分网格。现在 ANSYS 程序里输入如下命令流。

```
/TITLE, RTHICK Example
/PREP7
ET,1,63
RECT,,10,,10
ESHAPE,2
ESIZE,,20
AMESH,1
EPLO
```

得到初始的网格图如图 3-2 所示。

假定板厚按下述公式变化：$h= 0.5 + 0.2x + 0.02y^2$，为了模拟该厚度变化，创建一组参数给节点设定相应的厚度值。换句话说，数组里面的第 N 个数对应于第 N 个节点的厚度，命令流如下。

```
MXNODE = NDINQR(0,14)
*DIM,THICK,,MXNODE
*DO,NODE,1,MXNODE
     *IF,NSEL(NODE),EQ,1,THEN
        THICK(node) = 0.5 + 0.2*NX(NODE) + 0.02*NY(NODE)**2
     *ENDIF
*ENDDO
NODE = $MXNODE
```

最后，利用 RTHICK 函数将这组表示厚度的参数分配到单元上，结果如图 3-3 所示。

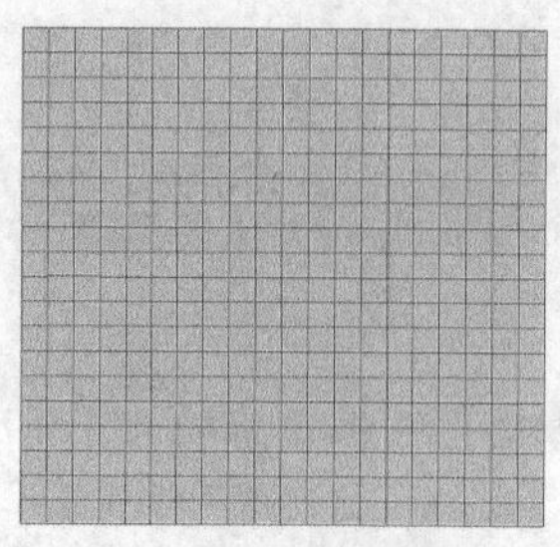
图 3-2　初始的网格图

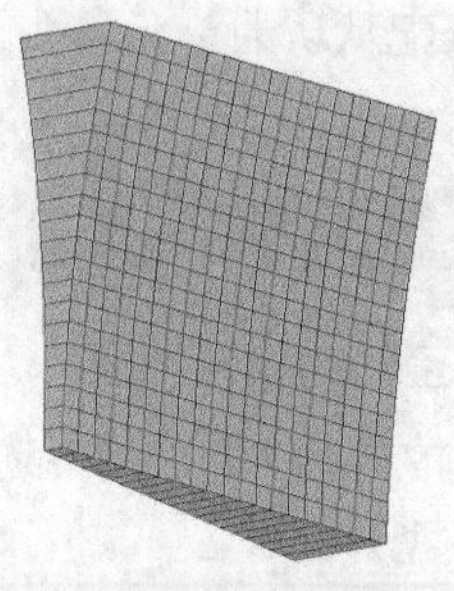
图 3-3　不同厚度的壳单元

```
RTHICK,THICK(1),1,2,3,4
/ESHAPE,1.0  $ /USER,1  $ /DIST,1,7
/VIEW,1,-0.75,-0.28,0.6  $ /ANG,1,-1
/FOC,1,5.3,5.3,0.27  $ EPLO
```

3.2.3 实例——设定单元属性

1. 定义工作文件名

选择“Utility Menu > File > Change Jobname”命令，弹出如图 3-4 所示的“Change Jobname”对话框，在“Enter new jobname”后的文本框中输入“cell attribute”，并将“New log and error files”右边的复选框选为“yes”，单击“OK”按钮。

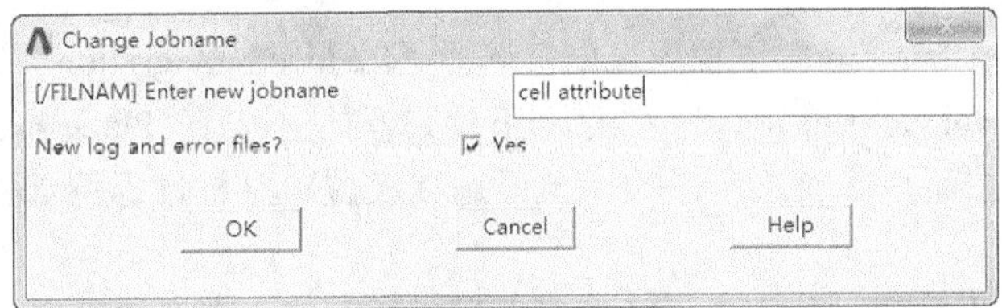

图 3-4 “Change Jobname”对话框

2. 定义单元类型

在进行有限元分析时，首先应根据分析问题的几何结构、分析类型和所分析的问题精度要求等，选定适合具体分析的单元类型。本例为演示单元属性的设置，选用的是四节点四边形板单元 PLANE182。PLANE182 不仅可用于计算平面应力问题，还可以用于分析平面应变和轴对称问题。

（1）执行主菜单中的“Main Menu：Preprocessor > Element Type > Add/Edit/Delete”命令，打开单元类型对话框。

（2）单击“Add...”按钮，打开“Library of Element Types”对话框，如图 3-5 所示。

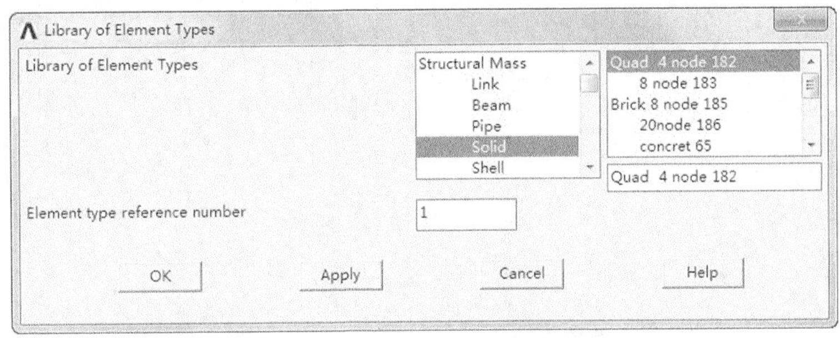

图 3-5 “Library of Element Types”对话框

（3）在左边的列表框中选择“Solid”选项，选择实体单元类型。

（4）在右边的列表框中选择“Quad 4 node 182”选项，选择四节点四边形板单元“PLANE182”。

（5）单击“OK”按钮，将“PLANE182”单元添加到列表框，并关闭单元类型对话框，同时返回第（1）步打开的单元类型对话框，如图 3-6 所示。

（6）单击“Options”按钮，打开如图 3-7 所示的“PLANE182 element type option（单元选项设置）”对话框，对 PLANE182 单元进行设置，使其可用于计算平面应力问题。

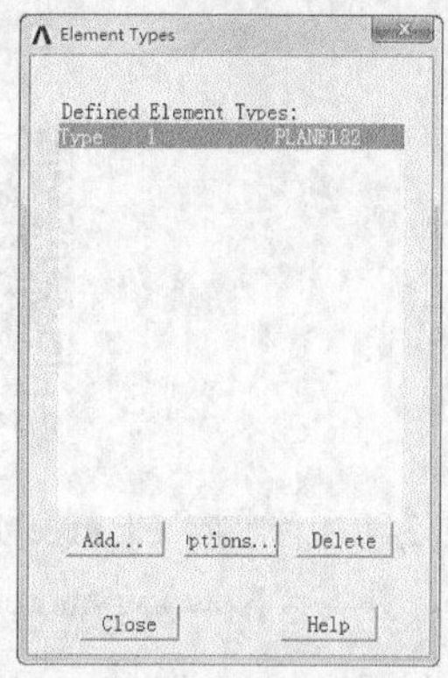

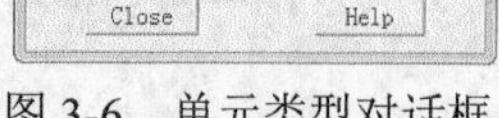

图 3-6　单元类型对话框

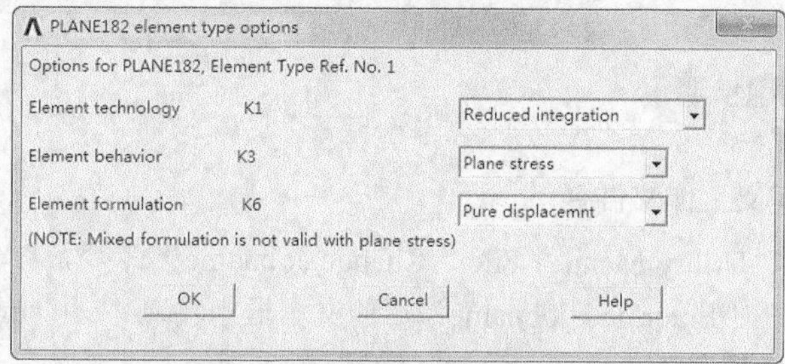

图 3-7　单元选项设置对话框

（7）在“Element technology”下拉列表框中选择“Reduced integration”选项。

（8）在“Element behavior（单元行为方式）”下拉列表框中选择“Plane stress（平面应力）”选项。

（9）单击“OK”按钮，接受选项，关闭单元选项设置对话框，返回如图 3-6 所示的单元类型对话框。

（10）单击“Close”按钮，关闭单元类型对话框，结束单元类型的添加。

3. 定义实常数

本例中选用平面应力行为方式的 PLANE182 单元，需要设置其厚度实常数。

（1）执行主菜单中的“Main Menu : Preprocessor > Real Constants > Add/Edit/Delete”命令，打开如图 3-8 所示的“Real Constants”对话框。

（2）单击“Add...”按钮，打开如图 3-9 所示的实常数单元类型对话框，要求选择欲定义实常数的单元类型。

图 3-8　“Real Constants”对话框

图 3-9　实常数单元类型对话框

（3）本例中只定义了一种单元类型，在已定义的单元类型列表中选择“Type 1 PLANE182”，将为 PLANE182 单元类型定义实常数，在弹出的对话框中，将厚度设置为 4，如图 3-10 所示。

（4）单击“OK”按钮确定，关闭单元类型对话框，打开该单元类型实常数集对话框。

（5）单击“OK”按钮，关闭实常数集对话框，返回实常数对话框，如图 3-11 所示，显示已经定义了一组实常数。

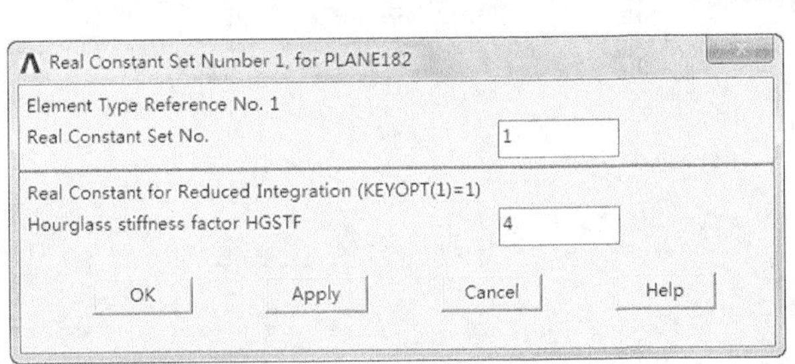

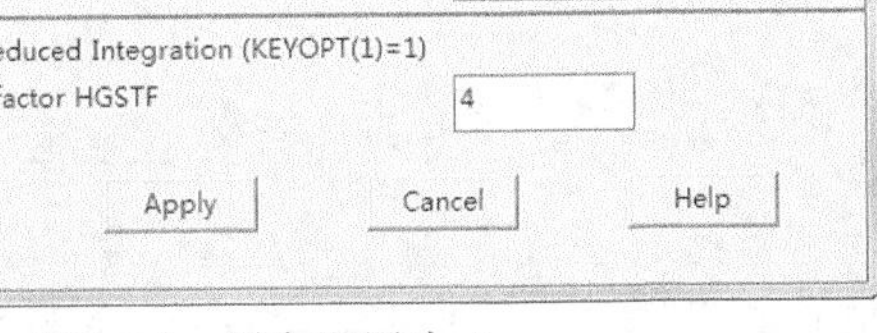

图 3-10　厚度设置为 4

图 3-11　“Real Constants”对话框

（6）单击“Close”按钮，关闭实常数对话框。

4. 定义材料属性

惯性力的静力分析中必须定义材料的弹性模量和密度，具体步骤如下。

（1）执行主菜单中的“Main Menu：Preprocessor > Material Props > Materia Model”命令，打开定义材料模型属性对话框，如图 3-12 所示。

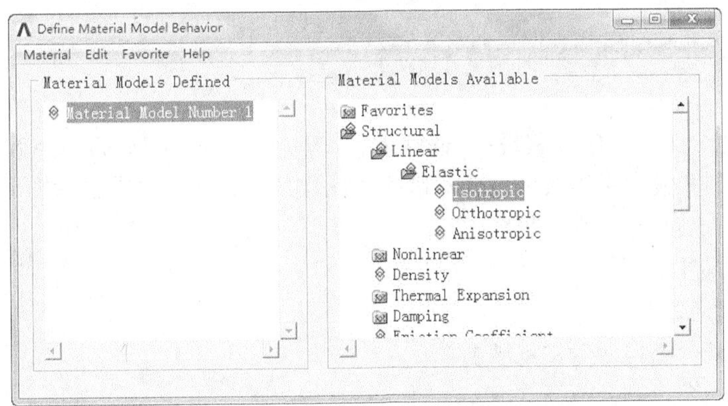

图 3-12　定义材料模型属性对话框

（2）在右侧列表框中依次单击“Structural > Linear > Elastic > Isotropic”命令，展开材料属性的树形结构。打开 1 号材料的弹性模量 EX 和泊松比 PRXY 的定义对话框，如图 3-13 所示。

（3）在对话框的“EX”文本框中输入弹性模量“2.06e11”，在“PRXY”文本框中输入泊松比“0.3”。

（4）单击“OK”按钮，关闭对话框，并返回定义材料模型属性窗口，在此窗口的左边一栏出现刚刚定义的参考号为 1 的材料属性。

（5）在右侧列表框中依次单击“Structural > Friction Coefficient”命令，打开定义材料密度对话框，如图 3-14 所示。

（6）在“MU”文本框中输入密度数值“0.3”。

（7）单击“OK”按钮，关闭对话框，并返回定义材料模型属性对话框，在此窗口的左边一栏参考号为 1 的材料属性下方出现密度项。

（8）在定义材料模型属性对话框中，从菜单选择“Material > Exit”命令，或单击右上角的 × 按钮，退出定义材料模型属性对话框，完成对材料模型属性的定义。

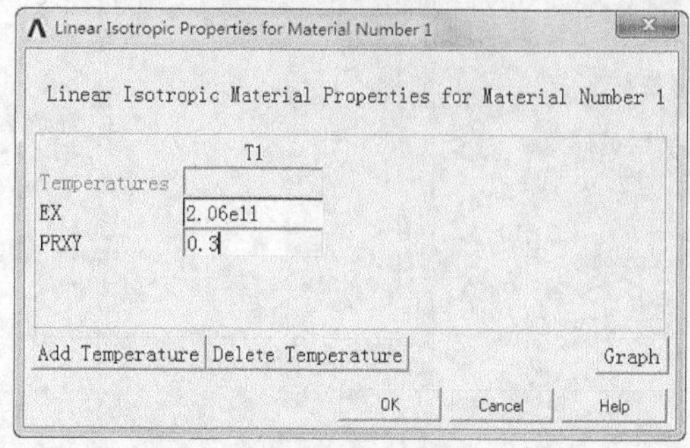

图 3-13　线性各向同性材料对话框

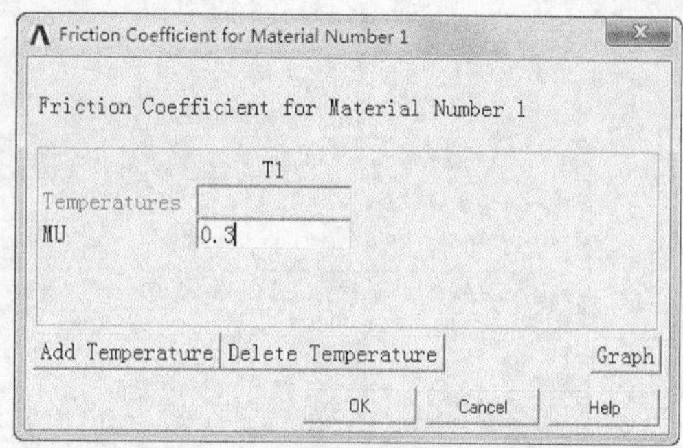

图 3-14　定义材料密度对话框

3.3　网格划分的控制

网格划分控制能建立用在实体模型划分网格的因素，例如单元形状、中间节点位置、单元大小等。此步骤是整个分析中最重要的步骤之一，因为此阶段得到的有限元网格将对分析的准确性和经济性起决定作用。

3.3.1　ANSYS 网格划分工具（MeshTool）

ANSYS 网格划分工具（GUI 路径：Main Menu > Preprocessor > Meshing > MeshTool）提供了最常用的网格划分控制和最常用的网格划分操作的便捷途径。其功能主要包括以下内容。

（1）控制“SmartSizing”水平。

（2）设置单元尺寸控制。

（3）指定单元形状。

（4）指定网格划分类型（自由或映射）。

（5）对实体模型图元划分网格。

（6）清楚网格。

（7）细化网格。

1. 单元形状

ANSYS 程序允许在同一个划分区域出现多种单元形状，例如同一区域的面单元可以是四边形，也可以是三角形，但建议尽量不要在同一个模型中混用六面体和四面体单元。

下面简单介绍一下单元形状的退化，如图 3-15 所示。在划分网格时，应该尽量避免使用退化单元。

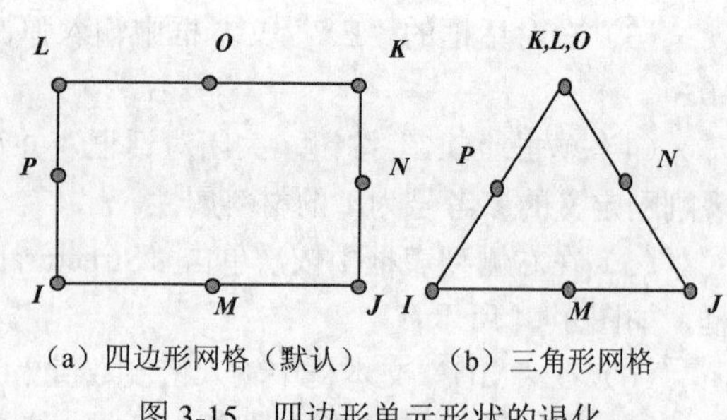

（a）四边形网格（默认）　（b）三角形网格

图 3-15　四边形单元形状的退化

用下列方法指定单元形状。

```
命令：MSHAPE,KEY,Dimension。
GUI：Main Menu > Preprocessor > Meshing > MeshTool (Mesher Opts)。
Main Menu > Preprocessor > Meshing > Mesh > Volumes > Mapped > 4 to 6 sided。
```

如果正在使用“MSHAPE”命令，维数（2D 或 3D）的值表明待划分的网格模型的维数，KEY 值（0 或 1）表示划分网格的形状。

KEY=0，如果 Dimension=2D，ANSYS 将用四边形单元划分网格；如果 Dimension=3D，ANSYS 将用六面体单元划分网格。

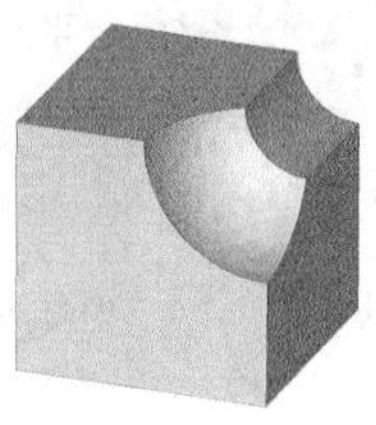
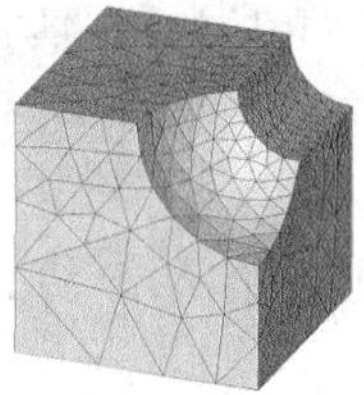

图 3-16　默认单元尺寸

KEY=1，如果 Dimension=2D，ANSYS 将用三角形单元划分网格；如果 Dimension=3D，ANSYS 将用四面体单元划分网格。

有些情况下，“MSHAPE”命令及合适的网格划分命令（“AMESH”“YMESH”命令或相应的 GUI 路径：Main Menu > Preprocessor > Meshing > Mesh > meshing option）就是对模型划分网格的全部所需。每个单元的大小由指定的默认单元大小（“AMRTSIZE”或“DSIZE”命令）确定。例如图 3-16 中所示的左边的模型用“VMESH”命令生成右边的网格。

2. 选择自由或映射网格划分

除了指定单元形状之外，还需指定对模型进行网格划分的类型（自由划分或映射划分），方法如下。

```
命令：MSHKEY。
GUI：Main Menu > Preprocessor > Meshing > MeshTool。
Main Menu > Preprocessor > Meshing > Mesher Opts。
```

单元形状（MSHAPE）和网格划分类型（MSHEKEY）的设置共同影响网格的生成，表 3-2 列出了 ANSYS 程序支持的单元形状和网格划分类型。

表 3-2　ANSYS 程序支持的单元形状和网格划分类型

单元形状	自由划分	映射划分	既可以映射划分又可以自由划分
四边形	Yes	Yes	Yes
三角形	Yes	Yes	Yes
六面体	No	Yes	No
四面体	Yes	No	No

3. 控制单元边中节点的位置

当使用二次单元划分网格时，可以控制中间节点的位置，有两种选择。

（1）边界区域单元在中间节点沿着边界线或者面的弯曲方向，这是默认设置。

（2）设置所有单元的中间节点且单元边是直的，此选项允许沿曲线进行粗糙的网格划分，但是模型的弯曲并不与之相配。

可用如下方法控制中间节点的位置。

```
命令：MSHMID。
GUI：Main Menu > Preprocessor > Meshing > Mesher Opts。
```

4. 划分自由网格时的单元尺寸控制（SmartSizing）

默认的，“DESIZE”命令控制单元大小在自由网格划分中的使用，但一般推荐使用

SmartSizing，为打开 SmartSizing，只要在“SMRTSIZE”命令中指定单元大小即可。

ANSYS 里面有两种 SmartSizing 控制：基本的和高级的。

（1）基本的控制。利用基本的控制，可以简单指定网格划分的粗细程度，从 1（细网格）到 10（粗网格），程序会自动的设置一系列独立的控制值用来生成想要的大小，方法如下。

```
命令：SMRTSIZE,SIZLVL。
GUI：Main Menu > Preprocessor > Meshing > MeshTool。
```

图 3-17 所示为利用几个不同的 SmartSizing 设置生成的网格。

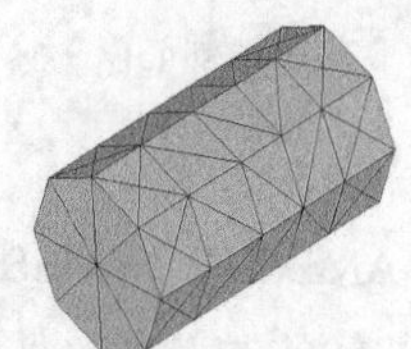

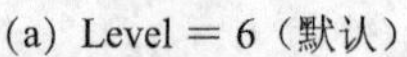

(a) Level = 6（默认）

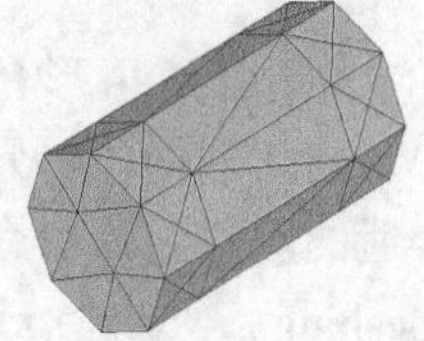

（b）Level = 0（粗糙）

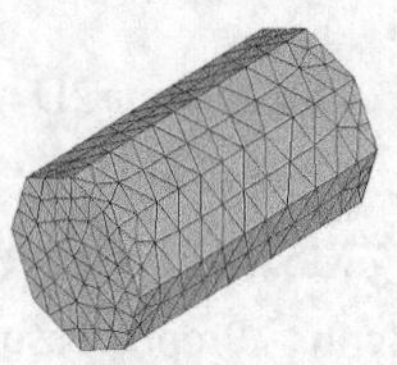

（c）Level = 10（精细）

图 3-17　对同一模型该面 SmartSize 的划分结果

（2）高级的控制。ANSYS 还允许使用高级方法专门设置人工控制网格质量，方法如下。

```
命令：SMRTSIZE and ESIZE。
GUI：Main Menu > Preprocessor > Meshing > Size Cntrls > SmartSize > Adv Opts。
```

3.3.2　映射网格划分中单元的默认尺寸

“DESIZE”命令（GUI 路径：Main Menu > Preprocessor > Meshing > Size Cntrls > ManualSize > Global > Other）常用来控制映射网格划分的单元尺寸，同时也用在自由网格划分的默认设置，但是，对于自由网格划分，建议使用 SmartSizing（SMRTSIZE）。

对于较大的模型，通过“DESIZE”命令查看默认的网格尺寸是明智的，可通过显示线的分割来观察将要划分的网格情况。预查看网格划分的步骤如下。

（1）建立实体模型。

（2）选择单元类型。

（3）选择容许的单元形状（MSHAPE）。

（4）选择网格划分类型（自由或映射）（MSHKEY）。

（5）键入 LESIZE，ALL（通过 DESIZE 规定调整线的分割数）。

（6）显示线（LPLOT）。

如果觉得网格太粗糙，可用通过改变单元尺寸或者线上的单元份数来加密网格，方法如下。

选择 GUI 路径：Main Menu > Preprocessor > Meshing > Size Cntrls > ManualSize > Layers > Picked Lines

弹出“Elements Sizes on Picked Lines”拾取菜单，用鼠标指针单击拾取画面上的相应线段，如图 3-18 所示。单击“OK”按钮，弹出“Area Layer-Mesh Controls on Picked Lines”对话框，如图 3-19 所示，在“SIZE Element edge length”后面输入具体数值（它表示单元的尺寸），或是在“NDIV No. of line divisions”后面文本框中输入正整数（它表示所选择的线段上的单元份数），单击“OK”按钮。然后重新划分网格，如图 3-20 所示。

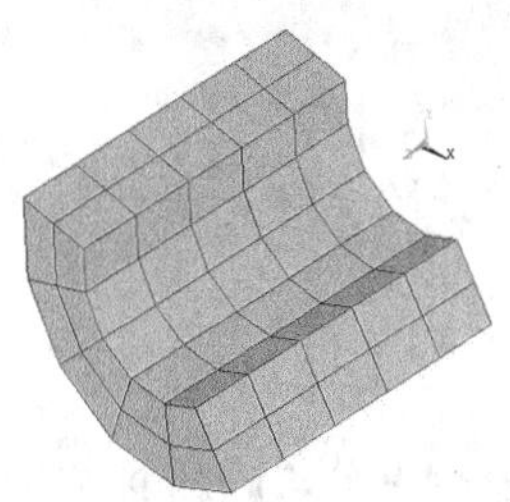

图 3-18　粗糙的网格

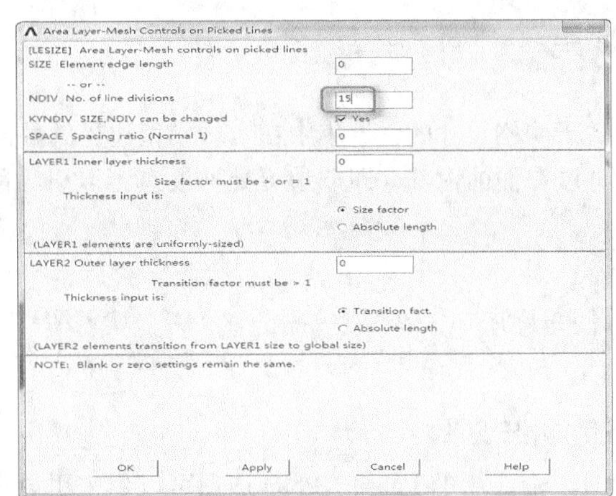

图 3-19　“Area Layer-Mesh Controls on Picked Lines”对话框

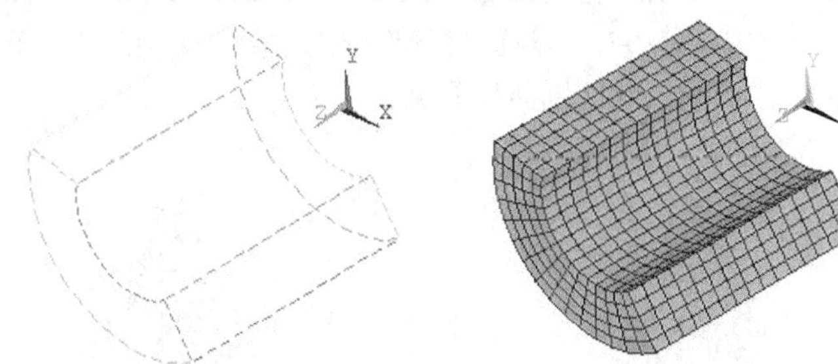

图 3-20　预览改进的网格

3.3.3　局部网格划分控制

在许多情况下，对结构的物理性质来说用默认单元尺寸生成的网格不合适，例如有应力集中或奇异的模型。在这个情况下，需要将网格局部细化，详细说明如表 3-3 所示。

表 3-3　直接给实体模型图元分配单元属性

用法	命令	GUI 菜单路径
控制每条线划分的单元数	ESIZE	Main Menu > Preprocessor > Meshing > Size Cntrls > ManualSize > Global > Size
控制关键点附近的单元尺寸	KESIZE	Main Menu > Preprocessor > Meshing > Size Cntrls > ManualSize > Keypoints > All KPs（Picked KPs / Clr Size）
控制给定线上的单元数	LESIZE	Main Menu > Preprocessor > Meshing > Size Cntrls > ManualSize > Lines > All Lines（Picked Lines / Clr Size）

上述所有定义尺寸的方法都可以一起使用，但遵循一定的优先级别，具体说明如下。

用 DESIZE 定义单元尺寸时，对任何给定线，沿线定义的单元尺寸优先级如下：用 LESIZE 指定的为最高级，KESIZE 次之，ESIZE 再次之，DESIZE 最低级。

用 SMRTSIZE 定义单元尺寸时，优先级如下：LESIZE 为最高级，KESIZE 次之，SMRTSIZE 为最低级。

3.3.4 内部网格划分控制

前面关于网格尺寸的讨论集中在实体模型边界的外部单元尺寸的定义（LESIZE、ESIZE 等），然而，也可以在面的内部（即非边界处）没有可以引导网格划分的尺寸线处控制网格划分，方法如下。

```
命令：MOPT。
GUI：Main Menu > Preprocessor > Meshing > Size Cntrls > ManualSize > Global > Area Cntrls。
```

1. 控制网格的扩展

“MOPT”命令中的 Lab=EXPND 选项可以用来引导在一个面的边界处将网格划分较细，而内部则较粗，如图 3-21 所示。

图 3-21 中上边的网格是由“ESIZE”命令（GUI 路径：Main Menu > Preprocessor > Meshing > Size Cntrls > ManualSize > Global > Size）对面进行设定生成的，下边网格是利用“MOPT”命令的扩展功能（Lab=EXPND）生成的，其区别显而易见。

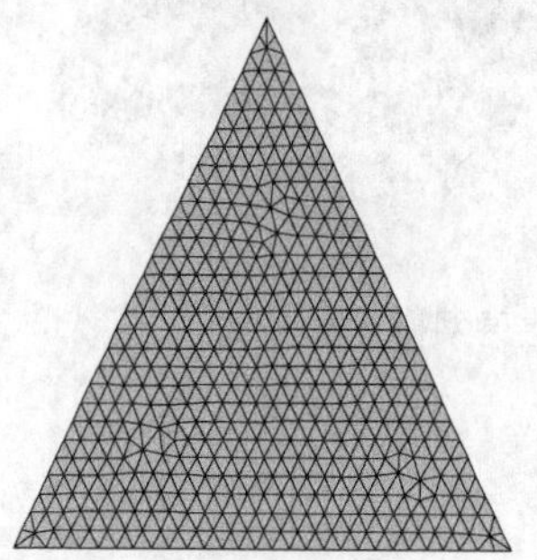

（a）没有扩张网格

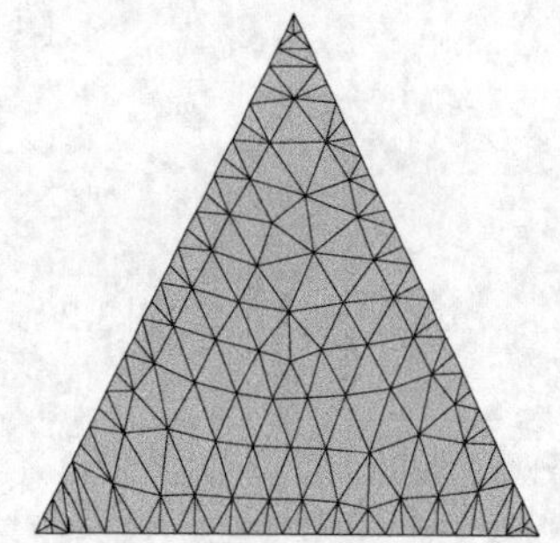

（b）扩展网（MOPT，EXPND，2.5）

图 3-21　网格扩展示意图

2. 控制网格过渡

图 3-21 中所示的网格还可以进一步改善，“MOPT”命令中的 Lab=TRANS 项可以用来控制网格从细到粗的过渡，如图 3-22 所示。

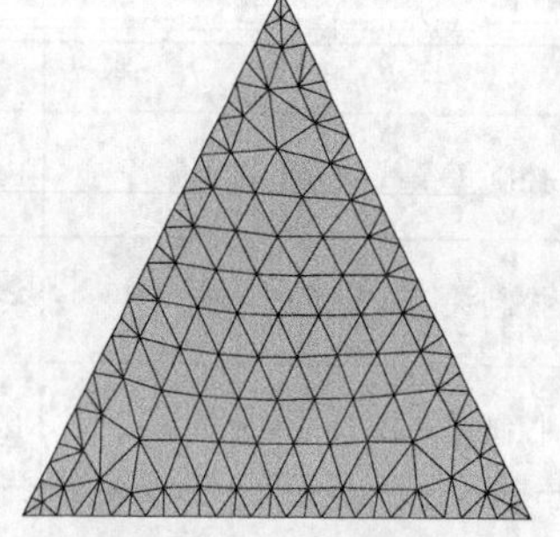

图 3-22　控制网格过渡
（MOPT，EXPND，1.5）

3. 控制 ANSYS 的网格划分器

可用“MOPT”命令控制表面网格划分器（三角形和四边形）和四面体网格划分器，使 ANSYS 执行网格划分操作（AMESH、VMESH）。

```
命令：MOPT。
GUI：Main Menu > Preprocessor > Meshing > Mesher Opts。
```

弹出“Mesher Options”对话框如图 3-23 所示，该对话框中，AMESH 后面的下拉列表框对应三角形表面网格划分，包括 Program choose（默认）、main、Alternate 和 Alternate2 共 4 个选项；QMESH 对应四边形表面网格划分，包括 Program choose（默认）、main 和 Alternate 共 3 项，其中 main 又称为 Q-Morph（quad-morphing）网格划分器，它多数情况下能得到高质量的单元，如图 3-24

所示。另外，Q-Morph 网格划分器要求面的边界线的分割总数是偶数，否则将产生三角形单元；VMESH 对应四面体网格划分，包括 Program choose（默认）、Alternate 和 Main 3 项。

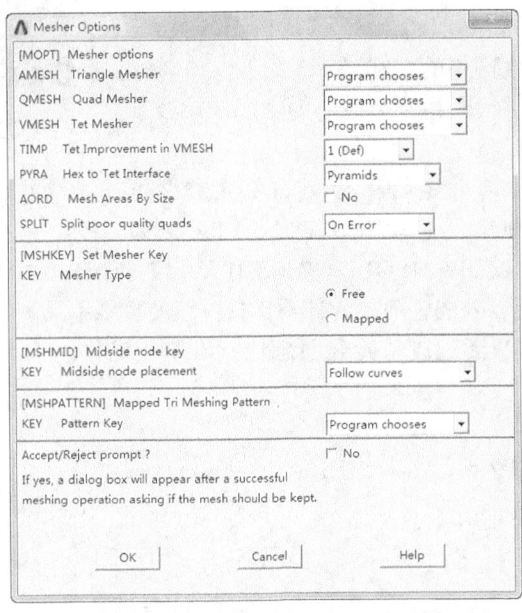

图 3-23　“Mesher Options”对话框

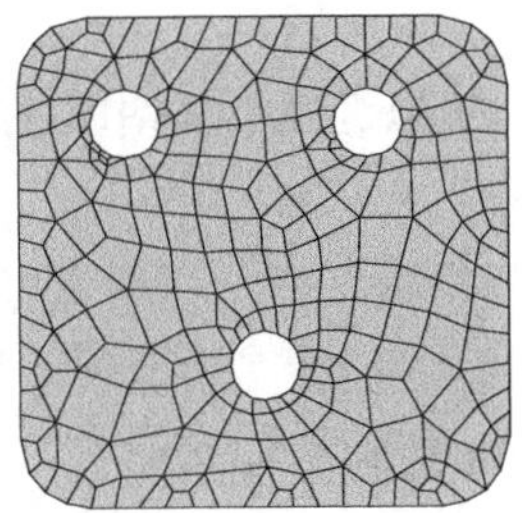

（a）Alternate 网格划分器

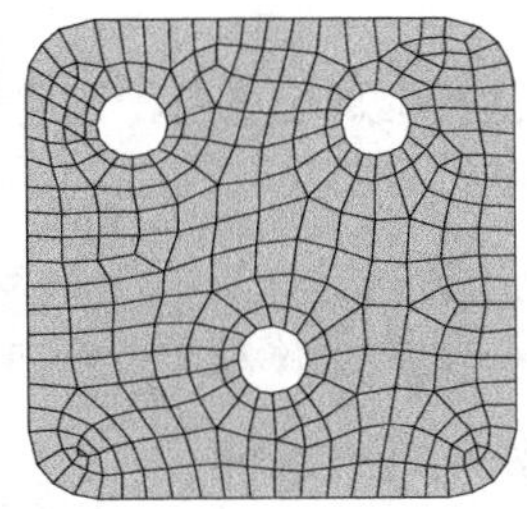

（b）Q-Morph 网格划分器

图 3-24　网格划分器

4．控制四面体单元的改进

ANSYS 程序允许对四面体单元做进一步改进，方法如下。

```
命令：MOPT,TIMP,Value。
GUI：Main Menu > Preprocessor > Meshing > Mesher Opts。
```

弹出“Mesher Options”对话框，如图 3-23 所示，该对话框中，TIMP 后面的下拉列表框表示四面体单元改进的程度，从 1 到 6，1 表示提供最小的改进，5 表示对线性四面体单元提供最大的改进，6 表示对二次四面体单元提供最大的改进。

3.3.5　生成过渡棱锥单元

ANSYS 程序在下列情况下会生成过渡的棱锥单元。

（1）准备对体用四面体单元划分网格，待划分的体直接与已用六面体单元划分网格的体相连。

（2）准备用四面体单元划分网格，而目标体上至少有一个面已经用四边形网格划分。

图 3-25 所示为一个过渡网格的实例。

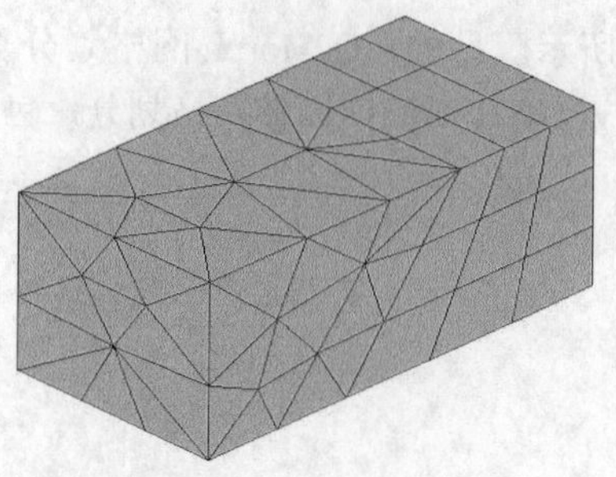

图 3-25　过渡网格实例

当对体用四面体单元进行网格划分时，为生成过渡棱锥单元，应事先满足的条件如下。

① 设定单元属性时，需确定给体分配的单元类型可以退化为棱锥形状，这种单元包括 SOLID62、VISCO89、SOLID90、SOLID95、SOLID96、SOLID97、SOLID117、HF120、SOLID122、FLUID142 和 SOLID186。ANSYS 对除此以外的任何单元都不支持过渡的棱锥单元。

② 设置网格划分时，激活过渡单元表面想让三维单元退化。激活过渡单元（默认）的方法如下。

```
命令：MOPT，PYRA，ON。
GUI：Main Menu > Preprocessor > Meshing > Mesher Opts。
```

生成退化三维单元的方法如下。

```
命令：MSHAPE，1，3D。
GUI：Main Menu > Preprocessor > Meshing > Mesher Opts。
```

3.3.6　将退化的四面体单元转化为非退化的形式

在模型中生成过渡的棱锥单元之后，可将模型中的 20 节点退化四面体单元转化成相应的 10 节点非退化单元，方法如下。

```
命令：TCHG，ELEM1，ELEM2，ETYPE2。
GUI：Main Menu > Preprocessor > Meshing > Modify Mesh > Change Tets
```

不论是使用命令方法还是 GUI 路径，都将按表 3-4 转换合并的单元。

表 3-4　允许 ELEM1 和 ELEM2 单元合并

物理特性	ELEM1	ELEM2
结构	SOLID95 or 95	SOLID92 or 92
热学	SOLID90 or 90	SOLID87 or 87
静电学	SOLID122 or 122	SOLID123 or 123

执行单元转化的好处在于：节省内存空间，加快求解速度。

3.3.7　执行层网格划分

ANSYS 程序的层网格划分功能（当前只能对二维面）能生成线性梯度的自由网格。

（1）沿线只有均匀的单元尺寸（或适当的变化）。

（2）垂直于线的方向单元尺寸和数量有急剧过渡。

这样的网格适于模拟 CFD 边界层的影响以及电磁表面层的影响等。

通过 ANSYS GUI 也可以通过命令对选定的线设置层网格划分控制。如果用 GUI 路径，则选择“Main Menu > Preprocessor > Meshing > Mesh Tool”命令，显示网格划分工具控制器，单击“Layer”相邻的设置按钮打开选择线的对话框，接下来是“Area Layer Mesh Controls on Picked Lines”对话框，可在其上指定：单元尺寸（SIZE）和线分割数（NDIV），线间距比率（SPACE），内部网格的厚度（LAYER1）和外部网格的厚度（LAYER2）。

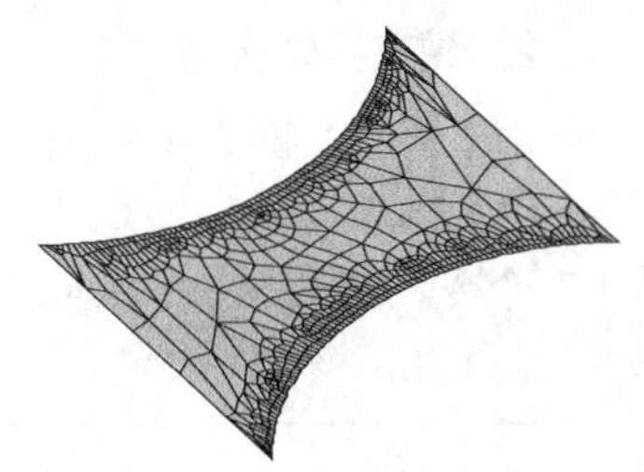

图 3-26　层网格实例

LAYER1 的单元是均匀尺寸的，等于在线上给定的单元尺寸；LAYER2 的单元尺寸会从 LAYER1 的尺寸缓慢增加到总体单元的尺寸；另外，LAYER1 的厚度可以用数值指定也可以利用尺寸系数（表示网格层数），如果是数值，则应该大于或等于给定线的单元尺寸，如果是尺寸系数，则应该大于 1，图 3-26 所示为层网格的实例。

如果想删除选定线上的层网格划分控制，选择网格划分工具控制器上包含“Layer”的清除按钮即可。也可用“LESIZE”命令定义层网格划分控制和其他单元特性。

用下列方法可查看层网格划分尺寸规格。

```
命令：LLIST。
GUI：Utility Menu > List > Lines。
```

3.3.8　实例——网格划分控制

扫码看视频

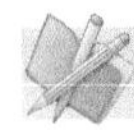

【创建步骤】

1．恢复数据

（1）单击“Utility Menu > File > Clear&Start New Analysis”命令，清除当前数据库，并开始新一轮的分析。

（2）单击“Utility Menu > File > Resume from”命令，从配套资源目录中选择素材文件“Square tube.db”，素材文件完成了单元定义以及材料属性的定义，如图 3-27 所示。

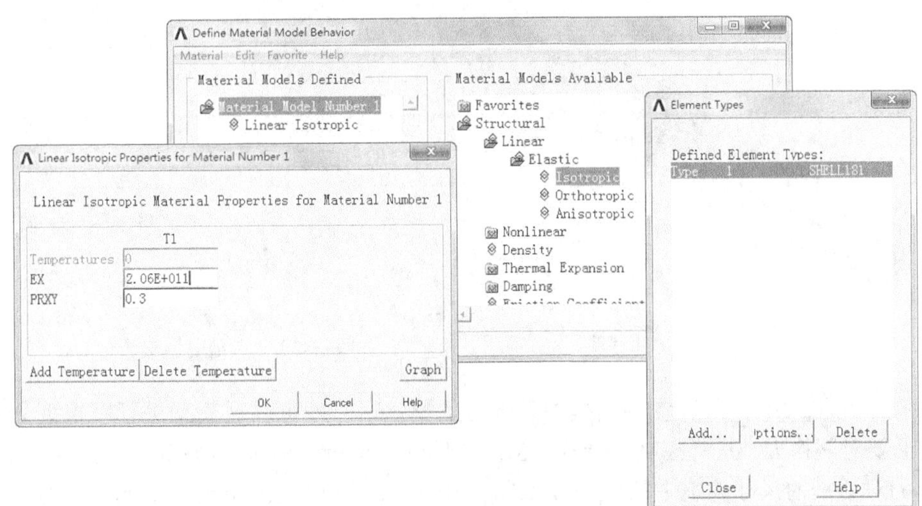

图 3-27　已定义的单元类型和材料

2. 建立实体模型

由于薄壁方管是对称结构，为了节省计算时间，可以取模型的 1/4 进行分析。

（1）建立关键点。选择“Main Menu > Preprocessor > Modeling > Create > Keypoints > In Active CS”命令，在弹出的关键点定义对话框中依次定义如表 3-5 所示的关键点。

表 3-5 关键点的坐标

No	X	Y	Z
1	40	0	0
2	40	40	0
3	0	40	0
4	40	0	400

（2）建立直线。选择“Main Menu > Preprocessor > Modeling > Create > Lines > Lines > Straight Line”命令，依次创建连接 1、2 和 2、3 关键点的直线以及连接 1、4 关键点的辅助直线。

（3）建立方管。执行“Main Menu > Preprocessor > Modeling > Operate > Extrude > Lines > Along Lines”命令，弹出“Sweep Lines along lines”对象拾取框，用鼠标指针在图形显示区选定方管端面的两条直线，单击“Apply”按钮，然后再用鼠标指针在图形显示区选定辅助直线，单击“OK”按钮确认上述操作。

选择“Main Menu > Preprocessor > Modeling > Create > Areas > Area Fillet”命令，在图形显示区选择刚建立的两个面，并单击“Area Fillet”拾取框中的“OK”按钮，此时弹出“Area Fillet”对话框，在“RAD”后的文本框中输入“5”，最后单击“OK”按钮就完成了 1/4 方管实体模型的创建。图 3-28 所示为 1/4 方管实体模型。

3. 划分网格，生成有限元模型

（1）指定网格属性。选择“Main Menu > Preprocessor > Meshing > Mesh Attributes > All Areas”命令，弹出面属性对话框，如图 3-29 所示，分别设置材料模型号“1”、单元类型号“1 SHELL181”，并单击“OK”按钮即可。

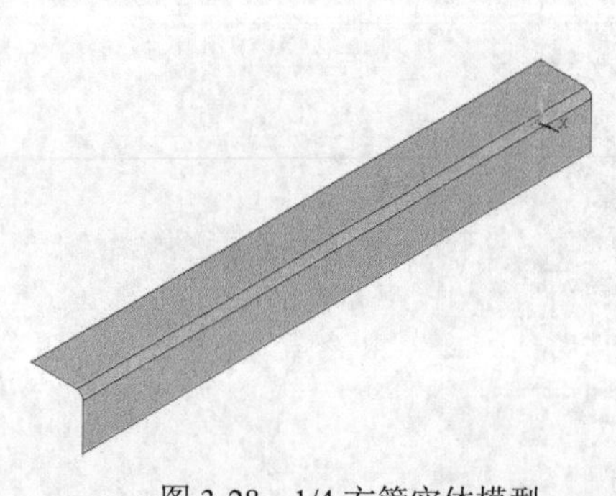

图 3-28 1/4 方管实体模型

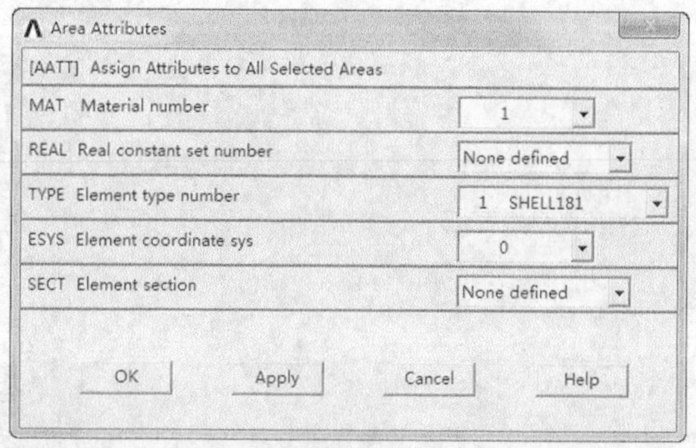

图 3-29 单元属性设置

（2）控制网格大小。在设置各模型中各部分的属性后，就可以对模型进行网格划分了。在划分前还有必要对网格大小进行控制，选择“Main Menu > Preprocessor > Meshing > MeshTool”命令，单击弹出的对话框的尺寸控制中的全局项如图 3-30 所示，此时会弹出全局单元尺寸对话框，在该对话框的“Element edge length”设置框中输入“4”，并单击“OK”按钮，即可以完成单元尺寸控制。

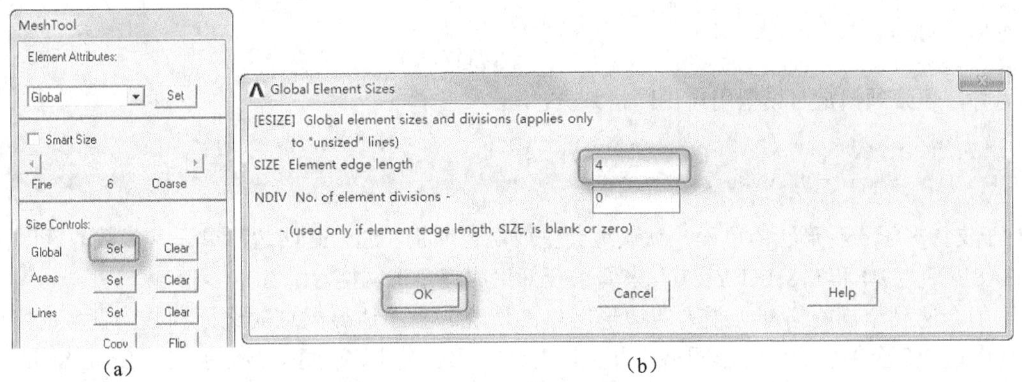

（a）　　　　　　　　　　　　　　　　（b）

图 3-30　网格划分设置

（3）划分网格。在网格工具对话框的“Mesh”设置框中选择划分对象为面 Areas、单元形状设置为四面体 Quad、单元划分类型设置为映射网格 Mapped，按“Mesh”按钮，如图 3-31 所示。最后在弹出的“Mesh Areas”对话框中单击“Pick All”按钮即可完成网格划分。

网格划分完成以后，还必须单击“Mesh Tool”对话框中的“Close”按钮，关闭网格划分工具对话框。划分后的网格如图 3-32 所示。

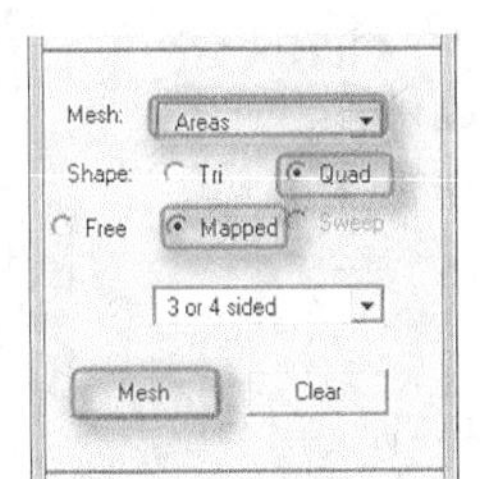

图 3-31　单元大小控制

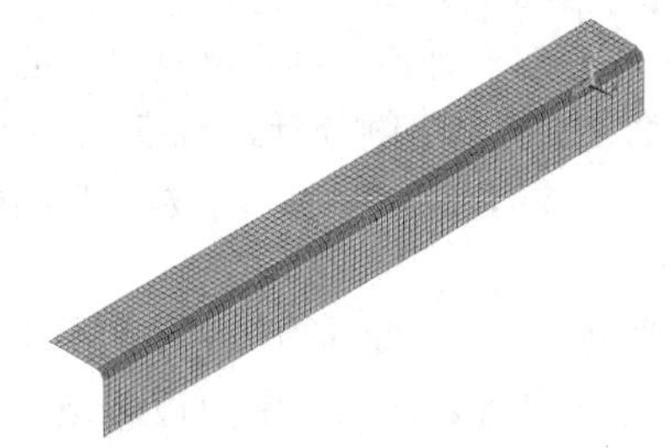

图 3-32　网格划分结果

3.4　自由网格划分和映射网格划分控制

前面主要讲述可用的不同网格划分控制，现在集中讨论适合于自由网格划分和映射网格划分的控制。

3.4.1　自由网格划分

自由网格划分操作，对实体模型无特殊要求。任何几何模型，尽管是不规则的，也可以进行自由网格划分。所用单元形状依赖于是对面还是对体进行网格划分，对面时，自由网格可以是四边形，也可以是三角形，或两者混合；对体时，自由网格一般是四面体单元，棱锥单元作为过渡单元也可以加入四面体网格中。

如果选择的单元类型严格的限定为三角形或四面体（例如 PLANE2 和 SOLID92），程序划分网格时只用这种单元。但是，如果选择的单元类型允许多于一种形状（例如 PLANE82 和 SOLID95），可通过下列方法指定用哪一种（或几种）形状。

```
命令：MSHAPE。
GUI：Main Menu > Preprocessor > Meshing > Mesher Opts。
```

另外，还必须指定对模型用自由网格划分。

```
命令：MSHKEY,0。
GUI：Main Menu > Preprocessor > Meshing > Mesher Opts。
```

对于支持多于一种形状的单元，默认地会生成混合形状（通常是四边形单元占多数）。可用“MSHAPE，1，2D 和 MSHKEY，0”来要求全部生成三角形网格。

可能会遇到全部网格都必须为四边形网格的情况。当面边界上总的线分割数为偶数时，面的自由网格划分会全部生成四边形网格，并且四边形单元质量还比较好。通过打开“SmartSizing”项并让它来决定合适的单元数，可以增加面边界线的缝总数为偶数的概率（而不是通过“LESIZE”命令人工设置任何边界划分的单元数）。应保证四边形分裂项关闭“MOPT，SPLIT，OFF”，以使 ANSYS 不将形状较差的四边形单元分裂成三角形。

使体生成一种自由网格，应当选择只允许一种四面体形状的单元类型，或利用支持多种形状的单元类型并设置四面体一种形状功能“MSHAPE，1，3D 和 MSHKEY，0”。

对自由网格划分操作，生成的单元尺寸依赖于 DESIZ3E、ESIZE、KESIZE 和 LESIZE 的当前设置。如果 SmartSizing 打开，单元尺寸将由 AMRTSIZE 及 ESZIE、DESIZE 和 LESIZE 决定，对自由网格划分推荐使用 SmartSizing。

另外，ANSYS 程序有一种称为扇形网格划分的特殊自由网格划分，适于涉及 TARGE170 单元对三边面进行网格划分的特殊接触分析。当三个边中有两个边只有一个单元分割数，另外一边有任意单元分割数，其结果成为扇形网格，如图 3-33 所示。

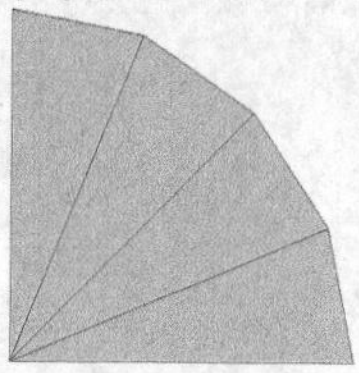

图 3-33 扇形网格划分实例

记住，使用扇形网格必须满足下列条件。

必须对三边面进行网格划分，其中两边必须只分一个网格，第三边分任何数目。

必须使用 TARGE170 单元进行网格划分。

必须使用自由网格划分。

3.4.2 映射网格划分

映射网格划分要求面或体有一定的形状规则，它可以指定程序全部用四边形面单元、三角形面单元或者六面体单元生成网格模型。

对映射网格划分，生成的单元尺寸依赖于 DESIZE 及 ESIZE、KESZIE、LESIZE 和 AESIZE 的设置（或相应 GUI 路径：Main Menu > Preprocessor > Meshing > Size Cntrls > option）。

SmartSizing（SMRTSIZE）不能用于映射网格划分，硬点不支持映射网格划分。

1. 面映射网格划分

面映射网格包括全部是四边形单元或者全部是三角形单元，面映射网格须满足以下条件。

（1）该面必须是 3 条边或 4 条边（有无连接均可）。

（2）如果是 4 条边，面的对边必须划分为相同数目的单元，或是划分一过渡型网格。如果是 3 条边，则线分割总数必须为偶数且每条边的分割数相同。

（3）网格划分必须设置为映射网格。图 3-34 所示为一面映射网格的实例。

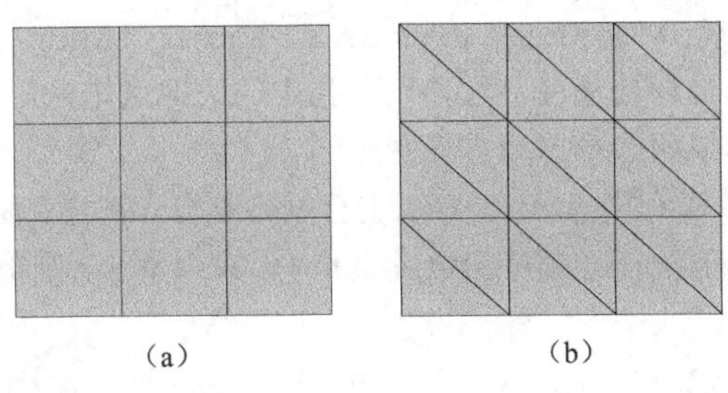

图 3-34 面映射网格

如果一个面多于 4 条边，不能直接用映射网格划分，但可以是某些线合并或者连接是总线数减少到 4 条之后再用映射网格划分，如图 3-35 所示，方法如下。

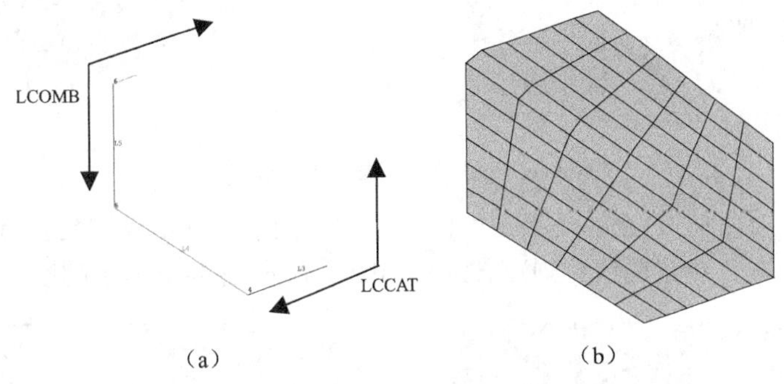

图 3-35 合并和连接线进行映射网格划分

① 连接线。

```
命令：LCCAT。
GUI：Main Menu > Preprocessor > Meshing > Mesh > Areas > Mapped > Concatenate > Lines。
```

② 合并线。

```
命令：LCOMB。
GUI：Main Menu > Preprocessor > Modeling > Operate > Booleans > Add > Lines。
```

须指出的是，线、面或体上的关键点将生成节点，因此，一条连接线至少有线上已定义的关键点数同样多的分割数，而且，指定的总体单元尺寸（ESIZE）是针对原始线，而不是针对连接线，如图 3-36 所示。不能直接给连接线指定线分割数，但可以对合并线（LCOMB）指定分割数，所以通常来说，合并线比连接线有一些优势。

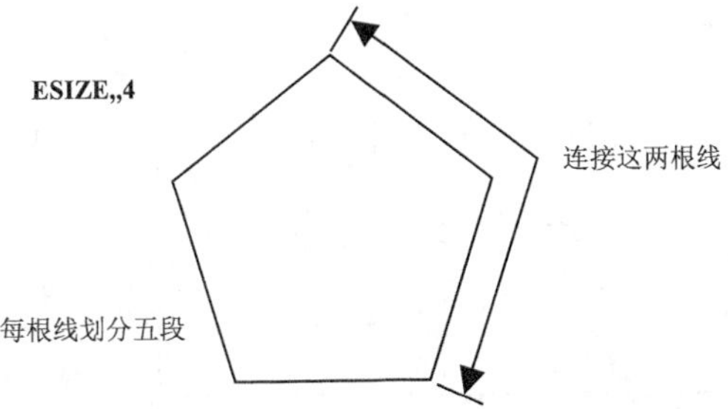

图 3-36 ESIZE 针对原始线而不是连接线示意图

“AMAP”命令（GUI 路径：Main Menu > Preprocessor > Meshing > Mesh > Areas > Mapped > By Corners）提供了获得映射网格划分的最便捷途径，它使用所指定的关键点作为角点并连接关键点之间的所有线，面自动的全部用三角形或四边形单元进行网格划分。

考察前面连接的例子，现利用 AMAP 方法进行网格划分。注意到在已选定的几个关键点之间有多条线，在选定面之后，已按任意顺序拾取关键点 1、2、4 和 5，则得到映射网格如图 3-37 所示。

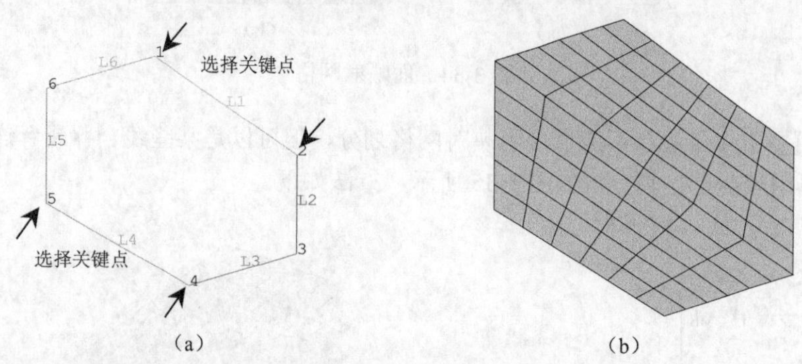

图 3-37　AMAP 方法得到映射网格

另一种生成映射面网格的途径是指定面的对边的分割数，以生成过渡映射四边形网格。如图 3-38 所示。须指出的是，指定的线分割数必须与如图 3-39 和图 3-40 所示的模型相对应。

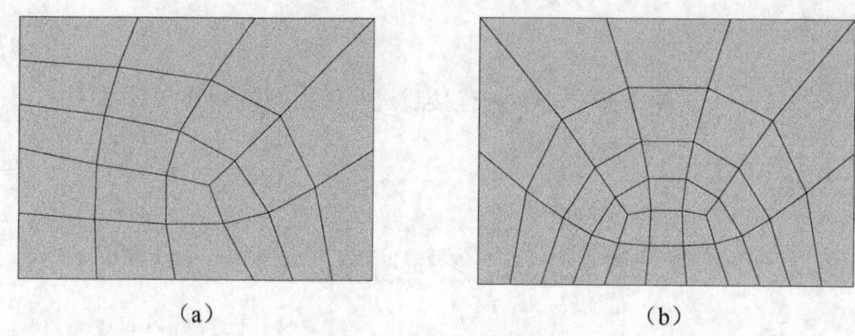

图 3-38　过渡映射网格

除了过渡映射四边形网格之外，还可以生成过渡映射三角形网格。为生成过渡映射三角形网格，必须使用支持三角形的单元类型，且须设定为映射划分（MSHKEY，1），并指定形状为容许三角形（MSHAPE，1，2D）。实际上，过渡映射三角形网格的划分是在过渡映射四边形网格划分的基础上自动将四边形网格分割成三角形，如图 3-41 所示，所以，各边的线分割数目依然必须满足如图 3-39 和图 3-40 所示的模型。

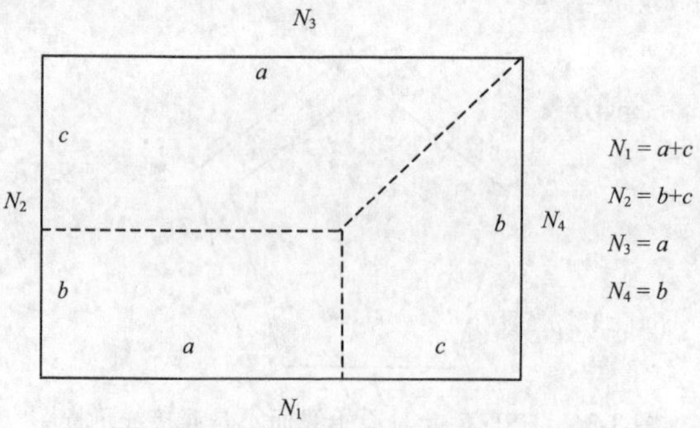

图 3-39　过渡四边形映射网格的线分割模型（1）

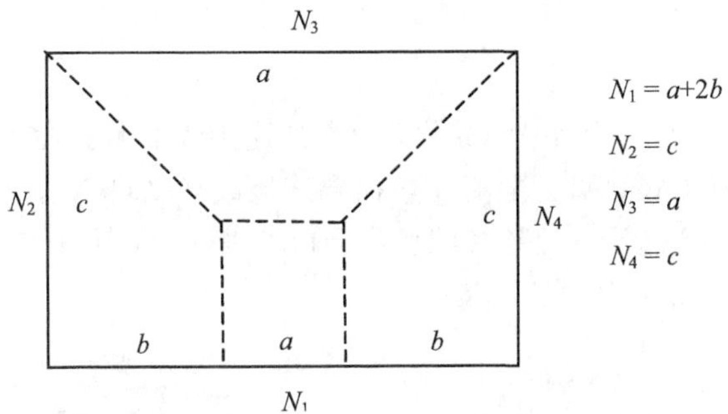

图 3-40 过渡四边形映射网格线分割模型（2）

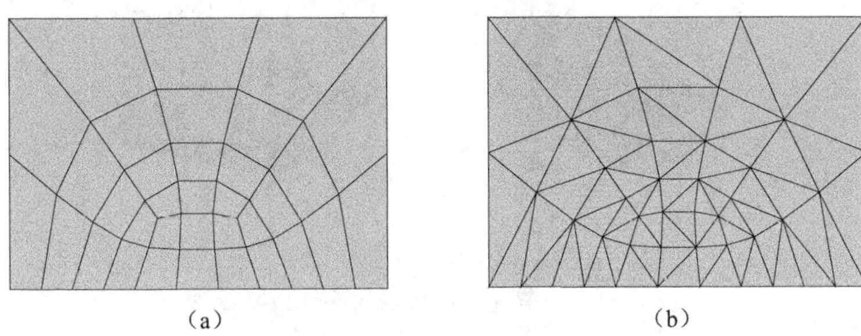

（a） （b）

图 3-41 过渡映射三角形网格示意图

2. 体映射网格划分

要将体全部划分为六面体单元，必须满足以下条件。

（1）该体的外形应为块状（6 个面）、楔形或棱柱（5 个面）、四面体（4 个面）。

（2）对边上必须划分相同的单元数，或分割符合过渡网格形式适合六面体网格划分。

（3）如果是棱柱或者四面体，三角形面上的单元分割数必须是偶数。

图 3-42 所示为映射体网格划分示例。

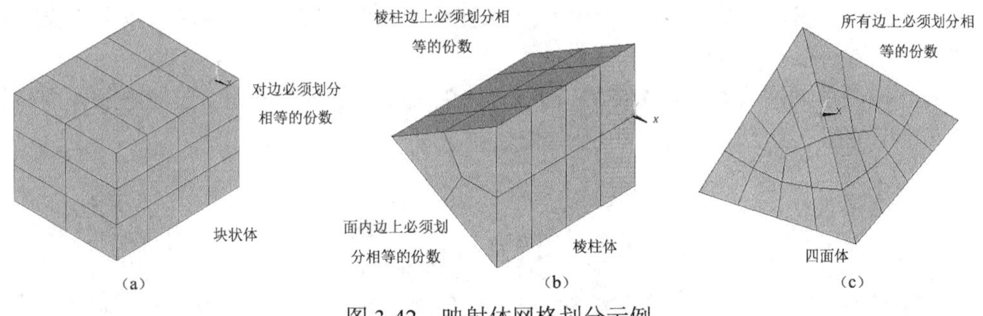

（a） （b） （c）

图 3-42 映射体网格划分示例

与面网格划分的连接线一样，当需要减少围成体的面数以进行映射网格划分时，可以对面进行加（AADD）或连接（ACCAT）。如果连接面有边界线，线也必须连接在一起，必须线连接面，再连接线，举例如下（命令流格式）。

```
! first, concatenate areas for mapped volume meshing:
ACCAT,...
! next, concatenate lines for mapped meshing of bounding areas:
LCCAT,...
```

```
LCCAT,...
VMESH,...
```

说明：一般来说，AADD（面为平面或共面时）的连接效果优于 ACCAT。

如上所述，在连接面（ACCAT）之后一般需要连接线（LCCAT），但是，如果相连接的两个面都是由 4 条线组成（无连接线），则连接线操作会自动进行，如图 3-43 所示。另外须注意，删除连接面并不会自动删除相关的连接线。

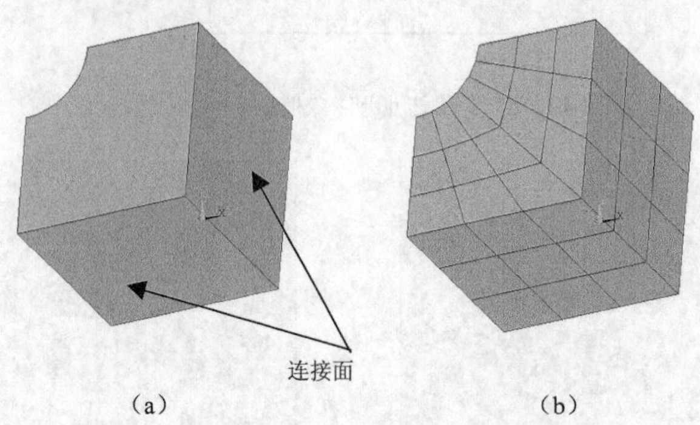

图 3-43　该情况下，连接线操作自动进行

连接面的方法。

```
命令：ACCAT。
GUI：Main Menu > Preprocessor > Meshing > Concatenate > Areas。
Main Menu > Preprocessor > Meshing > Mesh > Areas > Mapped。
```

将面相加的方法。

```
命令：AADD。
GUI：Main Menu > Preprocessor > Modeling > Operate > Booleans > Add > Areas。
```

“ACCAT”命令不支持用 IGES 功能输入的模型，但是，可用“ARMERGE”命令合并由 CAD 文件输入模型的两个或更多面。而且，当以此方法使用“ARMERGE”命令时，在合并线之间删除了关键点的位置而不会有节点。

与生成过渡映射面网格类似，ANSYS 程序允许生成过渡映射体网格。过渡映射体网格的划分只适合与 6 个面的体（有无连接面均可），如图 3-44 所示。

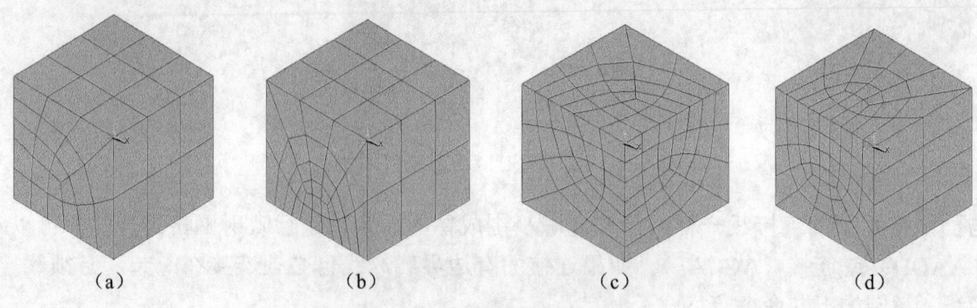

图 3-44　过渡映射体网格示例

3.5　给实体模型划分有限元网格

构造好几何模型，定义了单元属性和网格划分控制之后，即可生成有限元网格了，通常建议在划分网格之前先保存模型。

```
命令：SAVE。
GUI：Utility Menu > File > Save as Jobname.db。
```

3.5.1　用 xMESH 命令生成网格

为对模型进行网格划分，必须使用适合于待划分网格图元类型的网格化分操作，对关键点、线、面和体分别使用如表 3-6 所示的命令和 GUI 途径进行网格划分。

表 3-6　用 xMESH 命令生成网格

用法	命令	GUI 菜单路径
在关键点处生成点单元 (如 MASS21)	KMESH	Main Menu > Preprocessor > Meshing > Mesh > Keypoints
在线上生成线单元（如 LINK31）	LMESH	Main Menu > Preprocessor > Meshing > Mesh > Lines
在面上生成面单元（如 PLANE82）	AMESH, AMAP	Main Menu > Preprocessor > Meshing > Mesh > Areas > Mapped > 3 or 4 sided（By Corners） Main Menu > Preprocessor > Meshing > Mesh > Areas > Free（Target Surf）
在体上生成体单元（如 SOLID90）	VMESH	Main Menu > Preprocessor > Meshing > Mesh > Volumes > Mapped > 4 to 6 sided Main Menu > Preprocessor > Meshing > Mesh > Volumes > Free
在分界线或者分界面处生成单位厚度的界面单元（如 INTER192）	IMESH	Main Menu > Preprocessor > Meshing > Mesh > Interface Mesh > 2D Interface（3D Interface）

另外还需说明的是，使用 xMESH 命令有如下几点注意事项。

（1）有时需要对实体模型用不同维数的多种单元划分网格。例如，带筋的壳有梁单元（线单元）和壳单元（面单元），另外还有用表面作用单元（面单元）覆盖于三维实体单元（体单元）。这种情况可按任意顺序使用相应的网格划分操作（KMESH、LMESH、AMESH 和 VMESH），只需在划分网格之前设置合适的单元属性。

（2）无论选择何种网格划分器（MOPT，VMESH，Value），在不同的硬件平台上对同一模型划分可能会得到不同的网格结果，这是正常的。

3.5.2　生成带方向节点的梁单元网格

可定义方向关键点作为线的属性对梁进行网格划分，方向关键点与待划分的线是独立的，在这些关键点位置处，ANSYS 会沿着梁单元自动生成方向节点。支持这种方向节点的单元有：BEAM4、BEAM24、BEAM44、BEAM161、BEAM188 和 BEAM189。定义方向关键点的方法如下。

```
命令：LATT。
GUI：Main Menu > Preprocessor > Meshing > Mesh Attributes > All Lines (Picked Lines)。
```

如果一条线由两个关键点（KP1 和 KP2）组成且两个方向关键点（KB 和 KE）已定义为线的属性，方向矢量在线的开始出 KP1 延伸到 KB，在线的末端从 KP2 延伸到 KE。ANSYS 通过上面给定两个方向矢量的插入方向来计算方向节点，如图 3-45 ～图 3-48 所示。

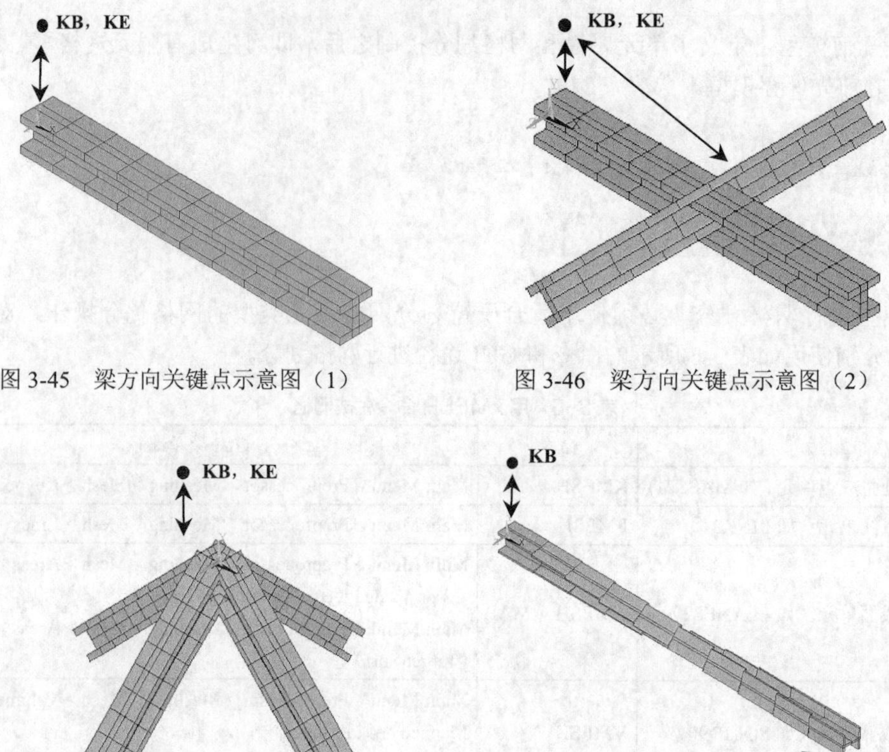

图 3-45　梁方向关键点示意图（1）　　图 3-46　梁方向关键点示意图（2）

图 3-47　梁方向关键点示意图（3）　　图 3-48　梁方向关键点示意图（4）

下面简单介绍定义带方向节点梁单元的 GUI 菜单路径。

（1）选择菜单路径。选择“Main Menu > Preprocessor > Meshing > Mesh Attributes > Picked Lines”命令，弹出“Line Attributes”对话框，如图 3-49 所示，在其中选择相应材料号（MAT）、实常数号（REAL）、单元类型号（TYPE）和梁截面号（SECT），然后在“Pick Orientation Keypoint(s)”后面单击使其显示为“Yes”，单击“OK”按钮。继续弹出选择关键点对话框，选择适当的关键点作为方向关键点。

第一个选中的关键点将作为 KB，第二个将作为 KE，如果只选择了一个，那么 KE=KB。这之后就可以按普通的梁那样划分梁单元，在此不详述。

（2）如果想在画面上显示带方向点的梁单元，选择菜单路径。选择“Utility Menu > PlotCtrls > Style > Size and Shape”命令，弹出“Size and Shape”对话框，如图 3-50 所示，在“/ESHAPE”后面单击“On”，单击“OK”按钮，画面即会显示类似图 3-48 所示的梁单元。

3.5.3　在分界线或分界面处生成单位厚度的界面单元

为了真实模拟模型的接缝，有时候必须划分界面单元，可以用线性的或非线性的 3D，也可以用 3D 分界面单元在结构单元之间的接缝层划分网格。图 3-51 表示一个接缝模型的实例，下面针对该模型简单介绍一下如何划分界面网格。

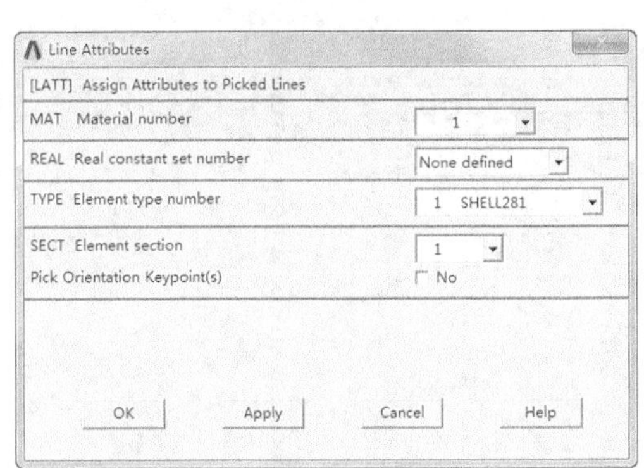

图 3-49　“Line Attributes”对话框

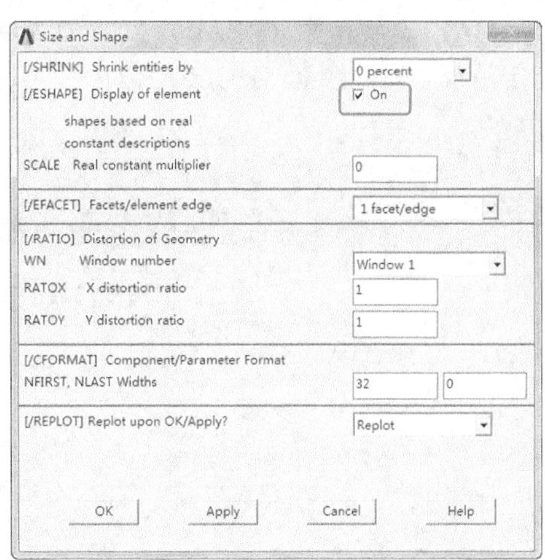

图 3-50　“Size and Shape”对话框

（1）定义相应的材料属性和单元属性。

（2）利用“AMESH”或者“VMESH”命令（或相应的 GUI 路径）给包含源面的实体划分单元，如图 3-51 所示。

（3）利用“IMESH”“LINE”“AREA”或“VDRAG”命令（或相应的 GUI 路径）给接缝处（即分界层）划分单元。

（4）利用“AMESH”或“VMESH”命令（或者相应的 GUI 路径）给包含目标面的实体划分单元，如图 3-51 所示。

结构元件
接缝面
目标面
源面
结构元件

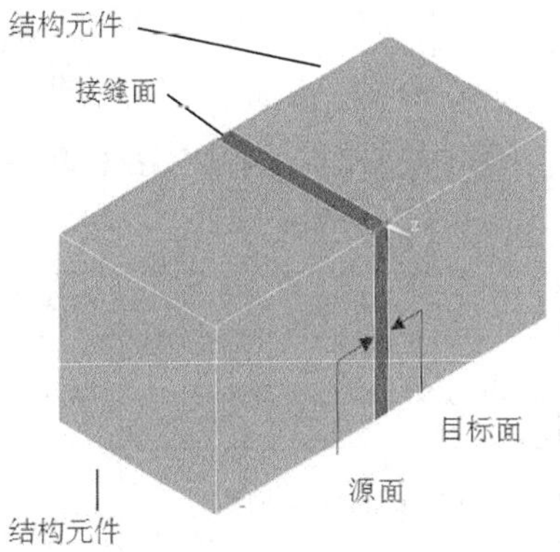

图 3-51　分界面处的网格划分

3.6　延伸和扫略生成有限元模型

下面介绍一些相对上述方法而言更为简便的划分网格模式 - 拖曳、旋转和扫略生成有限元网格模型。其中延伸方法主要用于利用二维模型和二维单元生成三维模型和三维单元，如果不指定单元，那么就只会生成三维几何模型，有时候它可以成为布尔操作的替代方法，而且通常更简便。扫略方法是利用二维单元在已有的三维几何模型上生成三维单元，该方法对于从 CAD 中输入的实体模型通常特别有用。显然，延伸方法与扫略方法最大的区别在于：前者能在二维几何模型的基础上生成新的三维模型同时划分好网格，而后者必须是在完整的几何模型基础上来划分网格。

3.6.1　延伸（Extrude）生成网格

先指定延伸（Extrude）的单元属性，如果不指定的话，后面的延伸操作都只会产生相应的几何模型而不会划分网格，另外值得注意的是：如果想生成网格模型，则在源面（或线）上必须划分相应的面网格（或线网格）。

```
命令：EXTOPT。
GUI：Main Menu > Preprocessor > Modeling > Operate > Extrude > Elem Ext Opts。
```

弹出“Element Extrusion Options”对话框，如图 3-52 所示，指定想要生成的单元类型（TYPE）、

材料号（MAT）、实常数（REAL）、单元坐标系（ESYS）、单元数（VAL1）、单元比率（VAL2），以及指定是否要删除源面（ACLEAR）。

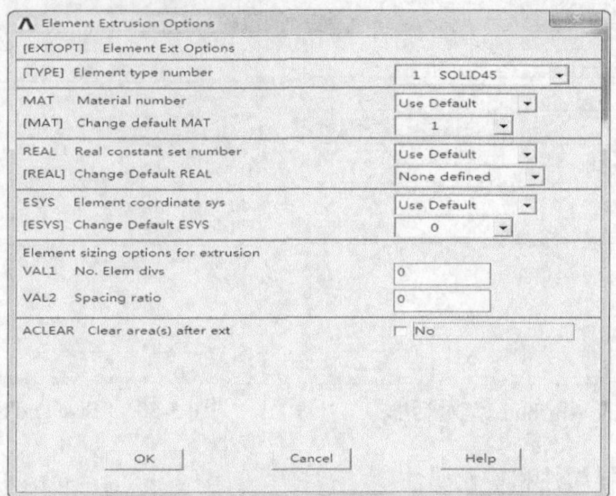

图 3-52 “Element Extrusion Options”对话框

用如表 3-7 所示命令可以执行具体的延伸操作。

表 3-7 延伸生成网格

用法	命令	GUI 菜单路径
面沿指定轴线旋转生成体	VROTATE	Main Menu > Preprocessor > Modeling > Operate > Extrude > Areas > About Axis
面沿指定方向延伸生成体	VEXT	Main Menu > Preprocessor > Modeling > Operate > Extrude > Areas > By XYZ Offset
面沿其法线生成体	VOFFST	Main Menu > Preprocessor > Modeling > Operate > Extrude > Areas > Along Normal
面沿指定路径延伸生成体	VDRAG	Main Menu > Preprocessor > Modeling > Operate > Extrude > Areas > Along Lines
线沿指定轴线旋转生成面	AROTATE	Main Menu > Preprocessor > Modeling > Operate > Extrude > Lines > About Axis
线沿指定路径延伸生成面	ADRAG	Main Menu > Preprocessor > Modeling > Operate > Extrude > Lines > Along Lines
关键点沿指定轴线旋转生成线	LROTATE	Main Menu > Preprocessor > Modeling > Operate > Extrude > Keypoints > About Axis
关键点沿指定路径延伸生成线	LDRAG	Main Menu > Preprocessor > Modeling > Operate > Extrude > Keypoints > Along Lines

另外须提醒，当使用“VEXT”命令或相应 GUI 的时候，弹出“Extrude Areas by XYZ Offset”对话框，如图 3-53 所示，其中“DX，DY，DZ”表示延伸的方向和长度，而“RX，RY，RZ”表示延伸时的放大倍数，如图 3-54 所示。

如果不在 EXTOPT 中指定单元属性，那么上述方法只会生成相应的几何模型，有时候可以将它们作为布尔操作的替代方法，如图 3-55 所示，可以将空心球截面绕直径旋转一定角度直接生成。

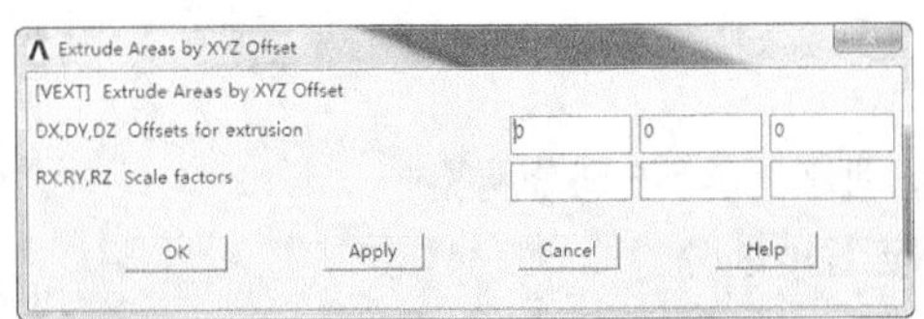

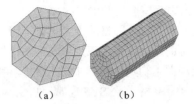

图 3-53 “Extrude Areas by XYZ Offset”对话框

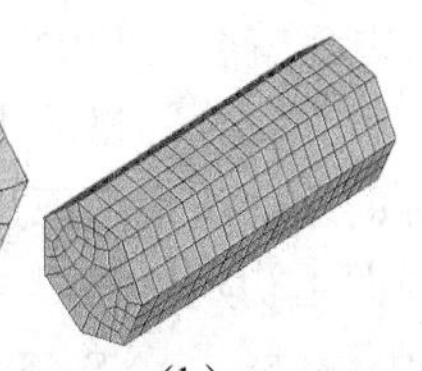

图 3-54 将网格面延伸生成网格体

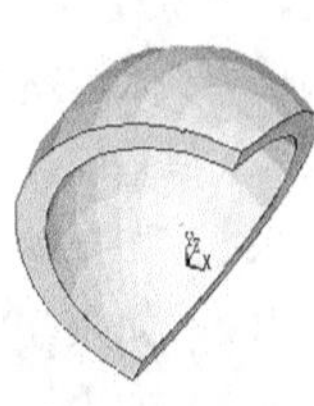

图 3-55 用延伸方法生成空心圆球

3.6.2 扫略（VSWEEP）生成网格

扫略（VSWEEP）生成网格是另一种为体划分网格的形式，它是一个通过扫掠面上的网格从而为一个已有的体划分网格的过程。

（1）确定体的拓扑模型能够进行扫略，如果是下列情况之一则不能扫略：体的一个或多个侧面包含多于一个环；体包含多于一个壳；体的拓扑源面与目标面不是相对的。

（2）确定已定义合适的二维和三维单元类型，例如，如果对源面进行预网格划分，并想扫略成包含二次六面体的单元，应当先用二次二维面单元对源面划分网格。

（3）确定在扫略操作中如何控制生成单元层数，即沿扫略方向生成的单元数。可用如下方法控制。

```
命令：EXTOPT，ESIZE，Val1，Val2。
GUI：Main Menu > Preprocessor > Meshing > Mesh > Volume Sweep > Sweep Opts。
```

弹出“Sweep Options”对话框，如图 3-56 所示。框中各项的意义如下：是否清除源面的面网格，在无法扫略处是否用四面体单元划分网格，程序自动选择源面和目标面还是手动选择，在扫略方向生成多少单元数，在扫略方向生成的单元尺寸比率。其中关于源面、目标面、扫略方向和生成单元数的含义如图 3-57 所示。

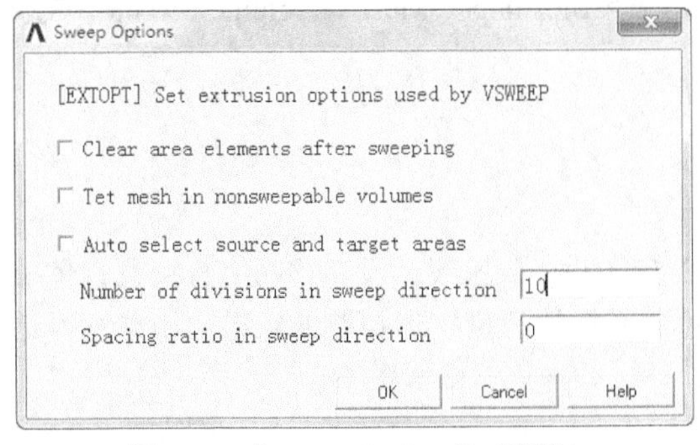

图 3-56 “Sweep Options”对话框

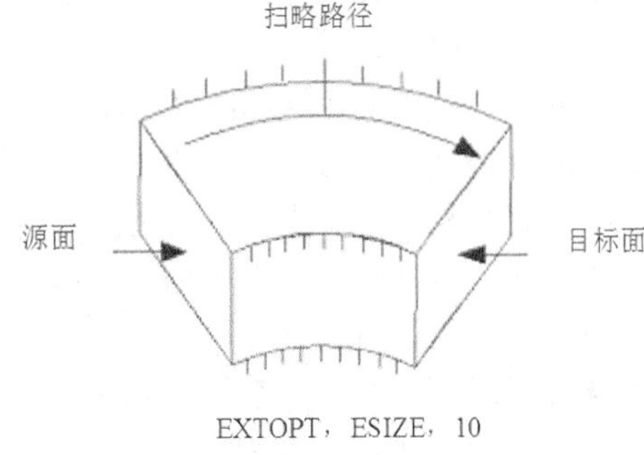

图 3-57 扫略示意图

（4）确定体的源面和目标面。ANSYS 在源面上使用的是面单元模式（三角形或者四边形），用六面体或者楔形单元填充体。目标面是仅与源面相对的面。

（5）有选择地对源面、目标面和边界面划分网格。

体扫略操作的结果会因在扫略前是否对模型的任何面（源面、目标面和边界面）划分网格而不同。典型情况是在扫略之前对源面划分网格，如果不划分，则 ANSYS 程序会自动生成临时面单元，在确定了体扫略模式之后就会自动清除。

在扫略前确定是否预划分网格应当考虑以下因素。

（1）如果想让源面用四边形或三角形映射网格划分，那么应当预划分网格。

（2）如果想让源面用初始单元尺寸划分网格，那么应当预划分。

（3）如果不预划分网格，ANSYS 通常用自由网格划分。

（4）如果不预划分网格，ANSYS 使用由 MSHAPE 设置的单元形状来确定对源面的网格划分。MSHAPE，0，2D 生成四边形单元，MSHAPE，1，2D 生成三角形单元。

（5）如果与体关联的面或者线上出现硬点，则扫略操作失败，除非对包含硬点的面或者线预划分网格。

（6）如果源面和目标面都进行预划分网格，那么面网格必须相匹配。不过，源面和目标面并不要求一定都划分成映射网格。

（7）在扫略之前，体的所有侧面（可以有连接线）必须是映射网格划分或者四边形网格划分，如果侧面为划分网格，则必须有一条线在源面上，还有一条线在目标面上。

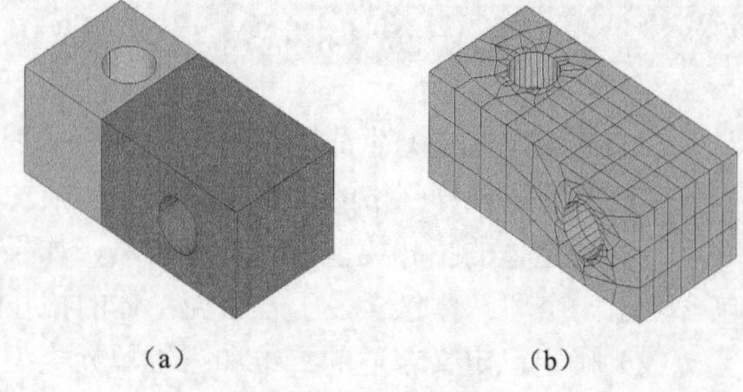

图 3-58　扫略相邻体

（8）有时候，尽管源面和目标面的拓扑结构不同，但扫略操作依然可以成功，只需采用适当的方法即可。如图 3-58 所示，将模型分解成两个模型，分别从不同方向扫略就可生成合适的网格。

可用如下方法激活体扫略。

```
命令：VSWEEP，VNUM，SRCA，TRGA,LSMO。
GUI：Main Menu > Preprocessor > Meshing > Mesh > Volume Sweep > Sweep。
```

如果用“VSWEEP”命令扫略体，须指定下列变量值：待扫略体（VNUM）、源面（SRCA）、目标面（TRGA），另外可选用 LSMO 变量指定 ANSYS 在扫略体操作中是否执行线的光滑处理。如果采用 GUI 途径，则按下列步骤进行。

（1）选择菜单途径：“Main Menu > Preprocessor > Meshing > Mesh > Volume Sweep > Sweep”，弹出体扫略选择框。

（2）选择待扫略的体并单击“Apply”按钮。

（3）选择源面并单击“Apply”按钮。

（4）选择目标面，单击“OK”按钮。

图 3-59 所示是一个体扫略网格的实例，图 3-59（a）、（c）表示没有预网格直接执行体扫略的结果，图 3-59（b）、（d）表示在源面上划分映射预网格然后执行体扫略的结果，如果觉得这两种网格结果都不满意，则可以考虑图 3-59（e）、（f）、（g）形式，步骤如下。

（1）清除网格（VCLEAR）。

（2）通过在想要分割的位置创建关键点来对源面的线和目标面的线进行分割（LDIV），如图 3-59（e）所示。

（3）按图 3-59（e）所示将源面上增线的线分割复制到目标面的相应新增线上［新增线是步骤（2）产生的］。该步骤可以通过网格划分工具实现，菜单途径：Main Menu > Preprocessor > Meshing > MeshTool。

（4）手工对步骤（2）修改过的边界面划分映射网格，如图 3-59（f）所示。

（5）重新激活和执行体扫略，结果如图 3-59（g）所示。

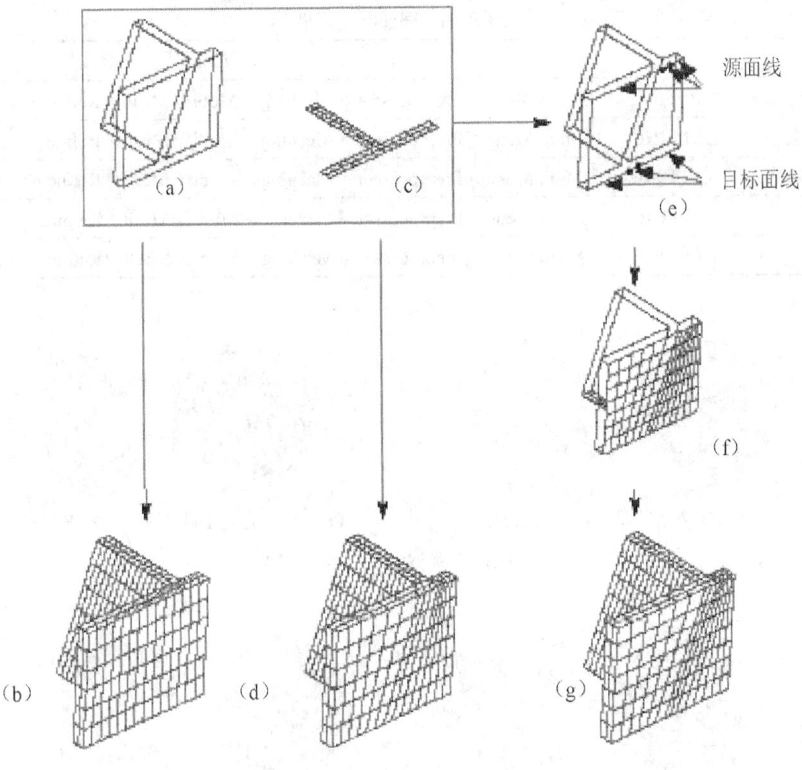

图 3-59　体扫略网格示意图

3.7　修正有限元模型

本节主要叙述一些常用的修改有限元模型的方法，主要包括如下。

（1）局部细化网格。

（2）移动和复制节点和单元。

（3）控制面、线和单元的法向。

（4）修改单元属性。

3.7.1　局部细化网格

通常碰到下面两种情况时，需要考虑对局部区域进行网格细化。

（1）已经将一个模型划分了网格，但想在模型的指定区域内得到更好的网格。

（2）已经完成分析，同时根据结果想在感兴趣的区域得到更精确的解。

对于由四面体组成的体网格，ANSYS 程序允许在指定的节点、单元、关键点、线或面的周围进行局部细化网格，但非四面体单元（例如六面体、楔形、棱锥等）不能进行局部细化网格。

表 3-8 所示介绍利用命令或者相应 GUI 菜单途径来进行网格细化并设置细化控制。

图 3-60 ～图 3-63 所示为一些网格细化的范例。从图中可以看出，控制网格细化时常用的 3 个变量为：LEVEL、DEPTH 和 POST。下面对 3 个变量作分别介绍，在此之前，先介绍在何处定义这 3 个变量值。

表 3-8　局部细化网格

用法	命令	GUI 菜单路径
围绕节点细化网格	NREFINE	Main Menu > Preprocessor > Meshing > Modify Mesh > Refine At > Nodes
围绕单元细化网格	EREFINE	Main Menu > Preprocessor > Meshing > Modify Mesh > Refine At > Elements (All)
围绕关键点细化网格	KREFINE	Main Menu > Preprocessor > Meshing > Modify Mesh > Refine At > Keypoints
围绕线细化网格	LREFINE	Main Menu > Preprocessor > Meshing > Modify Mesh > Refine At > Lines
围绕面细化网格	AREFINE	Main Menu > Preprocessor > Meshing > Modify Mesh > Refine At > Areas

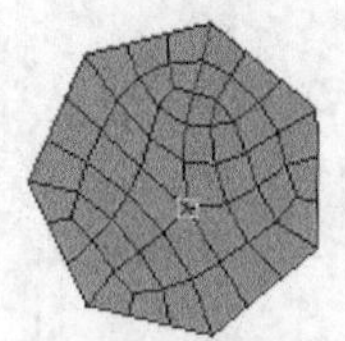
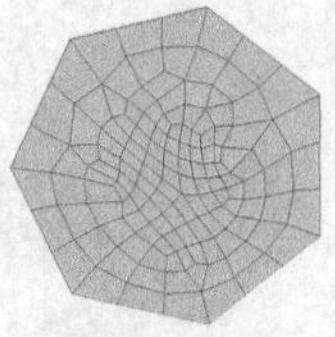
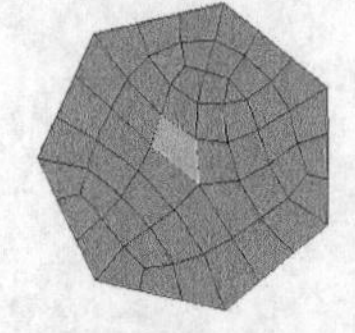
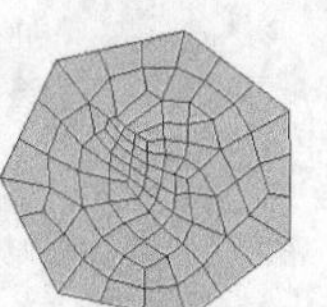

（a）在节点处细化网格（NREFINE）　（b）在单元处细化网格（EREFINE）

图 3-60　网格细化范例（1）

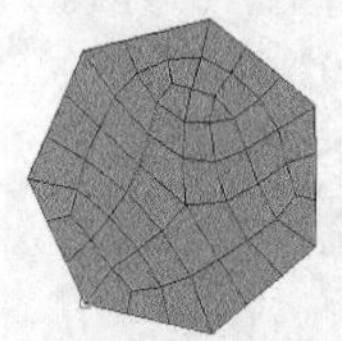
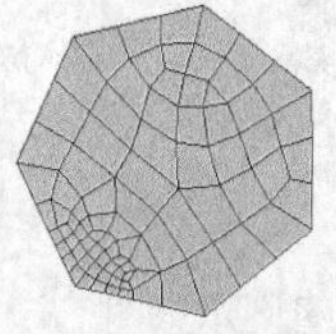
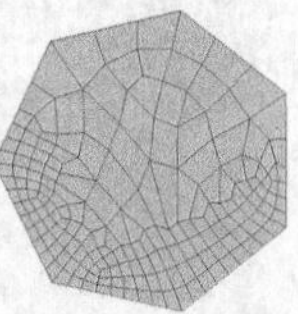

（a）在关键点处细化网格（KREFINE）　（b）在线附件细化网格（LREFINE）

图 3-61　网格细化范例（2）

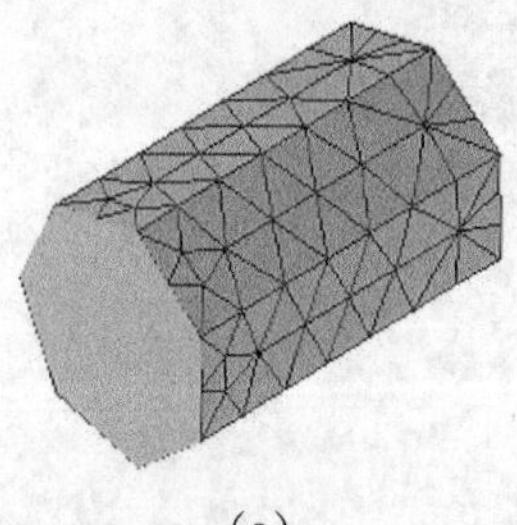
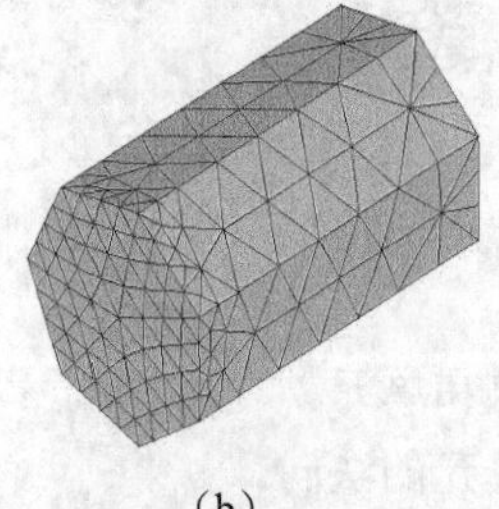

（a）　（b）

图 3-62　网格细化范例（3）

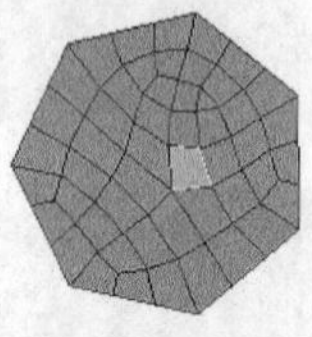
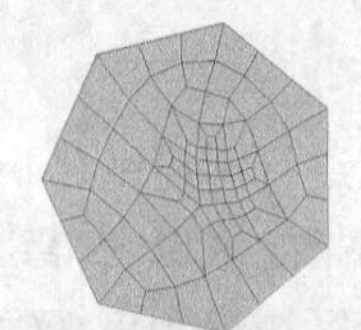
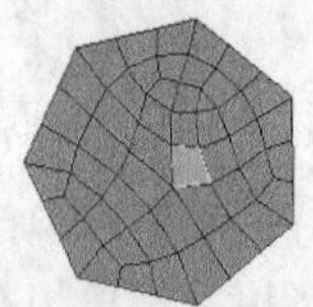
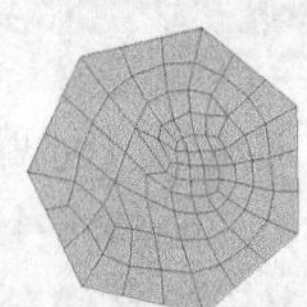

（a）原始网格（1）　（b）细化（不清除）（POST=OFF）　（c）原始网格（2）　（d）细化（清除）（POST=CLEAN）

图 3-63　网格细化范例（4）

下面以用菜单路径围绕节点细化网格为例进行介绍。

选择“GUI：Main Menu > Preprocessor > Meshing > Modify Mesh > Refine At > Nodes”命令，弹出拾取节点对话框，在模型上拾取相应节点，弹出“Refine Mesh at Node”对话框，如图 3-64 所

示，在“LEVEL”后面的下拉列表框中选择合适的数值作为 LEVEL 值，单击“Advanced options”后面使其显示为“Yes”，单击“OK”按钮，弹出“Refine mesh at nodes advanced options”对话框，如图 3-65 所示，在“DEPTH”后面的文本框中输入相应数值，在“POST”后选择相应选项，其余默认，单击“OK”按钮即可执行网格细化操作。

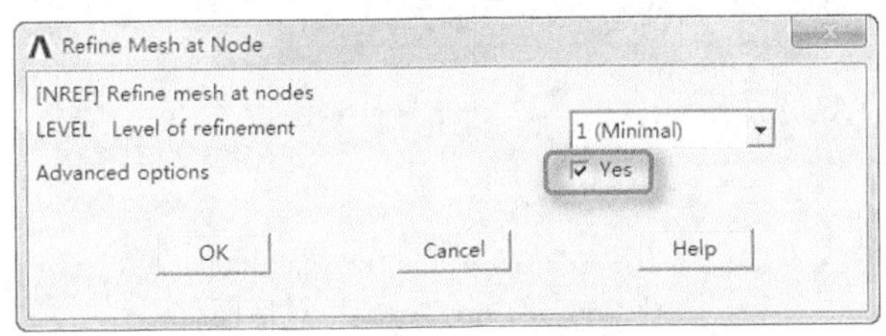

图 3-64 局部细化网格对话框（1）

Refine mesh at nodes advanced options
DEPTH Depth of refinement
1
POST Postprocessing
Cleanup + Smooth
RETAIN Retain Quads
Yes
Note: This option is only valid with an all quad mesh.
OK
Apply
Cancel
Help

图 3-65 局部细化网格对话框（2）

下面对 3 个变量分别解释。LEVEL 变量用来指定网格细化的程度，它必须是从 1 ～ 5 的整数。1 表示最小程度地细化，其细化区域单元边界的长度大约为原单元边界长度的 1/2；5 表示最大程度地细化，其细化区域单元边界的长度大约为原单元边界长度的 1/9。其余值的细化程度如表 3-9 所示。

表 3-9 细化程度

LEVEL 值	细化后单元跟原单元边长的比值	LEVEL 值	细化后单元跟原单元边长的比值
1	1/2	4	1/8
2	1/3	5	1/9
3	1/4		

DEPTH 变量表示网格细化的范围，默认 DEPTH=0，表示只细化选择点（或单元、线、面等）处一层网格，当然，DEPTH=0 时也可能细化一层之外的网格，那只是因为网格过渡的要求所致。

POST 变量表示是否对网格细化区域进行光滑和清理处理。光滑处理表示调整细化区域的节点位置以改善单元形状，清理处理表示 ANSYS 程序对那些细化区域或者直接与细化区域相连的单元执行清理命令，通常可以改善单元质量。默认情况是进行光滑和清理处理。

3.7.2 移动和复制节点和单元

当一个已经划分了网格的实体模型图元被复制时，可以选择是否连同单元和节点一起复制，以复制面为例，在选择菜单路径“Main Menu > Preprocessor > Modeling > Copy > Areas”之后，弹出“Copy Areas”对话框，如图 3-66 所示，可以在“NOELEM”后面的下拉列表框中选择是否复制单元和节点。

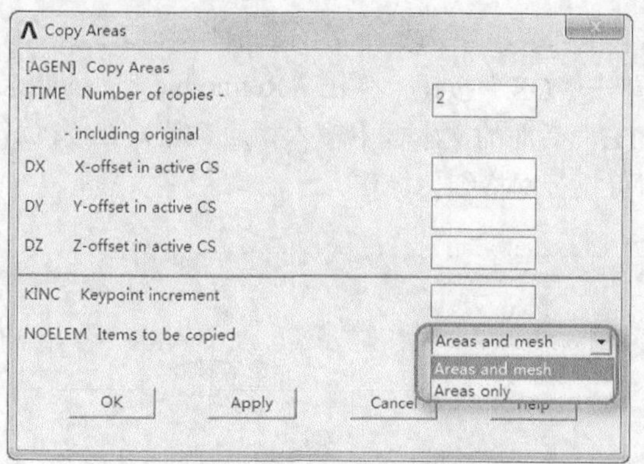

图 3-66 “Copy Areas”对话框

移动和复制节点和单元，方法如表 3-10 所示。

表 3-10 移动和复制节点和单元

用法	命令	GUI 菜单路径
移动和复制面	AGEN	Main Menu > Preprocessor > Modeling > Copy > Areas Main Menu > Preprocessor > Modeling > Move/Modify > Areas > Areas
移动和复制体	VGEN	Main Menu > Preprocessor > Modeling > Copy > Volumes Main Menu > Preprocessor > Modeling > Move/Modify > Volumes
对称映像生成面	ARSYM	Main Menu > Preprocessor > Modeling > Reflect > Areas
对称映像生成体	VSYMM	Main Menu > Preprocessor > Modeling > Reflect > Volumes
转换面的坐标系	ATRAN	Main Menu > Preprocessor > Modeling > Move/Modify > Transfer Coord > Areas
转换体的坐标系	VTRAN	Main Menu > Preprocessor > Modeling > Move/Modify > Transfer Coord > Volumes

3.7.3 控制面、线和单元的法向

如果模型中包含壳单元，并且加的是面载荷，那么就需要了解单元面，以便能对载荷定义正确的方向。通常，壳的表面载荷将加在单元的某一个面上，并根据右手法则（I，J，K，L 节点序号方向，如图 3-67 所示）确定正向。如果是用实体模型面进行网格划分的方法生成壳单元，那么单元的正方向将与面的正方向相一致。

顶面 L K I J 底面

图 3-67 面的正方向

下面介绍几种方法来进行图形检查。

（1）壳执行“/NORMAL”命令（GUI：Utility Menu > PlotCtrls > Style > Shell Normals），接着再执行“EPLOT”命令（GUI：Utility Menu > Plot > Elements），该方法可以对壳单元的正法线方向进行一次快速的图形检查。

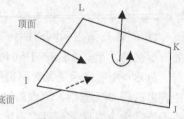

（2）利用“/GRAPHICS，POWER”命令（GUI：Utility Menu > PlotCtrls > Style > Hidden-Line Options，如图 3-68 所示）打开“PowerGraphics”选项（通常该选项是默认打开底），“PowerGraphics”将用不同颜色来显示壳单元的底面和顶面。

延伸生成网格的方法如表 3-11 所示。

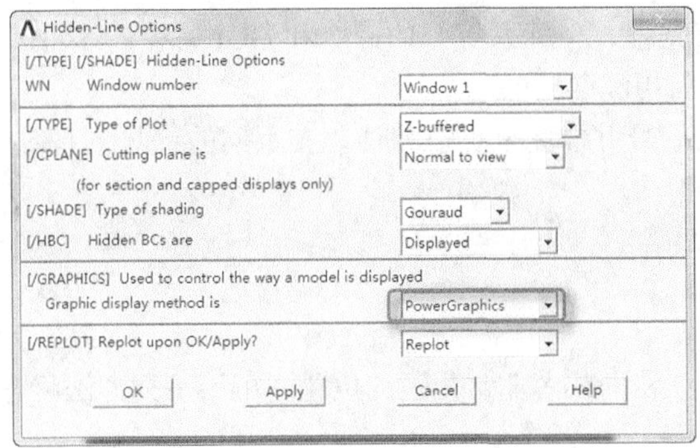

图 3-68　打开“PowerGraphics”选项

表 3-11　延伸生成网格

用法	命令	GUI 菜单路径
重新设定壳单元的法向	ENORM	Main Menu > Preprocessor > Modeling > Move/Modify > Elements > Shell Normals
重新设定面的法向	ANORM	Main Menu > Preprocessor > Modeling > Move/Modify > Areas > Area Normals
将壳单元的法向反向	ENSYM	Main Menu > Preprocessor > Modeling > Move/Modify > Reverse Normals > of Shell Elems
将线的法向反向	LREVERSE	Main Menu > Preprocessor > Modeling > Move/Modify > Reverse Normals > of Lines
将面的法向反向	AREVERSE	Main Menu > Preprocessor > Modeling > Move/Modify > Reverse Normals > of Areas

3.7.4　修改单元属性

通常，要修改单元属性时，可以直接删除单元，重新设定单元属性后再执行网格划分操作，这个方法最直观，但通常也是最费时且最不方便。下面提供另外一种不必删除网格的简便方法。

命令：EMODIFY。
GUI：Main Menu > Preprocessor > Modeling > Move/Modify > Elements > Modify Attrib。

弹出拾取单元对话框，用鼠标指针在模型上拾取相应单元之后，弹出“Modify Elem Attributes”对话框，如图 3-69 所示。在 STLOC 后面的下拉列表框中选择适当选项（例如单元类型、材料号、实常数等），然后在“I1”后面的文本框中填入新的序号（表示修改后的单元类型号、材料号或实常数等）。

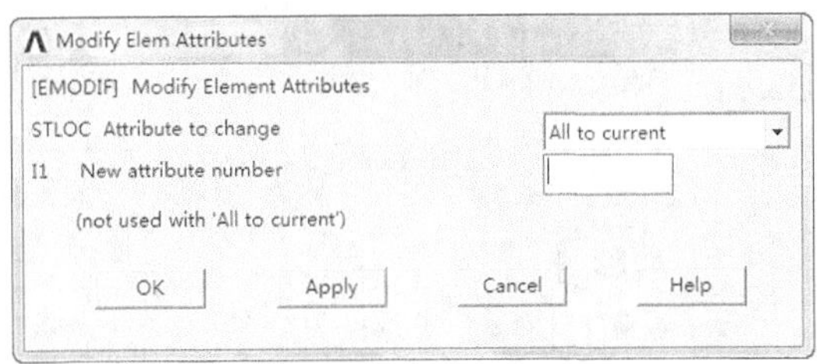

图 3-69　“Modify Elem Attributes”对话框

3.8　编号控制

本节主要叙述用于编号控制（包括关键点、线、面、体、单元、节点、单元类型、实常数、材料号、耦合自由度、约束方程、坐标系等）的命令和 GUI 途径。这种编号控制对于将模型的各个独立部分组合起来是相当有用和必要的。

布尔运算输出图元的编号并非完全可以预估，在不同的计算机系统中，执行同样的布尔运算，其生成图元的编号可能会不同。

3.8.1 合并重复项

如果两个独立的图元在相同或者非常相近的位置，可用下列方法将它们合并成一个图元。

命令：NUMMRG。
GUI：Main Menu > Preprocessor > Numbering Ctrls > Merge Items。

弹出“Merge Coincident or Equivalently Defined Items”对话框，如图 3-70 所示。在“Label”后面选择合适的项（例如关键点、线、面、体、单元、节点、单元类型、时常数、材料号等）；“TOLER”后面的输入值表示条件公差（相对公差），“GTOLER”后面的输入值表示总体公差（绝对公差），通常采用默认值（即不输入具体数值），图 3-71 和图 3-72 给出了两个合并的实例；ACTION 变量表示是直接合并选择项还是先提示然后再合并（默认是直接合并）；SWITCH 变量表示是保留合并图元中较高的编号还是较低的编号（默认是较低的编号）。

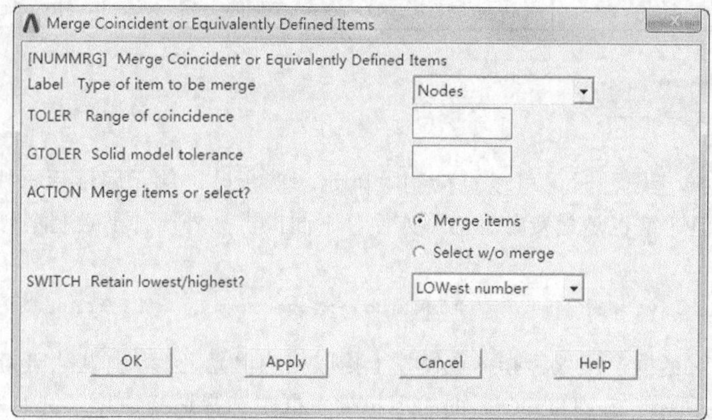

图 3-70 “Merge Coincident or Equivalently Defined Items”对话框

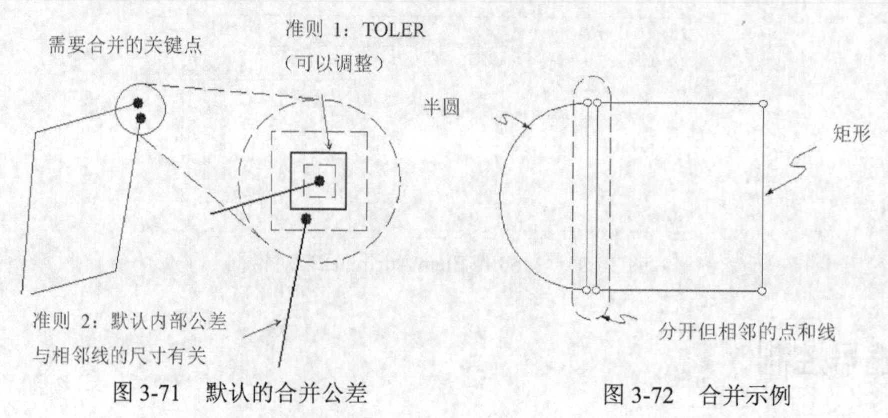

图 3-71 默认的合并公差　　图 3-72 合并示例

3.8.2　编号压缩

再构造模型时，由于删除、清除、合并或者其他操作可能在编号中产生许多空号，可采用如下方法清除空号并且保证编号的连续性。

命令：NUMCMP。
GUI：Main Menu > Preprocessor > Numbering Ctrls > Compress Numbers。

弹出“Compress Numbers”对话框，如图 3-73 所示，在“Label”后面的下拉列表框中选择适当的项（例如关键点、线、面、体、单元、节点、单元类型和时常数和材料号等）即可执行编号压缩操作。

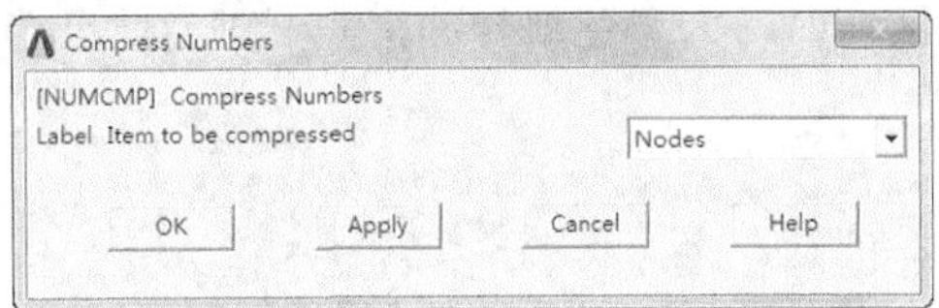

图 3-73　“Compress Numbers”对话框

3.8.3　设定起始编号

在生成新的编号项时，可以控制新生成的系列项的起始编号大于已有图元的最大编号。这样做可以保证新生成图元的连续编号，不会占用已有编号序列中的空号。这样做的另一个理由是，可以使生成的模型的某个区域在编号上与其他区域保持独立，从而避免将这些区域连接到一块，使其有编号冲突。设定其编号的方法如下。

命令：NUMSTR。
GUI：Main Menu > Preprocessor > Numbering Ctrls > Set Start Number。

弹出“Starting Number Specifications”对话框，如图 3-74 所示，在节点、单元、关键点、线、面后面指定相应的起始编号即可。

如果想恢复默认的起始编号，可用如下方法。

命令：NUMSTR，DEFA。
GUI：Main Menu > Preprocessor > Numbering Ctrls > Reset Start Number。

Starting Number Specifications
[NUMSTR] Starting Number Specifications
For nodes　170
For elements　17
For keypoints　1
For lines　1
For areas　1
OK　Cancel　Help

图 3-74　“Starting Number Specifications”对话框

弹出“Reset Starting Number Specifications”对话框，如图 3-75 所示，单击“OK”按钮即可。

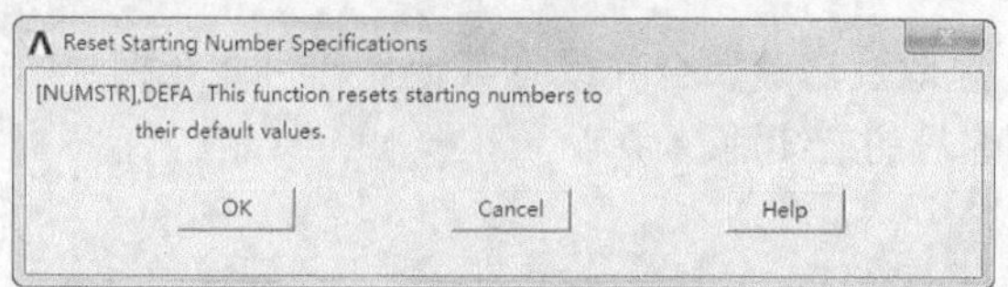

图 3-75 “Reset Starting Number Specifications”对话框

3.8.4 编号偏差

在连接模型中两个独立区域时，为避免编号冲突，可对当前已选择的编号加一个偏差值来重新编号，方法如下。

```
命令：NUMOFF。
GUI：Main Menu > Preprocessor > Numbering Ctrls > Add Num Offset。
```

弹出“Add an Offset to Item Numbers”对话框，如图 3-76 所示，在“Label”后面选择想要执行编号偏差的项（例如关键点、线、面、体、单元、节点、单元类型、时常数、材料号等），在“VALUE”后面的文本框中输入具体数值即可。

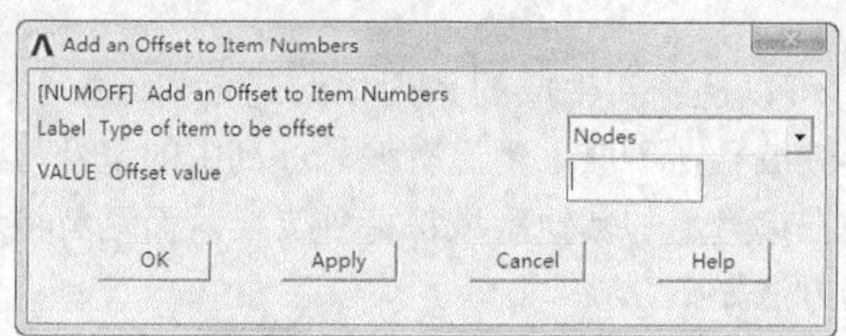

图 3-76 “Add an Offset to Item Numbers”对话框

3.9 综合实例——齿轮泵齿轮模型网格划分

前面章节中对齿轮泵齿轮进行了几何建模，这一节将在此基础上对齿轮泵齿轮进行网格划分。首先设定单元属性。

扫码看视频

【创建步骤】

1. 定义单元类型

在进行有限元分析时，首先应根据分析问题的几何结构、分析类型和所分析的问题精度要求等，选定适合具体分析的单元类型。本例中选用八节点六面体单元 SOLID185。SOLID185 不需要设定实常数。

（1）从主菜单中选择“Main Menu：Preprocessor > Element Type > Add/Edit/Delete”命令，打开“Element Type”对话框。

（2）单击“Add...”按钮，打开“Library of Element Types”对话框，如图 3-77 所示。

（3）选择“Solid”选项，选择实体单元类型。

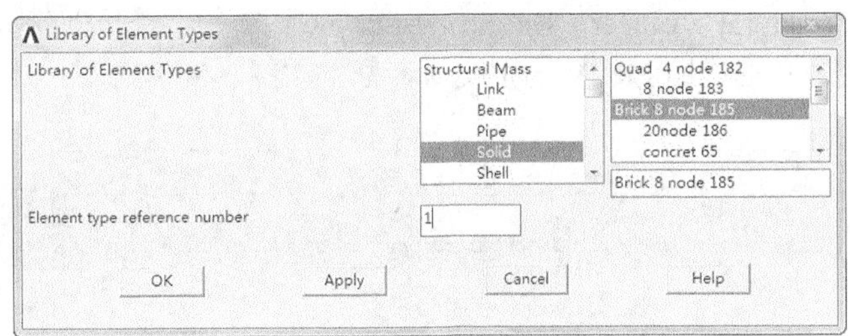

图 3-77　“Library of Element Types”对话框

（4）在列表框中选择“Brick 8 node 185”选项，选择八节点六面体单元 SOLID185。

（5）单击“OK”按钮，将“SOLID185”单元添加进列表框，并关闭单元类型库对话框，同时返回第（1）步打开的单元类型对话框。

（6）在打开的对话框中单击“Options…”按钮，打开如图 3-78 所示的“SOLID185 element type options”对话框，对 SOLID185 单元进行设置。

（7）在“Element technology”下拉列表框中选择“Simple Enhanced Strn”选项，如图 3-78 所示。

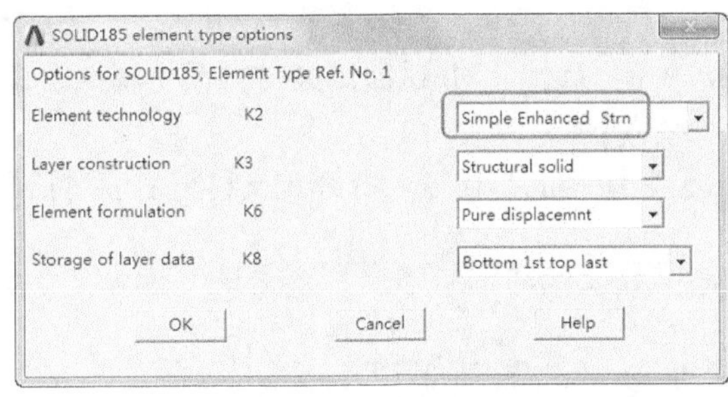

图 3-78　单元选项设置

（8）单击“OK”按钮，接受选项，关闭单元选项设置对话框，返回如图 3-77 所示的单元类型库对话框。

（9）单击“Close”按钮，关闭单元类型库对话框，结束单元类型的添加。

2. 定义材料属性

本例中选用的单元类型不需定义实常数，故略过定义实常数这一步而直接定义材料属性。

考虑惯性力的静力分析中必须定义材料的弹性模量和密度。具体步骤如下。

（1）从主菜单中选择“Main Menu：Preprocessor > Material Props > Materia Model”命令，打开“Define Material Model Behavior”窗口，如图 3-79 所示。

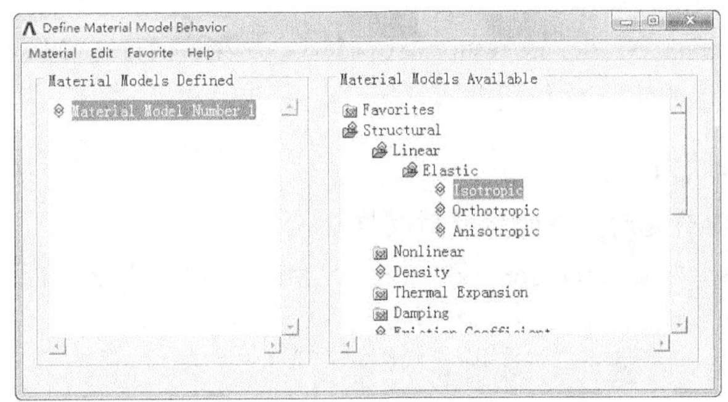

图 3-79　“Define Material Model Behavior”窗口

（2）依次单击“Structural > Linear > Elastic > Isotropic”命令，展开材料属性的树形结构。打开 1 号材料的弹性模量 EX 和泊松比 PRXY 的定义对话框，如图 3-80 所示。

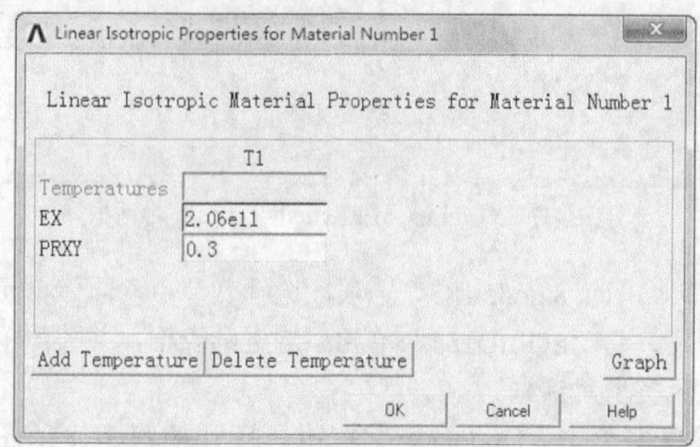

图 3-80　线性各向同性材料的弹性模量和泊松比

（3）在对话框的“EX”文本框中输入弹性模量“2.06e11”，在“PRXY”文本框中输入泊松比“0.3”。

（4）单击“OK”按钮，关闭对话框，并返回定义材料模型属性窗口，在此窗口的左边一栏出现刚刚定义的参考号为 1 的材料属性。

（5）依次单击“Structural > Density”命令，打开定义材料密度对话框，如图 3-81 所示。

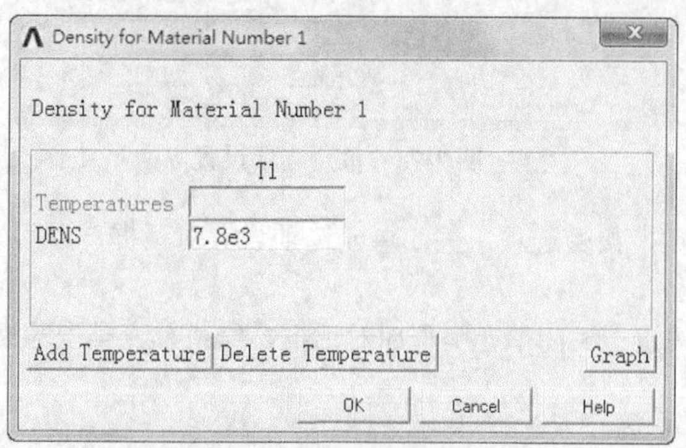

图 3-81　定义材料密度对话框

（6）在“DENS”后的文本框中输入密度数值“7.8e3”。

（7）单击“OK”按钮，关闭对话框，并返回定义材料模型属性窗口，在此窗口的左边一栏参考号为 1 的材料属性下方出现密度项。

（8）在“Define Material Model Behavior”窗口中，从菜单选择“Material > Exit”命令，或者单击右上角的 × 按钮，退出定义材料模型属性窗口，完成对材料模型属性的定义。

3. 对齿体进行划分网格

本节选用 SOLID185 单元对盘面划分映射网格。

（1）从主菜单中选择“Preprocessor > Meshing > MeshTool”命令，打开“Mesh Tool”对话框，如图 3-82 所示。

（2）激活“Smart Size”选项，将滑标设置为“3”，按“Mesh”按钮，这时出现“Mesh Volumes”对话框，单击“Pick All”按钮，如图 3-83 所示。

（3）ANSYS 会出现两个警告，单击“Close”按钮，如图 3-84 和图 3-85 所示。

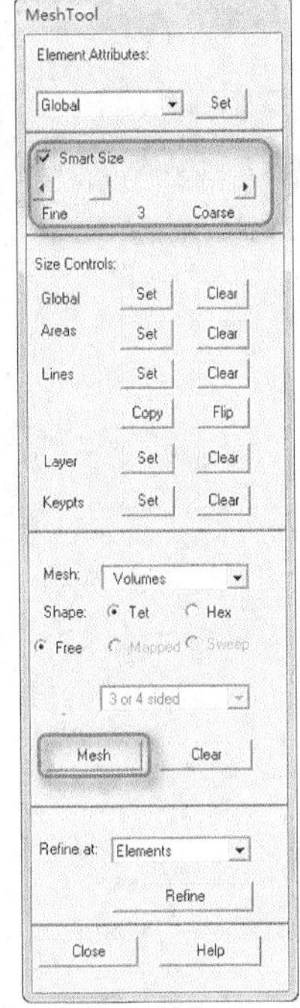

图 3-82　网格工具

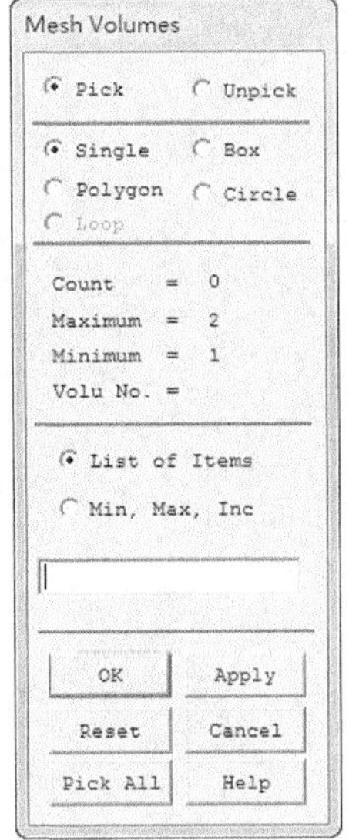

图 3-83　选择分网的体

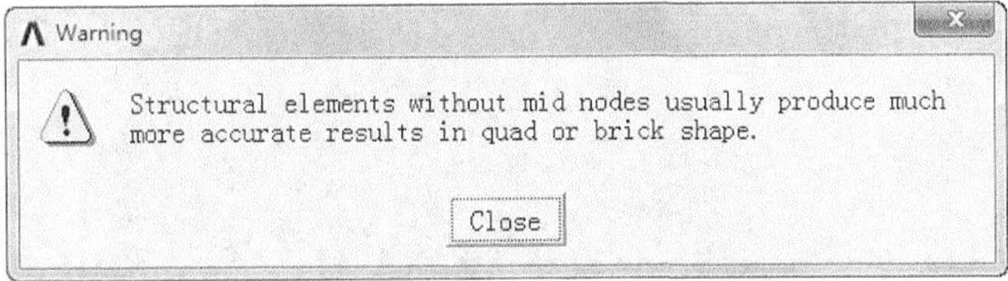

图 3-84　警告（1）

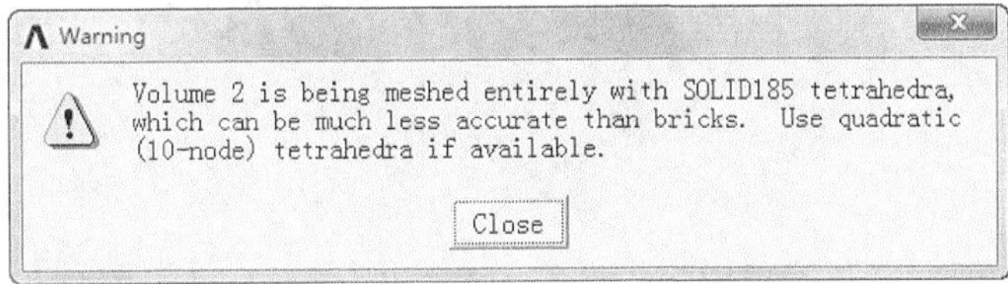

图 3-85　警告（2）

（4）划分完网格后，单击“Close”按钮，所得结果如图 3-86 所示。

本部分的命令流如下。

```
/PREP7
ET,1,SOLID185                                   ! 定义单元类型

KEYOPT,1,2,3
!*
MPTEMP,,,,,,,,                                  ! 定义材料属性
```

```
MPTEMP,1,0
MPDATA,EX,1,,2.06e11
MPDATA,PRXY,1,,0.3
MPTEMP,,,,,,,,
MPTEMP,1,0
MPDATA,DENS,1,,7.8e3
! SAVE, Gear,db,
SMRT,6                                          ! 划分网格
SMRT,3
MSHAPE,1,3D
MSHKEY,0
!*
CM,_Y,VOLU
VSEL, , , ,
CM,_Y1,VOLU
CHKMSH,'VOLU'
CMSEL,S,_Y
!*
VMESH,_Y1
!*
CMDELE,_Y
CMDELE,_Y1
CMDELE,_Y2
!*
```

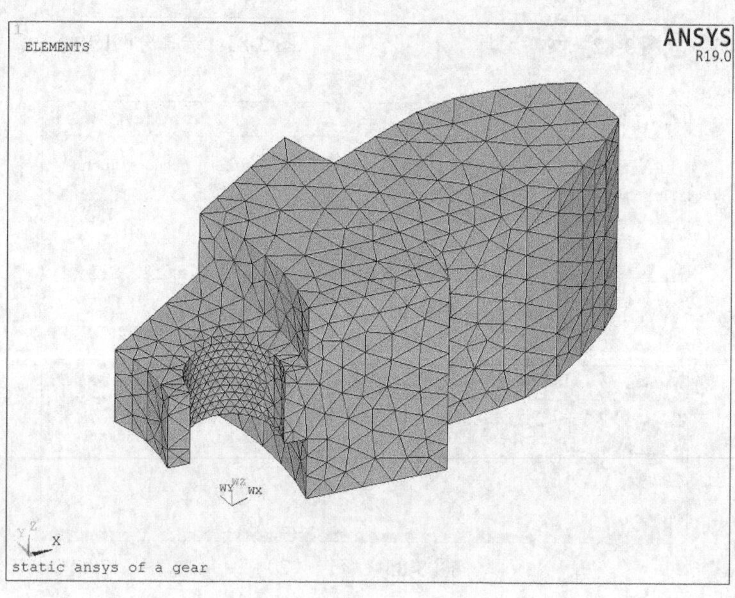

图 3-86　网格划分的结果

3.10　本章小结

有限元网格是进行有限元分析的基础，单元质量的好坏通常直接决定求解结果的好坏。同一个模型，不同的网格划分将会导致不同的结果，有时候甚至会导致完全错误的结果。所以，用户一定要从一开始就重视网格的划分，对于初学者而言，大致可以从以下 3 个方面来选择合适的网格。

（1）尽可能避免有尖角的网格和急剧的单元尺寸过渡。

（2）对于有应力集中区域（例如几何模型尖角处等）局部细化网格。

（3）用不同的网格密度来划分模型，对比其求解结果，选择合适的网格密度作最终分析。

本章通过上一章建立的模型进行了分网，目的在于加深读者对分网方法的了解和应用。网格的划分是一个工作量相当大的工程，特别是模型较复杂而又要想获得好的网格质量，这些需要读者在以后的学习过程慢慢地培养和积累。

第 4 章 施加载荷

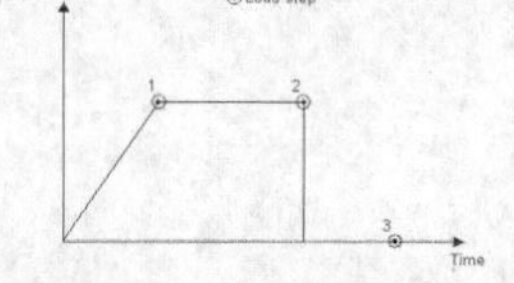

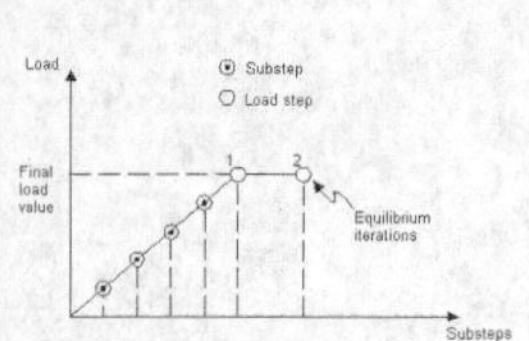

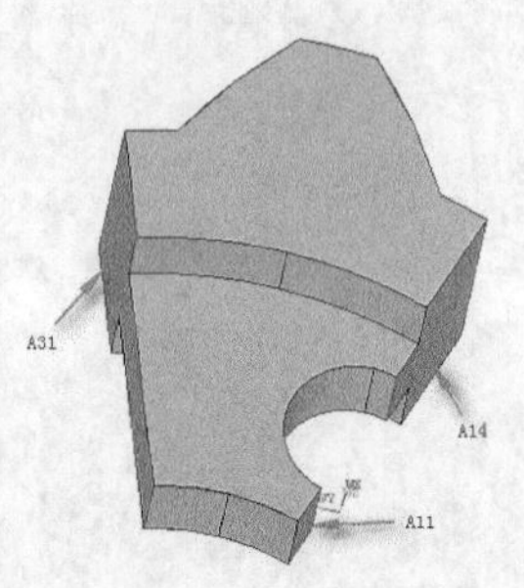

建立完有限元分析模型之后，就需要在模型上施加载荷以此来检查结构或构件对一定载荷条件的响应。

4.1 载荷概论

有限元分析的主要目的是检查结构或构件对一定载荷条件的响应。因此，在分析中指定合适的载荷条件是关键的一步。在 ANSYS 程序中，可以用各种方式对模型施加载荷，而且借助于载荷步选项，可以控制在求解中载荷如何使用。

4.1.1 什么是载荷

在 ANSYS 术语中，载荷包括边界条件和外部或内部作用力函数，如图 4-1 所示。不同学科中的载荷实例如下。

- 结构分析：位移、力、压力、温度（热应力）和重力。
- 热力分析：温度、热流速率、对流、内部热生成、无限表面。
- 磁场分析：磁势、磁通量、磁场段、源流密度、无限表面。
- 电场分析：电势（电压）、电流、电荷、电荷密度、无限表面。
- 流体分析：速度、压力。

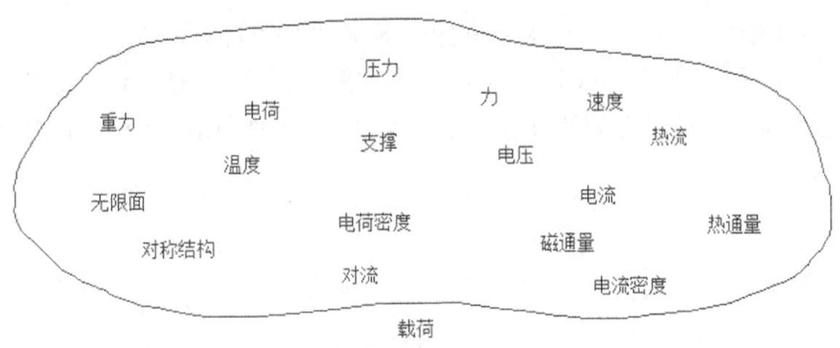

图 4-1 “载荷”包括边界条件以及其他类型的载荷

载荷分为六类：DOF（约束自由度）、力（集中载荷）、表面载荷、体积载荷、惯性力及耦合场载荷。

- DOF（约束自由度）：某些自由度为给定的已知值。例如，结构分析中指定结点位移或者对称边界条件等；热分析中指定结点温度等。
- 力（集中载荷）：施加于模型结点上的集中载荷。例如，结构分析中的力和力矩；热分析中的热流率；磁场分析中的电流。
- 表面载荷：施加于某个表面上的分布载荷。例如，结构分析中的压力；热力分析中的对流量和热通量。
- 体积载荷：施加在体积上的载荷或场载荷。例如，结构分析中的温度，热力分析中的内部热源密度；磁场分析中为磁场通量。
- 惯性载荷：由物体惯性引起的载荷，如重力加速度引起的重力，角速度引起的离心力等。主要在结构分析中使用。
- 耦合场载荷：可以认为是以上载荷的一种特殊情况，从一种分析中得到的结果用作为另一种分析的载荷。例如，可施加磁场分析中计算所得的磁力作为结构分析中的载荷，也可以将热分析中的温度结果作为结构分析的载荷。

4.1.2 载荷步、子步和平衡迭代

载荷步仅仅是为了获得解答的载荷配置。在线性静态或稳态分析中，可以使用不同的载荷步施加不同的载荷组合：在第一个载荷步中施加风载荷，在第二个载荷步中施加重力载荷，在第三个载荷步中施加风和重力载荷以及一个不同的支承条件等。在瞬态分析中，多个载荷步加到载荷历程曲线的不同区段。

ANSYS 程序将为第一个载荷步选择的单元组用于随后的载荷步，而不论用户为随后的载荷步指定哪个单元组。要选择一个单元组，可使用下列两种方法之一。

```
GUI：Utility Menu > Select > Entities。
命令：ESEL。
```

图 4-2 显示了一个需要 3 个载荷步的载荷历程曲线：第一个载荷步用于线性载荷；第二个载荷步用于不变载荷部分；第三个载荷步用于卸载。

子步为执行求解载荷步中的点。由于不同的原因，要使用子步。

在非线性静态或稳态分析中，使用子步逐渐施加载荷以便能获得精确解。

在线性或非线性瞬态分析中，使用子步满足瞬态时间累积法则（为获得精确解通常规定一个最小累积时间步长）。

在谐波分析中，使用子步获得谐波频率范围内多个频率处的解。

平衡迭代是在给定子步下为了收敛而计算的附加解。仅用于收敛起着很重要的作用的非线性分析中的迭代修正。例如，对二维非线性静态磁场分析，为获得精确解，通常使用两个载荷步，如图 4-3 所示。

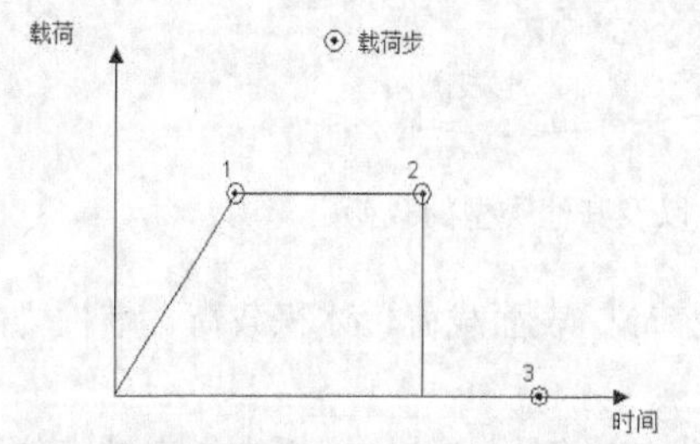

图 4-2　使用多个载荷步表示瞬态载荷历程

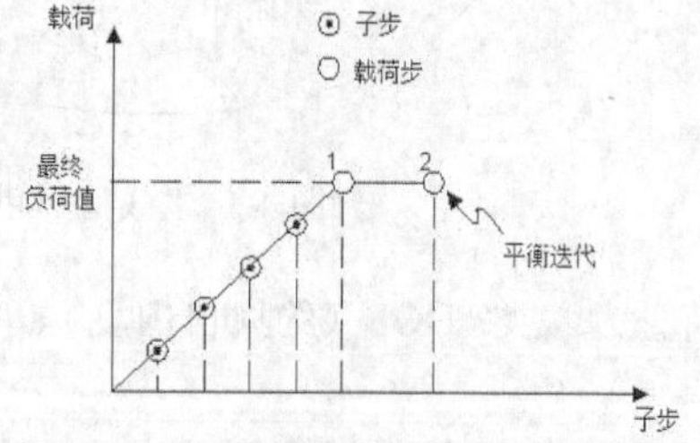

图 4-3　载荷步、子步和平衡迭代

第一个载荷步，将载荷逐渐加到 5 ～ 10 个子步以上，每个子步仅用一个平衡迭代。

第二个载荷步，得到最终收敛解，且仅有一个使用 15 ～ 25 次平衡迭代的子步。

4.1.3 时间参数

在所有静态和瞬态分析中，ANSYS 使用时间作为跟踪参数，而不论分析是否依赖于时间。其好处是：在所有情况下可以使用一个不变的“计数器”或“跟踪器”，不需要依赖于分析的术语。此外，时间总是单调增加的，且自然界中大多数事情的发生都经历一段时间，而不论该时间多么短暂。

显然，在瞬态分析或与速率有关的静态分析（蠕变或者黏塑性）中，时间代表实际的，按年月顺序的时间，用秒、分钟或小时表示。在指定载荷历程曲线的同时（使用“TIME”命令），在每个载荷步的结束点赋予时间值。使用如下方法之一赋予时间值。

GUI：Main Menu > Preprocessor > Load > Load Step Opts > Time/Frequenc > Time and Substps (Time-Time Step)。
GUI: Main Menu > Solution > Load Step Opts > Time/Frequenc > Time and Substps(Time-Time Step)。
命令：TIME。

然而，在不依赖于速率的分析中，时间仅仅成为一个识别载荷步和子步的计数器。默认情况下，程序自动地对 time 赋值，在载荷步 1 结束时，赋 time = 1；在载荷步 2 结束时，赋 time = 2；依此类推。载荷步中的任何子步将被赋给合适的、用线性插值得到的时间值。在这样的分析中，通过赋给自定义的时间值，就可建立自己的跟踪参数。例如，若要将 1000 个单位的载荷增加到一载荷步上，可以在该载荷步的结束时将时间指定为 1000，以使载荷和时间值完全同步。

那么，在后处理器中，如果得到一个变形 - 时间关系图，其含义与变形 - 载荷关系相同。这种技术非常有用，例如，在大变形分析以及屈曲分析中，其任务是跟踪结构载荷增加时结构的变形。

当求解中使用弧长方法时，时间还表示另一含义。在这种情况下，时间等于载荷步开始时的时间值加上弧长载荷系数（当前所施加载荷的放大系数）的数值。ALLF 不必单调增加（即它可以增加、减少或甚至为负），且在每个载荷步的开始时被重新设置为 0。因此，在弧长求解中，时间不作为“计数器”。

载荷步为作用在给定时间间隔内的一系列载荷。子步为载荷步中的时间点，在这些时间点，求得中间解。两个连续的子步之间的时间差称为时间步长或时间增量。平衡迭代是为了收敛而在给定时间点进行计算的迭代求解。

4.1.4　阶跃载荷与坡道载荷

当在一个载荷步中指定一个以上的子步时，就出现了载荷应为阶跃载荷或是线性载荷的问题。

如果载荷是阶跃的，那么，全部载荷施加于第一个载荷子步，且在载荷步的其余部分，载荷保持不变，如图 4-4（a）所示。

如果载荷是逐渐递增的，那么，在每个载荷子步，载荷值逐渐增加，且全部载荷出现在载荷步结束时，如图 4-4（b）所示。

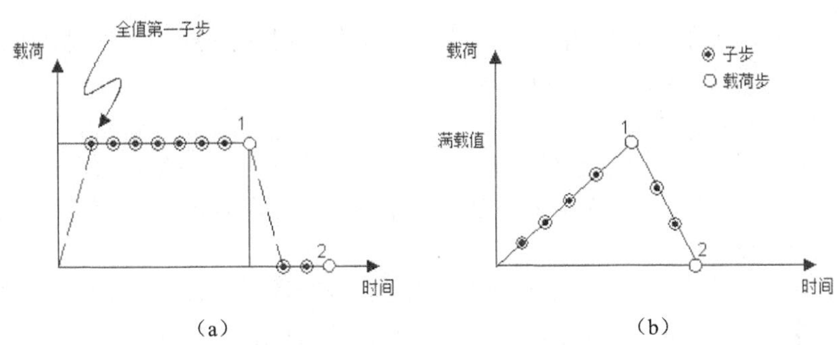

图 4-4　阶跃载荷与坡道载荷

可以通过如下方法表示载荷为坡道载荷或阶跃载荷。

GUI：Main Menu > Solution > Load Step Opts > Time/Frequenc > Freq & Substeps (Time and Substps / Time & Time Step)。
命令：KBC。

KBC，0 表示载荷为坡道载荷；KBC，1 表示载荷为阶跃载荷。默认值取决于学科和分析类型以及 SOLCONTROL 处于 ON 或 OFF 状态。

载荷步选项是用于表示控制载荷应用的各选项（如时间、子步数、时间步、载荷为阶跃或逐渐递增）的总称。其他类型的载荷步选项包括收敛公差（用于非线性分析），结构分析中的阻尼规范，以及输出控制。

4.2 施加载荷方法

大多数载荷可以施加于实体模型（如关键点、线和面）上或有限元模型（节点和单元）上。例如，可在关键点或节点施加指定集中力。同样地，可以在线和面或在节点和单元面上指定对流（和其他表面载荷）。无论怎样指定载荷，求解器期望所有载荷应依据有限元模型。因此，如果将载荷施加于实体模型，在开始求解时，程序自动将这些载荷转换到节点和单元上。

4.2.1 实体模型载荷与有限单元载荷

施加于实体模型上的载荷称为实体模型载荷，而直接施加于有限元模型上的载荷称为有限单元载荷。实体模型载荷有以下优缺点。

（1）优点。实体模型载荷独立于有限元网格。即可以改变单元网格而不影响施加的载荷。这就允许更改网格并进行网格敏感性研究而不必每次重新施加载荷。

与有限元模型相比，实体模型通常包括较少的实体。因此，选择实体模型的实体并在这些实体上施加载荷要容易得多，尤其是通过图形拾取时。

（2）缺点。ANSYS 网格划分命令生成的单元处于当前激活的单元坐标系中。网格划分命令生成的节点使用整体笛卡儿坐标系。因此，实体模型和有限元模型可能具有不同的坐标系和加载方向。

在简化分析中，实体模型不很方便。此时，载荷施加于主自由度（仅能在节点而不能在关键点定义主自由度）。

施加关键点约束很棘手，尤其是当约束扩展选项被使用时（扩展选项允许将一约束特性扩展到通过一条直线连接的两关键点之间的所有节点上）。

不能显示所有实体模型载荷。

如前所述，在开始求解时，实体模型载荷将自动转换到有限元模型。ANSYS 程序改写任何已存在于对应的有限单元实体上的载荷。删除实体模型载荷将删除所有对应的有限元载荷。

有限单元载荷有以下优缺点。

（1）优点。在简化分析中不会产生问题，因为可将载荷直接施加在主节点。

不必担心约束扩展，可简单地选择所有所需节点，并指定适当的约束。

（2）缺点。任何有限元网格的修改都使载荷无效，需要删除先前的载荷并在新网格上重新施加载荷。

不便使用图形拾取施加载荷。除非仅包含几个节点或单元。

4.2.2　施加不同类型载荷

本节主要讨论如何施加 DOF 约束、集中力、表面载荷、体积载荷、惯性载荷和耦合场载荷。

1. DOF 约束

表 4-1 显示了每个学科中可被约束的自由度和相应的 ANSYS 标识符。标识符（如 UX、ROTZ、AY 等）所包含的任何方向都在节点坐标系中。

表 4-2 显示了施加、列表显示和删除 DOF 约束的命令。需要注意的是，可以将约束施加于节点、关键点、线和面上。

下面是一些可用于施加 DOF 约束的 GUI 路径的例子。

```
GUI：Main Menu > Preprocessor > Loads > Define Loads > Apply > load type > On Nodes。
GUI：Utility Menu > List > Loads > DOF Constraints > On All Keypoints。
GUI：Main Menu > Solution > Define Loads > Apply > load type > On Lines。
```

表 4-1　每个学科中可用的 DOF 约束

学科	自由度	ANSYS 标识符
结构分析	平移 旋转	UX、UY、UZ ROTX、ROTY、ROTZ
热力分析	温度	TEMP
磁场分析	矢量势 标量势	AX、AY、AZ MAG
电场分析	电压	VOLT
流体分析	速度 压力 紊流动能 紊流扩散速率	VX、VY、VZ PRES ENKE ENDS

表 4-2　DOF 约束的命令

位置	基本命令	附加命令
节点	D，DLIST，DDELE	DSYM，DSCALE，DCUM
关键点	DK，DKLIST，DKDELE	
线	DL，DLLIST，DLDELE	
面	DA，DALIST，DADELE	
转换	SBCTRAN	DTRAN

2. 集中力

表 4-3 显示了每个学科中可用的集中载荷和相应的 ANSYS 标识符。标识符（如 FX、MZ、CSGY 等）所包含的任何方向都在节点坐标系中。

表 4-3　每个学科中的集中力

学科	力	ANSYS 标识符
结构分析	力 力矩	FX、FY、FZ MX、MY、MZ
热力分析	热流速率	HEAT
磁场分析	Current Segments 磁通量	CSGX、CSGY、CSGZ FLUX
电场分析	电流 电荷	AMPS CHRG
流体分析	流体流动速率	FLOW

表 4-4 显示了施加、列表显示和删除集中载荷的命令。需要注意的是，可以将集中载荷施加于节点和关键点上。

表 4-4　用于施加集中力载荷的命令

位置	基本命令	附加命令
节点	F，FLIST，FDELE	FSCALE，FCUM
关键点	FK，FKLIST，FKDELE	
转换	SBCTRAN	FTRAN

下面是一些用于施加集中力载荷的 GUI 路径的例子。

```
GUI：Main Menu > Preprocessor > Loads > Define Loads > Apply > load type > On Nodes。
GUI：Utility Menu > List > Loads > Forces > On Keypoints。
GUI：Main Menu > Solution > Define Loads > Apply > load type > On Lines。
```

3. 表面载荷

表 4-5 显示了每个学科中可用的表面载荷和相应的 ANSYS 标识符。

表 4-5　每个学科中可用的表面载荷

学科	表面载荷	ANSYS 标识符
结构分析	压力	PRES
热力分析	对流 热流量 无限表面	CONV HFLUX INF
磁场分析	麦克斯韦表面 无限表面	MXWF INF
电场分析	麦克斯韦表面 表面电荷密度 无限表面	A MXWF CHRGS INF
流体分析	流体结构界面 阻抗	FSI IMPD
所有学科	超级单元载荷矢	SELV

表 4-6 显示了施加、列表显示和删除表面载荷的命令。需要注意的是，不仅可以将表面载荷施加在线和面上，还可以施加于节点和单元上。

表 4-6　用于施加表面载荷的命令

位置	基本命令	附加命令
节点	SF，SFLIST，SFDELE	SFSCALE，SFCUM，SFFUN
单元	SFE，SFELIST，SFEDELE	SEBEAM，SFFUN，SFGRAD
线	SFL，SFLLIST，SFLDELE	SFGRAD
面	SFA，SFALIST，SFADELE	SFGRAD
转换	SFTRAN	

下面是一些用于施加表面载荷的 GUI 路径的例子。

```
GUI：Main Menu > Preprocessor > Loads > Define Loads > Apply > load type > On Nodes。
GUI：Utility Menu > List > Loads > Surface Loads > On Elements。
GUI：Main Menu > Solution > Loads > Define Loads > Apply > load type > On Lines。
```

ANSYS 程序根据单元和单元面存储在节点上指定的面载荷。因此，如果对同一表面使用节点面载荷命令和单元面载荷命令，则使用最后的规定。

4. 体积载荷

表 4-7 显示了每个学科中可用的体积载荷和相应的 ANSYS 标识符。

表 4-7　每个学科中可用的体积载荷

学科	体积载荷	ANSYS 标识符
结构分析	温度 热流量	TEMP FLUE
热力分析	热生成速率	HGEN
磁场分析	温度 磁场密度 虚位移 电压降	TEMP JS MVDI VLTG
电场分析	温度 体积电荷密度	TEMP CHRGD
流体分析	热生成速率 力速率	HGEN FORC

表 4-8 显示了施加、列表显示和删除表面载荷的命令。需要注意的是，可以将体积载荷施加在节点、单元、关键点、线、面和体上。

表 4-8　用于施加体积载荷的命令

位置	基本命令	附加命令
节点	BF，BFLIST，BFDELE	BFSCALE，BFCUM，BFUNIF
单元	BFE，BFELIST，BFEDELE	BEESCAL，BFECUM
关键点	BFK，BFKLIST，BFKDELE	
线	BFL，BFLLIST，BFLDELE	
面	BFA，BFALIST，BFADELE	
体	BFV，BFVLIST，BFVDELE	
转换	BFTRAN	

下面是一些用于施加体积载荷的 GUI 路径的例子。

```
    GUI: Main Menu > Preprocessor > Loads > Define Loads > Apply > load type > On Nodes(On Keypoints)。
    GUI : Utility Menu > List > Loads > Body Loads > On Picked Elems (On Picked Lines)。
    GUI : Main Menu > Solution > Load > Apply > load type > On Volumes。
```

在节点指定的体积载荷独立于单元上的载荷。对于一给定的单元，ANSYS 程序按下列方法决定使用哪一载荷。

（1）ANSYS 程序检查是否对单元指定体积载荷。

（2）如果不是，则使用指定给节点的体积载荷。

（3）如果单元或节点上没有体积载荷，则通过“BFUNIF”命令指定的体积载荷生效。

5. 惯性载荷

施加惯性载荷的命令如表 4-9 所示。

表 4-9　惯性载荷命令

命令	GUI 菜单路径
ACEL	Main Menu > Preprocessor > FLOTRAN Set Up > Flow Environment > Gravity
	Main Menu > Preprocessor > Loads > Define Loads > Define Loads > Apply > Structural > Inertia > Gravity
	Main Menu > Preprocessor > Loads > Define Loads > Delete > Structural > Inertia > Gravity
	Main Menu > Solution > Define Loads > Define Loads > Apply > Structural > Inertia > Gravity
	Main Menu > Solution > Define Loads > Delete > Structural > Inertia > Gravity
CGLOC	Main Menu > Preprocessor > FLOTRAN Set Up > Flow Environment > Rotating Coords
	Main Menu > Preprocessor > Loads > Define Loads > Define Loads > Apply > Structural > Inertia > Coriolis Effects
	Main Menu > Preprocessor > Loads > Define Loads > Delete > Structural > Inertia > Coriolis Effects
	MainMenu > Preprocessor > LS-DYNAOptions > LoadingOptions > AccelerationCS > Delete Accel CS
	Main Menu > Preprocessor > LS-DYNA Options > Loading Options > AccelerationCS > Set Accel CS
	Main Menu > Solution > Define Loads > Define Loads > Apply > Structural > Inertia > Coriolis Effects
	Main Menu > Solution > Define Loads > Delete > Structural > Inertia > Coriolis Effects
	Main Menu > Solution > Loading Options > Acceleration CS > Delete Accel CS
	Main Menu > Solution > Loading Options > Acceleration CS > Set Accel CS
CGOMGA	Main Menu > Preprocessor > FLOTRAN Set Up > Flow Environment > Rotating Coords
	Main Menu > Preprocessor > Loads > Define Loads > Define Loads > Apply > Structural > Inertia > Coriolis Effects
	Main Menu > Preprocessor > Loads > Define Loads > Delete > Structural > Inertia > Coriolis Effects
	Main Menu > Solution > Define Loads > Define Loads > Apply > Structural > Inertia > Coriolis Effects
	Main Menu > Solution > Define Loads > Delete > Structural > Inertia > Coriolis Effects
DCGOMG	Main Menu > Preprocessor > Loads > Define Loads > Define Loads > Apply > Structural > Inertia > Coriolis Effects
	Main Menu > Preprocessor > Loads > Define Loads > Delete > Structural > Inertia > Coriolis Effects
	Main Menu > Solution > Define Loads > Define Loads > Apply > Structural > Inertia > Coriolis Effects
	Main Menu > Solution > Define Loads > Delete > Structural > Inertia > Coriolis Effects
DOMEGA	Main Menu > Preprocessor > Loads > DefineLoads > Define Loads > Apply > Structural > Inertia > AngularAccel > Global
	Main Menu > Preprocessor > Loads > DefineLoads > Delete > Structural > Inertia > AngularAccel > Global
	Main Menu > Solution > Define Loads > Define Loads > Apply > Structural > Inertia > Angular Accel > Global
	Main Menu > Solution > Define Loads > Delete > Structural > Inertia > Angular Accel > Global

续表

命令	GUI 菜单路径
IRLF	Main Menu > Preprocessor > Loads > Define Loads > Define Loads > Apply > Structural > Inertia > Inertia Relief Main Menu > Preprocessor > Loads > Load Step Opts > Output Ctrls > Incl Mass Summry Main Menu > Solution > Define Loads > Define Loads > Apply > Structural > Inertia > Inertia Relief Main Menu > Solution > Load Step Opts > Output Ctrls > Incl Mass Summry
OMEGA	Main Menu > Preprocessor > Loads > DefineLoads > Define Loads > Apply > Structural > Inertia > AngularVelocity > Global Main Menu > Preprocessor > Loads > DefineLoads > Delete > Structural > Inertia > AngularVeloc > Global Main Menu > Solution > Define Loads > Define Loads > Apply > Structural > Inertia > Angular Velocity > Global Main Menu > Solution > Define Loads > Delete > Structural > Inertia > Angular Veloc > Global

“ACEL”“OMEGA”和“DOMEGA”命令分别用于指定在整体笛卡儿坐标系中的加速度、角速度和角加速度。

“ACEL”命令用于对物体施加一加速场（非重力场）。因此，要施加作用于负 Y 方向的重力，应指定一个和正 Y 方向的加速度。

使用“CGOMGA”和“DCGOMG”命令指定一旋转物体的角速度和角加速度，该物体本身正相对于另一个参考坐标系旋转。“CGLOC”命令用于指定参照系相对于整体笛卡儿坐标系的位置。例如：在静态分析中，为了考虑 Coriolis 效果，可以使用这些命令。

惯性载荷当模型具有质量时有效。惯性载荷通常是通过指定密度来施加的（还可以通过使用质量单元，如 MASS21，对模型施加质量，但通过密度的方法施加惯性载荷更常用、更有效）。对所有的其他数据，ANSYS 程序要求质量为恒定单位。如果习惯于英制单位，为了方便起见，有时希望使用重量密度（lb/in^3）来代替质量密度 [$lb \cdot sec^2/(in/in^3)$]。

只有在下列情况下可以使用重量密度来代替质量密度。

（1）模型仅用于静态分析。

（2）没有施加角速度或角加速度。

（3）重力加速度为单位值（$g = 1.0$）。

为了能够以“方便的”重力密度形式或以“一致的”质量密度形式使用密度，指定密度的一种简便的方法是将重力加速度 g 定义为参数，如表 4-10 所示。

表 4-10　指定密度的方式

方便形式	一致形式	说明
$g = 1.0$	$g = 386.0$	参数定义
MP，DENS，1，0.283/g	MP，DENS，1，0.283/g	钢的密度
ACEL，g	ACEL，g	重力载荷

6. 耦合场载荷

在耦合场分析中，通常包含将一个分析中的结果数据施加于第二个分析作为第二个分析的载荷。例如，可以将热力分析中计算的节点温度施加于结构分析（热应力分析）中，作为体积载荷。同样的，可以将磁场分析中计算的磁力施加于结构分析中，作为节点力。要施加这样的耦合场载荷，用下列方法之一。

```
GUI：Main Menu > Preprocessor > Loads > Define Loads > Define Loads > Apply > load type > From source。
```

GUI：Main Menu > Solution > Define Loads > Define Loads > Apply > load type > From source。
命令：LDREAD。

4.2.3 利用表格来施加载荷

通过一定的命令和菜单路径，能够利用表格参数来施加载荷，即通过指定列表参数名来代替指定特殊载荷的实际值。然而，并不是所有的边界条件都支持这种制表载荷，因此，在使用表格来施加载荷时一般先参考一定的文件来确定指定的载荷是否支持表格参数。

当经由命令来定义载荷时，必须使用符号 %：% 表格名 %。例如：当确定一描述对流值表格时，有如下命令表达式。

```
SF, all, conv, %sycnv%, tbulk
```

在施加载荷的同时，可以定义新的表格通过选择“new table”选项。同样的，在施加载荷之前，还可以通过如下方式之一来定义一表格。

GUI：Utility Menu > Parameters > Array Parameters > Define/Edit。
命令：*DIM。

1. 定义初始变量

当定义一个列表参数表格时，根据不同的分析类型，可以定义各种各样的初始参数。表 4-11 显示了不同分析类型的边界条件、初始变量及对应的命令。

表 4-11 边界条件类型及其相应的初始变量

边界条件	初始变量	命令
热分析		
固定温度	TIME，X，Y，Z	D，(TEMP，TBOT，TE2，TE3，…，TTOP)
热流	TIME，X，Y，Z，TEMP	F，(HEAT，HBOT，HE2，HE3，…，HTOP)
对流	TIME，X，Y，Z，TEMP，VELOCITY	SF，CONV
体积温度	TIME，X，Y，Z	SF，TBULK
热通量	TIME，X，Y，Z，TEMP	SF，HFLU
热源	TIME，X，Y，Z，TEMP	BFE，HGEN
结构分析		
位移	TIME，X，Y，Z，TEMP	D，(UX，UY，UZ，ROTX，ROTY，ROTZ)
力和力矩	TIME，X，Y，Z，TEMP，SECTOR	F，(FX，FY，FZ，MX，MY，MZ)
压力	TIME，X，Y，Z，TEMP，SECTOR	SF，PRES
温度	TIME	BF，TEMP
电场分析		
电压	TIME，X，Y，Z	D，VOLT
电流	TIME，X，Y，Z	F，AMPS
流体分析		
压力	TIME，X，Y，Z	D，PRES
流速	TIME，X，Y，Z	F，FLOW

单元 SURF151、SURF152 和单元 FLUID116 的实常数与初始变量相关联，如表 4-12 所示。

表 4-12　实常数与相应的初始变量

实常数	初始变量
SURF151、SURF152	
旋转速率	TIME，X，Y，Z
FLUID116	
旋转速率	TIME，X，Y，Z
滑动因子	TIME，X，Y，Z

2. 定义独立变量

当需要指定不同于列表显示的初始变量时，可以定义一个独立的参数变量。当指定独立参数变量同时，定义了一个附加表格来表示独立参数。这一表格必须与独立参数变量同名，并且同时是一个初始变量或者另外一个独立参数变量的函数。能够定义许多必需的独立参数，但是所有的独立参数必须与初始变量有一定的关系。

例如：考虑一对流系数（HF），其变化为旋转速率（RPM）和温度（TEMP）的函数。此时，初始变量为 TEMP，独立参数变量为 RPM，而 RPM 是随着时间的变化而变化。因此，需要两个表格：一个关联 RPM 与 TIME，另一个关联 HF 与 RPM 和 TEMP，其命令流如下。

```
*DIM,SYCNV,TABLE,3,3,,RPM,TEMP
SYCNV(1,0)=0.0,20.0,40.0
SYCNV(0,1)=0.0,10.0,20.0,40.0
SYCNV(0,2)=0.5,15.0,30.0,60.0
SYCNV(0,3)=1.0,20.0,40.0,80.0
*DIM,RPM,TABLE,4,1,1,TIME
RPM(1,0)=0.0,10.0,40.0,60.0
RPM(1,1)=0.0,5.0,20.0,30.0
SF,ALL,CONV,%SYCNV%
```

3. 表格参数操作

可以通过如下方式对表格进行一定的数学运算，如加法、减法与乘法。

```
GUI：Utility Menu > Parameters > Array Operations > Table Operations。
命令：*TOPER。
```

两个参与运算的表格必须具有相同的尺寸，每行、每列的变量名必须相同等。

4. 确定边界条件

当利用列表参数来定义边界条件时，可以通过如下 5 种方式检验其是否正确。

（1）检查输出窗口。当使用制表边界条件于有限单元或实体模型时，于输出窗口显示的是表格名称而不是一定的数值。

（2）列表显示边界条件。当在前处理过程中列表显示边界条件时，列表显示表格名称；而当在求解或后处理过程中列表显示边界条件时，显示的却是位置或时间。

（3）检查图形显示。在制表边界条件运用的地方，可以通过标准的 ANSYS 图形显示功能（/PBC，/PSF 等）显示出表格名称和一些符号（箭头），当然前提是表格编号显示处于工作状态（/PNUM，TABNAM，ON）。

（4）在通用后处理中检查表格的代替数值。

（5）通过命令 *STATUS 或者 GUI 菜单路径（Utility Menu > List > Other > Parameters）可以重新获得任意变量结合的表格参数值。

4.2.4 轴对称载荷与反作用力

对约束、表面载荷、体积载荷和 Y 方向加速度，可以像对任何非轴对称模型上定义这些载荷一样来精确地定义这些载荷。然而，对集中载荷的定义，过程有所不同。因为这些载荷大小、输入的力、力矩等数值是在 360° 范围内进行的，即根据沿周边的总载荷输入载荷值。例如，如果 1500lb/in 沿周的轴对称轴向载荷被施加到直径为 10in 的管上，如图 4-5 所示，47，124lb（1500×2π×5=47124）的总载荷将按下列方法被施加到节点 N 上。

```
F，N，FY，47124
```

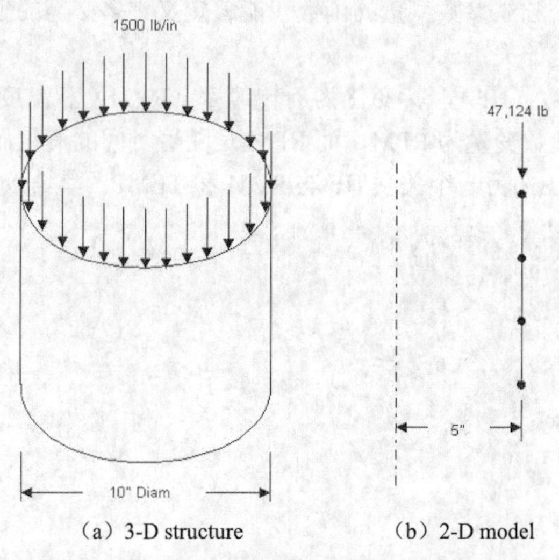

（a）3-D structure （b）2-D model

图 4-5 在 360° 范围内定义集中轴对称载荷

轴对称结果也按对应的输入载荷相同的方式解释，即输出的反作用力、力矩等按总载荷（360°）计。轴对称协调单元要求其载荷表示成傅里叶级数形式来施加。对这些单元，要求用“MODE”命令（Main Menu > Preprocessor > Loads > Load Step Opts > Other > For Harmonic Ele 或 Main Menu > Solution > Load Step Opts > Other > For Harmonic Ele），以及其他载荷命令（D、F、SF 等）。一定要指定足够数量的约束防止产生不期望的刚体运动、不连续或奇异性。例如，对实心杆这样的实体结构的轴对称模型，缺少沿对称轴的 UX 约束，在结构分析中就可能形成虚位移（不真实的位移），如图 4-6 所示。

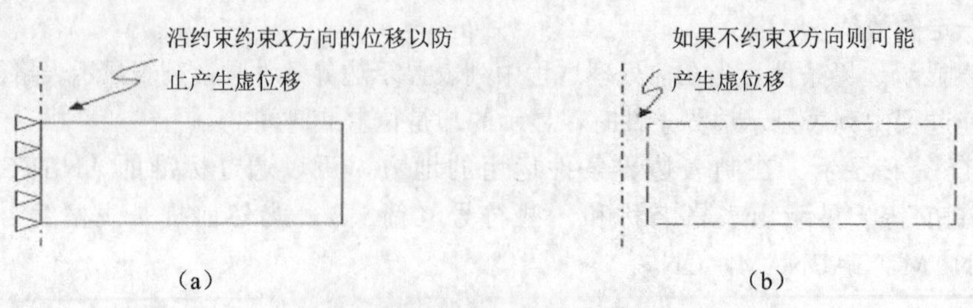

（a） （b）

图 4-6 实体轴对称结构的中心约束

4.2.5 利用函数来施加载荷和边界条件

可以通过一些函数工具对模型施加复杂的边界条件，函数工具包括两个部分。

（1）函数编辑器。创建任意的方程或者多重函数。

（2）函数装载器。获取创建的函数并制成表格。可以分别通过两种方式进入函数编辑器和函数装载器。

GUI：Utility Menu > Parameters > Functions > Define/Edit，或者 GUI：Main Menu > Solution > Define Loads > Define Loads > Apply > Functions > Define/Edit。

GUI：Utility Menu > Parameters > Functions > Read from file，或者 GUI：Main Menu > Solution > Define Loads > Apply > Functions > Read file。

当然，在使用函数边界条件之前，应该了解以下一些要点。

当数据能够方便地用一表格表示时，推荐使用表格边界条件。

在表格中，函数呈现等式的形式而不是一系列的离散数值。

不能够通过函数边界条件来避免一些限制性边界条件，并且这些函数对应的初始变量是被表格边界条件支持的。

同样的，当使用函数工具时，还必须熟悉如下几个特定的情况。

函数：一系列方程定义了高级边界条件。

初始变量：在求解过程中被使用和评估的独立变量。

域：以单一的域变量为特征的操作范围或设计空间的一部分。域变量在整个域中是连续的，每个域包含一个唯一的方程来评估函数。

域变量：支配方程用于函数的评估而定义的变量。

方程变量：在方程中指定的一个变量，此变量在函数装载过程中被赋值。

1. 函数编辑器的使用

函数编辑器定义了域和方程。通过一系列的初始变量、方程变量和数学函数来建立方程。能够创建一个单一的等式，也可以创建包含一系列方程等式的函数，而这些方程等式对应于不同的域。

使用函数编辑器的步骤如下。

（1）打开函数编辑器。选择“GUI：Utiltity Menu > Parameters > Functions > Define/Edit”或者“Main Menu > Solution > Define Loads > Define Loads > Apply > Functions > Define/Edit”命令。

（2）选择函数类型。选择单一方程或者一个复合函数。如果选择后者，则必须输入域变量的名称。当选择复合函数时，6 个域标签被激活。

（3）选择“degrees”或“radians”命令。这一选择仅仅决定了方程如何被评估，对 *AFUN 命令没有任何影响。

（4）定义结果方程或者使用初始变量和方程变量来描述域变量的方程。如果定义一个单一方程的函数，则跳到第（10）步。

（5）单击第一个域标签。输入域变量的最小和最大值。

（6）在此域中定义方程。

（7）单击第二个域标签。注意，第二个域变量的最小值已被赋值了，且不能被改变，这就保证了整个域的连续性。输入域变量的最大值。

（8）在此域中定义方程。

（9）重复这一过程直到最后一个域。

（10）对函数进行注释。单击编辑器菜单栏“Editor > Comment”命令，输入对函数的注释。

（11）保存函数。单击编辑器菜单栏“Editor > Save”命令并输入文件名。文件名必须以 .func 为后缀名。

一旦函数被定义且保存了，可以在任何一个 ANSYS 分析使用它们。为了使用这些函数，必须装载它们并对方程变量进行赋值，同时为了在特定的分析中使用它们，赋予其表格参数名称。

2. 函数装载器的使用

当在分析中准备对方程变量进行赋值、对表格参数指定名称和使用函数时，需要把函数装入函数装载器中，其步骤如下。

（1）打开函数装载器，选择“GUI：Utility Menu > Parameters > Functions > Read from file”命令。

（2）打开保存函数的目录，选择正确的文件并打开。

（3）在函数装载对话框中，输入表格参数名。

（4）在对话框的底部，将看到一个函数标签和构成函数的所有域标签及每个指定方程变量的数据输入区，输入合适的数值。

在函数装载对话框中，仅数值数据可以作为常数值，而字符数据和表达式不能被作为常数值。

（5）重复每个域的过程。

（6）单击保存。直到已经为函数中每个域中的所有变量赋值后，才能以表格参数的形式来保存。

函数作为一个代码方程被制成表格，在 ANSYS 中，当表格被评估时，这种代码方程才起作用。

3. 图形或列表显示边界条件函数

可以图形显示定义的函数，可视化当前的边界条件函数，还可以列表显示方程的结果。通过这种方式，可以检验定义的方程是否和所期待的一样。无论图形显示还是列表显示，都需要先选择一个要图形显示其结果的变量，并且必须设置其 x 轴的范围和图形显示点的数量。

4.3 设定载荷步选项

载荷步选项（Load step options）是各选项的总称，这些选项用于在求解选项中及其他选项（如输出控制、阻尼特性和响应频谱数据）中控制如何使用载荷。载荷步选项随载荷步的不同而异。载荷步选项有 6 种类型。

（1）通用选项。

（2）动态选项。

（3）非线性选项。

（4）输出控制。

（5）Biot-Savart 选项。

（6）谱选项。

4.3.1 通用选项

通用选项包括：瞬态或静态分析中载荷步结束的时间，子步数或时间步大小，载荷阶跃或递增，以及热应力计算的参考温度。以下是对每个选项的简要说明。

1. 时间选项

"TIME"命令用于指定在瞬态或静态分析中载荷步结束的时间。在瞬态或其他与速率有关的分析中，"TIME"命令指定实际的、按年月顺序的时间，且要求指定一时间值。在与非速率无关的分析中，时间作为一跟踪参数。在ANSYS分析中，决不能将时间设置为0。如果执行"TIME，0"或"TIME，<空>"命令，或者根本就没有发出"TIME"命令，ANSYS使用默认时间值：第一个载荷步为1.0，其他载荷步为1.0＋前一个时间。要在"0"时间开始分析，如在瞬态分析中，应指定一个非常小的值，如：TIME，1e-6。

2. 子步数与时间步大小

对于非线性或瞬态分析，要指定一个载荷步中需要的子步数。指定子步的方法如下。

```
GUI：Main Menu > Preprocessor > Loads > Load Step Opts > Time/Frequenc > Time & Time Step。
GUI：Main Menu > Solution > Load Step Opts > Sol'n Control。
GUI：Main Menu > Solution > Load Step Opts > Time/Frequenc > Time & Time Step。
命令：DELTIM。
GUI：Main Menu > Preprocessor > Loads > Load Step Opts > Time/Frequenc > Freq & Substeps。
GUI：Main Menu > Solution > Load Step Opts > Sol'n Control。
GUI：Main Menu > Solution > Load Step Opts > Time/Frequenc > Freq & Substeps。
GUI：Main Menu > Solution > Unabridged Menu > Time/Frequenc > Freq & Substeps。
命令：NSUBST。
```

"NSUBST"命令指定子步数，"DELTIM"命令指定时间步的大小。在默认情况下，ANSYS程序在每个载荷步中使用一个子步。

3. 时间步自动阶跃

"AUTOTS"命令激活时间步自动阶跃。等价的GUI路径如下。

```
GUI：Main Menu > Preprocessor > Loads > Load Step Opts > Time/Frequenc > Time & Time Step。
GUI：Main Menu > Solution > Load Step Opts > Sol'n Control。
GUI：Main Menu > Solution > Load Step Opts > Time/Frequenc > Time & Time Step。
```

在时间步自动阶跃时，根据结构或构件对施加载荷的响应，程序计算每个子步结束时最优的时间步。在非线性静态或稳态分析中使用时，"AUTOTS"命令确定了子步之间载荷增量的大小。

4. 阶跃或递增载荷

在一个载荷步中指定多个子步时，需要指明载荷是逐渐递增还是阶跃形式。"KBC"命令用于此目的："KBC，0"指明载荷是逐渐递增；"KBC，1"指明载荷是阶跃载荷。默认值取决于分析的学科和分析类型（与"KBC"命令等价的GUI路径和与"DELTIM"和"NSUBST"命令等价的GUI路径相同）。

关于阶跃载荷和逐渐递增载荷的几点说明。

（1）如果指定阶跃载荷，程序按相同的方式处理所有载荷（约束、集中载荷、表面载荷、体积载荷和惯性载荷）。根据情况，阶跃施加、阶跃改变或阶跃移去这些载荷。

（2）如果指定逐渐递增载荷，那么，在第一个载荷步施加的所有载荷，除了薄膜系数外，都是逐渐递增的（根据载荷的类型，从0或从"BFUNIF"命令或其等价的GUI路径所指定的值逐渐变化，参见表4-13）。薄膜系数是阶跃施加的。

表 4-13　不同条件下逐渐变化载荷（KBC = 0）的处理

载荷类型	施加于第一个载荷步	输入随后的载荷步
DOF（约束自由度）		
温度	从 TUNIF2 逐渐变化	从 TUNIF3 逐渐变化
其他	从 0 逐渐变化	从 0 逐渐变化
力	从 0 逐渐变化	从 0 逐渐变化
表面载荷		
TBULK	从 TUNIF2 逐渐变化	从 TUNIF 逐渐变化
HCOEF	跳跃变化	从 0 逐渐变化 4
其他	从 0 逐渐变化	从 0 逐渐变化
体积载荷		
温度	从 TUNIF2 逐渐变化	从 TUNIF3 逐渐变化
其他	从 BFUNIF3 逐渐变化	从 BFUNIF3 逐渐变化
惯性载荷	从 0 逐渐变化	从 0 逐渐变化

阶跃与线性加载不适用于温度相关的薄膜系数（在对流命令中，作为 N 输入），总是以温度函数所确定的值大小施加温度相关的薄膜系数。

在随后的载荷步中，所有载荷的变化都是从先前的值开始逐渐变化。

在全谐波（ANTYPE，HARM 和 HROPT，FULL）分析中，表面载荷和体积载荷的逐渐变化与在第一个载荷步中的变化相同，且不是从先前的值开始逐渐变化。除了 PLANE2，SOLID45，SOLID92 和 SOLID95，是从先前的值开始逐渐变化外。

在随后的载荷步中新引入的所有载荷是逐渐变化的（根据载荷的类型，从 0 或从“BFUNIF”命令所指定的值递增，参见表 4-13）。

在随后的载荷步中被删除的所有载荷，除了体积载荷和惯性载荷外，都是阶跃移去的。体积载荷逐渐递增到 BFUNIF，不能被删除而只能被设置为 0 的惯性载荷，则逐渐变化到 0。

在相同的载荷步中，不应删除或重新指定载荷。在这种情况下，逐渐变化不会按所期望的方式作用。

① 对惯性载荷，其本身为线性变化的，因此，产生的力在该载荷步上是二次变化。

②“TUNIF”命令在所有节点指定一均布温度。

③ 在这种情况下，使用的“TUNIF”或“BFUNIF”值是先前载荷步的，而不是当前值。

④ 总是以温度函数所确定的值的大小施加温度相关的膜层散热系数，而不论 KBC 的设置如何。

⑤“BFUNIF”命令仅是“TUNIF”命令的一个同类形式，用于在所有节点指定一均布体积载荷。

5. 其他通用选项

（1）热应力计算的参考温度，其默认值为 0。指定该温度的方法如下。

```
GUI：Main Menu > Preprocessor > Loads > Load Step Opts > Other > Reference Temp。
GUI：Main Menu > Preprocessor > Loads > Define Loads > Settings > Reference Temp。
GUI：Main Menu > Solution > Load Step Opts > Other > Reference Temp。
GUI：Main Menu > Solution > Define Loads > Settings > Reference Temp。
命令：TREF。
```

（2）对每个解（即每个平衡迭代）是否需要一个新的三角矩阵。仅在静态（稳态）分析或瞬态分析中，使用下列方法之一，可用一个新的三角矩阵。

```
GUI：Main Menu > Preprocessor > Loads > Load Step Opts > Other > Reuse Tri Matrix。
GUI：Main Menu > Solution > Load Step Opts > Other > Reuse Tri Matrix。
命令：KUSE。
```

默认情况下，程序根据 DOF 约束的变化，温度相关材料的特性，以及 New-Raphson 选项确定是否需要一个新的三角矩阵。如果 KUSE 设置为 1，程序再次使用先前的三角矩阵。在重新开始过程中，该设置非常有用：对附加的载荷步，如果要重新进行分析，而且知道所存在的三角矩阵（在文件 Jobname.TRI 中）可再次使用，通过将 KUSE 设置为 1，可节省大量的计算时机。"KUSE，-1"命令迫使在每个平衡迭代中三角矩阵再次用公式表示。在分析中很少使用它，主要用于调试中。

（3）模式数（沿周边谐波数）和谐波分量是关于全局 x 坐标轴对称还是反对称。当使用反对称协调单元（反对称单元采用非反对称加载）时，载荷被指定为一系列谐波分量（傅里叶级数）。要指定模式数，使用下列方法之一。

```
GUI：Main Menu > Preprocessor > Loads > Load Step Opts > Other > For Harmonic Ele。
GUI：Main Menu > Solution > Load Step Opts > Other > For Harmonic Ele Main Menu > Solution > Load Step Opts > Other > For Harmonic Ele。
命令：MODE。
```

（4）在 3D 磁场分析中所使用的标量磁势公式的类型，通过下列方法之一指定。

```
GUI：Main Menu > Preprocessor > Loads > Load Step Opts > Magnetics > potential formulation method。
GUI：Main Menu > Solution > Load Step Opts > Magnetics > potential formulation method。
命令：MAGOPT。
```

（5）在缩减分析的扩展过程中，扩展的求解类型，通过下列方法之一指定。

```
GUI：Main Menu > Preprocessor > Loads > Load Step Opts > ExpansionPass > Single Expand > Range of Solu's。
GUI：Main Menu > Solution > Load Step Opts > ExpansionPass > Single Expand >。
GUI：Main Menu > Preprocessor > Loads > Load Step Opts > ExpansionPass > Single Expand > By Load Step (By Time/Freq)。
GUI：Main Menu > Solution > Load Step Opts > ExpansionPass > Single Expand > By Load Step (By Time/Freq)。
命令：NUMEXP，EXPSOL。
```

4.3.2 非线性选项

表 4-14 所示为主要用于非线性分析的选项。

表 4-14　非线性分析命令

命令	GUI 菜单路径	用途
NEQIT	Main Menu > Preprocessor > Loads > Load Step Opts > Nonlinear > Equilibrium Iter Main Menu > Solution > Load Step Opts > Sol'n Control Main Menu > Solution > Load Step Opts > Nonlinear > Equilibrium Iter Main Menu > Solution > Unabridged Menu > Nonlinear > Equilibrium Iter	指定每个子步最大平衡迭代的次数（默认＝25）
CNVTOL	Main Menu > Preprocessor > Loads > Load Step Opts > Nonlinear > Convergence Crit Main Menu > Solution > Load Step Opts > Sol'n Control Main Menu > Solution > Load Step Opts > Nonlinear > Convergence Crit Main Menu > Solution > Unabridged Menu > Nonlinear > Convergence Crit	指定收敛公差

续表

命令	GUI 菜单路径	用途
NCNV	Main Menu > Preprocessor > Loads > Load Step Opts > Nonlinear > Criteria to Stop Main Menu > Solution > Sol'n Control Main Menu > Solution > Load Step Opts > Nonlinear > Criteria to Stop Main Menu > Solution > Unabridged Menu > Nonlinear > Criteria to Stop	为终止分析提供选项

4.3.3 动力学分析选项

主要用于动态和其他瞬态分析的选项如表 4-15 所示。

表 4-15　动态和其他瞬态分析命令

命令	GUI 菜单路径	用途
TIMINT	Main Menu > Preprocessor > Loads > LoadStepOpts > Time/Frequenc > Time Integration Main Menu > Solution > Load Step Opts > Sol'n Control Main Menu > Solution > LoadStepOpts > Time/Frequenc > Time Integration Main Menu > Solution > UnabridgedMenu > Time/Frequenc > Time Integration	激活或取消时间积分
HARFRQ	Main Menu > Preprocessor > Loads > Load Step Opts > Time/Frequenc > Freq & Substeps Main Menu > Solution > Load Step Opts > Time/Frequenc > Freq & Substeps	在谐波响应分析中指定载荷的频率范围
ALPHAD	Main Menu > Preprocessor > Loads > Load Step Opts > Time/Frequenc > Damping Main Menu > Solution > Load Step Opts > Sol'n Control Main Menu > Solution > Load Step Opts > Time/Frequenc > Damping Main Menu > Solution > Unabridged Menu > Time/Frequenc > Damping	指定结构动态分析的阻尼
BETAD	Main Menu > Preprocessor > Loads > Load Step Opts > Time/Frequenc > Damping Main Menu > Solution > Load Step Opts > Sol'n Control Main Menu > Solution > Load Step Opts > Time/Frequenc > Damping Main Menu > Solution > Unabridged Menu > Time/Frequenc > Damping	指定结构动态分析的阻尼
DMPRAT	Main Menu > Preprocessor > Loads > Load Step Opts > Time/Frequenc > Damping Main Menu > Solution > Time/Frequenc > Damping	指定结构动态分析的阻尼
MDAMP	Main Menu > Preprocessor > Loads > Load Step Opts > Time/Frequenc > Damping Main Menu > Solution > Load Step Opts > Time/Frequenc > Damping	指定结构动态分析的阻尼

4.3.4 输出控制

输出控制用于控制分析输出的数量和特性。表 4-16 所示有两个基本输出控制。

表 4-16　输出控制命令

命令	GUI 菜单路径	用途
OUTRES	Main Menu > Preprocessor > Loads > Load Step Opts > Output Ctrls > DB/Results File Main Menu > Solution > Load Step Opts > Sol'n Control Main Menu > Solution > Load Step Opts > Output Ctrls > DB/Results File	控制 ANSYS 写入数据库和结果文件的内容以及写入的频率
OUTPR	Main Menu > Preprocessor > Loads > Load Step Opts > Output Ctrls > Solu Printout Main Menu > Solution > Load Step Opts > Output Ctrls > Solu Printout Main Menu > Solution > Load Step Opts > Output Ctrls > Solu Printout	控制打印（写入解输出文件 Jobname.OUT）的内容以及写入的频率

下例说明了“OUTERS”和“OUTPR”命令的使用。

```
OUTRES,ALL,5                         ! 写入所有数据：每到第 5 子步写入数据
OUTPR,NSOL,LAST                      ! 仅打印最后子步的节点解
```

可以发出一系列“OUTER”和“OUTERS”命令（达 50 个命令组合）以精确控制解地输出。但必须注意：命令发出的顺序很重要。例如，下列所示的命令把每到第 10 子步的所有数据和第 5 子步的节点解数据写入数据库和结果文件。

```
OUTRES,ALL,10
OUTRES,NSOL,5
```

然而，如果颠倒命令的顺序（如下所示），那么第二个命令优先于第一个命令，使每到第 10 子步的所有数据被写入数据库和结果文件，而每到第 5 子步的节点解数据则未被写入数据库和结果文件中。

```
OUTRES,NSOL,5
OUTRES,ALL,10
```

程序在默认情况下输出的单元解数据取决于分析类型。要限制输出的解数据，使用 OUTRES 有选择地抑制（FREQ = NONE）解数据的输出，或首先抑制所有解数据（OUTRES，ALL，NONE）的输出，然后通过随后的“OUTRES”命令有选择地打开数据的输出。

第三个输出控制命令 ERESX 允许在后处理中观察单元积分点的值。

```
GUI：Main Menu > Preprocessor > Loads > Load Step Opts > Output Ctrls > Integration Pt。
GUI：Main Menu > Solution > Load Step Opts > Output Ctrls > Integration Pt。
命令：ERESX。
```

默认情况下，对材料非线性（例如，非 0 塑性变形）以外的所有单元，ANSYS 程序使用外推法并根据积分点的数值计算在后处理中观察的节点结果。通过执行“ERESX，NO”命令，可以关闭外推法，相反，将积分点的值复制到节点，使这些值在后处理中可用。另一个选项 ERESX，YES，迫使所有单元都使用外推法，而不论单元是否具有材料非线性。

4.3.5　Biot-Savart 选项

用于磁场分析的选项有两个命令，如表 4-17 所示。

表 4-17　Biot-Savart 命令

命令	GUI 菜单路径	用途
BIOT	Main Menu > Preprocessor > Loads > Load Step Opts > Magnetics > Options Only > Biot-Savart Main Menu > Solution > Load Step Opts > Magnetics > Options Only > Biot-Savart	计算由于所选择的源电流场引起的磁场密度
EMSYM	Main Menu > Preprocessor > Loads > Load Step Opts > Magnetics > Options Only > Copy Sources Main Menu > Solution > Load Step Opts > Magnetics > Options Only > Copy Sources	复制呈周向对称的源电流场

4.3.6　谱分析选项

这类选项中有许多命令，所有命令都用于指定响应谱数据和功率谱密度（PSD）数据。在频谱

分析中，使用这些命令，参见帮助文件中的“ANSYS Structural Analysis Guide”说明。

4.3.7 创建多载荷步文件

所有载荷和载荷步选项一起构成了一个载荷步，程序用其计算该载荷步的解。如果有多个载荷步，可将每个载荷步存入一个文件，调入该载荷步文件，并从文件中读取数据求解。

“LSWRITE 命令”写载荷步文件（每个载荷步一个文件，以 Jobname.S01，Jobname.S02，Jobname.S03 等识别）。使用以下方法之一。

```
GUI：Main Menu > Preprocessor > Loads > Load Step Opts > Write LS File。
GUI：Main Menu > Solution > Load Step Opts > Write LS File。
命令：LSWRITE。
```

所有载荷步文件写入后，可以使用命令在文件中顺序读取数据，并求得每个载荷步的解。下例所示的命令组定义多个载荷步。

```
/SOLU                                          ！输入 Solution
0
！载荷步 1：
D, ...                                         ！载荷
SF，...
...
NSUBST，...                                    ！载荷步选项
KBC，...
OUTRES，...
OUTPR，...
...
LSWRITE                                        ！写入载荷步文件
Jobname.S01
！
！载荷步 2：
D, ...                                         ！载荷
SF，...
...
NSUBST，...                                    ！载荷步选项
KBC，...
OUTRES，...
OUTPR，...
...
LSWRITE                                        ！写入载荷步文件
Jobname.S02
...
```

关于载荷步文件的几点说明。

（1）载荷步数据根据 ANSYS 命令被写入文件。

（2）“LSWRITE”命令不捕捉实常数（R）或材料特性（MP）的变化。

（3）“LSWRITE”命令自动地将实体模型载荷转换到有限元模型，因此所有载荷按有限元载荷命令的形式被写入文件。特别地，表面载荷总是按“SFE”(或“SFBEAM”）命令的形式被写入文件，而不论载荷是如何施加的。

（4）要修改载荷步文件序号为 N 的数据，执行“LSREAD”命令，n 在文件中读取数据，作所需的改动，然后执行“LSWRITE，n”命令（将覆盖序号为 N 的旧文件）。还可以使用系统编辑器直接编辑载荷步文件，但这种方法一般不推荐使用。与“LSREAD”命令等价的 GUI 菜单路径如下。

```
GUI：Main Menu > Preprocessor > Loads > Load Step Opts > Read LS File。
GUI：Main Menu > Solution > Load Step Opts > Read LS File。
```

（5）“LSDELE”命令允许从 ANSYS 程序中删除载荷步文件。与“LSDELE”命令等价的 GUI 菜单路径如下。

```
GUI：Main Menu > Preprocessor > Loads > Define Loads > Operate > Delete LS Files。
GUI：Main Menu > Solution > Define Loads > Operate > Delete LS Files。
```

（6）与载荷步相关的另一个有用的命令是“LSCLEAR”，该命令允许删除所有载荷，并将所有载荷步选项重新设置为其默认值。例如，在读取载荷步文件进行修改前，可以使用它“清除”所有载荷步数据。与“LSCLEAR”命令等价的 GUI 菜单路径如下。

```
GUI：Main Menu > Preprocessor > Loads > Define Loads > Delete > All Load Data > data type。
GUI：Main Menu > Preprocessor > Loads > Reset Options。
GUI：Main Menu > Preprocessor > Loads > Define Loads > Settings > Replace vs Add。
GUI：Main Menu > Solution > Reset Options。
GUI：Main Menu > Solution > Define Loads > Settings > Replace vs Add > Reset Factors。
```

4.4　综合实例——齿轮泵齿轮模型载荷施加

在前面章节中对齿轮模型进行了网格划分，生成了可用于计算分析的有限元模型。接下来需要对齿轮施加载荷，以此考察其承受载荷的影响。

扫码看视频

【创建步骤】

（1）从应用菜单中选择“Utility Menu：Plot > Areas”命令。

（2）从应用菜单中选择“Utility Menu：Select > Entities”命令，在列表中选择“Areas”选项，选择“By Num/Pick”选项，单击“OK”按钮，如图 4-7 所示。

在图形中选择两侧的 3 个面，如图 4-8 所示的 A11、A14、A31，单击“OK”按钮。

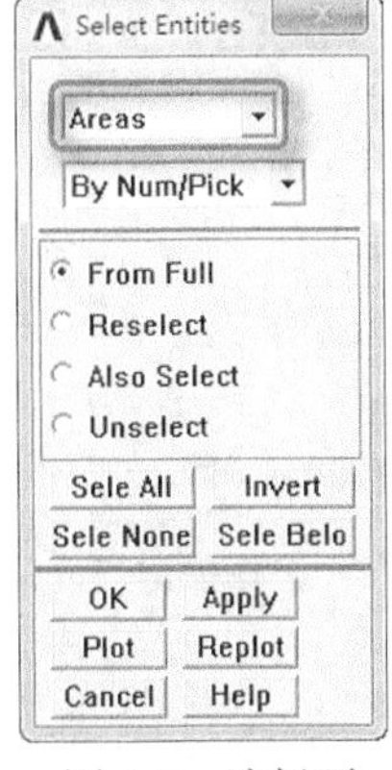

图 4-7　选择面

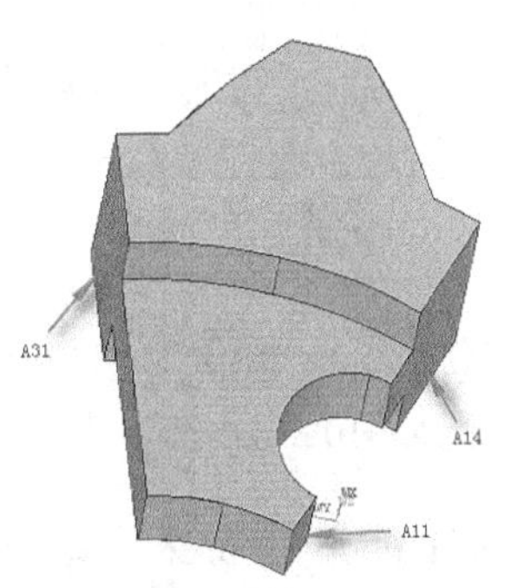

图 4-8　选择两侧面

（3）定义一个面的集合。

① 从应用菜单中选择“Utility Menu：Select > Comp/Assembly > Create Component”命令。

② 在“Component name”后的文本框中输入“areas-1”，在“Component is made of”列表框中选择“Areas”选项，单击“OK”按钮，如图 4-9 所示。

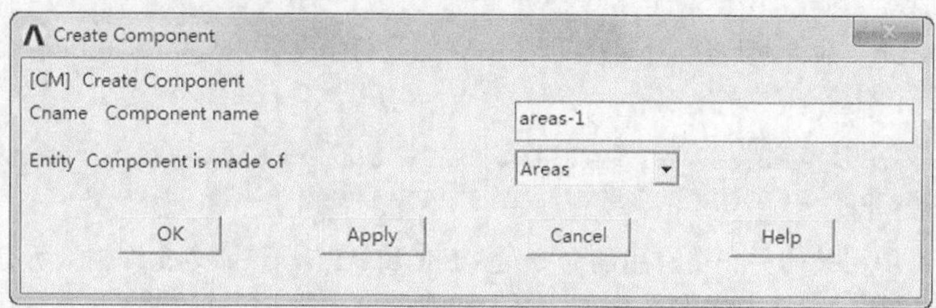

图 4-9 定义面的集合

（4）在选择面上施加对称边界条件。

① 从主菜单中选择“Main Menu：Solution > Define Loads > Apply > Structural > Displacement > Symmetry B.C. > On Areas”命令。

② 选择“Pick All”按钮，如图 4-10 所示。

（5）选择全部实体并画面。

① 从应用菜单中选择“Utility Menu：Select > Everything”命令。

② 从应用菜单中选择“Utility Menu：Plot > Areas”命令。

（6）为防止刚性位移，约束 65 号关键点 Z 方向位移。

① 从主菜单中选择“Main Menu：Solution > Define Loads > Apply > Structural > Displacement > On Keypoints”命令。

② 在图形窗口中选择 65 号关键点或在文本框中输入“65”，单击“OK”按钮，如图 4-11 所示。

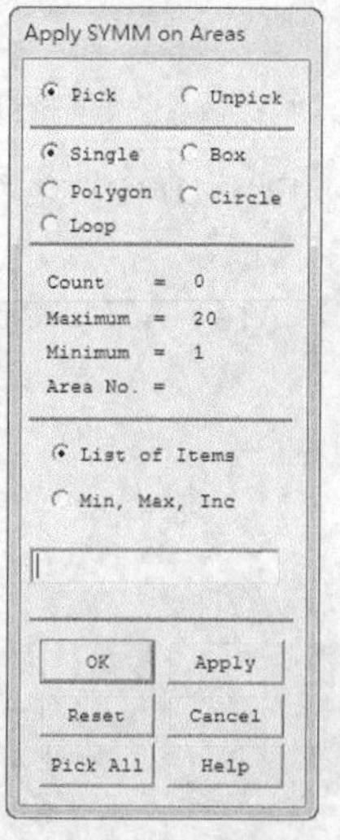

图 4-10 选择面

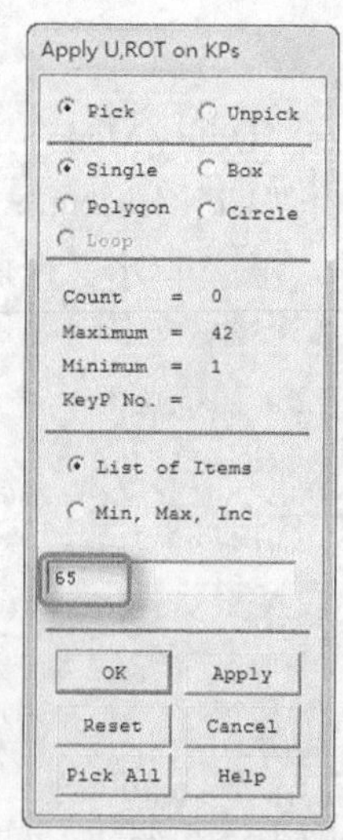

图 4-11 选择关键点

③ 在“DOFs to be constrained”列表框中选择“UZ”选项，单击“OK”按钮，如图 4-12 所示。

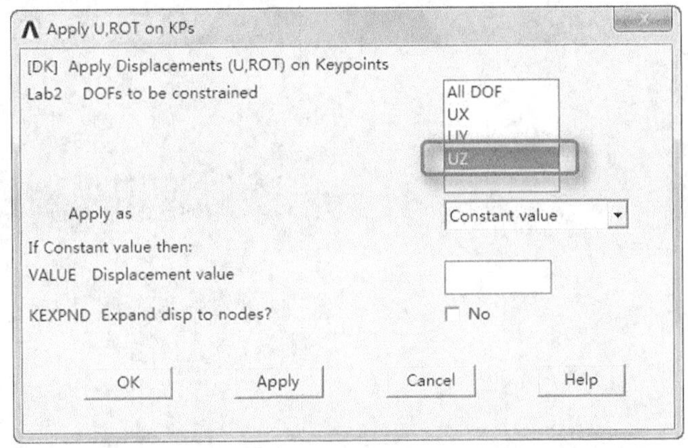

图 4-12　约束“UZ”方向位移

（7）转速惯性载荷及压力载荷并求解。

① 从主菜单中选择“Main Menu：Solution > Define Load > Apply > Structural > Inertia > Angular Veloc > Global”命令，打开“Apply Angular Velocity（施加角速度）”对话框，如图 4-13 所示。

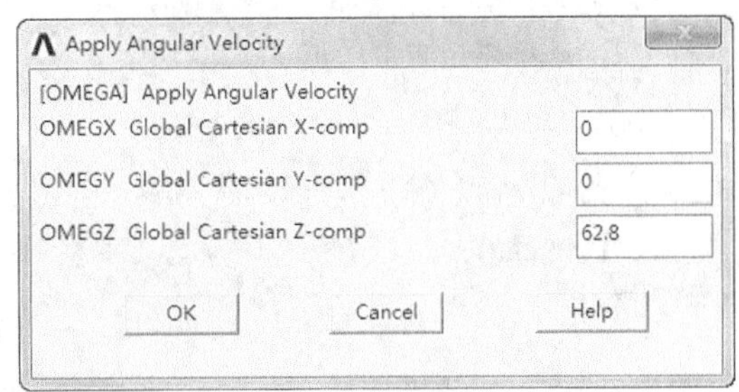

图 4-13　施加角速度对话框

② 在“Global Cartesian Z-comp（总体 z 轴角速度分量）”文本框中输入“62.8”，需要注意的是，转速是相对于总体笛卡儿坐标系施加的，单位是“rad/s”。

③ 单击“OK”按钮，施加转速引起的惯性载荷。

（8）选择“Sparse iterative”求解器。

① 从主菜单中选择“Main Menu：Solution > Analysis Type > Solution Control”命令。

② 在弹出的对话框中打开“Sol’n Options”选项，选择“Sparse direct”求解器，单击“OK”按钮，如图 4-14 所示。

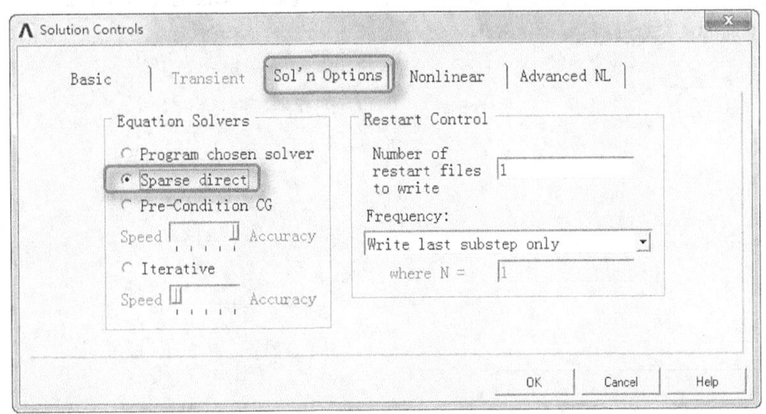

图 4-14　选择求解器

（9）单击“SAVE-DB”按钮，保存数据库。

本部分的命令流如下。

```
APLOT                                       ! 定义边界条件并求解
FLST,5,3,5,ORDE,3
FITEM,5,19
FITEM,5,22
FITEM,5,40
ASEL,S, , ,P51X                             ! 定义一个面的集合
CM,areas-1,AREA                             ! 在选择面上施加对称边界条件
FLST,2,3,5,ORDE,3
FITEM,2,19
FITEM,2,22
FITEM,2,40
DA,P51X,SYMM                                ! 选择全部实体
ALLSEL,ALL
APLOT
FINISH
/SOL                                        ! 为防止刚性位移，约束 65 关键点 z 方向位移
FLST,2,1,3,ORDE,1
FITEM,2,65
!*
/GO
DK,P51X, , , ,0,UZ, , , , , ,               ! 转速惯性载荷及压力载荷并求解
OMEGA,0,0,62.8,                             ! 选择 Sparse iterative 求解器
EQSLV,SPAR                                  ! 保存数据库
SAVE
```

4.5 本章小结

施加载荷是 ANSYS 有限元分析中十分重要的一步，尤其是载荷步选项的设定尤为关键，通过本章的学习，用户对 ANSYS 中的载荷有了全新的认识，并对施加载荷和载荷步选项也有全面的了解，但是，用户只有通过对 ANSYS 许多实例不间断地练习，才能够熟练地掌握 ANSYS 的施加载荷。

本章对齿轮的有限元模型进行施加载荷，让读者可以熟练地运用不同的载荷步加载方式，理解 ANSYS 载荷施加的一般步骤。

第 5 章
求解

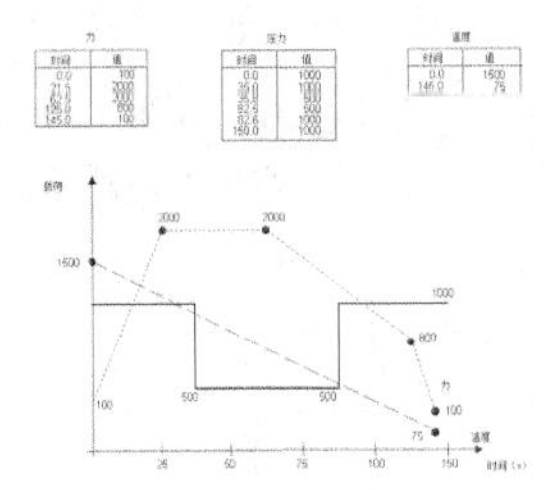

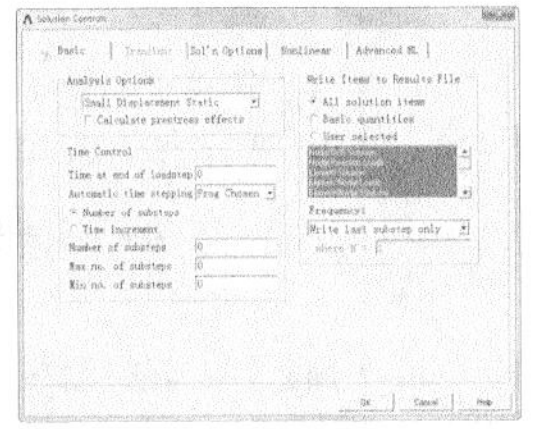

建立完有限元分析模型之后，就需要在模型上施加载荷，以此来检查结构或构件对一定载荷条件的响应。

5.1 求解概论

ANSYS 能够求解由有限元方法建立的联立方程，求解的结果如下。

（1）节点的自由度值，为基本解。

（2）原始解的导出值，为单元解。

单元解通常是在单元的公共点上计算出来的，ANSYS 程序将结果写入数据库和结果文件（Jobname.RST，RTH，RMG，RFL）。

ANSYS 程序中有几种解联立方程的方法：直接解法、稀疏矩阵直接解法、雅克比共轭梯度法（JCG）、不完全分解共轭梯度法（ICCG）、预条件共轭梯度法（PCG）、自动迭代法（ITER）以及分块解法（DDS）。默认为直接解法，可用以下方法选择求解器。

```
GUI：Main Menu > Preprocessor > Loads > Analysis Type > Analysis Options。
GUI：Main Menu > Solution > Load Step Options > Sol'n Control。
GUI：Main Menu > Solution > Analysis Options。
命令：EQSLV。
```

如果没有“Analysis Options”选项，则需要完整的菜单选项，调出完整的菜单选项方法为选择“GUI：Main Menu > Solution > Unabridged Menu”命令。

表 5-1 提供了一般的准则，可能有助于针对给定的问题选择合适的求解器。

表 5-1　求解器选择准则

解法	典型应用场合	模型尺寸	内存使用	硬盘使用
直接解法	要求稳定性（非线性分析）或内存受限制时	低于 50000 自由度	低	高
稀疏矩阵直接解法	要求稳定性和求解速度（非线性分析）；线性分析时迭代收敛很慢时（尤其对病态矩阵，如形状不好的单元）	自由度为 10000 ～ 500000	中	高
雅克比共轭梯度法	在单场问题（如热、磁、声，多物理问题）中求解速度很重要时	自由度为 50000 ～ 1000000	中	低
不完全分解共轭梯度法	在多物理模型应用中求解速度很重要时，处理其他迭代法很难收敛的模型（几乎是无穷矩阵）	自由度为 50000 ～ 1000000	高	低
预条件共轭梯度法	当求解速度很重要时（大型模型的线性分析），尤其适合实体单元的大型模型	自由度为 50000 ～ 1000000	高	低
自动迭代法	类似于预条件共轭梯度法（PCG），不同的是，它支持 8 台处理器并行计算	自由度为 50000 ～ 1000000	高	低
分块解法	该解法支持数十台处理器通过网络连接来完成并行计算	自由度为 1000000 ～ 10000000	高	低

5.1.1 使用直接求解法

ANSYS 直接求解法不组集整个矩阵，而是在求解器处理每个单元时，同时进行整体矩阵的组集和求解，其方法如下。

（1）每个单元矩阵计算出后，求解器读入第一个单元的自由度信息。

（2）程序通过写入一个方程到 TRI 文件，消去任何可以由其他自由度表达的自由度，该过程对所有单元重复进行，直到所有的自由度都被消去，只剩下一个三角矩阵在 TRIN 文件中。

（3）程序通过回代法计算节点的自由度解，用单元矩阵计算单元解。

在直接求解法中经常提到“波前”这一术语，它是在三角化过程中因不能从求解器消去而保留的自由度数。随着求解器处理每个单元及其自由度时，波前就会膨胀和收缩，最后，当所有的自由度都处理过以后波前变为零。波前的最高值称为最大波前，而平均的、均方根值称为RMS波前。

一个模型的RMS波前值直接影响求解时间：其值越小，CPU所用的时间越少，因此在求解前可能希望能重新排列单元号以获得最小的波前值。ANSYS程序在开始求解时会自动进行单元排序，除非已对模型重新排列过或者已经选择了不需要重新排列。最大波前值直接影响内存的需要，尤其是临时数据申请的内存量。

5.1.2　使用稀疏矩阵直接解法求解器

稀疏矩阵直接解法是建立在与迭代法相对应的直接消元法基础上的。迭代法通过间接的方法（也就是通过迭代法）获得方程的解。既然稀疏矩阵直接解法是以直接消元为基础的，不良矩阵不会构成求解困难。

稀疏矩阵直接解法不适用于PSD光谱分析。

5.1.3　使用雅克比共轭梯度法求解器

雅克比共轭梯度法求解器也是从单元矩阵公式出发，但是接下来的步骤就不同了，雅克比共轭梯度法不是将整体矩阵三角化而是对整体矩阵进行组集，求解器于是通过迭代收敛法计算自由度的解（开始时假设所有的自由度值全为0）。雅克比共轭梯度法求解器最适合于包含大型的稀疏矩阵三维标量场的分析，如三维磁场分析。

有些场合，1.0e–8的公差默认值（通过“EQSLV，JCG”命令设置）可能太严格，会增加不必要的运算时间，大多数场合1.0e–5的值就可满足要求。

雅克比共轭梯度法求解器只适用于静态分析、全谐波分析或全瞬态分析（可分别使用ANTYPE，STATIC；HROPT，FULL；TRNOPT，FULL命令指定分析类型）。

对所有的共轭梯度法，必须非常仔细地检查模型的约束是否恰当，如果存在任何刚体运动的话，将计算不出最小主元，求解器会不断迭代。

5.1.4　使用不完全分解共轭梯度法求解器

不完全分解共轭梯度法与雅克比共轭梯度法在操作上相似，除了以下几方面不同。

（1）不完全分解共轭梯度法比雅克比共轭梯度对病态矩阵更具有稳固性，其性能因矩阵调整状况而不同，但总的来说不完全分解共轭梯度法的性能比得上雅克比共轭梯度法的性能。

（2）不完全分解共轭梯度法比雅克比共轭梯度法使用更复杂的先决条件，使用不完全分解共轭梯度法需要大约两倍于雅克比共轭梯度法的内存。

不完全分解共轭梯度法只适用于静态分析，全谐波分析或全瞬态分析（可分别使用“ANTYPE，STATIC”“HROPT，FULL”“TRNOPT，FULL”命令指定分析类型），不完全分解共轭梯度法对具有稀疏矩阵的模型很适用，对对称矩阵及非对称矩阵同样有效。不完全分解共轭梯度法比直接解法速度更快。

5.1.5　使用预条件共轭梯度法求解器

预条件共轭梯度法与雅克比共轭梯度法在操作上相似，除了以下几方面不同。

（1）预条件共轭梯度法解实体单元模型比雅克比共轭梯度法快 4 ～ 10 倍，对壳体构件模型大约快 10 倍，存储量随着问题规模的增大而增大。

（2）预条件共轭梯度法使用 EMAT 文件，而不是 FULL 文件。

（3）雅克比共轭梯度法使用整体装配矩阵的对角线作为预条件矩阵，预条件共轭梯度法使用更复杂的预条件矩阵。

（4）预条件共轭梯度法通常需要大约 2 倍于雅克比共轭梯度法的内存，因为在内存中保留了两个矩阵（预条件矩阵，它几乎与刚度矩阵大小相同；对称的、刚度矩阵的非零部分）。

使用“/RUNST”命令或 GUI 菜单路径可以（Main Menu > Run-Time Stas）决定所需要的空间或波前的大小，需分配专门的内存。

预条件共轭梯度法所需的空间通常少于直接求解法的四分之一，存储量随着问题规模大小而增减。

预条件共轭梯度法通常解大型模型（波前值大于 1000）时比直接解法要快。

预条件共轭梯度法最适用于结构分析。它对具有对称、稀疏、有界和无界矩阵的单元有效，适用于静态或稳态分析和瞬态分析或子空间特征值分析（振动力学）。

预条件共轭梯度法主要解决位移 / 转动（在结构分析中）、温度（在热分析中）等问题，其他导出变量的准确度（如应力、压力、磁通量等）取决于原变量的预测精度。

直接求解的方法（如直接求解法、稀疏直接求解法）可获得非常精确的矢量解，而间接求解的方法（如预条件共轭梯度法）主要依赖于指定的收敛准则，因此放松默认公差将对精度产生重要影响，尤其对导出量的精度。

对具有大量的约束方程的问题或具有 SHELL150 单元的模型，建议不要采用预条件共轭梯度法，对这些类型的模型可以采用直接求解法。同样，预条件共轭梯度法不支持 SOLID63 和 MATRIX50 单元。

所有的共轭梯度法，必须非常仔细地检查模型的约束是否合理，如果有任何刚体运动，将计算不出最小主元，求解器会不断迭代。

当预条件共轭梯度法遇到一个无限矩阵，求解器会调用一种处理无限矩阵的算法，如果预条件共轭梯度法的无限矩阵算法也失败的话（这种情况出现在当方程系统是病态的，如子步失去联系或塑性链的发展），将会触发一个外部的 Newton-Raphson 循环，执行一个二等分操作，通常，刚度矩阵在二等分后将会变成良性矩阵，而且预条件共轭梯度法能够最终求解所有的非线性步。

5.1.6 使用自动迭代解法选项

自动迭代解法选项（通过“EQSLV，ITER”命令）将选择一种合适的迭代法（PCG，JCG 等），它基于正在求解的问题的物理特性。使用自动迭代法时，必须输入精度水平，该精度必须是 1 ～ 5 之间的整数，用于选择迭代法的公差供检验收敛情况。精度水平 1 对应最快的设置（迭代次数少），而精度水平 5 对应最慢的设置（精度高，迭代次数多），ANSYS 选择公差是以选择精度水平为基础的，如下所示内容。

线性静态或线性全瞬态结构分析时，精度水平为 1，相当于公差为 1.0e–4；精度水平为 5，相当于公差为 1.0e–8。

稳态线性或非线性热分析时，精度水平为 1，相当于公差为 1.0e–5；精度水平为 5，相当于公差为 1.0e–9。

瞬态线性或非线性热分析时，精度水平为 1，相当于公差为 1.0e–6；精度水平为 5，相当于公差为 1.0e–10。

该求解器选项只适用于线性静态或线性全瞬态的瞬态结构分析和稳态 / 瞬态线性或非线性热分析。

因解法和公差以待求解问题的物理特性和条件为基础进行选择，建议在求解前执行该命令。

当选择自动迭代选项，且满足适当条件时，在结构分析和热分析过程中将不会产生“Jobname.EMAT”文件和“Jobname.EROT”文件，对包含相变的热分析不建议使用该选项。当选择该选项，但不满足恰当的条件时，ANSYS 将会使用直接求解的方法，并产生一个注释信息：告知求解时所用的求解器和公差。

5.1.7 获得解答

开始求解，进行以下操作。

```
GUI：Main Menu > Solution > Current LS or Run FLOTRAN。
命令：SOLVE。
```

因为求解阶段与其他阶段相比，一般需要更多的计算机资源，所以批处理（后台）模式要比交互式模式更适宜。

求解器将输出写入输出文件（Jobname. OUT）和结果文件中，如果以交互模式运行求解的话，输出文件就是画面。当执行“SOLVE”命令前使用下述操作，可以将输出送入一个文件而不是画面。

```
GUI：Utility Menu > File > Switch Output to > File or Output Window。
命令：/OUTPUT。
```

写入输出文件的数据由如下内容组成。

载荷概要信息。

模型的质量及惯性矩。

求解概要信息。

最后的结束标题，给出总的 CPU 时间和各过程所用的时间。

由“OUTPR”命令指定的输出内容以及绘制云纹图所需的数据。

在交互模式中，大多数输出是被压缩的，结果文件（RST，RTH，RMG 或 RFL）包含所有的二进制方式的文件，可在后处理程序中进行浏览。

在求解过程中产生的另一有用文件是“Jobname.STAT”文件，它给出了解答情况。程序运行时可用该文件来监视分析过程，对非线性和瞬态分析的迭代分析尤其有用。

“SOLVE”命令还能对当前数据库中的载荷步数据进行计算求解。

5.2 利用特定的求解控制器来指定求解类型

当在求解某些结构分析类型时，可以利用如下两种特定的求解工具。

Abridged Solution 菜单选项：只适用于静态、全瞬态、模态和屈曲分析类型。

求解控制对话框：只适用于静态和全瞬态分析类型。

5.2.1 使用 Abridged Solution 菜单选项

当使用图形界面方式进行一个结构静态、瞬态、模态或者屈曲分析时，将选择是否使用“abridged”或者“unabridged Solution”菜单选项。

（1）“Unabridged Solution”菜单选项列出了在当前分析中可能使用的所有求解选项，无论其是被推荐的还是可能的（如果在当前分析中不可能使用的选项，那么其将呈现灰色）。

（2）“Abridged Solution”菜单选项较为简易，仅仅列出了分析类型所必需的求解选项。例如，当进行一个静态分析时，选项“Modal Cyclic Sym”将不会出现在“abridged Solution”菜单选项中，只有那些有效且被推荐的求解选项才出现。

当一结构分析中，当进入SOLUTION模块（GUI菜单路径：Main Menu > Solution）时，“abridged Solution”菜单选项为默认值。

当进行分析的类型是静态或全瞬态时，可以通过这种菜单完成求解选项的设置。然而，如果选择了不同的一个分析类型，“abridged Solution”菜单选项的默认值将被一个不同的“Solution”菜单选项所代替，而新的菜单选项将符合新选择的分析类型。

当进行一分析后又选择一个新的分析类型，那么将（默认地）得到和第一次分析相同的“Solution”菜单选项类型。例如，当选择使用“unabridged Solution”菜单选项来进行一个静态分析后，又选择进行一个新的屈曲分析，此时将得到（默认）适用于屈曲分析的“unabridged Solution”菜单选项。但是，在分析求解阶段的任何时候，通过选择合适的菜单选项，都可以在“unabridged”和“abridged Solution”菜单选项之间切换（GUI 菜单路径：Main Menu > Solution > Unabridged Menu 或 Main Menu > Solution > Abridged Menu）。

5.2.2 使用求解控制对话框

当进行一个结构静态或全瞬态分析时，可以使用求解控制对话框来设置分析选项。求解控制对话框包括 5 个选项，每个选项包含一系列的求解控制。对于指定多载荷步分析中每个载荷步的设置，求解控制对话框是非常有用的。

只要进行结构静态或全瞬态分析，那么求解菜单必然包含求解控制对话框选项。单击“Solution Control”菜单项，可弹出如图 5-1 所示的求解控制对话框。这一对话框提供了简单的图形界面来设置分析和载荷步选项。

一旦打开求解控制对话框，“Basic”标签页将被激活，如图 5-1 所示。完整的标签页按顺序从左到右依次是：Basic、Transient、Sol'n Options、Nonlinear、Advanced NL。

每套控制逻辑上分在一个标签页里，最基本的控制出现在第一个标签页里，而后续的标签页里提供了更高级的求解控制选项。“Transient”标签页包含瞬态分析求解控制，仅当分析类型为瞬态分析时才可用，否则呈现灰色。

每个求解控制对话框中的选项对应一个 ANSYS 命令，如表 5-2 所示。

一旦对“Basic”标签页的设置满意，那么就不需要对其余的标签页选项进行处理，除非想要改变某些高级设置。

无论对一个或多个标签页进行改变，仅当单击“OK”按钮关闭对话框后，这些改变才被写入 ANSYS 数据库。

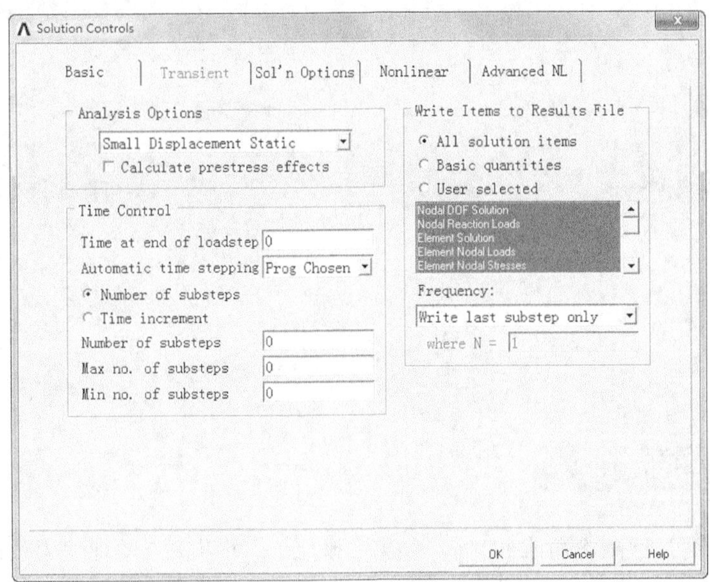

图 5-1 求解控制对话框

表 5-2 求解控制对话框

求解控制对话框标签页	用途	对应的命令
Basic	指定分析类型 控制时间设置 指定写入 ANSYS 数据库中结果数据	ANTYPE，NLGEOM，TIME，AUTOTS，NSUBST，DELTIM，OUTRES
Transient	指定瞬态选项 指定阻尼选项 定义积分参数	TIMINT，KBC，ALPHAD，BETAD，TINTP
Sol'n Options	指定方程求解类型 指定重新多个分析的参数	EQSLV，RESCONTROL
Nonlinear	控制非线性选项 指定每个子步迭代的最大次数 指明是否在分析中进行蠕变计算 控制二分法 设置收敛准则	LNSRCH，PRED，NEQIT，RATE，CUTCONTROL，CNVTOL
Advanced NL	指定分析终止准则 控制弧长法的激活与中止	NCNV，ARCLEN，ARCTRM

5.3 多载荷步求解

5.3.1 多重求解法

这种方法是最直接的，它包括在每个载荷步定义好后执行“SOLVE”命令。主要的缺点是，在交互使用时必须等到每一步求解结束后才能定义下一个载荷步，典型的多重求解法命令流如下所示。

```
/SOLU                                        ! 进入 SOLUTION 模块
...
! Load step 1:                               ! 载荷步 1
D,...
SF,...
0
SOLVE                                        ! 求解载荷步 1
! Load step 2                                ! 载荷步 2
F,...
SF,...
...
SOLVE                                        ! 求解载荷步 2
Etc.
```

5.3.2 使用载荷步文件法

当想求解问题而又远离终端或PC时（如整个晚上），可以很方便地使用载荷步文件法。该方法包括写入每一载荷步到载荷步文件中（通过“LSWRITE”命令或相应的GUI方式），通过一条命令就可以读入每个文件并获得解答。

求解多载荷步有如下两种方式。

```
GUI : Main Menu > Solution > From Ls Files。
命令: LSSOLVE。
```

LSSOLVE命令其实是一条宏指令，它按顺序读取载荷步文件，并开始进行每一个载荷步的求解。载荷步文件法的示例命令输入如下。

```
/SOLU                                        ! 进入求解模块
...
! Load Step 1:                               ! 载荷步 1
D,...                                        ! 施加载荷
SF,...
...
NSUBST,...                                   ! 载荷步选项
KBC,...
OUTRES,...
OUTPR,...
...
LSWRITE                                      ! 写载荷步文件: Jobname.S01
! Load Step 2:
D,...
SF,...
...
NSUBST,...                                   ! 载荷步选项
KBC,...
OUTRES,...
OUTPR,...
...
LSWRITE                                      ! 写载荷步文件: Jobname.S02
...
0
LSSOLVE,1,2                                  ! 开始求解载荷步文件 1 和 2
```

5.3.3 使用数组参数法（矩阵参数法）

在进行瞬态或非线性静态（稳态）分析前，需要了解有关数组参数和 DO 循环的知识，这是 APDL（ANSYS 参数设计语言）中的部分内容，详细内容可以参考 ANSYS 帮助文件中的“APDL PROGRAMMER’S GUIDE”了解 APDL。数组参数法包括用数组参数法建立载荷 - 时间关系表，下面给出了最好的解释。

假定有一组随时间变化的载荷，如图 5-2 所示。有 3 个载荷函数，所以需要定义 3 个数组参数，所有的 3 个数组参数必须是表格形式。力函数有 5 个点，所以需要一个 5×1 的数组；压力函数需要一个 6×1 的数组；而温度函数需要一个 2×1 的数组。注意到 3 个数组都是一维的，载荷值放在第一列，时间值放在第 0 列（第 0 列、0 行，一般包含索引号，如果把数组参数定义为一张表格的话，第 0 列、0 行必须改变，且填上单调递增的编号组）。

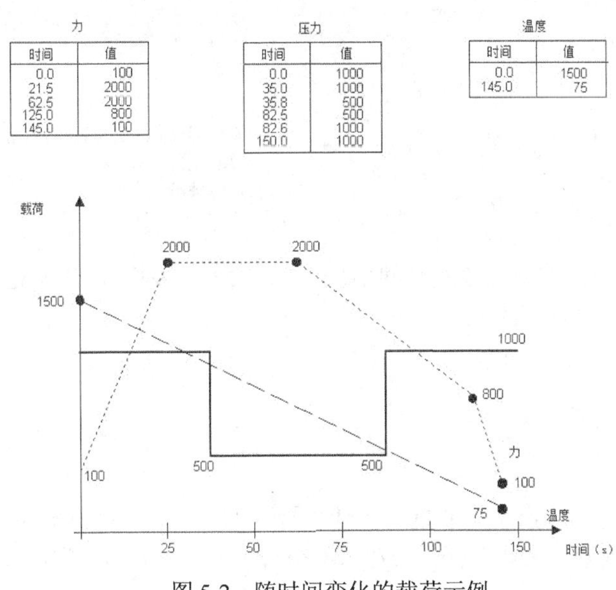

力

时间	值
0.0	100
21.5	2000
62.5	2000
125.0	800
145.0	100

压力

时间	值
0.0	1000
35.0	1000
35.8	500
82.5	500
82.6	1000
150.0	1000

温度

时间	值
0.0	1500
145.0	75

图 5-2 随时间变化的载荷示例

要定义 3 个数组参数，必须申明其类型和维数，要做到这一点，可以使用以下方式。

```
GUI：Utility Menu > Parameters > Array Parameters > Define/Edit。
命令：*DIM。
```

例如：

```
*DIM,FORCE,TABLE,5,1
*DIM,PRESSURE,TABLE,6,1
*DIM,TEMP,TABLE,2,1
```

可用数组参数编辑器（GUI：Utility Menu > Parameters > Array Parameters > Define/Edit）或者一系列‘=’命令填充这些数组，后一种方法如下。

```
FORCE(1,1)=100,2000,2000,800,100              ! 第 1 列力的数值
FORCE(1,0)=0,21.5,50.9,98.7,112               ! 第 0 列对应的时间
FORCE(0,1)=1                                  ! 第 0 行
PRESSURE(1,1)=1000,1000,500,500,1000,1000
```

```
PRESSURE(1,0)=0,35,35.8,74.4,76,112
PRESSURE(0,1)=1
TEMP(1,1)=800,75
TEMP(1,0)=0,112
TEMP(0,1)=1
```

现在已经定义了载荷历程，要加载并获得解答，需要构造一个如下所示的 DO 循环（通过使用命令 *DO 和 *ENDDO）。

```
TM_START=1E-6                              ! 开始时间（必须大于 0）
TM_END=112                                 ! 瞬态结束时间
TM_INCR=1.5                                ! 时间增量
! 从 TM_START 开始到 TM_END 结束，步长 TM_INCR
*DO,TM,TM_START,TM_END,TM_INCR
TIME,TM                                    ! 时间值
F,272,FY,FORCE(TM)                         ! 随时间变化的力（节点 272 处，方向 FY）
NSEL,...                                   ! 在压力表面上选择节点
SF,ALL,PRES,PRESSURE(TM)                   ! 随时间变化的压力
NSEL,ALL                                   ! 激活全部节点
NSEL,...                                   ! 选择有温度指定的节点
BF,ALL,TEMP,TEMP(TM)                       ! 随时间变化的温度
NSEL,ALL                                   ! 激活全部节点
SOLVE                                      ! 开始求解
*ENDDO
```

用这种方法，可以非常容易地改变时间增量（TM_INCR 参数），用其他方法改变如此复杂的载荷历程的时间增量将是很麻烦的。

5.4 重新启动分析

有时，在第一次运行完成后也许要重新启动分析过程，例如想将更多的载荷步加到分析中来，在线性分析中也许要加入别的加载条件，或在瞬态分析中加入另外的时间历程加载曲线，或在非线性分析收敛失败时需要恢复。

在了解重新开始求解之前，有必要知道如何中断正在运行的作业。通过系统的帮助函数，如系统中断，发出一个删除信号，或在批处理文件队列中删除项目。然而，对于非线性分析，这不是好的方法。因为以这种方式中断的作业将不能重新启动。

在一个多任务操作系统中完全中断一个非线性分析时，会产生一个放弃文件，命名为 Jobname.ABT（在一些区分大小的系统上，文件名为 Jobname.abt）。第一行的第一列开始含有单词“非线性”。在平衡方程迭代的开始，如果 ANSYS 程序发现在工作目录中有这样一个文件，分析过程将会停止，并能在以后的时候重新启动。

若通过指定的文件来读取命令（/INPUT）（GUI 路径：Main Menu > Preprocessor > Material Props > Material Library, 或 Utility Menu > File > Read Input from），那么放弃文件将会中断求解，但程序依然继续从这个指定的输入文件中读取命令。于是，任何包含在这个输入文件中的后处理命令将会被执行。

要重新启动分析，模型必须满足如下条件。

（1）分析类型必须是静态（稳态）、谐波（二维磁场）或瞬态（只能是全瞬态），其他的分析不能被重新启动。

（2）在初始运算中，至少已完成了一次迭代。

（3）初始运算不能因“删除”作业、系统中断或系统崩溃被中断。

（4）初始运算和重启动必须在相同的 ANSYS 版本下进行。

5.4.1 重新启动一个分析

通常一个分析的重新启动要求初始运行作业的某些文件，并要求在“SOLVE”命令前没有进行任何的改变。

1. 重启动一个分析的要求

在初始运算时必须得到以下文件。

（1）Jobname.DB 文件。在求解后，POST1 后处理之前保存的数据库文件，必须在求解以后保存这个文件，因为许多求解变量在求解程序开始以后设置的，在进入 POST1 前保存该文件，因为在后处理过程中，“SET”命令（或功能相同的 GUI 菜单路径）将用这些结果文件中的边界条件改写存储器中的已经存在的边界条件。接下来的“SAVE”命令将会存储这些边界条件（对于非收敛解，数据库文件是自动保存的）。

（2）Jobname.EMAT 文件。单元矩阵。

（3）Jobname.ESAV 或 Jobname.OSAV 文件。Jobname.ESAV 文件保存单元数据，Jobname.OSAV 文件保存旧的单元数据。Jobname.OSAV 文件只有当 Jobname.ESAV 文件丢失、不完整或由于解答发散，或因位移超出了极限，或因主元为负引起 Jobname.ESAV 文件不完整或出错时才用到如表 5-2 所示。在“NCNV”命令中，如果 KSTOP 被设为 1（默认值）或 2，或自动时间步长被激活，数据将写入 Jobname.OSAV 文件中。如果需要 Jobname.OSAV 文件，必须在重新启动时把它改名为 Jobname.ESAV 文件。

（4）结果文件。不是必需的，但如果有，重新启动运行得出的结果将通过适当的有序的载荷步和子步号追加到这个文件中去。如果因初始运算结果文件的结果设置数超出而导致中断的话，需在重新启动前将初始结果文件名改为另一个不同文件名。这可以通过执行“ASSIGN”命令（或 GUI 菜单路径：Utility Menu > File > ANSYS File Options）实现。

如果由于不收敛、时间限制、中止执行文件（Jobname.ABT）或其他程序诊断错误引起程序中断的话，数据库会自动保存，求解输出文件（Jobname.OUT）会列出这些文件和其他一些在重新启动时所需的信息。中断原因和重新启动所需的保存的单元数据文件如表 5-3 所示。

如果在先前运算中产生 .RDB，.LDHI 或 .Rnnn 文件，那么必须在重新启动前删除它们。

在交互模式中，已存在的数据库文件会首先写入备份文件（Jobname.DBB）中。在批处理模式中，已存在的数据库文件会被当前的数据库信息所替代，不进行备份。

表 5-3 非线性分析重新启动信息

中断原因	保存的单元数据库文件	所需的正确操作
正常	Jobname.ESAV	在作业的末尾添加更多载荷步
不收敛	Jobname.OSAV	定义较小的时间步长，改变自适应衰减选项或采取其他措施加强收敛，在重新启动前把 Jobname.OSAV 文件名改为 Jobname.ESAV 文件
因平衡迭代次数不够引起的不收敛	Jobname.ESAV	如果解正在收敛，允许更多的平衡方程式（ENQIT 命令）
超出累积迭代极限（NCNV 命令）	Jobname.ESAV	在 NCNV 命令中增加 ITLIM

续表

中断原因	保存的单元数据库文件	所需的正确操作
超出时间限制（NCNV 命令）	Jobname.ESAV	无（仅需要重新启动分析）
超出位移限制（NCNV 命令）	Jobname.OSAV	与不收敛情况相同
主元为负	Jobname.OSAV	与不收敛情况相同
Jobname.ABT 文件 解是收敛的 解是分散的	Jobname.EMAV, Jobname.OSAV	做任何必要的改变，以便能访问引起主动中断分析的行为
结果文件“满”（超过 1000 子步），时间步长输出	Jobname.ESAV	检查 CNVTOL、DELTIM 和 NSUBST 或 KEYOPT（7）中的接触单元的设置，或在求解前在结果文件（/CONFIG，NRES）中指定允许的较大的结果数，或减少输出的结果数，还要为结果文件改名（/ASSIGN）
“删除”操作（系统中断），系统崩溃，或系统超时	不可用	不能重新启动

2. 重启动一个分析的过程

（1）进入 ANSYS 程序，给定与第一次运行时相同的文件名（执行“/FILNAME”命令或 GUI 菜单路径：Utility Menu > File > Change Jobname）。

（2）进入求解模块（执行“/SOLU”命令或 GUI 菜单路径：Main Menu > Solution），然后恢复数据库文件（执行“RESUME”命令或 GUI 菜单路径：Utility Menu > File > Resume Jobname.db）。

（3）说明这是重新启动分析（执行“ANTYPE，REST”命令或 GUI 菜单路径：Main Menu > Solution > Restart）。

（4）按需要规定修正载荷或附加载荷，从前面的载荷值调整坡道载荷的起始点，新加的坡道载荷从零开始增加，新施加的体积载荷从初始值开始。删除的重新加上的载荷可视为新施加的负载，而不用调整。待删除的表面载荷和体积载荷，必须减小至零或到初始值，以保持 Jobname.ESAV 文件和 Jobname.OSAV 文件的数据库一样。

如果是从收敛失败重新启动的话，务必采取所需的正确操作。

（5）指定是否要重新使用三角化矩阵（Jobname.TRI 文件），可用以下操作。

```
GUI：Main Menu > Preprocessor > Loads > Other > Reuse Tri Matrix。
GUI：Main Menu > Solution > Other > Reuse Tri Matrix。
命令：KUSE
```

默认时，ANSYS 为重启动第一载荷步计算新的三角化矩阵，通过执行“KUSE，1”命令，可以迫使允许再使用已有的矩阵，这样可节省大量的计算时间。然而，仅在某些条件下才能使用 Jobname.TRI 文件，尤其当规定的自由度约束没有发生改变，且为线性分析时。

通过执行“KUSE，-1”命令，可以使 ANSYS 重新形成单元矩阵，这样对调试和处理错误是有用的。

有时，可能需根据不同的约束条件来分析同一模型，如一个四分之一对称的模型（具有对称 - 对称（SS），对称 - 反对称（SA），反对称 - 对称（AS）和反对称 - 反对称（AA）条件）。在这种情况下，必须牢记以下几点。

- 4 种情况（SS, SA, AS, AA）都需要新的三角化矩阵。
- 可以保留 Jobname.TRI 文件的副本用于各种不同工况，在适当时候使用。
- 可以使用子结构（将约束节点作为主自由度）以减少计算时间。

（6）发出“SOLVE”命令初始化重新启动求解。

（7）对附加的载荷步（若有的话）重复执行步骤（4）、（5）和（6），或使用载荷步文件法产生和求解多载荷步，使用下述命令。

```
GUI：Main Menu > Preprocessor > Loads > Write LS File。
GUI：Main Menu > Solution > Write LS File。
命令：LSWRITE。
GUI：Main Menu > Solution > From LS Files。
命令：LSSOLVE。
```

（8）按需要进行后处理，然后退出 ANSYS。

重新启动输入列表示例如下所示。

```
!  Restart run：
/FILNAME,...                                    ！工作名
RESUME
/SOLU
ANTYPE,,REST                                    ！指定为前述分析的重新启动
!
！指定新载荷、新载荷步选项等
！对非线性分析，采用适当的止确操作
!
SOLVE                                           ！开始重新求解
SAVE                                            !SAVE 选项供后续可能进行的重新启动使用
FINISH
!
！按需要进行后处理
!
/EXIT,NOSAV
```

3. 从不兼容的数据库重新启动非线性分析

有时，后处理过程先于重新启动，如果在后处理期间执行“SET”命令或“SAVE”命令的话，数据库中的边界条件会发生改变，变成与重新启动分析所需的边界条件不一致。默认条件下，程序在退出前会自动保存文件。在求解的结束时，数据库存储器中存储的是最后的载荷步的边界条件（数据库只包含一组边界条件）。

POST1 中的“SET”命令（不同于“SET，LAST”命令）为指定的结果将边界条件读入数据库，并改写存储器中的数据库。如果接下来保存或推出文件，ANSYS 会从当前的结果文件开始，通过 D’S 和 F’S 改写数据库中的边界条件。然而，要从上一求解子步开始执行边界条件变化的重启动分析，需有求解成功的上一求解子步边界条件。

要为重新启动重建正确的边界条件，首先要运行“虚拟”载荷步，过程如下。

（1）将“Jobname.OSAV”文件改名为“Jobname.ESAV”文件。

（2）进入 ANSYS 程序，指定使用与初始运行相同的文件名（可执行“/FILNAME”命令或 GUI 菜单路径：Utility Menu > File > Change Jobname）。

（3）进入求解模块（执行“/SOLU”命令或 GUI 菜单路径：Main Menu > Solution），然后恢复数据库文件（执行“RESUME”命令或 GIU 菜单路径：Utility Menu > File > Resume Jobname.db）。

（4）说明这是启动解果分析（执行“ANTYPE，REST”命令或 GUI 菜单路径：Main Menu > Solution > Restart）。

（5）从上一次已成功求解过的子步开始重新规定边界条件，因解答能够立即收敛，故一个子步

就够了。

（6）执行 SOLVE 命令。采用 GUI 菜单路径：Main Menu > Solution > Current LS 或选择“Main Menu > Solution > Run FLOTRAN”命令。

（7）按需要施加最终载荷及加载步选项。如加载步为前面（在虚拟前）加载步的延续，需调整子步的数量（或时间步长），时间步长编号可能会发生变化，与初始意图不同。如需要保持时间步长编号（如瞬态分析），可在步骤（6）中使用一个小的时间增量。

（8）重新开始一个分析的过程。

5.4.2 多载荷步文件的重启动分析

当进行一个非线性静态或全瞬态结构分析时，ANSYS 程序在默认情况下为多载荷步文件的重启动分析建立参数。多载荷步文件的重启动分析允许在计算过程中的任一子步保存分析信息，然后在这些子步中重新启动。在初始分析之前，应该执行“RESCONTROL”命令来指定在每个运行载荷子步中重新启动文件的保存频率。

当需要重启动一个作业时，使用“ANTYPE”命令来指定重新启动分析的点及其分析类型。可以继续作业从重启动点（进行一些必要的纠正）或者在重启动点终止一个载荷步（重新施加这个载荷步的所有载荷），然后继续下一个载荷步。

如果想要终止这种多载荷步文件的重新启动分析特性而改用一个文件的重新启动分析，执行“RESCONTROL，DEFINE，NONE”命令，接着如上所述进行单个文件重新启动分析（命令：ANTYPE，REST），当然保证 .LDHI，.RDB 和 .Rnnn 文件已经从当前目录中被删除。

如果使用求解控制对话框进行静态或全瞬态分析，那么就能够在求解对话框选项标签页中指定基本的多载荷重新启动分析选项。

1. 多载荷步文件重启动分析的要求

（1）Jobname.RDB。ANSYS 程序数据库文件，在第一载荷步，第一工作子步的第一次迭代中被保存。此文件提供了对于给定初始条件的完全求解描述，无论对作业重新启动分析多少次，其都不会改变。当运行一作业时，在执行“SOLVE”命令前应该输入所有需要求解的信息，包括参数语言设计（APDL），组分，求解设置信息。在执行第一个“SOLVE”命令前，如果没有指定参数，那么参数将被保存在 .RDB 文件中。 这种情况下，必须在开始求解前执行“PARSAV”命令，并且在重新启动分析时执行“PARRES”命令来保存并恢复参数。

（2）Jobname.LDHI。此文件是指定作业的载荷历程文件。此文件是一个 ASCII 文件，相似于用命令 LSWRITE 创建的文件，并存储每个载荷步所有的载荷和边界条件。载荷和边界条件以有限单元载荷的形式被存储。如果载荷和边界条件是施加在实体模型上的，载荷和边界条件将先被转化为有限单元载荷，然后存入 Jobname.LDHI 文件。当进行多载荷重启动分析时，ANSYS 程序从此文件读取载荷和边界条件（相似于“LSREAD”命令）。此文件在每个载荷步结束时或当遇到 ANTYPE，REST，LDSTEP，SUBSTEP，ENDSTEP 这些命令时被修正。

（3）Jobname.Rnnn。与 .ESAV 或 .OSAV 文件相似，也是保存单元矩阵的信息。这一文件包含了载荷步中特定子步的所有求解命令及状态。所有的 .Rnnn 文件都是在子步运算收敛时被保存，因此所有的单元信息记录都是有效的。如果一个子步运算不收敛，那么对应于这个子步，没有 .Rnnn 文件被保存，代替的是先前一子步运算的 .Rnnn 文件。

多载荷步文件的重启动分析有以下几个限制。

（1）不支持“KUSE”命令。一个新的刚度矩阵和相关 .TRI 文件产生。

（2）在 .Rnnn 文件中没有保存“EKILL”和“EALIVE”命令，如果“EKILL”或“EALIVE”命令在重启动过程中需要执行，那么必须自己执行这些命令。

（3）.RDB 文件仅仅保存在第一载荷步的第一个子步中可用的数据库信息。

（4）不能够在求解水平下重启作业（例如，PCG 迭代水平）。作业能够被重启动分析在更低的水平，例如，瞬时或 Newton-Raphson 循环。

（5）当使用弧长法时，多载荷文件重新启动分析不支持“ANTYPE”命令的“ENDSTEP”选项。

（6）所有的载荷和边界条件存储在 Jobname.LDHI 文件中，因此，删除实体模型的载荷和边界条件将不会影响从有限单元中删除这些载荷和边界条件。必须直接从单元或节点中删除这些条件。

2. 多载荷步文件重启动分析的过程

（1）进入 ANSYS 程序，指定与初始运行相同的工作名（执行“/FILNAME”命令或 GUI 菜单路径：Utility Menu > File > Change Jobname）。进入求解模块（执行“/SOLU”命令或 GUI 菜单路径：Main Menu > Solution）。

（2）通过执行“RESCONTROL，FILE_ SUMMARY”命令决定从哪个载荷步和子步重新启动分析。这一命令将在 .Rnnn 文件中记录载荷步和子步的信息。

（3）恢复数据库文件并表明这是重新启动分析（执行“ANTYPE，REST，LDSTEP，SUBSTEP，Action”命令或 GUI 路径：Main Menu > Solution > Restart）。

（4）指定修正或附加的载荷。

（5）开始重新求解分析（执行“SOLVE”命令）。必须执行“SOLVE”命令，当进行任一重新启动行为时，包括“ENDSTEP”或“RSTCREATE”命令。

（6）进行需要的后处理，然后退出 ANSYS 程序。

在分析中对特定的子步创建结果文件示例如下所示。

```
!Restart run:
/solu
antype,,rest,1,3,rstcreate                    ! 创建 .RST 文件
!step 1, substep 3
outres,all,all                                ! 存储所有的信息到 .RST 文件中
outpr,all,all                                 ! 选择打印输出
solve                                         ! 执行 .RST 文件生成
finish
/post1
set,,1,3                                      ! 从载荷步 1 获得结果
!substep 3
prnsol
finish
```

5.5 预测求解时间和估计文件大小

对不太复杂的 ANSYS 分析，大多数会按本章前面所述简单地开始求解。然而，对大模型或有复杂的非线性选项，应该了解在开始求解前需要些什么。例如：分析求解需要多长时间？在运行之前需要多少磁盘空间？该分析需要多少内存？尽管没有准确的方法预计这些量，ANSYS 程序可在 RUNSTAT 模块中进行估算。RUNSTAT 模块根据数据库中的信息估计运行时间和其他统计量。因此，必须在键入“/RUNSTAT”命令前定义模型几何量（节点、单元等）、载荷以及载荷选项、分析选项。在开始求解前使用“RUNSTAT”命令。

5.5.1 估计运算时间

要估算运行时间，ANSYS 程序需要计算机的性能信息：MIPS（每秒执行的指令数，以百万计），MELOPS（每秒进行的浮点运算，以百万计）等。可执行“RSPEED”命令（或 GUI 菜单路径：Main Menu > Run-Time Stats > System Settings）获得该信息。

如果不清楚计算机这些细节，可用宏操作“SETSPEED”，它会代替执行“RSPEED”命令。

估算分析过程总运行时间所需的其他信息有迭代次数（或线性、静态分析中的载荷步数），要获得这些信息，可用下述两种方法中任一种。

```
GUI：Main Menu > Run-Time Stats > Iter Setting。
命令：RITER。
```

要获得运行时间估计，可用下述两种方法中任一种。

```
GUI：Main Menu > Run-Time Stats > Individual Stats。
命令：RTIMST。
```

根据由“RSPEED”和“RITER”命令所提供的信息和数据库中的模型信息，“RTIMST”命令会给提供运行时间估计值。

5.5.2 估计文件的大小

“RFILSZ”命令可以估计以下文件的大小：ESAV，EMAT，EROT，.TRI，.FULL，.RST，.RTH，.RMG 和 .RFL 文件。“RFILSZ”命令的图形界面方式与“RTIMST”命令的图形界面方式相同。结果文件估计值基于一组结果（一个子步），要将其乘以实际结果文件规模总数。

5.5.3 估计内存需求

执行“RWFRNT”命令（或通过 GUI 菜单路径：Main Menu > Run-Time Stats > Individual Stats）可以估计求解所需的内存，可通过 ANSYS 工作空间的入口选项申请内存量。如果以前没有重新排列过单元，执行“RWFRNT”命令可以自动重新排列单元。“RSTAT”命令将给出模型节点和单元信息的统计量，“RMEMRY”命令将给出内存统计量。“RALL”命令是同时执行“RSTAT”“RWFRNT”“RTIMST”和“RMEMRY”4 条命令的一条简便命令（GUI 菜单路径：Main Menu > Run-Time Stats > All Statistics）。除了“RALL”命令，其他几条命令的 GUI 菜单路径都为：Main Menu > Run-Time Stats > Individual Stats。

5.6 综合实例——齿轮泵齿轮模型求解

接上章中实例分析，对齿轮模型施加载荷之后，本节主要对求解选项进行相关设定。

扫码看视频

【创建步骤】

（1）从主菜单中选择“Main Menu : Solution > Solve > Current LS”命令，打开一个确认对话框

和状态列表，如图 5-3 所示，要求查看列出的求解选项。

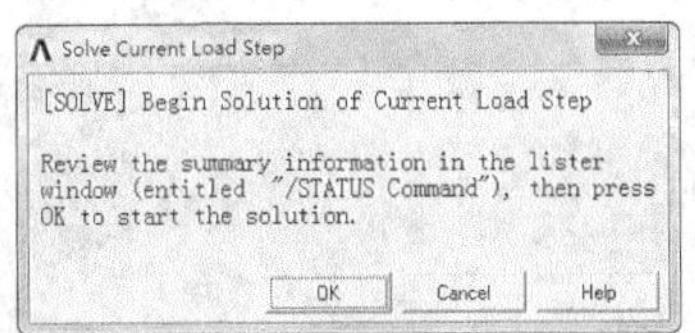

图 5-3 求解当前载荷步确认对话框

查看列表中的信息确认无误后，单击“OK”按钮，开始求解。

（2）求解完成后打开如图 5-4 所示的提示求解结束对话框。

图 5-4 提示求解结束

（3）单击“Close”按钮，关闭提示求解结束对话框。

本部分的命令流如下。

```
! 求解
/STATUS,SOLU
SOLVE
FINISH
```

5.7 本章小结

本章详细论述了 ANSYS 软件的求解模块，通过本章的学习，用户对特定的求解器、多载荷步求解、重启动分析等内容都有较为全面的了解及认知，同样的，只有通过实例的不断练习，用户才能进一步地了解 ANSYS 的求解模块。

第 6 章 后处理

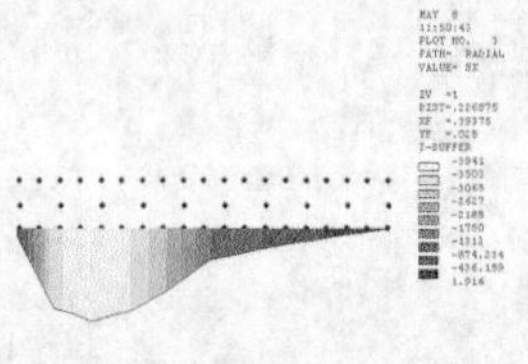

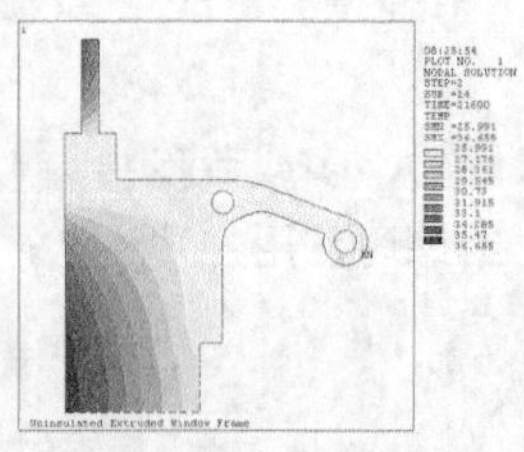

本章导读

后处理指检阅 ANSYS 分析的结果，这是 ANSYS 分析中最重要的一个模块。通过后处理的相关操作，可以针对性地得到分析过程所感兴趣的参数和结果，更好地为实际服务。

6.1 后处理概述

建立有限元模型并求解后，你将想要得到一些关键问题的答案，如该设计投入使用时，是否真的可行？某个区域的应力有多大？零件的温度如何随时间变化？通过表面的热损失有多少？磁力线是如何通过该装置的？物体的位置是如何影响流体的流动的？ ANSYS 软件的后处理会回答这些问题和其他相关的问题。

6.1.1 后处理定义

后处理是指检查分析的结果。这可能是分析中最重要的一环，因为你总是试图搞清楚作用载荷如何影响设计，单元划分好坏等。

检查分析结果可使用两个后处理器：通用后处理器 POST1 和时间历程后处理器 POST26。POST1 允许检查整个模型在某一载荷步和子步（或对某一特定时间点或频率）的结果。例如，在静态结构分析中，可显示载荷步 3 的应力分布；在热力分析中，可显示 time=100s 时的温度分布。图 6-1 所示的等值线图是一种典型的 POST1 图。

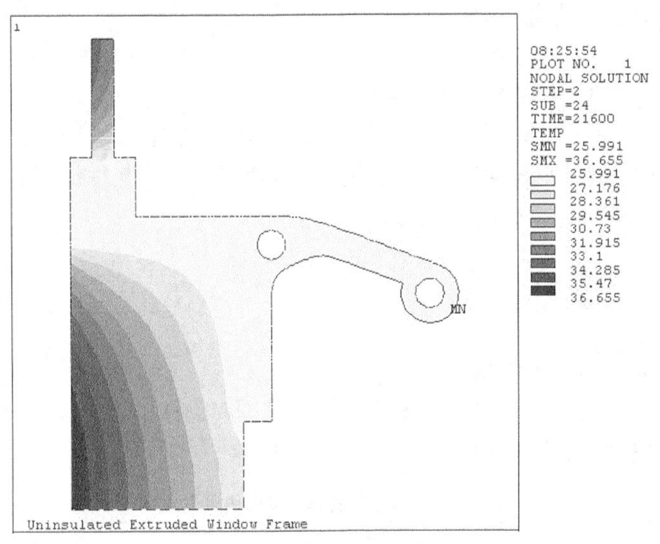

图 6-1　一个典型的 POST1 等值线显示

POST26 可以检查模型的指定点的特定结果相对于时间、频率或其他结果项的变化。例如，在瞬态磁场分析中，可以用图形表示某一特定单元的涡流与时间的关系；或在非线性结构分析中，可以用图形表示某一特定节点的受力与其变形的关系。图 6-2 中的曲线图是一个典型的 POST26 图。

ANSYS 的后处理器仅是用于检查分析结果的工具。仍然需要使用你的工程判断能力来分析解释结果。例如，一等值线显示可能表明：模型的最高应力为 37800Pa，必须由你确定这一应力水平对你的设计是否允许。

6.1.2 结果文件

在求解中，ANSYS 运算器将分析的结果写入结果文件中，结果文件的名称取决于分析类型。

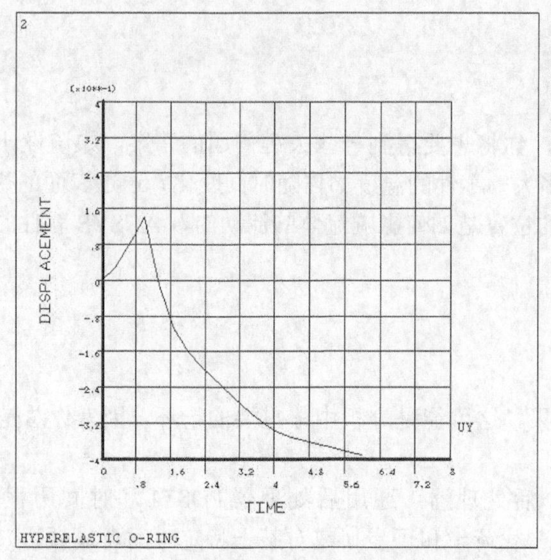

图 6-2　一个典型的 POST26 图

（1）Jobname.RST：结果分析。

（2）Jobname.RTH：热力分析。

（3）Jobname.EMG：电磁场分析。

（4）Jobname.RFL：FLOTRAN 分析。

对于 FLOTRAN 分析，文件的扩展名为 .RFL；对于其他流体分析，文件扩展名为 .RST 或 .RTH，取决于是否给出结构自由度。对不同的分析使用不同的文件标识有助于在耦合场分析中使用一个分析的结果作为另一个分析的载荷。

6.1.3　后处理可用的数据类型

求解阶段计算两种类型结果数据。

（1）基本数据包含每个节点计算自由度解。结构分析的位移、热力分析的温度、磁场分析的磁势等参见表 6-1。这些被称为节点解数据。

表 6-1　不同分析的基本数据和派生数据

学科	基本数据	派生数据
结果分析	位移	应力、应变、反作用力
热力分析	温度	热流量、热梯度等
磁场分析	磁势	磁通量、磁流密度等
电场分析	标量电势	电场、电流密度等
流体分析	速度、压力	压力梯度、热流量等

（2）派生数据为由基本数据计算得到的数据。如结构分析中的应力和应变，热力分析中的热梯度和热流量，磁场分析中的磁通量等。派生数据又称为单元数据，它通常出现在单元节点、单元积分点以及单元质心等位置。

6.2 通用后处理器（POST1）

使用 POST1 通用后处理器可观察整个模型或模型的一部分在某一个时间（或频率）上针对特定载荷组合时的结果。POST1 有许多功能，包括从简单的图像显示到针对更为复杂数据操作的列表，如载荷工况的组合。

要进入 ANSYS 通用后处理器，输入“/POST1”命令或 GUI 菜单路径：Main Menu > General Postproc。

6.2.1 将数据结果读入数据库

POST1 中第一步是将数据从结果文件读入数据库。要这样做，数据库中首先要有模型数据（节点、单元等）。若数据库中没有模型数据，输入“RESUME”命令（或 GUI 菜单路径：Utility Menu > File > Resume Jobname.db）读入数据文件 Jobname.db。数据库包含的模型数据应该与计算模型相同，包括单元类型、节点、单元、单元实常数、材料特性和节点坐标系。

数据库中被选来进行计算的节点和单元应属同一组，否则会出现数据不匹配。

一旦模型数据存在数据库中，输入“SET，SUBSET”和“APPEND”命令均可从结果文件中读入结果数据。

1. 读入结果数据

输入“SET”命令（Main Menu > General PostProc > Read Results），可在一特定的载荷条件下将整个模型的结果数据从结果文件中读入数据库，覆盖掉数据库中以前存在的数据。边界条件信息（约束和集中力）也被读入，但这仅在存在单元节点载荷和反作用力的情况下。详情请见“OUTERS”命令。若不存在边界条件信息，则不列出或显示边界条件。加载条件靠载荷步和子步或靠时间（或频率）来识别。命令或路径方式指定的变元可以识别读入数据库的数据。

例如，SET，2，5，表示载荷步为 2，子步为 5 时的读入结果。同理，SET…，3.89 表示时间为 3.89 时的读入结果（或频率为 3.89，取决于所进行的分析类型）。若指定了尚无结果的时刻，程序将使用线性插值计算出该时刻的结果。

结果文件（Jobname.RST）中默认的最大子步数为 1000，超出该界限时，需要输入 SET，Lstep，LAST 引入第 1000 个载荷步，使用 /CONFIG 命令增加界限。

对于非线性分析，在时间点间进行插值常常会降低精度。因此，要使解答可用，务必在可求时间值处进行后处理。

对于“SET”命令有一些便捷标号。

SET，FIRST 读入第一子步，等价的 GUI 方式为 First Set。

SET，NEXT 读入第二子步，等价的 GUI 方式为 NextSet。

SET，LAST 读入最后一子步，等价的 GUI 方式为 LastSet。

“SET”命令中的 NSET 字段（等价的 GUI 方式为 SetNumber）可恢复对应于特定数据组号的数据，而不是载荷步号和子步号。当有载荷步和子步号相同的多组结果数据时，这对 FLOTRAN 的结果非常有用。因此，可用其特定的数据组号来恢复 FLOTRAN 的计算结果。

“SET”命令的 LIST（或 GUI 中的 List Results）选项列出了其对应的载荷步和子步数，可在接下来的“SET”命令的 NSET 字段输入该数据组号，以申请处理正确的一组结果。

“SET”命令中的 ANGLE 字段规定了谐调元的周边位置（结构分析——PLANE25、PLANE83

和 SHELL61；温度场分析——PLANE75 和 PLANE78）。

2. 其他恢复数据的选项

其他 GUI 菜单路径和命令也可以恢复结果数据。

（1）定义待恢复的数据。POST1 处理器中“INRES”命令（或 GUI 菜单路径：Main Menu > General Postproc > Data & File Opts）与 PREP7 和 SOLUTION 处理器中的“OUTRES”命令是姐妹命令，“OUTRES”命令控制写入数据库和结果文件的数据，而“INRES”命令定义要从结果文件中恢复的数据类型，通过“SET”“SUBSET”和“APPEND”等命令写入数据库。尽管不需对数据进行后处理，但“INRES”命令限制了恢复写入数据库的数据量。因此，对数据进行后处理也许占用的时间更少。

（2）读入所选择的结果信息。为了只将所选模型部分的一组数据从结果文件读入数据库，可用“SUBSET”命令（或 GUI 菜单路径：Main Menu > General Postproc > By characteristic）。结果文件中未用“INRES”命令指定恢复的数据，将以零值列出。

“SUBSET”命令与“SET”命令大致相同，其差别在于“SUBSET”命令只恢复所选模型部分的数据。用“SUBSET”命令可方便地看到模型的一部分的结果数据。例如：若只对表层的结果感兴趣，可以轻易地选择外部节点和单元，然后用“SUBSET”命令恢复所选部分的结果数据。

（3）向数据库追加数据。每次使用“SET”“SUBSET”命令或等价的 GUI 方式时，ANSYS 就会在数据库中写入一组新数据并覆盖当前的数据。“APPEND”命令（或 GUI 菜单路径：Main Menu > General Postproc > By characteristic）从结果文件中读入数据组，并将其与数据库中已有的数据合并（这只是针对所选的模型而言）。当已有的数据库非零（或全部被重写）时，允许将被查询的结果数据并入数据库。

可用“SET”“SUBSET”“APPEND”命令中的任一命令从结果文件将数据读入数据库。命令方式之间或路径方式之间的唯一区别是所要恢复的数据的数量及类型。追加数据时，务必不要造成数据不匹配。例如：请看下一组命令。

```
/POST1
INRES,NSOL                       ! 节点 DOF 求解的标志数据
NSEL,S,NODE,,1,5                 ! 选节点 1 至 5
SUBSET,1                         ! 从载荷步 1 开始将数据写入数据库
                                 ! 此时载荷步 1 内节点 1 到 5 的数据就存在于数据库中了
NSEL,S,NODE,,6,10                ! 选节点 6 至 10
APPEND,2                         ! 将载荷步 2 的数据并入数据库中
NSEL,S,NODE,,1,10                ! 选节点 1 至 10
PRNSOL,DOF                       ! 打印节点 DOF 求解结果
```

数据库当前就包含有载荷步 1 和载荷步 2 的数据。这样数据就不匹配。使用“PRNSOL”命令（或 GUI 菜单路径：Main Menu > General Postproc > List Results > Nodal Solution）时，程序将从第二个载荷步中取出数据，而实际上数据是从现存于数据库中的两个不同的载荷步中取得的。程序列出的是与最近一次存入的载荷步相对应的数据。当然，若希望将不同载荷步的结果进行对比，将数据加入数据库中是很有用的。但若有目的地混合数据，要极其注意跟踪追加数据的来源。

在求解曾用不同单元组计算过的模型子集时，为避免出现数据不匹配，按下列方法进行。

不要重选解答在后处理中未被选择的单元。

从 ANSYS 数据库中删除以前的解答，可从求解中间退出 ANSYS 或在求解中间存储数据库。

若想清空数据库中所有以前的数据，使用下列任一方式。

```
GUI：Main Menu > General PostProc > Load Case > Zero Load Case。
命令：LCZERO。
```

上述两种方法均会将数据库中所有以前的数据置零，因而可重新进行数据存储。若在向数据库追加数据之前将数据库置零，其结果与使用“SUBSET”命令或等价的 GUI 路径也是一样的（该处假如“SUBSET”和“APPEND”命令中的变元一致）。

“SET”命令可用的全部选项，对“SUBST”命令和“APPEND”命令完全可用。

默认情况下，“SET”“SUBSET”和“APPEND”命令将寻找这些文件中的一个：Jobname.RST，Jobname.RTH，Jobname.RMG，Jobname.RFL。在使用“SET”“SLIBSET”和“APPEND”命令之前用 FILE 命令可指定其他文件名（GUI 菜单路径：Main Menu > General Postproc > Data &File Opts）。

3. 创建单元表

ANSYS 程序中单元表有两个功能：第一，它是在结果数据中进行数学运算的工具；第二，它能够访问其他方法无法直接访问的单元结果。例如：从结构一维单元派生的数据（尽管“SET”“SUBSET”和“APPEND”命令将所有申请的结果项读入数据库中，但并非所有的数据均可直接用“PRNSOL”命令和“PLESON”等命令访问）。

将单元表作为扩展表，每行代表一单元，每列则代表单元的特定数据项。例如：第一列可能包含单元的平均应力 SX；第二列则代表单元的体积；第三列则包含各单元质心的 Y 坐标。

使用下列任一命令创建或删除单元表。

```
GUI：Main Menu > General Postproc > Element Table > Define Table or Erase Table。
命令：ETABLE。
```

（1）填上按名字来识别变量的单元表。为识别单元表的每列，在 GUI 方式下使用 Lab 字段或在“ETABLE”命令中使用 Lab 变元给每列分配一个标识，该标识将作为以后所有的包括该变量的“POST1”命令的识别器。进入列中的数据靠 Item 名和 Comp 名以及 ETABLE 命令中的其他两个变元来识别。例如：对于上面提及的 SX 应力，SX 是标识，S 是 Item 变元，X 是 Comp 变元。

有些项，如单元的体积，不需 Comp 变元。这种情况下，Item 为 VOLU，而 Comp 为空白。按 Item 和 Comp（必要时）识别数据项的方法称为填写单元表的“元件名”法。对于大多数单元类型而言，使用“元件名”法访问数据通常是那些单元节点的结果数据。

“ETABLE”命令的文档通常列出了所有的 Item 和 Comp 的组合情况。要清楚何种组合有效，见 ANSYS 单元参考手册中每种单元描述中的“单元输出定义”。

表 6-2 是一个关于 BEAM4 的列表示例，可在表中“名称”列中的冒号后面使用任意名字，通过“元件名”法填写单元表。冒号前面的名字部分应输入作为“ETABLE”命令的 Item 变元，冒号后的部分（如果有的话）应输入作为“ETABLE”命令的 Comp 变元，O 列与 R 列表示在 Jobname.OUT 文件（O）中或结果文件（R）中该项是否可用：“Y”表示该项总可用，数字（如 1、2）则表示有条件的可用（具体条件详见表后注释），而“–”则表示该项不可用。

表 6-2　三维 BEAM4 单元输出定义

名称	定义	O	R
EL	单元号	Y	Y
NODES	单元节点号	Y	Y
MAT	单元的材料号	Y	Y
VOLU：	单元体积	—	Y
CENT：X，Y，Z	单元质心在整体坐标中的位置	—	Y
TEMP	积分点处的温度 T1、T2、T3、T4、T5、T6、T7、T8	Y	Y

续表

名称	定义	O	R
PRES	节点（1，J）处的压力 P1，OFFST1，P2，OFFST2，P3，OFFST3，I 处的压力 P4，J 处的压力 P5	Y	Y
SDIR	轴向应力	1	1
SBYT	梁单元的 +Y 侧的弯曲应力	1	1
SBYB	梁上单元 –Y 侧弯曲应力	1	1
SBZT	梁上单元 +Z 侧弯曲应力	1	1
SBZB	梁上单元 –Z 侧弯曲应力	1	1
SMAX	最大应力（正应力 + 弯曲应力）	1	1
SMIN	最小应力（正应力 – 弯曲应力）	1	1
EPELDIR	端部轴向弹性应变	1	1
EPTHDIR	端部轴向热应变	1	1
EPINAXL	单元初始轴向应变	1	1
MFOR：（X，Y，Z）	单元坐标系 X，Y，Z 方向的力	2	Y
MMOM：（X，Y，Z）	单元坐标系 X，Y，Z 方向的力矩	2	Y

注：1．若……及 J 结点重复进行。

2．若 KEYOPT（6）＝1。

（2）填充按序号识别变量的单元表。可对每个单元加上不平均的或非单值载荷，将其填入单元表中。该数据类型包括积分点的数据、从结构一维单元（如杆、梁、管单元等）和接触单元派生的数据、从一维温度单元派生的数据、从层状单元中派生的数据等。这些数据将列在“梁单元关于 ETABLE 和 ESOL 命令的项目和序号”表中，而 ANSYS 帮助文件中，对于每一单元类型都有详细的描述。表 6-3 是 BEAM4 单元的示例。

表 6-3　梁单元关于 ETABLE 和 ESOL 命令的项目和序号

KEYOPT(9) = 0				
名称	项目	E	I	J
SDIR	LS	—	1	6
SBYT	LS	—	2	7
SBYB	LS	—	3	8
SBZT	LS	—	4	9
SBZB	LS	—	5	10
EPELDIR	LEPEL	—	1	6
SMAX	NMISC	—	1	3
SMIN	NMISC	—	2	4
EPTHDIR	LEPTH	—	1	6
EPTHBYT	LEPTH	—	2	7
EPTHBYB	LEPTH	—	3	8
EPTHBZT	LEPTH	—	4	9
EPTHBZB	LEPTH	—	5	10
EPINAXL	LEPTH	11	—	—
MFORX	SMISC	—	1	7

续表

KEYOPT(9) = 0				
名称	项目	E	I	J
MMOMX	SMISC	—	4	10
MMOMY	SMISC	—	5	11
MMOMZ	SMISC	—	6	12
P1	SMISC	—	13	14
OFFST1	SMISC	—	15	16
P2	SMISC	—	17	18
OFFST 2	SMISC	—	19	20
P3	SMISC	—	21	22
OFFST32	SMISC	—	23	24

表中的数据分成项目组（如 LS，LEPEL，SMISC 等），项目组中每一项都有用于识别的序列号（表 6-3 中 E、I、J 对应的数字）。将项目组（如 LS、LEPEL、SMISC 等）作为“ETABLE”命令的 Itcm 变元，将序列号（如 1、2、3 等）作为 Comp 变元，将数据填入单元表中，称之为填写单元表的“序列号”法。

例如，BEAM4 单元的 J 点处的最大应力为 Item=NMISC 及 Comp=3。而单元（E）的初始轴向应变（EPINAXL）为 Item=LEPYH，Comp=11。

对于某些一维单元，如 BEAM4 单元，KEYOPT 设置控制了计算数据的量，这些设置可能改变单元表项目对应的序号，因此针对不同的 KEYOPT 设置，存在不同的“单元项目和序号表格”。表 6-4 和表 6-3 一样显示了关于 BEAM4 的相同信息，但列出的是 KEYOPT（9）=3 时的序号（3 个中间计算点），而表 6-3 列出的是对应于 KEYOPT（9）=0 时的序号。

例如：当 KEYOPT（9）=0 时，单元 J 端 Y 向的力矩（MMOMY）在表 6-3 中是序号 11（SMISC 项），而当 KEYOPT（9）=3 时，其序号（见表 6-4）为 29。

表 6-4　ETABLE 命令和 ESOL 命令的 BEAM4 的项目名和序号

KEYOPT(9) = 3							
标号	项目	E	I	IL1	IL2	IL3	J
SDIR	LS	—	1	6	11	16	21
SBYT	LS	—	2	7	12	17	22
SBYB	LS	—	3	8	13	18	23
SBZT	LS	—	4	9	14	19	24
SBZB	LS	—	5	10	15	20	25
EPELDIR	LEPEL	—	1	6	11	16	21
EPELBYT	LEPEL	—	2	7	12	17	22
EPELBYB	LEPEL	—	3	8	13	18	23
EPELBZT	LEPEL	—	4	9	14	19	24
EPELBZB	LEPEL	—	5	10	15	20	25
EPINAXL	LEPTH	26	—	—	—	—	—
SMAX	NMISC	—	1	3	5	7	9
SMIN	NMISC	—	2	4	6	8	10

续表

KEYOPT(9) = 3							
标号	项目	E	I	IL1	IL2	IL3	J
EPTHDIR	LEPTH	—	1	6	11	16	21
MFORX	SMISC	—	1	7	13	19	25
MMOMX	SMISC	—	4	10	16	22	28
MMOMY	SMISC	—	5	11	17	23	29
P1	SMISC	—	31	—	—	—	32
OFFST1	SMISC	—	33	—	—	—	34
P2	SMISC	—	35	—	—	—	36
OFFST2	SMISC	—	37	—	—	—	38
P3	SMISC	—	39	—	—	—	40
OFFST3	SMISC	—	41	—	—	—	42

（3）定义单元表的注释。

“ETABLE”命令仅对选择的单元起作用，即只将所选单元的数据送入单元表中，在“ETABLE”命令中改变所选单元，可以有选择地填写单元表的行。

相同序号的组合表示对不同单元类型有不同数据。例如：组合 SMISC，1 对梁单元表示 MFOR（X）（单元 X 向的力），对 SOLID45 单元表示 P1（面 1 上的压力），对 CONTACT48 单元表示 FNTOT（总的法向力）。因此，若模型中有几种单元类型的组合，务必要在使用“ETABLE”命令前选择一种类型的单元（用“ESEL”命令或 GUI 菜单路径：Utility Menu > Select > Entities）。

ANSYS 程序在读入不同组的结果（例如对不同的载荷步）或在修改数据库中的结果时（如在组合载荷工况），不能自动刷新单元表，例如：假定模型由提供的样本单元组成，在 POST1 中发出下列命令。

```
SET,1                          ！读入载荷步 1 结果
ETABLE,ABC,1S,6                ！在以 ABC 开头的列下将 J 端 KEYOPT (9) =0 的 SDIR
                               ！移入单元表中
SET,2                          ！读入载荷步 2 中结果
```

此时，单元表“ABC”列下仍含有载荷步 1 的数据。用载荷步 2 中的数据更新该列数据时，应用“ETABLE，KEFL”命令或通过 GUI 方式指定更新项。

可将单元表当作一个“工作表”，对结果数据进行计算。

使用 POST1 中的“SAVE，FNAME，EXT”命令或者“/EXIT，ALL”命令，那么在退出 ANSYS 程序时，可以对单元表进行存盘（若使用 GUI 方式，选择“Utility Menu > File > Save as”或“Utility > File > Exit”后按照对话框内的提示进行）。这样可将单元表及其余数据存到数据库文件中。

为从内存中删除整个单元表，用“ETABLE，ERASE”命令（或 GUI 菜单路径：Main Menu > General Postproc > Element Table > Erase Table），或用“ETABLE，LAB，ERASE”命令删去单元表中的 Lab 列。用“RESET”命令（或 GUI 菜单路径：Main Menu > General Postproc > Reset）可自动删除 ANSYS 数据库中的单元表。

4. 对主应力的专门研究

在 POST1 中，SHELL61 单元的主应力不能直接得到，默认情况下，可得到其他单元的主应力，以下两种情况除外。

（1）在“SET”命令中要求进行时间插值或定义了某一角度。

（2）执行了载荷工况操作。

在上述任意一种情况下，必须用 GUI 菜单路径：Main Menu > General Postproc > Load Case > Line Elem Stress 或执行“LCOPER，LPRIN”命令以计算主应力。然后通过“ETABLE”命令或用其他适当的打印或绘图命令访问该数据。

5. 读入 FLOTRAN 的计算结果

使用“FLREAD”命令（或 GUI 菜单路径：Main Menu > General Postproc > Read Results > FLOTRAN2.1A）可以将结果从 FLOTRAN 的剩余文件读入数据库。FLOTRAN 的计算结果（Jobname.RFL）可以用普通的后处理函数或命令（例如，“SET”命令，相应的 GUI 路径：Utility Menu > List > Results > Load Step Summary）读入。

6. 数据库复位

“RESET”命令（或 GUI 菜单路径：Main Menu > General Postproc > Reset）可在不脱离 POST1 情况下初始化“POST1”命令的数据库默认部分，该命令在离开或重新进入 ANSYS 程序时的效果相同。

6.2.2 列表显示结果

将结果存档的有效方法（如报告、呈文等）是在 POST1 中制表。列表选项对节点、单元、反作用力等求解数据可用。

下面给出一个样表（对应于“PRESOL，ELEM”命令）。

```
PRINT ELEM ELEMENT SOLUTION PER ELEMENT
  ***** POST1 ELEMENT SOLUTION LISTING *****
LOAD STEP     1  SUBSTEP=      1
TIME=    1.0000          LOAD CASE=  0
EL=  1  NODES=  1   3     MAT=  1
BEAM3
TEMP =    0.00    0.00    0.00    0.00
LOCATION           SDIR                  SBYT                  SBYB
1 (I)              0.00000E+00           130.00                -130.00
2 (J)              0.00000E+00           104.00                -104.00
LOCATION           SMAX                  SMIN
1 (I)              130.00                -130.00
2 (J)              104.00                -104.00
LOCATION           EPELDIR               EPELBYT               EPELBYB
1 (I)              0.000000              0.000004              -0.000004
2 (J)              0.000000              0.000003              -0.000003
LOCATION           EPTHDIR               EPTHBYT               EPTHBYB
1 (I)              0.000000              0.000000              0.000000
2 (J)              0.000000              0.000000              0.000000
EPINAXL =     0.000000
EL=     2  NODES=      3     4  MAT=  1
BEAM3
TEMP =    0.00    0.00    0.00    0.00
LOCATION           SDIR                  SBYT                  SBYB
1 (I)              0.00000E+00           104.00                -104.00
2 (J)              0.00000E+00           78.000                -78.000
```

```
LOCATION          SMAX                 SMIN
1 (I)             104.00               -104.00
2 (J)             78.000               -78.000
LOCATION          EPELDIR              EPELBYT              EPELBYB
1 (I)             0.000000             0.000003             -0.000003
2 (J)             0.000000             0.000003             -0.000003
LOCATION          EPTHDIR              EPTHBYT              EPTHBYB
1 (I)             0.000000             0.000000             0.000000
2 (J)             0.000000             0.000000             0.000000
EPINAXL =    0.000000
```

1. 列出节点、单元求解数据

用下列方式可以列出指定的节点求解数据（原始解及派生解）。

```
命令：PRNSOL。
GUI：Main Menu > General Postproc > List Results > Nodal Solution。
```

用下列方式可以列出所选单元的指定结果。

```
命令：PRNSEL。
GUI：Main Menu > General Postproc > List Results > Element Solution。
```

要获得一维单元的求解输出，在“PRNSOL”命令中指定 ELEM 选项，程序将列出所选单元的所有可行的单元结果。

下面给出一个样表（对应于“PRNSOL，S”命令）。

```
PRINT S    NODAL SOLUTION PER NODE
***** POST1 NODAL STRESS LISTING *****
LOAD STEP=     5  SUBSTEP=     2
TIME=    1.0000      LOAD CASE=   0
THE FOLLOWING X,Y,Z VALUES ARE IN GLOBAL COORDINATES
NODE    SX          SY          SZ          SXY           SYZ          SXZ
   1   148.01     -294.54     .00000E+00  -56.256      .00000E+00  .00000E+00
   2   144.89     -294.83     .00000E+00   56.841      .00000E+00  .00000E+00
   3   241.84      73.743     .00000E+00  -46.365      .00000E+00  .00000E+00
   4   401.98     -18.212     .00000E+00  -34.299      .00000E+00  .00000E+00
   5   468.15     -27.171     .00000E+00  .48669E-01   .00000E+00  .00000E+00
   6   401.46     -18.183     .00000E+00   34.393      .00000E+00  .00000E+00
   7   239.90      73.614     .00000E+00   46.704      .00000E+00  .00000E+00
   8   -84.741    -39.533     .00000E+00   39.089      .00000E+00  .00000E+00
   9   3.2868     -227.26     .00000E+00   68.563      .00000E+00  .00000E+00
  10   -33.232    -99.614     .00000E+00   59.686      .00000E+00  .00000E+00
  11   -520.81    -251.12     .00000E+00  .65232E-01   .00000E+00  .00000E+00
  12   -160.58    -11.236     .00000E+00   40.463      .00000E+00  .00000E+00
  13   -378.55     55.443     .00000E+00   57.741      .00000E+00  .00000E+00
  14   -85.022    -39.635     .00000E+00  -39.143      .00000E+00  .00000E+00
  15   -378.87     55.460     .00000E+00  -57.637      .00000E+00  .00000E+00
  16   -160.91    -11.141     .00000E+00  -40.452      .00000E+00  .00000E+00
  17   -33.188    -99.790     .00000E+00  -59.722      .00000E+00  .00000E+00
  18    3.1090    -227.24     .00000E+00  -68.279      .00000E+00  .00000E+00
  19    41.811     51.777     .00000E+00  -66.760      .00000E+00  .00000E+00
  20   -81.004      9.3348    .00000E+00  -63.803      .00000E+00  .00000E+00
  21    117.64     -5.8500    .00000E+00  -56.351      .00000E+00  .00000E+00
  22   -128.21     30.986     .00000E+00  -68.019      .00000E+00  .00000E+00
  23    154.69    -73.136     .00000E+00  .71142E-01   .00000E+00  .00000E+00
```

```
    24  -127.64      -185.11       .00000E+00  .79422E-01   .00000E+00  .00000E+00
    25   117.22      -5.7904       .00000E+00  56.517       .00000E+00  .00000E+00
    26  -128.20       31.023       .00000E+00  68.191       .00000E+00  .00000E+00
      27   41.558       51.533       .00000E+00  66.997       .00000E+00  .00000E+00
      28  -80.975       9.1077       .00000E+00  63.877       .00000E+00  .00000E+00
MINIMUM VALUES
NODE        11          2            1          18           1          1
VALUE    -520.81     -294.83      .00000E+00  -68.279      .00000E+00  .00000E+00
MAXIMUM VALUES
NODE         5          3            1           9           1          1
VALUE     468.15      73.743      .00000E+00  68.563      .00000E+00  .00000E
```

2. 列出反作用载荷及作用载荷

在 POST1 中有几个选项用于列出反作用载荷（反作用力）及作用载荷（外力）。“PRRSOL”命令（GUI：Menu > General Postproc > List Results > Reaction Solu）列出了所选节点的反作用力。“FORCE”命令可以指定哪一种反作用载荷（如合力、静力、阻尼力或惯性力）数据被列出。“PRNLD”命令（GUI：Main Menu > General Postproc > List > Nodal Loads）列出所选节点处的合力，值为零的除外。

列出反作用载荷及作用载荷是检查平衡的一种好方法。也就是说，在给定方向上所加的作用力应总等于该方向上的反力（若检查结果与预想的不一样，那么就应该检查加载情况，看加载是否恰当）。

耦合自由度和约束方程通常会造成载荷不平衡，但是，由“CPINTF”命令生成的耦合自由度（组）和由“CEINTF”命令或“CERIG”命令生成的约束方程几乎在所有情况下都能保持实际的平衡。

如前所述，如果对给定位移约束的自由度建立了约束方程，那么该自由度的反力不包括该约束方程的外力，所以最好不要对给定位移约束的自由度建立约束方程。同样，对属于某个约束方程的节点，其节点力的合力也不应该包含该处的反力。在批处理求解中（用“OUTPR”命令请求），可得到约束方程反力的单独列表，但这些反力不能在 POST1 中进行访问。对于大多数适当的约束方程而言，X、Y、Z 方向的合力应为零，但合力矩可能不为零，因为合力矩本身必须包含力的作用效果。

可能出现载荷不平衡的其他情况如下。

四节点壳单元，其 4 个节点不是位于同一平面内。

有弹性基础的单元。

发散的非线性求解。

另外几个常用的命令是“FSUM”“NFORCE”和“SPOINT”，下面分别说明。

“FSUM”命令对所选的节点进行力、力矩求和运算和列表显示。

```
命令：FSUM。
GUI：Main Menu > General Postproc > Nodal Calcs > Total Force Sum。
```

下面给出一个关于“FSUM”命令的输出样本。

```
*** NOTE ***
Summations based on final geometry and will not agree with solution reactions.
***** SUMMATION OF TOTAL FORCES AND MOMENTS IN GLOBAL COORDINATES *****
FX=    .1147202
FY=    .7857315
FZ=    .0000000E+00
```

```
MX=    .0000000E+00
MY=    .0000000E+00
MZ=    39.82639
SUMMATION POINT=  .00000E+00  .00000E+00  .00000E+00
```

“NFORCE”命令除了对总体求和外，还对每一个所选的节点进行力、力矩求和。

```
命令：NFORCE
GUI：Main Menu > General Postproc > Nodal Calcs > Sum @ Each Node。
```

下面给出一个关于“NFORCE”命令的输出样本。

```
***** POST1 NODAL TOTAL FORCE SUMMATION *****
LOAD STEP=      3  SUBSTEP=     43
THE FOLLOWING X,Y,Z FORCES ARE IN GLOBAL COORDINATES
NODE      FX          FY         FZ
   1  -.4281E-01     .4212       .0000E+00
   2   .3624E-03     .2349E-01  .0000E+00
   3   .6695E-01     .2116       .0000E+00
   4   .4522E-01     .3308E-01  .0000E+00
   5   .2705E-01     .4722E-01  .0000E+00
   6   .1458E-01     .2880E-01  .0000E+00
   7   .5507E-02     .2660E-01  .0000E+00
   8  -.2080E-02     .1055E-01  .0000E+00
   9  -.5551E-03    -.7278E-02  .0000E+00
  10   .4906E-03    -.9516E-02  .0000E+00
*** NOTE ***
Summations based on final geometry and will not agree with solution reactions.
***** SUMMATION OF TOTAL FORCES AND MOMENTS IN GLOBAL COORDINATES *****
FX=    .1147202
FY=    .7857315
FZ=    .0000000E+00
MX=    .0000000E+00
MY=    .0000000E+00
MZ=    39.82639
SUMMATION POINT=  .00000E+00  .00000E+00  .00000E+00
```

“SPOINT”命令定义在哪些点（除原点外）求力矩和。其菜单路径为：GUI：Main Menu > General Postproc > Nodal Calcs > Summation Pt > At Node（At XYZ Loc）。

3. 列出单元表数据

用下列命令可列出存储在单元表中的指定数据。

```
命令：PRETAB。
GUI：Main Menu > General Postproc > Element Table > List Elem Table。
GUI：Main Menu > General Postproc > List Results > Elem Table Data。
```

为列出单元表中每一列的和，可用“SSUM”命令（GUI：Main Menu > General Postproc > Element Table > Sum of Each Item）。

下面给出一个关于命令“PRETAB”和“SSUM”的输出示例。

```
***** POST1 单元数据列表 *****
STAT     CURRENT      CURRENT      CURRENT
ELEM   SBYTI        SBYBI        MFORYI
1    .95478E-10 -.95478E-10  -2500.0
2        -3750.0       3750.0      -2500.0
```

```
3        -7500.0       7500.0     -2500.0
4        -11250.       11250.     -2500.0
5        -15000.       15000.     -2500.0
6        -18750.       18750.     -2500.0
7        -22500.       22500.     -2500.0
8        -26250.       26250.     -2500.0
9        -30000.       30000.     -2500.0
10       -33750.       33750.     -2500.0
11       -37500.       37500.      2500.0
12       -33750.       33750.      2500.0
13       -30000.       30000.      2500.0
14       -26250.       26250.      2500.0
15       -22500.       22500.      2500.0
16       -18750.       18750.      2500.0
17       -15000.       15000.      2500.0
18       -11250.       11250.      2500.0
19       -7500.0       7500.0      2500.0
20       -3750.0       3750.0      2500.0
MINIMUM VALUES
ELEM        11           1            8
VALUE    -37500.     -.95478E-10    -2500.0
MAXIMUM VALUES
ELEM         1          11           11
VALUE     .95478E-10    37500.        2500.0
SUM ALL THE ACTIVE ENTRIES IN THE ELEMENT TABLE
TABLE LABEL      TOTAL
SBYTI             -375000.
SBYBI              375000.
MFORYI            .552063E-09
```

4. 其他列表

用下列命令可列出其他类型的结果。

（1）“PREVECT”命令（GUI：Main Menu > General Postproc > List Results > Vector Data）。列出所有被选单元指定的矢量大小及其方向余弦。

（2）“PRPATH”命令（GUI：Main Menu > General Postproc > List Results > Path Items）。计算然后列出在模型中沿预先定义的几何路径的数据。注意：必须事先定义一路径，并将数据映射到该路径上。

（3）“PRSECT” 命 令（GUI：Main Menu > General Postproc > List Results > Linearized Strs）。计算然后列出沿预定的路径线性变化的应力。

（4）“PRERR”命令（GUI：Main Menu > General Postproc > List Results > Percent Error）。列出所选单元的能量级的百分比误差。

（5）“PRITER”命令（GUI：Main Menu > General Postproc > List Results > Iteration Summary）。列出迭代次数概要数据。

5. 对单元、节点排序

默认情况下，所有列表通常按节点号或单元号的升序来进行排序。可根据指定的结果项先对节点、单元进行排序来改变它。“NSORT”命令（GUI：Main Menu > General Postproc > List Results > Sorted Listing > Sort Nodes）基于指定的节点求解项进行节点排序，“ESORT”命令（GUI：Main Menu > General Postproc > List Results > Sorted Listing > Sort Elems）基于单元表内存入的指定项进行单元排序。

```
NSEL,…                                         ! 选节点
NSORT,S,X                                      ! 基于 SX 进行节点排序
PRNSOL,S,COMP                                  ! 列出排序后的应力分量
```

下面给出执行“NSORT”及“PRNSOL，S”命令之后的列表示例。

```
PRINT S    NODAL SOLUTION PER NODE
***** POST1 NODAL STRESS LISTING *****
LOAD STEP=     3  SUBSTEP=    43
TIME=    6.0000      LOAD CASE=   0
THE FOLLOWING X,Y,Z VALUES ARE IN GLOBAL COORDINATES
NODE    SX        SY         SZ          SXY         SYZ         SXZ
111   -.90547    -1.0339    -.96928    -.51186E-01  .00000E+00  .00000E+00
81    -.93657    -1.1249    -1.0256    -.19898E-01  .00000E+00  .00000E+00
51    -1.0147    -.97795    -.98530     .17839E-01  .00000E+00  .00000E+00
41    -1.0379    -1.0677    -1.0418    -.50042E-01  .00000E+00  .00000E+00
31    -1.0406    -.99430    -1.0110     .10425E-01  .00000E+00  .00000E+00
11    -1.0604    -.97167    -1.0093    -.46465E-03  .00000E+00  .00000E+00
71    -1.0613    -.95595    -1.0017     .93113E-02  .00000E+00  .00000E+00
21    -1.0652    -.98799    -1.0267     .31703E-01  .00000E+00  .00000E+00
61    -1.0829    -.94972    -1.0170     .22630E-03  .00000E+00  .00000E+00
101   -1.0898    -.86700    -1.0009    -.25154E-01  .00000E+00  .00000E+00
1     -1.1450    -1.0258    -1.0741     .69372E-01  .00000E+00  .00000E+00
MINIMUM VALUES
NODE      1         81         1          111         111         111
VALUE   -1.1450    -1.1249    -1.0741    -.51186E-01  .00000E+00  .00000E+00
MAXIMUM VALUES
NODE     111        101        111          1         111         111
VALUE   -.90547    -.86700    -.96928     .69372E-01  .00000E+00  .00000E+00
```

使用下述命令恢复到原来的节点或单元顺序。

```
命令：NUSORT。
GUI：Main Menu > General Postproc > List Results > Sorted Listing > Unsort Nodes。
命令：EUSORT。
GUI：Main Menu > General Postproc > List Results > Sorted Listing > Unsort Elems。
```

6. 用户化列表

有些场合，需要根据要求来定制结果列表。“/STITLE”命令（无对应的 GUI 方式）可定义多达 4 个子标题，并与主标题一起在输出列表中显示。输出用户可用的其他命令为：“/FORMAT”“/HEADER”和“/PAGA”（同样无对应的 GUI 方式）。

这些命令用于控制下述事情：重要数字的编号；列表顶部的表头输出；打印页中的行数等。这些控制仅适用于“PRRSOL”“PRNSOL”“PRESOL”“PRETAB”“PRPATH”命令。

6.2.3 图像显示结果

一旦所需结果存入数据库，可通过图像显示和表格方式观察。另外，可映射沿某一路径的结果数据。图像显示可能是观察结果的最有效方法。POST1 可显示下列类型图像。

（1）梯度线显示。

（2）变形后的形状显示。

（3）矢量显示。

（4）路径图。

（5）反作用力显示。

（6）粒子流或带电粒子轨迹。

1. 梯度线显示

梯度线显示表现了结果项（如应力、温度、磁场磁通密度等）在模型上的变化。梯度线显示中有 4 个可用命令，如表 6-5 所示。

表 6–5 梯形线显示

命令	GUI 菜单路径
PLNSOL	Main Menu > General Postproc > Plot Results > Nodal Solu
PLESOL	Main Menu > General Postproc > Plot Results > Element Solu
PLETAB	Main Menu > General Postproc > Plot Results > Elem Table
PLLS	Main Menu > General Postproc > Plot Results > Line Elem Res

“PLNSOL”命令生成连续的过整个模型的梯度线。该命令或其 GUI 方式可用于原始解或派生解。对典型的单元间不连续的派生解，在节点处进行平均，以便显示连续的梯度线。下面将举出原始解（TEMP，如图 6 3 所示），和派生解（TGX）梯度显示的示例，如图 6-4 所示。

```
PLNSOL,TEMP                                    ! 原始解：自由度 TEMP
```

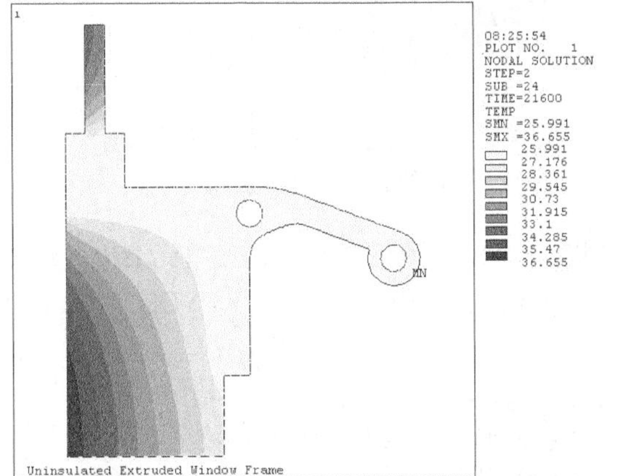

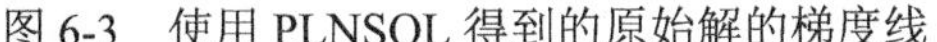
图 6-3 使用 PLNSOL 得到的原始解的梯度线

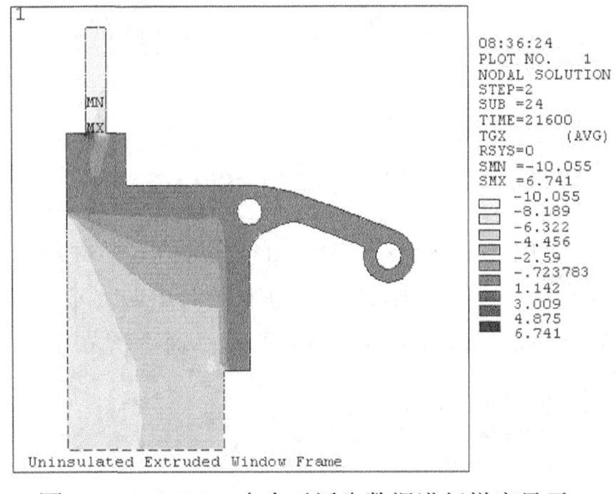

图 6-4 PLNSOL 命令对派生数据进行梯度显示

若有 PowerGraphics（性能优化的增强型 RISC 体系图形），可用下面任一命令来对派生数据求平均值。

```
命令：AVRES。
GUI：Main Menu > General Postproc > Options for Outp。
GUI：Utility Menu > List > Results > Options。
```

上述任一命令均可确定在材料及（或）实常数不连续的单元边界上是否对结果进行平均。

若 PowerGraphics 无效（对大多数单元类型而言，这是默认值），不能用“AVRES”命令去控制平均计算。平均算法则不管连接单元的节点属性如何，均会在所选单元上的所有节点处进行平均操作。这对材料和几何形状不连续处是不合适的。当对派生数据进行梯度线显示时（这些数据在节点处已做过平均），务必选择相同材料、相同厚度（对板单元）、相同坐标系等的单元。

```
PLNSOL,TG,X                                         ! 派生数据：温度梯度函数 TGX
```

“PLESOL”命令在单元边界上生成不连续的梯度线，如图 6-5 所示，该命令用于派生的解数据。命令流示例如下。

```
PLESOL, TG, X
```

“PLETAB”命令可以显示单元表中数据的梯度线图（也可称云纹图或者云图）。在“PLETAB”命令中的 AVGLAB 字段，提供了是否对节点处数据进行平均的选择项（默认状态下，对连续梯度线作平均，对不连续梯度线不作平均）。下例假设采用 SHELL99 单元（层状壳）模型，分别对结果进行平均和不平均，如图 6-6 和图 6-7 所示，相应的命令流如下。

```
ETABLE,SHEARXZ,SMISC,9                              ! 在第二层底部存在层内剪切（ILSXZ）
PLETAB,SHEARXZ,AVG                                  !SHEARXZ 的平均梯度线图
PLETAB,SHEARXZ,NOAVG                                !SHEARXZ 的未平均（默认值）的梯度线
```

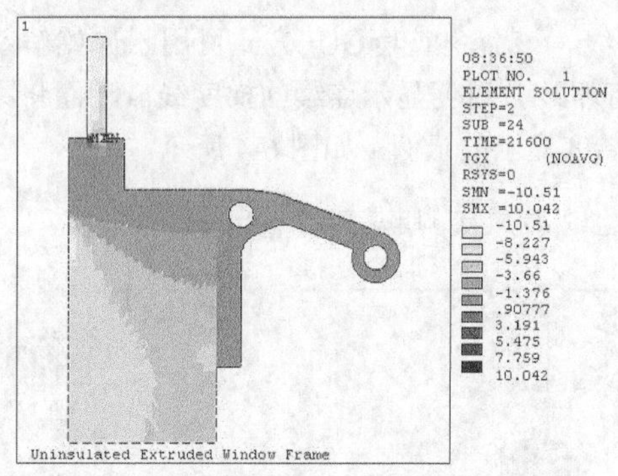

图 6-5　显示不连续梯度线的 PLESOL 图样

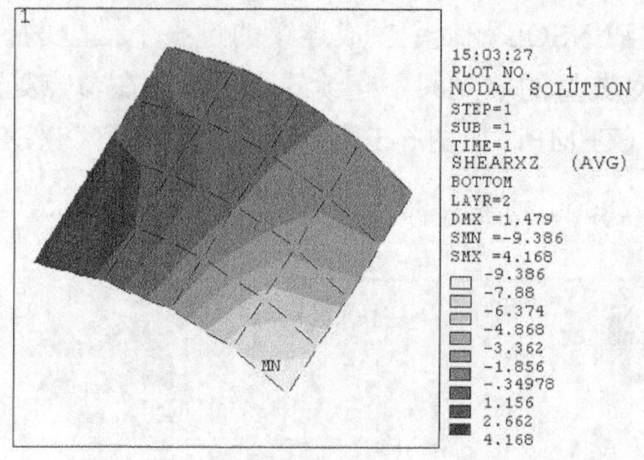

图 6-6　平均的 PLETAB 梯度线

“PLLS”命令用梯度线的形式显示一维单元的结果，该命令也要求数据存储在单元表中，该命令常用于梁分析中显示剪力图和力矩图。下面给出一个梁模型（BEAM3 单元，KEYOPT（9）=1）的示例，结果显示如图 6-8 所示，命令流如下。

```
ETABLE,IMOMENT,SMISC,6                              !I 端的弯矩，命名为 IMOMENT
ETABLE,JMOMENT,SMISC,18                             !J 端的弯矩，命名为 JMOMENT
PLLS,IMOMENT,JMOMENT                                ! 显示 IMOMENT，JMOMENT 结果
```

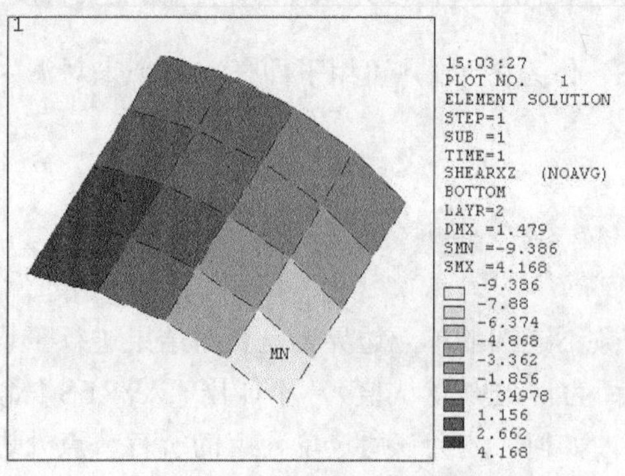

图 6-7　未平均的 PLETAB 梯度线

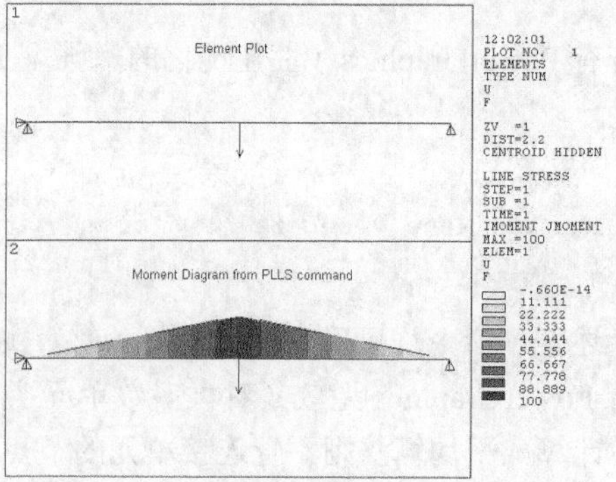

图 6-8　用 PLLS 命令显示的弯矩图

“PLLS”命令将线性显示单元的结果，即：用直线将单元 I 节点和 J 节点的结果数值连起来，而不管结果沿单元长度是否是线性变化，另外，可用负的比例因子将图形倒过来。

需要注意如下几个方面。

（1）“/CTYPE”命令。可用“/CTYPE”命令（GUI：Utility Menu > Plot Ctrls > Style > Contours > Contour Style）首先设置 KEY 为 1 来生成等轴测的梯度线显示。

（2）平均主应力。默认情况下，各节点处的主应力根据平均分应力计算。也可反过来做，首先计算每个单元的主应力，然后在各节点处平均。其命令和 GUI 路径如下。

```
命令：AVPRIN。
GUI：Main Menu > General Postproc > Options for Outp。
GUI：Utility Menu > List > Results > Options。
```

该法不常用，但在特定情况下很有用。需注意的是，在不同材料的结合面处不应采用平均算法。

（3）矢量求和。与主应力的做法相同。默认情况下，在每个节点处的矢量和的模（平方和的开方）是按平均后的分量来求的。用“AVPRIN”命令，可反过来计算，先计算每单元矢量和的模，然后在节点处进行平均。

（4）壳单元或分层壳单元。默认情况下，壳单元和分层壳单元得到的计算结果是单元上表面的结果。要显示上表面、中部或下表面的结果，用“SHELL”命令（GUI：Main Menu > General Postproc > Options for Outp）。对于分层单元，使用“LAYER”命令（GUI：Main Menu > General Posrproc > Options for Outp）指明需显示的层号。

（5）Von Mises 当量应力（EQV）。使用“AVPRIN”命令可以改变用来计算当量应力的有效泊松比。

```
命令：AVPRIN。
GUI：Main Menu > General Postproc > Plot Results > Contour Plot > Nodal Solu（Element Solu）。
GUI：Utility Menu > Plot > Results > Contour Plot > Elem Solution。
```

典型情况下，对于弹性当量应变（EPEL，EQV），可将有效泊松比设为输入泊松比；对于非弹性应变（EPPL，EQV 或 EPCR，EQV），设为 0.5；对于整个当量应变（EPTOT，EQV），应在输入的泊松比和 0.5 之间选用一有效泊松比。另一种方法是，用“ETABLE”命令存储当量弹性应变，使有效泊松比等于输入泊松比，在另一张表中用 0.5 作为有效泊松比存储当量塑性应变，然后用“SADD”命令将两张表合并，得到整个当量应变。

2. 变形后的形状显示

在结构分析中可用这些显示命令观察结构在施加载荷后的变形情况，其命令及相应的 GUI 路径如下。

```
命令：PLDISP。
GUI：Utitity Menu > Plot > Results > Deformed Shape。
GUI：Main Menu > General Postproc > Plot Results > Deformed Shape。
```

例如，输入如下命令，界面显示如图 6-9 所示。

```
PLDISP,1                                    ！变形后的形状与原始形状叠加在一起
```

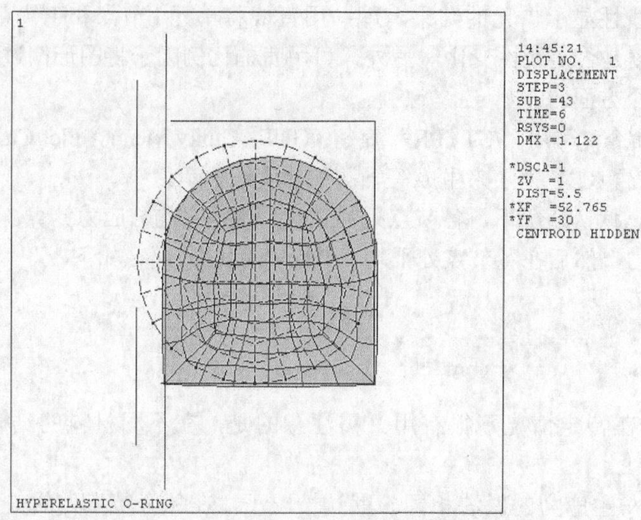

图 6-9 变形后的形状与原始形状一起显示

另外，可用“/DSCALE”命令来改变位移比例因子，对变形图进行缩小或放大显示。

需提醒的一点是，在用户进入 POST1 时，通常所有载荷符号被自动关闭，以后再次进入 PREP7 或 SLUTION 处理器时仍不会见到这些载荷符号。若在 POST1 中打开所有载荷符号，那么将会在变形图上显示载荷。

3. 矢量显示

矢量显示是指用箭头显示模型中某个矢量大小和方向的变化，通常所说的矢量包括：平移（U）、转动（ROT）、磁力矢量势（A）、磁通密度（B）、热通量（TF）、温度梯度（TG）、液流速度（V）、主应力（S）等。

用下列方法可产生矢量显示。

```
命令：PLVECT。
GUI：Main Menu > General Postproc > Plot Results > Vector Plot > Predefined Or User-Defined。
```

可用下列方法改变矢量箭头长度比例。

```
命令：/VSCALE。
GUI：Utility Menu > PlotCtrls > Style > Vector Arrow Scaling。
```

例如：输入下列命令，图形界面将显示如图 6-10 所示。

```
PLVECT,B                                        ！磁通密度（B）的矢量显示
```

说明：在“PLVECT”命令中定义两个或两个以上分量，可以生成自己所需的矢量值。

4. 路径图

路径图是显示某个变量（如位移、应力及温度等）沿模型上指定路径的变化图。要产生路径图，执行下述步骤。

（1）执行“PATH”命令定义路径属性（GUI：Main Menu > General Postproc > Path Operations > Define Path > Path Status > Defined Paths）。

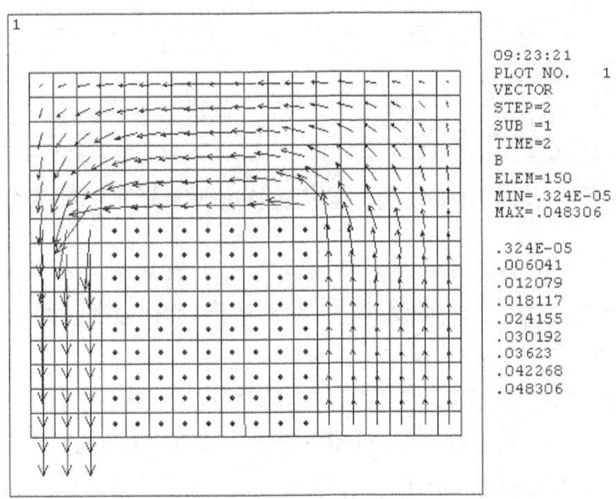

图 6-10　磁场强度的 PLVECT 矢量图

（2）执行“PPATH”命令定义路径点（GUI：Main Menu > General Postproc > Path Operations > Define Path）。

（3）执行“PDEF”命令将所需的量映射到路径上（GUI：Main Menu > General Postproc > Path Operations > Map Onto Path）。

（4）执行“PLPATH”和“PLPAGM”命令显示结果（GUI：Main Menu > General Postproc > Path Operations > Plot Path Items）。

5. 反作用力显示

用“/PBC”命令下的 RFOR 或 RMOM 项来激活反作用力显示。以后的任何显示（由“NPLOT”“EPLOT”或“PLDISP”命令生成）将在定义了 DOF 约束的点处显示反作用力。约束方程中某一自由度节点力之和不应包含过该节点的外力。

如反作用力一样，也可用“/PBC”命令（GUI：Utility Menu > PlotCtrls > Symbols）中的 NFOR 或 NMOM 项显示节点力，这是单元在其节点上施加的外力。每一节点处这些力之和通常为 0，约束点处或加载点除外。

默认情况下，打印出的或显示出的力（或力矩的）的数值代表合力（静力、阻尼力和惯性力的总和）。“FORCE”命令（GUI：Main Menu > General Postproc > Options For Outp）可将合力分解成各分力。

6. 粒子流或带电粒子轨迹

粒子流轨迹是一种特殊的图像显示形式，用于描述流动流体中粒子的运动情况。带电粒子轨迹是显示带电子粒子在电、磁场中如何运动的图像。

粒子流或带电粒子轨迹显示常用以下两组命令及相应的 GUI 路径。

（1）“TRPOIN”命令（GUI：Main Menu > General Postproc > Plot Results > Defi Trace Pt）。在路径轨迹上定义一个点（起点、终点或者两点中间的任意一点）。

（2）“PLTRAC”命令（GUI：Main Menu > General Postproc > Plot Results > Plot Flow Tra）。在单元上显示流动轨迹，能同时定义和显示多达 50 点。

PLTRAC 图样如图 6-11 所示。

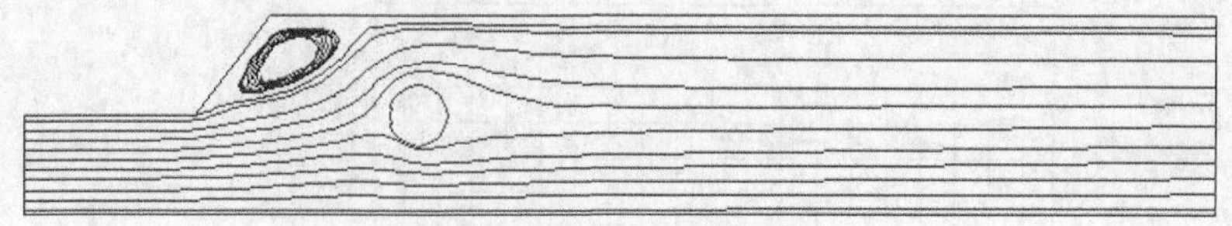

图 6-11 粒子流轨迹示例

“PLTRAC”命令中的 Item 字段和 comp 字段能使用户看到某一特定项的变化情况（例如：对于粒子流动而言，其轨迹为速度、压力和温度；对于带电粒子而言，其轨迹为电荷）。项目的变化情况沿路径用彩色的梯度线显示出来。

另外，与粒子流或带电粒子轨迹相关的还有如下命令。

“TRPLIS”命令（GUI：Main Menu > General Postproc > Plot Results > List Trace Pt）：列出轨迹点。

“TRPDEL”命令（GUI：Main Menu > General Postproc > Plot Results > Dele Trace Pt）：删除轨迹点。

“TRTIME”命令（GUI：Main Menu > General Postproc > Plot Results > Time Interval）：定以流动轨迹时间间隔。

“ANFLOW”命令（GUI：Main Menu > General Postproc > Plot Results > Paticle Flow）：生成粒子流的动画序列。

图像需要注意以下 3 个方面。

（1）粒子流轨迹偶尔会无明显原因地停止。在靠近管壁处的静止流体区域，或当粒子沿单元边界运动时，会出现这种情况。为解决这个问题，在流线交叉方向轻微调整粒子初始点。

（2）带电粒子轨迹，用“TRPON”命令（GUI：Main Menu > General Posproc > Plot Results > Defi Trace Pt）输入的变量 Chrg 和 Mass 在 MKS 单位制中具有相应的单位“库仑”和“千克”。

（3）粒子轨迹跟踪算法会导致死循环，例如某一带电粒子轨迹会导致无限循环。要避免出现死循环，可用“PLTRAC”命令的 MXLOOP 变元设置极限值。

7. 破碎图

若在模型中有 SOLID65 单元，用户可用“PLCRACK”命令（GUI：Main Menu > General Postproc > Plot Results > Crack/Crash）确定哪些单元已断裂或碎开。以小圆圈标出已断裂，以八边形表示混凝土已碎开，如图 6-12 所示。在使用不隐藏矢量显示的模式下，可见断裂和压碎的符号，为指定这一设备，用“/DEVICE，VECTOR，ON”命令（GUI：Utility Menu > Plotctrls > Device Options）。

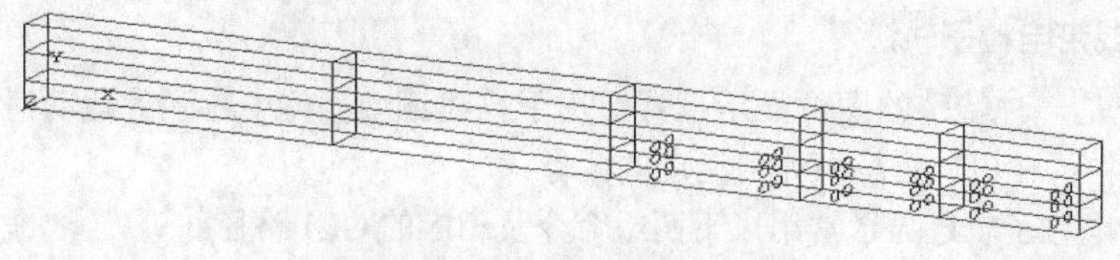

图 6-12 具有裂缝的混凝土梁

6.2.4 映射结果到某一路径上

POST1 后处理器的一个最实用的功能是将结果数据映射到模型的任意路径上。这样一来，就可沿该路径执行许多数学运算（如微积分运算），从而得到有意义的计算结果，例如：开裂处的应力强度因子和 J- 积分，通过该路径的热量、磁场力等。而另外一个好处是，能以图形或列表方式观察结果项沿路径的变化情况。

只能在包含实体单元（二维或三维）或板壳单元的模型中定义路径，一维单元不支持该功能。

通过路径观察结果包含以下 3 个步骤。

（1）定义路径属性（“PATH”命令）。

（2）定义路径点（“PPATH”命令）。

（3）沿路径插值（映射）结果数据（“PDEF”命令）。

一旦进行了数据插值，可用图像显示（“PLPATH”或“PLPAGM”命令）和列表方式观察，或执行算术运算，如加、减、乘、除和积分等。“PMAP”命令（在“PDEF”命令前发出该命令）中提供了处理材料不连续及精确计算的高级映射技术，详情可参考 ANSYS 在线帮助文档。

另外，图像也可以将路径结果存入文档文件或数组参数中，以便调用，下面详细介绍利用路径观察结果的方法和步骤。

1. 定义路径

要定义路径，首先要定义路径环境，然后定义单个路径点。通过在工作平面上拾取节点、位置或填写特定坐标位置表来决定是否定义路径，然后通过拾取或使用下列命令、菜单路径中的任一种方式生成路径。

```
命令：PATH。
PPATH
GUI：Main Menu > General Postproc > Path Operations > Define Path >。
GUI：Main Menu > General Postproc > Path Operations > Define Path > By Nodes (On
Working Plane /By Location)。
```

关于“PATH”命令有下列信息。

路径名（不多于 8 个字符）。

路径点数（2 ～ 1000）仅在批处理模式或用“By Location”选项定义路径点时需要；使用拾取时，路径点数等于拾取点数。

映射到该路径上的数据组数（最小为 4，默认值为 30，无最大值）。

路径上相邻点的分段数（默认值为 20，无最大值）。

用“By Location”选项时，出现一个单独的对话框，用于定义路径点（“PPATH”命令），输入路径点的整体坐标值，插值过的路径的几何形状依据激活的 CSYS 坐标系。另外，也可定义一坐标系用于几何插值（用“PPATH”命令中的 CS 变元）。

利用“PATH，STATUS”命令观察路径设置的状态。

“PATH 和 PPATH”命令可以在激活的 CSYS 坐标系中定义路径的几何形状。若路径是直线或圆弧，只需两个端点（除非想高精度插值，那将需要更多的路径点或子分点）。必要时，图像可以在定义路径前，利用“CSCIR”命令（GUI：Utility Menu > Work plane > Local Coordinate Systems > Move Singularity）移动奇异坐标点。

要显示已定义的路径，需首先沿路径插值数据，然后输入“/PBC，PATH，，1”命令（GUI：Utility Menu > Plotctrls > Symbols），接着输入“EPLOT”或“NPLOT”命令（GUI：Utility Menu > Plot > Elements 或 Utility Menu > Plot > Nodes），ANSYS 将沿路径用云纹图的形式显示结果数值。图 6-13 所示为一条定义在柱坐标系中的路径。

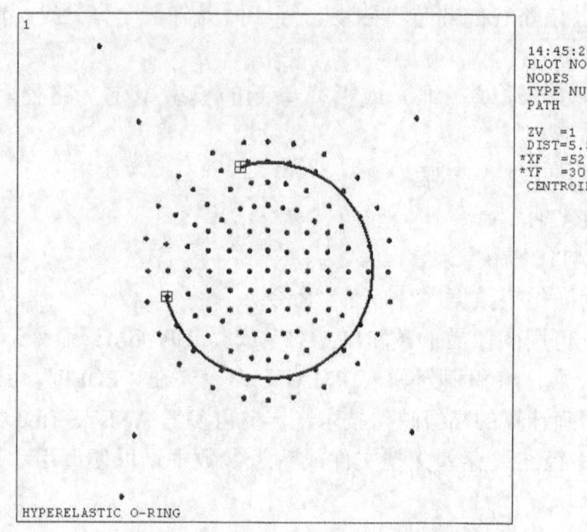

图 6-13　显示路径的节点图

2. 使用多路径

一个模型中并不限制路径数目，但是一次只有一个路径为当前路径（即只有一个路径是激活的），图像可以利用“PATH，NAME”命令改变当前激活的路径，在“PATH”命令中不用定义其他变元，已命名的路径将成为新的当前路径。

3. 沿路径插值数据

用下列命令可达到该目的。

```
命令：PDEF。
GUI：Main Menu > General Postproc > Path Operations > Map onto Path。
命令：PVECT。
GUI：Main Menu > General Postproc > Path Operations > Unit Vector。
```

这些命令要求路径被预先定义好。

用“PDEF”命令，可在激活的结果坐标系中沿着路径插值任何结果数据，如原始数据（节点自由度解）、派生数据（应力、通量、梯度等）、单元表数据、FLOTRAN 节点结果数据等。本次讨论的余下部分（及在其他文档中）将插值项称为路径项。

例如：沿着 X 路径方向插值热通量，命令如下。

```
PDEF,XFLUX,TF,X
```

XFLUX 值是图像定义的分配给路径项的任意名字，TF 和 X 放在一起识别该项为 X 方向的热通量。

图像可以利用下列命令，使结果坐标系与激活的坐标系（用于定义路径）相配。

```
*GET,ACTSYS,ACTIVE,CSYS
RSYS,ACTSYS
```

上述第一条命令创建了一个用户定义参数（ACTSYS），该参数表征了定义当前激活的坐标系的值。第二条命令则设置结果坐标系到由 ACTSYS 指定的坐标系上。

4. 映射路径数据

POST1 用 {nDiv（nPts–1）+ 1} 个插值点将数据映射到路径上，这里 nPts 是路径上的点数，nDiv 是在点间的子分数（或者说分段数）[EPATH]。创建第一条路径项时，程序自动插值下列几项：XG，YG，ZG 和 S，前 3 个是插值点的 3 个整体坐标值，S 是距起始节点的路径长度。在用路径项执行数学运算时，这些项是有用的。例如：S 可用于计算线积分。若要在材料不连续处精确映射数据，可在“PMAP”命令中使用 DISCON=MAT 选项（GUI：Main Menu > General Postproc > Path Operations > Define Path > Path Options）。

为从路径上删除路径项（除 XG，YG，ZG 和 S），用“PDEF，CLEAR”命令。而“PCALC”命令（GUI：Main Menu > General Postproc > Path Operations > Operations）则可以从一个路径存储路径项、定义一平行路径及计算两路径间路径项之差。

“PVECT”命令可以定义沿路径的法矢量、切矢量或正向矢量。如果要使用该命令，需激活笛卡儿坐标系。下面给出一个“PVECT”命令的应用实例——定义在每个插值点处与路径相切的单位矢量。

```
PVECT,TANG,TXX,TTY,TTZ。
```

TTX，TTY 和 TTZ 是用户定义的分配给矢量的 X，Y，Z 分量的名字。在数学上的 J 积分、点积和叉积等运算中可使用这些矢量。为精确映射法矢量和切矢量，在“PMAP”命令中使用 ACCURATE 选项，在映射数据之前用“PMAP”命令。

5. 观察路径项

要得到指定路径项与路径距离的关系图，使用下述方法之一。

```
命令：PLPATH。
GUI：Main Menu > General Postproc > Path Operations > Plot Path Items。
```

要得到指定路径项的列表，使用下述方法之一。

```
命令：PRPATH。
GUI：Main Menu > General Postproc > List Results > Path Items。
```

可为“PLPATH”“PRPATH”或“PRANGE”命令控制路径距离范围（GUI：Main Menu > General Postproc > Path Operations > Path Range）。在路径显示的横坐标项中路径定义变量也能用来取代路径距离。

图像也可以用另外两个命令“PLSECT”（GUI：Mian Menu > General Posproc > Path Operations > Linearized Strs）和“PRSECT”（GUI：Main Menu > General Postproc > List Results > Linearized Strs）来计算和观察在“PPATH”命令中由最初两个节点定义的沿某一路径的线性应力，尤其在分析压力容器时，可用该命令将应力分解成几种应力分量：膜应力、剪应力和弯曲应力等。另外还需说明的一点是，路径必须在激活的显示坐标系中定义。

可用下列命令（GUI）沿路径用彩色梯度线显示数据项，从而路径上的数据项可以直观的清晰度量。

```
命令：PLPAGM。
GUI：Main Menu > General Postproc > Plot Results > Plot Path Items > On Geometry。
```

6. 在路径项中执行算术运算

下列 3 个命令可用于在路径项中执行算术运算。

（1）“PCALC”命令（GUI：Main Menu > General Postproc > Path Operations > Operations）。对路径进行加、乘、除、求幂、微分和积分。

（2）“PDOT”命令（GUI：Main Menu > General Postproc > Path Operations > Dot Product）。计算两路径矢量的点积。

（3）“PCROSS”命令（GUI：Main Menu > General Postproc > Path Operations > Cross Product）。计算两路径矢量的叉积。

7. 将路径数据从一文件中存档或恢复

用户若想在离开 POST1 时保留路径数据，必须将其存入文件或数组参数中，以便于以后恢复。首先可选一条或多条路径，然后将当前路径写入一文件中。

```
命令：PSEL。
GUI：Utility Menu > Select > Paths。
命令：PASAVE。
GUI：Main Menu > General Postproc > Path Operations > Archive Path > Store > Paths in file。
```

要从一个文件中取出路径信息及将该数据存为当前激活的路径数据，可用下列方法。

```
命令：PARESU。
GUI：Main Menu > General Postproc > Path Operations > Archive Path > Retrieve > Paths from file。
```

可选择仅存档或取出路径数据（用“PDEF”命令映射到路径上的数据）或路径点（用“PPATH”命令定义的点）。恢复路径数据时，它变为当前激活的路径数据（已存在的激活路径数据被取代）。若用“PHRESH”命令并有多路径时，列表中的第一条路径成为当前激活路径。

输入输出示例如下。

```
/post1
path,radial,2,30,35                    ！定义路径名，点号，组号，分组号
ppath,1,,.2                            ！由位置来定义路径
ppath,2,,.6
pmap,,mat                              ！在材料不连续处进行映射数据
pdef,sx,s,x                            ！描述径向应力
pdef,sz,s,z                            ！描述周向应力
plpath,sx,sz                           ！绘应力图
pasave                                 ！在文件中存储所定义的路径
finish
/post1
paresu                                 ！从文件中恢复路径数据
plpagm,sx,,node                        ！绘制路径上径向应力
finish
```

8. 将路径数据存档或从数组参数中恢复

若想把粒子流或带电粒子轨迹映射到某一路径（用“PLTRAC”命令）上，将路径数据写入数组是有用的，若想把路径数据保存在一数组参数内，用下列命令或等价的 GUI 方式。

```
命令：PAGET，PARRAY，POPT。
GUI：Main Menu > General Postproc > Path Operations > Archive Path > Retrieve > Path Points（Path Data）。
```

要从一数组变量中恢复路径信息并将数据存储为当前激活的路径数据，用下列方式。

命令：PAPUT，PARRAY，POPT。

GUI：Main Menu > General Postproc > Path Operations > Archive Path > Store > Path Points (Path Data)。

可选择仅存档或取出路径数据（用“PDEF”命令映射到路径上的数据）或路径点（用“PPATH”命令定义）。“PAGET”命令和“PAPUT”命令中POPT变元的设置决定了存储或恢复什么数据，图像必须在恢复路径数据和标识前恢复路径点（详情可参考ANSYS在线帮助文档）。恢复路径数据时，它会变成当前激活的路径数据（已存在的路径数据被取代）。输入输出示例如下，对应的输出如图6-14和图6-15所示。

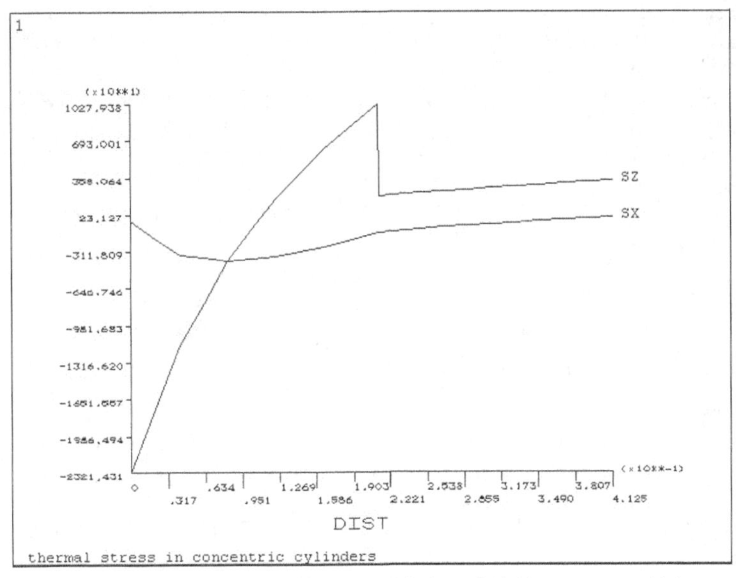

图6-14　不同材料结合面处显示应力不连续的PLPATH示例

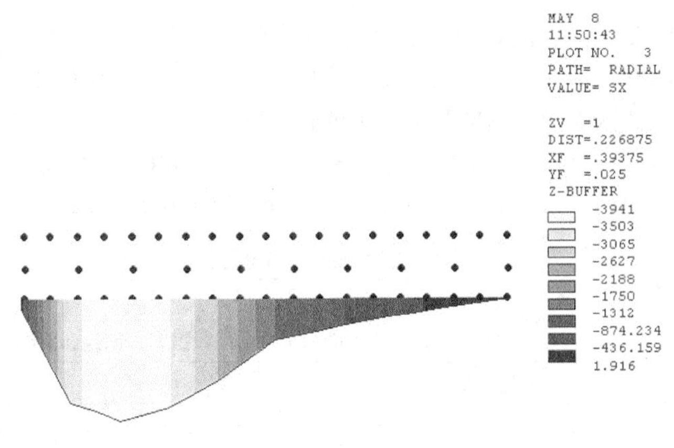

图6-15　PLPAGM显示示例

```
/post1
path,radial,2,30,35                              ! 定义路径名，点号，组号，分组号
```

```
ppath,1,,.2                           ! 按位置定义路径
ppath,2,,.6
pmap,,mat                             ! 在材料不连续处进行映射数据
pdef,sx,s,x                           ! 描述径向应力
pdef,sz,s,z                           ! 描述周向应力
plpath,sx,sz                          ! 绘应力图
paget,radpts,points                   ! 将路径点存档于 radpts 数组中
paget,raddat,table                    ! 将路径数据存档于 raddat 数组中
paget,radlab,label                    ! 将路径标识存档于 radlab 数组中
finish
/post1
*get,npts,parm,radpts,dim,x           ! 从 radpts 数组中取出点号
*get,ndat,parm,raddat,dim,x           ! 从 raddat 数组中取出路径数据点号
*get,nset,parm,radlab,dim,x           ! 从 radlab 数组中取出数据标识号
ndiv=(ndat-1)/(npts-1)                ! 计算子分数
path,radial,npts,ns1,ndiv             ! 用组号 ns1 > nset 生成路径 radial
paput,radpts,points                   ! 取出路径点
paput,raddat,table                    ! 取出路径数据
paput,radlab,labels                   ! 取出路径列表
plpagm,sx,,node                       ! 绘制路径上径向图
finish
```

9. 删除路径

删除一个或多个路径时，用下列方式之一。

```
命令：PADELE，DELOPT。
GUI：Main Menu > General Postproc > Path Operations > Delete Path。
GUI：Main Menu > General Postproc > Elec&Mag Calc > Delete Path。
```

可按名字选择删除所有路径或某一路径，用“PATH，STATUS”命令可浏览当前路径名列表。

6.2.5 表面操作

在通用后处理 POST1 中，图像可以映射节点结果数据到用户定义的表面上，然后可以对表面结果进行数学运算而获得如下这些有意义的量：集中力，横截面的平均应力，流体速率，通过任意截面的热流等。图像同样可以画出这些映射结果的轮廓线。

图像可以通过 GUI 方式或命令流方式进行表面操作。表 6-6 所示为表面操作的命令，相应的 GUI 菜单路径为：Main Menu > General Postproc > Surface Operations area。

表 6-6 表面操作命令列表

命令	用途
SUCALC	通过操作指定表面上的两存在结果数据库来创建新的结果数据
SUCR	创建一表面
SUDEL	删除所有几何信息，包括指定的表面或选择的表面映射结果
SUEVAL	对映射选项进行操作，并以标准参数的形式存储结果
SUGET	移动表面并映射结果到一列参数
SUMAP	映射结果数据到表面
SUPL	图形显示映射的结果数据
SUPR	列表显示映射的结果数据

续表

命令	用途
SURESU	从指定的文件中恢复表面定义
SUSAVE	保存定义的表面到一文件
SUSEL	选择一子表面
SUVECT	对两个结果矢量进行操作

只有在包含 3D 实体单元的模型中，图像才能定义表面。壳体、梁和 2D 单元类型均不支持该功能。

表面操作的具体步骤如下。

（1）通过执行“SUCR”命令定义表面。

（2）通过执行“SUSEL”和“SUMAP”命令映射结果数据到选择的表面。

（3）通过执行“SUEVAL”“SUCALC”和“SUVECT”命令处理结果。

一旦映射数据到表面，图像就可以通过执行“SUPL”或“SUPR”命令图形显示或列表显示结果数据。

1. 定义表面

通过执行“SUCR”命令可以定义表面，表面名称不超过 8 个字符，表面一般有两种类型。

（1）基于当前工作平面的横截面。

（2）在当前工作平面坐标系下，图像指定半径的封闭球面。

对于 SurfType = CPLANE，nRefine 指出了定义表面的点的数量。如果 SurfType = CPLANE，并且 nRefine = 0，那么，这些点在截断单元的截面之中。当提高 nRefine 到 1 时，每个表面将被分成 4 个子面，而加入结果的点数也同样的增加。nRefine 可以在 0 和 3 之间变化，当然提高 nRefine 对表面操作速度的影响是十分明显的。

说明：该处提到的“SurfType”和“nRefine”是表 6-6 中命令（如“SUCR”等命令）的操作项，详情可查阅 ANSYS 帮助文档。

执行“/EFACET”命令将增加这种细化，超过 1 的数值将增强 nRefine 的效果。“/EFACET”命令可以把单元划分为几个子单元，而 nRefine 则定义了子单元的小平面。

对于 SurfType = SPHERE，nRefine 指出了沿球面某个角度（最小 10°，最大 90°，默认值为 90°）弧长的等分数。

一旦图像定义了“表面”，ANSYS 将会自动计算以下几个预定义的几何量并保存。

（1）GCX，GCY，GCZ。表面上每个点的全局笛卡儿坐标。

（2）NORMX，NORMY，NORMZ。表面上每个点的单位法向矢量的分量。

（3）DA。每个点的共享面积（即表面总面积 ÷ 表面节点总数）。

这些量都是用来进行表面数据的数学运算（例如，DA 就是用来进行表面积分）。一旦图像建立了表面，这些量就可以（通过使用预定义标签）为后续的数学运算所使用。

执行“SUPL，SurfName”命令可以显示用户定义的表面。一个模型中最多可以存在 100 个表面，而所有的操作（映射结果数据、数学运算等）将在所选择的表面上进行。图像可以通过“SUSEL”命令来改变选择的表面设置。

2. 映射结果数据

一旦图像定义了表面，通过使用“SUMAP”命令可以映射结果数据到该表面。节点结果数据

（在当前激活的结果坐标系中）加入到表面并作为结果可以执行各种图像操作。结果数据由原始数据（例如：节点自由度）、派生数据（例如：应力，流量，梯度等）、FLOTRAN 节点解以及其他结果值构成。

当图像使用“SUMAP”命令映射数据时，要先给结果设置提供名称，并指定数据类型和特性。

通过执行以下命令，图像可以使结果坐标系符合当前激活的坐标系（通常用来定义路径）。

（1）*GET，ACTSYS，ACTIVE，，CSYS。

（2）RSYS，ACTSYS。

第一条命令创建了图像定义的一个参数（ACTSYS），这一参数拥有定义当前激活坐标系的值。第二条命令设置结果坐标系为用参数（ACTSYS）指定的坐标系。

执行“SUMAP，RSetname，CLEAR”命令可以清除选择表面的结果设置（除了 GCX，GCY，GCZ，NORMX，NORMY，NORMZ，DA），而使用“SUEVAL”“SUVECT”或“SUCALC”命令可以操作表面的结果设置，从而形成附加的标签结果。

3. 检查表面结果

通过使用“SUPL”命令，图像可以图形显示表面结果；而通过使用“SUPR”命令，图像可以列表显示表面结果。同样的，图像也能够通过使用特殊的结果设置获得矢量显示（例如，流体速度矢量显示）。例如，如果指定“SetName”为“vector prefix”，那么 ANSYS 程序将以箭头的方式显示这些矢量。

说明：上面所说的“SetName”是指“SUPR”和“SUPL”命令的操作变量，详情可以查阅 ANSYS 帮助文档。

矢量显示示例。

```
SUCREATE,SURFACE1,CPLANE                    !创建名称为“SURFACE1”的一表面
SUMAP,VELX,V,X                              !映射 x,y,z 方向的速度
SUMAP,VELY,V,Y
SUMAP,VELZ,V,Z
SUPLOT,SURFACE1,VEL                         !矢量显示速度
```

“/EDGE”命令用于控制子平面的云图显示，它与后面处理图形显示的其他命令很相似。

4. 对映射表面结果数据进行数学运算

对映射的表面结果数据可以进行 3 种数学运算。

（1）“SUCALC”命令可以对所选择的表面进行加、乘、除、指数和三角函数运算。

（2）“SUVECT”命令可以对所选择表面的矢量进行点积和叉积运算。

（3）“SUEVAL”命令可以对所选择的表面进行表面积分、平均和求和运算。

5. 保存表面数据到一个文件

图像可以存储表面数据到文件，因此图像在下次重新进入 POST1 后处理器时，这些数据可以被恢复。“SUSAVE”命令用来保存数据，而“SURESU”命令则用来恢复数据。

当图像保存表面数据到文件时，可以只保存一个表面，也可以保存所有选择的表面，还可以保存所有定义的表面（包括未选择的表面）。当图像恢复表面数据时，保存的表面就成为当前激活的表面，而此前的激活表面则被自动清除。

保存表面到一个文件并恢复数据示例：

```
/post1
```

```
!在工作平面坐标原点处定义半径0.75的球面，10等分每个900弧长
sucreate,surf1,sphere,0.75,10
wpoff,,,-2                                 !平移工作平面
                                           !定义与工作平面相交的一平面并选择单元
sucreate,surf2,cplane

susel,s,surf1                              !选择表面surf1
sumap,psurf1,pres                          !映射压力数据到surf1，名称为"psurf1"
susel,all                                  !选择所有的表面
sumap,velx,v,x                             !映射VX到所有的表面，名称为"velx"
sumap,vely,v,y                             !映射VY到所有的表面，名称为"vely"
sumap,velz,v,z                             !映射VZ到所有的表面，名称为"velz"

supr                                       !当前表面数据的全局状态
supl,surf1,sxsurf1                         !云图显示sxsurf1
supl,all,velx,1                            !云图显示velx
supl,surf2,vel                             !矢量显示速度矢量

suvect, vdotn,vel,dot,normal               !表面法向与速度矢量的点积
!结果存储在"vdotn"
sueval, flowrate, INTG, vdotn              !面积积分"vdotn" 获得apdl参数"flow rate"
susave,all,file,surf                       !保存数据
finish
```

6. 以数组参数的形式保存表面数据

把表面结果写入数组参数之后，图像便可以对结果数据进行APDL操作。利用“SUGET”命令，图像可以把结果数据写入自定义的数组参数中，另外，还可同时写入几何信息。

7. 删除表面

使用“SUDEL”命令可以删除一个或多个表面，而这些表面上映射的结果数据也同时被删除。图像可以选择删除所有的表面，也可以通过指定的表面名来有选择的删除单个或多个表面。使用“SUPR”命令可以列表检查当前的表面名。

6.2.6 将结果旋转到不同坐标系中显示

在求解计算中，计算结果数据包括位移（UX，UY，ROTX等）、梯度（TGX，TGY等）、应力（SX，SY，SZ等）、应变（EPPLX，EPPLXY等）。这些数据以节点坐标系（基本数据或节点数据）或任意单元坐标系（派生数据或单元数据）的分量形式存入数据库和结果文件中。然而，结果数据通常需要转换到激活的结果坐标系（默认情况下为整体直角坐标系中）来显示、列表和单元表格数据存储操作，这正是本小节要介绍的内容。

使用“RSYS”命令（GUI：Main Menu > General Postproc > Options For Outp），可以将激活的结果坐标系转换成整体柱坐标系（RSYS，1），整体球坐标系（RSYS，2），任何存在的局部坐标系（RSYS，N，这里N是局部坐标系序号）或求解中所使用的节点坐标系和单元坐标系（RSYS，SOLU）。若对结果数据进行列表、显示或操作，首先将它们变换到结果坐标系。当然，也可将这些结果坐标系设置回整体坐标系（RSYS，0）。

图6-16显示在几种不同的坐标系设置下，位移是如何被输出的。位移通常是根据节点坐标系（一般总是笛卡儿坐标系）给出，但用“RSYS”命令可使这些节点坐标系变换为指定的坐标系。例如：“RSYS，1”可使结果变换到与整体柱坐标系平行的坐标系，使UX代表径向位移，UY代表

切向位移。类似地，在磁场分析中 AX 和 AY，以及在流场分析中 VX 和 VY 也用“RSYS，1”变换的整体柱坐标系径向、切向值输出。

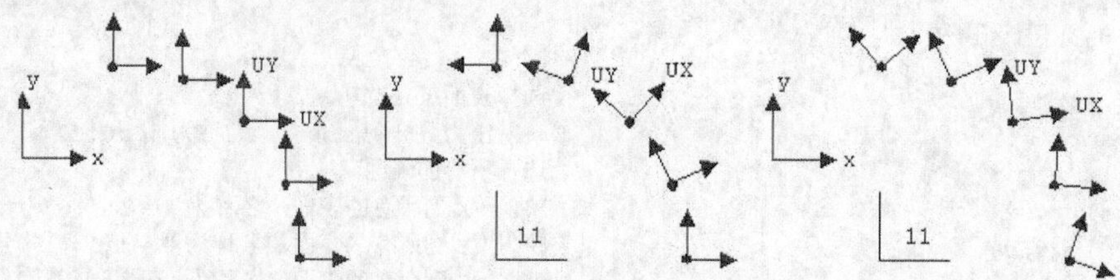

（a）笛卡儿坐标系（C.S.0）　（b）局部柱坐标（RSYS，11）　（c）整体柱坐标（RSYS,1）

图 6-16　用 RSYS 的结果变换

某些单元结果数据总是以单元坐标系输出，而不论激活的结果坐标系为何种坐标系。这些仅用单元坐标系表述的结果项包括：力、力矩、应力、梁、管和杆单元的应变，以及一些壳单元的分布力和分布力矩。

在多数情况下，例如：当在单个载荷或多载荷的线性叠加情况下，将结果数据变换到结果坐标系中并不影响最后结果值，然而，大多数模型叠加技术（PSD，CQC，SRSS 等）是在求解坐标系中进行，且涉及开方运算。由于开方运算去掉了与数据相关的符号，叠加结果在被转换到结果坐标系后，可能会与所期望的值不同。在这些情况下，可用“RSYS，SOLU”命令来避免变换，使结果数据保持在求解坐标系中。

下面用圆柱壳模型来说明如何改变结果坐标系。在此模型中，图像可能会对切向应力结果感兴趣，所以需转换结果坐标系，命令流如下。

```
PLNSOL,S,Y      ！显示如图 6-17 所示，SY 是在整体笛卡儿坐标系下（默认值）
RSYS,1
PLNSOL,S,Y      ！显示如图 6-18 所示，SY 是在整体柱坐标系下
```

在大变形分析中（用“NLGEOM，ON”命令打开大变形选项，且单元支持大变形），单元坐标系首先按单元刚体转动量旋转，因此各应力、应变分量及其他派生出的单元数据包含有刚体旋转的效果。用于显示这些结果的坐标系是按刚体转动量旋转的特定结果坐标系。但 HYPER56、HYPER58、HYPER74、HYPER84、HYPER86 和 HYPER158 单元除外，这些单元总是在指定的结果坐标系中生成应力、应变，没有附加刚体转动。另外，在大变形分析中的原始解，例如：位移是并不包括刚体转动效果的，因为节点坐标系不会按刚体转动量旋转。

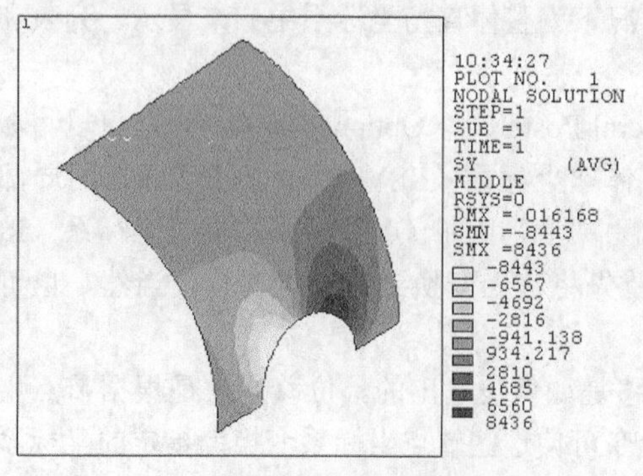

图 6-17　SY 在整体笛卡儿坐标系中

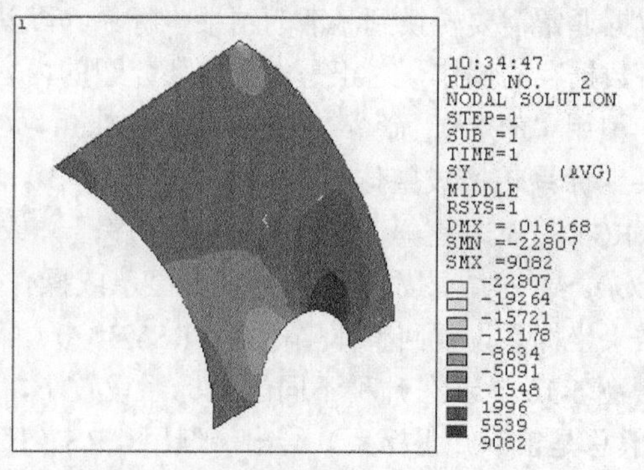

图 6-18　SY 在整体柱坐标系中

6.3　时间历程后处理器（POST26）

时间历程后处理器 POST26 可用于检查模型中指定点的分析结果与时间、频率等的函数关系。它有许多分析能力：从简单的图形显示和列表到诸如微分和响应频谱生成的复杂操作。POST26 的一个典型用途是在瞬态分析中以图形表示结果项与时间的关系或在非线性分析中以图形表示作用力与变形的关系。

使用下列方法之一进入 ANSYS 时间历程后处理器。

```
命令：POST26。
GUI：Main Menu > Time Hist Postpro。
```

6.3.1　定义和储存 POST26 变量

POST26 的所有操作都是相对变量而言的，是结果项与时间（或频率）的简表。结果项可以是节点处的位移、单元的热流量、节点处产生的力、单元的应力、单元的磁通量等。图像对每个 POST26 变量任意指定大于或等于 2 的参考号，参考号 1 用于时间（或频率）。因此，POST26 的第一步是定义所需的变量，第二步是存储变量，这些内容在下面描述。

1. 定义变量

可以使用下列命令定义 POST26 变量。所有这些命令与下列 GUI 路径等价。

```
GUI：Main Menu > Time Hist Postproc > Define Variables。
GUI：Main Menu > Time Hist Postproc > Elec&Mag > Circuit > Define Variables。
```

“FORCE”命令：指定节点力（合力、分力、阻尼力或惯性力）。

“SHELL”命令：指定壳单元（分层壳）中的位置（TOP、MID、BOT），“ESOL”命令将定义该位置的结果输出（节点应力、应变等）。

“LAYERP26L”命令：指定结果待储存的分层壳单元的层号，然后，用“SHELL”命令对该指定层进行操作。

“NSOL”命令：定义节点解数据（仅对自由度结果）。

“ESOI”命令：定义单元解数据（派生的单元结果）。

“RFORCER”命令：定义节点反作用数据。

“GAPF”命令：用于定义简化的瞬态分析中间隙条件中的间隙力。

“SOLU”命令：定义解的总体数据（如时间步长、平衡迭代数和收敛值）。

例如：下列命令定义两个 POST26 变量。

```
NSOL,2,358,U,X
ESOL,3,219,47,EPEL,X
```

变量 2 为节点 358 的 UX 位移（针对第一条命令），变量 3 为 219 单元的 47 节点的弹性约束的 X 分力（针对第二条命令）。然后，对于这些结果项，系统将给它们分配参考号，如果用相同的参考号定义一个新的变量，则原有的变量将被替换。

2. 存储变量

当定义了 POST26 变量和参数，就相当于在结果文件的相应数据建立了指针。存储变量就是将结果文件中的数据读入数据库。当发出显示命令或POST26数据操作命令（包括表6-7所列命令）或选择与这些命令等价的GUI路径时，程序自动存储数据。

表6-7　存储变量的命令

命令	GUI菜单路径
PLVAR	Main Menu > Time Hist Postproc > Graph Variables
PRVAR	Main Menu > Time Hist Postproc > List Variable
ADD	Main Menu > Time Hist Postproc > Math Operations > Add
DERIV	Main Menu > Time Hist Postproc > Math Operations > Derivate
QUOT	Main Menu > Time Hist Postproc > Math Operations > Divde
VGET	Main Menu > Time Hist Postproc > Table Operations > Variable to Par
VPUT	Main Menu > Time Hist Postproc > Table Operations > Parameter to Var

在某些场合，需要使用“STORE”命令（GUI：Main Menu > Time Hist Postproc > Store Data）直接请求变量存储。这些情况将在下面的命令描述中解释。如果在发出“TIMERANGE”命令或“NSTORE”命令（这两个命令等价的GUI路径为Main Menu > Time Hist Postpro > Settings > Data）之后使用“STORE”命令，那么默认情况为“STORE，NEW”。由于“TIMERANGE”命令和“NSTORE”命令为存储数据重新定义了时间、频率点或时间增量，因而需要改变命令的默认值。

可以使用下列命令操作存储数据：

```
MERGE
```

将新定义的变量增加到先前的时间点变量中，即更多的数据列被加入数据库。在某些变量已经存储（默认）后，如果希望定义和存储新变量，这是十分有用的。

```
NEW
```

替代先前存储的变量，删除先前计算的变量，并存储新定义的变量及其当前的参数。

```
APPEND
```

添加数据到先前定义的变量中。即如果将每个变量看作一数据列，APPEND操作就为每一列增加行数。当要将两个文件（如瞬态分析中两个独立的结果文件）中相同变量集中在一起时，这是很有用的。使用“FILE”命令（GUI：Main Menu > Time Hist Postpro > Settings > File）指定结果文件名。

```
ALLOC，N
```

为顺序存储操作分配N个点（N行）空间，此时如果存在先前定义的变量，那么将被自动清零。由于程序会根据结果文件自动确定所需的点数，所以正常情况下不需用该选项。

使用“STORE”命令的一个实例如下所示。

```
/POST26
NSOL,2,23,U,Y                              ！变量2= 节点23处的UY值
SHELL,TOP                                  ！指定壳的顶面结果
ESOL,3,20,23,S,X                           ！变量3= 单元20的节点23的顶部SX
PRVAR,2,3                                  ！存储并打印变量2和3
SHELL,BOT                                  ！指定壳的底面为结果
ESOL,4,20,23,S,X                           ！变量4= 单元20的节点23的底部SX
STORE                                      ！使用命令默认，将变量4和变量2、3置于内存
PLESOL,2,3,4                               ！打印变量2，3，4
```

图像应该注意以下几个方面。

（1）默认情况下，可以定义的变量数为10个。使用“NUMVAR”命令（GUI：Main Menu > Time Hist Postpro > Settings > File）可增加该限值（最大值为200）。

（2）默认情况下，POST26在结果文件寻找其中的一个文件。可使用“FILE”命令（GUI：Main Menu > Time Hist Postpro > Settings > File）指定不同的文件名（RST、RTH、RDSP等）。

（3）默认情况下，力（或力矩）值表示合力（静态力、阻尼力和惯性力的合力）。“FORCE”命令允许对各个分力操作。

壳单元和分层壳单元的结果数据假定为壳或层的顶面。“SHELL”命令允许指定是顶面、中面或底面。对于分层单元，可通过“LAYERP26”命令指定层号。

（4）定义变量的其他有用命令。

NSTORE命令（GUI：Main Menu > Time Hist Postpro > Settings > Data）：定义待存储的时间点或频率点的数量。

TIMERANGE命令（GUI：Main Menu > Time Hist Postpro > Settings > Data）：定义待读取数据的时间或频率范围。

TVAR命令（GUI：Main Menu > Time Hist Postpro > Settings > Data）：将变量1（默认是表示时间）改变为表示累积迭代号。

VARNAM命令（GUI：Main Menu > Time Hist Postpro > Settings > Graph或Main Menu > Time Hist Postpro > List）：给变量赋名称。

RESET命令（GUI：Main Menu > Time Hist Postpro > Reset Postproc）：将所有变量清零，并将所有参数重新设置为默认值。

（5）使用“FINISH”命令（GUI：Main Menu > Finish）可退出POST26，删除POST26变量和参数。如“FILE”“PRTIME”“NPRINT”等，由于它们不是数据库的内容，故不能存储，但这些命令均存储在LOG文件中。

6.3.2 检查变量

一旦定义了变量，可通过图形或列表的方式检查这些变量。

1. 产生图形输出

“PLVAR”命令（GUI：Main Menu > Time Hist Postpro > Graph Variables）可在一个图框中显示多达9个变量的图形。默认的横坐标（x轴）为变量1（静态或瞬态分析时表示时间，谐波分析时表示频率）。使用“XVAR”命令（GUI：Main Menu > Time Hist Postpro > Setting > Graph）可指定不同的变量号（如应力、变形等）作为横坐标。图6-19和图6-20所示是图形输出的两个实例。如果横坐标不是时间，可显示三维图形（用时间或频率作为z坐标），使用下列方法之一改变默认的x-y视图。

```
命令：/VIEW。
GUI：Utility Menu > PlotCtrs > Pan,Zoom,Rotate。
```

选择“GUI：Utility Menu > PlotCtrs > View Setting > Viewing Direction”命令，在非线性静态分析或稳态热力分析中，子步为时间，也可采用这种图形显示。

当变量包含由实部和虚部组成的复数数据时，默认情况下，“PLVAR”命令显示的为幅值。使用“PLCPLX”命令（GUI：Main Menu > Time Hist Postpro > Setting > Graph）切换到显示相位、实部和虚部。

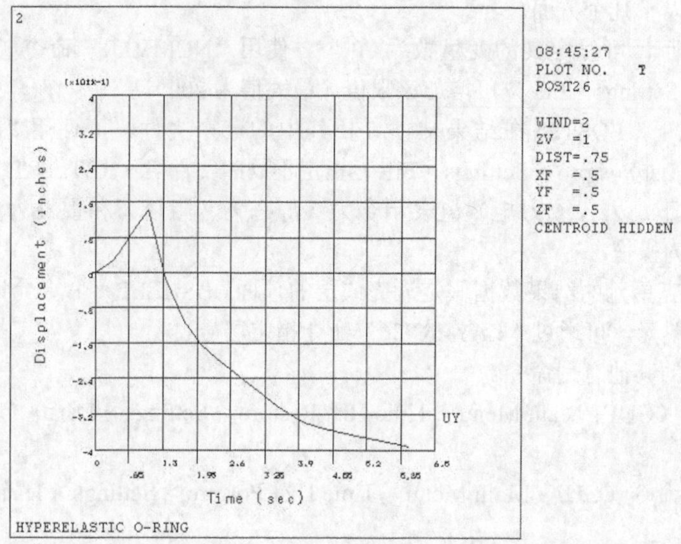

图 6-19　使用 XVAR = 1（时间）作为横坐标的 POST26 输出

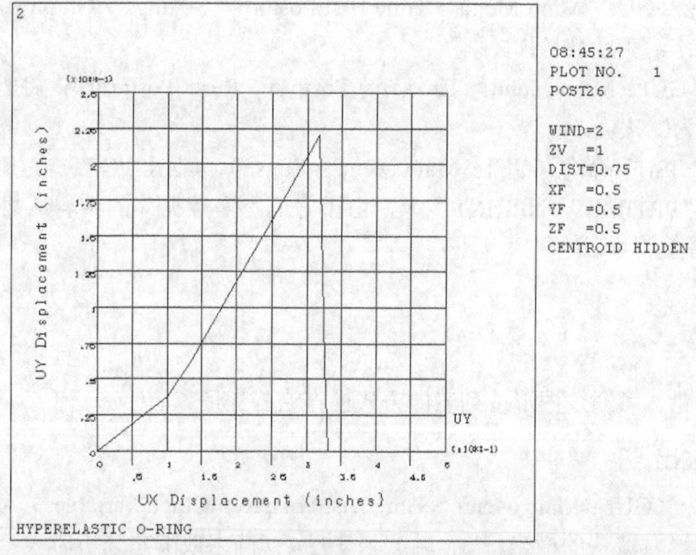

图 6-20　使用 XVAR = 0，1 指定不同的变量号作为横坐标的 POST26 输出

图形输出可使用许多图形格式参数。通过选择“GUI：Utility Menu > PlotCtrs > Style > Graphs”或下列命令实现该功能。

（1）激活背景网格（“/GRID”命令）。

（2）曲线下面区域的填充颜色（“/GROPT”命令）。

（3）限定 x、y 轴的范围（“/XRANGE”及“/YRANGE”命令）。

（4）定义坐标轴标签（“/AXLAB”命令）。

（5）使用多个 y 轴的刻度比例（“/GRTYP”命令）。

2. 计算结果列表

图像可以通过“PRVAR”命令（GUI：Main Menu > Time Hist Postpro > List Variables）在表格

中列出多达6个变量，同时还可以获得某一时刻或频率处的结果项的值，也可以控制打印输出的时间或频率段。操作如下。

```
命令：NPRINT，PRTIME。
GUI：Main Menu > TimeHist Postpro > Settings > List。
```

通过“LINES”命令（GUI：Main Menu > TimeHist Postpro > Settings > List）可对列表输出的格式做微量调整。下面是“PRVAR”命令的一个输出示例。

```
***** ANSYS time-history VARIABLE LISTING *****
  TIME             51 UX          30 UY
                      UX              UY
 .10000E-09     .000000E+00    .000000E+00
 .32000         .106832        .371753E-01
 .42667         .146785        .620728E-01
 .74667         .263833        .144850
 .87333         .310339        .178505
 1.0000         .356938        .212601
 1.3493         .352122        .473230E-01
 1.6847         .349681       -.608717E-01
time-history SUMMARY OF VARIABLE EXTREME VALUES
VARI TYPE   IDENTIFIERS   NAME     MINIMUM       AT TIME       MAXIMUM     AT TIME
1 TIME       1 TIME       TIME    .1000E-09     .1000E-09      6.000       6.000
2 NSOL      51 UX         UX      .0000E+00     .1000E-09      .3569       1.000
3 NSOL      30 UY         UY      -.3701        6.000          .2126       1.000
```

对于由实部和虚部组成的复变量，“PRVAR”命令的默认列表是实部和虚部。可通过“PRCPLX”命令选择实部、虚部、幅值、相位中的任何一个。

另一个有用的列表命令是“EXTREM”命令（GUI：Main Menu > TimeHist Postpro > List Extremes），可用于打印设定的 x 和 y 范围内 y 变量的最大和最小值。也可通过“*GET”命令（GUI：Utility Menu > Parameters > Get Scalar Data）将极限值指定给参数。下面是“EXTREM”命令的一个输出示例。

```
Time-History SUMMARY OF VARIABLE EXTREME VALUES
VARI TYPE   IDENTIFIERS   NAME     MINIMUM      AT TIME       MAXIMUM      AT TIME
1 TIME      1 TIME        TIME     .1000E-09    .1000E-09      6.000        6.000
2 NSOL      50 UX          UX      .0000E+00    .1000E-09      .4170        6.000
3 NSOL      30 UY          UY      -.3930       6.000          .2146        1.000
```

6.3.3 后处理器POST26的其他功能

1. 进行变量运算

POST26可对原先定义的变量进行数学运算，下面给出两个应用实例。

实例1：在瞬态分析时定义了位移变量，可让该位移变量对时间求导，得到速度和加速度，命令流如下。

```
NSOL,2,441,U,Y,UY441          ！定义变量2为节点441的UY，名称=UY441
DERIV,3,2,1,,BEL441           ！变量3为变量2对变量1（时间）的一阶导数，名称为BEL441
DERIV,4,3,1,,ACCL441          ！变量4为变量3对变量1（时间）的一阶导数，名称为ACCL441
```

实例2：将谐响应分析中的复变量（a+ib）分成实部和虚部，再计算它的幅值（$\sqrt{a^2+b^2}$）和相位角，命令流如下。

```
REALVAR,3,2,,,REAL2              ! 变量 3 为变量 2 的实部，名称为 REAL2
IMAGIN,4,2,,IMAG2                ! 变量 4 为变量 2 的虚部，名称为 IMAG2
PROD,5,3,3                       ! 变量 5 为变量 3 的平方
PROD,6,4,4                       ! 变量 6 为变量 4 的平方
ADD,5,5,6                        ! 变量 5（重新使用）为变量 5 和变量 6 的和
SQRT,6,5,,,AMPL2                 ! 变量 6（重新使用）为幅值
QUOT,5,3,4                       ! 变量 5（重新使用）为（b/a）
ATAN,7,5,,,PHASE2                ! 变量 7 为相位角
```

可通过下列方法之一创建自己的 POST26 变量。

“FILLDATA”命令（GUI：Main Menu > TimeHist Postpro > Table Operations > Fill Data）：用多项式函数将数据填入变量。

“DATA”命令：将数据从文件中读出。该命令无对应的 GUI，被读文件必须在第一行中含有 DATA 命令，第二行括号内是格式说明，数据从接下去的几行读取。然后通过“/INPUT”命令（GUI：Urility Menu > File > Read Input from）读入。

另一个创建 POST26 变量的方法是使用“VPUT”命令，它允许将数组参数移入一变量。逆操作命令为“VGET”命令，它将 POST26 变量移入数组参数。

2. 产生响应谱

该方法允许在给定的时间历程中生成位移、速度、加速度响应谱，频谱分析中的响应谱可用于计算结构的整个响应。

POST26 的“RESP”命令用来产生响应谱。

```
命令：RESP。
GUI：Main Menu > TimeHist Postpro > Generate Spectrm。
```

“RESP”命令需要先定义两个变量：一个含有响应谱的频率值（LFTAB 字段）；另一个含有位移的时间历程（LDTAB 字段）。LFTAB 的频率值不仅代表响应谱曲线的横坐标，而且也是用于产生响应谱的单自由度激励的频率。可通过“FILLDATA”或“DATA”命令产生 LFTAB 变量。

“LDTAB”中的位移时间历程值常产生于单自由度系统的瞬态动力学分析。通过“DATA”命令（位移时间历程在文件中时）和“NSOL”命令（GUI：Main Menu > TimeHist Postpro > Define Variables）创建 LDTAB 变量。系统采用数据时间积分法计算响应谱。

6.4 综合实例——齿轮泵齿轮模型结果后处理

为了使读者对 ANSYS 的后处理操作有个比较清楚的认识和掌握，以下实例将对前面章节的有限元计算结果进行后处理，以此分析齿轮的受力情况，从而分析研究其危险部位。

利用 ANSYS 软件可以对生成的结果文件（对于静力分析，就是 Jobname.RST）进行后处理。静力分析中通常通过 POST1 后处理器就可以处理和显示大多数感兴趣的结果数据。

【创建步骤】

扫码看视频

1. 旋转结果坐标系

对于旋转件，在柱坐标系下查看结果会比较方便，因此在查看变形和应力分布之前，首先将结果坐标系旋转到柱坐标系下。

（1）从主菜单中选择“Main Menu：General Postproc > Option for Outp”命令，打开“Options for Output（结果输出选项）”对话框，如图 6-21 所示。

（2）在“Result coord system（结果坐标系）”下拉列表框中选择“Global cylindric（总体柱坐标系）”选项。

（3）单击“OK”按钮，接受设定，关闭对话框。

2. 查看变形

关键的变形为径向变形，在高速旋转时，径向变形过大，可能导致边缘与齿轮壳发生摩擦。

（1）从主菜单中选择“Main Menu：General Postproc > Plot Result > Contour Plot > Nodal Solu”命令，打开“Contour Nodal Solution Data（等值线显示节点解数据）”对话框，如图 6-22 所示。

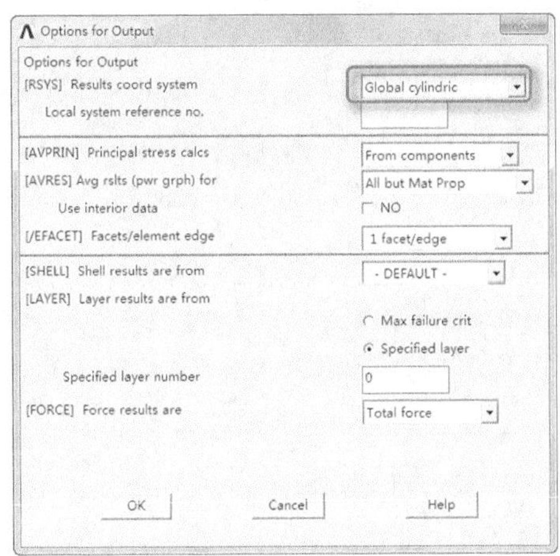

图 6-21 结果输出对话框

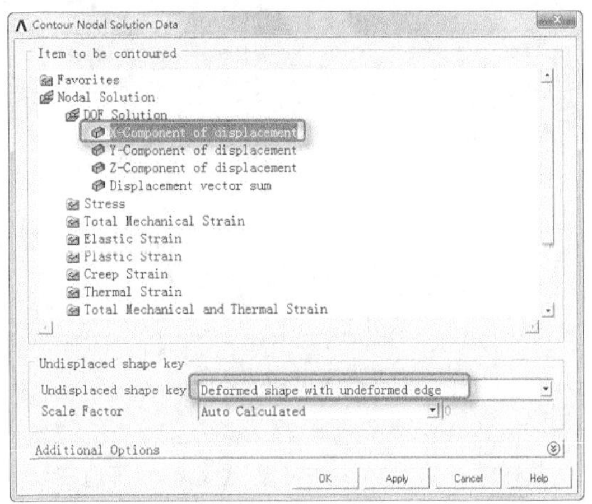

图 6-22 等值线显示节点解数据对话框

（2）在“Item to be contoured（等值线显示结果项）”域中选择“DOF Solution（自由度解）”选项。

（3）在列表框中选择“X-Component of displacement（*x* 向位移）”选项，此时，结果坐标系为柱坐标系，*x* 向位移即为径向位移。

（4）选择“Deformed shape with undeformed edge（变形后和未变形轮廓线）”选项。

（5）单击“OK”按钮，在图形窗口中显示出变形图，包含变形前的轮廓线，如图 6-23 所示。图中下方的色谱表明不同的颜色对应的数值（带符号）。

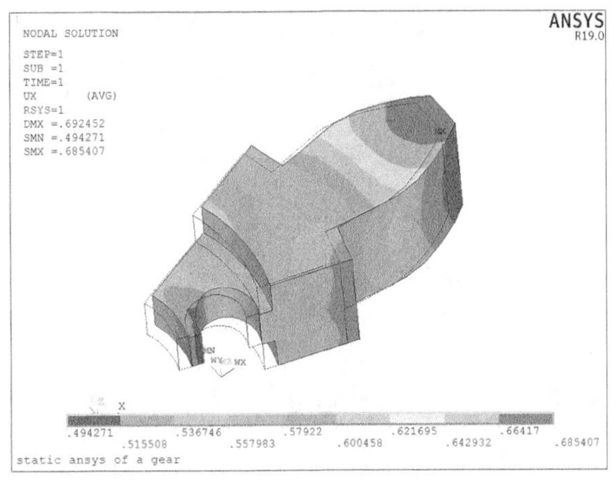

图 6-23 径向变形图

可以看出在边缘处的最大径向位移只有 0.3 左右，变形还是很小的。

3. 查看径向应力

盘片高速旋转时的主要应力也是径向应力，有必要查看径向应力。

（1）从主菜单中选择“Main Menu：General Postproc > Plot Results > Contour Plot > Nodal Solu”命令，打开“Contour Nodal Solution Data（等值线显示节点解数据）”对话框，如图 6-24 所示。

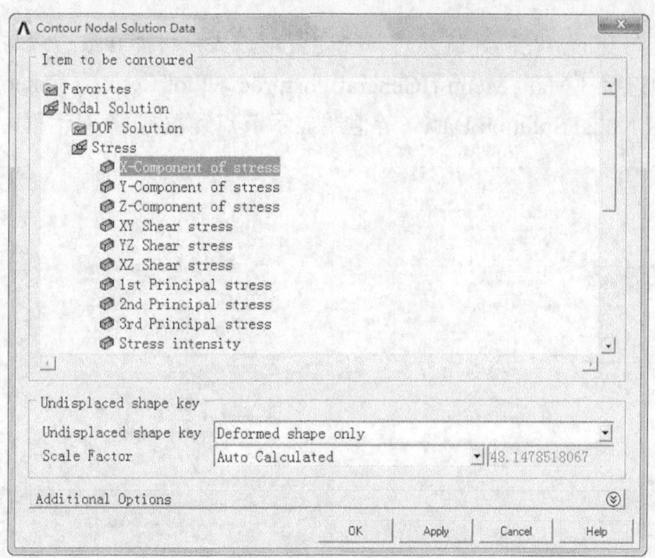

图 6-24　等值线显示节点解数据对话框

（2）在“Item to be contoured（等值线显示结果项）”域中选择“Stress（应力）”选项。

（3）在列表框中选择“X-Component of stress（x 方向应力）”选项。

（4）选择“Deformed shape only（仅显示变形后模型）”选项。

（5）单击“OK”按钮，在图形窗口中显示出 x 方向（径向）应力分布图，如图 6-25 所示。

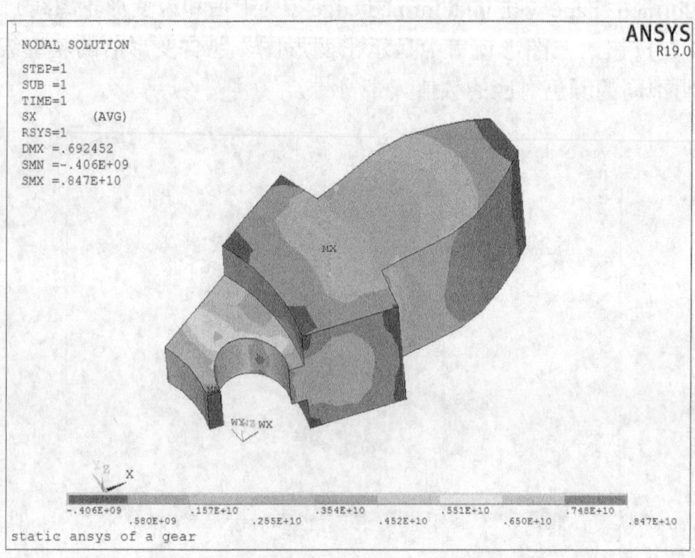

图 6-25　径向应力分布图

（6）从主菜单中选择“Main Menu：General Postproc > Plot Results > Contour Plot > Nodal Solu”命令，打开“Contour Nodal Solution Data”对话框。

（7）在“Item to be contoured”域左边的列表框中选择“Stress”选项。

（8）在列表框中选择“von Mises SEQ”选项。

（9）选择“Deformed shape only”选项。

（10）单击“OK”按钮，在图形窗口中显示出“von Mises”等效应力分布图，如图 6-26 所示。

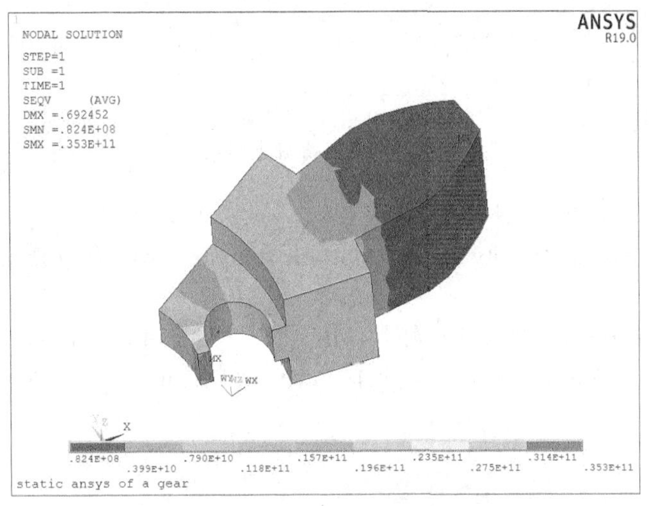

图 6-26　von Mises 等效应力图

4. 沿 z 轴扩展查看结果

（1）建立局部柱坐标系 11。

① 从应用菜单中选择“Utility Menu：WorkPlane > Local Coordinate Systems > Create Local CS > at Specified Loc +”命令。

② 在坐标文本框中输入“0，0，0”，单击“OK”按钮，如图 6-27 所示。

③ 在“Ref number of new coord sys”文本框中输入“11”，在“Type of coordinate system”列表框中选择“Cylindrical 1”，在“Rotation about lacal Z”文本框中输入“–8.13”，单击“OK”按钮，如图 6-28 所示。

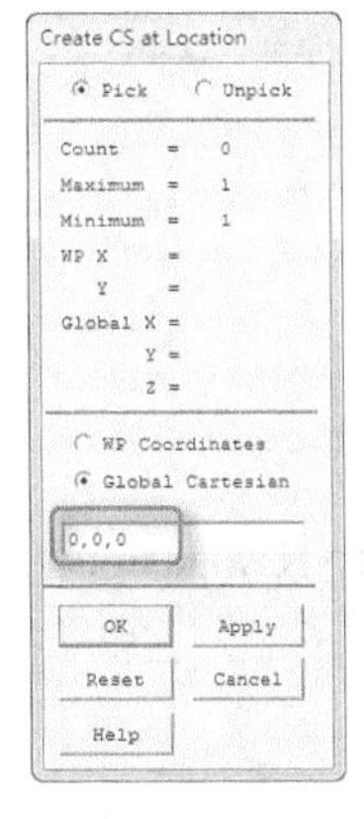

图 6-27　输入坐标

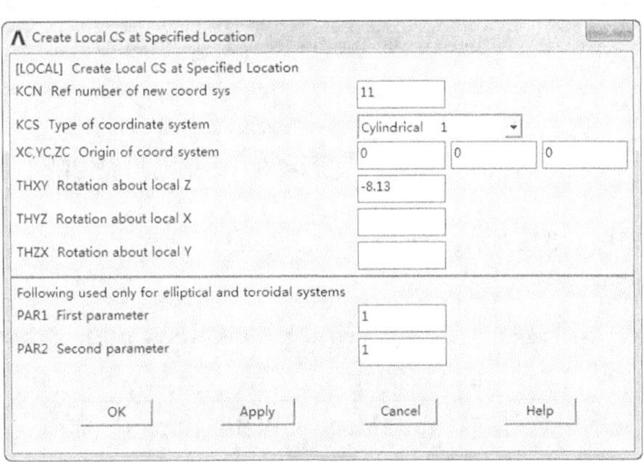

图 6-28　建立局部柱坐标系

（2）激活局部坐标系 11。

① 从应用菜单中选择“Utility Menu：WorkPlane > Change Active CS to > Specified Coord Sys”命令。

② 在弹出的对话框中的“Coordinate system number”文本框中输入“11”，单击“OK”按钮，如图 6-29 所示。

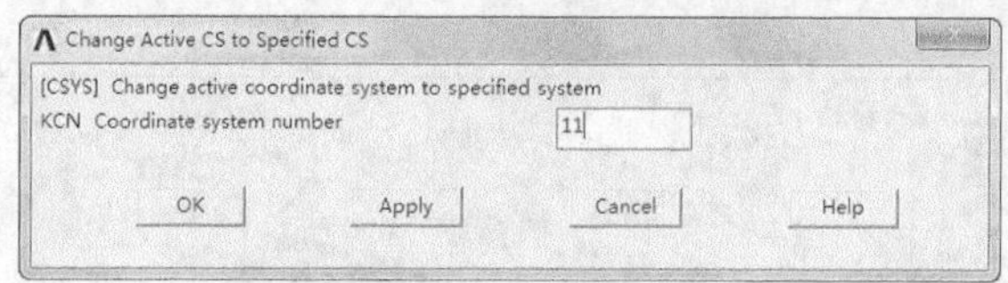

图 6-29　激活局部坐标系 11

（3）沿局部坐标系 11 的 z 轴扩展结果。

① 从应用菜单中选择“Utility Menu：PlotCtrls > Style > Symmetry Expansion > User-Specifed Expansion”命令。

② 在“No. of repetitions”文本框中输入“10”，在“Type of expansion”列表框中选择“Local Polar”选项，在“Repeat Pattern”列表框中选择“Alternate Symm”，输入 DY=36，单击“OK”按钮，如图 6-30 所示。

Expansion by values
[/EXPAND] 1st Expansion of Symmetry
NREPEAT No. of repetitions　10
(Use zero or blank to suppress expansion)
TYPE Type of expansion　Local Polar
PATTERN Repeat Pattern　Alternate Symm
DX,DY,DZ Increments　36
(Small number (.00001) is required for continuous expansion)
[/EXPAND] 2nd Expansion of Symmetry
NREPEAT No. of repetitions
(Use zero or blank to suppress expansion)
TYPE Type of expansion　Cartesian
PATTERN Repeat Pattern　Normal Repeat
DX,DY,DZ Increments
(Small number (.00001) is required for continuous expansion)
[/EXPAND] 3rd Expansion of Symmetry
NREPEAT No. of repetitions
(Use zero or blank to suppress expansion)
TYPE Type of expansion　Cartesian
PATTERN Repeat Pattern　Normal Repeat
DX,DY,DZ Increments
(Small number (.00001) is required for continuous expansion)
OK　Apply　Cancel　Help

图 6-30　结果的扩展控制

所得结果如图 6-31 所示，这是一个三维的整个圆周上的实体。

（4）关闭扩展。

① 从应用菜单中选择“Utility Menu：PlotCtrls > Style > Symmetry Expansion > No Expansion”命令。

② 从应用菜单中选择“Utility Menu：Plot > Replot”命令。

所得结果如图 6-32 所示。

本部分的命令流如下。

```
/POST1
!*
RSYS,1
AVPRIN,0
AVRES,2,
/EFACET,1
LAYER,0
FORCE,TOTAL
!*                                          ! 查看变形
!*
/EFACET,1
PLNSOL, U,X, 2,1.0
/REPLO
/AUTO,1
/REP,FAST
/USER,  1
/REPLO
/AUTO,1
/REP,FAST                                   ! 查看径向应力
!*
/EFACET,1
PLNSOL, S,X, 0,1.0                          ! 查看应力
!*
/EFACET,1
PLNSOL, S,EQV, 0,1.0                        ! 建立局部柱坐标系 11
!*
LOCAL,11,1,0,0,0,-8.13, , ,1,1,             ! 激活局部坐标系 11
CSYS,11,                                    ! 沿局部坐标系 11 的 z 轴扩展结果
/EXPAND,10,LPOLAR,HALF,,36,, ,RECT,FULL,,,, ,RECT,FULL,,,,
/REPLOT
!*                                          ! 关闭扩展
/EXPAND
/REPLOT
!*
!SAVE, example6-4,db,
```

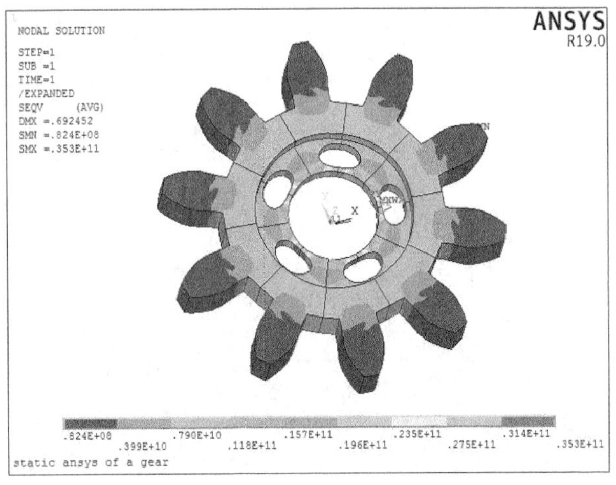

图 6-31　扩展的结果

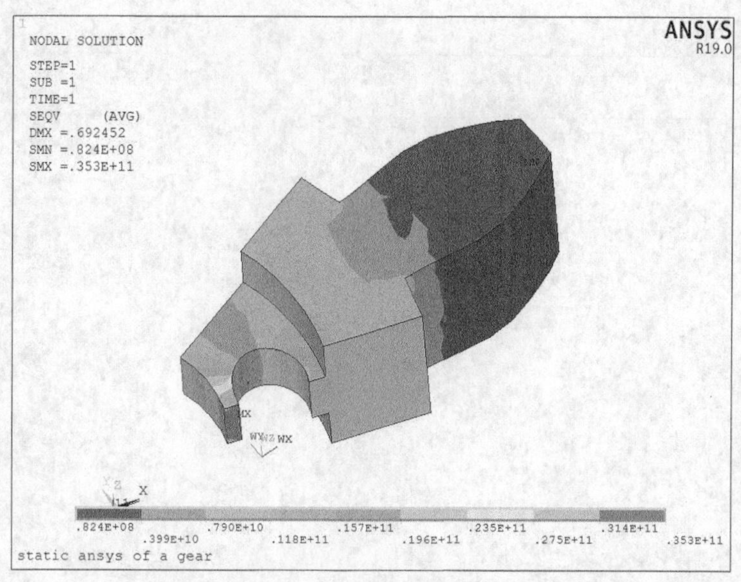

图 6-32 关闭扩展

6.5 本章小结

后处理指检阅 ANSYS 分析的结果，这是 ANSYS 分析中最重要的一个模块，本章阐述了 ANSYS 后处理的概念，详细介绍了 ANSYS 的通用后处理（POST1）和时域后处理（POST26），通过本章的学习，用户可对后处理的一般过程有更进一步地了解，加上经常进行实例的操作，就能够熟练掌握 ANSYS 分析的后处理过程。

本章还通过之前对齿轮的计算结果的后处理，目的在于使读者可以清楚地了解后处理的各种应用。实例介绍了几种最基本的后处理方法，还有很多相关的后处理操作和命令需要读者在实际运用中慢慢掌握。

第 2 篇

专题实例

本篇主要介绍 ANSYS 19.0 各种专题分析的具体步骤和参数设置方法以及具体的操作实例。包括静力分析、模态分析、谐响应分析、非线性分析、结构屈曲分析、谱分析、瞬态动力学分析、接触问题分析等专题。

本篇内容一方面通过实例加深读者对 ANSYS 19.0 分析功能与技巧的掌握，更重要的是向读者传授 ANSYS 分析的系统思想。

- 第 7 章　静力学分析
- 第 8 章　模态分析
- 第 9 章　谐响应分析
- 第 10 章　非线性分析
- 第 11 章　结构屈曲分析
- 第 12 章　谱分析
- 第 13 章　瞬态动力学分析
- 第 14 章　接触问题分析
- 第 15 章　高级分析

第 7 章 静力学分析

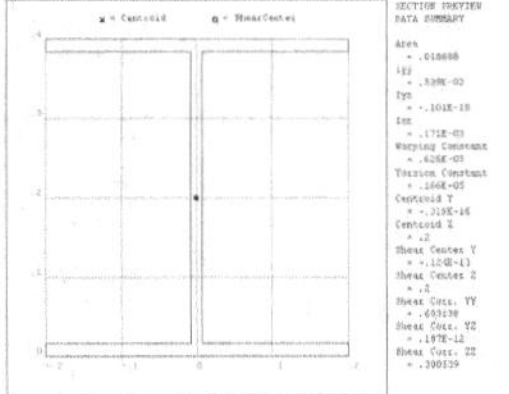

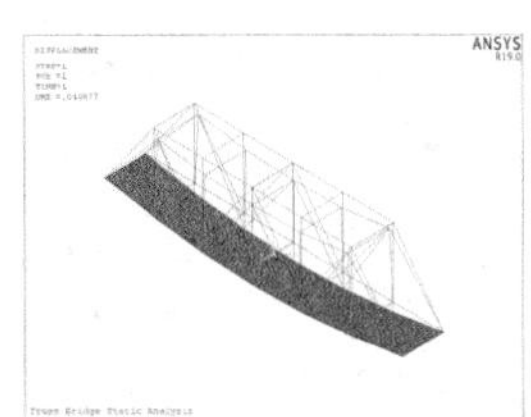

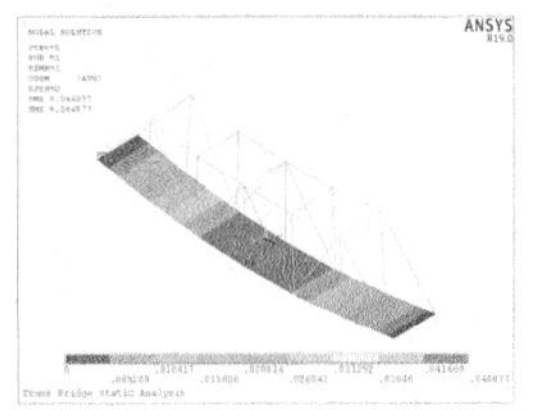

本章导读

静力学分析是有限元分析方法最常用的一个应用领域。本章介绍了 ANSYS 静力学分析的全流程步骤，详细讲解了其中各种参数的设置方法与功能，最后通过几个实例对 ANSYS 静力学分析功能进行了具体演示。

通过本章的学习，读者可以完整深入地掌握 ANSYS 静力学分析的各种功能和应用方法。

7.1 静力学分析介绍

7.1.1 结构静力学分析简介

1. 结构分析概述

结构分析是有限元分析方法最常用的一个应用领域。它包括土木工程结构，如桥梁和建筑物；汽车结构，如车身骨架；海洋结构，如船舶结构；航空结构，如飞机机身等。同时还包括机械零部件，如活塞、传动轴等。结构分析就是对这些结构进行分析计算。

在 ANSYS 产品家族中有 7 种结构分析的类型。结构分析中计算得出的基本未知量（节点自由度）是位移，其他的一些未知量，如应变、应力和反力可通过节点位移导出。各种结构分析的具体含义如下。

- 静力分析：用于求解静力载荷作用下结构的位移和应力等。静力分析包括线性和非线性分析。而非线性分析涉及塑性、应力刚化、大变形、大应变、超弹性、接触面和蠕变。
- 模态分析：用于计算结构的固有频率和模态。
- 谐波分析：用于确定结构在随时间正弦变化的载荷作用下的响应。
- 瞬态动力分析：用于计算结构在随时间任意变化的载荷作用下的响应，并且可计及上述提到的静力分析中所有的非线性性质。
- 谱分析：是模态分析的应用拓广，用于计算由于响应谱或 PSD 输入（随机振动）引起的应力和应变。
- 曲屈分析：用于计算曲屈载荷和确定曲屈模态。ANSYS 可进行线性（特征值）和非线性曲屈分析。
- 显式动力分析：ANSYS/LS-DYNA 可用于计算高度非线性动力学和复杂的接触问题。

以上 7 种分析类型还有如下特殊的分析应用。

- 断裂力学。
- 复合材料。
- 疲劳分析。
- p-Method。

绝大多数的 ANSYS 单元类型可用于结构分析，所用的单元类型从简单的杆单元和梁单元一直到较为复杂的层合壳单元和大应变实体单元。

2. 结构静力学分析

从计算的线性和非线性的角度可以把结构分析分为线性分析和非线性分析，从载荷与时间的关系又可以把结构分析分为静力分析和动态分析，而线性静力分析是最基本的分析，这里专门介绍一下。

静力分析的定义：静力分析计算在固定不变的载荷作用下结构的效应，它不考虑惯性和阻尼的影响，如结构随时间变化载荷的情况。可是，静力分析可以计算那些固定不变的惯性载荷对结构的影响（如重力和离心力），以及那些可以近似为等价静力作用的随时间变化的载荷（如通常在许多建筑规范中所定义的等价静力风载和地震载荷）。线性分析是指在分析过程中结构的几何参数和载荷参数只发生微小的变化，以致可以把这种变化忽略，而把分析中的所有非线性项去掉。

静力分析中的载荷：静力分析用于计算由那些不包括惯性和阻尼效应的载荷作用于结构或部件

上引起的位移、应力、应变和力。固定不变的载荷和响应是一种假定，即假定载荷和结构的响应随时间的变化非常缓慢。

静力分析所施加的载荷包括以下几种。

- 外部施加的作用力和压力。
- 稳态的惯性力（如中力和离心力）。
- 位移载荷。
- 温度载荷。

7.1.2　静力学分析的类型

静力分析可分为线性静力分析和非线性静力分析，非线性静力分析包括所有的非线性类型，如大变形、塑性、蠕变、应力刚化、接触（间隙）单元、超弹性单元等。本节主要讨论线性静力分析。

从结构的几何特点上讲，无论是线性的还是非线性的静力分析都可以分为平面问题、轴对称问题和周期对称问题及任意三维结构。

7.1.3　静力学分析基本步骤

1. 建模

建立结构的有限元模型，使用 ANSYS 软件进行静力分析，有限元模型的建立是否正确、合理，直接影响到分析结果的准确可靠程度。因此，在开始建立有限元模型时就应当考虑要分析问题的特点，对需要划分的有限元网格的粗细和分布情况有一个大概的计划。

2. 施加载荷和边界条件，求解

在上一步建立的有限元模型上施加载荷和边界条件并求解，这部分要完成的工作包括指定分析类型和分析选项，根据分析对象的工作状态和环境施加边界条件和载荷，对结果输出内容进行控制，最后根据设定的情况进行有限元求解。

3. 结果评价和分析

求解完成后，查看分析的结果写进的结果文件 Jobname.RST，结果文件由以下数据构成。

- 基本数据：节点位移（UX、UY、YZ、ROTX、ROTY、ROTZ）。
- 导出数据：节点单元应力、节点单元应变、单元集中力、节点反力等。

可以用 POST1 或 POST26 检查结果。POST1 可以检查基于整个模型的指定子步（时间点）的结果；POST26 用在非线性静力分析追踪特定结果。

7.2　综合实例——钢桁架桥静力受力分析

扫码看视频

本节对一架钢桁架桥进行具体静力受力分析，分别采用 GUI 和命令流方式。

7.2.1 问题的描述

如图 7-1 所示，已知下承式简支钢桁架桥桥长 72m，每个节段 12m，桥宽 10m，高 16m。设桥面板为 0.3m 厚的混凝土板。桁架杆件规格有 3 种，见表 7-1。

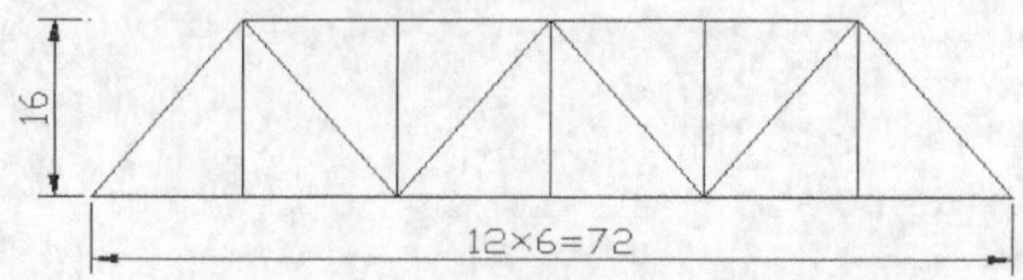

图 7-1 钢桁架桥简图

表 7-1 钢桁架桥杆件规格

杆件	截面号	形状	规格
端斜杆	1	工字形	400×400×16×16
上下弦	2	工字形	400×400×12×12
横向连接梁	2	工字形	400×400×12×12
其他腹杆	3	工字形	400×300×12×12

所用材料属性见表 7-2。

表 7-2 材料属性

参数	钢材	混凝土
弹性模量 EX	2.1×10^{11}	3.5×10^{10}
泊松比 PRXY	0.3	0.1667
密度 DENS	7850	2500

7.2.2 建立模型

1. 创建物理环境

（1）过滤图形界面。

选择“GUI : Main Menu > Preferences”命令，弹出“Preferences for GUI Filtering”对话框，选中“Structural”选项，来对后面的分析进行菜单及相应的图形界面过滤。

（2）定义工作标题。

选择“GUI : Utility Menu > File > Change Title”命令，在弹出的对话框中输入“Truss Bridge Static Analysis”，单击“OK”按钮，如图 7-2 所示。

（3）指定工作名。

选择“GUI : Utility Menu > File > Change Jobname”命令，弹出一个对话框，在“Enter new job Name”后面输入“Structural”，在“New log and error files”选择“Yes”，单击“OK”按钮，如图 7-3 所示。

（4）定义单元类型和选项。

选择“GUI: Main Menu > Preprocessor > Element Type > Add/Edit/Delete”命令，弹出“Element Types”单元类型对话框，单击“Add”按钮，弹出“Library of Element Types”单元类型库对话框。

在该对话框左面滚动栏中选择“Structural Beam”选项，在右边的滚动栏中选择“2 node 188”选项，单击“OK”按钮，定义“BEAM188”单元，如图 7-4 所示。

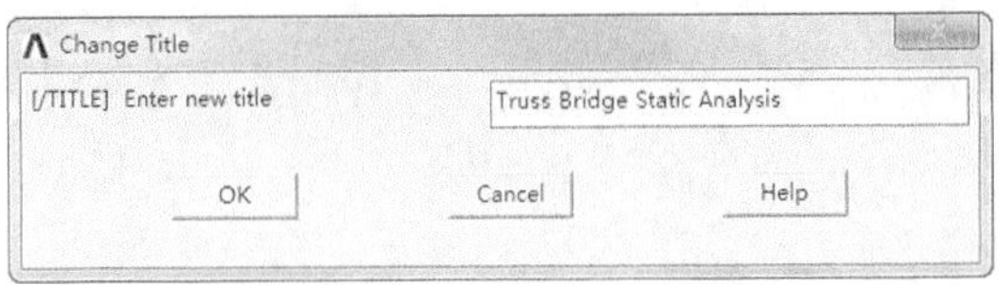

图 7-2　定义工作标题

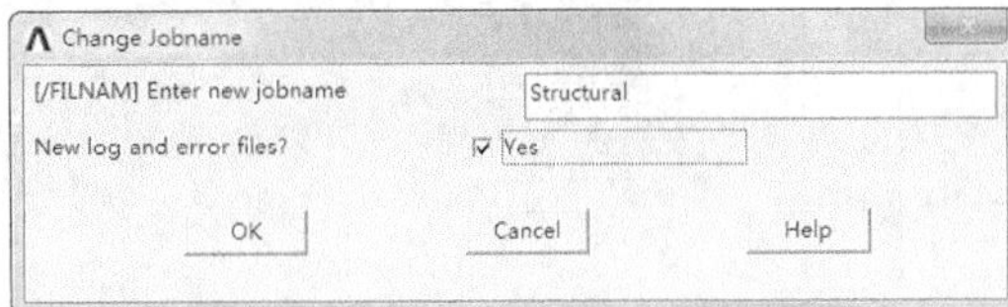

图 7-3　指定工作名

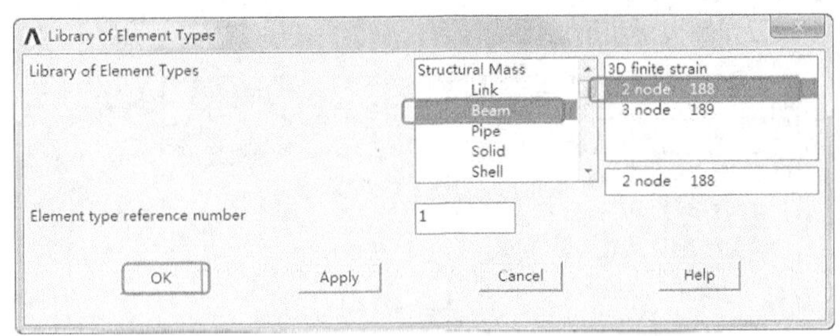

图 7-4　单元类型库对话框

继续单击“Add”按钮，弹出“Library of Element Types”单元类型库对话框。在该对话框左面滚动栏中选择“Structural Shell”选项，在右边的滚动栏中选择“3D 4node 181”选项，单击“OK”按钮，定义“SHELL181”单元。在“Element Types”单元类型对话框中选择“BEAM188”单元，单击“Options....”按钮，打开“BEAM188 element type options”对话框，将其中的“K3”设置为“Cubic Form”，单击“OK”按钮。选择“BEAM181”单元，单击“Options....”按钮，打开“BEAM181 element type options”对话框，将其中的“K3”设置为“Full w/ incompatible”，单击“OK”按钮。得到如图 7-5 所示的结果。最后单击“Close”按钮，关闭单元类型对话框。

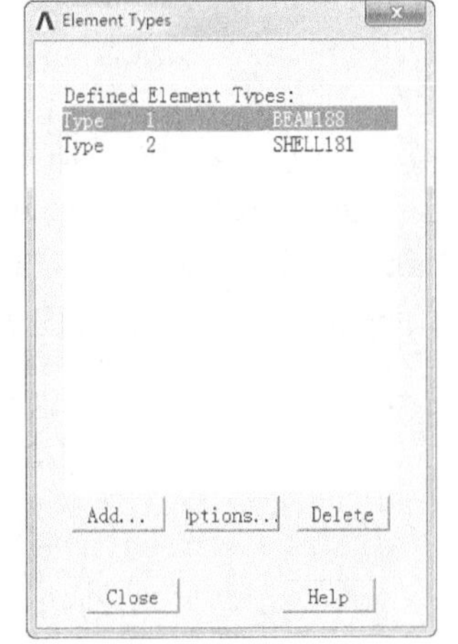

图 7-5　单元类型对话框

（5）定义材料属性。

选择“GUI：Main Menu > Preprocessor > Material Props > Material Models”命令，弹出“Define Material Model Behavior”对话框，在右边的栏中连续单击“Structural > Linear > Elastic > Isotropic”命令后，弹出“Linear Isotropic Properties for Material Number 1”对话框，如图 7-6 所示，在该对话框中“EX”后面的文本框中输入“2.1e11”，“PRXY”后面的文本框中输入“0.3”，单击“OK”按钮。

在“Define Material Model Behavior”对话框，在右边的栏中连续单击“Structural > Density”命令，弹出“Density for Material Number 1”对话框，如图 7-7 所示，在该对话框中“DENS”后面的文本框中输入“7850”，单击“OK”按钮。

设置好第一种钢材材料之后，还要设置第二种混凝土桥面板材料。在“Define Material Model Behavior”对话框的 Material 菜单中选择“New model”选项，按照默认的材料编号，单击“OK”按钮。这时“Define Material Model Behavior”对话框左边出现“Material Model Number 2”选项，同第一种材料的设置方法一样，“Linear Isotropic”中“EX”后的文本框中输入“3.5e10”，“PRXY”后的文本框中输入“0.1667”,“DENS”后的文本框中输入“2500”，单击“OK”按钮结束，如图 7-8

所示。最后关闭“Define Material Model Behavior”对话框。

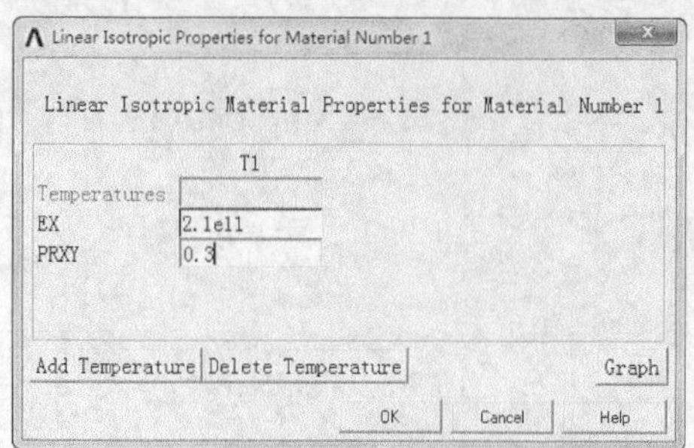

图 7-6　设置弹性模量和泊松比

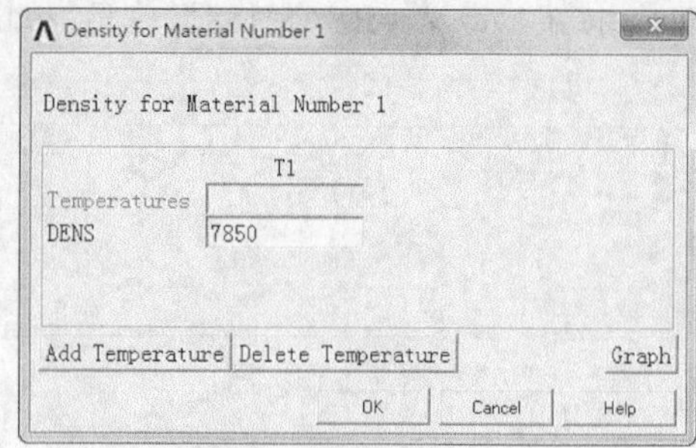

图 7-7　设置密度

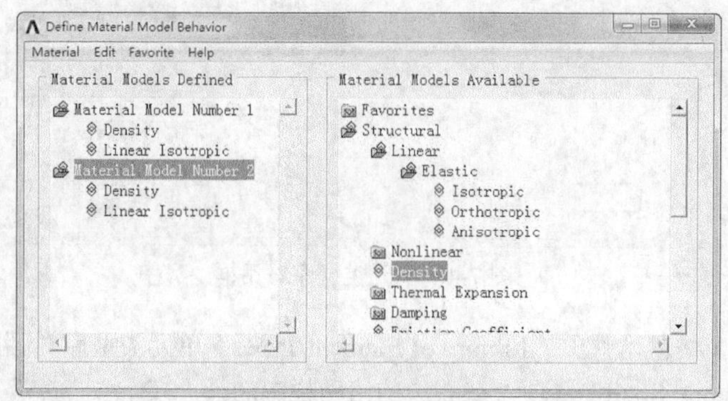

图 7-8　定义材料属性

（6）定义梁单元截面。

选择“GUI：Main Menu > Preprocessor > Sections > Beam > Common Sections”命令，弹出“Beam Tool”工具条，如图 7-9（a）所示填写。然后单击“Apply”按钮，如图 7-9（b）所示填写；然后单击“Apply”按钮，如图 7-9（c）所示填写，最后单击“OK”按钮。

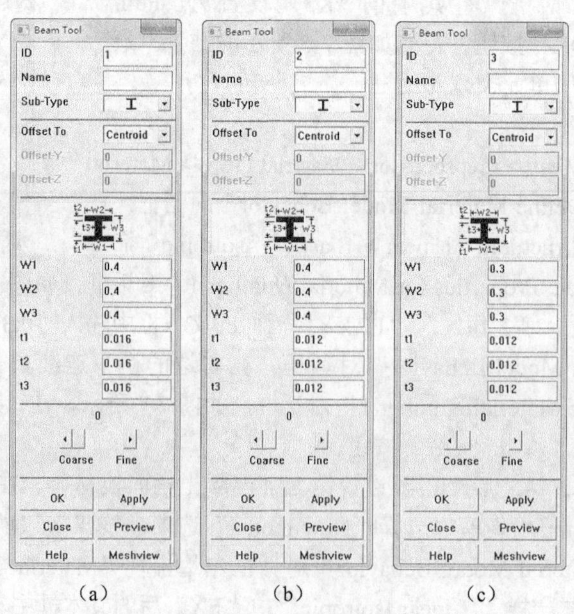

图 7-9　定义三种截面

每次定义好截面之后，单击“Preview”按钮可以观察截面特性。在本模型中三种工字钢截面特性如图 7-10 所示。

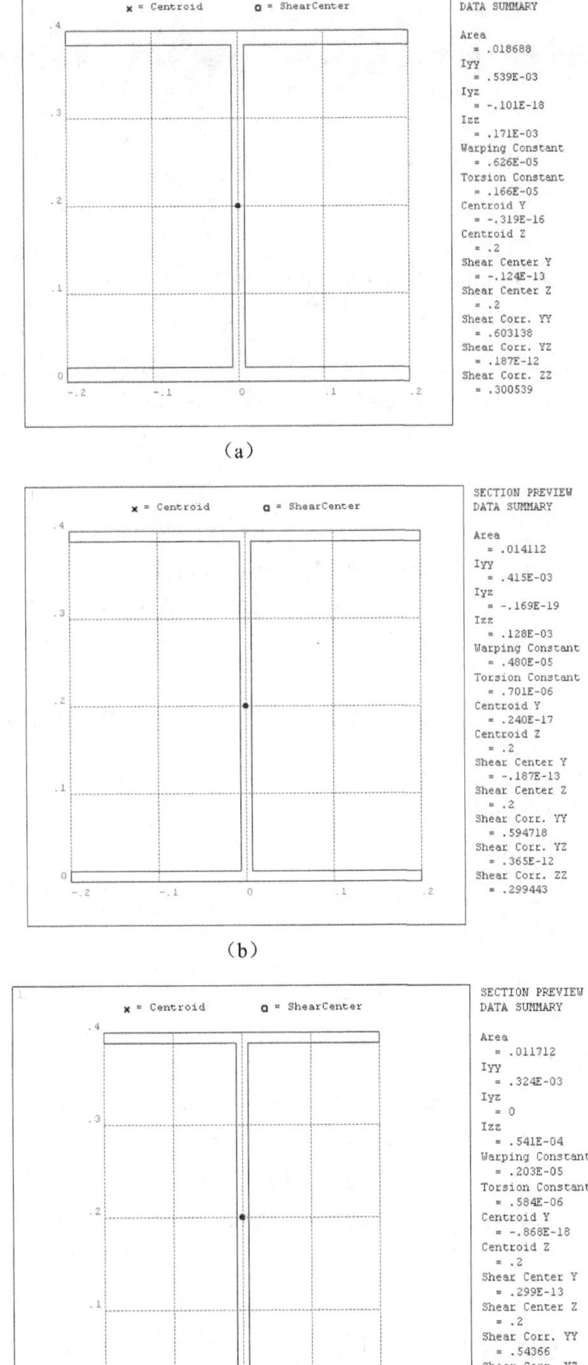

图 7-10　三种截面图及截面特性

（7）定义壳单元厚度。

选择“Main Menu > Preprocessor > Sections > Shell > Lay-up > Add / Edit”命令，弹出如图 7-11 所示的“Create and Modify Shell Sections”对话框，设置“Thickness”为“0.3”，单击“OK”按钮。

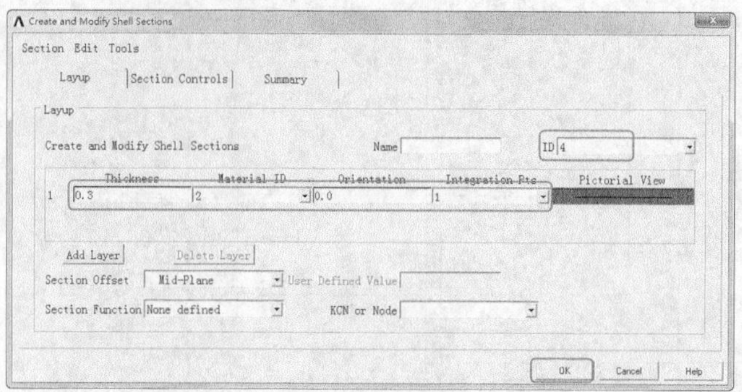

图 7-11 “Create and Modify Shell Sections”对话框

2. 建立有限元模型

（1）生成半跨桥的节点。

选择“GUI：Utility Menu > Preprocessor > Modeling > Create > Nodes > In Active CS”命令，弹出“Create Nodes in Active CS”对话框，在“X，Y，Z”输入行输入“0”“0”“–5”，单击“OK”按钮，如图 7-12 所示。

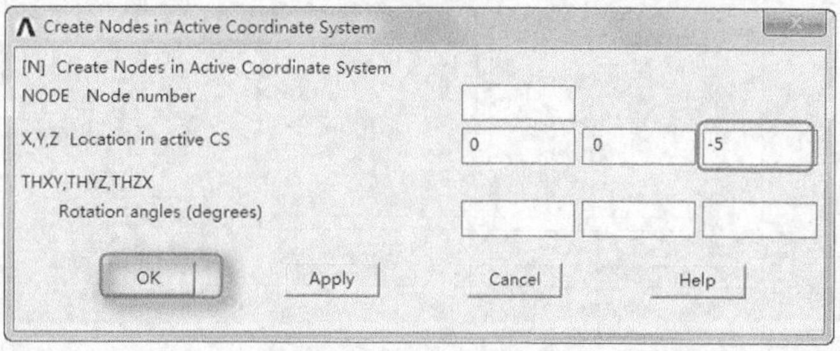

图 7-12 建立节点

然后选择“GUI: Utility Menu > Preprocessor > Modeling > Copy > Nodes > Copy”命令，在“Copy nodes”对话框中单击“OK”按钮，在弹出的对话框中，如图 7-13 所示填写。

继续执行“GUI: Utility Menu > Preprocessor > Modeling > Copy > Nodes > Copy”命令，在“Copy nodes”对话框中单击“OK”按钮，在弹出的对话框中，如图 7-14 所示填写。

继续执行“GUI：Utility Menu > Preprocessor > Modeling > Copy > Nodes > Copy”命令，弹出“Copy nodes”对话框，在 ANSYS 主窗口中用箭头选择 2、6、10 号节点，单击“OK”按钮，在弹出的对话框中，“ITIME”后的文本框中输入“2”，“DY”后的文本框中输入“16”，“INC”后的文本框中输入“1”，“RATIO”后的文本框中输入“1”，其他项不填写，单击“OK”按钮。

继续执行“GUI：Utility Menu > Preprocessor > Modeling > Copy > Nodes > Copy”命令，弹出“Copy nodes”对话框，在 ANSYS 主窗口拾取 3、7、11 号节点，单击“OK”按钮，在弹出的对话框中，“ITIME”后的文本框中输入“2”，“DZ”后的文本框中输入“–10”，“INC”后的文本框中输入“1”，“RATIO”后的文本框中输入“1”，其他项不填写，单击“OK”按钮。最终 ANSYS 主

窗口中出现画面如图 7-15 所示。

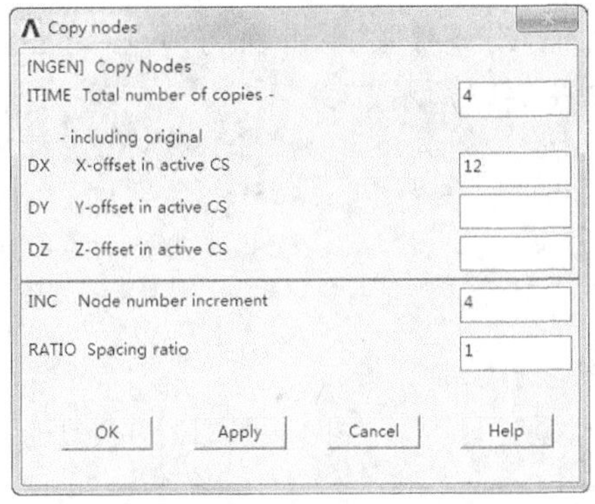

图 7-13　复制节点（1）

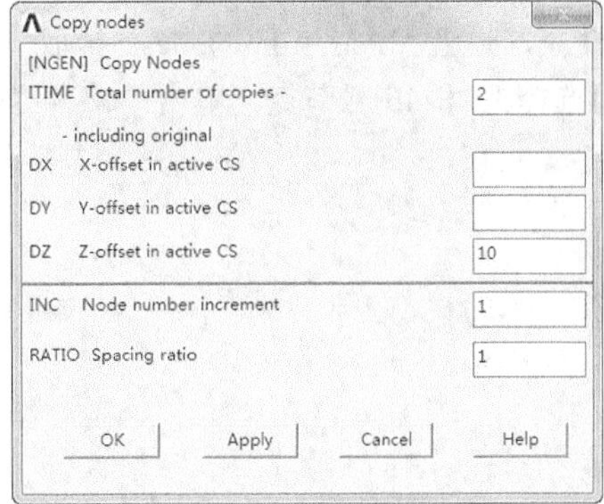

图 7-14　复制节点（2）

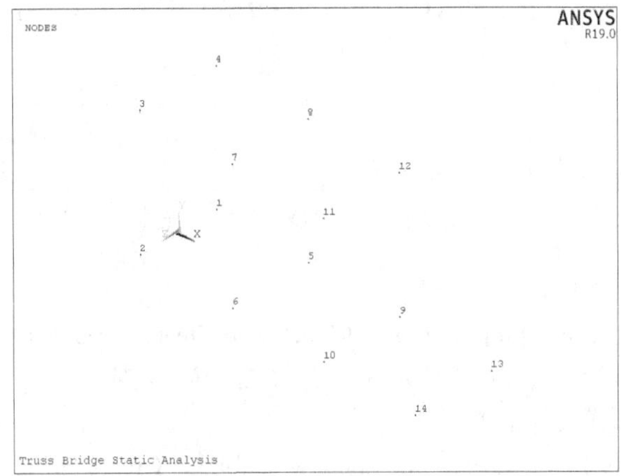

图 7-15　半桥模型的节点

（2）生成半桥跨单元。

选择第一种单元属性：选择“GUI：Utility Menu > Preprocessor > Modeling > Create > Elements > Elem Attributes”命令，弹出“Element Attributes”对话框，如图 7-16 所示。单击“OK”按钮关闭窗口。

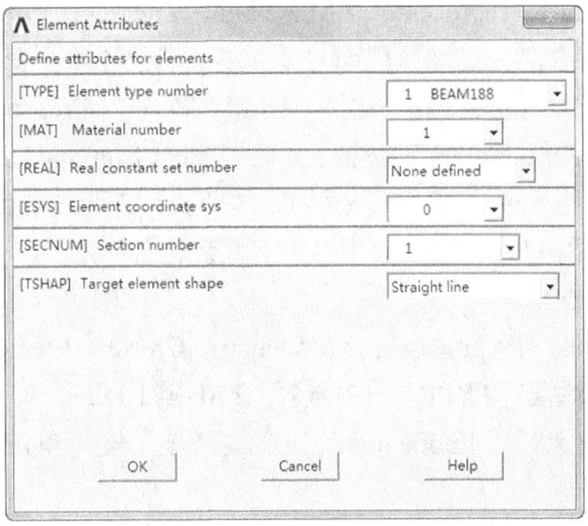

Element Attributes
Define attributes for elements
[TYPE] Element type number　1 BEAM188
[MAT] Material number　1
[REAL] Real constant set number　None defined
[ESYS] Element coordinate sys　0
[SECNUM] Section number　1
[TSHAP] Target element shape　Straight line
OK　Cancel　Help

图 7-16　选择单元属性

（3）建立端斜杆梁单元。

选择“GUI：Utility Menu > Preprocessor > Modeling > Create > Elements > Auto Numbered > Thru Nodes”命令，弹出“Elem from Nodes”拾取节点对话框，分别拾取 11 和 14 号节点，单击“Apply”按钮。再选择 12 和 13 号节点。单击“OK”按钮，如图 7-17 所示。

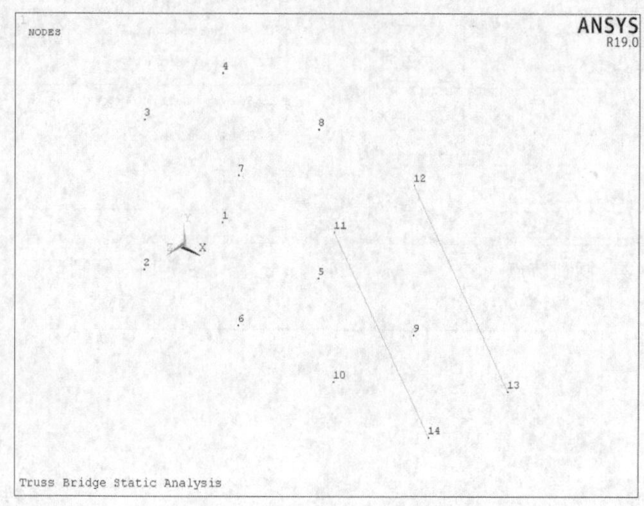

图 7-17　建立端斜杆梁单元

（4）选择第二种单元属性。

选择“GUI：Utility Menu > Preprocessor > Modeling > Create > Elements > Elem Attributes”命令，弹出“Element Attributes”对话框，“SECNUM”项中选择 2，其他选项不变。单击“OK”按钮关闭窗口。

（5）建立上下弦杆和横梁杆梁单元。

选　择“GUI：Utility Menu > Preprocessor > Modeling > Create > Elements > Auto Numbered > Thru Nodes”命令，弹出“Elem from Nodes”选择对话框，分别在 2 和 6 号节点、6 和 10 号节点、10 和 14 号节点、1 和 5 号节点、5 和 9 号节点、9 和 13 号节点、3 和 7 号节点、7 和 11 号节点、4 和 8 号节点、8 和 12 号节点、1 和 2 号节点、3 和 4 号节点、5 和 6 号节点、7 和 8 号节点、9 和 10 号节点、11 和 12 号节点、13 和 14 号节点建立单元。单击“OK”按钮关闭窗口。

（6）选择第三种单元属性。

选择“GUI：Utility Menu > Preprocessor > Modeling > Create > Elements > Elem Attributes”命令，弹出“Element Attributes”对话框，“SECNUM”项中选择 3，其他选项不变。单击“OK”按钮关闭窗口。

建立上下弦杆和横梁杆梁单元：选择“Utility Menu > Preprocessor > Modeling > Create > Elements > Auto Numbered > Thru Nodes”命令，弹出“Elem from Nodes”选择对话框，分别在 3 和 6 号节点、6 和 11 号节点、4 和 5 号节点、5 和 12 号节点、2 和 3 号节点、1 和 4 号节点、6 和 7 号节点、5 和 8 号节点、10 和 11 号节点、9 和 12 号节点建立单元。单击“OK”按钮关闭窗口。

（7）选择第四种单元属性。

选择“GUI：Utility Menu > Preprocessor > Modeling > Create > Elements > Elem Attributes”命令，弹出“Element Attributes”对话框，“TYPE”项中选择“2 SHELL181”，“MAT”项中选择 2，“SECNUM”项中选择 4，“TSHAP”项中选择“4 node quad”，其他选项不变。单击“OK”按钮关闭窗口。

（8）建立桥面板单元。

选择“GUI：Utility Menu > Preprocessor > Modeling > Create > Elements > Auto Numbered > Thru

Nodes”命令，弹出“Elem from Nodes”选择对话框，依次选择 1、2、6、5 号节点、5、6、10、9 号节点、9、10、14、13 号节点建立三个壳单元。单击“OK”按钮关闭窗口，如图 7-18 所示。

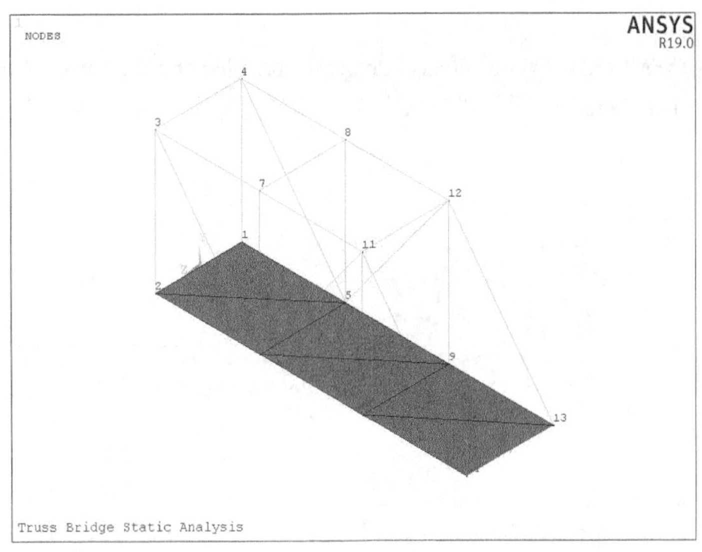

图 7-18 半桥单元

（9）生成全桥有限元模型。

① 生成对称节点。选择“GUI：Main Menu > Preprocessor > Modeling > Reflect > Nodes”命令，弹出“Reflect Nodes”选择对话框，单击“Pick All”按钮。在第二个对话框中，选择“Y-Z plane”选项，在“INC”项填写“14”。单击“OK”按钮关闭对话框。

② 生成对称单元。选择“GUI：Main Menu > Preprocessor > Modeling > Reflect > Elements > Auto Numbered”命令，弹出“Reflect Elems”选择对话框，单击“Pick All”按钮。在第二个对话框中，“NINC”项中填写“14”。单击“OK”按钮。最后得到的全桥单元如图 7-19 所示。

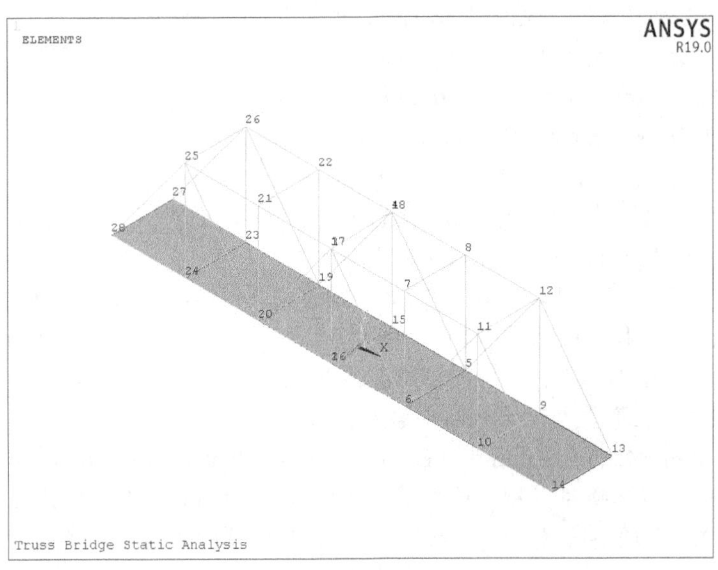

图 7-19 全桥单元

（10）合并重合节点、单元。

① 选择“GUI：Main Menu > Preprocessor > Numbering Ctrls > Merge Items”命令，弹出“Merge Coincident or Equivalently Defined Items”对话框，“Label”项中选择“All”选项，单击“OK”按钮关闭窗口，如图7-20所示。

② 压缩编号。选择“GUI：Main Menu > Preprocessor > Numbering Ctrls > Compress Number”命令，弹出“Compress Numbers”对话框，“Label”项中选择“All”选项，单击“OK”按钮关闭窗口，如图7-21所示。

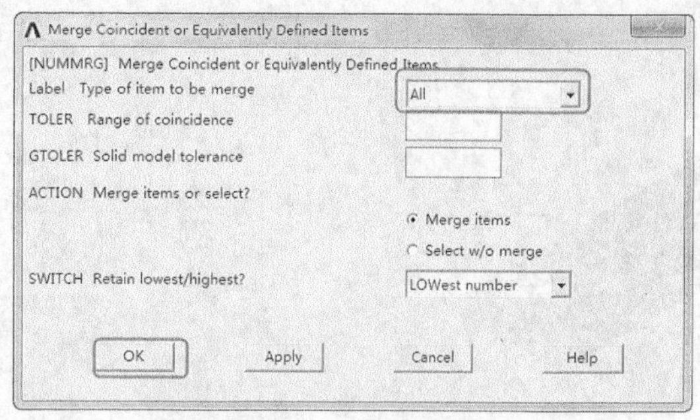

图7-20　合并重合节点和单元

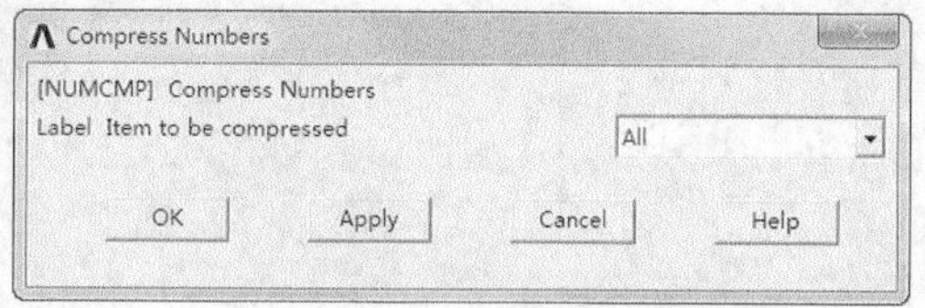

图7-21　压缩编号

（11）保存模型文件。

选择“Utility Menu > File > Save as”命令，弹出一个“Save Database”对话框，在“Save Database to”下面的文本框中输入文件名“Structural_model.db”，单击“OK”按钮。

7.2.3　定义边界条件和载荷并求解

1. 施加边界条件和载荷

（1）施加位移约束。在简支梁的支座处要约束节点的自由度，以达到模拟铰支座的目的。假定梁左端为固定支座，右边为滑动支座。

选择“GUI：Main Menu > Solution > Define Losads > Apply > Structual > Displacement > On Nodes”命令，弹出节点选择对话框，用鼠标箭头选择23和24号节点，单击“OK”按钮，弹出“Apply U，ROT on Nodes”对话框，在“DOFs to be constrained”项中，选择“UX”“UY”“UZ”选项，单击“OK”按钮关闭窗口，如图7-22所示。以同样的方法，在13和14号节点施加位移约束，选择13、14号节点之后，在“DOFs to be constrained”项中选择“UY”“UZ”选项，单击“OK”按钮关闭窗口，结果如图7-23所示。

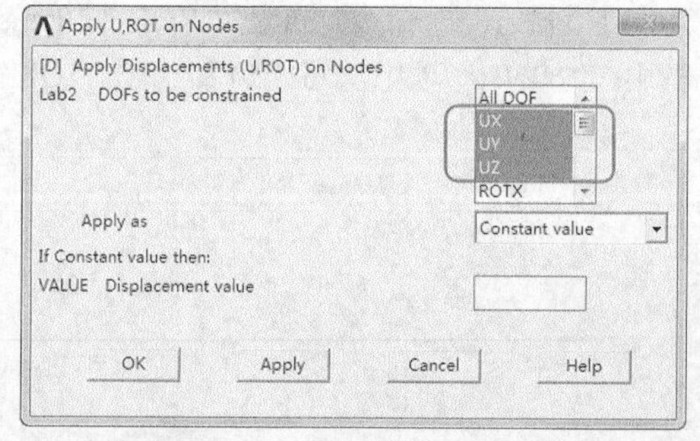

图7-22　设置节点位移约束

（2）施加集中力。在跨中两节点处施加集中力荷载。

选择“GUI：Main Menu > Solution > Define Losads > Apply > Structual > Force/Moment > On Nodes”命令，弹出节点选择对话框，选择1和2号节点，单击“OK”按钮弹出“Apply F/M on Nodes”对话框，“Lab”项中选择“FY”选项，“VALUE”项中填写“–100000”，如图7-24所示。单击“OK”按钮关闭窗口。

（3）施加重力。

选择“GUI：Main Menu > Solution > Define Losads > Apply > Structual > Inertia > Gravity > Global”命令，弹出“Apply Acceleration”对话框，在“ACELY”项中填写“10”，单击“OK”按钮。

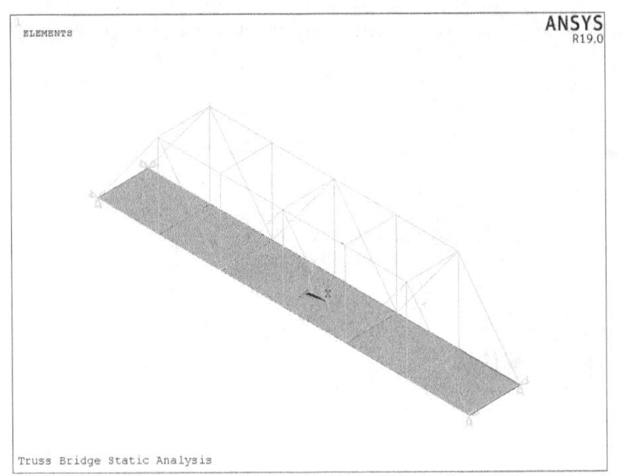

图 7-23　施加位移约束后的模型

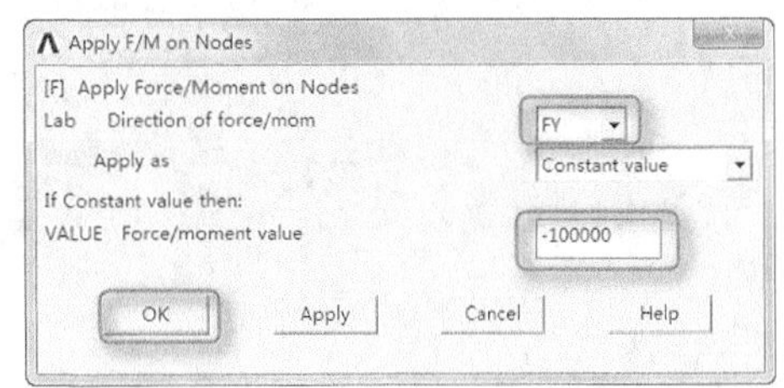

图 7-24　设置集中力荷载

施加所有荷载之后的模型如图 7-25 所示。

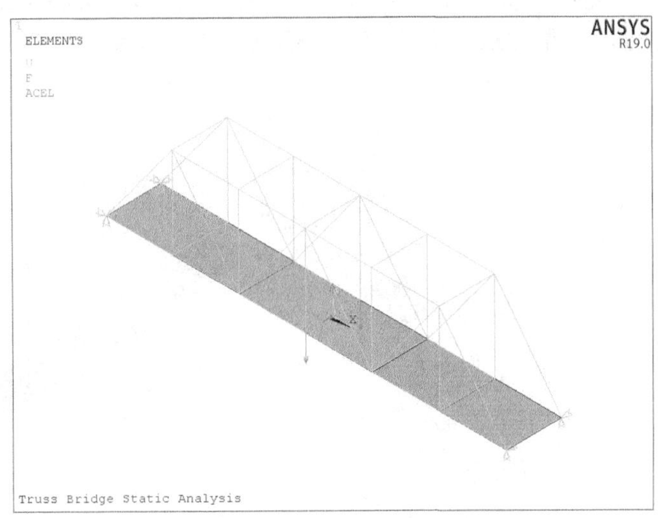

图 7-25　施加所有荷载后的模型

2. 求解

（1）选择分析类型。

选择“GUI：Main Menu > Solution > Analysis Type > New Analysis”命令，在弹出的“New Analysis”对话框中选择“static”选项，单击“OK”按钮关闭对话框。

（2）开始求解。

选择“GUI：Main Menu > Solution > Solve > Current LS”命令，弹出一个名为“/STATUS Command”的文本框，如图 7-26 所示，检查无误后，单击“Close”按钮。在弹出的另一个“Solve Current Load Step”对话框中单击“OK”按钮。求解结束后，关闭“Solution is done”对话框。

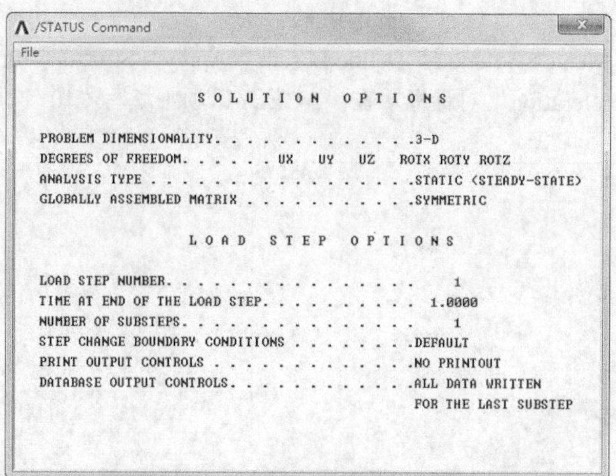

图 7-26 求解信息

7.2.4 查看结果

1. 查看结构变形图

选择“GUI：Main Menu > General Postproc > Plot Results > Deformed Shape”命令，弹出一个如图 7-27 所示的对话框，单击“OK”按钮，结果显示如图 7-28 所示。

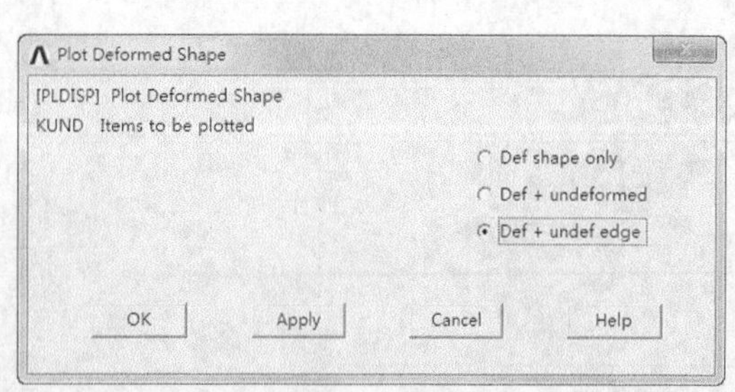

图 7-27 设置变形显示

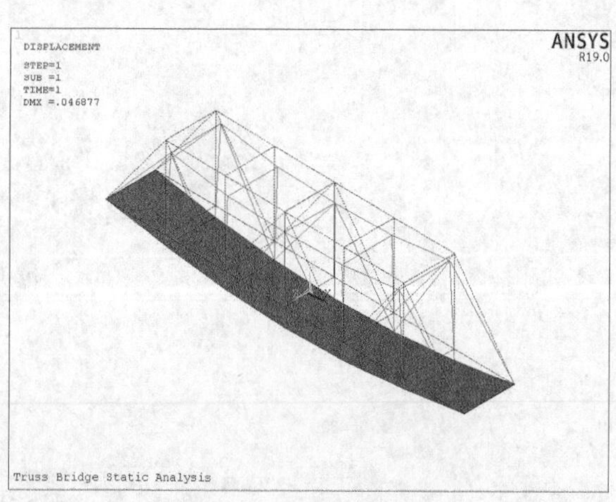

图 7-28 结构变形结果

2. 云图显示位移

选择“GUI：Main Menu > General Postproc > Plot Results > Contour Plot > Nodal Solu”命令，弹出如图 7-29 所示的对话框，选择“Nodal Solution > DOF Solution”后面的选项，其中包括 X、Y、Z 各个方向的位移及总体位移，以及 X、Y、Z 各个方向的转角及总体转角。下面的选项分别是：是否显示未变形的模型；变形比例。单击“OK”按钮显示云图。各节点总体位移结果云图如图 7-30 所示。

3. 矢量显示节点位移

选择“GUI：Main Menu > General Postproc > Plot Results > Vector Plot > Predefined”命令，弹出一

个“Vector Plot of Predefined Vectors”矢量画图对话框，在“PLVECT”项中选择“DOF solution”和“Translation U”选项，单击“OK”按钮，其结果如图 7-31 所示。

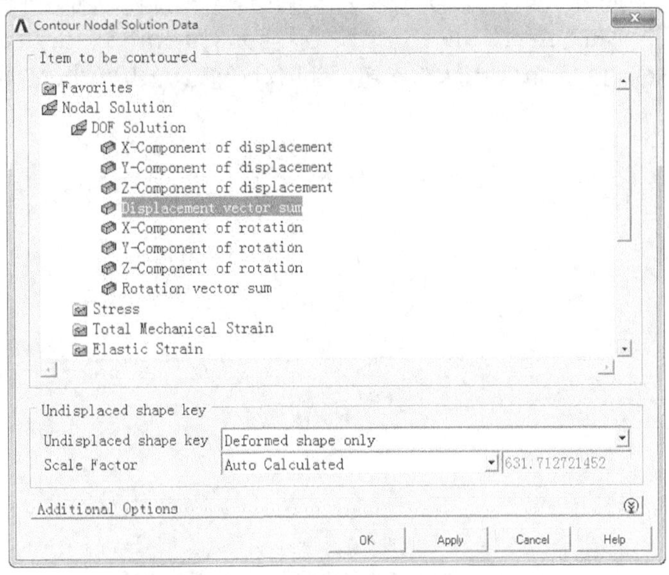

图 7-29 选择云图显示数据

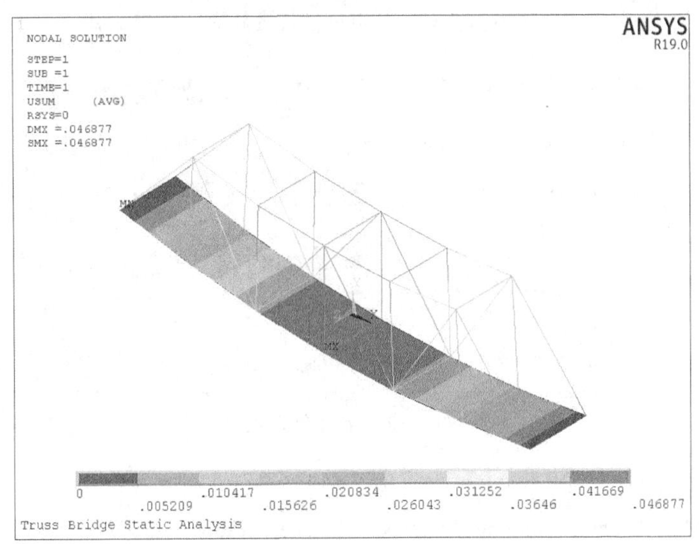

图 7-30 总位移云图显示

4. 显示结构内力图

（1）定义单元表。

选择“GUI：Main Menu > General Postproc > Element Table > Define Table”命令，弹出一个“Element Table Data”对话框，单击“Add”按钮，弹出“Define Additional Element Table Items”对话框，在“Lab”项中填写“zhou_i”（定义单元 i 节点轴力名称），左边框中选择最后一项“By sequence num”选项，右边框中选择“SMISC”选项，下边填写“SMISC，”，如图 7-32 所示。单击“Apply”按钮，继续定义单元 j 节点轴力，在“Lab”项中填写“zhou_j”，下边填写“SMISC，7”。

单击“Apply”按钮，继续定义单元i节点剪力，在“Lab”项中填写“jian_i”，下边填写“SMISC，2”。单击“Apply”按钮，继续定义单元j节点剪力，在“Lab”项中填写“jian_j”，下边填写“SMISC，8”。单击“Apply”按钮，继续定义单元i节点弯矩，在“Lab”项中填写“wan_i”，下边填写“SMISC，6”。单击“Apply”按钮，继续定义单元j节点轴力，在“Lab”项中填写“wan_j”，下边填写“SMISC，12”。单击“OK”按钮，关闭对话框。单击“Close”按钮，关闭“Element Table Data”对话框。

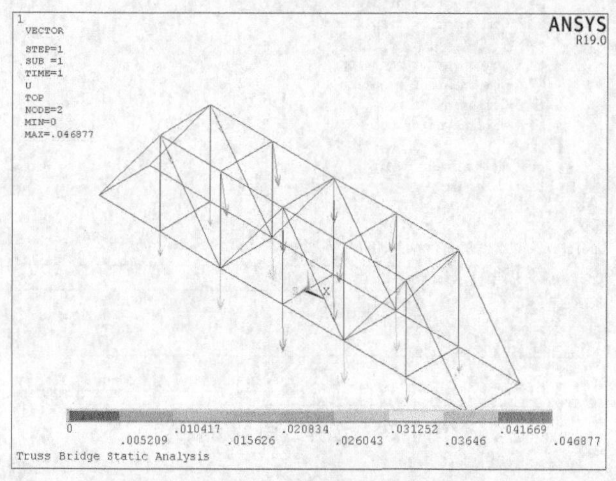

图 7-31　节点位移矢量显示

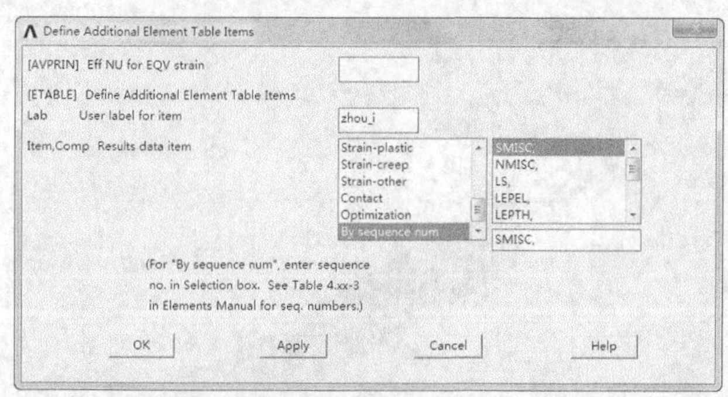

图 7-32　定义单元表

（2）列表单元表结果。

选择“GUI：Main Menu > General Postproc > Element Table > List Elem Table”命令，弹出一个“List Element Table Data”对话框，选择刚才定义的内力名称“ZHOU_I，ZHOU_J，JIAN_I，JIAN_J，WAN_I，WAN_J”，单击“OK”按钮，弹出文本列表“PRETAB Command”，显示了每个单元的节点内力，如图 7-33 所示。

列表的最后还列出了每项最大值和最小值，以及它们所在的单元。

（3）显示线单元结果。

选择“GUI：Main Menu > General Postproc > Plot Results > Contour Plot > Line Elem Res”命令，弹出“Plot Line-Element Results”对话框，“LabI、LabJ”项分别选择“ZHOU_I”和“ZHOU_J”，“Fact”项设置显示比例（默认值是 1），“KUND”项选择是否显示变形。单击“OK”按钮。显示轴力图，如图 7-34 所示。重新执行显示线单元结果操作，“LabI、LabJ”项分别选择“JIAN_I”和“JIAN_J”，

显示剪力图。重新执行显示线单元结果操作，“LabI、LabJ”项分别选择“WAN_I”和“WAN_J”，显示剪力图。由于本算例中的结构属于桁架杆系结构，杆件的剪力与弯矩很小，结果不做重点考虑。

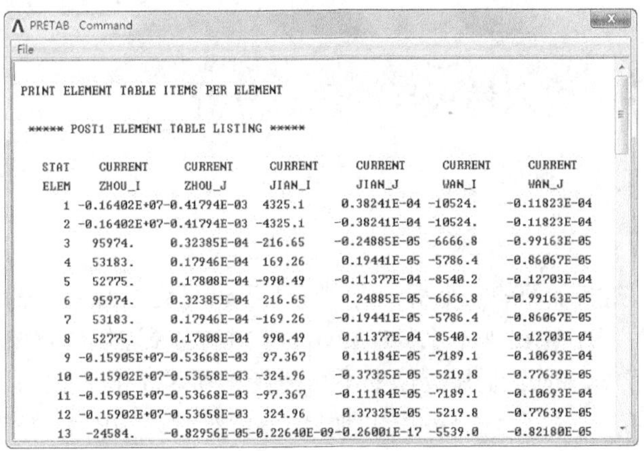

PRETAB Command

File

PRINT ELEMENT TABLE ITEMS PER ELEMENT

***** POST1 ELEMENT TABLE LISTING *****

STAT ELEM	CURRENT ZHOU_I	CURRENT ZHOU_J	CURRENT JIAN_I	CURRENT JIAN_J	CURRENT WAN_I	CURRENT WAN_J
1	-0.16402E+07	-0.41794E-03	4325.1	0.38241E-04	-10524.	-0.11823E-04
2	-0.16402E+07	-0.41794E-03	-4325.1	-0.38241E-04	-10524.	-0.11823E-04
3	95974.	0.32385E-04	-216.65	-0.24885E-05	-6666.8	-0.99163E-05
4	53183.	0.17946E-04	169.26	0.19441E-05	-5786.4	-0.86067E-05
5	52775.	0.17808E-04	-990.49	-0.11377E-04	-8540.2	-0.12703E-04
6	95974.	0.32385E-04	216.65	0.24885E-05	-6666.8	-0.99163E-05
7	53183.	0.17946E-04	-169.26	-0.19441E-05	-5786.4	-0.86067E-05
8	52775.	0.17808E-04	990.49	0.11377E-04	-8540.2	-0.12703E-04
9	-0.15905E+07	-0.53668E-03	97.367	0.11184E-05	-7189.1	-0.10693E-04
10	-0.15902E+07	-0.53658E-03	-324.96	-0.37325E-05	-5219.8	-0.77639E-05
11	-0.15905E+07	-0.53668E-03	-97.367	-0.11184E-05	-7189.1	-0.10693E-04
12	-0.15902E+07	-0.53658E-03	324.96	0.37325E-05	-5219.8	-0.77639E-05
13	-24584.	-0.82956E-05	-0.22640E-09	-0.26001E-17	-5539.0	-0.82180E-05

图 7-33　单元表数据

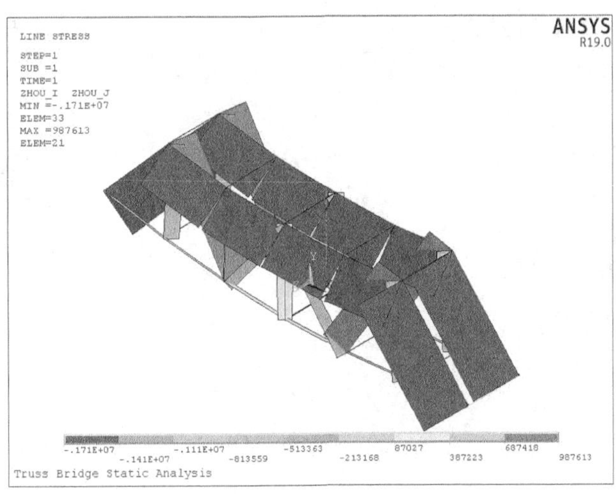

图 7-34　轴力图

5. 列表节点结果

选择“GUI：Main Menu > General Postproc > List Results > Nodal Solution”命令，弹出“List Nodal Solution”对话框，选择“Nodal Solution > DOF Solution > Displacement vector sum”命令，单击“OK”按钮。弹出每个节点的位移列表文本，其中包括每个节点的 X、Y、Z 方向位移和总位移，最后还列有每项最大值及出现最大值的节点。

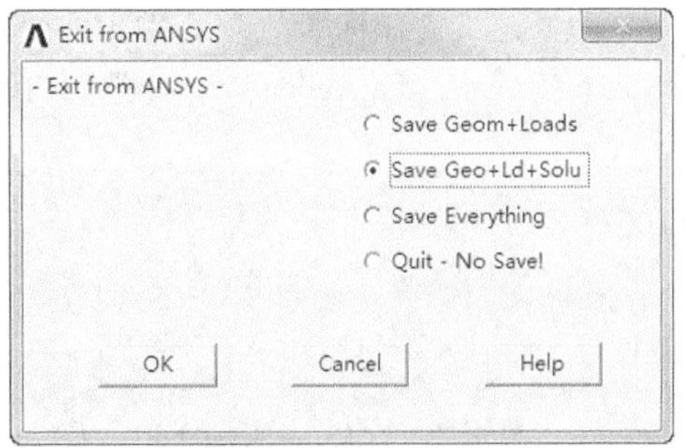

图 7-35　退出 ANSYS 对话框

6. 退出程序

单击工具条上的“Quit”按钮，弹出如图 7-35 所示的“Exit from ANSYS”对话框，选择一种保存方式，单击“OK”按钮，退出 ANSYS 软件。

7.2.5 命令流实现

详见随书配套资源中的“X:\ 命令流 \7.2 综合实例——钢桁架桥静力受力分析 .txt”电子文档。

7.3 综合实例——内六角扳手的静态分析

扫码看视频

7.3.1 问题的描述

本实例为一个内六角扳手的静态分析。内六角扳手也叫艾伦扳手。常见的英文名称有“Allen key（或 Allen wrench）”和“Hex key（或 Hexwrench）”。它通过扭矩施加对螺钉的作用力，大大降低了使用者的用力强度，是工业制造业中不可或缺的得力工具。我们要分析的样本规格为公制 10mm。如图 7-36 所示，内六角扳手短端为 7.5cm，长端为 20cm，弯曲半径为 1cm，在长端端部施加 100N 的扭曲力，端部顶面施加 20N 向下的压力。确定扳手在这两种加载条件下应力的强度。

扳手的主要尺寸及材料特性如下。

- 扳手规格 = 10 mm
- 配置 = 六角
- 柄脚长度 = 7.5 cm
- 手柄长度 = 20 cm
- 弯曲半径 = 1 cm
- 弹性模量 = 2.07×10^{11} Pa
- 施加扭转力 = 100 N
- 施加向下的力 = 20 N

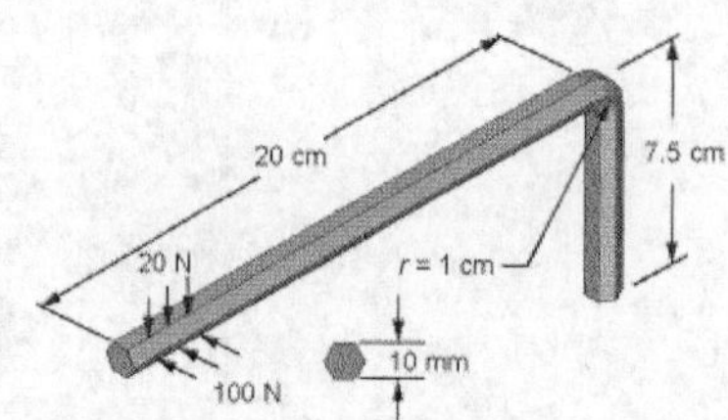

图 7-36 内六角扳手示意图

7.3.2 建立模型

1. 设置分析标题

（1）定义工作文件名。选择“Utility Menu > File > Change Jobname”命令，弹出如图 7-37 所示的“Change Jobname”对话框，在“Enter new jobname”文本框中输入“Allen wrench”，并将“New Log and error files”复选框选为“yes”，单击“OK”按钮。

（2）定义工作标题。选择“Utility Menu > File > Change Title”命令，在出现的对话框中输入“Static Analysis of an Allen Wrench”，如图 7-38 所示，单击“OK”按钮。

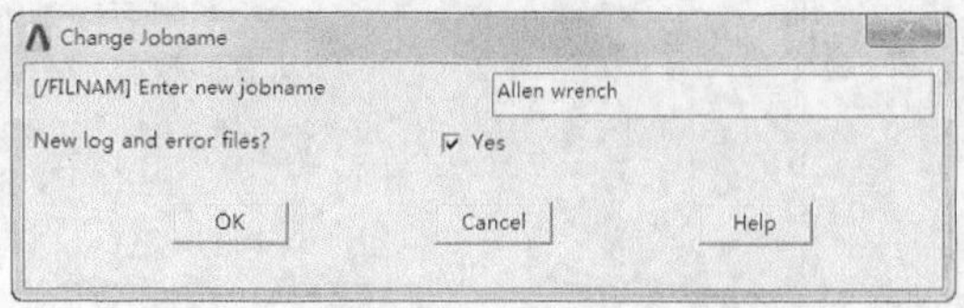

图 7-37 “Change Jobname”对话框

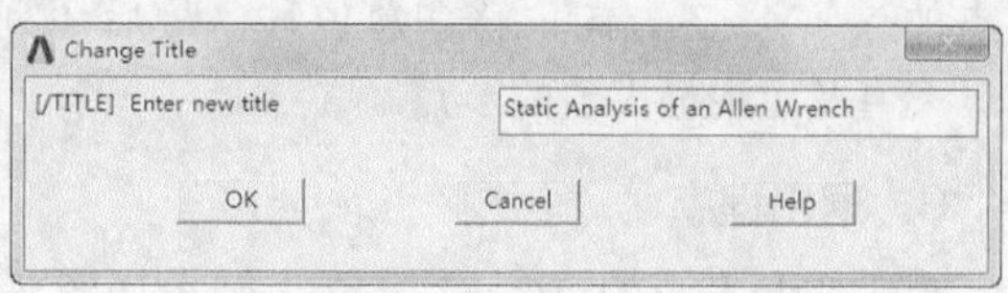

图 7-38 “Change Title”对话框

2. 设置单位系统

（1）在输入窗口命令行中单击，激活命令行文字输入。

（2）键入“/UNITS，SI”命令，然后按下回车键。在此输入的命令会存储在历史缓冲区中，可通过单击输入窗口右侧的向下箭头访问。

（3）单击菜单栏中的“Parameters > Angular Units”命令，出现如图 7-39 所示的“Angular Units for Parametric Functions”对话框。

（4）在角参数功能下拉列表框中选择单位为“Degrees DEG”。然后单击“OK”按钮。

3. 定义参数

（1）单击菜单栏中“Parameters > Scalar Parameters”命令，打开“Scalar Parameters”对话框，如图 7-40 所示。在 Select 文本框中依次输入以下参数。

```
EXX=2.07E11
W_HEX=0.01
W_FLAT=0.0058
L_SHANK=0.075
L_HANDLE=0.2
BENDRAD=0.01
L_ELEM=0.0075
NO_D_HEX=2
TOL=25E-6
```

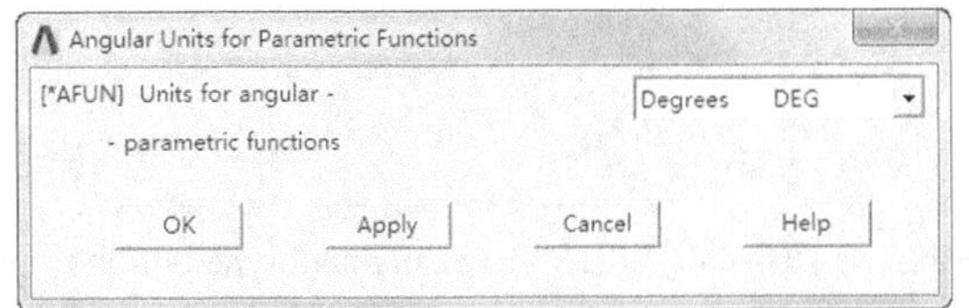

图 7-39 “Angular Units for Parametric Functions”对话框

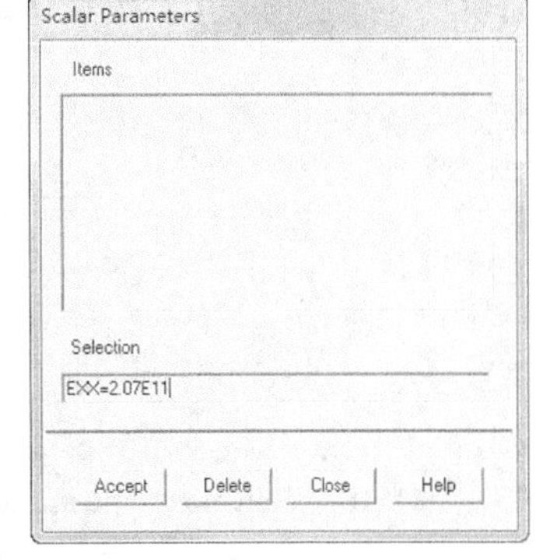

图 7-40 “Scalar Parameters”对话框

（2）单击“Close”按钮，关闭“Scalar Parameters”对话框。

（3）单击工具栏中的“SAVE_DB”按钮，保存数据文件。

4. 定义单元类型

（1）从主菜单中选择“Main Menu > Preprocessor > Element Type > Add/Edit/Delete”命令，打开“Element Types”对话框，如图 7-41 所示。

（2）单击“Add”按钮，打开“Library of Element Types”对话框，如图 7-42 所示。在“Library of Element Types”列表框中选择“Structural Solid > Brick 8 node 185”选项，在“Element type reference number”后的文本框中输入“1”，单击“OK”按钮，关闭“Library of Element Types”对话框。

（3）单击“Element Types”对话框中的“Options”按钮，打开“SOLID185 element type options”对话框，如图 7-43 所示。在“Element technology K2”下拉列表框中选择“Simple Enhanced Strn”，其余选项采用系统默认设置，单击“OK”按钮，关闭该对话框。

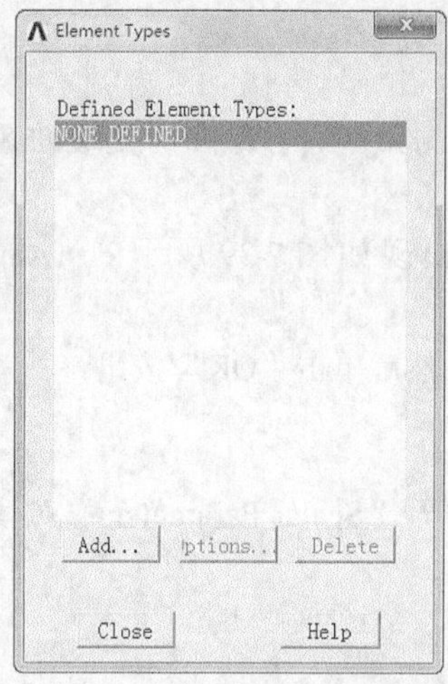

图 7-41　单元类型对话框

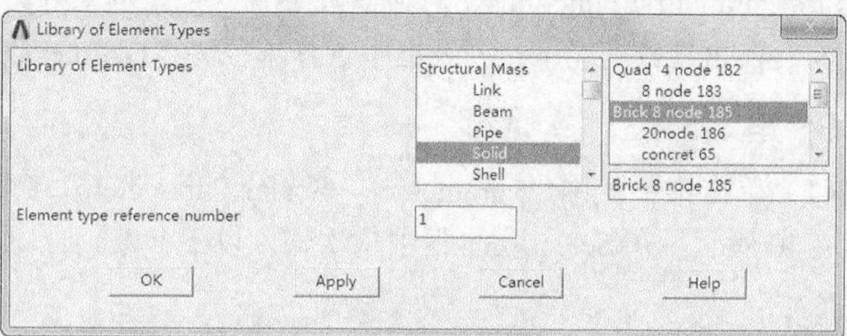

图 7-42　单元类型列表对话框

（4）单击“Add”按钮，打开“Library of Element Types”对话框。在“Library of Element Types”列表框中选择“Structural Solid > Quad 4 node 182”选项，在“Element type reference number”后的文本框中输入“2”，单击“OK”按钮，关闭“Library of Element Types”对话框。

（5）单击“Element Types”对话框中的“Options”按钮，打开“PLANE182 element type options”对话框，如图 7-44 所示。在“Element technology K1”下拉列表框中选择“Simple Enhanced Strn”选项，其余选项采用系统默认设置，单击“OK”按钮，关闭该对话框。

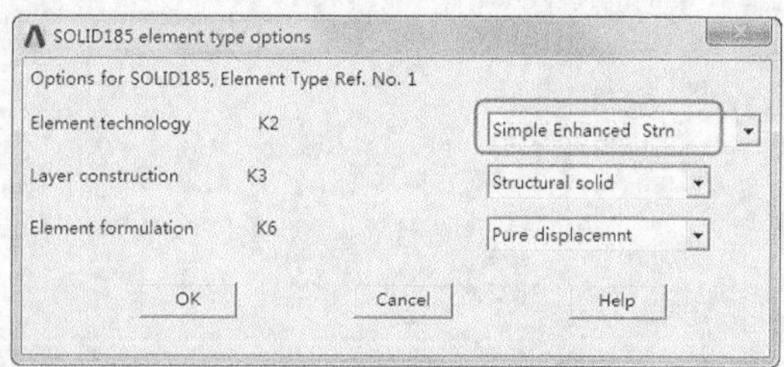

图 7-43　“SOLID185 element type options”对话框

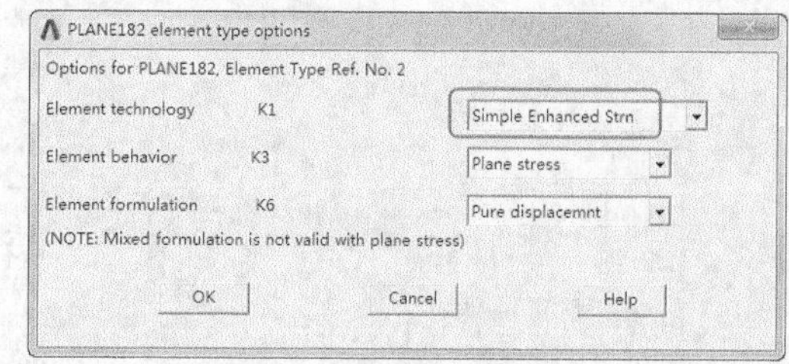

图 7-44　“PLANE182 element type options”对话框

（6）单击“Close”按钮，关闭“Element Types”对话框。

5. 定义材料性能参数

（1）从主菜单中选择“Main Menu > Preprocessor > Material Props > Material Models”命令，打开“Define Material Model Behavior”对话框。

（2）在“Material Models Available”列表框中依次单击“Structural > Linear > Elastic > Isotropic”命令，打开“Linear Isotropic Properties for Material Number 1”对话框，如图 7-45 所示。在“EX”后的文本框输入“EXX”，在“PRXY”后的文本框输入“0.3”，单击“OK”按钮关闭该对话框。

（3）在“Define Material Model Behavior”对话框中单击“Material > Exit”命令，关闭该对话框。

6. 创建模型

（1）从主菜单中选择“Main Menu > Preprocessor > Modeling > Create > Areas > Polygon > By Side Length”命令，打开“Polygon by Side Length”对话框，如图 7-46 所示。在“Number of sides”后的文本框中输入“6”，在“Length of each side”后的文本框中输入“W_FLAT”，单击“OK”按钮，

关闭该对话框。

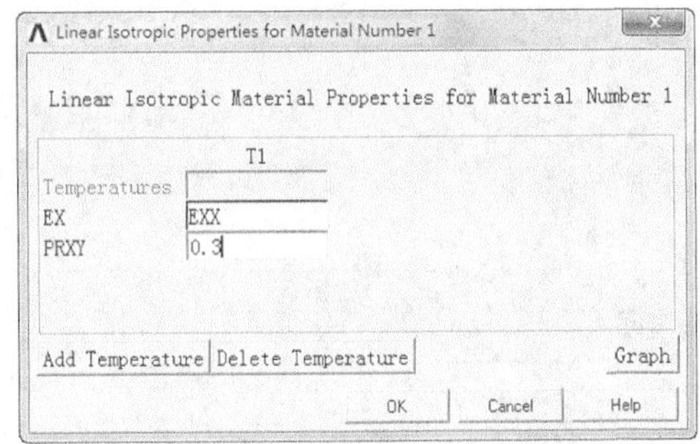

图 7-45 “Linear Isotropic Properties for Material Number 1”对话框

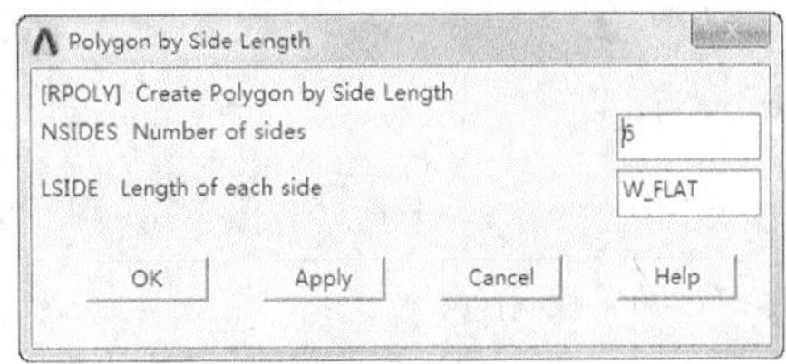

图 7-46 “Polygon by Side Length”对话框

（2）从主菜单中选择“Main Menu > Preprocessor > Modeling > Create > Keypoints > In Active CS”命令，弹出“Create Keypoints in Active Coordinate Systems”对话框，如图 7-47 所示。

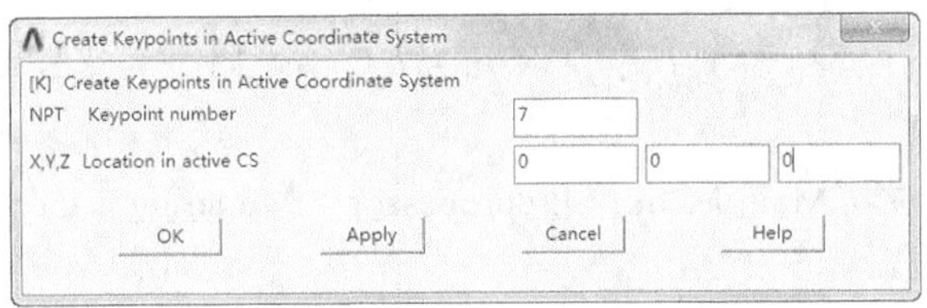

图 7-47 生成关键点对话框

（3）在“Create Keypoints in Active Coordinate Systems”对话框中，在“NPT Keypoint number”后的文本框中输入“7”，在“X，Y，Z Location in active CS”后的文本框中依次输入“0”“0”“0”。

（4）单击“Apply”按钮，再次弹出“Create Keypoints in Active Coordinate Systems”对话框，在“NPT Keypoint number”后的文本框中输入“8”，在“X，Y，Z Location in active CS”后的文本框中依次输入“0”“0”“-L_SHANK”。

（5）单击“Apply”按钮，再次弹出“Create Keypoints in Active Coordinate Systems”对话框，在“NPT Keypoint number”后的文本框中输入“9”，在“X，Y，Z Location in active CS”后的文本框中依次输入“0”“L_HANDLE”“-L_SHANK”。单击“OK”按钮，关闭该对话框。

（6）单击菜单栏中的“PlotCtrls > Window Controls > Window Options”命令，打开“Window Options”对话框，如图 7-48 所示。

（7）在“[/TRIAD] Location of triad”下拉列表框中选择“At top left”选项，即在 ANSYS 窗口中在左上显示整体坐标系，单击“OK”按钮，关闭该对话框。

（8）从菜单中选择“Utility Menu：PlotCtrls > Pan, Zoom, Rotate”命令，弹出移动、缩放和旋转对话框，单击视角方向为“iso”，可以在（1,1,1）方向观察模型，单击“Close”按钮，关闭对话框。

（9）单击菜单栏中“PlotCtrls > View Settings > Angle of Rotation”命令，打开“Angle of Rotation”对话框，如图 7-49 所示。在“Angle in degrees”后的文本框中输入“90”，在“Axis of rotation”下拉列表框中选择“Global Cartes X”选项，其余选项采用系统默认设置，单击“OK”按钮，关闭该对话框。

（10）从主菜单中选择“Main Menu：Preprocessor > Modeling > Create > Lines > Lines > Strainght lines”命令。

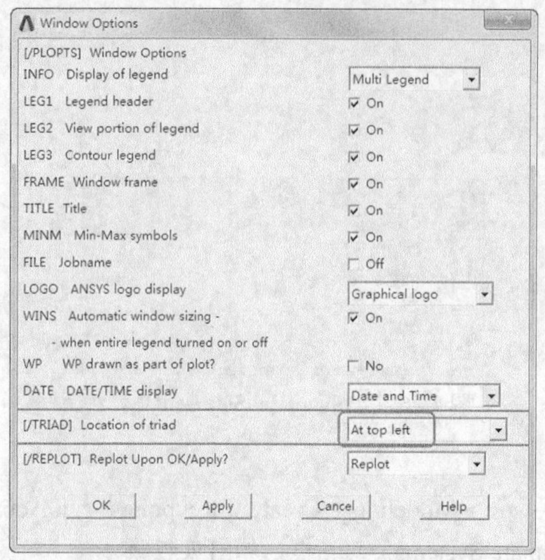

图 7-48 “Window Options”对话框

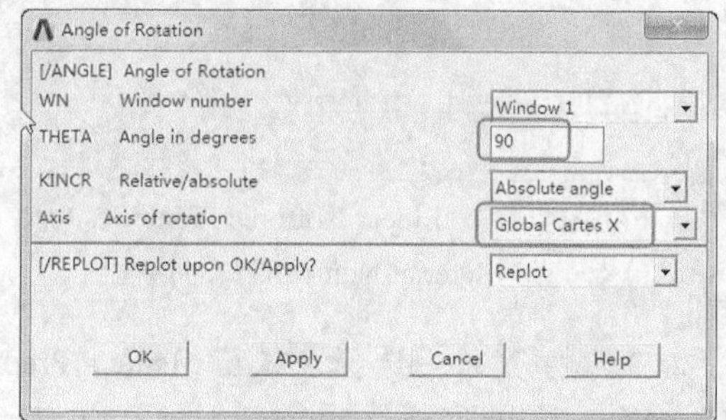

图 7-49 “Angle of Rotation”对话框

（11）连接点 4 和点 1，点 7 和点 8，点 8 和点 9，使它们成为 3 条直线，单击“OK”按钮，如图 7-50 所示。

（12）从主菜单中选择“Main Menu > Preprocessor > Modeling > Create > Lines > Line Fillet”命令，弹出线拾取对话框。

（13）拾取刚刚建立的 8、9 号线，然后单击“OK”按钮，弹出如图 7-51 所示的“Line Fillet”对话框。

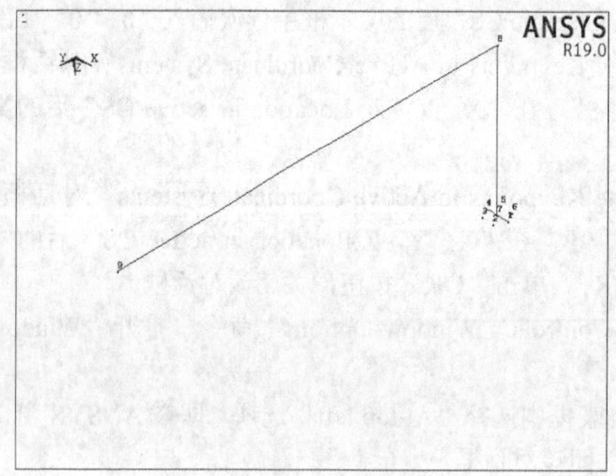

图 7-50 创建 3 条直线

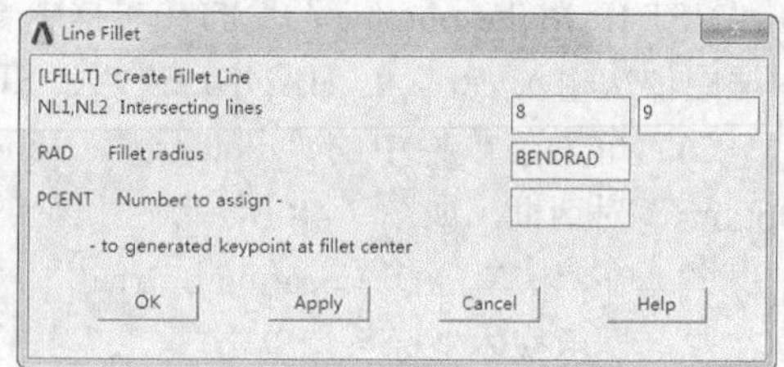

图 7-51 “Line Fillet”对话框

（14）在“Fillet radius”后的文本框中输入“BENDRAD”，单击“OK”按钮，完成倒角的操作。

（15）单击“Utility Menu > PlotCtrls > Numbering”命令，弹出“Plot Numbering Controls”对话框，单击“LINE Line numbers”后的方框，使其状态从 Off 变为 On，其余选项采用默认设置，如图 7-52 所示，单击“OK”按钮，关闭对话框。

（16）从菜单中选择“Utility Menu：Plot > Areas”命令。

（17）从主菜单中选择“Main Menu > Prepr ocessor > Modeling > Operate > Booleans > Divide >

With Options > Area by Line”命令，弹出“Divide Area by Line”拾取对话框，拾取六边形面。单击“OK”按钮。

（18）从菜单中选择“Utility Menu：Plot > Lines”命令。拾取 7 号线，单击“OK”按钮，弹出如图 7-53 所示的“Daivide Area by Line with Options”对话框。

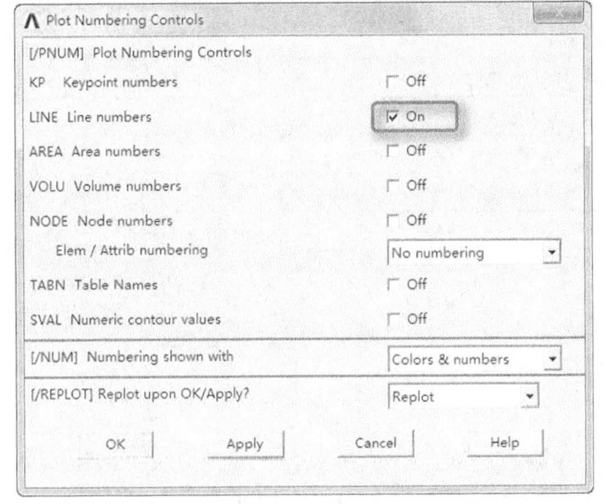

图 7-52　“Plot Numbering Controls”对话框

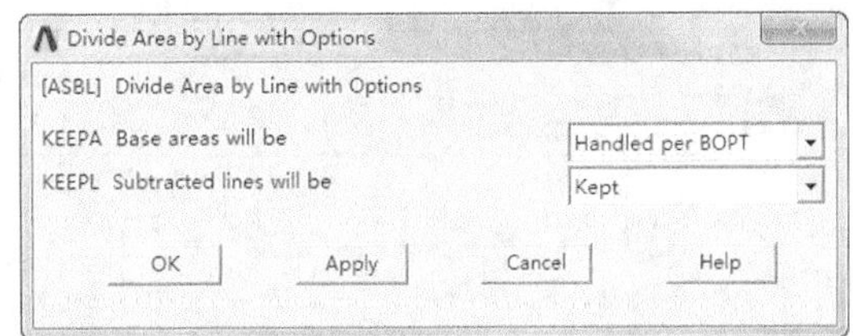

图 7-53　“Divide Area by Line with Options”对话框

（19）在“Subtracted lines will be”下拉列表框中选择“Kept”选项，其余选项采用系统默认设置，单击“OK”按钮关闭该对话框。得到的结果如图 7-54 所示。

（20）从菜单中选择“Utility Menu：Select > Comp/Assembly > Create Component”命令，弹出如图 7-55 所示“Create Component”对话框。在对话框中的组件名称中输入“BOTAREA”，在实体类型下拉列表中选中“Areas”选项，单击“OK”按钮，就完成了组件的创建。

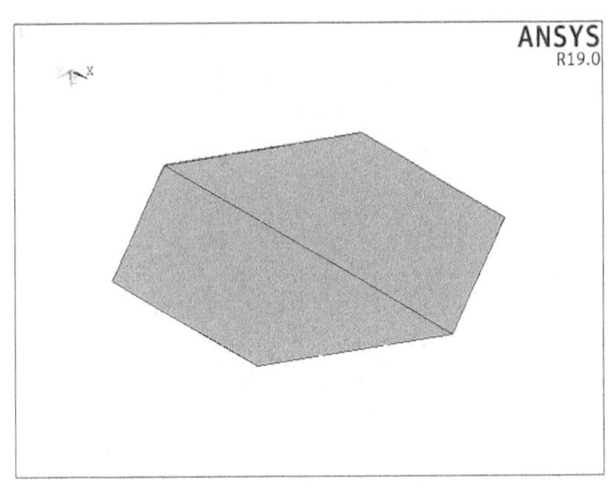

图 7-54　利用线划分面

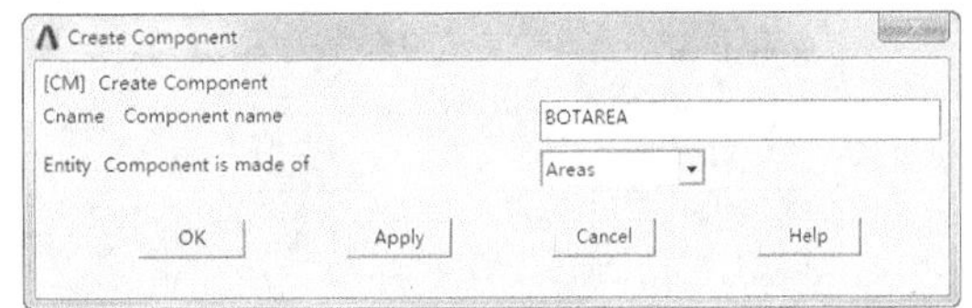

图 7-55　“Create Component”对话框

7. 设置网格

（1）从主菜单中选择“Main Menu > Preprocessor > Meshing > Size Cntrls > Manual Size > Lines > Picked Lines”命令，弹出线拾取对话框，在文本框中输入“1，2，6”，然后单击“OK”按钮，弹出如图 7-56 所示的“Element Sizes on Picked Lines”对话框。

（2）在“No. of element divisions”文本框中输入“NO_D_HEX”，然后单击“OK”按钮，完

成3条线的网格划分。

（3）从主菜单中选择“Main Menu > Preprocessor > Modeling > Create > Elements > Elem Attributes”命令，弹出如图7-57所示的“Element Attributes”对话框。在“Element type number”下拉列表框中选择“2 PLANE182”选项，其余采取默认设置，单击“OK”按钮。

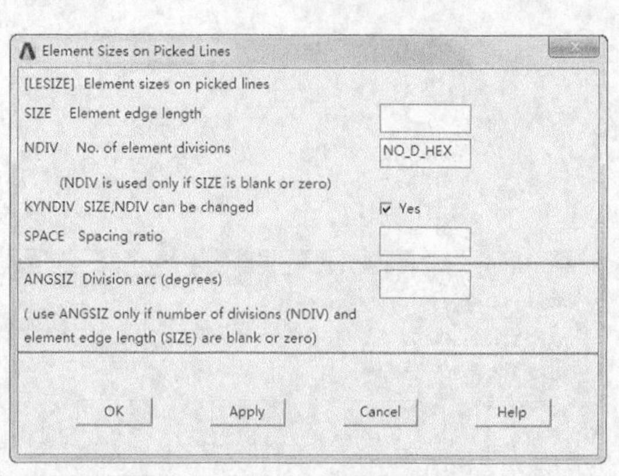

图7-56 “Element Sizes on Picked Lines”对话框

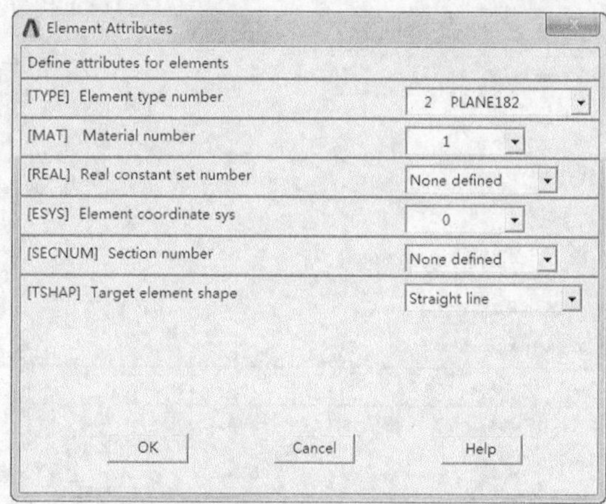

图7-57 “Element Attributes”对话框

（4）从主菜单中选择“Main Menu > Preprocessor > Meshing > Mesher Opts”命令，弹出“Mesher Options”对话框，如图7-58所示。在“Mesher Type”区域，选择划分类型为“Mapped”，然后单击“OK”按钮。

（5）系统弹出如图7-59所示的“Set Element Shape”对话框，采取默认的“Quad”网格形状，单击“OK”按钮。

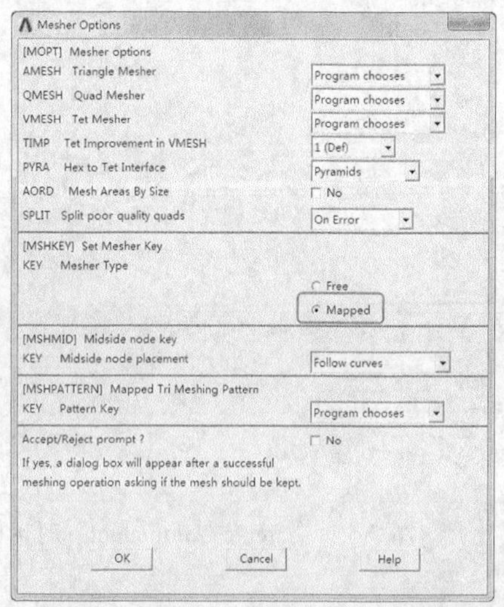

图7-58 “Mesher Options”对话框

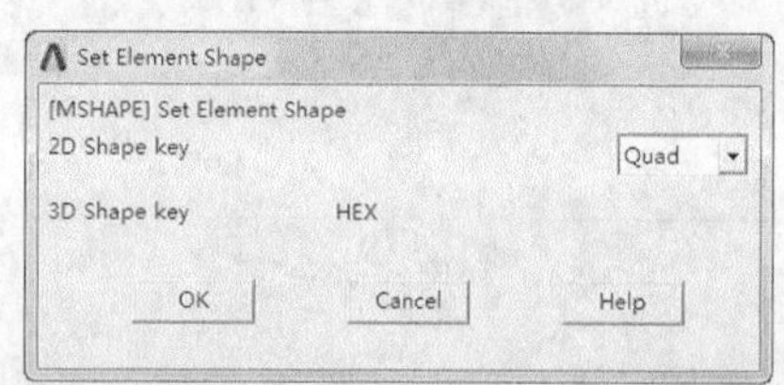

图7-59 “Set Element Shape”对话框

（6）从主菜单中选择“Main Menu > Preprocessor > Meshing > Mesh > Areas > Mapped > 3 or 4 sided”命令，弹出面拾取对话框，单击“Pick All”按钮，完成面网格的划分。

（7）从主菜单中选择“Main Menu > Preprocessor > Modeling > Create > Elements > Elem Attributes”命令，弹出“Element Attributes”对话框。在“Element type number”下拉列表框中选择“1

SOLID185”选项，其余采取默认设置，单击“OK”按钮。

（8）从主菜单中选择“Main Menu > Preprocessor > Meshing > Size Cntrls > Manual Size > Global > Size”命令，弹出如图 7-60 所示的“Global Element Sizes”对话框。

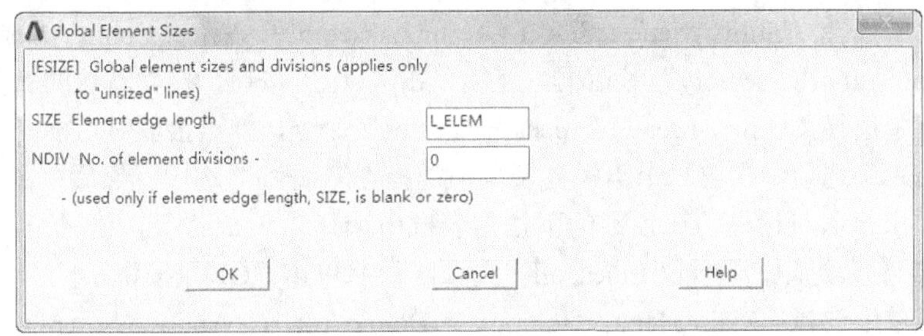

图 7-60 “Global Element Sizes”对话框

（9）在“Element edge length”文本框中输入“L_ELEM”，然后单击“OK”按钮。

（10）单击“Utility Menu > PlotCtrls > Numbering”命令，弹出“Plot Numbering Controls”对话框，单击“LINE Line numbers”后的方框，使其状态从 Off 变为 On，其余选项采用默认设置，如图 7-61 所示，单击“OK”按钮，关闭对话框。

（11）单击菜单栏中“Plot > Lines”命令，窗口会重新显示整体几何模型。

（12）从主菜单中选择“Main Menu > Preprocessor > Modeling > Operate > Extrude > Areas > Along Lines”命令，弹出线拾取对话框，单击“Pick All”按钮。然后依次拾取 8、10 和 9 号线，单击“OK”按钮。完成的模型如图 7-62 所示。

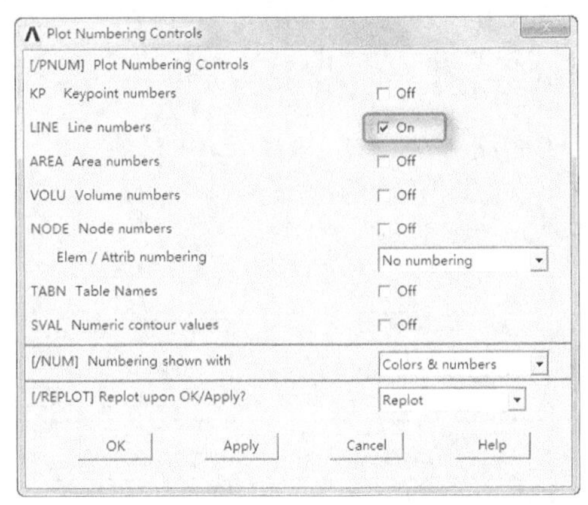

图 7-61 “Plot Numbering Controls”对话框

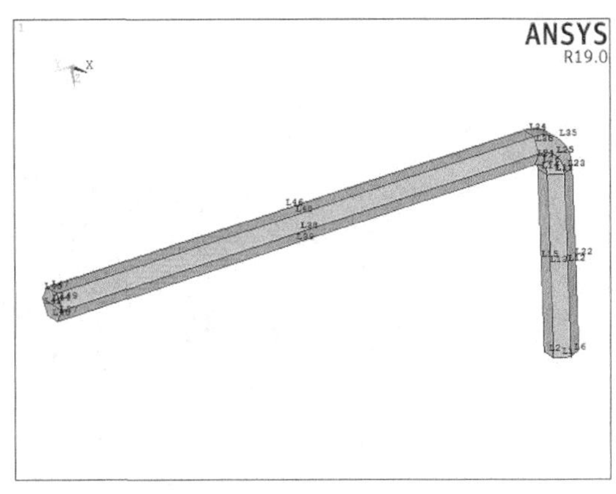

图 7-62 拉伸模型

（13）从菜单中选择“Utility Menu：Plot > Elements”命令。

（14）单击工具栏中的“SAVE_DB”按钮，保存数据文件。

（15）从菜单中选择“Utility Menu：Select > Comp/Assembly > Select Comp/Assembly”命令，弹出“Select Component or Assembly”对话框，连续单击“OK”按钮，接受默认的 BOTAREA 组件。

（16）从主菜单中选择“Main Menu > Preprocessor > Meshing > Clear > Areas”命令，弹出面拾取对话框，单击“Pick All”按钮。

（17）从菜单中选择“Utility Menu：Select > Everything”命令。

（18）从菜单中选择“Utility Menu：Plot > Elements”命令。

7.3.3 定义边界条件并求解

1. 施加载荷

（1）从菜单中选择“Utility Menu：Select > Comp/Assembly > Select Comp/Assembly”命令，弹出“Select Component or Assembly”对话框，连续单击“OK”按钮，接受默认的 BOTAREA 组件。

（2）从菜单中选择“Utility Menu：Select > Entities”命令，弹出拾取对话框，在顶部的下拉列表框中选择“Lines”选项，在第二个下拉列表框中选择“Exterior”选项，然后单击“Apply”按钮。

（3）再次弹出拾取对话框，在顶部的下拉列表框中选择“Nodes”选项，在第二个下拉列表框中选择“Attached to”选项，单击“Lines, all”选项，最后单击“OK”按钮。

（4）从主菜单中选择“Main Menu > Solution > Define Loads > Apply > Structural > Displacement > On Nodes”命令，弹出节点拾取对话框，单击“Pick All”按钮，系统弹出如图 7-63 所示的“Apply U，ROT on Nodes”对话框。

（5）在“DOFs to be constrained”列表框中选择“ALL DOF”选项，然后单击“OK”按钮。

（6）从菜单中选择“Utility Menu：Select > Entities”命令，弹出拾取对话框，在顶部的下拉列表框中选择“Lines”选项，单击“Sele All”按钮，然后单击“Cancel”按钮。

从菜单中选择“Utility Menu：Select > Everything”命令。

（7）从菜单中选择“Utility Menu：PlotCtrls > Symbols”命令，弹出如图 7-64 所示的“Symbols”对话框。单击“Boundary condition symbol”栏中的“All Applied BCs”选项，在“Surface Load Symbols”下拉列表框中选择“Pressures”选项，在“Show pres and convect as”下拉列表框中选择“Arrows”选项，然后单击“OK”按钮。

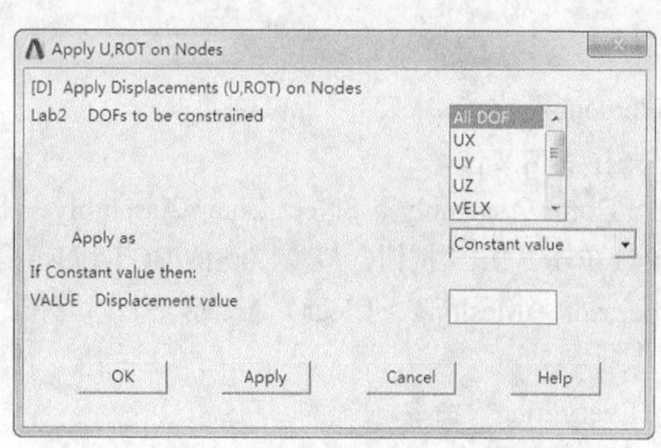

图 7-63 “Apply U，ROT on Nodes”对话框

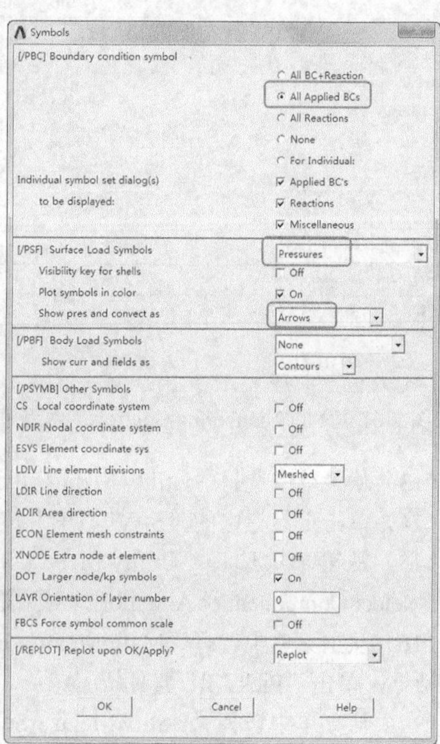

图 7-64 “Symbols”对话框

2. 在手柄上施加压力

（1）从菜单中选择“Utility Menu：Select > Entities”命令，弹出拾取对话框，在顶部的下拉列表框中选择“Areas”选项，在第二个下拉列表框中选择“By Location”选项，单击“Y coordinates”选项，在“Min，Max”栏中输入“BENDRAD，L_HANDLE”，单击“Apply”按钮。

（2）单击“X coordinates”选项和“Reselect”选项，在“Min，Max”栏中输入“W_FLAT/2，W_FLAT”，单击“Apply”按钮。

（3）在顶部的下拉列表框中选择“Nodes”选项，在第二个下拉列表框中选择“Attached to”选项，单击“Areas, all”选项和“From Full”选项，单击“Apply”按钮。

（4）在第二个下拉列表框中选择“By Location”选项，单击“Y coordinates”选项和“Reselect”选项，在“Min，Max”栏中输入“L_HANDLE+TOL，L_HANDLE-(3.0*L_ELEM)-TOL”，单击“OK”按钮。

（5）从菜单中选择“Utility Menu：Parameters > Get Scalar Data”命令，弹出如图 7-65 所示的“Get Scalar Data”对话框。

（6）在“Type of data to be retrieved”下拉列表框中选择“Model Data”选项，在右侧下拉列表框中选择“For selected set”选项，单击“OK”按钮。

（7）在打开的“Get Data for Selected Entity Set”对话框中，“Name of parameter to be defined”文本框中输入“minyval”，在“Data to be retrieved”列表框中选择“Current node set > Min Y coordinate”选项，单击“Apply”按钮，如图 7-66 所示。

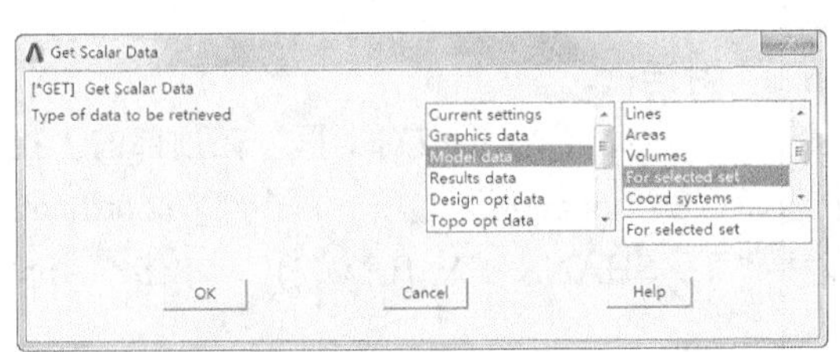

图 7-65　“Get Scalar Data”对话框

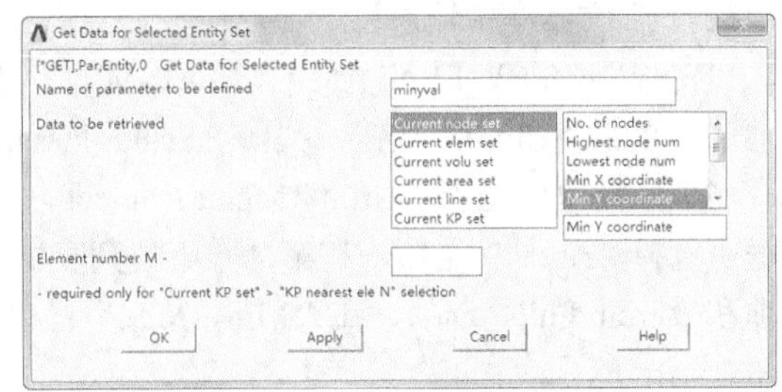

图 7-66　选择读入的数据

弹出“Get Scalar Data”对话框，在“Type of data to be retrieved”下拉列表框中选择“Model Data”选项，在列表框中选择“For selected set”选项，单击“OK”按钮。

（8）在打开的“Get Data for Selected Entity Set”对话框中，在“Name of parameter to be defined”文本框中输入“maxyval”，在“Data to be retrieved”列表框中选择“Current node set > Max Y coordinate”选项，单击“OK”按钮。

（9）单击菜单栏中“Parameters > Scalar Parameters”命令，打开“Scalar Parameters”对话框。在“Select”文本框中输入以下参数：

PTORQ=100/(W_HEX*(MAXYVAL-MINYVAL))

（10）单击“Close”按钮，关闭“Scalar Parameters”对话框。

（11）从主菜单中选择“Main Menu > Solution > Define Loads > Apply > Structural > Pressure > On Nodes”命令，弹出拾取对话框，单击“Pick All”按钮，系统弹出如图 7-67 所示的“Apply PRES on nodes”对话框。

（12）在“Load PRES value”文本框中输入“PTORQ”然后单击“OK”按钮。

（13）从菜单中选择“Utility Menu：Select > Everything”命令。

（14）从菜单中选择“Utility Menu：Plot > Nodes”命令，显示模型的节点。

（15）单击工具栏中的“SAVE_DB”按钮，保存数据文件。

（16）从主菜单中选择“Main Menu > Solution > Load Step Opts > Write LS File”命令，系统弹出如图 7-68 所示的“Write Load Step File”对话框。

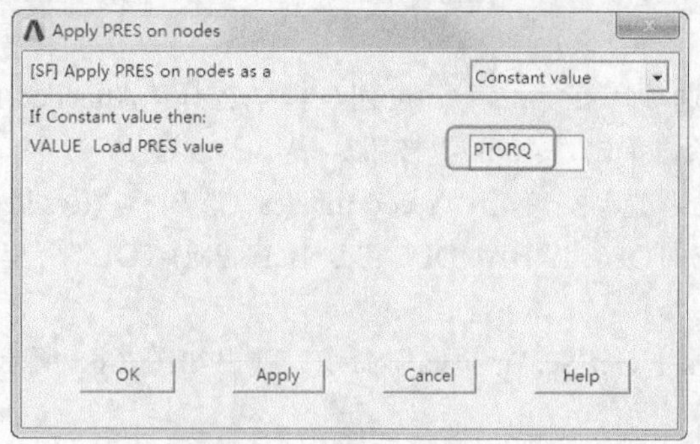

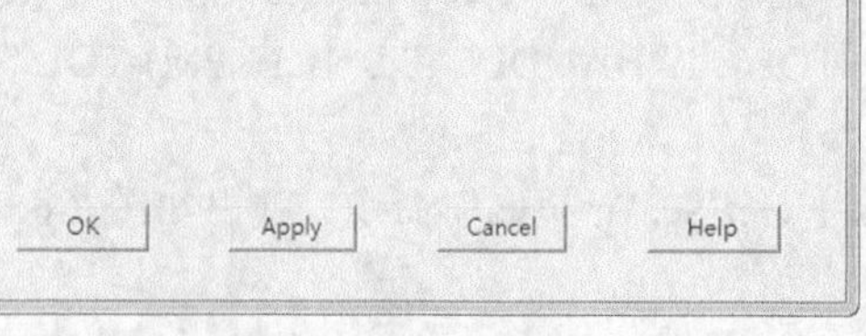

图 7-67 “Apply PRES on nodes”对话框

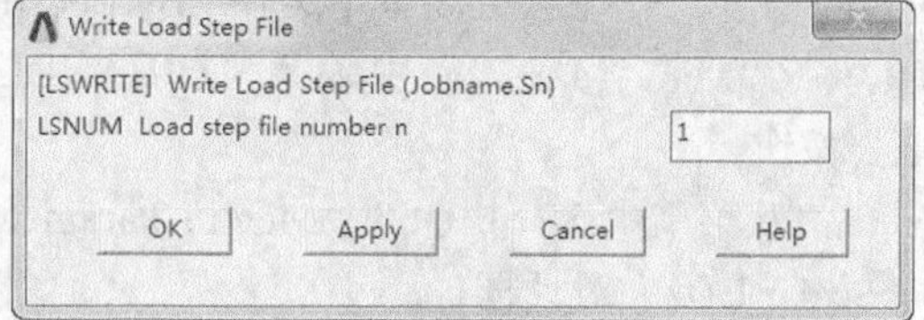

图 7-68 “Write Load Step File”对话框

（17）在“load step file number n”文本框中输入“1”，然后单击“OK”按钮。

3. 定义向下的压力

（1）单击菜单栏中“Parameters > Scalar Parameters”命令，打开“Scalar Parameters”对话框。在“Select”文本框中输入以下参数：

PDOWN=20/(W_FLAT*(MAXYVAL-MINYVAL))

（2）单击“Close”按钮，关闭“Scalar Parameters”对话框。

（3）从菜单中选择“Utility Menu：Select > Entities”命令，弹出拾取对话框，在顶部的下拉列表框中选择“Areas”选项，在第二个下拉列表框中选择“By Location”选项，单击“Z coordinates”选项和“From Full”选项，在“Min，Max”栏中输入“-(L_SHANK+(W_HEX/2))”，单击“Apply”按钮。

（4）然后在顶部的下拉列表框中选择“Nodes”选项，在第二个下拉列表框中选择“Attached to”选项，单击“Areas, all”选项，单击“Apply”按钮。

（5）在第二个下拉列表框中选择“By Location”，单击“X coordinates”选项和“From Full”选项，在“Min，Max”栏中输入“W_FLAT/2,W_FLAT”，单击“Apply”按钮。

（6）在第二个下拉列表框中选择“By Location”选项，单击“Y coordinates”选项和“Reselect”选项，在“Min，Max”栏中输入“L_HANDLE+TOL，L_HANDLE-(3.0*L_ELEM)- TOL”，单击“OK”按钮。

（7）从主菜单中选择“Main Menu > Solution > Define Loads > Apply > Structural > Pressure > On Nodes”命令，弹出拾取对话框，单击“Pick All”按钮，系统弹出“Apply PRES on Nodes”对话框。

（8）在“Load PRES value”文本框中输入“PDOWN”，然后单击“OK”按钮。

（9）从菜单中选择“Utility Menu：Select > Everything”命令。

（10）从菜单中选择“Utility Menu：Plot > Nodes”命令，显示模型的节点，结果如图 7-69 所示。

（11）单击工具栏中的“SAVE_DB”按钮，保存数据文件。

（12）从主菜单中选择“Main Menu > Solution > Load Step Opts > Write LS File”命令，系统弹出“Write Load Step File”对话框。

（13）在“load step file number n”文本框中输入“2”，然后单击“OK”按钮。

（14）单击工具栏中的“SAVE_DB”按钮，保存数据文件。

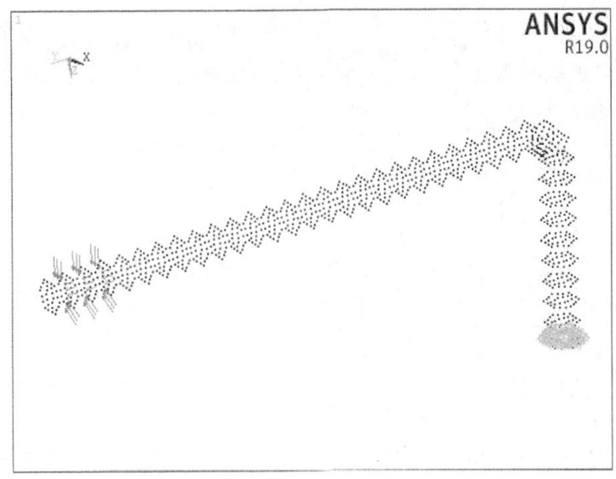

图 7-69　施加载荷

4. 求解

（1）从主菜单中选择“Main Menu > Solution > Solve > From LS Files”命令，系统弹出如图 7-70 所示的“Solve Load Step Files”对话框。

（2）在“Starting LS file number”文本框中输入“1”，在“Ending LS file number”文本框中输入“2”，然后单击“OK”按钮，开始求解。

（3）求解完成后打开如图 7-71 所示的提示求解完成对话框。

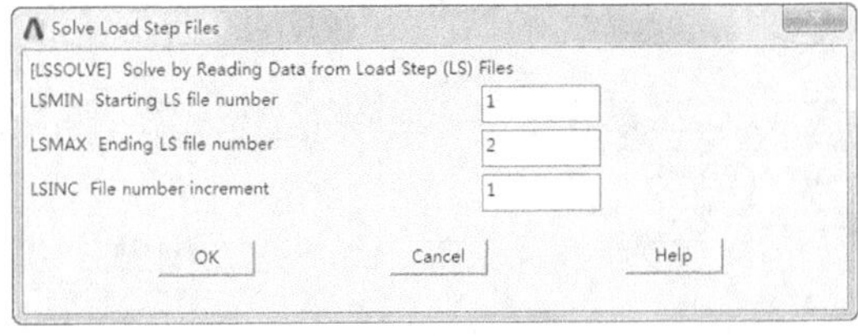

图 7-70　“Solve Load Step Files”对话框

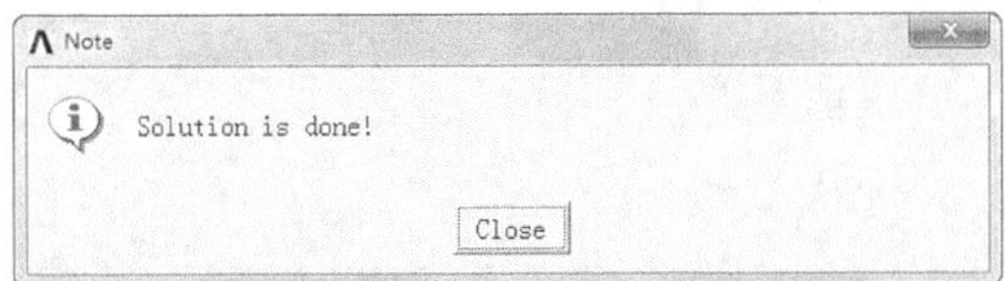

图 7-71　提示求解完成

（4）单击“Close”按钮，关闭提示求解完成对话框。

7.3.4 查看结果

1. 读取第一个载荷步计算结果

（1）从主菜单中选择“Main Menu > General Postproc > Read Results > First Set”命令，读取第一个载荷步计算结果。

（2）从主菜单中选择“Main Menu > General Postproc > List Results > Reaction Solu”命令，系统弹出如图 7-72 所示的“List Reaction Solution”对话框。单击“OK”按钮，接受默认的显示所有选项。列表显示的计算结果如图 7-73 所示。

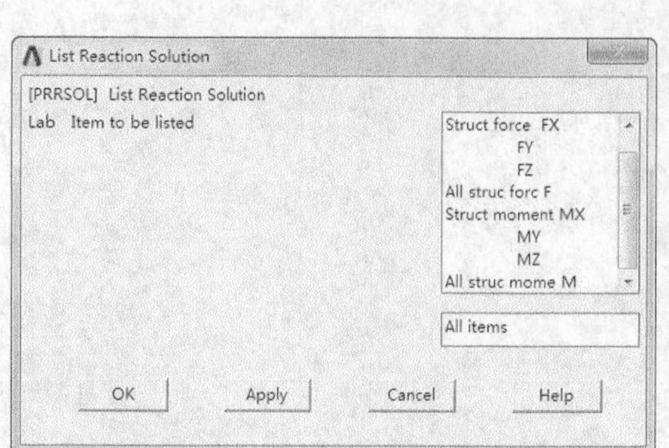

图 7-72 “List Reaction Solution”对话框

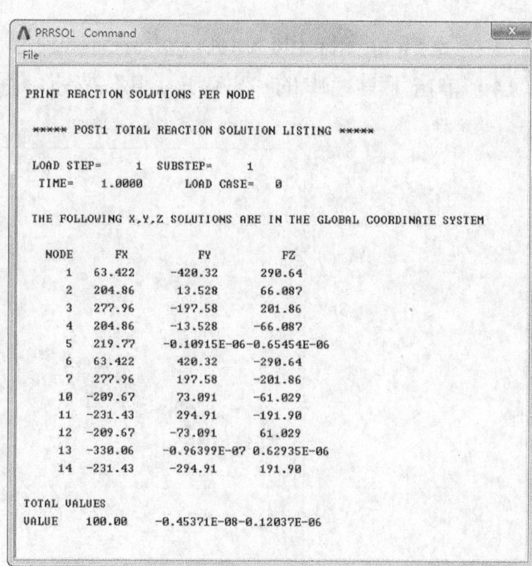

```
PRRSOL Command
File

PRINT REACTION SOLUTIONS PER NODE

 ***** POST1 TOTAL REACTION SOLUTION LISTING *****

 LOAD STEP=     1  SUBSTEP=     1
  TIME=    1.0000      LOAD CASE=   0

 THE FOLLOWING X,Y,Z SOLUTIONS ARE IN THE GLOBAL COORDINATE SYSTEM

    NODE       FX           FY           FZ
       1   63.422      -420.32       290.64
       2   204.86       13.528       66.087
       3   277.96      -197.58       201.86
       4   204.86      -13.528      -66.087
       5   219.77   -0.10915E-06-0.65454E-06
       6   63.422       420.32      -290.64
       7   277.96       197.58      -201.86
      10  -209.67       73.091      -61.029
      11  -231.43       294.91      -191.90
      12  -209.67      -73.091       61.029
      13  -330.06   -0.96399E-07 0.62935E-06
      14  -231.43      -294.91       191.90

 TOTAL VALUES
 VALUE    100.00    -0.45371E-08-0.12037E-06
```

图 7-73 节点结果

（3）从菜单中选择“Utility Menu：PlotCtrls > Symbols”命令，弹出“Symbols”对话框。单击“Boundary condition symbol”栏中的“None”选项，然后单击“OK”按钮。

（4）从菜单中选择“Utility Menu：PlotCtrls > Style > Edge Options”命令，弹出如图 7-74 所示的“Edge Options”对话框。选择“Element outlines for non-contour/contour plots”下拉列表框中的“Edge Only/All”选项，然后单击“OK”按钮。

（5）从主菜单中选择“Main Menu > General Postproc > Plot Results > Deformed Shape”命令，弹出如图 7-75 所示的对话框，在“KUND”中选择“Def + undeformed”单选项，单击“OK”按钮。物体变形图如图 7-76 所示。

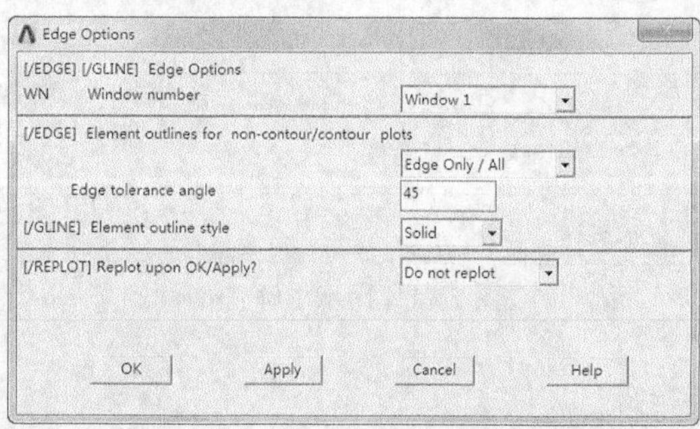

图 7-74 “Edge Options”对话框

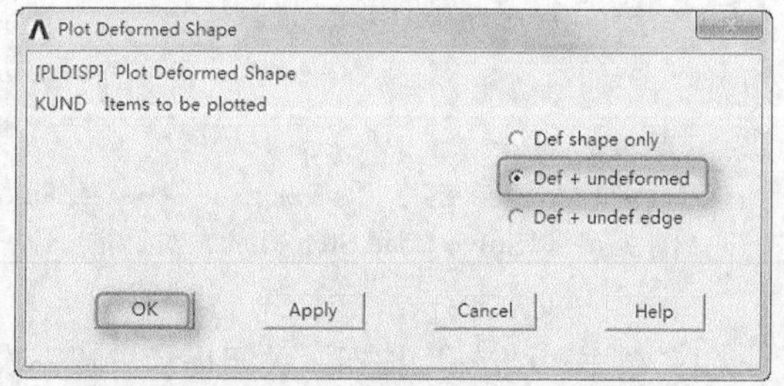

图 7-75 变形显示设置对话框

（6）从菜单中选择“Utility Menu：PlotCtrls > Save Plot Ctrls”命令，弹出如图 7-77 所示的“Save Plot Controls”对话框。在文本框中输入“pldisp.gsa”，然后单击“OK”按钮。

（7）单击菜单栏中“PlotCtrls > View Settings > Angle of Rotation”命令，打开“Angle of Rotation”对话框。在“Angle in degrees”文本框中输入“120”，在“Relative/absolute”下拉列表框中选择“Relative angle”选项，在 Axis of rotation 下拉列表框中选择“Global Cartes Y”选项，其余选项采用系统默认设置，单击“OK”按钮，关闭该对话框。

（8）从主菜单中选择“Main Menu > General Postproc > Plot Results > Contour Plot > Nodal Solu”命令，打开如图 7-78 所示的“Contour Nodal Solution Data”对话框。选择“Stress”和“Stress intensity”选项，单击“OK”按钮。得到的应力强度如图 7-79 所示。

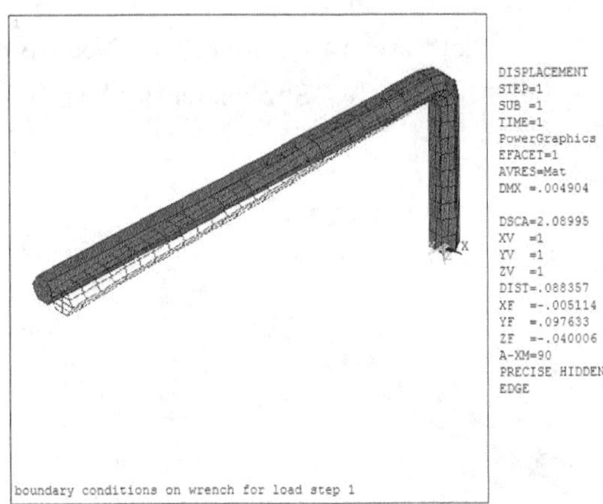

图 7-76　物体变形图

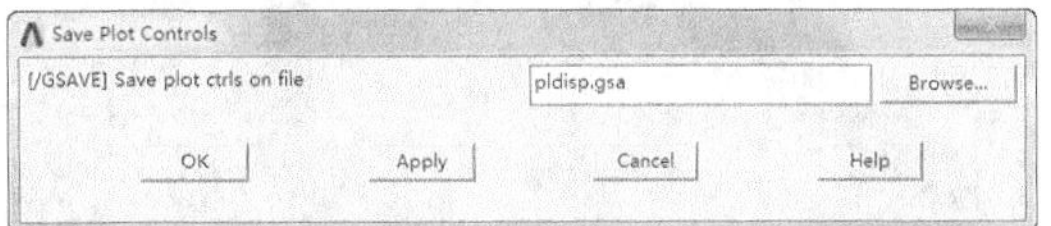

图 7-77　“Save Plot Controls”对话框

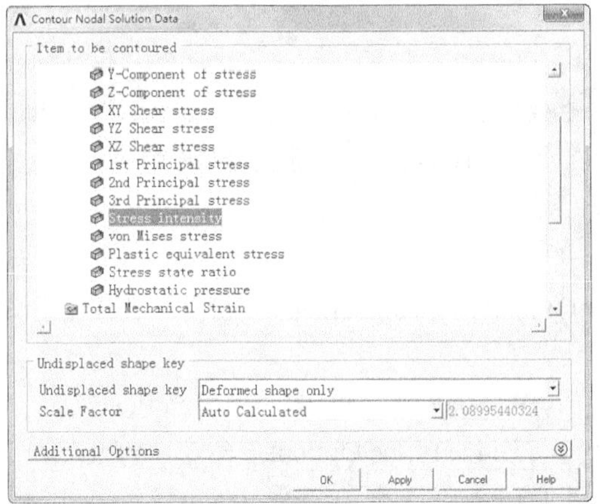

图 7-78　“Contour Nodal Solution Data”对话框

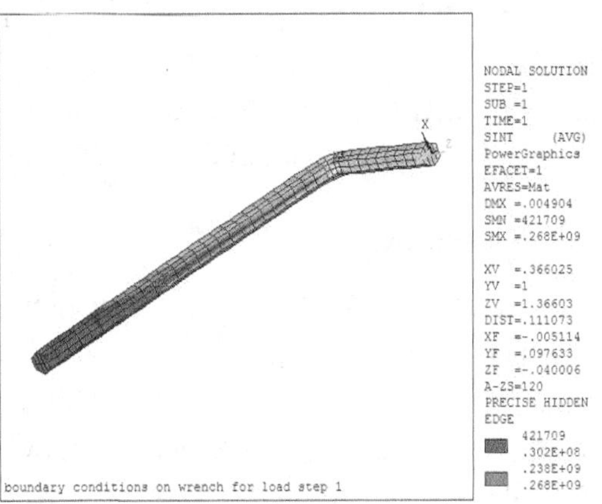

图 7-79　应力强度分布云图

（9）从菜单中选择“Utility Menu：PlotCtrls > Save Plot Ctrls”命令，弹出“Save Plot Controls”对话框。在“Selection box”文本框中输入“plnsol.gsa”，然后单击“OK”按钮。

2. 读取第二载荷步计算结果

（1）从主菜单中选择“Main Menu > General Postproc > Read Results > Next Set”命令，读取第二个载荷步计算结果。

（2）从主菜单中选择“Main Menu > General Postproc > List Results > Reaction Solu”命令，系统弹出“List Reaction Solution”对话框。单击“OK”按钮，接受默认的显示所有选项。列表显示的计算结果如图 7-80 所示。

（3）从菜单中选择“Utility Menu：PlotCtrls

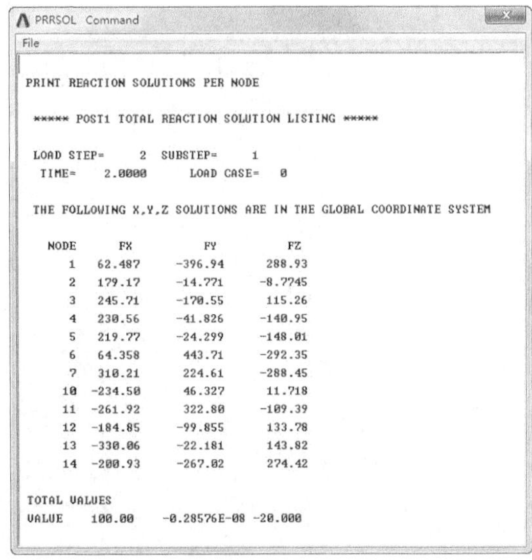
PRRSOL Command

File

PRINT REACTION SOLUTIONS PER NODE

***** POST1 TOTAL REACTION SOLUTION LISTING *****

LOAD STEP= 2 SUBSTEP= 1
TIME= 2.0000 LOAD CASE= 0

THE FOLLOWING X,Y,Z SOLUTIONS ARE IN THE GLOBAL COORDINATE SYSTEM

NODE	FX	FY	FZ
1	62.487	-396.94	288.93
2	179.17	-14.771	-8.7745
3	245.71	-170.55	115.26
4	230.56	-41.826	-140.95
5	219.77	-24.299	-148.01
6	64.358	443.71	-292.35
7	310.21	224.61	-288.45
10	-234.50	46.327	11.718
11	-261.92	322.80	-109.39
12	-184.85	-99.855	133.78
13	-330.06	-22.181	143.82
14	-200.93	-267.02	274.42

TOTAL VALUES
VALUE 100.00 -0.28576E-08 -20.000

图 7-80　节点结果

> Restore Plot Ctrls”命令，弹出“Restore Plot Controls”对话框。在“Selection box”文本框中输入“plnsol.gsa”，然后单击“OK”按钮。得到的物体变形图如图 7-81 所示。

（4）从主菜单中选择“Main Menu > General Postproc > Plot Results > Contour Plot > Nodal Solu”命令，打开“Contour Nodal Solution Data”对话框。选择“Stress”和“Stress intensity”选项，单击“OK”按钮。得到的应力强度如图 7-82 所示。

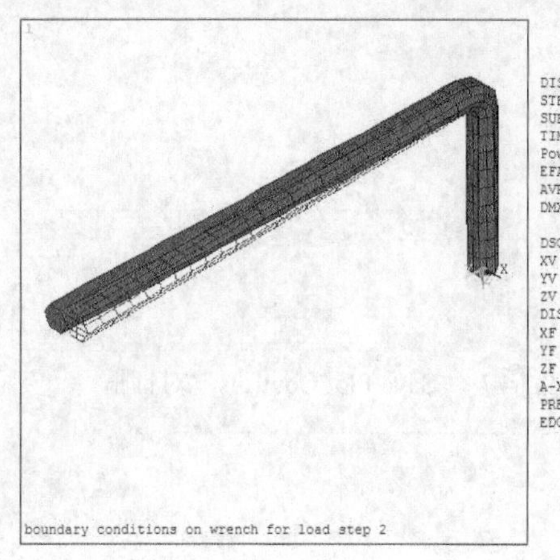

图 7-81　物体变形图

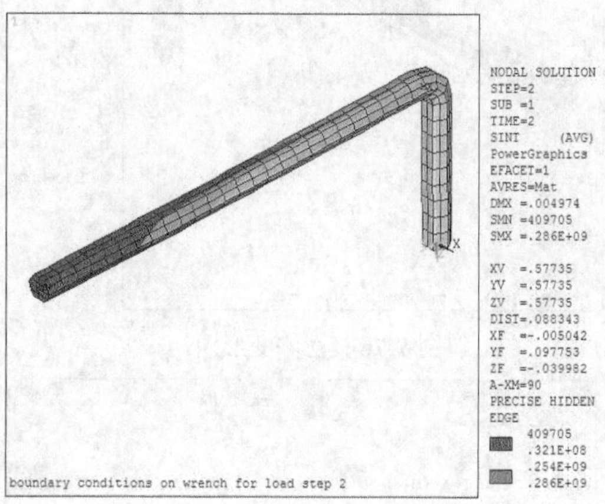

图 7-82　应力强度分布云图

3. 放大横截面

（1）从菜单中选择“Utility Menu：WorkPlane > Offset WP by Increments”命令，打开如图 7-83 所示的“Offset WP”对话框。

（2）在移动栏中，在 X，Y，Z 文本框中输入“0，0，–0.067”，单击“OK”按钮。

（3）从菜单中选择“Utility Menu：PlotCtrls > Style > Hidden Line Options”命令，打开如图 7-84 所示的“Hidden-Line Options”对话框。在“Type of Plot”下拉列表框中选择“Capped hidden”选项，在“Cutting plane is”下拉列表框中选择“Working plane”选项，然后单击“OK”按钮。

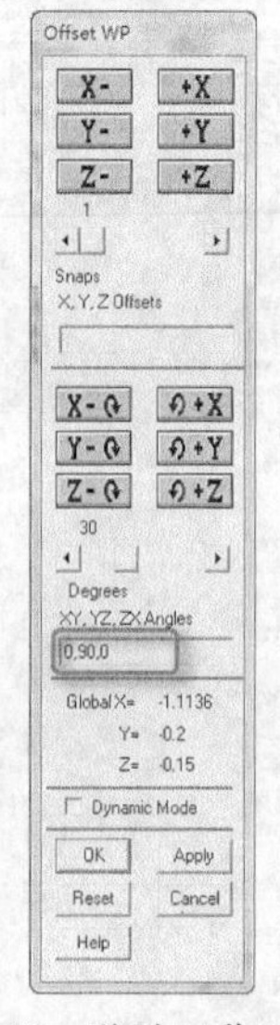

图 7-83　移动工作平面

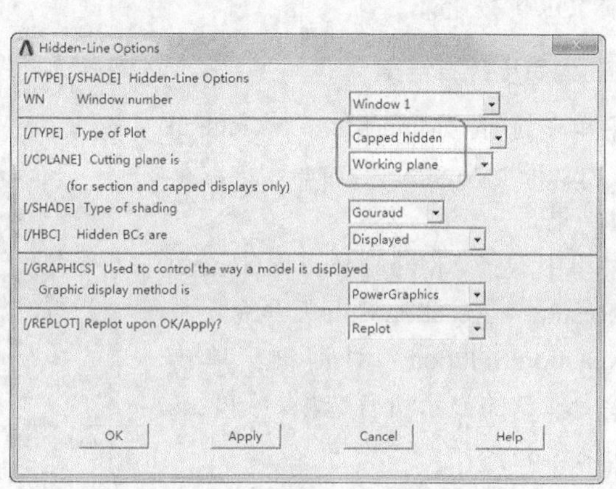

图 7-84　“Hidden-Line Options”对话框

（4）从菜单中选择“Utility Menu：PlotCtrls > Pan-Zoom-Rotate”命令，打开如图 7-85 所示的“Pan-Zoom-Rotate”工具对话框。

（5）单击“WP”按钮，拖曳 Rate 滑动条到“10”，然后多次单击●按钮，直到截面清晰显示。得到的结果如图 7-86 所示。

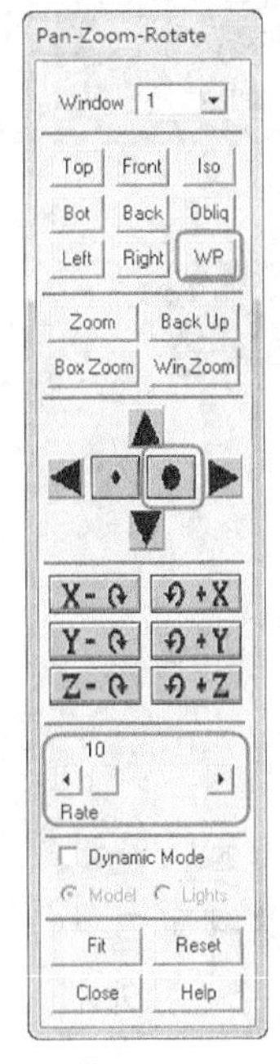

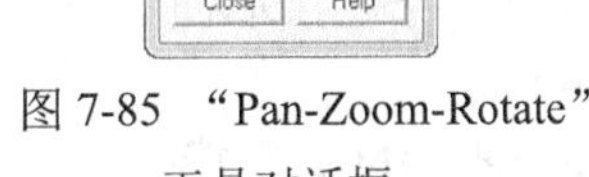
图 7-85　“Pan-Zoom-Rotate”工具对话框

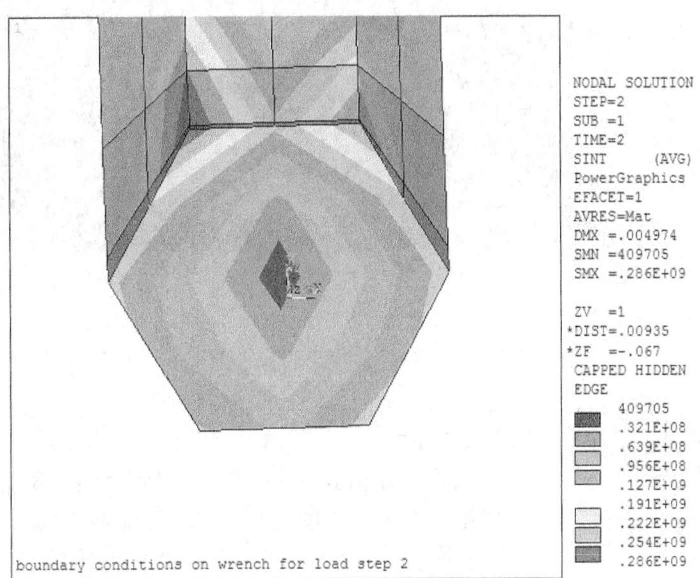

图 7-86　放大截面云图

7.3.5　命令流方式

详见随书配套资源中的“X:\ 命令流 \7.3 综合实例——内六角扳手的静态分析 .txt”电子文档。

7.4　本章小结

通过本章的学习，用户对 ANSYS 软件的结构静力分析功能和概念都有了全新的认知，也可以掌握某些具体问题的分析和求解，但是，只有通过有限元知识进一步学习和许多实例不间断地练习，用户才可以熟练掌握并进而精通 ANSYS 的结构线性静力分析。

第 8 章 模态分析

本章导读

模态分析是所有动力学分析类型的最基础内容。本章介绍了 ANSYS 模态分析的全流程步骤，详细讲解了其中各种参数的设置方法与功能，最后通过模态分析实例对 ANSYS 模态分析功能进行了具体演示。

通过本章的学习，读者可以完整深入地掌握 ANSYS 模态分析的各种功能和应用方法。

8.1　模态分析概论

模态分析是用来确定结构振动特性的一种技术，通过它可以确定自然频率、振型和振型参与系数（即在特定方向上某个振型在多大程度上参与了振动）。

进行模态分析有许多好处：可以使结构设计避免共振或以特定频率进行振动（例如扬声器）；使工程师认识到结构对于不同类型的动力载荷是如何响应的；有助于在其他动力分析中估算求解控制参数（如时间步长）。由于结构的振动特性决定结构对于各种动力载荷的响应情况，所以在准备进行其他动力分析之前首先要进行模态分析。

使用 ANSYS 的模态分析来决定一个结构或者机器部件的振动频率（固有频率和振形）。模态分析也可以是另一个动力学分析的出发点，例如，瞬态动力学分析、谐响应分析或者谱分析等。

用模态分析可以确定一个结构的固有频率和振型。固有频率和振型是承受动态载荷结构设计中的重要参数。如果要进行模态叠加法谐响应分析或瞬态动力学分析，固有频率和振型也是必要的。

可以对有预应力的结构进行模态分析，例如旋转的涡轮叶片。另一个有用的分析功能是循环对称结构模态分析，该功能允许通过只对循环对称结构的一部分进行建模而分析产生整个结构的振型。

ANSYS 产品家族的模态分析是线性分析。任何非线性特性，如塑性和接触（间隙）单元，即使定义了也将被忽略。可选的模态提取方法有 7 种：Block Lanczos（默认），subspace，PowerDynamics，reduced，unsymmetric，Damped, QR damped。Damped 和 QR damped 方法允许结构中包含阻尼。

8.2　模态分析的基本步骤

8.2.1　建立模型

在这一步中要指定项目名和分析标题，然后用前处理器 PREP7 定义单元类型、单元实常数、材料性质以及几何模型。这些工作对大多数分析是相似的，在此不再详细介绍。

需要记住的要点。

（1）模态分析中只有线性行为是有效的，如果指定了非线性单元，它们将被认为是线性的。例如，如果分析中包含了接触单元，则系统取其初始状态的刚度值并且不再改变此刚度值。

（2）必须指定弹性模量 EX（或某种形式的刚度）和密度 DENS（或某种形式的质量）。材料性质可以是线性的或非线性的，各向同性或正交各向异性的，恒定的或与温度有关的，非线性特性将被忽略。必须对某些指定的单元（COMBIN7、COMBIN14、COMBIN37）进行实常数的定义。

8.2.2　加载及求解

在这一步中要定义分析类型和分析选项，施加载荷，指定加载阶段选项，并进行固有频率的有限元求解，在得到初始解后，应该对模态进行扩展以供查看。扩展模态在下一步的“扩展模态”中详细介绍。

1. 进入 ANSYS 求解器

命令：/SOLU。
GUI：Main Menu > Solution。

2. 指定分析类型和分析选项

ANSYS 提供的用于模态分析的选项如表 8-1 所示。

表 8-1 分析类型和分析选项

选项	命令	GUI 路径
New Analysis	ANTYPE	Main Menu > Solution > Analysis Type > New Analysis
Analysis Type: Modal (see Note below)	ANTYPE	Main Menu > Solution > Analysis Type > New Analysis > Modal
Mode Extraction Method	MODOPT	Main Menu > Solution > Analysis Type > Analysis Options
Number of Modes to Extract	MODOPT	Main Menu > Solution > Analysis Type > Analysis Options
No. of Modes to Expand (see Note below)	MXPAND	Main Menu > Solution > Analysis Type > Analysis Options
Mass Matrix Formulation	LUMPM	Main Menu > Solution > Analysis Type > Analysis Options
Prestress Effects Calculation	PSTRES	Main Menu > Solution > Analysis Type > Analysis Options

（1）New Analysis [ANTYPE]。选择新的分析类型。

（2）Analysis Type: Modal [ANTYPE]。用此选项指定分析类型为模态分析。

（3）Mode Extraction Method [MODOPT]。可以选择不同的模态提取方法，其对应菜单如图 8-1 所示。

（4）Number of Modes to Extract [MODOPT]。指定模态提取的阶数。

注意

除了 Reduced 法，其他所有的模态提取方法都必须设置具体的模态提取的阶数。

（5）Number of Modes to Expand [MXPAND]。此选项只在采用 Reduced 法、Unsymmetric 法和 Damped 法时要求设置。但如果想得到单元的求解结果，则不论采用何种模态提取方法都需打开“Calculate elem results”项。

（6）Mass Matrix Formulation [LUMPM]。使用该选项可以选定采用默认的质量矩阵形成方式（和单元类型有关）或者集中质量阵近似方式。建议在大多数情况下应采用默认形成方式。但对有些包含“薄膜”结构的问题，如细长梁或非常薄的壳，采用集中质量矩阵近似经常产生较好的结果。另外，采用集中质量阵求解时间短，需要内存少。

（7）Prestress Effects Calculation [PSTRES]。选用该选项可以计算有预应力结构的模态。默认的分析过程不包括预应力，即结构是处于无应力状态的。

（8）其他模态分析选项。完成了模态分析选项（Modal Analysis Option）对话框中的选择后，单击“OK”按钮。一个相应于指定的模态提取方法的对话框将会出现，以选择兰索斯模态提取法（Block Lanczos）为例，将弹出“Block Lanczos Method”对话框，如图 8-2 所示，其中 FREQB Start Freq（initial shift）对应项表示需要提取模态的最小频率，FREQE End Frequency 对应项表示需要提取模态的最大频率，一般按默认选项即可（即不设定最小和最大频率）。

3. 定义主自由度

只有采用 Reduced 模态提取法时需要定义。主自由度（MDOF）是结构动力学行为的特征自

图 8-1　模态分析选项

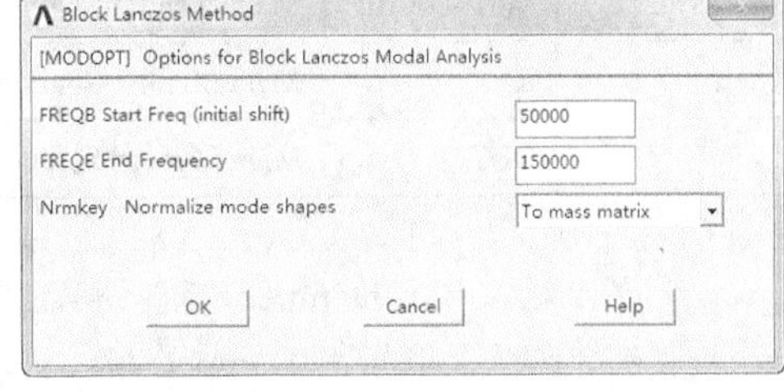

图 8-2　兰索斯（Block Lanczos）模态提取法选项

由度，主自由度的个数至少要是所关心模态数的两倍，这里推荐读者根据自己对结构动力学特性的了解尽可能地多定义主自由度 [命令：M，MGEN]，并且允许 ANSYS 软件根据结构刚度与质量的比值定义一些额外的主自由度 [命令：TOTAL]。读者可以列表显示定义的主自由度 [命令：MLIST]，也可以删除无关的主自由度 [命令：MDELE]，参考 ANSYS 在线帮助的相关章节可获得更详细的说明。

```
命令：M。
GUI：Main Menu > Solution > Master DOFs > user Selected > Define。
```

4. 在模型上加载荷

在典型的模态分析中唯一有效的“载荷”是零位移约束。如果在某个 DOF 处指定了一个非零位移约束，程序将以零位移约束替代该 DOF 处的设置。可以施加除位移约束之外的其他载荷，但它们将被忽略（见下面的说明）。在未加约束的方向上，程序将解算刚体运动（零频）以及高频（非零频）自由体模态。表 8-2 给出了施加位移约束的命令和 GUI 路径。载荷可以加在实体模型（点，线，面）上或加在有限元模型（点和单元）上。

表 8-2　施加位移载荷约束

载荷类型	命令	GUI 路径
Displacement (UX, UY, UZ, ROTX, ROTY, ROTZ)	D	Main Menu > Solution > DefineLoads > Apply > Structural > Displacement

注意　其他类型的载荷（如力、压力、温度、加速度等）可以在模态分析中指定，但模态提取时将被忽略。程序会计算出相应于所有载荷的载荷向量，并将这些矢量写到振型文件“Jobname.MODE”中，以便在模态叠加法谐响应分析或瞬态分析中使用。在分析过程中，可以增加、删除载荷或进行载荷列表、载荷间运算。

5. 指定载荷步选项

模态分析中可用的载荷步选项如表 8-3 所示，表中左边第一列相应说明了各选项的用途。

表 8-3 载荷步选项

选项	命令	GUI 路径
Alpha（质量）阻尼	ALPHAD	Main Menu > Solution > LoadStepOpts > Time/Frequenc > Damping
Beta（刚度）阻尼	BETAD	Main Menu > Solution > LoadStepOpts > Time/Frequenc > Damping
恒定阻尼比	DMPRAT	Main Menu > Solution > LoadStepOpts > Time/Frequenc > Damping
材料阻尼比	MP，DAMP	Main Menu > Solution > LoadStepOpts > Other > Change Mat Props > Polynomial
单元阻尼比	R	Main Menu > Solution > LoadStepOpts > Other > RealConstants > Add/Edit/Delete
输出	OUTPR	Main Menu > Solution > Load StepOpts > Output Ctrls > Solu Printout

注意

阻尼只在用 Damped 模态提取法时有效（在其他模态提取法中阻尼将被忽略）。如果包含阻尼，且采用 Damped 模态提取法，则计算的特征值是复数解。

6. 开始求解计算

```
命令：SOLVE。
GUI：Main Menu > Solution > Solve > Current LS。
```

7. 离开 SOLUTION

```
命令：FINISH。
GUI：Main Menu > Finish。
```

8.2.3 扩展模态

从严格意义上来说，“扩展”这个词意味着将减缩解扩展到完整的 DOF 集上。“减缩解”常用主 DOF 表达。而在模态分析中，我们用“扩展”这个词指将振型写入结果文件。也就是说，“扩展模态”不仅适用于 Reduced 模态提取方法得到的减缩振型，而且也适用于其他模态提取方法得到的完整振型。因此，如果想在后处理器中查看振型，必须先对其进行扩展（也就是将振型写入结果文件）。

注意

模态扩展要求振型文件“Jobname.MODE”，Jobname.EMAT，Jobname.ESAV，以及 Jobname.TRI（如果采用 Reduced 法）必须存在；数据库中必须包含与计算模态时完全相同的分析模型。

扩展模态的具体操作步骤如下。

1. 进入 ANSYS 求解器

```
命令：/SOLU。
GUI：Main Menu > Solution。
```

注意

在扩展处理前，必须明确地离开 SOLUTION（用“FINISH”命令和相应 GUI 路径）并重新进入 (/SOLU)。

2. 激活扩展处理及相关选项

ANSYS 提供的扩展处理选项如表 8-4 所示。

表 8-4 扩展处理选项

选项	命令	GUI 路径
Expansion Pass On/Off	EXPASS	Main Menu > Solution > Analysis Type > Expansion Pass
No. of Modes to Expand	MXPAND	Main Menu > Solution > Load Step Opts > Expansion Pass > Single Expand > Expand Modes
Freq. Range for Expansion	MXPAND	Main Menu > Solution > Load Step Opts > Expansion Pass > Single Expand > Expand Modes
Stress Calc. On/Off	MXPAND	Main Menu > Solution > Load Step Opts > Expansion Pass > Single Expand > Expand Modes

（1）Expansion Pass On/Off [EXPASS]。选择 ON（打开）。

（2）Number of Modes to Expand [MXPAND, NMODE]。指定要扩展的模态数，默认为不进行模态扩展，其对应的对话框如图 8-3 所示。

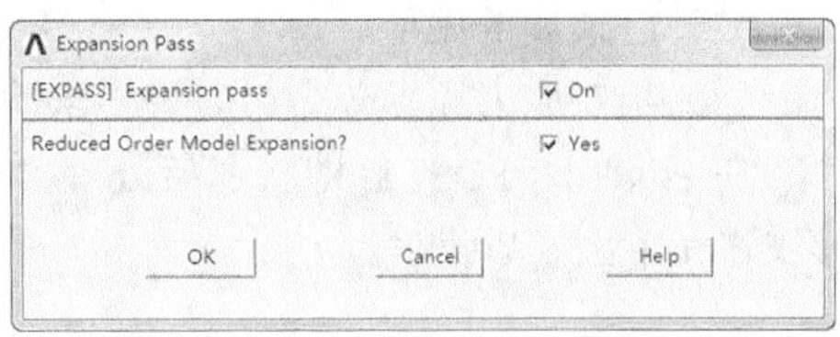

图 8-3 扩展模态选项

注意

只有经过扩展的模态，才可在后处理中进行观察。

（3）Frequency Range for Expansion [MXP AND, FREQB, FREQE]。这是另一种控制要扩展模态数的方法。如果指定了一个频率范围，那么只有该频率范围内的模态会被扩展。

（4）Stress Calculations On/Off [MXP AND, Elcalc]。是否计算应力选项，默认为不计算。

3. 指定载荷步选项

模态扩展处理中唯一有效的选项是输出控制。

（1）Printed Output。

```
命令：OUTPR。
GUI：Main Menu > Solution > Load Step Opts > Output Ctrls > Solu Printout。
```

（2）Database and results file output。此选项用来控制结果文件“Jobname.RST”中包含的数据。OUTRES 中的 FREQ 域只可为 ALL 或 NONE，即要么输出所有模态，要么不输出任何模态的数据。比如，不能输出每隔一阶的模态信息。

```
命令：OUTRES。
GUI：Main Menu > Solution > Load Step Opts > Output Ctrls > DB/Results File。
```

4. 开始扩展处理

扩展处理的输出包括已扩展的振型，而且还可以要求包含各阶模态相对应的应力分布。

```
命令：SOLVE。
GUI：Main Menu > Solution > Current LS。
```

5. 重复扩展处理

如需扩展另外的模态（如不同频率范围的模态），请重复执行步骤 2、3 和 4。每一次扩展处理的结果文件中存储为单步的载荷步。

6. 离开 SOLUTION

命令：FINISH。
GUI：Main Menu > Finish。

8.2.4 观察结果和后处理

模态分析的结果（即扩展模态处理的结果）被写入结构分析结果文件“Jobname. RST”中。分析内容包括如下。

（1）固有频率。

（2）已扩展的振型。

（3）相对应力和力分布（如果要求输出）。

在 POST1 [/POST1] 即普通后处理器中可以观察模态的分析结果。模态分析的一些常用后处理操作将在下面予以描述。

注意

如果在 POST1 中观察结果，则数据库中必须包含和求解相同的模型；结果文件“Jobname.RST”必须存在。

观察结果数据包括如下内容。

（1）读入合适子步的结果数据。每阶模态在结果文件中被存为一个单独的子步。例如，扩展了 6 阶模态，结果文件中将有 6 个子步组成的一个载荷步。

命令：SET，SUBSTEP。
GUI：Main Menu > General Postproc > Read Results > By Load Step > Substep。

（2）执行任何想做的 POST1 操作，常用的模态分析 POST1 操作如下。

Listing All Frequencies：用于列出所有已扩展模态对应的频率。

命令：SET，LIST。
GUI：Main Menu > General Postproc > List Results > Detailed Summary。
命令：PLDISP。
GUI：Main Menu > General Postproc > Plot Results > Deformed Shape。

8.3 综合实例——结构模态分析

扫码看视频

模态分析是用来确定结构的振动特性的一种技术，通过它可以确定自然频率、振型和振型参与系数（即在特定方向上某个振型在多大程度上参与了振动）。模态分析是所有动力学分析类型的最基础内容。

进行模态分析有许多好处：可以使结构设计避免共振或以特定频率进行振动（例如扬声器）；使工程师认识到结构对于不同类型的动力载荷是如何响应的；有助于在其他动力分析中估算求解控制参数（如时间步长）。由于结构的振动特性决定结构对于各种动力载荷的响应情况，所以在准备进行其他动力分析之前首先要进行模态分析。

在 ANSYS 中有以下几种常用的提取模态的方法。

- Block Lanczos 法。
- 子空间法。

- PowerDynamics 法。
- 缩减法。
- 不对称法。
- 阻尼法。

使用何种模态提取方法主要取决于模型大小（相对于计算机的计算能力而言）和具体的应用场合。

本节通过对齿轮进行模态分析，来介绍 ANSYS 的模态分析过程。

8.3.1 分析问题

齿轮结构的工作状态是变化的，即动态的，由于结构的振动特性决定结构对于各种动力载荷的响应情况，所以在准备进行其他动力分析之前首先要进行模态分析。齿轮实体如图 8-4 所示。

- 标准齿轮。
- 齿顶直径：48mm。
- 齿底直径：40mm。
- 齿数：10。
- 厚度：8mm，中间厚：3mm。
- 弹性模量：2.06e11。
- 密度：7.8e3kg/m^3。

图 8-4　齿轮实体

8.3.2 建立模型

建立模型包括设定分析作业名和标题；定义单元类型和实常数；定义材料属性；建立几何模型；划分有限元网格。

1. 设定分析作业名和标题

在进行一个新的有限元分析时，通常需要修改数据库名，并在图形输出窗口中定义一个标题来说明当前进行的工作内容。另外，对于不同的分析范畴（结构分析、热分析、流体分析、电磁场分析等），ANSYS 所用的主菜单的内容不尽相同，为此，需要在分析开始时选定分析内容的范畴，以便 ANSYS 显示出与其相对应的菜单选项。

（1）从应用菜单中选择“Utility Menu：File > Change Jobname”命令，打开“Change Jobname”对话框，如图 8-5 所示。

（2）在“Enter new jobname”文本框中输入文字“Gear2”，为本分析实例的数据库文件名。

（3）单击“OK”按钮，完成文件名的修改。

（4）从应用菜单中选择“Utility Menu：File > Change Title”命令，打开“Change Title”对话框，如图 8-6 所示。

（5）在“Enter new title”文本框中输入文字“analysis of a gear”，为本分析实例的标题名。

（6）单击“OK”按钮，完成对标题名的指定。

（7）从应用菜单中选择“Utility Menu：Plot > Replot”命令，指定的标题“analysis of a gear”将显示在图形窗口的左下角。

（8）从主菜单中选择“Main Menu：Preference”命令，将打开“Preference of GUI Filtering”对话框，勾选“Structural”复选框，单击“OK”按钮确定。

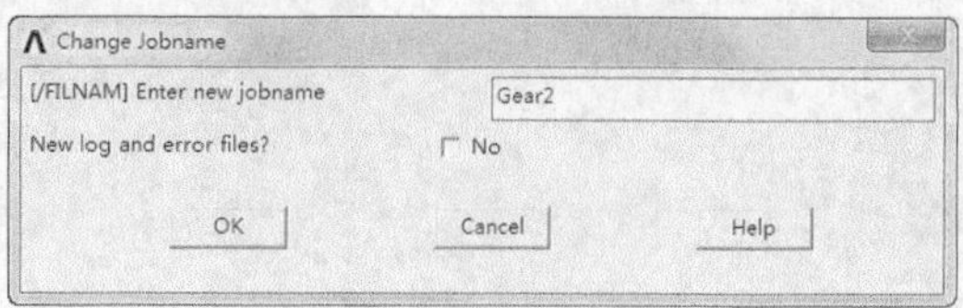

图 8-5　修改文件名对话框

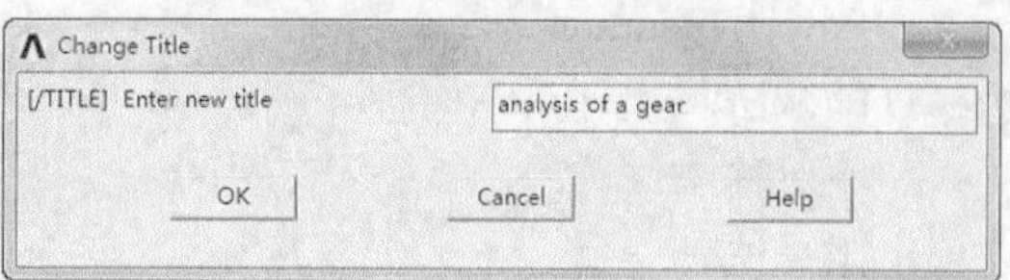

图 8-6　修改标题对话框

2. 定义单元类型

在进行有限元分析时，首先应根据分析问题的几何结构、分析类型和所分析的问题精度要求等，选定适合具体分析的单元类型。本例中选用二十节点体单元 SOLID186。

（1）从主菜单中选择“Main Menu：Preprocessor > Element Types > Add/Edit/Delete”命令，打开“Element Type”对话框。

（2）单击“Add…”按钮，打开“Library of Element Types”对话框，如图 8-7 所示。

（3）在左边的列表框中选择“Solid”选项，选择实体单元类型。

（4）在右边的列表框中选择“20node 186”选项，选择二十节点三维单元“SOLID 186”。

（5）单击“OK”按钮，将“SOLID 186”单元添加进列表框中，并关闭单元类型对话框，同时返回第（1）步打开的单元类型对话框，如图 8-8 所示。

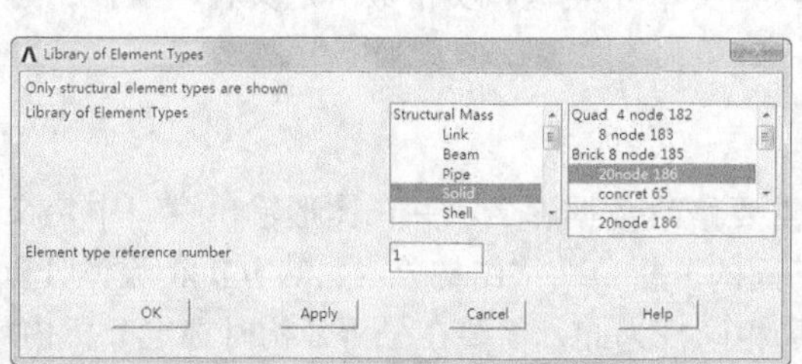

图 8-7　单元类型库对话框

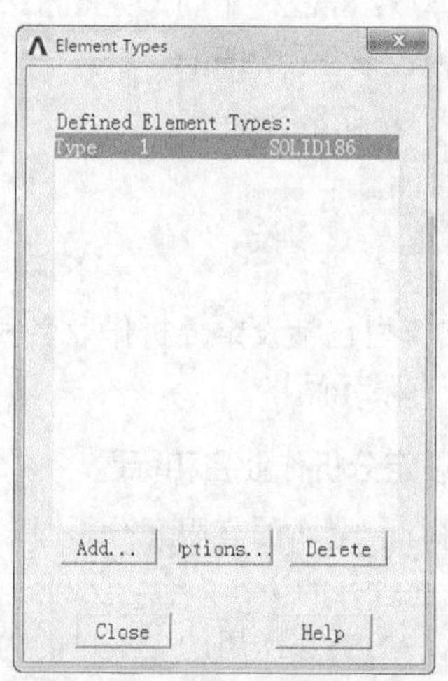

图 8-8　单元类型对话框

（6）单击“Close”按钮，关闭单元类型对话框，结束单元类型的添加。

3. 定义实常数

本实例中选用三维“SOLID 186”单元，不需要设置其厚度实常数。

4. 定义材料属性

考虑惯性力的静力分析中必须定义材料的弹性模量和密度。具体步骤如下。

（1）从主菜单中选择“Main Menu：Preprocessor > Material Props > Materia Model”命令，打开“Define Material Model Behavior”窗口，如图 8-9 所示。

（2）依次单击“Structural > Linear > Elastic > Isotropic”命令，展开材料属性的树形结构。打开 1 号材料的弹性模量 EX 和泊松比 PRXY 的定义对话框，如图 8-10 所示。

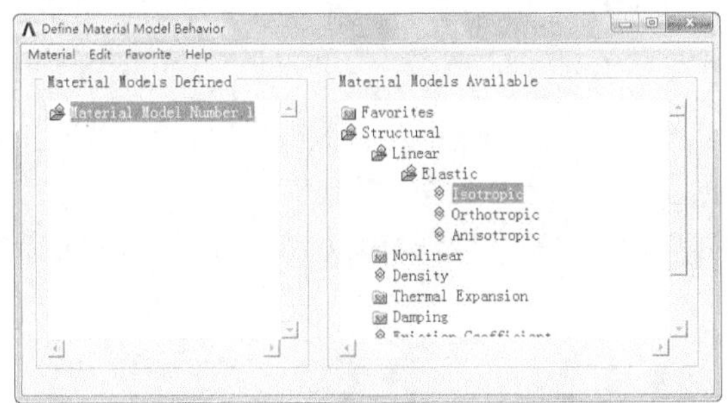

图 8-9　定义材料模型属性窗口

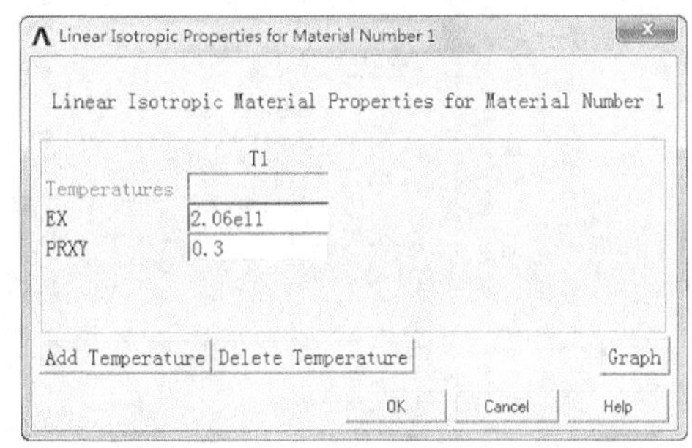

图 8-10　材料的弹性模量和泊松比

（3）在对话框的“EX”文本框中输入弹性模量“2.06e11”，在“PRXY”文本框中输入泊松比“0.3”。

（4）单击“OK”按钮，关闭对话框，并返回定义材料模型属性窗口，在此窗口的左边一栏出现刚刚定义的参考号为 1 的材料属性。

（5）依次单击“Structural > Density”命令，打开定义材料密度对话框，如图 8-11 所示。

（6）在“DENS”文本框中输入密度数值“7.8e3”。

（7）单击“OK”按钮，关闭对话框，并返回定义材料模型属性窗口，在此窗口的左边一栏参考号为 1 的材料属性下方出现密度项。

（8）在“Define Material Model Behavior”窗口中，从菜单选择“Material > Exit”命令，或者单击右上角的 × 按钮，退出定义材料模型属性窗口，完成对材料模型属性的定义。

5. 建立齿轮的三维实体模型

按照前面章节介绍的方法建立齿轮面，如图 8-12 所示，下面将继续建模直至建立三维的齿轮模型。

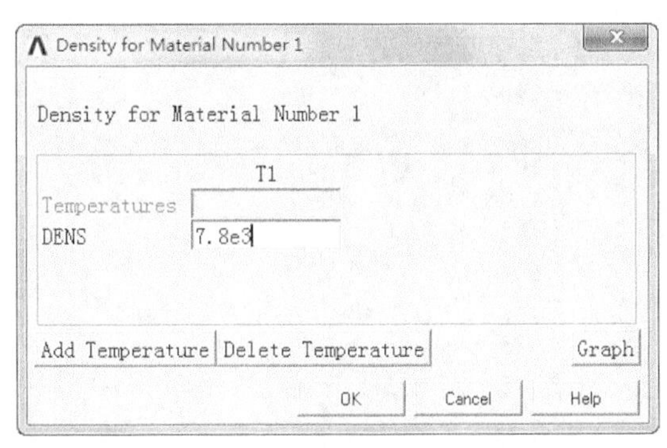

图 8-11　定义材料密度对话框

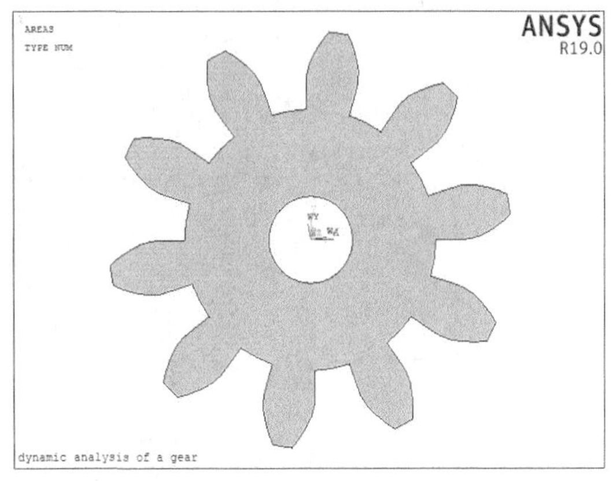

图 8-12　齿轮面模型

（1）用当前定义的面创建一个体。

① 从主菜单中选择“Main Menu：Preprocessor > Modeling > Operate > Extrude > Areas > along Normal”命令。

② 选择创建的面，单击“OK”按钮，如图 8-13 所示。

③ 打开“Extrude Area along Normal”对话框，在“Length of extrusion”文本框中输入“8”，如图 8-14 所示。

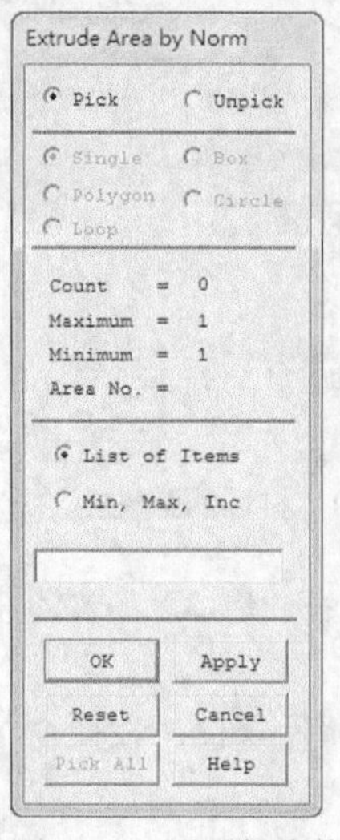

图 8-13　用面创建体

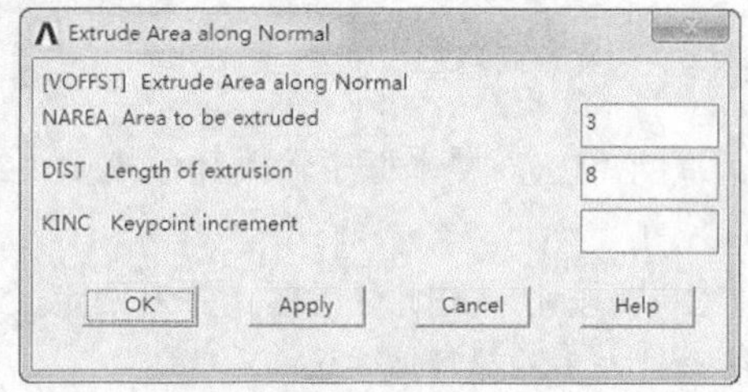

图 8-14　创建体

（2）创建一个圆柱体。

① 从主菜单中选择“Main Menu：Preprocessor > Modeling > Create > Volumes > Cylinder > Solid Cylinder”命令。

② 在“Solid Cylinder”对话框中，在“WP X”后的文本框中输入“0”，“WP Y”后的文本框中输入“0”，“Radius”后的文本框中输入“12”，“Depth”后的文本框中输入“−2.5”，单击“OK”按钮，生成一个圆柱体，如图 8-15 所示。

（3）偏移工作平面。

① 从应用菜单中选择“Utility Menu：WorkPlane > Offset WP to > XYZ Locations +”命令，打开“Offset WP to XYZ Location”对话框。

② 在“Global Cartesian”文本框中输入“0，0，−8”，单击“OK”按钮，如图 8-16 所示。

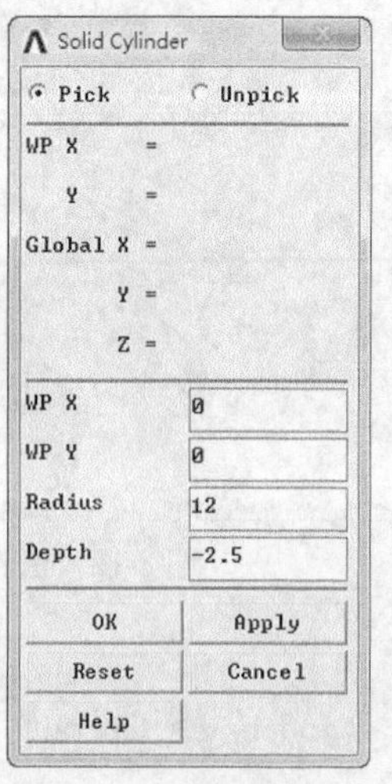

图 8-15　创建圆柱体

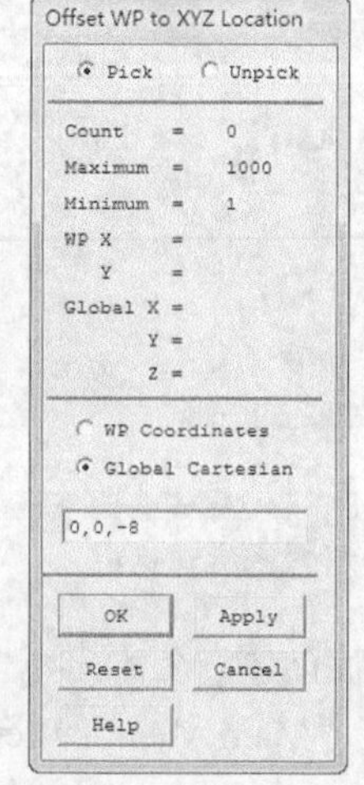

图 8-16　平移工作平面

（4）创建另一个圆柱体。

① 从主菜单中选择“Main Menu：Preprocessor > Create > Volumes > Cylinder > Solid Cylinder”命令。

② 在打开的“Solid Cylinder”对话框中，在“WP X”后的文本框中输入“0”，“WP Y”后的文本框中输入“0”，“Radius”后的文本框中输入“12”，“Depth”后的文本框中输入“2.5”，单击“OK”按钮，生成另一个圆柱体。

（5）将激活的坐标系设置为总体柱坐标系。从应用菜单中选择“Utility Menu：WorkPlane > Change Active CS to > Global Cylindrical”命令。

（6）定义一个关键点。

① 从主菜单中选择“Main Menu：Preprocessor > Modeling > Create > Keypoints > In Active CS”命令，打开“Create Keypoints in Active Coordinate System”对话框。

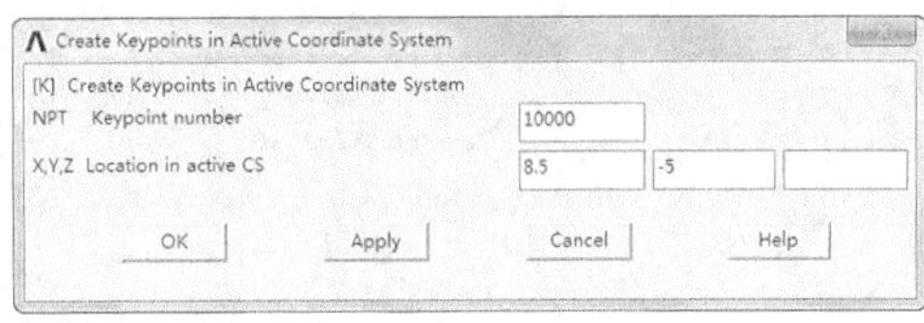

图 8-17 创建关键点

② 在“NPT”一栏中输入“10000”，在文本框中输入“X=8.5，Y=–5”，单击“OK”按钮，如图 8-17 所示。

（7）偏移工作平面到给定位置。

① 从应用菜单中选择“Utility Menu：WorkPlane > Offset WP to > Keypoints +”命令。

② 在 ANSYS 图形窗口选择刚刚建立的关键点，单击“OK”按钮。

（8）将激活的坐标系设置为工作平面坐标系。从应用菜单中选择“Utility Menu：WorkPlane > Change Active CS to > Working Plane”命令。

（9）创建一个圆柱体。

① 从主菜单中选择“Main Menu：Preprocessor > Modeling > Create > Volumes > Cylinder > Solid Cylinder”命令。

② 在“Solid Cylinder”对话框中，在“WP X”后的文本框中输入“0”，“WP Y”后的文本框中输入“0”，“Radius”后的文本框中输入“2”，“Depth”后的文本框中输入“–8”，单击“OK”按钮，生成另一个圆柱体。

（10）从齿轮体中“减”去 3 个圆柱体。

① 从主菜单中选择“Main Menu：Preprocessor > Modeling > Operate > Booleans > Subtract > Volumes”命令。

② 拾取齿轮体，作为布尔“减”操作的母体，单击“Apply”按钮，如图 8-18 所示。

③ 拾取刚刚建立的 3 个圆柱体作为“减”去的对象，单击“OK”按钮。

（11）从应用菜单中选择“Utility Menu：Plot > Volumes”命令，所得结果如图 8-19 所示。

（12）创建一个圆柱体。

① 从主菜单中选择“Main Menu：Preprocessor > Modeling > Create > Volumes > Cylinder > Solid Cylinder”命令。

② 在“Solid Cylinder”对话框中，在“WP X”后的文本框中输入“0”，“WP Y”后的文本框中输入“0”，“Radius”后的文本框中输入“2”，“Depth”后的文本框中输入“–8”，单击“OK”按钮，生成另一个圆柱体。

（13）将激活的坐标系设置为总体柱坐标系。从应用菜单中选择“Utility Menu：WorkPlane > Change Active CS to > Global Cylindrical”命令。

（14）将小圆柱沿周向方向复制。

① 从主菜单中选择“Main Menu：Preprocessor > Modeling > Copy > Volumes”命令。

② 选择刚刚建立的小圆柱，如图 8-20 所示。

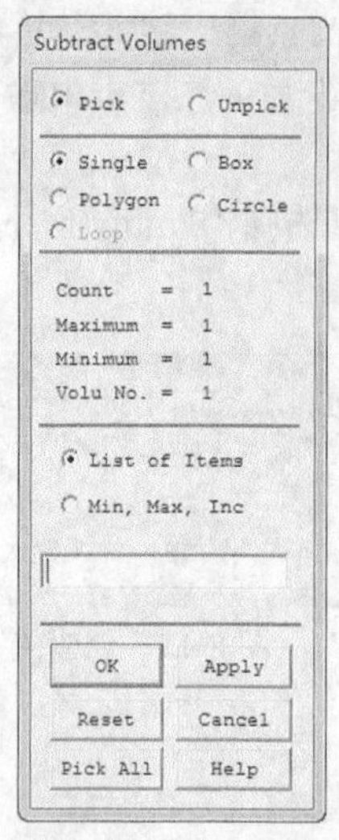

图 8-18　体相“减”

图 8-19　体相减的结果

③ ANSYS 会提示复制的数量和偏移的坐标，在“Number of copies”后的文本框中输入“10”，在“Y-offset in active CS”后的文本框中输入“36”，单击“OK”按钮，如图 8-21 所示。

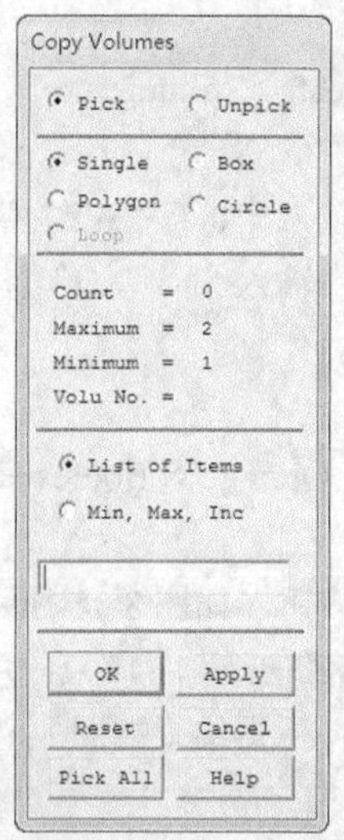

图 8-20　复制体

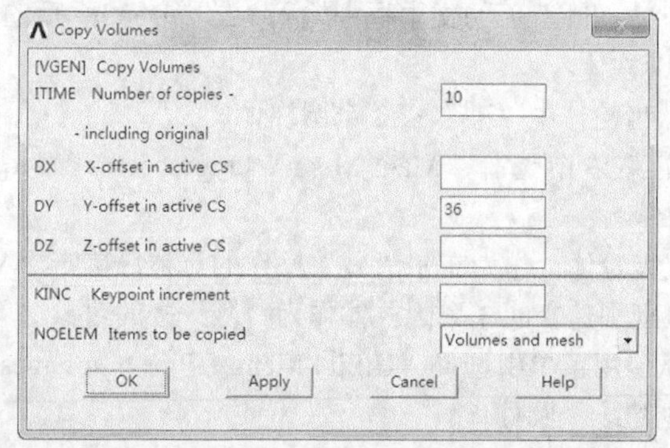

图 8-21　输入复制的数量和坐标

（15）从齿轮体中“减”去 10 个圆柱体。

① 从主菜单（Main Menu）中选择“Preprocessor > Modeling > Operate > Booleans > Subtract > Volumes”命令。

② 拾取齿轮体，作为布尔“减”操作的母体，单击“Apply”按钮。

③ 拾取刚刚建立的 10 个圆柱体作为“减”去的对象，单击“OK”按钮。

（16）从应用菜单中选择“Utility Menu：Plot > Volumes”命令。所得结果如图 8-22 所示。

（17）存储数据库 ANSYS。拾取“SAVE_ DB”按钮。

6. 对齿轮体进行划分网格

本节选用 SOLID 186 单元对盘面划分网格。

（1）从主菜单（Main Menu）中选择“Preprocessor > Meshing > MeshTool”命令，打开“Mesh Tool”对话框，如图 8-23 所示。

图 8-22　最终创建的模型

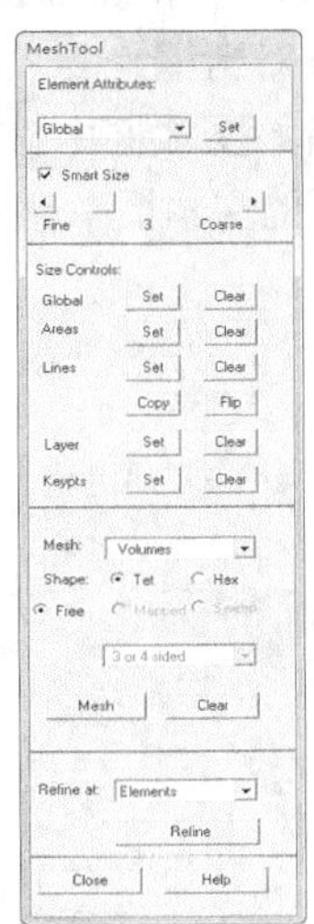

图 8-23　网格划分工具

（2）激活“Smart Size”选项，将滑标设置为“3”，按“Mesh”按钮，这时出现“Mesh Volumes”对话框，单击“Pick All”按钮，如图 8-24 所示。网格划分后的结果如图 8-25 所示。

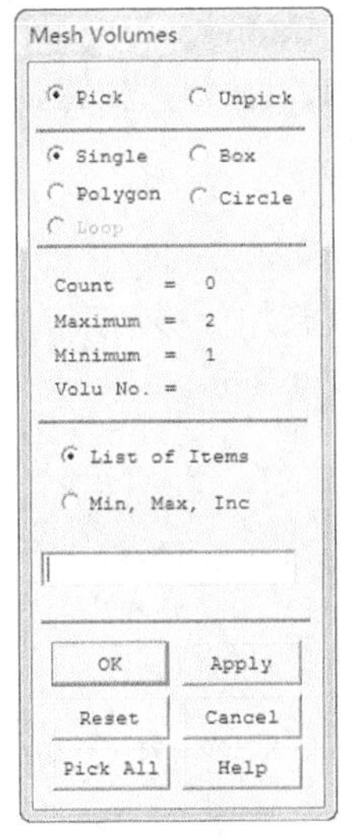

图 8-24　选择分网的体

图 8-25　网格划分的结果

8.3.3　进行模态设置、定义边界条件并求解

在进行模态分析中，建立有限元模型后，就需要进行模态设置、施加边界条件、进行模态扩展设置、进行扩展求解。

1. 进行模态分析设置

（1）从主菜单（Main Menu）中选择“Solution > Analysis Type > New Analysis”命令，打开“New

Analysis”设置对话框，要求选择分析的种类，选择“Modal”单选项，单击“OK”按钮，如图 8-26 所示。

（2）从主菜单中选择“Main Menu：Solution > Analysis Type > Analysis Options”命令，打开“Modal Analysis”设置对话框，要求进行模态分析设置，选择“Block Lanczos”单选项，在“No. of modes to extract”后的文本框中输入“15”，将“Expand mode shapes”设置为“Yes”，在“No. of modes to expand”后的文本框中输入“15”，单击“OK”按钮，如图 8-27 所示。

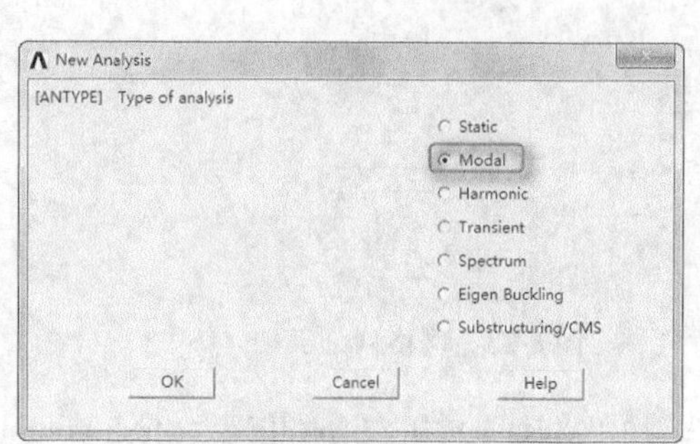

图 8-26　选择模态分析

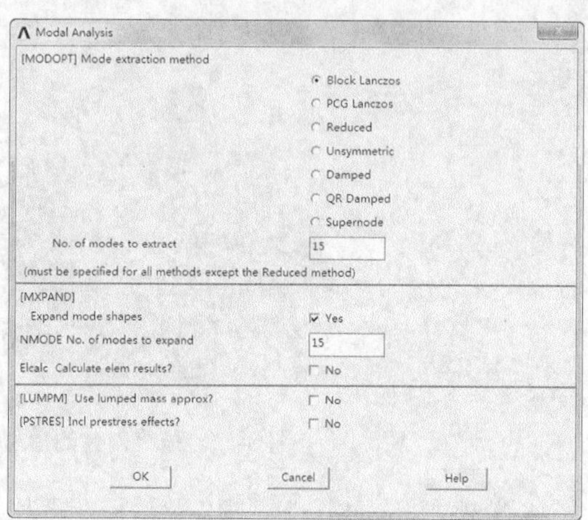

图 8-27　选择模态分析方法

（3）打开“Block Lanczos Method”对话框，在“Start Freq (initial shift)”后的文本框中输入“0”，在“End Frequency”后的文本框中输入“100000”，单击“OK”按钮，如图 8-28 所示。

2. 施加边界条件

（1）从主菜单（Main Menu）中选择“Solution > Define Loads > Apply > Structural > Displacement > on Keypoints”命令，打开关键点选择对话框，要求选择欲施加位移约束的关键点，选择内径上的一个关键点，如 405 号关键点，单击“OK”按钮，如图 8-29 所示。

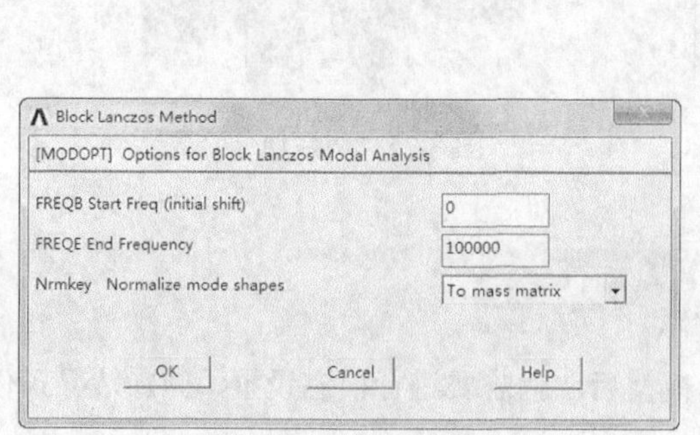

图 8-28　选择频率范围

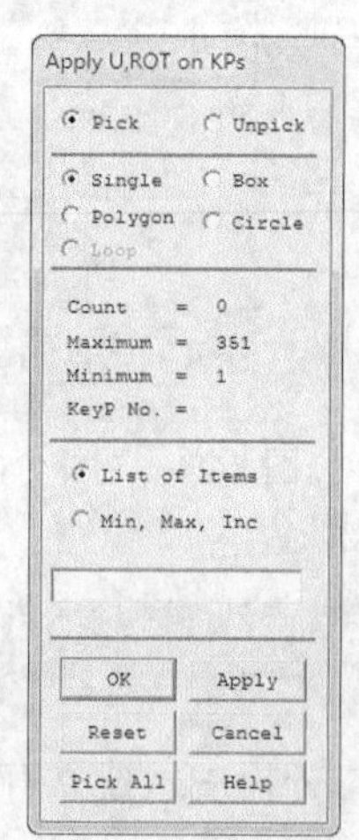

图 8-29　选择关键点

（2）打开约束种类的对话框，在列表框中选择“All DOF”选项，单击“OK”按钮，如图 8-30

所示。

3. 进行求解

（1）从主菜单中选择“Main Menu：Solution > Solve > Current LS”命令，打开一个确认对话框和状态列表，如图 8-31 所示，要求查看列出的求解选项。

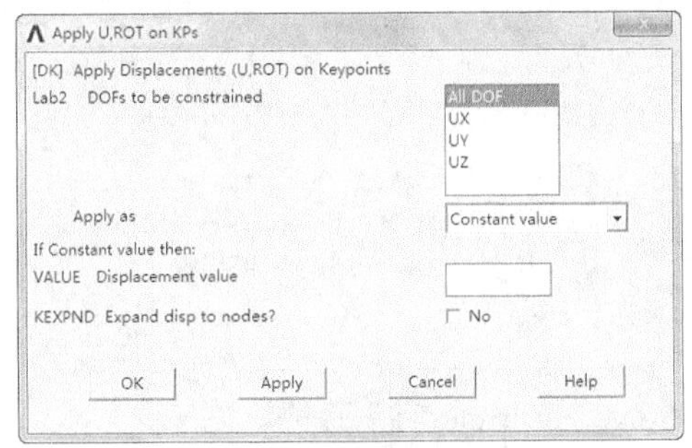

图 8-30　选择约束的种类

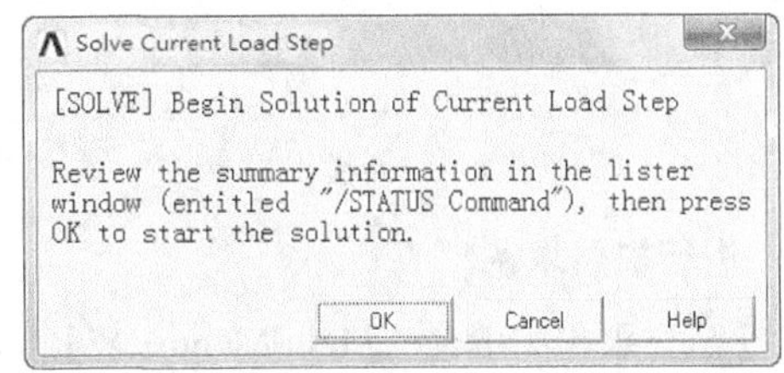

图 8-31　求解当前载荷步确认对话框

（2）查看列表中的信息确认无误后，单击“OK”按钮，开始求解。

（3）ANSYS 会显示求解过程中的状态，如图 8-32 所示。

（4）求解完成后打开如图 8-33 所示的提示求解结束对话框。

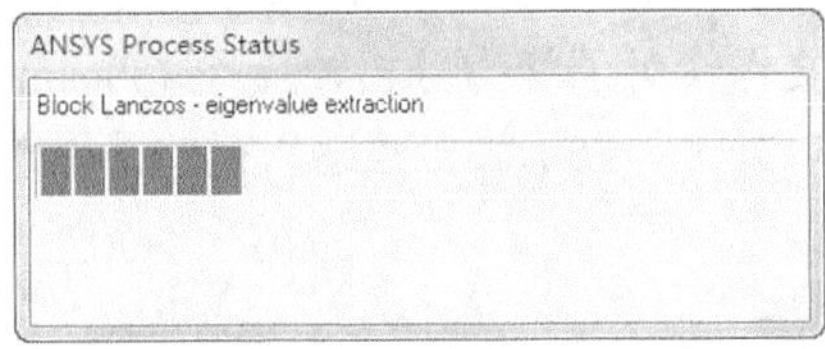

图 8-32　求解状态

图 8-33　提示求解完成

（5）单击“Close”按钮，关闭提示求解结束对话框。

（6）从主菜单中选择“Main Menu：Finish”命令。

4. 进行模态扩展设置

（1）重新进入求解器，从主菜单中选择“Main Menu：Solution > Load Step Opts > ExpansionPass > Single Expand > Expand modes”命令，打开“Expand Modes”设置对话框，要求进行模态扩展设置，在“No. of modes to expand”后的文本框中输入“15”，在“Frequency range”后的文本框中输入“0”“100000”，将“Calculate elem results”设为“Yes”，单击“OK”按钮，如图 8-34 所示。

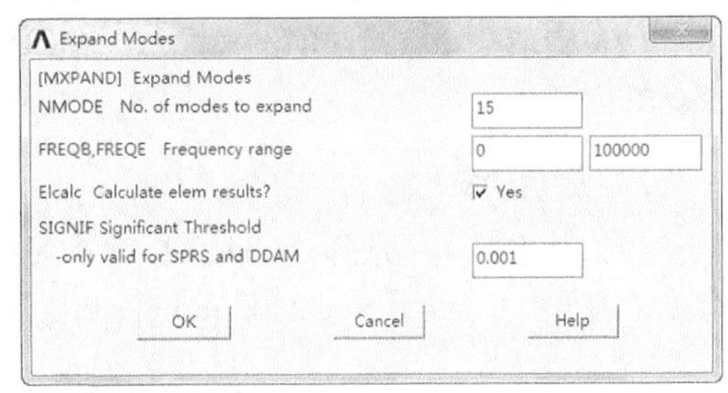

图 8-34　设置频率范围

（2）从主菜单中选择“Main Menu：Solution > Load Step Opts > Output Ctrls > DB/Results Files”命令，打开数据输出设置对话框，在“Item to be controlled”列表框中选择“All Items”选项，在“File write frequency”单选列表中选择“Every substep”单选项，单击“OK”按钮，如图 8-35 所示。

（3）从主菜单中选择“Main Menu：Solution > Load Step Opts > Output Ctrls > Solu Printout”命令，打开结果输出设置对话框，在“Item for printout Control”列表框中选择“All Item”选项，在“Print Frequency”单选列表中选择“Every substep”单选项，单击“OK”按钮，如图 8-36 所示。

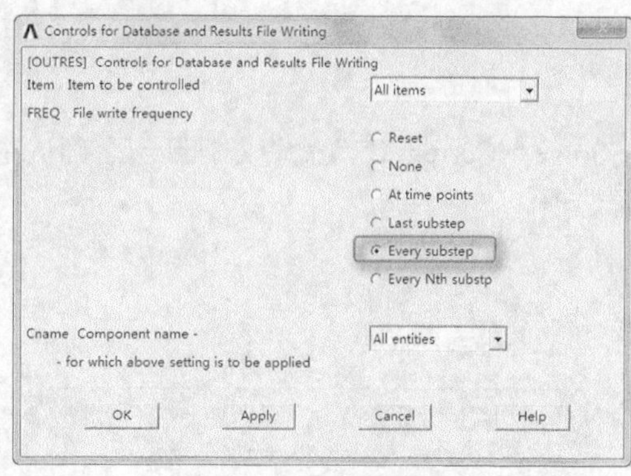

图 8-35 数据输出设置

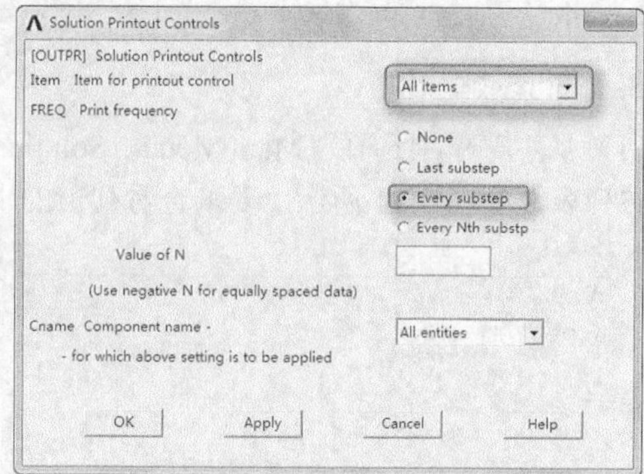

图 8-36 结果输出设置

5. 进行扩展求解

（1）从主菜单中选择“Main Menu：Solution > Solve > Current LS”命令。

（2）打开一个确认对话框和状态列表，要求查看列出的求解选项。

（3）查看列表中的信息确认无误后，单击“OK”按钮，开始求解。

（4）求解完成后打开提示求解结束对话框，单击“Close”按钮，关闭提示求解结束对话框。

8.3.4 查看结果

求解完成后，就可以利用 ANSYS 软件生成的结果文件（对于静力分析，就是 Jobname.RST）进行后处理。静力分析中通常通过 POST1 后处理器就可以处理和显示大多数感兴趣的结果数据。

1. 列表显示分析的结果

（1）从主菜单中选择“Main Menu：General Postproc > Results Summary”命令，打开“SET LIST Command”列表显示结果，如图 8-37 所示。

（2）读取一个载荷步的结果，从主菜单中选择“Main Menu：General Postproc > Read Results > Last Set”命令。

2. 查看总变形

（1）从主菜单中选择“Main Menu：General Postproc > Plot Result > Contour Plot > Nodal Solu”命令，打开“Contour Nodal Solution Data（等值线显示节点解数据）”对话框，如图 8-38 所示。

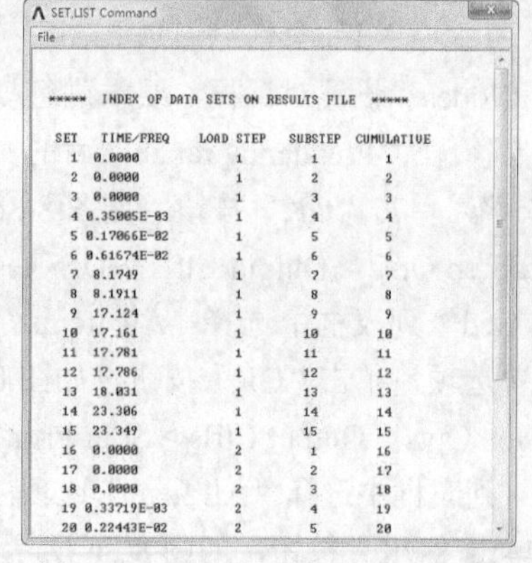

SET,LIST Command

File

***** INDEX OF DATA SETS ON RESULTS FILE *****

SET	TIME/FREQ	LOAD STEP	SUBSTEP	CUMULATIVE
1	0.0000	1	1	1
2	0.0000	1	2	2
3	0.0000	1	3	3
4	0.35005E-03	1	4	4
5	0.17066E-02	1	5	5
6	0.61674E-02	1	6	6
7	8.1749	1	7	7
8	8.1911	1	8	8
9	17.124	1	9	9
10	17.161	1	10	10
11	17.781	1	11	11
12	17.786	1	12	12
13	18.031	1	13	13
14	23.306	1	14	14
15	23.349	1	15	15
16	0.0000	2	1	16
17	0.0000	2	2	17
18	0.0000	2	3	18
19	0.33719E-03	2	4	19
20	0.22443E-02	2	5	20

图 8-37 分析结果的列表显示

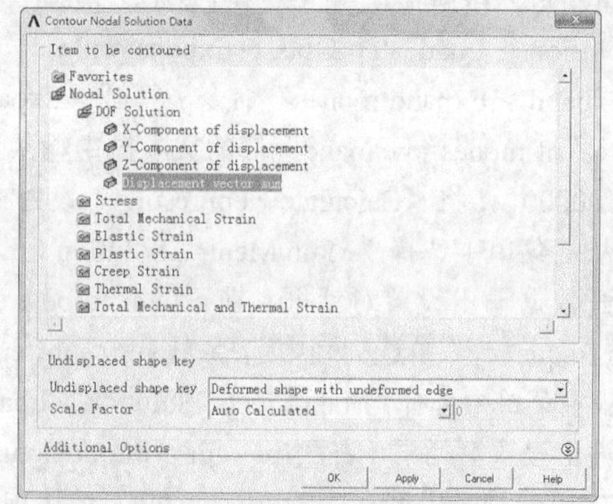

图 8-38 等值线显示节点解数据对话框

（2）在“Item to be contoured（等值线显示结果项）”域中选择“DOF Solution（自由度解）”选项。

（3）在列表框中选择“Displayement vector sum（总位移）”选项。

（4）选择“Deformed shape with undeformed edge（变形后和未变形轮廓线）”选项。

（5）单击“OK”按钮，在图形窗口中显示出变形图，包含变形前的轮廓线，如图 8-39 所示。图中下方的色谱表明不同的颜色对应的数值（带符号）。

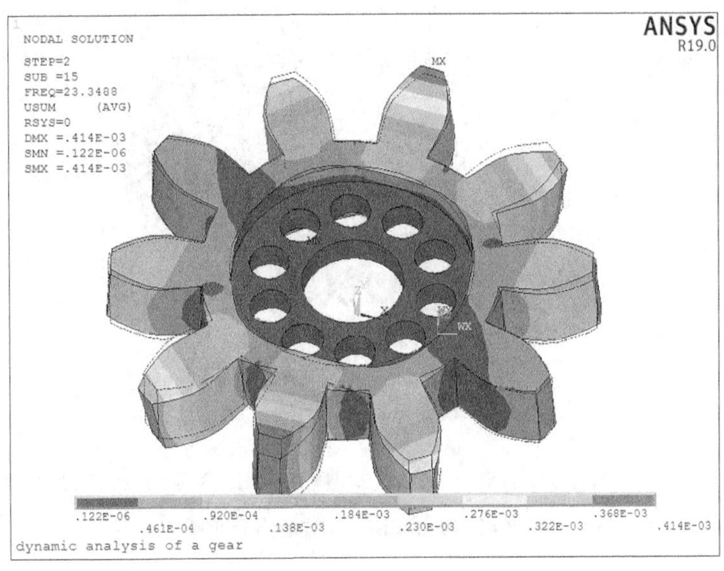

图 8-39　总变形图

3. 查看 von Mises 应力

（1）从主菜单中选择“Main Menu：General Postproc > Plot Results > Contour Plot > Nodal Solu”命令，打开“Contour Nodal Solution Data（等值线显示节点解数据）”对话框，如图 8-40 所示。

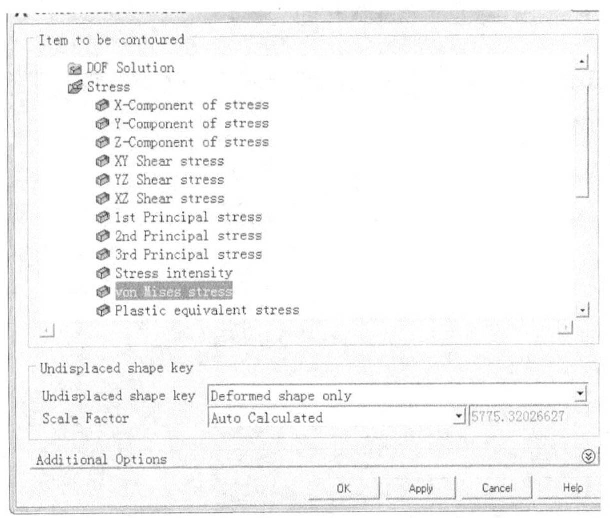

图 8-40　等值线显示节点解数据对话框

（2）在“Item to be contoured”域中选择“Stress”选项。

（3）在列表框中选择“von Mises stress”选项。

（4）选择“Deformed shape only”选项。

（5）单击“OK”按钮，图形窗口中显示出 von Mises 等效应力分布图，如图 8-41 所示。

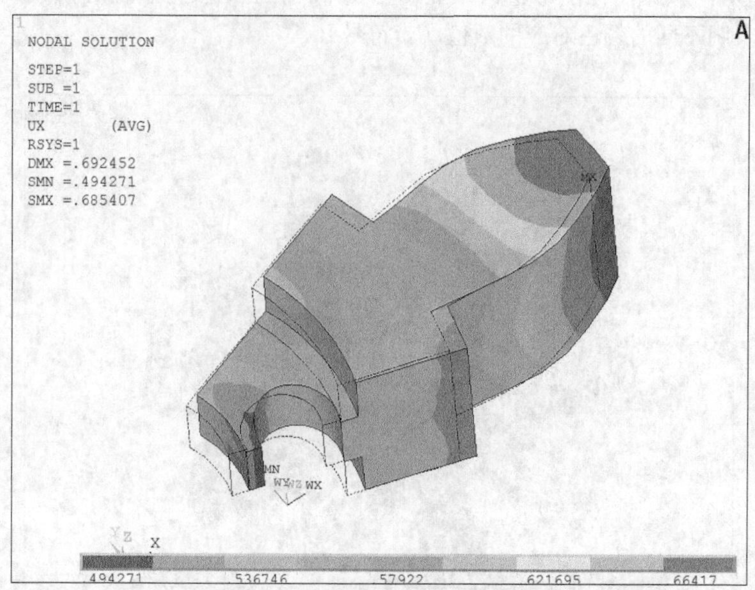

图 8-41　von Mises 等效应力分布图

4. 动画显示模态形状

（1）从应用菜单中选择“Utility Menu：PlotCtrls > Animate > Mode Shape”命令，打开“Animate Mode Shape”对话框。

（2）选择“DOF solution”选项，选择“Translation USUM”选项，单击“OK”按钮，如图 8-42 所示。动画显示如图 8-43 所示。

（3）要停止播放变形动画，单击“Stop”按钮。

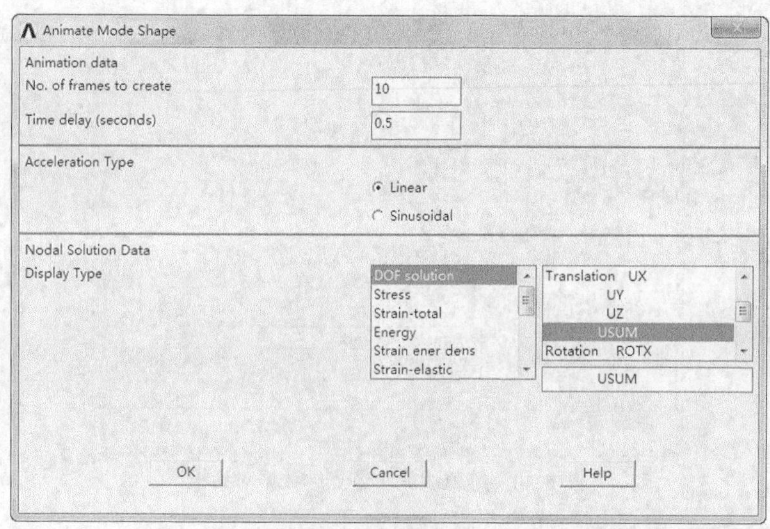

图 8-42　设置动画显示

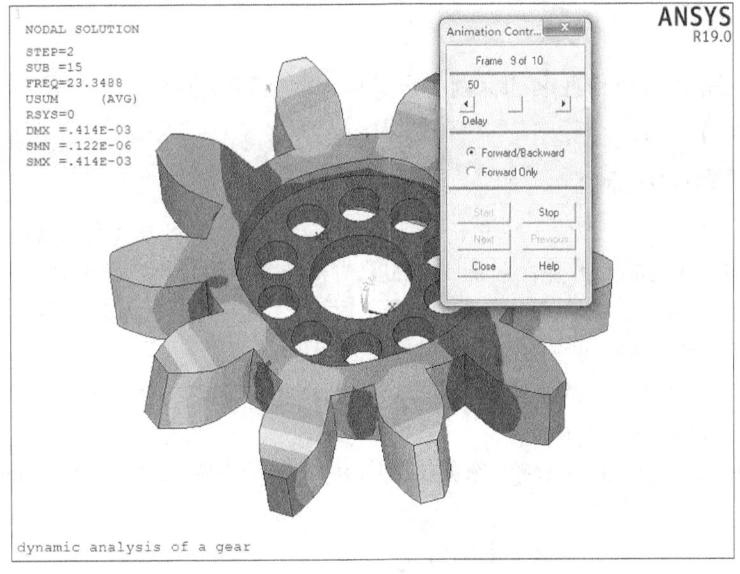

图 8-43　动画显示

8.3.5　命令流实现

详见随书配套资源中的“X:\ 命令流 \8.3 综合实例——结构模态分析 .txt”电子文档。

8.4　综合实例——小发电机转子模态分析

本节通过对小发电机转子进行模态分析，来介绍 ANSYS 的模态分析过程。

8.4.1　分析问题

小发电机驱动主机质量为 m，通过直径为 d 的钢轴驱动。发电机转子的极惯性矩为 J，假设发电机轴固定，质量忽略。几何尺寸及模型如图 8-44 所示。其中材料属性及几何参数见表 8-5。

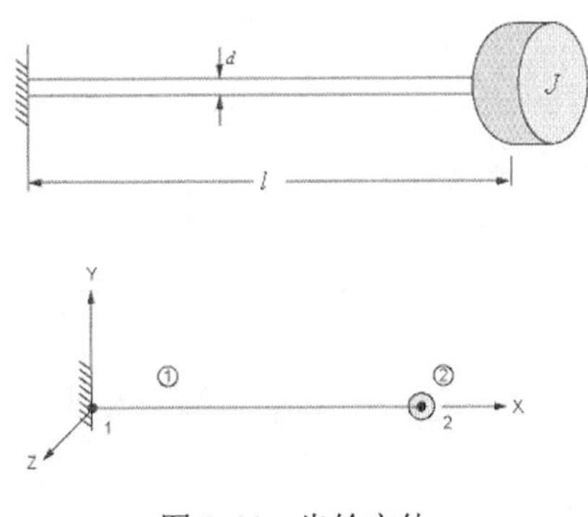

图 8-44　齿轮实体

表 8-5　材料属性及几何参数

材料属性	几何参数
$E = 31.2 \times 10^6$ psi	$d = 0.375$ in
$m = 1$ lb · sec²/in	$e = 9.00$ in
	$J = 0.031$ · lb · in · sec²

8.4.2 建立模型

建立模型包括设定分析作业名和标题；定义单元类型和实常数；定义材料属性；建立几何模型；划分有限元网格。

1. 设定分析作业名和标题

在进行一个新的有限元分析时，通常需要修改数据库名，并在图形输出窗口中定义一个标题来说明当前进行的工作内容。另外，对于不同的分析范畴（结构分析、热分析、流体分析、电磁场分析等），ANSYS 所用的主菜单的内容不尽相同，为此，需要在分析开始时选定分析内容的范畴，以便在 ANSYS 显示出与其相对应的菜单选项。

（1）从应用菜单中选择“Utility Menu：File > Change Jobname”命令，打开“Change Jobname（修改文件名）”对话框，如图 8-45 所示。

（2）在“Enter new jobname（输入新的文件名）”文本框中输入“Motor Generator”，为本分析实例的数据库文件名。

（3）单击“OK”按钮，完成文件名的修改。

（4）从应用菜单中选择“Utility Menu：File > Change Title”命令，打开“Change Title（修改标题）”对话框，如图 8-46 所示。

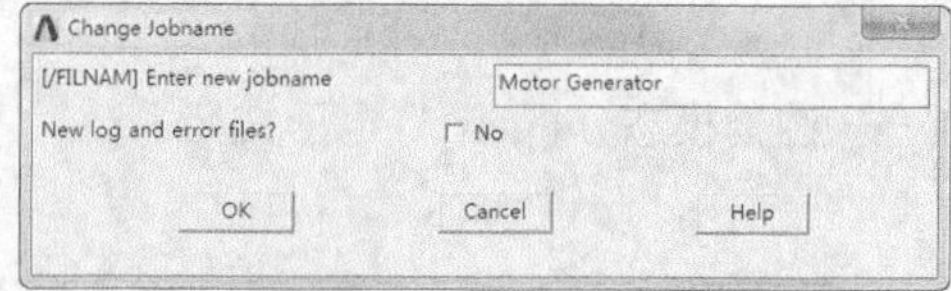

图 8-45　修改文件名对话框

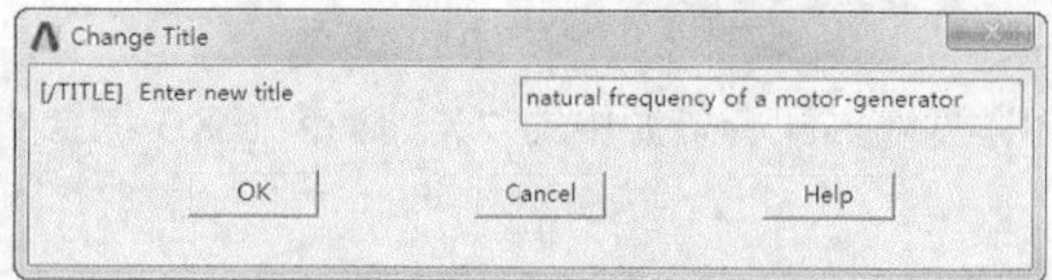

图 8-46　修改标题对话框

（5）在“Enter new title（输入新标题）”文本框中输入“natural frequency of a motor-generator”，为本分析实例的标题名。

（6）单击“OK”按钮，完成对标题名的指定。

（7）从应用菜单中选择“Utility Menu：Plot > Replot”命令，指定的标题“natural frequency of a motor-generator”将显示在图形窗口的左下角。

（8）从主菜单中选择“Main Menu：Preference”命令，打开“Preference of GUI Filtering（菜单过滤参数选择）”对话框，勾选“Structural”复选框，单击“OK”按钮确定。

2. 定义单元类型

在进行有限元分析时，首先应根据分析问题的几何结构、分析类型和所分析的问题精度要求等，选定适合具体分析的单元类型。本例中选用梁单元 SOLID188。

（1）从主菜单中选择“Main Menu：Prepro- cessor > Element Types > Add/Edit/Delete”命令，打开“Element Type（单元类型）”对话框。

（2）单击“Add”按钮，打开“Library of Element Type（单元类型库）”对话框，如图 8-47 所示。

（3）在左边的列表框中选择“Beam”选项，选择梁单元类型。

（4）在右边的列表框中选择“2node 188”

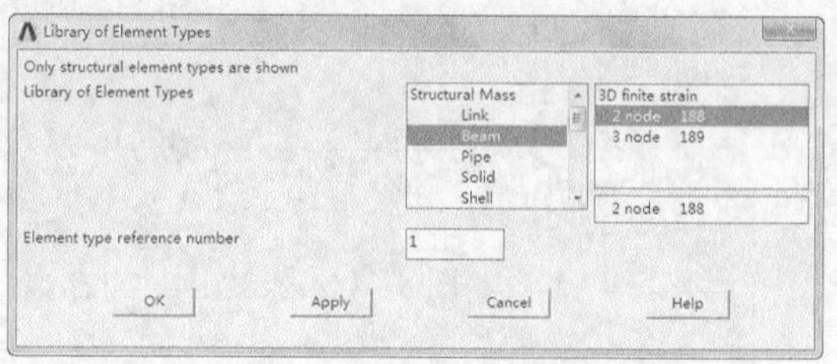

图 8-47　单元类型库对话框

选项，选择二节点梁单元 BEAM 188。

（5）单击“Apply”按钮，将 SOLID 186 单元添加进列表框中，并返回单元类型对话框。

（6）在左边的列表框中选择“Structural Mass”选项。

（7）在右边的列表框中选择“3D mass 21”选项。

（8）单击“OK”按钮，将 MASS 21 单元添加进列表框中，并关闭单元类型对话框，同时返回第（1）步打开的单元类型对话框，如图 8-48 所示。

（9）单击“Close”按钮，关闭单元类型对话框，结束单元类型的添加。

3. 定义截面类型

定义杆件材料性质：选择“Main Menu > Preprocessor > Sections > Beam > Common Section”命令，弹出如图 8-49 所示的“Beam Tool”对话框，在“Sub-Type”下拉列表框中选择●（实心圆管），在“R”中输入半径“0.1875”，在“N”中输入划分段数为“20”，单击“OK”按钮。

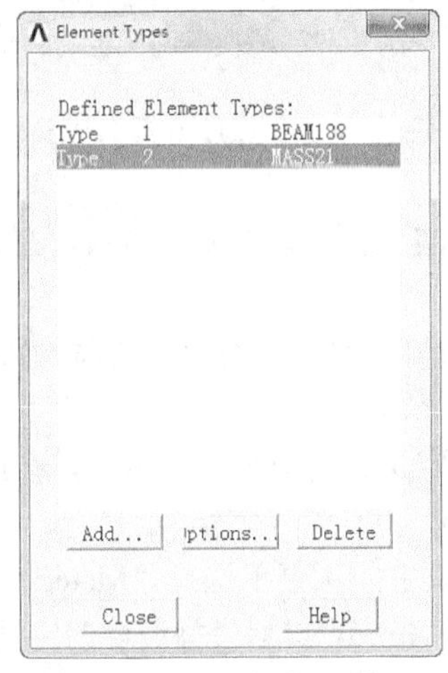

图 8-48　单元类型对话框

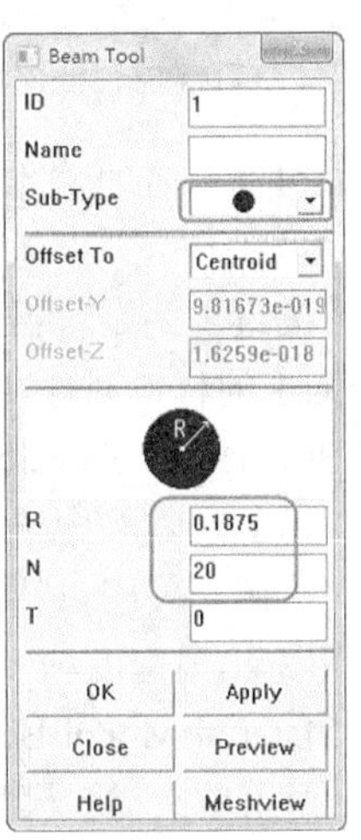

图 8-49　“Beam Tool”对话框

4. 定义实常数

（1）在主菜单中选择“Main Menu> Preprocessor > Real Constants > Add/Edit/ Delete”命令，弹出一个“Real Constants”实常数对话框，

（2）单击“Add”按钮，弹出一个“Element Type”定义实常数单元类型对话框，选择“Type 2 MASS21”选项，单击“OK”按钮，弹出“Real Constant Set Number 2, for MASS 21”为“MASS 21”单元定义实常数对话框，如图 8-50 所示。

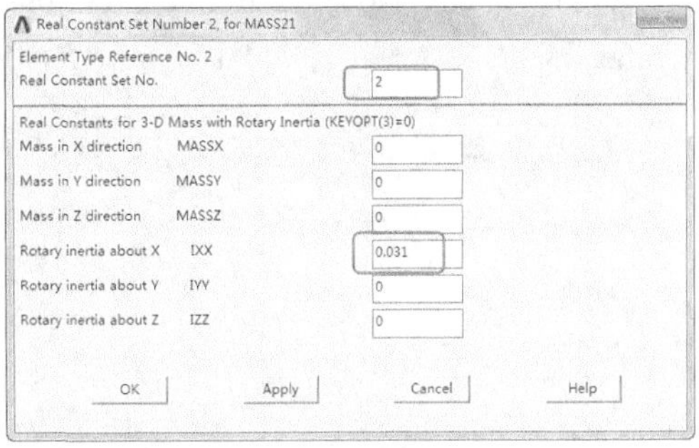

图 8-50　单元定义实常数对话框

（3）在“Real Constant Set No”后面的文本框中输入“2”，在“IXX”后面的文本框中输入“0.031”，单击“OK”按钮，返回“Real Constants”实常数对话框。然后单击“Close”关闭。

5. 定义材料属性

考虑惯性力的静力分析中必须定义材料的弹性模量和密度，具体步骤如下。

（1）从主菜单中选择“Main Menu：Preprocessor > Material Props > Materia Model”命令，打开“Define Material Model Behavior（定义材料模型属性）”窗口，如图 8-51 所示。

（2）依次单击“Structural > Linear > Elastic > Isotropic”命令，展开材料属性的树形结构。打开 1 号材料的弹性模量 EX 和泊松比 PRXY 的定义对话框，如图 8-52 所示。

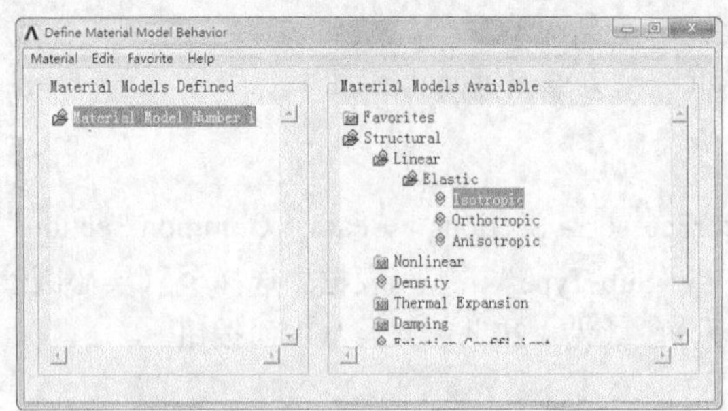

图 8-51　定义材料模型属性窗口

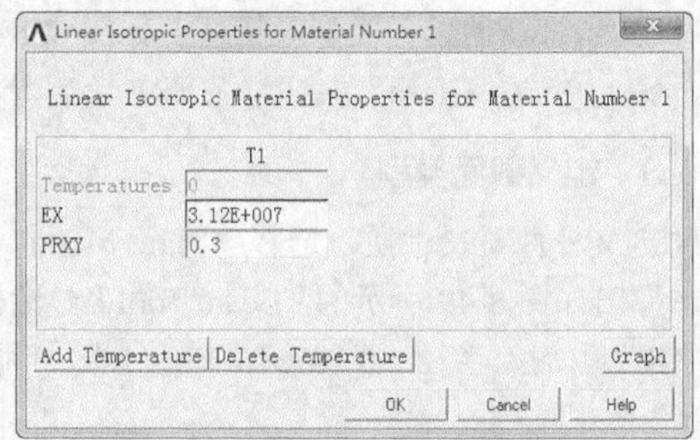

图 8-52　线性各向同性材料的弹性模量和泊松比

（3）在对话框的“EX”后的文本框中输入弹性模量“3.12E+007”，在“PRXY”后的文本框中输入泊松比“0.3”。

（4）单击“OK”按钮，关闭对话框，并返回定义材料模型属性窗口，在此窗口的左边一栏出现刚刚定义的参考号为 1 的材料属性。

（5）依次单击“Structural > Density”命令，打开定义材料密度对话框，如图 8-53 所示。

（6）在“DENS”后的文本框中输入密度数值“7.8e3”。

（7）单击“OK”按钮，关闭对话框，并返回定义材料模型属性窗口，在此窗口的左边一栏参考号为 1 的材料属性下方出现密度项。

（8）在“Define Material Model Behavior”窗口中，从菜单选择“Material > Exit”命令，或单击右上角的 × 按钮，退出定义材料模型属性窗口，完成对材料模型属性的定义。

6. 建立实体模型

（1）单击“ANSYS Main Menu > Prepro cessor > Modeling > Create > Nodes > In Active CS”命令，打开“Create Nodes in Active Coordinate System”对话框，如图 8-54 所示。在“NODE Node number”后的文本框中输入“1”，在“X，Y，Z Location in active CS”后的文本框中输入“0”“0”。

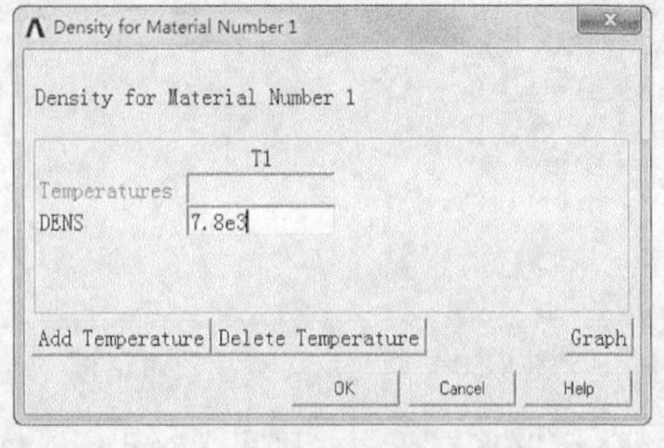

图 8-53　定义材料密度对话框

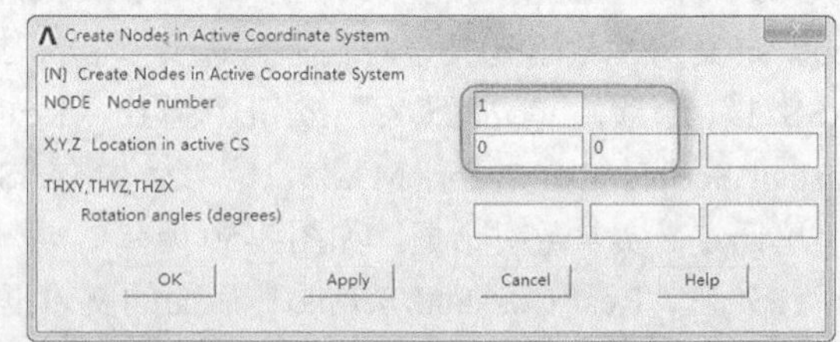

图 8-54　“Create Nodes in Active Coordinate System”对话框

（2）单击“Apply”按钮，再次打开“Create Nodes in Active Coordinate System”对话框。在“NODE Node number”后的文本框中输入“2”，在“X，Y，Z Location in active CS”后的文本框中依次输入“8”“0”，单击“OK”按钮，关闭该对话框。

（3）单击“ANSYS Main Menu > Preprocessor > Modeling > Create > Elements > Auto Numbered > Thru Nodes”命令，打开“Elements from Nodes”对话框，在文本框中输入“1，2”，单击“OK”按钮，关闭该对话框。

（4）单击菜单栏中的“PlotCtrls > Style > Colors > Reverse Video”命令，ANSYS 窗口将变成白色。单击菜单栏中的“Plot > Elements”命令，ANSYS 窗口会显示模型，如图 8-55 所示。

（5）单击 ANSYS“Main Menu → Preprocessor → Modeling → Create → Elements → Elem Attributes”命令，打开“Element Attributes”对话框，如图 8-56 所示。在“[TYPE] Element type number”下拉列表框中选择“2 MASS21”选项，在“[REAL] Real constant set number”下拉列表框中选择“2”，其余选项采用系统默认设置，单击“OK”按钮，关闭该对话框。

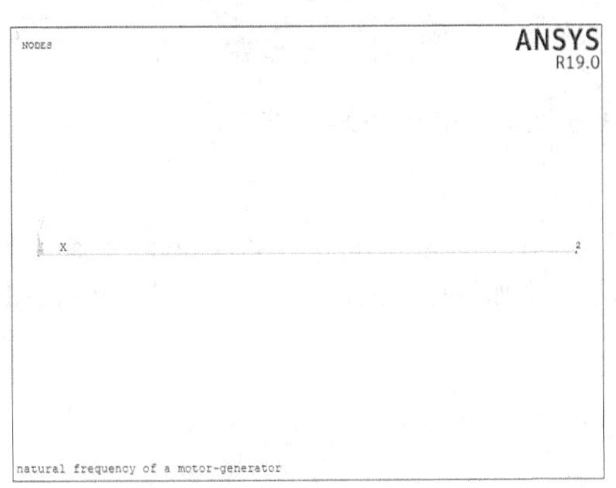

图 8-55　模型

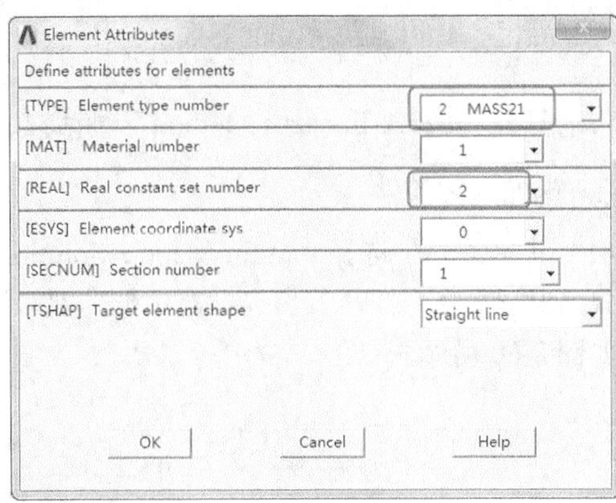

图 8-56　“Element Attributes”对话框

（6）单击“ANSYS Main Menu → Preprocessor → Modeling → Create → Elements → Auto Numbered → Thru Nodes”命令，打开“Elements from Nodes”对话框，在文本框中输入“2”，单击“OK”按钮，关闭该对话框。

（7）存储数据库 ANSYS。拾取“SAVE_DB”按钮存储数据库。

8.4.3　进行模态设置、定义边界条件并求解

在进行模态分析中，建立有限元模型后，就需要进行模态设置、施加边界条件、进行模态扩展设置、进行扩展求解。

1. 设置求解选项

选择“Main Menu > Solution > Load Step Opts > Output Ctrls > Solu Printout”命令，弹出如图 8-57 所示的对话框，在对话框中，在“Item”中选择“Basic quantities”选项，单击“OK”按钮。

2. 进行模态分析设置

（1）从主菜单中选择“Main Menu：Solution > Analysis Type > New Analysis”命令，打开“New Analysis”设置对话框，要求选择分析的种类，选择“Modal”单选项，单击“OK”按钮，如图 8-58 所示。

（2）从主菜单中选择“Main Menu：Solution > Analysis Type > Analysis Options”命令，打开“Modal Analysis”设置对话框，要求进行模态分析设置，选择“Block Lanczos”单选项，在“No. of modes to extract”后的文本框中输入“1”，将“Expand mode shapes”设置为“Yes”，单击“OK”按钮，如图 8-59 所示。

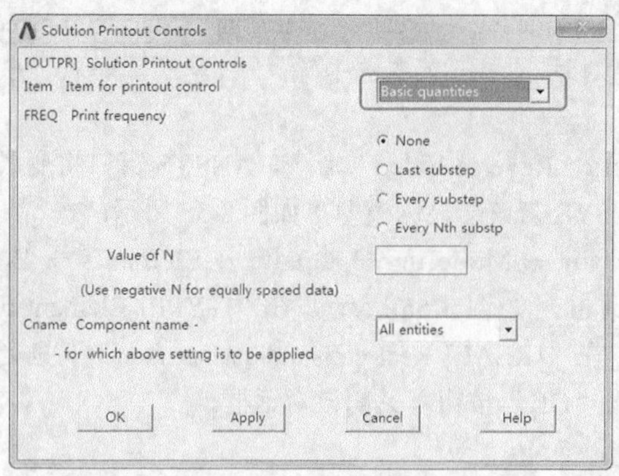

图 8-57 结果输出控制设置对话框

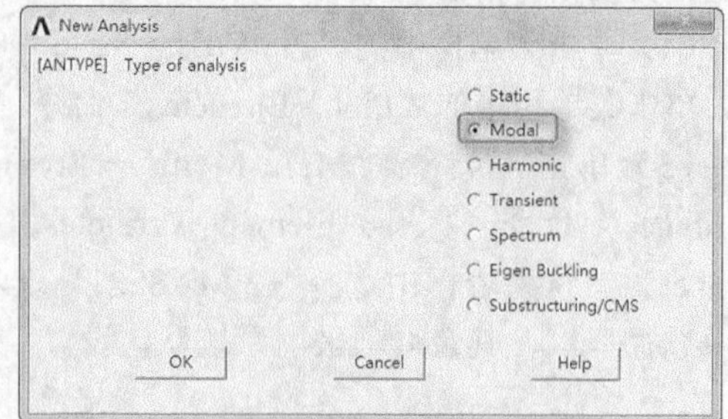

图 8-58 选择模态分析

（3）打开“Block Lanczos Method”对话框，采取默认，单击“OK”按钮。

3. 施加边界条件

（1）从主菜单中选择“Main Menu：Solution > Define Loads > Apply > Structural > Displacement > on Nodes”命令，打开节点选择对话框，要求选择欲施加位移约束的关键点，单击“Pick All”按钮，如图 8-60 所示。

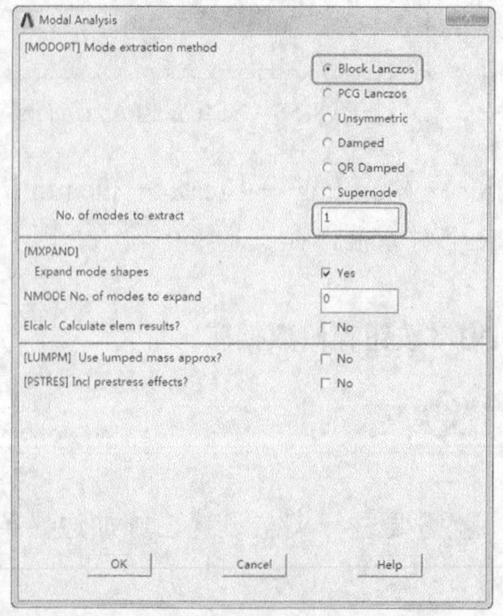

图 8-59 选择模态分析方法

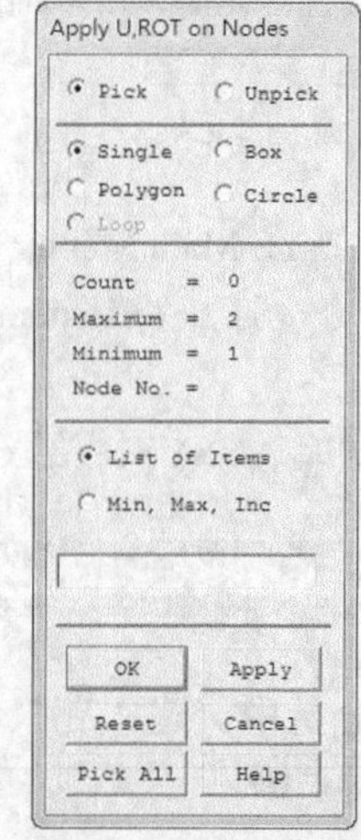

图 8-60 选择关键点

（2）打开约束种类的对话框，在列表框中选择“All DOF”选项，单击“OK”按钮，如图 8-61 所示。

（3）从主菜单中选择“Main Menu：Solution > Define Loads > Delete > Structural > Displacement > on Nodes”命令，打开节点选择对话框，要求选择欲删除位移约束的关键点，选择节点 2，单击“OK”按钮。

（4）打开删除约束种类的对话框，在列表框中选择“ROTX”选项，单击“OK”按钮，如图 8-62 所示。

4. 进行求解

（1）从主菜单中选择“Main Menu：Solution > Solve > Current LS”命令，打开一个确认对话框

和状态列表，如图 8-63 所示，要求查看列出的求解选项。

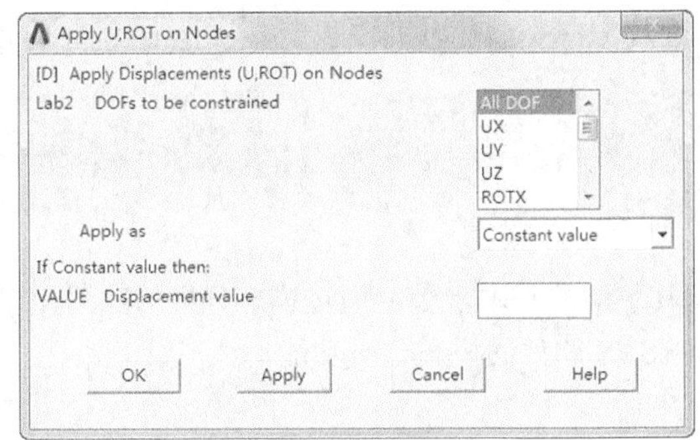

图 8-61　选择约束的种类

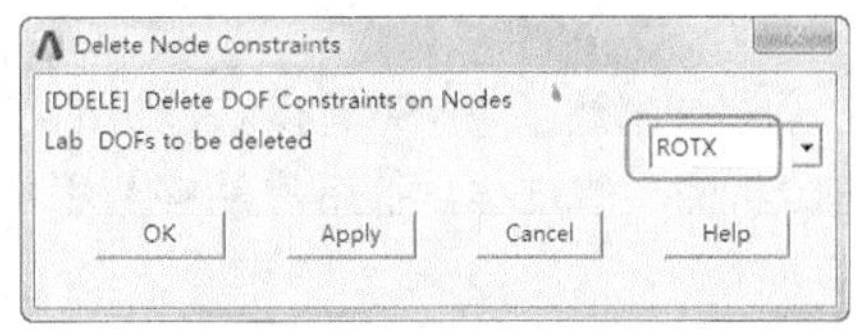

图 8-62　选择删除约束的种类

（2）查看列表中的信息确认无误后，单击“OK”按钮，开始求解。

（3）ANSYS 会显示求解过程中的状态，如图 8-64 所示。

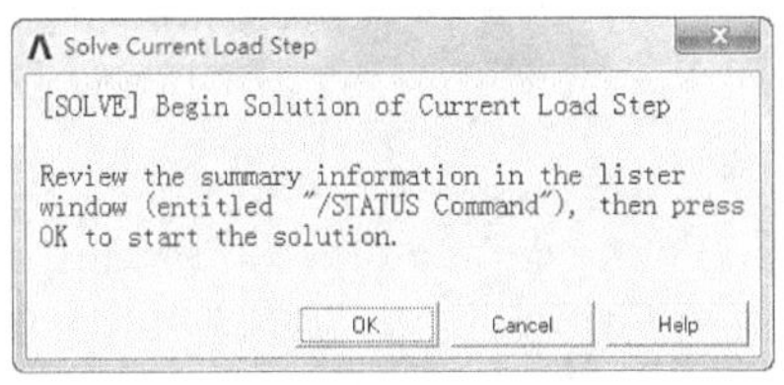

图 8-63　求解当前载荷步确认对话框

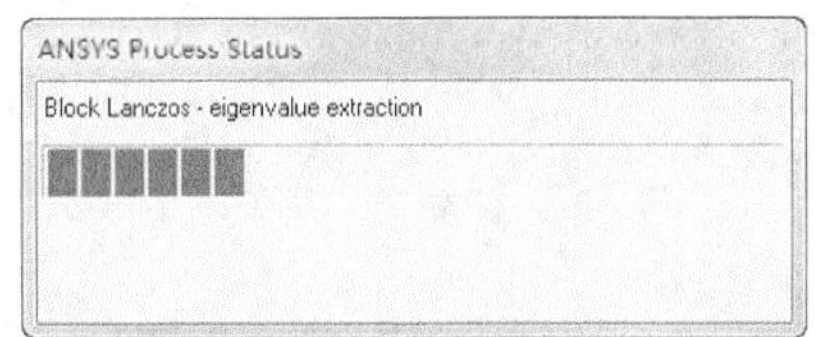

图 8-64　求解状态

（4）求解完成后打开如图 8-65 所示的提示求解结束对话框。

（5）单击“Close”按钮，关闭提示求解结束对话框。

（6）从主菜单中选择“Main Menu : Finish”命令。

8.4.4　查看结果

求解完成后，就可以利用 ANSYS 软件生成的结果文件（对于静力分析，就是 Jobname.RST）进行后处理。静力分析中通常通过 POST1 后处理器处理和显示大多数用户感兴趣的结果数据。

列表显示分析的结果。

（1）读取一个载荷步的结果，从主菜单中选择“Main Menu : General Postproc > Read Results > Last Set”命令。

（2）从主菜单中选择“Main Menu : General Postproc > Results Summary”命令，打开“SET, LIST Command”列表显示结果，如图 8-66 所示。

图 8-65　提示求解完成

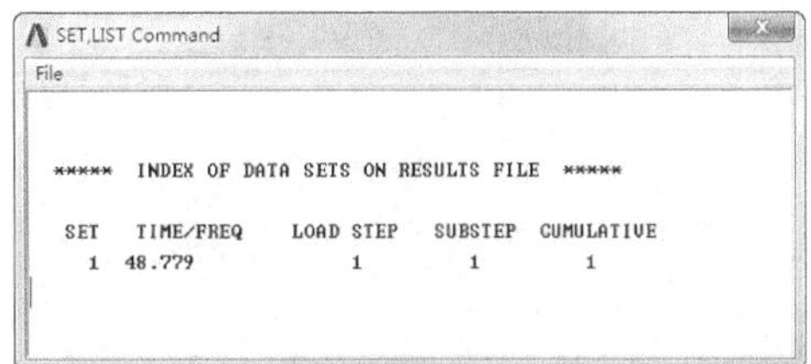

图 8-66　分析结果的列表显示

8.4.5 命令流方式

详见随书配套资源中的“X:\ 命令流 \8.3 综合实例——小发电机转子模态分析 .txt”电子文档。

8.5 本章小结

本章详细阐述了 ANSYS 模态分析的概念及其求解的基本步骤，通过模态分析的实例介绍说明了模态分析的一般过程，使用户能够初步掌握 ANSYS 软件的模态分析功能。

第 9 章 谐响应分析

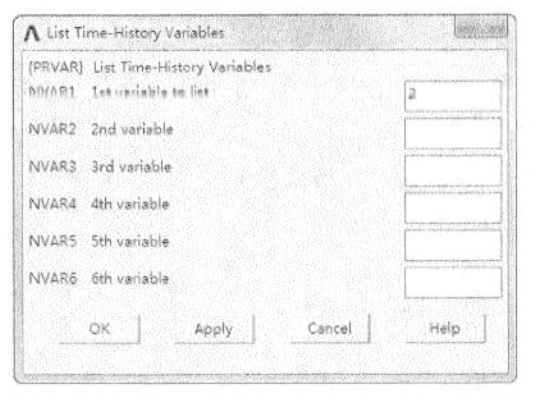

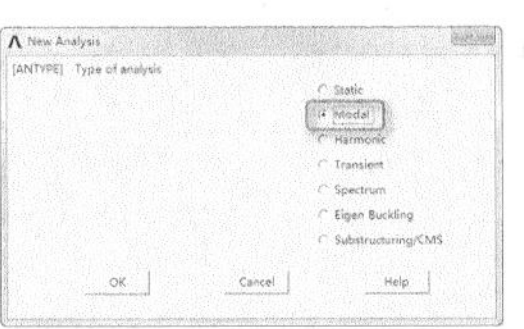

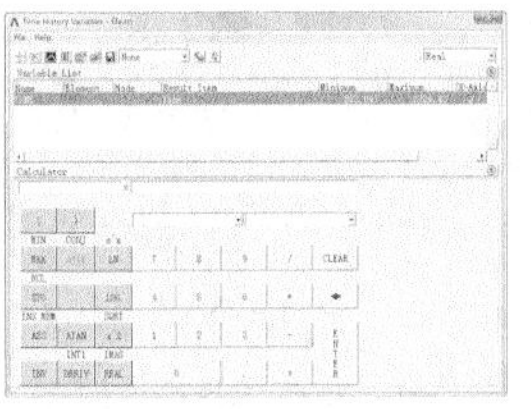

本章导读

谐响应分析是用于确定线性结构在承受随时间按正弦（简谐）规律变化载荷时的稳态响应的一种技术。本章介绍了 ANSYS 谐响应分析的全流程步骤，详细讲解了其中各种参数的设置方法与功能，最后通过吉他琴弦谐响应实例对 ANSYS 谐响应分析功能进行了具体演示。

通过本章的学习，读者可以完整深入地掌握 ANSYS 谐响应分析的各种功能和应用方法。

9.1 谐响应分析概论

谐响应分析是确定一个结构在已知频率的正弦（简谐）载荷作用下结构响应的技术。其输入为已知大小和频率的谐波载荷（力、压力和强迫位移）；或同一频率的多种载荷，可以是相同或不相同的。其输出为每一个自由度上的谐位移，通常和施加的载荷不相同；或其他多种导出量，例如应力和应变等。

谐响应分析用于设计的多个方面，例如：旋转设备（如压缩机、发动机、泵、涡轮机械等）的支座、固定装置和部件；受涡流（流体的漩涡运动）影响的结构，例如涡轮叶片、飞机机翼、桥和塔等。

任何持续的周期载荷将在结构系统中产生持续的周期响应（谐响应）。谐响应分析使设计人员能预测结构的持续动力特性，从而使设计人员能够验证其设计能否成功地克服共振、疲劳及其他受迫振动引起的有害效果。

谐响应分析的目的是计算出结构在几种频率下的响应，并得到一些响应值（通常是位移）对频率的曲线。从这些曲线上可以找到“峰值”响应，并进一步观察峰值频率对应的应力。

这种分析技术只计算结构的稳态受迫振动，发生在激励开始时的瞬态振动不在谐响应分析中考虑，如图 9-1 所示。

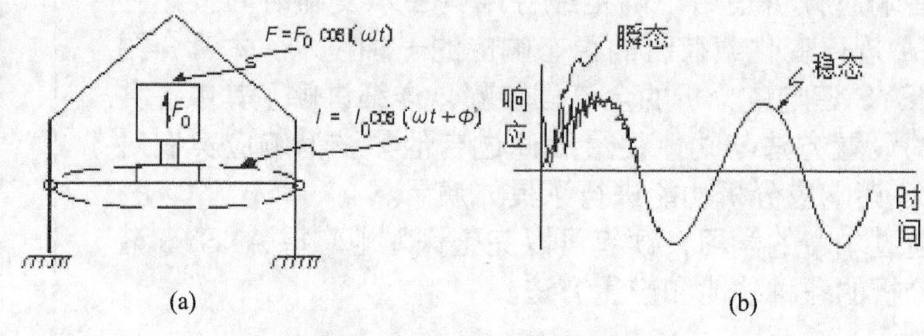

图 9-1　谐响应分析示例

注意　图 9-1（a）表示标准谐响应分析系统，F_0 和 ω 已知，I_0 和 ϕ 未知；图 9-1（b）表示结构的稳态和瞬态谐响应分析。

谐响应分析是一种线性分析。任何非线性特性，如塑性和接触（间隙）单元，即使被定义了也将被忽略。但在分析中可以包含非对称矩阵，如分析在流体 - 结构相互作用中的问题。谐响应分析同样也可以用以分析有预应力的结构，如小提琴的弦（假定简谐应力比预加的拉伸应力小得多）。

谐响应分析可以采用 3 种方法：Full（完全法）、Reduced（减缩法）、Mode Superposition（模态叠加法）。当然，还有另外一种方法，就是将简谐载荷指定为有时间历程的载荷函数而进行瞬态动力学分析，这是一种相对开销较大的方法。下面比较一下各种方法的优缺点。

9.1.1 完全法（Full Method）

Full 法是 3 种方法中最容易使用的方法。它采用完整的系统矩阵计算谐响应（没有矩阵减缩）。矩阵可以是对称的或非对称的。Full 法的优点如下。

（1）容易使用，因为不必关心如何选择主自由度和振型。

（2）使用完整矩阵，因此不涉及质量矩阵的近似。

（3）允许有非对称矩阵，这种矩阵在声学或轴承问题中很典型。
（4）用单一处理过程计算出所有的位移和应力。
（5）允许施加各种类型的载荷，如节点力、外加的（非零）约束、单元载荷（压力和温度）。
（6）允许采用实体模型上所加的载荷。

Full 法的缺点是预应力选项不可用。另一个缺点是当采用 Frontal 方程求解器时，这种方法通常比其他方法都开销大。但是采用 JCG 求解器或 JCCG 求解器时，Full 法的效率很高。

9.1.2 减缩法（Reduced Method）

Reduced 法通常采用主自由度和减缩矩阵来压缩问题的规模。主自由度处的位移被计算出来后，解可以被扩展到初始的完整 DOF 集上。

优点如下。
（1）在采用 Frontal 求解器时比 Full 法更快且开销小。
（2）可以考虑预应力效果。

缺点如下。
（1）初始解只计算出主自由度的位移。要得到完整的位移，应力和力的解则需执行被称为扩展处理的进一步处理（扩展处理在某些分析应用中是可选操作）。
（2）不能施加单元载荷（压力、温度等）。
（3）所有载荷必须施加在用户定义的自由度上（这就限制了采用实体模型上所加的载荷）。

9.1.3 模态叠加法（Mode Superposition Method）

Mode Superposition 法通过对模态分析得到的振型（特征向量）乘以因子并求和来计算出结构的响应。

优点如下。
（1）对于许多问题，此法比 Reduced 法或 Full 法更快且开销小。
（2）在模态分析中施加的载荷可以通过“LVSCALE”命令用于谐响应分析中。
（3）可以使解按结构的固有频率聚集，这样便可产生更平滑、更精确的响应曲线图。
（4）可以包含预应力效果。
（5）允许考虑振型阻尼（阻尼系数为频率的函数）。

缺点如下。
（1）不能施加非零位移。
（2）在模态分析中使用 PowerDynamics 法时，初始条件中不能有预加的载荷。

9.1.4 3 种方法的共同局限性

（1）所有载荷必须随时间按正弦规律变化。
（2）所有载荷必须有相同的频率。
（3）不允许有非线性特性。
（4）不计算瞬态效应。

可以通过进行瞬态动力学分析来克服这些限制，这是应将简谐载荷表示为有时间历程的载荷函数。

9.2 谐响应分析的基本步骤

描述如何用 Full 法来进行谐响应分析，然后会列出用 Reduced 法和 Mode Superposition 法时有差别的步骤。

Full 法谐响应分析的过程由 3 个主要步骤组成。

（1）建模。

（2）加载并求解。

（3）观察结果以及后处理。

9.2.1 建立模型（前处理）

在这一步中需指定文件名和分析标题，然后用 PREP7 来定义单元类型、单元实常数、材料特性及几何模型。需记住的要点如下。

（1）在谐响应分析中，只有线性行为是有效的。如果有非线性单元，它们将被按线性单元处理。如果分析中包含接触单元，则它们的刚度取初始状态值并在计算过程中不再发生变化。

（2）必须指定杨氏模量 EX（或某种形式的刚度）和密度 DENS（或某种形式的质量）。材料特性可以是线性的，各向同性的或各向异性的，恒定的或和温度相关的。非线性材料特性将被忽略。

9.2.2 加载和求解

在这一步中，要定义分析类型和选项，加载，指定载荷步选项，并开始有限元求解。下面会列出详细说明。

注意

峰值响应分析发生在力的频率和结构的固有频率相等时。在得到谐响应分析解之前，应该首先做一下模态分析，以确定结构的固有频率。

1. 进入求解器

```
命令：/SOLU
GUI：Main Menu > Solution。
```

2. 定义分析类型和载荷选项

ANSYS 提供用于谐响应分析类型和求解选项，见表 9-1。

表 9-1 分析类型和求解选项

选项	命令	GUI 路径
新的分析	ANTYPE	Main Menu > Solution > Analysis Type > New Analysis
分析类型：谐响应分析	ANTYPE	Main Menu > Solution > Analysis Type > New Analysis > Harmonic
求解方法	HROPT	Main Menu > Solution > Analysis Type > Analysis Options
输出格式	HROUT	Main Menu > Solution > Analysis Type > Analysis Options
质量矩阵	LUMPM	Main Menu > Solution > Analysis Type > Analysis Options
方程求解器	EQSLV	Main Menu > Solution > Analysis Type > Analysis Options
模态数	HROPT	Main Menu > Solution > Analysis Type > Analysis Options
输出选项	HROUT	Main Menu > Solution > Analysis Type > Analysis Options
预应力	PSTRES	Main Menu > Solution > Analysis Type > Analysis Options

下面对表 9-1 中各项进行详细的解释。

（1）New Analysis [ANTYPE]。选 New Analysis（新的分析）。在谐响应分析中 Restart 不可用；如果需要施加另外的简谐载荷，可以另进行一次新分析。

（2）Analysis Type: Harmonic Response [ANTYPE]。选分析类型为 Harmonic Response（谐响应分析）。

图 9-2 为谐响应分析选项菜单。

（3）[HROPT]Solution method。选择下列求解方法中的一种：Full 法、Reduced 法、Mode Superposition 法。

（4）Solution Listing Format [HROUT]。此选项确定在输出文件 Jobname.Out 中谐响应分析的位移解如何列出。可以选择的方式有“real and imaginary”（实部和虚部）（默认）形式，“amplitudes and phase angles”（幅值和相位角）形式。

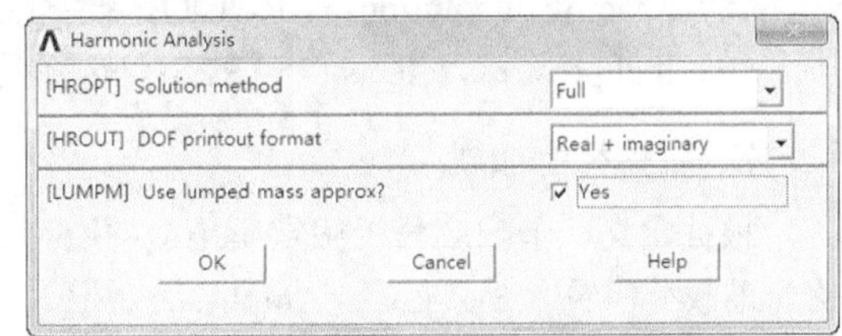

图 9-2　谐响应分析选项

（5）Mass Matrix Formulation [LUMPM]。此选项用于指定是采用默认的质量阵形成方式（取决于单元类型）还是用集中质量阵近似。

注意

建议在大多数应用中采用默认形成方式。但对有些包含“薄膜”结构的问题，如细长梁或非常薄的壳，采用集中质量矩阵近似经常产生较好的结果。另外，采用集中质量阵求解时间短，需要内存少。

设置完 Harmonic Analysis 对话框后单击“OK”按钮，则会根据设置的“[HROPT] Solution method”（求解方法）弹出相应的菜单。如果“Solution method”设置为“Full（完全法）”，那么会弹出“Full Harmonic Analysis”的对话框，如图 9-3 所示。此对话框用于选择方程求解器和预应力，如果“Solution method”设置为“Mode Superposition（模态叠加法）”，那么会弹出“Mode Sup Harmonic Analysis”的对话框，如图 9-4 所示，此对话框用于设置最多模态数、最少模态数以及模态输出选项，如果“Solution method”设置为“Reduced（减缩法）”，会弹出“Reduced Harmonic Analysis”的对话框，如图 9-5 所示，此对话框用于设置预应力。

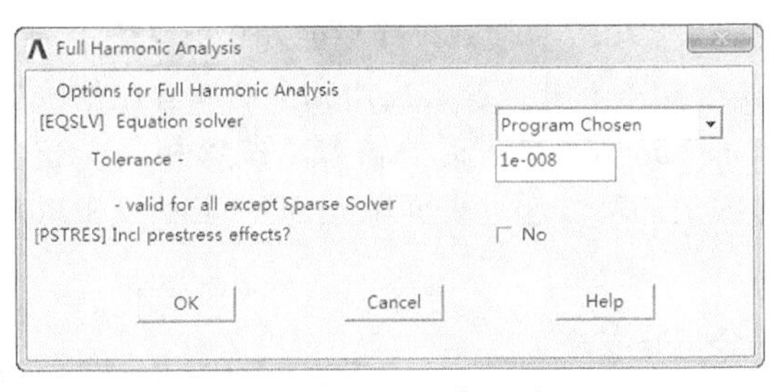

图 9-3　完全法选项

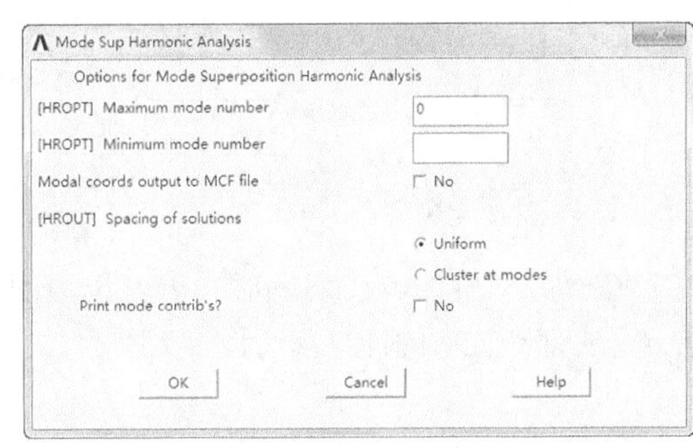

图 9-4　模态叠加法选项

图 9-5　减缩法选项

（6）Equation Solver [EQSLV]。可选的求解器有：Frontal 求解器（默认）、Sparse Direct（SPARSE）求解器、Jacobi Conjugate Gradient (JCG) 求解器以及 Incomplete Cholesky Conjugate Gradient (ICCG) 求解器。对大多数结构模型，建议采用 Frontal 求解器或 SPARSE 求解器。

（7）Maximum/Minimum mode number [HROPT]。设置模态叠加法时的最多模态数和最少模态数。

（8）Spacing of solutions [HROUT]。设置模态输出格式。

（9）Incl prestress effects [PSTRES]。选择是否考虑预应力。

3. 在模型上加载

根据定义，谐响应分析假定所施加的所有载荷随时间按简谐（正弦）规律变化。指定一个完整的简谐载荷需输入 3 条信息：Amplitude（幅值）、phase angle（相位角）和 forcing frequency range（强制频率范围），如图 9-6 所示。

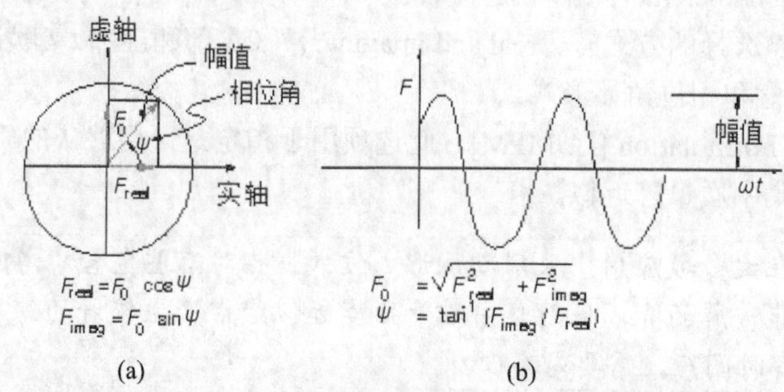

图 9-6 实部 / 虚部和幅值 / 相位角的关系

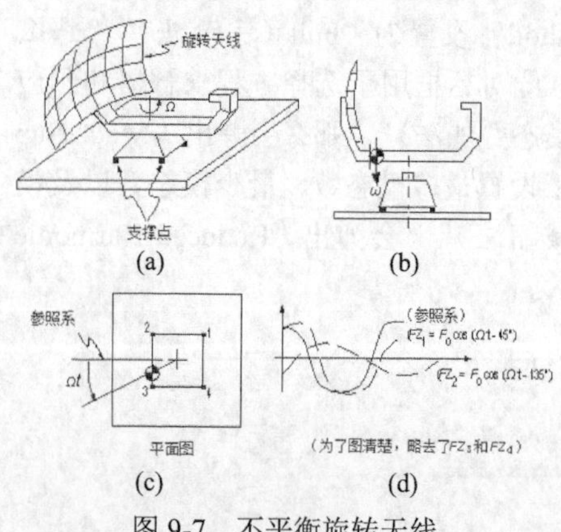

图 9-7 不平衡旋转天线

幅值是载荷的最大值，载荷可以用表 9-2、表 9-3 中的命令来指定。相位角是时间的度量，它表示载荷是滞后还是超前参考值，在图 9-6 中所示的复平面上，实轴（Real）就表示相位角。只有当施加多组有不同相位的载荷时，才需要分别指定其相位角。如图 9-7 所示的不平衡的旋转天线，它将在 4 个支撑点处产生不同相位的垂直方向的载荷，图中实轴表示角度；用户可以通过命令或 GUI 路径在 VALUE 和 VALUE2 位置指定实部和虚部值，而对于其他表面载荷和实体载荷，则只能指定为 0 相位角（没有虚部），但是有如下例外情况：在用完全法或者振型叠加法（利用 Block Lanczos 方法提取模态，参考相关“SF”和“SFE”命令）求解谐响应问题时，表面压力的非零虚部可以通过表面单元 SURF153 和 SURF154 来指定。实部和虚部的计算参考图 9-7 所示。

表 9-2 在谐响应分析中施加载荷

载荷类型	类别	命令	GUI Path
位移约束	Constraints	D	Main Menu > Solution > Define Loads > Apply > Structural > Displacement
集中力或者力矩	Forces	F	Main Menu > Solution > Define Loads > Apply > Structural > Force/Moment
压力 (PRES)	Surface Loads	SF	Main Menu > Solution > Define Loads > Apply > Structural > Pressure
温度 (TEMP) 流体 (FLUE)	Body Loads	BF	Main Menu > Solution > Define Loads > Apply > Structural > Temperature
重力，向心力等	Inertia Loads	—	Main Menu > Solution > Define Loads > Apply > Structural > Other

在分析中，用户可以施加、删除、修正或者显示载荷。

表 9-3 谐响应分析的载荷命令

载荷类型	实体模型或有限元模型	图元	施加载荷	删除载荷	列表显示载荷	对载荷操作	设定载荷
位移约束	实体	Keypoints	DK	DKDELE	DKLIST	DTRAN	—
	实体	Lines	DL	DLDELE	DLLIST	DTRAN	—
	实体	Areas	DA	DADELE	DALIST	DTRAN	—
	有限元	Nodes	D	DDELE	DLIST	DSCALE	DSYM, DCUM
集中力	实体	Keypoints	FK	FKDELE	FKLIST	FTRAN	—
	有限元	Nodes	F	FDELE	FLIST	FSCALE	FCUM
压力	实体	Lines	SFL	SFLDELE	SFLLIST	SFTRAN	SFGRAD
	实体	Areas	SFA	SFADELE	SFALIST	SFTRAN	SFGRAD
	有限元	Nodes	SF	SFDELE	SFLIST	SFSCALE	SFGRAD, SFCUM
	有限元	Elements	SFE	SFEDELE	SFELIST	SFSCALE	SFGRAD, SFBEAM, SFFUN, SFCUM
温度或者流体	实体	Keypoints	BFK	BFKDELE	BFKLIST	BFTRAN	—
	实体	Lines	BFL	BFLDELE	BFLLIST	BFTRAN	—
	实体	Areas	BFA	BFADELE	BFALIST	BFTRAN	—
	实体	Volumes	BFV	BFVDELE	BFVLIST	BFTRAN	—
	有限元	Nodes	BF	BFDELE	BFLIST	BFSCALE	BFCUM
	有限元	Elements	BFE	BFEDELE	BFELIST	BFSCALE	BFCUM
惯性力	—	—	ACEL OMEGA DOMEGA CGLOC CGOMGA DCGOMG	—	—	—	—

载荷的频带是指谐波载荷（周期函数）的频率范围，可以利用“HARFRQ”命令将它作为一个载荷步选项来指定。

注意

谐响应分析不能计算频率不同的多个强制载荷同时作用时产生的响应。这种情况的实例是两个具有不同转速的机器同时运转的情形。但在 POST1 中可以对两种载荷状况进行叠加以得到总体响应。在分析过程中，可以施加、删除载荷或对载荷进行操作或列表。

4. 指定载荷步选项

表 9-4 是可以在谐响应分析中使用的选项。

表 9-4 载荷步选项

选项	命令	GUI 路径
普通选项		
谐响应分析的子步数	NSUBST	Main Menu > Solution > Load Step Opts > Time/Frequenc > Freq and Substeps
阶跃载荷或者连续载荷	KBC	Main Menu > Solution > Load Step Opts > Time/Frequenc > Time - Time Step or Freq and Substeps
动力选项		
载荷频带	HARFRQ	Main Menu > Solution > Load Step Opts > Time/Frequenc > Freq and Substeps
阻尼	ALPHAD, BETAD, DMPRAT	Main Menu > Solution > Load Step Opts > Time/Frequenc > Damping
输出控制选项		
输出	OUTPR	Main Menu > Solution > Load Step Opts > Output Ctrls > Solu Printout
数据库和结果文件输出	OUTRES	Main Menu > Solution > Load Step Opts > Output Ctrls > DB/ Results File
结果外推	ERESX	Main Menu > Solution > Load Step Opts > Output Ctrls > Integration Pt

（1）普通选项如图 9-8 所示，具体说明如下。

① Number of Harmonic Solutions [NSUBST]。可用此选项计算任何数目的谐响应解。解（或子步）将均布于指定的频率范围内 [HARFRQ]（详细说明见后）。例如，如果在 30 ～ 40Hz 范围内要求出 10 个解，程序将计算出在频率 31Hz、32Hz、…、40Hz 处的响应，而不去计算其他频率处。

② Stepped or Ramped Loads [KBC]。载荷可以是 Stepped 或 Ramped 方式变化的，默认时方式是 Ramped。即载荷的幅值随各子步逐渐增长。而如果用命令 [KBC，1] 设置了 Stepped 载荷，则在频率范围内的所有子步载荷将保持恒定的幅值。

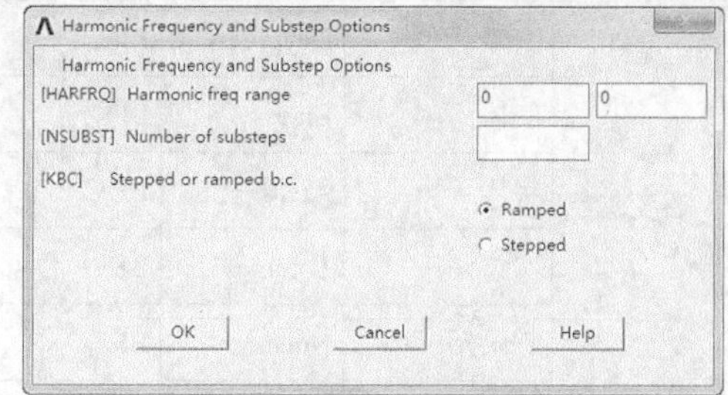

图 9-8 谐响应分析频率和子步选项

（2）动力学选项具体说明如下。

① Forcing Frequency Range [HARFRQ]。在谐响应分析中必须指定强制频率范围（以周 / 单位时间为单位）。然后指定在此频率范围内要计算处的解的数目。

② Damping。必须指定某种形式的阻尼，否则在共振处的响应将无限大。Alpha（质量）阻尼 [ALPHAD]；Beta（刚度）阻尼 [BETAD]；恒定阻尼比 [DMPRAT]。

注意　在直接积分谐响应分析（用 Full 法或 Reduced 法）中，如果没有指定阻尼，程序将默认采用零阻尼。

（3）输出控制包括以下几项。

① Printed Output [OUTPR]。此选项用于指定输出文件 Jobname.OUT 中要包含的结果数据。

② Database and Results File Output [OUTRES]。此选项用于控制结果文件 Jobname.RST 中包含的数据。

③ Extrapolation of Results [ERESX]。此选项用于设置采用将结果复制到节点处方式而默认的外插方式得到单元积分点结果。

5. 保存模型

```
命令：SAVE。
GUI：Utility Menu > File > Save as。
```

6. 开始求解

```
命令：SOLVE。
GUI：Main Menu > Solution > Solve > Current LS。
```

7. 对于多载荷步可重复以上步骤

如果有另外的载荷和频率范围（即另外的载荷步），重复执行第 3 ～ 6 步。如果要做时间历程后处理（POST26），则一个载荷步和另一个载荷步的频率范围间不能存在重叠。

8. 离开求解器

```
命令：FINISH。
GUI：Close the Solution menu。
```

9.2.3 观察模型（后处理）

谐响应分析的结果被保存到结构分析结果文件 Jobname.RST 中。如果结构定义了阻尼，响应将与载荷异步。所有结果将是复数形式的，并以实部和虚部存储。

通常可以用 POST26 和 POST1 观察结果。一般的处理顺序是：首先用 POST26 找到临界强制频率——模型中所关注的点产生最大位移（或应力）时的频率，然后用 POST1 在这些临界强制频率处处理整个模型。

POST1 用于在指定频率点观察整个模型的结果。

POST26 用于观察在整个频率范围内模型中指定点处的结果。

1. 利用 POST26

POST26 描述不同频率对应的结果值，每个变量都有一个响应的数字标号。

（1）用如下方法定义变量。

```
命令：NSOL 用于定义基本数据（节点位移）
ESOL 用于定义派生数据（单元数据，如应力）
RFORCE 用于定义反作用力数据
GUI：Main Menu > TimeHist Postpro > Define Variables
```

注意

"FORCE"命令允许选择全部力，总力的静力项、阻尼项或者惯性项。

（2）绘制变量表格（例如不同频率或者其他变量），然后利用 PLCPLX 绘制幅值、相位角、实部或者虚部。

```
命令：PLVAR，PLCPLX。
GUI：Main Menu > TimeHist Postpro > Graph Variables。
Main Menu > TimeHist Postpro > Settings > Graph。
```

（3）列表显示变量，利用 EXTREM 命令显示极值，然后利用 PRCPLX 显示幅值、相位角、实部或虚部。

```
命令：PRVAR，EXTREM，PRCPLX。
```

```
GUI：Main Menu > TimeHist Postpro > List Variables > List Extremes。
Main Menu > TimeHist Postpro > List Extremes。
Main Menu > TimeHist Postpro > Settings > List。
```

另外，POST26里面还有许多其他函数，例如对变量进行数学运算、将变量移动到数组参数里面等，详细信息可参考ANSYS在线帮助文档。

如果想要观察在时间历程里面特殊时刻的结果，可利用POST1后处理器。

2. 利用POST1

用SET命令（或者相应GUI）可以读取谐响应分析的结果，但是它只会读取实部或者虚部，不能两者同时读取。结果的幅值是实部和虚部的平方根，如图9-6所示。

用户可以显示结构变形形状、应力应变云图等，还可以图形显示矢量，另外还可以利用“PRNSOL”“PRESOL”“PRRSOL”等命令列表显示结果。

（1）显示变形图。

```
命令：PLDISP。
GUI：Main Menu > General Postproc > Plot Results > Deformed Shape。
```

（2）显示变形云图。

```
命令：PLNSOL or PLESOL。
GUI：Main Menu > General Postproc > Plot Results > Contour Plot > Nodal Solu or Element Solu。
```

注意　该命令可以显示所有变量的云图，例如应力（SX, SY, SZ, …）、应变（EPELX, EPELY, EPELZ, …）和位移（UX, UY, UZ, …）等。

“PLNSOL”和“PLESOL”命令的KUND项表示是否要在变形图里同时显示变形前的图形。

（3）绘制矢量。

```
命令：PLVECT。
GUI：Main Menu > General Postproc > Plot Results > Vector Plot > Predefined。
```

（4）列表显示。

```
命令：PRNSOL（节点结果）。
PRESOL（单元结果）。
PRRSOL（反作用力等）。
NSORT, ESORT。
GUI：Main Menu > General Postproc > List Results > Nodal Solution。
Main Menu > General Postproc > List Results > Element Solution。
Main Menu > General Postproc > List Results > Reaction Solution。
```

在列表显示之前，可以利用“NSORT”和“ESORT”命令对数据进行分类。

另外，POST1后处理器里面还包含很多其他的功能，例如将结果映射到路径来显示、将结果转换坐标系显示、载荷工况叠加显示等，详细信息可参考ANSYS在线帮助文档。

9.3　综合实例——悬臂梁谐响应分析

扫码看视频

本节通过对一根悬臂梁进行谐响应分析，来介绍ANSYS的谐响应分析过程。

9.3.1 分析问题

如图 9-9 所示，悬臂梁长为 L=0.6m，宽 b=0.06m，高 h=0.03m，材料的弹性模量 E=70GPa，泊松比 ν=0.33，密度 ρ=2800kg/m，一端固定，另一端有一水平作用力 84N。受迫振动位置为 0.48m 处。分析弦的响应，谐响应是所有响应的基础，可以先分析谐响应。

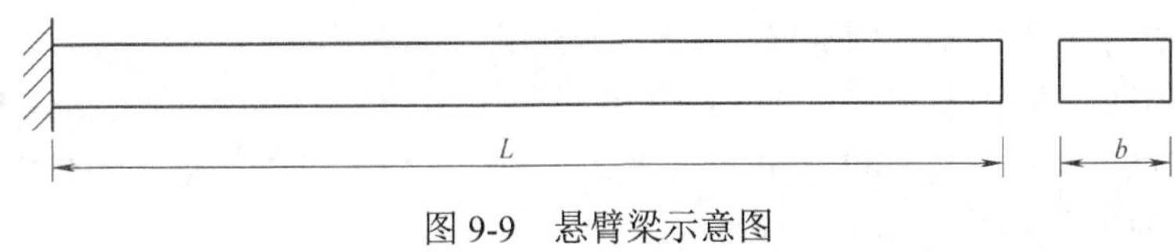

图 9-9 悬臂梁示意图

9.3.2 建立模型

建立模型包括设定分析作业名和标题；定义单元类型和实常数；定义材料属性；建立几何模型；划分有限元网格。

1. 设定分析作业名和标题

在进行一个新的有限元分析时，通常需要修改数据库名，并在图形输出窗口中定义一个标题来说明当前进行的工作内容。另外，对于不同的分析范畴（结构分析、热分析、流体分析、电磁场分析等），ANSYS 所用的主菜单的内容不尽相同，为此，就需要在分析开始时选定分析内容的范畴，以便 ANSYS 显示出与其相对应的菜单选项。

（1）执行菜单栏中的“Utility Menu：File > Change Jobname”命令，打开更改文件名对话框，如图 9-10 所示。

（2）在“Enter new jobname”文本框中输入文字“cantilever”，为本分析实例的数据库文件名。

（3）单击“OK”按钮，完成文件名的修改。

（4）执行菜单栏中的“Utility Menu：File > Change Title”命令，打开更改标题对话框，如图 9-11 所示。

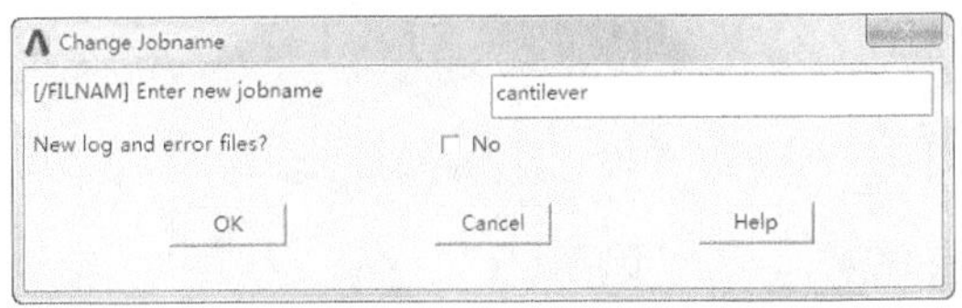

图 9-10 更改文件名对话框

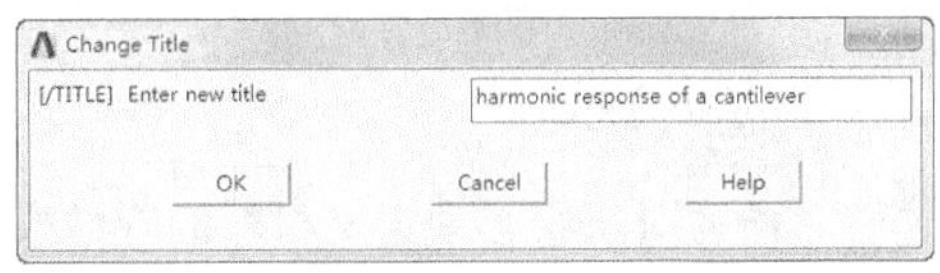

图 9-11 更改标题对话框

（5）在“Enter new title”文本框中输入文字“harmonic response of a cantilever”，为本分析实例的标题名。

（6）单击“OK”按钮，完成对标题名的指定。

（7）执行菜单栏中的“Utility Menu：Plot > Replot”命令，指定的标题“harmonic response of a cantilever”将显示在图形窗口的左下角。

（8）执行主菜单（Main Menu）中的“Preference”命令，打开菜单过滤参数选择对话框，勾选“Structural”复选框，单击“OK”按钮确定。

2. 定义单元类型

在进行有限元分析时，首先应根据分析问题的几何结构、分析类型和所分析的问题精度要求等，选定适合具体分析的单元类型。本例中选用二节点线单元 Link 180。

（1）执行主菜单（Main Menu）中的“Preprocessor > Element Type > Add/Edit/Delete”命令，打开单元类型对话框。

（2）单击“Add”按钮，打开单元类型库对话框，如图 9-12 所示。

（3）在左边的列表框中选择“Link”选项，选择线单元类型。

（4）在右边的列表框中选择“3D finit stn 180”选项，选择二节点线单元 Link 180。

（5）单击“OK”按钮，将 Link 180 单元添加进列表框中，并关闭单元类型库对话框，同时返回第（1）步打开的单元类型对话框，如图 9-13 所示。

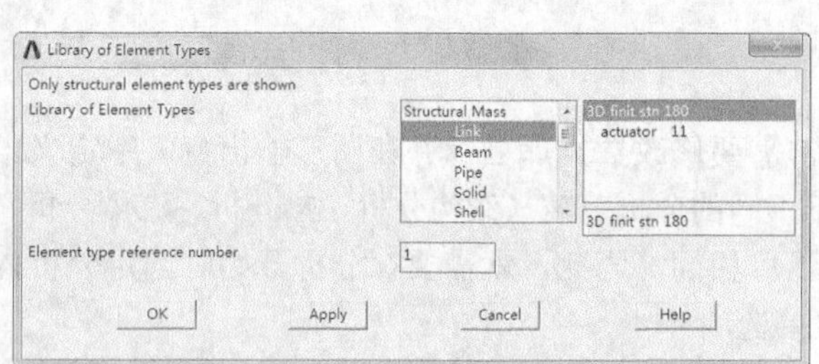

图 9-12　单元类型库对话框

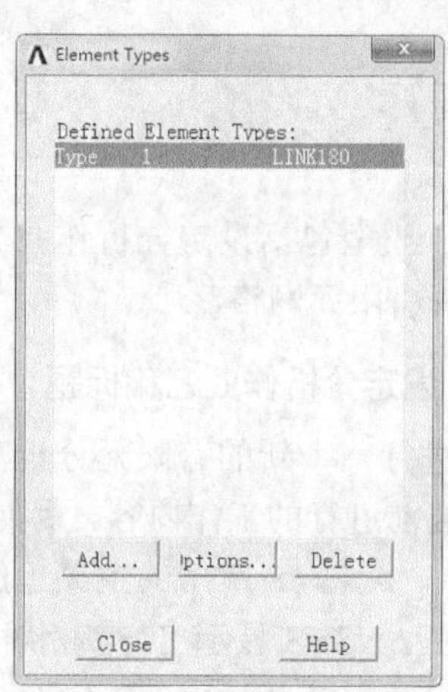

图 9-13　单元类型对话框

（6）单击“Close”按钮，关闭单元类型对话框，结束单元类型的添加。

3. 定义截面

本实例中选用线单元 Link 180，需要设置其截面。

在顶部命令中输入下面的命令定义截面属性。

```
R,1,1.8E-9
```

4. 定义材料属性

考虑谐响应分析中必须定义材料的弹性模量和密度，具体步骤如下。

（1）执行主菜单（Main Menu）中的“Preprocessor > Material Props > Materia Model”命令，打开定义材料模型属性对话框，如图 9-14 所示。

（2）依次单击列表框中的“Structural > Linear > Elastic > Isotropic”命令，展开材料属性的树形结构。打开线性各向同性材料对话框，在此设置 1 号材料的弹性模量 EX 和泊松比 PRXY，如图 9-15 所示。

（3）在对话框的“EX”文本框中输入弹性模量“7e6”，在“PRXY”文本框中输入泊松比“0.33”。

（4）单击“OK”按钮，关闭对话框，并返回定义材料模型属性对话框，在此窗口的左边一栏出现刚刚定义的参考号为 1 的材料属性。

（5）依次单击列表框中的“Structural > Density”命令，打开定义材料密度对话框，如图 9-16

所示。

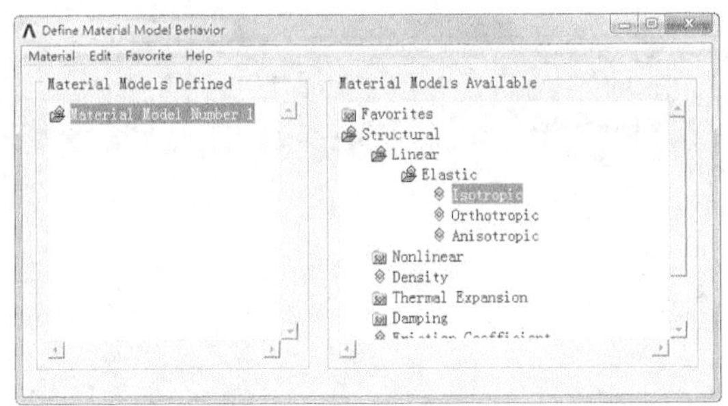

图 9-14 定义材料模型属性对话框

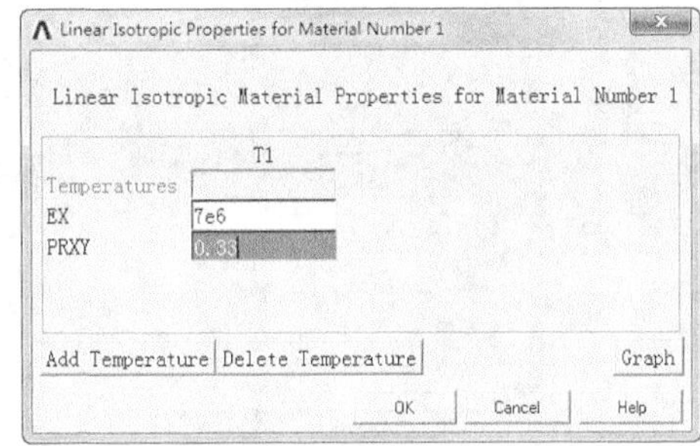

图 9-15 线性各向同性材料对话框

（6）在“DENS”文本框中输入密度数值“2.8e3”。

（7）单击“OK”按钮，关闭对话框，并返回定义材料模型属性对话框，在此窗口的左边一栏参考号为 1 的材料属性下方出现密度项。

（8）在定义材料模型属性对话框中，从菜单选择“Material > Exit”命令，或者单击右上角的 × 按钮，退出定义材料模型属性对话框，完成对材料模型属性的定义。

5. 建立弹簧、质量、阻尼振动系统模型

（1）定义两个节点 1 和 11。

① 执行主菜单（Main Menu）中的“Preprocessor > Modeling > Create > Nodes > In Active CS”命令，弹出创建当前坐标系统的节点对话框。

② 在“Node number”文本框中输入“1”，单击“Apply”按钮，如图 9-17 所示。

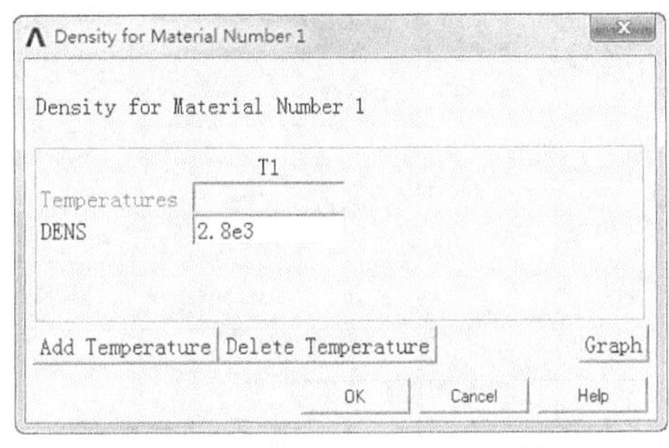

图 9-16 定义材料密度对话框

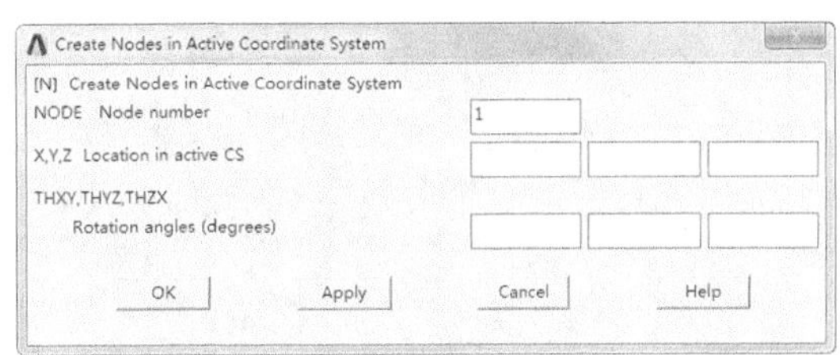

图 9-17 创建当前坐标系统的节点对话框

③ 在“Node number”文本框中输入“11，X=0.6”，单击“OK”按钮。

（2）定义其他节点 2 ～ 10。

① 执行主菜单（Main Menu）中的“Preprocessor > Modeling > Create > Nodes > Fill between nds…”命令，弹出节点间填充对话框。

② 在文本框中输入“1，11”，单击“OK”按钮，如图 9-18 所示。

③ 在打开的在两节点间创建节点对话框中，单击“OK”按钮，如图 9-19 所示。所得结果如图 9-20 所示。

（3）定义一个单元。

① 执行主菜单（Main Menu）中的“Preprocessor > Modeling > Create > Elements > Auto Numbered > Thru Nodes…”命令，弹出自节点创建单元拾取对话框。

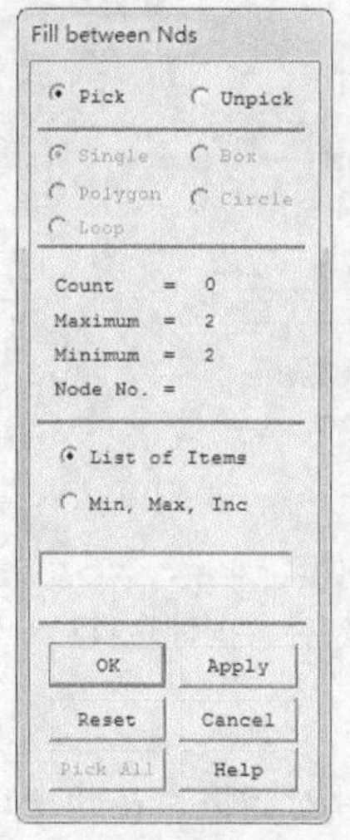

图 9-18　节点间填充对话框

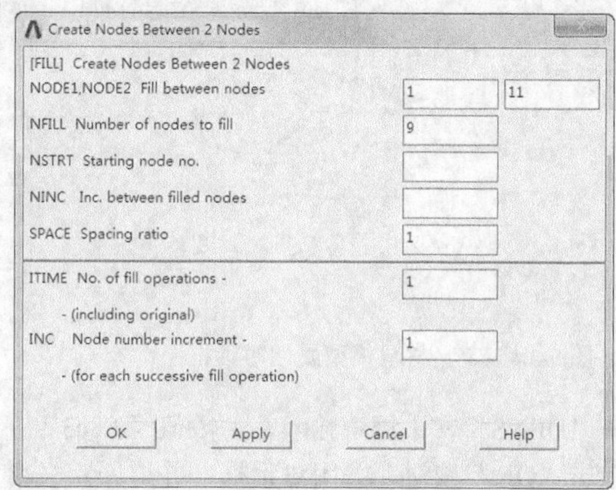

图 9-19　在两节点间创建节点对话框

② 在文本框中输入“1，2”，用节点 1 和节点 2 创建一个单元，单击“OK”按钮，如图 9-21 所示。

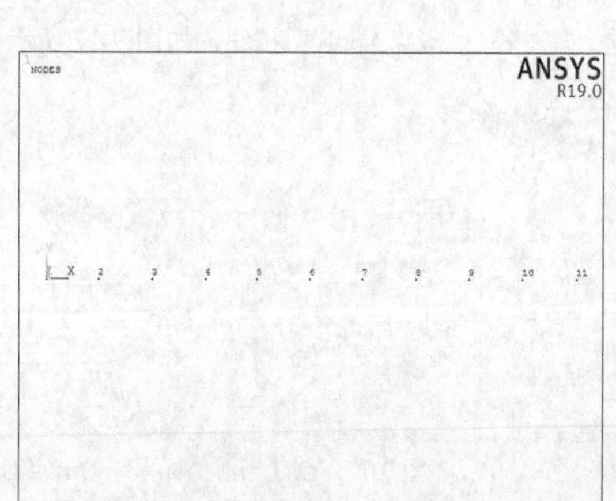

图 9-20　创建的节点

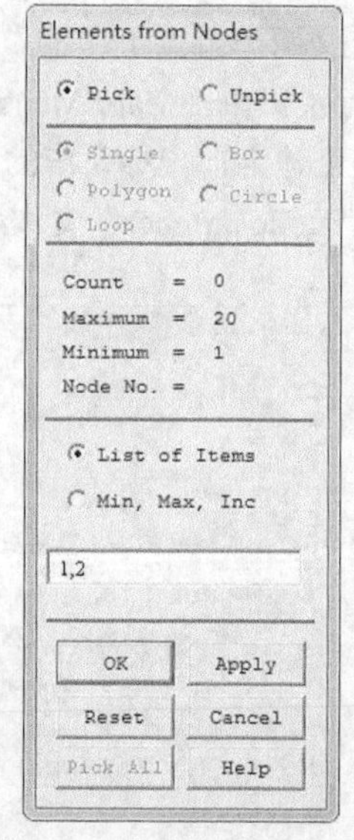

图 9-21　自节点创建单元拾取对话框

（4）创建其他单元。

① 执行主菜单（Main Menu）中的“Preprocessor > Modeling > Copy > Elements > Auto Numbered…”命令，弹出复制单元拾取对话框。

② 在文本框中输入“1”，选择第一个单元，单击“OK”按钮，如图 9-22 所示。

③ 在打开的复制单元控制对话框中，“Total number of copies”文本框中输入“10”，“Node number increment”文本框中输入“1”，单击“OK”按钮，如图 9-23 所示。

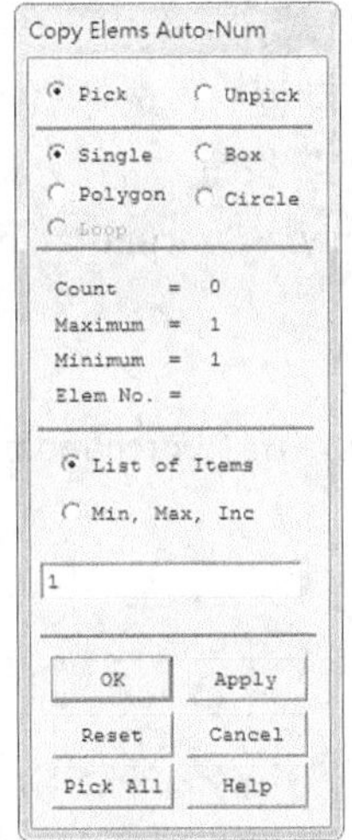

图 9-22　复制单元 对话框

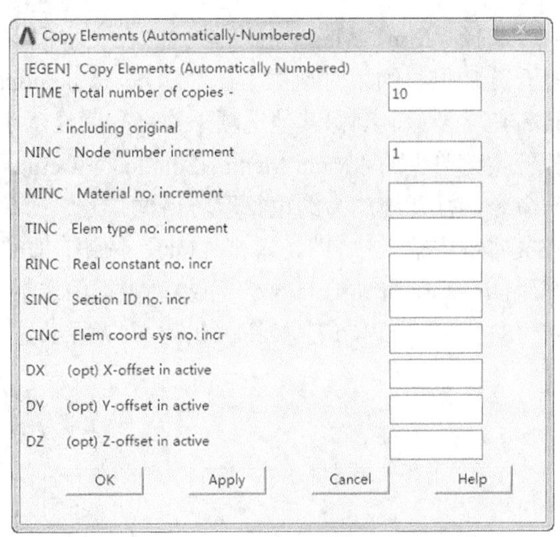

图 9-23　复制单元控制对话框

9.3.3 定义边界条件并求解

1. 施加约束

（1）执行主菜单（Main Menu）中的“Solution > Define Loads > Apply > Structural > Displacement > On Nodes”命令，打开施加位移约束拾取对话框，要求选择欲施加位移约束的节点。

（2）在文本框中输入“1”，单击“OK”按钮，如图 9-24 所示。

（3）打开施加位移约束对话框，在“DOFs to be constrained”滚动框中，选择“All DOF”选项（单击一次使其高亮度显示，确保其他选项未被高亮度显示）。单击“OK”按钮，如图 9-25 所示。

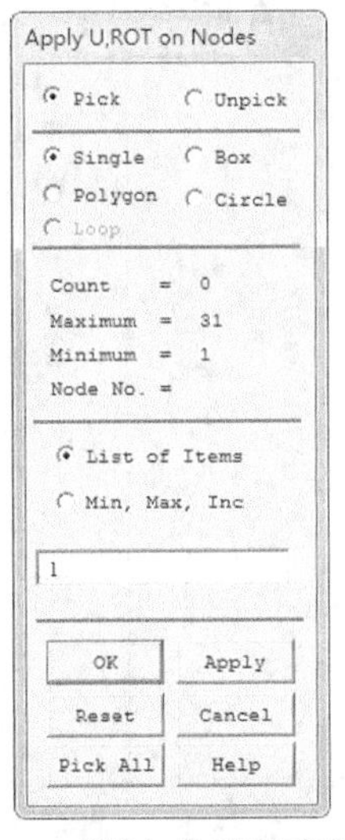

图 9-24　“施加位移约束”拾取

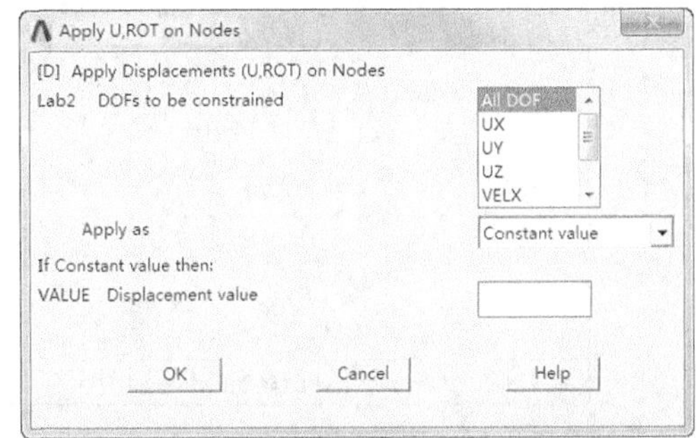

图 9-25　“施加位移约束”对话框

（4）继续执行主菜单中的“Main Menu：Solution > Define Loads > Apply > Structural > Displacement > On Nodes”命令，打开“施加位移约束”拾取对话框，要求选择欲施加位移约束的节点。在节点选

择对话框中，选择“Min，Max，inc”方式，在文本框中输入“2，11，1”，单击“OK”按钮。

（5）打开施加位移约束对话框，在“DOFs to be constrained”滚动框中，选择“UY”选项(单击一次使其高亮度显示，确保其他选项未被高亮度显示)，单击“OK”按钮。

（6）执行主菜单中的“Main Menu：Solution > Define Loads > Apply > Structure > Force/Moment > On Nodes”命令，打开施加力约束拾取对话框。

（7）在文本框中输入“11”，单击“OK”按钮，如图 9-26 所示。

（8）在“Direction of force/mom”下拉列表框中选择“FX”选项，在“Force/moment value”文本框中输入“84”，单击“OK”按钮，如图 9-27 所示。

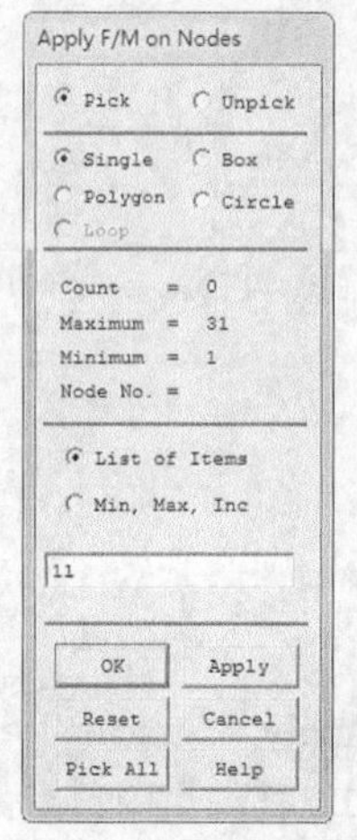

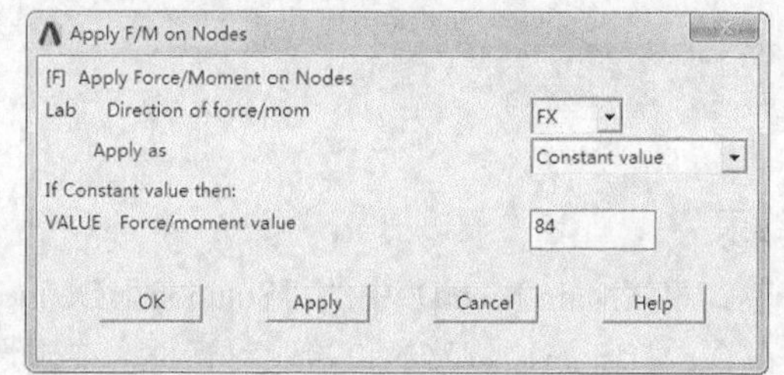

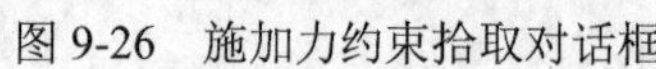
图 9-26 施加力约束拾取对话框　　图 9-27 施加力约束对话框

（9）施加载荷后的结果如图 9-28 所示。

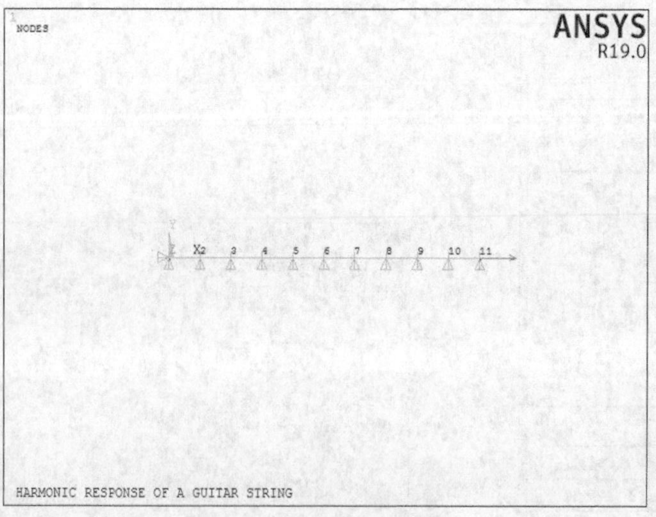

图 9-28 加载后的结果

（10）执行主菜单中的“Main Menu：Solution > Analysis Type > Sol'n Controls”命令，弹出求解控制对话框。

（11）在“Basic”选项卡中激活“Calculate prestress effects”选项，使求解过程包含预应力，

如图 9-29 所示。单击“OK”按钮，关闭对话框。

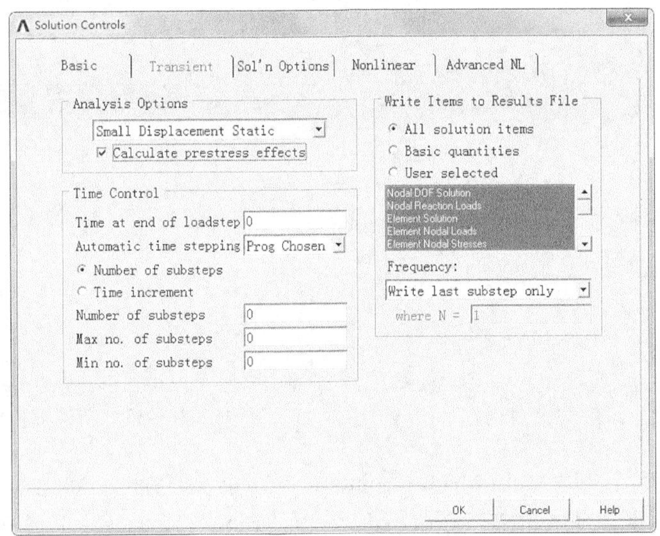

图 9-29 求解控制对话框

2. 求解

（1）执行主菜单中的“Main Menu：Solution > Load Step Opts > Output Ctrls > Solu Printout”命令。

（2）打开求解输出控制对话框，在“Item for printout control”下拉列表框中选择“Basic quantities”选项，在“Print frequency”单选框中选择“Every Nth substp”单选项，在“Value of N”文本框中输入“1”，单击“OK”按钮，如图 9-30 所示。

（3）执行主菜单中的“Main Menu：Solution > Solve > Current LS”命令，打开一个确认对话框和状态列表，如图 9-31 所示，要求查看列出的求解选项。

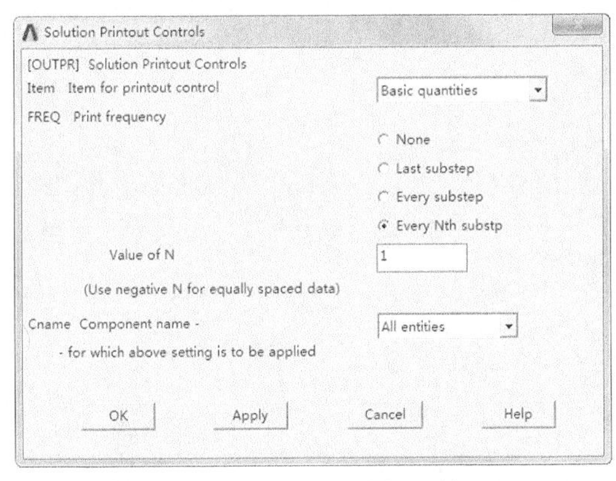

图 9-30 求解输出控制对话框

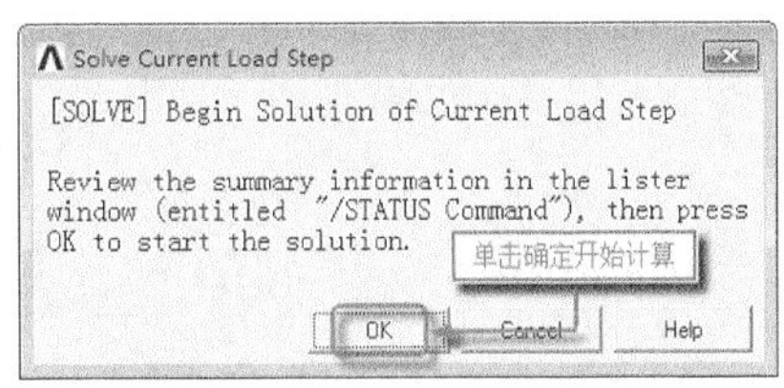

图 9-31 求解当前载荷步对话框

（4）查看列表中的信息确认无误后，单击“OK”按钮，开始求解。

（5）求解完成后，打开如图 9-32 所示的提示求解结束对话框。

（6）单击“Close”按钮，关闭提示求解结束对话框。

（7）执行主菜单中的“Main Menu：Finish”命令。

（8）执行主菜单中的“Main Menu：Solution > Analysis Type > New Analysis”命令，打开新建分析对话框，进行模态分析设置，在“Type of analysis”单选框中选择“Modal”选项，单击“OK”按钮，如图 9-33 所示。

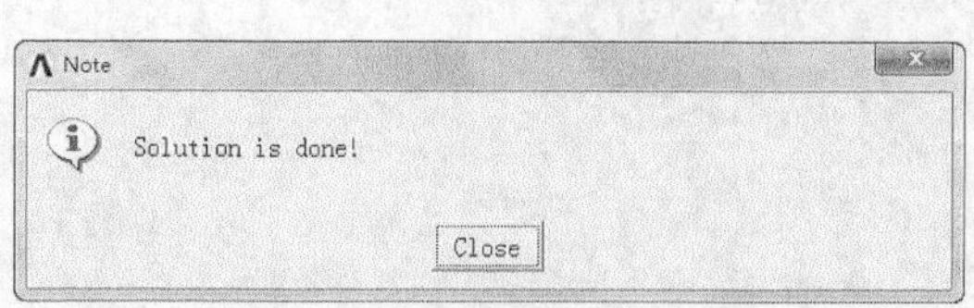

图 9-32　提示求解结束对话框

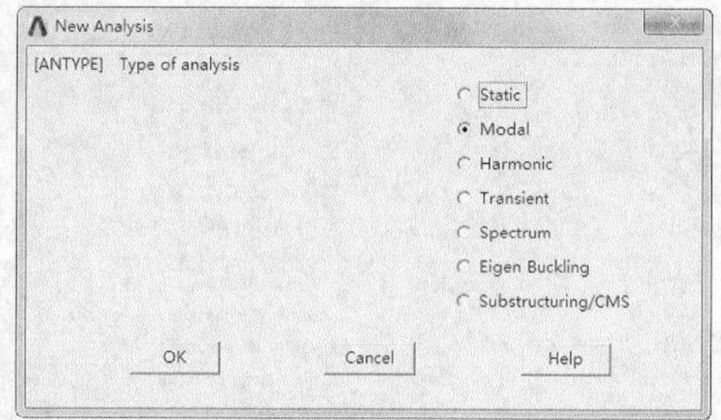

图 9-33　新建分析对话框

（9）执行主菜单中的“Main Menu：Solution > Analysis Type > Analysis Options”命令，打开模态分析对话框，要求进行模态分析设置，选择“Block Lanczos”单选项，在“No. of modes to extract”文本框中输入“6”，将“Expand mode shapes”设置为“Yes”，在“No. of modes to expand”文本框中输入“6”，单击“OK”按钮，如图 9-34 所示。

（10）在兰索斯（Block Lanczos）模态提取法对话框中，在“Start Freq”文本框中输入“0”，在“End Frequency”文本框中输入“100000”，单击“OK”按钮，如图 9-35 所示。

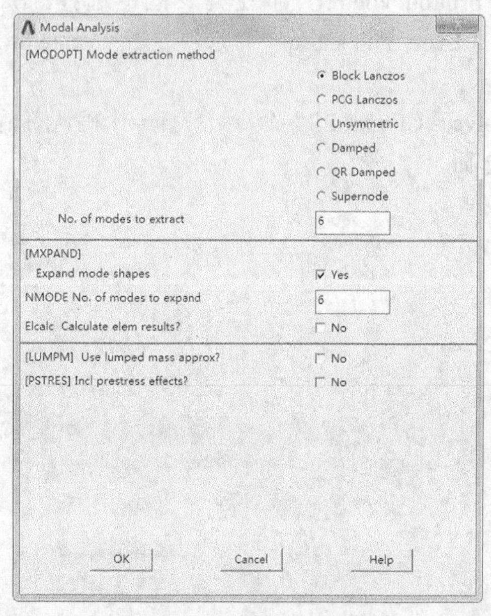

图 9-34　模态分析对话框

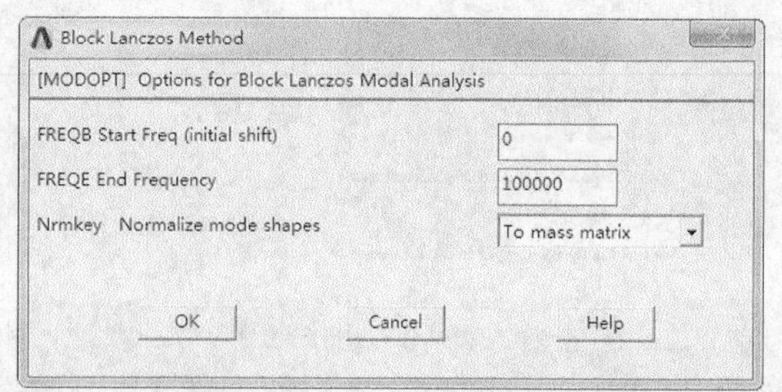

图 9-35　兰索斯（Block Lanczos）模态提取法对话框

（11）执行主菜单中的“Main Menu：Solution > Define Loads > Delete > Structural > Displacement > on Nodes”命令，弹出删除节点约束拾取对话框，要求选择欲施加位移约束的节点，在文本框中输入“11”，选择 11 号节点，单击“OK”按钮，如图 9-36 所示。

（12）打开删除节点约束拾取对话框，在“Lab DOFs to be deleted”下拉列表框中选择“UY”

选项，单击“OK”按钮，如图 9-37 所示。

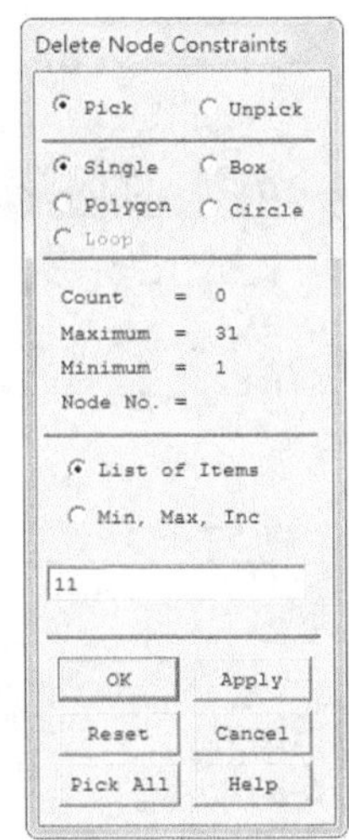

图 9-36　删除节点约束拾取对话框

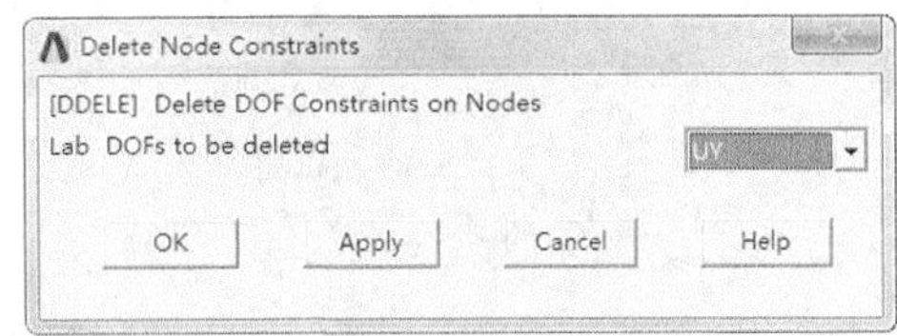

图 9-37　删除节点约束对话框

（13）执行主菜单中的“Main Menu：Solution > Solve > Current LS”命令，打开一个确认对话框和状态列表，要求查看列出的求解选项。

（14）查看列表中的信息确认无误后，单击“OK”按钮，开始求解。

（15）求解完成后打开提示求解结束对话框。

（16）单击“Close”按钮，关闭提示求解结束对话框。

（17）执行主菜单中的“Main Menu：Finish”命令。

（18）执行主菜单中的“Main Menu：Solution > Analysis Type > New Analysis”命令，打开新建分析对话框，进行模态分析设置，在“Type of analysis”单选框中选择“Harmonic”单选项，单击“OK”按钮，如图 9-38 所示。

（19）执行主菜单中的“Main Menu：Solution > Analysis Type > Analysis Options”命令，打开谐响应分析对话框，要求进行谐响应分析设置，在“Solution method”下拉列表框中选择“Mode Superpos'n”选项，在“DOF printout format”下拉列表框中选择“Amplitud+phase”选项，单击“OK”按钮，如图 9-39 所示。

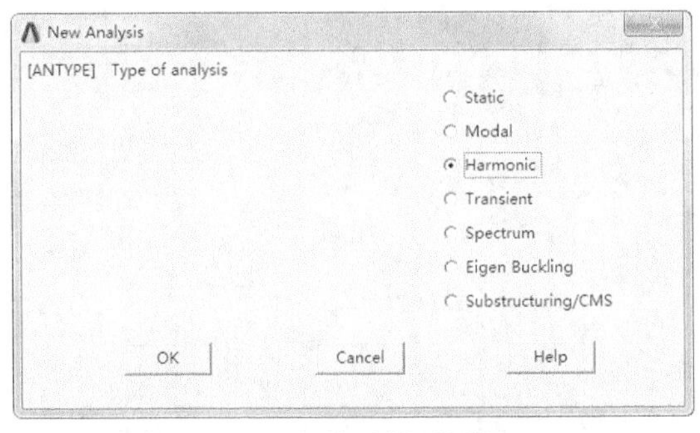

图 9-38　新建分析对话框

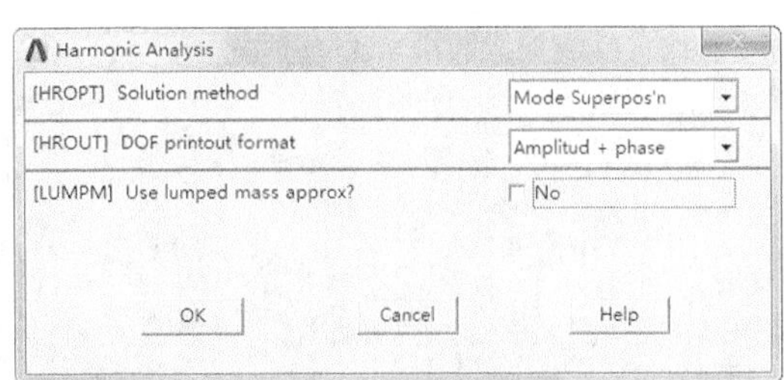

图 9-39　谐响应分析对话框

（20）系统弹出模态子步谐响应分析对话框，在“Maximum node number”文本框中输入“6”，单击“OK”按钮，如图 9-40 所示。

（21）执行主菜单中的“Main Menu：Solution > Define Loads > Delete > Structure > Force/Moment > On Nodes”命令。打开删除节点力拾取对话框。

（22）在文本框中输入“11”，单击“OK”按钮，如图 9-41 所示。

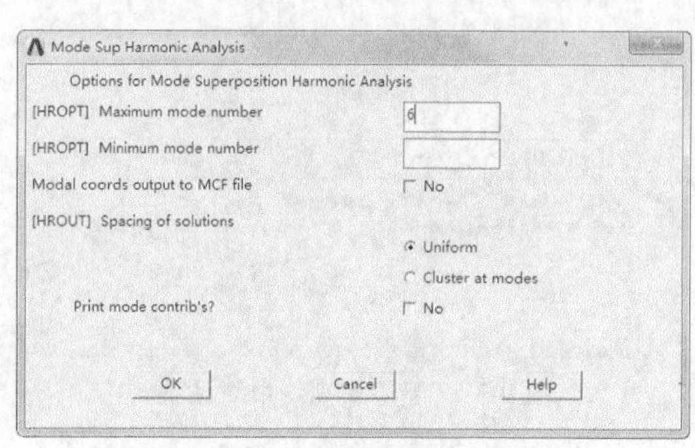

图 9-40　模态子步谐响应分析对话框

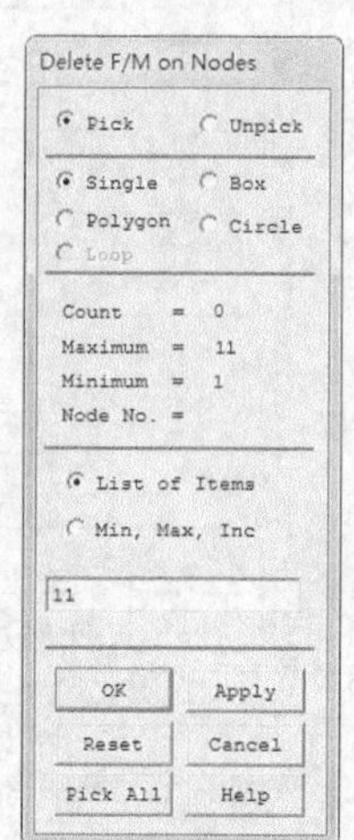

图 9-41　删除节点力拾取对话框

（23）打开删除节点力对话框，在下拉列表框中选择“FX”选项，单击“OK”按钮，如图 9-42 所示。

（24）执行主菜单中的“Main Menu：Solution > Define Loads > Apply > Structural > Force/Moment > On Nodes”命令。打开施加节点力拾取对话框。

（25）在文本框中输入“10”，单击“OK”按钮。

（26）在“Direction of force/mom”下拉列表框中选择“FY”选项，在“Force/moment value”文本框中输入“−1”，单击“OK”按钮。

（27）执行主菜单中的“Main Menu：Solution > Load Step Opts > Time/Frequenc > Freq and Substps”命令。

（28）在频率和子步控制对话框中，在“Harmonic freq range”文本框中输入“0”和“2000”，在“Number of substeps”文本框中输入“250”，在“Stepped or ramped b.c.”单选框中选择“Stepped”单选项，单击“OK”按钮，如图 9-43 所示。

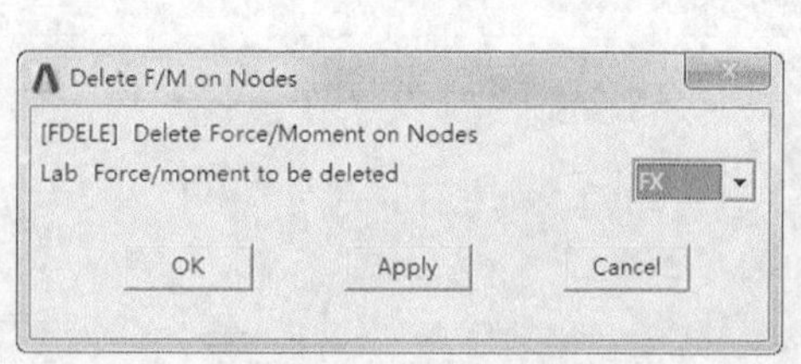

图 9-42　删除节点力对话框

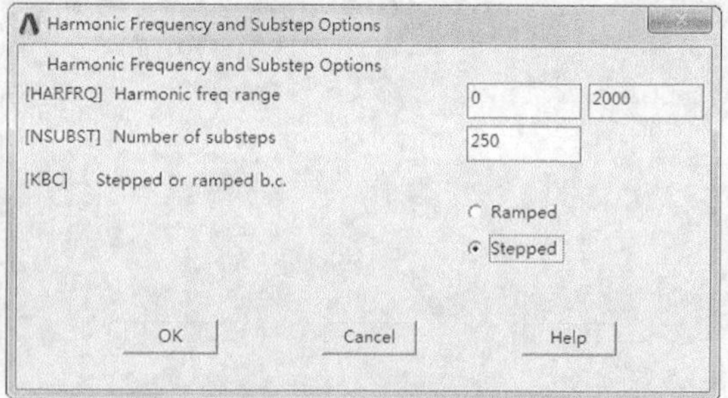

图 9-43　频率和子步控制对话框

（29）执行主菜单中的“Main Menu：Solution > Load Step Opts > Output Ctrls > DB/Results Files”命令，打开数据输出设置对话框，在“Item to be controlled”列表框中选择“All Items”选项，

在“File write frequency”单选框中选择“Every substep”单选项，单击“OK”按钮，如图 9-44 所示。

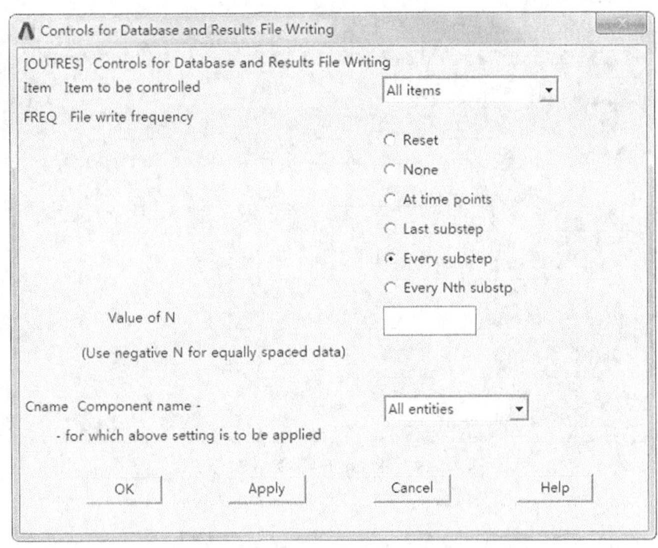

图 9-44　数据输出设置对话框

（30）执行主菜单中的“Main Menu：Solution > Solve > Current LS”命令，打开一个确认对话框和状态列表，要求查看列出的求解选项。

（31）查看列表中的信息确认无误后，单击“OK”按钮，开始求解。

（32）求解完成后打开提示求解结束对话框。单击“Close”按钮，关闭提示求解结束对话框。

（33）执行主菜单中的“Main Menu：Finish”命令。

9.3.4　查看结果

求解完成后，就可以利用 ANSYS 软件生成的结果文件（对于静力分析，就是 Jobname.RST）进行后处理。动态分析中通常通过 POST26 时间历程后处理器就可以处理和显示大多数感兴趣的结果数据。

1. 图形显示

（1）执行主菜单中的“Main Menu：TimeHist Postpro”命令，出现时间历程变量对话框。

（2）选择菜单命令“Open file”，打开“example.rfrq”结果文件，同时打开“example.db”数据文件，如图 9-45 所示。

（3）单击按钮，打开添加时间历程变量对话框，如图 9-46 所示。

（4）选择“Nodal Solution > DOF Solution > Y-component of displacement”命令，单击“OK”按钮，打开定义节点数据拾取对话框，如图 9-47 所示。

（5）在文本框中输入“5”，单击“OK”按钮。返回时间历程变量对话框，结果如图 9-48 所示。

（6）单击按钮，在图形窗口中就会出现该变量随时间的变化曲线，如图 9-49 所示。

2. 列表显示

（1）执行主菜单中的“Main Menu：TimeHist Postpro > List Variables”命令。

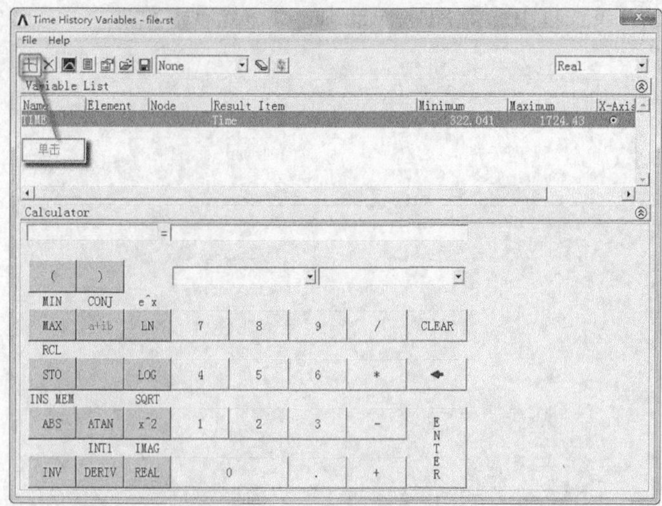

图 9-45　时间历程变量对话框

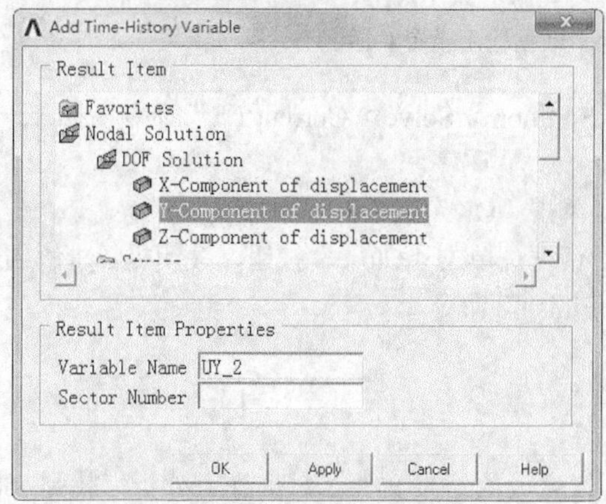

图 9-46　添加时间历程变量对话框

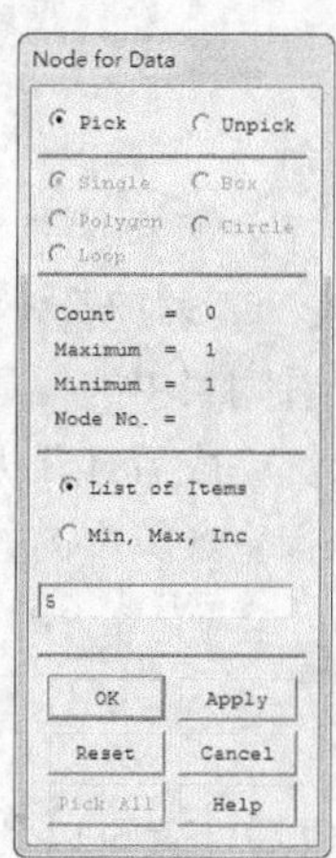

图 9-47　定义节点数据拾取对话框

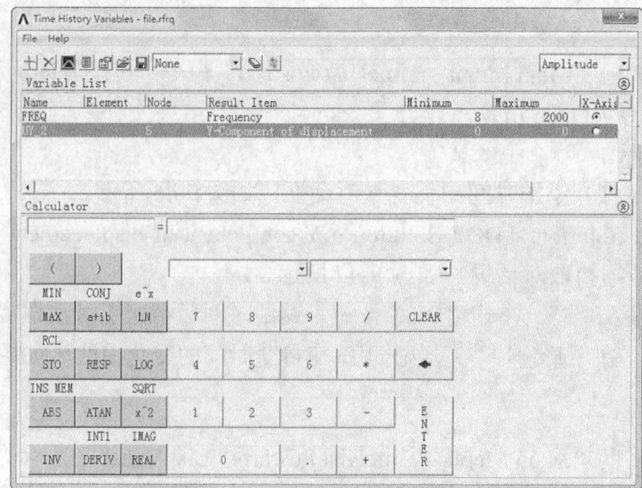

图 9-48　时间历程变量对话框

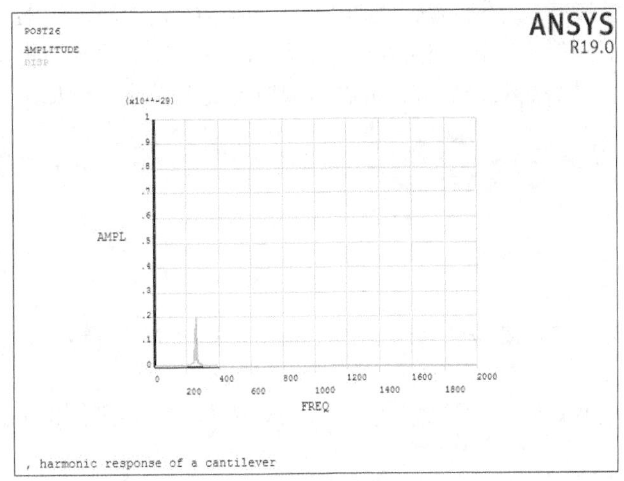

图 9-49　变量随频率的变化曲线

（2）在弹出的选择变量对话框中“1st variable to list”后的文本框中输入“2”，单击“OK”按钮，如图 9-50 所示。

（3）ANSYS 进行列表显示，会出现变量与频率值的列表，如图 9-51 所示。

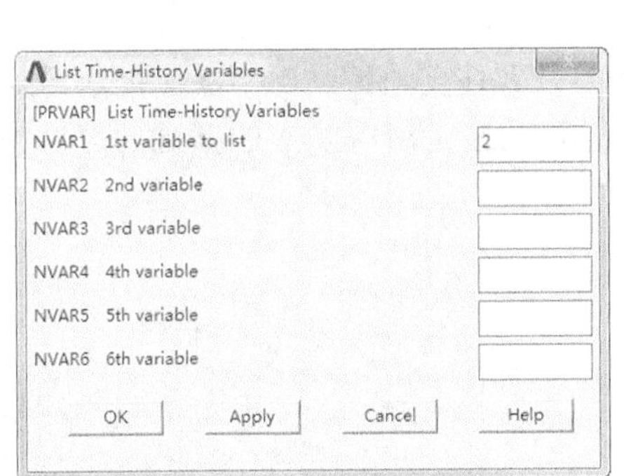

图 9-50　选择变量

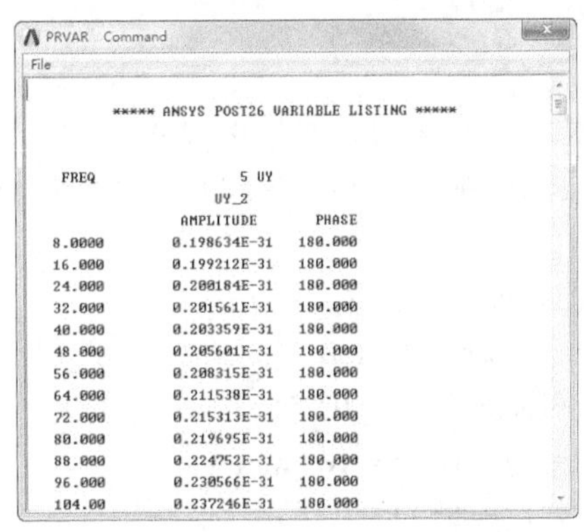
PRVAR Command

File

***** ANSYS POST26 VARIABLE LISTING *****

FREQ	5 UY UY_2 AMPLITUDE	PHASE
8.0000	0.198634E-31	180.000
16.000	0.199212E-31	180.000
24.000	0.200184E-31	180.000
32.000	0.201561E-31	180.000
40.000	0.203359E-31	180.000
48.000	0.205601E-31	180.000
56.000	0.208315E-31	180.000
64.000	0.211538E-31	180.000
72.000	0.215313E-31	180.000
80.000	0.219695E-31	180.000
88.000	0.224752E-31	180.000
96.000	0.230566E-31	180.000
104.00	0.237246E-31	180.000

图 9-51　变量与频率的列表

9.3.5　命令流方式

详见随书配套资源中的“X:\ 命令流 \9.3 综合实例——悬臂梁谐响应分析 .txt”电子文档。

9.4　综合实例——吉他的谐响应分析

扫码看视频

谐响应分析是确定一个结构在已知频率的正弦（简谐）载荷作用下结构响应的技术。其输入为已知大小和频率的谐波载荷（力、压力和强迫位移）；或同一频率的多种载荷，可以是相同或不相同的。其输出为每一个自由度上的谐位移，通常和施加的载荷不相同；或其他多种导出量，例如应力和应变等。

谐响应分析用于设计的多个方面，例如：旋转设备（如压缩机、发动机、泵、涡轮机械等）的支座、固定装置和部件；受涡流（流体的漩涡运动）影响的结构，例如涡轮叶片、飞机机翼、桥和塔等。

进行谐响应分析可以确保一个给定的结构能经受住不同频率的各种正弦载荷（例如：以不同速度运行的发动机）；可以探测共振响应，并在必要时避免其发生（例如：借助于阻尼器来避免共振）。包含以下的主题。

- 运动方程。
- 谐波载荷的本性。
- 复位移。

求解简谐运动方程的 3 种方法。

- 完整法：为默认方法，是最容易的方法；使用完整的结构矩阵，且允许非对称矩阵（例如：声学矩阵）。
- 缩减法：使用缩减矩阵，比完整法更快；需要选择主自由度，据主自由度得到近似的 [M] 矩阵和 [C] 矩阵。
- 模态叠加法：从前面的模态分析中得到各模态；再求乘以系数的各模态之和；是所有求解方法中最快的。使用何种模态提取方法主要取决于模型大小（相对于计算机的计算能力而言）和具体的应用场合。

本节通过对一根弦进行谐响应分析，来介绍 ANSYS 的谐响应分析过程。

9.4.1 分析问题

吉他的一根弦状态如图 9-52 所示，弦的固有频率及其在受迫振动时对激励的响应对吉它的音质有非常重要的影响，因此有必要分析弦的响应，谐响应是所有响应的基础，可以先分析谐响应。

弦的各种参数如下。

- 弦长：l=710 mm。
- 截面直径：d = 0.254 mm。
- 受力位置：c = 165 mm。
- 弹性模量：1.9 E11。
- 密度：7920 kg/m^3。
- 水平作用力：F_1 = 84 N。
- 竖直作用力：F_2 = 1 N。

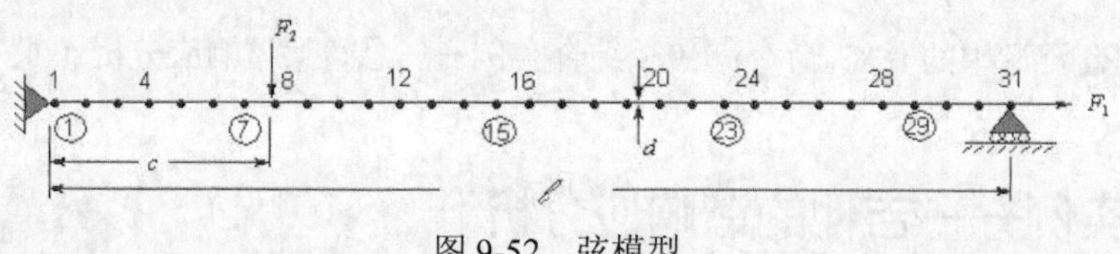

图 9-52　弦模型

9.4.2 建立模型

建立模型包括设定分析作业名和标题；定义单元类型和实常数；定义材料属性；建立几何模型；划分有限元网格。

1. 设定分析作业名和标题

在进行一个新的有限元分析时，通常需要修改数据库名，并在图形输出窗口中定义一个标题来说明当前进行的工作内容。另外，对于不同的分析范畴（结构分析、热分析、流体分析、电磁场分析等），ANSYS 所用的主菜单的内容不尽相同，为此，我们需要在分析开始时选定分析内容的范畴，以便 ANSYS 显示出与其相对应的菜单选项。

（1）从应用菜单中选择“Utility Menu：File > Change Jobname”命令，打开“Change Jobname”对话框，如图 9-53 所示。

（2）在“Enter new jobname”后的文本框中输入文字“guitar string”，为本分析实例的数据库文件名。

（3）单击“OK”按钮，完成文件名的修改。

（4）从应用菜单中选择“Utility Menu：File > Change Title”命令，打开“Change Title（修改标题）”对话框，如图 9-54 所示。

图 9-53　修改文件名对话框

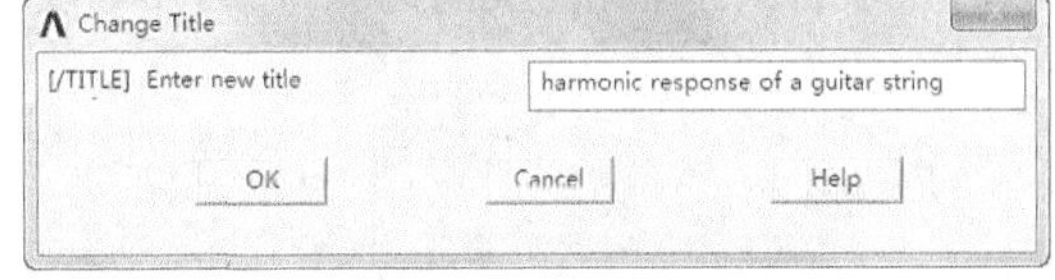

图 9-54　修改标题对话框

（5）在“Enter new title”文本框中输入文字“harmonic response of a guitar string”，为本分析实例的标题名。

（6）单击“OK”按钮，完成对标题名的指定。

（7）从应用菜单中选择“Utility Menu：Plot > Replot”命令，指定的标题“harmonic response of a guitar string”将显示在图形窗口的左下角。

（8）从主菜单中选择“Main Menu：Preference”命令，打开“Preference of GUI Filtering（菜单过滤参数选择）”对话框，勾选“Structural”复选框，单击“OK”按钮确定。

2. 定义单元类型

在进行有限元分析时，首先应根据分析问题的几何结构、分析类型和所分析的问题精度要求等，选定适合具体分析的单元类型。本例中选用二节点线单元 Link 180。

（1）从主菜单中选择“Main Menu：Preprocessor > Element Type > Add/Edit/Delete”命令，打开“Element Type”对话框。

（2）单击“OK”按钮，打开“Library of Element Types”对话框，如图 9-55 所示。

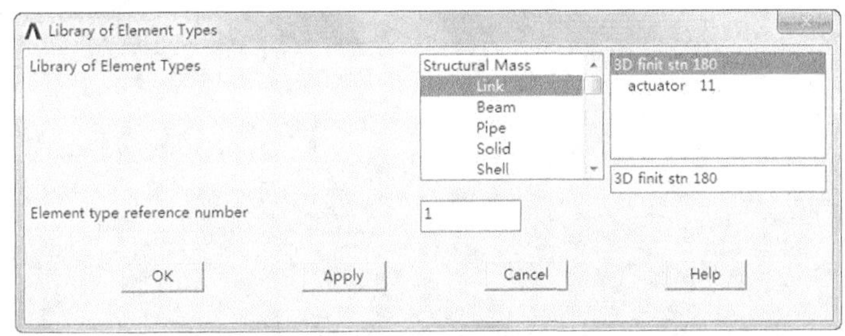

图 9-55　单元类型库对话框

（3）在左边的列表框中选择“Link”选项，选择线单元类型。

（4）在右边的列表框中选择“3D finit stn 180”选项，选择二节点线单元“Link 180”。

（5）单击“OK”按钮，将“LINK 180”单元添加进列表框中，并关闭单元类型库对话框，同时返回第（1）步打开的单元类型对话框，如图 9-56 所示。

（6）单击“Close”按钮，关闭单元类型对话框，结束单元类型的添加。

3. 定义实常数

本实例中选用线单元 Link 180，需要设置起始常数。

在顶部命令中输入下面的命令定义实常数。

```
R,1,50671E-12
```

4. 定义材料属性

考虑谐响应分析中必须定义材料的弹性模量和密度，具体步骤如下所示。

（1）从主菜单中选择“Main Menu：Preprocessor > Material Props > Material Model”命令，打开“Define Material Model Behavior”窗口，如图 9-57 所示。

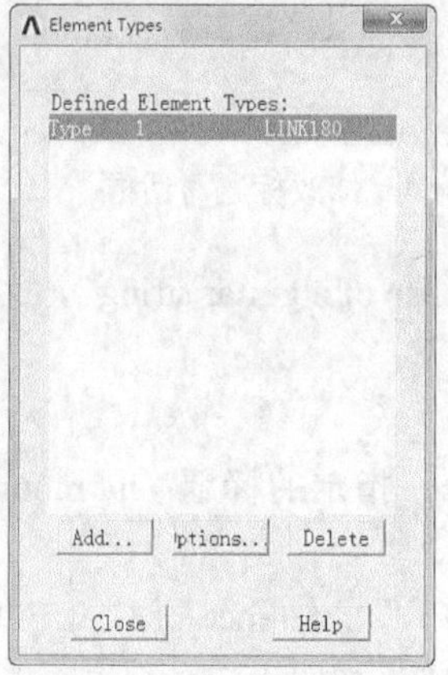

图 9-56　单元类型对话框

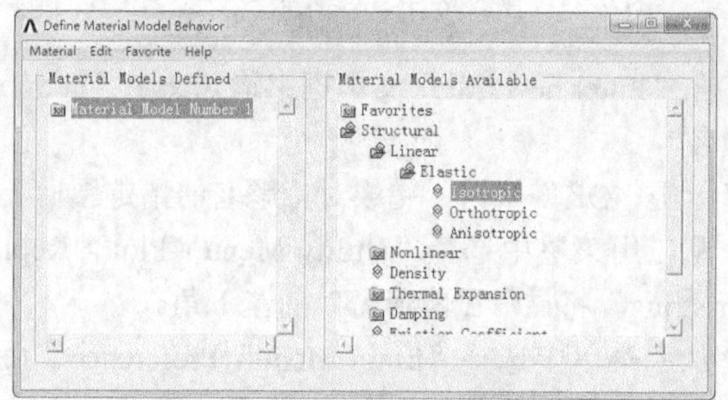

图 9-57　定义材料模型属性窗口

（2）依次单击“Structural > Linear > Elastic > Isotropic”命令，展开材料属性的树形结构。打开 1 号材料的弹性模量 EX 和泊松比 PRXY 的定义对话框，如图 9-58 所示。

（3）在对话框的“EX”文本框中输入弹性模量“1.9E11”，在“PRXY”文本框中输入泊松比“0.3”。

（4）单击“OK”按钮，关闭对话框，并返回定义材料模型属性窗口，在此窗口的左边一栏出现刚刚定义的参考号为 1 的材料属性。

（5）依次单击“Structural > Density”命令，打开定义材料密度对话框，如图 9-59 所示。

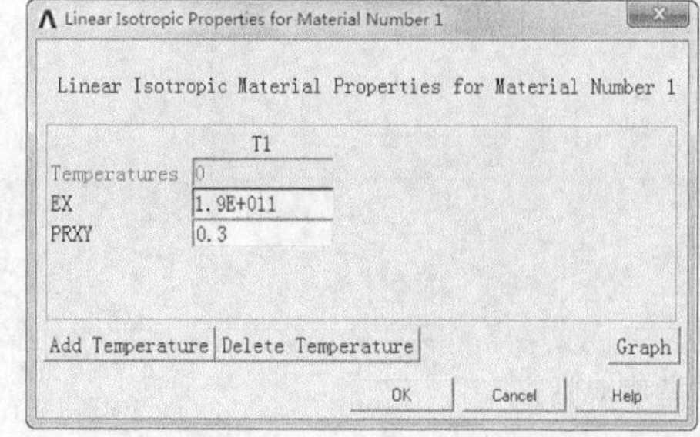

图 9-58　线性各向同性材料的弹性模量和泊松比

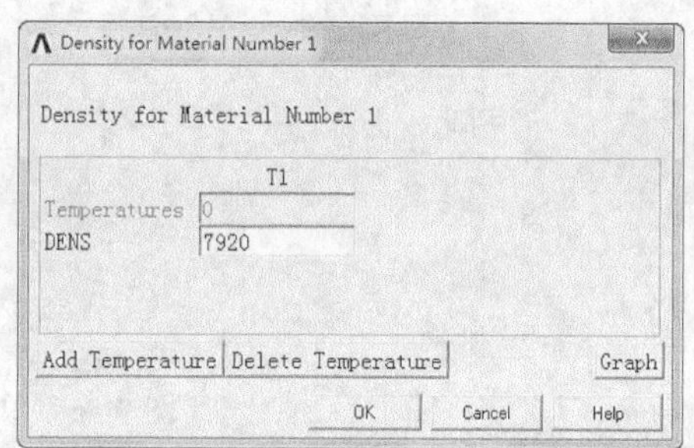

图 9-59　定义材料密度对话框

（6）在“DENS”文本框中输入密度数值“7920”。

（7）单击“OK”按钮，关闭对话框，并返回定义材料模型属性窗口，在此窗口的左边一栏参考号为 1 的材料属性下方出现密度项。

（8）在“Define Material Model Behavior”窗口中，从菜单选择“Material > Exit”命令，或单击右上角的“×”按钮，退出定义材料模型属性窗口，完成对材料模型属性的定义。

5. 建立弹簧、质量、阻尼振动系统模型

（1）定义两个节点 1 和 31。

① 从主菜单中选择“Main Menu：Preprocessor > Modeling > Create > Nodes > In Active CS”命令，弹出定义一个节点对话框。

② 在“Node number”文本框中输入“1”，单击“Apply”按钮，如图 9-60 所示。

③ 在“Node number”文本框中输入“31”，X=0.71，单击“OK”按钮。

（2）定义其他节点 2 ~ 30。

① 从主菜单中选择“Main Menu：Preprocessor > Modeling > Create > Nodes > Fill between Nds”命令，弹出选择节点对话框。

② 在文本框中输入“1，31”，单击“OK”按钮，如图 9-61 所示。

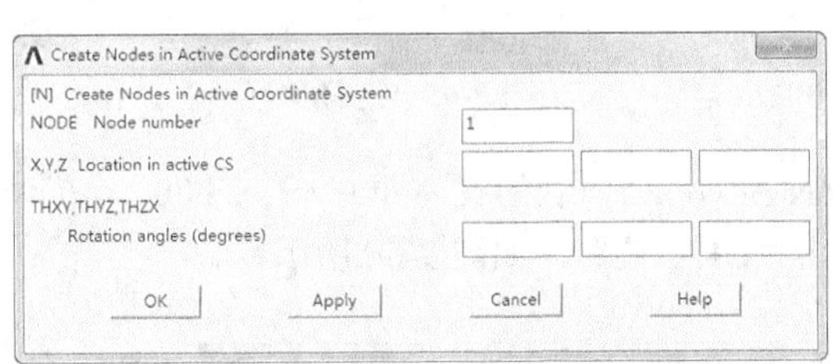

图 9-60 定义一个节点对话框

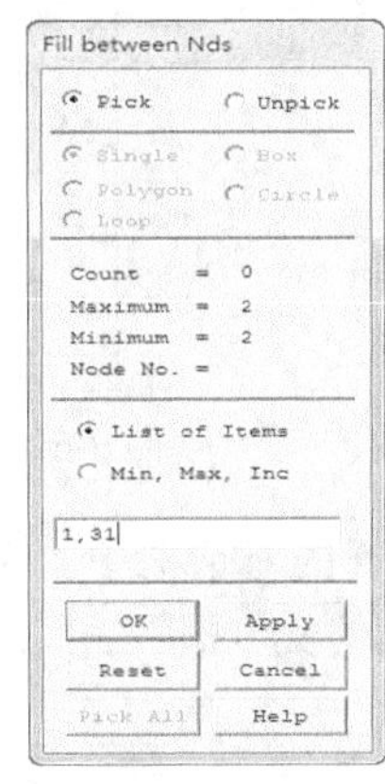

图 9-61 选择节点对话框

③ 在打开的“Create Nodes Between 2 Nodes”对话框中，如图 9-62 所示，单击“OK”按钮，所得结果如图 9-63 所示。

[FILL] Create Nodes Between 2 Nodes
NODE1,NODE2 Fill between nodes 1 31
NFILL Number of nodes to fill 29
NSTRT Starting node no.
NINC Inc. between filled nodes
SPACE Spacing ratio 1
ITIME No. of fill operations - 1
- (including original)
INC Node number increment - 1
- (for each successive fill operation)
OK Apply Cancel Help

图 9-62 填充节点

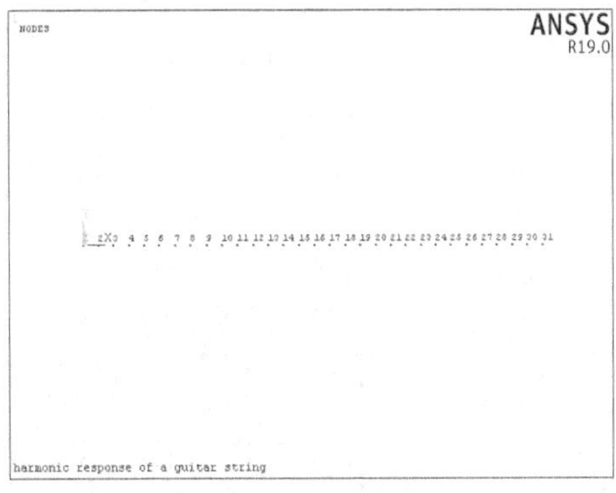

图 9-63 创建的结点

（3）定义一个单元。

① 从主菜单中选择“Main Menu：Preprocessor > Modeling > Create > Elements > Auto Numbered > Thru Nodes…”命令。

② 在文本框中输入“1，2”，用节点 1 和节点 2 创建一个单元，单击“OK”按钮。

（4）创建其他单元。

① 从主菜单中选择“Main Menu：Preprocessor > Modeling > Copy > Elements > Auto Numbered”命令打开“Elements from Nodes”对话框，创建一个单元，如图 9-64 所示。

② 在打开的对话框的文本框中输入“1”，选择第一个单元，单击“OK”按钮，如图 9-65 所示。

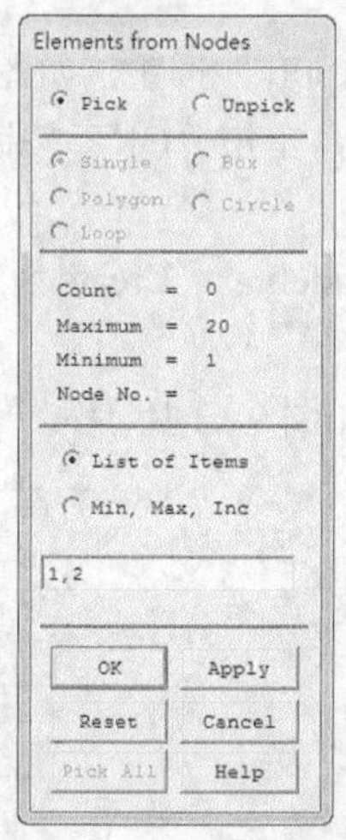

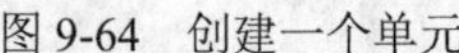
图 9-64　创建一个单元

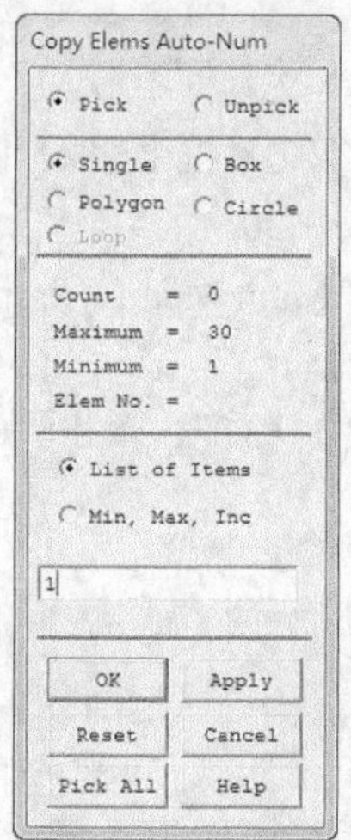

图 9-65　选择单元

③ 在打开的对话框中“Total number of copies”后的文本框中输入“30”，在“Node number increment”后的文本框中输入“1”，单击“OK”按钮，如图 9-66 所示。

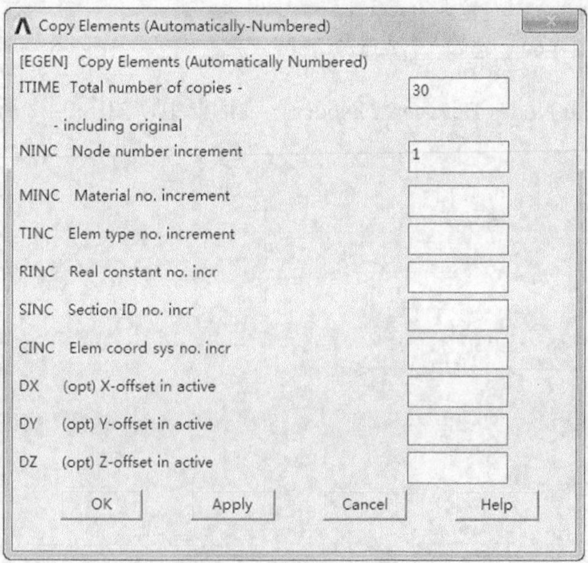

图 9-66　复制单元控制

9.4.3　定义边界条件并求解

1. 施加位移约束

（1）从主菜单中选择“Main Menu：Solution > Define Loads > Apply > Structural > Displacement > On Nodes”命令，打开节点选择对话框，要求选择欲施加位移约束的节点。

（2）在文本框中输入“1”，单击“OK”按钮，如图 9-67 所示。

（3）打开“Apply U,ROT on Nodes”对话框，在“DOFs to be constrained”滚动框中，选择“All DOF”选项（单击一次使其高亮度显示，确保其他选项未被高亮度显示）。单击“Apply”按钮，如图 9-68 所示。

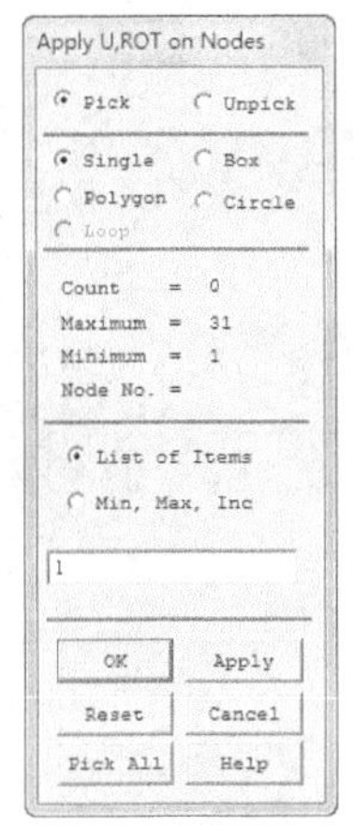

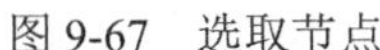

图 9-67　选取节点

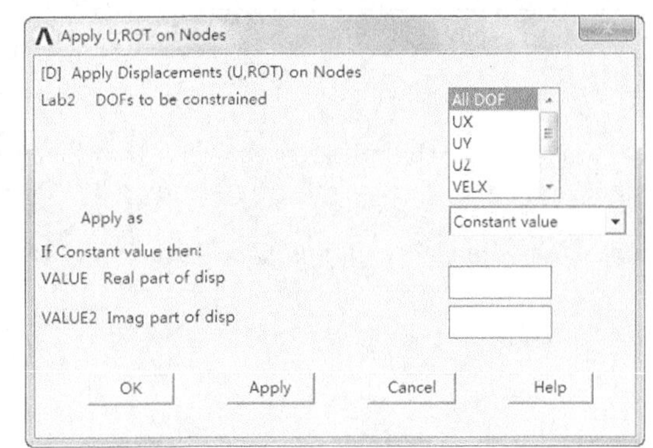

图 9-68　施加位移约束对话框

（4）在节点选择对话框中，选择“Min，Max，inc”方式，在文本框中输入“2，31，1”，单击“OK”按钮。

（5）打开“Apply U,ROT on Nodes”对话框，在“DOFs to be constrained”滚动框中，选择“UY”选项（单击一次使其高亮度显示，确保其他选项未被高亮度显示），单击“Apply”按钮。

2. 施加载荷

（1）从主菜单中选择“Main Menu：Solution > Define Loads > Apply > Structure > Force/Moment > On Nodes”命令。打开“Apply F/M on Nodes”拾取窗口。

（2）在文本框中输入“31”，单击“OK”按钮，如图 9-69 所示。

（3）在“Direction of force/mom”下拉列表框中选择“FX”，在“VALUE Real part of force/mom”文本框中输入“84”，单击“OK”按钮，如图 9-70 所示。

（4）施加载荷后的结果如图 9-71 所示。

3. 进行求解

（1）从主菜单中选择“Main Menu：Solution > Analysis Type > Sol'n Controls”命令，打开“Solution Controls”拾取窗口。

（2）在“Basic”选项卡中激活“Calculate prestress effects”选项，使求解过程包含预应力，如图 9-72 所示。单击“OK”按钮，关闭对话框。

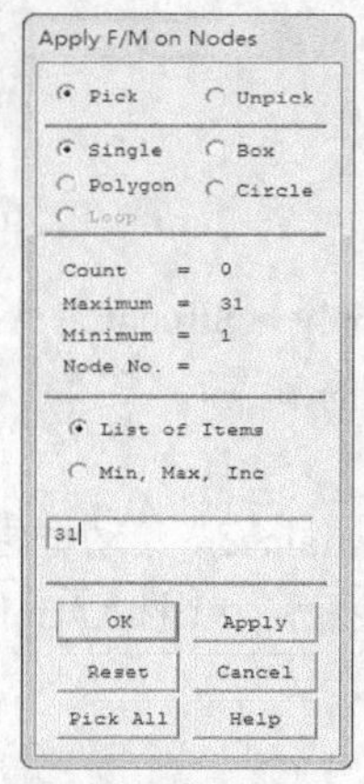

图 9-69　选择节点

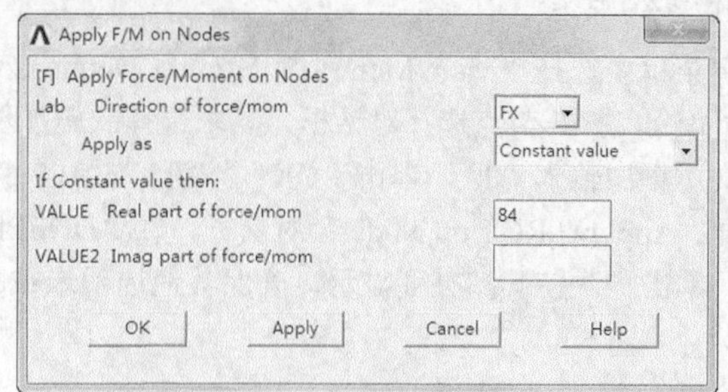

图 9-70　输入力的值

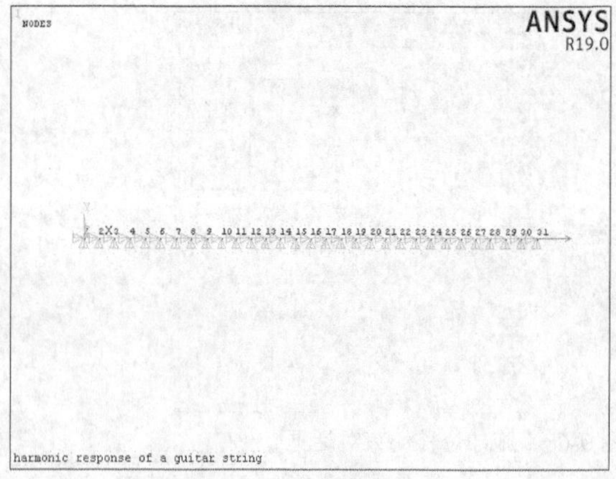

图 9-71　加载后的图

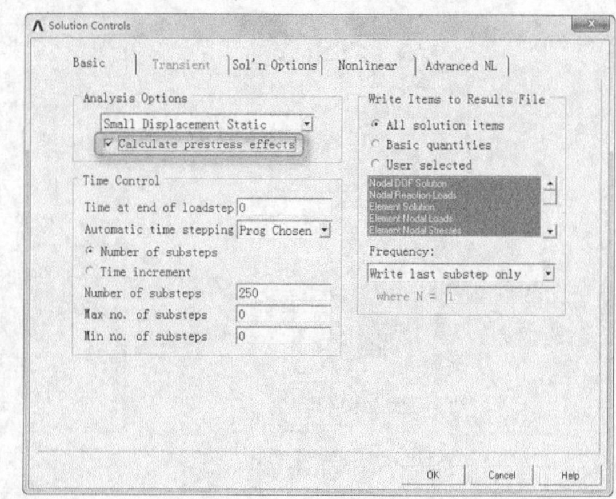

图 9-72　求解控制

（3）从主菜单中选择“Main Menu：Solution > Load Step Opts > Output Ctrls > Solu Printout”命令。

（4）打开“Solution Printout Controls”对话框，在“Item for printout control”下拉列表框中选择“Basic quantities”选项，在“Print frequency”单选框中选择“Every Nth substp”单选项，在“Value of N”文本框中输入“1”，单击“OK”按钮，如图 9-73 所示。

（5）从主菜单中选择“Main Menu：Solution > Solve > Current LS”命令，打开一个确认对话框和状态列表，如图 9-74 所示，要求查看列出的求解选项。

（6）查看列表中的信息确认无误后，单击“OK”按钮，开始求解。

（7）求解完成后打开如图 9-75 所示的提示求解结束对话框。

（8）单击“Close”按钮，关闭提示求解结束对话框。

（9）从主菜单中选择“Main Menu：Finish”命令。

4. 模态分析

（1）从主菜单中选择“Main Menu：Solution > Analysis Type > New Analysis”命令，打开“New Analysis”对话框，进行模态分析设置，在“Type of analysis”单选框中选择“Modal”单选项，单击“OK”按钮，如图 9-76 所示。

（2）从主菜单中选择“Main Menu：Solution > Analysis Type > Analysis Options”命令，打开“Modal Analysis”对话框，要求进行模态分析设置，选择“Block Lanczos”单选项，在“No. of modes to extract”文本框中输入“6”，将“Expand mode shapes”设置为“Yes”，在“No. of modes to expand”文本框中输入“6”，单击“OK”按钮，如图 9-77 所示。

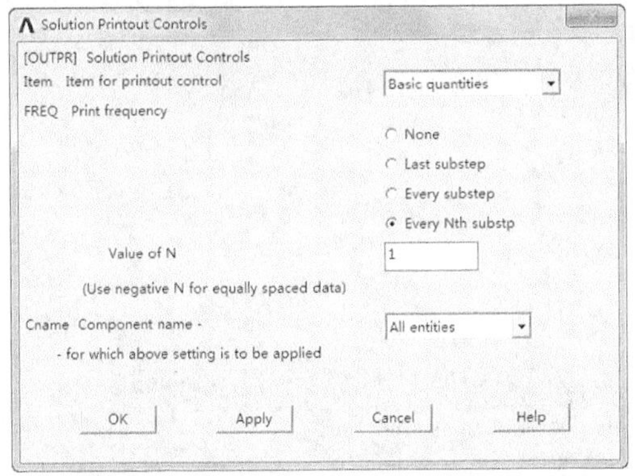

图 9-73　“Solution Printout Controls”对话框

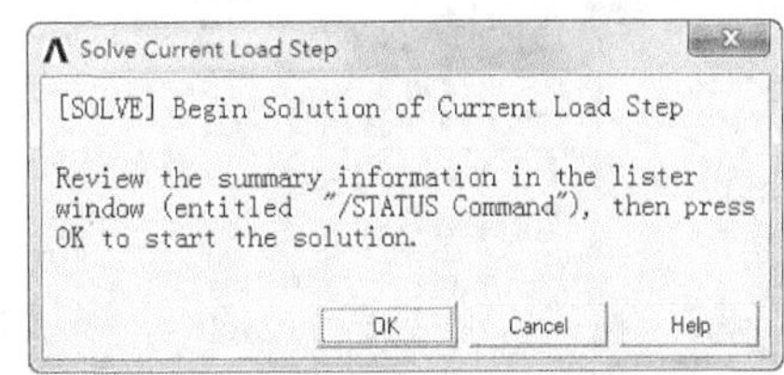

图 9-74　求解当前载荷步确认对话框

图 9-75　提示求解完成

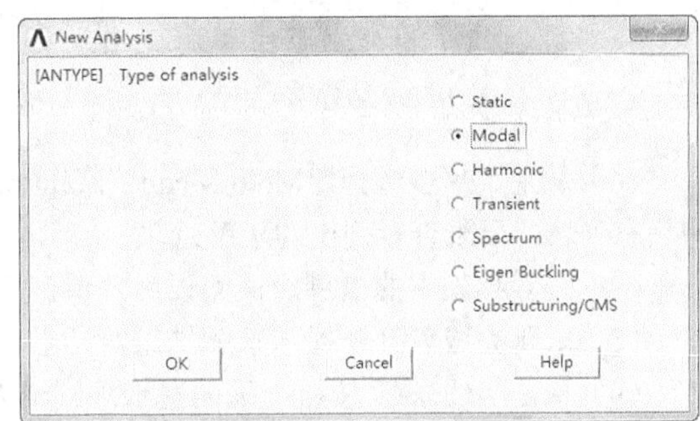

图 9-76　模态分析设置

（3）在子空间模态分析选项中，在“Start Freq”文本框中输入“0”，在“End Frequency”文本框中输入“100000”，单击“OK”按钮，如图 9-78 所示。

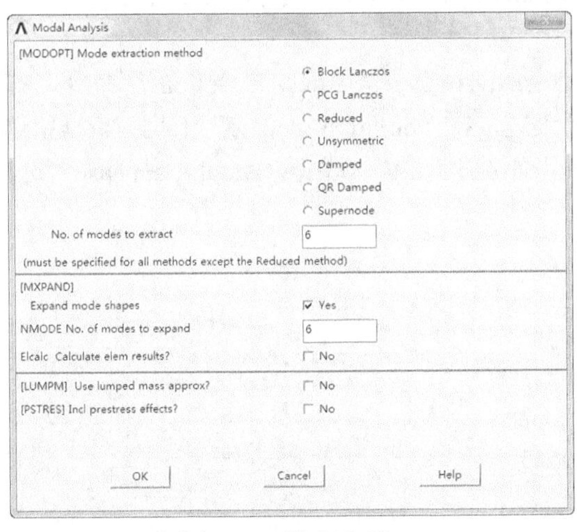

图 9-77　模态选项

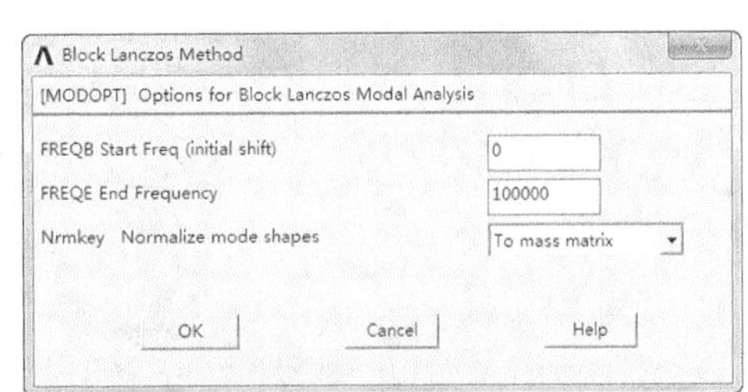

图 9-78　子空间分析选项

（4）从主菜单中选择“Main Menu：Solution > Define Loads > Delete > Structural > Displacement > on Nodes”命令，打开节点选择对话框，要求选择欲施加位移约束的节点，在文本框中输入“31”，

选择 31 号节点，单击“OK”按钮，如图 9-79 所示。

（5）打开删除约束种类的对话框，在下拉列表框中选择“UY”选项，单击“OK”按钮，如图 9-80 所示。

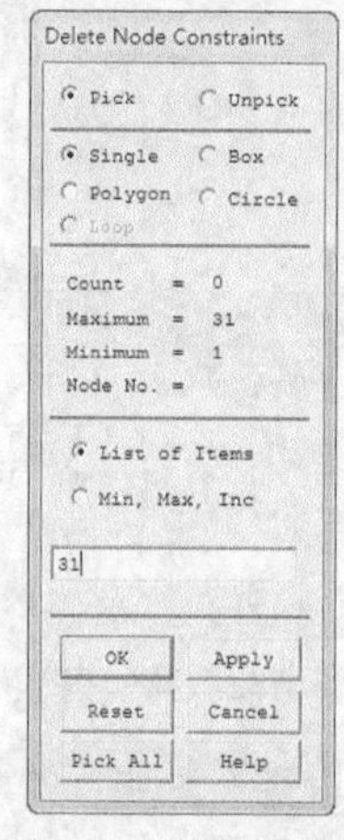

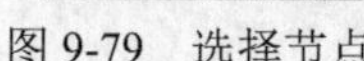

图 9-79　选择节点

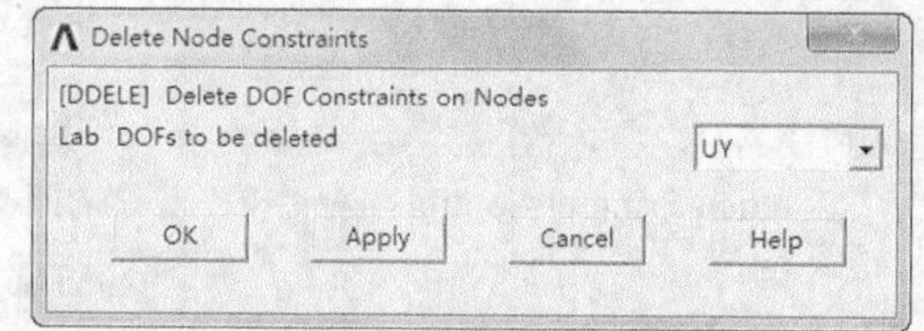

图 9-80　选择删除的约束

（6）从主菜单中选择“Main Menu：Solution > Solve > Current LS”命令，打开一个确认对话框和状态列表，要求查看列出的求解选项。

（7）查看列表中的信息确认无误后，单击“OK”按钮，开始求解。

（8）求解完成后打开提示求解结束对话框。

（9）单击“Close”按钮，关闭提示求解结束对话框。

（10）从主菜单中选择“Main Menu：Finish”命令。

5. 谐响应分析

（1）从主菜单中选择“Main Menu: Solution > Analysis Type > New Analysis”命令，打开“New Analysis”对话框，进行模态分析设置，在“Type of analysis”单选框中选择“Harmonic”单选项，单击“OK”按钮，如图 9-81 所示。

（2）从主菜单中选择“Main Menu：Solution > Analysis Type > Analysis Options”命令，打开“Harmonic Analysis”对话框，要求进行谐响应分析设置，在“Solution method”下拉列表框中选择“Mode Superpos'n”选项，在“DOF printout format”下拉列表框中选择“Amplitud+phase”选项，单击“OK”按钮，如图 9-82 所示。

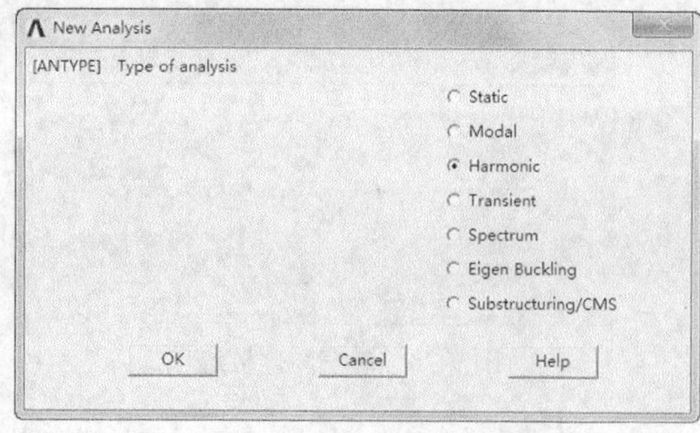

图 9-81　谐响应分析设置

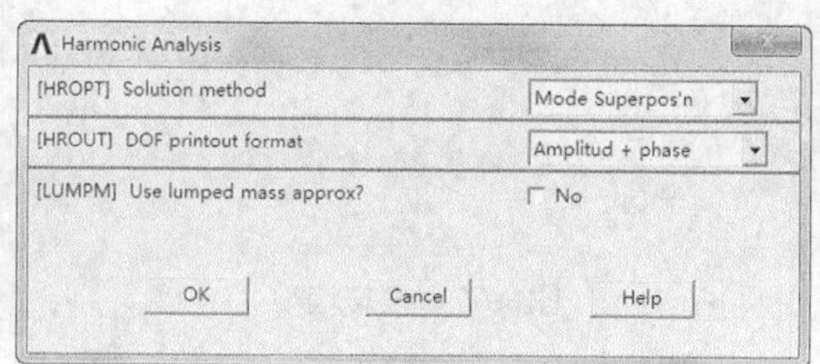

图 9-82　谐响应分析设置

（3）弹出“Mode Sup Harmonic Analysis”对话框，在“Maximum mode number”后的文本框中

输入“6”，单击“OK”按钮，如图 9-83 所示。

（4）从主菜单中选择“Main Menu：Solution > Define Loads > Delete > Structure > Force/ Moment > On Nodes”命令，打开“Delete F/M on Nodes”拾取窗口。

（5）在文本框中输入“31”，单击“OK”按钮，如图 9-84 所示。

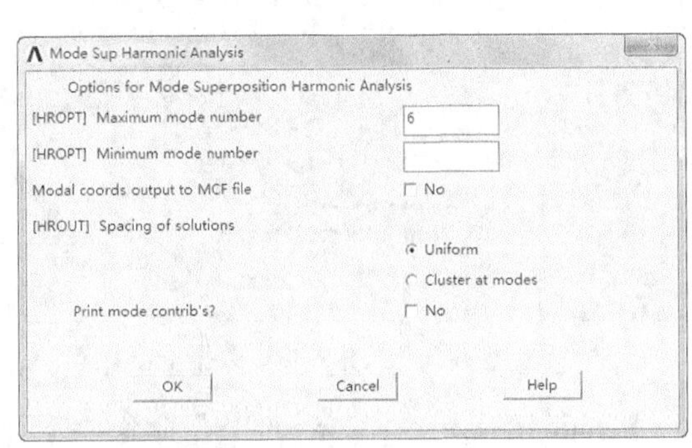

图 9-83 谐响应分析设置

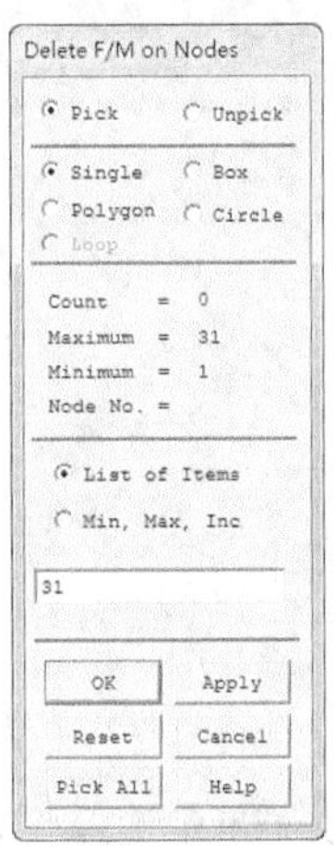

图 9-84 选择节点

（6）打开删除力种类的对话框，在下拉列表框中选择“FX”选项，单击“OK”按钮，如图 9-85 所示。

（7）从主菜单中选择“Main Menu：Solution > Define Loads > Apply > Structural > Force/Moment > On Nodes”命令，打开“Apply F/M on Nodes”拾取窗口。

（8）在文本框中输入“8”，单击“OK”按钮。

（9）在“Direction of force/mom”下拉列表框中选择“FY”选项，在“Real part of force/mom”后的文本框中输入“-1”，单击“OK”按钮。

（10）从主菜单中选择“Main Menu：Solution > Load Step Opts > Time/Frequenc > Freq and Substps”命令。

（11）在频率和子步控制对话框中，在“Harmonic freq range”后的文本框中输入“0”和“2000”，在“Number of substeps”后的文本框中输入“250”，在“Stepped or ramped b.c.”单选框中选择“Stepped”单选项，单击“OK”按钮，如图 9-86 所示。

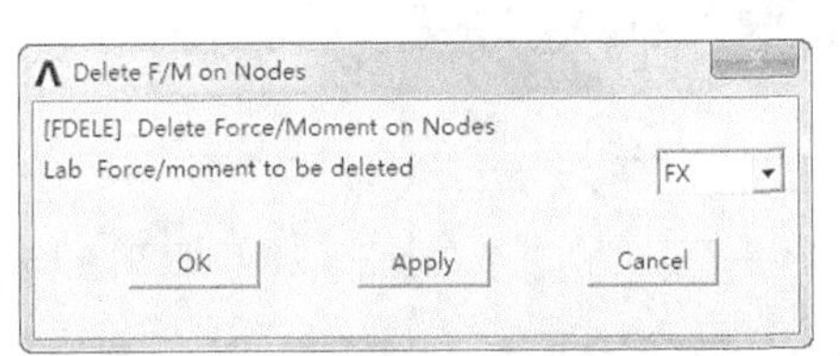

图 9-85 选择删除的力

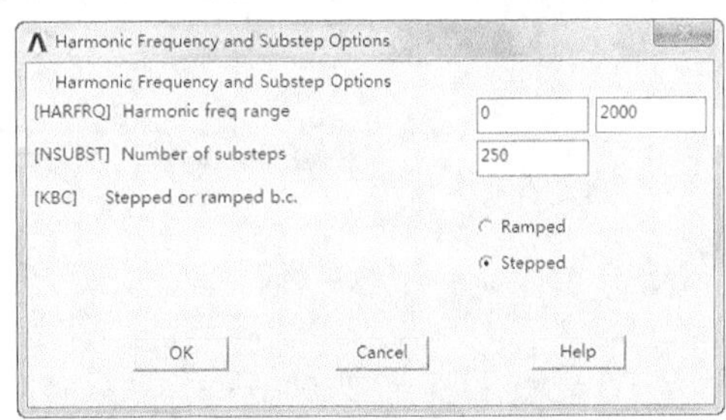

图 9-86 频率和子步控制对话框

（12）从主菜单中选择“Main Menu：Solution > Load Step Opts > Output Ctrls > Solu Printout”命令，打开结果输出设置对话框，在“Item for printout control”列表框中选择“Basic quantities”选

项，在“Print frequency”单选列表中选择“None”单选项，单击“OK”按钮，如图 9-87 所示。

（13）从主菜单中选择“Main Menu：Solution > Load Step Opts > Output Ctrls > DB/Results Files”命令，打开数据输出设置对话框，在“Item to be controlled”列表框中选择“All Items”选项，在“File write frequency”单选框中选择“Every substep”单选项，单击“OK”按钮，如图 9-88 所示。

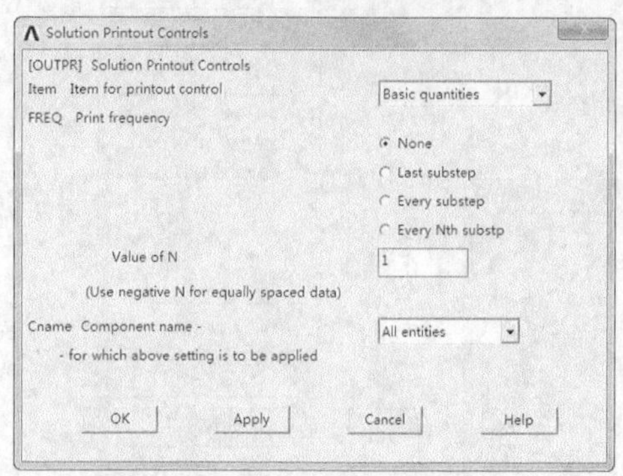

图 9-87 结果输出设置

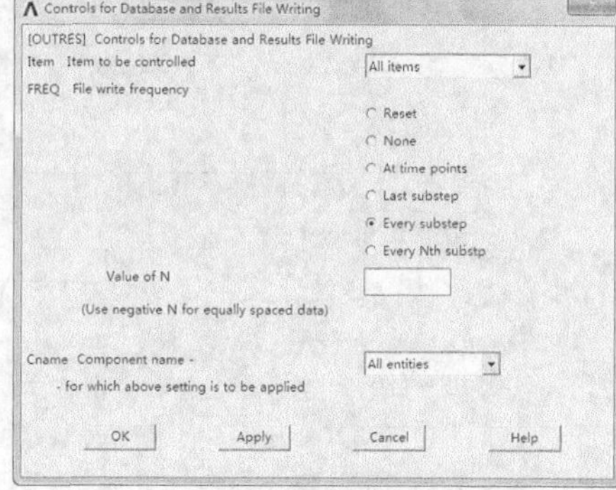

图 9-88 数据输出设置

（14）从主菜单中选择“Main Menu：Solution > Solve > Current LS”命令，打开一个确认对话框和状态列表，要求查看列出的求解选项。

（15）查看列表中的信息确认无误后，单击“OK”按钮，开始求解。

（16）求解完成后打开提示求解结束对话框。单击“Close”按钮，关闭提示求解结束对话框。

（17）从主菜单中选择“Main Menu：Finish”命令。

9.4.4 查看结果

求解完成后，就可以利用 ANSYS 软件生成的结果文件（对于静力分析，就是 Jobname.RST）进行后处理。动态分析中通常通过 POST26 时间历程后处理器就可以处理和显示大多数感兴趣的结果数据。

1. 图形显示

（1）从主菜单中选择“Main Menu：TimeHist Postpro”命令，出现“Time-History Variables”对话框。

（2）选择“file > Open”菜单命令，打开“guitar string.rfrq”结果文件，同时打开“guitar string.db”数据文件，打开后的“Time History Variables”对话框如图 9-89 所示。

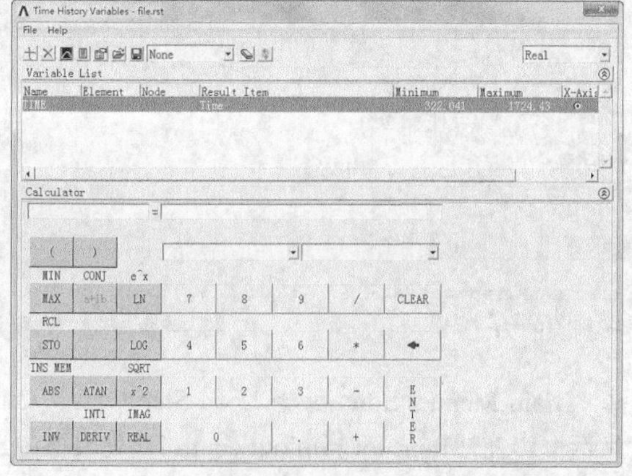

图 9-89 打开文件

（3）单击按钮，打开“Add Time-History Variables”对话框，如图 9-90 所示。

（4）单击选择“Nodal Solution > DOF Solution > Y-component of displacement”命令，单击“OK”按钮，打开“Nodal for Data”拾取对话框，如图 9-91 所示。

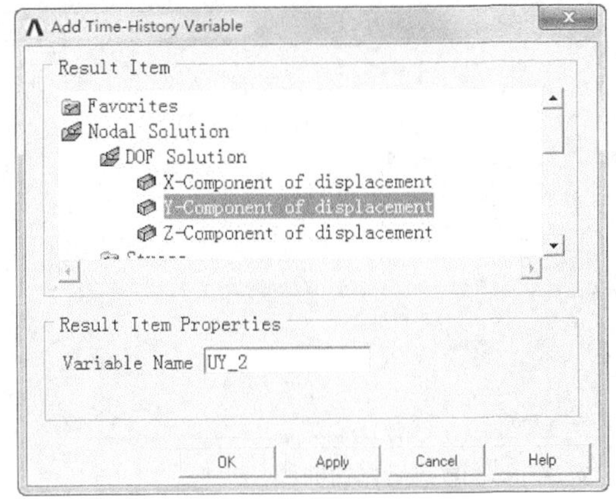

图 9-90　选择显示内容

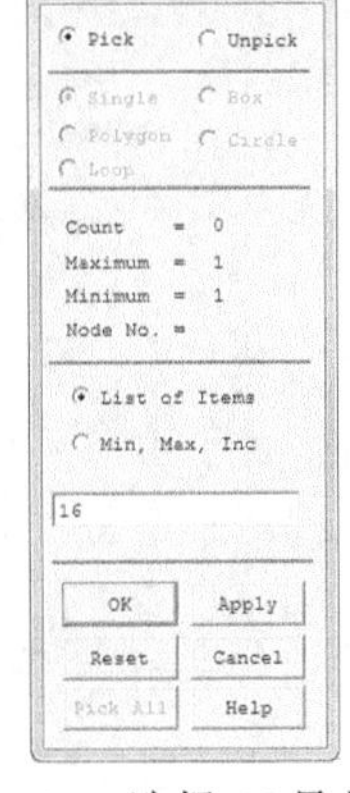

图 9-91　选择 16 号节点

（5）在文本框中输入“16”，单击“OK”按钮。返回“Time History Variables”对话框，结果如图 9-92 所示。

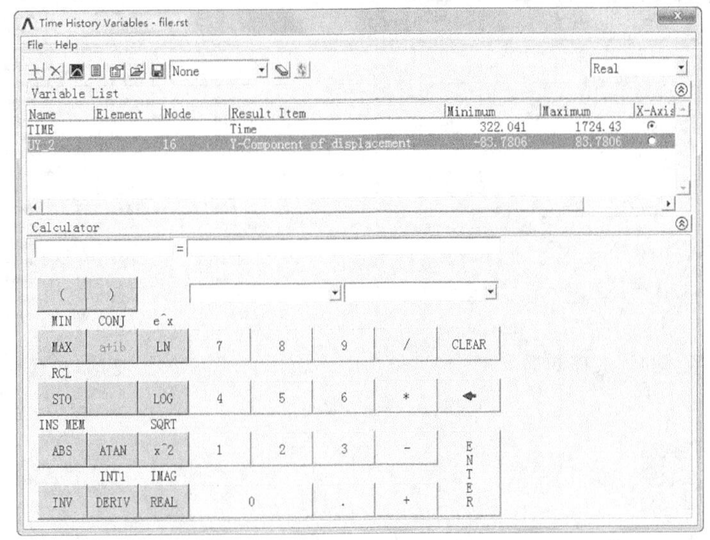

图 9-92　添加的频率变量

（6）单击按钮，在图形窗口中就会出现该变量随时间变化的曲线，如图 9-93 所示。

2．列表显示

（1）从主菜单中选择“Main Menu：TimeHist Postpro > List Variables”” 命令，弹出选择变量对话框。

（2）在“1st variable to list”后的文本框中输入“2”，单击“OK”按钮，如图 9-94 所示。

（3）ANSYS 进行列表显示，会出现变量与频率的值的列表，如图 9-95 所示。

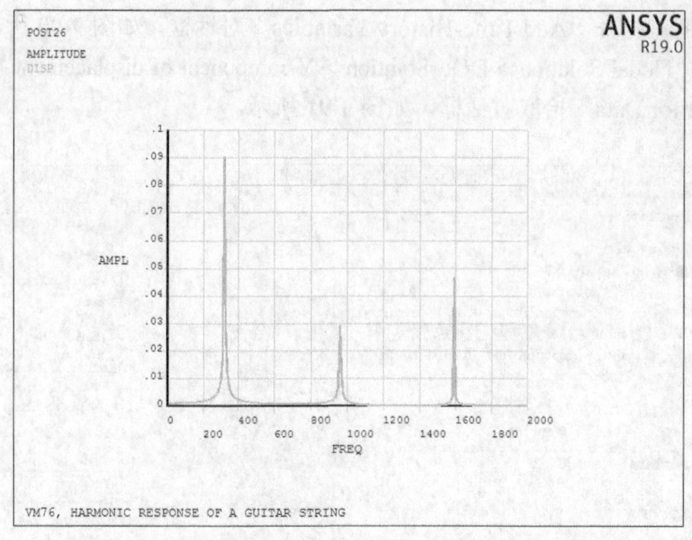

图 9-93　变量随时间变化的曲线

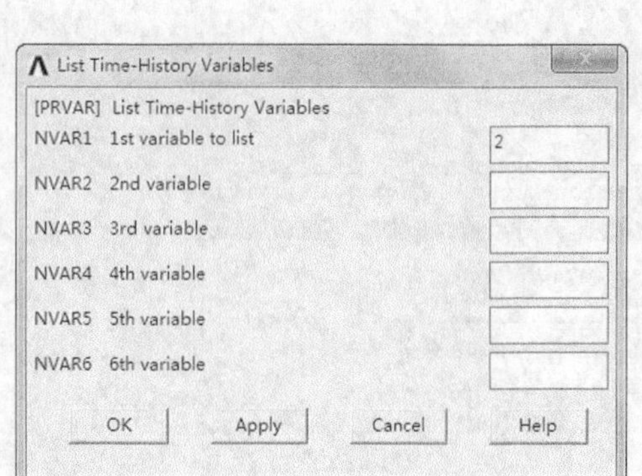

图 9-94　选择变量

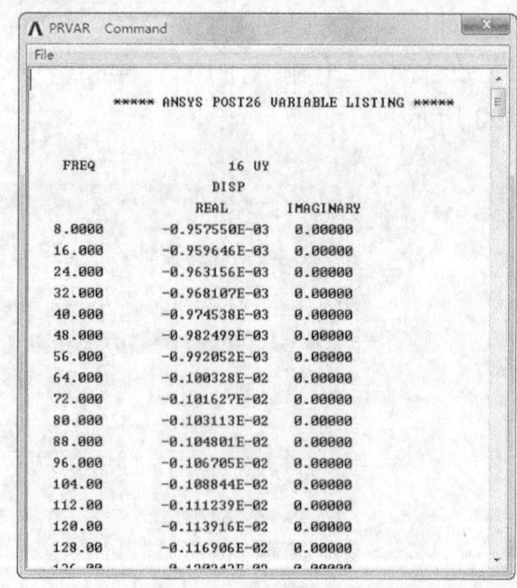

***** ANSYS POST26 VARIABLE LISTING *****

FREQ	16 UY DISP REAL	IMAGINARY
8.0000	-0.957550E-03	0.00000
16.000	-0.959646E-03	0.00000
24.000	-0.963156E-03	0.00000
32.000	-0.968107E-03	0.00000
40.000	-0.974538E-03	0.00000
48.000	-0.982499E-03	0.00000
56.000	-0.992052E-03	0.00000
64.000	-0.100328E-02	0.00000
72.000	-0.101627E-02	0.00000
80.000	-0.103113E-02	0.00000
88.000	-0.104801E-02	0.00000
96.000	-0.106705E-02	0.00000
104.00	-0.108844E-02	0.00000
112.00	-0.111239E-02	0.00000
120.00	-0.113916E-02	0.00000
128.00	-0.116906E-02	0.00000

图 9-95　变量与频率的列表

9.4.5　命令流方式

详见随书配套资源中的“X:\ 命令流 \9.4 综合实例——吉他的谐响应分析 .txt”电子文档。

9.5　本章小结

谐响应分析是工程中常常用到的分析方法，它使设计人员能够预测结构的持续动力特性，从而能够验证其设计是否成功的克服共振、疲劳及其他受迫振动引起的有害效果。谐响应分析共有 3 种方法：完全法、减缩法和模态叠加法，本章的实例是基于模态叠加法，如果换成另外两种方法，其步骤也大体相同，读者可以自行尝试。

第 10 章 非线性分析

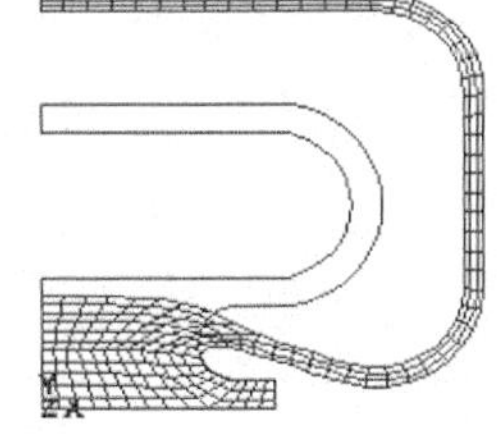

本章导读

非线性变化是日常生活和科研工作中经常碰到的情形。本章介绍了 ANSYS 非线性分析的全流程步骤，详细讲解了其中各种参数的设置方法与功能，最后通过几个实例对 ANSYS 非线性分析功能进行了具体演示。

通过本章的学习，读者可以完整深入地掌握 ANSYS 非线性分析的各种功能和应用方法。

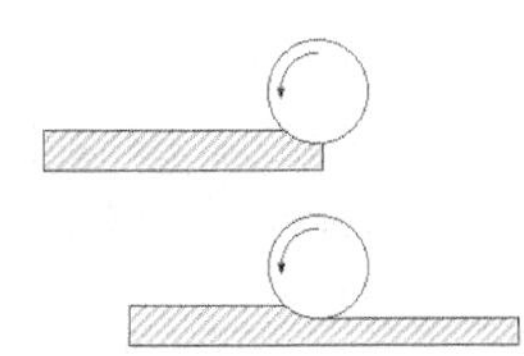

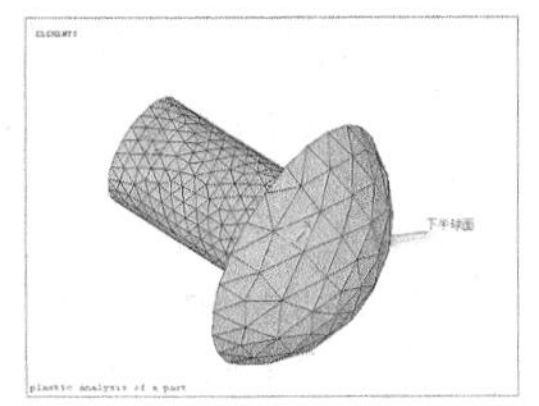

10.1 非线性分析概论

在日常生活中，会经常遇到结构非线性。例如，无论何时用订书针订书，金属订书钉将永久地弯曲成一个与之前完全不同的形状，如图 10-1（a）所示；如果在一个木架上放置重物，随着时间的迁移，木书架将越来越下垂，如图 10-1（b）所示；当在汽车或卡车上装货时，车辆的轮胎和下面路面之间的接触面积将随货物重量而变化，如图 10-1（c）所示。如果将上面例子的载荷 - 变形曲线画出来，将会发现它们都显示了非线性结构的基本特征——变化的结构刚性。

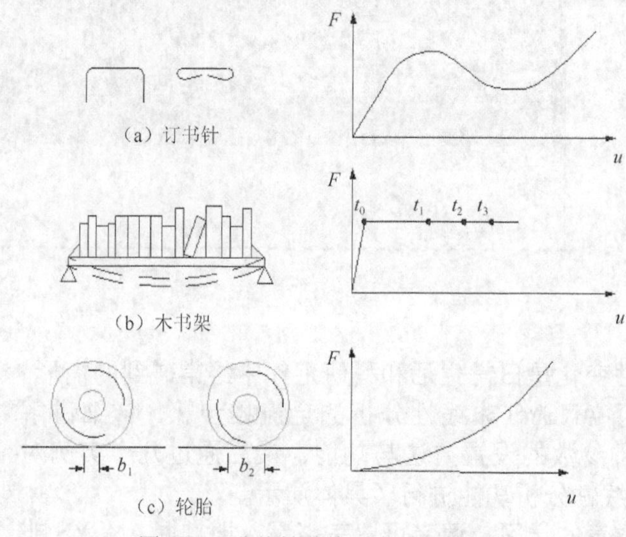

图 10-1　非线性结构行为的普通例子

10.1.1 非线性行为的原因

引起结构非线性的原因很多，它可以被分成 3 种主要类型。

（1）状态变化（包括接触）。许多普通结构表现出一种与状态相关的非线性行为。例如：一根只能拉伸的电缆可能是松散的，也可能是绷紧的；轴承套可能是接触的，也可能是不接触的；冻土可能是冻结的，也可能是融化的。这些系统的刚度由于系统状态的改变在不同的值之间突然变化。状态改变也许和载荷直接有关（如在电缆情况中），也可能由某种外部原因引起（如在冻土中的紊乱热力学条件）。ANSYS 程序中单元的激活与杀死选项用来给这种状态的变化建模。

接触是一种很普遍的非线性行为，接触是状态变化非线性类型中一个特殊而重要的子集。

（2）几何非线性。如果结构经受大变形，它变化的几何形状可能会引起结构的非线性响应。例如，如图 10-2 所示，随着垂向载荷的增加，鱼杆不断弯曲以至于动力臂明显地减少，导致鱼杆端显示出在较高载荷下不断增长的刚性。

（3）材料非线性。非线性的应力 - 应变关系是造成结构非线性的常见原因。许多因素可以影响材料的应力 - 应变性质，包括加载历史（如在弹 - 塑性响应状况下）、环境状况（如温度）、加载的时间总量（如在蠕变响应状况下）。

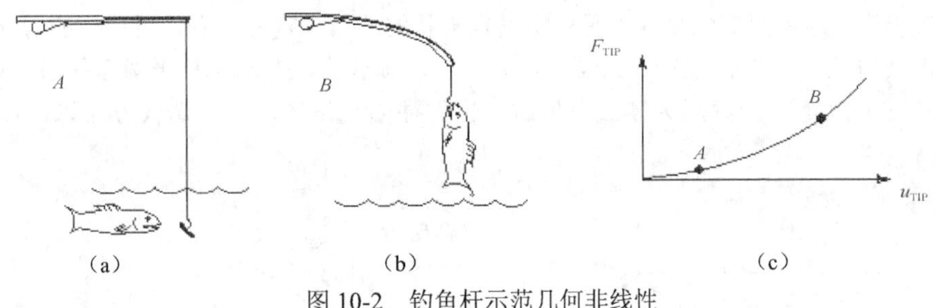

图 10-2　钓鱼杆示范几何非线性

10.1.2　非线性分析的基本信息

ANSYS 程序的方程求解器用于计算一系列的联立线性方程来预测工程系统的响应。然而，非线性结构的行为不能直接用这样一系列的线性方程表示。需要一系列的带校正的线性近似来求解非线性问题。

1. 非线性求解方法

一种近似的非线性求解是将载荷分成一系列的载荷增量。可以在几个载荷步内或在一个载荷步的几个子步内施加载荷增量。在每一个增量的求解完成后，继续进行下一个载荷增量之前，程序调整刚度矩阵，以反映结构刚度的非线性变化。遗憾的是，纯粹的增量近似不可避免地随着每一个载荷增量积累误差，导致结果最终失去平衡，如图 10-3（a）所示。

ANSYS 程序通过使用牛顿 - 拉夫逊平衡迭代克服了这种困难，它迫使在每一个载荷增量的末端解达到平衡收敛（在某个容限范围内）。图 10-3（b）描述了在单自由度非线性分析中牛顿 - 拉夫逊平衡迭代的使用。在每次求解前，NR 方法估算出残差矢量，这个矢量是回复力（对应于单元应力的载荷）和所加载荷的差值。程序然后使用非平衡载荷进行线性求解，且核查收敛性。如果不满足收敛准则，则重新估算非平衡载荷，修改刚度矩阵，获得新解。持续这种迭代过程直到问题收敛。

ANSYS 程序提供了一系列命令来增强问题的收敛性，如自适应下降、线性搜索、自动载荷步及二分法等，可被激活来加强问题的收敛性，如果不能得到收敛，那么程序要么继续计算下一个载荷步，要么终止（依据用户的指示而定）。

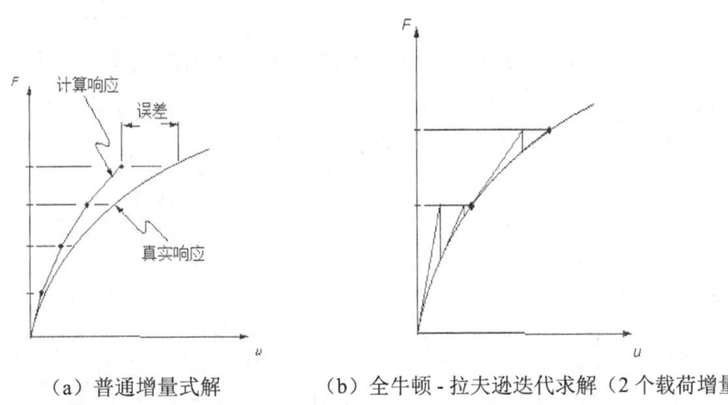

（a）普通增量式解　　（b）全牛顿 - 拉夫逊迭代求解（2 个载荷增量）

图 10-3　纯粹增量近似与牛顿 - 拉夫逊近似的关系

对某些物理意义上不稳定系统的非线性静态分析，如果你仅仅使用 NR 方法，正切刚度矩阵可能变为降秩矩阵，导致严重的收敛问题。这样的情况包括独立实体从固定表面分离的静态接触分析，结构则完全崩溃或者“突然变成”另一个稳定形状的非线性弯曲问题。对这样的情况，可以激活另外一种迭代方法——弧长方法，来帮助稳定求解。弧长方法导致 NR 平衡迭代沿一段弧收敛，从而即使当正切刚度矩阵的倾斜为零或负值时，也往往阻止发散。这种迭代方法以图形表示在图 10-4 中。

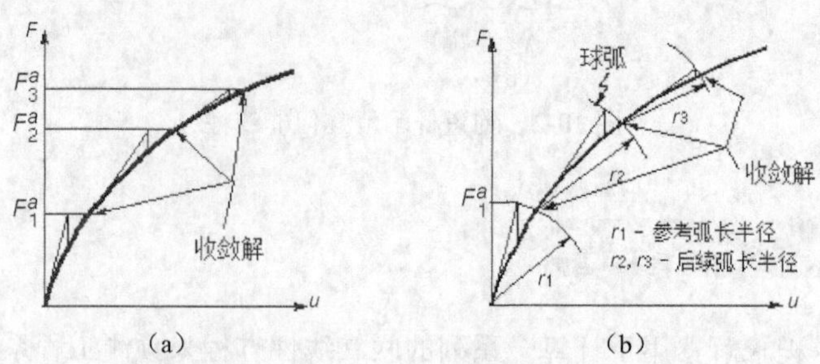

图 10-4　传统的 NR 方法与弧长方法的比较

2. 非线性求解级别

非线性求解被分成 3 个操作级别。

(1)“顶层”级别由在一定“时间”范围内明确定义的载荷步组成。假定载荷在载荷步内是线性地变化的。

(2) 在每一个载荷子步内，为了逐步加载可以控制程序来执行多次求解（子步或时间步）。

(3) 在每一个子步内，程序将进行一系列的平衡迭代以获得收敛的解。

图 10-5 说明了一段用于非线性分析的典型的载荷历史。

3. 载荷和位移的方向改变

当结构经历大变形时，应该考虑到载荷将发生什么变化。在许多情况中，无论结构如何变形，施加在系统中的载荷保持恒定的方向。而在另一些情况中，力将改变方向，随着单元方向的改变而变化。

注意

在大变形分析中不修正节点坐标系方向，因此计算出的位移在最初的方向上输出。

ANSYS 程序对这两种情况都可以建模，依赖于所施加的载荷类型。加速度和集中力将不管单元方向的改变而保持它们最初的方向，表面载荷作用在变形单元表面的法向，且可被用来模拟“跟随”力。图 10-6 说明了恒力和跟随力变形前后载荷方向。

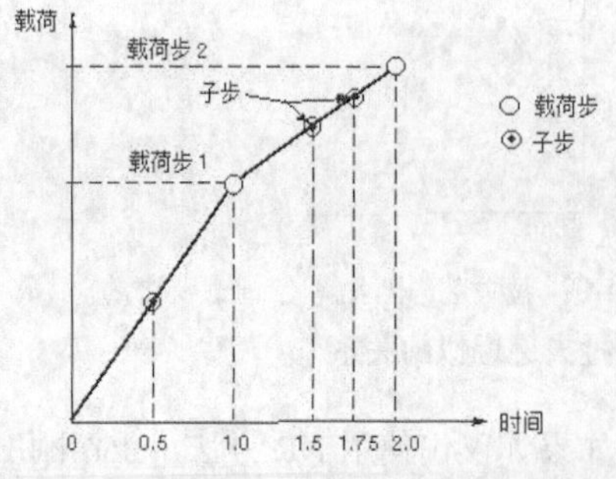

图 10-5　载荷步、子步、“时间”关系图

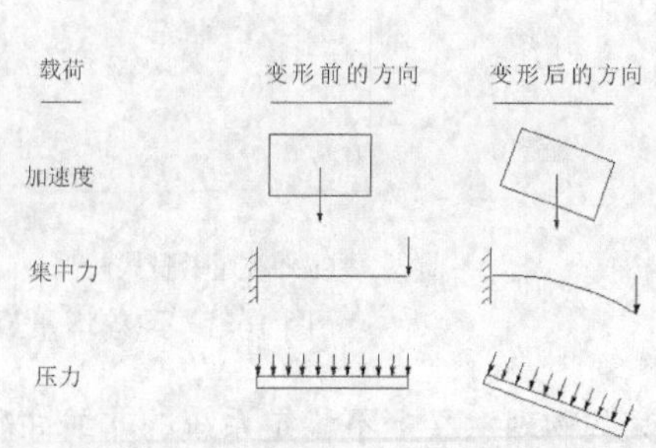

图 10-6　变形前后载荷方向

4. 非线性瞬态过程分析

非线性瞬态过程的分析与线性静态或准静态分析类似：以步进增量加载，程序在每一步中进行平衡迭代。静态和瞬态处理的主要不同之处是在瞬态过程分析中要激活时间积分效应。因此，在瞬态过程分析中“时间”总是表示实际的时序。自动时间分步和二等分特点同样也适用于瞬态过程分析。

10.1.3 几何非线性

小转动（小挠度）和小应变通常假定变形足够小，以至于可以不考虑由变形导致的刚度阵变化，但是大变形分析中，必须考虑由于单元形状或方向导致的刚度阵变化。使用命令 NLGEOM，ON [GUI：Main Menu > Solution > Analysis Type > Sol’n Control (: Basic Tab) 或者 Main Menu > Solution > Unabridged Menu > Analysis Type > Analysis Options]，可以激活大变形效应（针对支持大变形的单元）。大多数实体单元（包括所有大变形单元和超弹单元）、大多数梁单元和壳单元都支持大变形。

大变形过程在理论上并没有限制单元的变形或者转动（实际的单元还是要受到经验变形的约束，即不能无限大），但求解过程必须保证应变增量满足精度要求，即总体载荷要被划分为很多小步来加载。

1. 大应变和大挠度（大转动）

所有梁单元和大多数壳单元以及其他的非线性单元都有大挠度（大转动）效应，可以通过命令 NLGEOM，ON [GUI：Main Menu > Solution > Analysis Type > Sol’n Control (: Basic Tab) 或者 Main Menu > Solution > Unabridged Menu > Analysis Type > Analysis Options] 来激活该选项。

2. 应力刚化

结构的面外刚度有时候会受到面内应力的明显影响，这种面内应力与面外刚度的耦合，即所谓的应力刚化，在面内应力很大的薄结构（例如缆索、隔膜）中非常明显。

因为应力刚化理论通常假定单元的转动和变形都非常小，所以它是应用小转动或者线性理论。但在有些结构里面，应力刚化只有在大转动（大挠度）下才会体现，例如图 10-7 所示结构。

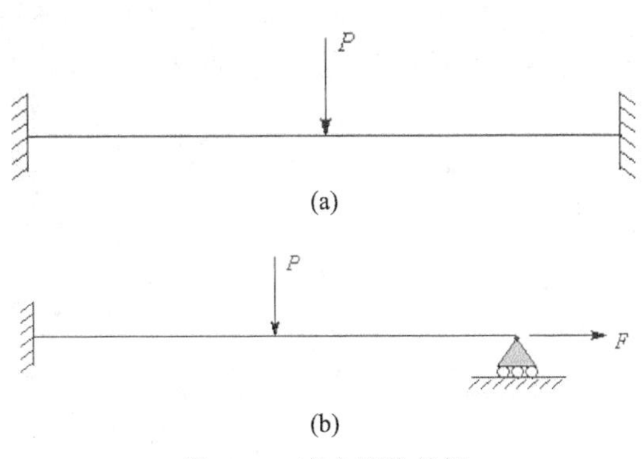

图 10-7 应力刚化的梁

可以在第一个载荷步中利用命令 PSTRES，ON（GUI：Main Menu > Solution > Unabridged Menu > Analysis Type > Analysis Options）激活应力刚化选项。

大应变和大转动分析过程理论上包括初始应力的影响，多于大多数单元，在使用命令 NLGEOM，ON [GUI：Main Menu > Solution > Analysis Type > Sol'n Control (: Basic Tab) 或者 Main Menu > Solution > Unabridged Menu > Analysis Type > Analysis Options] 激活大变形效应时，会自动包括初始刚度的影响。

3. 旋转软化

旋转软化会调整（软化）旋转结构的刚度矩阵来考虑动态质量的影响，这种调整近似于在小挠度分析中考虑大挠度圆周运动引起的几何尺寸的变化，它通常与由旋转模型的离心力所产生的预应力 [PSTRES]（GUI：Main Menu > Solution > Unabridged Menu > Analysis Type > Analysis Options）

一起使用。

注意

旋转软化不能与其他的几何非线性、大转动或者大应变同时使用。

利用命令 OMEGA 和 CMOMEGA KSPIN 选项（GUI：Main Menu > Preprocessor > Loads > Define Loads > Apply > Structural > Inertia > Angular Velocity）来激活旋转软化效应。

10.1.4 材料非线性

在求解过程中，与材料相关的因子会导致结构的刚度变化。塑性、多线性和超弹性的非线性应力 - 应变关系会导致结构刚度在不同载荷阶段（典型的，例如不同温度）发生变化。蠕变、黏弹性和黏塑性的非线性则与时间、速度、温度以及应力相关。

如果材料的应力 - 应变关系是非线性的或者与速度相关，必须利用 TB 命令族（TBTEMP，TBDATA，TBPT，TBCOPY，TBLIST，TBPLOT，TBDELE）（GUI：Main Menu > Preprocessor > Material Props > Material Models > Structural > Nonlinear）用数据表的形式来定义非线性材料特性。下面对不同的材料非线性行为选项做简单介绍。

1. 塑性

对于多数工程材料，在达到比例极限之前，应力 - 应变关系都采用线性形式。超过比例极限之后，应力 - 应变关系呈现非线性，不过通常还是弹性的。而塑性，则以无法恢复的变形为特征，在应力超过屈服极限之后就会出现。因为通常情况下比例极限和屈服极限只有微小的差别，在塑性分析中 ANSYS 程序假定这两点重合，如图 10-8 所示。

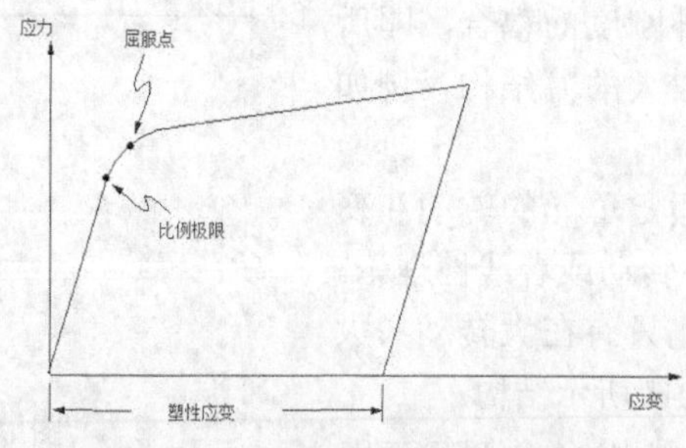

图 10-8　弹塑性应力 - 应变关系

塑性是一种不可恢复、与路径相关的变形现象。换句话说，施加载荷的次序以及在何种塑性阶段施加将影响最终的结果。如果想在分析中预测塑性响应，则需要将载荷分解成一系列增量步（或者时间步），这样模型才有可能正确地模拟载荷 - 响应路径。每个增量步（或者时间步）的最大塑性应变会储存在输出文件（Jobname.OUT）里面。

自动步长调整选项 [AUTOTS] [GUI：Main Menu > Solution > Analysis Type > Sol'n Control (: Basic Tab) 或 者 Main Menu > Solution > Unabridged Menu > Load Step Opts > Time/Frequenc > Time and Substps] 会根据实际的塑性变形调整步长，当求解迭代次数过多或者塑性应变增量大于 15% 时会自动缩短步长。如果采用的步长过长，ANSYS 程序会减半或者采用更短的步长，具体菜单如图 10-9 所示。

在塑性分析时，可能还会同时出现其他非线性特性。例如，大转动（大挠度）和大应变的几何非线性通常伴随塑性同时出现。如果想在分析中加入大变形，可以用命令 NLGEOM [GUI：Main Menu > Solution > Analysis Type > Sol'n Control (: Basic Tab) 或者 Main Menu > Solution > Unabridged Menu > Analysis Type > Analysis Options] 激活相关选项。对于大应变分析，材料的应力 - 应变特性必须是用真实应力和对数应变输入的。

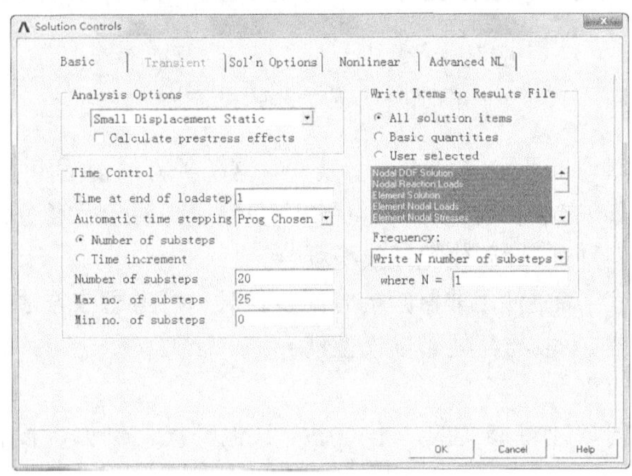

图 10-9　自动步长调整选项对话框

2. 多线性

多线性弹性材料行为选项（MELAS）用于描述一种保守响应（与路径无关），其加载和卸载沿相同的应力 / 应变路径。所以，对于这种非线性行为，可以使用相对较大的步长。

3. 超弹性

如果存在一种弹性能函数（或者应变能密度函数），它是应变或者变形张量的比例函数，对相应应变项求导就能得到相应应力项，这种材料通常被称为超弹性。

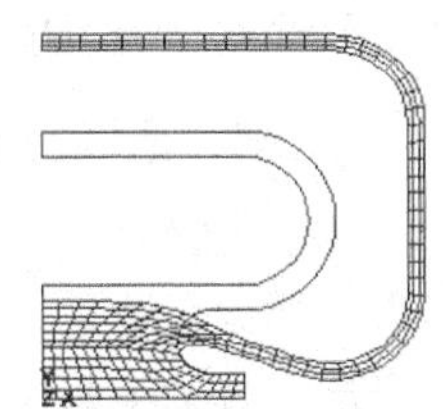

图 10-10　超弹结构

超弹性可以用来解释类橡胶材料（例如人造橡胶）在经历大应变和大变形时（需要 [NLGEOM，ON]）其体积变化非常微小（近似于不可压缩材料）。一种有代表性的超弹结构（气球封管）如图 10-10 所示。

下面两种类型的单元适合模拟超弹材料。

（1）超弹单元（HYPER56、HYPER58、HYPER74、HYPER158）。

（2）除了梁杆单元以外，所有编号为 18x 的单元（PLANE182、PLANE183、SOLID185、SOLID186、SOLID187）。

4. 蠕变

蠕变是一种与速度相关的材料非线性，它指当材料受到持续载荷作用的时候，其变形会持续增加。相反地，如果施加强制位移，反作用力（或者应力）会随着时间慢慢减小（应力松弛），如图 10-11（a）所示。蠕变的三个阶段如图 10-11（b）所示。ANSYS 程序可以模拟前两个阶段，第三个阶段通常不分析，因为它已经接近破坏程度。

在高温应力分析中，蠕变是非常重要的。例如，在原子反应器施加预载荷以防止邻近部件移动，过了一段时间之后（高温），预载荷会自动降低（应力松弛），以致邻近部件开始移动。另外，对于预应力混凝土结构，蠕变效应也是非常显著的，而且蠕变是持久的。

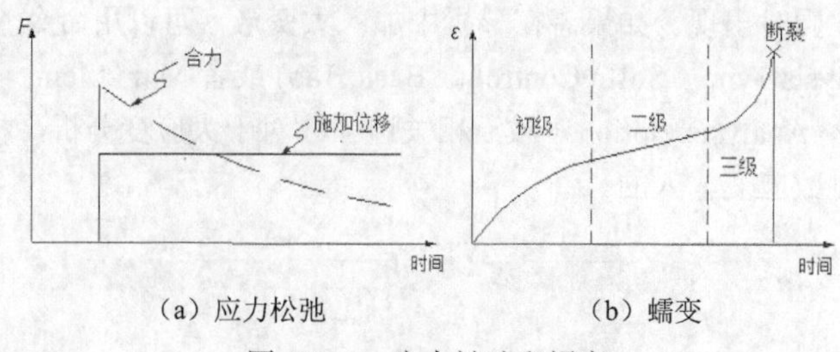

（a）应力松弛　　　　（b）蠕变

图 10-11　应力松弛和蠕变

ANSYS 程序利用两种时间积分方法来分析蠕变，这两种方法都适用于静力学分析和瞬态分析。

（1）隐式蠕变方法。该方法功能更强大、更快、更精确，对于普通分析，推荐使用。其蠕变常数依赖于温度，也可以与各向同性硬化塑性模型耦合。

（2）显式蠕变方法。当需要使用非常短的时间步长时，可考虑该方法，其蠕变常数不能依赖于温度。另外，可以通过强制手段与其他塑性模型耦合。

需要注意以下几个方面。

隐式和显式这两个词是针对蠕变的，不能用于其他环境，例如，没有显式动力分析的说法，也没有显式单元的说法。

隐式蠕变方法支持如下单元：PLANE42、SOLID45、PLANE82、SOLID92、SOLID95、LINK180、SHELL181、PLANE182、PLANE183、SOLID185、SOLID186、SOLID187、BEAM188 和 BEAM189。

显式蠕变方法支持如下单元：LINK1、PLANE2、LINK8、PIPE20、BEAM23、BEAM24、PLANE42、SHELL43、SOLID45、SHELL51、PIPE- 60、SOLID62、SOLID65、PLANE82、SOLID92 和 SOLID95。

5. 形状记忆合金

形状记忆合金（SMA）材料行为选项指镍钛合金的过弹性行为。镍钛合金是一种柔韧性非常好的合金，无论在加载卸载时经历多大的变形都不会留下永久变形，如图 10-12 所示，材料行为包含 3 个阶段：奥氏体阶段（线弹性）、马氏体阶段（也是线弹性）和两者间的过渡阶段。

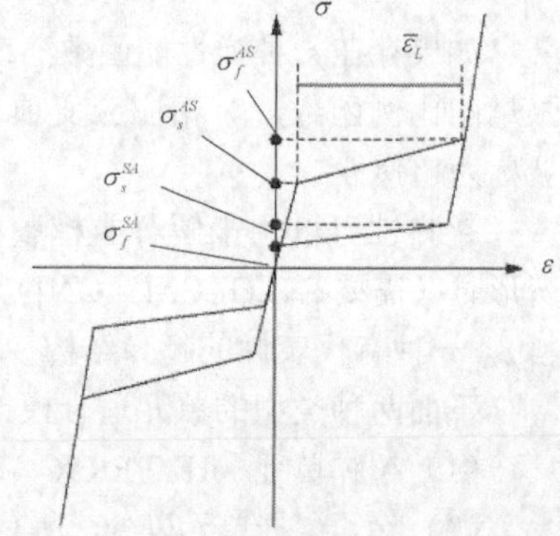

图 10-12　形状记忆合金状态图

利用 MP 命令定义奥氏体阶段的线弹性材料行为，利用 TB，SMA 命令定义马氏体阶段和过渡阶段的线弹性材料行为。另外，可以用 TBDATA 命令输入合金的指定材料参数组，总共可以输入 6 组参数。

形状记忆合金可以使用如下单元：PLANE182、PLANE183、SOLID185、SOLID186、SOLID187。

6. 黏弹性

黏弹性类似于蠕变，但是当去掉载荷时，部分变形会跟着消失。最普遍的黏弹性材料是玻璃，部分塑料也可认为是黏弹性材料。图 10-13 表示一种黏弹性。

利用单元 VISCO88 和 VISCO89 可以模拟小变形黏弹性、利用单元 LINK180、SHELL181、PLANE182、PLANE183、SOLID185、SOLID186、SOLID187、BEAM188 和 BEAM189 可以模拟小变形或大变形黏弹性。用户可以用 TB 命令族输入材料属性。对于单元 SHELL181、PLANE182、PLANE183、SOLID185、SOLID186 和 SOLID187，需用 MP 命令指定其黏弹性材料属性，用 TB，

HYPER 命令指定其超弹性材料属性。弹性常数与快速载荷值有关。用 TB，PRONY 和 TB，SHIFT 命令输入松弛属性（可参考对 TB 命令的解释以获得更详细的信息）。

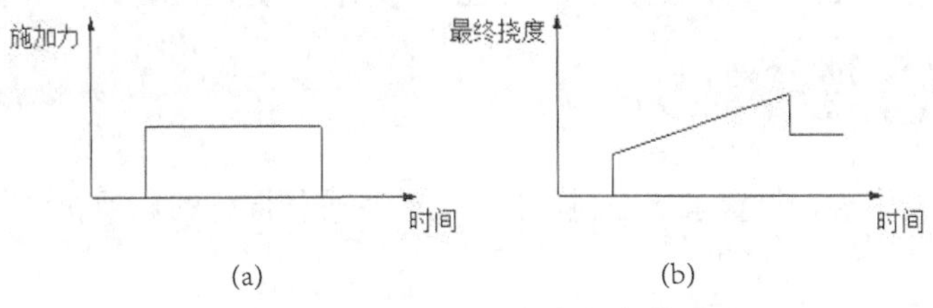

图 10-13 黏弹性行为（麦克斯韦模型）

7. 黏塑性

黏塑性是一种与时间相关的塑性现象，塑性应变的扩展与加载速率有关，其基本应用是高温金属成形过程，例如滚动锻压，会产生很大的塑性变形，而弹性变形却非常小，如图 10-14 所示。因为塑性应变所占比例非常大（通常超过 50%），所以要求打开大变形选项 [NLGEOM，ON]。可利用 VISCO136、VISCO137 和 VISCO138 几种单元来模拟黏塑性。黏塑性是通过一套流动和强化准则将塑性和蠕变平均化，约束方程通常用于保证塑性区域的体积。

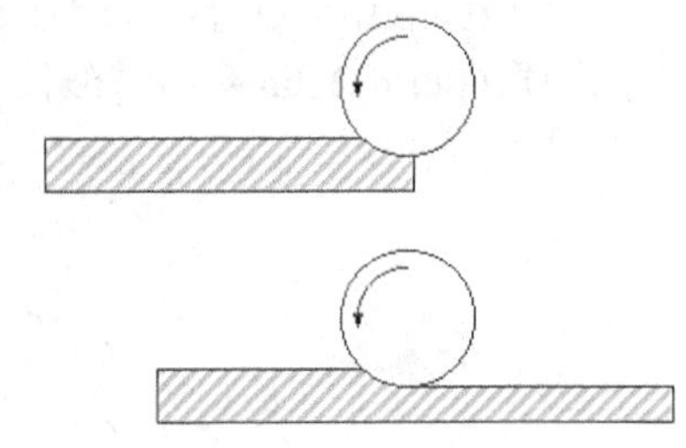

图 10-14 翻滚操作中的黏塑性行为

10.1.5 其他非线性问题

（1）屈曲。屈曲分析是一种用于确定结构的屈曲载荷（使结构开始变得不稳定的临界载荷）和屈曲模态（结构屈曲响应的特征形态）的技术。

（2）接触。接触问题分为两种基本类型：刚体 / 柔体的接触，半柔体 / 柔体的接触，都是高度非线性行为。

10.2 非线性分析的基本步骤

（1）前处理（建模和分网）。

（2）设置求解控制器。

（3）设置其他求解选项。

（4）加载。

（5）求解。

（6）后处理（观察模型）。

10.2.1 前处理（建模和分网）

虽然非线性分析可能包括特殊的单元或者非线性材料属性，但前处理这个步骤本质上与线性分析是一样的。如果分析中包含大应变效应，那么应力 - 应变数据必须用真实应力和真实应变或者对数应变表示。

在前处理完成之后，需要设置求解控制器（分析类型、求解选项、载荷步选项等）、加载和求解。非线性分析不同于线性分析之处在于，它通常要求执行多载荷步增量和平衡迭代。

10.2.2 设置求解控制器

对于非线性分析来说，设置求解控制器包括与线性分析同样的选项和访问路径（求解控制器对话框）。

选择如下 GUI 路径进入求解控制器。

GUI：Main Menu > Solution > Analysis Type > Sol'n Control，弹出“Solution Controls”对话框，如图 10-15 所示。

从图 10-15 中可以看到，该对话框主要包括 5 大块：基本选项（Basic）、瞬态选项（Transient）、求解选项（Sol'n Options）、非线性选项（Nonlinear）和高级非线性选项（Advanced NL）。

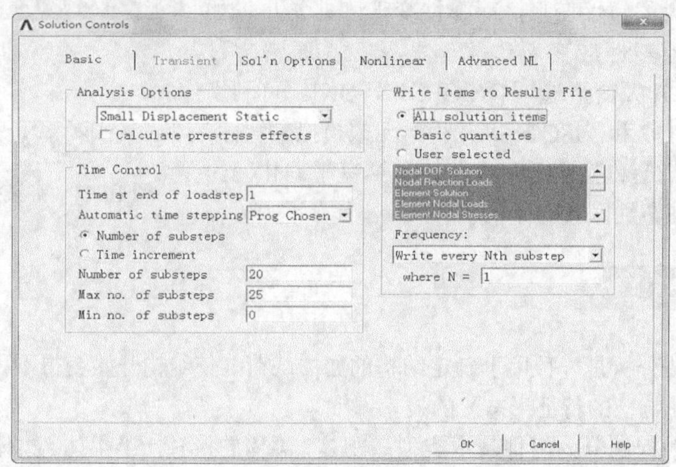

图 10-15 “Solution Controls”对话框

结构静力分析章节已经提过的部分（例如设置求解控制、访问求解控制器对话框，利用基本选项、瞬态选项、求解选项、非线性选项和高级非线性选项等）在此略过，下面重点阐述前面没提到的选项及功能。

1. 设置求解器基本选项

（1）如果是开始一项新的分析，在设置分析类型和非线性选项时，选择“Large Displacement Static”选项（但是要记住不是所有的非线性分析都支持大变形）。

（2）在进行时间选项设置时，需记住这些可以在任何一个载荷步更改。

（3）非线性分析通常要求多子步或者时间步（这两者是等效的），这样来模拟载荷逐步的施加以获得比较精确的解。命令 NSUBST 和 DELTIM 是用不同的方法获得同样的效果。NSUBST 指定一个载荷步内的子步数，而 DELTIM 则明确指定时间步长。如果自动时间步长 [AUTOTS] 是关闭的，那么整个载荷步都采用开始的步长。

（4）OUTRES 控制结果数据输出到结果文件（Jobname.RST），默认情况下，只会输出最后一个子步的数据。另外，默认情况下，ANSYS 允许最多输出 1300 个子步的结果，可以用“/CONFIG, NRES”命令来修改该限定。

2. 可以在求解控制器里设置的高级分析选项

多数情况下，ANSYS 会自动激活稀疏矩阵直接求解器（sparse direct solver）（EQSLV, SPARSE），但是对于子结构分析，则默认激活波前直接求解器（frontal direct solver）。对于实体单元（例如 SOLID92 和 SOLID45），另外一种方程求解 PCG 求解器（预条件数共轭梯度迭代求解器）可能更快，特别是对于 3D 模型。

如果想利用 PCG 求解器，可以利用“MSAVE”命令降低内存使用率，但这只能针对线性分析。

稀疏矩阵求解器与迭代方法不同，是直接解法，功能非常强大。虽然 PCG 求解器可以求解不定方程，但是当遇到病态矩阵时，该求解器会进行迭代直到最大迭代数，如果还没收敛就会终止求解。而当稀疏矩阵求解器遇到这种情况时，会自动将步长减半，如果此时矩阵的条件数很好，则继续求解。最终可以求出整个非线性载荷步的解。

可以根据如下几条准则选择稀疏矩阵求解器和 PCG 求解器来进行非线性结构分析。

（1）对于包含梁或者壳的模型（有无实体单元均可），选用稀疏矩阵求解器。

（2）对于三维实体模型并且自由度数偏多（例如 200000 或者更多）的情况，选择 PCG 求解器。

（3）如果矩阵方程的条件数很差，或者是模型不同区域的材料性质差别很大，或者是没有足够的约束条件，选择稀疏矩阵求解器。

3. 可以在求解器对话框设置的高级载荷步选项

（1）自动时间步。可利用命令“AUTOTS，ON”打开自动时间步长选项。自动调整时间步长能保证时间步既不冒进（时间步长过长）也不保守（时间步长过短）。在当前子步结束时，下一个子步的时间步长可以基于如下因子来预测。

① 最后一个时间步长的方程迭代数（方程迭代数越多，时间步长越短）。

② 非线性单元状态改变的预测（在接近状态改变时，减小时间步长）。

③ 塑性应变增量。

④ 蠕变应变增量。

（2）迭代收敛精度。在求解非线性问题时，ANSYS 程序会进行平衡迭代，直到满足迭代精度 [CNVTOL] 或者是达到最大迭代数 [NEQIT]。如果对默认设置不满意，可以对这两者进行设置。

例如：

```
CNVTOL,F,5000,0.0005,0。
CNVTOL,U,13,0.001,2。
```

（3）求解方程最大迭代步数。ANSYS 程序默认设置方程最大迭代步数 [NEQIT] 为 15 到 26 之间，其准则是缩短时间步长以减少迭代步数。

（4）预测校正选项。如果没有梁或者壳单元，默认情况下预测校正选项是打开的 [PRED，ON]，如果当前子步的时间步长缩短很多，预测校正会自动关上。对于瞬态分析，预测校正也自动关上。

（5）线性搜索选项。默认时，ANSYS 程序会自动打开或者关闭线性搜索，对于多数接触问题，线性搜索自动打开 [LNSRCH，ON]，对于多数非接触问题，线性搜索自动关上 [LINSRCH，OFF]。

（6）后移准则。在时间步长里面，为了使步长减半或者后移的效果更好，可以利用命令 [CUTCONTROL，Lab，VALUE，Option]。

10.2.3 设定其他求解选项

1. 无法在求解控制器里设置的高级求解选项

（1）应力刚化（Stress Stiffness）。如果确信忽略应力刚化对结果影响不大，可以设置关掉应力刚化（SSTIF，OFF），否则应该打开。

```
命令：SSTIF。
GUI：Main Menu > Solution > Unabridged Menu > Analysis Type > Analysis Options。
```

（2）牛顿 - 拉夫逊选项（Newton-Raphson）。ANSYS 通常选择全牛顿 - 拉夫逊方法，关掉自适应下降选项。但是，对于考虑摩擦的点 - 点接触、点 - 面接触单元通常需要打开自适应下降选项，例如单元 PIPE20、BEAM23、BEAM24 和 PIPE60。

```
命令：NROPT。
GUI：Main Menu > Solution > Unabridged Menu > Analysis Type > Analysis Options。
```

2. 无法在求解控制器里设置的高级载荷步选项

（1）蠕变准则。如果机构有蠕变效应，可以对自动时间步长调整（如果自动时间步长调整 [AUTOTS] 是关掉的，该蠕变准则无效）指定蠕变准则 [CRPLIM，CRCR，Option]。程序会计算蠕变应变增量跟弹性应变增量的比值，如果上一步的比值大于指定的蠕变准则 CRCR，程序会减小下一步的时间步长，如果小于蠕变准则，就加大时间步长。时间步长的调整还与方程迭代数、是否接近状态变化点和塑性应变增量有关。对于显示蠕变（Option = 0），如果上述比值大于稳定界限 0.25 并且时间步长已经调整到最小，程序会终止求解并报错。这个问题可以通过设置足够小的最小时间步长 [DELTIM 和 NSUBST] 来解决。对于隐式蠕变（Option = 1），默认时没有最大蠕变界限，当然，可用如图 10-16 所示蠕变准则对话框来指定。

```
命令：CRPLIM。
GUI：Main Menu > Solution > Unabridged Menu > Load Step Opts > Nonlinear > Creep Criterion。
```

注意

如果在分析中不想考虑蠕变的影响，则可利用“RATE”命令设置 Option = OFF，或者将时间步长设置大于前面所述，但不要大于 1.0e-6。

（2）时间步开放控制。时间步控制对话框如图 10-17 所示，该对话框对于热分析有效，方法如下。

```
命令：OPNCONTROL。
GUI：Main Menu > Solution > Unabridged Menu > Load Step Opts > Nonlinear > Open Control。
```

（3）求解监控器。该选项可以方便地在指定节点的指定自由度上设置求解监视，方法如下。

```
命令：MONITOR。
GUI：Main Menu > Solution > Unabridged Menu > Load Step Opts > Nonlinear > Monitor。
```

（4）生与死。有时候，指定生与死选项是有必要的。可以杀死 [EKILL] 或者激活 [EALIVE] 指定的单元来模拟在结构中移除或者添加材料，当然，作为一种替换方法，也可以在不同载荷步里改变材料属性 [MPCHG]。

（5）杀死或者激活单元。

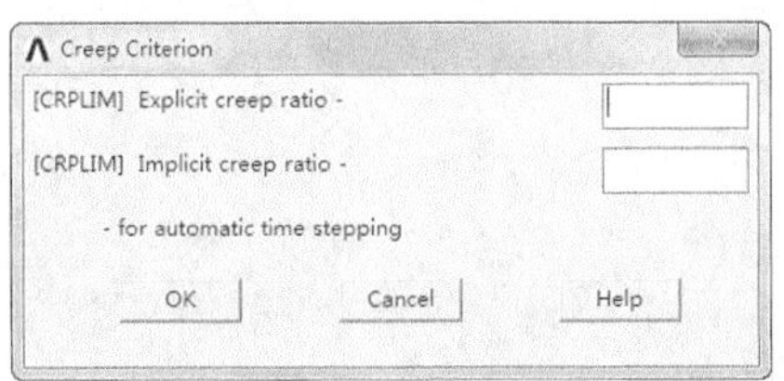

图 10-16 蠕变准则对话框

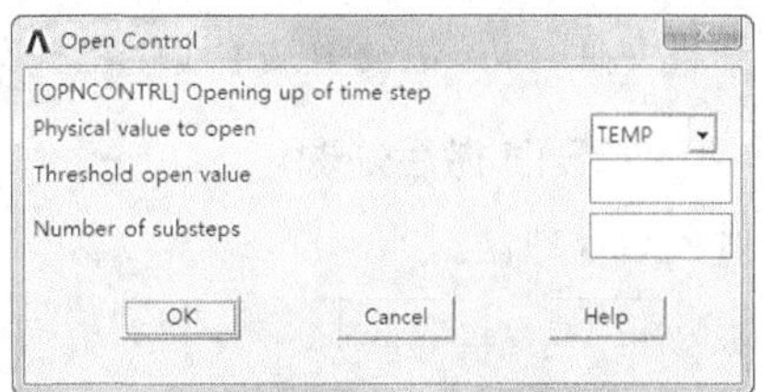

图 10-17 时间步控制对话框

```
命令：EKILL，EALIVE。
GUI：Main Menu > Solution > Load Step Opts > Other > Birth & Death > Kill Elements。
Main Menu > Solution > Load Step Opts > Other > Birth & Death > Activate Elem。
```

（6）单元生与死的替换方法（修改材料属性）。

```
命令：MPCHG。
GUI：Main Menu > Solution > Load Step Opts > Other > Change Mat Props > Change Mat Num。
```

注意

慎用“MECHG”命令，在非线性分析中改变材料属性会导致意想不到的结果。

（7）输出控制。

```
命令：OUTPR，ERESX。
GUI：Main Menu > Solution > Unabridged Menu > Load Step Opts > Output Ctrls > Solu
Printout (Integration Pt)。
```

10.2.4 加载

此步骤与结构静力分析一样。需要记住的是，惯性载荷和几种载荷的方向是固定的，而表面载荷在大变形里面会随着结构的变形而改变方向。另外，可以利用一维数组（TABLE）给结构定义边界条件。

10.2.5 求解

该步骤与线性静力分析一样。如果需要定义多载荷步，必须对每一个载荷步指定时间设置、载荷步选项等，然后保存，最后选择多载荷步求解。

10.2.6 后处理

非线性静力分析的结果包括：位移、应力、应变和反作用力，可以通过 POST1（通用后处理器）和 POST26（时间历程后处理器）来观察这些结果。

注意

POST1 在一个时刻只能读取一个子步的结果数据，并且这些数据必须已经写入 Jobname.RST 文件。

1. 需记住的要点

（1）数据库必须与求解时使用的是同一个模型。

（2）结果文件（Jobname.RST）须存在且有效。

2. 利用 POST1 做后处理

（1）进入后处理器。

```
命令：/POST1。
GUI：Main Menu > General Postproc。
```

（2）读取子步结果数据。

```
命令：SET。
GUI：Main Menu > General Postproc > Read Results > load step。
```

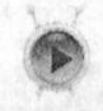

注意

如果指定的时刻没有结果数据，ANSYS 程序会按线性插值计算该时刻的结果，在非线性分析里面，这种线性插值可能会丧失部分精度，如图 10-18 所示。所以，在非线性分析里面，建议对真实求解时间点做后处理。

（3）显示变形图。

```
命令：PLDISP。
GUI：Main Menu > General Postproc > Plot Results > Deformed Shape。
```

（4）显示变形云图。

```
命令：PLNSOL or PLESOL。
GUI：Main Menu > General Postproc > Plot Results > Contour Plot > Nodal Solu or Element Solu。
```

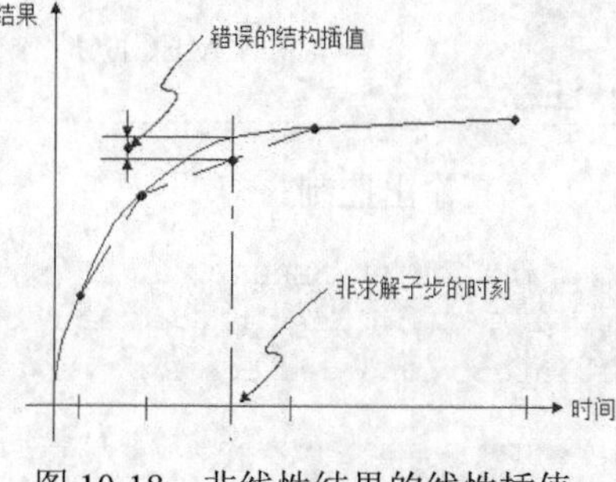

图 10-18　非线性结果的线性插值可能丧失部分精度

（5）利用单元表格。

```
命令：PLETAB, PLLS。
GUI：Main Menu > General Postproc > Element Table > Plot Element Table。
Main Menu > General Postproc > Plot Results > Contour Plot > Line Elem Res。
```

（6）列表显示结果。

```
命令：PRNSOL（节点结果）。
PRESOL（单元结果）。
PRRSOL（反作用力）。
PRETAB。
PRITER（子步迭代数据）。
NSORT。
ESORT。
GUI：Main Menu > General Postproc > List Results > Nodal Solution (Element Solution / Reaction Solution)。
```

（7）其他通用后处理。将结果映射到路径等，可参考 ANSYS 帮助。

3. 利用 POST26 做后处理

通过 POST26 可以观察整个时间历程上的结果，典型的 POST26 后处理步骤如下。

（1）进入时间历程后处理器。

```
命令：/POST26
GUI：Main Menu > TimeHist Postpro
```

（2）定义变量。

```
命令：NSOL, ESOL, RFORCE
GUI：Main Menu > TimeHist Postpro > Define Variables
```

（3）绘图或者列表显示变量。

```
命令：PLVAR (graph variables)。
PRVAR。
EXTREM (list variables)。
GUI：Main Menu > TimeHist Postpro > Graph Variables (List Variables / List Extremes)。
```

（4）其他功能。

时间历程后处理还有很多其他的功能，在此不再赘述，可参阅前面章节或帮助文档。

10.3 综合实例——螺栓的蠕变分析

扫码看视频

在该例中，通过一个螺栓的蠕变分析实例，详细介绍蠕变分析的过程和技巧。另外，本节是直接通过结点和单元建立有限元模型。

10.3.1 问题描述

如图 10-19 所示，一个长为 l，面积为 A 的螺栓，受到预应力 σ_0 的作用。该螺栓在高温 T_0 下放置一段很长的时间 t_1。螺栓的材料有蠕变效应，其蠕变应变率为 $d\varepsilon/dt = k\sigma_n$，见表 10-1。下面求解在这个应力松弛的过程中螺栓的应力 σ。

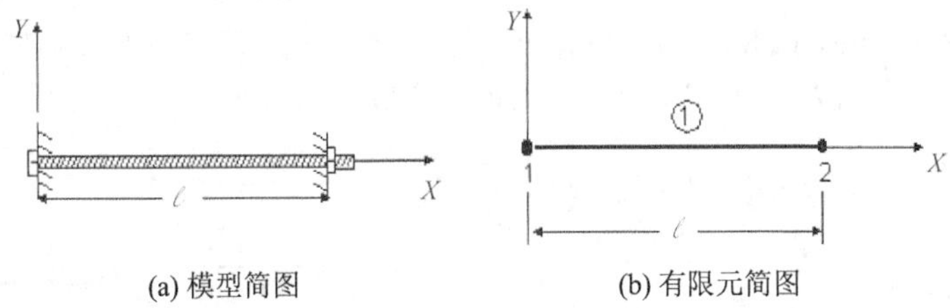

(a) 模型简图　　(b) 有限元简图

图 10-19　结构简图

表 10-1　材料性质、几何尺寸以及载荷情况

材料属性	几何尺寸	载荷
$E = 30×136$ psi	$L= 13$ in	$\sigma_0 = 1300$ psi
$n = 7$	$A = 1$ in2	$T_0 = 900$ ℉
$k = 4.8×13\text{-}30$/hr		$t_1 = 1300$ hr

10.3.2 建立模型

1. 前处理

（1）定义工作标题。选择“Utility Menu > File > ChangeTitle”命令，弹出“Change Title”对话框，在文本框中输入“STRESS RELAXATION OF A BOLT DUE TO CREEP”，单击“OK”按钮，

如图 10-20 所示。

（2）定义单元类型。选择“Main Menu > Preprocessor > Element Type > All/Edit/Delete”命令，出现“Element Types”对话框，单击“Add”按钮，弹出“Library of Element Types”对话框，如图 10-21 所示，在左边的列表框中单击“Structural Link”选项，在右边的列表框中单击“3D finit stn 180”选项，单击“OK”按钮。单击“Element Types”对话框的“OK”按钮，关闭该对话框，最后单击“Close”按钮，关闭“Element Types”对话框。

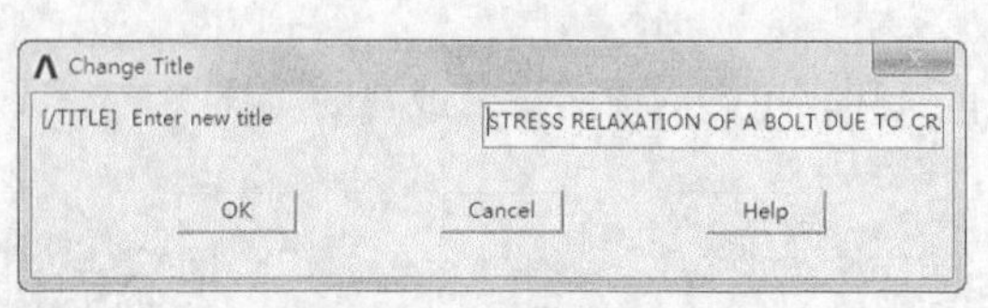

图 10-20　设定工作标题

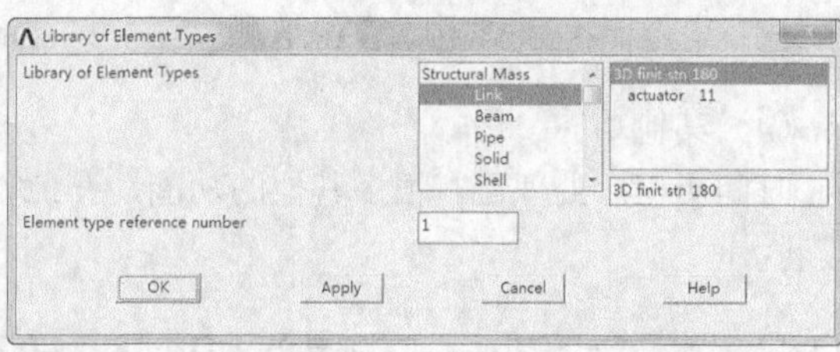

图 10-21　单元类型选择对话框

（3）定义实常数。本实例中选用线单元 Link 180，需要设置起始常数。在顶部命令中输入下面的命令定义实常数。

```
R,1,30,3.52636,.02590673
R,2,30,1.76318,.02590673
R,3,30,.352636,.02590673
R,4,30,0,.02590673
```

（4）定义线性材料性质。选择“Main Menu > Preprocessor > Material Props > Material Models”命令，弹出如图 10-22 所示的“Define Material Model Behavior”对话框，在“Material Models Available”栏目中连续单击“Favorites > Linear Static > Linear Isotropic”命令，弹出如图 10-23 所示的“Linear Isotropic Properties for Material Number 1”对话框，在“EX”后的文本框中键入“3e+007”，在“PRXY”后的文本框中键入“0.3”，单击“OK”按钮。

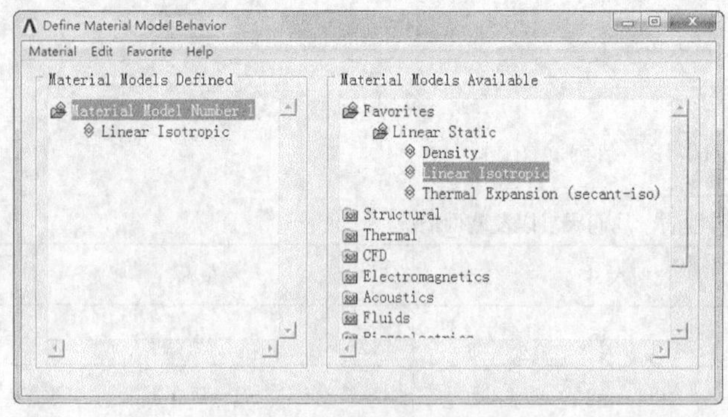

图 10-22　材料定义框

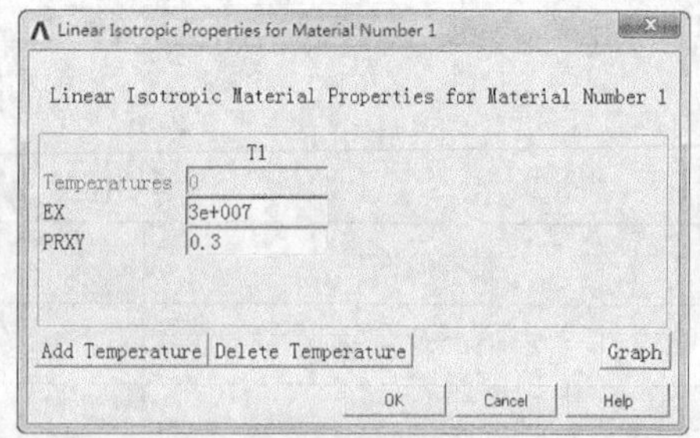

图 10-23　定义线弹性材料属性

（5）定义蠕变材料性质。在“Material Models Available”栏目中连续单击“Structural > Nonlinear > Inelastic > Rate Dependent > Creep > Creep only > Implicit > 1：Strain Hardening (Primary)”命令，如图 10-24 所示，弹出如图 10-25 所示的“Creep Table”对话框，在“C1”项后的文本框中输入“4.8e–30”，在“C2”项后的文本框中输入“7”，单击“OK”按钮。最后在“Define Material Model Behavior”对话框中，选择菜单路径“Material > Exit”，退出材料定义窗口。

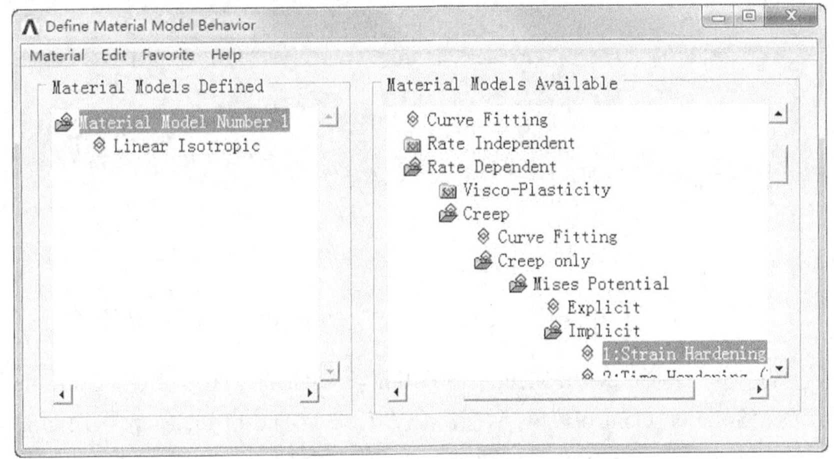

图 10-24　定义蠕变材料属性的路径

2. 创建模型

（1）定义节点。选择“Main Menu > Preprocessor > Modeling > Create > Node > In Active CS”命令，弹出“Create Nodes in Active Coordinate System”对话框，如图 10-26 所示，在“NODE Node number”后面的文本框中输入“1”。单击“Apply”按钮，继续在“NODE Node number”后面的文本框中输入“2”，在“X，Y，Z Location in active CS”后面的文本框中依次输入“13”“0”“0”，单击“OK”按钮。

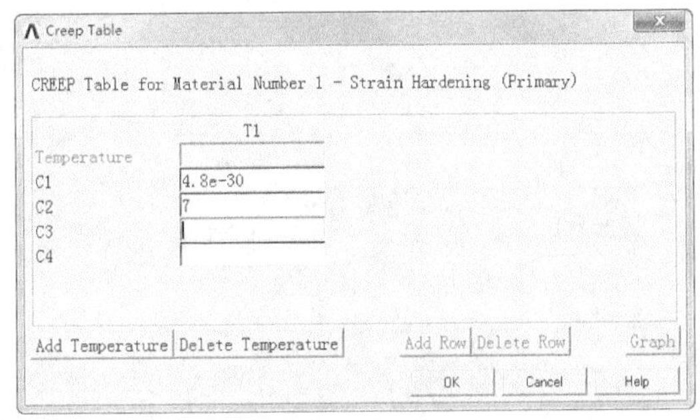

图 10-25　定义蠕变材料属性

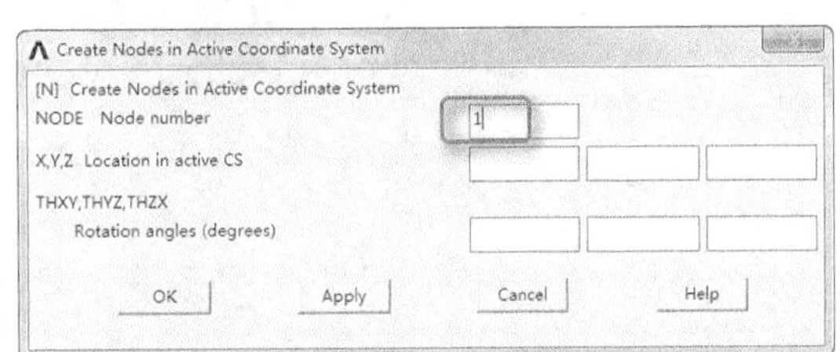

图 10-26　“Triangular Area”对话框

（2）定义单元。选择“Main Menu > Preprocessor > Modeling > Create > Elements > Auto Numbered > Thru Nodes”命令，弹出“Elements form Nodes”拾取菜单，用鼠标指针在画面上单击拾取刚建立的两个节点，单击“OK”按钮，系统显示如图 10-27 所示。

10.3.3　设置分析并求解

1. 设置求解控制器

（1）设定分析类型。选择“Main Menu > Solution > Unabridged Menu > Analysis Type > New Analysis”命令，弹出“New Analysis”对话框，如图 10-28 所示，接受其他默认设置（Static），单击“OK”按钮。

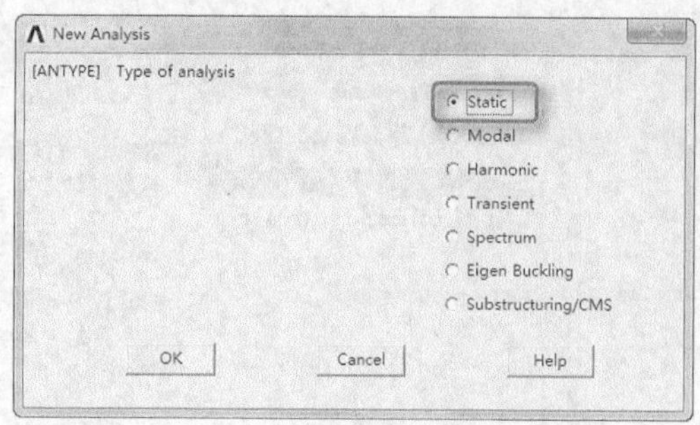

图 10-27　模型简图　　　　图 10-28　设置分析类型

（2）设定分析选项。选择“Main Menu > Solution > Analysis Type > Sol’s Controls”命令，弹出如图 10-29 所示的“Solution Controls”对话框，在“Time at end of loadsteps”后面的文本框中输入“1000”，在“Automatic time stepping”下拉列表框中选择“Off”，选中“Number of substeps”单选项，在“Number of substeps”文本框中输入“100”，在“Frequency”的下拉列表框中选择“Write every substep”选项，单击“OK”按钮。

2. 设置其他求解选项

（1）关闭优化选项。选择“Main Menu > Solution > Load Step Opts > Solution Ctrl”命令，弹出“Nonlinear Solution Control”对话框，如图 10-30 所示，在“[SOLCONTROL] Solution Control”后面选择“Off”（通常它是默认选项），单击“OK”按钮。

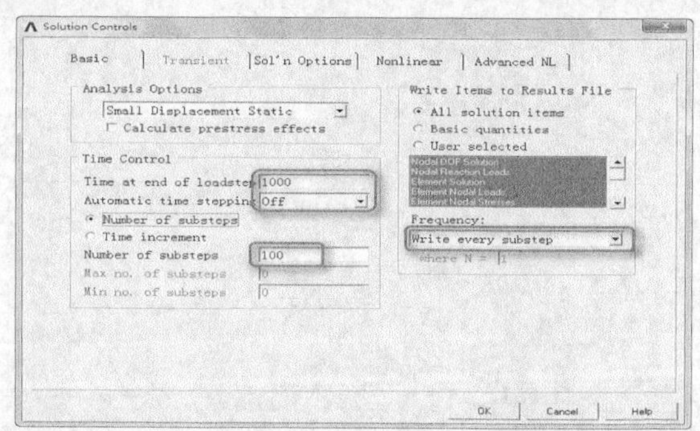

图 10-29　“Solution Controls”对话框

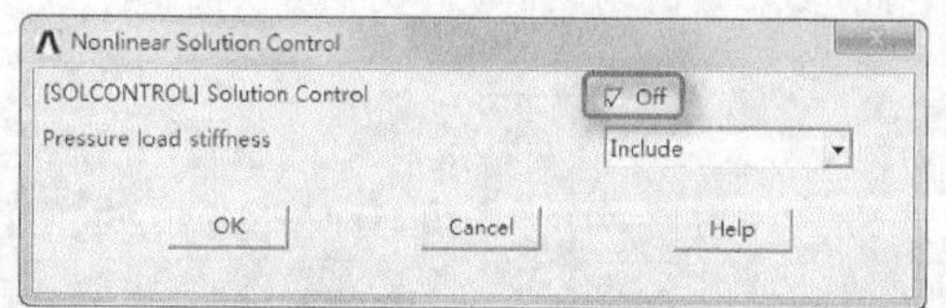

图 10-30　“Nonlinear Solution Control”对话框

注意

如果在“Main Menu > Solution > Load Step Opts”下没有找到“Solution Ctrl”菜单，可以单击菜单路径：Main Menu > Solution > Unabridgedmenu。

（2）设置载荷形式为阶跃载荷。选择“Main Menu > Solution > Load Step Opts > Time/ Frequenc > Time and Substps”命令，弹出“Time and Substep Options”对话框，如图 10-31 所示，在“[KBC] Stepped or ramped b.c.”后面选择“Stepped”单选项，其他选项保持不变，然后单击“OK”按钮。

3. 加载和求解

（1）设置环境温度。选择“Main Menu > Solution > Define Loads > Settings > Uniform TEMP”命令，弹出“Uniform Temperature”对话框，如图 10-32 所示，在文本框中输入“900”，单击“OK”按钮。

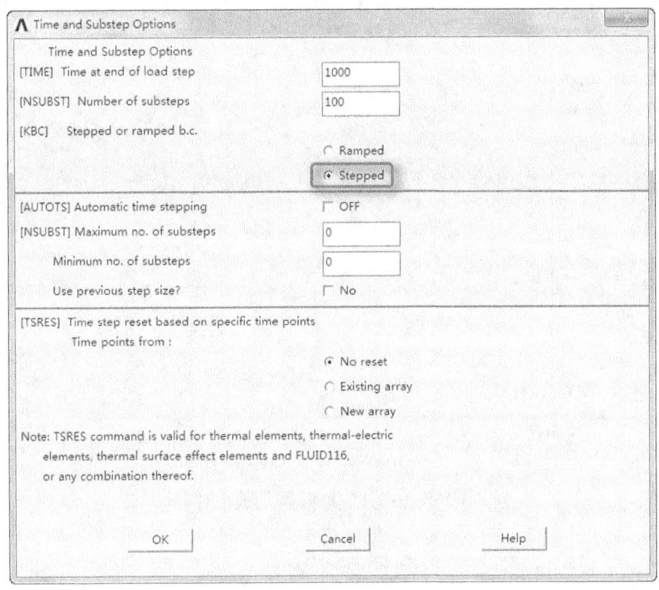

图 10-31　“Time and Substep Options”对话框

（2）施加位移约束。选择“Main Menu > Solution > Define Loads > Apply > Structural > Dispacement > On Nodes”命令，弹出“Apply U, ROT on Nodes”拾取菜单，单击“Pick All”按钮，弹出“Apply U,ROT on Nodes”对话框，如图 10-33 所示，选择“ALL DOF”选项，单击“OK”按钮。

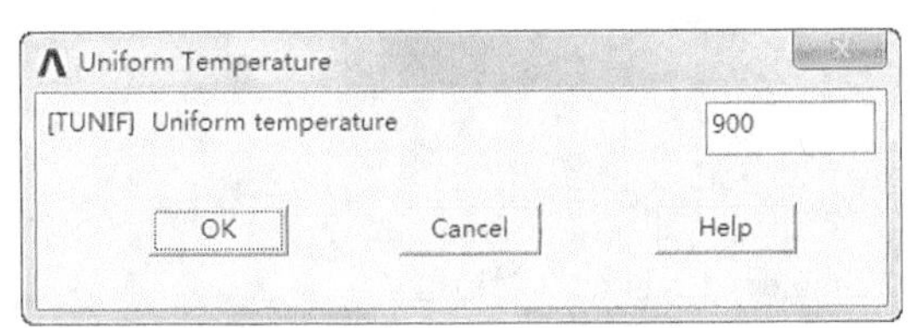

图 10-32　“Uniform Temperature”对话框

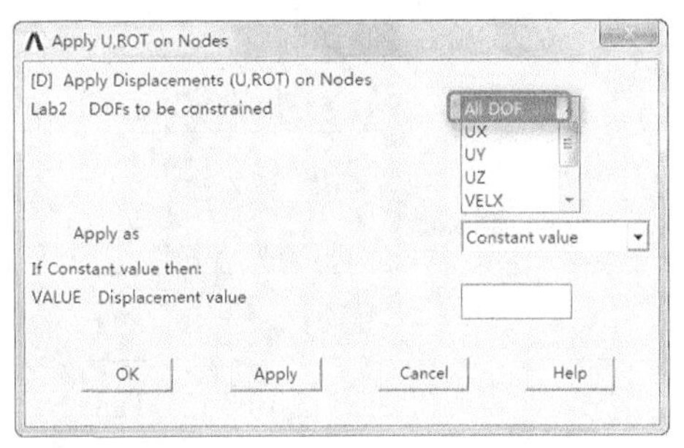

图 10-33　“Apply U, ROT on Nodes”对话框

（3）求解。选择“Main Menu > Solution > Solve > Current LS”命令，弹出“/STATUS Command”信息提示窗口和“Solve Current Load Step”对话框。仔细浏览信息提示窗口中的信息，如果无误，则单击“File > Close”命令关闭之。单击“OK”按钮开始求解。当屈曲求解结束时，系统上会弹出“Solution is done”提示框，单击“Close”按钮关闭它，此时系统显示求解追踪曲线，如图 10-34 所示。

（4）退出求解器。选择“Main Menu > Finish”命令退出求解器。

10.3.4　查看结果

（1）进入时间历程后处理。选择“Main Menu > TimeHist PostPro”命令，弹出如图 10-35 所示的“Time History Variables-Grain.rst”对话框，里面已有默认变量时间（TIME）。

（2）定义单元应力变量。在图 10-35 所示的对话框中单击左上角的+按钮，弹出“Add Time-History Variable”对话框，如图 10-36 所示。

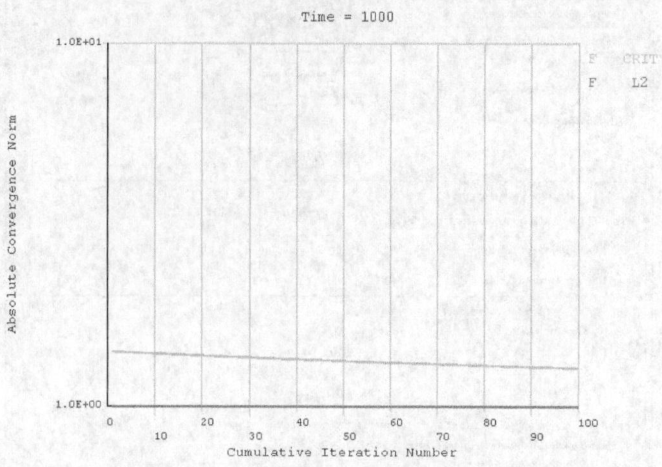

图 10-34　蠕变求解追踪曲线

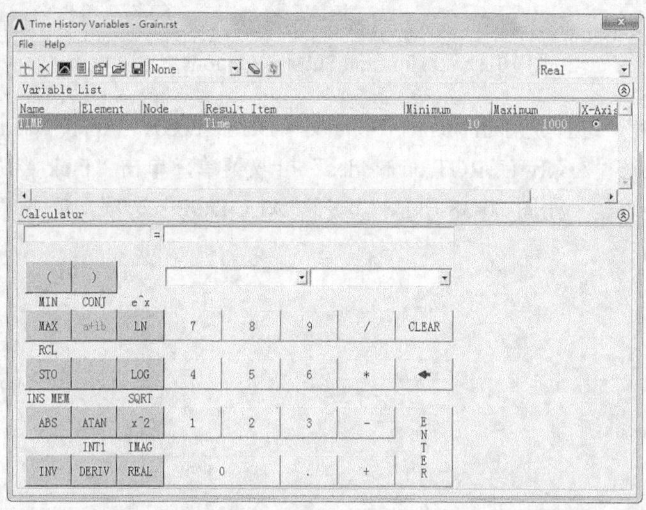

图 10-35　“Time History Variables - Grain.rst”对话框

（3）在图 10-36 所示的“Add Time-History Variables”对话框中单击“Element Solution > Miscellaneous Items > Line stress（LS，1）”命令，弹出“Miscellaneous Sequence Number”对话框，如图 10-37 所示。在“Sequence number LS”后面的文本框中输入“1”，单击“OK”按钮。

（4）返回如图 10-36 所示的对话框，在“Variable Name”文本框中输入“SIG”，单击“OK”按钮。弹出“Element for Data”拾取框，然后单击鼠标指针拾取此单元，单击“OK”按钮，又弹出“Node for Data”拾取框，用鼠标指针拾取左面的节点，然后单击“OK”按钮。返回“Time History Variables-Grain.rst”对话框，如图 10-38 所示。此时变量列表里面多了一项 SIG 变量。

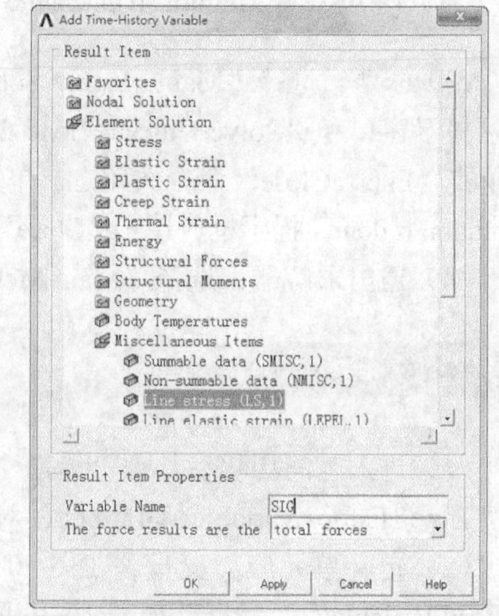

图 10-36　“Add Time-History Variable”对话框

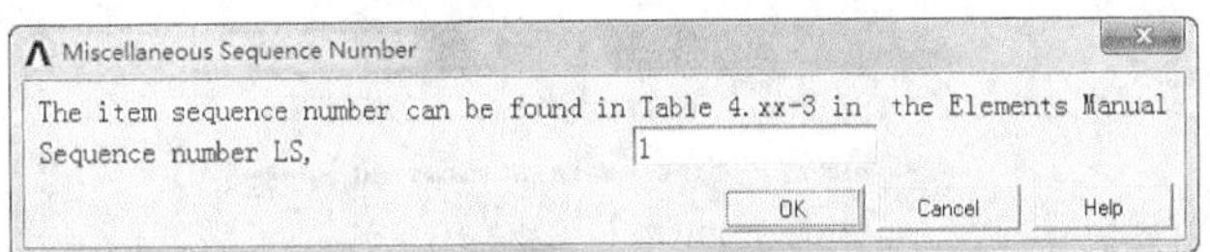

图 10-37 “Miscellaneous Sequence Number”对话框

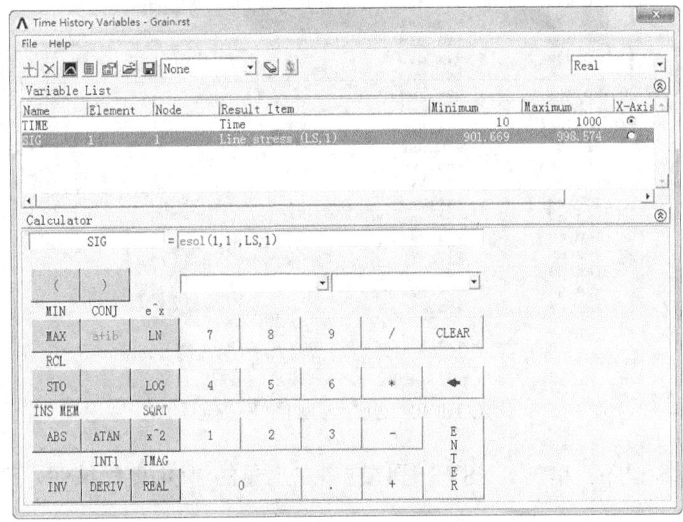

图 10-38 “Time History Variables - Grain.rst”对话框

（5）绘制变量曲线（以时间 TIME 为横坐标，以自定义的单元应力变量 SIG 为纵坐标）。在图 10-38 所示的“Time History Variables-Grain.rst”对话框中单击左上角的按钮，系统显示如图 10-39 所示。

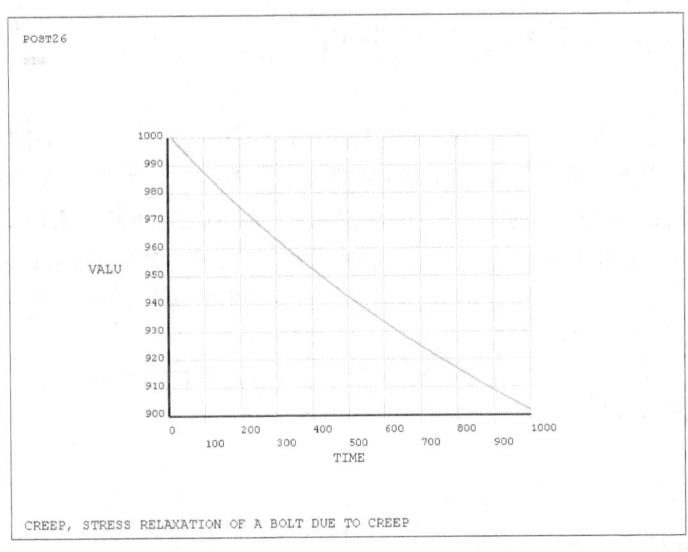

图 10-39 变量时间曲线

（6）列表显示变量随时间的变化。在图 10-38 所示的对话框中单击按钮，系统显示如图 10-40 所示。

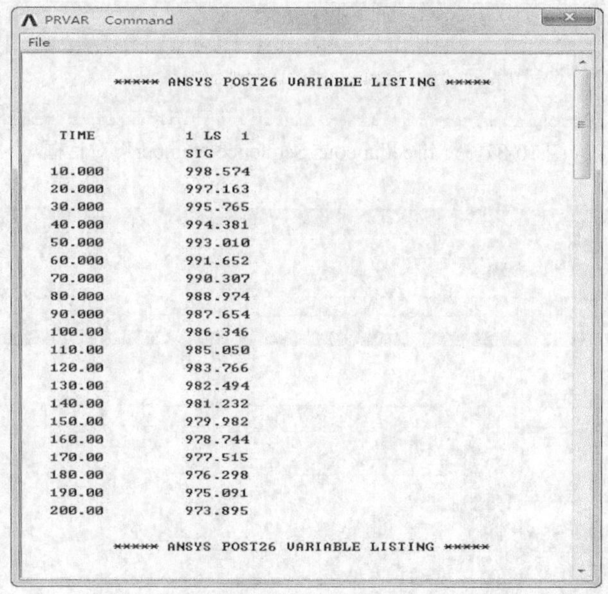

```
PRVAR Command
File

***** ANSYS POST26 VARIABLE LISTING *****

 TIME        1 LS  1
             SIG
 10.000      998.574
 20.000      997.163
 30.000      995.765
 40.000      994.381
 50.000      993.010
 60.000      991.652
 70.000      990.307
 80.000      988.974
 90.000      987.654
 100.00      986.346
 110.00      985.050
 120.00      983.766
 130.00      982.494
 140.00      981.232
 150.00      979.982
 160.00      978.744
 170.00      977.515
 180.00      976.298
 190.00      975.091
 200.00      973.895

***** ANSYS POST26 VARIABLE LISTING *****
```

图 10-40　变量随时间变化值

（7）退出 ANSYS 程序。单击 ANSYS 程序窗口左上角的“QUIT”按钮，选择想保存的项，然后退出。

10.3.5　命令流实现

详见随书配套资源中的“X:\ 命令流 \10.3 综合实例——螺栓的蠕变分析 .txt”电子文档。

10.4　综合实例——材料非线性分析

扫码看视频

塑性是一种在某种给定载荷下，材料产生永久变形的材料特性。对大多的工程材料来说，当其应力低于比例极限时，应力 - 应变关系是线性的。另外，大多数材料在其应力低于屈服点时，表现为弹性行为，也就是说，当移走载荷时，其应变也完全消失。

由于材料的屈服点和比例极限相差很小，因此在 ANSYS 程序中，假定它们相同。在应力 - 应变的曲线中，低于屈服点的叫作弹性部分，超过屈服点的叫作塑性部分（也叫作应变强化部分）。塑性分析中考虑了塑性区域的材料特性。

当材料中的应力超过屈服点时，塑性被激活（也就是说，有塑性应变发生）。而屈服应力本身可能是下列某个参数的函数。

- 温度。
- 应变率。
- 以前的应变历史。
- 侧限压力。
- 其他参数。

本节通过对铆钉的冲压进行应力分析，来介绍 ANSYS 塑性问题的分析过程。

10.4.1　分析问题

为了考查铆钉在冲压时，发生多大的变形，对铆钉进行分析。铆钉如图 10-41 所示。

- 铆钉圆柱高：13mm。
- 铆钉圆柱外径：6mm。
- 铆钉内孔孔径：3mm。
- 铆钉下端球径：15mm。
- 弹性模量：2.06e11。
- 泊松比：0.3。

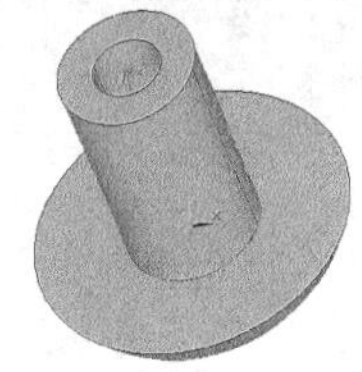

图 10-41　铆钉

铆钉材料的应力与应变关系如表 10-2 所示。

表 10-2　应力－应变关系

应变	0.003	0.005	0.007	0.009	0.011	0.02	0.2
应力 /MPa	618	1128	1317	1466	1513	1600	1613

10.4.2　建立模型

建立模型包括设定分析作业名和标题，定义单元类型和实常数，定义材料属性，建立几何模型，划分有限元网格。其具体步骤如下。

1．设定分析作业名和标题

在进行一个新的有限元分析时，通常需要修改数据库名，并在图形输出窗口中定义一个标题来说明当前进行的工作内容。另外，对于不同的分析范畴（结构分析、热分析、流体分析、电磁场分析等），ANSYS 所用的主菜单的内容不尽相同，为此，需要在分析开始时选定分析内容的范畴，以便 ANSYS 显示出与其相对应的菜单选项。

（1）从应用菜单中选择“Utility Menu：File > Change Jobname”命令，打开“Change Jobname”对话框，如图 10-42 所示。

（2）在“Enter new jobname”文本框中输入“rivet”，为本分析实例的数据库文件名。

（3）单击“OK”按钮，完成文件名的修改。

（4）从应用菜单中选择“Utility Menu：File > Change Title”命令，打开“Change Title”对话框，如图 10-43 所示。

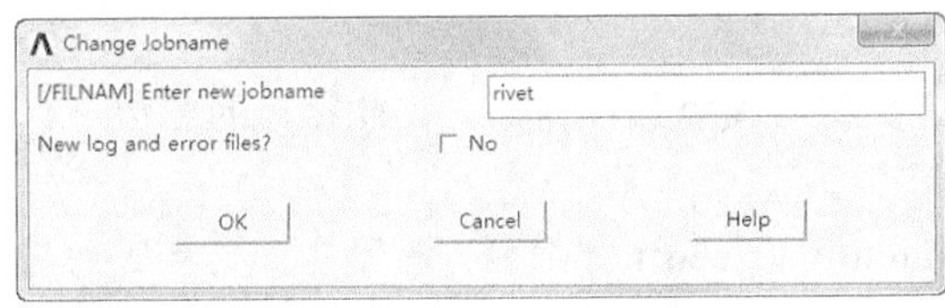

图 10-42　修改文件名对话框

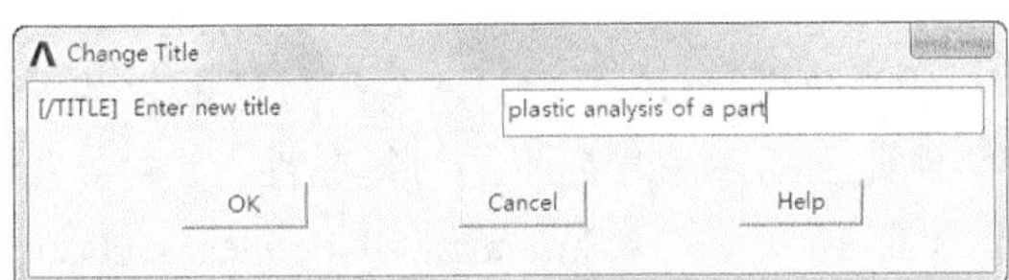

图 10-43　修改标题对话框

（5）在“Enter new title”文本框中输入“plastic analysis of a part”，为本分析实例的标题名。

（6）单击“OK”按钮，完成对标题名的指定。

（7）从应用菜单中选择“Utility Menu：Plot > Replot”命令，指定的标题“plastic analysis of a part”将显示在图形窗口的左下角。

（8）从主菜单中选择“Main Menu：Preference”命令，打开“Preference of GUI Filtering”对

话框，勾选“Structural”复选框，单击“OK”按钮确定。

2. 定义单元类型

在进行有限元分析时，首先应根据分析问题的几何结构、分析类型和所分析的问题精度要求等，选定适合具体分析的单元类型。本例中选用四节点四边形板单元 SOLID45。SOLID45 可用于计算三维应力问题。

在输入窗口输入下面命令。

```
/PREP7
ET,1,SOLID45
```

3. 定义实常数

要在实例中选用三维的 SOLID45 单元，不需要设置实常数。

4. 定义材料属性

考虑应力分析中必须定义材料的弹性模量和泊松比，塑性问题中必须定义材料的应力与应变关系。具体步骤如下。

（1）从主菜单中选择“Main Menu：Preprocessor > Material Props > Materia Model”命令，打开“Define Material Model Behavior”窗口，如图 10-44 所示。

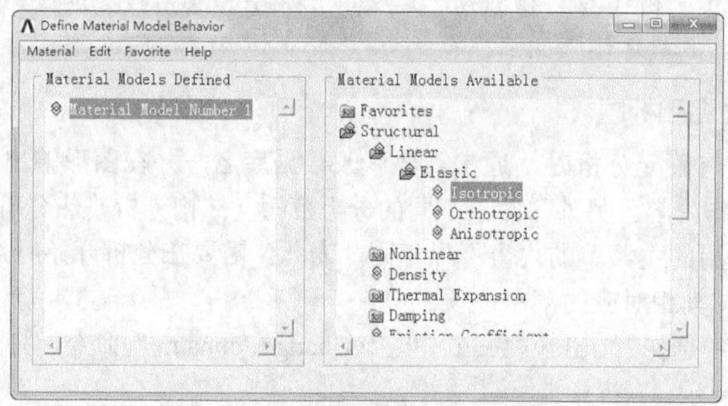

图 10-44　定义材料模型属性窗口

（2）依次单击“Structural > Linear > Elastic > Isotropic”命令，展开材料属性的树形结构。打开 1 号材料的弹性模量 EX 和泊松比 PRXY 的定义对话框，如图 10-45 所示。

（3）在对话框的“EX”文本框中输入弹性模量“2.06e11”，在“PRXY”文本框中输入泊松比“0.3”。

（4）单击“OK”按钮，关闭对话框，并返回定义材料模型属性窗口，在此窗口的左边一栏出现刚刚定义的参考号为 1 的材料属性。

（5）依次单击“Structural > Nonlinear > elastic > multilinear elastic”命令，打开定义材料应力与应变关系对话框，如图 10-46 所示。

（6）单击“Add Point”按钮，增加材料的关系点，分别输入材料的关系点，如图 10-47 所示。还可以显示材料的曲线关系，单击“Graph”按钮，在图形窗口中就会显示出来。

（7）单击“OK”按钮，关闭对话框，并返回定义材料模型属性窗口。

（8）在“Define Material Model Behavior”窗口中，从菜单选择“Material > Exit”命令，或单击右上角的“×”按钮，退出定义材料模型属性窗口，完成对材料模型属性的定义。

Linear Isotropic Properties for Material Number 1

Linear Isotropic Material Properties for Material Number 1

	T1
Temperatures	
EX	2.06e11
PRXY	0.3

Add Temperature | Delete Temperature | Graph

OK | Cancel | Help

图 10-45　线性各向同性材料的弹性模量和泊松比

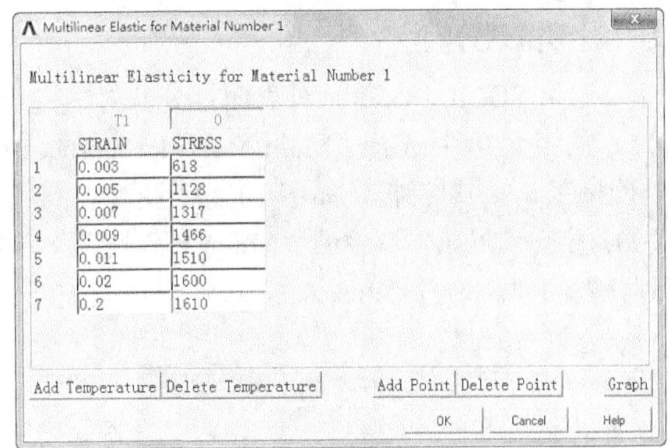
Multilinear Elastic for Material Number 1

Multilinear Elasticity for Material Number 1

	STRAIN	STRESS
T1	0	
1	0.003	618
2	0.005	1128
3	0.007	1317
4	0.009	1466
5	0.011	1510
6	0.02	1600
7	0.2	1610

Add Temperature | Delete Temperature | Add Point | Delete Point | Graph

OK | Cancel | Help

图 10-46　定义材料应力与应变关系

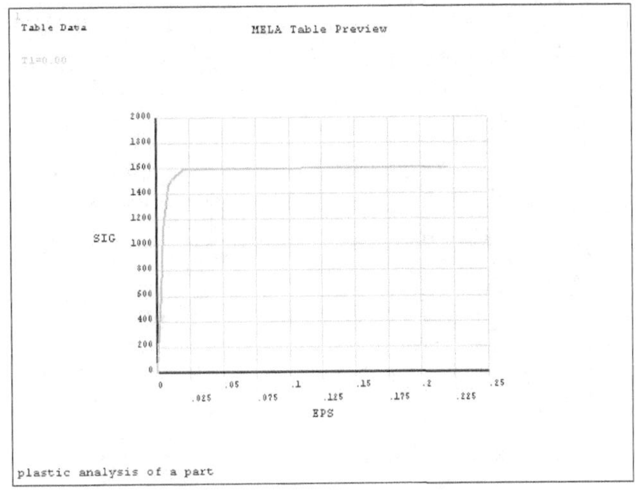

图 10-47　材料关系图

5. 建立实体模型

按照前面章节介绍的方法建立铆钉的三维实体模型，如图 10-48 所示。

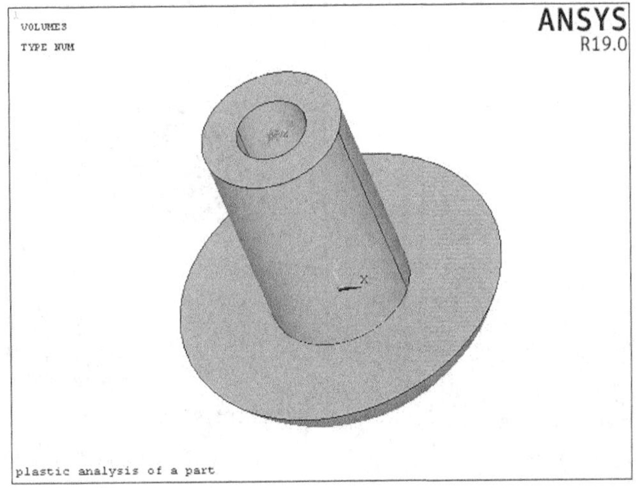

图 10-48　铆钉模型

6. 对铆钉划分网格

本节选用 SOLID185 单元对盘面划分映射网格。

（1）从主菜单中选择“Main Menu：Preprocessor > Meshing > MeshTool”命令，打开“Mesh Tool（网格工具）”对话框，如图 10-49 所示。

（2）选择“Mesh”域中的“Volumes”选项，单击“Mesh”按钮，打开面选择对话框，要求选择要划分数的体。单击“Pick All”按钮，如图 10-50 所示。

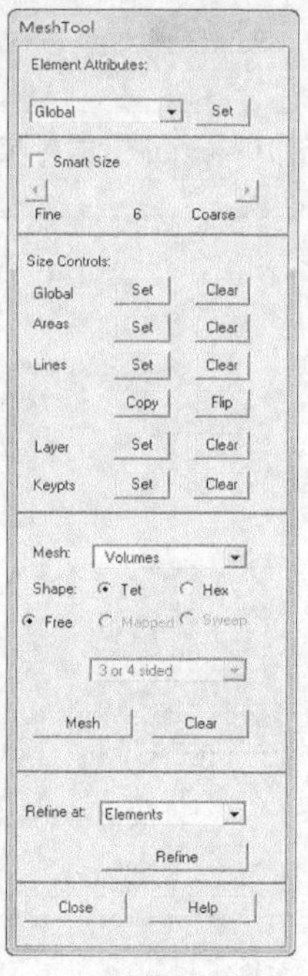

图 10-49　网格工具对话框

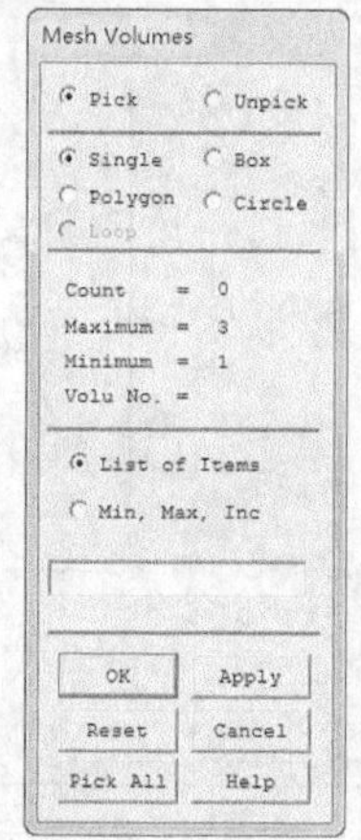

图 10-50　进行体选择

（3）ANSYS 会根据进行的控制划分体，划分过程中 ANSYS 会产生提示，如图 10-51 所示，单击“Close”按钮。划分后的结果如图 10-52 所示。

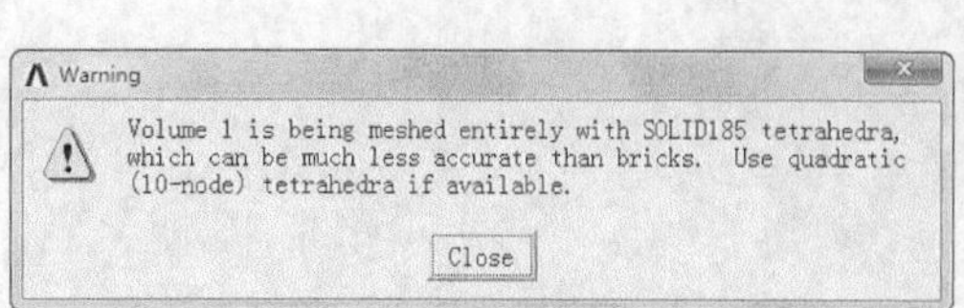

图 10-51　分网提示

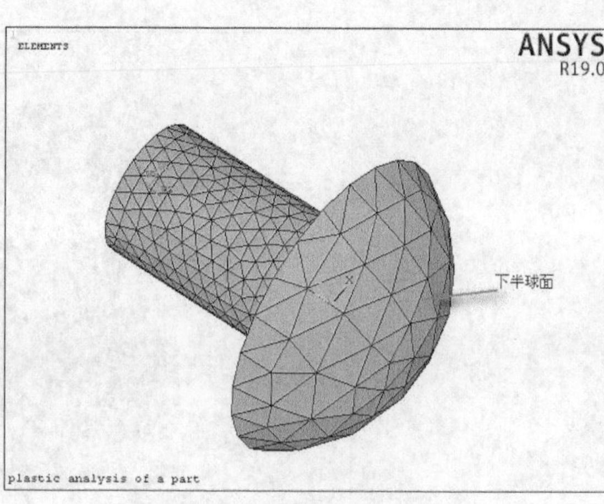

图 10-52　对体划分的结果

10.4.3　定义边界条件并求解

建立有限元模型后，就需要定义分析类型和施加边界条件及载荷，然后求解。本实例中载荷为上圆环形表面的位移载荷，位移边界条件是下半球面所有方向上的位移固定。

1. 施加位移边界

（1）从主菜单中选择“Main Menu：Solution > Define Loads > Apply > Structural > Displacement > on Areas”命令，打开面选择对话框，要求选择欲施加位移约束的面。

（2）选择下半球面，单击“OK”按钮，打开“Apply U,Rot on Areas（在面上施加位移约束）”对话框，如图 10-53 所示。

（3）选择“All DOF（所有方向上的位移）”选项。

（4）单击“OK”按钮，ANSYS 在选定面上施加指定的位移约束。

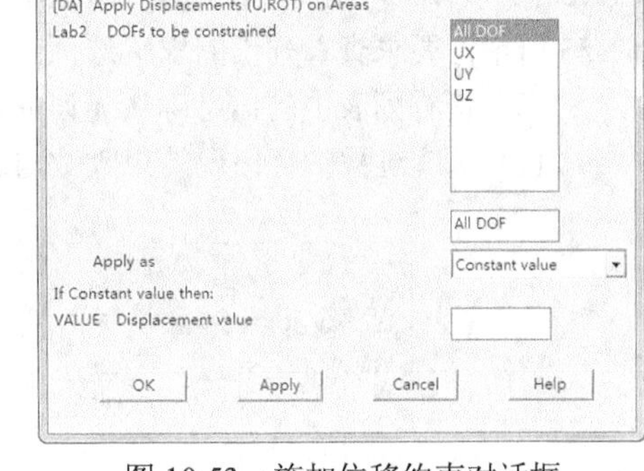

图 10-53　施加位移约束对话框

2. 施加位移载荷并求解

本实例中载荷为上圆环形表面的位移载荷。

（1）从主菜单中选择“Main Menu：Solution > Define Loads > Apply > Structural > Displacement > on Areas”命令，打开面选择对话框，要求选择欲施加位移载荷的面。

（2）选择上面的圆环面，单击“OK”按钮，打开“Apply U，Rot on Nodes（在节点上施加位移约束）”对话框。

（3）选择“UY（Y 方向上的位移）”选项，在“Displacement value”文本框中输入“3”。

（4）单击“OK”按钮，ANSYS 在选定面上施加指定的位移载荷。

（5）单击“SAVE-DB”按钮，保存数据库。

（6）从主菜单中选择“Main Menu：Solution > Analysis Type > Sol'n Controls”命令，打开“Solution Controls”窗口，如图 10-54 所示。

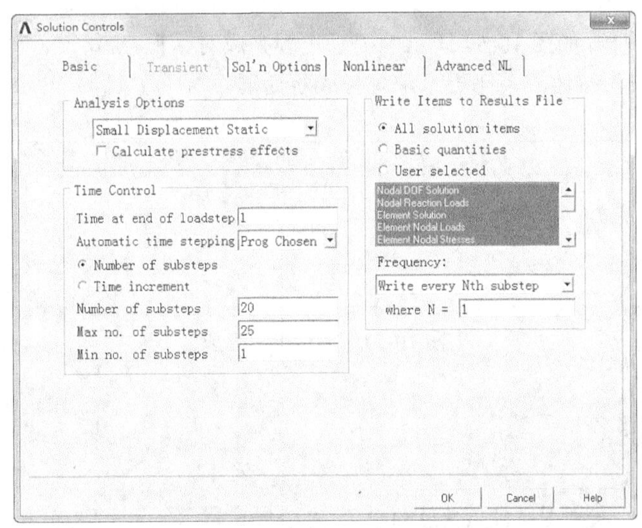

图 10-54　求解控制

（7）在“Basic”选项卡中的“Write Items to Results File”窗中选择“All solution items”选项，下面的“Frequency”中选择“Write every Nth substep”选项。

（8）在“Time at end of loadstep”处输入“1”，在“Number of substeps”处输入“20”，单击“OK”按钮。

（9）从主菜单中选择“Main Menu：Solution > Solve > Current LS”命令，打开一个确认对话框和状态列表，如图10-55所示，要求查看列出的求解选项。

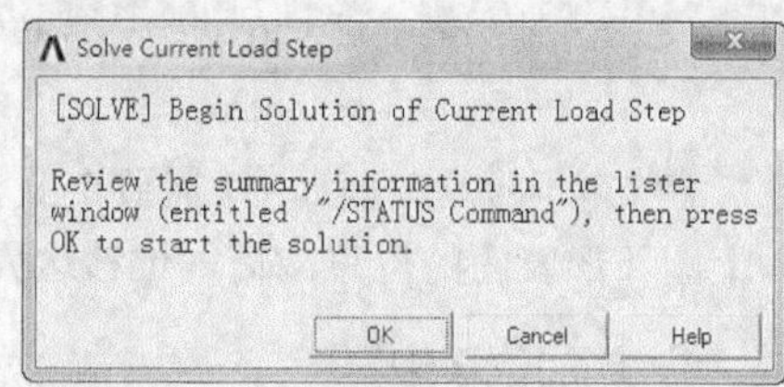

图10-55　求解当前载荷步确认对话框

（10）查看列表中的信息确认无误后，单击“OK”按钮，开始求解。

（11）求解过程中会出现结果收敛与否的图形显示，如图10-56所示。

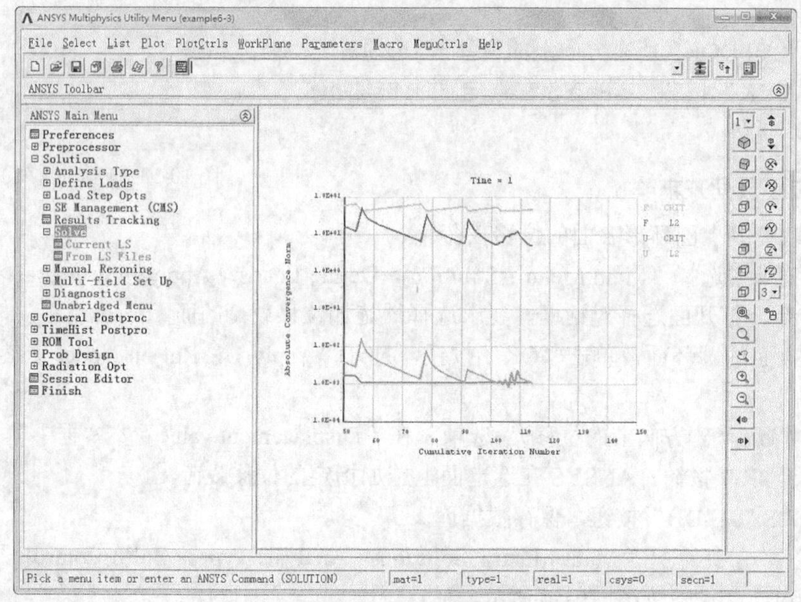

图10-56　结果收敛显示

（12）求解完成后打开如图10-57所示的提示求解完成对话框。

（13）单击“Close”按钮，关闭提示求解完成对话框。

图10-57　提示求解完成

10.4.4　查看结果

求解完成后，就可以利用ANSYS软件生成的结果文件（对于静力分析，就是Jobname.RST）进行后处理。静力分析中通常通过POST1后处理器就可以处理和显示大多数感兴趣的结果数据。

1. 查看变形

（1）从主菜单中选择“Main Menu：General Postproc > Plot Result > Contour Plot > Nodal Solu”命令，打开“Contour Nodal Solution Data（等值线显示节点解数据）”对话框，如图 10-58 所示。

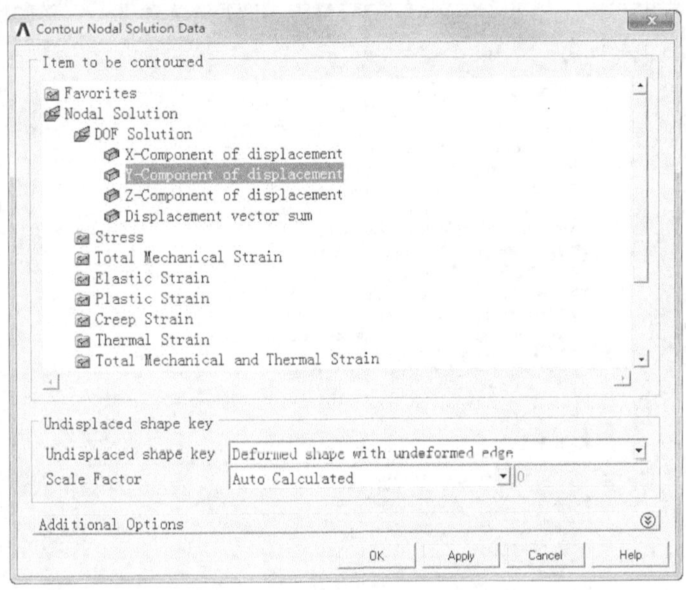

图 10-58 等值线显示节点解数据对话框

（2）在“Item to be contoured（等值线显示结果项）”域中选择“DOF Solution（自由度解）”选项。

（3）在列表框中选择“Y-Component of displacement（*Y* 向位移）”选项，*Y* 向位移即为铆钉高方向的位移。

（4）选择“Deformed shape with undeformed dge（变形后和未变形轮廓线）”选项。

（5）单击“OK”按钮，在图形窗口中显示出变形图，包含变形前的轮廓线，如图 10-59 所示。图中下方的色谱表明不同的颜色对应的数值（带符号）。

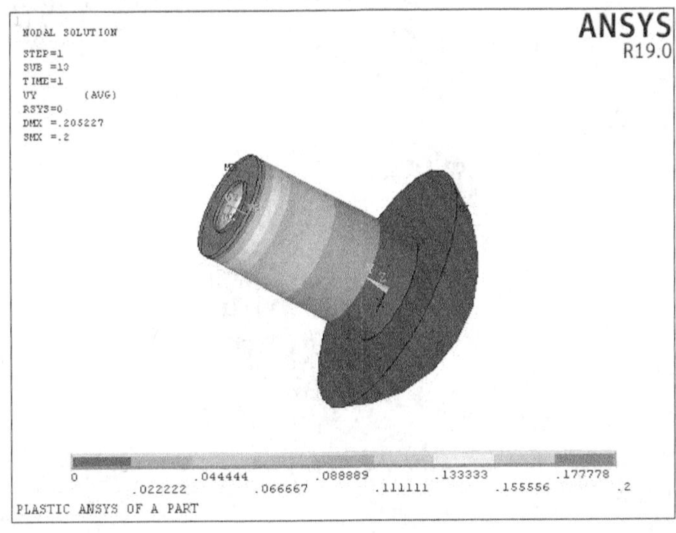

图 10-59 *Y* 向变形图

2. 查看应力

（1）从主菜单中选择“Main Menu：General Postproc > Plot Results > Contour Plot > Nodal Solu”命令，打开“Contour Nodal Solution Data（等值线显示节点解数据）”对话框，如图 10-60 所示。

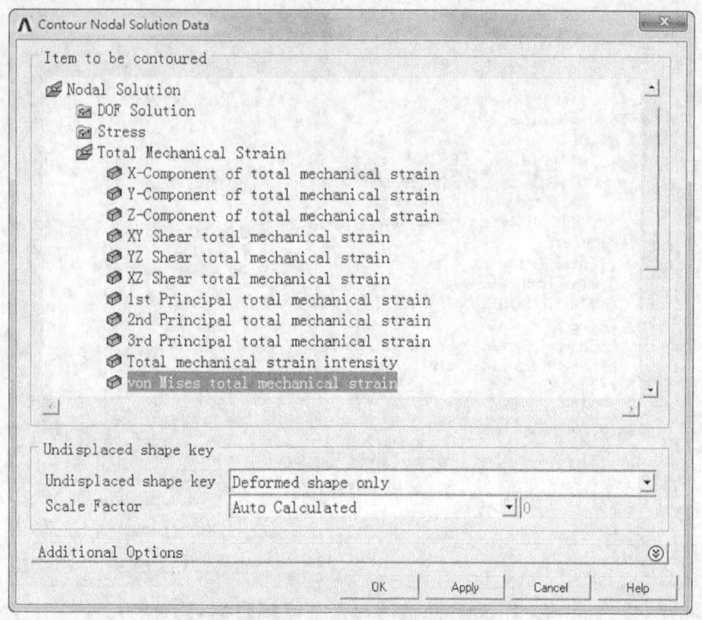

图 10-60　等值线显示节点解数据对话框

（2）在“Item to be contoured（等值线显示结果项）”域中选择“Total Mechanical Strain（应变）”选项。

（3）在列表框中选择“von Mises total mechanical strain（von Mises 应变）”选项。

（4）选择“Deformed shape only（仅显示变形后模型）”选项。

（5）单击“OK”按钮，图形窗口中显示出“von Mises”应变分布图，如图 10-61 所示。

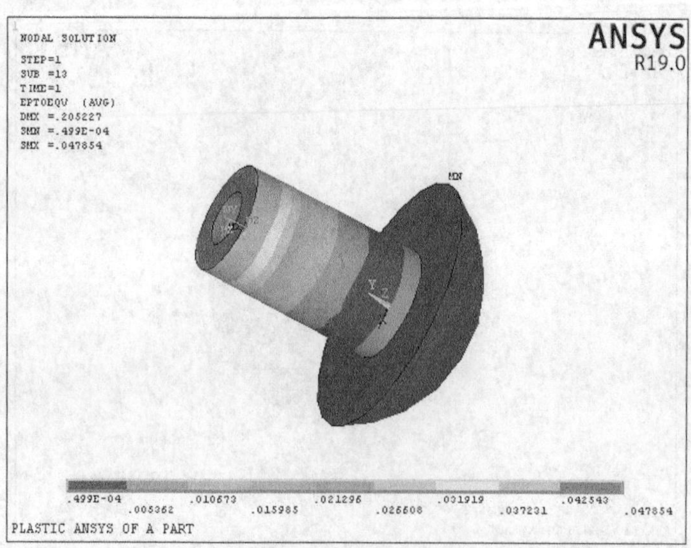

图 10-61　“von Mises”应变分布图

3. 查看截面

（1）从应用菜单中选择“Utility Menu：PlotCtrls > Style > Hidden Line Options”命令，打开“Hidden-Line Options”对话框，如图 10-62 所示。

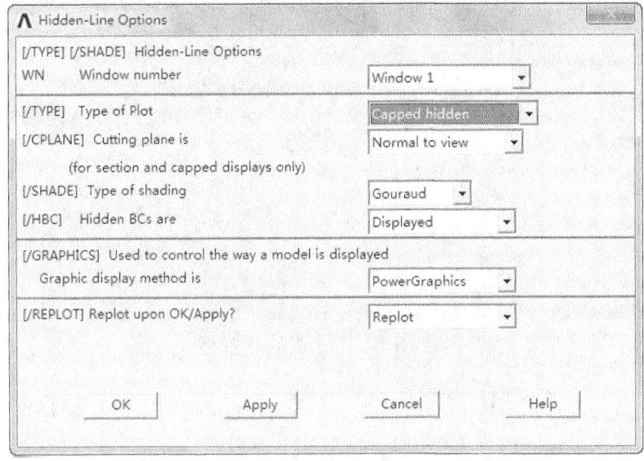

图 10-62 截面控制

（2）在“Type of Plot”左边的下拉列表框中选择“Capped hidden”选项。

（3）单击“OK”按钮，图形窗口中显示出截面上的分布图，如图 10-63 所示。

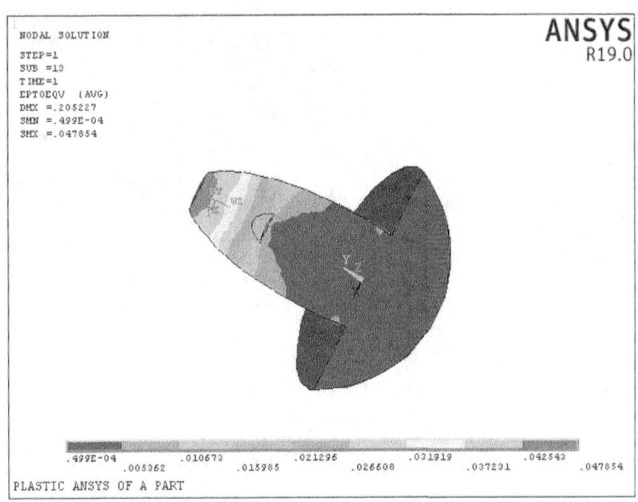

图 10-63 截面上的分布图

4. 动画显示模态形状

（1）从应用菜单中选择“Utility Menu：PlotCtrls > Animate > Mode Shape”命令，弹出“Animate Mode Shape”对话框。

（2）选择“DOF solution”选项，选择“Translation UY”选项，单击“OK”按钮，如图 10-64 所示。

ANSYS 将在图形窗口中进行动画显示，如图 10-65 所示。

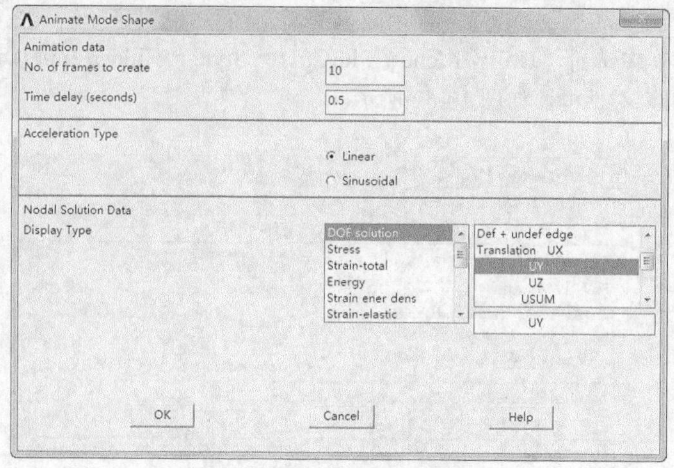

图 10-64　设置动画显示

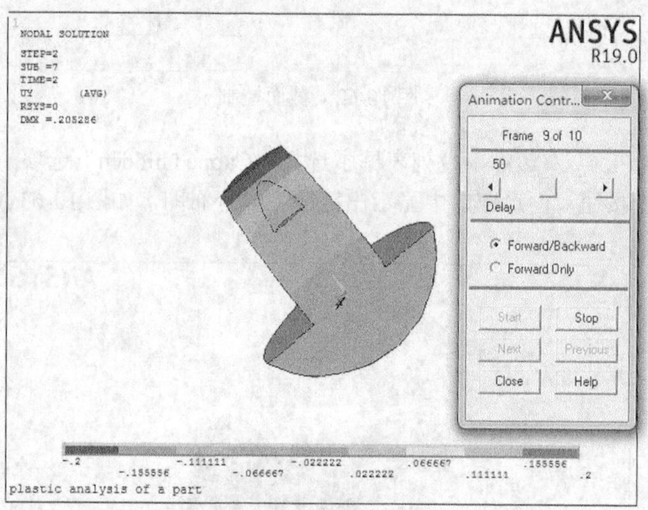

图 10-65　动画显示

10.4.5　命令流实现

详见随书配套资源中的“X:\ 命令流 \10.4 综合实例——材料非线性分析 .txt”电子文档。

10.5　本章小结

结构的非线性行为在工程实践中是很常见的，比如大变形、黏弹性等。从大范围来说，结构的非线性行为有两种分类方法：第一种方法是将非线性分为非线性静力学和非线性动力学；第二种方法是将非线性分为几何非线性、材料非线性和状态变化的非线性。从整体上来说，非线性的求解思路和求解过程与其他结构分析是类似的，都是由建模、加载及求解、后处理等几个部分组成，但需要注意的是，非线性与其他问题在本质上是有区别的，从使用 ANSYS 的角度来说，特别需要清楚非线性问题求解选项的设置，因为这些设置与其他问题是有明显区别的。

第 11 章 结构屈曲分析

本章导读

屈曲分析是一种用于确定结构的屈曲载荷（使结构开始变得不稳定的临界载荷）和屈曲模态（结构屈曲响应的特征形态）的技术。

本章介绍了 ANSYS 屈曲分析的全流程步骤，详细讲解了其中各种参数的设置方法与功能，最后通过桁架结构屈曲分析实例对 ANSYS 屈曲分析功能进行了具体演示。

通过本章的学习，读者可以完整深入地掌握 ANSYS 屈曲分析的各种功能和应用方法。

11.1 结构屈曲概论

ANSYS 提供两种分析结构屈曲的技术。

（1）非线性屈曲分析。该方法是逐步的增加载荷，对结构进行非线性静力学分析，然后在此基础上寻找临界点，如图 11-1（a）所示。

（2）特征值屈曲分析（线性屈曲分析）。该方法用于预测理想弹性结构的理论屈曲强度（即通常所说的欧拉临界载荷），如图 11-1（b）所示。

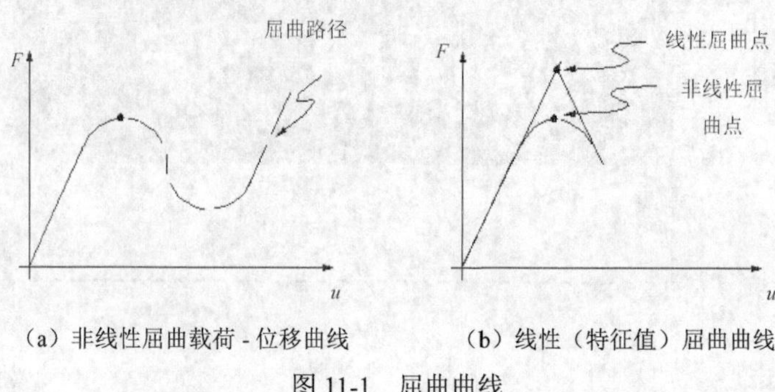

（a）非线性屈曲载荷 - 位移曲线　　（b）线性（特征值）屈曲曲线

图 11-1　屈曲曲线

11.2 结构屈曲分析的基本步骤

11.2.1 前处理

该过程与其他分析类型类似，但应注意以下两点。

（1）该方法只允许线性行为，如果定义了非线性单元，则按线性处理。

（2）材料的弹性模量 EX（或某种形式的刚度）必须定义，材料性质可以线性、各向同性或者各向异性、恒值或者与温度相关。

11.2.2 获得静力解

该过程与一般的静力分析类似，只需记住以下几点。

（1）必须激活预应力影响（“PSTRESS”命令或相应 GUI）。

（2）通常只需施加一个单位载荷即可，不过 ANSYS 允许的最大特征值是 1000000，若求解时特征值超过了这个限度，则须施加一个较大的载荷。当施加单位载荷时，求解得到的特征值就表示临界载荷，当施加非单位载荷时，求解得到的特征值乘以施加的载荷就得到临界载荷。

（3）特征值相当于对所有施加载荷的放大倍数。如果结构上既有恒载荷作用（例如重力载荷）又有变载荷作用（例如外加载荷），需要确保在特征值求解时，由恒载荷引起的刚度矩阵没有乘以放大倍数。通常，为了做到这一点，采用迭代方法。根据迭代结果，不断地调整外加载荷，直到特征值变成 1（或在误差允许范围内接近 1）。

如图 11-2 所示，一根木桩同时受到重力 W_0 和外加载荷 A 作用，为了找到结构特征值屈曲分析

的极限载荷 A，可以用不同的 A 进行迭代求解，直到特征值接近于 1。

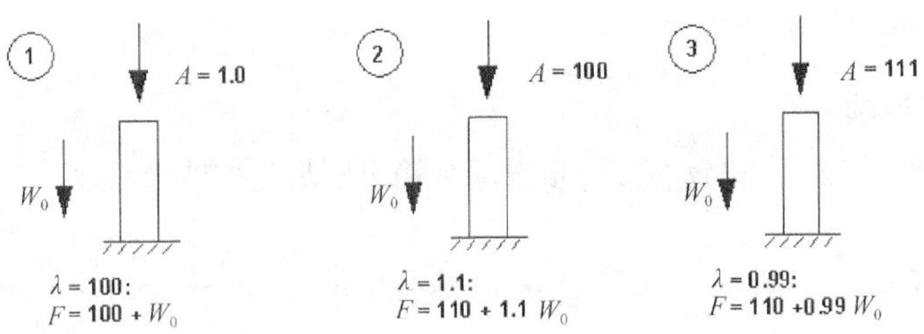

图 11-2　调整外加载荷直到特征值为 1

（4）可以施加非零约束作为静载荷来模拟预应力，特征值屈曲分析将会考虑这种非零约束（即考虑了预应力），屈曲模态不考虑非零约束（即屈曲模态依然是参考零约束模型）。

（5）在求解完成后，必须退出求解器（“FINISH”命令或相应 GUI 路径）。

11.2.3 获得特征值屈曲解

该步骤需要静力求解所得的两个文件 Jobname.EMAT 和 Jobname.ESAV，同时，数据库必须包含模型文件（必要时执行“RESUME”命令），以下是获得特征值屈曲解的详细步骤。

1. 进入求解器

```
命令：/SOLU。
GUI：Main Menu > Solution。
```

2. 指定分析类型

```
命令：ANTYPE,BUCKLE。
GUI：Main Menu > Solution > Analysis Type > New Analysis。
```

注意　重启动（Restarts）对于特征值分析无效。当指定特征值屈曲分析（eigenvalue buckling）之后，会出现相应的求解菜单（Solution menu），该菜单会根据用户最近的操作存在简化形式（abridged）和完整形式（unabridged），简化形式的菜单仅仅包含对于屈曲分析需要或者有效的选项。如果当前显示的是简化菜单而用户又想获得其他的求解选项（那些选项对于分析来说是有用的，但对于当前分析类型却没有被激活），可以在“Solution menu”中选择“Unabridged Menu”选项，更详细的说明可以参考帮助文档。

3. 指定分析选项

```
命令：BUCOPT, Method, NMODE, SHIFT。
GUI：Main Menu > Solution > Analysis Type > Analysis Options。
```

无论是命令还是 GUI 路径，都可以指定如下选项，如图 11-3 所示。

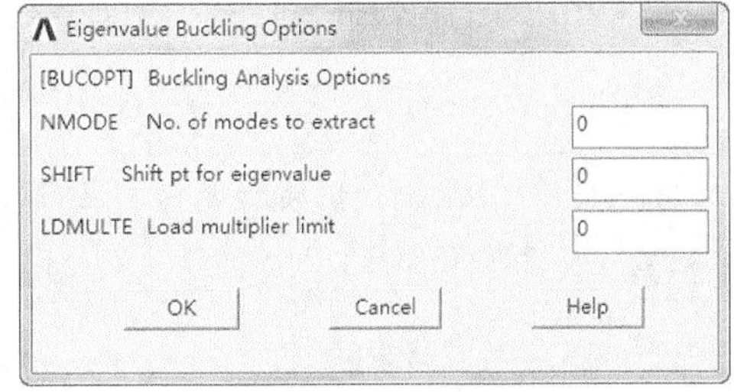

图 11-3　特征值屈曲分析选项

方法（Method）：指定特征值提取方法。可以选择子空间方法（Subspace）和兰索斯分块方法（Block Lanczos），它们都是使用完全矩阵。可在帮助文档中查看选项（Mode-Extraction Method [MODOPT]）以获得更详细的信息。

屈曲阶数（NMODE）：指定提取特征值的阶数。

该变量默认值是 1，因为用户通常最关心的是第一阶屈曲。

策略（SHIFT），指定特征值要乘的载荷因子（load factor）。该因子在求解遇到数值问题（例如特征值为负值）有用，默认值为 0。

4. 指定载荷步选项

对于特征值屈曲问题唯一有效的载荷步选项是输出控制和扩展选项。

```
命令：OUTPR,NSOL,ALL。
GUI：Main Menu > Solution > Load Step Opts > Output Ctrls > Solu Printout。
```

扩展求解可以被设置成特征值屈曲求解的一部分，也可以另外单独执行，在本节中，扩展求解另外单独执行。

5. 保存结果

```
命令：SAVE。
GUI：Utility Menu > File > Save As。
```

6. 开始求解

```
命令：SOLVE。
GUI：Main Menu > Solution > Solve > Current LS。
```

求解输出项主要包括特征值（eigenvalues），它被写入输出文件里（Jobname.OUT）。特征值表示屈曲载荷因子，如果施加的是单位载荷，它就表示临界屈曲载荷。数据库或者结果文件中不会写入屈曲模态，所以不能对此进行后处理，如果想对其进行后处理，必须执行扩展解（后面会详细说明）。

特征值可以是正数也可以是负数，如果是负数，则表示应该施加相反方向的载荷。

7. 退出求解器

```
命令：FINISH。
GUI：Close the Solution menu。
```

11.2.4 扩展解

不论采用哪种特征值提取方法，如果想得到屈曲模态的形状，就必须执行扩展解。如果是子空间迭代法，可以把“扩展”简单理解为将屈曲模态的形状写入结果文件。

在扩展解中，需要记住以下两点。

必须有特征值屈曲求解得到的屈曲模态文件（Jobname.MODE）。

数据库必须包含与特征值求解同样的模型。

执行扩展解的具体步骤如下。

1. 重新进入求解器

```
命令：/SOLU。
GUI：Main Menu > Solution。
```

注意

在执行扩展解之前，必须明确的离开求解器（利用“FINISH”命令），然后重新进入（/SOLU）。

2. 指定为扩展求解

```
命令：EXPASS,ON。
```

```
GUI：Main Menu > Solution > Analysis Type > ExpansionPass。
```

3. 指定扩展求解选项

```
命令：MXPAND, NMODE, , , Elcalc。
GUI：Main Menu > Solution > Load Step Opts > ExpansionPass > Single Modes > Expand Modes。
```

无论是通过命令还是 GUI 路径，扩展求解都需要指定如下选项，如图 11-4 所示。

模态阶数（MODE）：指定扩展模态的阶数。这个变量默认值是特征值求解时所提取的阶数。

相对应力（Elcalc）：指定是否需要进行应力计算。特征值屈曲分析中的应力并非真正的应力，而是相对于屈曲模态的相对应力分布，默认时不计算应力。

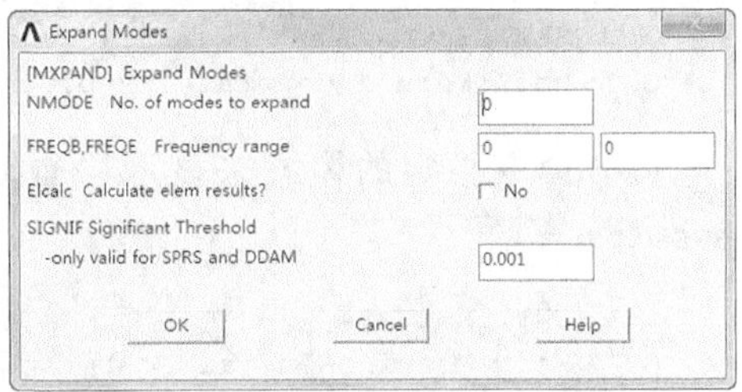

图 11-4　扩展模态选项

4. 指定载荷步选项

在屈曲扩展求解里唯一有效的载荷步选项是输出控制选项，该选项包括输出文件（Jobname.OUT）中的任何结果数据。

```
命令：OUTPR。
GUI：Main Menu > Solution > Load Step Opts > Output Ctrl > Solu Printout。
```

5. 数据库和结果文件输出

该选项控制结果文件（Jobname.RST）里面的数据。

```
命令：OUTRES。
GUI：Main Menu > Solution > Load Step Opts > Output Ctrl > DB/Results File。
```

注意

OUTPR 和 OUTRES 上的 FREQ 域只能是 ALL 或者 NONE，也就是说，要么针对所有模态，要么不针对任何模态，不能只写入部分模态信息。

6. 开始扩展求解

输出数据包含屈曲模态形状，并且，如果需要的话，还可以包含每一阶屈曲模态的相对应力。

```
命令：SOLVE。
GUI：Main Menu > Solution > Solve > Current LS。
```

7. 离开求解器

这时候可以对结果进行后处理。

```
命令：FINISH。
GUI：Close the Solution menu.。
```

注意

该处的扩展解是单独作为一个步骤列出，也可以利用“MXPAND”命令（GUI：Main Menu > Solution > Load Step Opts > ExpansionPass > Expand Modes）将它放在特征值求解步骤里面执行。

11.2.5　后处理（观察结果）

屈曲扩展求解的结果被写入结构结果文件（Jobname.RST），它们包括屈曲载荷因子、屈曲模态形状和相对应力分布，可以在通用后处理（POST1）里面观察这些结果。

注意

为了在 POST1 里面观察结果，数据库必须包含与屈曲分析相同的结构模型（必要时可执行“RESUME”命令），同时，数据库还必须包含扩展求解输出的结果文件（Jobname.RST）。

（1）列出现在所有的屈曲载荷因子。

```
命令：SET,LIST。
GUI：Main Menu > General Postproc > Results Summary。
```

（2）读取指定的模态来显示屈曲模态的形状。每一种屈曲模态都储存在独立的结果步（substep）里面。

```
命令：SET,SUBSTEP。
GUI：Main Menu > General Postproc > Read Results > By Load Step。
```

（3）显示屈曲模态形状。

```
命令：PLDISP。
GUI：Main Menu > General Postproc > Plot Results > Deformed Shape。
```

（4）显示相对应力分布云图。

```
命令：PLNSOL or PLESOL。
GUI：Main Menu > General Postproc > Plot Results > Contour Plot > Nodal Solution。
Main Menu > General Postproc > Plot Results > Contour Plot > Element Solution。
```

11.3 综合实例——薄壁圆筒屈曲分析

扫码看视频

在本节实例分析中，将进行一个薄壁圆筒的几何非线性分析，用轴对称单元模拟薄壁圆筒，求解通过单一载荷步来实现。

11.3.1 分析问题

如图 11-5 所示，薄壁圆筒的半径 R=2540 mm，高 h=20320 mm，壁厚 t=12.35 mm，在圆筒的顶面上受到均匀的压力作用，压力的大小为 1e6Pa。材料的弹性模量 E=200GPa，泊松比 ν=0.3，计算薄壁圆筒的屈曲模式及临界载荷。其计算分析过程如下。

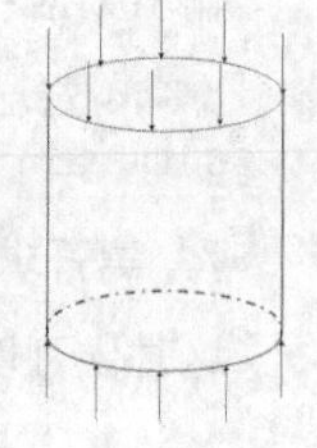
图 11-5　薄壁圆筒示意图

11.3.2 建立模型

1. 前处理

（1）定义工作标题。执行菜单栏中的“Utility Menu > File > Change Title”命令，键入文字“Buckling of a thin cylinder”，单击“OK”按钮。

（2）定义单元类型。选择“Mail Menu > Preprocessor > Element Type > All/Edit/Delete”命令，出现“单元类型”对话框，单击“Add”按钮，弹出单元类型库对话框，如图 11-6 所示，在靠近左边的列表框中，单击“Structural Beam”选项，在靠近右边的列表框中，单击“3D 2 node 188”选项，单击“OK”按钮。最后单击“单元类型”对话框的“OK”按钮，关闭该对话框。

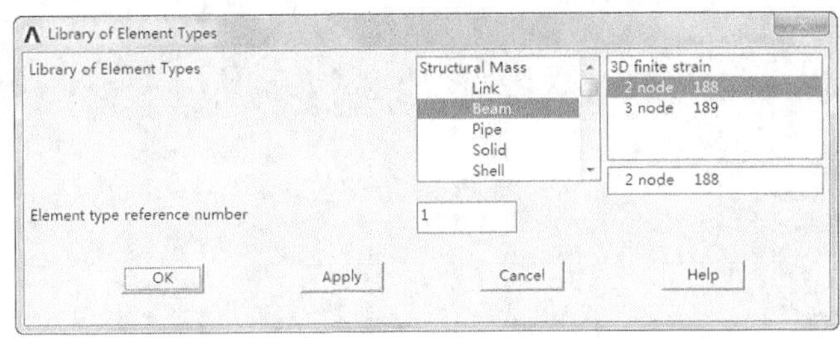

图 11-6　单元类型库对话框

（3）定义材料性质。执行主菜单中的“Main Menu > Preprocessor > Material Props > Material Models”命令，弹出如图 11-7（a）所示的定义材料模型特性对话框，在“Material Models Available”栏目中连续单击“Favorites > Linear Static > Linear Isotropic”命令，弹出如图 11-7（b）所示的线性各向同性材料对话框，在“EX”后文本框中键入“2e5”，在“PRXY”后文本框中键入“0.3”，单击“OK”按钮。最后在定义材料模型特性对话框中，选择菜单路径“Material > Exit”，退出材料定义窗口。

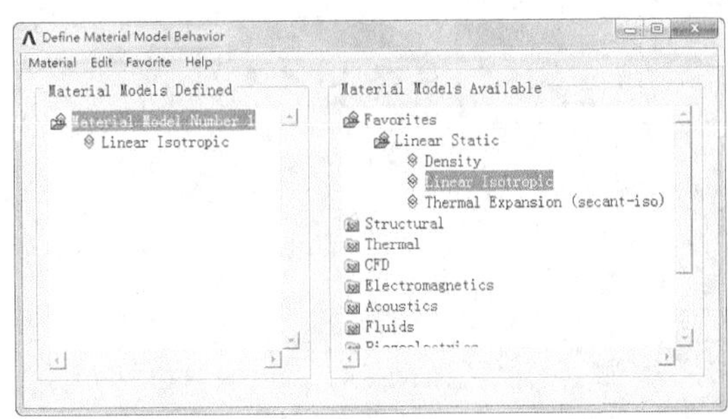

（a）定义材料模型特性对话框

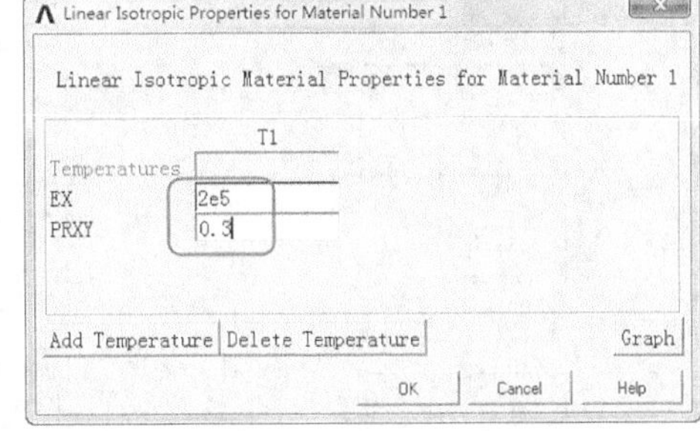

（b）线性各向同性材料对话框

图 11-7　定义材料性质

（4）定义杆件材料性质。执行主菜单中的“Main Menu > Preprocessor > Sections > Beam > Common Section”命令，弹出如图 11-8 所示的梁工具对话框，在“Sub-Type”下拉列表框中选择 ○（空心圆管），在“Ri”后的文本框中输入内半径“2527.65”，在“Ro”后的文本框中输入外半径“2540”，单击“OK”按钮。

2. 建立实体模型

（1）选择“ANSYS Main Menu > Preprocessor > Modeling > Create > Nodes > In Active CS”命令，打开“Create Nodes in Active Coordinate System”对话框，如图 11-9 所示。在“NODE Node number”后的文本框中输入“1”，在：X，Y，Z Location in active CS”后的文本框中输入“0”“0”。

（2）单击“Apply”按钮会再次打开“Create Nodes in Active Coordinate System”对话框，如图 11-9 所示。在“NODE Node number”后的文本框输入“11”，在“X，Y，Z Location in active CS”后的文本框中依次输入“0”“20320”，单击“OK”按钮关闭该对话框。

（3）插入新节点。选择“Main Menu > Preprocessor > Modeling > Create > Nodes > Fill between Nds”命令，弹出“Fill between Nds”拾取菜单，如图 11-10 所示。用鼠标指针在画面上单击拾取

编号为 1 和 11 的两个节点，单击“OK”按钮，弹出“Create Nodes Between 2 Nodes”对话框。接受其他默认设置，单击“OK”按钮，如图 11-11 所示。

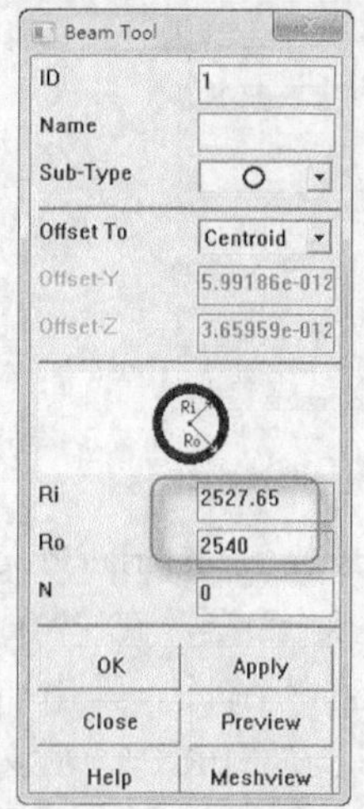

图 11-8　梁工具对话框

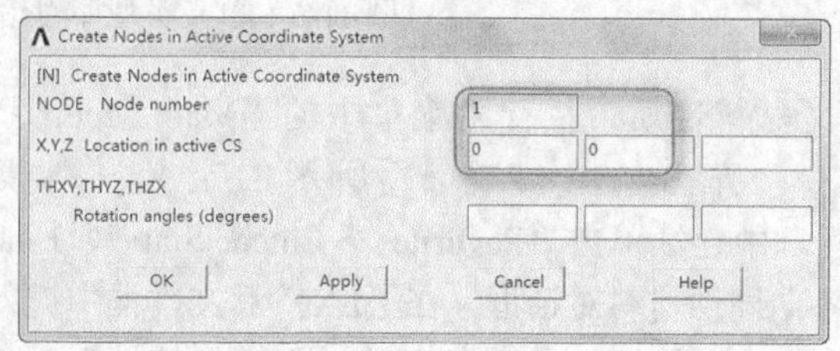

图 11-9　“Create Nodes in Active Coordinate System”对话框

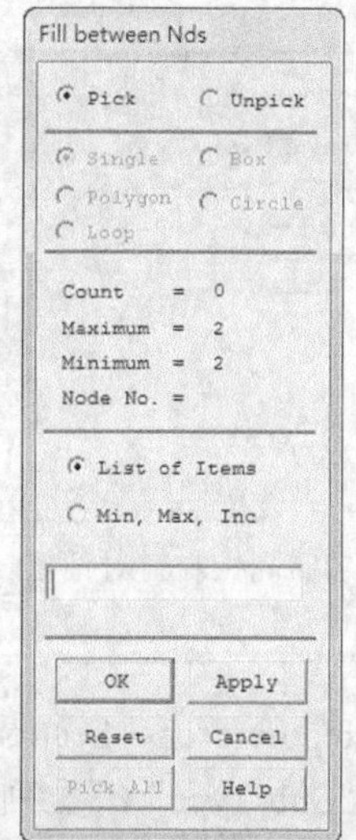

图 11-10　“Fill between Nds”拾取菜单

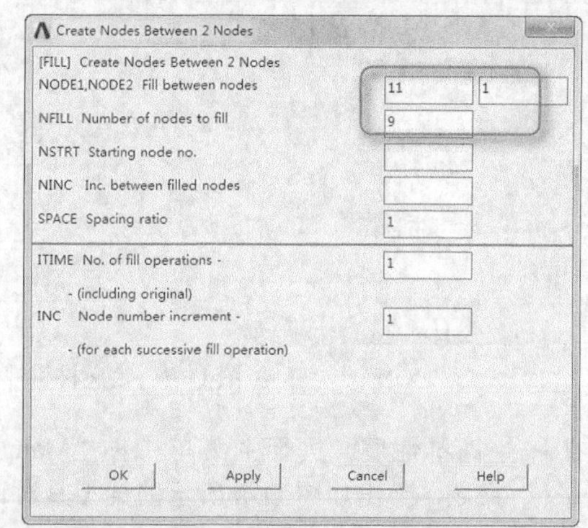

图 11-11　在两节点之间创建节点对话框

（4）单击“ANSYS Main Menu → Preprocessor → Modeling → Create → Elements → Elem Attributes”命令，打开“Element Attributes”对话框，如图 11-12 所示。在 [TYPE] Element type number 后的下拉列表框中选择“1 BEAM188”选项，其余选项采用系统默认设置，单击“OK”按钮，关闭该对话框。

（5）单击“ANSYS Main Menu > Preprocessor > Modeling > Create > Elements > Auto Numbered > Thru Nodes”命令，打开“Elements from Nodes”对话框，在文本框输入“1，2”，单击“OK”按钮，关闭该对话框。

① 复制单元。选择“Main Menu > Preprocessor > Modeling > Copy > Elements > Auto Numbered”命令，弹出“Copy Elems Auto-Num”拾取菜单，如图 11-13 所示，在画面上选择所创建的单元，单击“OK”按钮。

② 弹出“Copy Elements”对话框，如图 11-14 所示，在“ITIME Total number of copies”后面

的文本框中输入“10”，在“NINC Node number increment”后面的文本框中输入“1”，单击“OK”按钮。

（6）单击菜单栏中的“PlotCtrls > Style > Colors > Reverse Video”命令，ANSYS 窗口将变成白色。单击菜单栏中的“Plot > Elements”命令，ANSYS 窗口会显示模型，如图 11-15 所示。

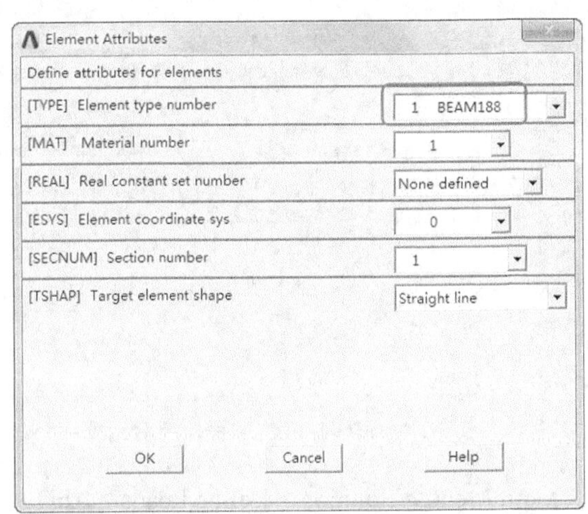

图 11-12　“Element Attributes”对话框

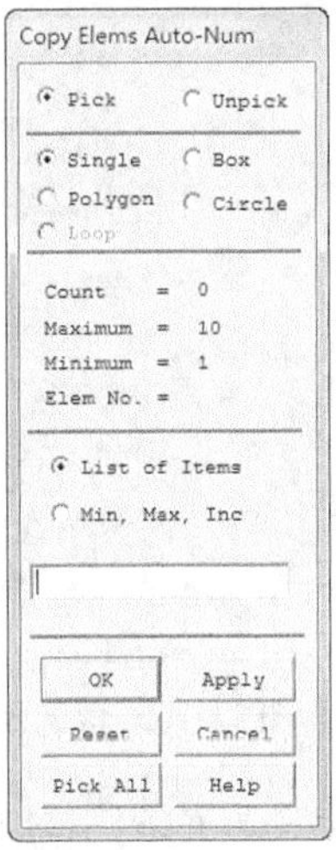

图 11-13　“Copy Elems Auto-Num”拾取菜单

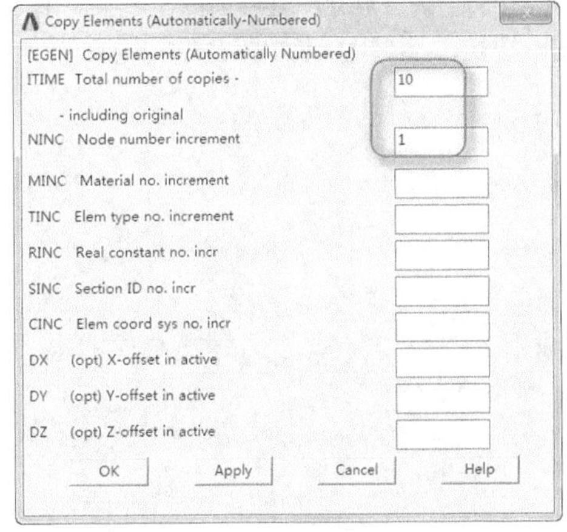

图 11-14　“Copy Elements”对话框

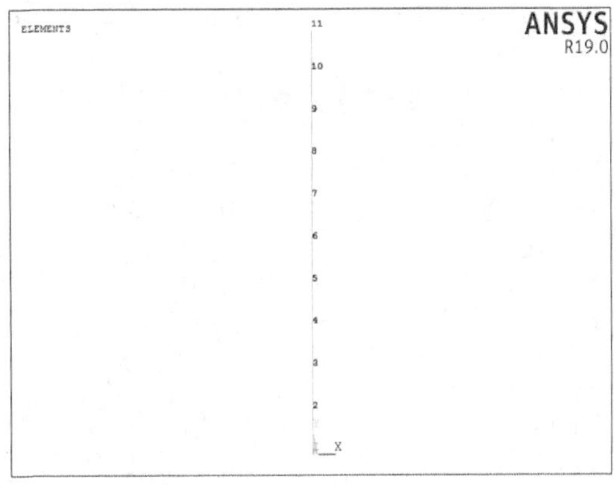

图 11-15　模型

（7）存储数据库 ANSYS。拾取“SAVE_DB”按钮存储数据库。

11.3.3　求解

1. 获得静力解

（1）设定分析类型。执行主菜单中的“Main Menu > Solution > Unabridged Menu > Analysis Type > New Analysis”命令，弹出新建分析对话框，如图 11-16 所示，接受其余默认设置（Static），单击“OK”按钮。

（2）设定分析选项。执行主菜单中的“Main Menu > Solution > Analysis Type > Sol'n Controls”命令，弹出如图 11-17 所示的求解控制对话框，勾选“Calculate prestress effects”前面的复选框，

单击“OK”按钮。

（3）打开节点编号显示。执行菜单栏中的“Utility Menu > PlotCtrls > Numbering”命令，弹出编号显示控制对话框，如图 11-18 所示，单击“NODE”后面对应项使其显示为“On”，单击“OK”按钮。

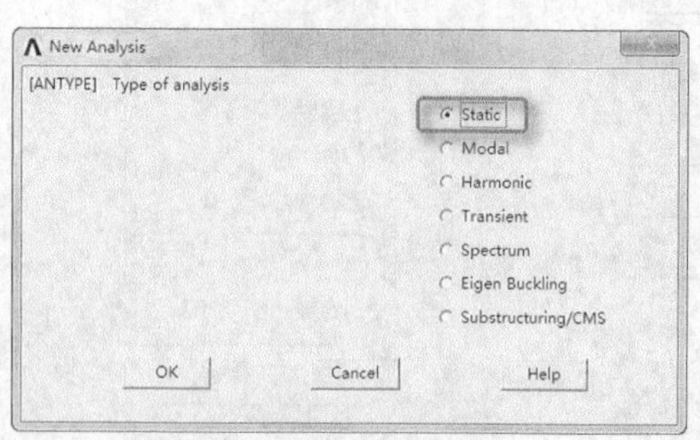

图 11-16 新建分析对话框

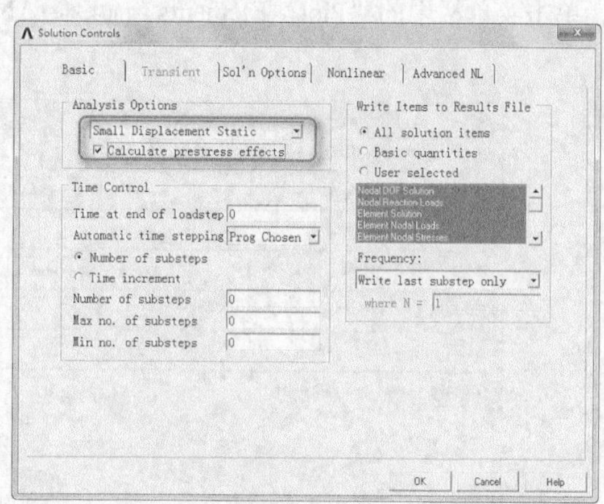

图 11-17 求解控制对话框

（4）定义边界条件。执行主菜单中的“Main Menu > Solution > Define Loads > Apply > Structural > Displacement > On Nodes”命令，弹出对节点施加位移约束拾取对话框。用鼠标指针在画面里面单击拾取节点 1，单击“OK”按钮，弹出如图 11-19 所示的对节点施加位移约束对话框，在 Lab2 后面的下拉列表框中单击“All DOF”选项，单击“OK”按钮，系统显示如图 11-20 所示。

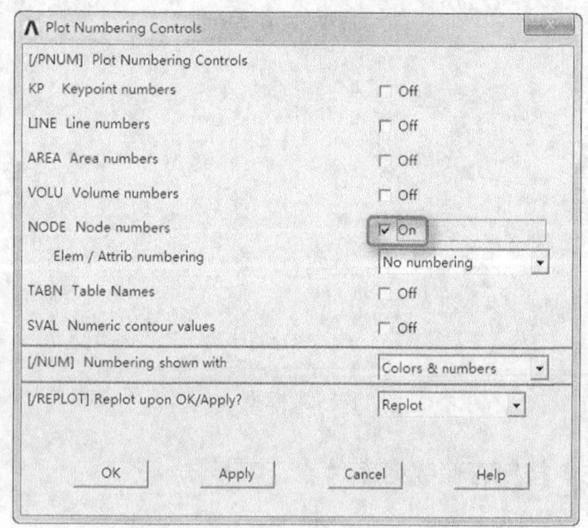

图 11-18 编号显示控制对话框

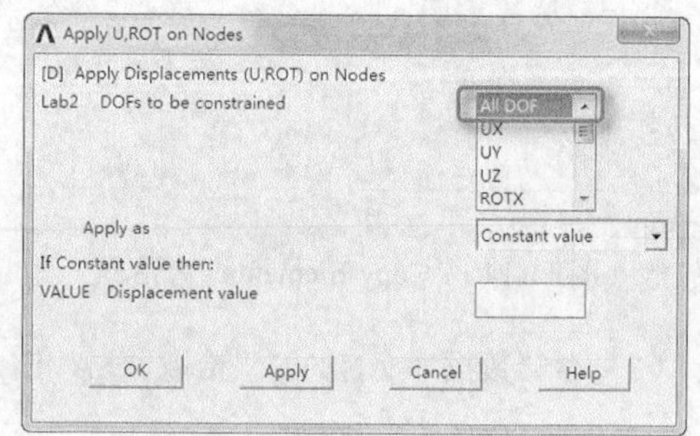

图 11-19 对节点施加位移约束对话框

（5）施加载荷。执行主菜单中的“Main Menu > Solution > Define Loads > Apply > Structural > Force/ Moment > On Nodes”命令，弹出对节点施加力约束拾取菜单。用鼠标指针单击节点 12，单击“OK”按钮，弹出对节点施加力约束对话框，如图 11-21 所示。在“Lab Direction of force/mom”后面的下拉列表框中选择“FY”选项，在“VALUE Force/moment value”后面的文本框中输入“–1e6”，单击“OK”按钮。系统显示如图 11-22 所示。

（6）静力分析求解。执行主菜单中的“Main Menu > Solution > Solve > Current LS”命令，弹出“/STATUS 命令”信息提示窗口和求解当前载荷步对话框，仔细浏览信息提示窗口中的信息，如果无误，则单击“File > Close”命令关闭之。单击“OK”按钮开始求解。当静力求解结束时，系统会弹出“Solution is done”提示框，单击“Close”按钮。

（7）退出静力求解。执行主菜单中的“Main Menu > Finish”命令退出静力求解。

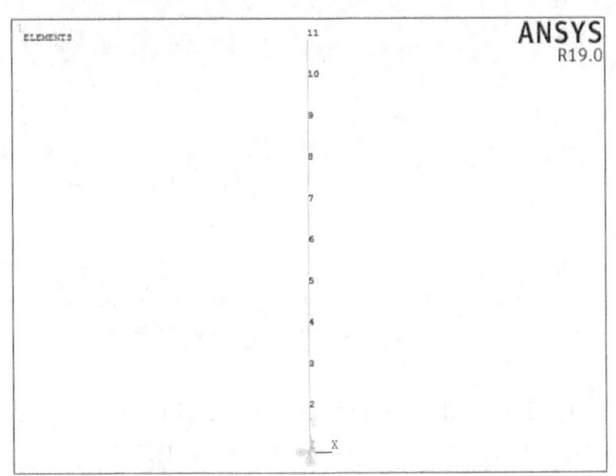

图 11-20　框架端部施加约束

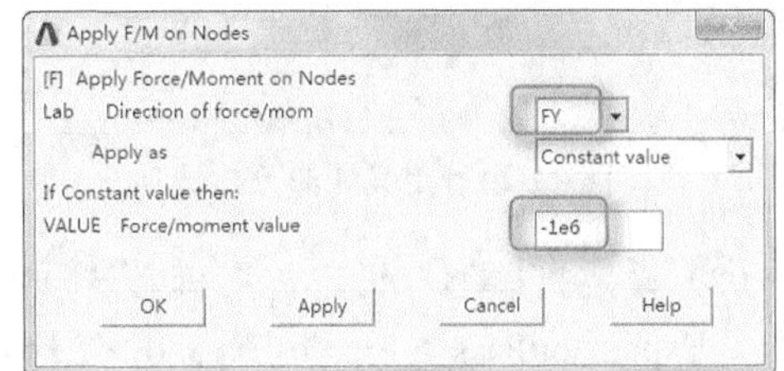

图 11-21　对节点施加力约束对话框

2. 获得特征值屈曲解

（1）屈曲分析求解。执行主菜单中的“Main Menu > Solution > Analysis Type > New Analysis”命令，弹出新建分析对话框，如图 11-23 所示，在“Type of analysis”后面选择“Eigen Buckling”单选项，单击“OK”按钮。

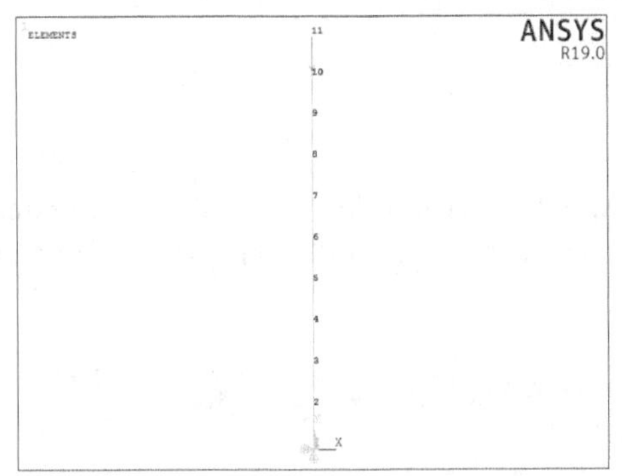

图 11-22　施加位载荷

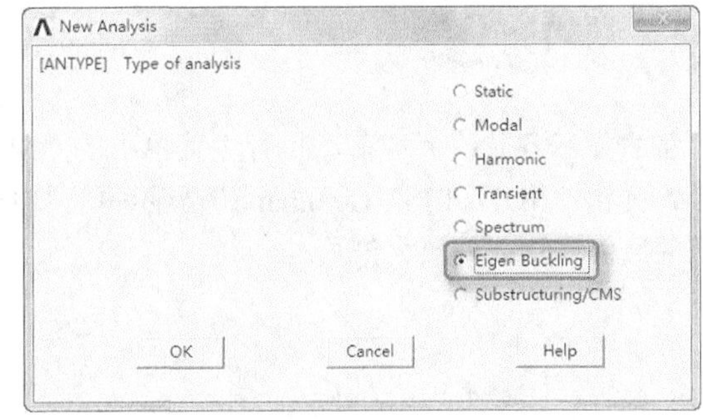

图 11-23　新建分析对话框

（2）设定屈曲分析选项。执行主菜单中的“Main Menu > Solution > Analysis Type > Analysis Options”命令，弹出“Eigenvalue Buckling Options”对话框，如图 11-24 所示，在“NMODE No. of modes to extract”后面的文本框中输入“10”，单击“OK”按钮。

（3）屈曲求解。执行主菜单中的“Main Menu > Solution > Solve > Current LS”命令，弹出“/STATUS 命令”信息提示窗口和“Solve Current Load Step”对话框。仔细浏览信息提示窗口中的信息，如果无误则单击“File > Close”命令关闭之。单击“OK”按钮开始求解。当屈曲求解结束时，系统会弹出“Solution is done”提示框，单击“Close”按钮关闭它。

（4）退出屈曲求解。执行主菜单中的“Main Menu > Finish”命令退出屈曲求解。

3. 扩展解

（1）激活扩展过程。执行主菜单中的“Main Menu > Solution > Analysis Type > Expansion Pass”

命令，弹出扩展途径对话框，如图 11-25 所示，单击“[EXPASS] Expansion pass”后面使其显示为On，单击“OK”按钮。

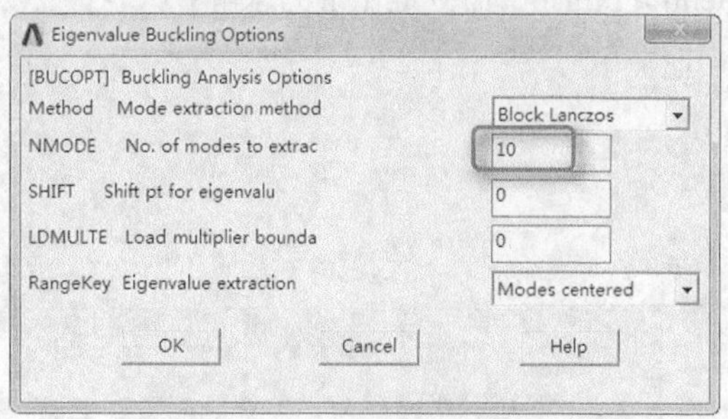

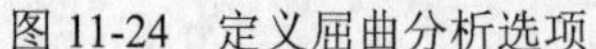
图 11-24 定义屈曲分析选项

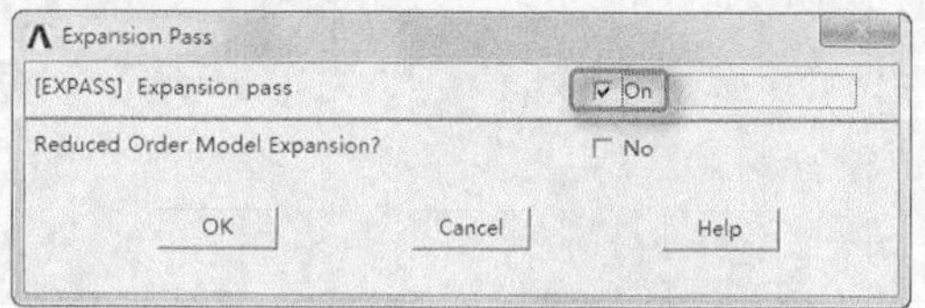

图 11-25 扩展途径对话框

（2）设定扩展解。设定扩展模态选项：执行主菜单中的“Main Menu > Solution > Load Step Opts > ExpansionPass > Single Expand > Expand Modes”命令，弹出如图 11-26 所示的“Expand Modes”对话框，在“NMODE No. of modes to expand”后面的文本框中输入“10”，在“Elcalc”后面单击使其显示为“Yes”，单击“OK”按钮。

（3）扩展求解。执行主菜单中的“Main Menu > Solution > Solve > Current LS”命令，弹出“/STATUS 命令”信息提示窗口和求解当前载荷步对话框。仔细浏览信息提示窗口中的信息，如果无误，则执行“File > Close”命令将其关闭。单击“OK”按钮开始求解。当屈曲求解结束时，系统会弹出“Solution is done”提示框，单击“Close”按钮关闭它。

（4）退出扩展求解。执行主菜单中的“Main Menu > Finish”命令退出扩展求解。

11.3.4 查看结果

列表显示各阶临界载荷。执行主菜单中的“Main Menu > General Postproc > Results Summary”命令，弹出“SET，LIST Command”显示框，如图 11-27 所示。显示框中“TIME/FREQ”项下面对应的数值表示载荷放大倍数。

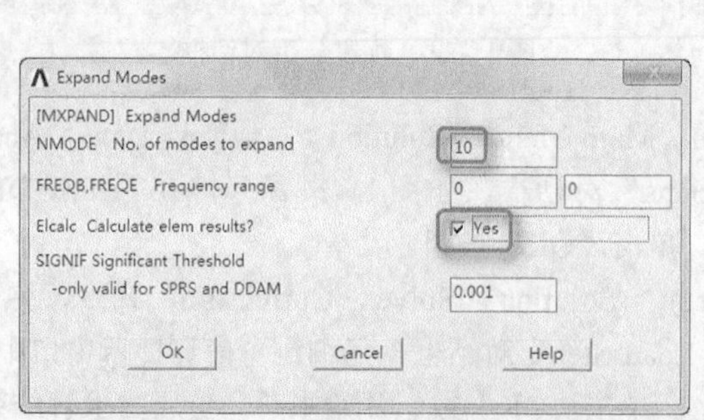

图 11-26 “Expand Modes”对话框

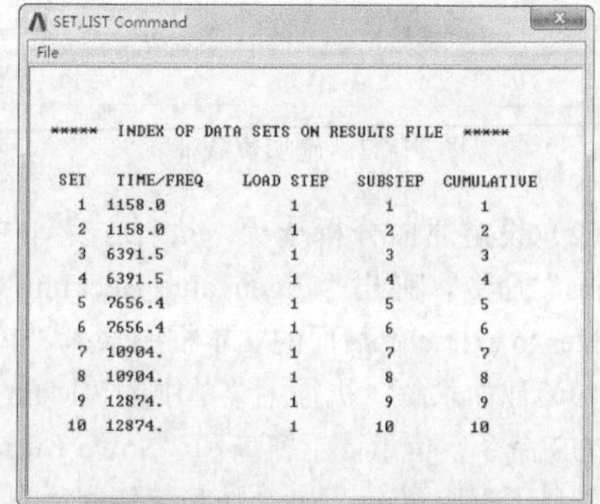

SET,LIST Command

File

***** INDEX OF DATA SETS ON RESULTS FILE *****

SET	TIME/FREQ	LOAD STEP	SUBSTEP	CUMULATIVE
1	1158.0	1	1	1
2	1158.0	1	2	2
3	6391.5	1	3	3
4	6391.5	1	4	4
5	7656.4	1	5	5
6	7656.4	1	6	6
7	10904.	1	7	7
8	10904.	1	8	8
9	12874.	1	9	9
10	12874.	1	10	10

图 11-27 列表显示临界载荷

11.3.5 命令流

详见随书配套资源中的“X:\ 命令流 \11.3 综合实例——薄壁圆筒屈曲分析 .txt”电子文档。

11.4　综合实例——桁架结构屈曲分析

在该例中，通过一个框架结构的屈曲分析实例，详细介绍特征值屈曲分析的过程和技巧。另外，文中还详细介绍了如何利用梁单元表格来做后处理。

11.4.1　问题描述

现有一个框架结构，如图 11-28（a）所示。框架的端部固支，横截面是边长为 150mm 的正三角形构架，框架总长 15m，分成 15 小节，如图 11-28（b）所示，每小节长 1m。求该结构顶部三角顶点受均匀集中载荷作用时的屈曲临界载荷。已知所有杆件均为空心圆管（内半径 4mm，外半径 5mm），所有接头均为完全焊接。材料弹性模量为 1.5×10^{12}Pa，泊松比为 0.35。

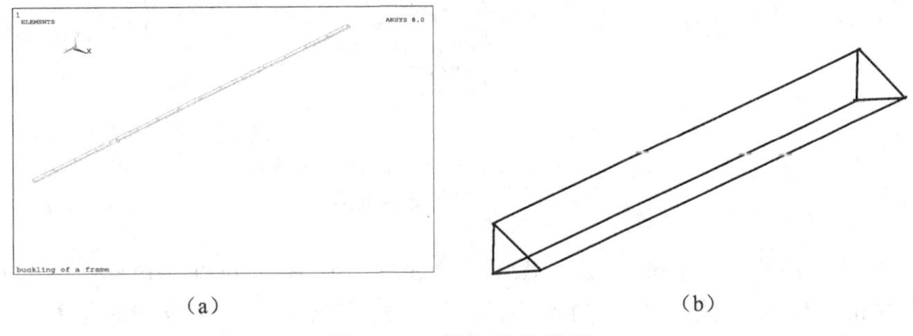

（a）　　（b）

图 11-28　框架结构模型

11.4.2　建立模型

1. 前处理

（1）定义工作标题。选择“Utility Menu > File > ChangeTitle”命令，键入文字“Buckling of a Frame”，单击“OK”按钮。

（2）定义单元类型。选择“Mail Menu > Preprocessor > Element Type > All/Edit/Delete”命令，出现“Element Types”对话框，单击“Add”按钮，弹出“Library of Element Types”对话框，如图 11-29 所示，在靠近左边的列表框中，单击“Structural Beam”选项，在靠近右边的列表框中，单击“3D 2 node 188”选项，单击“OK”按钮。最后单击“Library of Element Types”对话框的“OK”按钮，关闭该对话框。

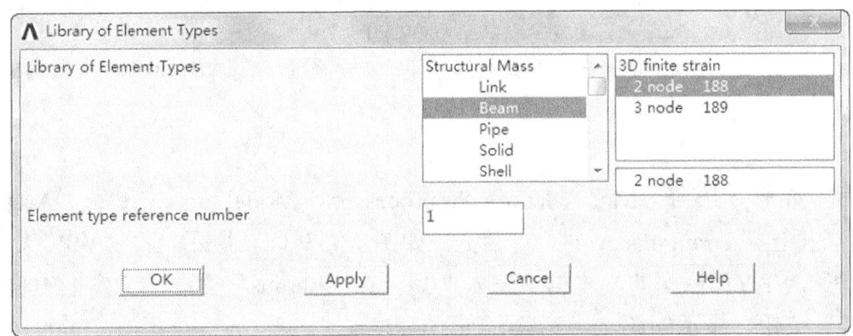

图 11-29　单元类型选择对话框

（3）定义材料性质。选择“Main Menu > Preprocessor > Material Props > Material Models”命令，弹出如图 11-30 所示的“Define Material Model Behavior”对话框，在“Material Models Available”栏目中连续单击“Favorites > Linear Static > Linear Isotropic”命令，弹出如图 11-31 所示的“Linear Isotropic Properties for Material Number 1”对话框，在“EX”后的文本框中键入“1.5e11”，在“PRXY”后的文本框中键入“0.35”，单击“OK”按钮。最后在“Define Material Model Behavior”对话框中，选择菜单路径“Material > Exit”，退出材料定义窗口。

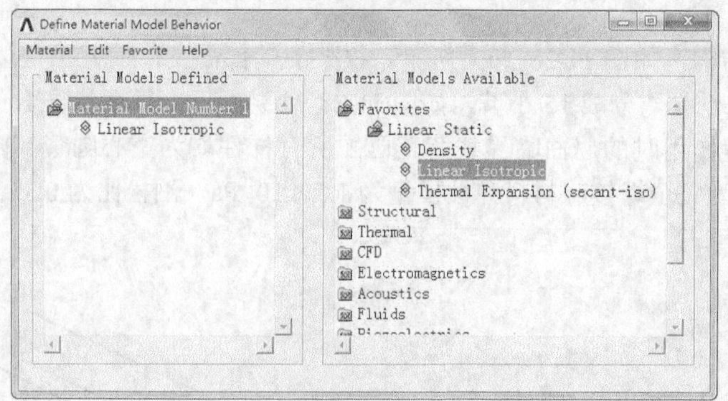

图 11-30　材料定义框图

（4）定义杆件材料性质。选择“Main Menu > Preprocessor > Sections > Beam > Common Section”命令，弹出“Beam Tool”对话框，如图 11-32 所示，在“Sub-Type”下拉列表框中选择 ○（空心圆管），在“Ri”后的文本框中输入内半径“4”，在“Ro”后的文本框中输入外半径“5”，单击“OK”按钮。

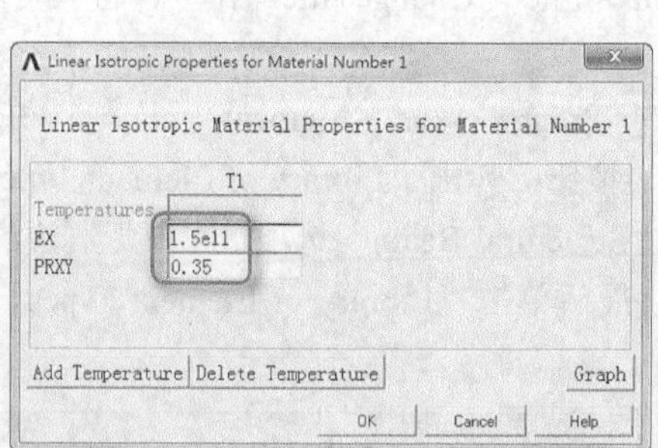

图 11-31　定义线弹性材料属性

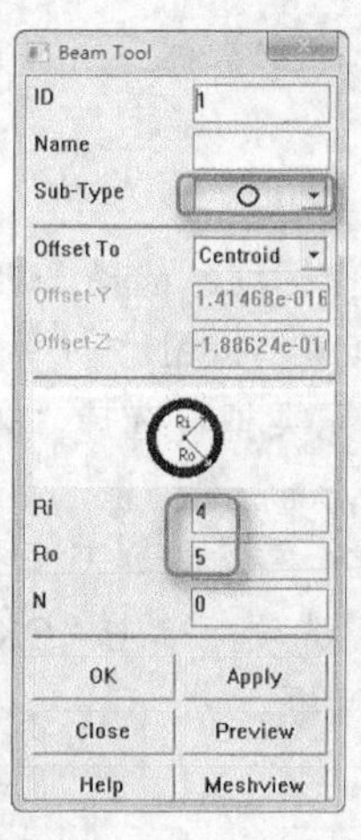

图 11-32　“Beam Tool”对话框

2. 建模

（1）定义三角形。选择“Main Menu > Preprocessor > Modeling > Create > Areas > Polygon > Triangle”命令，弹出“Triangular Area”对话框，如图 11-33（a）所示，在“WP X”后面的文本框中输入“0”，在“WP Y”后面的文本框中输入“0”，在“Radius”后面的文本框中输入“86.6025e-3”，单击“OK”按钮，显示如图 11-33（b）所示。

（2）延伸三角形面。选择“Main Menu > Preprocessor > Modeling > Operate > Extrude > Areas >

Along Normal”命令，弹出“Extrude Area along Normal”拾取菜单，用鼠标指针在画面上单击拾取刚建立的三角形，单击“OK”按钮，弹出“Extrude Area along Normal”对话框，如图 11-34 所示，在“DIST”后面的文本框中输入“1”，单击“OK”按钮。

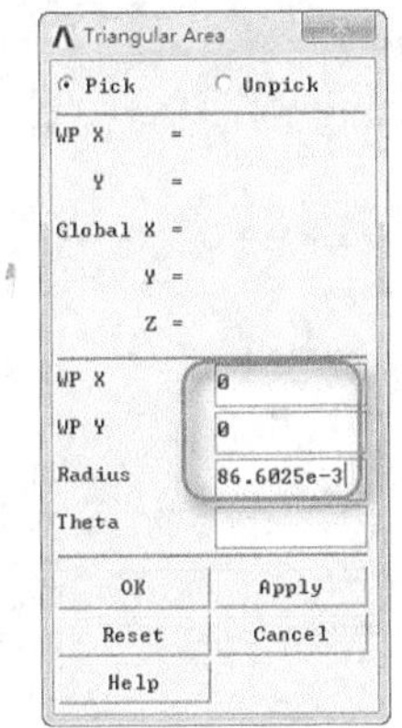

（a）“Triangular Area”对话框

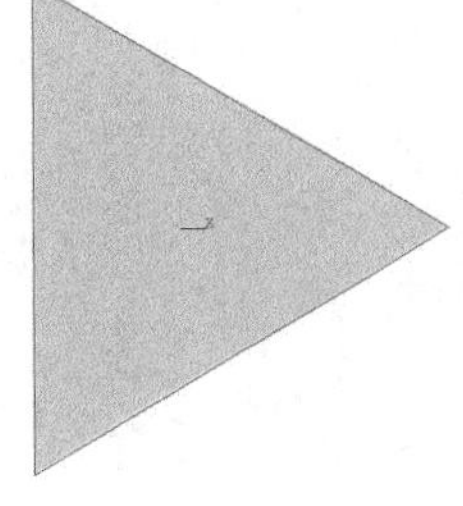

（b）三角形显示

图 11-33　生成三角形

（3）转换视角。单击窗口右侧的按钮，系统显示如图 11-35 所示。

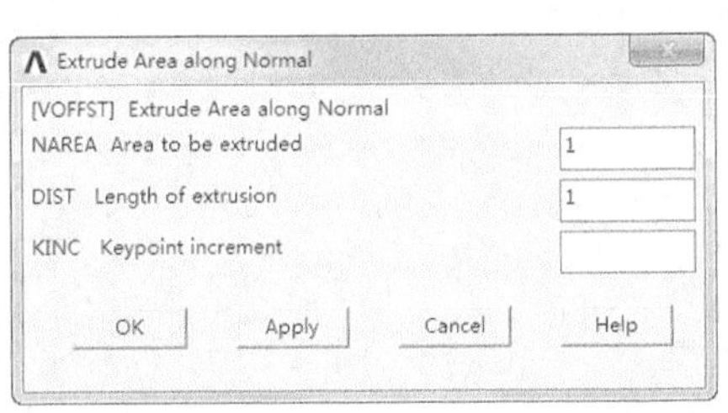

图 11-34　“Extrude Area along Normal”对话框

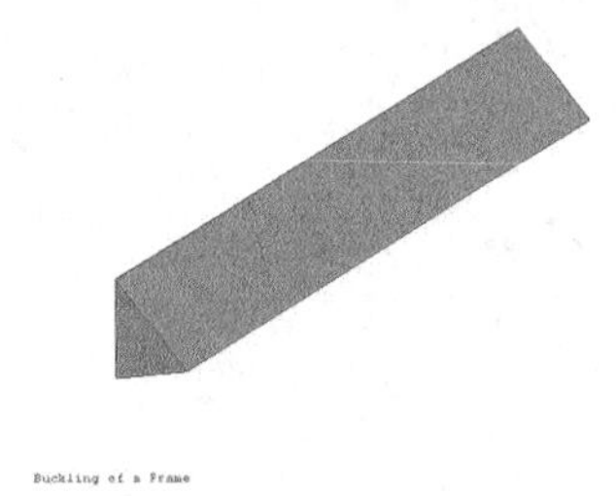

图 11-35　视角转换控制条和三角柱显示

（4）删除多余的体。选择“Main Menu > Preprocessor > Modeling > Delete > Volumes Only”命令，弹出“Delete Volumes Only”拾取菜单，单击“Pick All”按钮。

（5）删除多余面。选择“Main Menu > Preprocessor > Modeling > Delete > Areas Only”命令，弹出“Delete Areas Only”拾取菜单，单击“Pick All”按钮。

（6）显示框架。选择“Utility Menu > Plot > Multi-Plots”命令，系统显示如图 11-36 所示。

（7）移动总体坐标符号。选择“Utility Menu > PlotCtrls > Window Controls > Window Options”命令，弹出“Window Options”对话框，如图 11-37 所示。在“[/TRIAD] Location of triad”后面的下拉列表框中选择“At top left”选项，单击“OK”按钮。

3. 划分网格

（1）指定单元划分尺寸。选择“Main Menu > Preprocessor > Meshing > Size Ctrls > Manual Size > Lines > Pick Lines”命令，弹出“Element Size on Picked Lines”拾取菜单，用鼠标指针在画面上拾取所有三角形边框（编号为 L1、L2、L3、L4、L5、L6），单击“OK”按钮，弹出“Element Size on Picked Lines”对话框，如图 11-38 所示，在“NDIV”后面的文本框中输入“3”，单击“KYNDIV”后面使其显示为“NO”，单击“Apply”按钮。继续弹出“Element Size on Picked Lines”拾取菜单，用鼠标指针在画面上拾取剩余线（编号为 L7、L8、L9），单击“OK”按钮，弹

出“Element Size on Picked Lines”对话框，在“NDIV”后面的文本框中输入“3”，单击“KYNDIV”后面使其显示为“NO”，单击“OK”按钮，系统显示如图 11-39 所示。

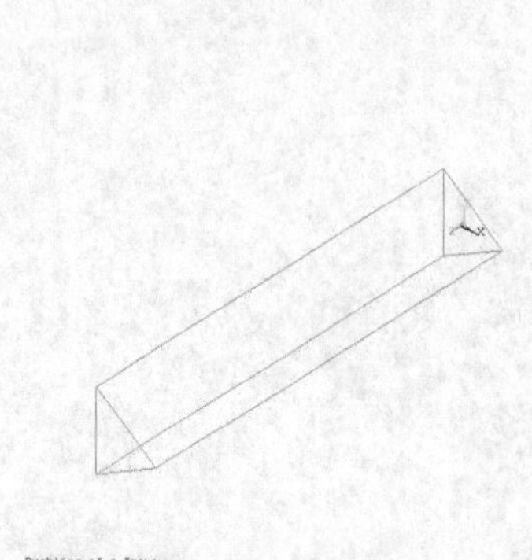

图 11-36　显示三角框架

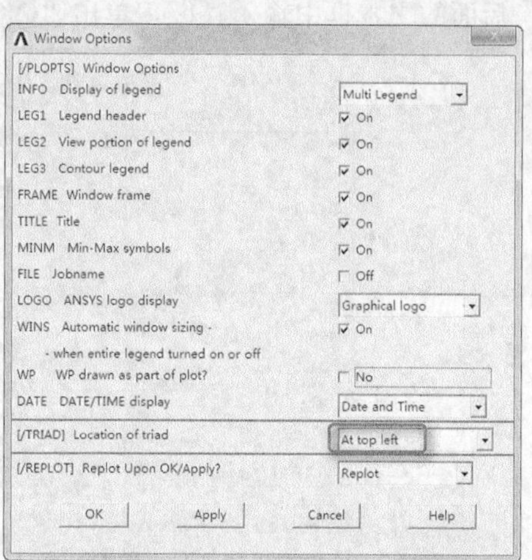

图 11-37　Window Options 对话框

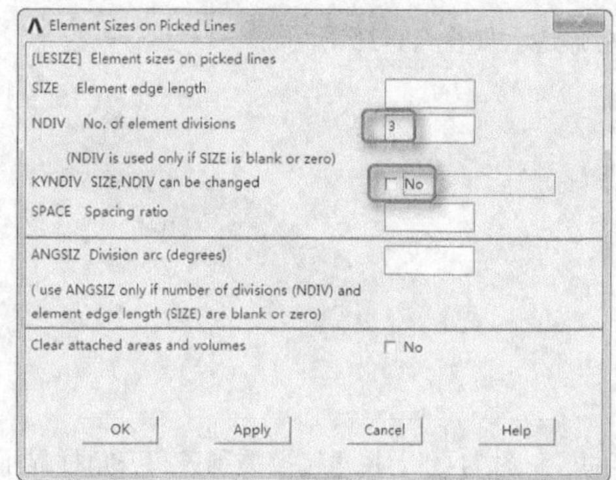

图 11-38　“Element Size on Picked Lines”对话框

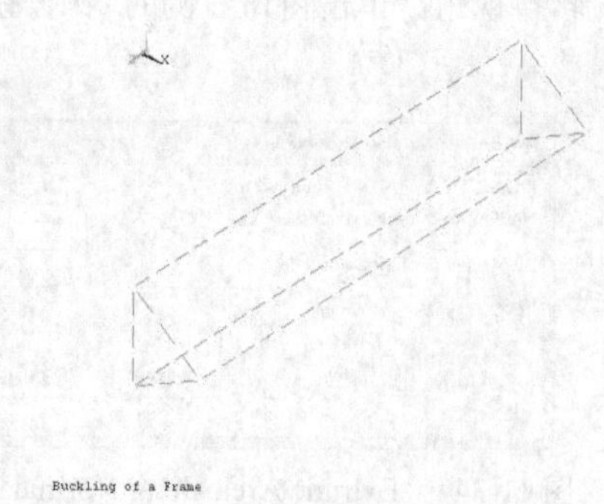

图 11-39　网格划分控制

注意

在不同机器上操作时，线编号可能稍微有些不同，这是可参考图形。

（2）复制线和单元划分设定。选择“Main Menu > Preprocessor > Modeling > Copy > Lines”命令，弹出“Copy Lines”拾取菜单，单击选择编号为 L4、L5、L6、L7、L8、L9 的线（可参考图 11-38），弹出“Copy Lines”对话框，如图 11-40 所示，在“ITIME Number of copies”后面的文本框中输入“15”，在“DZ Z-offset in active CS”后面的文本框中输入“1”，在“NOELEM”后面的下拉列表框中选择“Lines and Mesh”选项，单击“OK”按钮，系统显示如图 11-41 所示。

（3）合并关键点和线。选择“Main Menu > Preprocessor > Numbering Ctrls > Merge Items”命令，弹出“Merge Coincident or Equivalently Defined Items”对话框，如图 11-42 所示，在 Label 后面的下拉列表框中选择“Keypoints”选项，单击“OK”按钮。

（4）压缩关键点和线。选择“Main Menu > Preprocessor > Numbering Ctrls > Compress Numbers”命令，弹出“Compress Numbers”对话框，如图 11-43 所示。在 Label 后面的下拉列表框中选择“Keypoints”选项，单击“Apply”按钮，继续在“Label”后面的下拉列表框中选择“Lines”选项，

单击“OK”按钮。

（5）划分单元。选择“Main Menu > Preprocessor > Meshing > Mesh > Lines”命令，弹出“Mesh Lines”拾取菜单，单击“Pick All”按钮，系统显示如图 11-44 所示。

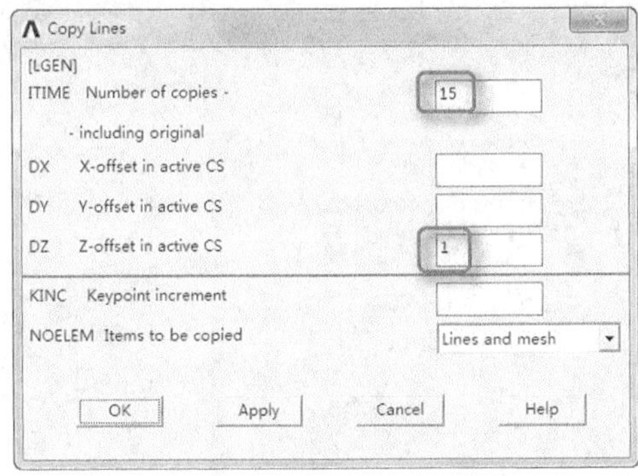

图 11-40　“Copy Lines”对话框

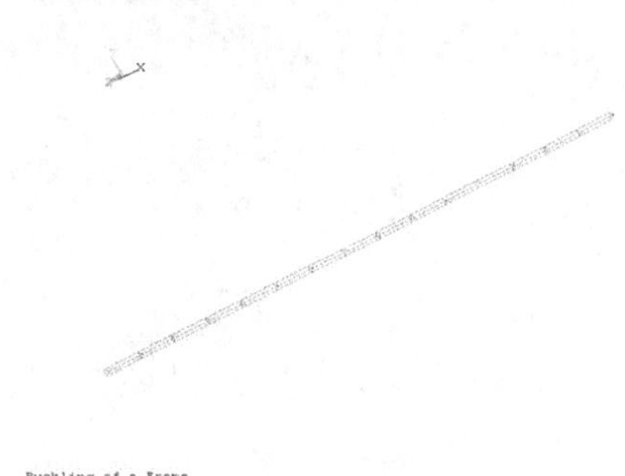

图 11-41　完成复制操作后的画面显示

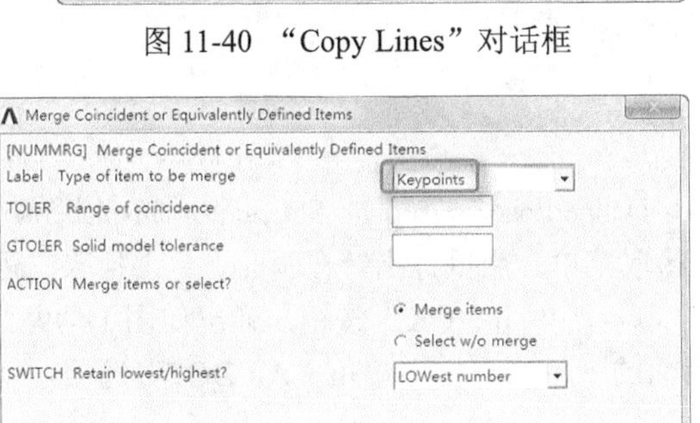

图 11-42　合并关键点和节点

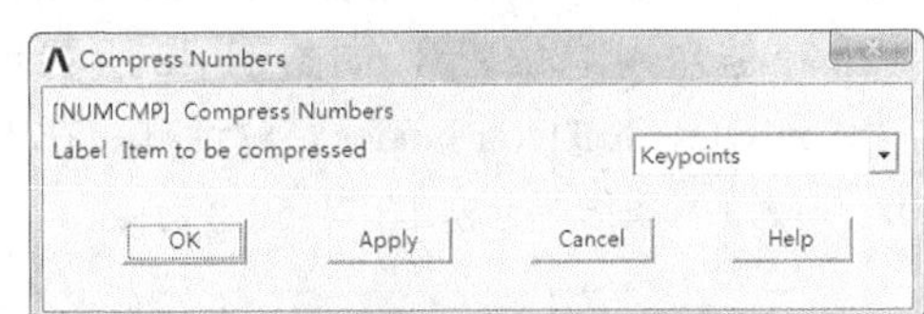

图 11-43　压缩关键点和节点

11.4.3　求解

1. 获得静力解

（1）设定分析类型。选择“Main Menu > Solution > Unabridged Menu > Analysis Type > New Analysis”命令，弹出“New Analysis”对话框，如图 11-45 所示，接受其余默认设置（Static），单击“OK”按钮。

图 11-44　划分网格

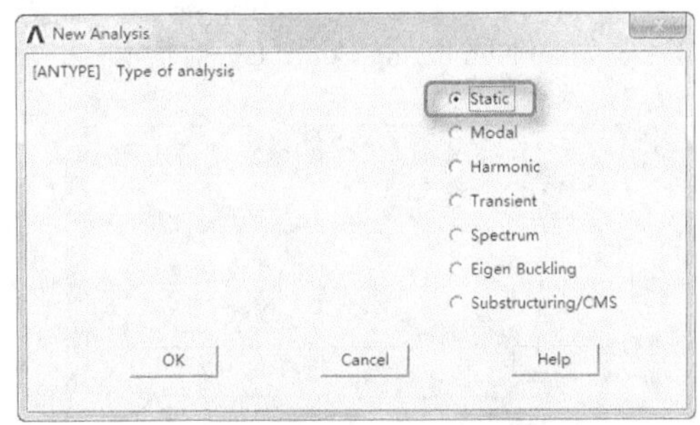

图 11-45　设置分析类型

（2）设定分析选项。选择“Main Menu > Solution > Analysis Type > Sol’n Controls”命令，弹出如

图 11-46 所示的“Solution Controls”对话框，勾选“Calculate prestress effects”复选框，单击“OK”按钮。

（3）打开节点编号显示。选择“Utility Menu > PlotCtrls > Numbering”命令，弹出“Plot Numbering Controls”对话框，如图 11-47 所示，单击“NODE”后面对应项使其显示为“On”，单击“OK”按钮。

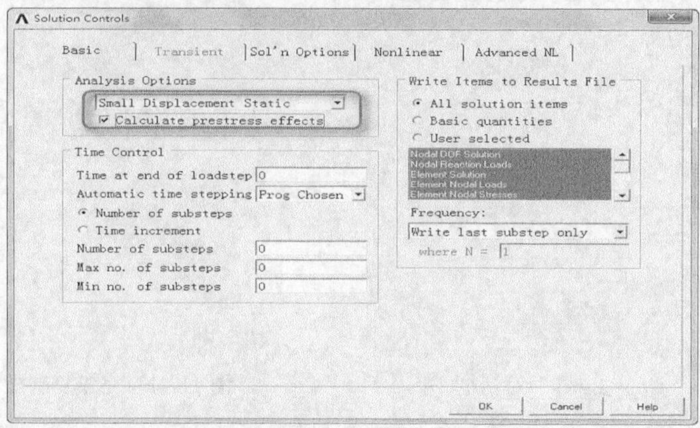

图 11-46　静力分析选项

（4）定义边界条件。选择“Main Menu > Solution > Define Loads > Apply > Structural > Displacement > On Nodes”命令，弹出“Apply U,ROT on Nodes”拾取菜单。用鼠标指针在画面上单击拾取三角框架端部（编号为 1、2、5，如图 11-48 所示）的 3 个节点，单击“OK”按钮，弹出如图 11-49 所示的“Apply U，ROT on Nodes”对话框，在 Lab2 后面的下拉列表框中单击“All DOF”选项，单击“OK”按钮，系统显示如图 11-50 所示。

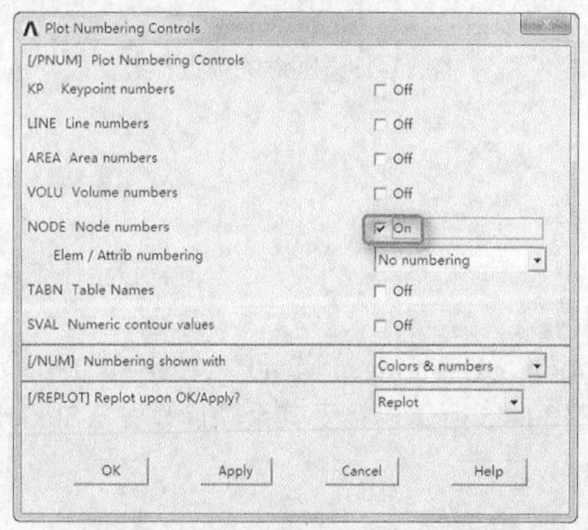

图 11-47　“Plot Numbering Controls”对话框

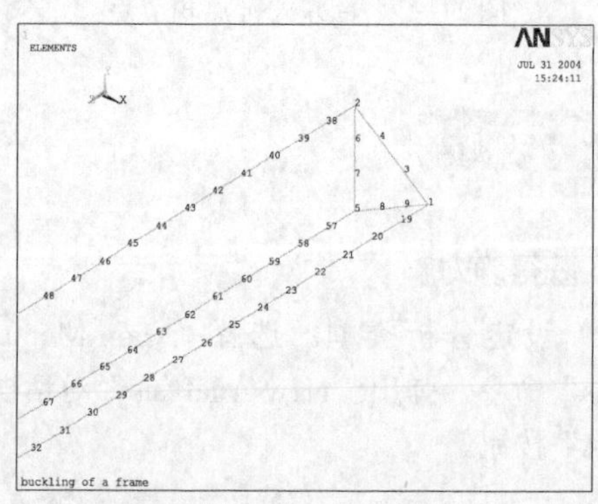

图 11-48　节点显示模式

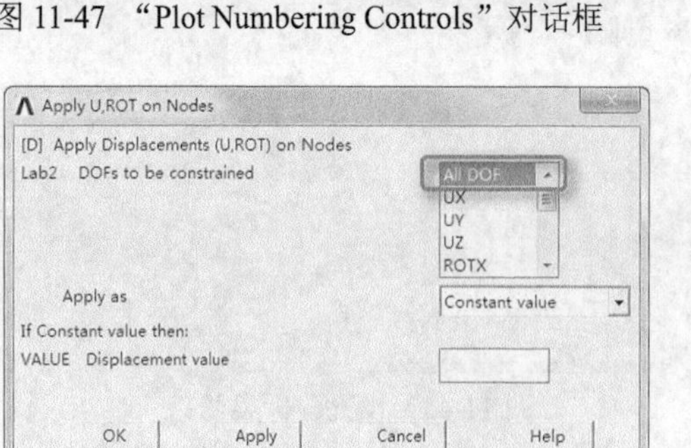

图 11-49　施加位移约束对话框

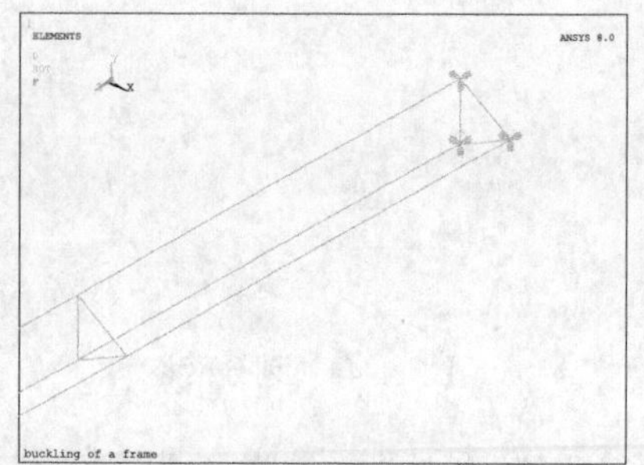

图 11-50　框架端部施加约束

（5）施加载荷。选择“Main Menu > Solution > Define Loads > Apply > Structural > Force/ Moment > On Nodes”命令，弹出“Apply F/M on Nodes”拾取菜单。用鼠标指针单击拾取三角框架顶部的 3 个节点（编号为 934、935、938，如图 11-51 所示），单击“OK”按钮，弹出“Apply F/M on Nodes”对话框，如图 11-52 所示。在“Lab Direction of force/mom”后面的下拉列表框中选择“FZ”选项，在“VALUE Force/moment value”后面的文本框中输入“−1”，单击“OK”按钮。系统显示如图 11-53 所示。

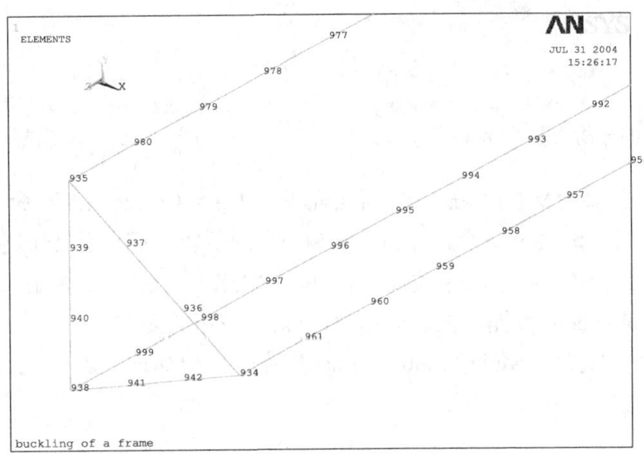

图 11-51　节点编号显示模型

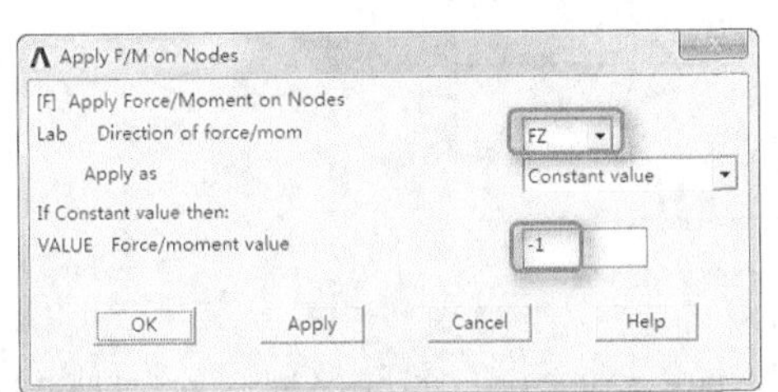

图 11-52　“Apply F/M on Nodes”对话框

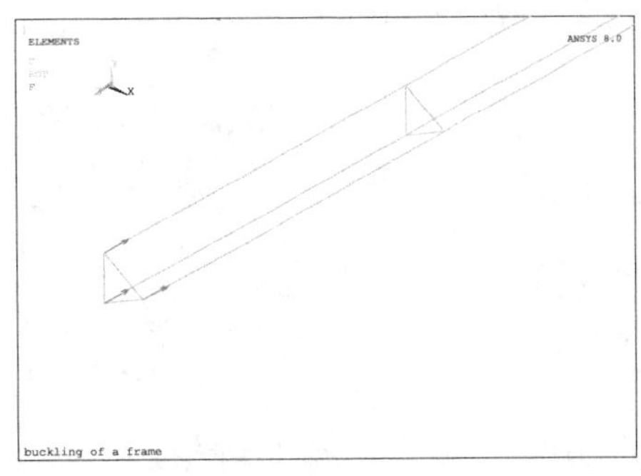

图 11-53　施加位载荷

（6）静力分析求解。选择“Main Menu > Solution > Solve > Current LS”命令，弹出“/STATUS Command”信息提示窗口和“Solve Current Load Step”对话框，仔细浏览信息提示窗口中的信息，如果无误，则单击“File > Close”命令关闭之。单击“OK”按钮开始求解。当静力求解结束时，系统上会弹出“Solution is done”提示框，单击“Close”按钮。

（7）退出静力求解。选择“Main Menu > Finish”命令退出静力求解。

2. 获得特征值屈曲解

（1）屈曲分析求解。选择“Main Menu > Solution > Analysis Type > New Analysis”命令，弹出“New Analysis”对话框，如图 11-54 所示。在“Type of analysis”单选框单击“Eigen Buckling”单选项，单击“OK”按钮。

（2）设定屈曲分析选项。选择“Main Menu > Solution > Analysis Type > Analysis Options”命令，弹出“Eigenvalue Buckling Options”对话框，如图 11-55 所示，在“NMODE No. of modes to extract”后面的文本框中输入“10”，单击“OK”按钮。

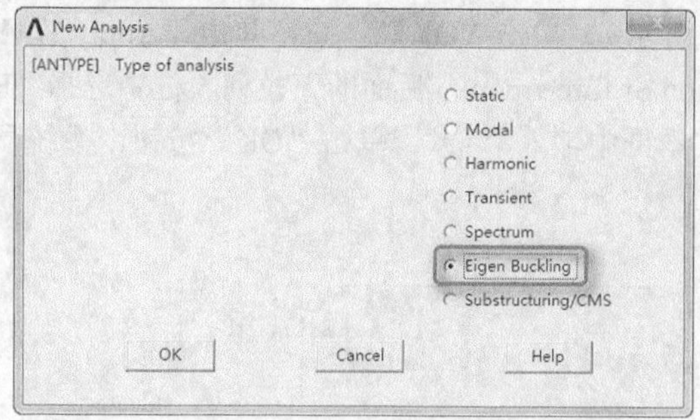

图 11-54 定义新的分析类型（特征值分析）

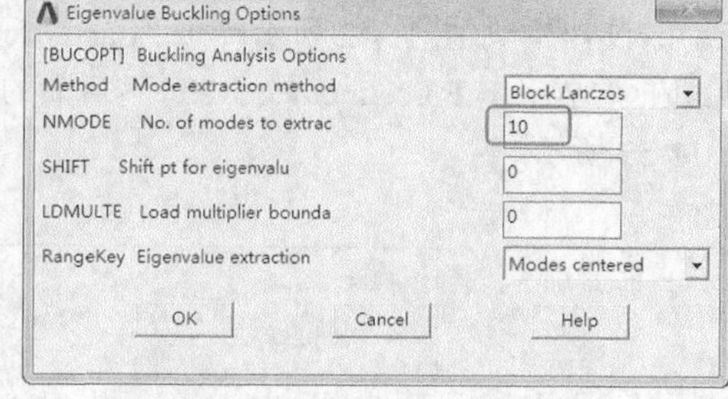

图 11-55 定义屈曲分析选项

（3）屈曲求解。选择“Main Menu > Solution > Solve > Current LS”命令，弹出“/STATUS Command”信息提示窗口和“Solve Current Load Step”对话框。仔细浏览信息提示窗口中的信息，如果无误，则单击“File > Close”命令关闭之。单击“OK”按钮开始求解。当屈曲求解结束时，系统上会弹出“Solution is done”提示框，单击“Close”按钮关闭它。

（4）退出屈曲求解。选择“Main Menu > Finish”命令退出屈曲求解。

3．扩展解

（1）激活扩展过程。选择“Main Menu > Solution > Analysis Type > ExpansionPass”命令，弹出“Expansion Pass”对话框，如图 11-56 所示，单击“[EXPASS] Expansion pass”后面使其显示为“On”，单击“OK”按钮。

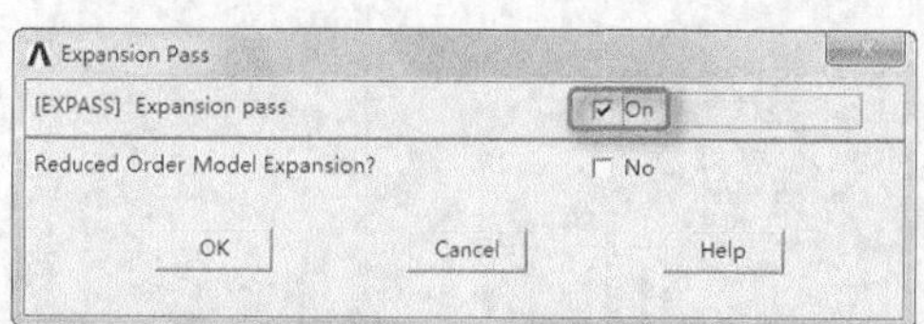

图 11-56 “Expansion Pass”对话框

（2）设定扩展解。设定扩展模态选项：选择“Main Menu > Solution > Load Step Opts > Expansion Pass > Single Expand > Expand Modes”命令，弹出如图 11-57 所示的“Expand Modes”对话框，在“NMODE No. of modes to expand”后面的文本框中输入“10”，在“Elcalc”后面单击使其显示为“Yes”，单击“OK”按钮。

（3）扩展求解。选择“Main Menu > Solution > Solve > Current LS”命令，弹出“/STATUS Command”信息，提示窗口和“Solve Current Load Step”对话框。仔细浏览信息提示窗口中的信息，如果无误，则单击“File > Close”命令关闭之。单击“OK”按钮开始求解。当屈曲求解结束时，系统上会弹出“Solution is done”提示框，单击“Close”按钮关闭它。

（4）退出扩展求解。选择“Main Menu > Finish”命令退出扩展求解。

11.4.4 查看结果

（1）列表显示各阶临界载荷。选择“Main Menu > General Postproc > Results Summary”命令，弹出“SET，LIST Command”显示框，如图 11-58 所示。显示框中“TIME/FREQ”项下面对应的数值

表示载荷放大倍数，原模型施加的是 3 个单位载荷，所以该放大倍数乘以 3 就表示欧拉临界载荷。

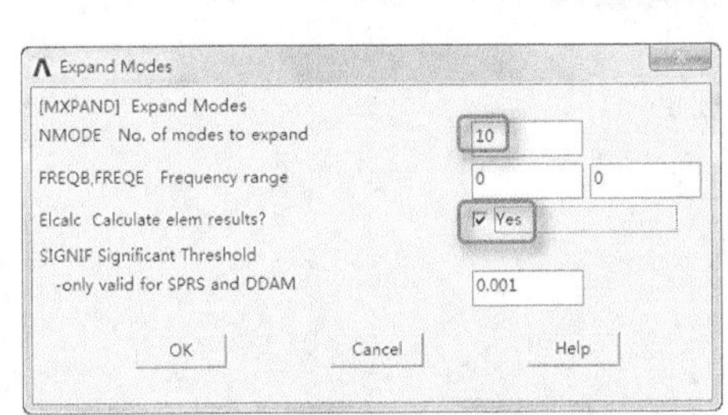

图 11-57　“Expand Modes”对话框

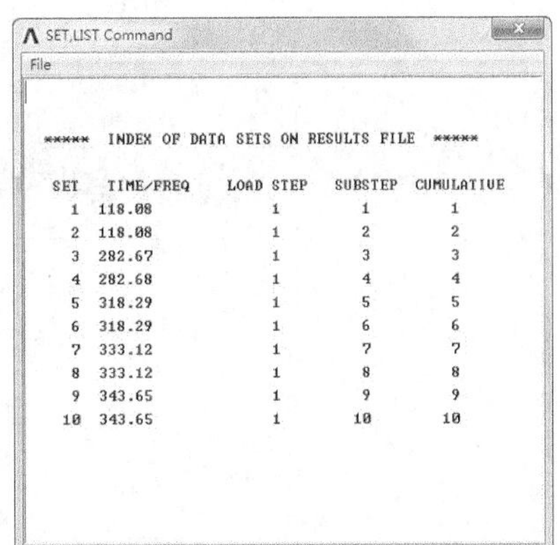

SET,LIST Command

File

***** INDEX OF DATA SETS ON RESULTS FILE *****

SET	TIME/FREQ	LOAD STEP	SUBSTEP	CUMULATIVE
1	118.08	1	1	1
2	118.08	1	2	2
3	282.67	1	3	3
4	282.68	1	4	4
5	318.29	1	5	5
6	318.29	1	6	6
7	333.12	1	7	7
8	333.12	1	8	8
9	343.65	1	9	9
10	343.65	1	10	10

图 11-58　列表显示临界载荷

注意

从图 11-58 可以看出，该结构的第一阶临界载荷等于第二阶，第三阶等于第四阶，以此类推，这是因为该框架结构的横截面是正三角形，两个方向的主惯性矩相等。在接下来的后处理中，只考虑奇数阶屈曲解。

（2）显示 *X* 方向视角。在画面右端的视角控制框中单击 按钮，如图 11-59 所示。

注意

之所以选择该视角方向，是因为它是桁架横截面的一个主惯性矩方向，所以该方向是临界失稳发生横向屈曲的一个方向。

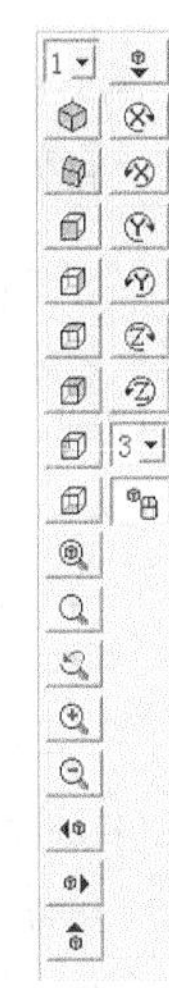

图 11-59　视角控制工具条

（3）读入第一阶屈曲模态。选择“Main Menu > General Postproc > Read Results > First Set”命令读入第一阶屈曲模态。

（4）显示第一阶屈曲模态。选择“Main Menu > General Postproc > Plot Results > Deformed Shape”命令，弹出如图 11-60 所示的“Plot Deformed Shape”对话框，单击“Def + undef edge”单选项，单击“OK”按钮，系统显示如图 11-61 所示。

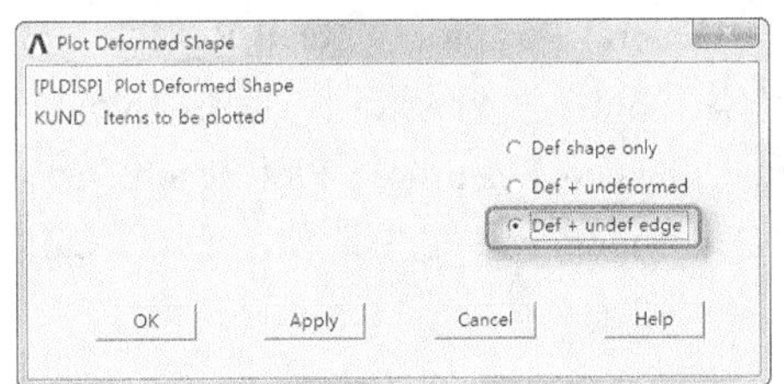

图 11-60　“Plot Deformed Shape”对话框

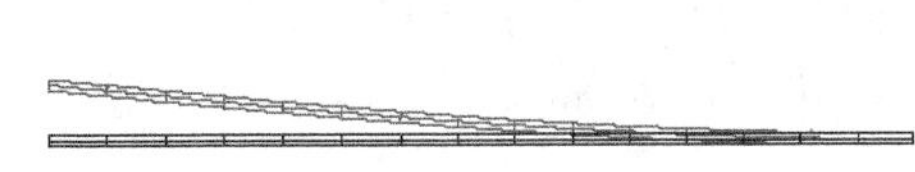

图 11-61　第一阶屈曲模态

（5）读入第三阶屈曲模态。选择“Main Menu > General Postproc > Read Results > By Pick”命令，弹出“Results File”对话框，如图 11-62 所示，用鼠标指针单击选择“Set”为 3 的选项，单击“Read”按钮。

（6）显示第三阶屈曲模态。选择“Main Menu > General Postproc > Plot Results > Deformed Shape”命令，弹出如图 11-60 所示的对话框，单击“Def + undef edge”单选项，单击“OK”按钮，

系统显示如图 11-63 所示。

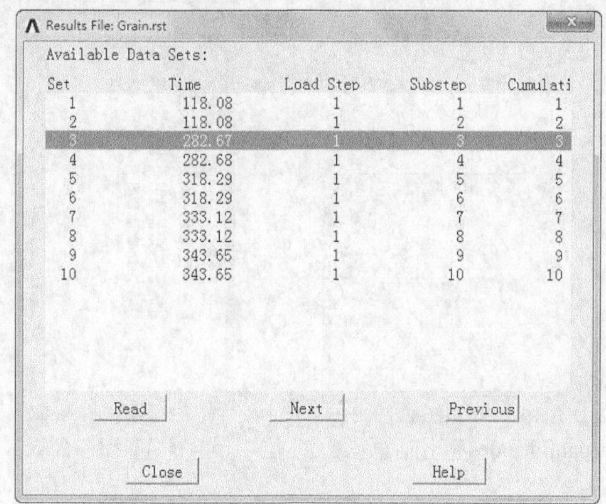

图 11-62 “Results File”对话框

（7）读入第五阶屈曲模态。选择“Main Menu > General Postproc > Read Results > By Pick”命令，弹出如图 11-62 所示对话框，用鼠标指针单击选择“Set”为 5 的选项，单击“Read”按钮。

（8）显示五阶屈曲模态。选择“Main Menu > General Postproc > Plot Results > Deformed Shape”命令，弹出如图 11-60 所示的对话框，单击“Def + undef edge”单选项，单击“OK”按钮，系统显示如图 11-64 所示。

图 11-63 第三阶屈曲模态　　图 11-64 第五阶屈曲模态

（9）读入第七阶屈曲模态。选择“Main Menu > General Postproc > Read Results > By Pick”命令，弹出“Results File”对话框，如图 11-62 所示，用鼠标指针单击选择 Set 为 7 的选项，单击“Read”按钮。

（10）显示第七阶屈曲模态。选择“Main Menu > General Postproc > Plot Results > Deformed Shape”命令，弹出如图 11-60 所示的对话框，单击“Def + undef edge”单选项，单击“OK”按钮，系统显示如图 11-65 所示。

（11）读入第九阶屈曲模态。选择“Main Menu > General Postproc > Read Results > By Pick”命令，弹出如图 11-62 所示对话框，用鼠标指针单击选择“Set”为 9 的选项，单击“Read”按钮。

（12）显示九阶屈曲模态。选择“Main Menu > General Postproc > Plot Results > Deformed Shape”命令，弹出如图 11-60 所示的对话框，单击“Def + undef edge”单选项，单击“OK”按钮，系统显示如图 11-66 所示。

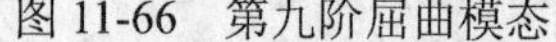

图 11-65 第七阶屈曲模态　　图 11-66 第九阶屈曲模态

注意：下面对梁内的相对内力做后处理。因为梁不同于其他实体单元，它的内力不能直接由节点读出，需另外设定单元表格，详见以下步骤。

（13）读取第一步的结果数据（对应于第一阶屈曲模态）。选择“Main Menu > General Postproc > Read Results > First Set”命令读取第一步的结果数据。

（14）定义单元表格。选择“Main Menu > General Postproc > Element Table > Define Table”命令，弹出“Element Table Data”对话框，如图 11-67 所示，单击“Add”按钮，弹出“Define Additional Element Table Items”对话框，如图 11-68 所示，在“Items，Comp Results data item”后面的第一个下拉列表框中单击选择“By sequence num”选项，在第二个下拉列表框中单击选择“LS”选项，在下面的空白处输入“LS，1”，单击“OK”按钮，接着单击“Element Table Data”对话框的“Close”按钮。

注意

图 11-68 的列表框中每一项均对应于一种内力（比如弯矩、剪力等），该处选择的轴向应力，其余每项的具体含义可参考帮助文档中关于该单元的说明，如图 11-69 所示。

图 11-67　“Element Table Data”对话框

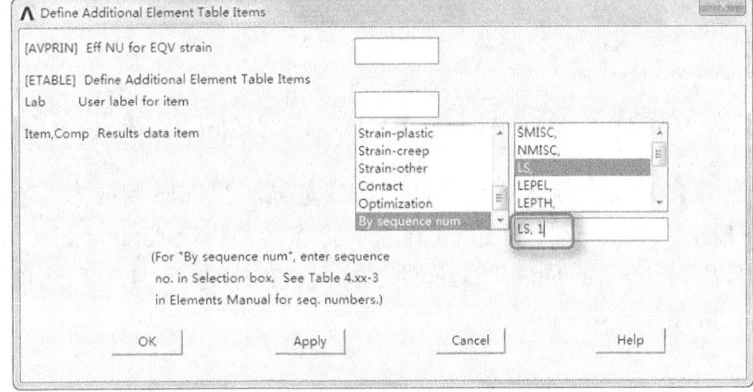

图 11-68　“Define Additional Element Table Items”对话框

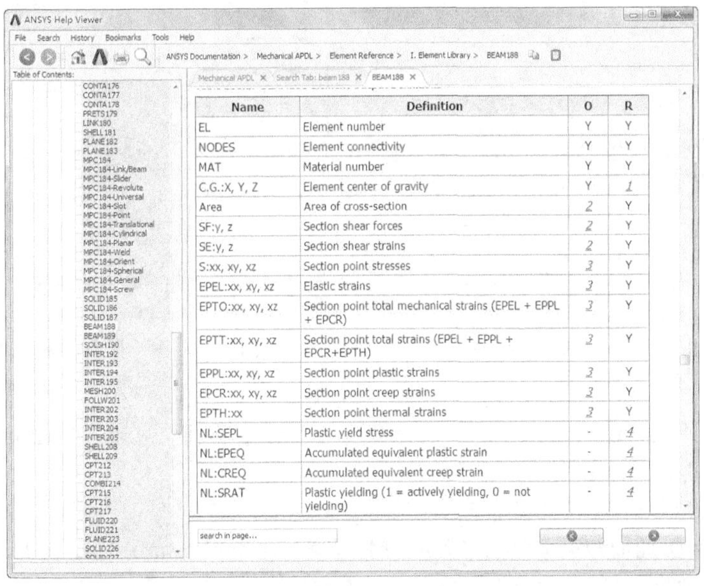

Name	Definition	O	R
EL	Element number	Y	Y
NODES	Element connectivity	Y	Y
MAT	Material number	Y	Y
C.G.:X, Y, Z	Element center of gravity	Y	1
Area	Area of cross-section	2	Y
SF:y, z	Section shear forces	2	Y
SE:y, z	Section shear strains	2	Y
S:xx, xy, xz	Section point stresses	3	Y
EPEL:xx, xy, xz	Elastic strains	3	Y
EPTO:xx, xy, xz	Section point total mechanical strains (EPEL + EPPL + EPCR)	3	Y
EPTT:xx, xy, xz	Section point total strains (EPEL + EPPL + EPCR+EPTH)	3	Y
EPPL:xx, xy, xz	Section point plastic strains	3	Y
EPCR:xx, xy, xz	Section point creep strains	3	Y
EPTH:xx	Section point thermal strains	3	Y
NL:SEPL	Plastic yield stress	-	4
NL:EPEQ	Accumulated equivalent plastic strain	-	4
NL:CREQ	Accumulated equivalent creep strain	-	4
NL:SRAT	Plastic yielding (1 = actively yielding, 0 = not yielding)	-	4

图 11-69　ANSYS 在线帮助里面有关单元表格项的说明

（15）列表显示单元表格（该处是显示梁的轴向应力）。选择“Main Menu > General Postproc >

Element Table > List Elem Table”命令，弹出“List Element Table Data”对话框，如图 11-70 所示，单击选择“LS1”选项，单击“OK”按钮，弹出如图 11-71 所示的列表框，框中列出了所选择的梁单元的轴向应力。

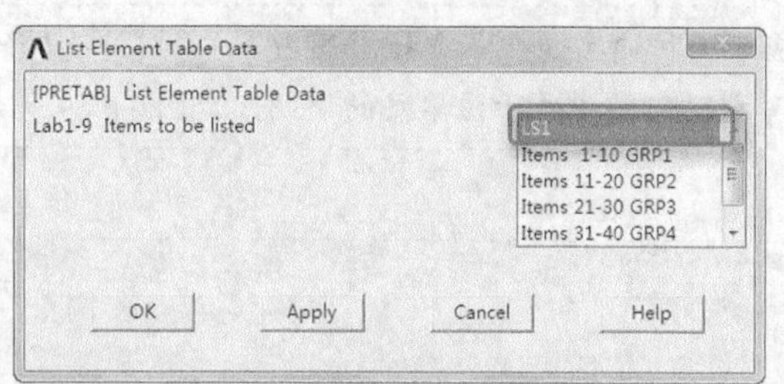

图 11-70 “List Element Table Data”对话框

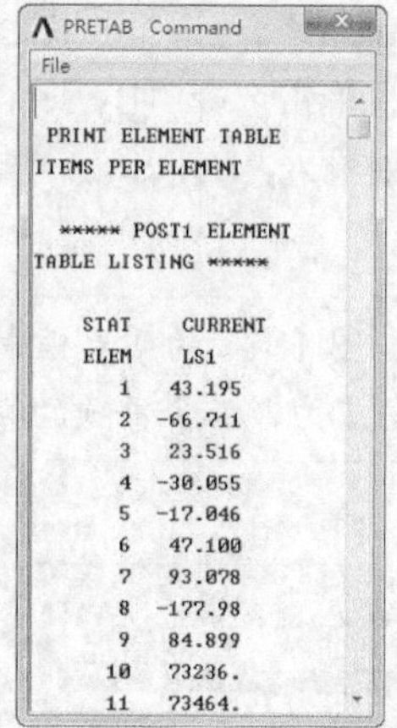

图 11-71 列表显示单元表格（该处为梁轴向应力）

（16）绘图显示单元表格（该处是显示梁的轴向应力）。选择“Main Menu > General Postproc > Element Table > Plot Elem Table”命令，弹出“Contour Plot of Element Table Data”对话框，如图 11-72 所示，在“Itlab”后面的下拉列表框中选择“LS1”选项，单击“OK”按钮，系统显示如图 11-73 所示。

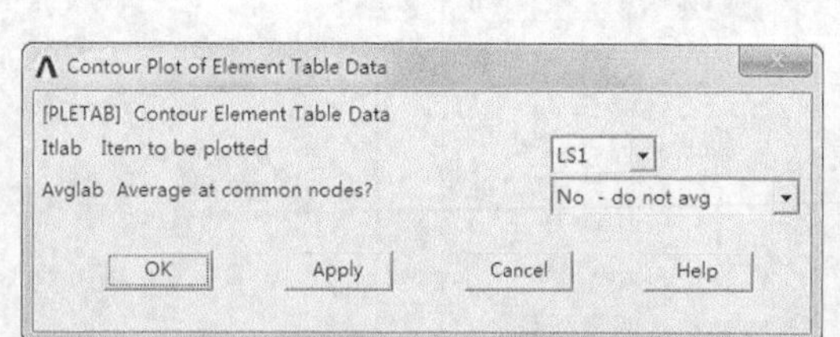

图 11-72 “Contour Plot of Element Table Data”对话框

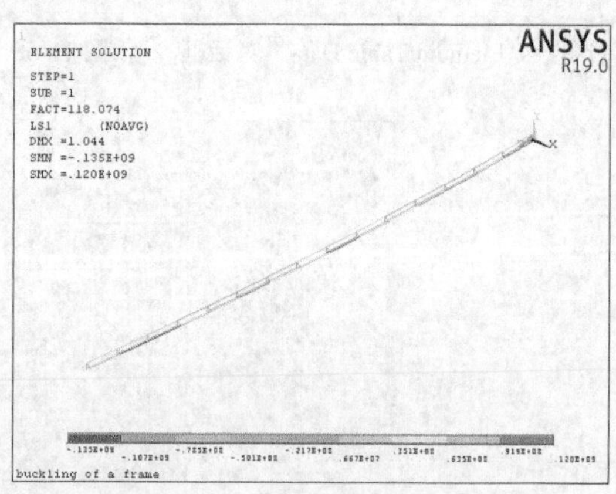

图 11-73 第一阶屈曲模态相对轴向应力

注意

重复执行以上步骤可以显示任意阶屈曲模态的轴向应力，下面具体说明显示第十阶的方法。

（17）读取第十阶屈曲数据。选择“Main Menu > General Postproc > Read Results > Last Set”命令读取第十阶屈曲数据。

（18）定义单元表格。选择“Main Menu > General Postproc > Element Table > Define Table”命令，弹出如图 11-67 所示对话框，单击“Add”按钮，弹出如图 11-68 所示对话框，在“Items, Comp Results data item”后面的第一个下拉列表框中单击选择“By sequence num”选项，在第二个下拉列

表框中单击选择“LS”选项，在下面的空白处输入“1”，单击“OK”按钮，接着单击“Element Table Data”对话框的“Close”按钮。

（19）绘图显示单元表格（该处是显示梁的轴向应力）。选择“Main Menu > General Postproc > Element Table > List Elem Table”命令，弹出如图 11-72 所示对话框，在“Itlab”后面的下拉列表框中选择“LS1”选项，单击“OK”按钮，系统显示如图 11-74 所示。

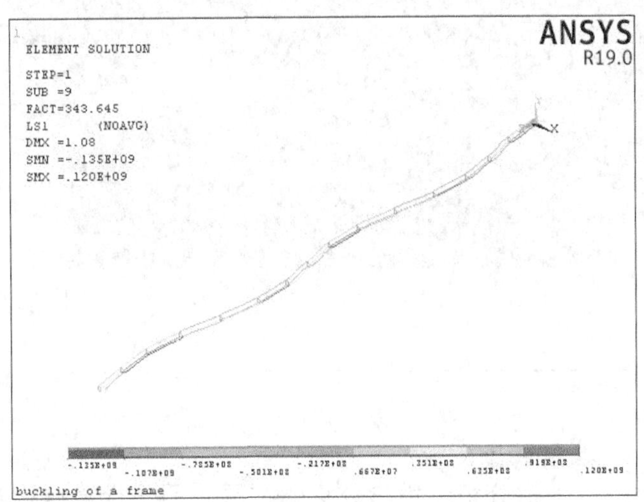

图 11-74　第十阶屈曲模态相对轴向应力

（20）退出 ANSYS。单击 ANSYS Toolbar 上的“QUIT”按钮，弹出“Exit from ANSYS”对话框，选择“Quit-No Save”选项，单击“OK”按钮退出 ANSYS。

11.4.5　命令流实现

详见随书配套资源中的“X:\ 命令流 \11.4 综合实例——桁架结构屈曲分析 .txt”电子文档。

11.5　本章小结

本章主要介绍了结构屈曲分析的概念以及用 ANSYS 来分析结构屈曲的通用步骤，并且用一个具体实例对通用步骤进行详细的阐述。另外，结构屈曲分析经常会碰到梁单元，有时候用户可能需要知道结构发生屈曲时的相对应力分布情况，梁不同于其他实体单元，它的单元内力不能直接显示，需建立相应单元表格。所以，本章还在实例里面详细说明了单元表格的使用。

第 12 章 谱分析

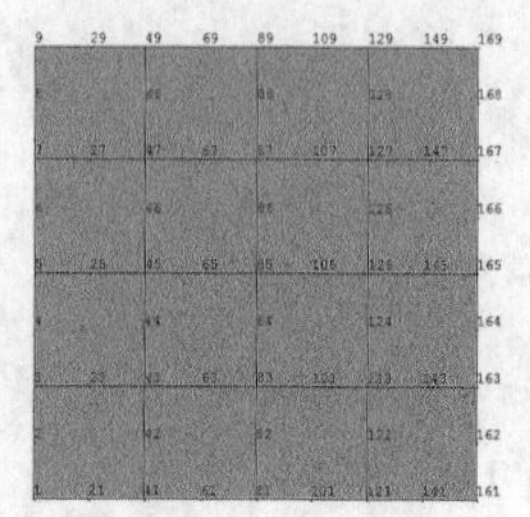

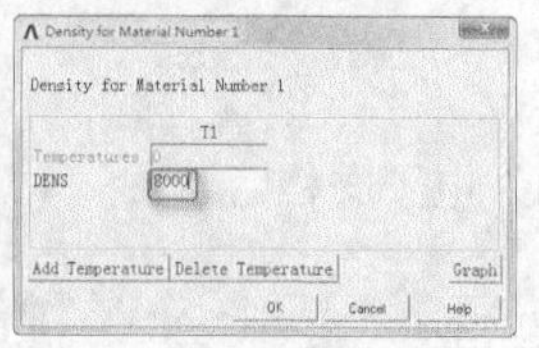

本章导读

谱分析是模态分析的扩展，用于计算结构对地震及其他随机激励的响应。本章介绍了 ANSYS 谱分析的全流程步骤，详细讲解了其中各种参数的设置方法与功能，最后通过支撑平板的动力效果分析实例对 ANSYS 谱分析功能进行了具体演示。

通过本章的学习，读者可以完整深入地掌握 ANSYS 谱分析的各种功能和应用方法。

12.1　谱分析概论

谱是指频率与谱值的曲线，它表征时间历程载荷的频率和强度特征。谱分析包括如下。

（1）响应谱。它又分为两类：单点响应谱（SPRS）和多点响应谱（MPRS）。

（2）动力设计分析（DDAM）方法。

（3）功率谱密度（PSD）。

12.1.1　响应谱

响应谱表示单自由度系统对时间历程载荷的响应，它是响应与频率的曲线，这里的响应可以是位移、速度、加速度或者力。响应谱包括两种。

1. 单点响应谱（SPRS）

在单点响应谱（SPRS）分析中，只可以给节点指定一种谱曲线（或者一族谱曲线），例如在支撑处指定一种谱曲线，如图 12-1（a）所示。

2. 多点响应谱（MPRS）

在多点响应谱分析（MPRS）中，可在不同节点处指定不同的谱曲线，如图 12-1（b）所示。

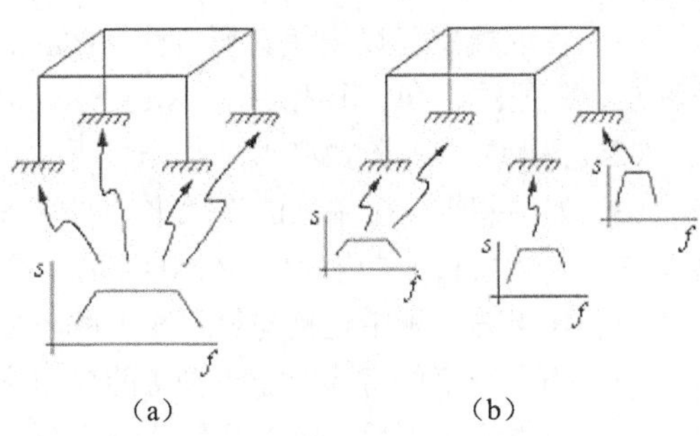

图 12-1　响应谱分析示意图

s—谱值；f—频率

12.1.2　动力设计分析方法（DDAM）

该方法是一种用于分析船装备抗振性的技术，它本质上来说也是一种响应谱分析，该方法中用到的谱曲线是根据一系列经验公式和某国海军研究实验报告所提供的抗振设计表格得到的。

12.1.3　功率谱密度（PSD）

功率谱密度（PSD）是针对随机变量在均方意义上的统计方法，用于随机振动分析，此时，响应的瞬态数值只能用概率函数来表示，其数值的概率对应一个精确值。

功率密度函数表示功率谱密度值与频率的曲线，这里的功率谱可以是位移功率谱、速度功率谱、加速度功率谱或者力功率谱。从数学意义上来说，功率谱密度与频率所围成的面积就等于方差。与响应谱分析类似，随机振动分析也可以是单点或多点。对于单点随机振动分析，在模型的一组节点处指定一种功率谱密度；对于多点随机振动分析，可以在模型不同节点处指定不同的功率谱密度。

12.2　谱分析的基本步骤

12.2.1　前处理

该步骤跟普通结构静力分析一样，但是需注意以下两点。

（1）在谱分析中只有线性行为有效。如果有非线性单元存在，将作为线性来考虑。举例来说，如果分析中包括接触单元，它们的刚度将依据原始状态来计算并且之后就不再改变。

（2）必须指定杨氏弹性模量（EX）（或者是某种形式的刚度）和密度（DENS）（或某种形式的质量）。材料属性可以是线性的，各向同性或者各向异性的，与温度无关或者有关。如果定义了非线性材料属性，其非线性将被忽略。

12.2.2 模态分析

谱分析之前需进行模态分析（包括自振频率和固有模态），其具体步骤可参考模态分析章节，但是需注意以下几点。

（1）提取模态可以用兰索斯方法（Block Lanczos）、自空间法或减缩方法，其他的方法诸如非对称法、阻尼法、QR 阻尼法和 PowerDynamics 法不能用于后来的谱分析。

（2）提取的模态阶数必须足够描述所关心频率范围内的结构响应特性。

（3）如果想用一个单独的步骤来扩展模态，那么使用 GUI 分析时在弹出的对话框中要选择不扩展模态 [MODOPT]（参考“MXPAND”命令的 SIGNIF 变量）。否则，在模态分析时就选择扩展模态。

（4）如果谱分析中包括与材料相关的阻尼，必须在模态分析时指定。

（5）确定约束住将要施加激励谱的自由度。

（6）在求解结束后，需明确地离开求解器 [FINISH]。

12.2.3 获取谱分析

下面说明获取谱分析的步骤。从模态分析得到的模态文件和全部文件（jobname.MODE, jobname.FULL）必须存在且有效，数据库中必须包含相同的结构模型。

1. 进入求解器

```
命令：/SOLU。
GUI：Main Menu > Solution。
```

2. 定义分析类型和选项

ANSYS 程序为谱分析提供了如表 12-1 所示选项，须注意并不是所有模态分析选项和特征值提取方法都可用于谱分析。

表 12-1 分析类型和选项

选项	命令	GUI 路径
新的分析	ANTYPE	Main Menu > Solution >Analysis Type > New Analysis
分析类型：谱分析	ANTYPE	Main Menu > Solution > Analysis Type > New Analysis > Spectrum
谱分析类型：SPRS	SPOPT	Main Menu > Solution > Analysis Type > Analysis Options
提取的模态阶数	SPOPT	Main Menu > Solution > Analysis Type > Analysis Options

（1）New Analysis [ANTYPE]。选择“New Analysis”。

（2）Analysis Type: Spectrum [ANTYPE]。选择“spectrum”（谱分析）。

（3）Spectrum Type [SPOPT]。可供选择项有 Single-point Response Spectrum (SPRS)（单点响应谱），Multi-pt response（MPRS）（多点响应谱），D. D. A. M.（动力设计分析）和 P. S. D.（功率谱密度），如图 12-2 所示。这其实就是选择谱分析的方法，针对不同的谱分析方法，后面的载荷步选

项也不相同。

（4）提取的模态阶数 [SPOPT]。提取足够的模态，要可以覆盖谱分析所跨越的频率范围，这样才可以描述结构的响应特征。求解的精度依赖于模态的提取阶数：提取阶数越多，求解精度越高。该项对应于图 12-2 中的“NMODE No. of modes for solu”。如果想计算相对应力，在“SPOPT”命令里选择“Yes”，对应于图 12-2 中的“Elcalc Calculate elem stresses”。

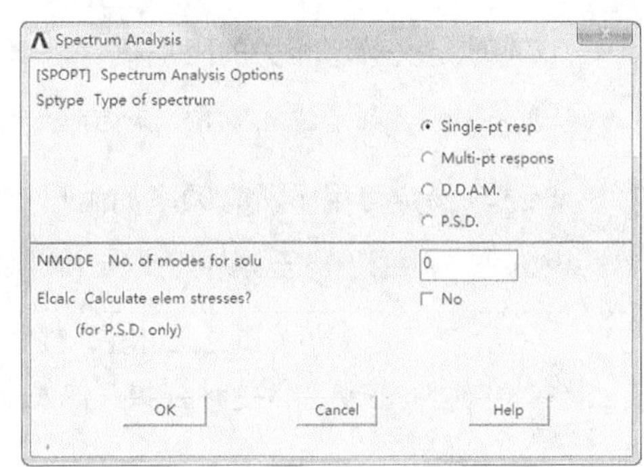

图 12-2 谱分析选项

3. 指定载荷步选项

表 12-2 给出对于单点响应谱分析有效的载荷步选项。

表 12-2 载荷步选项

选项	命令	GUI 路径
谱分析选项		
响应谱的类型	SVTYP	Main Menu > Solution > Load Step Opts > Spectrum > Single Point > Settings
直接激励	SED	Main Menu > Solution > Load Step Opts > Spectrum > Single Point > Settings
谱值与频率的曲线	FREQ，SV	Main Menu > Solution > Load Step Opts > Spectrum > Single Point > Freq Table or Spectr Values
阻尼（动力学选项）		
刚度阻尼	BETAD	Main Menu > Solution > Load Step Opts > Time/Frequenc > Damping
阻尼比常数	DMPRAT	Main Menu > Solution > Load Step Opts > Time/Frequenc > Damping
模态阻尼	MDAMP	Main Menu > Solution > Load Step Opts > Time/Frequenc > Damping

（1）响应谱的类型 [SVTYP]。如图 12-3 所示，响应谱的类型（Type of response spectr）可以是位移、速度、加速度、力或功率谱。除了力之外，其余都可以表示地震谱，也就是说，它们都假定作用于基础上（即约束处）。力谱作用于没有约束的节点，可以利用“F”命令或“FK”来施加，其方向分别用 FX，FY，FZ 表示。功率谱密度谱 [SVTYP，4] 在内部被转化为位移响应谱并且限定为平面窄带谱，详情可以参考 ANSYS 帮助文档。

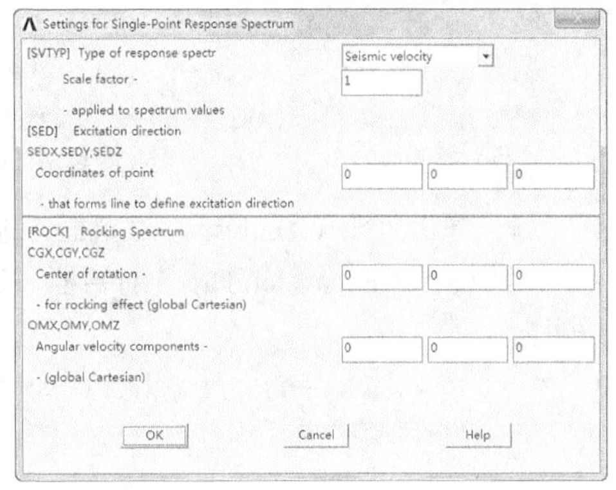

图 12-3 单点响应谱分析选项

（2）直接激励 [SED]。

（3）谱值与频率的曲线 [FREQ，SV]。“SV”和“FREQ”命令可以用来定义谱曲线。可以定义一族谱曲线，每条曲线都有不同的阻尼率，可以利用“STAT”命令来列表显示谱曲线值。另一条“ROCK”命令可用来定义摆动谱。

（4）阻尼。如果定义超过多种阻尼，ANSYS 程序会对每种频率计算出有效的阻尼比。然后对谱曲线取对数计算出有效阻尼比处对应的谱值。如果没有指定阻尼，程序会自动选择阻尼最低的谱曲线。

阻尼有如下几种有效形式。

```
Beta (stiffness) Damping [BETAD]
```

该选项定义频率相关的阻尼比。

```
Constant Damping Ratio [DMPRAT]
```

该选项指定可用于所有频率的阻尼比常数。

```
Modal Damping [MDAMP]
```

注意

材料相关阻尼比 [MP，DAMP] 也是有效，但必须在模态分析步骤指定。“MP，DAMP”命令还可以指定材料相关阻尼比常数，但不能指定用于其他分析中的材料相关刚度阻尼。

4. 开始求解

```
命令：SOLVE。
GUI：Main Menu > Solution > Solve > Current LS。
```

求解输出结果中包括参与因子表。该表作为打印输出的一部分，列出了参与因子、模态系数（基于最小阻尼比）以及每阶模态的质量分布。用振型乘以模态系数就可以得到每阶模态的最大响应（模态响应）。利用 *GET 命令可以重新得到模态系数，在“SET”命令里可以将它作为一个比例因子。

如果还有其他的响应谱，重复执行步骤 2、3，注意，此时的求解不会写入 file.rst 文件。

5. 离开求解器

```
命令：FINISH。
GUI：Close the Solution menu。
```

12.2.4 扩展模态

```
命令：MXPAND。
GUI：Main Menu > Solution > Analysis Type > New Analysis > Modal。
Main Menu > Solution > Analysis Type > Expansion Pass。
```

（1）弹出“New Analysis”对话框，选择“Modal”单选项，如图 12-4 所示。

（2）弹出“Expansion Pass”对话框，选择“Expansion pass”选项，如图 12-5 所示，单击“OK”按钮。

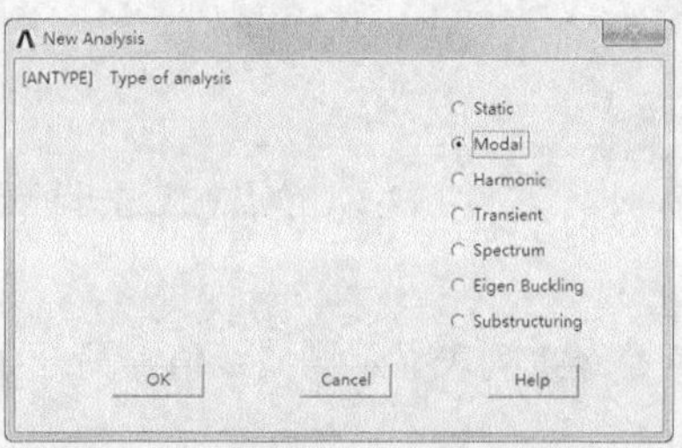

图 12-4 “New Analysis”对话框

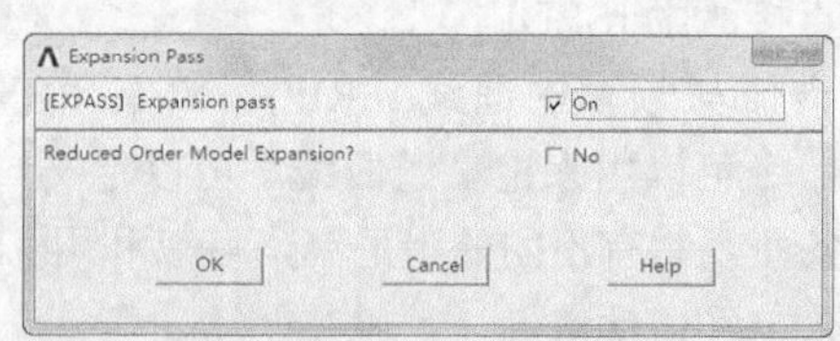

图 12-5 “Expansion Pass”对话框

（3）弹出“Expand Modes”对话框，如图 12-6 所示，填入想要扩展的模态或者频率范围，如果想计算应力，选择“Elcalc”选项，单击“OK”按钮。

不论模态分析时采用何种模态提取方法（兰索斯方法、子空间方法或者减缩方法），都需要扩展模态。前面已经说过模态扩展的具体方法和步骤，但要记住以下两点。

① 只有有意义的模态才能被有选择的扩展。如果用命令方法，可以参考“MSPAND”命令的 SIGNIF 选项；如果用 GUI 路径，在分析模态步骤时，在“Expansion Pass”对话框选择“No”，如图 12-5 所示，然后就可以在谱分析结束后用一个单独的步骤来扩展模态。

② 只有扩展后的模态才能进行合并模态操作。

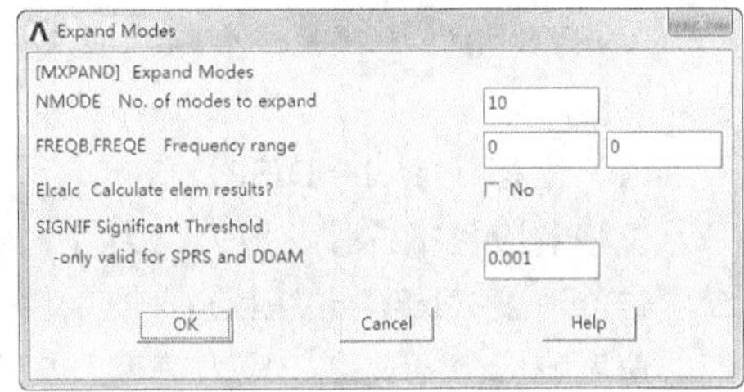

图 12-6 “Expand Modes”对话框

另外，如果想要扩展所有模态，可以在模态分析步骤时就选择扩展模态。但如果只是想有选择的扩展模态（只扩展对求解有意义的模态），则必须在谱分析结束后用单独的模态扩展步骤来完成。

注意

只有扩展后的模态才会写入结果文件（Jobname. RST）中。

12.2.5 合并模态

模态合并作为一个单独的过程，其步骤如下。

1. 进入求解器

```
命令：/SOLU。
GUI：Main Menu > Solution。
```

2. 定义求解类型

```
命令：ANTYPE。
GUI：Main Menu > Solution > Analysis Type > New Analysis。
```

- 选项：New Analysis [ANTYPE]

```
选择 New Analysis。
```

- 选项：Analysis Type: Spectrum [ANTYPE]

```
选择 analysis type spectrum。
```

3. 选择一种合并模态方式

ANSYS 程序提供了 5 种合并模态方式。

- Square Root of Sum of Squares (SRSS)
- Complete Quadratic Combination (CQC)
- Double Sum (DSUM)
- Grouping (GRP)
- Naval Research Laboratory Sum (NRLSUM)

其中，NRLSUM 方法专门用于动力设计分析方法，用下面的方法激活合并模态方法。

```
命令：SRSS，CQC，DSUM，GRP，NRLSUM。
GUI：Main Menu > Solution > Analysis Type > New Analysis > Spectrum。
Main Menu > Solution > Analysis Type > Analysis Opts > Single-pt resp。
Main Menu > Load Step Opts > Spectrum > Spectrum-Single Point > Mode Combine。
```

弹出“Mode Combination Methods”对话框，如图 12-7 所示。

ANSYS 允许计算 3 种不同响应类型的合并模态，对应于如图 12-7 所示对话框中 LABEL 的下拉列表框。

（1）位移（label = DISP）。

位移响应包括位移、应力、力等。

（2）速度（label = VELO）。

速度响应包括速度、应力速度、集中力速度等。

（3）加速度（label = ACEL）。

加速度响应包括角速度、应力加速度、集中力加速度等。

在分析地震波和冲击波时，DSUM 方法还允许输入时间。

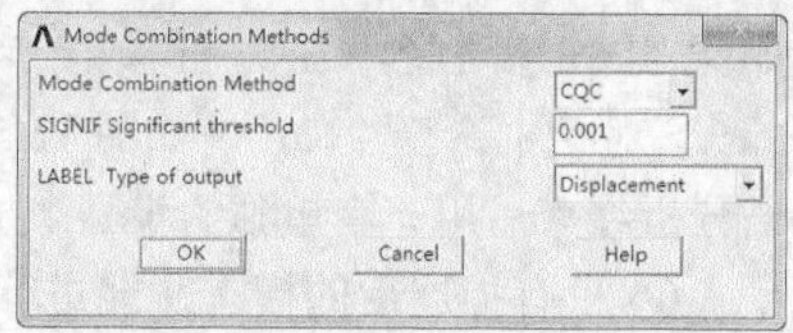

图 12-7 “Mode Combination Methods”对话框

注意

如果要选用 CQC 方法，则必须指定阻尼。另外，如果使用材料相关阻尼 [MP，DAMP，...]，在模态扩展时就必须计算应力（在命令 MXPAND 中设置 Elcalc = YES）。

4. 开始求解

```
命令：SOLVE。
GUI：Main Menu > Solution > Solve > Current LS。
```

模态合并步骤建立一个“POST1”命令文件（Jobname.MCOM），在 POST1（通用后处理）读入这个文件，并利用模态扩展的结果文件（Jobname.RST）来进行模态合并。

文件（Jobname.MCOM）包含“POST1”命令，命令中包含由指定模态合并方法计算得到的整体结构响应的最大模态响应。

模态合并方法决定了结构模态响应如何被合并。

（1）如果选择位移响应类型（label = DISP），模态合并命令将会合并每一阶模态的位移和应力。

（2）如果选择速度响应类型（label = VELO），模态合并命令将会合并每一阶模态的速度和应力速度。

（3）如果选择加速度响应类型（label = ACEL），模态合并命令将会合并每一阶模态的加速度和应力加速度。

5. 离开求解器

```
命令：FINISH。
GUI：Close the Solution menu。
```

注意

如果除了位移之外，还想计算速度和加速度，在合并位移类型之后，重复执行模态合并步骤以合并速度和加速度。需要记住，在执行了新的模态合并步骤之后，Jobname.MCOM 文件就被重新写过了。

12.2.6 后处理

单点响应谱分析的结果文件以“POST1”命令形式被写入了模态合并文件 Jobname.MCOM。这些命令以某种指定的方式合并最大模态响应，然后计算出结构的整体响应。整体响应包括位移（速度或加速度），另外，如果在模态扩展阶段作了相应设定，则还包括整体应力（应力速度或应力加速度）、应变（应变速度或应变加速度），以及反作用力（反作用力速度或反作用力加速度）。

通过 POST1（通用后处理器）可以来观察这些结果。

如果想直接合并衍生应力（S1，S2，S3，SEQV，SI），在读入 Jobname.MCOM 文件之前执行“SUMTYPE，PRIN”命令。默认命令 SUMTYPE，COMP 只能直接处理单元非平均应力以及这些应力的衍生量。

1. 读入 Jobname.MCOM 文件

```
命令：/INPUT。
GUI：Utility Menu > File > Read Input From。
```

2. 显示结果

（1）显示变形图。

```
命令：PLDISP。
GUI：Main Menu > General Postproc > Plot Results > Deformed Shape。
```

（2）显示云图。

```
命令：PLNSOL or PLESOL。
GUI：Main Menu > General Postproc > Plot Results > Contour Plot > Nodal Solu or Element Solu。
```

利用“PLNSOL”和“PLESOL”命令可以绘制任何结果项的云图（等值线），例如应力（SX，SY，SZ，…）、应变（EPELX，EPELY，EPELZ，…）、位移（UX，UY，UZ，…）。如果执行了“SUMTYPE”命令，那么“PLNSOL”和“PLESOL”命令的显示结果将会受到“SUMTYPE”命令的具体设置（SUMTYPE，COMP 或 SUMTYPE，PRIN）的影响。

利用“PLETAB”命令可以绘图显示单元表，利用“PLLS”命令可以绘图显示线单元数据。

注意

利用“PLNSOL”命令绘制衍生数据（例如应力和应变）时，其节点处是平均值。在单元不同材料处、不同壳厚度处或者其他不连续时，这种平均导致节点处结果被“磨平”。如果想避免这种“磨平”的影响，可以在执行“PLNSOL”命令之前选择同种材料、通常壳厚度等的单元。

（3）显示矢量图。

```
命令：PLVECT。
GUI：Main Menu > General Postproc > Plot Results > Vector Plot > Predefined。
```

（4）列表显示结果。

```
命令：PRNSOL（节点结果）。
PRESOL（单元结果）。
PRRSOL（反作用力）。
GUI：Main Menu > General Postproc > List Results > Nodal Solution（Element Solution / Reaction Solution）。
```

（5）其他功能。后处理器还包含许多其他功能，例如将结果映射到具体路径、将结果转化到不同坐标系、载荷工况叠加等，可以参考 ANSYS 帮助文档。

12.3 综合实例——支撑平板的动力效果分析

下面通过对一个平板结构的随机载荷分析阐述谱分析的具体方法和步骤，同时，本例采用的是直接生成有限元模型方法，该方法最大的优点在于可以完全控制节点的编号和排序，用户会通过对本例的学习更深一步体会直接方法的优越性。

12.3.1 问题描述

一块简支厚板，边长为 L，厚度为 t，单位面积的质量为 m，受到一随机均布压力作用，压力的功率谱密度为 PSD，模型和载荷如图 12-8 和表 12-3 所示，求解无阻尼固有频率处的位移峰值。

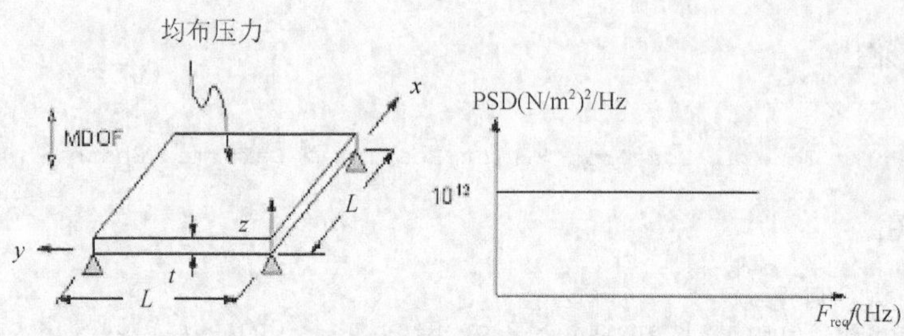

图 12-8　模型简图

表 12-3　材料属性、几何尺寸、加载情况

材料属性	几何尺寸	加载情况
$E = 200 \times 10^9$ N/m^2	$L = 10$ m	PSD = $(10^6$ N/m$^2)^2$/Hz
$\mu = 0.3$	$t = 1.0$ m	Damping $\delta = 2\%$
$m = 8000$ kg/m^3		

12.3.2 建立模型

（1）定义工作文件名。选择“Utility Menu > File > Change Jobname”命令，弹出“ChangeJobname”对话框，在“Enter new jobname”文本框中输入“spectrum”，并将“New Log and error files”复选框选为“yes”，单击“OK”按钮。

（2）定义工作标题。选择“Utility Menu > File > ChangeTitle”命令，弹出“Change Title”对话框，在“Enter new title”后的文本框中输入“DYNAMIC LOAD EFFECT ON SIMPLY-SUPPORTED THICK SQUARE PLATE”，如图 12-9 所示，单击“OK”按钮。

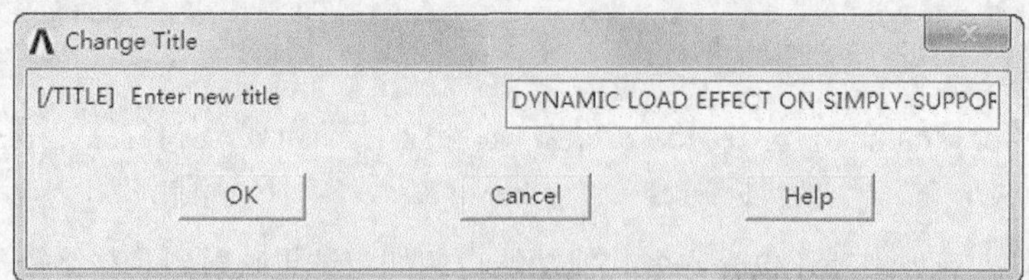

图 12-9　定义工作标题

（3）定义单元类型。选择“Main Menu > Preprocessor > Element Type > Add/Edit/Delete”命令，弹出“Element Types”对话框，如图 12-10 所示，单击“Add”按钮，弹出“Library of Element Types”对话框，在左面滚动栏中选择“Structural”及其下的“Shell”选项，在右面的滚动栏中选择“8node 281”选项，如图 12-11 所示，单击“OK”按钮，返回图 12-10 所示的对话框。

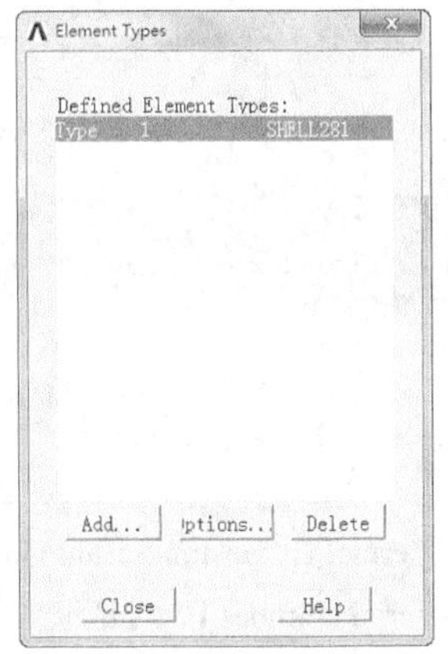

图 12-10 “Element Types”对话框

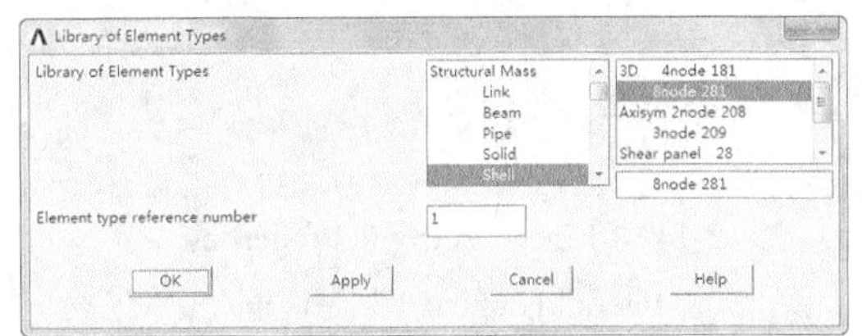

图 12-11 “Library of Element Types”对话框

（4）定义材料性质。选择“Main Menu > Preprocessor > Material Props>Material Models”命令，弹出“Define Material Model Behavior”对话框，如图 12-12 所示。

（5）在“Material Models Available”栏目中连续单击“Favorites > Linear Static > Density”命令，弹出“Density for Material Number 1”对话框，如图 12-13 所示，在“DENS”后的文本框中键入“8000”，单击“OK”按钮。

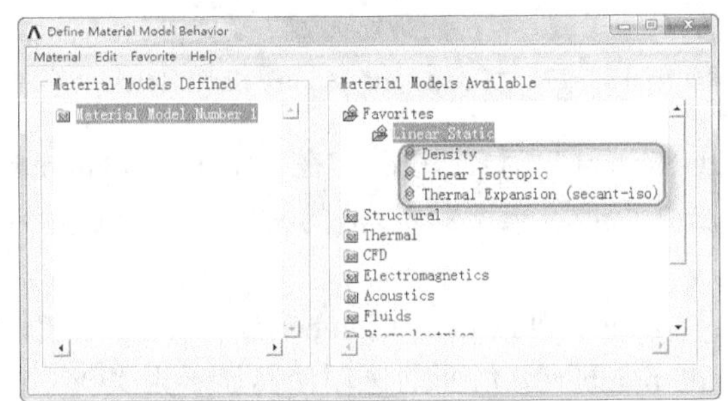

图 12-12 “Define Material Model Behavior”对话框

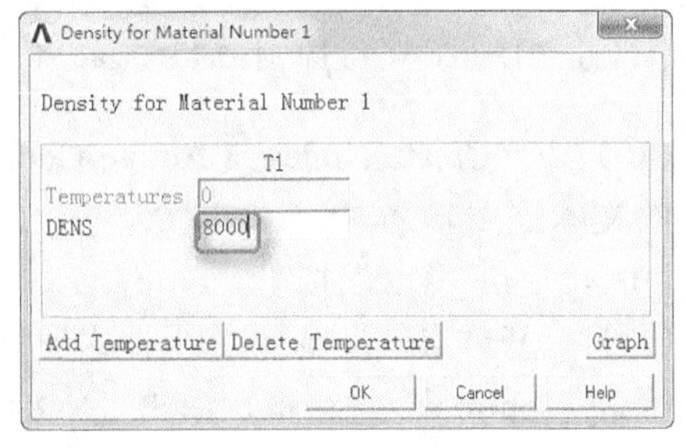

图 12-13 “Density for Material Number 1”对话框

（6）在“Material Models Available”栏目中连续单击“Favorites > Linear Static > Linear Isotropic”命令，弹出“Linear Isotropic Properties for Material Number 1”对话框，如图 12-14 所示，在“EX”后的文本框中键入“2E+011”，在“PRXY”后的文本框中键入“0.3”，单击“OK”按钮。

（7）在“Material Models Available”栏目中连续单击“Favorites > Linear Static > Thermal Expansion (Secant-iso)”命令，弹出“Thermal Expansion Secant Coefficient for Material Number 1”对话框，如图 12-15 所示，在“ALPX”后的文本框中键入“1E-006”，单击“OK”按钮。返回“Define Material Model Behavior”对话框，完成后的对话框如图 12-16 所示。选择菜单路径“Material > Exit”，退出材料定义窗口。

（8）定义厚度。选择“Main Menu > Preprocessor > Sections > Shell > Lay-up > Add / Edit”命令，输入“Thickness”为“1”，单击“Integration Pts”为“5”，如图 12-17 所示。单击“OK”按钮。

（9）创建节点。选择“Main Menu > Preprocessor > Modeling > Create > Nodes > In Active CS”命令，弹出“Create Nodes in Active Coordinate System”对话框。在“NODE Node number”后面的文本框中输入“1”，如图 12-18 所示，在“X，Y，Z Location in active CS”后面的文本框中分别输入“0”“0”“0”，单击“Apply”按钮。

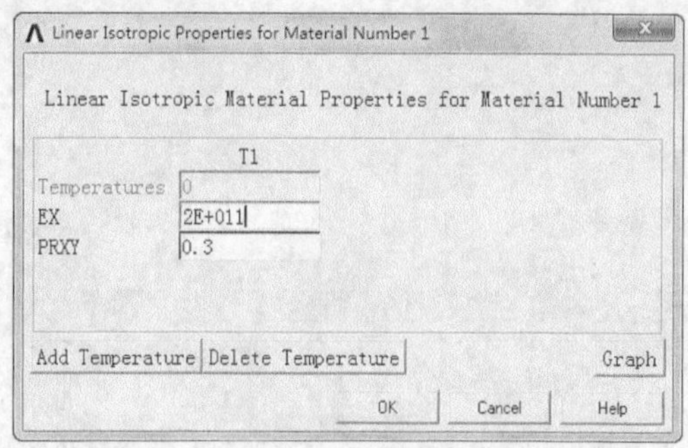

图 12-14 “Linear Isotropic Properties for Material Number 1”对话框

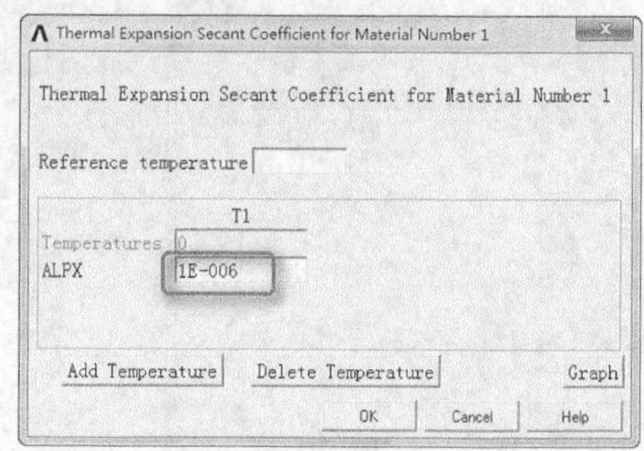

图 12-15 “Thermal Expansion Secant Coefficient for Material Number 1”对话框

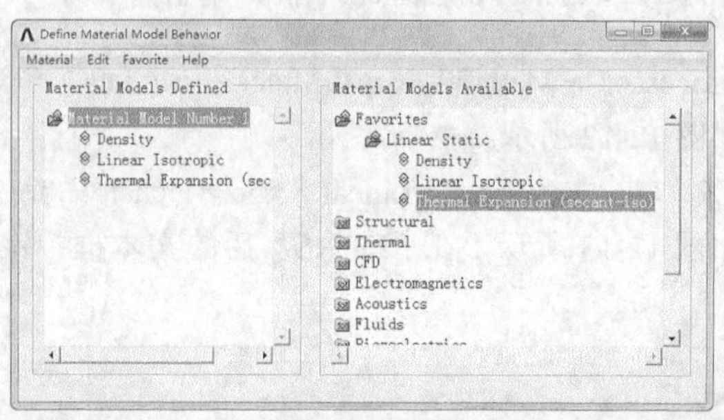

图 12-16 “Define Material Model Behavior”对话框

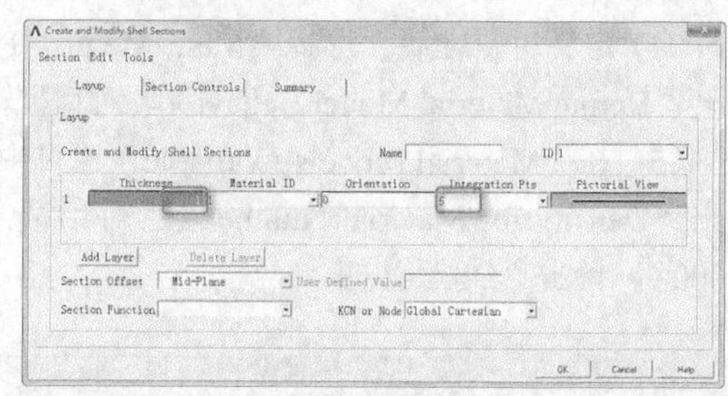

图 12-17 “Create and Modify Shell Sections”对话框

（10）在“Create Nodes in Active Coordinate System”对话框中，在“NODE Node number”后面的文本框中输入“9”，在“X，Y，Z Location in active CS”后面的文本框中分别输入“0”“10”“0”，单击“OK”按钮。

（11）打开节点编号显示控制。选择“Utility Menu > PlotCtrls > Numbering”命令，弹出“Plot Numbering Controls”对话框，单击“NODE Node numbers”后面的选项使其显示为“On”，如图 12-19 所示，单击“OK”按钮。

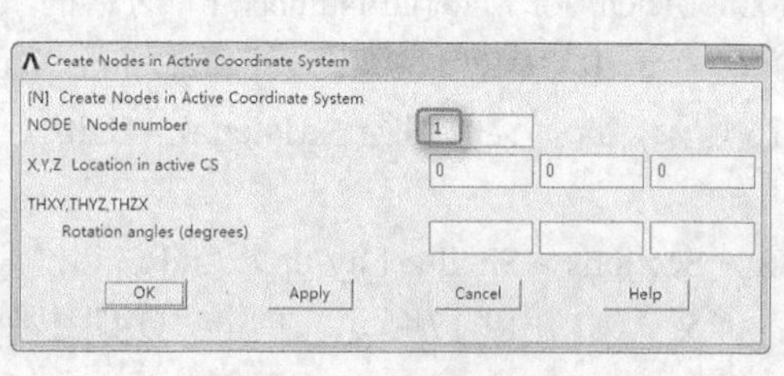

图 12-18 生成第一个节点

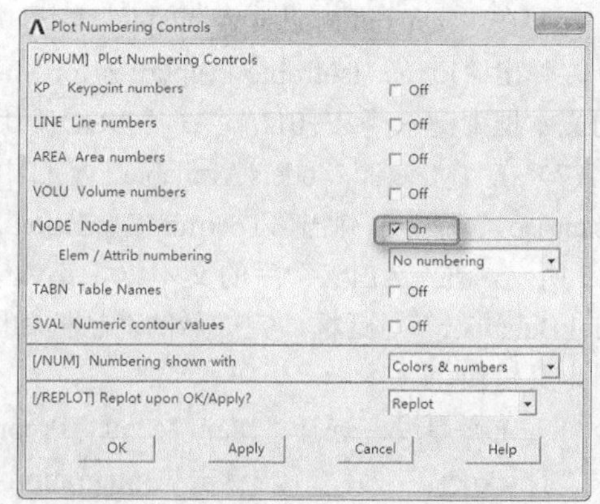

图 12-19 打开节点编号显示控制

（12）选择菜单路径。选择“Utility Menu> PlotCtrls >Window Controls > Window Options”命令，弹出“Window Options”对话框，在“[/TRIAD] Location of triad”后面的下拉列表框中选择“Not shown”选项，如图 12-20 所示，单击“OK”按钮，关闭该对话框。

（13）插入新节点。选择“Main Menu > Preprocessor > Modeling > Create > Nodes > Fill between Nds”命令，弹出“Fill between Nds”拾取菜单，如图 12-21 所示。用鼠标指针在画面上单击拾取编号为 1 和 9 的两个节点，单击“OK”按钮，弹出“Create Nodes Between 2 Nodes”对话框。接受其余默认设置，单击“OK”按钮，如图 12-22 所示。

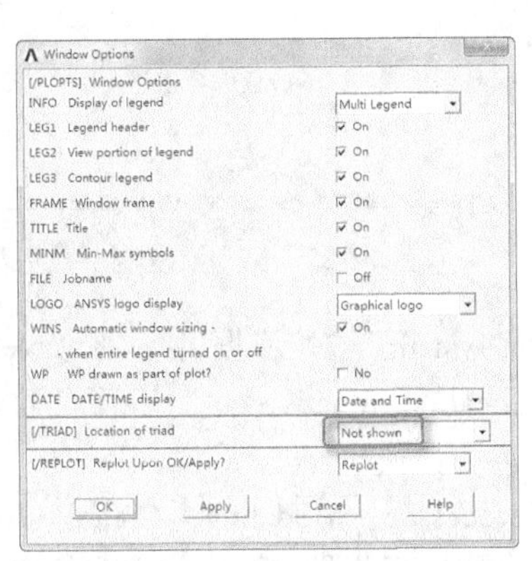

图 12-20 窗口显示控制对话框

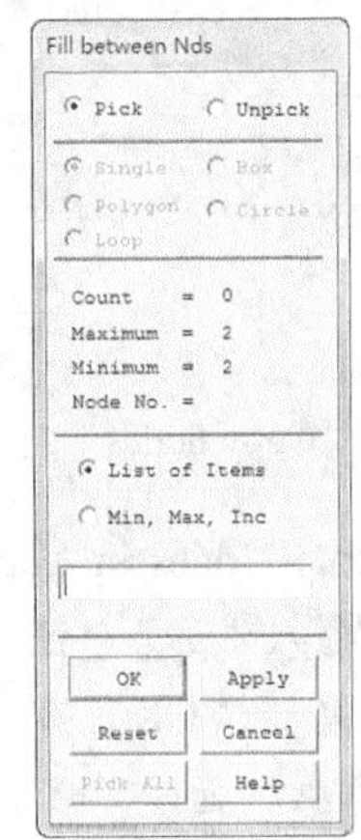

图 12-21 “Fill between Nds”拾取菜单

（14）复制节点组。选择“Main Menu > Preprocessor > Modeling > Copy > Nodes > Copy”命令，弹出“Copy nodes”拾取菜单，如图 12-23 所示，单击上面的“Box”选项，然后在画面上框选编号为 1 ～ 9 的节点（即现在的所有节点），单击“OK”按钮。

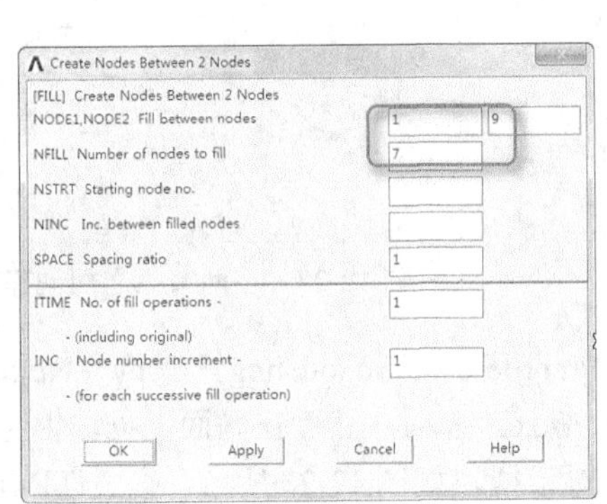

图 12-22 在两节点之间创建节点对话框

图 12-23 “Copy nodes”拾取菜单

（15）弹出“Copy nodes”对话框，如图 12-24 所示，在“ITIME Total number of copies”后的文本框中输入“5”，在“DX X-offset in active CS”后面的文本框中输入“2.5”，在“INC Node number increment”后面的文本框中输入“40”，单击“OK”按钮，系统显示如图 12-25 所示。

（16）创建节点。选择“Main Menu > Preprocessor > Modeling > Create > Nodes > In Active CS”命令，弹出“Create Nodes in Active Coordinate System”对话框。在“NODE Node number”后面的文本框中输入“21”，在“X，Y，Z Location in active CS”后面的文本框中分别输入“1.25”“0”“0”，如图 12-26 所示，单击“Apply”按钮。

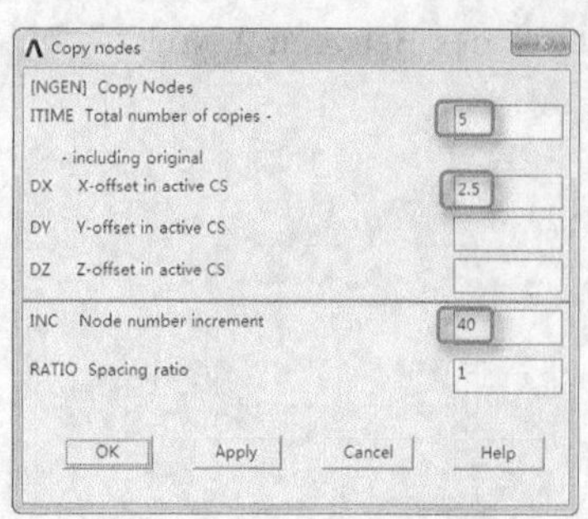

图 12-24 “Copy nodes”对话框

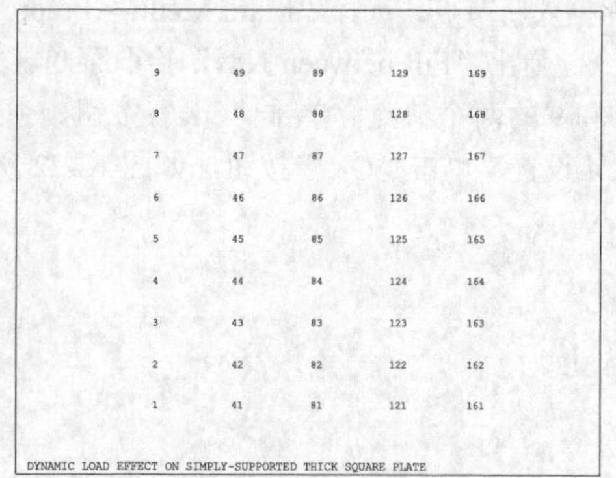

图 12-25 第一次复制节点后显示

（17）在“Create Nodes in Active Coordinate System”对话框中，在“NODE Node number”后面的文本框中输入“29”，在“X，Y，Z Location in active CS”后面的文本框中分别输入“1.25”“10”“0”，单击“OK”按钮。

（18）插入新节点。选择“Main Menu > Preprocessor > Modeling > Create > Nodes > Fill between Nds”命令，弹出“Fill between Nds”拾取菜单。用鼠标指针在画面上单击拾取编号为 21 和 29 的两个节点，单击“OK”按钮，弹出“Create Nodes Between 2 Nodes”对话框。在“NFILL Number of nodes to fill”后面的文本框中输入“3”，接受其余默认设置，单击“OK”按钮，如图 12-27 所示。

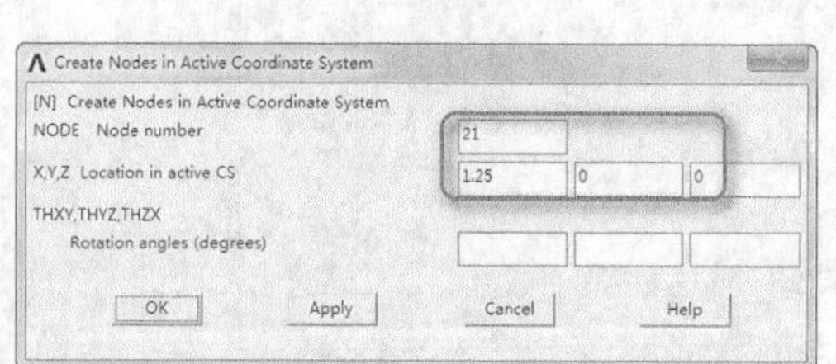

图 12-26 生成第一个节点

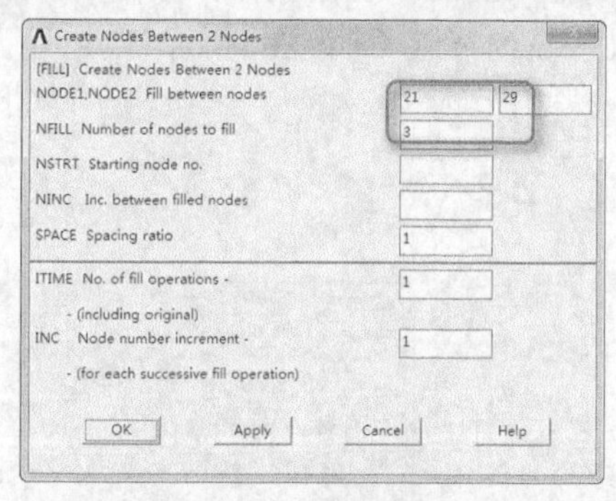

图 12-27 在两节点之间创建节点对话框

（19）复制节点组。选择“Main Menu > Preprocessor > Modeling > Copy > Nodes > Copy”命令，弹出“Copy nodes”拾取菜单，单击上面的“Box”选项，然后在画面上框选编号为 21 ～ 29 的节点，单击“OK”按钮。弹出“Copy nodes”对话框，如图 12-28 所示，在“ITIME Total number of copies”后面的文本框中输入“4”，在“DX X-offset in active CS”后面的文本框中输入“2.5”，在“INC Node number increment”后面的文本框中输入“40”，单击“OK”按钮，系统显示如图 12-29 所示。

（20）创建单元。选择“Main Menu > Preprocessor > Modeling > Create > Elements > User Numbered > Thru Nodes”命令，弹出“Create Elems User-Num”对话框，如图 12-30 所示，接受其余默认设置，单击“OK”按钮。弹出“Elements from Nodes”拾取菜单，用鼠标指针在画面上依次拾取编号为“1、41、43、3、21、42、23、2”的节点，单击“OK”按钮，系统显示如图 12-31 所示。

注意

创建单元时一定要注意选择节点的顺序，先依次选择 4 个边节点，然后依次选择 4 个中节点。

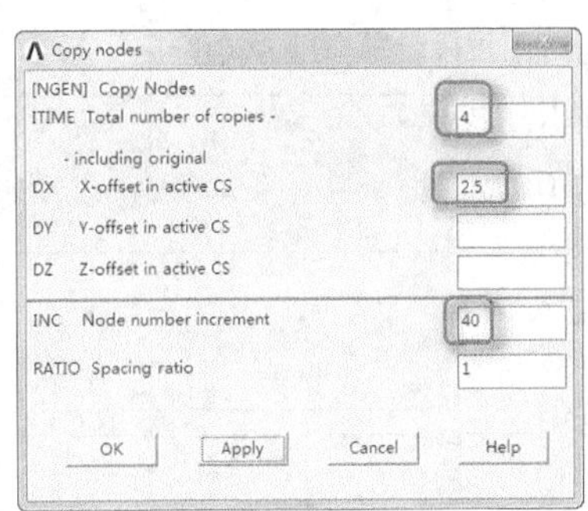

图 12-28 “Copy nodes”对话框

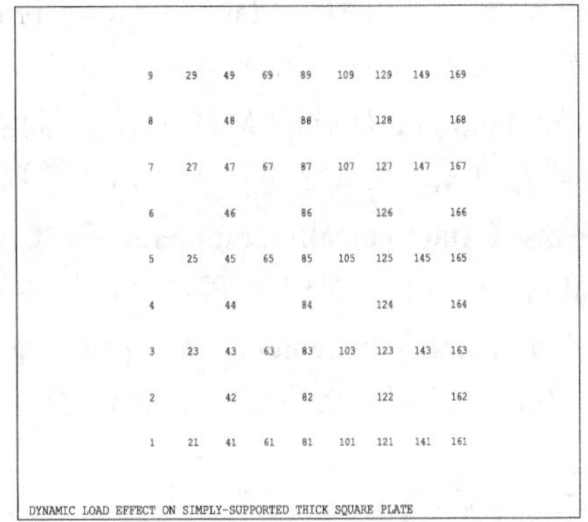

图 12-29 第二次复制节点后显示

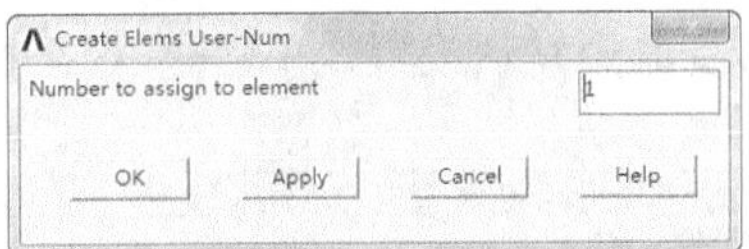

图 12-30 “Create Elems User-Num”对话框

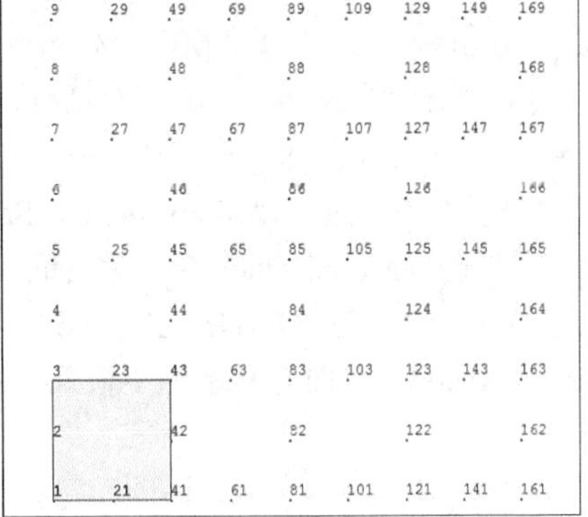

图 12-31 创建第一个单元

（21）复制单元。选择“Main Menu > Preprocessor > Modeling > Copy > Elements > Auto Numbered”命令，弹出“Copy Element Auto-num”拾取菜单，用鼠标指针在画面上单击拾取刚创建的单元，单击“OK”按钮，弹出“Copy Elements（Automatically-Numbered）”对话框，如图 12-32 所示，在“ITIME Total number of copies”后面的文本框中输入“4”，在“NINC Node number increment”后面的文本框中输入“2”，单击“OK”按钮，系统显示如图 12-33 所示。

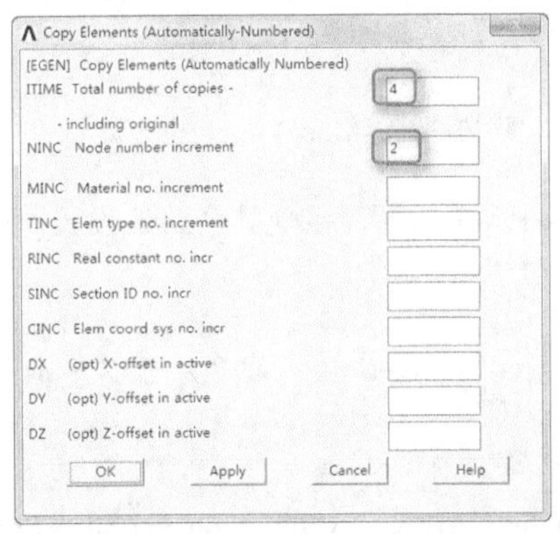

图 12-32 “Copy Elements（Automatically-Numbered）”对话框

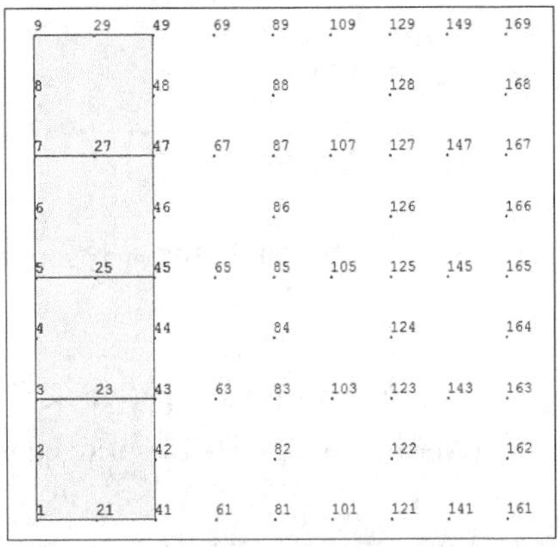

图 12-33 第一次单元复制后显示

（22）复制单元。选择“Main Menu > Preprocessor > Modeling > Copy > Elements > Auto Numbered”命令，弹出“Copy Element Auto-num”拾取菜单，用鼠标指针在画面上单击拾取所有单元（共 4 个），单击“OK”按钮，弹出“Copy Elements（Automatically-Numbered）”对话框，在“ITIME Total number of copies”后面的文本框中输入“4”，在“NINC Node number increment”后面的文本框中输入“40”，单击“OK”按钮，系统显示如图 12-34 所示。

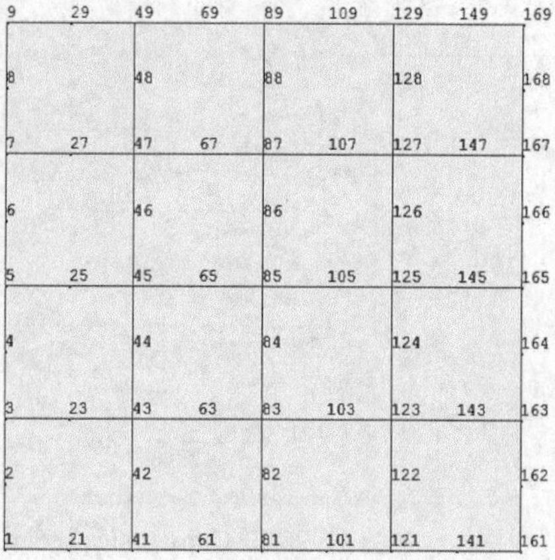

图 12-34　第二次复制单元显示

12.3.3　进行分析

1. 模态分析

（1）设定分析类型。选择“Main Menu > Solution > Unabridged Menu > Analysis Type > New Analysis”命令，弹出“New Analysis”对话框，如图 12-35 所示，在“[ANTYPE] Type of analysis”后面单击“Modal”单选项，单击“OK”按钮。

（2）设定分析选项。选择“Main Menu > Solution > Analysis Type > Analysis Options”命令，弹出如图 12-36 所示的“Modal Analysis”对话框，在“[MODOPT] Mode extraction method”后面单击“Reduced”单选项，在“[MXPAND] Expand mode shapes”后面单击“Yes”单选项，在“NMODE No. of modes to expand”后面的文本框中输入“16”，接受其余默认设置，单击“OK”按钮。

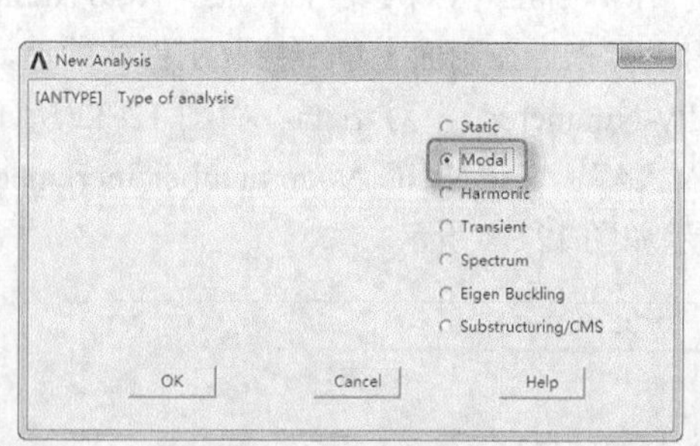

图 12-35　设置分析类型

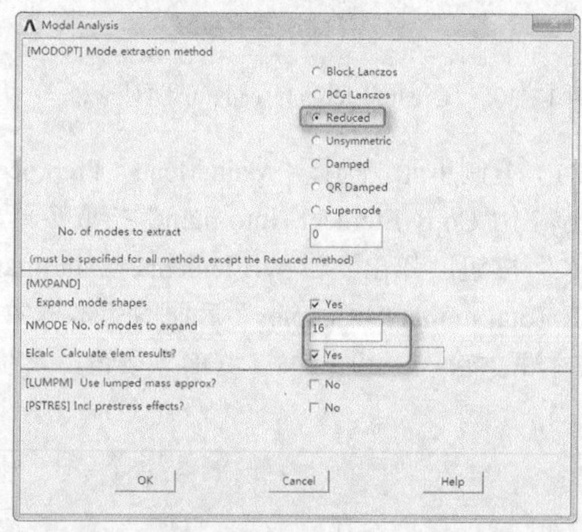

图 12-36　“Modal Analysis”对话框

（3）弹出“Reduced Modal Analysis”对话框，如图 12-37 所示，接受其余默认设置，单击“OK”按钮。

注意　如果在“Analysis Type”下没有找到“Analysis Options”菜单，可以单击菜单路径：Main Menu > Solution > Unabridged menu。

（4）施加载荷。选择“Main Menu > Solution > Define Loads > Apply > Structural > Pressure > On Elements”命令，弹出“Apply PRES on elems”拾取菜单。单击“Pick All”按钮，弹出“Apply PRES on elems”对话框，如图 12-38 所示。在“VALUE Load PRES value”后面的文本框中输入

“-1e6”，接受其余默认设置，单击“OK”按钮。

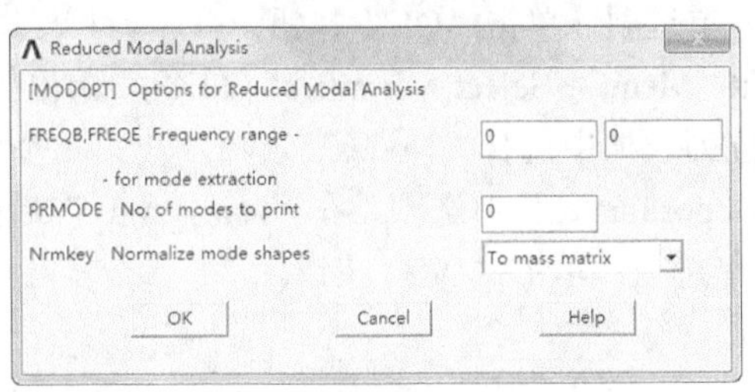

图 12-37　“Reduced Modal Analysis”对话框

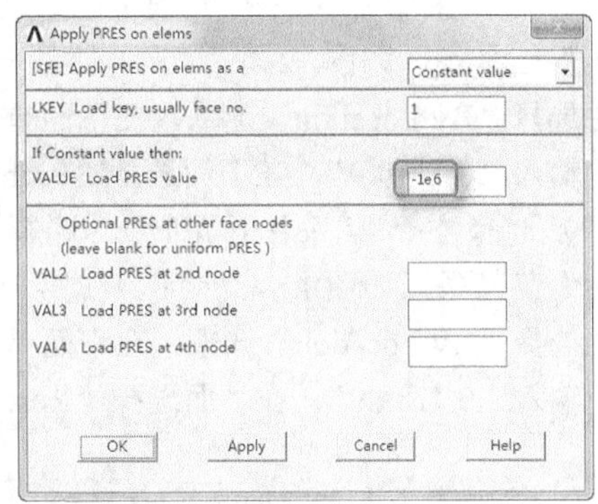

图 12-38　施加面载荷

（5）定义面内约束。选择“Main Menu > Solution > Define Loads > Apply > Structural > Displacement > On Nodes”，弹出“Apply U，ROT on Nodes”拾取菜单。单击“Pick All”按钮，弹出如图 12-39 所示的“Apply U，ROT on Nodes”对话框，在“Lab2 DOFs to be constrained”后面的下拉列表框中单击“UX”“UY”“ROTZ”几个选项，单击“OK”按钮。

（6）定义左右边界条件。选择“Main Menu > Solution > Define Loads > Apply > Structural > Displacement > On Nodes”命令，弹出“Apply U,ROT on Nodes”拾取菜单。用鼠标指针在画面上单击拾取左边和右边的节点（左边节点编号为 1、2、3、4、5、6、7、8、9；右边节点编号为 161、162、163、164、165、166、167、168、169），单击“OK”按钮，弹出如图 12-40 所示的“Apply U，ROT on Nodes”对话框，在“Lab2 DOFs to be constrained”后面的下拉列表框中单击“UZ”“ROTX”两个选项，单击“OK”按钮。

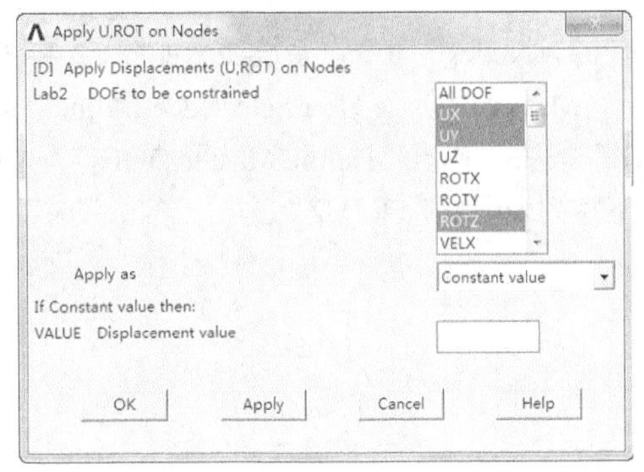

图 12-39　施加面内约束

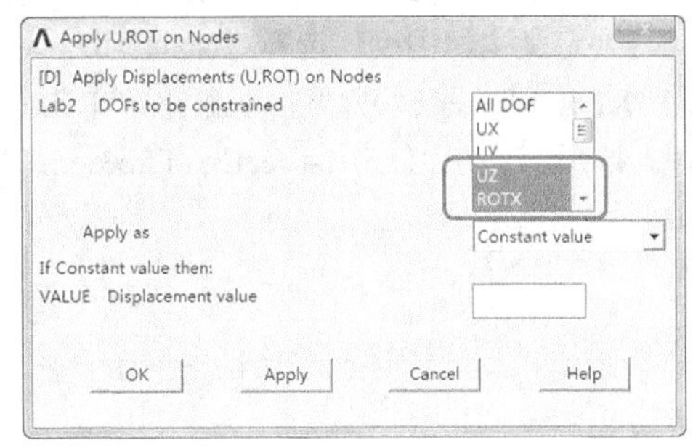

图 12-40　定义左右边界条件

（7）定义上下边界条件。选择“Main Menu > Solution > Define Loads > Apply > Structural > Displacement > On Nodes”命令，弹出“Apply U，ROT on Nodes”拾取菜单。用鼠标指针在画面上单击拾取上边界和下边界的节点（上边界节点编号为：9、29、49、69、89、109、119、149、169；下边界节点编号为：1、21、41、61、81、101、121、141、161），单击“OK”按钮，弹出如图 12-41 所示的“Apply U，ROT on Nodes”对话框，在

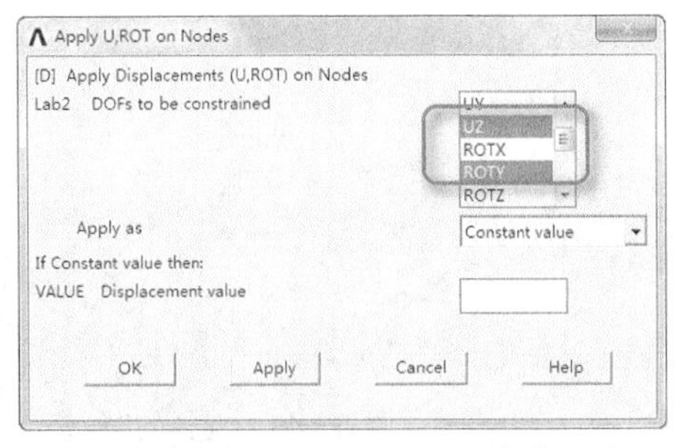

图 12-41　定义上下边界条件

“Lab2 DOFs to be constrained”后面的下拉列表框中单击“UZ”“ROTY”两个选项，单击“OK”按钮。

（8）选择主节点（左右界限）。选择“Utility Menu > Select > Entities”命令，弹出“Select Entities”工具条，如图12-42所示，在第一个下拉列表框中选择“Nodes”选项，在第二个下拉列表框中选择“By Location”选项，在下面单击“X coordinates”单选项，在“Min，Max”后面的文本框中输入“0.1，9.9”，在下面选择“From Full”单选项，单击“OK”按钮。

（9）选择主节点（上下界限）。选择“Utility Menu > Select > Entities”命令，弹出“Select Entities”工具条，如图12-43所示，在第一个下拉列表框中选择“Nodes”选项，在第二个下拉列表框中选择“By Location”选项，在下面单击“Y coordinates”单选项，在“Min，Max”后面的文本框中输入“0.1，9.9”，在下面选择“Reselect”单选项，单击“OK”按钮。

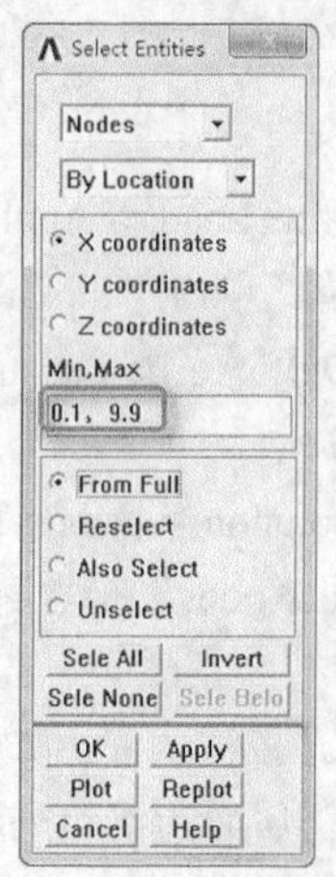

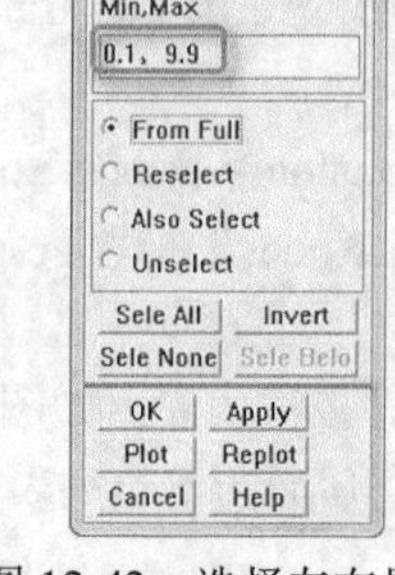

图 12-42 选择左右界限

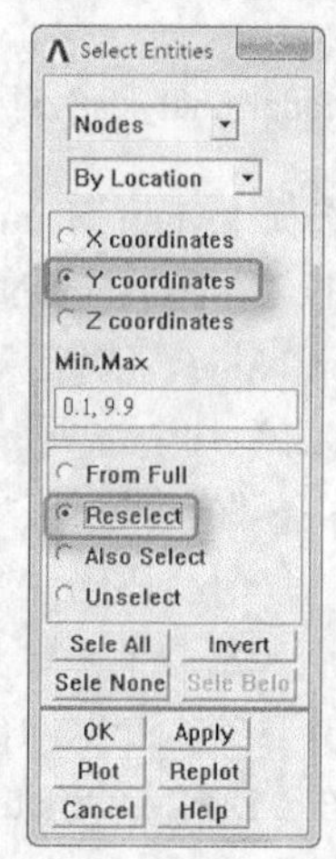

图 12-43 选择上下界限

（10）显示刚才选择的节点。选择“Utility Menu > Plot > Nodes”命令，系统显示如图12-44所示。

（11）定义主自由度。选择“Main Menu > Solution > Master DOFs > User Selected > Define”命令，弹出“Define Master DOFs”拾取菜单，单击“Pick All”按钮，弹出“Define Master DOFs”对话框，如图12-45所示，在“Lab1 1st degree of freedom”后面的下拉列表框中选择“UZ”选项，单击“OK”按钮。

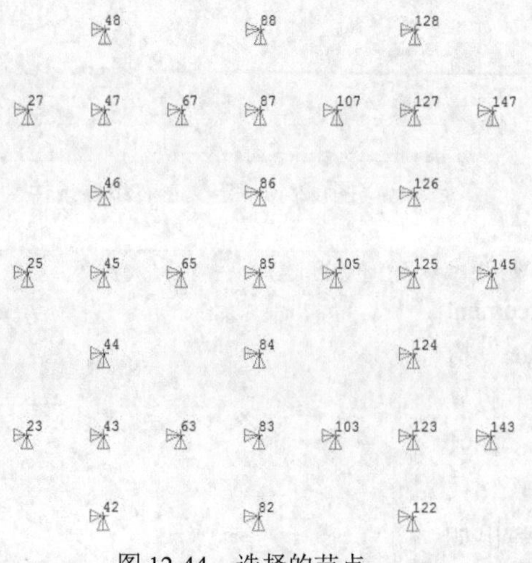

图 12-44 选择的节点

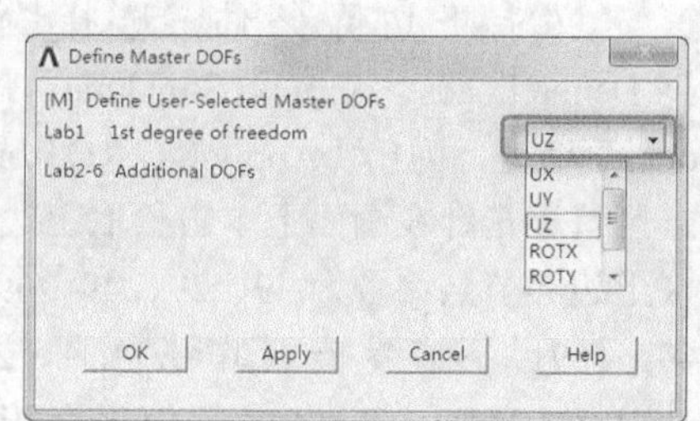

图 12-45 定义主自由度

（12）选择所有节点。选择“Utility Menu > Select > Everything”命令，然后执行“Utility Menu > Plot > Replot”路径，此时系统显示如图 12-46 所示。

（13）模态分析求解。选择“Main Menu > Solution > Solve > Current LS”命令，弹出“/STATUS Command”信息提示窗口和“Solve Current Load Step”对话框，仔细浏览信息提示窗口中的信息，如果无误，则单击“File > Close”命令将其关闭。单击“OK”按钮开始求解。当静力求解结束时，系统会弹出“Solution is done”提示框，单击“Close”按钮关闭它。

（14）定义比例参数。选择“Utility Menu > Parameters > Get Scalar Data”命令，弹出“Get Scalar Data”对话框，在“Type of data to be retrieved”后面第一个列表框中单击“Result data”选项，在第二个列表框中单击“Modal results”选项，如图 12-47 所示，单击“OK”按钮。

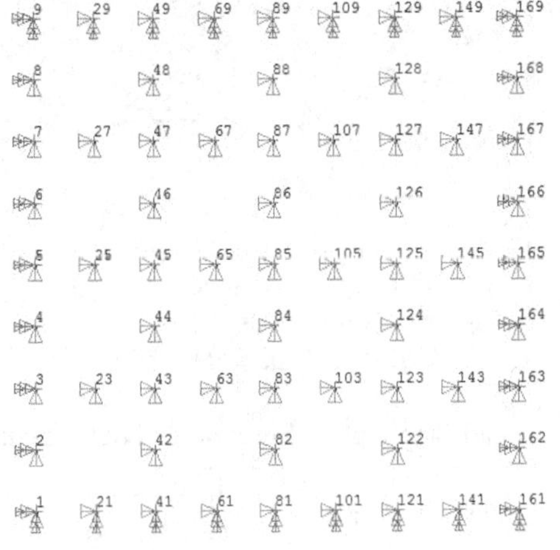

图 12-46 施加载荷约束之后的节点模型

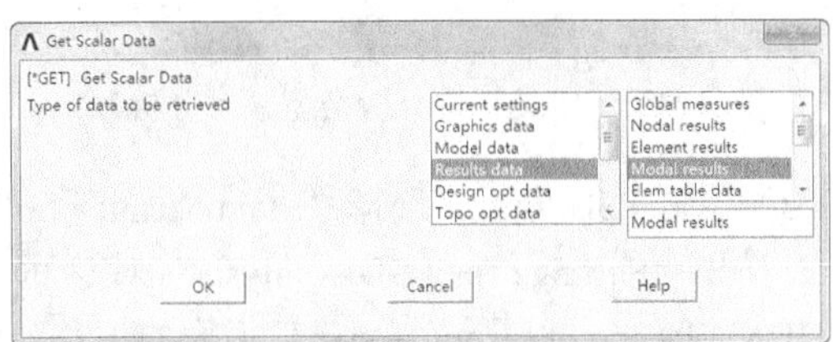

图 12-47 “Get Scalar Data”对话框

（15）弹出另外一个“Get Modal Results”对话框，如图 12-48 所示，在“Name of parameter to be defined”后面的文本框中输入“F”，在“Mode number N”后面的文本框中输入“1”，在“Modal data to retrieved”后面的列表框中选择“Frequency FREQ”选项，单击“OK”按钮。

（16）查看比例参数。选择“Utility Menu > Parameters > Scalar Parameters”命令，弹出“Scalar Parameters”对话框，如图 12-49 所示。

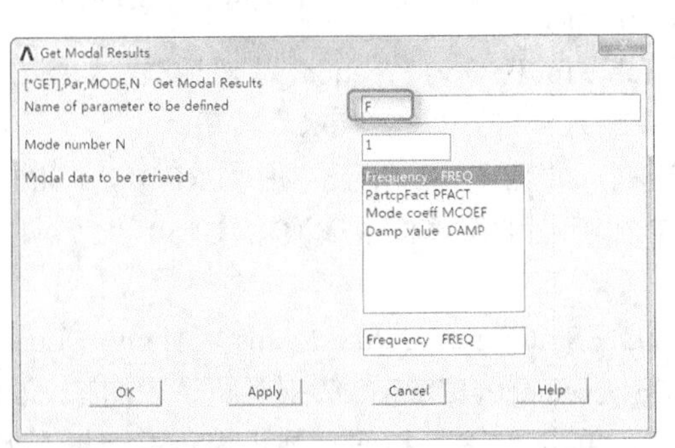

图 12-48 “Get Model Results”对话框

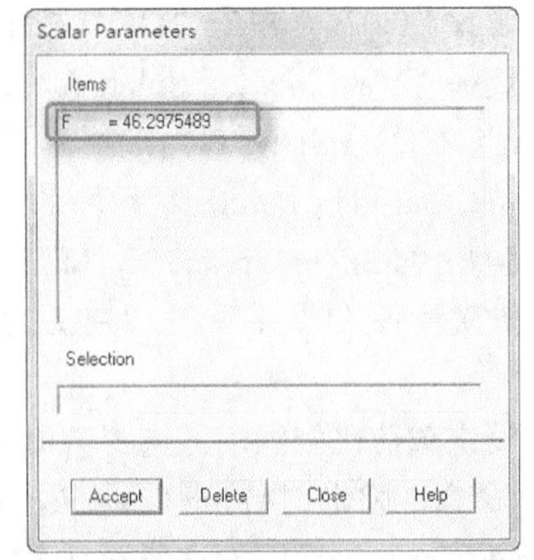

图 12-49 “Scalar Parameters”对话框

（17）退出求解器。选择“Main Menu > Finish”命令以退出求解器。

2. 谱分析

（1）定义谱分析。选择“Main Menu > Solution > Analysis Type > New Analysis”命令，弹出如图 12-50 所示的“New Analysis”对话框，在“Type of analysis”后面单击“Spectrum”单选项，单击“OK”按钮。

（2）设定谱分析选项。选择“Main Menu > Solution > Analysis Type > Analysis Options”命令，弹出“Spectrum Analysis”对话框，如图 12-51 所示，在“Sptype Type of spectrum”后面选择“P.S.D.”单选项，在“NMODE No. of modes for solu”后面的文本框中输入“2”，在“Elcalc Calculate elem stresses”后面单击“Yes”，单击“OK”按钮。

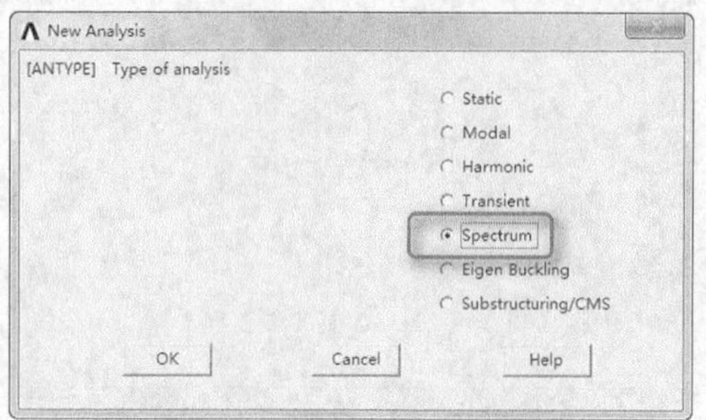

图 12-50 定义新的分析类型（谱分析）

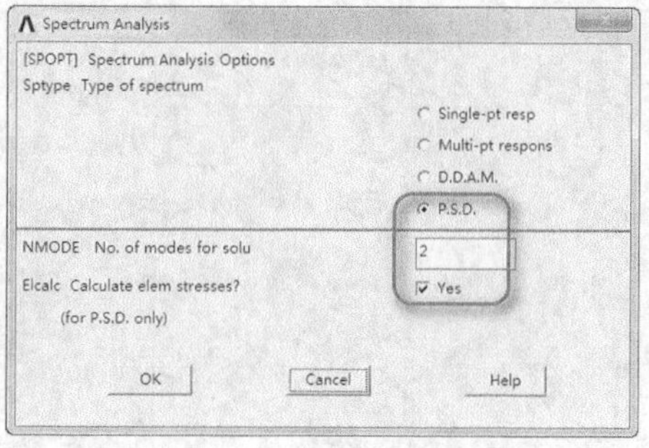

图 12-51 定义谱分析选项

（3）设置 PSD 分析。选择“Main Menu > Solution > Load Step Opts > Spectrum > PSD > Settings”命令，弹出“Settings for PSD Analysis”对话框，在“[PSDUNIT] Type of response spct”后面的下拉列表框中选择“Pressure spct”选项，在“Table number”后面的文本框中输入“1”，如图 12-52 所示，单击“OK”按钮。

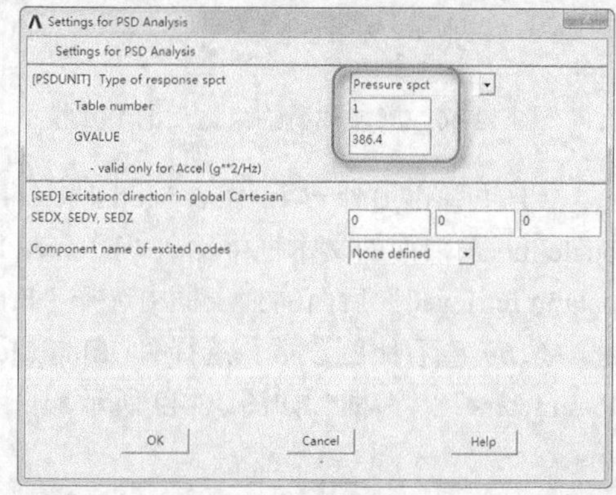

图 12-52 “Settings for PSD Analysis”对话框

（4）定义阻尼。选择“Main Menu > Solution > Load Step Opts > Time/Frequenc > Damping”命令，弹出“Damping Specifications”对话框，如图 12-53 所示，在“[DMPRAT] Constant damping ratio”后面的文本框中输入“0.02”，单击“OK”按钮。

（5）选择“Main Menu > Solution > Load Step Opts > Spectrum > PSD > PSD vs Freq”命令，弹出“Table for PSD vs Frequency”对话框，如图 12-54 所示，在“Table number to be defined”后面的文本框中输入“1”，单击“OK”按钮。

（6）弹出“PSD vs Frequency Table”对话框，如图 12-55 所示，在“FREQ1，PSD1”后面的文本框中依次输入“1”“1”，在“FREQ2，PSD2”后面的文本框中依次输入“80”“1”，单击“OK”按钮。

（7）设定载荷比例因子。选择“Main Menu > Solution > Define Loads > Apply > Load Vector > For PSD”命令，弹出“Apply Load Vector for Power Spectral Density”对话框，如图 12-56 所示，在“FACT Scale factor”后面的文本框中输入“1”，单击“OK”按钮。弹出警告提示框，如图 12-57 所示，单击“Close”按钮。

（8）计算参与因子。选择“Main Menu > Solution > Load Step Opts > Spectrum > PSD > Calculate PF”命令，弹出“Calculate Participation Factors”对话框，如图 12-58 所示，在“TBLNO Table no.

of PSD table”后面的文本框中输入“1”，在“Excit Base or nodal excitation”后面的下拉列表框中选择“Nodal excitation”选项，单击“OK”按钮。弹出“Solution is done”提示框，如图 12-59 所示，单击“Close”按钮关闭它。

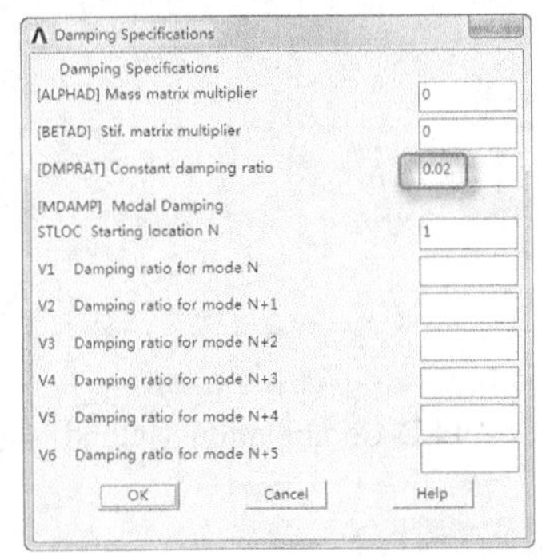

图 12-53 “Damping Specifications”对话框

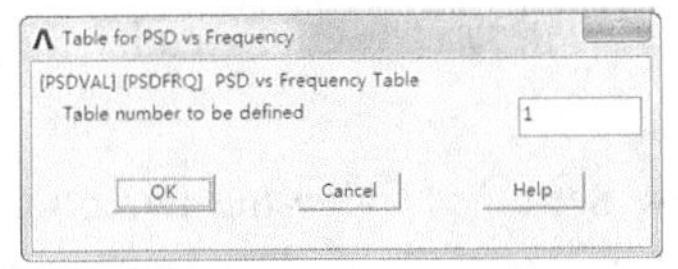

图 12-54 “Table for PSD vs Frequency”对话框

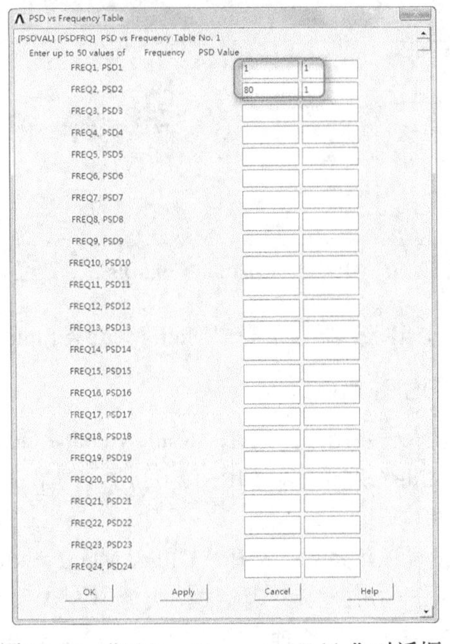

图 12-55 “PSD vs Frequency Table”对话框

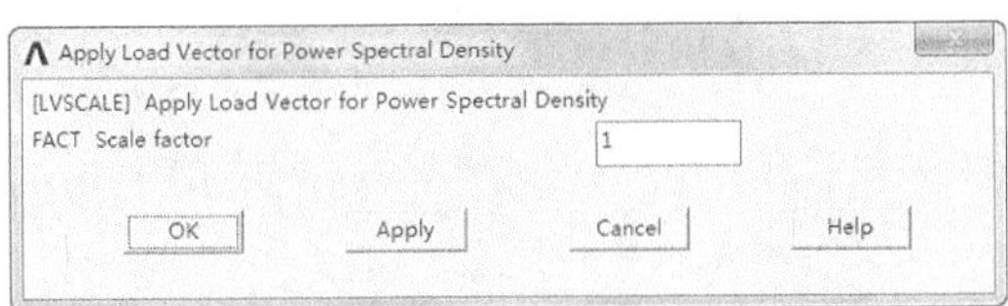

图 12-56 “Apply Load Vector for Power Spectral Density”对话框

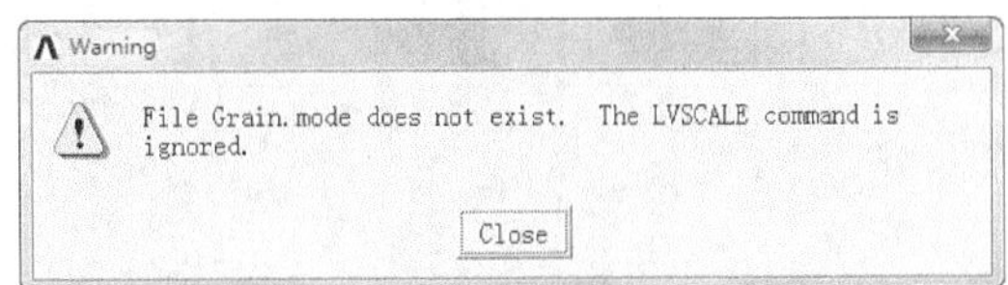

图 12-57 警告提示框

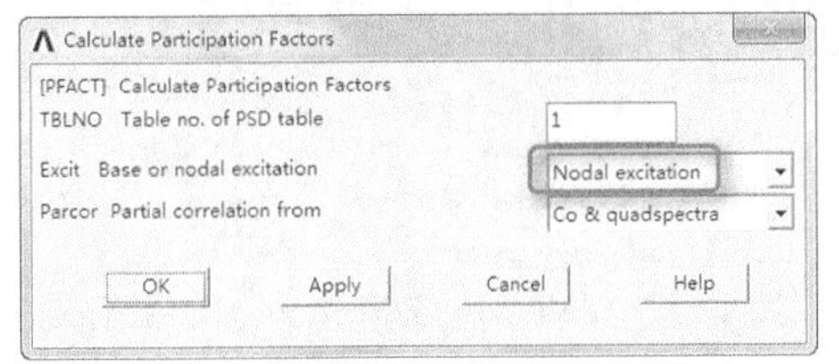

图 12-58 “Calculate Participation Factors”对话框

图 12-59 参与因子计算完毕

（9）设置结果输出。选择“Main Menu > Solution > Load Step Opts > Spectrum > PSD > Calc Controls”命令，弹出“PSD Calculation Controls”对话框，如图 12-60 所示，在“Displacement solution (DISP)”后面的下拉列表框中选择“Relative to base”选项，接受其余默认设置，单击“OK”按钮。

（10）设置合并模态。选择“Main Menu > Solution > Load Step Opts > Spectrum > PSD > Mode Combine”命令，弹出“PSD Combination Method”对话框，如图 12-61 所示，接受其余默认设置，单击“OK”按钮。

（11）谱分析求解。选择“Main Menu > Solution > Solve > Current LS”命令，弹出“/STATUS Command”信息提示窗口和“Solve Current Load Step”对话框。仔细浏览信息提示窗口中的信息，如果无误，则单击“File > Close”命令关闭之。单击“OK”按钮开始求解。当求解结束时，系统会弹出“Solution is done”提示框，单击“Close”按钮关闭它。

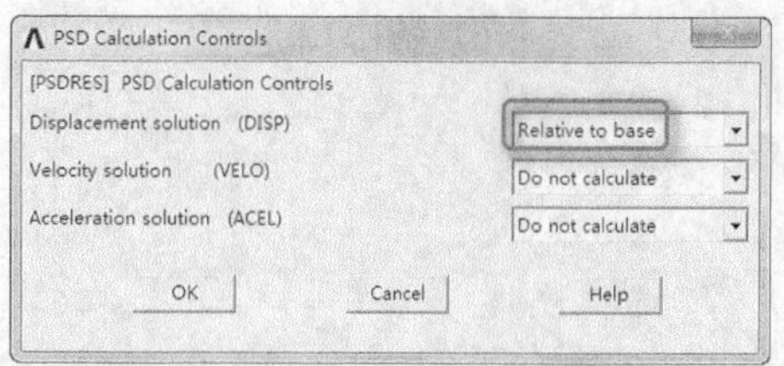

图 12-60 “PSD Calculation Controls”对话框

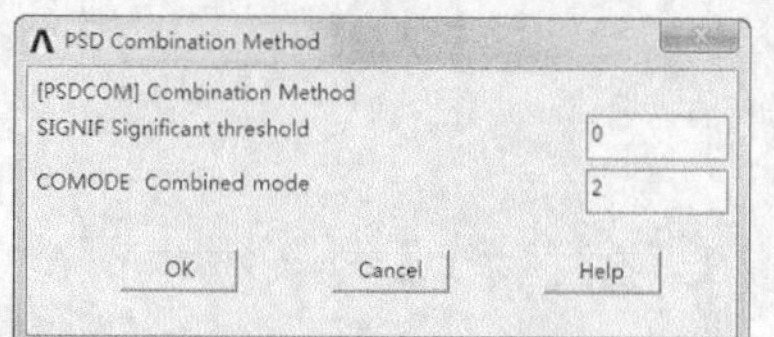

图 12-61 “PSD Combination Method”对话框

（12）退出求解器。选择“Main Menu > Finish”命令退出求解器。

3. POST1 后处理

（1）读入子步结果。选择“Main Menu > General Postproc > Read Results > By Pick”命令，弹出“Result File”对话框，如图 12-62 所示，单击“Set”为“17”的项，单击“Read”按钮，单击“Close”按钮。

（2）设置视角系数。选择“Utility Menu > PlotCtrls > View Settings > Viewing Direction”命令，弹出“Viewing Direction”对话框，如图 12-63 所示，在“WN Window number”后面的下拉列表框中选择“Window 1”选项，在“[/VIEW] View direction”后面的文本框中依次输入“2”“3”“4”，单击“OK”按钮。

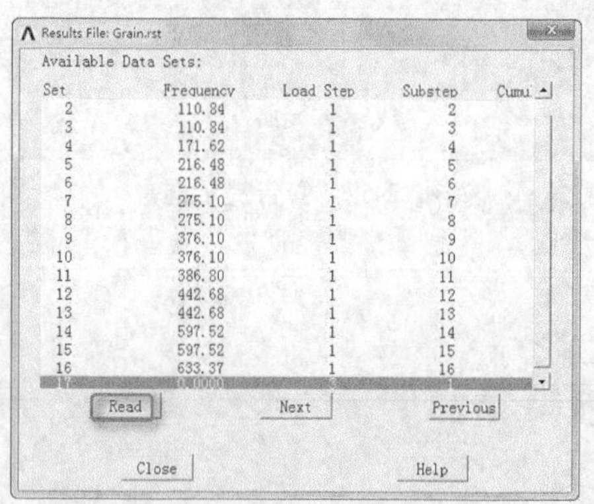

图 12-62 “Result File”对话框

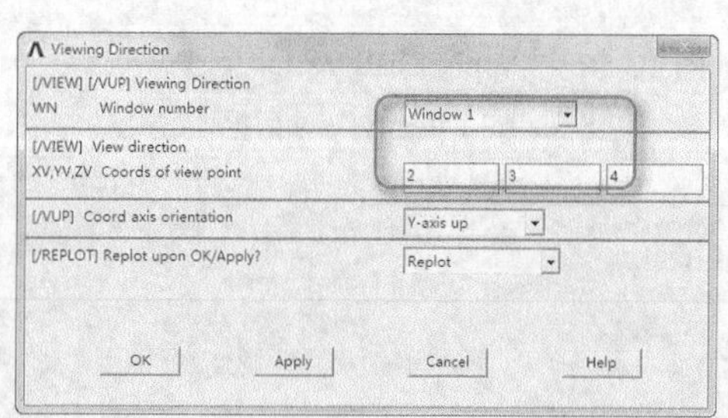

图 12-63 “Viewing Direction”对话框

（3）绘图显示。选择“Main Menu > General Postproc > Plot Results > Contour Plot > Nodal Solu”命令，弹出“Contour Nodal Solution Data”对话框，如图 12-64 所示，在“Nodal Solution”中选择“DOF Solution”选项，然后选择“Z-Component of displacement”选项，接受其余默认设置，单击“OK”按钮，系统显示如图 12-65 所示。

（4）列表显示。选择“Main Menu > General Postproc > List Results > Nodal Solution”命令，弹出“List Nodal Solution”对话框，如图 12-66 所示，在“Nodal Solution”中选择“DOF solution”选项，然后选择“Z-Component of displacement”选项，单击“OK”按钮，系统会弹出列表显示框。

（5）退出后处理器。选择“Main Menu > Finish”命令退出后处理器。

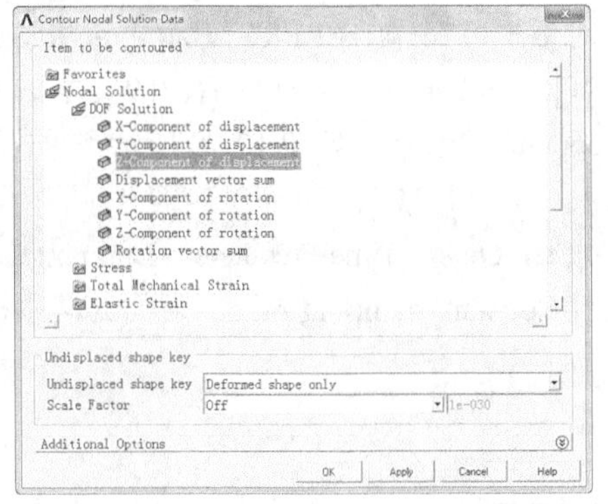

图 12-64　“Contour Nodal Solution Data”对话框

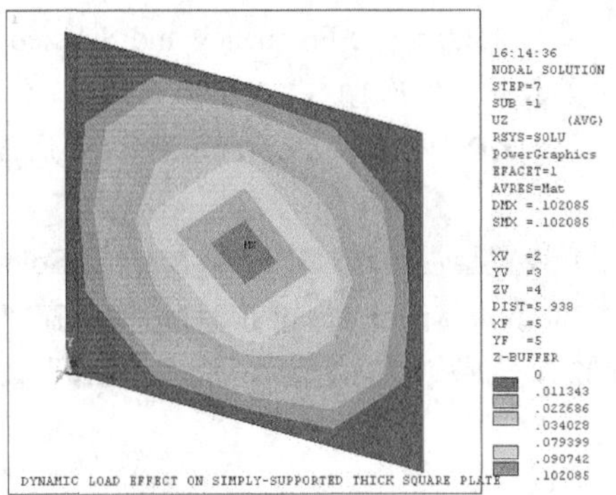

图 12-65　*Z* 向位移云图显示

4．谐响应分析

（1）定义求解类型。选择“Main Menu > Solution > Analysis Type > New Analysis”命令，出现“New Analysis”对话框，选择“Harmonic”单选项，如图 12-67 所示，单击“OK”按钮。

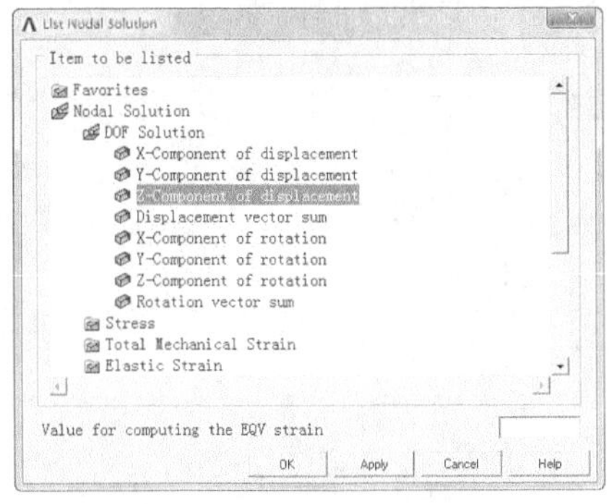

图 12-66　“List Nodal Solution”对话框

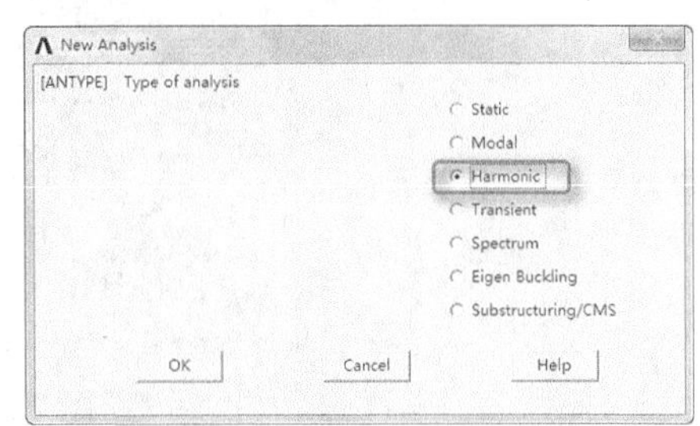

图 12-67　定义分析类型为谐响应分析

（2）设置求解选项。选择“Main Menu > Solution > Analysis Type > Analysis Options”命令，弹出“Harmonic Analysis”对话框，在“[HROPT] Solution method”后面的下拉列表框中选择“Mode Superpos'n”选项，在“[HROUT] DOF printout format”后面的下拉列表框中选择“Amplitud+phase”选项，如图 12-68 所示，单击“OK”按钮。

（3）弹出“Mode Sup Harmonic Analysis”对话框，如图 12-69 所示，接受其余默认设置，单击“OK”按钮。

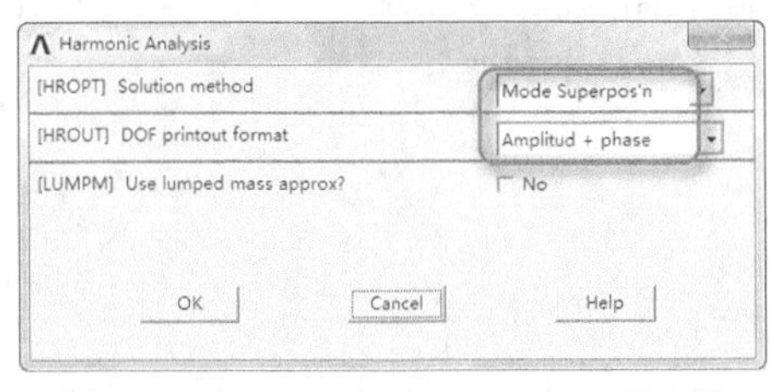

图 12-68　“Harmonic Analysis”对话框

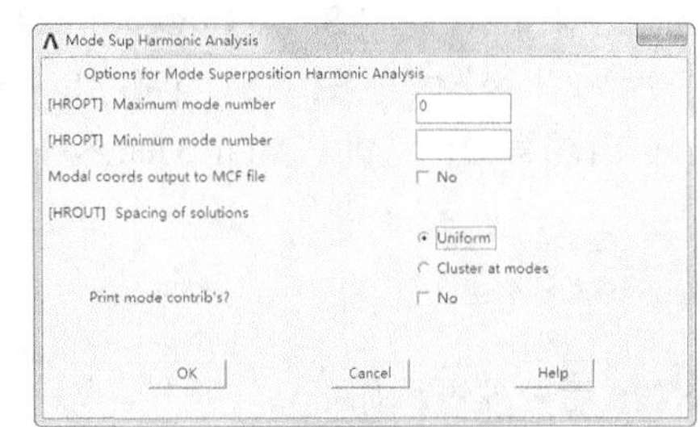

图 12-69　“Mode Sup Harmonic Analysis”对话框

（4）设置载荷。选择“Main Menu > Solution > Load Step Opts > Time/Frequenc > Freq and Substps”

命令，弹出“Harmonic Frequency and Substep Options”对话框，在“[HARFRQ] Harmonic freq range”后面的文本框中依次输入“1”和“80”，在“[NSUBST] Number of substep”后面的文本框中输入“10”，在“[KBC] Stepped or ramped b.c.”后面单击“Stepped”单选项，如图 12-70 所示，单击“OK”按钮。

（5）设置阻尼。选择“Main Menu > Solution > Load Step Opts > Time/Frequenc > Damping”命令，弹出“Damping Specifications”对话框，在“[DMPRAT] Constant damping ratio”后面的文本框中输入“0.02”，如图 12-71 所示，单击“OK”按钮。

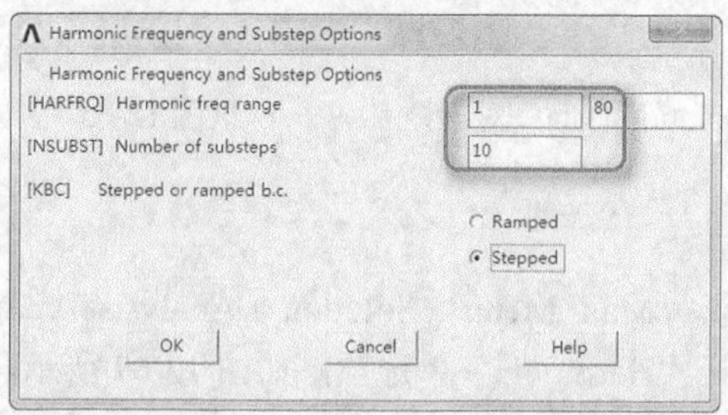

图 12-70 “Harmonic Frequency and Substep Options”对话框

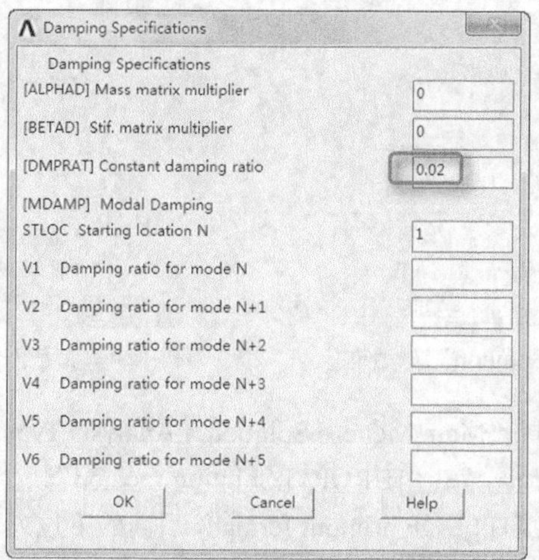

图 12-71 “Damping Specifications”对话框

（6）谐响应分析求解。选择“Main Menu > Solution > Solve > Current LS”命令，弹出“/STATUS Command”信息提示栏和“Solve Current Load Step”对话框。浏览信息提示栏中的信息，如果无误，则单击“File > Close”命令关闭之。单击“Solve Current Load Step”对话框的“OK”按钮，开始求解。

（7）退出求解器。选择“Main Menu > Finish”命令退出求解器。

12.3.4 后处理

POST26 后处理过程如下。

（1）进入时间历程后处理。选择“Main Menu > TimeHist PostPro”命令，弹出如图 12-72 所示的“Spectrum Usage”对话框，接受其余默认设置，单击“OK”按钮，弹出如图 12-73 所示的“Time History Variables”对话框，里面已有默认变量时间（TIME）。

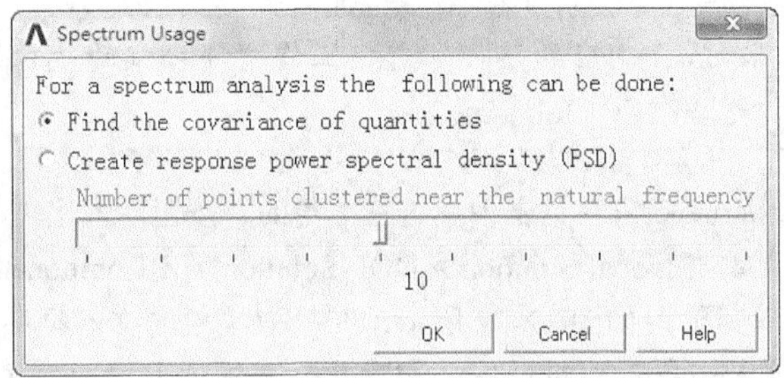

图 12-72 “Spectrum Usage”对话框

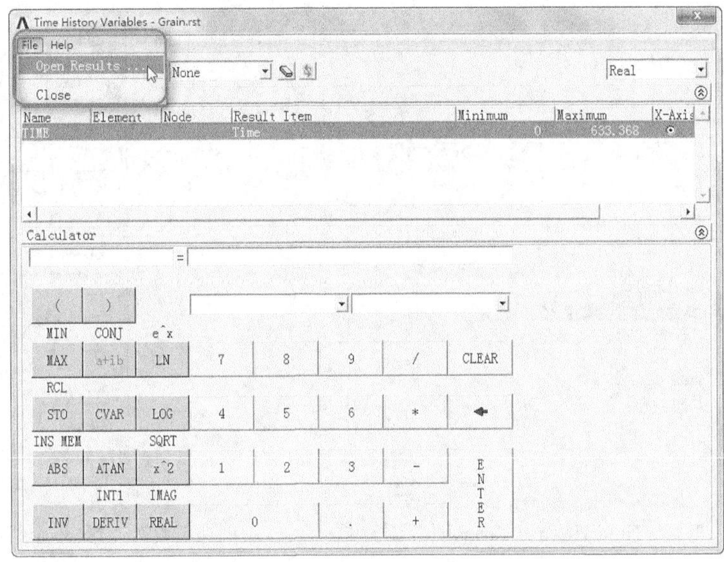

图 12-73 “Time History Variables”对话框

（2）读入结果。单击“Time History Variables”对话框中“File > Open Results”命令，弹出读取结果对话框，如图 12-74 所示，在相应的路径下选择“spectrum.rfrq”文件，单击“打开”按钮，接着弹出如图 12-75 所示的对话框，选择模型数据文件“spectrum.dbb”。弹出如图 12-72 所示的对话框，单击“OK”按钮接受默认设置。返回“Time History Variables”对话框，注意看到，此时的默认变量已经由“TIME”变为“FREQ”。

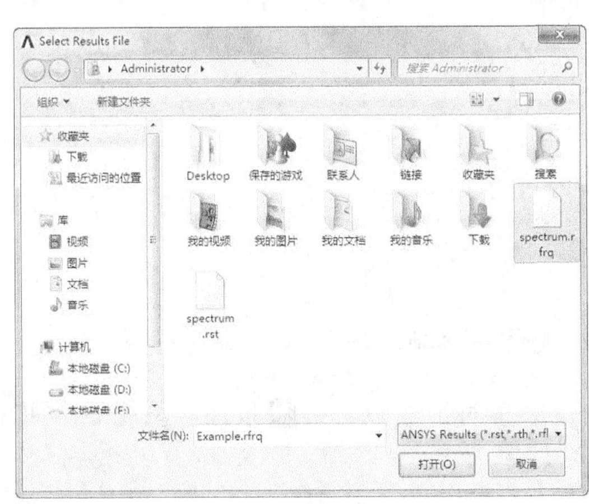

图 12-74　读取结果对话框

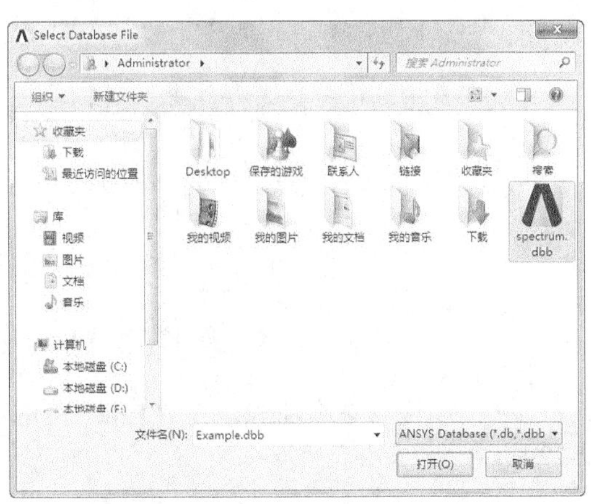

图 12-75　读取模型数据文件

注意

在读取结果时，“响应的路径”是指工作文件存放的地址，读取的文件后缀名是“rfrq”，文件名是工作名（Jobname）。

（3）在“Time History Variables”对话框中单击左上角的按钮，弹出“Add Time-History Variable”对话框，如图12-76所示。单击Nodal Solution > DOF Solution > Z-Component of displacement”命令，弹出“Node for Data”拾取菜单，如图12-77所示，在拾取菜单的文本框中输入“85”，单击“OK”按钮。返回“Time History Variables”对话框，注意此时变量列表里面多了一项“UZ_2”变量，如图12-78所示。

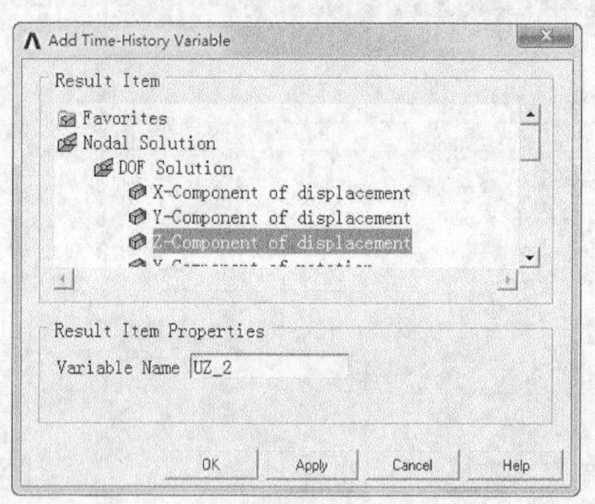

图12-76 “Add Time-History Variables”对话框

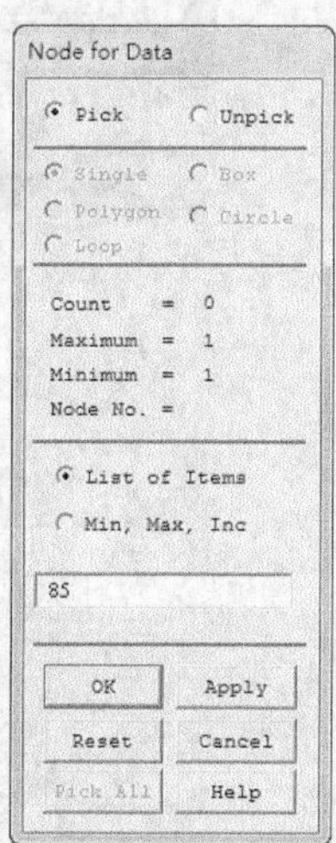

图12-77 “Node for Data”拾取菜单

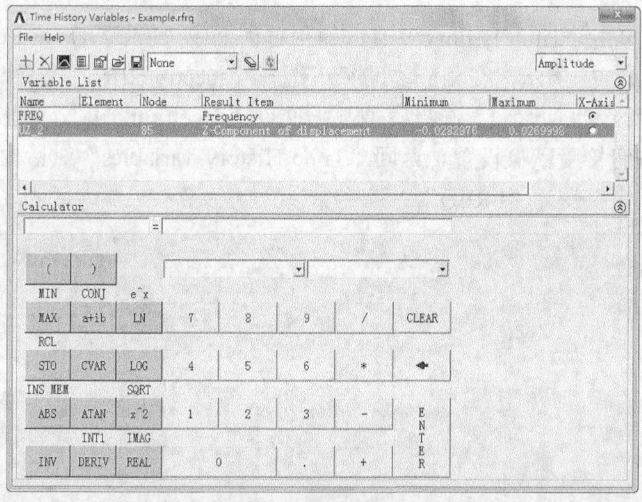

图12-78 “Time History Variables”对话框

（4）绘制位移频率曲线。在“Time History Variables”对话框中单击按钮，系统显示如图12-79所示。

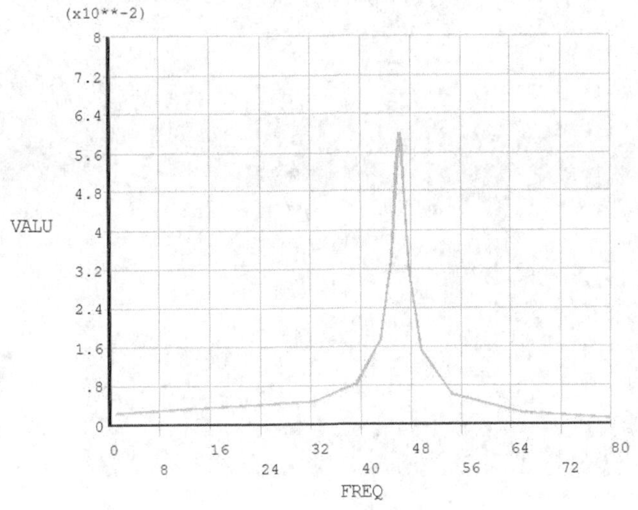

图 12-79　位移频率关系图

12.3.5　命令流实现

详见随书配套资源中的“X:\ 命令流 \12.3 综合实例——支撑平板的动力效果分析 .txt”电子文档。

12.4　本章小结

谱分析主要包括 3 种：响应谱、动力设计分析和功率谱密度。在工程实践中，它主要应用于随机载荷的响应分析，例如风载荷、地震载荷等。应该说，谱分析不如模态分析和瞬态分析那么通用，但它能解决前面两种方法所不能解决的问题，在特殊的时候会显示出特别的用途。另外需要注意的是，谱分析需要一定的动力学基础，建议在熟悉模态分析、瞬态动力学分析和谐响应分析之后再学习谱分析。

第 13 章 瞬态动力学分析

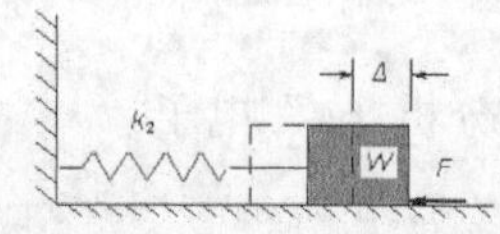

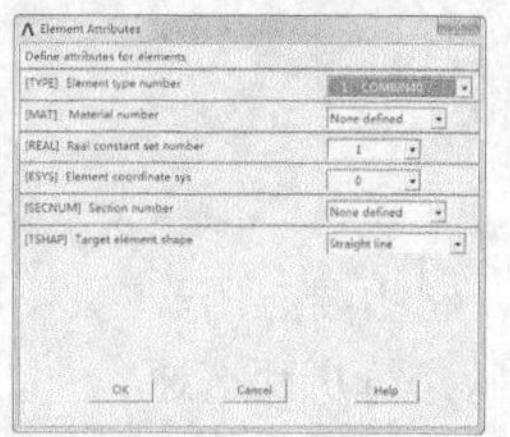

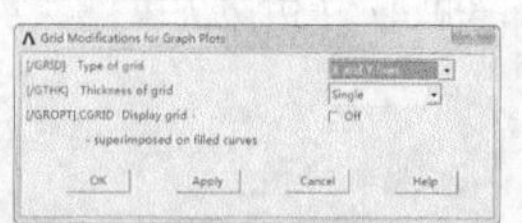

本章导读

瞬态动力学分析（亦称时间历程分析）是用于确定承受任意的随时间变化载荷的结构的动力学响应的一种方法。本章介绍了瞬态动力学分析的全流程步骤，详细讲解了其中各种参数的设置方法与功能，最后通过阻尼振动系统的自由振动分析实例对瞬态动力学分析功能进行了具体演示。

通过本章的学习，读者可以完整深入地掌握瞬态动力学分析的各种功能和应用方法。

13.1 瞬态动力学概论

用瞬态动力学分析可以确定结构在静载荷、瞬态载荷和简谐载荷的随意组合作用下随时间变化的位移、应变、应力及力。载荷和时间的相关性使得惯性力和阻尼作用比较显著。如果惯性力和阻尼作用不重要，就可以用静力学分析代替瞬态分析。

瞬态动力学分析比静力学分析更复杂，因为按“工程”时间计算，瞬态动力学分析通常要占用更多的计算机资源和人力。可以先做一些预备工作以理解问题的物理意义，从而节省大量资源。

首先分析一个比较简单的模型。由梁、质量体、弹簧组成的模型可以以最小的代价对问题提供有效深入的理解，简单模型或许正是确定结构所有的动力学响应所需要的。

如果分析中包含非线性，可以首先通过进行静力学分析，尝试了解非线性特性如何影响结构的响应。有时在动力学分析中没必要包括非线性。

了解问题的动力学特性。通过做模态分析计算一下结构的固有频率和振型，便可了解当这些模态被激活时结构如何响应。固有频率同样对计算出正确的积分时间步长有用。

对于非线性问题，应考虑将模型的线性部分子结构化以降低分析代价。子结构在帮助文件中的“ANSYS Advanced Analysis Techniques Guide”里有详细的描述。

进行瞬态动力学分析可以采用 3 种方法：完全法、减缩法、模态叠加法。下面比较一下各种方法的优缺点。

13.1.1 完全法（Full Method）

Full 法采用完整的系统矩阵计算瞬态响应（没有矩阵减缩）。它是 3 种方法中功能最强的，允许包含各类非线性特性（塑性、大变形、大应变等）。Full 法的优点如下。

（1）容易使用，因为不必关心如何选择主自由度和振型。

（2）允许包含各类非线性特性。

（3）使用完整矩阵，因此不涉及质量矩阵的近似。

（4）在一次处理过程中计算出所有的位移和应力。

（5）允许施加各种类型的载荷：节点力，外加的（非零）约束，单元载荷（压力和温度）。

（6）允许采用实体模型上所加的载荷。

Full 法的主要缺点是比其他方法开销大。

13.1.2 模态叠加法（Mode Superposition Method）

Mode Superposition 法通过对模态分析得到的振型（特征值）乘以因子并求和来计算出结构的响应。它的优点如下。

（1）对于许多问题，此法比 Reduced 或 Full 法更快且开销小。

（2）在模态分析中施加的载荷可以通过“LVSCALE”命令用于谐响应分析中。

（3）允许指定振型阻尼（阻尼系数为频率的函数）。

Mode Superposition 法的缺点如下。

（1）整个瞬态分析过程中时间步长必须保持恒定，因此不允许用自动时间步长。

（2）唯一允许的非线性是点点接触（有间隙情形）。

（3）不能用于分析“未固定的（floating）”或不连续结构。

（4）不接受外加的非零位移。

（5）在模态分析中使用 PowerDynamics 法时，初始条件中不能有预加的载荷或位移。

13.1.3 减缩法（Reduced Method）

Reduced 法通常采用主自由度和减缩矩阵来压缩问题的规模。主自由度处的位移被计算出来后，解可以被扩展到初始的完整 DOF 集上。

这种方法的优点是：它比 Full 法速度更快且开销小。

Reduced 法的缺点如下。

（1）初始解只计算出主自由度的位移。要得到完整的位移，应力和力的解则需执行被称为扩展处理的进一步处理（扩展处理在某些分析应用中可能不必要）。

（2）不能施加单元载荷（压力、温度等），但允许有加速度。

（3）所有载荷必须施加在用户定义的自由度上（这就限制了采用实体模型上所加的载荷）。

（4）整个瞬态分析过程中，时间步长必须保持恒定，因此不允许用自动时间步长。

（5）唯一允许的非线性是点点接触（有间隙情形）。

13.2 瞬态动力学的基本步骤

首先将描述如何用 Full 法来进行瞬态动力学分析，然后会列出用 Reduced 法和 Mode Superposition 法时有差别的步骤。

Full 法瞬态动力学分析的过程由 8 个主要步骤组成。

13.2.1 前处理（建模和分网）

在这一步中需指定文件名和分析标题，然后用 PREP7 来定义单元类型、单元实常数、材料特性及几何模型。需记住的要点如下。

（1）可以使用线性和非线性单元。

（2）必须指定杨氏模量 EX（或某种形式的刚度）和密度 DENS（或某种形式的质量）。材料特性可以是线性的，各向同性的或各向异性的，恒定的或和温度相关的。非线性材料特性将被忽略。

另外，在划分网格时需记住以下几点。

（1）有限元网格需要足够精度以求解所关心的高阶模态。

（2）感兴趣的应力 - 应变区域的网格密度要比只关心位移的区域相对加密一些。

（3）如果求解过程包含非线性特性，那么网格应该与这些非线性特性相符合。例如，对于塑性分析来说，它要求在较大塑性变形梯度的平面内有一定的积分点密度，所以网格必须加密。

（4）如果关心弹性波的传播（例如杆的端部抖动），有限元网格至少要有足够的密度求解波，通常的准则是沿波的传播方向每个波长范围内至少要有 20 个网格。

13.2.2 建立初始条件

在进行瞬态动力学分析之前，必须清楚如何建立初始条件以及使用载荷步。从定义上来说，瞬态动力学包含按时间变化的载荷。为了指定这种载荷，需要将载荷时间曲线分解成相应的载荷步，载荷时间曲线上的每一个拐角都可以作为一个载荷步，如图 13-1 所示。

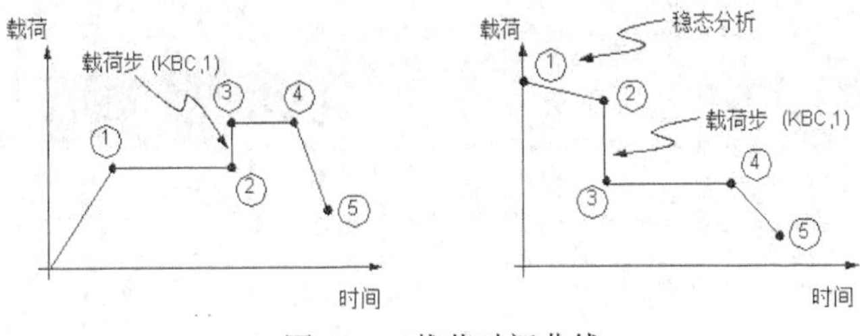

图 13-1　载荷时间曲线

第一个载荷步通常被用来建立初始条件，然后要指定后继的瞬态载荷及加载步选项。对于每一个载荷步，都要指定载荷值和时间值，同时要指定其他的载荷步选项，如载荷是按 Stepped 还是按 Ramped 方式施加，是否使用自动时间步长等。最后将每一个载荷步写入文件并一次性求解所有的载荷步。

施加瞬态载荷的第一步是建立初始关系（即零时刻时的情况）。瞬态动力学分析要求给定两种初始条件：初始位移（u_0）和初始速度（$\dot{u}_0$）。如果没有进行特意设置，u_0 和 $\dot{u}_0$ 都被假定为 0。初始加速度（$\ddot{a}_0$）一般被假定为 0，但可以通过在一个小的时间间隔内施加合适的加速度载荷来指定非零的初始加速度。

非零初始位移及非零初始速度的设置方法如下。

```
命令：IC。
GUI：Main Menu > Solution > Define Loads > Apply > Initial Condit'n > Define。
```

注意

谨记不要给模型定义不一致的初始条件。比如在一个自由度（DOF）处定义了初始速度，而在其他所有自由度处均定义为 0，这显然就是一种潜在的互相冲突的初始条件。在多数情况下，可能需要在全部没有约束的自由度处定义初始条件，如果这些初始条件在各个自由度处不相同，用 GUI 路径定义比用“IC”命令定义要容易得多。

13.2.3　设定求解控制器

该步骤与静力结构分析是一样的，需特别指出的是：如果要建立初始条件，必须是在第一个载荷步上建立，然后可以在后续的载荷步中单独定义其余选项。

1. 访问求解控制器（Solution Controls）

选择“GUI：Main Menu > Solution > Analysis Type > Sol'n Control”路径进入求解控制器，弹出“Solution Controls”对话框，如图 13-2 所示。

从图 13-2 中可以看到，该对话框主要包括 5 大块：基本选项（Basic）、瞬态选项（Transient）、求解选项（Sol'n Options）、非线性选项（Nonlinear）和高级非线性选项（Advanced NL）。

2. 利用基本选项

当进入求解控制器时，基本选项（Basic）立即被激活。它的基本功能与静力学一样，在瞬态动力学中，需特别指出如下几点。

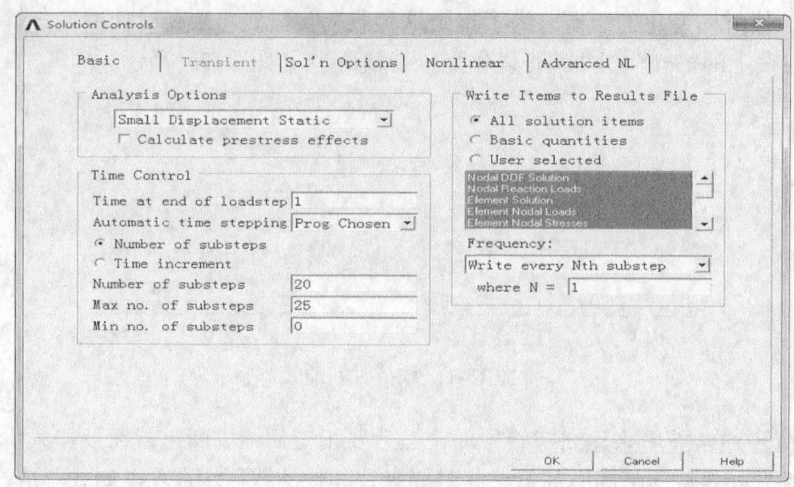

图 13-2 “Solution Controls”对话框

在设置 ANTYPE 和 NLGEOM 时，如果想开始一个新的分析并且忽略几何非线性（例如大转动、大挠度和大应变）的影响，那么选择“Small Displacement Transient”选项，如果要考虑几何非线性的影响（通常是受弯细长梁考虑大挠度或者是金属成形时考虑大应变），则选择“Large Displacement Transient”选项。如果想重新开始一个失败的非线性分析或是将刚做完的静力分析结果作为预应力或刚做完瞬态动力学分析想要扩展其结果，选择“Restart Current Analysis”选项。

在设置 AUTOTS 时，需记住该载荷步选项（通常被称为瞬态动力学最优化时间步）是根据结构的响应来确定是否开启。对于大多数结构而言，推荐打开自动调整时间步长选项，并利用 DELTIM 和 NSUBST 设定时间积分步的最大和最小值。

注意

默认情况下，在瞬态动力学分析中，结果文件（Jobname.RST）只有最后一个子步的数据。如果要记录所有子步的结果，重新设定“Frequency”的数值。另外，默认情况下，ANSYS 最多只允许在结果文件中写入 1000 个子步，超过时会报错，可以用“/CONFIG，NRES”命令更改这个限定。

3. 利用瞬态选项

ANSYS 求解控制器中包含的瞬态选项如表 13-1 所示。

表 13-1 瞬态（Transient）选项

选项	具体信息可参阅 ANSYS 帮助
指定是否考虑时间积分的影响 (TIMINT)	ANSYS Structural Analysis Guide 中的 Performing a Nonlinear Transient Analysis
指定在载荷步（或者子步）的载荷发生变化时是采用阶越载荷还是斜坡载荷 (KBC)	ANSYS Basic Analysis Guide 中的 Stepped Versus Ramped Loads ANSYS Basic Analysis Guide 中的 Stepping or Ramping Loads
指定质量阻尼和刚度阻尼 (ALPHAD，BETAD)	ANSYS Structural Analysis Guide 中的 Damping
定义积分参数 (TINTP)	ANSYS, Inc. Theory Reference

在瞬态动力学中，需特别指出如下几点。

（1）TIMINT。该动态载荷选项表示是否考虑时间积分的影响。当考虑惯性力和阻尼时，必须考虑时间积分的影响（否则，ANSYS 只会给出静力分析解），所以默认情况下，该选项就是打开的。从静力学分析的结果开始瞬态动力学分析时，该选项特别有用，也就是说，第一个载荷步不考虑时间积分的影响。

（2）ALPHAD（alpha 表示质量阻尼）和 BETA（beta 表示刚度阻尼）。该动态载荷选项表示阻尼项。很多时候，阻尼是已知的而且不可忽略的，所以必须考虑。

（3）TINTP。该动态载荷选项表示瞬态积分参数，用于 Newmark 时间积分方法。

4. 利用其他选项

该求解控制器中还包含其他选项，诸如求解选项（Sol'n Options）、非线性选项（Nonlinear）和高级非线性选项（Advanced NL），它们与静力分析是一样的，该处不再赘述。需强调的是，瞬态动力学分析中不能采用弧长法（arc-length）。

13.2.4　设定其他求解选项

在瞬态动力学中的其他求解选项（如应力刚化效应、牛顿 - 拉夫逊（Newton-Raphson）选项、蠕变选项、输出控制选项、结果外推选项）与静力学是一样的，它与静力学不同的是如下几项。

1. 预应力影响（Prestress Effects）

ANSYS 允许在分析中包含预应力，如可以将先前的静力分析或动力分析结果作为预应力施加到当前分析上，它要求必须存在先前结果文件。

```
命令：PSTRES。
GUI：Main Menu > Solution > Unabridged Menu > Analysis Type > Analysis Options。
```

2. 阻尼选项（Damping Option）

利用该选项加入阻尼。在大多数情况下，阻尼是已知的，不能忽略。可以在瞬态动力学分析中设置如下几种阻尼形式。

（1）材料阻尼（MP，DAMP）。

（2）单元阻尼（COMBIN7 等）。

施加材料阻尼的方法如下。

```
命令：MP,DAMP。
GUI：Main Menu > Solution > Load Step Opts > Other > Change Mat Props > Material
Models > Structural > Damping。
```

3. 质量阵的形式（Mass Matrix Formulation）

利用该选项指定使用集中质量矩阵。通常，ANSYS 推荐使用默认选项（协调质量矩阵），但对于包含薄膜构件（例如细长梁或者薄板等）的结构，集中质量矩阵往往能得到更好的结果。同时，使用集中质量矩阵也可以缩短求解时间和降低求解内存。

```
命令：LUMPM。
GUI：Main Menu > Solution > Unabridged Menu > Analysis Type > Analysis Options。
```

13.2.5　施加载荷

表 13-2 概括了适用于瞬态动力学分析的载荷类型。除惯性载荷外，可以在实体模型（由关键点、线、面组成）或有限元模型（由节点和单元组成）上施加载荷。

表 13-2 瞬态动力学分析中可施加的载荷

载荷形式	范畴	命令	GUI 路径
位移约束（UX, UY, UZ, ROTX, ROTY, ROTZ）	约束	D	Main Menu > Solution > DefineLoads > Apply > Structural > Displacement
集中力或者力矩（FX, FY, FZ, MX, MY, MZ）	力	F	Main Menu > Solution > DefineLoads > Apply > Structural > Force/Moment
压力（PRES）	面载荷	SF	Main Menu > Solution > Define Loads > Apply > Structural > Pressure
温度（TEMP），流体（FLUE）	体载荷	BF	Main Menu > Solution > Define Loads > Apply > Structural > Temperature
重力，向心力等	惯性载荷	—	Main Menu > Solution > Define Loads > Apply > Structural > Other

在分析过程中，可以施加、删除载荷或对载荷进行操作或列表。

表 13-3 所示概括了瞬态动力学分析中可用的载荷步选项。

表 13-3 载荷步选项

选项	命令	GUI 途径
普通选项（General Options）		
时间	TIME	Main Menu >Solution>Load Step Opts > Time/Frequenc > Time - Time Step
阶跃载荷或者倾斜载荷	KBC	MainMenu > Solution > LoadStepOpts > Time/Frequenc > Time-Time Step or Freq and Substeps
积分时间步长	NSUBST DELTIM	Main Menu>Solution >Load Step Opts > Time/Frequenc > Time and Substps
开关自动调整时间步长	AUTOTS	Main Menu>Solution >Load Step Opts > Time/Frequenc > Time and Substps
动力学选项（Dynamics Options）		
时间积分影响	TIMINT	Main Menu > Solution > Load Step Opts > Time/Frequenc > Time Integration > Newmark Parameters
瞬态时间积分参数（用于 Newmark 方法）	TINPT	Main Menu > Solution > Load Step Opts > Time/Frequenc > Time Integration > Newmark Parameters
阻尼	ALPHAD BETAD DMPRAT	Main Menu > Solution > Load Step Opts > Time/Frequenc > Damping
非线性选项 (Nonlinear Option)		
最多迭代次数	NEQIT	Main Menu > Solution > Load Step Opts > Nonlinear > Equilibrium Iter
迭代收敛精度	CNVTOL	Main Menu > Solution > Load Step Opts > Nonlinear > Transient
预测校正选项	PRED	Main Menu > Solution > Load Step Opts > Nonlinear > Predictor
线性搜索选项	LNSRCH	Main Menu > Solution > Load Step Opts > Nonlinear > LineSearch
蠕变选项	CRPLIM	Main Menu > Solution > Load Step Opts > Nonlinear > Creep Criterion
终止求解选项	NCNV	Main Menu > Solution > Analysis Type > Sol'n Controls > Advanced NL
输出控制选项（Output Control Options）		
输出控制	OUTPR	Main Menu > Solution > Load Step Opts > Output Ctrls > Solu Printout
数据库和结果文件	OUTRES	Main Menu >Solution > Load Step Opts > Output Ctrls > DB/ Results File
结果外推	ERESX	Main Menu >Solution > Load Step Opts > Output Ctrls > Integration Pt

13.2.6 设定多载荷步

重复执行以上步骤，可定义多载荷步，对于每一个载荷步，都可以根据需要重新设定载荷求解控制和选项，并且可以将所有信息写入文件。

在每一个载荷步中，可以重新设定的载荷步选项包括 TIMINT、TINTP、ALPHAD、BETAD、MP、DAMP、TIME、KBC、NSUBST、DELTIM、AUTOTS、NEQIT、CNVTOL、PRED、LNSRCH、CRPLIM、NCNV、CUTCONTROL、OUTPR、OUTRES、ERESX 和 RESCONTROL。

保存当前载荷步设置到载荷步文件中。

```
命令：LSWRITE。
GUI：Main Menu > Solution > Load Step Opts > Write LS File。
```

下面给出一个载荷步操作的命令流示例。

```
TIME, ...                    ! Time at the end of 1st transient load step
Loads ...                    ! Load values at above time
KBC, ...                     ! Stepped or ramped loads
LSWRITE                      ! Write load data to load step file
TIME, ...                    ! Time at the end of 2nd transient load step
Loads ...                    ! Load values at above time
KBC, ...                     ! Stepped or ramped loads
LSWRITE                      ! Write load data to load step file
TIME, ...                    ! Time at the end of 3rd transient load step
Loads ...                    ! Load values at above time
KBC, ...                     ! Stepped or ramped loads
LSWRITE                      ! Write load data to load step file
Etc.
```

13.2.7　瞬态求解

1. 只求解当前载荷步

```
命令：SOLVE。
GUI：Main Menu > Solution > Solve > Current LS。
```

2. 多载荷步求解

```
命令：LSSOLVE。
GUI：Main Menu > Solution > Solve > From LS Files。
```

13.2.8　后处理

瞬态动力学分析的结果被保存到结构分析结果文件“Jobname.RST”中。可以用 POST26 和 POST1 观察结果。

POST26 用于观察模型中指定点处呈现为时间函数的结果。

POST1 用于观察在给定时间整个模型的结果。

1. 使用 POST26

POST26 要用到结果项 / 频率对应关系表，即 variables（变量）。每一个变量都有一个参考号，1 号变量被内定为频率。

（1）用以下选项定义变量。

```
命令：NSOL 用于定义基本数据（节点位移）。
ESOL 用于定义派生数据（单元数据，如应力）。
```

```
RFORCE 用于定义反作用力数据。
FORCE（合力，或合力的静力分量、阻尼分量、惯性力分量）。
SOLU（时间步长，平衡迭代次数，响应频率等）。
GUI：Main Menu > TimeHist Postpro > Define Variables。
```

注意

在 Reduced 法或 Mode Superposition 法中，用命令 FORCE 只能得到静力。

（2）绘制变量变化曲线或列出变量值。通过观察整个模型关键点处的时间历程分析结果，就可以找到用于进一步的 POST1 后处理的临界时间点。

```
命令：PLVAR（绘制变量变化曲线）。
PLVAR，EXTREM（变量值列表）。
GUI：Main Menu > TimeHist Postpro > Graph Variables（List Variables / List Extremes）。
```

2. 使用 POST1

（1）从数据文件中读入模型数据。

```
命令：RESUME。
GUI：Utility Menu > File > Resume from。
```

（2）读入需要的结果集：用“SET”命令根据载荷步及子步序号或根据时间数值指定数据集。

```
命令：SET。
GUI：Main Menu > General Postproc > Read Results > By Time/Freq。
```

注意

如果指定的时刻没有可用结果，得到的结果将是和该时刻相距最近的两个时间点对应结果之间的线性插值。

（3）显示结构的变形状况，应力、应变等的等值线，或向量的向量图“[PLVECT]”。要得到数据的列表表格，请用 PRNSOL、PRESOL、PRRSOL 等。

显示变形形状。

```
命令：PLDISP。
GUI：Main Menu > General Postproc > Plot Results > Deformed Shape。
```

显示变形云图。

```
命令：PLNSOL 或 PLESOL。
GUI：Main Menu > General Postproc > Plot Results > Contour Plot > Nodal Solu or
Element Solu。
```

注意

在“PLNSOL”和“PLESOL”命令的 KUND 参数可用来选择是否将未变形的形状叠加到显示结果中。

显示反作用力和力矩。

```
命令：PRRSOL。
GUI：Main Menu > General Postproc > List Results > Reaction Solu。
```

显示节点力和力矩。

```
命令：PRESOL，F 或 M。
```

```
GUI：Main Menu > General Postproc > List Results > Element Solution。
```

用户可以列出选定的一组节点的总节点力和总力矩。这样，就可以选定一组节点并得到作用在这些节点上的总力的大小，命令方式和 GUI 方式如下。

```
命令：FSUM。
GUI：Main Menu > General Postproc > Nodal Calcs > Total Force Sum。
```

同样，用户也可以查看每个选定节点处的总力和总力矩。对于处于平衡态的物体，除非存在外加的载荷或反作用载荷，所有节点处的总载荷应该为零。命令和 GUI 如下。

```
命令：NFORCE。
GUI：Main Menu > General Postproc > Nodal Calcs > Sum @ Each Node。
```

用户还可以设置要观察的是力的哪个分量：合力（默认）、静力分量、阻尼力分量、惯性力分量。命令如下。

```
命令：FORCE。
GUI：Main Menu > General Postproc > Options for Outp。
```

显示线单元（例如梁单元）结果如下。

```
命令：ETABLE。
GUI：Main Menu > General Postproc > Element Table > Define Table。
```

对于线单元，如梁单元、杆单元及管单元，用此选项可得到派生数据（应力、应变等）。细节可查阅 ETABLE 命令。

绘制矢量图。

```
命令：PLVECT。
GUI：Main Menu > General Postproc > Plot Results > Vector Plot > Predefined。
```

列表显示结果。

```
命令：PRNSOL（节点结果）。
PRESOL（单元 - 单元结果）。
PRRSOL（反作用力数据）等。
NSORT，ESORT（对数据进行排序）。
GUI：Main Menu > General Postproc > List Results > Nodal Solution (Element Solution / Reaction Solution)。
Main Menu > General Postproc > List Results > Sorted Listing > Sort Nodes。
```

13.3　综合实例——瞬态动力学分析

扫码看视频

瞬态动力学分析是确定随时间变化载荷（例如爆炸）作用下结构响应的技术。它的输入数据是作为时间函数的载荷；输出数据是随时间变化的位移和其他的导出量，如应力和应变。

瞬态动力学分析可以应用在以下设计中。

- 承受各种冲击载荷的结构，如汽车的门和缓冲器、建筑框架以及悬挂系统等。
- 承受各种随时间变化载荷的结构，如桥梁、地面移动装置以及其他机器部件。
- 承受撞击和颠簸的家庭和办公设备，如移动电话、笔记本电脑和真空吸尘器等。

瞬态动力学分析主要考虑的问题如下。

- 运动方程。
- 求解方法。
- 积分时间步长。

本节通过对弹簧、质量、阻尼振动系统进行瞬态动力学分析，来介绍 ANSYS 的瞬态动力学分析过程。

13.3.1 分析问题

如图 13-3 所示振动系统，由 4 个系统组成，在质量块上施加随时间变化的力，计算在振动系统的瞬态响应情况，比较不同阻尼下系统的运动情况，并与理论计算值相比较，如表 13-4 所示。

阻尼 1：$\xi = 2.0$。

阻尼 2：$\xi = 1.0$ (critical)。

阻尼 3：$\xi = 0.2$。

阻尼 4：$\xi = 0.0$ (undamped)。

位移：$w = 10$ lb。

刚度：$k = 30$ lb/in。

质量：$m = w/g = 0.02590673$ lb · s^2/in。

位移：$\Delta = 1$ in。

重力加速度：$g = 386$ in/s^2。

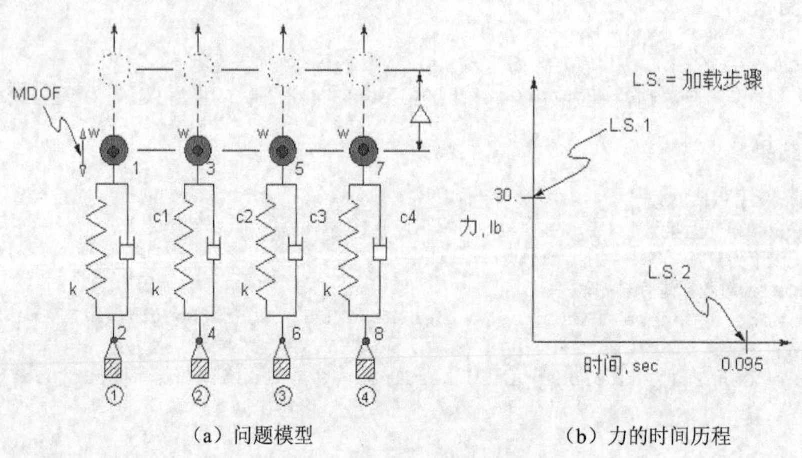

（a）问题模型　　（b）力的时间历程

图 13-3　振动系统和载荷

表 13-4　不同阻尼下的计算值

$t = 0.09$ s	Target	ANSYS	Ratio
u, in (for damping ratio = 2.0)	0.47420	0.47637	1.005
u, in (for damping ratio = 1.0)	0.18998	0.19245	1.013
u, in (for damping ratio = 0.2)	−0.52108	−0.51951	0.997
u, in (for damping ratio = 0.0)	−0.99688	−0.99498	0.998

13.3.2　建立模型

1. 设定分析作业名和标题

在进行一个新的有限元分析时，通常需要修改数据库名，并在图形输出窗口中定义一个标题来说明当前进行的工作内容。另外，对于不同的分析范畴（结构分析、热分析、流体分析和电磁场分析等），ANSYS 所用的主菜单的内容不尽相同，为此，需要在分析开始时选定分析内容的范畴，以便 ANSYS 显示出与其相对应的菜单选项。

（1）从应用菜单中选择“Utility Menu : File > Change Jobname”命令，打开“Change Jobname”对话框，如图 13-4 所示。

（2）在“Enter new jobname”文本框中输入文字“vibrate”，为本分析实例的数据库文件名。

（3）单击“OK”按钮，完成文件名的修改。

（4）从应用菜单中选择“Utility Menu: File > Change Title”命令，打开“Change Title”对话框，如图 13-5 所示。

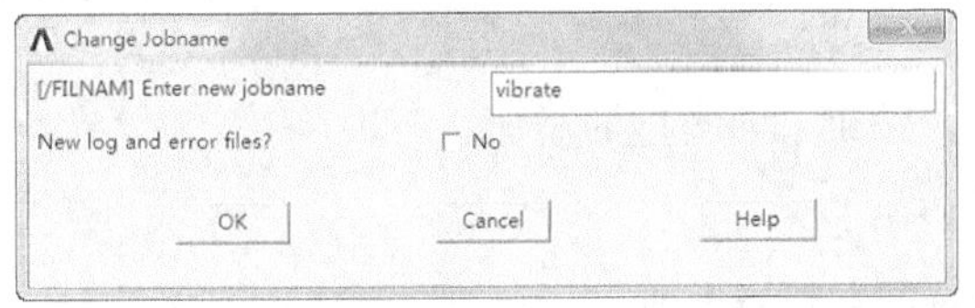

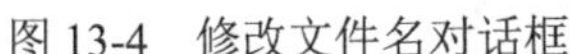
图 13-4　修改文件名对话框

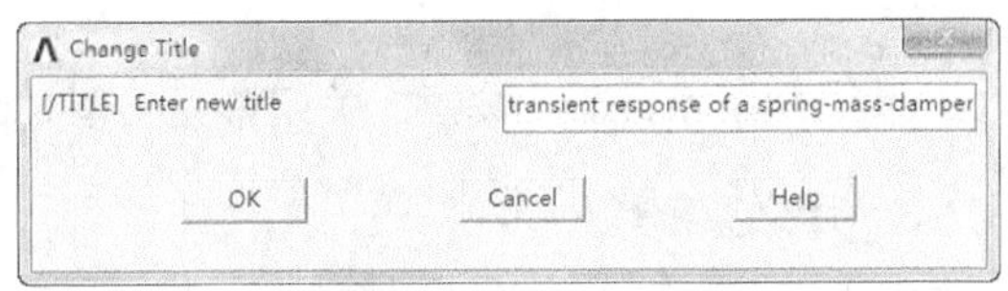

图 13-5　修改标题对话框

（5）在“Enter new title”（输入新标题）文本框中输入“transient response of a spring-mass-damper system”，为本分析实例的标题名。

（6）单击“OK”按钮，完成对标题名的指定。

（7）从应用菜单中选择“Utility Menu : Plot > Replot”命令，指定的标题“transient response of a spring-mass-damper system”将显示在图形窗口的左下角。

（8）从主菜单中选择“Main Menu : Preference”命令，打开“Preference of GUI Filtering”（菜单过滤参数选择）对话框，勾选“Structural”复选框，单击“OK”按钮确定。

2. 定义单元类型

在进行有限元分析时，首先应根据分析问题的几何结构、分析类型和所分析的问题精度要求等，选定适合具体分析的单元类型。本例中选用复合单元 Combination 40。

（1）从主菜单中选择“Main Menu : Preprocessor > Element Type > Add/Edit/Delete”命令，打开“Element Type（单元类型）”对话框。

（2）单击“Add…”按钮，打开“Library of Element Types（单元类型库）”对话框，如图 13-6 所示。

（3）在左边的列表框中选择“Combination”选项，选择复合单元类型。

（4）在右边的列表框中选择“Combination 40”选项，选择复合单元“Combination 40”。

（5）单击“OK”按钮，将“Combination 40”单元添加进列表框中，并关闭单元类型库对话框，同时返回第（1）步打开的单元类型对话框，如图 13-7 所示。

（6）在对话框中单击“Options…”按钮，打开如图 13-8 所示的“COMBIN 40 element type option（单元属性设置）”对话框，对“Combination 40”单元进行设置，使其可用于计算模型中的问题。

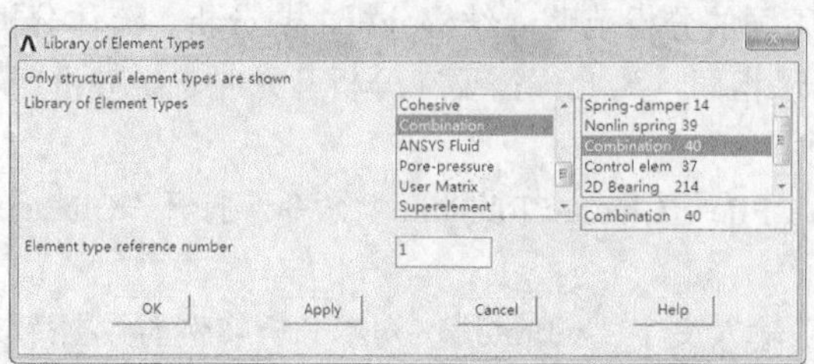

图 13-6 单元类型库对话框

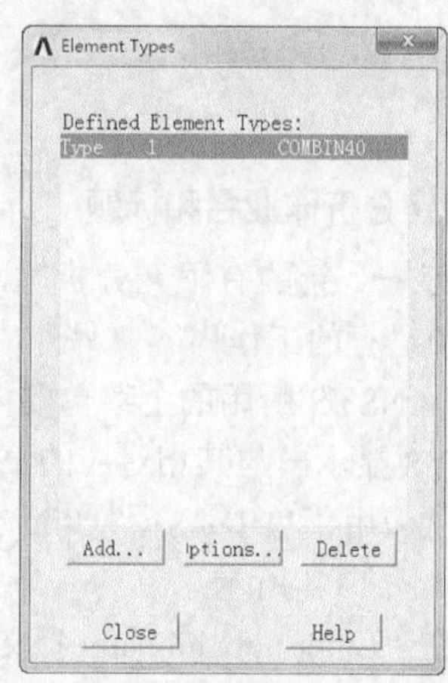

图 13-7 单元类型对话框

（7）在“Element degree(s) of freedom K3（单元自由度）”下拉列表框中选择“UY”选项。

（8）单击“OK”按钮，接受选项，关闭单元属性设置对话框，返回如图 13-7 所示的单元类型对话框。

（9）单击“Close”按钮，关闭单元类型对话框，结束单元类型的添加。

3. 定义实常数

本实例中选用复合单元“Combination 40”，需要设置其实常数。

（1）从主菜单中选择“Main Menu：Preprocessor > Real Constants > Add/Edit/Delete”命令，打开如图 13-9 所示的“Real Constants（实常数）”对话框。

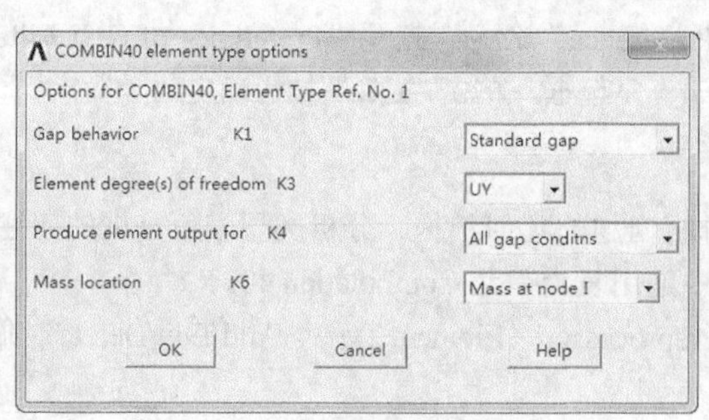

图 13-8 单元属性设置

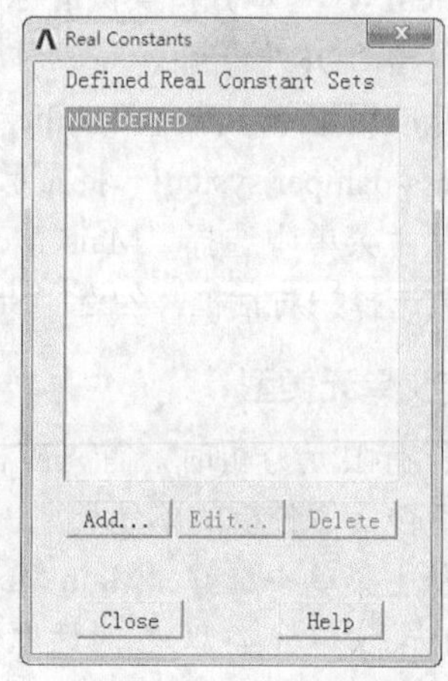

图 13-9 设置实常数

（2）单击“Add”按钮，打开如图 13-10 所示的“Element Type for Real Constants（实常数单元类型）”对话框，选择欲定义实常数的单元类型。

（3）本例中定义了一种单元类型，在已定义的单元类型列表中选择“Type 1 COMBIN 40”，将为复合单元“Combination 40”类型定义实常数。

（4）单击“OK”按钮确定，关闭选择单元类型对话框，打开该单元类型“Real Constant Set（实常数集）”对话框，如图 13-11 所示。

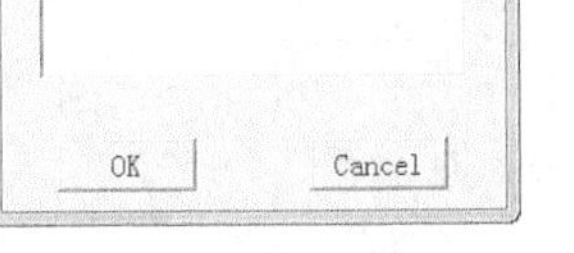

图 13-10　选择单元类型

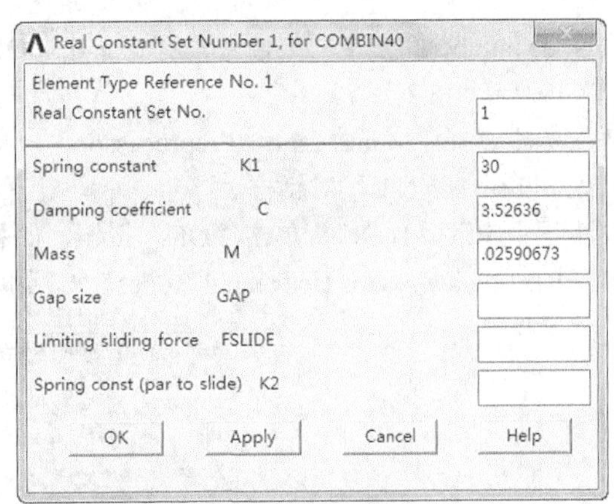

图 13-11　为“Combination 40”设置实常数

（5）在“Real Constant Set No.”（编号）文本框中输入“1”，设置第一组实常数。

（6）在“K1”（刚度）文本框中输入“30”。

（7）在“C”（阻尼）文本框中输入“3.52636”。

（8）在“M”（质量）文本框中输入“.02590673”。

（9）单击“Apply”按钮，进行第 2、3、4 组的实常数设置，其与第 1 组只在 C（阻尼）处有区别，分别为“1.76318、.352636、0”。

（10）单击“OK”按钮，关闭实常数集对话框，返回设置实常数对话框，显示已经定义了 4 组实常数，如图 13-12 所示。

（11）单击“Close”按钮，关闭实常数对话框。

4. 定义材料属性

本例中不涉及应力应变的计算，采用的单元是复合单元，不用设置材料属性。

5. 建立弹簧、质量、阻尼振动系统模型

（1）定义两个节点 1 和 8。

① 从主菜单中选择“Main Menu：Preprocessor > Modeling > Create > Nodes > In Active CS…”命令，打开“Create Nodes in Active Coordinate System”对话框。

② 在“Node number”文本框中输入“1”，单击“Apply”按钮，如图 13-13 所示。

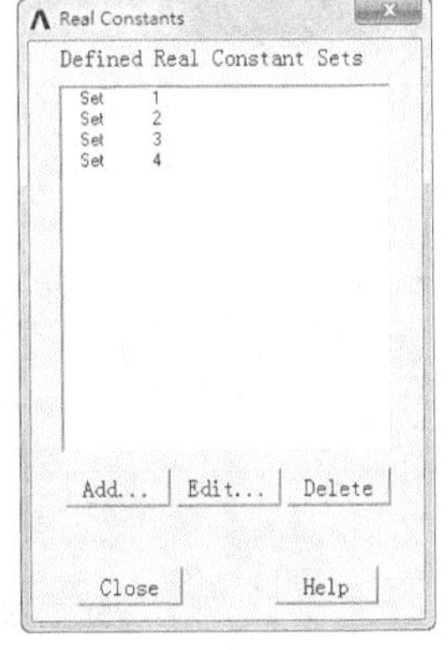

图 13-12　已经定义的实常数

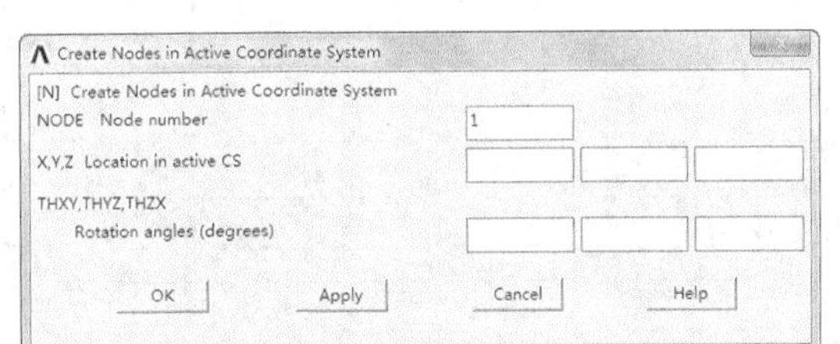

图 13-13　定义一个节点

③ 在“Node number”文本框中输入“8”，单击“OK”按钮。

（2）定义其他节点（2～7）。

① 从主菜单中选择“Main Menu：Preprocessor > Modeling > Create > Nodes > Fill between nds”命令，打开“Fill between Nds”对话框。

② 在文本框中输入“1，8”，单击“OK”按钮，如图 13-14 所示。

③ 在打开的“Create Nodes Between 2 Nodes”对话框中，单击“OK”按钮，如图 13-15 所示。

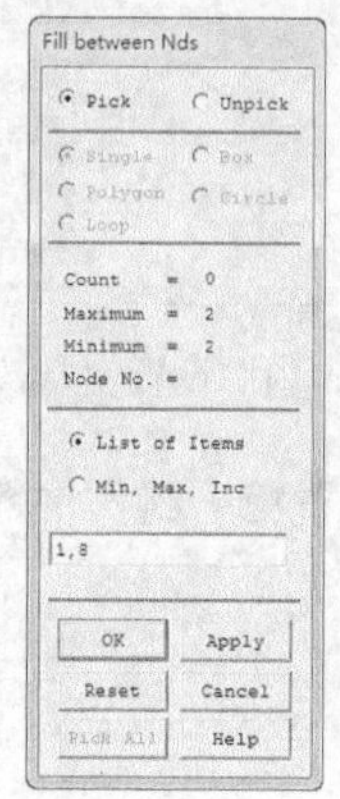

图 13-14　选择节点

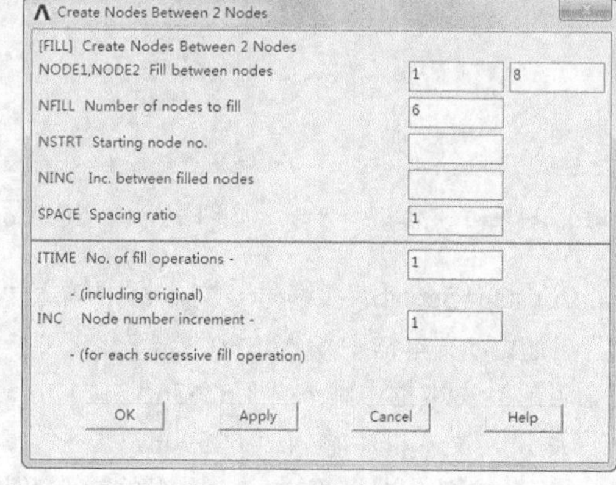

图 13-15　填充节点

（3）定义一个单元。

① 从主菜单中选择“Main Menu：Preprocessor > Modeling > Create > Elements > AutoNumbered > ThruNodes”命令，打开“Elements from Nodes”对话框。

② 在文本框中输入“1，2”，用节点 1 和节点 2 创建一个单元，单击“OK”按钮，如图 13-16 所示。

（4）创建其他单元。

① 从主菜单中选择“Main Menu：Preprocessor > Modeling > Copy > Elements > AutoNumbered”命令，打开“Copy Elems Auto-Num”对话框。

② 在文本框中输入“1”，选择第一个单元，单击“OK”按钮，如图 13-17 所示。

③ 打开的 Copy Elements 对话框，在“Total number of copies”后的文本框中输入“4”，“Node number increment”后的文本框中输入“2”，“Real constant no.incr”后的文本框中输入“1”，单击“OK”按钮，如图 13-18 所示。

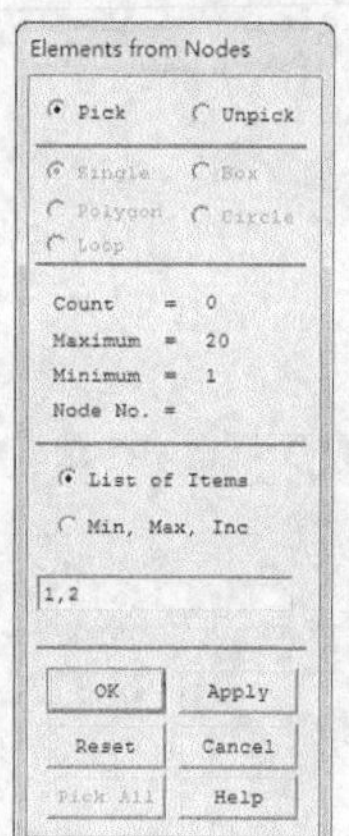

图 13-16　创建一个单元

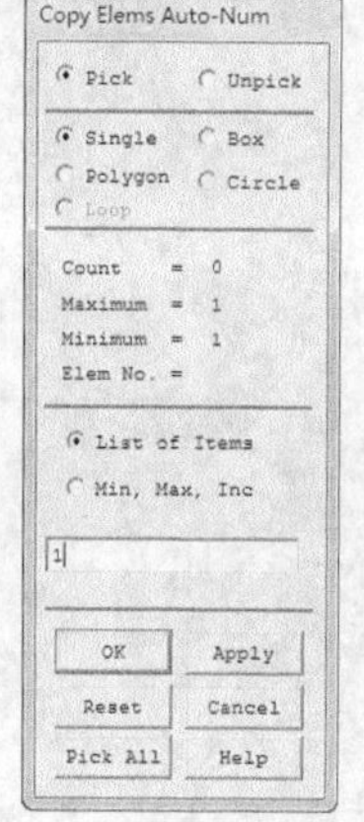

图 13-17　选择单元

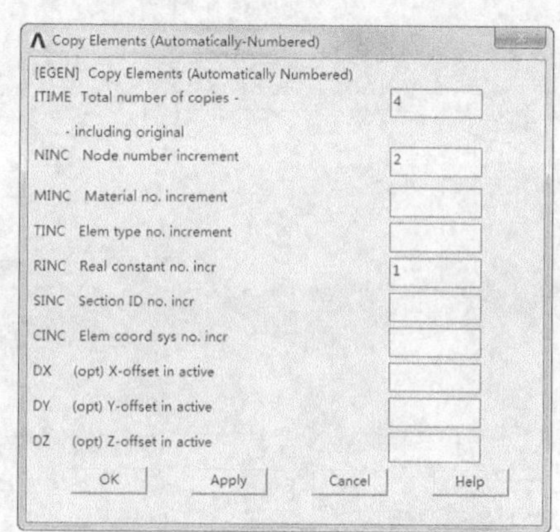

图 13-18　复制单元控制

13.3.3　进行瞬态动力学分析设置、定义边界条件并求解

在进行瞬态动力学分析中，建立有限元模型后，就需要进行瞬态动力学分析设置、施加边界条件、进行求解。

1. 选择分析类型

（1）从主菜单中选择“Main Menu: Solution > Analysis Type > New Analysis”命令，打开“New Analysis”对话框，如图 13-19 所示。选择“Transient”单选项，然后单击“OK”按钮。

（2）这时会打开“Transient Analysis”对话框，在“Solution method”单元选框中采取默认，单击“OK”按钮。

2. 设置主自由度

（1）从主菜单中选择“Main Menu：Solution > Master DOFs > User Selected > Define”命令，激活“Min，Max，Inc”选项，在文本框中输入“1，7，2”，单击“OK”按钮，如图 13-20 所示。

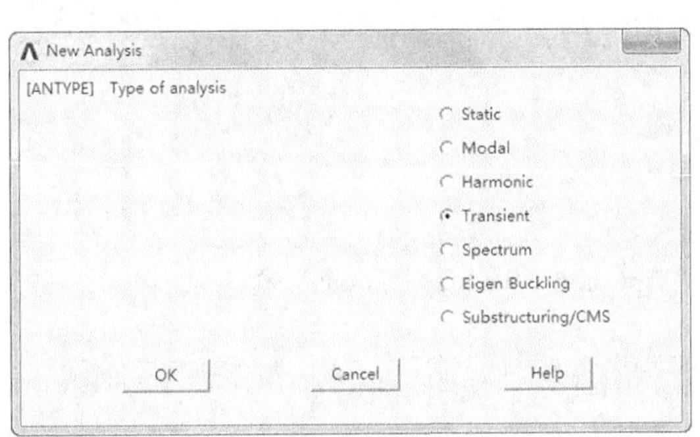

图 13-19　选择分析类型

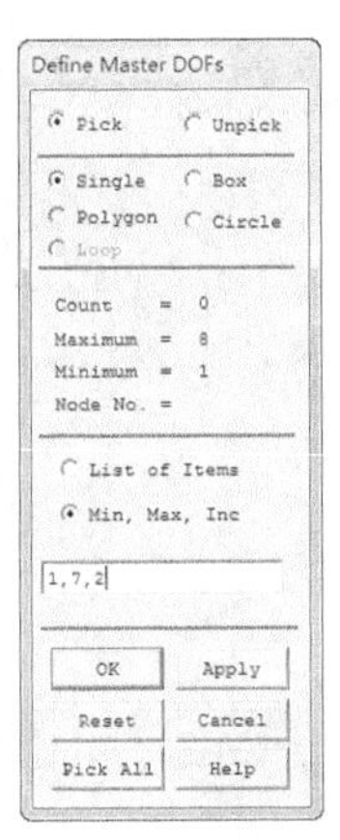

图 13-20　选择节点

（2）在“1st degree of freedom”下拉列表框中选择“UY”，单击“OK”按钮，如图 13-21 所示。

（3）从主菜单中选择“Main Menu：Solution > Load Step Opts > Time/Frequenc > Time Time Step”命令，打开“Time and Time Step Options”窗口，如图 13-22 所示。

（4）在“Time step size”文本框中输入“1e-3”；在“Stepped or ramped b.c”下单击“stepped”单选项，单击“OK”按钮。

（5）从主菜单中选择“Main Menu：Solution > Load Step Opts > Output Ctrls > Solu Printout Controls”命令，打开“Solution Printout Controls”对话框。

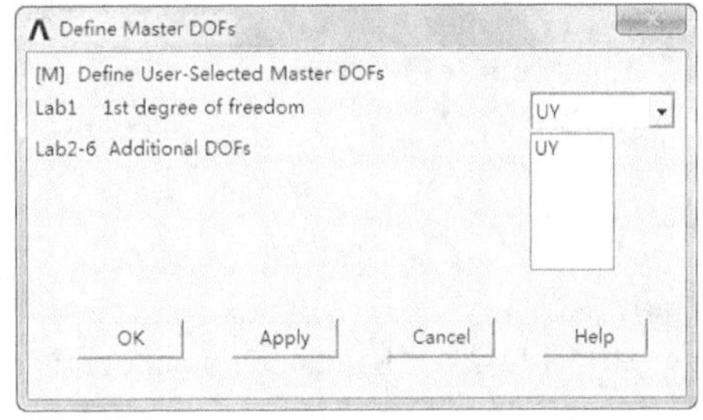

图 13-21　设置主自由度

（6）在“Item for printout control”下拉列表框中选择“Nodal DOF solu”选项，在“Print Frequency”单选框中选择“Every Nth substp”单选项，在“Value of N”文本框中输入“1”，单击“OK”按钮，如图 13-23 所示。

（7）从主菜单中选择“Main Menu：Solution > Load Step Opts > Output Ctrls > DB/Results File”

命令，打开“Controls for Database and Results File Writing（数据输出控制）”对话框。

（8）在“Item to be controlled”下拉列表框中选择“Nodal DOF solu”选项，在“File write frequency”单选框中选择“Every Nth substp”单选项，在“Value of N”文本框中输入“1”，单击“OK”按钮，如图 13-24 所示。

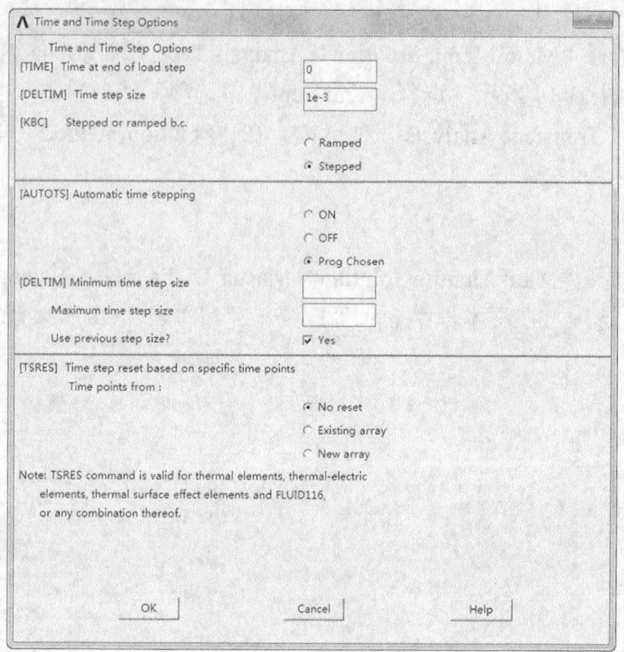

图 13-22 “Time and Time Step Options”窗口

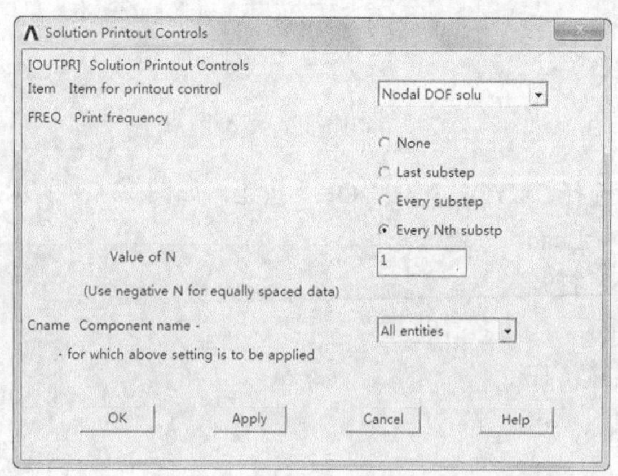

图 13-23 “Solution Printout Controls”窗口

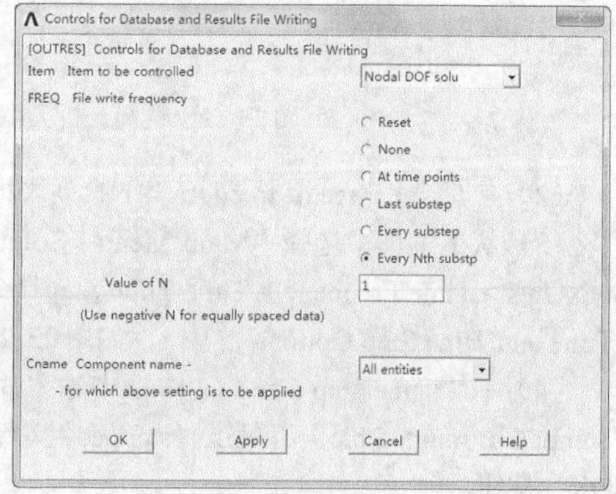

图 13-24 数据输出控制对话框

（9）从主菜单中选择“Main Menu：Solution > Define Loads > Apply > Structural > Displacement > On Nodes”命令，打开节点选择对话框，选择欲施加位移约束的节点。

（10）激活“Min，Max，Inc”选项，在文本框中输入“2，8，2”，单击“OK”按钮，如图 13-25 所示。

（11）打开“Apply U，ROT on Nodes”对话框，在“DOFs to be constrained”列表框中，选择“UY”选项（单击一次使其高亮度显示，确保其他选项未被高亮度显示），单击“OK”按钮，如图

13-26 所示。

（12）从主菜单中选择“Main Menu：Solution ＞Define Loads＞Apply＞Structure＞Force/Moment＞On Nodes”命令，打开“Apply F/M on Nodes”拾取窗口。

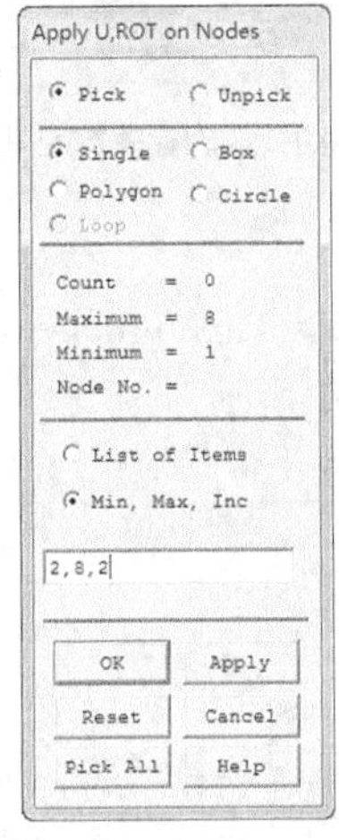

图 13-25　选择节点

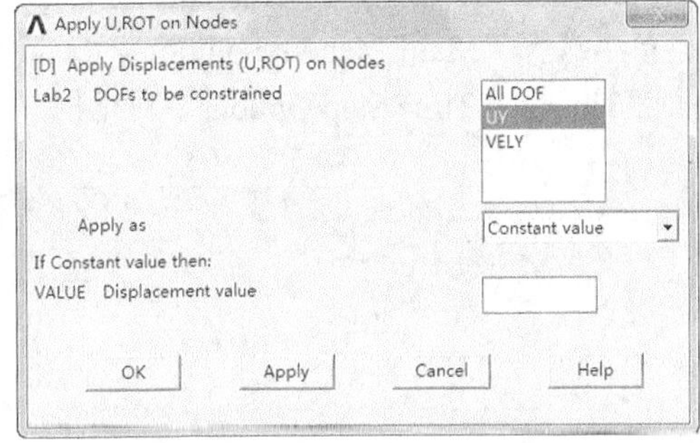

图 13-26　施加位移约束对话框

（13）激活“Min，Max，Inc”选项，在文本框中输入“1，7，2”，单击“OK”按钮，如图 13-27 所示。

（14）在“Direction of force/mom”下拉列表框中选择“FY”选项，在“Force/moment value”文本框中输入“30”，单击“OK”按钮，如图 13-28 所示。

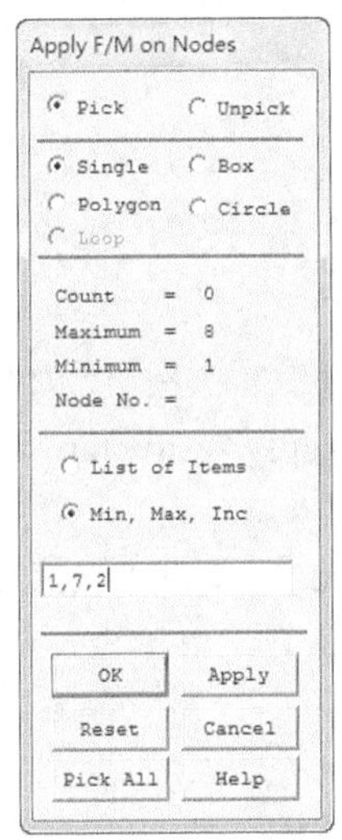

图 13-27　选择节点

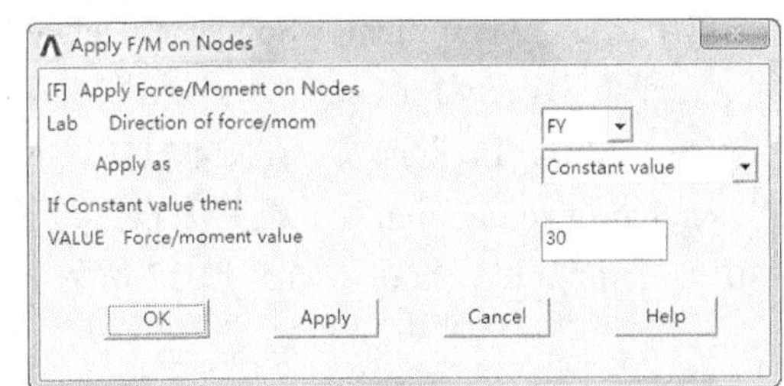

图 13-28　输入力的值

（15）从主菜单中选择“Main Menu：Solution ＞Solve＞Current LS”命令，打开一个确认对话框和状态列表，如图 13-29 所示，要求查看列出的求解选项。

（16）查看列表中的信息确认无误后，单击“OK”按钮，开始求解。

（17）求解完成后打开如图 13-30 所示的提示求解结束对话框。

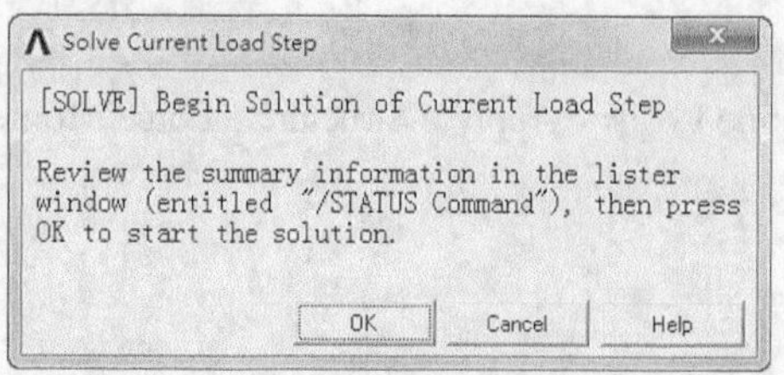

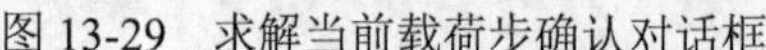

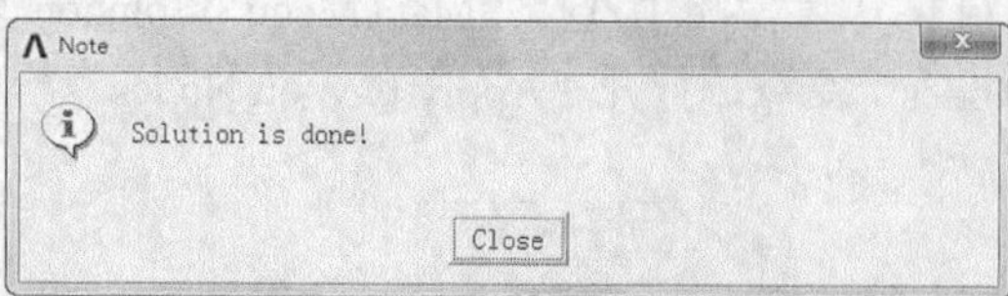

图 13-29　求解当前载荷步确认对话框

图 13-30　提示求解结束对话框

（18）单击“Close”按钮，关闭提示求解结束对话框。

（19）从主菜单中选择“Main Menu：Solution > Load Step Opts > Time/Frequenc > Time - Time Step”命令，打开“Time and Time Step Options”对话框，如图 13-31 所示。

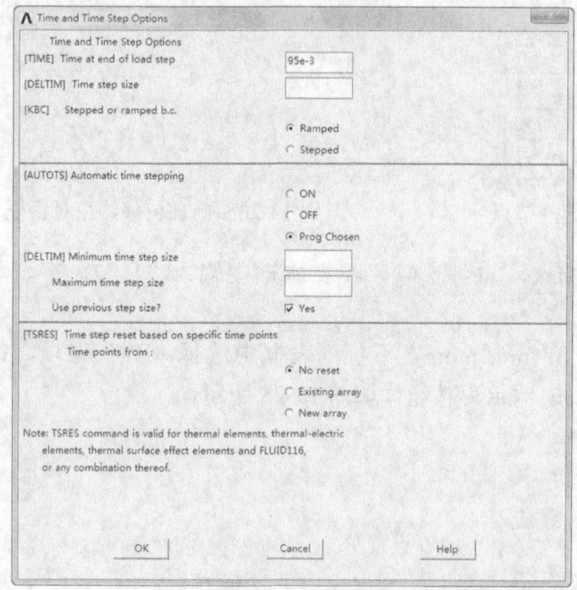

图 13-31　时间控制对话框

（20）在“Time at end of load step”文本框中输入“95e-3”，单击“OK”按钮，如图 13-31 所示。

（21）从主菜单中选择“Main Menu：Solution >Define Loads > Apply > Structure > Force/Moment > On Nodes”命令，打开“Apply F/M on Nodes”拾取窗口。

（22）激活“Min，Max，Inc”选项，在文本框中输入“1，7，2”，单击“OK”按钮。

（23）在“Direction of force/mom”下拉列表框中选择“FY”选项，在“Force/moment value”文本框中输入“0”，单击“OK”按钮，如图 13-32 所示。

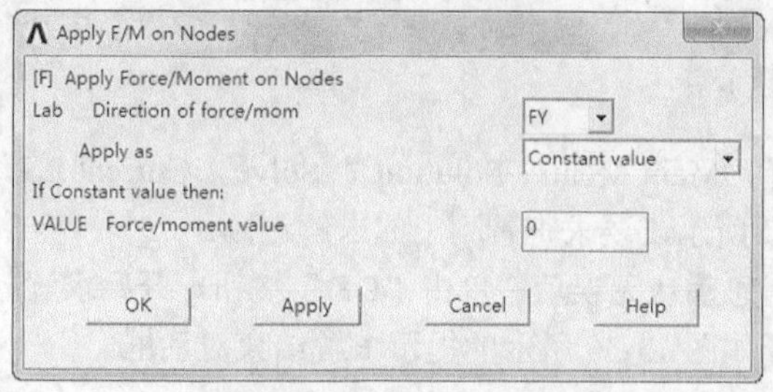

图 13-32　输入力的值

（24）从主菜单中选择“Main Menu：Solution > Solve > Current LS”命令。
（25）打开一个确认对话框和状态列表，要求查看列出的求解选项。
（26）查看列表中的信息确认无误后，单击“OK”按钮，开始求解。
（27）求解完成后提示求解结束对话框，单击“Close”按钮，关闭提示求解结束对话框。

13.3.4 查看结果

1. POST26 观察结果（节点 1、3、5、7 的位移时间历程结果）的曲线

（1）从主菜单中选择“Main Menu：TimeHist Postpro”命令，打开“Time-History Variables”对话框，如图 13-33 所示。

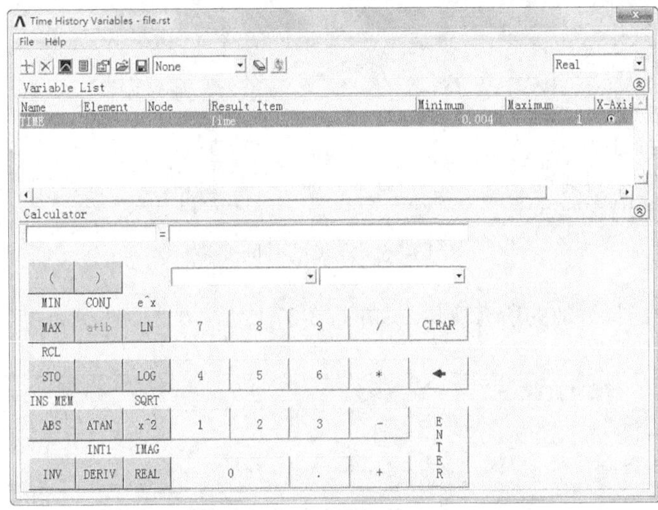

图 13-33 时间历程结果控制

（2）单击按钮，打开“Add Time-History Variable”对话框，如图 13-34 所示。
（3）选择“Nodal Solution > DOF Solution > Y-component of displacement”命令，单击“OK”按钮，打开“Nodal for Data”拾取对话框，如图 13-35 所示。

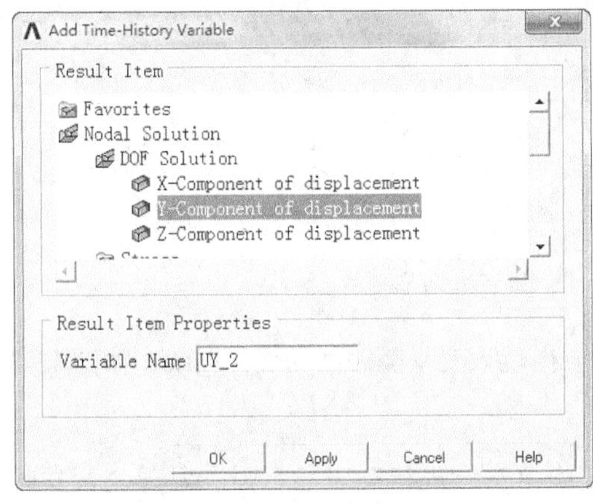

图 13-34 选择显示内容

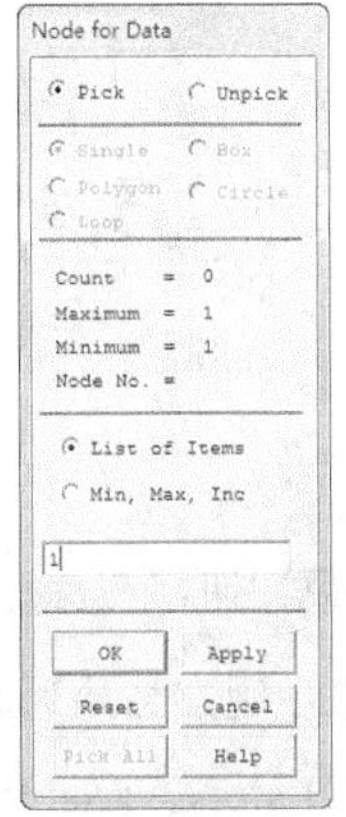

图 13-35 选择 1 号节点

（4）在文本框中输入“1”，单击“OK”按钮。

（5）用同样的方法选择节点 3、5、7，结果如图 13-36 所示。

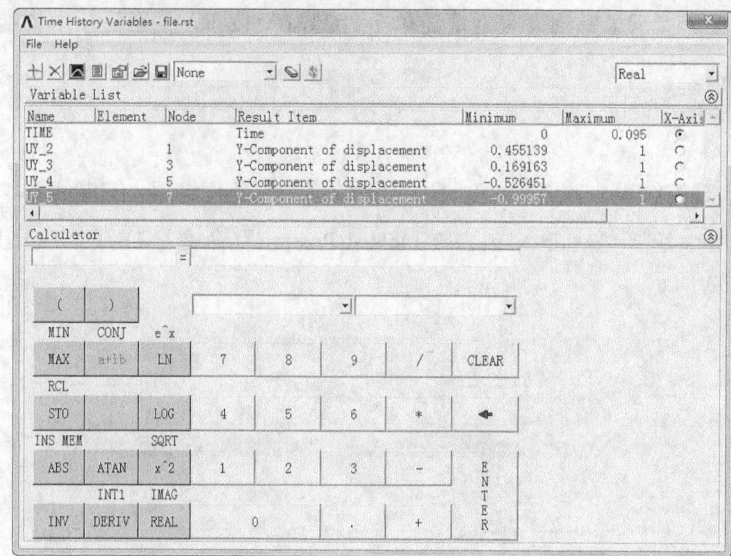

图 13-36　添加的时间变量

（6）在列表框中选择添加的所有变量，如图 13-37 所示。

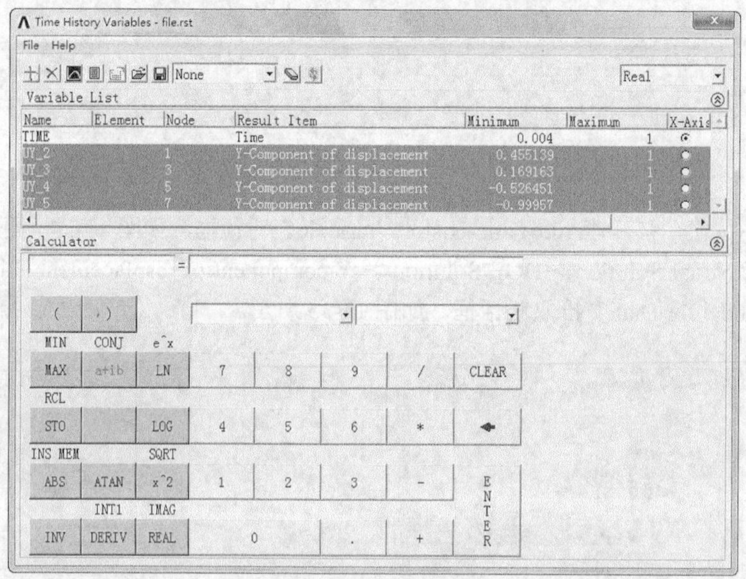

图 13-37　选择变量

（7）单击■按钮，在图形窗口中就会出现该变量随时间的变化曲线，如图 13-38 所示。

2. POST26 观察结果列表显示

在“Time History Variables”对话框中单击，进行列表显示，会出现变量与时间的值的列表，如图 13-39 所示。

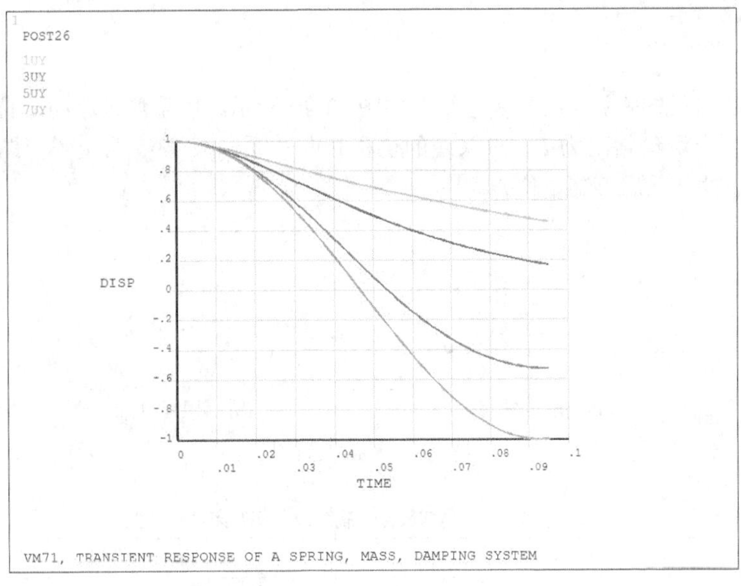

图 13-38　变量随时间的变化曲线

PRVAR Command

File

***** ANSYS POST26 VARIABLE LISTING *****

TIME	1 UY UY_2	3 UY UY_3	5 UY UY_4	7 UY UY_5
0.0000	1.00000	1.00000	1.00000	1.00000
0.10000E-02	0.999997	0.999997	0.999997	0.999997
0.20000E-02	0.999983	0.999982	0.999982	0.999982
0.30000E-02	0.999948	0.999945	0.999943	0.999942
0.40000E-02	0.999883	0.999875	0.999868	0.999866
0.50000E-02	0.999781	0.999762	0.999745	0.999741
0.60000E-02	0.999635	0.999599	0.999564	0.999555
0.70000E-02	0.999440	0.999375	0.999314	0.999297
0.80000E-02	0.999190	0.999085	0.998982	0.998954
0.90000E-02	0.998882	0.998720	0.998560	0.998515
0.10000E-01	0.998511	0.998275	0.998036	0.997968
0.11000E-01	0.998075	0.997743	0.997400	0.997301
0.12000E-01	0.997572	0.997119	0.996643	0.996503
0.13000E-01	0.996998	0.996397	0.995754	0.995563

图 13-39　变量与时间的列表

13.3.5　命令流实现

详见随书配套资源中的“X:\ 命令流 \13.3 综合实例——瞬态动力学分析 .txt”电子文档。

13.4　综合实例——哥伦布阻尼的自由振动分析

在此例中，有一个集中质量块的钢梁受到动力载荷作用，用完全法（full method）来执行动力响应分析，确定一个随时间变化载荷作用的瞬态响应。

13.4.1 问题描述

一个有哥伦布阻尼的弹簧 - 质量块系统，如图 13-40 所示，质量块被移动 Δ 位移然后释放。假定表面摩擦力是一个滑动常阻力 F，求系统的位移时间关系。表 13-5 给出了问题的材料属性以及载荷条件和初始条件（采用英制单位）。

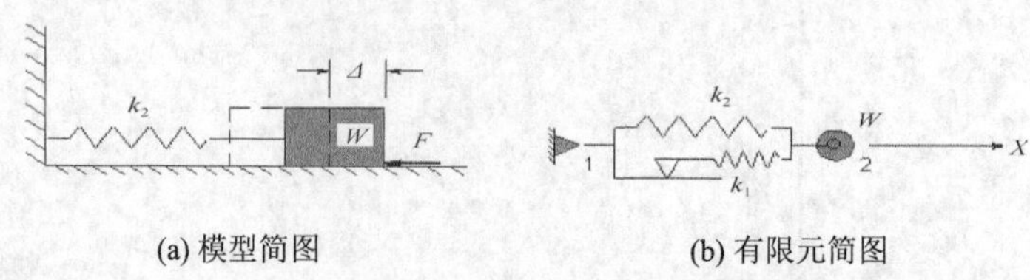

(a) 模型简图　　(b) 有限元简图

图 13-40　模型简图

表 13-5　材料属性、载荷以及初始条件

材料属性	载荷	初始条件		
$W = 10$ lb	$\Delta = -1$ in		X	v_0
$k_2 = 30$ lb/in	$F = 1.875$ lb	t=0	−1	0.0
$m = W/g$				

13.4.2 建立模型

（1）定义工作标题。选择“Utility Menu > File > Change Title”命令，弹出“Change Title”对话框，输入“FREE VIBRATION WITH COULOMB DAMPING”，如图 13-41 所示，然后单击“OK”按钮。

（2）定义单元类型。选择“Main Menu > Preprocessor > Element Type > Add/Edit/Delete”命令，弹出“Element Types”对话框，如图 13-42 所示，单击“Add”按钮，弹出“Library of Element Types”对话框，在左面列表框中选择“Combination”选项，在右面的列表框中选中“Combination 40”选项，如图 13-43 所示。单击“OK”按钮，返回图 13-42 所示的对话框。

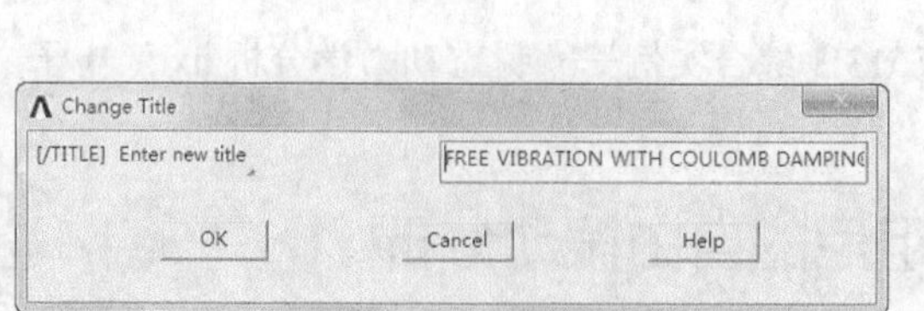

图 13-41　定义工作标题

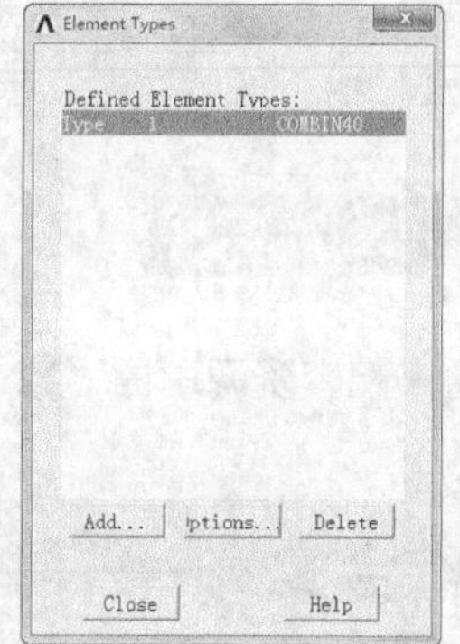

图 13-42　“Element Types”对话框

（3）定义单元选项。在图 13-42 所示的对话框中单击“Options”按钮，弹出“COMBIN40 element type options”对话框，如图 13-44 所示。在“Element degree(s) of freedom K3”后面的下拉

列表框中选择“UX”选项，在“Mass location K6”后面的下拉列表框中选择“Mass at node J”选项，单击“OK”按钮，返回图 13-42 所示的对话框。单击“Close”按钮关闭该对话框。

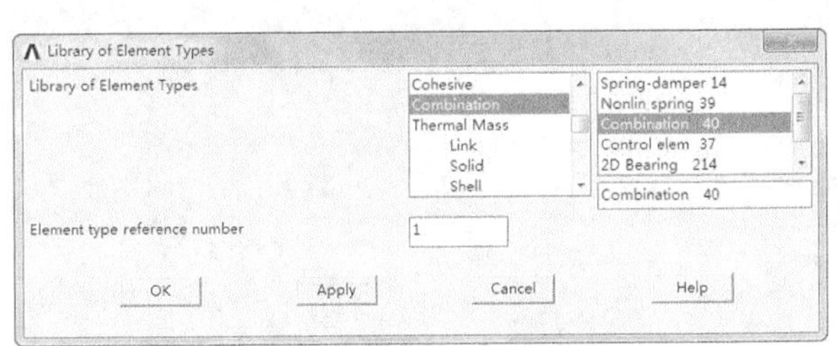

图 13-43　“Library of Element Types”对话框

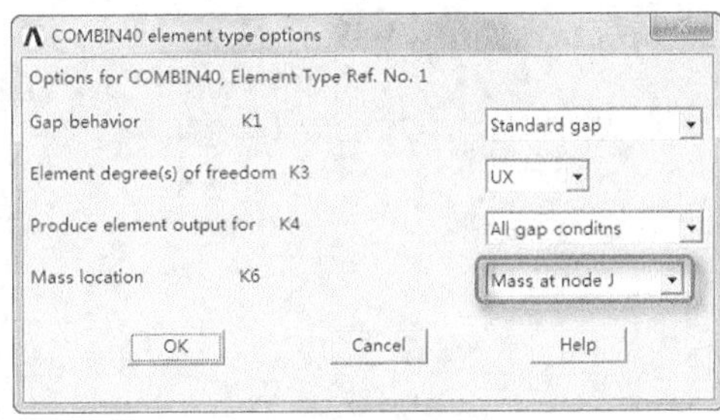

图 13-44　“COMBIN40 element type options”对话框

（4）定义第一种实常数。选择“Main Menu > Preprocessor > Real Constants > Add/Edit/Delete”命令，弹出“Real Constants”对话框，如图 13-45 所示，单击“Add”按钮，弹出“Element Type for Real Constants”对话框，如图 13-46 所示。

图 13-45　“Real Constant”对话框

图 13-46　“Element Type for Real Constants”对话框

（5）在如图 13-46 所示的对话框中选择“Type 1 COMBIN40”选项，单击“OK”按钮，出现“Real Constants Set Number1，for COMBIN40”对话框，在“Spring constant K1”后的文本框中输入“10000”，在“Mass M”后的文本框中输入“10/386”，在“Limiting sliding force FSLIDE”后的文本框中输入“1.875”，在“Spring const（par to slide）K2”后的文本框中输入“30”，如图 13-47 所示，单击“OK”按钮。接着单击“Real Constants”对话框的“Close”按钮关闭该对话框，退出实常数定义。

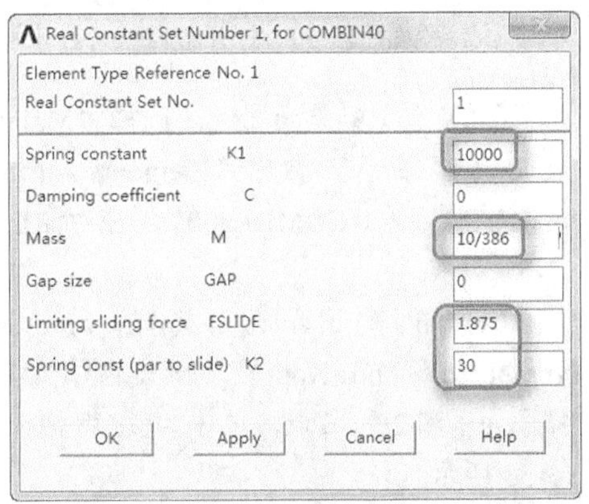

图 13-47　“Real Constants Set Number1，for COMBIN40”对话框

（6）创建节点。选择“Main Menu > Preprocessor > Modeling > Create > Nodes > In Active CS”命令，弹出“Create Nodes in Active Coordinate System”对话框。在“NODE Node number”后的文本框中输入“1”，如图 13-48 所示。在“X，Y，Z Location in active CS”文本框中输入“0”“0”“0”，单击“Apply”

按钮。

（7）在“Create Nodes in Active Coordinate System”对话框中，在“NODE Node number”文本框中输入“2”，在“X，Y，Z Location in active CS”后的文本框中输入“1”“0”“0”，单击“OK”按钮，系统显示如图 13-49 所示。

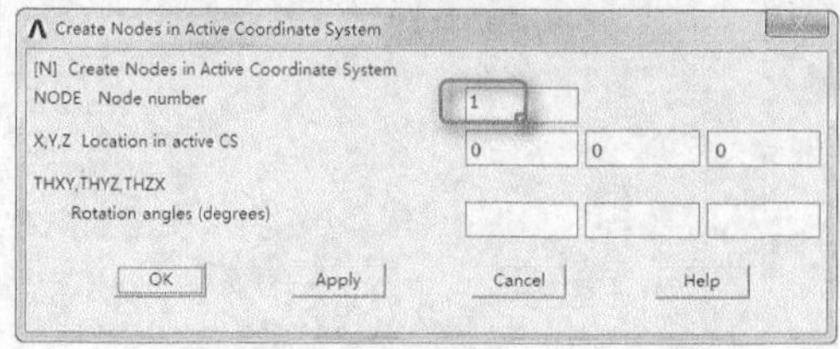

图 13-48 生成第一个节点

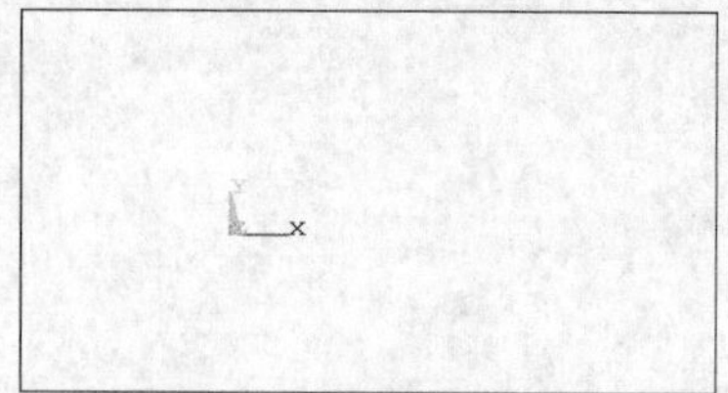

图 13-49 节点显示

（8）打开节点编号显示控制。选择“Utility Menu > PlotCtrls > Numbering”命令，弹出“Plot Numbering Controls”对话框，勾选“NODE Node numbers”复选框使其显示为“On”，如图 13-50 所示，单击“OK”按钮。

（9）选择菜单路径。选择“Utility Menu > PlotCtrls > Window Controls > Window Options”命令，弹出“Window Options”对话框，在“[/TRIAD] Location of triad”下拉列表框中选择“At top left”选项，如图 13-51 所示，单击“OK”按钮关闭该对话框。

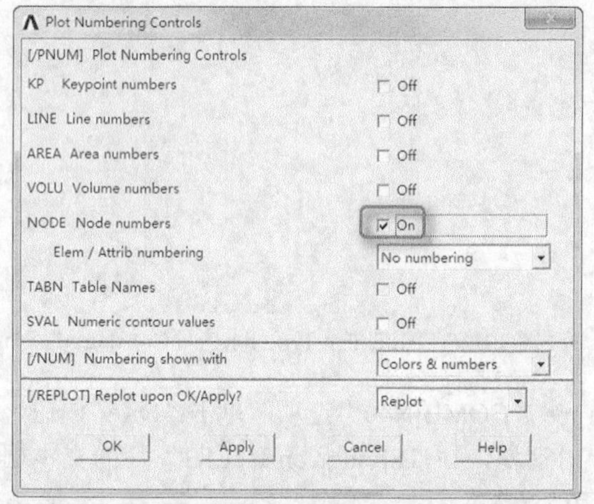

图 13-50 打开节点编号显示控制

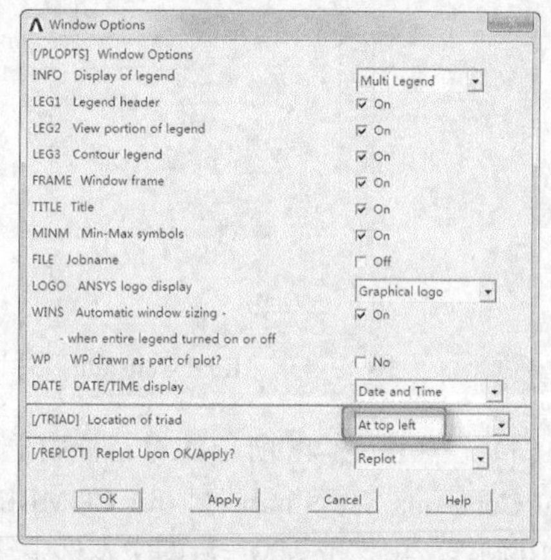

图 13-51 “Window Options”对话框

（10）定义梁单元属性。选择“Main Menu > Preprocessor > Modeling > Create > Elements > Elem Attributes”命令，弹出“Elements Attributes”对话框，在“[TYPE] Element type number”下拉列表框中选择“1 COMBIN40”，在“[REAL] Real constant set number”下拉列表框中选择 1，如图 13-52 所示。

（11）创建梁单元。选择“Main Menu > Preprocessor > Modeling > Create > Elements > Auto Numbered > Thru Nodes”命令，弹出“Elements from Nodes”拾取菜单。用鼠标指针在画面上拾取编号为 1 和 2 的节点，单击“OK”按钮，节点 1 和节点 2 之间出现一条直线，此时系统显示如图 13-53 所示。

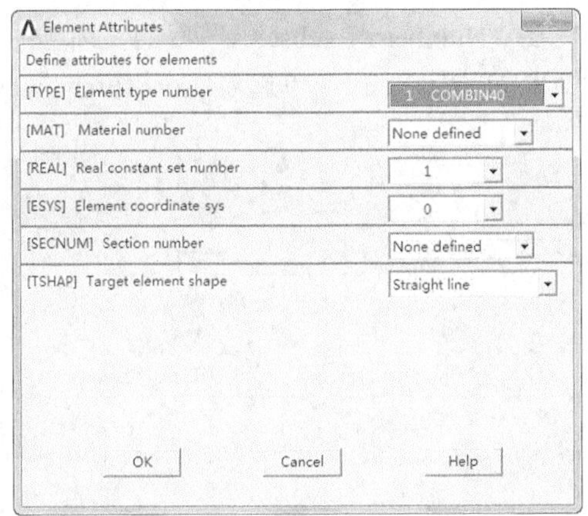

图 13-52 “Elements Attributes”对话框

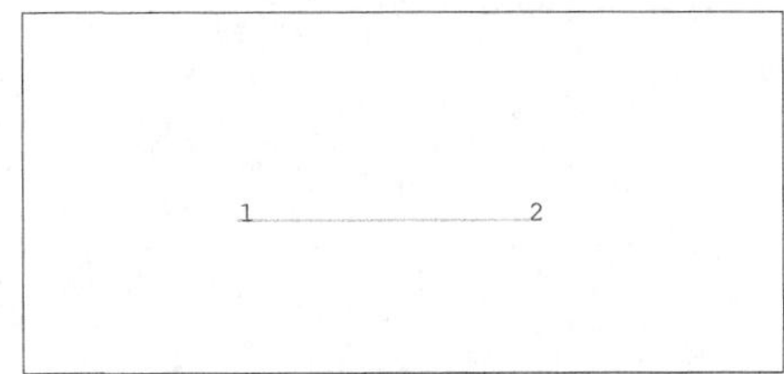

图 13-53 单元模型

13.4.3 进行瞬态动力学分析设置、定义边界条件并求解

1. 建立初始条件

定义初始位移和速度：选择“Main Menu > Preprocessor > Loads > Define Loads > Apply > Initial Condit'n > Define”命令，弹出“Define Initial Conditions”拾取菜单，用鼠标指针在画面上拾取编号为“2”的节点，单击“OK”按钮，弹出“Define Initial Conditions”对话框，如图 13-54 所示，在“Lab DOF to be specified”后面的下拉列表框中选择“UX”选项，在“VALUE Initial value of DOF”后的文本框中输入“−1”，在“VALUE2 Initial velocity”后的文本框中输入“0”，单击“OK”按钮。

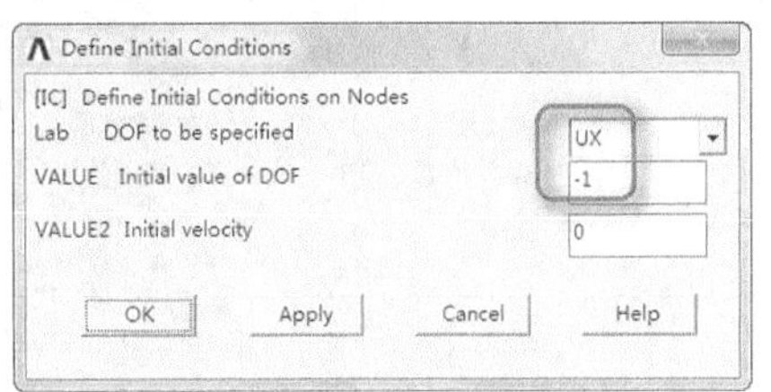

图 13-54 “Define Initial Conditions”对话框

注意

如果在“Main Menu > Preprocessor > Loads > Define Loads > Apply”路径下没有找到“Initial Condit'n”选项，可以先选择“Main Menu > Solution > UnabridgedMenu”路径显示所有可能的菜单，然后再执行“Main Menu > Preprocessor > Loads > Define Loads > Apply > Initial Condit'n > Define”命令。另外，定义初始位移和初始速度还有一条路径：Main Menu > Solution > Define Loads > Apply > Initial Condit'n > Define，它与上面的做法是完全等效的。

2. 设定求解类型和求解控制器

（1）定义求解类型。选择“Main Menu > Solution > Analysis Type > New Analysis”命令。打开“New Analysis”对话框，选中“Transient”单选项，如图 13-55 所示。单击“OK”按钮，弹出“Transient Analysis”对话框，如图 13-56 所示。在“[TRNOPT] Solution Method”后面选中“Full”单选项（通常它也是默认选项），单击“OK”按钮。

（2）设置求解控制器。选择“Main Menu > Solution > Analysis Type > Sol'n Controls”命令，弹出“Solution Controls（求解控制器）”对话框，如图 13-57 所示。在“Time at end of loadstep”后的文本框中输入“0.2025”，在“Automatic time stepping”下拉列表框中选择“Off”选项，在“Time

Controls”下面选择“Number of substeps”单选项，在“Number of substeps”后的文本框中输入“404”，在“Write Items to Results File”下面选择“All solution items”单选项，在“Frequency”下拉列表框中选择“Write every substep”选项。

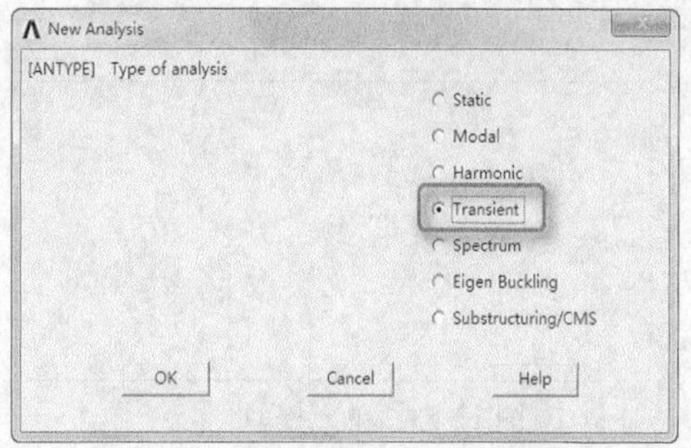

图 13-55 “New Analysis”对话框

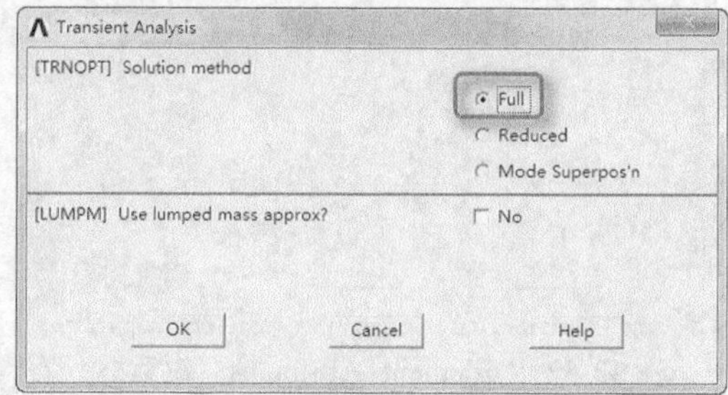

图 13-56 “Transient Analysis”对话框

（3）在图 13-57 所示的对话框中，单击“Nonlinear”标签，弹出“Nonlinear”选项卡，如图 13-58 所示。

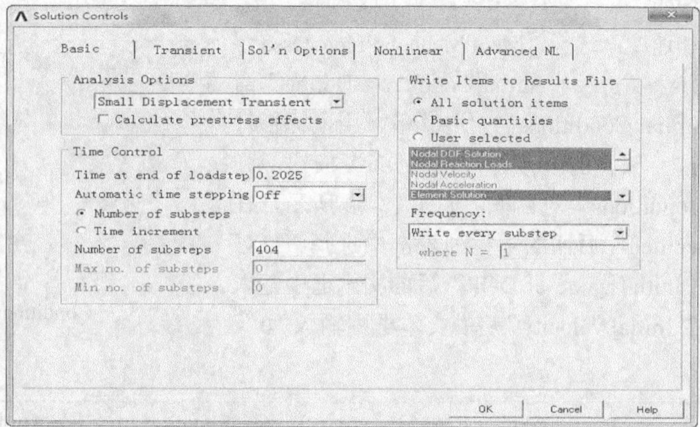

图 13-57 “Solution Controls”对话框（Basic 选项卡）

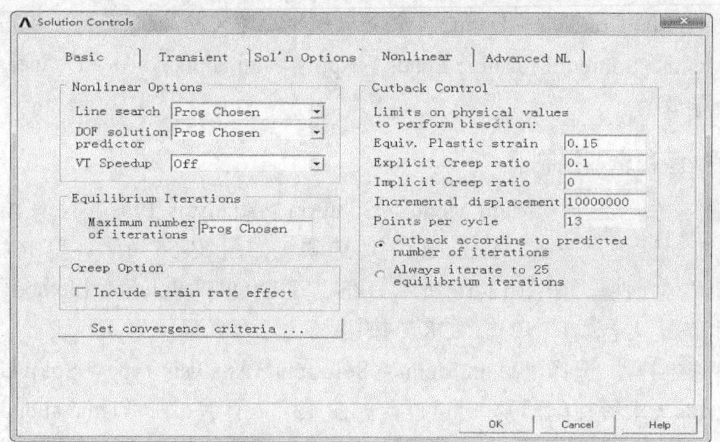

图 13-58 “Solution Controls”对话框（Nonlinear 选项卡）

（4）在“Nonlinear”选项卡中单击“Set convergence criteria”按钮，弹出“Nonlinear Convergence Criteria”工具框，如图 13-59 所示。

（5）单击“Replace”按钮，弹出“Nonlinear Convergence Criteria”对话框，如图 13-60 所示，在“Lab Convergence is based on”右面的第一列表框中选择“Structural”选项，在第二列表框中选择“Force F”选项，在“VALUE Reference value of lab”后的文本框中输入 1，在“TOLER Tolerance about VALUE”后的文本框中输入“0.001”，接受其余默认设置，单击“OK”按钮，返回如图 13-59 所示的工具框，单击“Close”按钮，返回图 13-58 所示的选项卡，单击“OK”按钮。

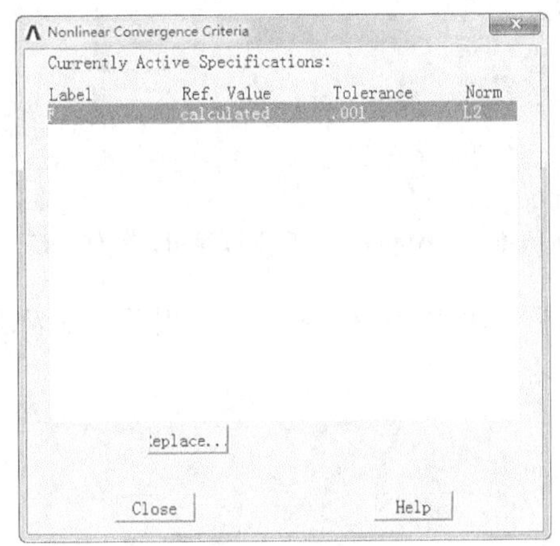

图 13-59　“Nonlinear Convergence Criteria”工具框

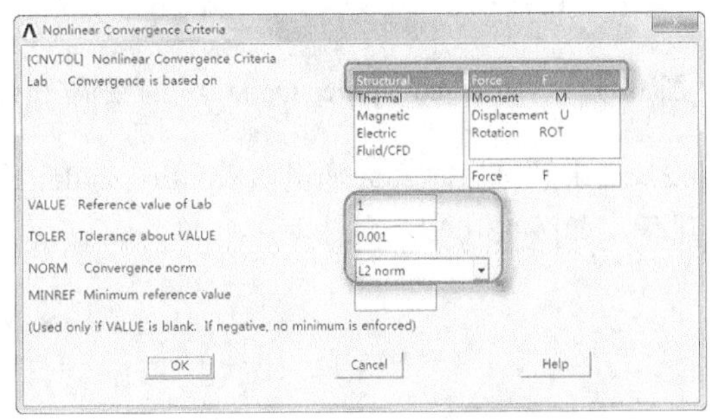

图 13-60　“Nonlinear Convergence Criteria”对话框

3. 设定其他求解选项

（1）关闭优化设置。选择“Main Menu > Solution > Unabridged Menu > Load Step Opts > Solution Ctrl”命令，弹出“Nonlinear Solution Control”对话框，在“[SOLCONTROL] Solution Control”后面勾选“Off”复选框，如图 13-61 所示，单击“OK”按钮。

（2）设置载荷和约束类型（阶跃或者倾斜）。选择“Main Menu > Solution > Load Step Opts > Time/Frequenc > Time and Substps”命令，弹出“Time and Substep Options”对话框，如图 13-62 所示，在“[KBC] Stepped or ramped b.c. ”后面选择“stepped”单选项，接受其他默认设置，单击“OK”按钮。

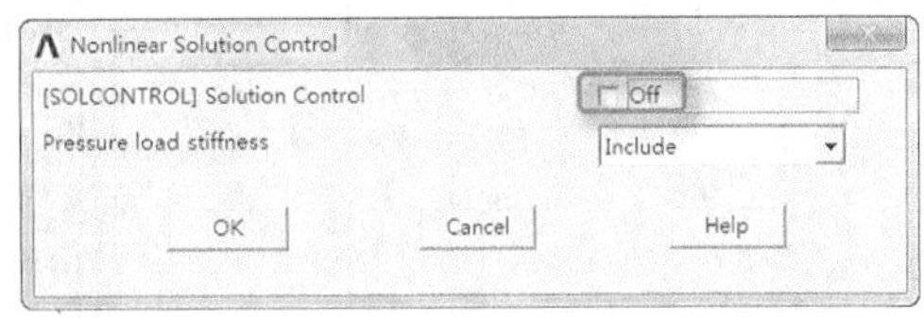

图 13-61　“Nonlinear Solution Control”对话框

4. 施加载荷和约束

选择“Main Menu > Solution > Define Loads > Apply > Structural > Displacement > On Nodes”命令，弹出“Apply U，ROT on Nodes”拾取菜单，用鼠标指针在画面上拾取编号为 1 的节点，单击“OK”按钮，弹出“Apply U，ROT on Nodes”对话框，在“Lab2 DOFs to be constrained”后面的列表框中选择“UX”选项，如图 13-63 所示，单击“OK”按钮。

5. 瞬态求解

（1）瞬态分析求解。选择“Main Menu > Solution > Solve > Current LS”命令，弹出“/STATUS Command”信息提示栏和“Solve Current Load Step”对话框。浏览信息提示栏中的信息，如果无误，则单击“File > Close”命令关闭之。单击“Solve Current Load Step”对话框的“OK”按钮，开始求解。

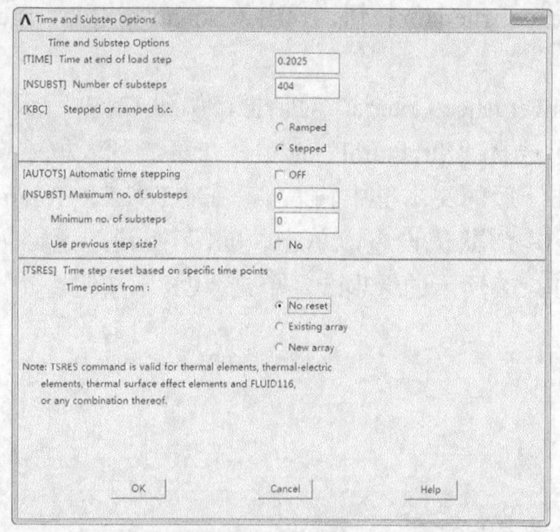

图 13-62 “Time and Substep Options”对话框

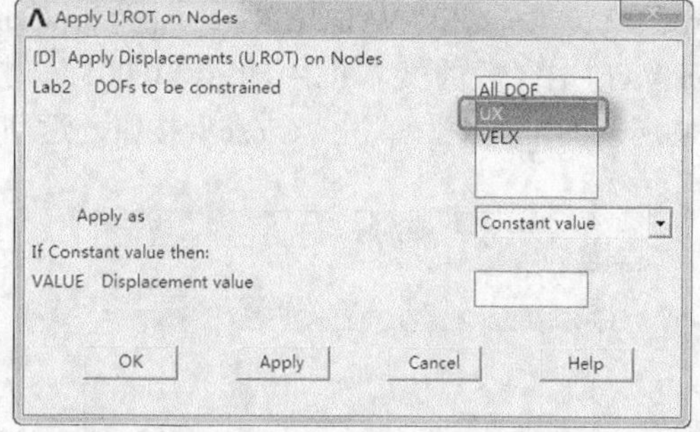

图 13-63 “Apply U, ROT on Nodes”对话框

（2）当求解结束时，会弹出“Solution is done”提示框，单击“OK”按钮。此时系统显示求解迭代进程，如图 13-64 所示。

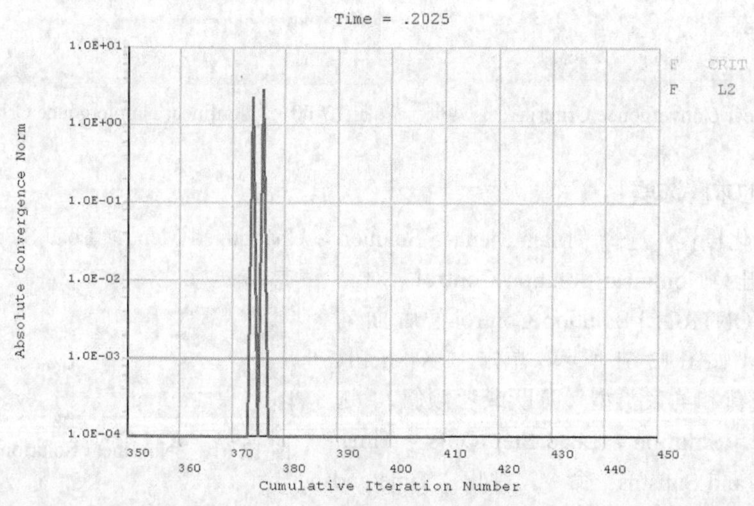

图 13-64 求解迭代进程

（3）退出求解器。选择“Main Menu > Finish”命令退出求解器。

13.4.4 查看结果

（1）进入时间历程后处理。选择“Main Menu > TimeHist PostPro”命令，弹出如图 13-65 所示的“Time History Variables”对话框，里面已有默认变量时间（TIME）。

（2）定义位移变量“UX”。在如图 13-65 所示的对话框中单击左上角的按钮，弹出“Add Time-History Variables”对话框，连续单击“Nodal Solution > DOF Solution > X-Component of displacement”命令，如图 13-66 所示，在“Variable Name”后面的文本框中输入“UX-2”，单击“OK”按钮。

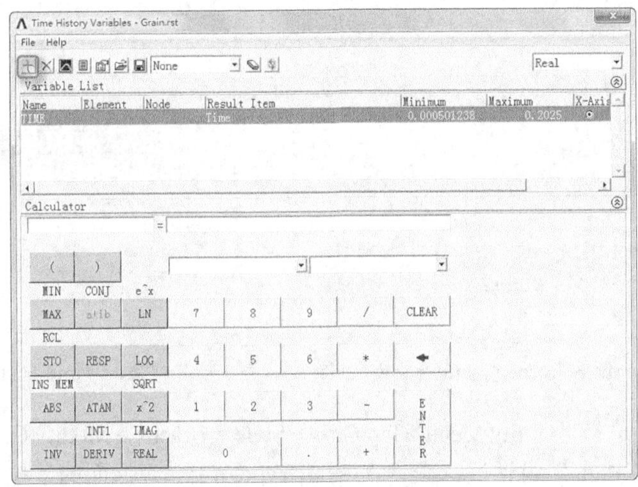

图 13-65　“Time History Variables”对话框

（3）弹出“Node for Data”拾取菜单，如图 13-67 所示，在拾取菜单文本框中输入“2”，单击“OK”按钮，返回“Add Time-History Variable”对话框，注意此时变量列表里面多了一项 UX 变量。

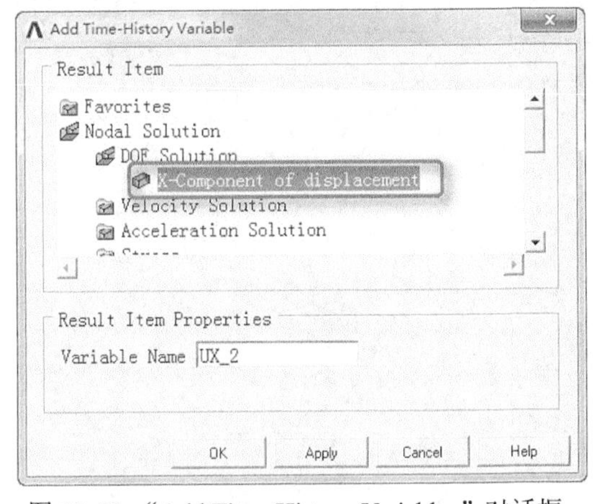

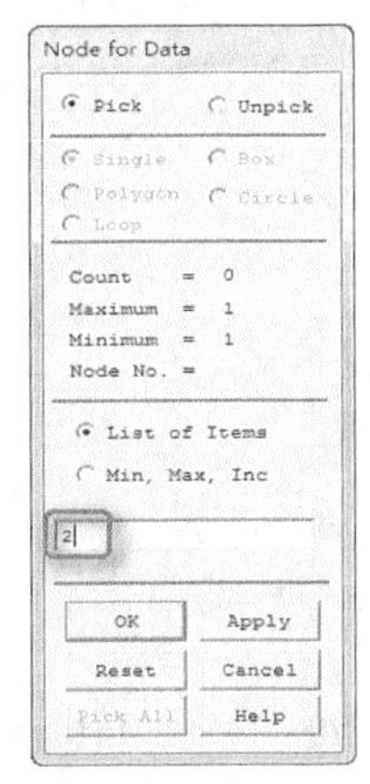

图 13-66　“Add Time-History Variables”对话框　　　图 13-67　“Node for Data”拾取菜单

（4）定义应力变量 F1。在如图 13-65 所示的对话框中单击左上角的按钮，弹出如图 13-66 所示对话框，在该对话框中连续单击“Element Solution > Miscellaneous Items > Summable data (SMISC,1)”命令，弹出“Miscellaneous Sequence Number”对话框，如图 13-68 所示。在“Sequence number SMIS”后面的文本框中输入“1”，单击“OK”按钮。返回如图 13-69 所示的“Add Time-History Variables”对话框，在“Variable Name”后的文本框中输入“F1”，单击“OK”按钮。

（5）弹出“Element for Data”拾取菜单，在文本框中输入“1”（或用鼠标指针在画面上单击拾取单元），单击“OK”按钮，弹出“Node for Data”拾取菜单，在文本框中输入“1”（或用鼠标指针在画面上单击拾取编号为 1 的节点），单击“OK”按钮，返回“Time History Variables”对话框，注意此时“Variable List”下增加了两个变量：UX 和 F1，如图 13-70 所示。

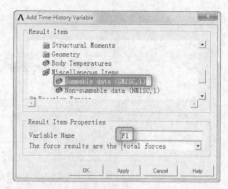

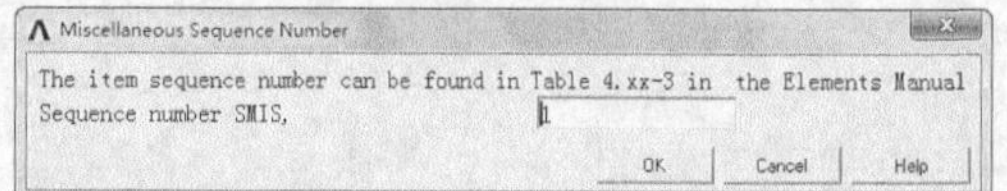

图 13-68 “Miscellaneous Sequence Number”对话框　　图 13-69 “Add Time-History Variable”对话框

（6）设置坐标 1。选择“Utility Menu > PlotCtrls > Style > Graphs > Modify Grid”命令，弹出“Grid Modifications for Graph Plots”对话框，在“[/GRID] Type of grid”后面的下拉列表框中选择“X and Y lines”选项，如图 13-71 所示，单击“OK”按钮。

（7）设置坐标 2。选择“Utility Menu > PlotCtrls > Style > Graphs > Modify Axes”命令，弹出“Axes Modifications for Graph Plots”对话框，在“[/AXLAB] Y-axis label”后的文本框中输入“DISP”，如图 13-72 所示，单击“OK”按钮。

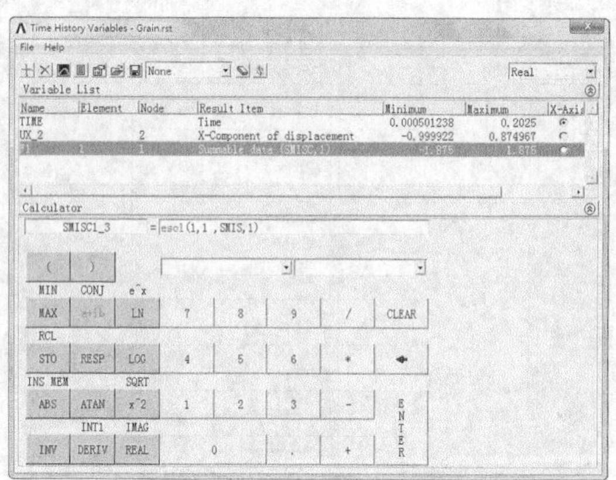

图 13-70 “Time History Variable”对话框

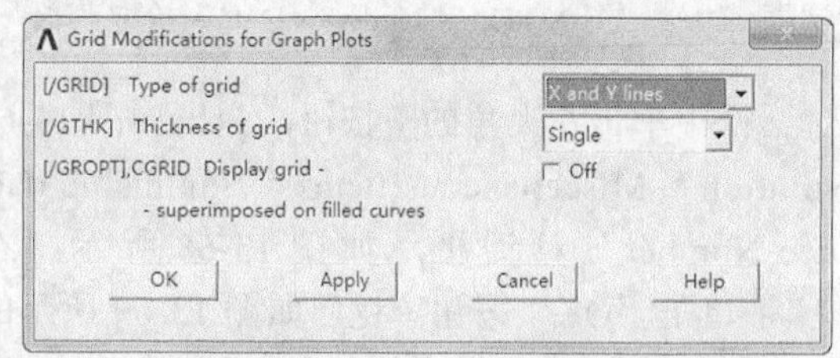

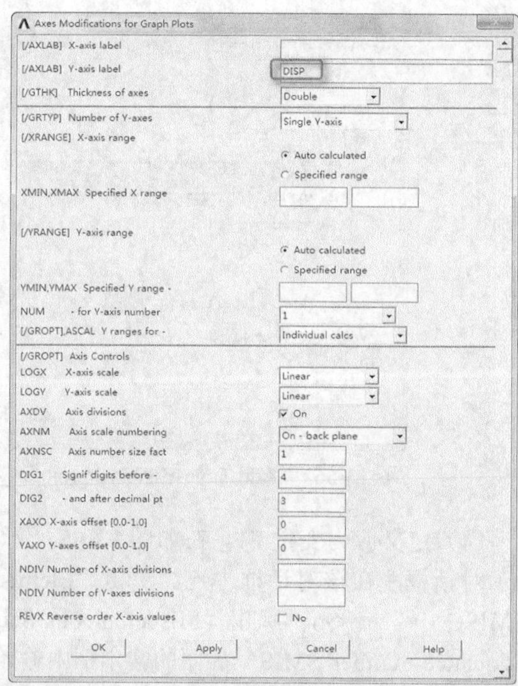

图 13-71 “Grid Modifications for Graph Plots”对话框　图 13-72 “Axes Modifications for Graph Plots”对话框

（8）设置坐标 3。选择“Utility Menu > PlotCtrls > Style > Graphs > Modify Curve 命令，弹出“Curve Modifications for Graph Plots”对话框，如图 13-73 所示，在“[/GTHK] Thickness of curves”后面的下拉列表框中选择“Double”选项，单击“OK”按钮。

（9）绘制 UX 变量图。选择“Main Menu > TimeHist PostPro > Graph Variables”命令，弹出“Graph Time-History Variables”对话框，如图 13-74 所示。在“NVAR1”后面的文本框中输入“2”，

单击“OK”按钮，系统显示如图 13-75 所示。

（10）重新设置坐标轴标号。选择 Utility Menu > PlotCtrls > Style > Graphs > Modify Axes”命令，弹出如图 13-72 所示对话框，在“[/AXLAB] Y-axis label”后面的文本框中输入“FORCE”，单击“OK”按钮。

（11）绘制 F1 变量图。选择“Main Menu > TimeHist PostPro > Graph Variables”命令，弹出“Graph Time-History Variables”对话框，如图 13-74 所示。在“NVAR1”后面的文本框中输入“3”，单击“OK”按钮，系统显示如图 13-76 所示。

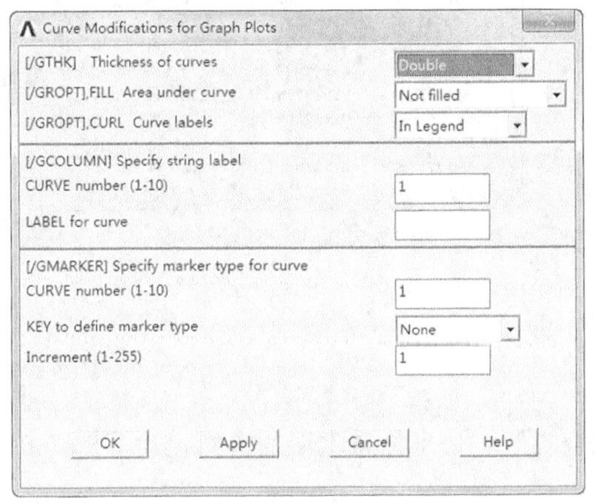

图 13-73　“Curve Modifications for Graph Plots”对话框

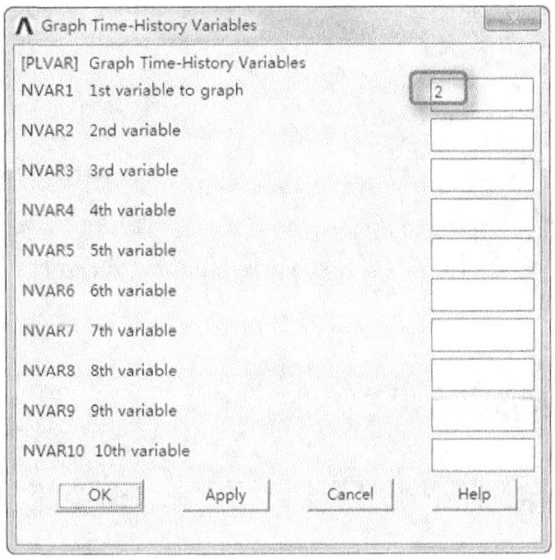

图 13-74　“Graph Time-History Variables”对话框

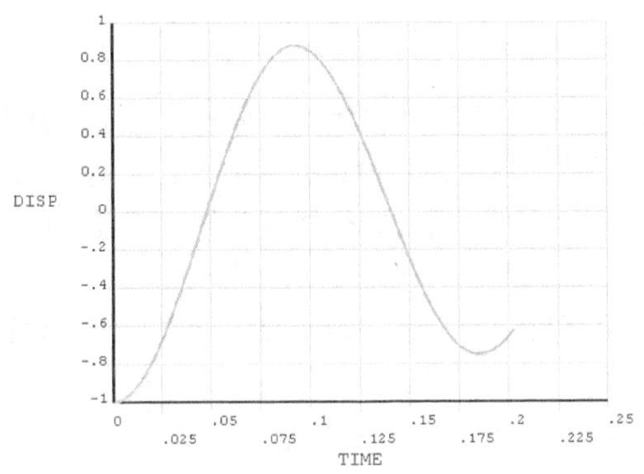

图 13-75　位移 - 时间曲线

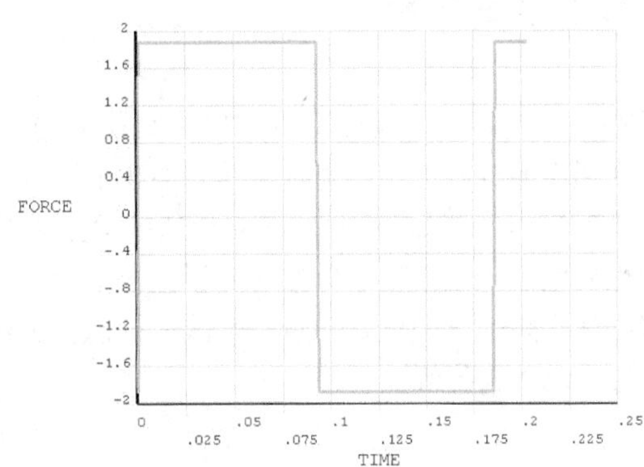

图 13-76　应力 - 时间曲线

（12）列表显示变量。选择“Main Menu > TimeHist PostPro > List Variables”命令，弹出“List Time-History Variables”对话框，如图 13-77 所示，在“NVAR1”后面的文本框中输入 2，在“NVAR2”后面的文本框中输入“3”，单击“OK”按钮，系统显示如图 13-78 所示。

（13）退出 ANSYS。在“ANAYS Toolbar”中单击“Quit”选项，选择要保存的项后，单击“OK”按钮。

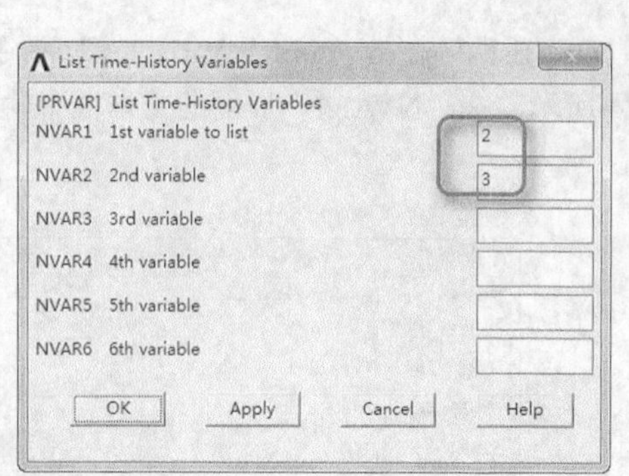

图 13-77 “List Time-History Variables”对话框

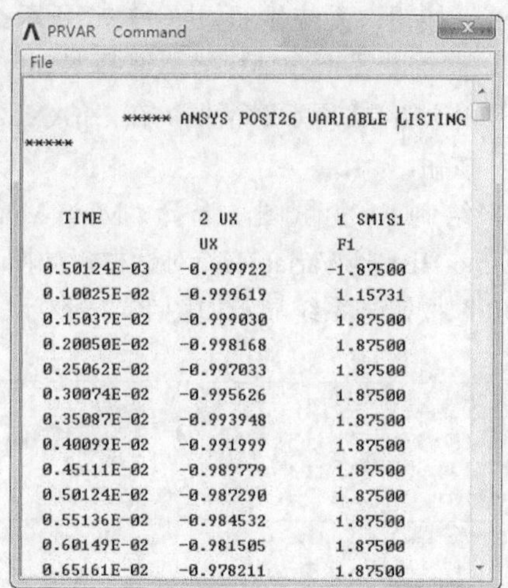

图 13-78 列表显示变量

13.4.5 命令流方式

详见随书配套资源中的“X:\ 命令流 \13.4 综合实例——哥伦布阻尼的自由振动分析 .txt”电子文档。

13.5 本章小结

在工程实践中，只要不能忽略时间积分的影响，就必须采用瞬态动力学分析。它是一种非常常见和通用的分析方法，同时，其功能也非常强大。只要知道载荷和约束的具体形式（是否随时间变化均可），就可以针对问题建立合适的模型求解。它不仅可以用于分析线性问题，同样可以分析非线性问题。一般来说，瞬态动力学分析包括 3 种方法：完全法、减缩法、模态叠加法。本例是采用减缩法求解的，如果要采用完全法和模态叠加法，其步骤也是如此，只不过中间有具体的设置不同，读者可以自行练习。

第 14 章 接触问题分析

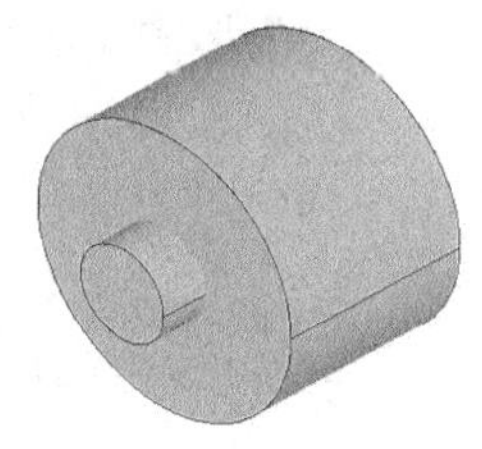

本章导读

接触问题是一种高度非线性行为，需要较大的计算资源，为了进行有效的计算，理解问题的特性和建立合理的模型是很重要的。

本章介绍了 ANSYS 接触分析的全流程步骤，详细讲解了其中各种参数的设置方法与功能，最后通过齿轮接触分析实例对 ANSYS 接触分析功能进行了具体演示。

通过本章的学习，读者可以完整深入地掌握 ANSYS 接触分析的各种功能和应用方法。

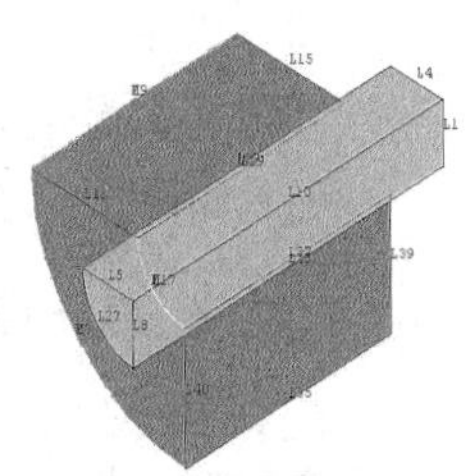

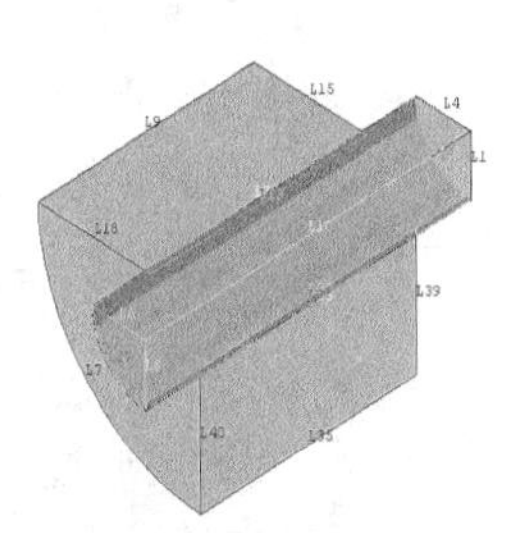

14.1 接触问题概论

接触问题存在两个较大的难点。

（1）在求解问题之前不知道接触区域，表面之间是接触或分开是未知的、突然变化的，这些随载荷、材料、边界条件和其他因素而定。

（2）大多的接触问题需要计算摩擦，有几种摩擦和模型可供挑选，它们都是非线性的，摩擦使问题的收敛变得困难。

14.1.1 一般分类

接触问题分为两种基本类型：刚体 - 柔体的接触，半柔体 - 柔体的接触。在刚体 - 柔体的接触问题中，接触面的一个或多个被当作刚体（与它接触的变形体相比，有大得多的刚度）。一般情况下，一种软材料和一种硬材料接触时，问题可以被假定为刚体 - 柔体的接触，许多金属成形问题归为此类接触。另一类为柔体 - 柔体的接触，这是一种更普遍的类型，在这种情况下，两个接触体都是变形体（有近似的刚度）。

ANSYS 支持 3 种接触方式：点 - 点，点 - 面，面 - 面，每种接触方式使用的接触单元适用于某类问题。

14.1.2 接触单元

为了给接触问题建模，首先必须认识到模型中的哪些部分可能会相互接触。如果相互作用的其中之一是一个点，模型的对应组元是一个节点。如果相互作用的其中之一是一个面，模型的对应组元是单元，例如梁单元、壳单元或实体单元，有限元模型通过指定的接触单元来识别可能的接触匹对，接触单元是覆盖在分析模型接触面之上的一层单元，至于 ANSYS 使用的接触单元和使用它们的过程，下面分类详述。

1. 点 – 点接触单元

点 - 点接触单元主要用于模拟点 - 点的接触行为，为了使用点 - 点的接触单元，需要预先知道接触位置，这类接触问题只能适用于接触面之间有较小相对滑动的情况（即使在几何非线性情况下）。

如果两个面上的节点一一对应，相对滑动又忽略不计，两个面挠度（转动）保持小量，那么可以用点 - 点的接触单元来求解面 - 面的接触问题，过盈装配问题是一个用点 - 点的接触单元来模拟面 - 面的接触问题的典型例子。

2. 点 – 面接触单元

点 - 面接触单元主要用于给点 - 面的接触行为建模，例如两根梁的相互接触。

如果通过一组节点来定义接触面，生成多个单元，那么可以通过点 - 面的接触单元来模拟面 - 面的接触问题，面既可以是刚性体也可以是柔性体，这类接触问题的一个典型例子是将插头插到插座里。使用这类接触单元，不需要预先知道确切的接触位置，接触面之间也不需要保持一致的网格，并且允许有大的变形和大的相对滑动。

Contact48 和 Contact49 都是点 - 面的接触单元，Contact26 用来模拟柔性点 - 刚性面的接触，对于不连续的刚性面的问题，不推荐采用 Contact26，因为可能导致接触的丢失，在这种情况下，

Contact48 通过使用伪单元算法能提供较好的建模能力。

3. 面 - 面接触单元

ANSYS 支持刚体 - 柔体的面 - 面的接触单元，刚性面被当作“目标”面，分别用 Targe169 和 Targe170 来模拟 2D 和 3D 的“目标”面，柔性体的表面被当作“接触”面，分别用 Conta171、Conta172、Conta173、Conta174 来模拟。一个目标单元和一个接触单元叫作一个“接触对”，程序通过一个共享的实常号来识别“接触对”，为了建立一个“接触对”，需要给目标单元和接触单元指定相同的实常号。

面 - 面接触单元与点 - 面接触单元相比有好几项优点。

（1）支持低阶和高阶单元。

（2）支持有大滑动和摩擦的大变形，协调刚度阵计算，以及不对称单元刚度阵的计算。

（3）提供工程目的采用的更好的接触结果，例如法向压力和摩擦应力。

（4）没有刚体表面形状的限制，刚体表面的光滑性不是必需的，允许有自然的或网格离散引起的表面不连续。

（5）需要较多的接触单元，因而造成需要较小的磁盘空间和 CPU 时间。

（6）允许多种建模控制，例如：绑定接触；渐变初始渗透；目标面自动移动到初始接触；平移接触面（老虎梁和单元的厚度）；支持死活单元；支持耦合场分析；支持磁场接触分析等。

14.2 接触分析的步骤

在涉及两个边界的接触问题中，很自然地把一个边界作为“目标”面，而把另一个边界作为“接触”面，对刚体 - 柔体的接触，“目标”面总是刚性的，“接触”面总是柔性面，这两个面合起来叫作“接触对”。使用 Targe169 和 Conta171 或 Conta172 来定义 2D 接触对，使用 Targe170 和 Conta173 或 Conta174 来定义 3D 接触对，程序通过相同的实常数号来识别“接触对”。

执行一个典型的面 - 面接触分析的基本步骤如下。

（1）建立模型，并划分网格。

（2）识别接触对。

（3）定义刚性目标面。

（4）定义柔性接触面。

（5）设置单元关键点和实常数。

（6）定义 / 控制刚性目标面的运动。

（7）给定必需的边界条件。

（8）定义求解选项和载荷步。

（9）求解接触问题。

（10）查看结果。

14.2.1 建立模型，并划分网格

在这一步中，需要建立代表接触体几何形状的实体模型。与其他分析过程一样，设置单元类型、实常数、材料特性。用恰当的单元类型给接触体划分网格。

```
命令：AMESH，VMESH。
GUI：Main Menu > Preprocessor > Mesh > Mapped > 3 or 4 Sided (4 or 6 sided)。
```

14.2.2 识别接触对

必须认识到，模型在变形期间哪些地方可能发生接触，一是你已经识别出潜在的接触面，你应该通过目标单元和接触单元来定义它们，目标和接触单元跟踪变形阶段的运动，构成一个接触对的目标单元和接触单元通过共享的实常数号联系起来。

接触区域可以任意定义，然而为了更有效地进行计算（主要指 CPU 时间），可能想定义更小的局部化的接触环，但能保证它足以描述所需要的接触行为，不同的接触对必须通过不同的实常数号来定义（即使实常数号没有变化）。

由于几何模型和潜在变形的多样性，有时候一个接触面的同一区域可能和多个目标面产生接触关系，在这种情况下，应该定义多个接触对（使用多组覆盖层接触单元）。每个接触对有不同的实常数号。

14.2.3 定义刚性目标面

刚性目标面可能是 2D 的或 3D 的。在 2D 情况下，刚性目标面的形状可以通过一系列直线、圆弧和抛物线来描述，所有这些都可以用 TAPGE169 来表示。另外，可以使用它们的任意组合来描述复杂的目标面。在 3D 情况下，目标面的形状可以通过三角面、圆柱面、圆锥面和球面来描述，所有这些都可以用 TAPGE170 来表示，对于一个复杂的、任意形状的目标面，应该使用三角面来给它建模。

1. 控制节点（pilot）

刚性目标面可能会和“pilot 节点”联系起来，它实际上是一个只有一个节点的单元，通过这个节点的运动可以控制整个目标面的运动，因此可以把“pilot 节点”作为刚性目标的控制器。整个目标面的受力和转动情况可以通过“pilot 节点”表示出来，“pilot 节点”可能是目标单元中的一个节点，也可能是一个任意位置的节点，只有当需要转动或力矩载荷时，“pilot 节点”的位置才是重要的，如果你定义了“pilot 节点”，ANSYS 程序只在“pilot 节点”上检查边界条件，而忽略其他节点上的任何约束。

对于圆、圆柱、圆锥和球的基本图段，ANSYS 总是使用一个节点作为“pilot 节点”。

2. 基本原型

能够使用基本几何形状来模拟目标面，例如：“圆、圆柱、圆锥、球”。有些基本原型虽然不能直接合在一起成为一个目标面（例如直线不能与抛物线合并，弧线不能与三角形合并等），但可以给每个基本原型指定它自己的实常数号。

3. 单元类型和实常数

在生成目标单元之前，首先必须定义单元类型（TARG169 或 TARG170）。

```
命令：ET。
GUI：Main Menu > Preprocessor > Element Type > Add/Edit/Delete。
```

随后必须设置目标单元的实常数。

```
命令：Real。
GUI：Main Menu > Preprocessor > Real Constants。
```

4. 使用直接生成法建立刚性目标单元

为了直接生成目标单元，使用下面的命令和菜单路径。

```
命令：TSHAP。
GUI：Main Menu > Preprocessor > Modeling > Create > Elements > Elem Attributes。
```

随后指定单元形状，可能的形状有 Straight Line (2D)、Parabola (2D)、Clockwise arc (2D)、Counterclokwise arc (2D)、Circle (2D)、Triangle (3D)、Cylinder (3D)、Cone (3D)、Sphere (3D)、Pilot node (2D 和 3D)，如图 14-1 所示。

图 14-1 单元属性对话框

一旦指定目标单元形状，所有以后生成的单元都将保持这个形状，除非指定另外一种形状。然后就可以使用标准的 ANSYS 直接生成技术节点和单元。

```
命令：N，E。
GUI：Main Menu > Preprocessor >
Modeling > Create > Nodes (Elements)。
```

在建立单元之后，用户可以通过显示单元来验证单元形状。

```
命令：ELIST。
GUI：Utility Menu > List > Elements > Nodes > Attributes。
```

5. 使用 ANSYS 网格划分工具生成刚性目标单元

用户也可以使用标准的 ANSYS 网格划分功能让程序自动地生成目标单元，ANSYS 程序将会以实体模型为基础生成合适的目标单元形状而忽略“TSHAP”命令的选项。

为了生成一个“pilot 节点”，使用下面的命令或 GUI 路径。

```
命令：Kmesh。
GUI：Main Menu > Preprocessor > Meshing > Mesh > Keypoints。
```

注意

KMESH 总是生成“pilot 节点”。

14.2.4 定义柔性体的接触面

为了定义柔性体的接触面，必须使用接触单元 CONTA171 或 CONTA172（对 2D）或 CONTA173 或 CONTA174（对 3D）来定义表面。

程序通过组成变形体表面的接触单元来定义接触表面，接触单元与下面覆盖的变形体单元有同样的几何特性，接触单元与下面覆盖的变形体单元必须处于同一阶次（低阶或高阶）下面的变形体单元可能是实体单元、壳单元、梁单元或超单元，接触面可能壳或梁单元任何一边。

与目标面单元一样，必须定义接触面的单元类型，然后选择正确的实常数号（实常数号必须与它对应目标的实常数号相同），最后生成接触单元。

1. 单元类型

CONTA171：这是一个2D的2个节点的低阶线性单元，可能位于2D实体，壳或梁单元的表面。

CONTA172：这是一个2D的3个节点的高阶抛物线形单元，可能位于有中节点的2D实体或梁单元的表面。

CONTA173：这是一个3D的4个节点的低阶四边形单元，可能位于3D实体或壳单元的表面，它可能退化成一个3节点的三角形单元。

CONTA174：这是一个3D的8个节点的高阶四边形单元，可能位于有中节点的3D实体或壳单元的表面，它可能退化成6个节点的三角形单元。

不能在高阶柔性体单元的表面上分成低阶接触单元，反之也不行，不能在高阶接触单元上消去中节点。

```
命令：ET。
GUI：Main menu > Preprocessor > Element type > Add/Edit/Delete。
```

2. 实常数和材料特性

在定义了单元类型之后，需要选择正确的实常数的设置，每个接触对的接触面和目标面必须有相同的实常数号，而每个接触对必须有它自己不同的实常数号。

3. 生成接触单元

可以通过直接生成法生成接触单元，也可以在柔性体单元的外表面上自动生成接触单元，推荐采用自动生成法，这种方法更为简单和可靠。

可以通过下面3个步骤来自动生成接触单元。

（1）选择节点。选择已划分网格的柔性体表面的结果，如果确定某一部分节点永远不会接触到目标面，则可以忽略它，以便减少计算时间，然而，必须保证没有漏掉可能会接触到目标面的节点。

```
命令：NSEL。
GUI：Utility Menu > Select > Entities。
```

（2）产生接触单元。

```
命令：ESURF。
GUI：Main menu > Preprocessor > Modeling > Create > Element > Surf / Contact > Surf to Surf。
```

如果接触单元是附在已用实体单元划分网格的面或体上，程序会自动决定接触计算所需的外法向，如果下面的单元是梁或壳单元，则必须指明哪个表面（上表面或下表面）是接触面。

```
命令：ESURF，TOP OR BOTIOM。
GUI：Main menu > Preprocessor > Modeling > Create > Element > Surf / Contact > Surf to Surf。
```

使用上表面生成接触单元，则它们的外法向与梁或壳单元的法向相同。使用下表面生成接触单元，则它们的外法向与梁或壳单元的法向相反。如果下面的单元是实体单元，则TOP或BOTTOM选项不起作用，如图14-2所示。

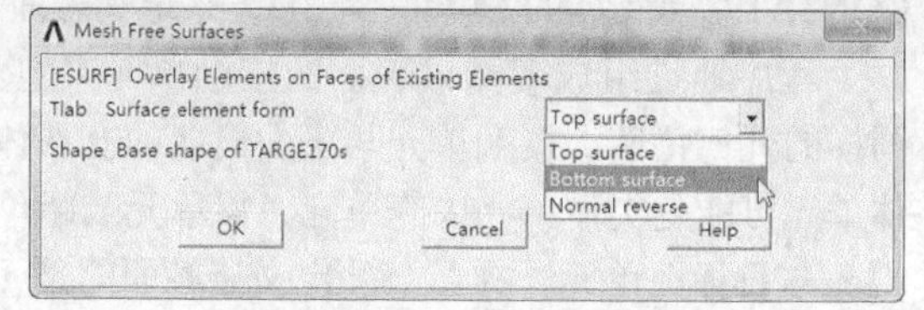

图14-2　表面接触单元对话框

（3）检查接触单元外法线的方向。当程序进行是否接触的检查时，接触面的外法线方向是重要的，对 3D 单元，按节点序号以右手定则来决定单元的外法向，接触面的外法向应该指向目标面，否则，在开始分析计算时，程序可能会认为有面的过度渗透而很难找到初始解。此时，程序一般会立即停止执行，可以检查单元外法线方向是否正确。

```
命令：/PSYMB。
GUI：Utility menu > PlotCtrls > Symbols。
```

当发现单元的外法线方向不正确时，必须通过修正不正确单元的节点号来改变它们。

```
命令：ESURF，REVE
GUI：Main menu > Preprocessor > Modeling > Create > Elements > Surf / Contact。
```

或重新排列单元指向。

```
命令：ENORM。
GUI：Main Menu > Preprocessor > Modeling > Move/Modify > Elements > Shell Normals。
```

14.2.5 设置实常数和单元关键点

程序使用 20 多个实常数和几个单元关键点来控制面 - 面接触单元的接触行为。

1. 常用的实常数

程序经常使用的实常数如表 14-1 所示。

表 14-1 实常数列表

实常数	用途	实常数	用途
R1 和 R2	定义目标单元几何形状	PINB	定义“Pinball”区域
FKN	定义法向接触刚度因子	PMIN 和 PMAX	定义初始渗透的容许范围
FTOLN	定义最大的渗透范围	TAUMAR	指定最大的接触摩擦
ICONT	定义初始靠近因子		

```
命令：R。
GUI：Main menu > Preprocessor > Real Constants。
```

对实常数 FKN、FTOLN、ICONT、PINB、PMAX 和 PMIN，既可以定义一个正值，也可以定义一个负值，程序将正值作为比例因子，将负值作为真实值，程序将下面覆盖原单元的厚度作为 ICON、FTOLN、PINB、PMAX 和 PMIN 的参考值，例如，对 ICON，0.1 表明初始间隙因子是 0.1*下面覆盖层单元的厚度。然而，–0.1 表明真实缝隙是 0.1，如果下面覆盖层单元是超单元，则将接触单元的最小长度作为厚度。

2. 单元关键点

每种接触单元都有几个关键点，对于大多的接触问题来说，默认的关键点是合适的，而在某些情况下，可能需要改变默认值，来控制接触行为。

- 自由度 [KEYOPT（1）]
- 接触算法（罚函数＋拉格朗日或罚函数） [KEYOPT（2）]
- 出现超单元时的应力状态 [KEYOPT（3）]
- 接触方位点的位置 [KEYOPI （4）]

- 刚度矩阵的选择 [KEYOPT（6）]
- 时间步长控制 [KEYOPT（7）]
- 初始渗透影响 [KEYOPT（9）]
- 接触刚度修正 [KEYOPT（10）]
- 壳体厚度效应 [KEYOPT（11）]
- 接触表面情况 [KEYOPT（12）]

命令：KEYOPT，ET。
GUI：Main menu > Preprocessor > Elemant Type > Add/Edit/Delete。

14.2.6 控制刚性目标的运动

按照物体的原始外形来建立的刚性目标面，面的运动是通过给定“pilot 节点”来定义的。如果没有定义“pilot 节点”，则通过刚性目标面上的不同节点来定义。

为了控制整个目标面的运动，在下面的任何情况下都必须使用“pilot 节点”。

- 目标面上作用着给定的外力。
- 目标面发生旋转。
- 目标面和其他单元相连（例如结构质量单元）。

“pilot 节点”的厚度代表着整个刚性面的运动，可以在“pilot 节点”上给定边界条件（位移、初速度、集中载荷、转动等），为了考虑刚体的质量，在“pilot 节点”上定义一个质量单元。

当使用“pilot 节点”时，记住下面的几点局限性。

- 每个目标面只能有一个“pilot 节点”。
- 圆、圆锥、圆柱、球的第一个节点是“pilot 节点”，不能另外定义或改变“pilot 节点”。
- 程序忽略不是“pilot 节点”的所有其他节点上的边界条件。
- 只有“pilot 节点”能与其他单元相连。
- 当定义了“pilot 节点”后，不能使用约束方程（CF）或节点耦合（CP）以控制目标面的自由度。如果用户在刚性面上给定任意载荷或者约束，则必须定义“pilot 节点”，而且是在“pilot 节点”上加载。如果没有使用“pilot 节点”，则只能有刚体运动。

在每个载荷步的开始，程序检查每个目标面的边界条件，如果下面的条件都满足，那么程序将目标面作为固定处理。

- 在目标面节点上没有明确定义边界条件或给定力。
- 目标面节点没有和其他单元相连。
- 目标面节点没有使用约束方程或节点耦合。

在每个载荷步的末尾，程序将会放松被内部设置的约束条件。

14.2.7 给变形体单元施加必要的边界条件

现在可以按需要加上任意的边界条件，加载过程与其他的分析类型相同。

14.2.8 定义求解和载荷步选项

接触问题的收敛性随着问题的不同而不同，下面列出了一些典型的在大多数面 - 面的接触分析中推荐使用的选项。

时间步长必须足够小，以描述适当的接触。如果时间步太大，则接触力的光滑传递会被破坏，设置精确时间步长的可信赖的方法是打开自动时间步长。

命令：Autots，On。
GUI：Main Menu > Solution > Unabridged Menu > Load Step Opts > Time/Frequenc > Time-Time Step or Time and Substps。

如果在迭代期间接触状态发生变化，可能出现不连续情况，为了避免收敛太慢，使用修改的刚度阵，将牛顿 - 拉夫逊选项设置成 FULL。

命令：NROPT，FULL，OFF。
GUI：Main Menu > Solution > Unabridged Menu > Analysis Type > Analysis Options。

不要使用自适应下降因子，对面 - 面的问题，自适应下降因子通常不会提供任何帮助，因此建议关掉它。

设置合理的平衡迭代次数，一个合理的平衡迭代次数通常在 25 ～ 50 之间，如图 14-3 所示。

命令：NEQIT。
GUI：Main Menu > Solution > Unabridged Menu > Load Step Opts > Nonlinear > Equilibrium Iter。

因为大的时间增量会使迭代趋向于变得不稳定，使用线性搜索选项来使计算稳定化，如图 14-4 所示。

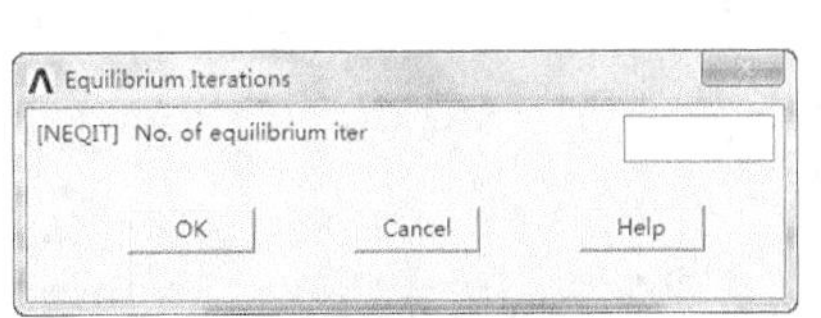

图 14-3　平衡迭代次数对话框

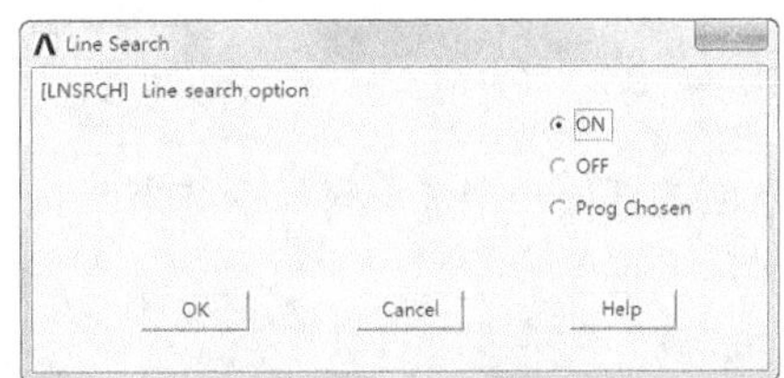

图 14-4　线性搜索对话框命令（LNSRCH）

命令：LNSRCH
GUI：Main Menu > Solution > Unabridged Menu > Load Step Opts > Nonlinear > Line Search。

除非在大转动和动态分析中，打开时间步长预测器选项，如图 14-5 所示。

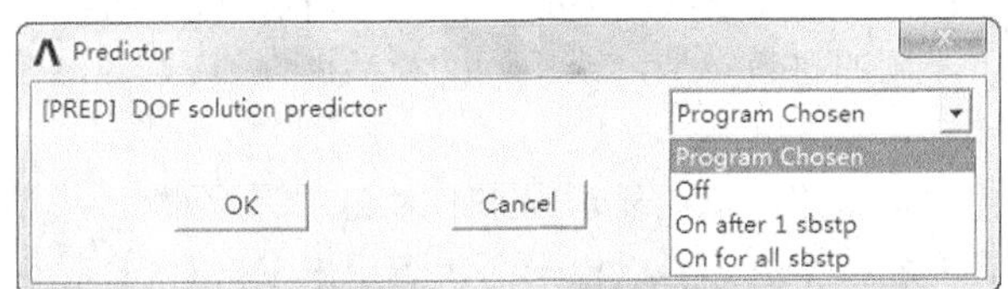

图 14-5　时间步长预测器选项

命令：PRED。
GUI：Main Menu > Solution > Unabridged Menu > Load Step Opts > Nonlinear > Predictor。

在接触分析中，许多不收敛问题是由于使用了太大的接触刚度引起的，（实常数 FKN）检验是否使用了合适的接触刚度。

14.2.9 求解

现在可以对接触问题进行求解，求解过程与一般的非线性问题求解过程相同。

14.2.10 检查结果

接触分析的结果主要包括位移、应力、应变和接触信息（接触压力、滑动等），可以在通用后处理器（POST1）或时间历程后处理器（POST26）中查看结果。

注意

（1）为了在 POST1 中查看结果，数据库文件所包含的模型必须与用于求解的模型相同。

（2）必须存在结果文件。

1. 在 Post1 中查看结果

进入 Post1，如果用户的模型不在当前数据库中，使用恢复命令（resume）来恢复它。

```
命令：/Post1。
GUI：Main Menu > General Postproc。
```

读入所期望的载荷步和子步的结果，这可以通过载荷步和子步数实现，也可以通过时间来实现。

```
命令：SET。
GUI：Main Menu > General Postproc > Read Results。
```

使用下面的任何一个选项来显示结果。

（1）显示变形。

```
命令：
GUI：Main menu > General Postproc > Plot Result > Deformed Shape。
```

（2）等值显示。

```
命令：PLESOL。
GUI：Main Menu > General Postproc > Plot Result > Contour Plot > Noded Solu（Element Solu）。
```

使用这个选项来显示应力、应变或其他项的等值图，如果相邻的单元有不同的材料行为（例如塑性或多弹性材料特性，不同的材料类型，或不同的死活属性），则在结果显示时应避免节点应力平均错误。

求解出来的接触信息也可以用等值图显示出来，对 2D 接触分析，模型用灰色表示，所要求显示的项将沿着接触单元存在的模型的边界以梯形面积表示出来；对 3D 接触分析，模型将用灰色表示，而要求的项在接触单元存在的 2D 表面上等值显示。

单元表的数据和线性化单元数据还可以等值显示。

```
命令：PLETAB。
命令：PLLS。
GUI：Main Menu > General Postproc > Element Table > Plot Element Table。
GUI：Main Menu > General Postproc > Plot Results > Contour plot > line Elem Res。
```

（3）列表显示。

```
命令：PRNSOL，PRESOL，PRRSOL，PRETAB，RITER，NSORT，ESORT。
GUI：Main menu > General Postproc > List Results > Noded Solution（Element Solution / Reaction Solution）。
```

在列表显示它们之前，可以用命令 NSORT 和 ESORT 来对它们进行排序。

（4）动画。可以动画显示接触结果随时间的变化。

```
命令：ANIME。
GUI：Uility menn > Plotctrls  > Animate。
```

2. 在 POST26 中查看结果

可以使用 POST26 来查看一个非线性结构对加载历程的响应，也可以比较一个变量和另一个变量的变化关系。例如，可以画出某个节点位移随给定载荷的曲线变化关系，以及某个节点的塑性应变与时间的关系。

（1）进入 POST26，如果模型不在当前数据库中，则恢复它。

```
命令：/Post26。
GUI：Main menu > TimeHist Postpro。
```

（2）定义变量。

```
命令：NSOL，ESOL，RFORCE。
GUI：Main Menu > Time List Postpro > Define Variable。
```

（3）画曲线或列表显示。

```
命令：PLVAR，PRVAR，EXTREM。
GUI：Main menu > Time List Postproc > Graph Variable（List Variarle / List Extremes）。
```

14.3　综合实例——陶瓷套管的接触分析

扫码看视频

14.3.1　问题描述

如图 14-6 所示，插销比插销孔稍稍大一点，这样它们之间由于接触就会产生应力应变。由于对称性，可以只取模型的四分之一来进行分析，并分成两个载荷步来求解。第一个载荷步是观察插销接触面的应力；第二个载荷步是观察插销拔出过程中的应力、接触压力和反力等。

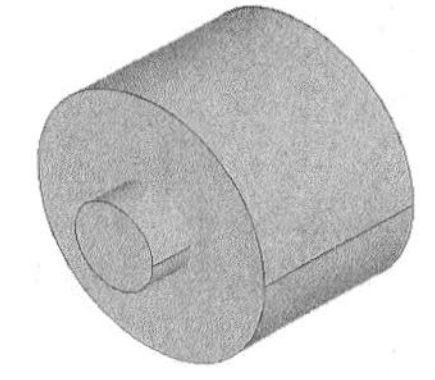
图 14-6　圆柱套筒示意图

材料性质：EX=30e6（杨氏弹性模量），NUXY=0.25（泊松比），f=0.2（摩擦因数）。

几何尺寸：圆柱套管：R_1=0.5，H_1=3；套筒：R_2=1.5，H_2=2；套筒孔：R_3=0.45，H_3=2。

14.3.2　建立模型并划分网格

1. 建立模型

（1）设置分析标题。选择“Utility Menu > File > Change Title”命令，在文本框中键入“Contact Analysis”，单击“OK”按钮。

（2）定义单元类型。选择“Main Menu > Preprocessor > Element Type > Add/Edit/Delete”命令，

出现“Element Types”对话框，如图 14-7 所示。单击“Add”按钮，弹出如图 14-8 所示的“Library of Element Types”对话框，单击选择“Structural Solid”和“Brick 8 node 185”选项，单击“OK”按钮，然后单击“Element Types”对话框中的“Close”按钮。

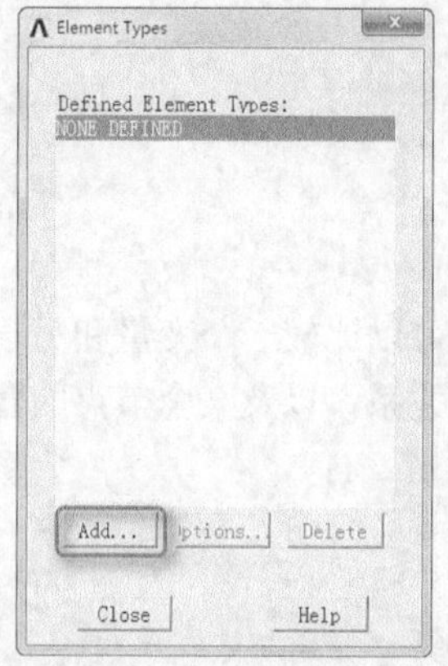

图 14-7 “Element Types”对话框

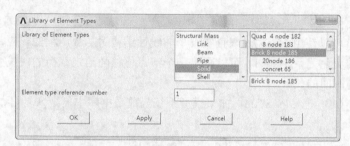

图 14-8 “Library of Element Types”对话框

（3）定义材料性质。选择“Main Menu > Preprocessor > Material Props > Material Models”命令，弹出如图 14-9 所示的“Define Material Model Behavior”对话框，在“Material Models Available”栏目中连续单击“Structural > Linear > Elastic > Isotropic”命令，弹出如图 14-10 所示的“Linear Isotropic Propertities for Material Number 1”对话框，在“EX”后面输入“30e6”，在“PRXY”后面的文本框中输入“0.25”，单击“OK”按钮。然后执行“Define Material Models Behavior”对话框上的“Material > Exit”命令退出。

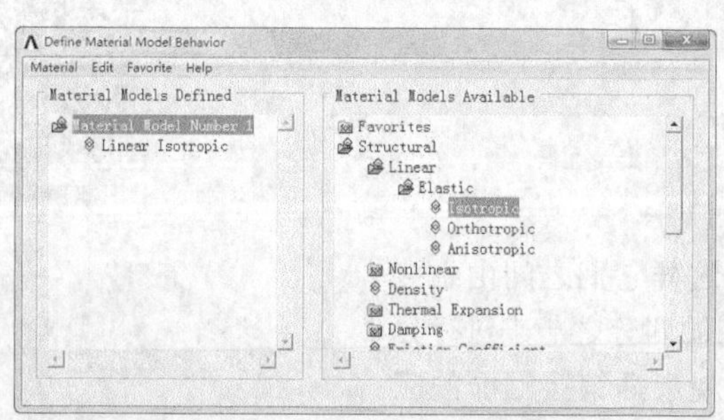

图 14-9 “Define Material Model Behavior”对话框

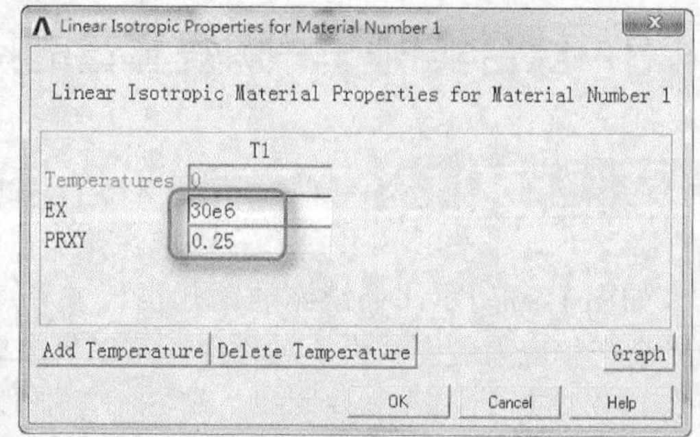

图 14-10 “Linear Isotropic Propertities for Material Number 1”对话框

（4）生成圆柱。选择“Main Menu > Preprocessor > Modeling > Create > Volumes > Cylinder > By Dimesions”命令，弹出如图 14-11 所示的“Create Cylinder by Dimensions”对话框，在“RAD1 Outer radius”后面的文本框中输入“1.5”，在“Z1，Z2 Z-coordinates”后面的文本框中输入“2.5”“4.5”，单击“OK”按钮。

（5）打开“Pan-Zoom-Rotate”工具条。选择“Utility Menu > PlotCtrls > Pan，Zoom，Rotate”命令，弹出“Pan-Zoom-Rotate”工具条，如图 14-12 所示，单击“Iso”按钮，单击“Close”按钮关闭之。结果显示如图 14-13 所示。

（6）生成圆柱孔。选择“Main Menu > Preprocessor > Modeling > Create > Volumes > Cylinder >

By Dimesions”命令，弹出如图 14-11 所示的对话框，在“RAD1 Outer radius”后面的文本框中输入“0.45”，在“Z1，Z2 Z-coordinates”后面的文本框中输入“2.5”“4.5”，单击“OK”按钮。

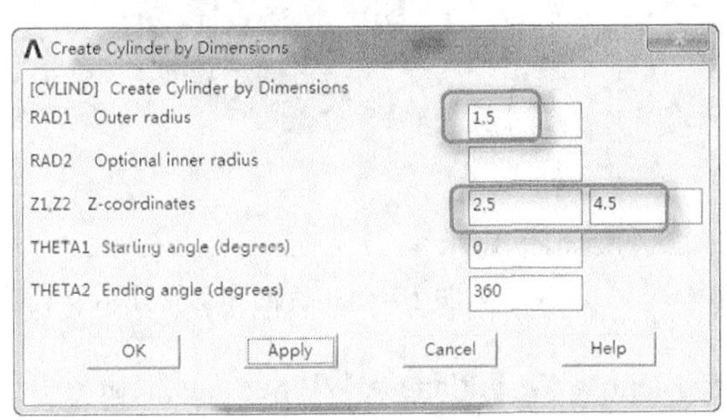

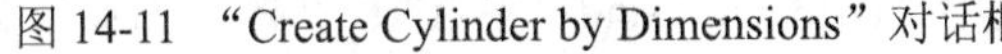

图 14-11　“Create Cylinder by Dimensions”对话框

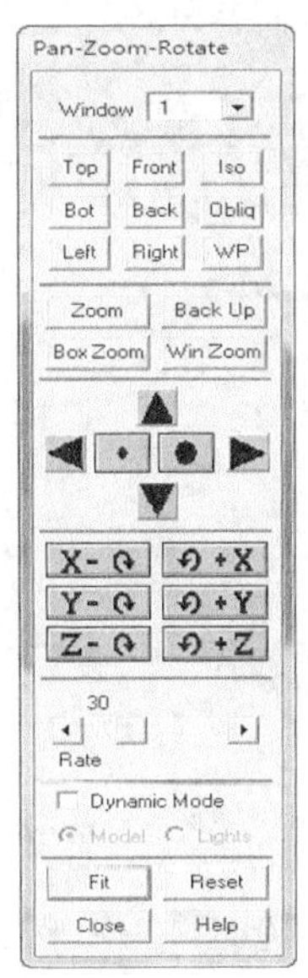

图 14-12　“Pan-Zoom-Rotate”工具条

（7）体相减操作。选择“Main Menu > Preprocessor > Modeling > Operate > Booleans > Substract > Volumes”命令，弹出一个拾取框，在图形上拾取大圆柱体，单击“OK”按钮，又弹出一个拾取框，在图形上拾取小圆柱体，单击“OK”按钮，结果显示如图 14-14 所示。

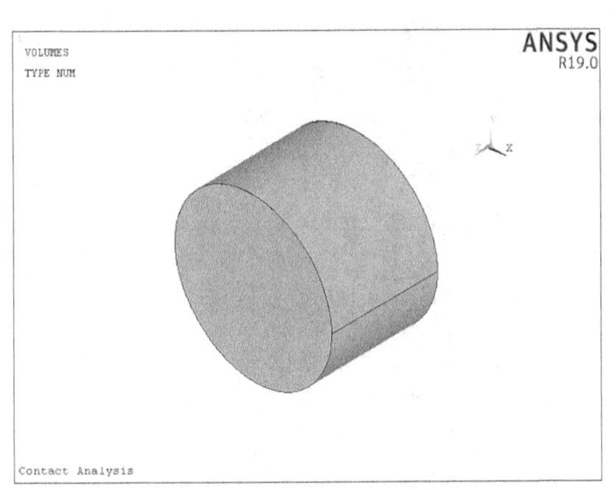

图 14-13　实体模块显示

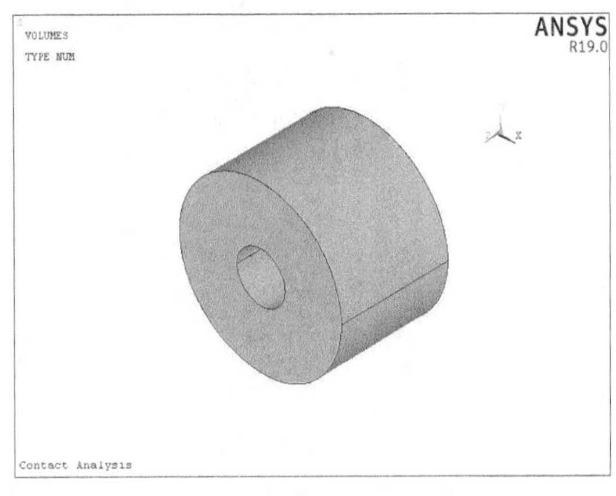

图 14-14　布尔相减之后的模型图

（8）生成圆柱套管。选择“Main Menu > Preprocessor > Modeling > Create > Volumes > Cylinder > By Dimesions”命令，弹出如图 14-11 所示的对话框，在“RAD1 Outer radius”后面的文本框中输入“0.5”，在“Z1，Z2 Z-coordinates”后面的文本框中输入“2.0”和“5”，单击“OK”按钮。

（9）打开体编号显示。选择“Utility Memu > PlotCtrls > Numbering”命令，弹出“Plot Numbering Controls”对话框，在“VOLU Volume numbers”后面单击使其显示为“On”，如图 14-15 所示，单击“OK”按钮。

（10）重新显示。选择“Utility Menu > Plot > Replot”命令，结果显示如图 14-16 所示。

（11）显示工作平面。选择 Utility Menu > WorkPlane > Display Working Plane”命令，以显示工作平面。

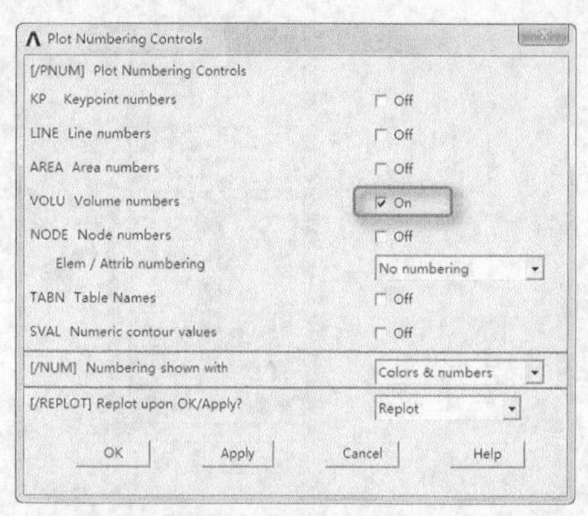

图 14-15 “Plot Numbering Controls”对话框

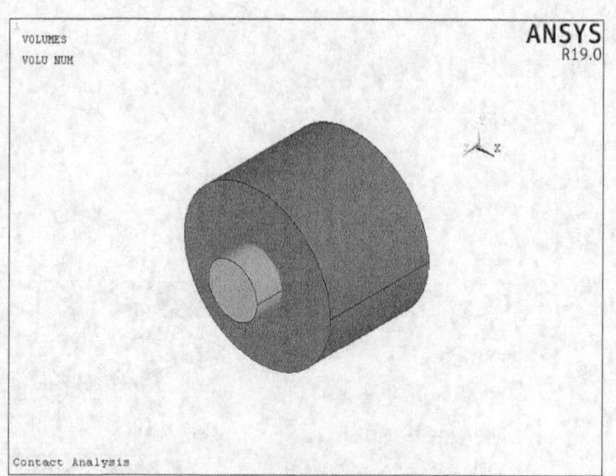

图 14-16 套筒和套管显示

（12）设置工作平面。选择“Utility Menu > WorkPlane > WP Settings”命令，弹出“WP Settings”工具条，如图 14-17 所示，单击选中“Grid and Triad”单选项，单击“OK”按钮。

（13）移动工作平面。选择“Utility Menu > WorkPlane > Offset WP by Increments”命令，弹出“Offset WP”工具条，如图 14-18 所示，用鼠标左键拖曳小滑块到最右端，滑块上方显示为“90”，然后单击 +Y 按钮，单击“OK”按钮。

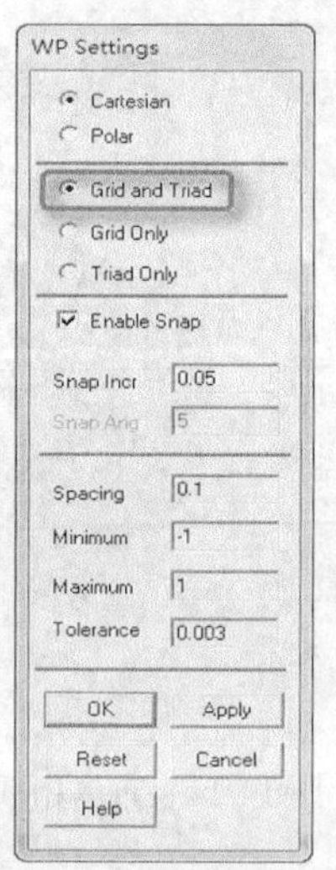

图 14-17 “WP Settings”工具条

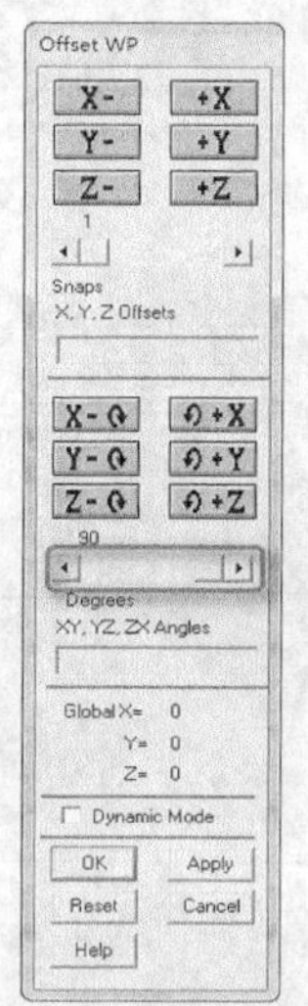

图 14-18 “Offset WP”工具条

（14）体分解操作。选择“Main Menu > Preprocessor > Modeling > Operate > Booleans > Divide > Volu by Workplane”命令，弹出“Divide Vol by WP”拾取菜单，单击“Pick All”按钮。

（15）重新显示。选择“Utility Menu > Plot > Replot”命令，结果如图 14-19 所示。

（16）保存数据。单击工具条上的“SAVE_DB”按钮保存数据。

（17）体删除操作。选择“Main Menu > Preprocessor > Modeling > Delete > Volumes and Below”

命令，弹出一个拾取框，在图形上拾取右边的套筒和套管，单击“OK”按钮，系统显示如图 14-20 所示。

（18）移动工作平面。选择“Utility Menu > WorkPlane > Offset WP by Increments”命令，弹出“Offset WP”工具条，用鼠标左键拖曳小滑块到最右端，滑块上方显示为“90”，然后单击 +X 按钮，单击“OK”按钮。

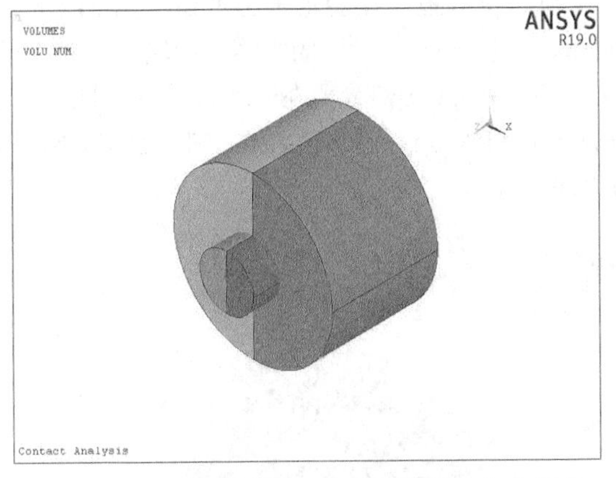

图 14-19　第一次用工作平面进行布尔分操作

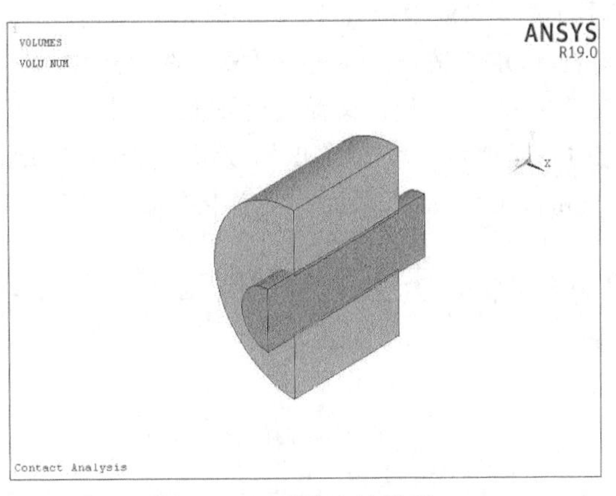

图 14-20　删除右边模型

（19）体分解操作。选择“Main Menu > Preprocessor > Modeling > Operate > Booleans > Divide > Volu by Workplane”命令，弹出“Divide Vol by WP”拾取菜单，单击“Pick All”按钮。

（20）重新显示。选择“Utility Menu > Plot > Replot”命令，结果如图 14-21 所示。

（21）体删除操作。选择“Main Menu > Preprocessor > Modeling > Delete > Volumes and Below”命令，弹出“Delete Volumes”拾取菜单，在图形上拾取上半部套筒和套管，单击“OK”按钮，系统显示如图 14-22 所示。

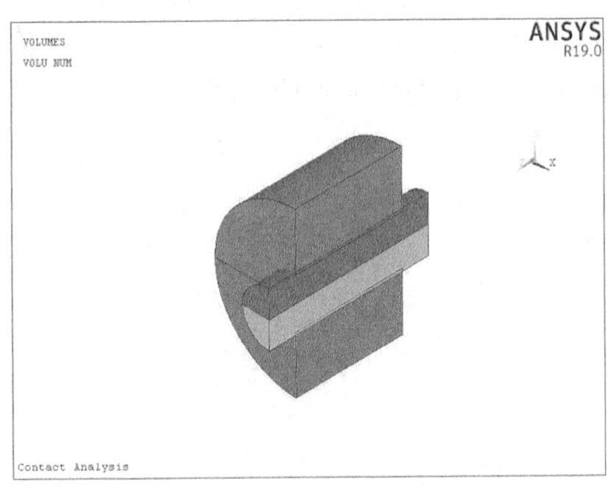

图 14-21　第二次用工作平面进行布尔分操作

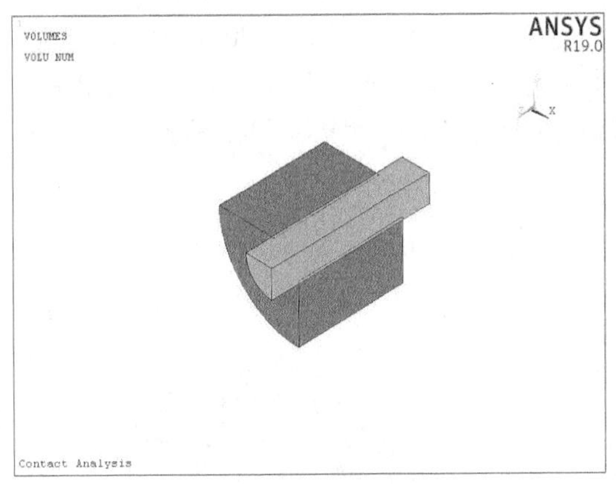

图 14-22　删除上半部模型

（22）重新显示。选择“Utiltiy Menu > Plot > Replot”命令以重新显示。

（23）保存数据。单击工具条上的“SAVE_DB”按钮保存数据。

（24）关闭工作平面。选择“Utility Menu > WorkPlane > Display Working Plane”命令以关闭工作平面。

（25）打开线编号显示。选择“Utility Menu > PlotCtrls > Numbering”命令，弹出“Plot Numbering

Controls”对话框，勾选“LINE Line numbers”复选框使其显示为“On”，单击“OK”按钮。

2. 划分网格

（1）设置线单元尺寸。选择“Main Menu > Preprocessor > Meshing > Size Cntrls > Manual Size > Lines > Picked Lines”命令，弹出一个拾取框，在图形上拾取编号为7的线，单击“OK”按钮，弹出如图14-23所示的“Element Sizes on Picked Lines”对话框，在“NDIV No. of element divisions”后面的文本框中输入“10”，单击“Apply”按钮，又弹出拾取框，在图形上拾取编号为27的线，单击“OK”按钮，弹出对话框，在“NDIV No. of element divisions”后面的文本框中输入“5”，单击“Apply”按钮，又弹出拾取框，在图形上拾取编号为17的线（套管所在套筒前面的弧线），如图14-24所示，单击“OK”按钮，弹出“Element Sizes on Picked Lines”对话框，在“NDIV No. of element divisions”后面的文本框中输入“5”，单击“OK”按钮。

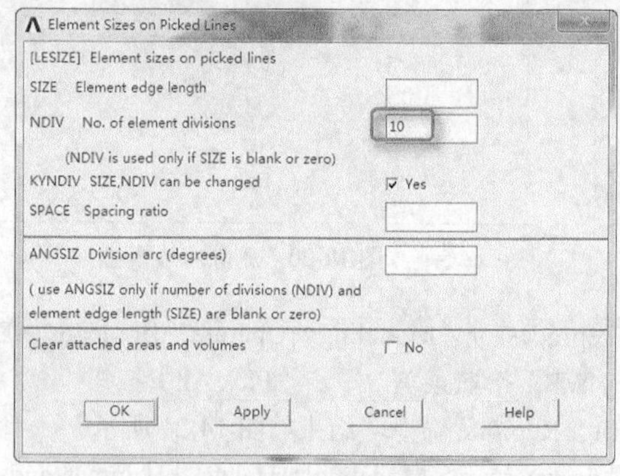

图14-23 控制网格份数

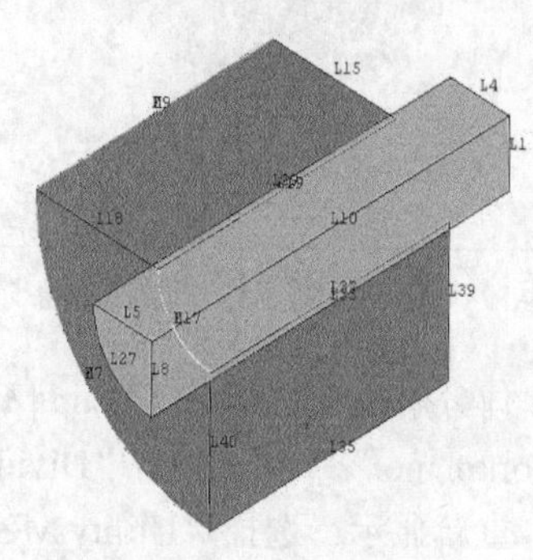

图14-24 L17线的显示

（2）有限元网格的划分。选择“Main Menu > Preprocessor > Meshing > Mesh > Volume Sweep > Sweep”命令，弹出“Volume Sweeping”拾取菜单，单击“Pick All”按钮。结果显示如图14-25所示。

（3）优化网格。选择“Utility Menu > PlotCtrls > Style > Size and Shape”命令，弹出如图14-26所示的“Size and Shape”对话框，在“[EFACET] Facets/element edge”后面的下拉列表框中选择“2 facets/edge”选项，单击“OK”按钮。

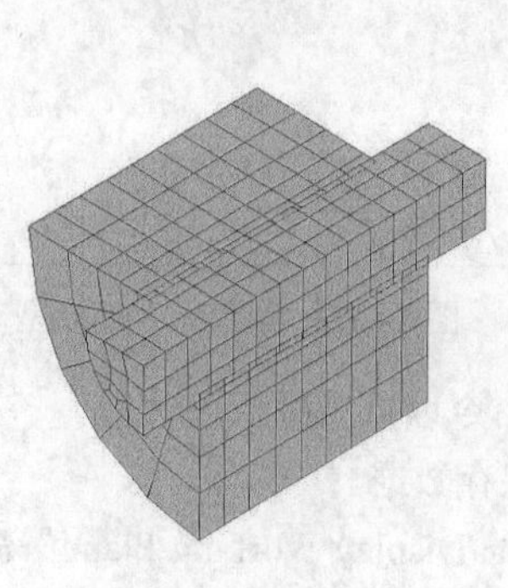

图14-25 网格显示

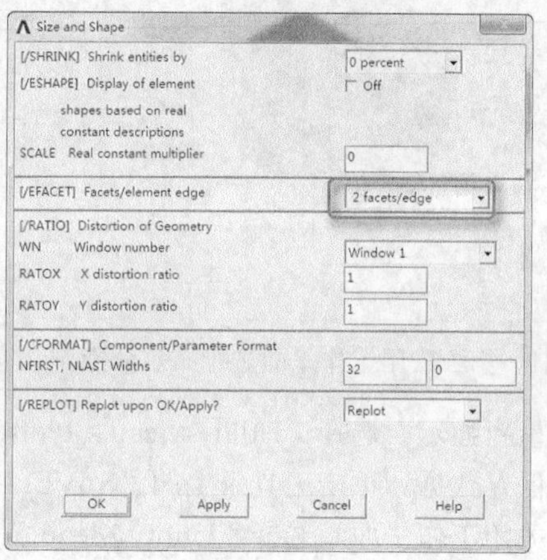

图14-26 “Size and Shape”对话框

（4）保存数据。单击“ANSYS Toolbar”上的“SAVE_DB”按钮保存数据。

14.3.3 定义边界条件并求解

1. 定义接触对

（1）创建目标面。选择“Main Menu > Prerprocessor > Modeling > Create > Contact Pair”命令，弹出如图 14-27 所示的“Contact Manager”对话框，单击“Contact Wizard”按钮。弹出如图 14-28 所示的“Contact Wizard”对话框，接受默认选项，单击“Pick Target”按钮，弹出一个拾取框，在图形上单击拾取套筒的接触面，如图 14-29 所示，单击“OK”按钮。

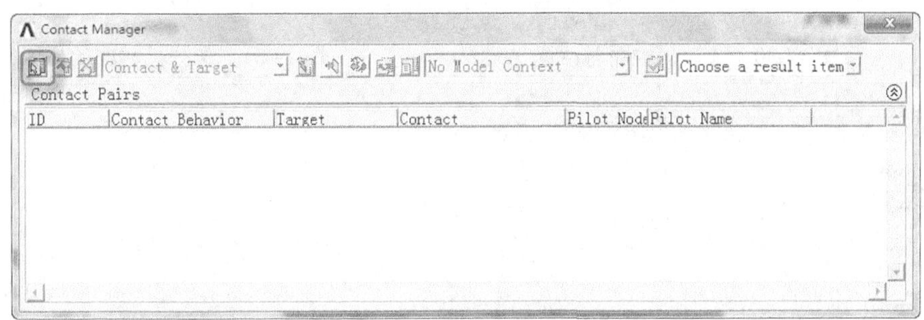

图 14-27 “Contact Manager”对话框

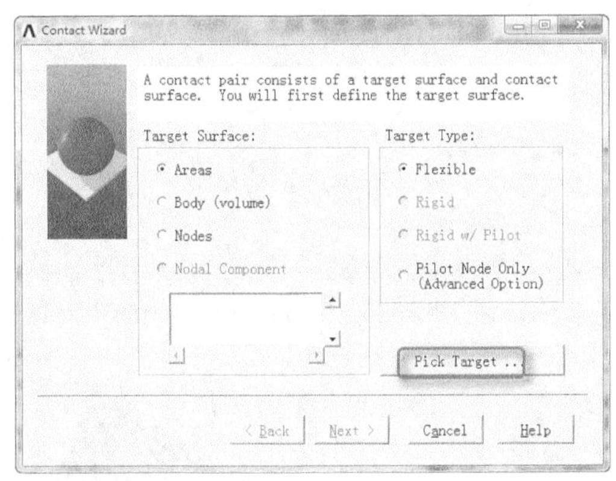

图 14-28 选择目标面对话框

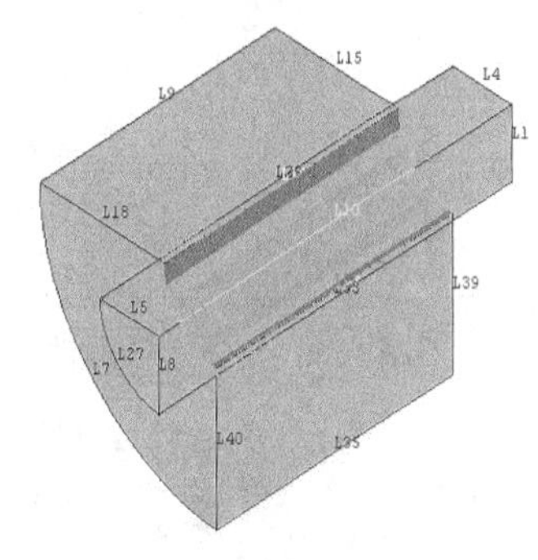

图 14-29 选择目标面的显示

（2）创建接触面。系统再次弹出“Contact Wizard”对话框，单击“Next”按钮，弹出如图 14-30 所示的“Contact Wizard”对话框，在“Contact Element Type”下面的单选栏中选中“Surface-to-Surface”选项，单击“Pick Contact”按钮，弹出一个拾取框，在图形上单击拾取圆柱套管的接触面，如图 14-31 所示，单击“OK”按钮，再次弹出“Add Contact Pair”对话框，单击“Next”按钮。

（3）设置接触面。又弹出“Contact Wizard”对话框，如图 14-32 所示，在“Coefficient of Friction”后面的文本框中输入“0.2”，单击“Optional settings”按钮，弹出如图 14-33 所示的对话框，在“Normal Penalty Stiffness”后面的文本框中输入“0.1”，单击“OK”按钮。

（4）接触面的生成。返回“Add Contact Pair”对话框，单击“Create”按钮，弹出“Contact Wizard”对话框，如图 14-34 所示。单击“Finish”按钮，结果如图 14-35 所示。然后关闭如图 14-27 所示的对话框。

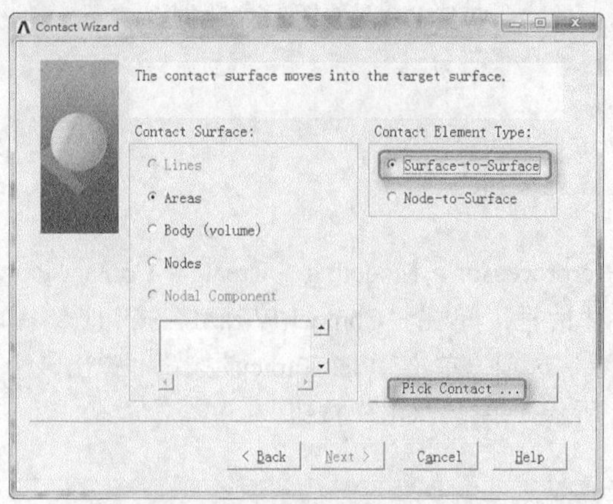

图 14-30　选择接触面对话框

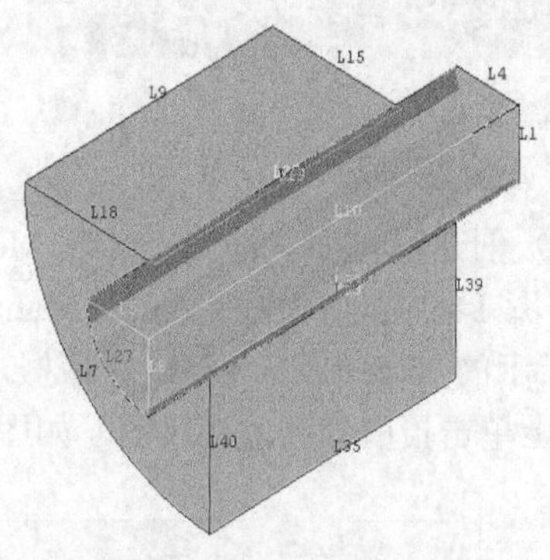

图 14-31　选择接触面的显示

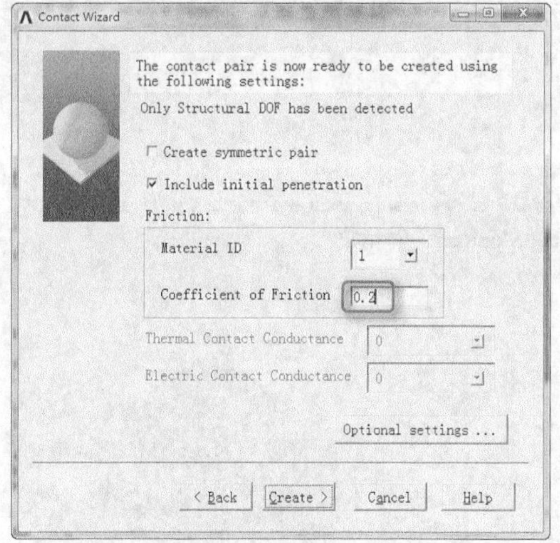

图 14-32　定义接触面性质对话框

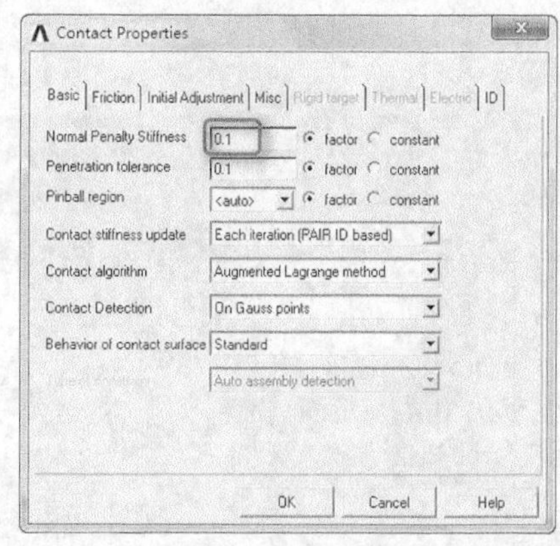

图 14-33　“Contact Properties”对话框

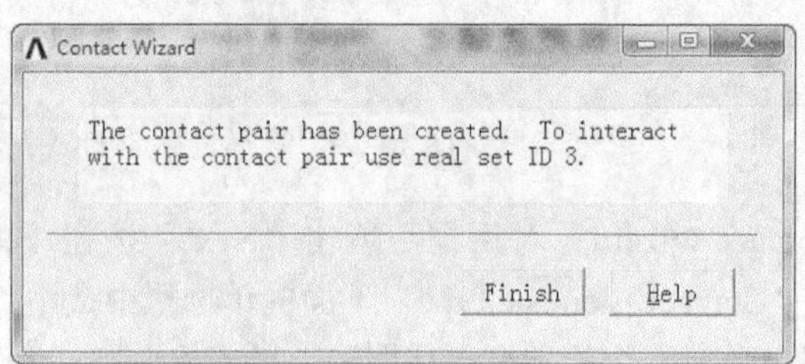

图 14-34　创建完成接触面提示框

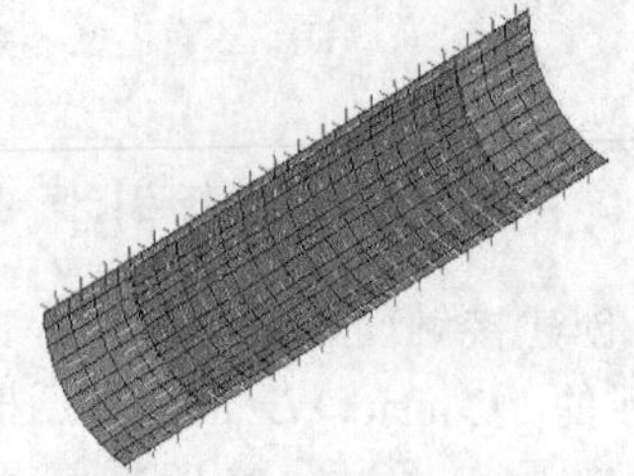

图 14-35　接触面显示

2. 施加载荷并求解

（1）打开面编号显示。选择“Utility Menu > PlotCtrls > Numbering”命令，弹出“Plot Numbering Controls”对话框，勾选“AREA Area numbers”复选框使其显示为“On”，勾选“LINE Line numbers”复选框使其显示为“Off”，单击“OK”按钮。

（2）施加对称位移约束。选择“Main Menu > Solution > Define Loads > Apply > Structural > Displacement > Symmetry B.C. > On Areas”命令，弹出一个拾取框，在图形上拾取编号为 10，3，4，

24 的面，单击“OK”按钮。

（3）施加面约束条件。选择“Main Menu > Solution > Define Loads > Apply > Structural > Displacement > On Areas”命令，弹出一个拾取框，在图形上拾取编号为28的面（即套筒左边的面），单击“OK”按钮，弹出如图 14-36 所示的“Apply U, ROT on Areas”对话框，选择“All DOF”选项，然后单击“OK”按钮。

（4）对第一个载荷步设定求解选项。选择“Main Menu > Solution > Analysis Type > Sol’n Controls”命令，弹出“Solution Controls”对话框，在“Analysis Options”下拉列表框中选择“Large Displacement Static”选项，在“Time at end of loadstep”后面的文本框中输入“100”，在“Automatic time stepping”下拉列表框中选择“Off”，在“Number of substeps”后面的文本框中输入“1”，如图 14-37 所示，单击“OK”按钮。

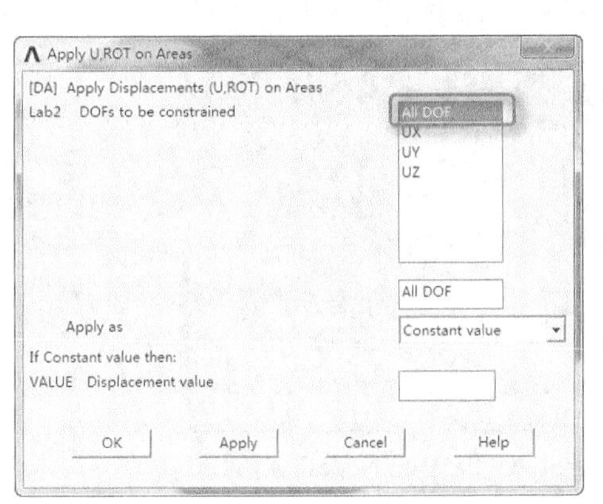

图 14-36　施加位移约束

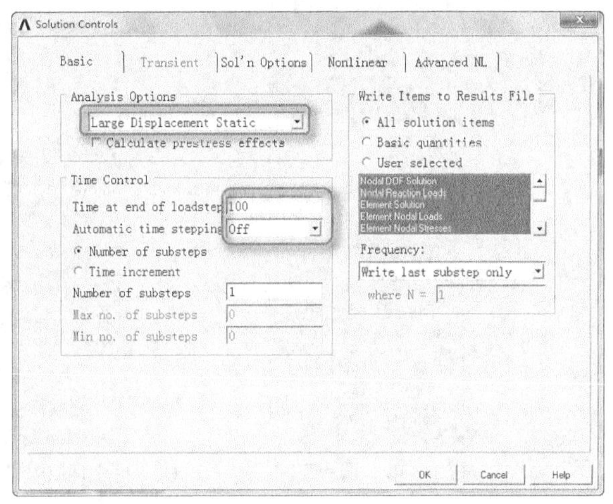

图 14-37　“Solution Controls”对话框

（5）第一个载荷步的求解。选择“Main Menu > Solution > Solve > Current LS”命令，弹出“/STATUS Command”状态窗口和“Solve Current Load Step”对话框，仔细浏览状态窗口中的信息然后关闭它，单击“Solve Current Load Step（求解当前载荷步）”对话框中的“OK”按钮开始求解。求解完成后会弹出“Solution is done”提示框，单击“Close”按钮。

（6）重新显示。选择“Utility Menu > Plot > Replot”命令以重新显示。

注意　*在开始求解的时候，可能会跳出警告信息提示框和确认对话框，单击“OK”按钮即可。*

（7）选择节点。选择“Utility Menu > Select > Entities”命令，弹出如图 14-38 所示的“Select Entities”工具条，在第一个下拉列表框中选择“Nodes”选项，在第二个下拉列表框中选择“By Location”选项，选择“Z coordinates”单选项，在“Min，Max”下面的文本框中输入“5”，单击“OK”按钮。

（8）施加节点位移。选择“Main Menu > Solution > Define Loads > Apply > Structural > Displacement > On Nodes”命令，弹出一个拾取框，单击“Pick All”按钮，弹出如图 14-39 所示“Apply U, ROT on Nodes”对话框，在“Lab2 DOFs to be constrained”后的下拉列表框中选中“UZ”选项，在“VALUE Displacement value”后面的文本框中输入“2.5”，单击“OK”按钮。

（9）对第二个载荷步设定求解选项。选择“Main Menu > Solution > Analysis Type > Sol’n Controls”命令，弹出“Solution Controls”对话框，在“Analysis Options”的下拉列表框中选择“Large Displacement Static”选项，在“Time at end of loadstep”后面的文本框中输入“200”，在“Automatic time stepping”后面的下拉列表框中选择“On”选项，在“Number of substeps”后面的文本框中输入100，在“Max no. of substeps”后面的文本框中输入“1000”，在“Min no. of substeps”后面的文本框中输入“10”，在“Frequency”下面的下拉列表框中选择“Write N number of substeps”，在“where N=”后面的文本框中输入“-10”，如图 14-40 所示，单击“OK”按钮。

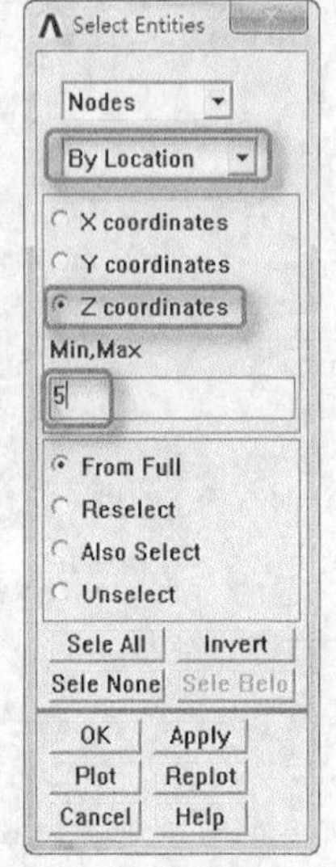

图 14-38　选择工具条

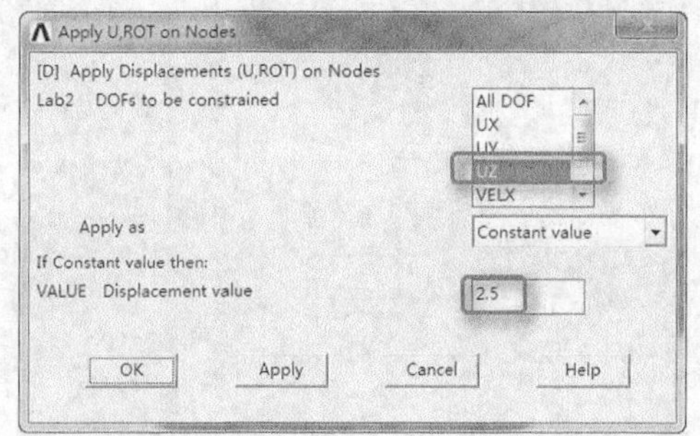

图 14-39　“Apply U, ROT on Nodes”对话框

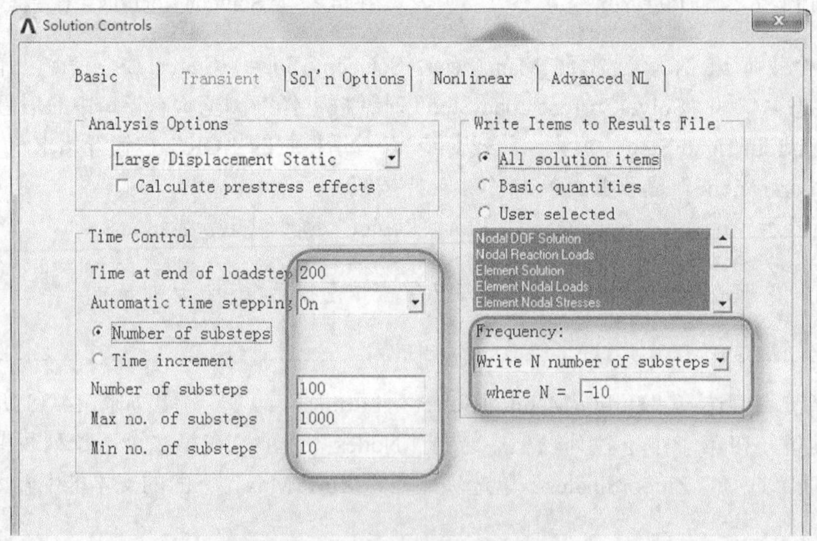

图 14-40　“Solution Controls”对话框

（10）选择所有实体。选择“Utility Menu > Select > Everythig”命令以选择所有实体。

（11）第二个载荷步的求解。选择“Main Menu > Solution > Solve > Current LS”命令，弹出“/STATUS Command”状态窗口和“Solve Current Load Step”对话框，仔细浏览状态窗口中的信息

然后关闭它，单击“Solve Current Load Step（求解当前载荷步）”对话框中的“OK”按钮开始求解。求解完成后会弹出“Solution is done”提示框，单击“Close”按钮关闭之。

14.3.4 后处理

1. Post1 后处理

（1）设置扩展模式。选择“Utility Menu > PlotCtrls > Style > Symmetry Expansion > Periodic/Cyclic Symmetry”命令，弹出如图 14-41 所示的“Periodic/Cyclic Symmetry Expansion”对话框，接受其余默认选择，单击“OK”按钮。

（2）读入第一个载荷步的计算结果。选择“Main Menu > General Postproc > Read Results > By Load Step”命令，弹出如图 14-42 所示的“Read Results by Load Step Number”对话框，在“LSTEP Load step number”后面的文本框中输入“1”，单击“OK”按钮。

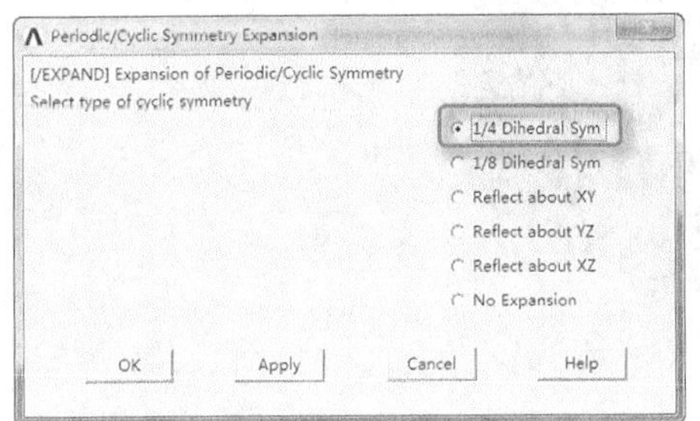

图 14-41 扩展显示对话框

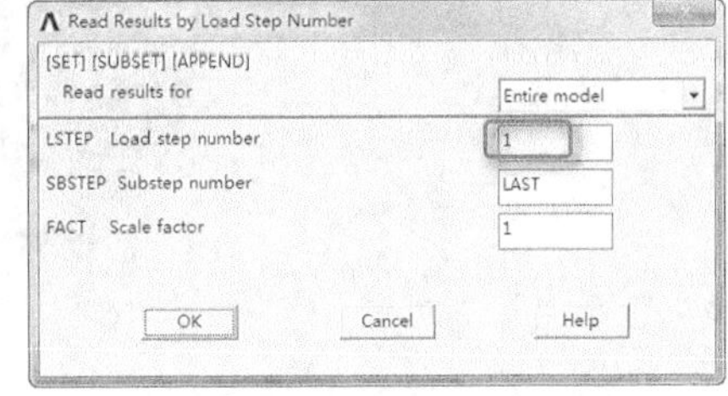

图 14-42 “Read Results by Load Step Number”对话框

（3）Von-Mises 应力云图显示。选择“Main Menu > General Postproc > Plot Results > Contour Plot > Nodal Solu”命令，弹出“Contour Nodal Solution Data”对话框，在“Item to be contoured”下面依次选择“Nodal Solution > Stress > von Mises stress”命令，如图 14-43 所示，单击“OK”按钮，结果显示如图 14-44 所示。

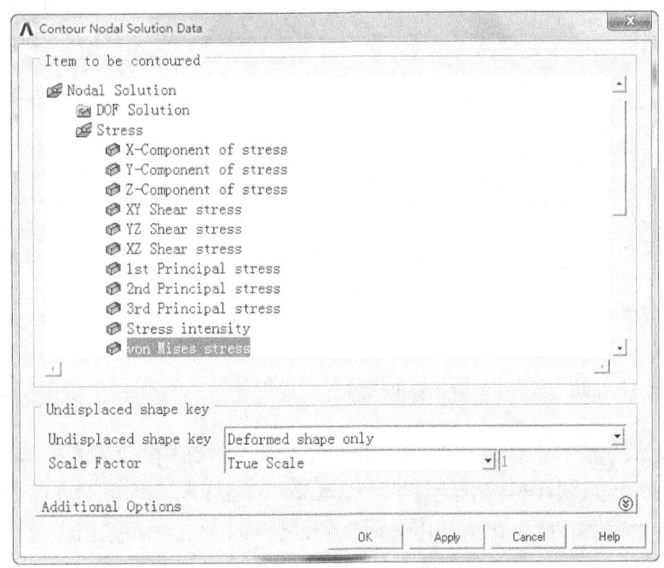

图 14-43 “Contour Nodal Solution Data”对话框

（4）读入某时刻计算结果。选择“Main Menu > General Postproc > Read Results > By Time/Freq”命令，弹出如图 14-45 所示的“Read Results by Time or Frequency”对话框，在“TIME Value of time or freq”后面的文本框中输入“120”，单击“OK”按钮。

（5）选择单元。选择“Utility Menu > Select > Entities”命令，弹出“Select Entities”工具条，在第一个下拉列表框中选择“Elements”选项，在第二个下拉列表框中选择“By Elem Name”选项，在“Element name”下面的文本框中输入“174”，如图 14-46 所示，按下回车（Enter）键，单击“OK”按钮。

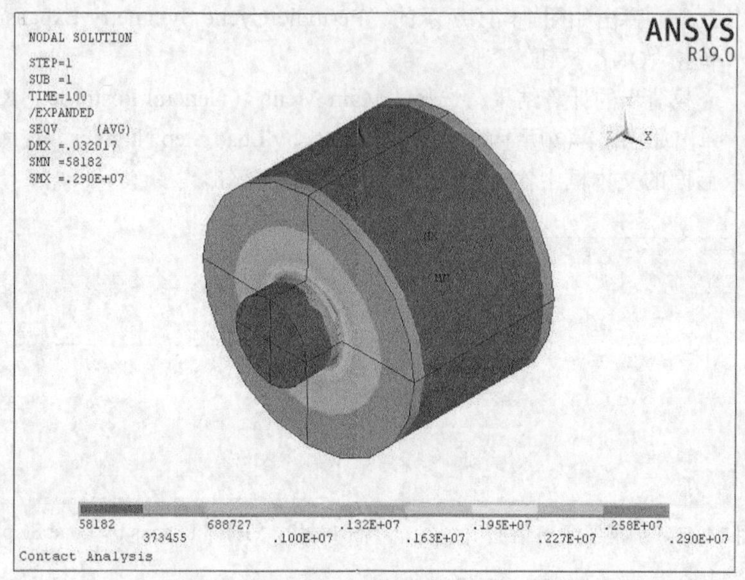

图 14-44 第一个载荷步的应力云图

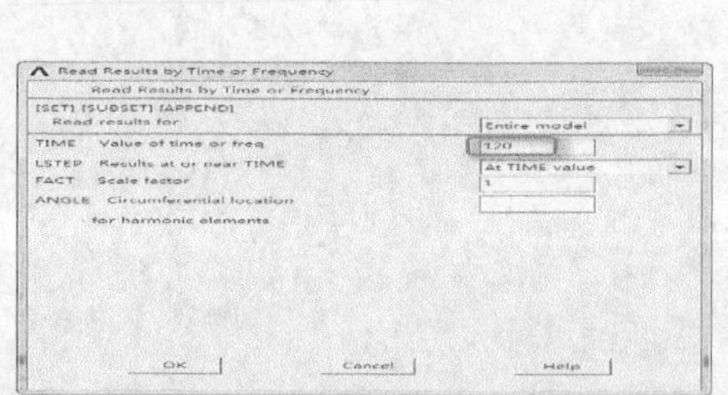
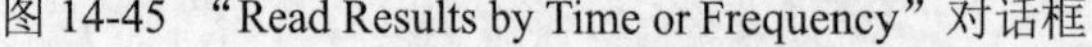

图 14-45 “Read Results by Time or Frequency”对话框

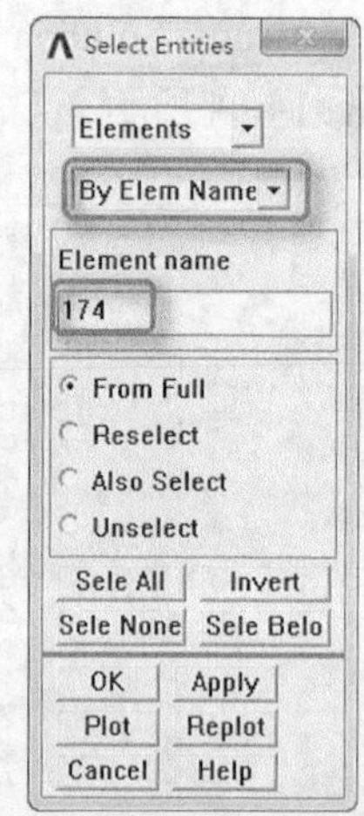

图 14-46 “Select Entities”工具条

（6）接触面压力云图显示。选择“Main Menu > General Postproc > Plot Results > Contour Plot > Nodal Solu”命令，弹出如图 14-47 所示的“Contour Nodal Solution Data”对话框，在“Item to be contoured”下面依次选择“Nodal Solution > Contact > Contact pressure”命令，单击“OK”按钮，结果显示如图 14-48 所示。

（7）读取第二个载荷步的计算结果。选择“Main Menu > General Postproc > Read Results > By Load Step”命令，弹出“Read Results by Load Step Number”对话框，在“LSTEP Load step number”后面的文本框中输入“2”，单击“OK”按钮。

（8）选择所有模型。选择“Utility Menu > Select > Everything”命令以选择所有模型。

（9）Von-Mises 应力云图显示。选择“Main Menu > General Postproc > Plot Results > Contour Plot > Nodal Solu”命令，弹出“Contour Nodal Solution Data”对话框，在“Item to be contoured”下面依次选择“Nodal Solution > Stress > von Mises stress”命令，单击“OK”按钮，结果显示如图 14-49 所示。

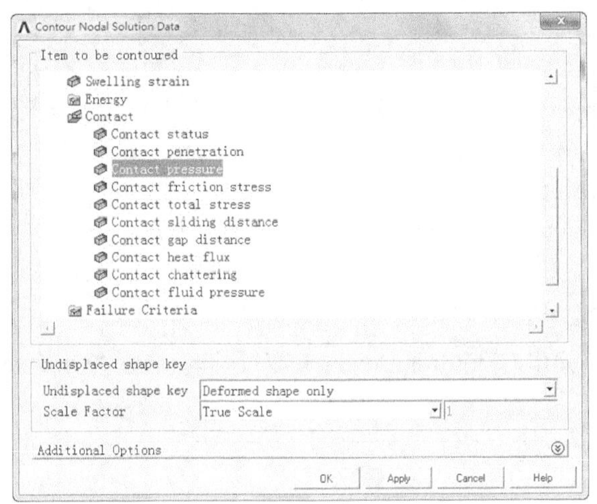

图 14-47　“Contour Nodal Solution Data”对话框

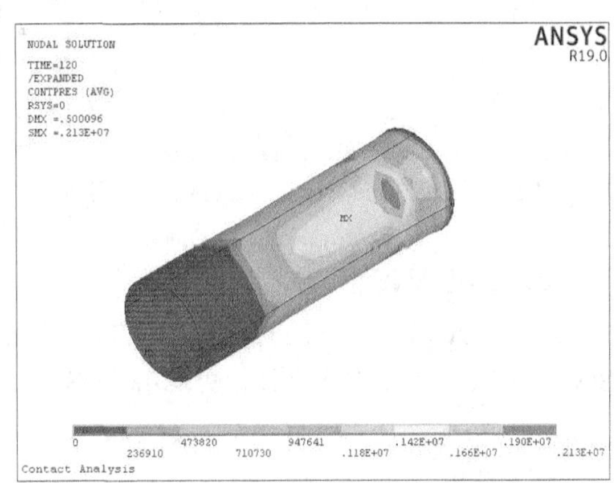

图 14-48　接触面压力云图

2. Post26 后处理

（1）定义时域变量。选择“Main Menu > TimeHist Postpro”命令，弹出如图 14-50 所示的“Time History Variables”对话框，单击左上角的 按钮，弹出如图 14-51 所示的“Add Time-History Variables”对话框，连续单击“Reaction Forces > Structural Forces > Z-Component of force”命令，单击“OK”按钮，弹出“Node for Data”拾取框，在图形上拾取套管端部的任何一个节点（即 z 坐标为 5 的任何一个节点），单击“OK”按钮。

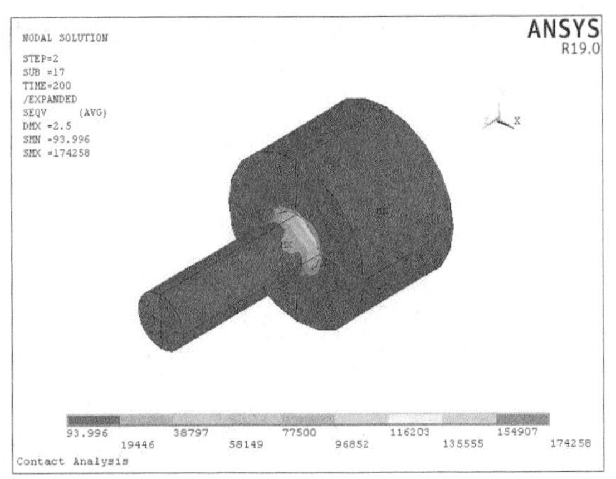

图 14-49　套管拔出时的应力云图

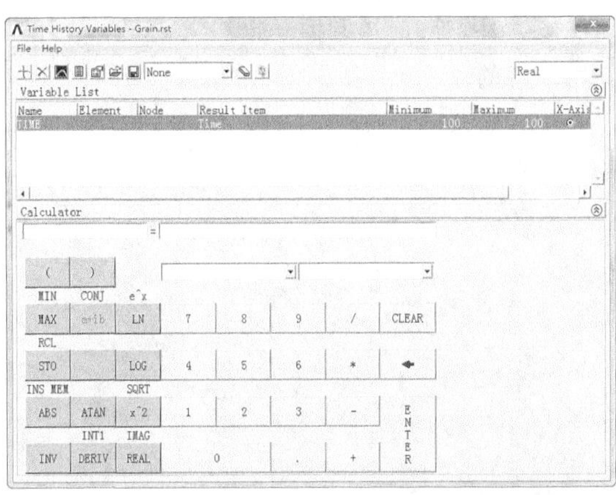

图 14-50　“Time History Variables”对话框

（2）绘制节点反力随时间的变化图。在“Time History Variables”对话框中，单击“Graph Data”按钮，则在画面上绘制出以节点反力随时间变化的图，如图 14-52 所示。

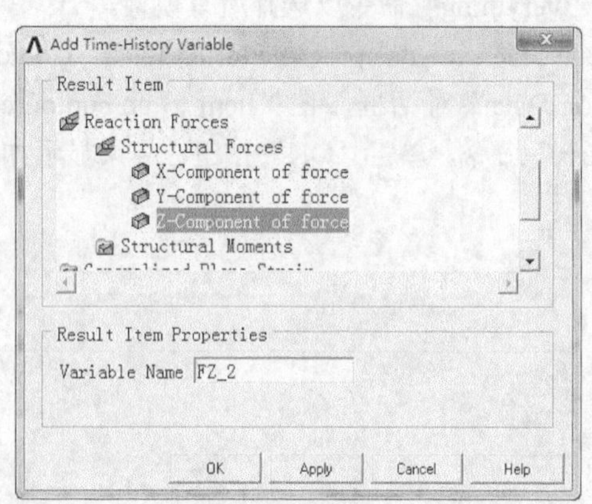

图 14-51 “Add Time-History Variables”对话框

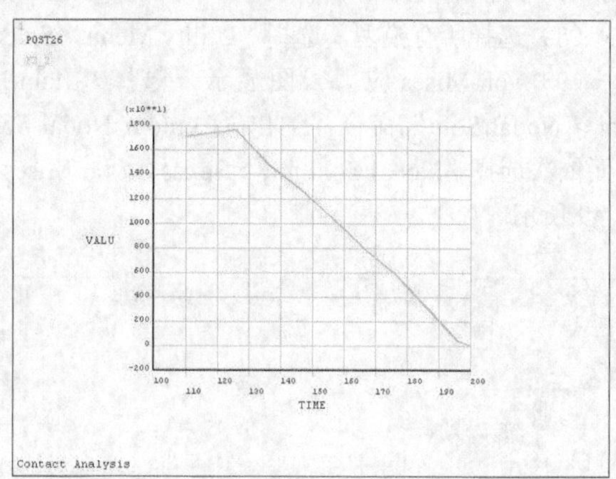

图 14-52 节点反力与时间曲线图

3. 退出 ANSYS

单击“ANSYS Toolbar”上的“QUIT”选项，弹出“Exit from ANSYS”对话框。选择“Quit-No Save”选项，单击“OK”按钮可退出 ANSYS。

14.3.5 命令流实现

详见随书配套资源中的“X:\ 命令流 \14.3 综合实例——陶瓷套管的接触分析 .txt”电子文档。

14.4 本章小结

接触问题求解主要分为三大类：点 - 点，点 - 面，面 - 面接触。每种接触方式使用的接触单元适用于某类接触问题，这些问题在工程实践中会经常遇到，掌握 ANSYS 接触分析是对自己解决非线性问题的一种很大程度的提高，所以，要精通 ANSYS 接触分析，除了对接触理论（摩擦等）有所了解之外，还应该掌握一定的 ANSYS 静力学、动力学以及热力学基础知识，这一点是需要读者特别注意的。

第 15 章 高级分析

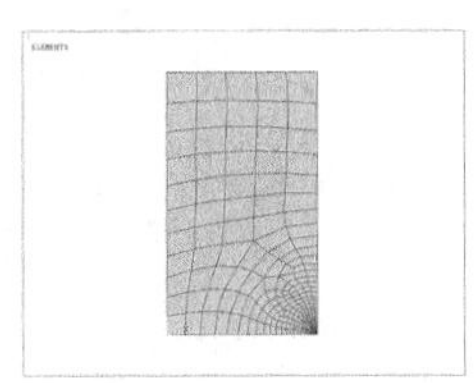

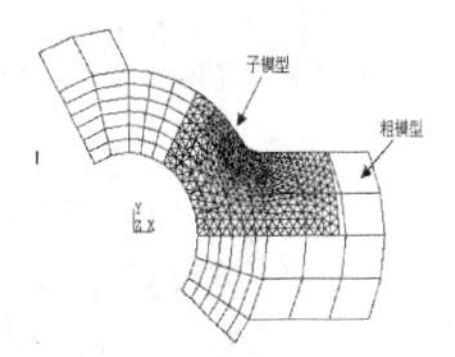

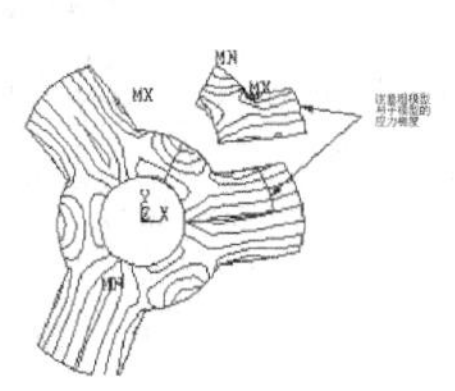

本章导读

本章介绍高级分析技巧。ANSYS 除了基本的分析功能外，还有许多高级的分析功能，包括自适应网格划分、子模型及参数化设计语言，本章将重点讲解这些功能。

15.1 自适应网格划分

ANSYS 程序提供了近似的技术自动估计特定分析类型中因为网格划分带来的误差。通过这种误差估计，程序可以确定网格是否足够细。如果不够的话，程序将自动细化网格以减少误差。这一自动估计网格划分误差并细化网格的过程就叫作自适应网格划分，然后通过一系列的求解过程使得误差低于用户指定的数值（或直到用户指定的最大求解次数），图 15-1 所示为选择自适应能改进有应力集中的模型。

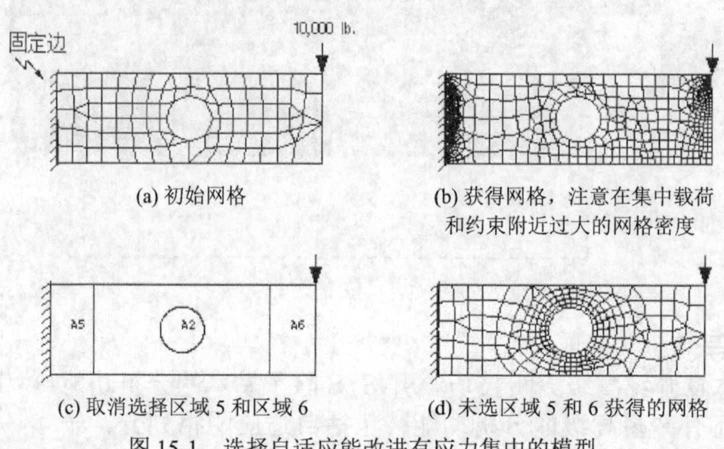

(a) 初始网格

(b) 获得网格，注意在集中载荷和约束附近过大的网格密度

(c) 取消选择区域 5 和区域 6

(d) 未选区域 5 和 6 获得的网格

图 15-1 选择自适应能改进有应力集中的模型

15.1.1 自适应网格划分的条件

自适应网格划分必须要具有以下先决条件。

ANSYS 软件中包含一个预先写好的宏，如 ADAPT.MAC，完成自适应网格划分的功能。用户的模型在使用这个宏之前必须满足一些特定的条件（在一些情况下，不满足要求的模型也可以用修正的过程完成自适应网格划分，下面还要讨论）。

- 标准的 ADAPT 过程只适用于单次求解的线性静力结构分析和线性稳态热分析。
- 模型最好使用一种材料类型，因为误差计算是根据应力平均结点进行的，在不同材料过渡位置往往不能进行计算。而且单元的能量误差是受材料弹性模量影响的。因此，在两个相邻单元应力连续的情况下，其能量误差可能由于材料特性不同而不一样。在模型中同样应该避免壳厚突变，这也可能造成在应力平均上发生问题。
- 模型必须使用支持误差计算的单元类型。
- 模型必须是可以划分网格的，即模型中不能有引起网格划分出错的部分。

15.1.2 自适应网格划分的过程

1. 进行自适应网格划分的步骤

（1）像其他线性静力分析或稳态热分析一样，先进入前处理器，然后指定单元类型、实参和材料特性，要满足上面提到的条件。

（2）用实体建模过程建立模型，用可以划分网格的面或体建模。不需指定单元大小，也不用划分网格，ADAPT 宏会自动划分网格。

（3）在 PREP7 中或在 SOLUTION 中指定分析类型，分析，载荷和载荷步选项。在一个载荷步中，仅施加实体模型载荷和惯性载荷（加速度、角加速度和角速度）。

（4）如果在 PREP7 中，则退出前处理器 [FINISH]。

用下列方法激活自适应求解。

```
Command: ADAPT
```

注意

用户可以在热或结构分析中使用 ADAPT 宏，但不能在一次自适应分析中同时进行这两种不同类型的计算。在自适应网格划分的迭代过程中，单元的大小将作调整，以减小或增加单元能量误差，直到误差满足指定的数值（或指定的最大求解次数）为止。

当自适应网格计算收敛时，程序自动检查单元形状并打开 [SHPP，ON]。然后返回 SOLUTION 或初始状态，这取决于激活 ADAPT 的状态。接下来可以进入 POST1 用标准操作进行后处理。

2. 修改基本过程

如果用户清楚某个部分网格划分的误差相对影响较小（如应力水平较低且变化较小），则可以将这些区域从自适应网格划分中排除以加快分析速度。同样，用户也许想将接近应力奇异点的部分（如集中载荷）排除掉。选择逻辑操作可以解决这类问题。

如果选择了一个关键点集，ADAPT 宏仍将包含所有的关键点（在选择的和未选择的关键点都作网格改动），除非将“ADAPT”命令中 KYKPS 设为 1。

如果选择了一个面或体集，ADAPT 宏将只在选择的区域调整网格大小，此时必须在激活 ADAPT 宏之前在 PREP7 中对整个模型进行网格划分。

3. 用户子程序定制 ADAPT 宏

标准的 ADAPT 宏并不能满足特定的分析需要。例如，用户可能想同时对面和体进行网格划分，这在标准宏当中是不可以的。对于这种或其他一些类似情况，可以对 ADAPT 宏进行修改，使之适用于特定的分析。ANSYS 程序用宏这种方式完成自适应网格划分，本身就使得用户可以对其进行相应的修改以适应不同的要求。方便的是，用户不用总是通过修改 ADAPT 代码的方式来定制宏。宏的 3 个部分可以用用户子程序的方法来修改，这个方法将 ADAPT 宏和用户文件分开，用户可以生成子程序由 ADAPT 宏来调用。这 3 个部分是：网格划分命令序列、边界条件命令序列和求解命令序列。相应的用户子程序名为 ADAPTMSH.MAC、ADAPTBC.MAC 和 ADAPTSOL.MAC。这 3 个子程序的功能：生成用户网格划分子程序（ADAPTMSH.MAC）、生成用户边界条件子程序（ADAPTBC.MAC）、生成用户求解子程序（ADAPTSOL.MAC）。

4. 定制 ADAPT 宏（UADAPT.MAC）

有些情况下用户需要修改 ADAPT 宏但不能通过单独的用户子程序的方式，那么就需要直接修改 ADAPT 宏的主体。但是，因为某些原因，不推荐直接对 ADAPT 宏进行修改（例如，别的用户和你同时使用一个软件，在调用 ADAPT 宏时会发现宏被修改了）。因此，在 ANSYS 安装中支持一个宏的复制文件 UADAPT.MAC，便于用户修改。

如果对 UADAPT.MAC 文件进行了修改，建议对修改后的文件取一个新的文件名。然后在调用时输入这个文件名。要知道的是，如果新文件名是一个“unknown command”，ANSYS 将搜索上级目录，然后是登录的目录，最后是工作目录，直到找到这个宏为止。如果修改的宏只能被一个用户使用，那么存储的位置应在用户登录目录的层次之下（不能等于或高于这个目录层次）。这样，存储的低层次的文件可以通过 *USE 命令来调用。

5. 自适应网格划分的一些说明

下面的建议可能有助于自适应网格划分的使用。

- 不需指定初始网格大小，但指定大小可能有利于自适应收敛。如果指定了关键点网格大小，ADAPT 宏在第一次循环时使用这个值，然后在随后的循环中进行调整。
- 如果定义了线分段数或大小比例，ADAPT 宏将在每次循环中都使用这个数值而不作改变。如果没有定义任何形式的网格份数，在初始网格划分时将使用默认的网格大小。
- 映射网格划分适用于 2D 实体和 3D 壳单元，但面的映射划分效果不明显。
- 映射网格划分适用于 3D 实体。对体进行映射划分比自由划分效果要好得多。
- 总体上说，在自适应网格中有中间结点的单元比线性单元要好。
- 不要用集中载荷或尖角等引起奇异性的结构，因为此时 ADAPT 在这些奇异点处能量值将不收敛。如果模型中有集中载荷时，则将其用施加在一个小面上的压力等效（或通过选择将奇异部分排除在自适应网格划分之外）。
- 在许多情况下，用一系列相对小的区域替代少数几个大的区域将得到更好的网格划分。
- 如果最大响应位置已知或事先可以推测，就在附近放置一个关键点。
- 如果是在交互方式下运行 ADAPT，而 ANSYS 在没有提示出错信息时突然退出，可以在 Jobname.ADPT 文件中查看自适应网格划分部分以确定出错原因。同样，在批处理方式下运行 ADAPT 时，可以看 Jobname.ADPT 确定出错原因。
- 如果模型中有些区域有过度的扭曲时，在网格划分中就会出错。在这种情况下，用 KESIZE 命令中的 SIZE 域指定扭曲区域附近关键点的最大单元长度。同时，ADAPT 命令中的 FACMX 将设为 1，阻止过度扭曲部分单元大小增加。
- 应当存储结果文件（Jobname.RST 或 Jobname.RTH）。在 ADAPT 运行过程中，程序如果发生中断，结果文件中将保存 ADAPT 过程已完成求解的内容。
- 在自适应网格运行之前应输入 SAVE 命令。在程序出错中断时，可以用 Jobname.db 重新启动计算。

15.2 综合实例——平板受热分析

扫码看视频

本节将通过一个实例来说明自适应网格划分的具体过程。

15.2.1 问题描述

求解结构在承受热载荷时 E 点的温度，几何尺寸和材料特性等参数如图 15-2 所示。

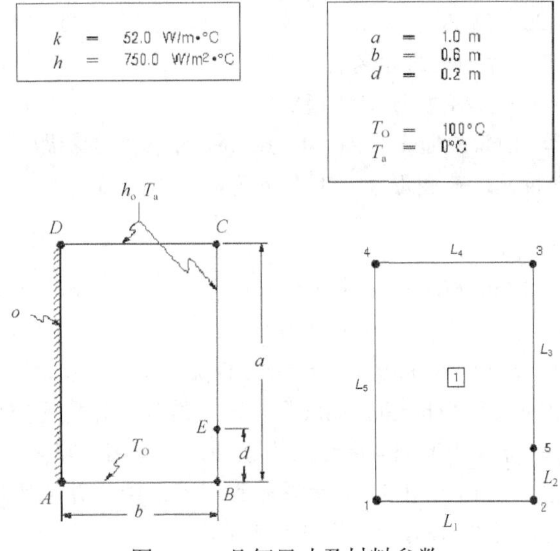

图 15-2　几何尺寸及材料参数

15.2.2 建立模型

1. 设定分析作业名

（1）从应用菜单中选择“Utility Menu：File > Change Jobname”命令，打开“Change Jobname（修改文件名）”对话框，如图 15-3 所示。

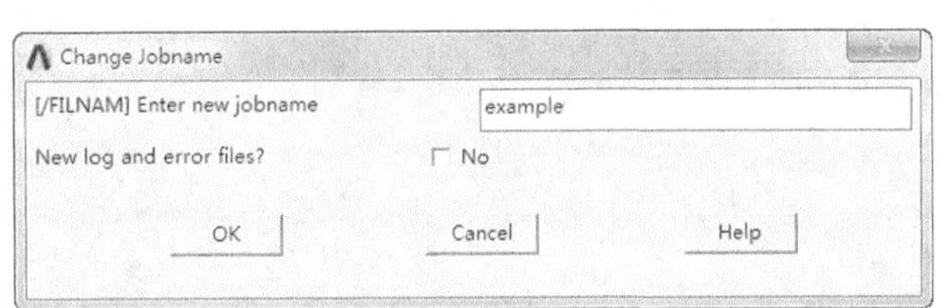

图 15-3　修改文件名对话框

（2）在“Enter new jobname（输入新的文件名）”文本框中输入“example”，为本分析实例的数据库文件名。

（3）单击“OK”按钮，完成文件名的修改。

2. 设定分析标题

（1）从应用菜单中选择“Utility Menu：File > Change Title”命令，打开“Change Title（修改标题）”对话框，如图 15-4 所示。

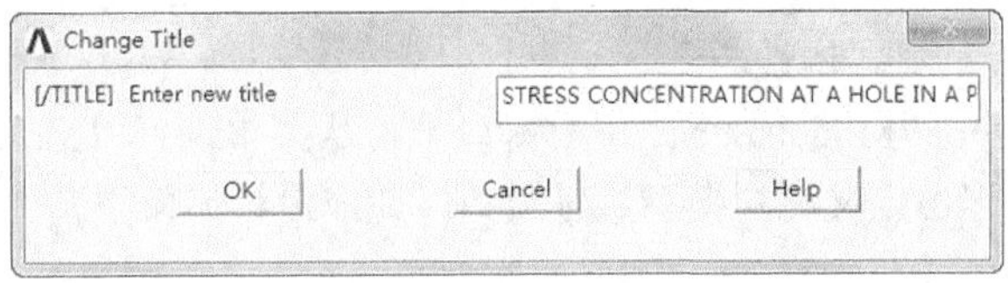

图 15-4　修改标题对话框

（2）在“Enter new title（输入新标题）”文本框中输入“STRESS CONCENTRATION AT A HOLE IN A PLATE”，为本分析实例的标题名。

（3）单击“OK”按钮，完成对标题名的指定。

（4）从应用菜单中选择“Utility Menu：Plot > Replot”命令，指定的标题“STRESS CONCENTRATION AT A HOLE IN A PLATE”将显示在图形窗口的左下角。

3. 定义单元类型

（1）从主菜单中选择“Main Menu：Preprocessor > Element Type > Add/Edit/Delete”命令，打开“Element Type（单元类型）”对话框，如图 15-5 所示。

（2）单击“OK”按钮，打开“Library of Element Type（单元类型库）”对话框，如图 15-6 所示。

（3）在左边的列表框中选择“Thermal Solid”选项，选择实体单元类型。

（4）在右边的列表框中选择“Quad 4node 55”选项，选择四节点矩形板单元 PLANE55。

（5）单击“OK”按钮，将 PLANE55 单元添加到列表框中，并关闭单元类型库对话框，同时返回第（1）步打开的单元类型对话框，如图 15-5 所示。

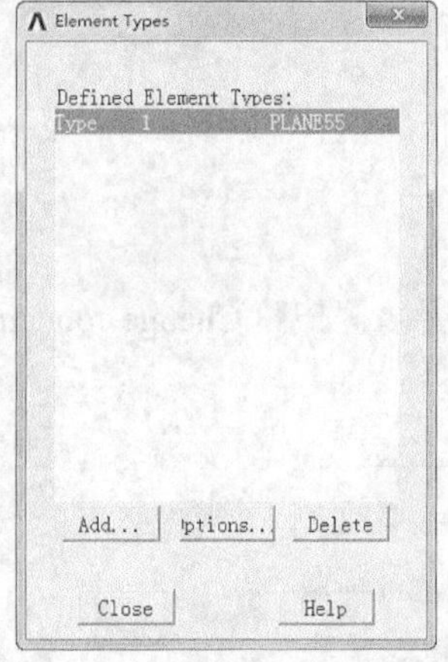

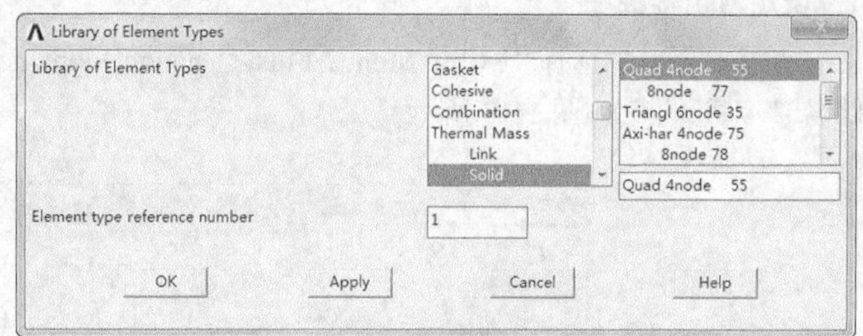

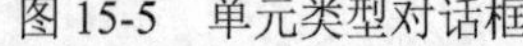
图 15-5　单元类型对话框　　　　图 15-6　单元类型库对话框

（6）单击“Close”按钮，关闭单元类型对话框，结束单元类型的添加。

4. 定义材料属性

（1）从主菜单中选择“Main Menu：Preprocessor > Material Props > Material Model”命令，打开“Define Material Model Behavior（定义材料模型属性）”窗口，如图 15-7 所示。

（2）依次单击“Thermal > Conductivity > Isotropic”命令，展开材料属性的树形结构。打开 1 号材料的弹性模量和泊松比对话框，如图 15-8 所示。

（3）在对话框的“KXX”文本框中输入弹性模量“52.0”。

（4）单击“OK”按钮，关闭对话框，并返回定义材料模型属性窗口，在此窗口的左边一栏出现刚刚定义的参考号为 1 的材料属性。

（5）在“Define Material Model Behavior”窗口中，从菜单选择“Material > Exit”命令，或者单击右上角的 × 按钮，退出定义材料模型属性窗口，完成对材料模型属性的定义。

5. 建立模型

（1）定义关键点 1、2、3、4、5。

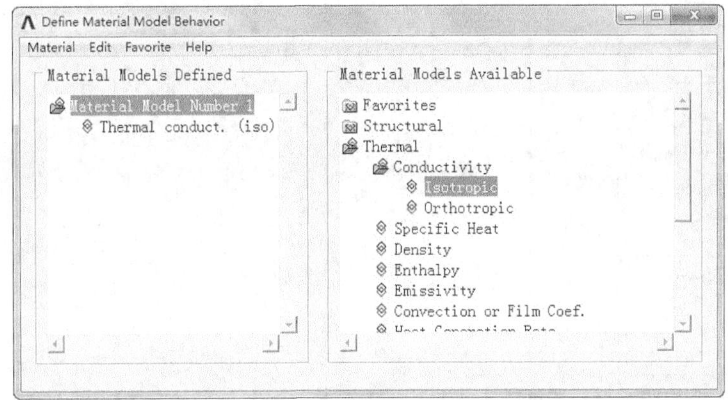

图 15-7 定义材料模型属性窗口

① 从主菜单中选择“Main Menu： Preprocessor > Modeling > Create > Keypoints > In Active CS…”命令，弹出“Create Keypoints in Active Coordinate System”对话框。

② 在“Keypoint number”文本框中输入“1”，令 X=0，Y=0，单击“Apply”按钮，如图 15-9 所示。

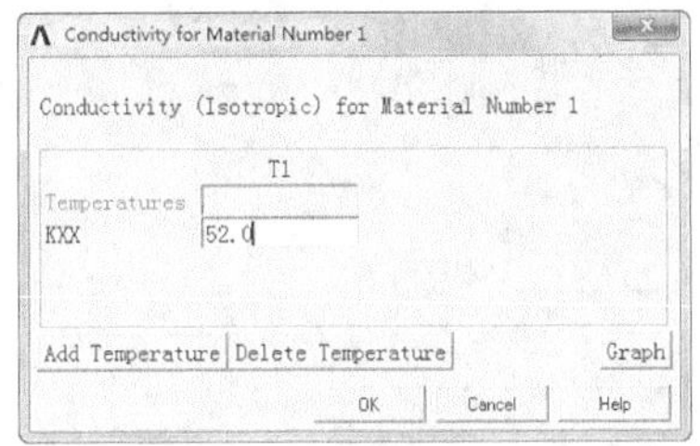

图 15-8 线性各向同性材料的弹性模量和泊松比

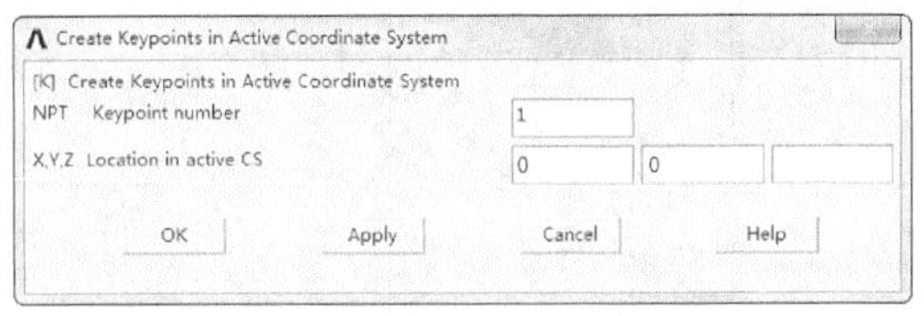

图 15-9 定义一个关键点

③ 在“Keypoint number”文本框中输入“2”，令 X=0.6，Y=0，单击“Apply”按钮。

④ 在“Keypoint number”文本框中输入“3”，令 X=0.6，Y=1.0，单击“Apply”按钮。

⑤ 在“Keypoint number”文本框中输入“4”，令 X=0，Y=1.0，单击“Apply”按钮。

⑥ 在“Keypoint number”文本框中输入“5”，令 X=0.6，Y=0.2，单击“OK”按钮。

（2）将点连接成线。

① 从主菜单中选择“Main Menu：Preprocessor > Modeling > Create > Lines > Lines > Straight Line”命令。

② 分别拾取关键点 1 和 2，2 和 5，5 和 3，3 和 4，4 和 1，然后单击“OK”按钮，如图 15-10 所示。

③ 创建线的结果如图 15-11 所示。

（3）用当前定义的所有线创建一个面。

① 从主菜单中选择“Main Menu：Preprocessor > Modeling > Create > Areas > Arbitrary > By Lines”命令。

② 在选择线对话框中输入选择线 1，2，3，4，5，单击“OK”按钮，如图 15-12 所示。

（4）定义分析类型。

① 从主菜单中选择“Main Menu：Preprocessor > Loads > Analysis Type > New Analysis”命令，弹出“New Analysis”对话框。

② 选择“Steady-State”单选项，单击“OK”按钮，如图 15-13 所示。

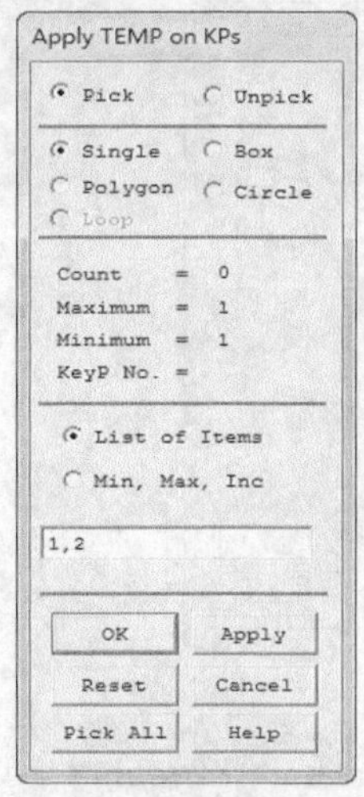

图 15-10　创建线

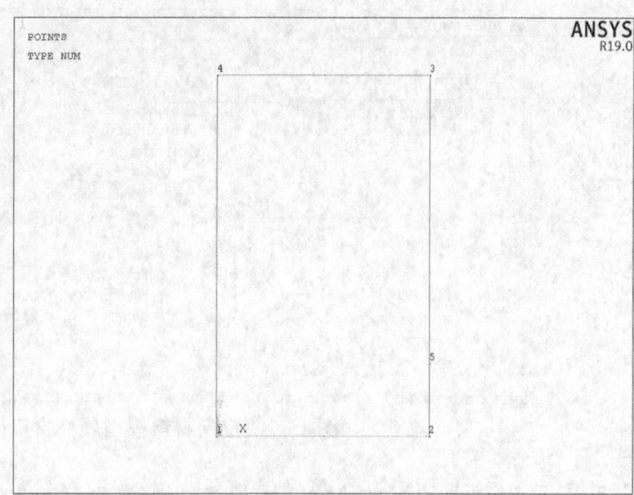

图 15-11　创建线的结果

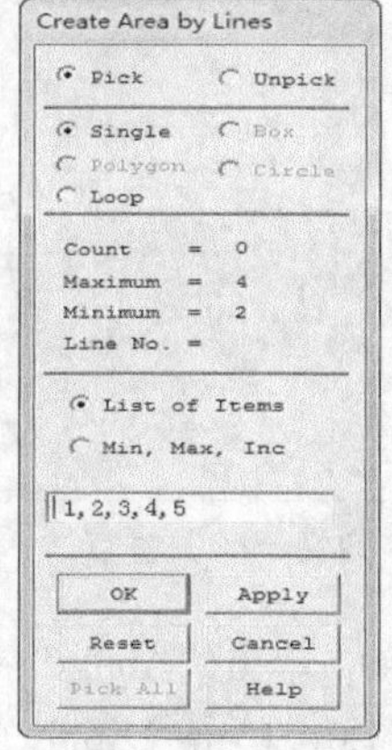

图 15-12　选择线

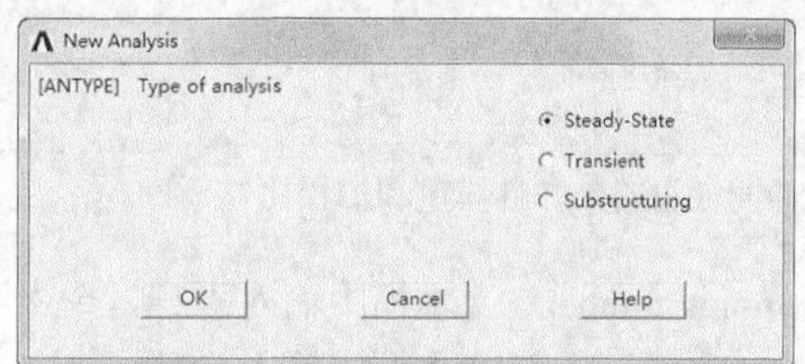

图 15-13　选择分析类型

15.2.3　定义边界条件并求解

1. 施加载荷

（1）定义关键点温度。

① 从主菜单中选择“Main Menu：Preprocessor > Loads > Define Loads > Apply > Thermal > Temperature > On Keypoints”命令。

② 在选择关键点对话框中输入 1，2 选择 1，2 号关键点，单击“OK”按钮，如图 15-14 所示。

③ 在打开的对话框中，在“DOFs to be constrained”列表框中选择“TEMP”选项，在“Load TEMP value”文本框中输入“100”，设置“Apply TEMP to nodes”为“Yes”，单击“OK”按钮。如图 15-15 所示。

（2）在线上施加对流载荷。

① 从主菜单中选择“Main Menu：Preprocessor > Loads > Define Loads > Apply > thermal > convection > On Lines”命令。

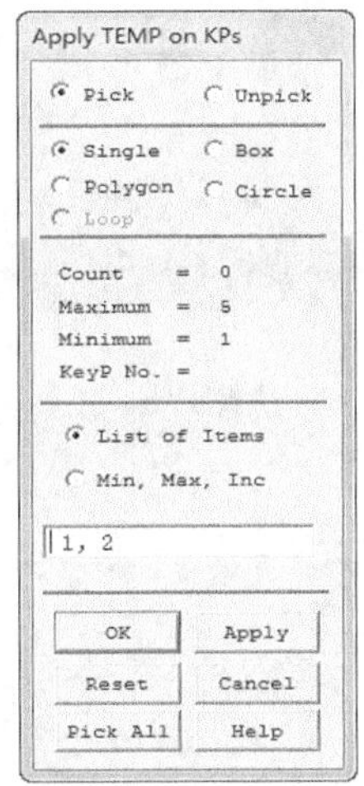

图 15-14　选择关键点

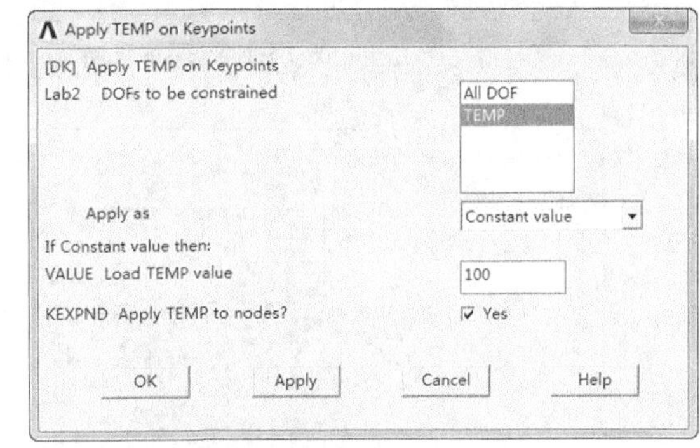

图 15-15　施加温度载荷

② 在选择线对话框中输入 2，3，4 选择 2，3，4 号线，单击“OK”按钮，如图 15-16 所示。

③ 在施加对流对话框中，设置“Film coefficient”的值为“750”，设置“Bulk temperature”的值为 0，如图 15-17 所示。

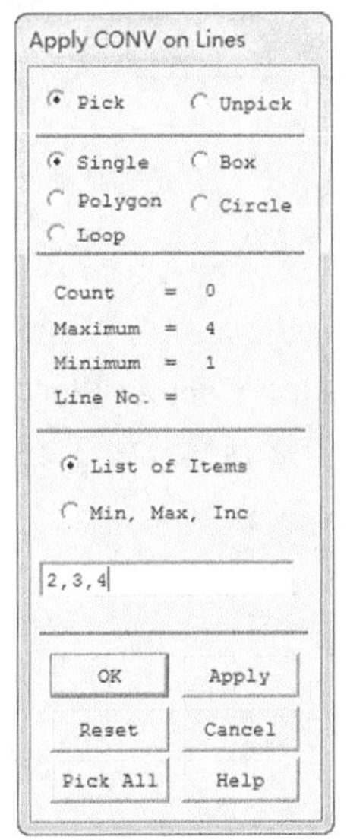

图 15-16　选择线

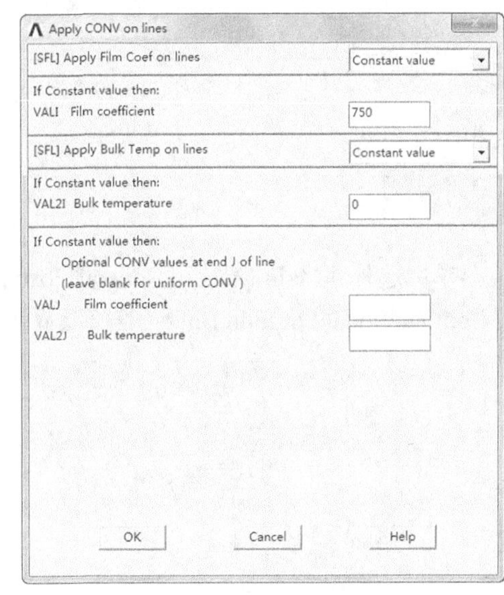

图 15-17　设置对流载荷

2. 求解

（1）退出前处理器。从主菜单中选择“Main Menu：Finish”命令退出前处理器。

（2）进行自适应网格划分求解。

① 在命令文本框中输入“ADAPT，15，，15，0.2，1”。

② 设置误差为 15%，循环 15 次，网格大小比例在 0.2 ~ 1 之间 LOOPS（循环）。

③ 求解完成后，打开如图 15-18 所示的提示求解结束对话框。

④ 单击“Close”按钮，关闭提示求解结束对话框。

⑤ 自适应划分的网格如图 15-19 所示。

图 15-18　提示求解完成

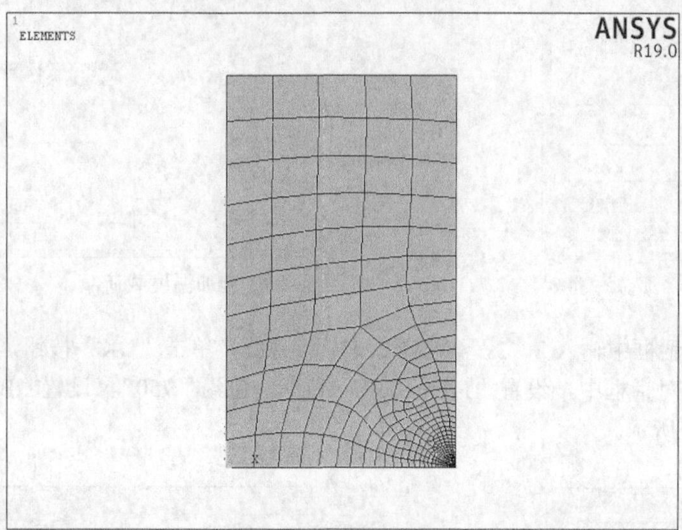

图 15-19　自适应网格

15.2.4　查看结果

（1）从主菜单中选择“Main Menu：General Postproc > Plot Result > Contour Plot > Nodal Solu”命令，打开“Contour Nodal Solution Data（等值线显示节点解数据）”对话框，如图 15-20 所示。

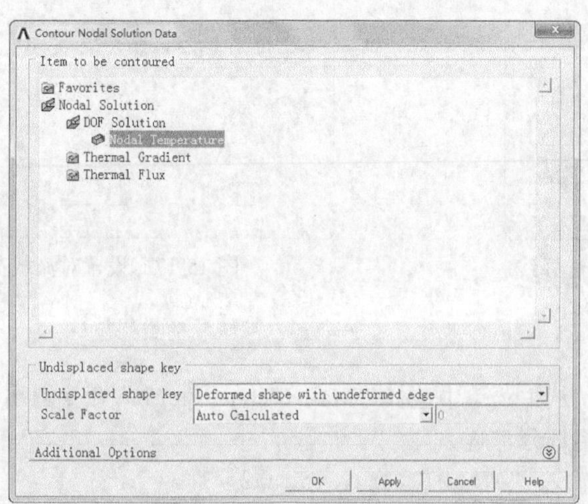

图 15-20　等值线显示节点解数据对话框

（2）在“Item to be contoured（等值线显示结果项）”域中选择“DOF Solution（自由度解）”选项。

（3）在列表框中选择“Nodal Temperature（温度）”选项。

（4）选择“Deformed shape with undeformed edge（变形后和未变形轮廓线）”选项。

（5）单击“OK”按钮，在图形窗口中显示出变形图，包含变形前的轮廓线，如图 15-21 所示。图中下方的色谱表明不同的颜色对应的数值（带符号）。

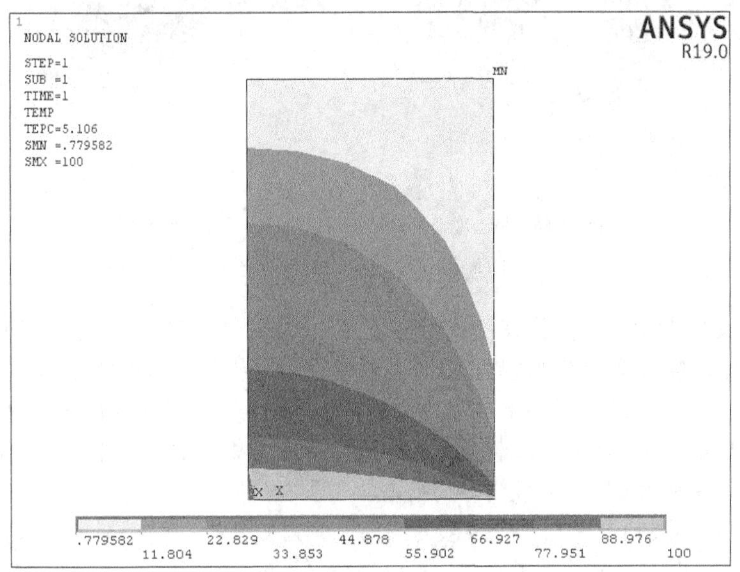

图 15-21　温度结果

15.2.5　命令流

详见随书配套资源中的“X:\ 命令流 \15.2 综合实例——平板受热分析 .txt”电子文档。

15.3　子模型

在问题分析中，如果用户关心的区域网格太疏，则不能得到满意的结果；而对于这些区域之外的部分，如果网格密度已经足够了，这时候要用到子模型。

15.3.1　子模型介绍

子模型是得到模型部分区域中更加精确解的有限单元技术。在有限元分析中往往出现这种情况，即对于用户关心的区域，如应力集中区域，因网格太疏，不能得到满意的结果，而对于这些区域之外的部分，网格密度已经足够了，如图 15-22 所示。

15.3.2　子模型方法

要得到这些区域的较精确的解，可以采取两种方法：第一种方法是用较细的网格重新划分并分析整个模型；第二种方法是只在关心的区域细化网格并对其进行分析。显而易见，第一种方法太耗费机时，第二种方法即为子模型技术。

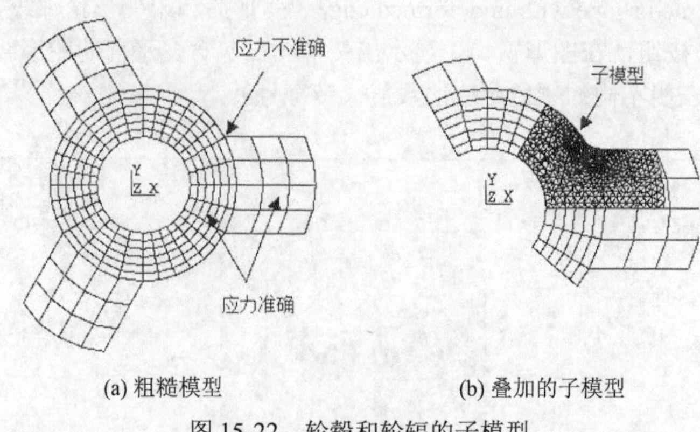

(a) 粗糙模型　　(b) 叠加的子模型

图 15-22　轮毂和轮辐的子模型

子模型方法又称为切割边界位移法或特定边界位移法。切割边界就是子模型从整个较粗糙的模型分割开的边界。整体模型切割边界的计算位移值即为子模型的边界条件。

子模型基于圣维南原理，即如果实际分布载荷被等效载荷代替以后，应力和应变只在载荷施加的位置附近有改变。这说明只有在载荷集中位置才有应力集中效应，如果子模型的位置远离应力集中位置，则子模型内就可以得到较精确的结果。

ANSYS 程序并不限制子模型分析必须为结构（应力）分析。子模型也可以有效地应用于其他分析中。如在电磁分析中，可以用子模型计算感兴趣区域的电磁力。

除了能求得模型某部分的精确解以外，子模型技术还有几个优点。

- 它减少甚至取消了有限元实体模型中所需的复杂的传递区域。
- 它使用户可以在感兴趣的区域就不同的设计（如不同的圆角半径）进行分析。
- 它帮助用户证明网格划分是否足够细。

使用子模型的一些限制如下。

- 只对体单元和壳单元有效。
- 子模型的原理要求切割边界应远离应力集中区域。用户必须验证是否满足这个要求。

15.3.3　子模型过程

1. 生成并分析较粗糙的模型

第一个步骤是对整体建模并分析（注意：为了方便区分这个原始模型，将其称为粗糙模型。这并不表示模型的网格划分必须是粗糙的，而是说模型的网格划分相对子模型的网格是较粗糙的）。

分析类型可以是静态或瞬态的，其操作与各分析的步骤相同。下面列出了其他一些要记住的方面。

- 文件名。粗糙模型和子模型应该使用不同的文件名。这样就可以保证文件不被覆盖。而且在切割边界插值时可以方便地指出粗糙模型的文件。
- 单元类型。子模型技术只能使用块单元和壳单元。分析模型中可以有其他单元类型（如梁单元作为加强筋），但切割边界只能经过块和壳单元。

一种特殊的子模型技术，称为壳到体子模型技术，允许用户用壳单元建立粗糙模型，而用三维块单元建立子模型。

- 建模。在很多情况下，粗糙模型不需要包含局部的细节（如圆角等），如图 15-23 所示。但是，有限元网格必须细化到足以得到较合理的位移解。这一点很重要，因为子模型的结果是根据切割边界的位移解插值得到的。

- 文件。结果文件（Jobname.RST，Jobname. RMG 等）和数据库文件（Jobname.DB，包含几何模型）在粗糙模型分析中是需要的。在生成子模型前应存储数据库文件。

2. 生成子模型

子模型是完全依靠粗糙模型的。因此在初始分析后的第一步就是在初始状态清除数据库（另一种方法是退出并重新进入 ANSYS）。

同时，应记住用另外的文件名以防止粗糙模型文件被覆盖。

然后进入 PREP7 并建立子模型，应该记住下列几点。

- 使用与粗糙模型中同样的单元类型。同时应指定相同的单元实参（如壳厚）和材料特性。
- 子模型的位置（相对全局坐标原点）应与粗糙模型的相应部分相同，如图 15-24 所示。

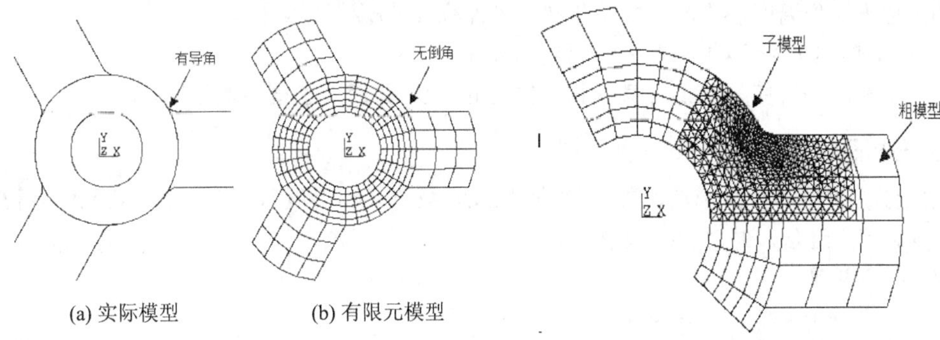

图 15-23　粗糙模型可以不包括一些细节部分　　图 15-24　叠加在粗糙模型上的子模型

- 指定合适的结点旋转位移。切割边界结点的旋转角在插值步骤写入结点文件时不应改变（见第三步：生成切割边界插值）。

注意

结点旋转角会因为施加结点约束，传递线上约束或面上约束等操作而改变，同样也会为更加明显的操作如 [NROTAT 和 NMODIF] 等改变。

- 粗糙模型中结点旋转角的出现或默认并不影响子模型。
- 子模型的载荷和边界条件将在后面两步中施加。

3. 生成切割边界插值

本步是建立子模型的关键步骤。用户定义切割边界的结点，ANSYS 程序用粗糙模型结果插值方法计算这些点上的自由度数值（位移等）。对于子模型切割边界上的所有结点，程序用粗糙模型网格中相应的单元确定自由度数值，然后这些数值用单元形状功能插值到切割边界上。图 15-25 所示为子模型切割边界示意图。

在切割边界插值中有下面几步操作。

（1）指定子模型切割边界的结点，并将其写入一个文件（默认为 Jobname.NODE）中。可以在 PREP7 中选择切割边界的结点。

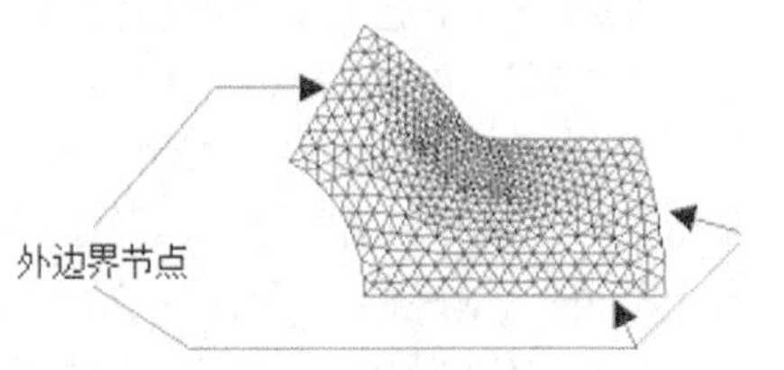

图 15-25　子模型切割边界

在这里讨论一下温度插值的问题。在包含特性随温度变化的材料的分析中，或热应力耦合分析中，粗糙模型和子模型中的温度分布是相同的。在这种情况下，必须将粗糙模型的温度插值到子模型中的所有结点上。要完成这一步操作，要选择子模型中所有结点并写入另外一个文件中，使用 NWRITE，Filename，Ext。记住必须另外指定一个文件名，否则切割边界结点文件将被覆盖。

（2）重新选择所有结点并将数据库存入 Jobname.DB 中，然后退出 PREP7。必须将数据库写入文件，因为在后面子模型分析中要使用到。

（3）要进行切割边界插值（和温度插值），数据库中必须包含粗糙模型的几何特征。

（4）进入 POST1，即通用处理器。插值只有在 POST1 中进行。

（5）指向粗糙模型结果文件。

（6）读入结果文件中相应的数据。

（7）开始切割边界插值。

默认状态下，“CBDOF”命令假定切割边界结点在文件 Jobname.NODE 中。ANSYS 程序将计算切割边界的 DOF 数值并用“D”命令的形式写入文件 Jobname.CBDO 中。

用下边方法作温度插值，但要保证文件包含所有子模型结点。

温度插值以 BF 命令的格式写入文件 Jobname.BFIN 中。

（8）所有的插值任务完成，退出 POST1 [FINISH] 并读入子模型数据库。

4. 分析子模型

指定分析类型和分析选项，加入插值的 DOF 数值（和温度数值），施加其他的载荷和边界条件，指定载荷步选项，并对子模型求解。

（1）进入求解器。

（2）定义分析类型（一般为静态）和分析选项。

要施加切割边界自由度约束，读入“CBDOF”命令生成的由“D”命令组成的文件。

要施加温度插值，读入“BFINT”命令生成的由“BF”命令组成的文件。

如果数据有实部和虚部，先读入实部数据文件，指定自由度约束数值和（或）结点体载荷是否计算，然后读入虚部数据文件。

注意

在执行“DCUM”和“BFCUM”命令时要先将其初始状态设为初始值。

重要的一点是要将粗糙模型上所有载荷和边界条件复制到子模型上。比如对称边界条件、面力、惯性载荷（如重量）、集中力等如图 15-26 所示。

（3）指定载荷步选项（如输出控制）并开始计算。

（4）在求解完成后，退出 SOLUTION[FINISH]。子模型分析的数据流向（无温度插值）如图 15-27 所示。

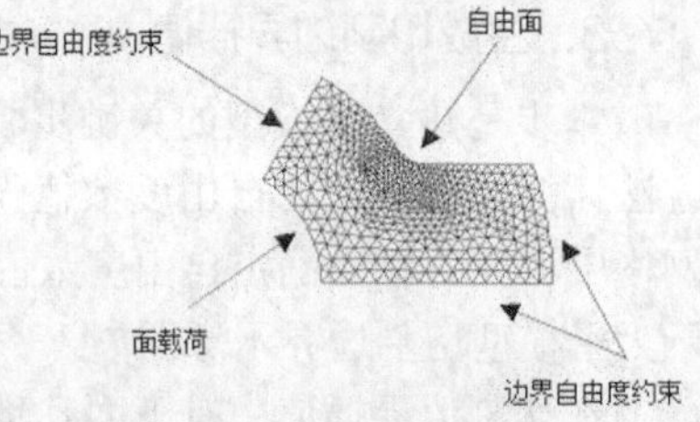

图 15-26　子模型的载荷

5. 验证切割边界和应力集中位置的距离是否足够

最后一步是验证子模型切割边界是否远离应力集中部分。可以通过比较切割边界上的结果（应力、磁通密度等）与粗糙模型相应位置的结果是否一致来验证。如果结果符合得很好，证明切割边界的选择是正确的。如果不符合的话，就要重新定义离感兴趣部分更远一些的切割边界，重新生成和计算子模型。

一个比较结果的有效方法是使用云图显示和路径显示，如图 15-28 所示。

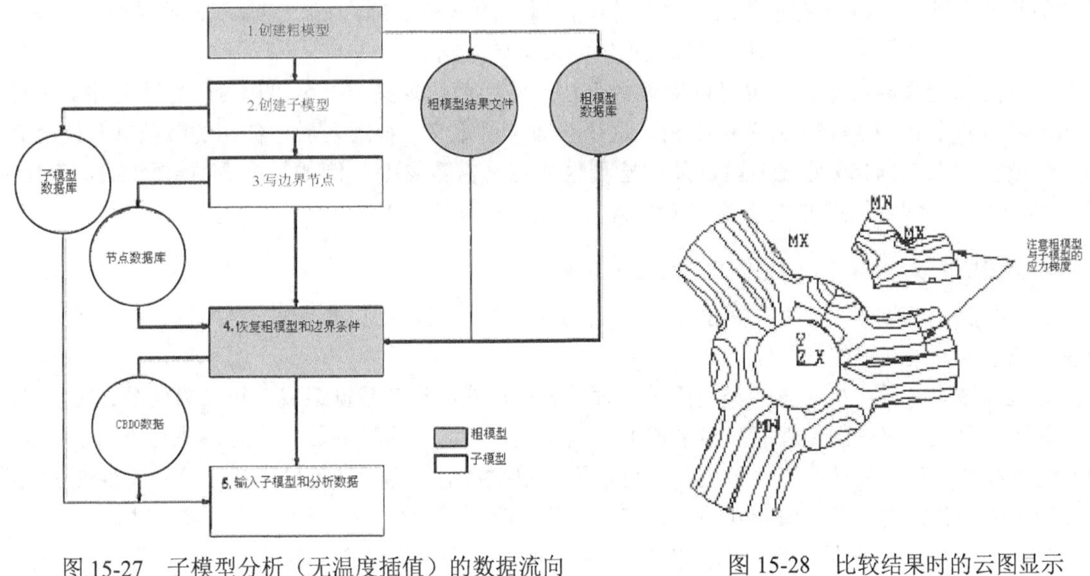

图 15-27 子模型分析（无温度插值）的数据流向

图 15-28 比较结果时的云图显示

15.4 参数化设计语言

参数设计语言用建立智能分析的手段为用户提供了自动完成定义模型及其载荷、求解和解释结果的功能。

15.4.1 参数化设计语言介绍

进行有限元分析的标准过程包括：定义模型及其载荷、求解和解释结果，假如求解结果表明有必要修改设计，那么就必须改变模型的几何形状并重复执行上述步骤，特别当模型较复杂或修改较多时，这个过程可能很繁杂和费时。

ANSYS 参数设计语言（APDL）用建立智能分析的手段为用户提供了自动完成上述循环的功能，也就是说程序的输入可设定为根据指定的函数、变量以及选出的分析标准作决定。APDL 允许复杂的数据输入，使用户实际上对任何设计或分析属性有控制权，例如尺寸、材料、载荷、约束位置和网格密度等。APDL 扩展了传统有限元分析范围之外的能力，并扩充了更高级运算，包括灵敏度研究、零件库参数化建模、设计参数及设计优化。

15.4.2 参数化设计语言的功能

所有全局控制特性、允许按需求改变该程序以满足特定的建模和分析需要。通过精心计划，能创建一个高度完善的控制方案。该方案将在特定的应用范围内使程序发挥最大效率。下面具体介绍一下 APDL 的成分和功能。

1. 参数

APDL 允许用户通过指定或程序计算给变量（参数）赋值，在 ANSYS 运行中的任一时刻都能定义参数。另外，可将参数保存在一个文件中供以后的 ANSYS 运行过程或其他运行和报告使用。参数性能提供了对程序进行控制和简化数据输入的有效方法。

参数可以定义成常数值，也可以用参数表达式的当前值定义，甚至可以是一个字符串。例如：用户可以用命令 PI=3.14159 定义参数 PI，这个参数一旦定义，在此之后，任何的参数域若使用 PI，本程序就会用值 3.14159 替代。通过条件检测也能定义常数参数。例如，命令 A=B<15.7，表示如果 B 小于 15.7，程序就把 B 的当前值赋给 A，否则，A 就等于 15.7。

2. 数组参数

工程分析所需要和所产生的数据类型，有时用表格形式表示更易理解。ANSYS 数组参数的功能使这类数据的处理很便利。

数组参数有 3 种类型：第一类由简单整理成表格形式的离散数据组成。第二类就是通常所说的表式数组参数表，也是由整理成表格形式的数据组成，然而，这种参数类型允许在两个指定的表格项间进行线性插值。另外，表式数组参数可以用非整数数值作为行和列的下标，这些特性使表式数组参数表成为数据输入和结果处理的有力工具。第三类数组参数是字符串，由文字组成。

使用数组参数能简化数据输入。例如，随时间变化的力函数可用表式数组，这样数据点输入最少，ANSYS 程序能计算出未定义时间点的力值。数据输入方面的应用还有（但不仅限于）响应频谱曲线、应力 - 应变曲线和材料温度曲线。

3. 表达式和函数

另一个与数组参数有关的特性是向量和矩阵运算的能力。向量运算（用于列向量）包括加、减、点积、矢积及许多其他运算；矩阵运算包括矩阵乘法、转置计算及联立方程求解。在 ANSYS 运行中，任何时刻数组参数（以及其他参数）能以 FOTRAN 实数的形式写入文件，写出的文件可用于 ANSYS 的其他应用及计算报告的编写。

4. 分支和循环

智能分析需要一个决定作用的框架，利用分支和循环性把这个框架提供给 ANSYS 程序，循环使用户避免了冗长的命令重复，而分支为用户提供了控制程序全局和指导程序完成分析的能力。

分支利用传统的 FORTRAN GO 和 IF 语句引导程序按非连续顺序读取命令，“GO”命令批示程序转到用户标定的输入行，“IF”命令是条件转移语言，只有当满足给定的条件时，该命令才批示程序转到另一行。ELSE 语句也有效，它批示程序根据现行的条件执行几个动作中的一个，“IF”命令可以包含用户指定的或 ANSYS 计算出的参数作评估条件。最简单的分析命令：GO 指引程序转到特定的标记而不执行中间部分的命令。最常见的分支结构为 IF—THEN—ELSE，使用 *IF，*ELSE IF 和 *ENDIF。

分支命令能引导程序根据实际模型或分析作决定，该命令允许带参数，且允许部分输入值随计算出的某些量值改变。

循环通过典型的 DO 循环指令实现，这个指令表示程序重复一串命令，循环的次数由计算器或其他循环的控制器来控制，控制器完全根据给定条件的状态决定程序是继续循环还是退出循环。

5. 重复功能和缩写

重复功能通过去除命令串中不必要的重复简化命令输入，在一个输入序列中键入重复命令 *REPEAT 时，程序立即将前面的命令重复执行指定的次数。被重复的命令执行起来就像输入的一样，每重复一次，命令变量就会增加。这些功能可大大简化程序模型构造，在模型开发中可以用重复功能产生节点、关键点、线段、边界条件及其他模型属性。

缩写能用于简化命令输入，一旦一个缩写定义好，就能在命令输入流的任何地方使用。

6. 宏

宏是一系列保存在一个文件中并能在任何时间在 ANSYS 运行中执行的 ANSYS 命令集。宏文件可用系统编辑器或从 ANSYS 程序内部建立，它可以包括 APDL 特性的任何内容，像参数、重复功能、分支等。

在 ANSYS 内部建立宏时，指定复制程序命令集到一个特定的文件，当宏被建立时，它们自动地存储在目录中，在此后数据输入过程的任意时刻，都能批示程序使用宏文件的命令序列。

在分析中，宏可被重复任意多次并可嵌套多达 15 层。一个分析中使用宏的数目没有限制，每个宏同样能用于其他分析。常用的宏可成组地放入宏库文件，并能单独在任何 ANSYS 中运行使用。宏最显而易见的用法之一是简化重复的数据输入。例如：模型表面的几个洞建立网格需要相同的建网格命令，很典型地，建模中对每个洞都必须重复建立网格所必需的一串命令，而用户可以建立一个网格命令的宏，当每个洞都要建网格时，用户可以批示程序使用宏文件。其他类型的应用也是免去重复的命令输入。

在宏内普遍使用的一个 APDL 特性（而且可以用于任何读入 ANSYS 的文件）是 *MSG 命令，该命令允许将参数和用户提供的信息写入用户可控制的有格式的输出文件，这些信息可以是一个简单的注释、一个警告、一个错误信息，甚至是一个致命的错误信息（后面两项可能引起运行中止），这就允许用户在 ANSYS 内部创建特定的报告或产生可用外部程序读出的有格式的输出文件。

宏带参数是宏更复杂的应用，并且功能也更强，这一功能允许在分析内部建立输入子程序。宏可被看作用户定义的命令。当输入一个 ANSYS 程序不认识的命令名时，在目录结构中将建立一个检查序列，如果发现了相同名字的宏，那么，它将被执行。用户可指定宏文件的路径名，为使宏能用于任何 ANSYS 运行中，可以把常用的宏成组放入单独的目录中。

ANSYS 程序提供了几个预先写好的宏，如自适应网格划分宏命令、动画宏命令等。

7. 用户子程序

虽然不能严格地把用户子程序考虑为 APDL 的一部分，但是用户子程序功能允许用户在程序内部扩充专用算法，从而增加了程序的灵活性。ANSYS 程序的开放式结构允许用户写一个 FORTRAN 子程序并把它与 ANSYS 代码程序连接在一起。可用的用户子程序如下。

- 用户定义的命令，增强 ANSYS 能力。
- 用户构造的单元，一旦定义好就可以同其他 ANSYS 单元一样使用。
- 替换 150 层复合壳和实体单元（SHELL99 和 SOLID46）的失效准则。
- 用户自定义蠕变和材料膨胀方程。
- 定义塑性材料行为准则等。

15.5 综合实例——悬臂梁

扫码看视频

本节将通过一个梁的实例来介绍参数设计语言的使用。

15.5.1 分析问题

假设梁如图 15-29 所示，在有限元模型中，规划长度小于 0.5 时，分割为 5 个元素；0.5 ～ 1 时分割为 10 个元素；1 ～ 1.5 时分割为 15 个元素。

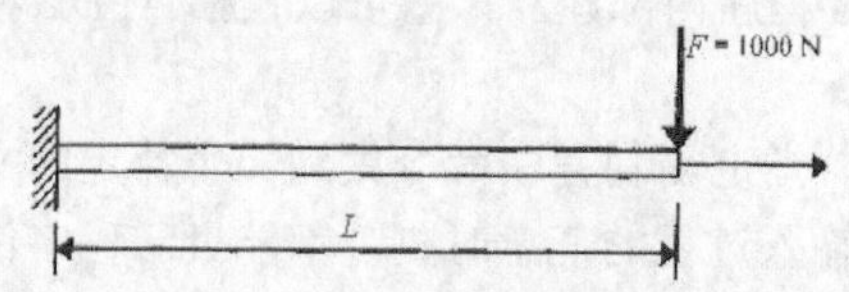

图 15-29　用参数化设计语言进行网格划分

建立模型包括设定分析作业名和标题；定义单元类型和实常数；定义材料属性；建立几何模型；划分有限元网格。

15.5.2 建立模型

1. 设定分析作业名和标题

在进行一个新的有限元分析时，通常需要修改数据库名，并在图形输出窗口中定义一个标题来说明当前进行的工作内容。另外，对于不同的分析范畴（结构分析、热分析、流体分析、电磁场分析等），ANSYS 所用的主菜单的内容不尽相同，为此，需要在分析开始时选定分析内容的范畴，以便 ANSYS 显示出与其相对应的菜单选项。

（1）从应用菜单中选择“Utility Menu：File > Change Jobname”命令，打开“Change Jobname（修改文件名）”对话框，如图 15-30 所示。

（2）在“Enter new jobname（输入新的文件名）”文本框中输入“example”，为本分析实例的数据库文件名。

（3）单击“OK”按钮，完成文件名的修改。

（4）从应用菜单中选择“Utility Menu : File > Change Title”命令，打开“Change Title（修改标题）”对话框，如图 15-31 所示。

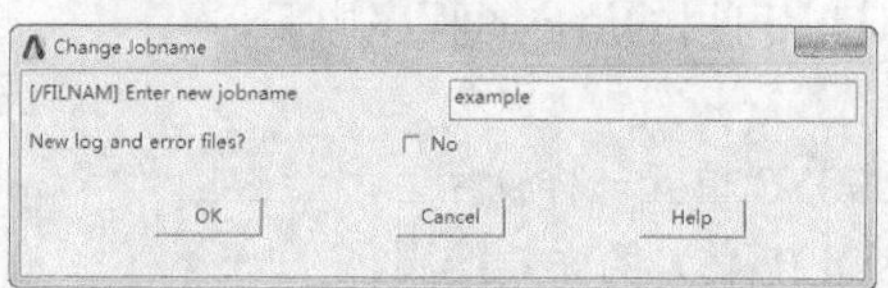

图 15-30　修改文件名对话框

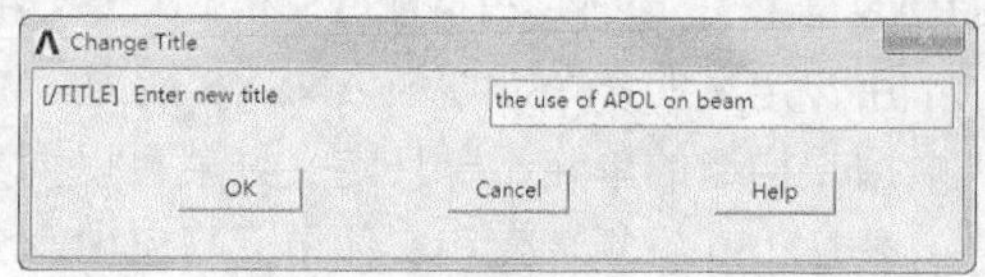

图 15-31　修改标题对话框

（5）在“Enter new title（输入新标题）”文本框中输入“the use of APDL on beam”，为本分析实例的标题名。

（6）单击“OK”按钮，完成对标题名的指定。

（7）从应用菜单中选择“Utility Menu : Plot > Replot”命令，指定的标题“the use of APDL on beam”将显示在图形窗口的左下角。

（8）从主菜单中选择“Main Menu : Preference”命令，打开“Preference of GUI Filtering（菜单过滤参数选择）”对话框，勾选“Structural”复选框，单击“OK”按钮确定。

2. 定义参数

从应用菜单中选择"Utility Menu：Parameters > Scalar Parameters"命令，弹出"Scalar Parameters"对话框，定义参数，如图 15-32 所示。

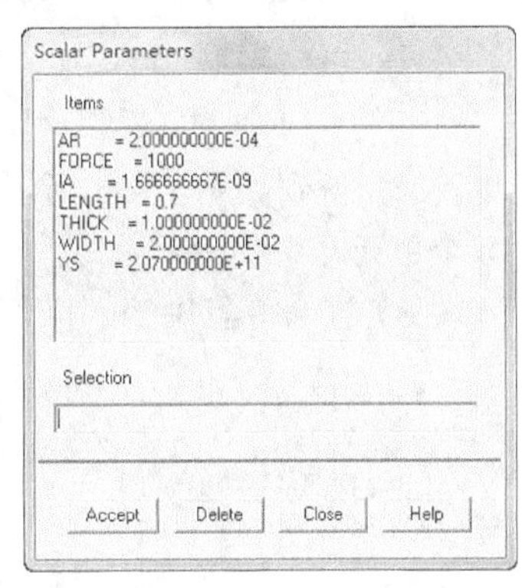

图 15-32　定义参数

3. 定义单元类型

选用 Beam3 单元作为分析的有限单元类型。

在命令窗口输入以下程序段。

```
ET,1,BEAM3
```

4. 定义实常数

本实例中选用 Beam 3 单元，需要设置实常数。在命令窗口输入以下程序段：

```
R,1,AR,IA,THICK, , , ,
```

5. 定义材料属性

考虑惯性力的静力分析中必须定义材料的弹性模量和密度。具体步骤如下。

（1）从主菜单中选择"Main Menu：Preprocessor > Material Props > Materia Model"命令，打开"Define Material Model Behavior（定义材料模型属性）"窗口，如图 15-33 所示。

（2）依次单击"Structural > Linear > Elastic > Isotropic"命令，展开材料属性的树形结构。打开 1 号材料的弹性模量 EX 和泊松比 PRXY 的定义对话框，如图 15-34 所示。

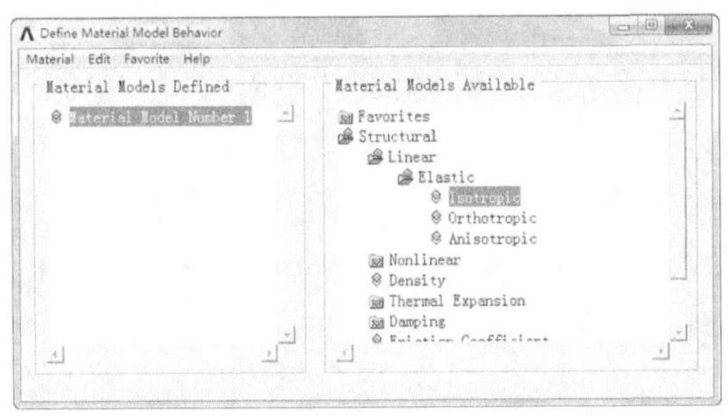

图 15-33　定义材料模型属性窗口

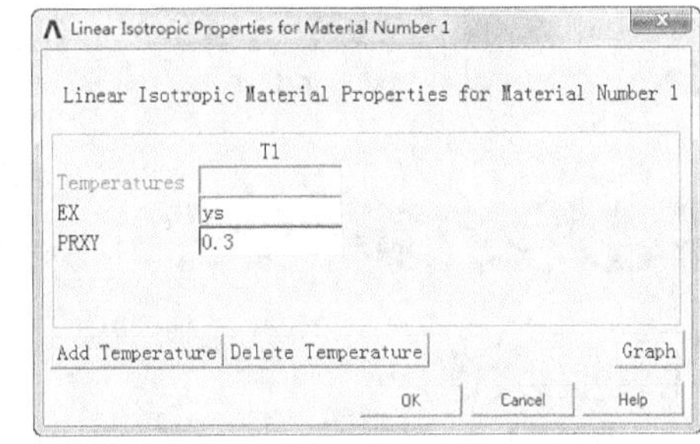

图 15-34　线性各向同性材料的弹性模量和泊松比

（3）在对话框的"EX"文本框中输入弹性模量"ys"，在"PRXY"文本框中输入泊松比"0.3"。

（4）单击"OK"按钮，关闭对话框，并返回定义材料模型属性窗口，在此窗口的左边一栏出现刚刚定义的参考号为 1 的材料属性。

（5）在"Define Material Model Behavior"窗口中，从菜单选择"Material > Exit"命令，或者单击右上角的"×"按钮，退出定义材料模型属性窗口，完成对材料模型属性的定义。

6. 创建模型并划分网格

（1）在命令窗口输入以下程序段。

```
N,1,0,0
*IF,LENGTH,LE,0.15,THEN
N,6,LENGTH
    *ELSEIF,LENGTH,LE,1,THEN
N,11,LENGTH
    *ELSEIF,LENGTH,LE,1.15,THEN
N,16,LENGTH
```

```
*ENDIF
FILL
```

（2）得到如图 15-35 所示的结果，本例中的 LENGTH=0.7，所以产生了 11 个节点，可以划分 10 个单元。

（3）在命令行中输入以下程序行，进行网格划分。

```
*GET,FNODE,NODE,0,NUM,MAX
E,1,2
*REPEAT,FNODE-1,1,1
FINISH
```

结果如图 15-36 所示。

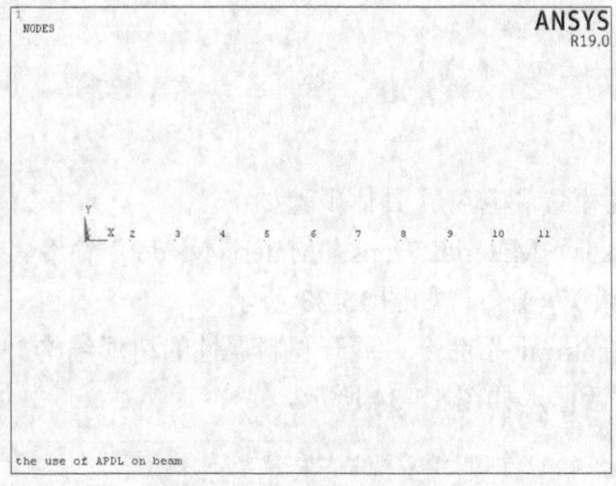

图 15-35　产生节点

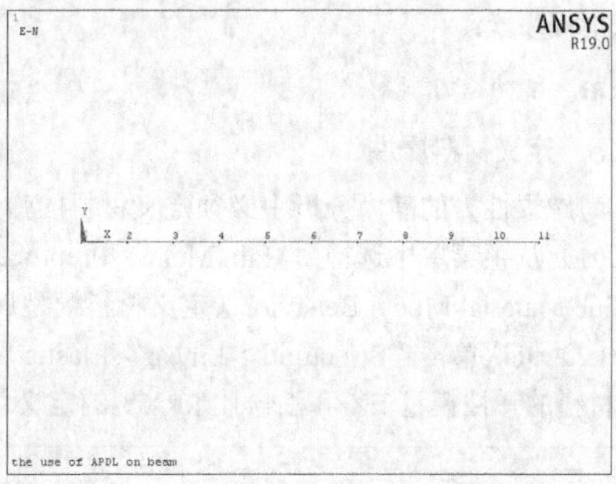

图 15-36　划分网格

15.5.3　定义边界条件并求解

1. 定义边界条件

（1）从主菜单中选择“Main Menu：Solution > Define Loads > Apply > Structural > Displacement > on Nodes”命令，打开节点选择对话框，要求选择欲施加位移约束的节点。

（2）选择第一个节点（节点号为 1），单击“OK”按钮，打开“Apply U，Rot on Nodes（在节点上施加位移约束）”对话框，如图 15-37 所示。

（3）选择“ALL DOF”所有方向位移约束，如图 15-38 所示。

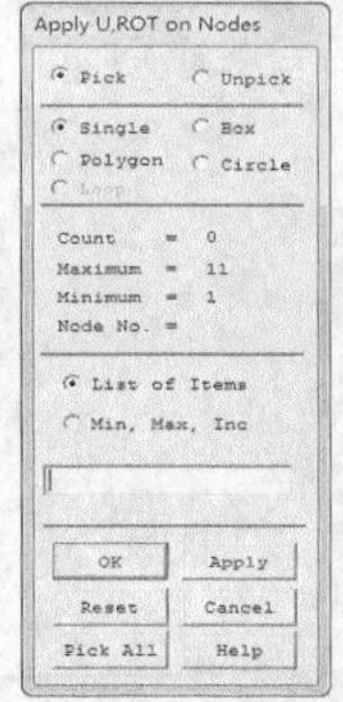

图 15-37　节点选择对话框

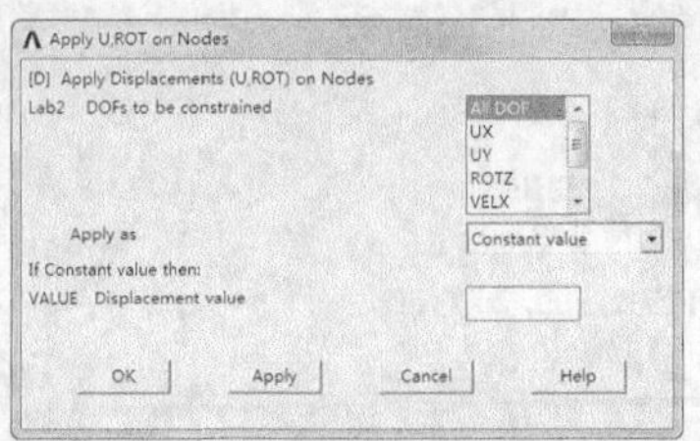

图 15-38　施加位移约束对话框

（4）单击“OK”按钮，ANSYS 在选定节点上施加指定的位移约束，如图 15-39 所示。

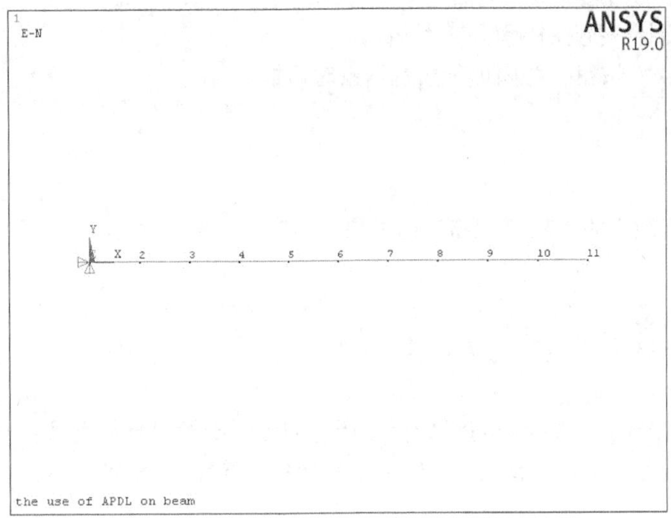

图 15-39　施加的位移约束

（5）从主菜单中选择“Main Menu：Solution > Define Loads > Apply > Structural > Force / Moment > on Nodes”命令，打开节点选择对话框，要求选择欲施加位移约束的节点。

（6）选择第 11 个节点（节点号为 11），单击“OK”按钮，打开“Apply F / M on Nodes（在节点上施加力载荷）”对话框，在数值“Value”一栏中输入“-Force”，选择“FY”选项，如图 15-40 所示。

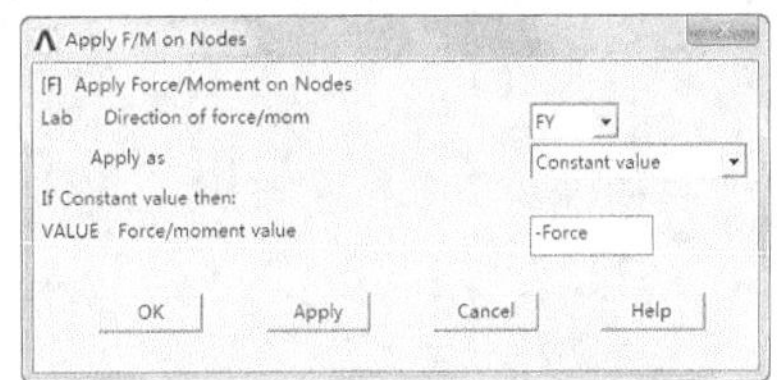

图 15-40　施加力对话框

（7）单击“OK”按钮，ANSYS 在选定节点上施加指定的力约束，如图 15-41 所示。

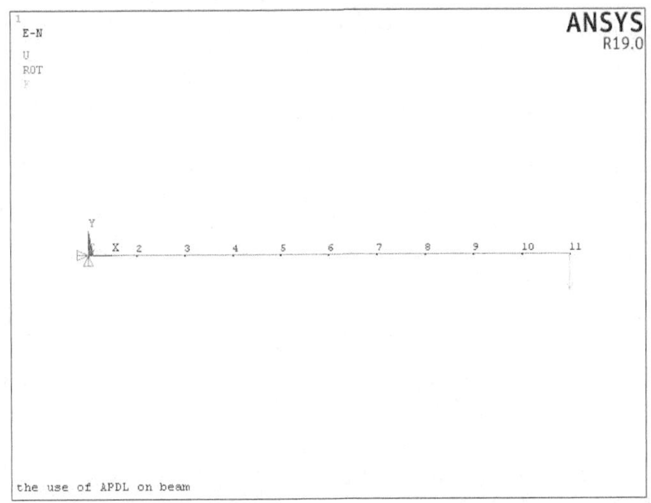

图 15-41　施加的力载荷

2. 求解

（1）从主菜单中选择“Main Menu：Solution > Solve > Current LS”命令，打开一个确认对话框

和状态列表，要求查看列出的求解选项。

（2）查看列表中的信息确认无误后，单击“OK”按钮，开始求解。

（3）求解完成后打开提示求解结束对话框。

（4）单击“Close”按钮，关闭提示求解结束对话框。

15.5.4 命令流

详见随书配套资源中的“X:\ 命令流 \15.5 综合实例——悬臂梁 .txt”电子文档。

15.6 本章小结

本章详细阐述了一些有限元的高级分析技巧，通过平板及悬臂梁两个实例介绍说明了自适应网格划分及参数化语言设计的一般过程，使用户能够初步掌握 ANSYS 软件高级分析的功能。